中国水稻新品种试验

2013年南方稻区国家水稻品种试验汇总报告

全国农业技术推广服务中心
中 国 水 稻 研 究 所 编

中国农业科学技术出版社

图书在版编目（CIP）数据

中国水稻新品种试验：2013年南方稻区国家水稻品种试验汇总报告／全国农业技术推广服务中心，中国水稻研究所编．—北京：中国农业科学技术出版社，2014.4

ISBN 978-7-5116-1572-5

Ⅰ.①中… Ⅱ.①全…②中… Ⅲ.①水稻-品种试验-研究报告-中国-2013 Ⅳ.①S511.037

中国版本图书馆CIP数据核字（2014）第055413号

责任编辑 姚 欢
责任校对 贾晓红

出 版 者 中国农业科学技术出版社
北京市中关村南大街12号 邮编：100081
电　　话 （010）82106631（发行部）（010）82106636（编辑室）
（010）82109703（读者服务部）
传　　真 （010）82106650
网　　址 http://www.castp.cn
经 销 者 各地新华书店
印 刷 者 北京富泰印刷有限责任公司
开　　本 889 mm×1 194 mm 1/16
印　　张 35
字　　数 1 100千字
版　　次 2014年4月第1版 2014年4月第1次印刷
定　　价 120.00元

《中国水稻新品种试验
2013年南方稻区国家水稻品种试验汇总报告》
编辑委员会

前　言

为鉴定评价新选育水稻品种在我国南方稻区的丰产性、适应性、稳产性、抗性、米质及其他重要特征特性表现，为国家水稻品种审定提供科学依据，根据《主要农作物品种审定办法》的有关规定，2013 年南方稻区国家水稻品种试验组织开展了华南早籼、感光晚籼、长江上游中籼迟熟、长江中下游早籼早中熟、早籼迟熟、中籼迟熟、晚籼早熟、晚籼中迟熟、单季晚粳共 9 个类型 21 组区试和 7 组生产试验，此外，为选拔区试参试品种，2013 年还组织开展了长江上游中籼迟熟和长江中下游中籼迟熟、晚籼早熟、晚籼中迟熟共 4 个类型 6 组新品种筛选试验。南方稻区海南、广东、广西壮族自治区、福建、江西、湖南、湖北、安徽、浙江、上海、江苏、四川、重庆、贵州、云南、陕西、河南 17 个省（自治区、直辖市）的 113 个农业科研、良种繁育、种子管理和种子企业单位承担了试验。参试品种 458 个，试验及鉴定点次 599 个。

试验内容包括多点试验和特性鉴定，通过多点试验鉴定评价参试品种的丰产性、稳产性、适应性、生育期及其他重要性状表现，并由专业机构鉴定评价参试品种的抗病性（稻瘟病、白叶枯病、条纹叶枯病、黑条矮缩病）、抗虫性（白背飞虱、褐飞虱）、抗逆性（耐冷性、耐热性）和稻米品质表现。为确保试验过程和试验结果的真实性、科学性、准确性，2013 年度继续实施了品种密码编号、统一供种和试验封闭管理，继续对参试品种的特异性和年度间的一致性进行 DNA 指纹鉴定，试验期间组织对试验实施情况和品种表现情况进行实地检查考察，并对试验人员进行多种形式的培训。试验结束后，依据 NY/T1300—2007《农作物品种区域试验技术规范　水稻》、试验实地考察情况以及试验点试验情况说明，对试验结果的可靠性、有效性、准确性、可比性等进行分析评估，剔除不符合试验质量标准的试验结果，确保汇总质量。同时，依据《国家水稻品种审定标准》，对参试品种的表现进行分析评判，确保品种评价的公正性、科学性、准确性。2013 年南方稻区国家水稻品种试验在农业部国家农作物品种审定委员会、种子管理局的正确领导下，在有关省种子管理部门的大力支持下，经过各承担试验单位的共同努力，较好地完成了试验计划，取得显著工作成效。根据 2013 年国家水稻品种试验年会审议意见，H750S/HY17 等 41 个品种完成了试验程序，可以申报国家审定；富两优 236 等 41 个品种经过两年区试表现优良，2014 年进行生产试验；泸优华占等 68 个品种经过一年区试表现优良，2014 年继续区试；Y 两优 957 等 42 个品种在筛选试验中表现优良，

2014 年列入区试。

本汇总报告分类型熟期组概述了试验基本情况，着重分析了参试品种的丰产性、适应性、稳产性、抗性、米质及其他重要性状表现，并对各参试品种逐一做了综合评价。附表列出了品种产量和主要性状汇总数据、抗性鉴定和米质检测数据，以及分品种在各试验点的产量、生育特性、主要性状表现等详细资料。

需要指出的是，鉴于试验年份和试验地点的局限，本试验结果未必能完全准确表达品种的真实情况，各地在引种时应根据具体情况进一步做好试验、示范工作。同时，由于汇编时间仓促，本汇总报告不当之处在所难免，恭请指正。

编　者

2014 年 1 月

目　录

第一章　2013 年华南早籼 A 组国家水稻品种试验汇总报告

一、试验概况

（一）试验目的

鉴定评价我国南方稻区新选育和引进的水稻新品种（组合，下同）的丰产性、稳产性、适应性、抗性、米质及其他重要性状表现，为国家水稻品种审定提供科学依据。

（二）参试品种

区试品种 9 个，除 T55 优 3301、黄广油占和富两优 236 为续试品种外，其他均为新参试品种，以天优 998（CK）为对照；本组 2013 年度无生产试验品种。品种编号、名称、类型、亲本组合、选育/供种单位见表 1－1。

（三）承试单位

区试点 10 个，分布在海南、广东、广西壮族自治区（全书称广西）和福建 4 个省区。承试单位、试验地点、经纬度、海拔高度、试验负责人及执行人见表 1－2。

（四）试验设计、栽培管理与观察记载

各试验点均按《2013 年南方稻区国家水稻品种试验实施方案》及《农作物品种区域试验技术规范　水稻》进行试验。

区试采用完全随机区组排列，3 次重复，小区面积 0.02 亩（1 亩≈667 平方米；15 亩＝1 公顷。全书同）。生产试验采用大区随机排列，不设重复，大区面积 0.5 亩。

分区试、生产试验，同组试验所有品种同期播种、移栽，施肥水平中等偏上，其他栽培管理措施与当地大田生产相同。

观察记载项目与标准按《农作物品种区域试验技术规范　水稻》以及《国家水稻品种试验观察记载项目、方法及标准》《南方稻区国家水稻品种区试及生产试验记载表》等的要求执行。

（五）特性鉴定

抗性鉴定：广东省农业科学院植保所、广西壮族自治区农业科学院植保所和福建上杭县茶地乡农技站负责稻瘟病抗性鉴定，鉴定采用人工接菌与病区自然诱发相结合；广东省农业科学院植保所负责白叶枯病抗性鉴定；中国水稻研究所稻作发展中心负责稻飞虱抗性鉴定。鉴定种子由广州市农科所试验点统一提供，鉴定结果由广东省农业科学院植保所负责汇总。

米质分析：由广东高州市良种场、广西玉林市农科所和福建龙海市良种场试验点分别单独种植生产提供样品，农业部稻米及制品质量监督检验测试中心负责检测分析。

参试品种的特异性及续试品种年度间的一致性鉴定：由中国水稻研究所进行 DNA 指纹鉴定。

（六）统计分析

按照《农作物品种区域试验技术规范　水稻》等有关试验质量评价标准，对各试验（鉴定）点试验（鉴定）结果的可靠性、完整性、准确性、可比性以及对照品种表现情况等进行分析评估，确保汇总质量。2013 年区试各试验点试验结果正常，全部列入汇总。

产量联合方差分析采用混合模型，品种间产量差异多重比较采用 Duncan's 新复极差法；参试品种

的丰产性主要以品种在区试和生产试验中相对于对照品种产量及组平均产量衡量；参试品种的适应性主要以品种在区试中比对照品种增产的试验点比例衡量；参试品种的稳产性主要以品种在年度间区试中相对于对照品种产量的差异变化程度衡量。

参试品种的生育期主要以全生育期比对照品种长短的天数衡量。

参试品种的抗性以指定的鉴定单位的鉴定结果为主要依据，对稻瘟病抗性的主要评价指标为综合指数和穗瘟损失率最高级，对其他病虫害抗性的主要评价指标为最高级。

参试品种的米质检测、评价按照国家《优质稻谷》标准，分优质1级、优质2级、优质3级，未达到优质级的品种米质均为等外级。

二、结果分析

（一）产量

2013年区试品种中，天优998（CK）产量中等偏下、居第8位。依据比组平均产量的增减产幅度衡量，产量较高的品种有深优9594、黄广油占，产量居前2位，平均亩产分别是504.72千克、484.27千克，比天优998（CK）分别增产9.78%、5.33%；产量中等的品种有T55优3301、Y两优321、富两优236、恒丰优386、科德优999，平均亩产463.93～474.41千克，较天优998（CK）有不同程度的增产；剩余品种深优9563和深优9545产量一般，平均亩产分别是458.77千克和446.92千克，比天优998（CK）分别减产0.22%和2.80%。品种产量、比对照及组平均增减产百分率、品种间产量差异显著性、比对照增产试验点比例等汇总结果见表1－3。

（二）生育期

2013年区试品种中，全生育期在123.1～130.0天，均比天优998（CK）长；其中，深优9563和深优9545的熟期较迟，比天优998（CK）分别长7.4天和7.0天；其他品种熟期适中。品种全生育期及比对照长短天数见表1－3。

（三）主要农艺经济性状

品种分蘖率、有效穗数、成穗率、株高、每穗总粒数、每穗实粒数、结实率、千粒重等主要农艺经济性状汇总结果见表1－3。

（四）抗性

2013年区试品种中，黄广油占、富两优236和恒丰优386的稻瘟病综合指数为3.3～5.6级，其他品种均超过6.5级。依据穗瘟损失率最高级，黄广油占为感，其他品种均为高感。

品种在各稻瘟病抗性鉴定点的鉴定结果见表1－4，品种稻瘟病抗性鉴定汇总结果以及白叶枯病、褐飞虱、白背飞虱抗性鉴定结果见表1－5。

（五）米质

依据国家《优质稻谷》标准，富两优236达国标优质3级；其他品种均为等外级，米质中等或一般。品种糙米率、整精米率、粒长、长宽比、垩白粒率、垩白度、胶稠度、直链淀粉等米质性状表现见表1－6。

（六）品种在各试验点表现

区试品种在各试验点的产量、生育期、主要农艺经济性状、田间抗性表现等见表1－7－1至表1－7－5。

三、品种评价

（一）续试品种

1. 富两优 236

2012 年初试平均亩产 488.57 千克，比天优 998（CK）增产 5.05%，达极显著水平；2013 年续试平均亩产 470.80 千克，比天优 998（CK）增产 2.40%，达极显著水平；两年区试平均亩产 479.68 千克，比天优 998（CK）增产 3.73%，增产点比例 78.8%。全生育期两年区试平均 124.9 天，比天优 998（CK）迟熟 1.8 天。主要农艺性状两年区试综合表现：每亩有效穗数 17.9 万穗，株高 107.3 厘米，穗长 21.5 厘米，每穗总粒数 155.9 粒，结实率 83.9%，千粒重 22.6 克。抗性两年综合表现：稻瘟病综合指数 3.9 级，穗瘟损失率最高级 9 级；白叶枯病平均级 7 级，最高级 7 级；褐飞虱平均级 8 级，最高级 9 级；白背飞虱平均级 7 级，最高级 9 级。米质主要指标两年综合表现：整精米率 53.9%，长宽比 2.9，垩白粒率 25%，垩白度 3.9%，胶稠度 54 毫米，直链淀粉含量 20.9%，达国标优质 3 级。

2013 年国家水稻品种试验年会审议意见：2014 年进行生产试验。

2. T55 优 3301

2012 年初试平均亩产 481.20 千克，比天优 998（CK）增产 3.47%，达极显著水平；2013 年续试平均亩产 474.41 千克，比天优 998（CK）增产 3.19%，达极显著水平；两年区试平均亩产 477.81 千克，比天优 998（CK）增产 3.33%，增产点比例 60.0%。全生育期两年区试平均 128.6 天，比天优 998（CK）迟熟 5.5 天。主要农艺性状两年区试综合表现：每亩有效穗数 14.7 万穗，株高 116.1 厘米，穗长 24.4 厘米，每穗总粒数 156.1 粒，结实率 79.0%，千粒重 29.3 克。抗性两年综合表现：稻瘟病综合指数 6.3 级，穗瘟损失率最高级 9 级；白叶枯病平均级 6 级，最高级 7 级；褐飞虱平均级 8 级，最高级 9 级；白背飞虱平均级 8 级，最高级 9 级。米质主要指标两年综合表现：整精米率 36.9%，长宽比 2.8，垩白粒率 84%，垩白度 15.7%，胶稠度 66 毫米，直链淀粉含量 20.7%。

2013 年国家水稻品种试验年会审议意见：终止试验。

3. 黄广油占

2012 年初试平均亩产 497.99 千克，比天优 998（CK）增产 7.08%，达极显著水平；2013 年续试平均亩产 484.27 千克，比天优 998（CK）增产 5.33%，达极显著水平；两年区试平均亩产 491.13 千克，比天优 998（CK）增产 6.21%，增产点比例 56.3%。全生育期两年区试平均 126.3 天，比天优 998（CK）迟熟 3.2 天。主要农艺性状两年区试综合表现：每亩有效穗数 17.2 万穗，株高 110.0 厘米，穗长 22.6 厘米，每穗总粒数 141.9 粒，结实率 88.4%，千粒重 24.9 克。抗性两年综合表现：稻瘟病综合指数 3.7 级，穗瘟损失率最高级 7 级；白叶枯病平均级 3 级，最高级 3 级；褐飞虱平均级 9 级，最高级 9 级；白背飞虱平均级 6 级，最高级 7 级。米质主要指标两年综合表现：整精米率 37.2%，长宽比 3.2，垩白粒率 6%，垩白度 1.1%，胶稠度 77 毫米，直链淀粉含量 14.7%。

2013 年国家水稻品种试验年会审议意见：终止试验。

（二）初试品种

1. 深优 9594

2013 年初试平均亩产 504.72 千克，比天优 998（CK）增产 9.78%，达极显著水平，增产点比例 90.0%。全生育期 124.3 天，比天优 998（CK）迟熟 1.7 天。主要农艺性状表现：每亩有效穗数 15.4 万穗，株高 110.0 厘米，穗长 22.1 厘米，每穗总粒数 144.1 粒，结实率 86.2%，千粒重 29.6 克。抗性：稻瘟病综合指数 7.8 级，穗瘟损失率最高级 9 级；白叶枯病 5 级；褐飞虱 5 级；白背飞虱 5 级。米质主要指标：整精米率 36.0%，长宽比 3.2，垩白粒率 54%，垩白度 9.2%，胶稠度 87 毫米，直链淀粉含量 21.9%。

2013 年国家水稻品种试验年会审议意见：终止试验。

2. Y 两优 321

2013 年初试平均亩产 470.81 千克，比天优 998（CK）增产 2.40%，达极显著水平，增产点比例

60.0%。全生育期124.5天，比天优998（CK）迟熟1.9天。主要农艺性状表现：每亩有效穗数16.6万穗，株高110.5厘米，穗长24.8厘米，每穗总粒数169.3粒，结实率85.8%，千粒重21.7克。抗性：稻瘟病综合指数7.1级，穗瘟损失率最高级9级；白叶枯病5级；褐飞虱9级；白背飞虱7级。米质主要指标：整精米率56.2%，长宽比3.2，垩白粒率6%，垩白度1.4%，胶稠度72毫米，直链淀粉含量13.5%。

2013年国家水稻品种试验年会审议意见：终止试验。

3. 恒丰优386

2013年初试平均亩产468.61千克，比天优998（CK）增产1.92%，达显著水平，增产点比例70.0%。全生育期123.6天，比天优998（CK）迟熟1.0天。主要农艺性状表现：每亩有效穗数16.6万穗，株高105.2厘米，穗长23.3厘米，每穗总粒数151.8粒，结实率78.8%，千粒重28.3克。抗性：稻瘟病综合指数4.0级，穗瘟损失率最高级9级；白叶枯病7级；褐飞虱9级；白背飞虱5级。米质主要指标：整精米率29.1%，长宽比3.3，垩白粒率24%，垩白度2.5%，胶稠度78毫米，直链淀粉含量13.0%。

2013年国家水稻品种试验年会审议意见：终止试验。

4. 科德优999

2013年初试平均亩产463.93千克，比天优998（CK）增产0.90%，未达显著水平，增产点比例50.0%。全生育期123.6天，比天优998（CK）迟熟1.0天。主要农艺性状表现：每亩有效穗数15.6万穗，株高112.3厘米，穗长24.3厘米，每穗总粒数174.8粒，结实率81.5%，千粒重23.5克。抗性：稻瘟病综合指数7.3级，穗瘟损失率最高级9级；白叶枯病5级；褐飞虱9级；白背飞虱5级。米质主要指标：整精米率49.2%，长宽比3.4，垩白粒率22%，垩白度4.2%，胶稠度63毫米，直链淀粉含量22.6%。

2013年国家水稻品种试验年会审议意见：终止试验。

5. 深优9563

2013年初试平均亩产458.77千克，比天优998（CK）减产0.22%，未达显著水平，增产点比例50.0%。全生育期130.0天，比天优998（CK）迟熟7.4天。主要农艺性状表现：每亩有效穗数15.1万穗，株高116.0厘米，穗长24.1厘米，每穗总粒数158.8粒，结实率85.7%，千粒重27.6克。抗性：稻瘟病综合指数8.1级，穗瘟损失率最高级9级；白叶枯病5级；褐飞虱9级；白背飞虱5级。米质主要指标：整精米率45.1%，长宽比3.1，垩白粒率24%，垩白度2.6%，胶稠度81毫米，直链淀粉含量14.7%。

2013年国家水稻品种试验年会审议意见：终止试验。

6. 深优9545

2013年初试平均亩产446.92千克，比天优998（CK）减产2.80%，达极显著水平，增产点比例40.0%。全生育期129.6天，比天优998（CK）迟熟7.0天。主要农艺性状表现：每亩有效穗数16.2万穗，株高115.4厘米，穗长23.4厘米，每穗总粒数144.9粒，结实率84.5%，千粒重26.6克。抗性：稻瘟病综合指数7.9级，穗瘟损失率最高级9级；白叶枯病5级；褐飞虱7级；白背飞虱5级。米质主要指标：整精米率46.0%，长宽比3.0，垩白粒率28%，垩白度3.8%，胶稠度86毫米，直链淀粉含量12.9%。

2013年国家水稻品种试验年会审议意见：终止试验。

表 1－1　华南早籼 A 组（131011H-A）区试品种基本情况

编号	品种名称	品种类型	亲本组合	选育/供种单位
1	T55 优 3301	杂交稻	T55A × 闽恢 3301	福建农林大学作物学院
2	黄广油占	常规稻	黄广占//黄华占/丰粤占	广东省农业科学院水稻所
3	富两优 236	杂交稻	广富 S × R236	广东省农业科学院水稻所/广东省金稻种业有限公司
4	* 深优 9545	杂交稻	深 95A × R245	清华大学深圳研究生院
5	* Y 两优 321	杂交稻	Y58S × R321	广州市农业科学院/湖南杂交水稻中心/广州乾农农业科技发展有限公司
6	* 恒丰优 386	杂交稻	恒丰 A × R386	广东粤良种业有限公司
7	* 深优 9594	杂交稻	深 95A × R1394	深圳市兆农农业科技有限公司
8	* 深优 9563	杂交稻	深 95A × R2263	广西百色兆农两系杂交水稻研发中心
9CK	天优 998（CK）	杂交稻	天丰 A × 广恢 998	广东省农业科学院水稻所
10	* 科德优 999	杂交稻	科德 186A × 999	广西菩提农业开发有限责任公司

* 为 2013 年新参试品种。

表 1－2　华南早籼 A 组（131011H-A）区试点基本情况

承试单位	试验地点	经度	纬度	海拔高度（米）	试验负责人及执行人
海南省农业科学院粮作所	澄迈县永发镇	110°31′	20°01′	15.0	林朝上、邢福能、符研
广东广州市农业科学院	广州市花都区花东镇	113°31′	23°45′	15.0	谭耀文、梁青、陈伟雄、陈雪瑜、陈玉英、梁继生、刘峰
广东高州市良种场	高州市分界镇	110°55′	21°48′	31.0	吴辉、梁齐仕
广东肇庆市农科所	肇庆市鼎湖区坑口	112°31′	23°10′	22.5	姚仲谋、慕容耀明、张家来
广东惠州市农科所	惠州市汤泉	114°41′	23°19′	7.0	曾海泉、罗华峰、胡庭平、陈怀机
广东清远市农技推广站	清远市清城区源潭镇	113°21′	23°05′	12.0	林建勇、陈明霞、陈国新、温灶婵
广西区农业科学院水稻所	南宁市	108°31′	22°35′	80.7	莫海玲、唐梅、于松保、孙富、黄志
广西玉林市农科所	玉林市	110°10′	22°38′	80.0	莫振勇、陈海凤、何俊、赖汉
广西钦州市农科所	钦州市	108°03′	21°43′	5.6	宋国显、唐清耀、张辉松、邹金松
福建漳州江东良种场	漳州江东郭州作业区实验地	117°18′	24°36′	10.0	黄溪华

表 1-3　华南早籼 A 组（131011H-A）区试品种产量、生育期及主要农艺经济性状汇总分析结果

品种名称	区试年份	亩产（千克）	比 CK ±%	比组平均 ±%	产量差异显著性 5%	产量差异显著性 1%	回归系数	比 CK 增产点(%)	全生育期（天）	比 CK ±天	分蘖率(%)	有效穗（万/亩）	成穗率（%）	株高（厘米）	穗长（厘米）	每穗总粒数	每穗实粒数	结实率(%)	千粒重(克)
富两优 236	2012～2013	479.68	3.73	1.5				78.8	124.9	1.8	419.3	17.9	62.2	107.3	21.5	155.9	130.9	83.9	22.6
T55 优 3301	2012～2013	477.81	3.33	1.1				60.0	128.6	5.5	390.7	14.7	54.0	116.1	24.4	156.1	123.4	79.0	29.3
黄广油占	2012～2013	491.13	6.21	3.9				56.3	126.3	3.2	292.7	17.2	64.2	110.0	22.6	141.9	125.4	88.4	24.9
天优 998（CK）	2012～2013	462.42	0.00	-2.1				0.0	123.1	0.0	419.1	17.4	61.7	102.2	21.2	139.6	115.5	82.7	25.0
深优 9594	2013	504.72	9.78	7.3	a	A	0.59	90.0	124.3	1.7	408.6	15.4	55.4	110.0	22.1	144.1	124.1	86.2	29.6
黄广油占	2013	484.27	5.33	3.0	b	B	0.40	50.0	125.0	2.4	293.1	16.3	62.5	108.6	23.8	151.8	134.2	88.4	24.8
T55 优 3301	2013	474.41	3.19	0.9	c	C	1.47	70.0	126.8	4.2	371.0	14.4	53.6	113.7	24.5	161.1	128.4	79.7	29.0
Y 两优 321	2013	470.81	2.40	0.1	cd	C	0.83	60.0	124.5	1.9	398.9	16.6	57.6	110.5	24.8	169.3	145.2	85.8	21.7
富两优 236	2013	470.80	2.40	0.1	cd	C	1.04	70.0	123.1	0.5	388.3	17.1	60.8	105.7	21.4	156.9	138.1	88.0	22.9
恒丰优 386	2013	468.61	1.92	-0.4	cd	CD	1.13	70.0	123.6	1.0	367.6	16.6	60.4	105.2	23.3	151.8	119.6	78.8	28.3
科德优 999	2013	463.93	0.90	-1.4	de	CD	1.17	50.0	123.6	1.0	324.0	15.6	62.6	112.3	24.3	174.8	142.5	81.5	23.5
天优 998（CK）	2013	459.77	0.00	-2.2	e	D	1.16	0.0	122.6	0.0	396.5	17.3	63.6	99.8	20.9	139.5	116.6	83.6	25.0
深优 9563	2013	458.77	-0.22	-2.5	e	D	1.04	50.0	130.0	7.4	386.6	15.1	55.9	116.0	24.1	158.8	136.2	85.7	27.6
深优 9545	2013	446.92	-2.80	-5.0	f	E	1.17	40.0	129.6	7.0	407.6	16.2	57.5	115.4	23.4	144.9	122.5	84.5	26.6

表 1－4　华南早籼 A 组（131011H-A）区试品种稻瘟病抗性各地鉴定结果（2013 年）

品种名称	2013 年福建					2013 年广西					2013 年广东				
	叶瘟（级）	穗瘟发病率		穗瘟损失率		叶瘟（级）	穗瘟发病率		穗瘟损失率		叶瘟（级）	穗瘟发病率		穗瘟损失率	
		%	级	%	级		%	级	%	级		%	级	%	级
T55 优 3301	4	57	9	36	7	8	100	9	76	9	3	26	7	15	5
黄广油占	1	5	1	1	1	7	100	9	37	7	1	6	3	4	1
富两优 236	1	18	5	10	3	7	100	9	52	9	4	31	7	19	5
恒丰优 386	3	3	1	1	1	7	100	9	53	9	1	11	5	4	1
Y 两优 321	6	64	9	42	7	7	100	9	52	9	5	36	7	23	5
深优 9594	6	97	9	83	9	5	100	9	35	7	5	100	9	79	9
深优 9545	8	59	9	36	7	7	100	9	34	7	7	100	9	83	9
科德优 999	7	100	9	96	9	6	100	9	37	7	4	48	7	34	7
深优 9563	9	60	9	38	7	8	100	9	33	7	7	100	9	76	9
天优 998（CK）	4	35	7	20	5	8	100	9	73	9	5	100	9	91	9
感病对照	9	100	9	88	9	8	100	9	100	9	8	100	9	100	9

注：1. 鉴定单位：广东省农业科学院植保所、广西农业科学院植保所、福建上杭县茶地乡农技站；
2. 感稻瘟病对照广东为“广陆矮 4 号”，广西为“籼粳 88”，福建为”紫色糯＋威优 77＋广陆矮 4 号”；
3. 感白叶枯病对照为“金刚 30”。

表 1－5 华南早籼 A 组（131011H-A）区试品种对主要病虫抗性综合评价结果（2012～2013 年）

品种名称	区试年份	稻瘟病							白叶枯病			褐飞虱			白背飞虱		
		2013 年各地综合指数（级）				2013 年穗瘟损失率最高级	1～2 年综合评价		2013 年	1～2 年综合评价		2013 年	1～2 年综合评价		2013 年	1～2 年综合评价	
		福建	广西	广东	平均		平均综合指数（级）	穗瘟损失率最高级		平均级	最高级		平均级	最高级		平均级	最高级
T55 优 3301	2012～2013	6.8	8.8	5.0	6.8	9	6.3	9	5	6	7	7	8	9	7	8	9
黄广油占	2012～2013	1.0	7.5	1.5	3.3	7	3.7	7	3	3	3	9	9	9	5	6	7
富两优 236	2012～2013	3.0	8.5	5.3	5.6	9	3.9	9	7	7	7	7	8	9	5	7	9
天优 998（CK）	2012～2013	5.3	8.8	8.0	7.3	9	6.8	9	7	7	7	9	9	9	7	6	7
恒丰优 386	2012	1.5	8.5	2.0	4.0	9	4.0	9	7	7	7	9	9	9	5	5	5
Y 两优 321	2012	7.3	8.5	5.5	7.1	9	7.1	9	5	5	5	9	9	9	7	7	7
深优 9594	2012	8.3	7.0	8.0	7.8	9	7.8	9	5	5	5	5	5	5	5	5	5
深优 9545	2012	7.8	7.5	8.5	7.9	9	7.9	9	5	5	5	7	7	7	5	5	5
科德优 999	2012	8.5	7.3	6.3	7.3	9	7.3	9	5	5	5	9	9	9	5	5	5
深优 9563	2012	8.0	7.8	8.5	8.1	9	8.1	9	5	5	5	9	9	9	5	5	5
天优 998（CK）	2012	5.3	8.8	8.0	7.3	9	7.3	9	7	7	7	9	9	9	7	7	7
感病虫照	2012	9.0	8.8	8.8	8.8	9	8.8	9	9	9	9	9	9	9	9	9	9

注：1. 稻瘟病综合指数（级）＝叶瘟平均级×25%＋穗瘟发病率平均级×25%＋穗瘟损失率平均级×50%；

2. 白叶枯病和褐飞虱、白背飞虱分别为广东省农业科学院植保所和中国水稻研究所鉴定结果，感白叶枯病、稻飞虱对照分别为金刚 30、TN1。

表 1-6　华南早籼 A 组（131011H-A）区试品种米质检测分析结果

品种名称	年份	糙米率(%)	精米率(%)	整精米率(%)	粒长(毫米)	长宽比	垩白粒率(%)	垩白度(%)	透明度(级)	碱消值(级)	胶稠度(毫米)	直链淀粉(%)	国标**(等级)	部标*(等级)
富两优 236	2012～2013	82.5	72.6	53.9	6.4	2.9	25	3.9	1	6.9	54	20.9	优 3	优 3
T55 优 3301	2012～2013	82.6	73.8	36.9	6.6	2.8	84	15.7	3	5.4	66	20.7	等外	普通
黄广油占	2012～2013	81.3	72.6	37.2	6.6	3.2	6	1.1	1	6.6	77	14.7	等外	普通
天优 998（CK）	2012～2013	82.3	72.7	38.0	6.8	3.2	32	4.6	2	4.3	71	20.0	等外	普通
Y 两优 321	2013	81.6	73.0	56.2	6.4	3.2	6	1.4	2	6.8	72	13.5	等外	优 2
恒丰优 386	2013	81.1	71.6	29.1	7.2	3.3	24	2.5	2	3.5	78	13.0	等外	普通
科德优 999	2013	82.7	74.0	49.2	6.9	3.4	22	4.2	2	7.0	63	22.6	等外	普通
深优 9545	2013	82.2	73.7	46.0	6.6	3.0	28	3.8	3	3.4	86	12.9	等外	普通
深优 9563	2013	81.4	72.6	45.1	6.8	3.1	24	2.6	1	4.8	81	14.7	等外	普通
深优 9594	2013	83.2	73.9	36.0	7.2	3.2	54	9.2	2	4.2	87	21.9	等外	普通
天优 998（CK）	2013	82.3	72.7	38.0	6.8	3.2	32	4.6	2	4.3	71	20.0	等外	普通

注：1. 样品生产提供单位：广东高州市良种场（2012～2013 年）、广西玉林市农科所（2012～2013 年）、福建龙海市良种场（2012～2013 年）；
2. 检测分析单位：农业部稻米及制品质量监督检验测试中心。

表 1-7-1　华南早籼 A 组（131011H-A）区试品种在各试点的产量、生育期及主要农艺经济性状表现

品种名称/试验点	亩产（千克）	比 CK ±%	产量位次	播种期（月/日）	齐穗期（月/日）	成熟期（月/日）	全生育期（天）	有效穗（万/亩）	株高（厘米）	穗长（厘米）	总粒数/穗	实粒数/穗	结实率（%）	千粒重（克）	杂株率（%）	倒伏性	穗颈瘟	白叶枯病	纹枯病	综合评级
T55 优 3301																				
海南省农业科学院粮作所	447.17	6.55	8	2/2	5/10	6/6	125	17.4	110.8	22.5	126.9	102.2	80.5	27.8	0.9	直	无	无	轻	B
广西玉林市农科所	567.83	5.55	2	3/9	6/7	7/5	118	12.3	120.2	26.2	182.5	160.0	87.7	30.2	0.0	直	未发	未发	轻	B
广西区农业科学院水稻所	555.33	5.00	1	3/1	6/4	7/2	123	14.0	113.3	25.6	171.8	141.3	82.3	31.2	0.0	直	轻	未发	轻	A
广西钦州市农科所	539.17	5.58	2	3/8	6/8	7/8	122	14.5	115.8	25.3	161.1	137.3	85.2	29.7	0.0	直	未发	未发	轻	A
广东肇庆市农科所	353.33	-0.84	8	2/27	6/6	7/7	132	11.7	109.4	24.0	172.8	105.9	61.3	29.0	0.0	斜	抗	抗	重	D
广东清远市农技推广站	419.00	-2.71	9	3/9	6/17	7/15	128	15.2	122.8	24.6	147.0	119.1	81.0	28.9	0.0	直	未发	未发	轻	C
广东惠州市农科所	519.67	2.43	3	3/4	6/14	7/15	133	13.4	113.8	24.7	178.8	137.6	77.0	28.9	0.2	伏	未发	未发	轻	C
广东广州市农业科学院	527.50	11.36	4	3/1	6/9	7/9	130	13.6	111.7	23.0	141.8	115.4	81.4	29.3	0.2	直	无	未发	轻	B
广东高州市良种场	358.33	0.94	8	2/24	6/3	6/29	125	16.9	107.2	22.7	112.2	86.0	76.6	26.3	0.6	直	未发	无	3	C
福建龙海市良种场	456.81	-4.32	4	3/1	6/21	7/17	132	15.5	112.1	26.1	216.4	179.5	82.9	29.0	0.0	直	无	无	轻	B
黄广油占																				
海南省农业科学院粮作所	518.67	23.59	1	2/2	5/3	5/30	118	17.2	103.2	21.2	111.2	107.9	97.0	25.4	0.4	直	无	轻	轻	A
广西玉林市农科所	513.67	-4.52	6	3/9	6/8	7/6	119	13.1	116.6	32.3	192.3	173.6	90.3	24.3	0.0	直	未发	未发	轻	C
广西区农业科学院水稻所	488.68	-7.61	6	3/1	6/2	7/1	122	15.5	108.9	23.1	143.0	131.9	92.2	26.6	0.0	直	轻	未发	轻	C
广西钦州市农科所	507.50	-0.62	8	3/8	6/8	7/8	122	14.1	112.6	30.1	182.7	162.3	88.8	24.5	0.0	直	未发	未发	轻	B
广东肇庆市农科所	452.67	27.04	2	2/27	6/5	7/5	130	16.1	107.2	22.3	129.2	114.8	88.9	25.4	0.0	直	抗	抗	中	A
广东清远市农技推广站	464.00	7.74	4	3/9	6/14	7/15	128	16.9	111.9	22.1	143.2	124.7	87.1	23.5	0.0	直	未发	未发	轻	B
广东惠州市农科所	492.17	-2.99	7	3/4	6/8	7/9	127	18.4	110.4	21.2	138.0	111.3	80.7	24.1	0.0	直	未发	未发	轻	B
广东广州市农业科学院	498.83	5.31	8	3/1	6/6	7/5	126	16.2	105.0	22.1	152.4	138.1	90.6	24.0	0.0	直	无	未发	轻	C
广东高州市良种场	467.50	31.69	1	2/24	5/30	6/25	121	17.1	101.8	20.5	133.5	104.0	77.9	26.8	0.8	直	未发	无	3	A
福建龙海市良种场	438.97	-8.05	6	3/1	6/20	7/16	137	18.0	108.3	23.4	192.9	173.3	89.8	23.8	0.0	直	无	无	轻	B

注：综合评级 A—好，B—较好，C—中等，D——一般。

表 1-7-2 华南早籼 A 组（131011H-A）区试品种在各试点的产量、生育期及主要农艺经济性状表现

品种名称/试验点	亩产（千克）	比 CK ±%	产量位次	播种期（月/日）	齐穗期（月/日）	成熟期（月/日）	全生育期（天）	有效穗（万/亩）	株高（厘米）	穗长（厘米）	总粒数/穗	实粒数/穗	结实率（%）	千粒重（克）	杂株率（%）	倒伏性	穗颈瘟	白叶枯病	纹枯病	综合评级
富两优 236																				
海南省农业科学院粮作所	502.17	19.66	3	2/2	5/3	6/1	120	19.3	100.7	19.1	96.8	91.0	94.0	22.7	0.9	直	无	轻	中	A
广西玉林市农科所	506.33	-5.89	7	3/9	6/5	7/3	116	14.4	113.7	21.8	180.3	170.4	94.5	22.2	0.0	直	未发	未发	中	C
广西区农业科学院水稻所	509.75	-3.62	4	3/1	6/1	6/29	120	15.1	105.8	23.0	170.5	156.3	91.7	23.8	0.0	直	轻	未发	轻	B
广西钦州市农科所	515.33	0.91	6	3/8	6/6	7/6	120	15.3	108.3	21.5	169.5	157.2	92.7	22.4	0.0	直	未发	未发	轻	B
广东肇庆市农科所	399.00	11.97	4	2/27	6/1	6/30	125	15.2	100.1	20.5	149.0	120.0	80.5	22.7	0.0	直	抗	抗	轻	B
广东清远市农技推广站	451.67	4.88	5	3/9	6/13	7/13	126	20.3	107.4	22.4	132.8	114.3	86.1	21.4	0.0	直	未发	未发	轻	C
广东惠州市农科所	524.17	3.32	2	3/4	6/8	7/9	127	18.0	108.8	20.5	157.9	135.6	85.9	21.4	0.0	斜	未发	未发	轻	B
广东广州市农业科学院	521.17	10.03	5	3/1	6/4	7/4	125	15.4	101.8	20.7	152.0	142.0	93.4	22.7	0.3	直	无	未发	轻	B
广东高州市良种场	372.50	4.93	7	2/24	5/27	6/24	120	19.1	105.3	19.3	105.5	75.9	71.9	27.4	1.3	直	未发	无	3	C
福建龙海市良种场	405.89	-14.98	8	3/1	6/16	7/12	132	18.5	105.3	25.0	254.5	218.5	85.8	22.0	0.0	直	无	无	轻	B
深优 9545																				
海南省农业科学院粮作所	496.00	18.19	4	2/2	5/5	6/3	122	18.0	105.7	20.5	91.4	86.8	95.0	26.2	0.9	直	无	轻	轻	A
广西玉林市农科所	506.00	-5.95	8	3/9	6/10	7/8	121	12.1	117.3	26.0	179.3	165.1	92.0	27.5	0.0	直	未发	未发	轻	C
广西区农业科学院水稻所	499.39	-5.58	5	3/1	6/1	6/30	121	14.0	108.6	20.7	135.3	126.7	93.6	31.4	0.0	直	轻	未发	轻	B
广西钦州市农科所	506.00	-0.91	9	3/8	6/12	7/12	126	14.6	113.5	24.7	157.3	136.5	86.8	27.2	0.0	直	未发	未发	轻	C
广东肇庆市农科所	318.00	-10.76	10	2/27	6/14	7/15	140	13.0	116.3	26.0	168.2	102.2	60.8	25.0	0.0	直	抗	抗	重	D
广东清远市农技推广站	470.00	9.13	3	3/9	6/24	7/22	135	16.4	125.4	22.2	136.2	120.7	88.6	24.4	0.0	直	未发	未发	中	B
广东惠州市农科所	465.00	-8.34	9	3/4	6/13	7/16	134	14.8	119.8	23.9	148.8	116.6	78.4	27.3	0.0	直	未发	未发	中	D
广东广州市农业科学院	478.67	1.05	9	3/1	6/9	7/7	128	15.4	110.9	23.3	133.9	121.0	90.4	26.9	0.0	直	无	未发	轻	C
广东高州市良种场	388.33	9.39	6	2/24	5/31	6/28	124	19.7	103.5	21.6	102.1	75.9	74.3	26.4	0.8	直	未发	无	3	C
福建龙海市良种场	341.80	-28.41	10	3/1	6/28	7/24	145	23.5	133.0	25.0	196.9	173.3	88.0	23.5	0.0	直	无	无	轻	C

注：综合评级 A—好，B—较好，C—中等，D——般。

表 1-7-3 华南早籼 A 组（131011H-A）区试品种在各试点的产量、生育期及主要农艺经济性状表现

品种名称/试验点	亩产（千克）	比 CK ±%	产量位次	播种期（月/日）	齐穗期（月/日）	成熟期（月/日）	全生育期（天）	有效穗（万/亩）	株高（厘米）	穗长（厘米）	总粒数/穗	实粒数/穗	结实率（%）	千粒重（克）	杂株率（%）	倒伏性	穗颈瘟	白叶枯病	纹枯病	综合评级
Y 两优 321																				
海南省农业科学院粮作所	475.17	13.22	5	2/2	5/4	6/1	120	16.7	106.8	22.9	116.7	103.8	88.9	22.5	1.1	直	无	轻	轻	B
广西玉林市农科所	505.33	-6.07	9	3/9	6/5	7/3	116	14.1	113.8	25.3	191.0	183.5	96.1	21.1	0.0	直	未发	未发	中	C
广西区农业科学院水稻所	480.22	-9.21	8	3/1	6/2	7/1	122	13.7	111.6	26.2	204.9	176.9	86.3	22.2	0.0	直	轻	未发	轻	C
广西钦州市农科所	521.50	2.12	4	3/8	6/8	7/7	121	15.9	112.2	24.6	179.1	155.8	87.0	21.5	0.0	直	未发	未发	轻	C
广东肇庆市农科所	415.00	16.47	3	2/27	6/4	7/5	130	15.3	107.2	24.9	166.8	133.3	79.9	22.0	0.0	斜	抗	抗	轻	A
广东清远市农技推广站	447.00	3.79	6	3/9	6/13	7/13	126	19.8	113.0	25.2	142.5	126.8	89.0	21.3	0.0	直	未发	未发	轻	B
广东惠州市农科所	501.50	-1.15	5	3/4	6/9	7/11	129	17.2	116.4	24.9	169.9	146.2	86.1	21.6	0.0	斜	未发	未发	轻	C
广东广州市农业科学院	530.00	11.89	2	3/1	6/5	7/3	124	16.2	105.7	24.4	154.7	141.4	91.4	22.1	0.0	直	无	未发	轻	A
广东高州市良种场	397.50	11.97	4	2/24	5/30	6/28	124	17.3	106.1	23.7	127.9	100.2	78.3	22.7	0.5	直	未发	无	5	C
福建龙海市良种场	434.90	-8.91	7	3/1	6/16	7/12	133	20.3	111.9	26.0	240.0	184.3	76.8	19.6	0.0	直	无	无	轻	B
恒丰优 386																				
海南省农业科学院粮作所	392.00	-6.59	10	2/2	5/2	5/31	119	19.3	98.6	19.5	82.4	74.6	90.5	27.4	1.3	直	无	无	中	C
广西玉林市农科所	568.00	5.58	1	3/9	6/6	7/3	116	13.5	112.2	23.3	165.4	152.5	92.2	28.5	4.5	直	未发	未发	中	A
广西区农业科学院水稻所	541.69	2.42	2	3/1	6/1	6/29	120	17.3	106.6	24.1	135.7	115.7	85.3	30.0	2.6	直	轻	未发	轻	B
广西钦州市农科所	537.00	5.16	3	3/8	6/6	7/6	120	16.2	109.7	23.2	148.4	133.1	89.7	28.1	1.5	直	未发	未发	轻	A
广东肇庆市农科所	341.33	-4.21	9	2/27	6/3	7/2	127	13.1	101.3	23.6	169.7	106.6	62.8	27.5	0.0	斜	抗	抗	重	D
广东清远市农技推广站	436.67	1.39	7	3/9	6/15	7/14	127	14.7	106.8	24.3	159.9	116.4	72.8	30.1	0.0	直	未发	未发	轻	C
广东惠州市农科所	452.33	-10.84	10	3/4	6/8	7/10	128	16.6	105.8	22.8	152.0	109.6	72.1	28.2	0.0	直	未发	未发	中	D
广东广州市农业科学院	511.33	7.95	7	3/1	6/5	7/6	127	15.5	102.0	21.9	147.1	124.3	84.5	26.6	0.5	直	无	未发	中	B
广东高州市良种场	424.17	19.48	2	2/24	5/26	6/23	119	19.6	97.9	21.7	105.3	79.9	75.9	29.1	0.7	直	未发	无	3	B
福建龙海市良种场	481.60	0.87	2	3/1	6/16	7/12	133	20.0	111.0	28.7	252.1	183.3	72.7	27.8	0.0	直	无	无	轻	B

注：综合评级 A—好，B—较好，C—中等，D——般。

表 1-7-4　华南早籼 A 组（131011H-A）区试品种在各试点的产量、生育期及主要农艺经济性状表现

品种名称/试验点	亩产（千克）	比 CK ±%	产量位次	播种期（月/日）	齐穗期（月/日）	成熟期（月/日）	全生育期（天）	有效穗（万/亩）	株高（厘米）	穗长（厘米）	总粒数/穗	实粒数/穗	结实率（%）	千粒重（克）	杂株率（%）	倒伏性	穗颈瘟	白叶枯病	纹枯病	综合评级
深优 9594																				
海南省农业科学院粮作所	516.00	22.95	2	2/2	5/5	6/2	121	17.5	104.4	20.1	102.6	95.3	92.9	31.6	0.9	直	无	无	中	A
广西玉林市农科所	557.17	3.56	4	3/9	6/6	7/4	117	12.5	111.3	22.2	160.9	148.5	92.3	30.7	0.0	直	未发	未发	轻	B
广西区农业科学院水稻所	464.50	-12.18	10	3/1	6/6	7/3	124	13.3	119.5	24.5	178.9	147.8	82.6	26.5	0.0	直	轻	未发	中	C
广西钦州市农科所	540.67	5.87	1	3/8	6/6	7/6	120	15.1	111.8	23.1	153.6	132.7	86.4	30.1	0.0	直	未发	未发	轻	A
广东肇庆市农科所	475.67	33.49	1	2/27	6/4	7/2	127	14.2	105.7	21.1	141.0	115.0	81.6	29.5	0.0	斜	抗	抗	重	A
广东清远市农技推广站	480.00	11.45	2	3/9	6/13	7/13	126	16.3	110.9	21.6	110.4	99.0	89.7	30.8	0.0	直	未发	未发	轻	B
广东惠州市农科所	531.00	4.67	1	3/4	6/8	7/9	127	15.6	115.2	21.7	144.6	123.4	85.3	29.6	0.0	斜	未发	未发	轻	A
广东广州市农业科学院	536.33	13.23	1	3/1	6/6	7/5	126	15.1	107.3	22.6	143.7	128.9	89.7	29.7	0.0	直	轻	未发	轻	A
广东高州市良种场	423.33	19.25	3	2/24	5/28	6/24	120	18.7	102.2	20.8	108.2	81.8	75.6	29.3	0.6	直	未发	轻	5	B
深优 9594																				
福建龙海市良种场	522.50	9.44	1	3/1	6/18	7/14	135	16.2	112.0	23.4	196.8	169.0	85.9	27.8	0.0	直	无	无	轻	B
海南省农业科学院粮作所	472.33	12.55	6	2/2	5/8	6/5	124	19.4	104.5	21.1	88.8	79.8	89.9	28.0	0.9	直	无	轻	中	B
广西玉林市农科所	504.33	-6.26	10	3/9	6/9	7/7	120	12.0	118.5	25.4	169.9	151.0	88.9	28.5	0.0	直	未发	未发	轻	C
广西区农业科学院水稻所	488.16	-7.70	7	3/1	6/5	7/2	123	12.6	115.8	25.7	176.8	160.2	90.6	27.3	0.0	直	轻	未发	轻	C
广西钦州市农科所	502.67	-1.57	10	3/8	6/11	7/11	125	14.8	115.3	24.6	152.7	130.7	85.6	27.9	0.0	直	未发	未发	轻	C
广东肇庆市农科所	360.00	1.03	6	2/27	6/14	7/15	140	12.4	111.2	24.2	145.2	108.2	74.5	28.5	0.0	直	抗	抗	重	D
广东清远市农技推广站	507.00	17.72	1	3/9	6/24	7/22	135	15.0	129.5	23.3	167.4	151.7	90.6	25.4	0.0	直	未发	未发	轻	B
广东惠州市农科所	479.33	-5.52	8	3/4	6/15	7/17	135	14.8	117.4	24.6	145.6	112.1	77.0	28.3	0.0	直	未发	未发	轻	D
广东广州市农业科学院	529.50	11.79	3	3/1	6/10	7/8	129	14.4	108.6	21.9	147.4	128.1	86.9	27.6	0.0	直	轻	未发	轻	A
广东高州市良种场	396.67	11.74	5	2/24	6/1	6/28	124	16.0	104.3	23.6	136.1	106.0	77.9	27.9	0.9	直	未发	无	5	C
福建龙海市良种场	347.75	-27.16	9	3/1	6/28	7/24	145	19.5	135.4	27.0	258.6	234.0	90.5	26.8	0.0	直	无	无	轻	D

注：综合评级 A—好，B—较好，C—中等，D——般。

表 1-7-5　华南早籼 A 组（131011H-A）区试品种在各试点的产量、生育期及主要农艺经济性状表现

品种名称/试验点	亩产（千克）	比 CK ±%	产量位次	播种期（月/日）	齐穗期（月/日）	成熟期（月/日）	全生育期（天）	有效穗（万/亩）	株高（厘米）	穗长（厘米）	总粒数/穗	实粒数/穗	结实率（%）	千粒重（克）	杂株率（%）	倒伏性	穗颈瘟	白叶枯病	纹枯病	综合评级
天优 998（CK）																				
海南省农业科学院粮作所	419.67	0.00	9	2/2	4/30	5/28	116	19.5	90.4	20.0	97.4	92.9	95.4	25.8	0.4	倒	轻	轻	中	B
广西玉林市农科所	538.00	0.00	5	3/9	6/5	7/3	116	15.6	106.1	20.5	149.9	142.3	94.9	24.9	0.0	直	未发	未发	轻	C
广西区农业科学院水稻所	528.91	0.00	3	3/1	5/29	6/28	119	17.3	104.8	23.9	142.5	124.0	87.0	27.3	0.0	直	轻	未发	轻	B
广西钦州市农科所	510.67	0.00	7	3/8	6/6	7/6	120	16.5	104.8	20.9	152.2	134.8	88.6	24.2	0.0	直	未发	未发	轻	B
广东肇庆市农科所	356.33	0.00	7	2/27	5/31	7/1	126	14.2	91.8	20.2	139.3	110.5	79.3	24.5	0.0	伏	抗	抗	重	C
广东清远市农技推广站	430.67	0.00	8	3/9	6/13	7/13	126	18.5	105.2	22.0	141.2	116.1	82.2	22.7	0.0	直	未发	未发	轻	B
广东惠州市农科所	507.33	0.00	4	3/4	6/6	7/8	126	18.2	102.4	19.7	127.2	103.8	81.6	25.4	0.0	倒	未发	未发	中	C
广东广州市农业科学院	473.67	0.00	10	3/1	6/1	7/2	123	16.7	96.4	19.9	133.9	116.2	86.8	24.7	0.0	直	无	未发	中	C
广东高州市良种场	355.00	0.00	9	2/24	5/24	6/24	120	18.2	95.8	20.0	123.0	93.0	75.6	25.7	0.7	直	未发	无	3	C
福建龙海市良种场	477.43	0.00	3	3/1	6/15	7/13	134	18.6	100.0	21.6	188.0	132.0	70.2	24.9	0.0	直	无	无	轻	B
科德优 999																				
海南省农业科学院粮作所	460.00	9.61	7	2/2	5/1	5/29	117	18.5	108.7	22.5	130.5	113.6	87.0	22.9	0.4	倒	无	轻	中	B
广西玉林市农科所	565.67	5.14	3	3/9	6/6	7/4	117	14.1	118.6	24.3	190.2	173.1	91.0	23.9	0.0	直	未发	未发	轻	B
广西区农业科学院水稻所	471.75	-10.81	9	3/1	6/1	6/30	121	15.5	112.9	25.8	165.3	139.6	84.5	23.9	0.0	直	轻	未发	轻	C
广西钦州市农科所	518.17	1.47	5	3/8	6/6	7/6	120	15.7	112.6	23.5	161.2	142.7	88.5	24.3	0.0	直	未发	未发	轻	B
广东肇庆市农科所	387.33	8.70	5	2/27	6/3	7/4	129	13.7	106.7	25.7	192.6	126.5	65.7	23.5	0.0	伏	抗	抗	重	C
广东清远市农技推广站	418.33	-2.86	10	3/9	6/13	7/13	126	16.1	113.7	24.6	166.0	132.8	80.0	22.4	1.5	直	未发	未发	轻	C
广东惠州市农科所	497.33	-1.97	6	3/4	6/8	7/10	128	15.8	120.2	23.4	153.0	122.5	80.1	24.4	0.0	斜	未发	未发	轻	C
广东广州市农业科学院	515.00	8.73	6	3/1	6/4	7/4	125	14.4	107.3	23.1	149.0	130.2	87.4	23.3	0.0	直	轻	未发	轻	B
广东高州市良种场	351.67	-0.94	10	2/24	5/25	6/24	120	16.0	104.6	22.3	120.3	94.4	78.5	23.6	0.7	直	未发	无	5	C
福建龙海市良种场	454.02	-4.90	5	3/1	6/16	7/12	133	16.5	117.5	27.9	319.9	249.3	77.9	22.5	0.0	直	无	无	轻	B

注：综合评级 A—好，B—较好，C—中等，D——般。

第二章 2013 年华南早籼 B 组国家水稻品种试验汇总报告

一、试验概况

（一）试验目的

鉴定评价我国南方稻区新选育和引进的水稻新品种（组合，下同）的丰产性、稳产性、适应性、抗性、米质及其他重要性状表现，为国家水稻品种审定提供科学依据。

（二）参试品种

区试品种 9 个，除了 Y 两优 9918 和荣优华占为续试品种，其他为新参试品种，以天优 998（CK）为对照；本组 2013 年度无生产试验品种。品种编号、名称、类型、亲本组合、选育/供种单位见表 2－1。

（三）承试单位

区试点 10 个，分布在海南、广东、广西和福建 4 个省区。承试单位、试验地点、经纬度、海拔高度、试验负责人及执行人见表 2－2。

（四）试验设计、栽培管理与观察记载

各试验点均按《2013 年南方稻区国家水稻品种试验实施方案》及《农作物品种区域试验技术规范　水稻》进行试验。

区试采用完全随机区组排列，3 次重复，小区面积 0.02 亩。生产试验采用大区随机排列，不设重复，大区面积 0.5 亩。

分区试、生产试验，同组试验所有品种同期播种、移栽，施肥水平中等偏上，其他栽培管理措施与当地大田生产相同。

观察记载项目与标准按《农作物品种区域试验技术规范　水稻》以及《国家水稻品种试验观察记载项目、方法及标准》《南方稻区国家水稻品种区试及生产试验记载表》等的要求执行。

（五）特性鉴定

抗性鉴定：广东省农业科学院植保所、广西壮族自治区农业科学院植保所和福建上杭县茶地乡农技站负责稻瘟病抗性鉴定，鉴定采用人工接菌与病区自然诱发相结合；广东省农业科学院植保所负责白叶枯病抗性鉴定；中国水稻研究所稻作发展中心负责稻飞虱抗性鉴定。鉴定种子由广州市农科所试验点统一提供，鉴定结果由广东省农业科学院植保所负责汇总。

米质分析：由广东高州市良种场、广西玉林市农科所和福建龙海市良种场试验点分别单独种植生产提供样品，农业部稻米及制品质量监督检验测试中心负责检测分析。

参试品种的特异性及续试品种年度间的一致性鉴定：由中国水稻研究所进行 DNA 指纹鉴定。

（六）统计分析

按照《农作物品种区域试验技术规范　水稻》等有关试验质量评价标准，对各试验（鉴定）点试验（鉴定）结果的可靠性、完整性、准确性、可比性以及对照品种表现情况等进行分析评估，确保汇总质量。2013 年区试各试验点试验结果正常，全部列入汇总。

产量联合方差分析采用混合模型，品种间产量差异多重比较采用 Duncan's 新复极差法；参试品种

的丰产性主要以品种在区试和生产试验中相对于对照品种产量及组平均产量衡量；参试品种的适应性主要以品种在区试中比对照品种增产的试验点比例衡量；参试品种的稳产性主要以品种在年度间区试中相对于对照品种产量的差异变化程度衡量。

参试品种的生育期主要以全生育期比对照品种长短的天数衡量。

参试品种的抗性以指定的鉴定单位的鉴定结果为主要依据，对稻瘟病抗性的主要评价指标为综合指数和穗瘟损失率最高级，对其他病虫害抗性的主要评价指标为最高级。

参试品种的米质检测、评价按照国家《优质稻谷》标准，分优质1级、优质2级、优质3级，未达到优质级的品种米质均为等外级。

二、结果分析

（一）产量

2013年区试品种中，天优998（CK）产量偏低、居本组末位。依据比组平均产量的增减产幅度衡量，产量较高的品种泸优华占、Y两优9918、C两优华占，产量居前3位，平均亩产501.76～510.42千克，比天优998（CK）增产7.59%～9.45%；产量中等的品种有天优812、粘两优华1、吉丰优306，平均亩产479.99～494.69千克，比天优998（CK）增产2.92%～6.07%；其他品种产量一般，平均亩产466.37～477.54千克，比天优998（CK）增产1.41%～2.40%。品种产量、比对照及组平均增减产百分率、品种间产量差异显著性、比对照增产试验点比例等汇总结果见表2-3。

（二）生育期

2013年区试品种中，所有品种的全生育期介于119.8～126.8天，比天优998（CK）早迟不超过5天、熟期适宜。品种全生育期及比对照长短天数见表2-3。

（三）主要农艺经济性状

品种分蘖率、有效穗数、成穗率、株高、每穗总粒数、每穗实粒数、结实率、千粒重等主要农艺经济性状汇总结果见表2-3。

（四）抗性

2013年区试品种中，粘两优华1和28S/汕恢277的稻瘟病综合指数分别为8.4级和8.3级，其他品种均未超过6.5级。依据穗瘟损失率最高级，Y两优9918为中感，其他品种为感或高感。

品种在各稻瘟病抗性鉴定点的鉴定结果见表2-4，品种稻瘟病抗性鉴定汇总结果以及白叶枯病、褐飞虱、白背飞虱抗性鉴定结果见表2-5。

（五）米质

依据国家《优质稻谷》标准，所有品种均为等外级，米质中等或一般。品种糙米率、整精米率、粒长、长宽比、垩白粒率、垩白度、胶稠度、直链淀粉等米质性状表现见表2-6。

（六）品种在各试验点表现

区试品种在各试验点的产量、生育期、主要农艺经济性状、田间抗性表现等见表2-7-1至表2-7-5。

三、品种评价

（一）续试品种

1. Y两优9918

2012年初试平均亩产513.72千克，比天优998（CK）增产9.54%，达极显著水平；2013年续试平均亩产505.31千克，比天优998（CK）增产8.35%，达极显著水平；两年区试平均亩产509.51千克，比天优998（CK）增产8.95%，增产点比例88.8%。全生育期两年区试平均128.0天，比天优998（CK）迟熟5.1天。主要农艺性状两年区试综合表现：每亩有效穗数15.2万穗，株高117.6厘米，穗长26.4厘米，每穗总粒数166.3粒，结实率84.3%，千粒重26.8克。抗性两年综合表现：稻瘟病综合指数4.6级，穗瘟损失率最高级9级；白叶枯病平均级5级，最高级5级；褐飞虱平均级9级，最高级9级；白背飞虱平均级7级，最高级7级。米质主要指标两年综合表现：整精米率36.1%，长宽比3.1，垩白粒率23%，垩白度2.7%，胶稠度85毫米，直链淀粉含量12.0%。

2013年国家水稻品种试验年会审议意见：2014年进行生产试验。

2. 荣优华占

2012年初试平均亩产498.56千克，比天优998（CK）增产6.31%，达极显著水平；2013年续试平均亩产477.54千克，比天优998（CK）增产2.40%，达极显著水平；两年区试平均亩产488.05千克，比天优998（CK）增产4.36%，增产点比例62.5%。全生育期两年区试平均120.7天，比天优998（CK）早熟2.2天。主要农艺性状两年区试综合表现：每亩有效穗数17.9万穗，株高100.2厘米，穗长20.9厘米，每穗总粒数144.2粒，结实率85.6%，千粒重25.1克。抗性两年综合表现：稻瘟病综合指数3.9级，穗瘟损失率最高级9级；白叶枯病平均级6级，最高级7级；褐飞虱平均级8级，最高级9级；白背飞虱平均级6级，最高级7级。米质主要指标两年综合表现：整精米率48.5%，长宽比3.1，垩白粒率22%，垩白度4.6%，胶稠度80毫米，直链淀粉含量21.3%。

2013年国家水稻品种试验年会审议意见：终止试验。

（二）初试品种

1. 泸优华占

2013年初试平均亩产510.42千克，比天优998（CK）增产9.45%，达极显著水平，增产点比例100.0%。全生育期126.3天，比天优998（CK）迟熟3.9天。主要农艺性状表现：每亩有效穗数18.3万穗，株高108.8厘米，穗长22.8厘米，每穗总粒数163.8粒，结实率78.9%，千粒重24.0克。抗性：稻瘟病综合指数5.1级，穗瘟损失率最高级7级；白叶枯病5级；褐飞虱7级；白背飞虱5级。米质主要指标：整精米率47.1%，长宽比3.1，垩白粒率11%，垩白度2.2%，胶稠度80毫米，直链淀粉含量12.6%。

2013年国家水稻品种试验年会审议意见：2014年续试。

2. C两优华占

2013年初试平均亩产501.76千克，比天优998（CK）增产7.59%，达极显著水平，增产点比例100.0%。全生育期122.8天，比天优998（CK）迟熟0.4天。主要农艺性状表现：每亩有效穗数18.6万穗，株高101.7厘米，穗长21.4厘米，每穗总粒数152.3粒，结实率83.5%，千粒重23.5克。抗性：稻瘟病综合指数4.2级，穗瘟损失率最高级7级；白叶枯病3级；褐飞虱9级；白背飞虱7级。米质主要指标：整精米率50.8%，长宽比3.1，垩白粒率18%，垩白度2.9%，胶稠度85毫米，直链淀粉含量12.8%。

2013年国家水稻品种试验年会审议意见：2014年续试。

3. 天优812

2013年初试平均亩产494.69千克，比天优998（CK）增产6.07%，达极显著水平，增产点比例80.0%。全生育期123.6天，比天优998（CK）迟熟1.2天。主要农艺性状表现：每亩有效穗数15.3万穗，株高107.1厘米，穗长22.7厘米，每穗总粒数160.1粒，结实率85.0%，千粒重28.9克。抗性：稻瘟病综合指数5.9级，穗瘟损失率最高级9级；白叶枯病7级；褐飞虱9级；白背飞虱5级。米质主要指标：整精米率32.8%，长宽比3.1，垩白粒率44%，垩白度6.5%，胶稠度71毫米，直链淀粉含量21.7%。

2013年国家水稻品种试验年会审议意见：2014年续试。

4. 粘两优华1

2013年初试平均亩产488.25千克，比天优998（CK）增产4.69%，达极显著水平，增产点比例

100.0%。全生育期125.8天，比天优998（CK）迟熟3.4天。主要农艺性状表现：每亩有效穗数17.5万穗，株高111.1厘米，穗长23.2厘米，每穗总粒数135.9粒，结实率83.8%，千粒重27.5克。抗性：稻瘟病综合指数8.4级，穗瘟损失率最高级9级；白叶枯病3级；褐飞虱7级；白背飞虱5级。米质主要指标：整精米率35.2%，长宽比3.3，垩白粒率11%，垩白度1.9%，胶稠度81毫米，直链淀粉含量12.0%。

2013年国家水稻品种试验年会审议意见：终止试验。

5. 吉丰优306

2013年初试平均亩产479.99千克，比天优998（CK）增产2.92%，达极显著水平，增产点比例50.0%。全生育期119.8天，比天优998（CK）早熟2.6天。主要农艺性状表现：每亩有效穗数17.5万穗，株高100.2厘米，穗长20.9厘米，每穗总粒数145.8粒，结实率83.2%，千粒重25.1克。抗性：稻瘟病综合指数5.5级，穗瘟损失率最高级7级；白叶枯病5级；褐飞虱7级；白背飞虱5级。米质主要指标：整精米率47.0%，长宽比3.1，垩白粒率21%，垩白度3.9%，胶稠度79毫米，直链淀粉含量19.9%。

2013年国家水稻品种试验年会审议意见：终止试验。

6. 富两优9113

2013年初试平均亩产476.55千克，比天优998（CK）增产2.18%，达极显著水平，增产点比例70.0%。全生育期124.0天，比天优998（CK）迟熟1.6天。主要农艺性状表现：每亩有效穗数19.0万穗，株高102.7厘米，穗长21.3厘米，每穗总粒数135.0粒，结实率85.6%，千粒重23.2克。抗性：稻瘟病综合指数4.8级，穗瘟损失率最高级9级；白叶枯病5级；褐飞虱7级；白背飞虱3级。米质主要指标：整精米率43.9%，长宽比2.9，垩白粒率34%，垩白度7.5%，胶稠度63毫米，直链淀粉含量24.5%。

2013年国家水稻品种试验年会审议意见：终止试验。

7. 28S/汕恢277

2013年初试平均亩产472.94千克，比天优998（CK）增产1.41%，未达显著水平，增产点比例60.0%。全生育期123.5天，比天优998（CK）迟熟1.1天。主要农艺性状表现：每亩有效穗数16.1万穗，株高116.8厘米，穗长21.8厘米，每穗总粒数165.2粒，结实率78.9%，千粒重25.3克。抗性：稻瘟病综合指数8.3级，穗瘟损失率最高级9级；白叶枯病5级；褐飞虱7级；白背飞虱7级。米质主要指标：整精米率38.1%，长宽比3.0，垩白粒率14%，垩白度1.8%，胶稠度82毫米，直链淀粉含量12.4%。

2013年国家水稻品种试验年会审议意见：终止试验。

表 2－1　华南早籼 B 组（131011H-B）区试品种基本情况

编号	品种名称	品种类型	亲本组合	选育/供种单位
1	*天优 812	杂交稻	天丰 A×华恢 812	湖南亚华种业科学院
2	*吉丰优 306	杂交稻	吉丰 A×金恢 306	中种集团三亚分公司
3	Y 两优 9918	杂交稻	Y58S×R9918	湖南恒德种业科技有限公司
4	荣优华占	杂交稻	荣丰 A×华占	江西先农种业有限公司
5CK	天优 998（CK）	杂交稻	天丰 A×广恢 998	广东省农业科学院水稻所
6	*28S/汕恢 277	杂交稻	28S×汕恢 277	中种集团三亚分公司/汕头市农科所/常德市农科所
7	*粘两优华 1	杂交稻	粘 S×华恢 01	海南大学/湖南永益农业科技发展有限公司
8	*泸优华占	杂交稻	泸香 078A×华占	江西先农种业有限公司
9	*C 两优华占	杂交稻	C815S×华占	湖南金色农华种业科技有限公司
10	*富两优 9113	杂交稻	广富 S×R9113	中种集团/广东金稻种业有限公司

*为 2013 年新参试品种。

表 2－2　华南早籼 B 组（131011H-B）区试点基本情况

承试单位	试验地点	经度	纬度	海拔高度（米）	试验负责人及执行人
海南省农业科学院粮作所	澄迈县永发镇	110°31′	20°01′	15.0	林朝上、邢福能、符研
广东广州市农业科学院	广州市花都区花东镇	113°31′	23°45′	15.0	谭耀文、梁青、陈伟雄、陈雪瑜、陈玉英、梁继生、刘峰
广东高州市良种场	高州市分界镇	110°55′	21°48′	31.0	吴辉、梁齐仕
广东肇庆市农科所	肇庆市鼎湖区坑口	112°31′	23°10′	22.5	姚仲谋、慕容耀明、张家来
广东惠州市农科所	惠州市汤泉	114°41′	23°19′	7.0	曾海泉、罗华峰、胡庭平、陈怀机
广东清远市农技推广站	清远市清城区源潭镇	113°21′	23°05′	12.0	林建勇、陈明霞、陈国新、温灶婵
广西区农业科学院水稻所	南宁市	108°31′	22°35′	80.7	莫海玲、唐梅、于松保、孙富、黄志
广西玉林市农科所	玉林市	110°10′	22°38′	80.0	莫振勇、陈海凤、何俊、赖汉
广西钦州市农科所	钦州市	108°03′	21°43′	5.6	宋国显、唐清耀、张辉松、邹金松
福建漳州江东良种场	漳州江东郭州作业区实验地	117°18′	24°36′	10.0	黄溪华

表 2－3　华南早籼 B 组（131011H-B）区试品种产量、生育期及主要农艺经济性状汇总分析结果

品种名称	区试年份	亩产（千克）	比 CK ±%	比组平均 ±%	产量差异显著性 5%	产量差异显著性 1%	回归系数	比 CK 增产点（%）	全生育期（天）	比 CK ±天	分蘖率（%）	有效穗（万/亩）	成穗率（%）	株高（厘米）	穗长（厘米）	每穗总粒数	每穗实粒数	结实率（%）	千粒重（克）
Y 两优 9918	2012～2013	509.51	8.95	6.5				88.8	128.0	5.1	364.4	15.2	59.2	117.6	26.4	166.3	140.3	84.3	26.8
荣优华占	2012～2013	488.05	4.36	2.0				62.5	120.7	－2.2	399.1	17.9	63.7	100.2	20.9	144.2	123.4	85.6	25.1
天优 998（CK）	2012～2013	467.67	0.00	－2.3				0.0	122.9	0.0	385.2	17.4	62.1	102.1	21.2	144.5	118.0	81.7	25.1
泸优华占	2013	510.42	9.45	4.7	a	A	0.99	100.0	126.3	3.9	410.7	18.3	64.0	108.8	22.8	163.8	129.2	78.9	24.0
Y 两优 9918	2013	505.31	8.35	3.7	ab	A	0.83	90.0	126.8	4.4	342.6	14.8	58.6	115.5	26.7	174.7	148.7	85.2	26.7
C 两优华占	2013	501.76	7.59	3.0	b	AB	0.83	100.0	122.8	0.4	407.0	18.6	61.3	101.7	21.4	152.3	127.1	83.5	23.5
天优 812	2013	494.69	6.07	1.5	c	BC	0.84	80.0	123.6	1.2	313.9	15.3	59.8	107.1	22.7	160.1	136.1	85.0	28.9
粘两优华 1	2013	488.25	4.69	0.2	c	CD	0.99	100.0	125.8	3.4	363.7	17.5	64.9	111.1	23.2	135.9	113.9	83.8	27.5
吉丰优 306	2013	479.99	2.92	－1.5	d	DE	1.33	50.0	119.8	－2.6	401.1	17.5	62.8	100.2	20.9	145.8	121.3	83.2	25.1
荣优华占	2013	477.54	2.40	－2.0	d	E	1.02	50.0	119.9	－2.5	367.2	17.8	67.1	101.0	20.9	146.2	125.5	85.8	25.7
富两优 9113	2013	476.55	2.18	－2.2	d	E	0.96	70.0	124.0	1.6	389.4	19.0	64.3	102.7	21.3	135.0	115.6	85.6	23.2
28S/汕恢 277	2013	472.94	1.41	－3.0	de	EF	1.00	60.0	123.5	1.1	361.9	16.1	60.9	116.8	21.8	165.2	130.4	78.9	25.3
天优 998（CK）	2013	466.37	0.00	－4.3	e	F	1.21	0.0	122.4	0.0	369.1	18.0	63.6	100.3	20.9	144.0	117.8	81.8	25.4

表 2-4 华南早籼 B 组（131011H-B）区试品种稻瘟病抗性各地鉴定结果（2013 年）

品种名称	2013 年福建					2013 年广西					2013 年广东				
	叶瘟（级）	穗瘟发病率		穗瘟损失率		叶瘟（级）	穗瘟发病率		穗瘟损失率		叶瘟（级）	穗瘟发病率		穗瘟损失率	
		%	级	%	级		%	级	%	级		%	级	%	级
荣优华占	1	12	5	6	3	7	100	9	59	9	1	8	3	2	1
Y 两优 9918	5	25	5	15	3	5	100	9	20	5	3	5	1	2	1
粘两优华 1	8	96	9	67	9	7	100	9	61	9	5	90	9	75	9
28S/汕恢 277	9	100	9	69	9	8	100	9	64	9	1	70	9	56	9
吉丰优 306	4	19	5	12	3	7	100	9	47	7	4	36	7	26	5
天优 812	1	3	1	1	1	8	100	9	65	9	5	100	9	81	9
泸优华占	5	23	5	15	3	8	100	9	48	7	3	25	5	13	3
富两优 9113	3	8	3	4	1	7	100	9	66	9	5	21	5	15	3
C 两优华占	5	24	5	11	3	7	100	9	49	7	1	5	1	2	1
天优 998（CK）	4	33	7	18	5	8	100	9	73	9	4	100	9	91	9
感病对照	9	100	9	88	9	8	100	9	100	9	8	100	9	100	9

注：1. 鉴定单位：广东省农业科学院植保所、广西农业科学院植保所、福建上杭县茶地乡农技站；
2. 感稻瘟病对照广东为“广陆矮 4 号”，广西为“籼粳 88”，福建为”紫色糯 + 威优 77 + 广陆矮 4 号”；
3. 感白叶枯病对照为“金刚 30”。

表 2-5 华南早籼 B 组（131011H-B）区试品种对主要病虫抗性综合评价结果（2012~2013 年）

品种名称	区试年份	稻瘟病							白叶枯病			褐飞虱			白背飞虱		
		2013 年各地综合指数（级）				2013 年穗瘟损失率最高级	1~2 年综合评价		2013 年	1~2 年综合评价		2013 年	1~2 年综合评价		2013 年	1~2 年综合评价	
		福建	广西	广东	平均		平均综合指数（级）	穗瘟损失率最高级		平均级	最高级		平均级	最高级		平均级	最高级
荣优华占	2012~2013	3.0	8.5	1.5	4.3	9	3.9	9	5	6	7	7	8	9	5	6	7
Y 两优 9918	2012~2013	4.0	6.0	1.5	3.8	5	4.6	9	5	5	5	9	9	9	7	7	7
天优 998（CK）	2012~2013	6.3	8.8	7.8	7.3	9	6.8	9	7	7	7	7	8	9	7	7	7
粘两优华 1	2012	8.8	8.5	8.0	8.4	9	8.4	9	3	3	3	7	7	7	5	5	5
28S/汕恢 277	2012	9.0	8.8	7.0	8.3	9	8.3	9	5	5	5	7	7	7	7	7	7
吉丰优 306	2012	3.8	7.5	5.3	5.5	7	5.5	7	5	5	5	7	7	7	5	5	5
天优 812	2012	1.0	8.8	8.0	5.9	9	5.9	9	7	7	7	9	9	9	5	5	5
泸优华占	2012	4.0	7.8	3.5	5.1	7	5.1	7	5	5	5	7	7	7	5	5	5
富两优 9113	2012	2.0	8.5	4.0	4.8	9	4.8	9	5	5	5	7	7	7	3	3	3
C 两优华占	2012	4.0	7.5	1.0	4.2	7	4.2	7	3	3	3	9	9	9	7	7	7
天优 998（CK）	2012	5.3	8.8	7.8	7.3	9	7.3	9	7	7	7	7	7	7	7	7	7
感病虫照	2012	9.0	8.8	8.8	8.8	9	8.8	9	9	9	9	9	9	9	9	9	9

注：1. 稻瘟病综合指数（级）=叶瘟平均级×25%+穗瘟发病率平均级×25%+穗瘟损失率平均级×50%；

2. 白叶枯病和褐飞虱、白背飞虱分别为广东省农业科学院植保所和中国水稻研究所鉴定结果，感白叶枯病、稻飞虱对照分别为金刚 30、TN1。

表 2－6　华南早籼 B 组（131011H-B）区试品种米质检测分析结果

品种名称	年份	糙米率(%)	精米率(%)	整精米率(%)	粒长(毫米)	长宽比	垩白粒率(%)	垩白度(%)	透明度(级)	碱消值(级)	胶稠度(毫米)	直链淀粉(%)	国标**(等级)	部标*(等级)
Y 两优 9918	2012～2013	81.7	71.4	36.1	6.8	3.1	23	2.7	2.3	4.4	85	12.0	等外	普通
荣优华占	2012～2013	82.0	73.2	48.5	6.6	3.1	22	4.6	2.0	4.2	80	21.3	等外	普通
天优 998（CK）	2012～2013	82.3	72.7	38.0	6.8	3.2	32	4.6	2.2	4.3	71	20.0	等外	普通
28S/汕恢 277	2013	81.4	72.7	38.1	6.7	3.0	14	1.8	2.7	3.4	82	12.4	等外	普通
C 两优华占	2013	81.1	70.9	50.8	6.6	3.1	18	2.9	2.3	4.0	85	12.8	等外	普通
富两优 9113	2013	82.6	72.5	43.9	6.3	2.9	34	7.5	2.0	7.0	63	24.5	等外	普通
吉丰优 306	2013	81.9	73.1	47.0	6.7	3.1	21	3.9	2.0	4.6	79	19.9	等外	普通
泸优华占	2013	81.5	72.8	47.1	6.6	3.1	11	2.2	2.3	3.4	80	12.6	等外	普通
天优 812	2013	82.1	70.9	32.8	7.0	3.1	44	6.5	2.3	5.3	71	21.7	等外	普通
粘两优华 1	2013	81.0	72.4	35.2	7.1	3.3	11	1.9	2.0	4.8	81	12.0	等外	普通
天优 998（CK）	2013	82.3	72.7	38.0	6.8	3.2	32	4.6	2.2	4.3	71	20.0	等外	普通

注：1. 样品生产提供单位：广东高州市良种场（2012～2013 年）、广西玉林市农科所（2012～2013 年）、福建龙海市良种场（2012～2013 年）；

2. 检测分析单位：农业部稻米及制品质量监督检验测试中心。

表 2-7-1　华南早籼 B 组（131011H-B）区试品种在各试点的产量、生育期及主要农艺经济性状表现

品种名称/试验点	亩产（千克）	比 CK ±%	产量位次	播种期（月/日）	齐穗期（月/日）	成熟期（月/日）	全生育期（天）	有效穗（万/亩）	株高（厘米）	穗长（厘米）	总粒数/穗	实粒数/穗	结实率（%）	千粒重（克）	杂株率（%）	倒伏性	穗颈瘟	白叶枯病	纹枯病	综合评级
天优 812																				
海南省农业科学院粮作所	536.17	16.94	1	2/2	4/27	5/26	114	17.9	104.4	21.6	125.0	121.0	96.8	30.1	0.4	直	无	轻	中	A
广西玉林市农科所	569.17	7.02	1	3/9	6/7	7/5	118	12.9	113.1	22.2	177.2	160.5	90.6	29.2	0.0	直	未发	未发	轻	B
广西区农业科学院水稻所	544.11	5.38	1	3/1	6/1	6/30	121	11.8	108.9	23.7	180.7	162.1	89.7	31.7	0.0	直	未发	未发	未发	B
广西钦州市农科所	518.00	1.93	7	3/8	6/8	7/8	122	14.8	109.5	21.4	149.8	131.7	87.9	28.9	0.0	直	未发	未发	轻	C
广东肇庆市农科所	399.67	15.96	8	2/27	6/1	7/2	127	13.1	102.3	22.8	162.3	110.7	68.2	29.1	0.0	直	抗	抗	中	B
广东清远市农技推广站	457.67	5.70	5	3/9	6/15	7/15	128	17.5	110.7	23.3	144.4	123.3	85.4	26.2	0.0	直	未发	未发	轻	C
广东惠州市农科所	491.33	-3.53	9	3/4	6/9	7/10	128	13.8	110.8	22.5	154.7	136.2	88.0	28.8	0.0	直	未发	未发	轻	C
广东广州市农业科学院	536.17	12.60	3	3/1	6/4	7/4	125	14.1	101.8	22.6	155.2	135.2	87.1	30.1	0.0	直	无	未发	轻	A
广东高州市良种场	420.83	15.30	2	2/24	5/29	6/25	121	17.8	97.7	20.2	116.8	98.3	84.2	24.1	0.5	直	未发	无	5	B
福建龙海市良种场	473.81	-9.02	10	3/1	6/15	7/11	132	18.9	111.8	26.6	235.2	182.3	77.5	31.1	0.0	直	无	无	轻	B
吉丰优 306																				
海南省农业科学院粮作所	430.50	-6.11	9	2/2	4/24	5/22	110	17.5	106.8	19.5	119.1	115.0	96.6	25.0	1.1	直	无	轻	重	B
广西玉林市农科所	539.50	1.44	7	3/9	6/4	7/2	115	17.2	102.3	20.1	145.9	134.2	92.0	24.1	0.0	直	未发	未发	轻	C
广西区农业科学院水稻所	510.26	-1.17	7	3/1	5/26	6/24	115	14.8	95.6	23.2	160.4	143.1	89.2	26.8	0.0	直	未发	未发	轻	B
广西钦州市农科所	498.17	-1.97	10	3/8	6/5	7/5	119	15.9	101.4	19.6	142.7	130.8	91.7	24.2	0.2	直	未发	未发	轻	C
广东肇庆市农科所	409.33	18.76	5	2/27	5/28	6/28	124	16.2	93.2	20.3	151.1	107.1	70.9	23.6	0.0	伏	抗	抗	重	B
广东清远市农技推广站	427.33	-1.31	10	3/9	6/10	7/10	123	16.9	108.4	22.5	152.6	126.6	83.0	22.7	1.2	直	未发	未发	中	C
广东惠州市农科所	521.00	2.29	6	3/4	6/4	7/6	124	18.6	99.8	20.4	150.3	126.7	84.3	22.6	0.0	直	未发	未发	轻	B
广东广州市农业科学院	515.83	8.33	6	3/1	5/30	7/1	122	15.8	92.7	19.9	130.0	118.3	91.0	24.4	0.0	直	无	未发	中	B
广东高州市良种场	340.00	-6.85	10	2/24	5/22	6/22	118	18.2	87.0	19.0	116.9	83.2	71.2	25.2	0.5	直	未发	轻	5	C
福建龙海市良种场	608.01	16.75	1	3/1	6/11	7/7	128	23.6	114.3	24.8	189.5	127.9	67.5	32.9	0.0	直	无	无	轻	A

注：综合评级 A—好，B—较好，C—中等，D——般。

表 2-7-2 华南早籼 B 组（131011H-B）区试品种在各试点的产量、生育期及主要农艺经济性状表现

品种名称/试验点	亩产（千克）	比 CK ±%	产量位次	播种期（月/日）	齐穗期（月/日）	成熟期（月/日）	全生育期（天）	有效穗（万/亩）	株高（厘米）	穗长（厘米）	总粒数/穗	实粒数/穗	结实率（%）	千粒重（克）	杂株率（%）	倒伏性	穗颈瘟	白叶枯病	纹枯病	综合评级
Y 两优 9918																				
海南省农业科学院粮作所	497.00	8.40	3	2/2	5/3	5/31	119	16.2	103.2	26.2	175.4	146.9	83.8	26.5	0.9	直	无	轻	轻	A
广西玉林市农科所	561.67	5.61	3	3/9	6/7	7/5	118	13.6	119.8	27.0	160.9	156.9	97.5	27.3	0.0	直	未发	未发	轻	A
广西区农业科学院水稻所	504.39	-2.31	9	3/1	6/5	7/4	125	11.0	115.3	28.4	212.2	181.2	85.4	28.2	0.0	直	未发	未发	轻	B
广西钦州市农科所	525.33	3.38	4	3/8	6/13	7/13	127	15.1	115.3	25.3	157.6	134.1	85.1	27.1	0.7	直	未发	未发	轻	B
广东肇庆市农科所	437.67	26.98	1	2/27	6/5	7/6	131	12.6	114.7	27.1	160.6	130.4	81.2	27.4	0.0	直	抗	抗	轻	A
广东清远市农技推广站	497.00	14.78	1	3/9	6/15	7/14	127	16.4	122.1	26.2	139.1	122.1	87.8	26.0	0.0	直	未发	未发	轻	A
广东惠州市农科所	529.00	3.86	3	3/4	6/11	7/12	130	14.8	117.6	26.7	175.0	146.5	83.7	27.6	0.0	直	未发	未发	轻	B
广东广州市农业科学院	563.33	18.31	1	3/1	6/10	7/7	128	13.2	109.9	25.1	173.2	149.4	86.3	26.0	0.0	直	无	未发	轻	A
广东高州市良种场	416.67	14.16	3	2/24	6/3	6/30	126	16.3	114.8	25.3	136.8	99.0	72.4	26.8	0.8	直	未发	无	5	B
福建龙海市良种场	521.02	0.05	5	3/1	6/21	7/17	137	18.9	122.3	29.4	255.8	220.8	86.3	24.1	0.0	直	无	无	轻	B
荣优华占																				
海南省农业科学院粮作所	453.33	-1.13	8	2/2	4/25	5/22	110	21.2	110.8	20.3	96.5	93.5	96.9	24.8	1.1	直	无	轻	中	B
广西玉林市农科所	519.33	-2.35	10	3/9	6/4	7/2	115	14.4	104.8	20.6	156.2	151.5	97.0	25.1	0.0	直	未发	未发	中	C
广西区农业科学院水稻所	516.83	0.10	5	3/1	5/28	6/27	118	15.8	103.7	22.5	160.6	143.5	89.4	25.2	0.0	直	未发	未发	中	B
广西钦州市农科所	506.67	-0.30	9	3/8	6/5	7/5	119	15.3	101.6	20.2	150.5	137.2	91.2	25.2	0.5	直	未发	未发	轻	C
广东肇庆市农科所	433.33	25.72	3	2/27	5/29	7/1	126	15.2	90.6	21.3	162.7	125.7	77.3	28.3	0.0	直	抗	抗	中	A
广东清远市农技推广站	455.33	5.16	6	3/9	6/8	7/8	121	17.2	101.8	20.6	145.8	135.4	92.9	23.8	0.0	直	未发	未发	中	B
广东惠州市农科所	533.67	4.78	2	3/4	6/4	7/5	123	18.2	100.8	20.6	159.7	143.9	90.1	23.5	0.0	直	未发	未发	轻	A
广东广州市农业科学院	495.17	3.99	8	3/1	5/30	7/1	122	16.1	91.7	19.4	124.8	109.5	87.7	26.2	0.0	直	无	未发	轻	B
广东高州市良种场	341.67	-6.39	9	2/24	5/23	6/22	118	19.8	86.4	18.8	96.6	72.2	74.7	24.9	0.6	直	未发	无	5	C
福建龙海市良种场	520.09	-0.13	7	3/1	6/10	7/6	127	24.7	118.0	24.9	208.4	142.4	68.3	29.5	0.0	直	无	无	轻	B

注：综合评级 A—好，B—较好，C—中等，D—一般。

表 2-7-3　华南早籼 B 组（131011H-B）区试品种在各试点的产量、生育期及主要农艺经济性状表现

品种名称/试验点	亩产（千克）	比 CK ±%	产量位次	播种期（月/日）	齐穗期（月/日）	成熟期（月/日）	全生育期（天）	有效穗（万/亩）	株高（厘米）	穗长（厘米）	总粒数/穗	实粒数/穗	结实率（%）	千粒重（克）	杂株率（%）	倒伏性	穗颈瘟	白叶枯病	纹枯病	综合评级
天优 998（CK）																				
海南省农业科学院粮作所	458.50	0.00	7	2/2	4/29	5/28	116	21.6	90.4	19.1	91.2	81.3	89.1	24.8	0.9	直	无	中	中	B
广西玉林市农科所	531.83	0.00	9	3/9	6/4	7/2	115	14.0	107.4	20.1	172.1	151.8	88.2	24.0	0.0	直	未发	未发	轻	C
广西区农业科学院水稻所	516.31	0.00	6	3/1	5/29	6/28	119	13.7	105.4	23.8	168.2	155.5	92.5	27.2	0.3	直	未发	未发	轻	B
广西钦州市农科所	508.17	0.00	8	3/8	6/5	7/5	119	16.7	104.3	20.6	151.3	133.6	88.3	24.2	0.0	直	未发	未发	轻	B
广东肇庆市农科所	344.67	0.00	10	2/27	5/31	7/1	126	14.1	91.7	21.2	136.6	105.6	77.3	24.5	0.0	伏	抗	抗	重	C
广东清远市农技推广站	433.00	0.00	9	3/9	6/13	7/13	126	20.2	102.4	20.4	134.0	105.3	78.6	23.0	0.0	直	未发	未发	轻	B
广东惠州市农科所	509.33	0.00	7	3/4	6/6	7/8	126	18.6	101.5	20.4	130.2	107.8	82.8	25.1	0.0	倒	未发	未发	中	C
广东广州市农业科学院	476.17	0.00	10	3/1	6/1	7/2	123	17.0	96.9	19.9	125.6	106.2	84.6	24.9	0.0	直	无	未发	中	C
广东高州市良种场	365.00	0.00	8	2/24	5/25	6/24	120	19.7	93.9	18.6	115.0	87.8	76.3	25.9	0.6	直	未发	无	5	C
福建龙海市良种场	520.76	0.00	6	3/1	6/15	7/13	134	24.2	109.0	24.7	215.9	142.8	66.1	30.0	0.0	直	无	无	轻	A
28S/汕恢 277																				
海南省农业科学院粮作所	351.50	-23.34	10	2/2	5/1	5/27	115	17.3	98.6	19.9	97.6	79.6	81.6	25.2	0.4	直	重	中	中	C
广西玉林市农科所	565.33	6.30	2	3/9	6/4	7/2	115	13.3	120.3	20.7	170.6	151.1	88.6	25.8	0.0	直	未发	未发	轻	B
广西区农业科学院水稻所	499.21	-3.31	10	3/1	5/31	6/30	121	12.9	114.2	24.1	188.7	160.7	85.2	26.7	0.0	直	未发	未发	轻	B
广西钦州市农科所	538.17	5.90	1	3/8	6/5	7/5	119	15.5	115.3	20.3	162.4	142.6	87.8	26.1	0.0	直	未发	未发	轻	A
广东肇庆市农科所	400.00	16.05	6	2/27	6/6	7/7	132	14.4	115.7	21.1	201.3	128.4	63.8	21.5	0.0	斜	抗	抗	轻	B
广东清远市农技推广站	462.33	6.77	4	3/9	6/13	7/13	126	16.7	118.4	23.5	142.5	124.8	87.6	24.6	0.7	直	未发	未发	轻	B
广东惠州市农科所	494.67	-2.88	8	3/4	6/5	7/6	124	17.6	111.3	20.7	125.4	111.3	88.8	26.1	0.0	斜	未发	未发	轻	C
广东广州市农业科学院	500.00	5.00	7	3/1	6/2	7/4	125	13.5	106.8	20.7	155.6	134.3	86.3	24.0	0.0	直	轻	未发	轻	B
广东高州市良种场	411.67	12.79	5	2/24	5/24	6/23	119	18.3	107.7	22.5	110.2	92.0	83.5	25.1	0.6	直	未发	无	5	B
福建龙海市良种场	506.47	-2.74	9	3/1	6/22	7/18	139	21.8	159.3	24.6	297.7	179.1	60.2	27.5	0.0	直	无	无	轻	B

注：综合评级 A—好，B—较好，C—中等，D——一般。

表2-7-4 华南早籼B组（131011H-B）区试品种在各试点的产量、生育期及主要农艺经济性状表现

品种名称/试验点	亩产（千克）	比CK ±%	产量位次	播种期（月/日）	齐穗期（月/日）	成熟期（月/日）	全生育期（天）	有效穗（万/亩）	株高（厘米）	穗长（厘米）	总粒数/穗	实粒数/穗	结实率（%）	千粒重（克）	杂株率（%）	倒伏性	穗颈瘟	白叶枯病	纹枯病	综合评级
粘两优华1																				
海南省农业科学院粮作所	460.67	0.47	6	2/2	5/6	6/3	122	17.1	100.7	22.4	102.4	88.6	86.5	28.8	0.9	直	轻	轻	中	B
广西玉林市农科所	542.83	2.07	5	3/9	6/9	7/7	120	16.2	114.4	23.7	135.8	121.8	89.7	27.9	0.0	直	未发	未发	轻	C
广西区农业科学院水稻所	516.83	0.10	4	3/1	6/3	7/1	122	14.8	113.3	24.6	158.1	132.8	84.0	29.5	0.0	直	未发	未发	中	B
广西钦州市农科所	526.67	3.64	3	3/8	6/10	7/10	124	16.4	110.7	21.5	137.8	125.3	90.9	27.7	0.0	直	未发	未发	轻	B
广东肇庆市农科所	426.00	23.60	4	2/27	6/5	7/5	130	15.5	109.6	22.5	142.7	102.3	71.7	21.7	0.0	直	抗	抗	轻	A
广东清远市农技推广站	451.33	4.23	7	3/9	6/14	7/14	127	19.4	110.5	22.5	106.6	89.0	83.5	26.6	0.0	直	未发	未发	轻	C
广东惠州市农科所	525.67	3.21	4	3/4	6/9	7/11	129	17.2	114.0	23.6	140.2	118.7	84.7	27.8	0.0	直	未发	未发	轻	B
广东广州市农业科学院	520.33	9.27	5	3/1	6/6	7/6	127	15.1	108.9	22.7	122.0	98.6	80.8	28.3	0.0	直	无	未发	轻	B
广东高州市良种场	384.17	5.25	7	2/24	5/31	6/28	124	19.1	106.2	22.2	96.2	69.6	72.3	29.0	0.5	直	未发	无	3	C
福建龙海市良种场	528.05	1.40	3	3/1	6/16	7/12	133	24.1	123.0	26.4	216.9	192.1	88.6	28.1	0.0	直	无	无	轻	A
泸优华占																				
海南省农业科学院粮作所	477.00	4.03	5	2/2	5/3	6/1	120	18.4	105.7	21.4	119.3	96.7	81.1	22.7	0.9	直	无	轻	轻	B
广西玉林市农科所	542.17	1.94	6	3/9	6/7	7/5	118	14.9	127.9	22.9	177.5	164.2	92.5	23.7	0.0	直	未发	未发	中	C
广西区农业科学院水稻所	532.37	3.11	3	3/1	6/3	7/3	124	17.2	104.3	24.3	221.3	147.0	66.4	23.7	0.9	直	未发	未发	未发	B
广西钦州市农科所	521.83	2.69	6	3/8	6/8	7/8	122	17.3	118.9	21.2	148.6	133.3	89.7	23.9	0.1	直	未发	未发	轻	B
广东肇庆市农科所	400.00	16.05	7	2/27	6/5	7/4	129	15.1	103.9	22.8	160.9	113.0	70.2	25.0	0.0	直	抗	抗	中	B
广东清远市农技推广站	495.00	14.32	2	3/9	6/14	7/15	128	18.3	109.6	22.2	149.1	125.3	84.0	22.1	0.0	斜	未发	未发	中	B
广东惠州市农科所	549.17	7.82	1	3/4	6/11	7/13	131	18.2	108.6	25.1	193.5	148.9	77.0	23.2	0.0	直	未发	未发	轻	A
广东广州市农业科学院	551.33	15.78	2	3/1	6/6	7/6	127	16.7	99.5	20.9	146.3	134.6	92.0	23.7	0.0	直	无	未发	轻	A
广东高州市良种场	440.00	20.55	1	2/24	5/29	6/25	121	22.0	91.9	21.2	105.1	89.2	84.9	23.8	1.3	直	未发	无	5	A
福建龙海市良种场	595.36	14.33	2	3/1	6/25	7/21	143	24.8	118.0	25.9	216.7	140.1	64.7	27.8	0.0	直	无	无	轻	B

注：综合评级 A—好，B—较好，C—中等，D—一般。

表 2－7－5　华南早籼 B 组（131011H-B）区试品种在各试点的产量、生育期及主要农艺经济性状表现

品种名称/试验点	亩产（千克）	比 CK ±%	产量位次	播种期（月/日）	齐穗期（月/日）	成熟期（月/日）	全生育期（天）	有效穗（万/亩）	株高（厘米）	穗长（厘米）	总粒数/穗	实粒数/穗	结实率（%）	千粒重（克）	杂株率（%）	倒伏性	穗颈瘟	白叶枯病	纹枯病	综合评级
C 两优华占																				
海南省农业科学院粮作所	492.33	7.38	4	2/2	4/26	5/23	111	23.0	104.5	18.0	91.9	85.6	93.1	22.4	1.8	直	无	轻	中	A
广西玉林市农科所	559.17	5.14	4	3/9	6/7	7/5	118	15.1	107.8	21.5	156.9	145.4	92.7	23.8	0.0	直	未发	未发	中	B
广西区农业科学院水稻所	538.58	4.31	2	3/1	5/30	6/30	121	15.6	97.7	23.5	172.3	156.8	91.0	24.5	0.0	直	未发	未发	中	B
广西钦州市农科所	523.00	2.92	5	3/8	6/8	7/8	122	17.2	105.6	20.8	146.7	135.8	92.6	24.1	0.0	直	未发	未发	轻	B
广东肇庆市农科所	436.00	26.50	2	2/27	6/2	7/2	127	16.3	90.7	22.2	153.0	118.7	77.6	23.0	0.0	直	抗	抗	中	A
广东清远市农技推广站	484.33	11.86	3	3/9	6/18	7/17	130	21.3	110.3	22.7	142.8	110.1	77.1	21.0	0.0	直	未发	未发	轻	B
广东惠州市农科所	522.33	2.55	5	3/4	6/6	7/8	126	18.4	101.4	20.8	162.2	132.8	81.9	21.3	0.0	直	未发	未发	轻	B
广东广州市农业科学院	524.17	10.08	4	3/1	6/3	7/3	124	15.9	92.6	20.5	135.2	116.6	86.2	22.9	0.0	直	无	未发	中	B
广东高州市良种场	415.83	13.93	4	2/24	5/26	6/23	119	21.4	92.9	19.8	123.2	92.5	75.1	22.9	0.6	直	未发	无	5	B
福建龙海市良种场	521.90	0.22	4	3/1	6/13	7/9	130	22.3	113.3	24.5	239.2	177.2	74.1	29.6	0.0	直	无	无	轻	A
富两优 9113																				
海南省农业科学院粮作所	505.67	10.29	2	2/2	5/5	6/2	121	25.2	108.7	20.6	103.3	96.8	93.7	23.3	1.1	直	无	轻	中	A
广西玉林市农科所	537.83	1.13	8	3/9	6/6	7/4	117	16.8	107.4	20.9	142.6	132.2	92.7	22.4	0.0	直	未发	未发	轻	C
广西区农业科学院水稻所	509.57	−1.30	8	3/1	5/30	6/30	121	16.3	106.9	23.1	148.2	138.3	93.4	25.0	0.0	直	未发	未发	中	B
广西钦州市农科所	534.50	5.18	2	3/8	6/7	7/7	121	18.9	103.3	20.1	139.7	130.1	93.1	22.7	0.0	直	未发	未发	轻	A
广东肇庆市农科所	386.00	11.99	9	2/27	6/2	7/3	128	16.2	93.7	20.4	160.0	112.9	70.6	21.3	0.0	直	抗	抗	重	C
广东清远市农技推广站	434.00	0.23	8	3/9	6/13	7/13	126	18.2	103.0	23.1	139.2	124.4	89.4	22.4	0.0	直	未发	未发	轻	B
广东惠州市农科所	474.00	−6.94	10	3/4	6/8	7/9	127	19.4	100.6	21.2	120.1	99.9	83.2	23.5	0.2	直	未发	未发	轻	C
广东广州市农业科学院	488.50	2.59	9	3/1	6/4	7/5	126	16.2	96.7	20.1	132.9	117.3	88.3	23.5	0.0	直	无	未发	轻	C
广东高州市良种场	385.83	5.71	6	2/24	5/28	6/25	121	21.5	98.9	20.3	100.1	80.2	80.1	23.6	0.5	直	未发	无	5	C
福建龙海市良种场	509.57	−2.15	8	3/1	6/15	7/11	132	21.1	107.6	22.8	164.1	124.0	75.6	24.5	0.0	直	无	无	轻	B

注：综合评级 A—好，B—较好，C—中等，D——般。

第三章　2013年早籼早中熟组国家水稻品种试验汇总报告

一、试验概况

（一）试验目的

鉴定评价我国南方稻区新选育和引进的水稻新品种（组合，下同）的丰产性、稳产性、适应性、抗性、米质及其他重要性状表现，为国家水稻品种审定提供科学依据。

（二）参试品种

区试品种11个，所有品种均为新参试品种，以中早35（CK）为对照；生产试验品种5个，以株两优819（CK）为对照。品种编号、名称、类型、亲本组合、选育/供种单位见表3-1。

（三）承试单位

区试点17个，生产试验点7个，分布在江西、湖南、湖北、安徽和浙江5个省区。承试单位、试验地点、经纬度、海拔高度、试验负责人及执行人见表3-2。

（四）试验设计、栽培管理与观察记载

各试验点均按《2013年南方稻区国家水稻品种试验实施方案》及《农作物品种区域试验技术规范　水稻》进行试验。

区试采用完全随机区组排列，3次重复，小区面积0.02亩。生产试验采用大区随机排列，不设重复，大区面积0.5亩。

分区试、生产试验，同组试验所有品种同期播种、移栽，施肥水平中等偏上，其他栽培管理措施与当地大田生产相同。

观察记载项目与标准按《农作物品种区域试验技术规范　水稻》以及《国家水稻品种试验观察记载项目、方法及标准》《南方稻区国家水稻品种区试及生产试验记载表》等的要求执行。

（五）特性鉴定

抗性鉴定：浙江省农业科学院植微所、湖南省农业科学院植保所、江西井冈山垦殖场、福建省上杭县茶地乡农技站、湖北省宜昌市农业科学院和安徽省农业科学院植保所负责稻瘟病抗性鉴定，鉴定采用人工接菌与病区自然诱发相结合；湖南省农业科学院水稻所负责白叶枯病抗性鉴定；中国水稻研究所稻作发展中心负责稻飞虱抗性鉴定。鉴定种子由中国水稻研究所试验点统一提供，鉴定结果由浙江省农业科学院植微所负责汇总。

米质分析：由江西省种子管理局、湖南省岳阳市农科所和安徽省黄山市种子站试验点分别单独种植生产提供样品，农业部稻米及制品质量监督检验测试中心负责检测分析。

参试品种的特异性及续试品种年度间的一致性鉴定：由中国水稻研究所进行DNA指纹鉴定。

（六）统计分析

按照《农作物品种区域试验技术规范　水稻》等有关试验质量评价标准，对各试验（鉴定）点试验（鉴定）结果的可靠性、完整性、准确性、可比性以及对照品种表现情况等进行分析评估，确保汇总质量。2013年区试、生产试验各试验点试验结果正常，全部列入汇总。

产量联合方差分析采用混合模型，品种间产量差异多重比较采用Duncan's新复极差法；参试品种

的丰产性主要以品种在区试和生产试验中相对于对照品种产量及组平均产量衡量；参试品种的适应性主要以品种在区试中比对照品种增产的试验点比例衡量；参试品种的稳产性主要以品种在年度间区试中相对于对照品种产量的差异变化程度衡量。

参试品种的生育期主要以全生育期比对照品种长短的天数衡量。

参试品种的抗性以指定的鉴定单位的鉴定结果为主要依据，对稻瘟病抗性的主要评价指标为综合指数和穗瘟损失率最高级，对其他病虫害抗性的主要评价指标为最高级。

参试品种的米质检测、评价按照国家《优质稻谷》标准，分优质1级、优质2级、优质3级，未达到优质级的品种米质均为等外级。

二、结果分析

（一）产量

2013年区试品种中，中早35（CK）产量中等偏下，居第8位。依据比组平均产量的增减产幅度，产量较高的品种有两优3917、陵两优6912、两优236，产量居前3位，平均亩产531.99～536.29千克，比中早35（CK）增产3.47%～4.31%；产量一般的品种有两优76、中冷23、中佳早29，平均亩产介于499.94～509.96千克，比中早35（CK）减产2.76%～0.81%；其他品种产量中等，平均亩产介于514.04～529.61千克，较中早35（CK）有不同程度的增减产。品种产量、比对照及组平均增减产百分率、品种间产量差异显著性、比对照增产试验点比例等汇总结果见表3-3。

2013年生产试验品种中，H750S/HY17、株两优39、两优699的丰产性表现较好，平均亩产分别是493.11千克、502.94千克和504.11千克，分别比株两优819（CK）增产4.21%、6.28%和6.53%。品种产量、比对照增减产百分率等汇总结果以及各试验点对品种的综合评价等级见表3-4。

（二）生育期

2013年区试品种中，多数品种生育期适中，全生育期在109.5～112.5天，其中，陵两优6912、株两优538、两优76的全生育期较长，比中早35（CK）略长、但不超过1天。品种全生育期及比对照长短天数见表3-3。

2013年生产试验品种中，全生育期在109.9～112.6天，比株两优819（CK）长短不超过3天。品种全生育期及比对照长短天数见表3-4。

（三）主要农艺经济性状

品种分蘖率、有效穗数、成穗率、株高、每穗总粒数、每穗实粒数、结实率、千粒重等主要农艺经济性状汇总结果见表3-3。

（四）抗性

2013年区试品种中，稻瘟病综合指数除两优76为7.2级外，其他品种均未超过6.5级。穗瘟损失率最高级陵两优7506为中抗，156S/中早39、株两优538和两优3917为中感，其他品种为感或高感。

品种在各稻瘟病抗性鉴定点的鉴定结果见表3-5，品种稻瘟病抗性鉴定汇总结果以及白叶枯病、褐飞虱、白背飞虱抗性鉴定结果见表3-6。

（五）米质

依据国家《优质稻谷》标准，两优236、两优3917、两优76和中佳早29米质优，达国标优质2级或3级；其他品种米质中等或一般。品种糙米率、整精米率、粒长、长宽比、垩白粒率、垩白度、胶稠度、直链淀粉等米质性状表现见表3-7。

（六）品种在各试验点表现

区试、生产试验品种在各试验点的产量、生育期、主要农艺经济性状、田间抗性表现等见表3-

8－1 至表 3－8－12、表 3－9－1 至表 3－9－3。

三、品种评价

（一）生产试验品种

1. H750S/HY17

2011 年初试平均亩产 486.45 千克，比株两优 819（CK1）增产 5.24%，达极显著水平；2012 年续试平均亩产 498.94 千克，比株两优 819（CK1）增产 10.67%，达极显著水平，比中早 35（CK2）增产 1.25%，未达显著水平；两年区试平均亩产 492.69 千克，比株两优 819（CK1）增产 7.92%，增产点比例 87.5%；2013 年生产试验平均亩产 493.11 千克，比株两优 819（CK）增产 4.21%。全生育期两年区试平均 111.5 天，比株两优 819（CK1）迟熟 2.8 天。主要农艺性状两年区试综合表现：每亩有效穗数 22.7 万穗，株高 82.1 厘米，穗长 18.7 厘米，每穗总粒数 105.0 粒，结实率 85.8%，千粒重 26.9 克。抗性两年综合表现：稻瘟病综合指数 5.4 级，穗瘟损失率最高级 9 级；白叶枯病平均级 4 级，最高级 5 级；褐飞虱平均级 6 级，最高级 7 级；白背飞虱平均级 7 级，最高级 7 级。米质主要指标两年综合表现：整精米率 51.5%，长宽比 2.6，垩白粒率 96%，垩白度 21.6%，胶稠度 81 毫米，直链淀粉含量 25.1%。

2013 年国家水稻品种试验年会审议意见：已完成试验程序，可以申报国家品种审定。

2. 株两优 39

2011 年初试平均亩产 481.94 千克，比株两优 819（CK1）增产 4.27%，达极显著水平；2012 年续试平均亩产 486.18 千克，比株两优 819（CK1）增产 7.84%，达极显著水平，比中早 35（CK2）减产 1.33%，达显著水平；两年区试平均亩产 484.06 千克，比株两优 819（CK1）增产 6.03%，增产点比例 84.5%；2013 年生产试验平均亩产 502.94 千克，比株两优 819（CK）增产 6.28%。全生育期两年区试平均 110.3 天，比株两优 819（CK1）迟熟 1.6 天。主要农艺性状两年区试综合表现：每亩有效穗数 21.4 万穗，株高 86.1 厘米，穗长 17.9 厘米，每穗总粒数 109.2 粒，结实率 86.9%，千粒重 25.7 克。抗性两年综合表现：稻瘟病综合指数 3.4 级，穗瘟损失率最高级 7 级；白叶枯病平均级 5 级，最高级 5 级；褐飞虱平均级 8 级，最高级 9 级；白背飞虱平均级 7 级，最高级 7 级。米质主要指标两年综合表现：整精米率 54.3%，长宽比 2.4，垩白粒率 97%，垩白度 20.4%，胶稠度 79 毫米，直链淀粉含量 24.1%。

2013 年国家水稻品种试验年会审议意见：已完成试验程序，可以申报国家品种审定。

3. 陆两优 173

2011 年初试平均亩产 479.17 千克，比株两优 819（CK1）增产 3.67%，达极显著水平；2012 年续试平均亩产 476.39 千克，比株两优 819（CK1）增产 5.66%，达极显著水平，比中早 35（CK2）减产 3.32%，达极显著水平；两年区试平均亩产 477.78 千克，比株两优 819（CK1）增产 4.65%，增产点比例 81.6%；2013 年生产试验平均亩产 487.37 千克，比株两优 819（CK）增产 2.99%。全生育期两年区试平均 110.7 天，比株两优 819（CK1）迟熟 2.0 天。主要农艺性状两年区试综合表现：每亩有效穗数 21.4 万穗，株高 88.0 厘米，穗长 19.5 厘米，每穗总粒数 104.8 粒，结实率 84.6%，千粒重 27.8 克。抗性两年综合表现：稻瘟病综合指数 3.1 级，穗瘟损失率最高级 5 级；白叶枯病平均级 5 级，最高级 5 级；褐飞虱平均级 8 级，最高级 9 级；白背飞虱平均级 4 级，最高级 5 级。米质主要指标两年综合表现：整精米率 54.0%，长宽比 3.1，垩白粒率 86%，垩白度 14.6%，胶稠度 53 毫米，直链淀粉含量 19.8%。

2013 年国家水稻品种试验年会审议意见：已完成试验程序，可以申报国家品种审定。

4. 两优 699

2011 年初试平均亩产 476.90 千克，比株两优 819（CK1）增产 3.18%，达极显著水平；2012 年续试平均亩产 495.16 千克，比株两优 819（CK1）增产 9.83%，达极显著水平，比中早 35（CK2）增产 0.49%，未达显著水平；两年区试平均亩产 486.03 千克，比株两优 819（CK1）增产 6.46%，增产点比例 83.7%；2013 年生产试验平均亩产 504.11 千克，比株两优 819（CK）增产 6.53%。全生育期两年区试平均110.4天，比株两优819（CK1）迟熟1.7天。主要农艺性状两年区试综合表现：每亩有效穗数23.8万穗，株高81.1厘米，穗长18.2厘米，每穗总粒数107.5粒，结实率81.7%，千粒重26.3克。抗性两年综合表现：稻瘟病综合指数6.2级，穗瘟损失率最高级9级；白叶枯病平均级7级，最高级7级；褐飞虱平均级7级，最高级7级；白背飞虱平均级7级，最高级7级。米质主要指标两年综合表现：整精米率51.8%，长宽比2.9，垩白粒率84%，垩白度12.6%，胶稠度56毫米，直链淀粉含量19.6%。

2013年国家水稻品种试验年会审议意见：已完成试验程序，可以申报国家品种审定。

5. 安丰优211

2011年初试平均亩产490.40千克，比株两优819（CK1）增产6.10%，达极显著水平；2012年续试平均亩产489.05千克，比株两优819（CK1）增产8.47%，达极显著水平，比中早35（CK2）减产0.75%，未达显著水平；两年区试平均亩产489.73千克，比株两优819（CK1）增产7.27%，增产点比例87.1%；2013年生产试验平均亩产485.18千克，比株两优819（CK）增产2.53%。全生育期两年区试平均111.6天，比株两优819（CK1）迟熟2.9天。主要农艺性状两年区试综合表现：每亩有效穗数22.5万穗，株高87.9厘米，穗长20.3厘米，每穗总粒数107.6粒，结实率85.8%，千粒重25.5克。抗性两年综合表现：稻瘟病综合指数6.8级，穗瘟损失率最高级9级；白叶枯病平均级5级，最高级5级；褐飞虱平均级8级，最高级9级；白背飞虱平均级7级，最高级7级。米质主要指标两年综合表现：整精米率54.6%，长宽比3.1，垩白粒率61%，垩白度7.4%，胶稠度77毫米，直链淀粉含量11.1%。

2013年国家水稻品种试验年会审议意见：已完成试验程序，可以申报国家品种审定。

（二）初试品种

1. 两优3917

2013年初试平均亩产536.29千克，比中早35（CK）增产4.31%，达极显著水平，增产点比例70.6%。全生育期111.8天，比中早35（CK）早熟0.3天。主要农艺性状表现：每亩有效穗数21.5万穗，株高90.7厘米，穗长19.4厘米，每穗总粒数127.2粒，结实率87.3%，千粒重24.6克。抗性：稻瘟病综合指数4.9级，穗瘟损失率最高级5级；白叶枯病9级；褐飞虱7级；白背飞虱9级。米质主要指标：整精米率58.6%，长宽比3.2，垩白粒率18%，垩白度3.3%，胶稠度74毫米，直链淀粉含量21.0%，达国标优质3级。

2013年国家水稻品种试验年会审议意见：2014年续试。

2. 陵两优6912

2013年初试平均亩产535.86千克，比中早35（CK）增产4.22%，达极显著水平，增产点比例82.4%。全生育期112.4天，比中早35（CK）迟熟0.3天。主要农艺性状表现：每亩有效穗数22.3万穗，株高87.1厘米，穗长19.1厘米，每穗总粒数122.4粒，结实率82.7%，千粒重25.6克。抗性：稻瘟病综合指数5.2级，穗瘟损失率最高级9级；白叶枯病7级；褐飞虱7级；白背飞虱9级。米质主要指标：整精米率56.2%，长宽比2.5，垩白粒率67%，垩白度12.0%，胶稠度85毫米，直链淀粉含量21.8%。

2013年国家水稻品种试验年会审议意见：终止试验。

3. 两优236

2013年初试平均亩产531.99千克，比中早35（CK）增产3.47%，达极显著水平，增产点比例76.5%。全生育期111.4天，比中早35（CK）早熟0.7天。主要农艺性状表现：每亩有效穗数22.1万穗，株高87.7厘米，穗长19.5厘米，每穗总粒数126.1粒，结实率82.8%，千粒重24.8克。抗性：稻瘟病综合指数5.2级，穗瘟损失率最高级9级；白叶枯病7级；褐飞虱7级；白背飞虱7级。米质主要指标：整精米率57.4%，长宽比3.5，垩白粒率20%，垩白度3.9%，胶稠度82毫米，直链淀粉含量20.8%，达国标优质3级。

2013年国家水稻品种试验年会审议意见：终止试验。

4. 帮两优17

2013年初试平均亩产529.61千克，比中早35（CK）增产3.01%，达极显著水平，增产点比例

76.5%。全生育期111.5天，比中早35（CK）早熟0.6天。主要农艺性状表现：每亩有效穗数22.8万穗，株高81.5厘米，穗长17.8厘米，每穗总粒数126.8粒，结实率81.1%，千粒重25.3克。抗性：稻瘟病综合指数5.1级，穗瘟损失率最高级9级；白叶枯病7级；褐飞虱7级；白背飞虱7级。米质主要指标：整精米率56.6%，长宽比2.6，垩白粒率92%，垩白度20.4%，胶稠度73毫米，直链淀粉含量20.8%。

2013年国家水稻品种试验年会审议意见：终止试验。

5. 陵两优0516

2013年初试平均亩产526.80千克，比中早35（CK）增产2.46%，达极显著水平，增产点比例64.7%。全生育期111.7天，比中早35（CK）早熟0.4天。主要农艺性状表现：每亩有效穗数22.5万穗，株高84.0厘米，穗长18.6厘米，每穗总粒数121.9粒，结实率84.8%，千粒重25.3克。抗性：稻瘟病综合指数3.8级，穗瘟损失率最高级7级；白叶枯病7级；褐飞虱9级；白背飞虱7级。米质主要指标：整精米率59.7%，长宽比2.5，垩白粒率77%，垩白度15.3%，胶稠度90毫米，直链淀粉含量21.8%。

2013年国家水稻品种试验年会审议意见：终止试验。

6. 株两优538

2013年初试平均亩产522.95千克，比中早35（CK）增产1.71%，达极显著水平，增产点比例58.8%。全生育期112.5天，比中早35（CK）迟熟0.4天。主要农艺性状表现：每亩有效穗数21.5万穗，株高95.0厘米，穗长20.4厘米，每穗总粒数129.6粒，结实率83.6%，千粒重25.5克。抗性：稻瘟病综合指数3.7级，穗瘟损失率最高级5级；白叶枯病5级；褐飞虱7级；白背飞虱5级。米质主要指标：整精米率56.6%，长宽比2.6，垩白粒率89%，垩白度13.5%，胶稠度77毫米，直链淀粉含量24.5%。

2013年国家水稻品种试验年会审议意见：终止试验。

7. 156S/中早39

2013年初试平均亩产519.40千克，比中早35（CK）增产1.02%，未达显著水平，增产点比例70.6%。全生育期110.8天，比中早35（CK）早熟1.3天。主要农艺性状表现：每亩有效穗数23.4万穗，株高80.2厘米，穗长17.8厘米，每穗总粒数124.2粒，结实率82.1%，千粒重25.4克。抗性：稻瘟病综合指数3.8级，穗瘟损失率最高级5级；白叶枯病7级；褐飞虱7级；白背飞虱5级。米质主要指标：整精米率60.6%，长宽比2.3，垩白粒率89%，垩白度14.9%，胶稠度64毫米，直链淀粉含量20.7%。

2013年国家水稻品种试验年会审议意见：终止试验。

8. 陵两优7506

2013年初试平均亩产514.04千克，比中早35（CK）减产0.02%，未达显著水平，增产点比例47.1%。全生育期111.8天，比中早35（CK）早熟0.3天。主要农艺性状表现：每亩有效穗数21.8万穗，株高86.3厘米，穗长19.2厘米，每穗总粒数114.8粒，结实率84.8%，千粒重26.2克。抗性：稻瘟病综合指数2.3级，穗瘟损失率最高级3级；白叶枯病5级；褐飞虱7级；白背飞虱5级。米质主要指标：整精米率53.3%，长宽比2.4，垩白粒率93%，垩白度17.5%，胶稠度87毫米，直链淀粉含量25.0%。

2013年国家水稻品种试验年会审议意见：终止试验。

9. 两优76

2013年初试平均亩产509.96千克，比中早35（CK）减产0.81%，未达显著水平，增产点比例35.3%。全生育期112.5天，比中早35（CK）迟熟0.4天。主要农艺性状表现：每亩有效穗数20.9万穗，株高88.9厘米，穗长18.8厘米，每穗总粒数128.1粒，结实率82.7%，千粒重25.4克。抗性：稻瘟病综合指数7.2级，穗瘟损失率最高级9级；白叶枯病7级；褐飞虱7级；白背飞虱9级。米质主要指标：整精米率55.5%，长宽比3.2，垩白粒率19%，垩白度2.5%，胶稠度67毫米，直链淀粉含量21.5%，达国标优质2级。

2013年国家水稻品种试验年会审议意见：终止试验。

10. 中冷 23

2013 年初试平均亩产 505. 25 千克，比中早 35（CK）减产 1. 73%，达极显著水平，增产点比例 47. 1%。全生育期 111. 4 天，比中早 35（CK）早熟 0. 7 天。主要农艺性状表现：每亩有效穗数 19. 9 万穗，株高 86. 3 厘米，穗长 18. 1 厘米，每穗总粒数 135. 7 粒，结实率 79. 6%，千粒重 26. 1 克。抗性：稻瘟病综合指数 3. 7 级，穗瘟损失率最高级 7 级；白叶枯病 7 级；褐飞虱 7 级；白背飞虱 7 级。米质主要指标：整精米率 56. 9%，长宽比 2. 2，垩白粒率 88%，垩白度 17. 2%，胶稠度 86 毫米，直链淀粉含量 25. 9%。

2013 年国家水稻品种试验年会审议意见：终止试验。

11. 中佳早 29

2013 年初试平均亩产 499. 94 千克，比中早 35（CK）减产 2. 76%，达极显著水平，增产点比例 47. 1%。全生育期 109. 5 天，比中早 35（CK）早熟 2. 6 天。主要农艺性状表现：每亩有效穗数 22. 1 万穗，株高 79. 9 厘米，穗长 19. 5 厘米，每穗总粒数 110. 9 粒，结实率 82. 7%，千粒重 26. 3 克。抗性：稻瘟病综合指数 4. 5 级，穗瘟损失率最高级 7 级；白叶枯病 7 级；褐飞虱 7 级；白背飞虱 9 级。米质主要指标：整精米率 54. 3%，长宽比 3. 2，垩白粒率 30%，垩白度 3. 5%，胶稠度 86 毫米，直链淀粉含量 15. 1%，达国标优质 3 级。

2013 年国家水稻品种试验年会审议意见：终止试验。

表 3－1　早籼早中熟组（131211N）区试及生产试验品种基本情况

编号	品种名称	品种类型	亲本组合	选育/供种单位
区试				
1	*陵两优 6912	杂交稻	湘陵 628S×H912	合肥信达高科农科所有限公司
2	*陵两优 0516	杂交稻	湘陵 628S×05YP16	浙江省农业科学院作核所/湖南亚华种业科学院
3	*156S/中早 39	杂交稻	156S×中早 39	湖南大农种业科技有限公司
4	*中冷 23	常规稻	嘉育 253/耐冷广四	中国水稻研究所
5	*两优 236	杂交稻	HD9802S×R236	武汉隆福康农业发展有限公司
6	*陵两优 7506	杂交稻	湘陵 750S×YP06	袁隆平农业高科技股份有限公司
7CK	中早 35（CK）	常规稻	中早 22/嘉育 253	中国水稻研究所
8	*株两优 538	杂交稻	株 1S×科早 538	江西天涯种业有限公司
9	*帮两优 17	杂交稻	帮 191S×中嘉早 17	江西先农种业有限公司
10	*两优 76	杂交稻	HD9802S×R76	湖北省种子集团有限公司
11	*中佳早 29	常规稻	中佳早 10 号///胜泰 1 号/G99270///G99270	中国水稻研究所
12	*两优 3917	杂交稻	HD9802S×R3917	湖北富尔农业科技有限公司
生产试验				
1	H750S/HY17	杂交稻	H750S×HY717	湖南亚华种业科学院
2	株两优 39	杂交稻	株 1S×中早 39	中国水稻研究所
3	陆两优 173	杂交稻	陆 18S×R173	中国水稻研究所
4	两优 699	杂交稻	9771S×699	湖南农业大学/湖南荆楚种业
5	安丰优 211	杂交稻	安丰 A×R211	湖南金山农业科技有限公司/湖南怀化职业技术学院
6CK	株两优 819（CK）	杂交稻	株 1S×R819	湖南亚华种业科学院

*为 2013 年新参试品种。

表 3－2　早籼早中熟组（131211N）区试及生产试验点基本情况

承试单位	试验地点	经度	纬度	海拔高度（米）	试验负责人及执行人
区试					
江西省种子管理局	南昌县莲塘	115°58′	28°41′	30.0	贺国良、祝鱼水、彭从胜
江西邓家埠水稻原种场	余江县城东郊	116°51′	28°12′	37.7	刘红声、金建康、龚泽兰
江西省九江市农科所	九江县马回岭镇	115°48′	29°26′	45.0	曹国军、潘世文、李三元、胡永平、吕太华、黄晓波
江西宜春市农科所	宜春市东郊	114°23′	27°48′	128.5	谭桂英、周成勇、胡远琼
湖南省农业科学院水稻所	长沙市东郊马坡岭	113°05′	28°12′	44.9	傅黎明、周昆、凌伟其
湖南岳阳市农科所	岳阳县麻塘	113°05′	29°24′	32.0	黄四民
湖南怀化市农科所	怀化市鹤城区石门乡坨院村	109°58′	27°33′	231.0	江生
湖南衡阳市农科所	衡南县三塘镇	112°30′	26°53′	70.1	汪四龙
湖北孝感市农科所	孝感市	113°19′	30°22′	25.0	刘华曙、汪新胜
湖北荆州市农业科学院	沙市东郊王家桥	112°02′	30°24′	32.0	徐正猛
湖北黄冈市农业科学院	黄冈市梅家墩	114°55′	30°34′	31.2	周强、金红梅、陈蔚
安徽宣城市农科所	宣城市军天湖	118°45′	30°56′	30.6	黄一飞
安徽安庆市种子管理站	怀宁县农业技术推广所	116°36′	30°32′	50.0	刘文革、程凯青
安徽黄山市种子管理站	黄山市农科所	118°14′	29°40′	134.0	汪琪、王淑芬、吴晓芸
浙江金华市农业科学院	金华市苏孟乡石门农场	119°42′	29°06′	62.1	王孔俭、邓飞
浙江诸暨农作物区试站	诸暨市十里牌	120°16′	29°42′	11.0	葛金水
中国水稻研究所	浙江省富阳市	120°19′	30°12′	7.2	杨仕华、夏俊辉、施彩娟、韩新华
生产试验					
江西省种子管理局	南昌县莲塘	115°58′	28°41′	30.0	贺国良、祝鱼水、彭从胜
江西现代种业有限公司	宁都县田头镇	115°58′	26°19′	170.0	彭炳生、徐小红
江西永修县种子管理局	永修县立新乡岭南村	115°48′	29°01′	36.6	袁飞龙、饶锋、赫迁平、吴义富、王浪新
湖南岳阳市农科所	岳阳县麻塘	113°05′	29°24′	32.0	黄四民
湖南攸县种子管理站	攸县新市良种场	113°04′	27°17′	110.0	张海清、刘凤程
安徽黄山市种子管理站	黄山市农科所	118°14′	29°40′	134.0	汪琪、王淑芬、吴晓芸
浙江诸暨农作物区试站	诸暨市十里牌	120°16′	29°42′	11.0	葛金水

表 3-3　早籼早中熟组（131211N）区试品种产量、生育期及主要农艺经济性状汇总分析结果

品种名称	区试年份	亩产（千克）	比 CK ±%	比组平均 ±%	产量差异显著性 5%	产量差异显著性 1%	回归系数	比 CK 增产点（%）	全生育期（天）	比 CK ±天	分蘖率（%）	有效穗（万/亩）	成穗率（%）	株高（厘米）	穗长（厘米）	每穗总粒数	每穗实粒数	结实率（%）	千粒重（克）
两优 3917	2013	536.29	4.31	3.0	a	A	0.79	70.6	111.8	-0.3	299.5	21.5	73.6	90.7	19.4	127.2	111.1	87.3	24.6
陵两优 6912	2013	535.86	4.22	2.9	a	A	0.98	82.4	112.4	0.3	361.6	22.3	72.4	87.1	19.1	122.4	101.2	82.7	25.6
两优 236	2013	531.99	3.47	2.2	ab	AB	0.76	76.5	111.4	-0.7	313.3	22.1	75.6	87.7	19.5	126.1	104.5	82.8	24.8
帮两优 17	2013	529.61	3.01	1.7	b	ABC	1.08	76.5	111.5	-0.6	314.3	22.8	72.1	81.5	17.8	126.8	102.8	81.1	25.3
陵两优 0516	2013	526.80	2.46	1.2	bc	BCD	1.12	64.7	111.7	-0.4	311.9	22.5	75.5	84.0	18.6	121.9	103.3	84.8	25.3
株两优 538	2013	522.95	1.71	0.5	cd	CD	1.12	58.8	112.5	0.4	327.4	21.5	71.3	95.0	20.4	129.6	108.4	83.6	25.5
156S/中早 39	2013	519.40	1.02	-0.2	de	DE	1.15	70.6	110.8	-1.3	342.8	23.4	73.1	80.2	17.8	124.2	102.0	82.1	25.4
中早 35(CK)	2013	514.14	0.00	-1.2	ef	EF	1.05	0.0	112.1	0.0	211.3	20.0	72.8	90.0	18.3	126.8	105.0	82.8	26.5
陵两优 7506	2013	514.04	-0.02	-1.2	ef	EF	1.01	47.1	111.8	-0.3	342.5	21.8	70.5	86.3	19.2	114.8	97.4	84.8	26.2
两优 76	2013	509.96	-0.81	-2.0	fg	FG	0.88	35.3	112.5	0.4	306.6	20.9	72.3	88.9	18.8	128.1	105.9	82.7	25.4
中冷 23	2013	505.25	-1.73	-2.9	gh	GH	1.15	47.1	111.4	-0.7	260.6	19.9	72.2	86.3	18.1	135.7	108.1	79.6	26.1
中佳早 29	2013	499.94	-2.76	-4.0	h	H	0.92	47.1	109.5	-2.6	242.2	22.1	74.9	79.9	19.5	110.9	91.7	82.7	26.3

表 3－4　早籼早中熟组(131211N)生产试验品种产量、生育期汇总结果及各试验点综合评价等级

品种名称	H750S/HY17	株两优 39	陆两优 173	两优 699	安丰优 211	株两优 819(CK)
生产试验汇总表现						
全生育期(天)	111.3	112.3	109.9	112.6	112.6	110.4
比 CK ± 天	0.9	1.9	-0.5	2.2	2.2	0.0
亩产(千克)	493.11	502.94	487.37	504.11	485.18	473.21
产量比 CK ± %	4.21	6.28	2.99	6.53	2.53	0.00
各生产试验点综合评价等级						
湖南衡阳市农科所	A	B	B	B	A	B
湖南攸县种子管理站	B	B	B	A	B	B
江西现代种业有限公司	B	A	B	B	B	C
江西省种子管理局	C	A	D	A	B	C
江西永修县种子管理局						
安徽黄山市种子站	B	B	B	B	B	C
浙江诸暨农作物区试站	B	A	B	A	A	

综合评价等级：A—好，B—较好，C—中等，D——一般。

表 3-5　早籼早中熟组(131211N)区试品种稻瘟病抗性各地鉴定结果(2013 年)

品种名称	浙江2013					福建2013					安徽2013					湖北2013					湖南2013					江西2013				
	叶瘟	穗瘟发病率		穗瘟损失率		叶瘟	穗瘟发病率		穗瘟损失率		叶瘟	穗瘟发病率		穗瘟损失率		叶瘟	穗瘟发病率		穗瘟损失率		叶瘟	穗瘟发病率		穗瘟损失率		叶瘟	穗瘟发病率		穗瘟损失率	
	(级)	%	级	%	级	(级)	%	级	%	级	(级)	%	级	%	级	(级)	%	级	%	级	(级)	%	级	%	级	(级)	%	级	%	级
陵两优 6912	6	0	0	0	0	5	72	9	42	7	5	74	9	70	9	4	7	3	3	1	4	75	9	21	5	3	100	9	31	7
陵两优 0516	0	0	0	0	0	0	13	5	6	3	3	50	7	47	7	3	35	7	17	5	4	70	9	17	5	3	45	7	4	1
156S/中早 39	5	31	7	8	3	3	6	3	2	1	5	7	3	2	1	5	46	7	23	5	3	60	9	12	3	0	61	9	10	3
中冷 23	5	0	0	0	0	5	32	7	13	3	3	56	9	48	7	4	26	7	8	3	4	65	9	14	3	0	5	1	0	1
两优 236	6	17	5	7	3	6	23	5	13	3	5	28	7	20	5	4	25	5	17	5	4	35	7	7	3	6	100	9	77	9
陵两优 7506	0	0	0	0	0	2	4	1	1	1	1	11	5	4	1	3	21	5	9	3	2	40	7	9	3	3	37	7	2	1
中早 35（CK）	0	3	1	2	1	5	27	7	16	5	5	29	7	17	5	6	68	9	37	7	6	100	9	23	5	0	100	9	2	1
株两优 538	3	0	0	0	0	5	13	5	6	3	5	15	5	7	3	5	47	7	22	5	2	35	7	6	3	2	95	9	13	3
帮两优 17	5	19	5	5	1	9	87	9	56	9	5	27	7	19	5	5	41	7	21	5	4	50	7	11	3	0	46	7	5	3
两优 76	8	75	9	51	9	7	100	9	66	9	5	82	9	78	9	5	42	7	17	5	4	45	7	10	3	5	100	9	63	9
中佳早 29	3	0	0	0	0	3	58	9	31	7	1	29	7	21	5	6	54	9	28	5	3	35	7	6	3	4	88	9	15	3
两优 3917	6	21	5	5	3	5	34	7	23	5	5	36	7	28	5	4	39	7	10	3	4	31	7	6	3	4	65	9	20	5
感病对照	8	61	9	43	7	9	100	9	88	9	7	89	9	76	9	7	91	9	62	9	8	100	9	52	9	5	100	9	82	9

注：1. 鉴定单位：浙江省农业科学院植保所、福建上杭县茶地乡农技站、安徽省农业科学院植保所、湖北宜昌市农科所、江西井冈山垦殖场、湖南省农业科学院植保所；

2. 感稻瘟病 CK 浙江、湖北、安徽为原丰早，湖南为湘矮早 7 号，江西为荣优 463，福建为广陆矮 4 号 + 威优 77 + 紫色糯。

表 3-6　早籼早中熟组（131211N）区试品种对主要病虫抗性综合评价结果（2012～2013 年）

品种名称	区试年份	稻瘟病（级）										白叶枯病（级）			褐飞虱（级）			白背飞虱（级）		
		2013 年各地综合指数							2013 年穗瘟损失率最高级	1～2 年综合评价		2013 年	1～2 年综合评价		2013 年	1～2 年综合评价		2013 年	1～2 年综合评价	
		浙江	福建	安徽	湖北	湖南	江西	平均		平均综合指数（级）	穗瘟损失率最高级		平均	最高		平均	最高		平均	最高
陵两优 6912	2013	1.5	7.0	8.0	2.3	5.8	6.5	5.2	9	5.2	9	7	7	7	7	7	7	9	9	9
陵两优 0516	2013	0.0	2.8	6.0	5.0	5.8	3.0	3.8	7	3.8	7	7	7	7	9	9	9	7	7	7
156S/中早 39	2013	4.5	2.0	2.5	5.5	4.5	3.8	3.8	5	3.8	5	7	7	7	7	7	7	5	5	5
中冷 23	2013	1.3	4.5	6.5	4.3	4.8	0.8	3.7	7	3.7	7	7	7	7	7	7	7	7	7	7
两优 236	2013	4.3	4.3	5.5	4.8	4.3	8.3	5.2	9	5.2	9	7	7	7	7	7	7	7	7	7
陵两优 7506	2013	0.0	1.3	2.0	3.5	3.8	3.0	2.3	3	2.3	3	5	5	5	7	7	7	5	5	5
中早 35（CK）	2013	0.8	5.5	5.5	7.3	6.3	2.8	4.7	7	4.7	7	5	5	5	9	9	9	7	7	7
株两优 538	2013	0.8	4.0	4.0	5.5	3.8	4.3	3.7	5	3.7	5	5	5	5	7	7	7	5	5	5
帮两优 17	2013	3.0	9.0	5.5	5.5	4.3	3.3	5.1	9	5.1	9	7	7	7	7	7	7	7	7	7
两优 76	2013	8.8	8.5	8.0	5.5	4.3	8.0	7.2	9	7.2	9	7	7	7	7	7	7	9	9	9
中佳早 29	2013	0.8	6.5	4.5	6.3	4.0	4.8	4.5	7	4.5	7	7	7	7	7	7	7	9	9	9
两优 3917	2013	4.3	5.5	5.5	4.3	4.3	5.8	4.9	5	4.9	5	9	9	9	7	7	7	9	9	9
感病虫对照	2013	7.8	9.0	8.5	8.5	8.8	8.0	8.4	9	8.4	9	9	9	9	9	9	9	9	9	9

注：1. 稻瘟病综合指数（级）=叶瘟平均级×25%+穗瘟发病率平均级×25%+穗瘟损失率平均级×50%；

2. 白叶枯病和褐飞虱、白背飞虱分别为湖南省农业科学院水稻所和中国水稻研究所鉴定结果，感白叶枯病、稻飞虱对照分别为湘早籼 6 号、TN1。

表 3-7 早籼早中熟组（131211N）区试品种米质检测分析结果

品种名称	年份	糙米率(%)	精米率(%)	整精米率(%)	粒长(毫米)	长宽比	垩白粒率(%)	垩白度(%)	透明度(级)	碱消值(级)	胶稠度(毫米)	直链淀粉(%)	国际**(等级)	部际*(等级)
156S/中早 39	2013	80.4	71.5	60.6	5.8	2.3	89	14.9	4	5.1	64	20.7	等外	普通
帮两优 17	2013	80.3	71.6	56.6	6.1	2.6	92	20.4	4	4.8	73	20.8	等外	普通
两优 236	2013	80.9	71.5	57.4	6.9	3.5	20	3.9	1	5.8	82	20.8	优 3	优 3
两优 3917	2013	80.5	71.2	58.6	6.7	3.2	18	3.3	1	5.4	74	21.0	优 3	优 3
两优 76	2013	80.5	71.4	55.5	6.9	3.2	19	2.5	1	5.9	67	21.5	优 2	优 3
陵两优 0516	2013	79.6	70.5	59.7	6.0	2.5	77	15.3	3	5.0	90	21.8	等外	普通
陵两优 6912	2013	80.3	71.4	56.2	6.1	2.5	67	12.0	2	5.0	85	21.8	等外	普通
陵两优 7506	2013	80.2	71.1	53.3	5.9	2.4	93	17.5	3	5.0	87	25.0	等外	普通
中佳早 29	2013	80.0	70.9	54.3	6.9	3.2	30	3.5	2	6.7	86	15.1	优 3	优 3
中冷 23	2013	80.8	72.4	56.9	5.7	2.2	88	17.2	3	5.4	86	25.9	等外	普通
株两优 538	2013	80.7	71.4	56.6	6.2	2.6	89	13.5	2	5.4	77	24.5	等外	普通
中早 35（CK）	2013	81.0	72.8	64.0	5.7	2.2	91	15.5	3	5.5	69	24.3	等外	普通

注：1. 样品生产提供单位：江西省种子站（2012～2013 年）、黄山市农科所（2012～2013 年）、湖南岳阳市农科所（2012～2013 年）；
2. 检测分析单位：农业部稻米及制品质量监督检验测试中心。

表 3－8－1　早籼早中熟组（131211N）区试品种在各试点的产量、生育期及主要农艺经济性状表现

品种名称/试验点	亩产（千克）	比 CK ±%	产量位次	播种期（月/日）	齐穗期（月/日）	成熟期（月/日）	全生育期（天）	有效穗（万/亩）	株高（厘米）	穗长（厘米）	总粒数/穗	实粒数/穗	结实率（%）	千粒重（克）	杂株率（%）	倒伏性	穗颈瘟	白叶枯病	纹枯病	综合评级
陵两优 6912																				
安徽安庆市种子站	501.50	-6.84	8	3/28	6/27	7/18	112	23.5	85.6	16.4	104.6	84.0	80.3	27.7	2.6	直	未发	中		C
安徽黄山市种子站	453.67	6.08	4	3/27	6/19	7/14	109	20.4	84.9	18.2	120.1	97.6	81.3	24.7	0.0	直	未发	未发		B
安徽宣城市农科所	474.83	-0.25	7	4/1	6/25	7/21	111	19.8	84.3	19.4	126.9	103.8	81.8	26.6	1.0	直	无	中		C
湖北黄冈市农业科学院	571.33	15.50	1	3/28	6/19	7/19	113	22.5	88.3	20.2	151.2	115.1	76.2	26.2	0.1	直	未发	轻		A
湖北荆州市农业科学院	458.33	9.39	3	4/1	6/26	7/22	112	21.0	90.0	19.7	111.9	95.4	85.2	23.6	0.3	直	未发	未发		A
湖北孝感市农科所	551.83	14.79	1	3/26	6/20	7/16	112	17.6	87.4	19.7	146.7	125.6	85.6	26.2	1.0	直	未发	轻		A
湖南衡阳市农科所	577.33	2.06	4	3/24	6/17	7/15	113	24.0	89.0	19.5	102.0	92.0	90.2	26.5		直	未发	无		B
湖南怀化市农科所	498.33	8.73	1	3/27	6/20	7/21	116	25.8	89.2	19.2	103.1	80.4	78.0	25.0		直	未发	轻		A
湖南省农业科学院水稻所	503.33	0.13	7	3/25	6/18	7/16	113	23.4	85.2	21.6	141.9	99.5	70.1	25.3	0.0	直	未发	轻		C
湖南岳阳市农科所	521.67	3.92	5	3/27	6/19	7/16	111	21.4	90.2	20.4	131.6	95.6	72.6	26.1	0.0	直	未发	轻		B
江西邓家埠水稻原种场	584.83	8.64	2	3/27	6/17	7/14	109	26.4	80.0	19.0	108.1	94.6	87.5	23.7	0.0	直	未发	轻		A
江西九江市农科所	463.50	0.47	9	3/28	6/24	7/18	112	20.0	90.0	17.7	97.2	87.1	89.6	26.9		直	未发	未发		C
江西省种子管理局	623.33	6.86	1	3/20	6/18	7/12	114	24.8	88.0	17.9	111.5	102.1	91.6	25.9	0.4	直	未发	轻		A
江西宜春市农科所	642.83	5.67	1	3/21	6/15	7/12	113	22.0	84.3	17.9	120.7	100.4	83.2	25.0	0.4	直	未发	轻		A
浙江金华市农业科学院	553.17	2.19	5	4/2	6/24	7/21	110	15.4	95.0	19.1	152.2	129.2	84.9	25.0	0.0	直	未发	轻		B
浙江诸暨农作物区试站	567.17	-4.81	10	3/28	6/22	7/21	115	23.1	82.5	19.1	120.4	103.3	85.8	24.5	0.0	直	未发	轻		B
中国水稻研究所	562.54	2.87	1	3/30	6/22	7/24	116	27.3	86.0	20.3	131.0	114.8	87.6	27.0	0.0	直	未发	轻		B

注：综合评级 A—好，B—较好，C—中等，D——一般。

表 3-8-2　早籼早中熟组（131211N）区试品种在各试点的产量、生育期及主要农艺经济性状表现

品种名称/试验点	亩产（千克）	比 CK ±%	产量位次	播种期（月/日）	齐穗期（月/日）	成熟期（月/日）	全生育期（天）	有效穗（万/亩）	株高（厘米）	穗长（厘米）	总粒数/穗	实粒数/穗	结实率（%）	千粒重（克）	杂株率（%）	倒伏性	穗颈瘟	白叶枯病	纹枯病	综合评级
陵两优 0516																				
安徽安庆市种子站	470.50	-12.60	11	3/28	6/25	7/23	117	25.0	85.8	18.2	90.8	77.8	85.7	26.4	2.6	直	未发	中	D	
安徽黄山市种子站	476.00	11.30	2	3/27	6/18	7/13	108	21.1	83.9	18.3	124.6	105.9	85.0	24.3	0.1	直	未发	轻	A	
安徽宣城市农科所	472.67	-0.70	9	4/1	6/24	7/20	110	18.7	84.3	19.2	128.4	103.5	80.6	27.0	0.2	直	无	重	C	
湖北黄冈市农业科学院	562.50	13.71	2	3/28	6/20	7/15	109	21.3	82.5	18.1	123.4	104.2	84.5	24.8	0.2	直	未发	轻	A	
湖北荆州市农业科学院	408.33	-2.55	10	4/1	6/24	7/21	111	19.8	85.4	17.3	89.2	78.3	87.8	23.2	0.3	直	未发	未发	D	
湖北孝感市农科所	510.92	6.27	5	3/26	6/20	7/17	113	17.6	91.2	19.4	157.1	137.9	87.7	26.7	0.9	直	未发	轻	B	
湖南衡阳市农科所	545.17	-3.62	8	3/24	6/18	7/14	112	26.4	82.3	17.5	94.5	84.0	88.9	25.8		直	未发	无	C	
湖南怀化市农科所	467.50	2.00	3	3/27	6/20	7/20	115	17.4	82.6	19.1	149.4	116.8	78.2	24.0		直	未发	轻	B	
湖南省农业科学院水稻所	550.50	9.52	1	3/25	6/16	7/14	111	24.6	80.8	20.4	138.7	114.4	82.4	24.7	0.0	直	未发	轻	A	
湖南岳阳市农科所	515.00	2.59	6	3/27	6/19	7/16	111	23.5	87.4	20.6	132.5	105.5	79.6	25.4	0.0	直	未发	无	C	
江西邓家埠水稻原种场	578.83	7.52	4	3/27	6/15	7/13	108	23.8	78.5	18.0	114.7	101.8	88.8	24.6	0.0	直	未发	轻	A	
江西九江市农科所	435.67	-5.56	12	3/28	6/23	7/18	112	24.8	88.2	18.6	115.0	92.5	80.4	26.1		直	未发	未发	D	
江西省种子管理局	610.83	4.71	4	3/20	6/17	7/11	113	27.8	79.9	17.1	93.1	88.6	95.2	26.2	0.4	直	未发	轻	B	
江西宜春市农科所	620.83	2.06	3	3/21	6/15	7/11	112	26.6	83.1	18.2	136.3	121.8	89.4	24.9	0.4	直	未发	轻	B	
浙江金华市农业科学院	569.50	5.20	1	4/2	6/21	7/20	109	20.8	91.8	18.4	139.0	102.7	73.9	24.6	0.2	直	未发	中	A	
浙江诸暨农作物区试站	615.83	3.36	2	3/28	6/20	7/20	114	21.3	78.0	18.6	110.5	97.2	88.0	26.0	0.0	直	未发	轻	A	
中国水稻研究所	545.09	-0.32	4	3/30	6/20	7/22	114	21.5	82.2	19.5	134.3	123.0	91.5	26.2	0.0	直	未发	轻	C	

注：综合评级 A—好，B—较好，C—中等，D——般。

表 3-8-3　早籼早中熟组（131211N）区试品种在各试点的产量、生育期及主要农艺经济性状表现

品种名称/试验点	亩产（千克）	比 CK ±%	产量位次	播种期（月/日）	齐穗期（月/日）	成熟期（月/日）	全生育期（天）	有效穗（万/亩）	株高（厘米）	穗长（厘米）	总粒数/穗	实粒数/穗	结实率（%）	千粒重（克）	杂株率（%）	倒伏性	穗颈瘟	白叶枯病	纹枯病	综合评级
156S/中早 39																				
安徽安庆市种子站	530.83	-1.39	5	3/28	6/26	7/19	113	22.1	81.5	19.5	130.9	103.2	78.8	27.4	2.1	直	未发	轻	C	
安徽黄山市种子站	449.17	5.03	7	3/27	6/16	7/12	107	22.3	80.2	15.6	119.9	85.3	71.1	24.3	0.1	直	未发	未发	B	
安徽宣城市农科所	493.50	3.68	3	4/1	6/22	7/19	109	21.2	81.6	19.4	118.8	101.7	85.6	27.6	0.8	直	轻	轻	B	
湖北黄冈市农业科学院	543.67	9.90	6	3/28	6/18	7/13	107	27.5	78.2	16.9	124.4	92.7	74.5	24.2	0.2	直	未发	轻	B	
湖北荆州市农业科学院	383.83	-8.39	12	4/1	6/20	7/18	108	23.0	82.8	16.9	97.6	78.6	80.5	24.3	0.4	直	未发	未发	D	
湖北孝感市农科所	481.08	0.07	8	3/26	6/16	7/15	111	22.0	79.2	16.9	123.6	107.5	87.0	28.6	1.3	直	未发	轻	B	
湖南衡阳市农科所	502.33	-11.20	12	3/24	6/18	7/16	114	26.2	80.5	17.4	107.7	92.4	85.8	24.6		直	未发	无	D	
湖南怀化市农科所	425.00	-7.27	10	3/27	6/19	7/20	115	20.6	79.5	19.1	112.6	88.3	78.4	24.7		直	未发	轻	D	
湖南省农业科学院水稻所	483.00	-3.91	11	3/25	6/16	7/14	111	25.5	79.2	20.2	145.4	101.5	69.8	24.9	0.0	直	未发	轻	C	
湖南岳阳市农科所	543.33	8.23	2	3/27	6/17	7/14	109	22.8	78.4	19.8	130.0	102.5	78.8	25.8	0.0	直	未发	无	B	
江西邓家埠水稻原种场	567.67	5.45	6	3/27	6/14	7/16	111	27.4	72.3	16.3	98.5	83.8	85.1	24.6	0.3	直	未发	轻	B	
江西九江市农科所	487.33	5.64	5	3/28	6/20	7/16	110	21.2	80.5	17.8	108.0	92.6	85.7	26.8	1.0	直	未发	未发	C	
江西省种子管理局	592.50	1.57	7	3/20	6/15	7/9	111	24.9	79.3	16.2	139.7	131.5	94.1	25.5	0.2	直	未发	轻	C	
江西宜春市农科所	616.00	1.26	5	3/21	6/13	7/9	110	26.0	76.5	16.4	109.3	95.7	87.6	25.1	0.5	直	未发	轻	C	
浙江金华市农业科学院	557.17	2.93	3	4/2	6/20	7/20	109	19.8	88.2	17.2	143.0	113.5	79.4	24.7	0.0	直	未发	中	B	
浙江诸暨农作物区试站	611.67	2.66	4	3/28	6/21	7/21	115	19.9	85.0	17.7	133.6	118.8	88.9	24.0	0.0	直	未发	轻	B	
中国水稻研究所	561.66	2.71	2	3/30	6/19	7/21	113	25.7	81.3	19.1	168.8	144.2	85.4	25.0	0.0	直	未发	轻	B	

注：综合评级 A—好，B—较好，C—中等，D——般。

表 3-8-4 早籼早中熟组（131211N）区试品种在各试点的产量、生育期及主要农艺经济性状表现

品种名称/试验点	亩产（千克）	比 CK ±%	产量位次	播种期（月/日）	齐穗期（月/日）	成熟期（月/日）	全生育期（天）	有效穗（万/亩）	株高（厘米）	穗长（厘米）	总粒数/穗	实粒数/穗	结实率（%）	千粒重（克）	杂株率（%）	倒伏性	穗颈瘟	白叶枯病	纹枯病	综合评级
中冷 23																				
安徽安庆市种子站	458.83	-14.77	12	3/28	6/26	7/17	111	24.0	84.3	20.5	97.0	79.1	81.5	26.8	1.2	直	未发	中	D	
安徽黄山市种子站	460.00	7.56	3	3/27	6/19	7/13	108	21.4	87.4	16.9	140.5	102.5	72.9	24.5	0.0	直	未发	轻	B	
安徽宣城市农科所	486.67	2.24	4	4/1	6/24	7/20	110	19.1	85.2	19.0	122.4	112.6	92.0	27.8	0.0	直	轻	中	B	
湖北黄冈市农业科学院	408.50	-17.42	12	3/28	6/22	7/18	112	16.8	89.1	18.7	140.6	103.1	73.3	25.7	3.0	直	未发	轻	D	
湖北荆州市农业科学院	403.00	-3.82	11	4/1	6/20	7/18	108	19.5	83.7	18.3	133.3	101.2	75.9	23.5	0.3	直	未发	未发	D	
湖北孝感市农科所	462.50	-3.80	11	3/26	6/21	7/18	114	16.6	85.4	18.3	183.3	147.3	80.3	28.0	0.7	直	未发	轻	C	
湖南衡阳市农科所	568.67	0.53	6	3/24	6/18	7/15	113	22.5	86.0	18.0	114.1	96.3	84.4	27.4		直	未发	无	B	
湖南怀化市农科所	430.83	-6.00	9	3/27	6/21	7/20	115	22.1	83.4	17.0	102.2	85.9	84.1	25.2		直	未发	轻	D	
湖南省农业科学院水稻所	487.33	-3.05	10	3/25	6/17	7/13	110	21.2	85.8	20.5	157.3	117.4	74.6	25.4	2.9	直	未发	轻	C	
湖南岳阳市农科所	508.83	1.36	9	3/27	6/17	7/15	110	22.5	82.4	19.7	138.5	108.0	78.0	25.2	0.0	直	未发	无	C	
江西邓家埠水稻原种场	547.83	1.77	10	3/27	6/14	7/12	107	24.4	80.9	17.1	123.7	92.9	75.1	25.1	0.5	直	未发	轻	C	
江西九江市农科所	449.50	-2.56	11	3/28	6/23	7/17	111	18.6	88.9	16.4	115.2	86.3	74.9	27.5	2.0	直	未发	未发	D	
江西省种子管理局	599.17	2.71	6	3/20	6/16	7/11	113	18.9	84.3	16.1	139.1	127.0	91.3	26.6	1.0	直	未发	轻	C	
江西宜春市农科所	596.50	-1.94	8	3/21	6/16	7/11	112	14.8	86.0	16.8	147.5	123.5	83.7	25.1	0.3	直	未发	轻	C	
浙江金华市农业科学院	555.67	2.65	4	4/2	6/21	7/20	109	17.8	95.9	17.2	143.0	110.7	77.4	26.2	0.0	直	未发	中	A	
浙江诸暨农作物区试站	623.00	4.56	1	3/28	6/21	7/21	115	16.5	90.5	18.4	148.6	118.6	79.8	26.6	0.0	直	未发	轻	A	
中国水稻研究所	542.48	-0.80	6	3/30	6/22	7/24	116	21.6	88.6	18.2	160.5	125.0	77.9	27.1	0.0	直	未发	轻	C	

注：综合评级 A—好，B—较好，C—中等，D——般。

表 3-8-5 早籼早中熟组（131211N）区试品种在各试点的产量、生育期及主要农艺经济性状表现

品种名称/试验点	亩产（千克）	比 CK ±%	产量位次	播种期（月/日）	齐穗期（月/日）	成熟期（月/日）	全生育期（天）	有效穗（万/亩）	株高（厘米）	穗长（厘米）	总粒数/穗	实粒数/穗	结实率（%）	千粒重（克）	杂株率（%）	倒伏性	穗颈瘟	白叶枯病	纹枯病	综合评级
两优 236																				
安徽安庆市种子站	593.83	10.31	2	3/28	6/22	7/15	109	25.7	83.8	20.3	114.5	88.9	77.6	28.7	2.0	直	未发	轻	A	
安徽黄山市种子站	453.50	6.04	5	3/27	6/19	7/12	107	24.9	83.8	18.9	108.2	81.6	75.4	24.2	0.0	直	未发	轻	B	
安徽宣城市农科所	504.50	5.99	2	4/1	6/26	7/22	112	20.5	89.8	20.5	127.3	113.7	89.3	25.9	1.0	斜	无	重	A	
湖北黄冈市农业科学院	524.83	6.10	8	3/28	6/20	7/16	110	19.0	91.8	20.6	143.7	114.4	79.6	23.1	1.0	直	未发	轻	B	
湖北荆州市农业科学院	483.83	15.47	1	4/1	6/24	7/21	111	17.3	94.4	19.8	119.4	101.6	85.1	24.5	0.2	直	未发	无	A	
湖北孝感市农科所	490.33	1.99	7	3/26	6/19	7/16	112	20.8	84.7	19.6	150.5	128.2	85.2	24.3	0.6	直	未发	轻	B	
湖南衡阳市农科所	579.67	2.47	2	3/24	6/18	7/14	112	23.8	86.8	20.1	114.4	102.9	89.9	24.4		直	未发	无	B	
湖南怀化市农科所	460.83	0.55	4	3/27	6/21	7/20	115	22.5	88.5	18.3	105.7	85.6	81.0	24.7		直	未发	轻	B	
湖南省农业科学院水稻所	548.50	9.12	2	3/25	6/18	7/15	112	23.6	85.6	20.6	166.7	129.6	77.7	23.3	0.6	直	未发	轻	B	
湖南岳阳市农科所	551.00	9.76	1	3/27	6/19	7/17	112	22.8	86.8	20.3	126.4	97.6	77.2	25.6	0.0	直	未发	无	A	
江西邓家埠水稻原种场	581.67	8.05	3	3/27	6/15	7/11	106	24.0	81.7	19.6	117.3	105.1	89.6	24.4	0.5	直	未发	轻	A	
江西九江市农科所	517.17	12.10	3	3/28	6/23	7/18	112	20.6	89.5	19.0	111.5	96.4	86.5	26.4	1.0	直	未发	未发	B	
江西省种子管理局	575.83	-1.29	11	3/20	6/18	7/12	114	28.6	83.1	17.3	96.0	83.4	86.9	24.6	1.8	直	未发	轻	D	
江西宜春市农科所	609.83	0.25	6	3/21	6/16	7/10	111	20.6	88.3	18.3	122.2	106.6	87.2	24.5	0.9	直	未发	轻	C	
浙江金华市农业科学院	521.00	-3.76	10	4/2	6/22	7/21	110	18.0	94.7	19.0	148.2	121.2	81.8	24.2	0.0	直	未发	中	C	
浙江诸暨农作物区试站	569.50	-4.42	9	3/28	6/24	7/21	115	23.2	91.5	18.7	106.7	93.7	87.8	23.9	0.0	直	未发	轻	B	
中国水稻研究所	477.94	-12.60	12	3/30	6/20	7/22	114	19.2	86.8	20.7	165.1	125.2	75.8	24.5	0.0	直	未发	轻	D	

注：综合评级 A—好，B—较好，C—中等，D——一般。

表 3－8－6　早籼早中熟组（131211N）区试品种在各试点的产量、生育期及主要农艺经济性状表现

品种名称/试验点	亩产（千克）	比 CK ±%	产量位次	播种期（月/日）	齐穗期（月/日）	成熟期（月/日）	全生育期（天）	有效穗（万/亩）	株高（厘米）	穗长（厘米）	总粒数/穗	实粒数/穗	结实率（%）	千粒重（克）	杂株率（%）	倒伏性	穗颈瘟	白叶枯病	纹枯病	综合评级
陵两优 7506																				
安徽安庆市种子站	522.00	－3.03	6	3/28	6/27	7/18	112	25.4	81.4	18.9	87.6	73.8	84.2	31.8	2.4	直	未发	轻	C	
安徽黄山市种子站	375.67	－12.16	12	3/27	6/17	7/12	107	20.6	83.0	17.8	113.8	90.0	79.1	25.1	0.0	直	未发	未发	C	
安徽宣城市农科所	470.33	－1.19	10	4/1	6/24	7/20	110	20.0	84.0	20.0	116.7	100.7	86.3	26.9	0.8	斜	无	中	C	
湖北黄冈市农业科学院	562.33	13.68	3	3/28	6/19	7/15	109	22.0	84.6	18.5	116.8	98.6	84.4	24.7	0.1	直	未发	轻	A	
湖北荆州市农业科学院	455.00	8.59	4	4/1	6/23	7/20	110	20.5	85.8	18.6	92.3	76.9	83.3	24.0	0.2	直	未发	未发	B	
湖北孝感市农科所	474.67	－1.27	10	3/26	6/19	7/16	112	19.3	84.0	19.5	135.0	121.6	90.0	26.9	0.8	直	未发	中	B	
湖南衡阳市农科所	520.67	－7.96	11	3/24	6/20	7/17	115	22.4	93.0	19.9	103.3	89.7	86.8	27.3		直	未发	无	D	
湖南怀化市农科所	440.83	－3.82	7	3/27	6/20	7/20	115	21.0	84.7	19.5	103.8	84.8	81.7	25.3		直	未发	轻	C	
湖南省农业科学院水稻所	526.33	4.71	6	3/25	6/18	7/16	113	24.8	87.6	20.1	116.6	85.2	73.1	24.9	0.0	直	未发	轻	B	
湖南岳阳市农科所	524.50	4.48	4	3/27	6/17	7/15	110	23.5	81.0	20.8	119.0	97.5	81.9	26.2	0.0	直	未发	无	C	
江西邓家埠水稻原种场	551.67	2.48	8	3/27	6/18	7/16	111	24.6	84.3	19.3	103.9	88.8	85.5	25.6	0.0	直	未发	轻	C	
江西九江市农科所	468.00	1.45	8	3/28	6/23	7/17	111	23.2	90.1	18.1	90.4	79.3	87.7	27.1		直	未发	未发	C	
江西省种子管理局	569.17	－2.43	12	3/20	6/18	7/12	114	22.6	85.8	19.0	114.4	102.5	89.6	27.6	0.4	直	未发	轻	D	
江西宜春市农科所	565.83	－6.99	11	3/21	6/15	7/11	112	23.8	82.7	17.8	100.0	91.0	91.0	26.4	0.2	直	未发	轻	C	
浙江金华市农业科学院	559.33	3.33	2	4/2	6/21	7/20	109	15.6	95.7	19.8	161.8	132.7	82.0	25.5	0.0	直	未发	中	B	
浙江诸暨农作物区试站	615.17	3.25	3	3/28	6/23	7/23	117	20.5	87.0	18.8	108.3	95.3	88.0	23.8	0.0	直	未发	轻	A	
中国水稻研究所	537.24	－1.75	8	3/30	6/20	7/22	114	21.0	91.8	20.5	167.8	147.3	87.8	26.7	0.0	直	未发	轻	C	

注：综合评级 A—好，B—较好，C—中等，D——般。

表 3-8-7　早籼早中熟组（131211N）区试品种在各试点的产量、生育期及主要农艺经济性状表现

品种名称/试验点	亩产（千克）	比 CK ±%	产量位次	播种期（月/日）	齐穗期（月/日）	成熟期（月/日）	全生育期（天）	有效穗（万/亩）	株高（厘米）	穗长（厘米）	总粒数/穗	实粒数/穗	结实率（%）	千粒重（克）	杂株率（%）	倒伏性	穗颈瘟	白叶枯病	纹枯病	综合评级
中早 35（CK）																				
安徽安庆市种子站	538.33	0.00	4	3/28	6/28	7/21	115	23.5	84.2	19.9	109.9	89.8	81.7	27.8	1.5	直	未发	中	C	
安徽黄山市种子站	427.67	0.00	10	3/27	6/19	7/12	107	20.8	87.3	15.7	123.5	93.7	75.9	25.4	0.2	直	未发	轻	B	
安徽宣城市农科所	476.00	0.00	6	4/1	6/25	7/21	111	19.2	90.5	19.1	125.9	111.9	88.9	27.1	0.4	直	无	中	B	
湖北黄冈市农业科学院	494.67	0.00	10	3/28	6/19	7/17	111	22.5	92.4	17.8	127.4	97.7	76.7	25.5	0.2	直	未发	轻	C	
湖北荆州市农业科学院	419.00	0.00	7	4/1	6/23	7/20	110	19.3	80.3	16.8	100.3	84.1	83.9	24.2	0.3	直	未发	未发	C	
湖北孝感市农科所	480.75	0.00	9	3/26	6/21	7/15	111	18.3	96.4	18.6	153.3	114.6	74.8	26.6	0.5	直	未发	轻	B	
湖南衡阳市农科所	565.67	0.00	7	3/24	6/17	7/14	112	23.8	90.3	17.8	107.4	98.6	91.8	26.5		直	未发	无	B	
湖南怀化市农科所	458.33	0.00	5	3/27	6/20	7/20	115	16.7	93.2	17.8	133.7	109.4	81.8	27.1		直	未发	轻	B	
湖南省农业科学院水稻所	502.67	0.00	8	3/25	6/19	7/16	113	18.9	89.0	20.9	158.9	133.4	83.9	25.2	1.0	直	未发	轻		
湖南岳阳市农科所	502.00	0.00	11	3/27	6/20	7/17	112	21.5	87.2	20.3	132.3	100.3	75.8	28.2	0.0	直	未发	轻	B	
江西邓家埠水稻原种场	538.33	0.00	11	3/27	6/17	7/13	108	22.8	86.1	17.7	116.4	104.0	89.3	24.8	0.0	直	未发	轻	C	
江西九江市农科所	461.33	0.00	10	3/28	6/25	7/19	113	18.6	91.2	17.9	106.2	94.1	88.6	28.0		直	未发	未发	C	
江西省种子管理局	583.33	0.00	10	3/20	6/18	7/12	114	19.8	90.1	17.4	126.0	110.8	87.9	27.5	0.4	直	未发	轻	C	
江西宜春市农科所	608.33	0.00	7	3/21	6/17	7/13	114	19.0	88.2	17.2	137.5	120.0	87.3	25.3		直	未发	轻		
浙江金华市农业科学院	541.33	0.00	8	4/2	6/21	7/20	109	16.4	101.0	18.1	138.8	113.3	81.6	27.2	0.0	直	未发	中	B	
浙江诸暨农作物区试站	595.83	0.00	6	3/28	6/22	7/21	115	17.2	94.5	19.1	138.0	113.8	82.5	26.5		直	未发	轻		
中国水稻研究所	546.84	0.00	3	3/30	6/22	7/24	116	21.5	88.7	18.8	120.1	95.0	79.1	27.8	0.0	直	未发	轻	B	

注：综合评级 A—好，B—较好，C—中等，D——般。

表 3-8-8　早籼早中熟组（131211N）区试品种在各试点的产量、生育期及主要农艺经济性状表现

品种名称/试验点	亩产（千克）	比 CK ±%	产量位次	播种期（月/日）	齐穗期（月/日）	成熟期（月/日）	全生育期（天）	有效穗（万/亩）	株高（厘米）	穗长（厘米）	总粒数/穗	实粒数/穗	结实率（%）	千粒重（克）	杂株率（%）	倒伏性	穗颈瘟	白叶枯病	纹枯病	综合评级
株两优 538																				
安徽安庆市种子站	490.17	-8.95	10	3/28	6/26	7/21	115	19.7	103.2	20.1	136.0	102.6	75.4	27.5	3.9	直	未发	中	D	
安徽黄山市种子站	452.50	5.81	6	3/27	6/18	7/14	109	19.4	90.8	18.5	114.9	101.4	88.2	24.0	2.4	直	未发	未发	B	
安徽宣城市农科所	469.17	-1.44	11	4/1	6/25	7/22	112	18.6	91.5	19.8	118.3	99.9	84.4	26.8	3.0	倒	无	重	D	
湖北黄冈市农业科学院	537.17	8.59	7	3/28	6/19	7/15	109	19.3	96.0	19.9	118.3	93.0	78.6	25.0	1.0	直	未发	轻	B	
湖北荆州市农业科学院	412.00	-1.67	9	4/1	6/24	7/21	111	18.8	94.8	19.4	111.9	97.6	87.2	23.3	2.0	直	未发	轻	C	
湖北孝感市农科所	525.00	9.20	2	3/26	6/21	7/18	114	19.1	89.4	21.3	168.7	148.4	88.0	25.3	1.2	直	未发	轻	B	
湖南衡阳市农科所	576.00	1.83	5	3/24	6/18	7/15	113	23.6	94.4	21.5	133.8	124.5	93.0	26.3	1.7	直	未发	无	B	
湖南怀化市农科所	455.00	-0.73	6	3/27	6/21	7/20	115	17.4	103.2	21.1	134.0	111.6	83.3	24.9	4.2	直	未发	轻	C	
湖南省农业科学院水稻所	477.50	-5.01	12	3/25	6/19	7/17	114	25.2	95.8	21.5	142.2	113.4	79.7	24.6	3.9	直	未发	轻	D	
湖南岳阳市农科所	512.50	2.09	7	3/27	6/17	7/15	110	22.8	93.2	22.4	136.5	105.5	77.3	26.6	2.5	直	未发	无	B	
江西邓家埠水稻原种场	619.50	15.08	1	3/27	6/17	7/16	111	26.2	88.0	20.7	117.0	110.2	94.2	23.8	4.5	直	未发	轻	B	
江西九江市农科所	475.83	3.14	7	3/28	6/23	7/18	112	24.4	100.9	21.1	124.7	92.3	74.0	28.0	3.0	直	未发	未发	C	
江西省种子管理局	591.67	1.43	8	3/20	6/18	7/12	114	29.8	93.1	18.3	97.6	75.4	77.3	26.8	5.2	直	未发	轻	C	
江西宜春市农科所	619.67	1.86	4	3/21	6/15	7/12	113	21.2	92.4	18.8	125.6	110.3	87.8	24.8	6.5	直	未发	轻	C	
浙江金华市农业科学院	546.17	0.89	7	4/2	6/21	7/20	109	16.0	101.6	20.8	152.5	130.1	85.3	25.2	2.9	直	未发	中	C	
浙江诸暨农作物区试站	592.17	-0.61	7	3/28	6/23	7/22	116	19.9	93.5	21.0	125.2	98.9	79.0	24.0	1.3	直	未发	轻	A	
中国水稻研究所	538.12	-1.60	7	3/30	6/20	7/23	115	25.0	93.8	20.4	145.5	126.9	87.2	26.7	2.9	直	未发	轻	C	

注：综合评级 A—好，B—较好，C—中等，D—一般。

表 3－8－9　早籼早中熟组（131211N）区试品种在各试点的产量、生育期及主要农艺经济性状表现

品种名称/试验点	亩产（千克）	比 CK ±%	产量位次	播种期（月/日）	齐穗期（月/日）	成熟期（月/日）	全生育期（天）	有效穗（万/亩）	株高（厘米）	穗长（厘米）	总粒数/穗	实粒数/穗	结实率（%）	千粒重（克）	杂株率（%）	倒伏性	穗颈瘟	白叶枯病	纹枯病	综合评级
帮两优 17																				
安徽安庆市种子站	540.83	0.47	3	3/28	6/26	7/21	115	23.0	82.9	17.6	136.9	104.7	76.5	27.1	3.0	直	未发	轻	B	
安徽黄山市种子站	486.17	13.68	1	3/27	6/16	7/14	109	24.0	81.9	17.2	117.2	92.8	79.2	23.8	0.0	直	未发	轻	A	
安徽宣城市农科所	466.67	－1.96	12	4/1	6/24	7/20	110	18.3	82.2	18.1	122.0	99.6	81.6	27.2	0.6	倒	轻	中	D	
湖北黄冈市农业科学院	506.33	2.36	9	3/28	6/19	7/17	111	20.5	81.4	17.0	140.3	112.8	80.4	24.8	0.1	直	未发	轻	C	
湖北荆州市农业科学院	448.67	7.08	5	4/1	6/24	7/21	111	25.5	83.0	17.5	90.5	74.4	82.2	24.1	0.3	直	未发	轻	B	
湖北孝感市农科所	524.42	9.08	3	3/26	6/19	7/18	114	20.0	81.3	18.8	182.3	159.8	87.7	25.9	0.9	直	未发	轻	B	
湖南衡阳市农科所	589.67	4.24	1	3/24	6/16	7/15	113	25.0	77.2	17.2	97.0	89.2	92.0	26.6		直	未发	轻	A	
湖南怀化市农科所	422.50	－7.82	11	3/27	6/19	7/20	115	18.2	85.8	18.5	136.2	105.9	77.8	24.7		直	未发	轻	D	
湖南省农业科学院水稻所	532.67	5.97	5	3/25	6/15	7/12	109	22.5	86.2	19.6	148.7	106.4	71.6	24.8	0.1	直	未发	轻	B	
湖南岳阳市农科所	510.83	1.76	8	3/27	6/16	7/14	109	24.0	79.2	19.9	133.1	101.6	76.3	25.1	1.0	直	未发	无	B	
江西邓家埠水稻原种场	562.50	4.49	7	3/27	6/15	7/15	110	25.8	73.6	17.2	116.3	94.9	81.6	22.9	0.3	直	未发	轻	C	
江西九江市农科所	484.33	4.99	6	3/28	6/21	7/17	111	24.4	84.2	16.8	103.5	81.1	78.4	26.1	1.0	直	未发	未发	C	
江西省种子管理局	622.50	6.71	2	3/20	6/15	7/9	111	26.6	76.2	16.1	101.8	95.5	93.8	25.7	1.2	直	未发	轻	A	
江西宜春市农科所	630.83	3.70	2	3/21	6/13	7/9	110	27.4	79.3	16.5	109.7	96.8	88.2	25.4	0.3	直	未发	轻	B	
浙江金华市农业科学院	524.67	－3.08	9	4/2	6/20	7/20	109	16.4	89.2	17.4	151.7	118.9	78.4	25.1	0.4	直	未发	中	C	
浙江诸暨农作物区试站	606.50	1.79	5	3/28	6/20	7/20	114	21.5	79.5	17.9	130.8	105.8	80.9	24.3	0.5	直	未发	轻	A	
中国水稻研究所	543.35	－0.64	5	3/30	6/20	7/23	115	25.2	82.7	19.9	137.4	108.1	78.7	26.9	0.6	直	未发	轻	C	

注：综合评级 A—好，B—较好，C—中等，D——一般。

表 3－8－10　早籼早中熟组（131211N）区试品种在各试点的产量、生育期及主要农艺经济性状表现

品种名称/试验点	亩产（千克）	比 CK ±%	产量位次	播种期（月/日）	齐穗期（月/日）	成熟期（月/日）	全生育期（天）	有效穗（万/亩）	株高（厘米）	穗长（厘米）	总粒数/穗	实粒数/穗	结实率（%）	千粒重（克）	杂株率（%）	倒伏性	穗颈瘟	白叶枯病	纹枯病	综合评级
两优 76																				
安徽安庆市种子站	491.33	－8.73	9	3/28	6/22	7/17	111	23.5	86.0	18.6	97.3	81.8	84.1	28.9	2.4	直	未发	中	D	
安徽黄山市种子站	447.00	4.52	8	3/27	6/19	7/14	109	20.4	88.5	17.2	111.7	90.9	81.4	24.2	0.0	直	未发	未发	B	
安徽宣城市农科所	473.50	－0.53	8	4/1	6/26	7/22	112	18.7	85.6	18.9	128.8	106.8	82.9	25.7	2.0	直	轻	重	C	
湖北黄冈市农业科学院	549.67	11.12	5	3/28	6/21	7/18	112	19.3	91.7	18.5	131.0	106.5	81.3	24.6	0.1	直	未发	轻	A	
湖北荆州市农业科学院	424.17	1.23	6	4/1	6/23	7/20	110	18.3	93.2	19.4	108.6	90.6	83.4	24.8	0.3	直	未发	未发	B	
湖北孝感市农科所	510.83	6.26	6	3/26	6/20	7/15	111	18.9	92.0	18.6	147.7	124.1	84.0	27.2	0.0	直	未发	轻	A	
湖南衡阳市农科所	544.00	－3.83	9	3/24	6/18	7/16	114	23.9	88.3	18.4	105.9	91.9	86.8	25.8		直	未发	轻	C	
湖南怀化市农科所	437.50	－4.54	8	3/27	6/22	7/20	115	16.9	95.1	20.1	148.0	110.9	74.9	25.1		直	未发	轻	D	
湖南省农业科学院水稻所	496.83	－1.16	9	3/25	6/19	7/17	114	21.6	88.2	21.3	171.1	135.3	79.0	24.4	0.4	直	未发	轻	C	
湖南岳阳市农科所	487.00	－2.99	12	3/27	6/18	7/16	111	24.0	89.2	20.4	128.7	98.7	76.7	24.9	0.0	直	未发	轻	C	
江西邓家埠水稻原种场	527.50	－2.01	12	3/27	6/17	7/16	111	23.0	79.7	18.6	118.8	99.6	83.8	23.7	0.3	直	未发	轻	D	
江西九江市农科所	524.83	13.77	2	3/28	6/24	7/19	113	21.6	91.1	17.7	100.4	90.7	90.3	27.6		直	未发	未发	A	
江西省种子管理局	609.17	4.43	5	3/20	6/17	7/11	113	24.5	86.9	18.4	143.4	130.9	91.3	26.5	0.2	直	未发	轻	B	
江西宜春市农科所	575.50	－5.40	10	3/21	6/17	7/12	113	24.2	89.8	17.4	127.2	101.1	79.5	24.0	0.1	直	未发	轻	C	
浙江金华市农业科学院	503.00	－7.08	12	4/2	6/23	7/22	111	16.6	92.3	17.5	123.1	100.8	81.9	24.4	0.0	直	未发	重	D	
浙江诸暨农作物区试站	580.83	－2.52	8	3/28	6/25	7/23	117	20.0	91.0	19.1	135.7	117.1	86.3	23.7	0.0	直	未发	轻	B	
中国水稻研究所	486.66	－11.01	11	3/30	6/21	7/24	116	19.7	82.7	20.2	149.5	122.4	81.8	26.3	0.6	直	未发	轻	D	

注：综合评级 A—好，B—较好，C—中等，D——般。

表 3-8-11　早籼早中熟组（131211N）区试品种在各试点的产量、生育期及主要农艺经济性状表现

品种名称/试验点	亩产（千克）	比 CK ±%	产量位次	播种期（月/日）	齐穗期（月/日）	成熟期（月/日）	全生育期（天）	有效穗（万/亩）	株高（厘米）	穗长（厘米）	总粒数/穗	实粒数/穗	结实率（%）	千粒重（克）	杂株率（%）	倒伏性	穗颈瘟	白叶枯病	纹枯病	综合评级
中佳早 29																				
安徽安庆市种子站	513.50	-4.61	7	3/28	6/27	7/22	116	20.6	82.6	23.6	136.7	101.9	74.5	29.5	1.7	直	未发	轻	C	
安徽黄山市种子站	433.00	1.25	9	3/27	6/17	7/11	106	22.6	72.8	17.5	108.4	88.6	81.7	25.1	0.0	直	轻	轻	C	
安徽宣城市农科所	481.17	1.09	5	4/1	6/20	7/18	108	19.7	78.8	20.1	127.7	112.5	88.1	26.2	0.8	直	无	重	A	
湖北黄冈市农业科学院	467.17	-5.56	11	3/28	6/16	7/14	108	24.5	81.2	19.1	100.1	80.7	80.6	27.3	0.2	直	未发	轻	C	
湖北荆州市农业科学院	415.00	-0.95	8	4/1	6/20	7/18	108	23.5	80.6	17.8	78.3	65.9	84.2	24.8	0.2	直	未发	轻	C	
湖北孝感市农科所	433.50	-9.83	12	3/26	6/20	7/15	111	18.5	71.2	18.4	126.3	105.6	83.6	26.6	0.9	直	未发	轻	B	
湖南衡阳市农科所	531.00	-6.13	10	3/24	6/15	7/10	108	20.8	82.7	19.5	95.3	85.4	89.6	26.5		直	未发	轻	D	
湖南怀化市农科所	401.67	-12.36	12	3/27	6/20	7/19	114	21.9	87.8	20.4	107.2	79.8	74.4	24.3		直	未发	中	D	
湖南省农业科学院水稻所	533.00	6.03	4	3/25	6/16	7/14	111	24.3	81.4	21.5	118.1	93.4	79.1	26.1	0.6	直	未发	轻	B	
湖南岳阳市农科所	505.33	0.66	10	3/27	6/17	7/14	109	20.8	86.8	22.7	127.4	102.9	80.8	26.7	0.0	直	未发	轻	B	
江西邓家埠水稻原种场	551.17	2.38	9	3/27	6/12	7/11	106	23.0	77.0	20.2	111.4	98.7	88.6	25.2	0.3	直	未发	轻	C	
江西九江市农科所	499.83	8.35	4	3/28	6/19	7/15	109	21.6	84.6	20.1	109.7	89.4	81.5	28.1		直	未发	未发	C	
江西省种子管理局	584.17	0.14	9	3/20	6/12	7/7	109	25.6	77.7	18.6	99.0	88.0	88.9	26.2	0.9	直	未发	轻	C	
江西宜春市农科所	537.67	-11.62	12	3/21	6/11	7/5	106	23.8	69.5	16.9	91.8	75.0	81.7	26.5	0.8	直	未发	轻	D	
浙江金华市农业科学院	549.00	1.42	6	4/2	6/19	7/19	108	18.8	88.9	18.6	131.2	108.5	82.7	25.8	0.0	倒	未发	中	B	
浙江诸暨农作物区试站	559.67	-6.07	12	3/28	6/18	7/17	111	21.3	74.5	17.4	103.6	89.4	86.3	25.4	0.0	直	未发	轻	B	
中国水稻研究所	503.23	-7.98	10	3/30	6/20	7/22	114	24.6	80.7	19.6	113.4	93.5	82.4	26.1	0.4	直	未发	轻	D	

注：综合评级 A—好，B—较好，C—中等，D——般。

表 3-8-12　早籼早中熟组（131211N）区试品种在各试点的产量、生育期及主要农艺经济性状表现

品种名称/试验点	亩产（千克）	比 CK ±%	产量位次	播种期（月/日）	齐穗期（月/日）	成熟期（月/日）	全生育期（天）	有效穗（万/亩）	株高（厘米）	穗长（厘米）	总粒数/穗	实粒数/穗	结实率（%）	千粒重（克）	杂株率（%）	倒伏性	穗颈瘟	白叶枯病	纹枯病	综合评级
两优 3917																				
安徽安庆市种子站	605.33	12.45	1	3/28	6/21	7/19	113	24.2	104.1	21.1	136.2	121.5	89.2	26.7	2.0	直	未发	轻		A
安徽黄山市种子站	421.00	-1.56	11	3/27	6/19	7/14	109	22.1	88.1	18.3	109.2	96.1	88.0	23.5	0.0	直	未发	未发		B
安徽宣城市农科所	507.83	6.69	1	4/1	6/26	7/22	112	20.5	92.5	22.1	128.8	113.7	88.3	26.5	1.0	斜	无	重		A
湖北黄冈市农业科学院	553.67	11.93	4	3/28	6/19	7/15	109	22.5	91.7	18.6	125.8	111.4	88.6	23.1	0.1	直	未发	轻		A
湖北荆州市农业科学院	472.50	12.77	2	4/1	6/24	7/21	111	18.5	95.0	19.0	116.1	106.3	91.6	24.2	0.3	直	未发	轻		A
湖北孝感市农科所	521.17	8.41	4	3/26	6/19	7/15	111	17.5	88.8	19.2	144.9	131.5	90.8	24.4	0.0	直	未发	轻		A
湖南衡阳市农科所	579.33	2.42	3	3/24	6/18	7/14	112	22.4	89.0	20.2	125.0	113.1	90.5	24.9		直	未发	轻		B
湖南怀化市农科所	482.50	5.27	2	3/27	6/21	7/21	116	19.1	99.4	19.4	115.4	103.8	89.9	24.9		直	未发	轻		A
湖南省农业科学院水稻所	543.50	8.12	3	3/25	6/18	7/15	112	22.2	85.6	21.2	165.3	117.8	71.3	23.1	0.0	直	未发	轻		B
湖南岳阳市农科所	542.67	8.10	3	3/27	6/19	7/16	111	23.0	88.5	21.4	120.9	92.3	76.3	27.6	0.0	直	未发	无		A
江西邓家埠水稻原种场	568.83	5.67	5	3/27	6/16	7/11	106	26.4	80.5	17.2	103.2	92.8	89.9	23.0	0.3	直	未发	轻		B
江西九江市农科所	529.67	14.81	1	3/28	6/22	7/18	112	22.8	89.2	17.8	106.9	94.4	88.3	26.7		直	未发	未发		A
江西省种子管理局	615.83	5.57	3	3/20	6/18	7/12	114	26.5	88.7	17.7	110.4	101.2	91.7	24.2	0.2	直	未发	轻		A
江西宜春市农科所	584.67	-3.89	9	3/21	6/16	7/11	112	20.8	90.2	18.1	122.6	109.8	89.6	24.4	0.4	直	未发	轻		C
浙江金华市农业科学院	505.83	-6.56	11	4/2	6/22	7/21	110	15.4	96.3	18.5	140.5	118.9	84.6	23.2	0.0	倒	未发	重		D
浙江诸暨农作物区试站	563.67	-5.40	11	3/28	6/23	7/22	116	20.5	89.0	20.3	141.6	127.6	90.1	23.5	0.0	直	未发	轻		B
中国水稻研究所	518.93	-5.10	9	3/30	6/20	7/22	114	20.8	86.1	19.9	150.3	137.1	91.3	24.0	0.0	直	未发	轻		D

注：综合评级 A—好，B—较好，C—中等，D——般。

表 3－9－1　早籼早中熟组（131211N）生产试验品种在各试验点的产量、生育期、主要特征及田间抗性表现

品种名称/试验点	亩产（千克）	比 CK ±%	播种期（月/日）	齐穗期（月/日）	成熟期（月/日）	全生育期(天)	耐寒性	整齐度	杂株率（%）	株型	叶色	叶姿	长势	熟期转色	倒伏性	落粒性	叶瘟	穗颈瘟	白叶枯病	纹枯病
H750S/HY17																				
湖南衡阳市农科所	496.00	5.49	3/24	6/16	7/11	109	强	不齐		整束	绿	挺直	中	好	直	中	未发	未发	未发	轻
湖南攸县种子管理站	522.50	0.83	3/22	6/14	7/15	115	强	齐	0.0	松散	绿	挺直	强	好	直		未发	未发	未发	未发
江西现代种业有限公司	548.00	4.38	3/25	6/19	7/17	114	强	一般	1.0	散	绿	中等	好	一般	直	中	未发	未发	未发	轻
江西省种子管理局	459.71	2.45	3/20	6/16	7/10	112	强	一般		适中	绿	挺直	繁茂	好	直	中	未发	未发	未发	轻
江西永修县种子管理局	438.70	3.63	4/1	6/23	7/17	106	强	整齐	合格	适中	绿	一般	一般	好	直	易	无	未发	未发	无
安徽黄山市种子站	460.00	9.73	3/27	6/19	7/14	109	弱	齐	0.0	适中	绿	一般	一般	好	直	中	未发	未发	未发	轻
浙江诸暨农作物区试站	526.88	3.75	3/28	6/21	7/20	114	强	整齐		紧凑	淡绿	挺直	一般	一般	直	中	未发	未发	未发	轻
株两优 39																				
湖南衡阳市农科所	491.80	4.59	3/24	6/16	7/11	109	中	一般	0.8	松散	浓绿	挺直	繁茂	好	直	中	未发	未发	未发	无
湖南攸县种子管理站	527.60	1.81	3/22	6/16	7/13	113	强	齐	0.7	松散	绿	挺直	强	好	直		未发	未发	未发	未发
江西现代种业有限公司	565.00	7.62	3/25	6/22	7/18	115	强	一般	1.0	紧	绿	挺拔	好	好	直	中	未发	未发	未发	轻
江西省种子管理局	482.80	7.60	3/20	6/17	7/11	113	强	整齐		适中	绿	挺直	繁茂	好	直	中	未发	未发	未发	轻
江西永修县种子管理局	444.34	4.96	4/1	6/28	7/24	113	强	一般	合格	适中	浓	一般	一般	好	直	易	无	未发	未发	轻
安徽黄山市种子站	452.80	8.02	3/27	6/18	7/13	108	弱	齐	0.0	适中	绿	一般	一般	好	直	中	未发	未发	未发	轻
浙江诸暨农作物区试站	556.25	9.54	3/28	6/22	7/21	115	强	一般	1.3	紧凑	淡绿	略披	繁茂	好	直	中	未发	未发	未发	轻

表 3-9-2　早籼早中熟组（121211N）生产试验品种在各试验点的产量、生育期、主要特征及田间抗性表现

品种名称/试验点	亩产（千克）	比 CK ±%	播种期（月/日）	齐穗期（月/日）	成熟期（月/日）	全生育期(天)	耐寒性	整齐度	杂株率（%）	株型	叶色	叶姿	长势	熟期转色	倒伏性	落粒性	叶瘟	穗颈瘟	白叶枯病	纹枯病
陆两优 173																				
湖南衡阳市农科所	484.80	3.11	3/24	6/11	7/10	108	中	一般	0.1	适中	浓绿	披垂	繁茂	中	直	好	未发	未发	未发	轻
湖南攸县种子管理站	532.20	2.70	3/22	6/18	7/13	113	强	齐	0.0	松散	绿	挺直	强	一般	直		未发	未发	未发	未发
江西现代种业有限公司	545.00	3.81	3/25	6/16	7/14	111	强	齐	0.5	中	绿	挺拔	好	好	直	中	未发	未发	未发	轻
江西省种子管理局	451.51	0.62	3/20	6/12	7/7	109	强	不齐		适中	绿	挺直	一般	中	直	中	未发	未发	未发	轻
江西永修县种子管理局	452.52	6.89	4/1	6/24	7/19	108	强	整齐	合格	紧	淡	直	一般	好	直	易	无	未发	未发	无
安徽黄山市种子站	436.20	4.06	3/27	6/16	7/14	109	弱	齐	0.0	适中	浓绿	一般	一般	好	直	中	未发	未发	未发	轻
浙江诸暨农作物区试站	509.38	0.31	3/28	6/16	7/17	111	强	整齐		紧凑	浓绿	挺直	繁茂	一般	直	中	未发	未发	未发	轻
两优 699																				
湖南衡阳市农科所	493.20	4.89	3/24	6/16	7/14	112	弱	一般	2.1	适中	绿	披垂	中	好	直	好	未发	未发	未发	轻
湖南攸县种子管理站	543.20	4.82	3/22	6/16	7/16	116	强	齐	1.9	适中	绿	挺直	强	好	直		未发	未发	未发	未发
江西现代种业有限公司	563.00	7.24	3/25	6/24	7/20	117	强	齐	3.0	中	绿	中等	好	好	直	易	未发	未发	未发	轻
江西省种子管理局	471.40	5.06	3/20	6/16	7/10	112	强	一般		适中	绿	挺直	繁茂	好	直	中	未发	未发	未发	轻
江西永修县种子管理局	457.98	8.18	4/1	6/24	7/19	108	强	偏差	4.6	松散	浓	一般	一般	好	直	易	无	未发	未发	无
安徽黄山市种子站	465.60	11.07	3/27	6/18	7/14	109	弱	齐	2.3	适中	绿	一般	一般	好	直	中	未发	未发	未发	轻
浙江诸暨农作物区试站	534.38	5.23	3/28	6/22	7/21	114	强	一般	1.1	紧凑	浓绿	披垂	繁茂	好	直	中	未发	未发	未发	轻

表 3 -9 -3　早籼早中熟组（121211N）生产试验品种在各试验点的产量、生育期、主要特征及田间抗性表现

品种名称/试验点	亩产（千克）	比 CK ±%	播种期（月/日）	齐穗期（月/日）	成熟期（月/日）	全生育期(天)	耐寒性	整齐度	杂株率（%）	株型	叶色	叶姿	长势	熟期转色	倒伏性	落粒性	叶瘟	穗颈瘟	白叶枯病	纹枯病
安丰优 211																				
湖南衡阳市农科所	494.60	5.19	3/24	6/17	7/12	110	弱	一般	0.3	适中	浓绿	挺直	繁茂	好	直	中	未发	未发	未发	轻
湖南攸县种子管理站	518.60	0.08	3/22	6/18	7/15	115	强	齐	0.0	适中	绿	挺直	强	好	直		未发	未发	未发	未发
江西现代种业有限公司	543.00	3.43	3/25	6/24	7/19	116	中	齐	0.0	中	绿	挺拔	好	好	直	易	未发	未发	未发	轻
江西省种子管理局	463.13	3.21	3/20	6/19	7/13	115	强	整齐		适中	绿	挺直	繁茂	好	直	中	未发	未发	未发	轻
江西永修县种子管理局	375.72	-11.25	4/1	6/23	7/17	106	中	整齐	合格	紧	浓	直	一般	中	直	易	无	未发	未发	无
安徽黄山市种子站	459.00	9.49	3/27	6/22	7/13	109	弱	齐	0.0	紧束	淡绿	直	一般	好	直	中	未发	未发	未发	轻
浙江诸暨农作物区试站	542.19	6.77	3/28	6/25	7/23	117	强	整齐		紧凑	浓绿	挺直	繁茂	好	直	中	未发	未发	未发	轻
株两优 819（CK）																				
湖南衡阳市农科所	470.20	0.00	3/24	6/14	7/12	110	强	一般		松散	绿	披垂	繁茂	中	直	好	未发	未发	未发	轻
湖南攸县种子管理站	518.20	0.00	3/22	6/11	7/14	114	强	齐	0.0	适中	绿	挺直	强	好	直		未发	未发	未发	未发
江西现代种业有限公司	525.00	0.00	3/25	6/18	7/15	112	强	一般	1.0	散	绿	中等	好	一般	直	易	未发	未发	未发	轻
江西省种子管理局	448.71	0.00	3/20	6/14	7/8	110	强	一般		适中	绿	挺直	繁茂	中	直	中	未发	未发	未发	轻
江西永修县种子管理局	423.34	0.00	4/1	6/21	7/16	105	强	一般	合格	适中	浓	一般	一般	好	直	易	轻	未发	未发	无
安徽黄山市种子站	419.20	0.00	3/27	6/17	7/13	108	弱	齐	0.0	适中	淡绿	一般	一般	好	直	中	未发	未发	未发	轻
浙江诸暨农作物区试站	507.81	0.00	3/28	6/19	7/20	114	强	整齐							直		未发	未发	未发	轻

第四章　2013 年早籼迟熟组国家水稻品种试验汇总报告

一、试验概况

（一）试验目的

鉴定评价我国南方稻区新选育和引进的水稻新品种（组合，下同）的丰产性、稳产性、适应性、抗性、米质及其他重要性状表现，为国家水稻品种审定提供科学依据。

（二）参试品种

区试品种 11 个，潭原优 4903 和五丰优 286 为续试品种，其他为新参试品种，以陆两优 996（CK）为对照；生产试验品种 6 个，以金优 402（CK）为对照。品种编号、名称、类型、亲本组合、选育/供种单位见表 4－1。

（三）承试单位

区试点 15 个，生产试验点 8 个，分布在广西、福建、江西、湖南和浙江 5 个省（区）。承试单位、试验地点、经纬度、海拔高度、试验负责人及执行人见表 4－2。

（四）试验设计、栽培管理与观察记载

各试验点均按《2013 年南方稻区国家水稻品种试验实施方案》及《农作物品种区域试验技术规范　水稻》进行试验。

区试采用完全随机区组排列，3 次重复，小区面积 0.02 亩。生产试验采用大区随机排列，不设重复，大区面积 0.5 亩。

分区试、生产试验，同组试验所有品种同期播种、移栽，施肥水平中等偏上，其他栽培管理措施与当地大田生产相同。

观察记载项目与标准按《农作物品种区域试验技术规范　水稻》以及《国家水稻品种试验观察记载项目、方法及标准》《南方稻区国家水稻品种区试及生产试验记载表》等的要求执行。

（五）特性鉴定

抗性鉴定：浙江省农业科学院植微所、湖南省农业科学院植保所、江西井冈山垦殖场、福建省上杭县茶地乡农技站、湖北省宜昌市农业科学院和安徽省农业科学院植保所负责稻瘟病抗性鉴定，鉴定采用人工接菌与病区自然诱发相结合；湖南省农业科学院水稻所负责白叶枯病抗性鉴定；中国水稻研究所稻作发展中心负责稻飞虱抗性鉴定。鉴定种子由中国水稻研究所试验点统一提供，鉴定结果由浙江省农业科学院植微所负责汇总。

米质分析：由江西省种子管理局、湖南衡阳市农科所和浙江诸暨农作物区试站试验点分别单独种植生产提供样品，农业部稻米及制品质量监督检验测试中心负责检测分析。

参试品种的特异性及续试品种年度间的一致性鉴定：由中国水稻研究所进行 DNA 指纹鉴定。

（六）统计分析

按照《农作物品种区域试验技术规范　水稻》等有关试验质量评价标准，对各试验（鉴定）点试验（鉴定）结果的可靠性、完整性、准确性、可比性以及对照品种表现情况等进行分析评估，确保汇总质量。2013 年区试湖南省农业科学院水稻所试验点因对照品种产量异常偏低未列入汇总，其

余14个试验点试验结果正常，列入汇总。2013年生产试验各试验点试验结果正常，全部列入汇总。

产量联合方差分析采用混合模型，品种间产量差异多重比较采用Duncan's新复极差法；参试品种的丰产性主要以品种在区试和生产试验中相对于对照品种产量及组平均产量衡量；参试品种的适应性主要以品种在区试中比对照品种增产的试验点比例衡量；参试品种的稳产性主要以品种在年度间区试中相对于对照品种产量的差异变化程度衡量。

参试品种的生育期主要以全生育期比对照品种长短的天数衡量。

参试品种的抗性以指定的鉴定单位的鉴定结果为主要依据，对稻瘟病抗性的主要评价指标为综合指数和穗瘟损失率最高级，对其他病虫害抗性的主要评价指标为最高级。

参试品种的米质检测、评价按照国家《优质稻谷》标准，分优质1级、优质2级、优质3级，未达到优质级的品种米质均为等外级。

二、结果分析

（一）产量

2013年区试品种中，陆两优996（CK）产量偏低、居末位。依据比组平均产量的增减产幅度，产量较高的品种有早丰优107、五丰优286、煜两优22、中两优206、潭原优4903、金优2368，产量居前6位，平均亩产551.19～555.26千克，比陆两优996（CK）增产7.11%～7.91%；产量中等的品种有安丰优409、陵两优宁1、帮两优701，平均亩产528.64～530.39千克，比陆两优996（CK）增产2.73%～3.07%；两优27和辐017产量一般，平均亩产分别是522.01千克、520.89千克，比陆两优996（CK）分别增产1.23%、1.44%。品种产量、比对照及组平均增减产百分率、品种间产量差异显著性、比对照增产试验点比例等汇总结果见表4-3。

2013年生产试验品种中，平均亩产介于515.86～531.61千克，比金优402（CK）增产4.03%～7.73%。品种产量、比对照增减产百分率等汇总结果以及各试验点对品种的综合评价等级见表4-4。

（二）生育期

2013年区试品种中，辐017的全生育期比陆两优996（CK）短4.1天、熟期较早；其他品种的全生育期与陆两优996（CK）相当或略短、熟期适宜。品种全生育期及比对照长短天数见表4-3。

2013年生产试验品种中，温814的全生育期比金优402（CK）短3.2天、熟期较早；其他品种的全生育期与金优402（CK）相当、熟期适宜。品种全生育期及比对照长短天数见表4-4。

（三）主要农艺经济性状

品种分蘖率、有效穗数、成穗率、株高、每穗总粒数、每穗实粒数、结实率、千粒重等主要农艺经济性状汇总结果见表4-3。

（四）抗性

2013年区试品种中，所有品种的综合指数均未超过6.5级。依据穗瘟损失率最高级，陵两优宁1为中抗，安丰优409和帮两优701为中感，其他品种为感或高感。

品种在各稻瘟病抗性鉴定点的鉴定结果见表4-5，品种稻瘟病抗性鉴定汇总结果以及白叶枯病、褐飞虱、白背飞虱抗性鉴定结果见表4-6。

（五）米质

依据国家《优质稻谷》标准，两优27米质优，达国标优质3级；其他品种均为等外级，米质中等或一般。品种糙米率、整精米率、粒长、长宽比、垩白粒率、垩白度、胶稠度、直链淀粉等米质性状表现见表4-7。

（六）品种在各试验点表现

区试、生产试验品种在各试验点的产量、生育期、主要农艺经济性状、田间抗性表现等见表4-

8－1 至表 4－8－12、表 4－9－1 至表 4－9－4。

三、品种评价

（一）生产试验品种

1. H750S/HY22

2011 年初试平均亩产 508.64 千克，比金优 402（CK1）增产 4.79%，达极显著水平；2012 年续试平均亩产 518.40 千克，比金优 402（CK1）增产 10.28%，达极显著水平，比陆两优 996（CK2）增产 5.65%，达极显著水平；两年区试平均亩产 513.52 千克，比金优 402（CK1）增产 7.49%，增产点比例 85.1%；2013 年生产试验平均亩产 522.49 千克，比金优 402（CK）增产 6.30%。全生育期两年区试平均 112.8 天，比金优 402（CK1）早熟 0.9 天。主要农艺性状两年区试综合表现：每亩有效穗数 21.3 万穗，株高 82.1 厘米，穗长 19.1 厘米，每穗总粒数 107.4 粒，结实率 86.5%，千粒重 28.6 克。抗性两年综合表现：稻瘟病综合指数 4.7 级，穗瘟损失率最高级 9 级；白叶枯病平均级 3 级，最高级 3 级；褐飞虱平均级 9 级，最高级 9 级；白背飞虱平均级 8 级，最高级 9 级。米质主要指标两年综合表现：整精米率 48.3%，长宽比 2.7，垩白粒率 97%，垩白度 20.5%，胶稠度 81 毫米，直链淀粉含量 25.3%。

2013 年国家水稻品种试验年会审议意见：已完成试验程序，可以申报国家品种审定。

2. 荣丰优 107

2011 年初试平均亩产 505.54 千克，比金优 402（CK1）增产 4.15%，达极显著水平；2012 年续试平均亩产 519.92 千克，比金优 402（CK1）增产 10.60%，达极显著水平，比陆两优 996（CK2）增产 5.96%，达极显著水平；两年区试平均亩产 512.73 千克，比金优 402（CK1）增产 7.32%，增产点比例 100.0%；2013 年生产试验平均亩产 527.68 千克，比金优 402（CK）增产 6.95%。全生育期两年区试平均 114.0 天，比金优 402（CK1）迟熟 0.3 天。主要农艺性状两年区试综合表现：每亩有效穗数 20.6 万穗，株高 88.7 厘米，穗长 18.3 厘米，每穗总粒数 117.0 粒，结实率 87.0%，千粒重 26.9 克。抗性两年综合表现：稻瘟病综合指数 5.4 级，穗瘟损失率最高级 9 级；白叶枯病平均级 5 级，最高级 5 级；褐飞虱平均级 8 级，最高级 9 级；白背飞虱平均级 8 级，最高级 9 级。米质主要指标两年综合表现：整精米率 52.7%，长宽比 2.7，垩白粒率 35%，垩白度 6.2%，胶稠度 77 毫米，直链淀粉含量 21.6%。

2013 年国家水稻品种试验年会审议意见：已完成试验程序，可以申报国家品种审定。

3. 早丰优 9 号

2011 年初试平均亩产 504.79 千克，比金优 402（CK1）增产 4.00%，达极显著水平；2012 年续试平均亩产 508.68 千克，比金优 402（CK1）增产 8.21%，达极显著水平，比陆两优 996（CK2）增产 3.67%，达极显著水平；两年区试平均亩产 506.74 千克，比金优 402（CK1）增产 6.07%，增产点比例 96.7%；2013 年生产试验平均亩产 526.88 千克，比金优 402（CK）增产 6.16%。全生育期两年区试平均 113.5 天，比金优 402（CK1）早熟 0.2 天。主要农艺性状两年区试综合表现：每亩有效穗数 23.0 万穗，株高 87.3 厘米，穗长 18.0 厘米，每穗总粒数 107.9 粒，结实率 85.1%，千粒重 26.5 克。抗性两年综合表现：稻瘟病综合指数 5.7 级，穗瘟损失率最高级 9 级；白叶枯病平均级 4 级，最高级 5 级；褐飞虱平均级 8 级，最高级 9 级；白背飞虱平均级 9 级，最高级 9 级。米质主要指标两年综合表现：整精米率 49.8%，长宽比 2.9，垩白粒率 43%，垩白度 6.9%，胶稠度 58 毫米，直链淀粉含量 17.4%。

2013 年国家水稻品种试验年会审议意见：已完成试验程序，可以申报国家品种审定。

4. 陵两优 22

2011 年初试平均亩产 509.45 千克，比金优 402（CK1）增产 4.96%，达极显著水平；2012 年续试平均亩产 523.96 千克，比金优 402（CK1）增产 11.46%，达极显著水平，比陆两优 996（CK2）增产 6.78%，达极显著水平；两年区试平均亩产 516.70 千克，比金优 402（CK1）增产 8.16%，增产点比例 89.5%；2013 年生产试验平均亩产 531.61 千克，比金优 402（CK）增产 7.73%。全生育期两年区试平均113.4天，比金优402（CK1）早熟0.3天。主要农艺性状两年区试综合表现：每亩有效穗数22.1万穗，株高83.1厘米，穗长19.0厘米，每穗总粒数114.3粒，结实率84.4%，千粒重27.2克。抗性两年综合表现：稻瘟病综合指数5.1级，穗瘟损失率最高级9级；白叶枯病平均级4级，最高级5级；褐飞虱平均级9级，最高级9级；白背飞虱平均级9级，最高级9级。米质主要指标两年综合表现：整精米率57.8%，长宽比2.7，垩白粒率87%，垩白度16.1%，胶稠度75毫米，直链淀粉含量19.7%。

2013年国家水稻品种试验年会审议意见：已完成试验程序，可以申报国家品种审定。

5. 荣优286

2011年初试平均亩产500.17千克，比金优402（CK1）增产3.04%，达极显著水平；2012年续试平均亩产506.21千克，比金优402（CK1）增产7.68%，达极显著水平，比陆两优996（CK2）增产3.17%，达极显著水平；两年区试平均亩产503.19千克，比金优402（CK1）增产5.33%，增产点比例84.6%；2013年生产试验平均亩产520.47千克，比金优402（CK）增产5.04%。全生育期两年区试平均112.8天，比金优402（CK1）早熟0.9天。主要农艺性状两年区试综合表现：每亩有效穗数19.4万穗，株高83.8厘米，穗长18.6厘米，每穗总粒数130.1粒，结实率83.7%，千粒重26.3克。抗性两年综合表现：稻瘟病综合指数5.6级，穗瘟损失率最高级9级；白叶枯病平均级6级，最高级7级；褐飞虱平均级7级，最高级7级；白背飞虱平均级8级，最高级9级。米质主要指标两年综合表现：整精米率52.6%，长宽比2.9，垩白粒率45%，垩白度7.9%，胶稠度74毫米，直链淀粉含量22.7%。

2013年国家水稻品种试验年会审议意见：已完成试验程序，可以申报国家品种审定。

6. 温814

2011年初试平均亩产500.49千克，比金优402（CK1）增产3.11%，达极显著水平；2012年续试平均亩产501.83千克，比金优402（CK1）增产6.75%，达极显著水平，比陆两优996（CK2）增产2.27%，达极显著水平；两年区试平均亩产501.16千克，比金优402（CK1）增产4.90%，增产点比例74.1%；2013年生产试验平均亩产515.86千克，比金优402（CK）增产4.03%。全生育期两年区试平均111.1天，比金优402（CK1）早熟2.6天。主要农艺性状两年区试综合表现：每亩有效穗数21.1万穗，株高80.5厘米，穗长17.6厘米，每穗总粒数111.1粒，结实率89.0%，千粒重26.3克。抗性两年综合表现：稻瘟病综合指数5.3级，穗瘟损失率最高级9级；白叶枯病平均级6级，最高级7级；褐飞虱平均级8级，最高级9级；白背飞虱平均级7级，最高级7级。米质主要指标两年综合表现：整精米率67.5%，长宽比2.2，垩白粒率93%，垩白度18.3%，胶稠度81毫米，直链淀粉含量26.3%。

2013年国家水稻品种试验年会审议意见：已完成试验程序，可以申报国家品种审定。

（二）续试品种

1. 五丰优286

2012年初试平均亩产520.09千克，比金优402（CK1）增产10.64%，达极显著水平，比陆两优996（CK2）增产5.99%，达极显著水平；2013年续试平均亩产554.60千克，比陆两优996（CK）增产7.78%，达极显著水平；两年区试平均亩产537.35千克，比陆两优996（CK）增产6.91%，增产点比例89.8%。全生育期两年区试平均113.0天，比陆两优996（CK）迟熟0.3天。主要农艺性状两年区试综合表现：每亩有效穗数20.1万穗，株高84.1厘米，穗长18.9厘米，每穗总粒数144.3粒，结实率82.9%，千粒重24.5克。抗性两年综合表现：稻瘟病综合指数5.5级，穗瘟损失率最高级9级；白叶枯病平均级7级，最高级7级；褐飞虱平均级8级，最高级9级；白背飞虱平均级7级，最高级7级。米质主要指标两年综合表现：整精米率65.4%，长宽比2.7，垩白粒率27%，垩白度3.2%，胶稠度86毫米，直链淀粉含量13.9%。

2013年国家水稻品种试验年会审议意见：2014年进行生产试验。

2. 潭原优4903

2012年初试平均亩产515.72千克，比金优402（CK1）增产9.71%，达极显著水平，比陆两优

996（CK2）增产5.10%，达极显著水平；2013年续试平均亩产552.95千克，比陆两优996（CK）增产7.46%，达极显著水平；两年区试平均亩产534.33千克，比陆两优996（CK）增产6.31%，增产点比例86.4%。全生育期两年区试平均112.2天，比陆两优996（CK）早熟0.5天。主要农艺性状两年区试综合表现：每亩有效穗数22.8万穗，株高92.2厘米，穗长20.3厘米，每穗总粒数99.5粒，结实率88.1%，千粒重29.7克。抗性两年综合表现：稻瘟病综合指数3.9级，穗瘟损失率最高级7级；白叶枯病平均级6级，最高级7级；褐飞虱平均级9级，最高级9级；白背飞虱平均级6级，最高级7级。米质主要指标两年综合表现：整精米率38.0%，长宽比3.0，垩白粒率83%，垩白度11.0%，胶稠度88毫米，直链淀粉含量22.3%。

2013年国家水稻品种试验年会审议意见：2014年进行生产试验。

（三）初试品种

1. 早丰优107

2013年初试平均亩产555.26千克，比陆两优996（CK）增产7.91%，达极显著水平，增产点比例100.0%。全生育期113.9天，比陆两优996（CK）迟熟0.6天。主要农艺性状表现：每亩有效穗数21.5万穗，株高93.0厘米，穗长18.8厘米，每穗总粒数133.2粒，结实率84.3%，千粒重25.2克。抗性：稻瘟病综合指数5.2级，穗瘟损失率最高级9级；白叶枯病7级；褐飞虱7级；白背飞虱5级。米质主要指标：整精米率54.9%，长宽比2.7，垩白粒率43%，垩白度4.6%，胶稠度71毫米，直链淀粉含量17.7%。

2013年国家水稻品种试验年会审议意见：2014年续试。

2. 煜两优22

2013年初试平均亩产554.55千克，比陆两优996（CK）增产7.77%，达极显著水平，增产点比例92.9%。全生育期112.9天，比陆两优996（CK）早熟0.4天。主要农艺性状表现：每亩有效穗数20.3万穗，株高86.9厘米，穗长19.8厘米，每穗总粒数134.5粒，结实率84.2%，千粒重27.9克。抗性：稻瘟病综合指数5.5级，穗瘟损失率最高级9级；白叶枯病7级；褐飞虱9级；白背飞虱7级。米质主要指标：整精米率46.6%，长宽比2.9，垩白粒率73%，垩白度9.8%，胶稠度66毫米，直链淀粉含量20.5%。

2013年国家水稻品种试验年会审议意见：2014年续试。

3. 中两优206

2013年初试平均亩产553.23千克，比陆两优996（CK）增产7.51%，达极显著水平，增产点比例85.7%。全生育期111.1天，比陆两优996（CK）早熟2.2天。主要农艺性状表现：每亩有效穗数21.3万穗，株高82.9厘米，穗长18.3厘米，每穗总粒数131.3粒，结实率84.9%，千粒重26.0克。抗性：稻瘟病综合指数4.8级，穗瘟损失率最高级9级；白叶枯病7级；褐飞虱7级；白背飞虱7级。米质主要指标：整精米率59.2%，长宽比2.6，垩白粒率69%，垩白度11.1%，胶稠度87毫米，直链淀粉含量20.9%。

2013年国家水稻品种试验年会审议意见：2014年续试。

4. 金优2368

2013年初试平均亩产551.19千克，比陆两优996（CK）增产7.11%，达极显著水平，增产点比例92.9%。全生育期113.4天，比陆两优996（CK）迟熟0.1天。主要农艺性状表现：每亩有效穗数19.3万穗，株高91.7厘米，穗长20.9厘米，每穗总粒数142.1粒，结实率82.1%，千粒重25.6克。抗性：稻瘟病综合指数6.2级，穗瘟损失率最高级9级；白叶枯病5级；褐飞虱9级；白背飞虱7级。米质主要指标：整精米率44.7%，长宽比2.9，垩白粒率73%，垩白度9.9%，胶稠度69毫米，直链淀粉含量19.8%。

2013年国家水稻品种试验年会审议意见：终止试验。

5. 安丰优409

2013年初试平均亩产530.39千克，比陆两优996（CK）增产3.07%，达极显著水平，增产点比例64.3%。全生育期112.6天，比陆两优996（CK）早熟0.7天。主要农艺性状表现：每亩有效穗数21.7万穗，株高90.2厘米，穗长19.0厘米，每穗总粒数110.7粒，结实率87.3%，千粒重27.7克。抗性：稻瘟病综合指数2.6级，穗瘟损失率最高级5级；白叶枯病5级；褐飞虱9级；白背飞虱7级。米质主要指标：整精米率40.0%，长宽比3.0，垩白粒率51%，垩白度6.2%，胶稠度74毫米，直链淀粉含量19.8%。

2013年国家水稻品种试验年会审议意见：终止试验。

6. 陵两优宁1

2013年初试平均亩产530.04千克，比陆两优996（CK）增产3.00%，达极显著水平，增产点比例64.3%。全生育期113.5天，比陆两优996（CK）迟熟0.2天。主要农艺性状表现：每亩有效穗数19.7万穗，株高93.9厘米，穗长18.6厘米，每穗总粒数129.8粒，结实率86.3%，千粒重26.2克。抗性：稻瘟病综合指数3.3级，穗瘟损失率最高级3级；白叶枯病7级；褐飞虱9级；白背飞虱7级。米质主要指标：整精米率63.5%，长宽比2.9，垩白粒率39%，垩白度4.4%，胶稠度87毫米，直链淀粉含量13.6%。

2013年国家水稻品种试验年会审议意见：2014年续试。

7. 帮两优701

2013年初试平均亩产528.64千克，比陆两优996（CK）增产2.73%，达极显著水平，增产点比例64.3%。全生育期111.6天，比陆两优996（CK）早熟1.7天。主要农艺性状表现：每亩有效穗数20.1万穗，株高86.4厘米，穗长19.0厘米，每穗总粒数131.3粒，结实率82.1%，千粒重25.0克。抗性：稻瘟病综合指数4.8级，穗瘟损失率最高级5级；白叶枯病7级；褐飞虱9级；白背飞虱5级。米质主要指标：整精米率54.4%，长宽比3.0，垩白粒率56%，垩白度7.9%，胶稠度62毫米，直链淀粉含量20.4%。

2013年国家水稻品种试验年会审议意见：终止试验。

8. 两优27

2013年初试平均亩产522.01千克，比陆两优996（CK）增产1.44%，达显著水平，增产点比例71.4%。全生育期112.0天，比陆两优996（CK）早熟1.3天。主要农艺性状表现：每亩有效穗数19.4万穗，株高91.3厘米，穗长20.0厘米，每穗总粒数130.0粒，结实率88.1%，千粒重24.7克。抗性：稻瘟病综合指数5.8级，穗瘟损失率最高级7级；白叶枯病7级；褐飞虱9级；白背飞虱9级。米质主要指标：整精米率58.9%，长宽比3.3，垩白粒率28%，垩白度3.1%，胶稠度69毫米，直链淀粉含量20.5%，达国标优质3级。

2013年国家水稻品种试验年会审议意见：2014年续试。

9. 辐017

2013年初试平均亩产520.89千克，比陆两优996（CK）增产1.23%，达显著水平，增产点比例57.1%。全生育期109.2天，比陆两优996（CK）早熟4.1天。主要农艺性状表现：每亩有效穗数18.5万穗，株高83.2厘米，穗长17.9厘米，每穗总粒数148.3粒，结实率86.4%，千粒重24.6克。抗性：稻瘟病综合指数5.0级，穗瘟损失率最高级9级；白叶枯病5级；褐飞虱9级；白背飞虱7级。米质主要指标：整精米率62.0%，长宽比2.3，垩白粒率86%，垩白度11.8%，胶稠度89毫米，直链淀粉含量25.4%。

2013年国家水稻品种试验年会审议意见：终止试验。

表 4－1 早籼迟熟组（131411N）区试及生产试验品种基本情况

编号	品种名称	品种类型	亲本组合	选育/供种单位
区试				
1	*辐 017	常规稻	（G04－44/06944）F1 辐射	浙江省农业科学院作核所
2	潭原优 4903	杂交稻	潭原 A×R4903	湘潭市原种场
3	*陵两优宁 1	杂交稻	628s×宁恢 1	湖南宁乡县南方优质稻开发研究所
4	*安丰优 409	杂交稻	安丰 A×R409	中种集团/广东金稻种业
5	*煜两优 22	杂交稻	华煜 4127S×中早 22	江西博大种业有限公司
6	*两优 27	杂交稻	HD9802S×R27	湖北荆楚种业股份有限公司
7	*帮两优 701	杂交稻	帮 191S×望恢 701	湖南希望种业科技有限公司
8	*中两优 206	杂交稻	中 18S×R206	中国水稻研究所
9	*金优 2368	杂交稻	金 23A×R5568	合肥稻丰农业技术有限公司
10	*早丰优 107	杂交稻	早丰 A×T0107	北京金色农华种业科技有限公司
11	五丰优 286	杂交稻	五丰 A×中恢 286	江西现代种业有限责任公司
12CK	陆两优 996（CK）	杂交稻	陆 18S×996	湖南金色农华种业科技有限公司
生产试验				
1	H750S/HY22	杂交稻	H750S×中早 22	湖南亚华种业科学院/中国水稻研究所
2	荣丰优 107	杂交稻	荣丰 A×T0107	江西先农种业有限公司
3	早丰优 9 号	杂交稻	早丰 A×R49	北京金色农华种业科技有限公司
4	陵两优 22	杂交稻	湘陵 628S×中早 22	中国水稻研究所/湖南亚华种业科学院
5	荣优 286	杂交稻	荣丰 A×中恢 286	江西现代种业有限责任公司
6	温 814	常规稻	G9946/甬籼 57	温州市农业科学院
7CK	金优 402（CK）	杂交稻	金 23A×R402	湖南亚华种业科学院

*为 2013 年新参试品种。

表 4－2　早籼迟熟组（131411N）区试及生产试验点基本情况

试验点	试验地点	经度	纬度	海拔高度（米）	试验负责人及执行人
区试					
广西桂林市农科所	桂林市雁山镇	110°12′	25°07′	170.4	莫千持、王鹏、范大泳
福建沙县良种场	沙县富口镇延溪	117°40′	26°06′	130.0	罗木旺、黄秀泉、吴光煜
江西吉安市农科所	吉安县凤凰镇	114°51′	26°56′	58.0	罗来保、陈茶光、周小玲
江西宜春市农科所	宜春市厚田	114°23′	27°48′	128.5	谭桂英、周成勇、胡远琼
江西赣州市农科所	赣州市	114°57′	25°51′	123.8	李云
江西省种子管理局	南昌县莲塘	115°58′	28°41′	30.0	贺国良、祝鱼水、彭从胜
江西邓家埠水稻原种场	余江县城东郊	116°51′	28°12′	37.7	刘红声、金建康、龚泽兰
湖南省农业科学院水稻所	长沙东郊马坡岭	113°05′	28°12′	44.9	傅黎明、周昆、凌伟其
湖南贺家山原种场	常德市	111°54′	29°01′	28.2	曾跃华
湖南郴州市农科所	郴州市苏仙区桥口镇	113°11′	25°26′	128.0	简路军、廖茂文、欧丽义
湖南衡阳市农科所	衡南县三塘镇	112°30′	26°53′	70.1	汪四龙
浙江温州市农业科学院	温州市藤桥镇枫林岙村	120°40′	28°01′	6.0	王成豹
浙江金华市农业科学院	金华市苏孟乡石门农场	119°42′	29°06′	62.1	王孔俭、邓飞
浙江诸暨农作物区试站	诸暨市十里牌	120°16′	29°42′	11.0	葛金水
中国水稻研究所	浙江省富阳市	120°19′	30°12′	7.2	杨仕华、夏俊辉、施彩娟、韩新华
生产试验					
福建沙县良种场	沙县富口镇延溪	117°40′	26°06′	130.0	罗木旺、黄秀泉、吴光煜
湖南邵阳市农科所	邵阳县谷洲镇	111°50′	27°10′	252.0	贺淼尧
湖南省贺家山原种场	常德市	111°54′	29°01′	28.2	曾跃华
湖南岳阳县农业种子技术推广站	岳阳县杨林乡世隆村	113°01′	29°01′	35.0	袁高鹏、张晓明
江西现代种业有限公司	宁都县田头镇田头村	115°58′	26°19′	170.0	彭炳生、徐小红
江西省种子管理局	南昌县莲塘	115°58′	28°41′	30.0	贺国良、祝鱼水、彭从胜
江西进贤县种子管理站	进贤县温圳镇联理村				付华亮
浙江诸暨农作物区试站	诸暨市十里牌	120°16′	29°42′	11.0	葛金水

表 4-3　早籼迟熟组（131411N）区试品种产量、生育期及主要农艺经济性状汇总分析结果

品种名称	区试年份	亩产（千克）	比 CK ±%	比组平均 ±%	产量差异显著性 5%	产量差异显著性 1%	回归系数	比 CK 增产点(%)	全生育期(天)	比 CK ±天	分蘖率(%)	有效穗(万/亩)	成穗率(%)	株高(厘米)	穗长(厘米)	每穗总粒数	每穗实粒数	结实率(%)	千粒重(克)
五丰优 286	2012~2013	537.35	6.91	3.1				89.8	113.0	0.3	360.6	20.1	68.7	84.1	18.9	144.3	119.7	82.9	24.5
潭原优 4903	2012~2013	534.33	6.31	2.5				86.4	112.2	-0.5	413.4	22.8	69.9	92.2	20.3	99.5	87.7	88.1	29.7
陆两优 996 (CK)	2012~2013	502.63	0.00	-3.6				0.0	112.7	0.0	355.0	19.5	67.4	94.3	20.0	124.7	103.0	82.6	27.6
早丰优 107	2013	555.26	7.91	3.0	a	A	0.95	100	113.9	0.6	392.8	21.5	69.3	93.0	18.8	133.2	112.2	84.3	25.2
五丰优 286	2013	554.60	7.78	2.9	a	A	1.13	92.9	113.5	0.2	359.1	19.2	68.0	86.5	19.1	150.8	126.5	83.9	24.6
煜两优 22	2013	554.55	7.77	2.9	a	A	0.92	92.9	112.9	-0.4	358.1	20.3	70.4	86.9	19.8	134.5	113.2	84.2	27.9
中两优 206	2013	553.23	7.51	2.6	a	A	1.17	85.7	111.1	-2.2	348.8	21.3	75.3	82.9	18.3	131.3	111.4	84.9	26.0
潭原优 4903	2013	552.95	7.46	2.6	a	A	1.01	92.9	112.4	-0.9	414.4	22.5	70.2	94.1	20.5	104.5	93.7	89.7	29.3
金优 2368	2013	551.19	7.11	2.3	a	A	0.94	92.9	113.4	0.1	362.2	19.3	68.2	91.7	20.9	142.1	116.7	82.1	25.6
安丰优 409	2013	530.39	3.07	-1.6	b	B	0.77	64.3	112.6	-0.7	400.2	21.7	67.9	90.2	19.0	110.7	96.6	87.3	27.7
陵两优宁 1	2013	530.04	3.00	-1.7	b	B	1.17	64.3	113.5	0.2	369.3	19.7	69.0	93.9	18.6	129.8	111.9	86.3	26.2
帮两优 701	2013	528.64	2.73	-1.9	b	BC	1.03	64.3	111.6	-1.7	369.2	20.1	68.8	86.4	19.0	131.3	107.9	82.1	25.0
两优 27	2013	522.01	1.44	-3.2	c	BCD	0.93	71.4	112.0	-1.3	372.5	19.4	70.2	91.3	20.0	130.0	114.5	88.1	24.7
辐 017	2013	520.89	1.23	-3.4	c	CD	1.09	57.1	109.2	-4.1	308.4	18.5	71.7	83.2	17.9	148.3	128.2	86.4	24.6
陆两优 996 (CK)	2013	514.58	0.00	-4.5	d	D	0.91	0.0	113.3	0.0	366.3	19.1	67.9	98.0	20.1	130.1	108.6	83.5	27.6

表 4-4　早籼迟熟组（131411N）生产试验品种产量、生育期汇总结果及各试验点综合评价等级

品种名称	H750S/HY22	荣丰优 107	早丰优 9 号	陵两优 22	荣优 286	温 814	金优 402（CK）
生产试验汇总表现							
全生育期（天）	112.5	115.3	115.1	112.5	114.4	111.3	114.4
比 CK ± 天	-1.9	0.8	0.7	-1.9	0.0	-3.2	0.0
亩产（千克）	522.49	527.68	526.88	531.61	520.47	515.86	496.75
产量比 CK ±%	6.30	6.95	6.16	7.73	5.04	4.03	0.00
各生产试验点综合评价等级							
福建沙县良种场	B	A	A	A	A	B	C
湖南邵阳市农科所	B	A	A	B	B	B	B
湖南省贺家山原种场	A	B	A	C	B	C	B
湖南岳阳县农业种子技术推广站							
江西现代种业有限公司	B	B	B	A	B	B	C
江西省种子管理局	B	A	A	A	A	C	C
江西进贤县种子管理站							
浙江诸暨农作物区试站	B	A	A	A	B	A	

注：1. 因品种较多，部分试点加设 CK 后安排在 2 块田中试验，表中产量比 CK ±% 系与同田块 CK 比较的结果；

2. 综合评价等级：A—好，B—较好，C—中等，D——般。

表 4-5 早籼迟熟组（131411N）区试品种稻瘟病抗性各地鉴定结果（2013 年）

品种名称	浙江2013					福建2013					安徽2013					湖北2013					湖南2013					江西2013				
	叶瘟	穗瘟发病率		穗瘟损失率		叶瘟	穗瘟发病率		穗瘟损失率		叶瘟	穗瘟发病率		穗瘟损失率		叶瘟	穗瘟发病率		穗瘟损失率		叶瘟	穗瘟发病率		穗瘟损失率		叶瘟	穗瘟发病率		穗瘟损失率	
	(级)	%	级	%	级	(级)	%	级	%	级	(级)	%	级	%	级	(级)	%	级	%	级	(级)	%	级	%	级	(级)	%	级	%	级
辐017	5	0	0	0	0	7	100	9	76	9	5	46	7	34	7	6	57	9	25	5	5	70	9	17	5	0	13	5	1	1
潭原优4903	6	8	3	2	1	4	64	9	37	7	1	6	3	2	1	4	14	5	3	1	3	25	5	6	3	3	100	9	21	5
陵两优宁1	5	0	0	0	0	4	19	5	11	3	5	21	5	13	3	5	34	7	11	3	4	30	7	6	3	0	24	5	3	1
安丰优409	0	0	0	0	0	4	2	1	0	1	1	9	3	3	1	4	17	5	9	3	2	41	7	8	3	0	100	9	21	5
煜两优22	6	0	0	0	0	5	41	7	25	5	5	65	9	65	9	7	62	9	37	7	2	40	7	7	3	4	100	9	32	7
两优27	8	55	9	36	7	6	35	7	21	5	7	24	5	15	5	6	35	7	15	3	3	30	7	6	3	5	100	9	46	7
帮两优701	7	10	3	5	1	5	17	5	8	3	9	36	7	28	5	5	27	7	6	3	6	100	9	21	5	0	100	9	19	5
中两优206	5	0	0	0	0	3	78	9	52	9	7	39	7	33	7	7	44	7	26	7	1	35	7	9	3	0	37	7	4	1
金优2368	6	57	9	35	7	9	100	9	100	9	9	36	7	28	5	5	31	7	7	3	3	23	5	5	3	6	100	9	28	5
早丰优107	6	0	0	0	0	6	100	9	72	9	7	39	7	31	7	3	11	5	3	1	2	35	7	9	3	6	100	9	77	9
五丰优286	5	13	5	4	1	5	100	9	94	9	7	79	9	73	9	6	38	7	10	3	4	55	9	14	3	4	100	9	13	3
陆两优996（CK）	0	0	0	0	0	7	74	9	51	9	9	45	7	35	7	6	49	7	30	7	4	50	7	11	3	4	46	7	24	5
感病对照	8	61	9	43	7	9	100	9	88	9	7	89	9	76	9	7	91	9	62	9	8	100	9	52	9	5	100	9	82	9

注：1. 鉴定单位：浙江省农业科学院植保所、福建上杭县茶地乡农技站、安徽省农业科学院植保所、湖北宜昌市农科所、江西井冈山垦殖场、湖南省农业科学院植保所；
2. 感稻瘟病 CK 浙江、湖北、安徽为原丰早，湖南为湘矮早 7 号，江西为荣优 463，福建为广陆矮 4 号 + 威优 77 + 紫色糯。

表 4－6　早籼迟熟组（131411N）区试品种对主要病虫抗性综合评价结果（2012～2013 年）

品种名称	区试年份	稻瘟病（级）										白叶枯病（级）			褐飞虱（级）			白背飞虱（级）		
		2013 年各地综合指数							2013 年穗瘟损失率最高级	1～2 年综合评价		2013 年	1～2 年综合评价		2013 年	1～2 年综合评价		2013 年	1～2 年综合评价	
		浙江	福建	安徽	湖北	湖南	江西	平均		平均综合指数（级）	穗瘟损失率最高级		平均级	最高级		平均级	最高级		平均级	最高级
潭原优 4903	2012～2013	2.8	6.8	1.5	2.8	3.5	5.5	3.8	7	3.9	7	7	6	7	9	9	9	7	6	7
五丰优 286	2012～2013	3.0	8.0	8.5	4.8	4.8	4.8	5.6	9	5.5	9	7	7	7	7	8	9	7	7	7
陆两优 996（CK）	2012～2013	0.0	8.5	7.5	6.8	4.3	5.3	5.4	9	5.0	9	5	5	5	9	8	9	7	6	7
辐 017	2013	1.3	8.5	6.5	6.3	6.0	1.8	5.0	9	5.0	9	5	5	5	9	9	9	7	7	7
陵两优宁 1	2013	1.3	3.8	4.0	4.5	4.3	1.8	3.3	3	3.3	3	7	7	7	9	9	9	7	7	7
安丰优 409	2013	0.0	1.8	1.5	3.8	3.8	4.8	2.6	5	2.6	5	5	5	5	9	9	9	7	7	7
煜两优 22	2013	1.5	5.5	8.0	7.5	3.8	6.8	5.5	9	5.5	9	7	7	7	9	9	9	7	7	7
两优 27	2013	7.8	5.8	5.5	4.8	4.0	7.0	5.8	7	5.8	7	7	7	7	9	9	9	9	9	9
帮两优 701	2013	3.0	4.0	6.5	4.5	6.3	4.8	4.8	5	4.8	5	7	7	7	9	9	9	5	5	5
中两优 206	2013	1.3	7.5	7.0	7.0	3.5	2.3	4.8	9	4.8	9	7	7	7	7	7	7	7	7	7
金优 2368	2013	7.3	9.0	6.5	4.5	3.5	6.3	6.2	9	6.2	9	5	5	5	9	9	9	7	7	7
早丰优 107	2013	1.5	8.3	7.0	2.5	3.8	8.3	5.2	9	5.2	9	7	7	7	7	7	7	5	5	5
陆两优 996（CK）	2013	0.0	8.5	7.5	6.8	4.3	5.3	5.4	9	5.4	9	5	5	5	7	7	7	7	7	7
感病虫对照	2013	7.8	9.0	8.5	8.5	8.8	8.0	8.4	9	8.4	9	9	9	9	9	9	9	9	9	9

注：1. 稻瘟病综合指数（级）＝叶瘟平均级×25%＋穗瘟发病率平均级×25%＋穗瘟损失率平均级×50%；

2. 白叶枯病和褐飞虱、白背飞虱分别为湖南省农业科学院水稻所和中国水稻研究所鉴定结果，感白叶枯病、稻飞虱对照分别为湘早籼 6 号、TN1。

表 4-7　早籼迟熟组（131411N）区试品种米质检测分析结果

品种名称	年份	糙米率(%)	精米率(%)	整精米率(%)	粒长（毫米）	长宽比	垩白粒率(%)	垩白度(%)	透明度（级）	碱消值（级）	胶稠度（毫米）	直链淀粉(%)	国标**（等级）	部标*（等级）
潭原优 4903	2012～2013	81.6	73.4	38.0	7.1	3.0	83	11.0	3	4.9	88	22.3	等外	普通
五丰优 286	2012～2013	80.5	71.6	65.4	6.2	2.7	27	3.2	2	4.2	86	13.9	等外	普通
陆两优 996（CK）	2012～2013	82.7	73.7	41.0	6.7	2.7	86	16.6	2	5.2	70	24.0	等外	普通
安丰优 409	2013	81.6	72.4	40.0	6.8	3.0	51	6.2	2	4.3	74	19.8	等外	普通
帮两优 701	2013	80.7	72.0	54.4	6.5	3.0	56	7.9	2	5.7	62	20.4	等外	普通
辐 017	2013	81.1	73.6	62.0	5.7	2.3	86	11.8	4	5.3	89	25.4	等外	普通
金优 2368	2013	82.1	73.0	44.7	6.6	2.9	73	9.9	2	4.3	69	19.8	等外	普通
两优 27	2013	80.3	71.7	58.9	6.9	3.3	28	3.1	1	5.5	69	20.5	优 3	优 3
陵两优宁 1	2013	80.0	71.3	63.5	6.5	2.9	39	4.4	2	4.7	87	13.6	等外	普通
煜两优 22	2013	81.4	73.2	46.6	6.6	2.9	73	9.8	3	4.2	66	20.5	等外	普通
早丰优 107	2013	82.0	72.9	54.9	6.4	2.7	43	4.6	2	5.3	71	17.7	等外	优 3
中两优 206	2013	80.6	72.3	59.2	6.1	2.6	69	11.1	4	4.4	87	20.9	等外	普通
陆两优 996（CK）	2013	82.1	73.8	34.0	6.6	2.8	85	12.2	2	5.3	73	24.4	等外	普通

注：1. 样品生产提供单位：江西省种子站（2012～2013 年）、湖南衡阳市农科所（2012～2013 年）、浙江诸暨作物区试站（2012～2013 年）；
2. 检测分析单位：农业部稻米及制品质量监督检验测试中心。

表 4-8-1　早籼迟熟组（131411N）区试品种在各试点的产量、生育期及主要农艺经济性状表现

品种名称/试验点	亩产（千克）	比 CK ±%	产量位次	播种期（月/日）	齐穗期（月/日）	成熟期（月/日）	全生育期（天）	有效穗（万/亩）	株高（厘米）	穗长（厘米）	总粒数/穗	实粒数/穗	结实率（%）	千粒重（克）	杂株率（%）	倒伏性	穗颈瘟	纹枯病	综合评级
辐 017																			
福建沙县良种场	510.83	6.68	8	3/15	6/8	7/6	113	14.4	95.1	20.0	196.0	160.9	82.1	25.8	0.2	直	未发	轻	C
广西桂林市农科所	484.33	8.19	8	3/27	6/11	7/3	98	18.8	81.5	18.0	120.6	99.6	82.6	24.2	0.6	直	未发	轻	C
湖南郴州市农科所	509.33	-10.38	12	3/28	6/15	7/12	106	15.9	73.4	18.7	173.8	154.8	89.1	24.0		直	未发	未发	D
湖南衡阳市农科所	573.00	0.41	9	3/24	6/16	7/11	109	23.0	82.5	17.1	114.3	101.1	88.5	25.7		直	未发	无	B
湖南省贺家山原种场	435.00	-13.00	12	3/26	6/17	7/12	108	18.1	80.3	16.7	122.6	104.9	85.6	23.8		直	未发	轻	D
江西邓家埠水稻原种场	535.33	-0.40	11	3/27	6/15	7/13	108	20.2	80.1	17.6	143.0	119.8	83.8	22.8	0.0	直	未发	轻	D
江西赣州市农科所	464.17	-4.33	11	3/22	6/6	7/2	102	18.4	81.4	17.9	153.9	140.0	91.0	22.9	0.6	直	未发	轻	B
江西吉安市农科所	561.67	4.92	8	3/25	6/11	7/8	105	19.6	84.4	18.6	138.7	114.4	82.5	24.8	0.0	直	未发	轻	B
江西省种子管理局	551.67	-1.93	12	3/20	6/16	7/10	112	19.8	78.1	16.8	130.5	117.6	90.1	24.8	0.7	直	未发	轻	D
江西宜春市农科所	614.33	14.22	5	3/21	6/16	7/11	112	20.8	85.1	16.7	157.5	142.2	90.3	24.2	1.4	直	未发	中	C
浙江金华市农业科学院	498.67	4.25	8	4/2	6/21	7/20	109	13.2	87.5	18.2	191.5	162.6	84.9	25.4	0.7	直	未发	中	B
浙江温州市农业科学院	455.67	-1.94	12	3/25	6/21	7/17	114	15.7	83.3	17.8	147.8	135.8	91.9	25.6	1.4	直	未发	轻	D
浙江诸暨农作物区试站	552.50	1.13	9	3/28	6/24	7/22	116	21.1	85.0	17.9	139.3	113.9	81.8	24.4	0.0	直	未发	轻	A
中国水稻研究所	545.96	11.19	5	3/30	6/23	7/25	117	19.7	86.7	18.2	146.4	126.5	86.4	26.0	0.0	直	未发	轻	A

注：综合评级 A—好，B—较好，C—中等，D—一般。

表 4－8－2　早籼迟熟组（131411N）区试品种在各试点的产量、生育期及主要农艺经济性状表现

品种名称/试验点	亩产（千克）	比 CK ±%	产量位次	播种期（月/日）	齐穗期（月/日）	成熟期（月/日）	全生育期（天）	有效穗（万/亩）	株高（厘米）	穗长（厘米）	总粒数/穗	实粒数/穗	结实率（%）	千粒重（克）	杂株率（%）	倒伏性	穗颈瘟	纹枯病	综合评级
潭原优 4903																			
福建沙县良种场	539.17	12.60	2	3/15	6/8	7/7	114	18.0	102.0	21.9	120.4	108.4	90.0	29.2	0.2	直	未发	轻	A
广西桂林市农科所	503.00	12.36	5	3/27	6/18	7/11	106	19.3	95.4	18.6	102.8	93.1	90.6	27.6	1.0	直	未发	轻	A
湖南郴州市农科所	565.50	-0.50	8	3/28	6/16	7/16	110	19.6	85.0	20.5	114.8	103.9	90.5	29.5	0.8	直	未发	未发	B
湖南衡阳市农科所	592.67	3.85	3	3/24	6/17	7/12	110	28.2	90.4	20.8	87.8	78.6	89.5	29.9	0.5	直	未发	轻	B
湖南省贺家山原种场	525.00	5.00	1	3/26	6/20	7/16	112	20.4	98.9	19.4	90.2	84.6	93.8	30.3		直	未发	轻	A
江西邓家埠水稻原种场	611.67	13.80	2	3/27	6/20	7/20	115	24.4	89.9	20.4	103.2	93.2	90.3	27.9	0.5	直	未发	轻	A
江西赣州市农科所	521.83	7.56	1	3/22	6/10	7/7	107	22.4	86.2	20.8	101.2	87.0	86.0	28.1	0.6	直	未发	轻	A
江西吉安市农科所	569.67	6.41	7	3/25	6/15	7/12	109	22.8	92.9	20.2	100.9	90.7	89.9	31.4	0.0	直	未发	轻	B
江西省种子管理局	589.17	4.74	5	3/20	6/19	7/14	116	26.9	96.8	20.7	94.3	75.1	79.6	30.6	0.7	直	未发	轻	B
江西宜春市农科所	629.33	17.01	1	3/21	6/17	7/14	115	30.0	92.9	19.1	92.7	83.8	90.4	28.8	0.5	直	未发	轻	A
浙江金华市农业科学院	491.83	2.82	9	4/2	6/23	7/22	111	17.8	97.9	20.5	115.3	101.7	88.2	28.5	0.5	直	未发	中	B
浙江温州市农业科学院	495.33	6.60	3	3/25	6/25	7/19	116	18.2	91.3	20.9	113.0	106.6	94.3	29.8	1.9	直	未发	轻	B
浙江诸暨农作物区试站	580.33	6.22	6	3/28	6/23	7/21	115	23.6	99.5	21.0	116.4	109.4	94.0	28.3	0.0	直	未发	轻	A
中国水稻研究所	526.78	7.28	8	3/30	6/24	7/26	118	23.6	98.3	21.7	109.7	96.1	87.6	30.4	0.0	直	未发	轻	B

注：综合评级 A—好，B—较好，C—中等，D——般。

表 4－8－3　早籼迟熟组（131411N）区试品种在各试点的产量、生育期及主要农艺经济性状表现

品种名称/试验点	亩产（千克）	比 CK ±%	产量位次	播种期（月/日）	齐穗期（月/日）	成熟期（月/日）	全生育期（天）	有效穗（万/亩）	株高（厘米）	穗长（厘米）	总粒数/穗	实粒数/穗	结实率（%）	千粒重（克）	杂株率（%）	倒伏性	穗颈瘟	纹枯病	综合评级
陵两优宁 1																			
福建沙县良种场	519.50	8.49	6	3/15	6/9	7/8	115	15.6	100.4	19.3	150.9	137.0	90.8	25.3	0.2	倒	未发	轻	B
广西桂林市农科所	452.83	1.15	11	3/27	6/18	7/11	106	18.0	93.4	17.8	129.7	111.7	86.1	23.3	1.2	直	未发	轻	D
湖南郴州市农科所	550.00	-3.23	10	3/28	6/21	7/17	111	16.1	93.6	18.7	154.4	131.5	85.2	26.8	0.6	直	未发	未发	C
湖南衡阳市农科所	562.33	-1.46	11	3/24	6/19	7/16	114	20.0	96.0	19.0	124.1	113.9	91.8	26.5	0.4	直	未发	无	C
湖南省贺家山原种场	440.00	-12.00	11	3/26	6/19	7/17	113	19.4	90.3	17.4	104.7	94.4	90.2	26.6		直	未发	轻	D
江西邓家埠水稻原种场	576.17	7.19	6	3/27	6/21	7/20	115	23.2	89.0	18.7	120.1	99.5	82.8	25.9	0.0	直	未发	轻	C
江西赣州市农科所	483.00	-0.45	8	3/22	6/11	7/8	108	18.8	93.2	18.9	155.4	125.9	81.0	24.9	0.6	直	未发	轻	B
江西吉安市农科所	532.67	-0.50	12	3/25	6/17	7/13	110	19.8	90.5	19.2	107.2	89.3	83.3	28.8	0.0	直	未发	轻	C
江西省种子管理局	563.33	0.15	10	3/20	6/21	7/16	118	26.8	90.3	18.9	96.4	80.4	83.4	28.2	0.7	直	未发	轻	C
江西宜春市农科所	625.33	16.27	2	3/21	6/18	7/15	116	22.4	92.3	17.1	119.1	103.0	86.5	24.9	0.2	直	未发	轻	B
浙江金华市农业科学院	505.83	5.75	6	4/2	6/24	7/23	112	15.6	103.5	19.2	151.1	124.5	82.4	25.5	0.5	直	未发	中	B
浙江温州市农业科学院	471.33	1.43	10	3/25	6/25	7/20	117	17.6	92.0	19.1	146.1	131.5	90.0	26.5	2.0	直	未发	轻	C
浙江诸暨农作物区试站	567.00	3.78	7	3/28	6/25	7/23	117	21.1	93.5	18.0	122.3	105.1	85.9	25.9	0.0	直	未发	轻	B
中国水稻研究所	571.26	16.34	3	3/30	6/23	7/25	117	20.8	96.3	19.1	135.0	119.2	88.3	28.3	0.0	直	未发	轻	A

注：综合评级 A—好，B—较好，C—中等，D——一般。

表 4－8－4　早籼迟熟组（131411N）区试品种在各试点的产量、生育期及主要农艺经济性状表现

品种名称/试验点	亩产（千克）	比 CK ±%	产量位次	播种期（月/日）	齐穗期（月/日）	成熟期（月/日）	全生育期（天）	有效穗（万/亩）	株高（厘米）	穗长（厘米）	总粒数/穗	实粒数/穗	结实率（%）	千粒重（克）	杂株率（%）	倒伏性	穗颈瘟	纹枯病	综合评级
安丰优 409																			
福建沙县良种场	523.00	9.22	4	3/15	6/8	7/7	114	16.0	101.2	22.0	151.1	128.6	85.1	27.3	1.5	倒	未发	轻	B
广西桂林市农科所	492.33	9.98	7	3/27	6/17	7/13	108	21.5	87.2	17.0	86.1	80.5	93.5	28.0	0.2	直	未发	轻	B
湖南郴州市农科所	556.00	-2.17	9	3/28	6/16	7/16	110	18.6	75.5	18.9	123.6	113.4	91.7	27.3	0.8	直	未发	未发	C
湖南衡阳市农科所	555.33	-2.69	12	3/24	6/17	7/14	112	24.0	89.7	19.6	102.6	94.3	91.9	27.1	0.4	直	未发	无	C
湖南省贺家山原种场	490.00	-2.00	10	3/26	6/20	7/18	114	19.8	97.5	18.9	109.9	101.0	91.9	28.8		直	未发	轻	C
江西邓家埠水稻原种场	564.00	4.93	7	3/27	6/17	7/18	113	26.0	85.1	18.6	98.2	84.8	86.4	26.6	1.0	直	未发	轻	C
江西赣州市农科所	480.00	-1.07	10	3/22	6/8	7/5	105	19.6	81.3	20.1	115.0	92.7	80.6	26.4	2.0	直	未发	轻	B
江西吉安市农科所	570.17	6.51	6	3/25	6/14	7/12	109	21.6	94.0	19.2	90.6	82.3	90.8	27.0	0.4	直	未发	轻	B
江西省种子管理局	583.33	3.70	8	3/20	6/19	7/14	116	29.6	86.4	17.5	86.9	72.1	83.0	28.3	1.0	直	未发	轻	B
江西宜春市农科所	537.67	-0.03	12	3/21	6/18	7/13	114	26.0	89.7	16.1	91.6	79.3	86.6	27.6	1.3	直	未发	轻	D
浙江金华市农业科学院	531.33	11.08	2	4/2	6/23	7/22	111	17.0	95.8	18.5	129.4	105.6	81.6	28.1	1.5	斜	未发	中	A
浙江温州市农业科学院	472.33	1.65	8	3/25	6/22	7/19	116	18.7	93.3	20.4	131.7	118.0	89.6	28.2	2.0	直	未发	轻	C
浙江诸暨农作物区试站	557.17	1.98	8	3/28	6/22	7/22	116	22.8	94.0	19.4	117.4	109.4	93.2	27.3	0.8	直	未发	轻	B
中国水稻研究所	512.82	4.44	10	3/30	6/24	7/26	118	23.2	92.1	19.6	115.2	90.2	78.3	29.8	1.0	直	未发	轻	B

注：综合评级 A—好，B—较好，C—中等，D——般。

表 4-8-5 早籼迟熟组（131411N）区试品种在各试点的产量、生育期及主要农艺经济性状表现

品种名称/试验点	亩产（千克）	比 CK ±%	产量位次	播种期（月/日）	齐穗期（月/日）	成熟期（月/日）	全生育期（天）	有效穗（万/亩）	株高（厘米）	穗长（厘米）	总粒数/穗	实粒数/穗	结实率（%）	千粒重（克）	杂株率（%）	倒伏性	穗颈瘟	纹枯病	综合评级
煜两优 22																			
福建沙县良种场	517.17	8.01	7	3/15	6/9	7/9	116	14.3	93.7	22.4	176.8	153.2	86.7	27.9	0.2	直	未发	轻	B
广西桂林市农科所	523.17	16.86	1	3/27	6/15	7/12	107	22.3	85.2	16.2	101.8	83.1	81.6	26.7	1.2	直	未发	轻	A
湖南郴州市农科所	589.83	3.78	1	3/28	6/17	7/16	110	19.1	83.4	19.5	147.2	118.3	80.4	27.8	1.3	直	未发	未发	A
湖南衡阳市农科所	601.67	5.43	1	3/24	6/19	7/17	114	21.8	88.8	20.6	132.2	113.0	85.5	27.7		直	未发	无	A
湖南省贺家山原种场	515.00	3.00	4	3/26	6/18	7/17	113	18.8	85.6	19.7	131.6	118.8	90.3	27.2		直	未发	轻	A
江西邓家埠水稻原种场	591.83	10.11	5	3/27	6/20	7/20	115	21.0	84.5	20.4	135.8	110.9	81.7	26.6	0.5	直	未发	轻	B
江西赣州市农科所	500.67	3.19	5	3/22	6/9	7/8	108	20.4	84.6	19.9	128.0	99.7	77.9	27.3	0.6	直	未发	轻	A
江西吉安市农科所	581.00	8.53	1	3/25	6/13	7/12	109	23.8	87.5	19.7	118.5	97.5	82.3	30.8	0.0	直	未发	轻	A
江西省种子管理局	586.67	4.30	6	3/20	6/19	7/14	116	23.6	89.3	19.5	127.6	107.8	84.5	28.6	0.9	直	未发	轻	B
江西宜春市农科所	613.83	14.13	7	3/21	6/17	7/14	115	21.8	84.1	18.4	100.3	83.0	82.8	26.2	0.5	直	未发	轻	C
浙江金华市农业科学院	517.33	8.15	5	4/2	6/22	7/21	110	18.0	91.6	19.7	139.0	117.1	84.2	28.4	0.5	直	未发	中	A
浙江温州市农业科学院	499.33	7.46	2	3/25	6/23	7/20	117	14.6	85.0	20.2	152.7	139.3	91.2	28.3	1.0	直	未发	轻	A
浙江诸暨农作物区试站	545.33	-0.18	11	3/28	6/23	7/21	115	21.9	84.0	20.1	155.6	125.6	80.7	26.8	0.0	直	未发	轻	B
中国水稻研究所	580.85	18.29	2	3/30	6/22	7/24	116	22.7	88.7	20.3	135.8	118.2	87.0	30.5	0.0	直	未发	轻	A

注：综合评级 A—好，B—较好，C—中等，D——一般。

表 4-8-6　早籼迟熟组（131411N）区试品种在各试点的产量、生育期及主要农艺经济性状表现

品种名称/试验点	亩产（千克）	比 CK ±%	产量位次	播种期（月/日）	齐穗期（月/日）	成熟期（月/日）	全生育期（天）	有效穗（万/亩）	株高（厘米）	穗长（厘米）	总粒数/穗	实粒数/穗	结实率（%）	千粒重（克）	杂株率（%）	倒伏性	穗颈瘟	纹枯病	综合评级
两优 27																			
福建沙县良种场	474.00	-1.01	12	3/15	6/6	7/6	113	17.0	89.2	22.4	154.1	128.4	83.3	23.8	0.5	直	未发	轻	D
广西桂林市农科所	475.33	6.18	9	3/27	6/21	7/11	106	19.3	96.2	18.6	124.7	107.6	86.3	22.3	1.0	直	未发	轻	C
湖南郴州市农科所	573.33	0.88	4	3/28	6/19	7/16	110	16.3	84.2	20.5	162.8	149.9	92.1	24.7		直	未发	未发	B
湖南衡阳市农科所	590.67	3.50	6	3/24	6/19	7/12	110	21.8	88.6	20.4	124.2	115.3	92.8	25.8	0.5	直	未发	轻	B
湖南省贺家山原种场	511.67	2.33	6	3/26	6/21	7/14	110	19.5	91.4	18.1	105.6	98.5	93.3	25.8		直	未发	无	B
江西邓家埠水稻原种场	536.33	-0.22	10	3/27	6/18	7/18	113	24.2	83.4	19.2	106.0	95.3	89.9	23.8	0.5	直	未发	轻	D
江西赣州市农科所	497.50	2.54	6	3/22	6/8	7/4	104	20.2	86.0	21.0	124.1	108.7	87.6	23.4	1.0	直	未发	轻	B
江西吉安市农科所	560.17	4.64	9	3/25	6/15	7/11	108	18.2	91.8	20.7	116.1	106.1	91.4	24.1	0.5	直	未发	轻	B
江西省种子管理局	590.83	5.04	4	3/20	6/22	7/16	118	22.7	92.4	18.7	113.0	101.7	90.0	27.3	0.2	直	未发	轻	A
江西宜春市农科所	538.33	0.09	10	3/21	6/18	7/14	115	21.4	96.1	18.2	120.9	106.9	88.4	24.7	0.8	直	未发	轻	D
浙江金华市农业科学院	440.67	-7.87	12	4/2	6/24	7/22	111	12.0	100.0	18.7	127.9	100.1	78.3	24.1	0.7	直	未发	重	D
浙江温州市农业科学院	485.00	4.38	6	3/25	6/26	7/19	116	16.4	93.0	21.4	146.7	138.8	94.6	26.0	0.5	直	未发	轻	B
浙江诸暨农作物区试站	539.83	-1.19	12	3/28	6/25	7/23	117	22.4	94.0	20.9	134.4	120.6	89.7	24.6	0.0	直	未发	轻	B
中国水稻研究所	494.51	0.71	11	3/30	6/23	7/25	117	19.7	91.9	21.7	159.3	125.4	78.7	24.9	0.0	直	未发	轻	C

注：综合评级 A—好，B—较好，C—中等，D——般。

表 4-8-7　早籼迟熟组（131411N）区试品种在各试点的产量、生育期及主要农艺经济性状表现

品种名称/试验点	亩产（千克）	比 CK ±%	产量位次	播种期（月/日）	齐穗期（月/日）	成熟期（月/日）	全生育期（天）	有效穗（万/亩）	株高（厘米）	穗长（厘米）	总粒数/穗	实粒数/穗	结实率（%）	千粒重（克）	杂株率（%）	倒伏性	穗颈瘟	纹枯病	综合评级
帮两优 701																			
福建沙县良种场	476.67	-0.45	11	3/15	6/7	7/6	113	16.0	95.6	22.2	197.1	163.1	82.7	24.6	0.3	直	未发	轻	D
广西桂林市农科所	462.33	3.28	10	3/27	6/15	7/6	101	18.8	85.0	17.6	109.9	95.3	86.7	24.8	1.6	直	未发	轻	D
湖南郴州市农科所	540.83	-4.84	11	3/28	6/17	7/14	108	17.6	82.7	18.7	144.7	125.1	86.5	25.1	0.6	直	未发	未发	D
湖南衡阳市农科所	589.33	3.27	7	3/24	6/18	7/16	114	20.7	86.2	19.4	126.0	112.4	89.2	25.4		直	未发	无	B
湖南省贺家山原种场	515.00	3.00	5	3/26	6/18	7/16	112	18.9	85.7	18.4	114.2	102.4	89.7	26.4		直	未发	轻	B
江西邓家埠水稻原种场	527.50	-1.86	12	3/27	6/19	7/19	114	25.2	84.2	17.2	109.3	88.0	80.5	24.3	0.0	直	未发	轻	D
江西赣州市农科所	480.83	-0.89	9	3/22	6/10	7/6	106	22.4	84.7	19.8	132.3	90.2	68.2	24.9	0.9	直	未发	轻	B
江西吉安市农科所	545.33	1.87	10	3/25	6/13	7/10	107	23.4	86.1	18.9	110.6	93.5	84.5	24.5	0.5	直	未发	轻	C
江西省种子管理局	574.17	2.07	9	3/20	6/19	7/13	115	24.9	84.2	17.8	123.5	96.9	78.5	25.4	0.9	直	未发	轻	C
江西宜春市农科所	564.17	4.90	9	3/21	6/14	7/13	114	23.8	80.9	16.5	99.7	82.2	82.4	23.9	1.3	直	未发	轻	C
浙江金华市农业科学院	474.00	-0.91	11	4/2	6/21	7/20	109	15.2	89.0	19.7	147.0	110.6	75.2	24.4	1.5	直	未发	重	C
浙江温州市农业科学院	485.67	4.52	5	3/25	6/25	7/21	118	14.6	90.7	19.9	153.1	136.0	88.8	25.6	0.3	直	未发	轻	B
浙江诸暨农作物区试站	624.33	14.28	1	3/28	6/23	7/22	116	17.8	86.0	19.8	134.2	104.4	77.8	24.6	0.0	直	未发	轻	A
中国水稻研究所	540.73	10.12	6	3/30	6/22	7/24	116	22.5	88.4	19.6	137.1	110.1	80.3	26.2	0.4	直	未发	轻	A

注：综合评级 A—好，B—较好，C—中等，D——一般。

表 4-8-8 早籼迟熟组（131411N）区试品种在各试点的产量、生育期及主要农艺经济性状表现

品种名称/试验点	亩产（千克）	比 CK ±%	产量位次	播种期（月/日）	齐穗期（月/日）	成熟期（月/日）	全生育期（天）	有效穗（万/亩）	株高（厘米）	穗长（厘米）	总粒数/穗	实粒数/穗	结实率（%）	千粒重（克）	杂株率（%）	倒伏性	穗颈瘟	纹枯病	综合评级
中两优 206																			
福建沙县良种场	505.83	5.64	9	3/15	6/7	7/7	114	16.3	92.7	20.8	172.2	153.6	89.2	25.9	0.2	直	未发	轻	C
广西桂林市农科所	515.33	15.11	3	3/27	6/11	7/3	98	17.5	83.6	18.5	132.3	116.4	88.0	26.1	0.8	直	未发	轻	A
湖南郴州市农科所	581.17	2.26	2	3/28	6/14	7/15	109	21.8	77.9	18.3	159.0	147.7	92.9	26.2	0.8	直	未发	未发	A
湖南衡阳市农科所	591.67	3.68	5	3/24	6/17	7/15	113	23.4	82.9	18.0	111.9	99.7	89.1	26.6		直	未发	无	A
湖南省贺家山原种场	491.67	-1.67	9	3/26	6/18	7/17	113	18.2	80.4	17.5	107.3	97.1	90.5	25.2		直	未发	轻	C
江西邓家埠水稻原种场	593.00	10.33	4	3/27	6/18	7/18	113	25.6	78.4	17.3	111.3	98.8	88.8	23.3	0.5	直	未发	轻	B
江西赣州市农科所	463.33	-4.50	12	3/22	6/7	7/4	104	23.2	82.8	19.3	149.1	115.7	77.6	25.2	0.9	直	未发	轻	B
江西吉安市农科所	579.67	8.28	3	3/25	6/12	7/10	107	24.6	82.0	18.1	105.7	83.5	79.0	30.2	0.0	直	未发	轻	A
江西省种子管理局	585.83	4.15	7	3/20	6/18	7/12	114	21.6	81.7	17.3	120.4	108.2	89.9	26.0	0.4	直	未发	轻	B
江西宜春市农科所	623.67	15.96	3	3/21	6/15	7/12	113	25.2	79.9	17.0	136.7	93.6	68.5	25.3	0.5	直	未发	轻	B
浙江金华市农业科学院	550.67	15.12	1	4/2	6/21	7/20	109	16.4	89.8	18.8	155.2	116.1	74.8	25.6	0.5	直	未发	中	A
浙江温州市农业科学院	475.33	2.29	7	3/25	6/23	7/20	117	17.0	80.0	18.2	137.1	128.0	93.4	26.6	0.5	直	未发	轻	C
浙江诸暨农作物区试站	602.00	10.19	2	3/28	6/21	7/21	115	21.8	81.0	18.0	118.3	97.3	82.2	24.8	0.0	直	未发	轻	A
中国水稻研究所	586.08	19.36	1	3/30	6/21	7/24	116	25.4	86.9	18.9	121.3	103.7	85.5	26.9	0.4	直	未发	轻	A

注：综合评级 A—好，B—较好，C—中等，D——一般。

表 4-8-9　早籼迟熟组（131411N）区试品种在各试点的产量、生育期及主要农艺经济性状表现

品种名称/试验点	亩产（千克）	比 CK ±%	产量位次	播种期（月/日）	齐穗期（月/日）	成熟期（月/日）	全生育期（天）	有效穗（万/亩）	株高（厘米）	穗长（厘米）	总粒数/穗	实粒数/穗	结实率（%）	千粒重（克）	杂株率（%）	倒伏性	穗颈瘟	纹枯病	综合评级
金优 2368																			
福建沙县良种场	552.17	15.32	1	3/15	6/10	7/9	116	15.1	98.6	22.6	153.9	127.6	82.9	25.8	0.6	直	未发	轻	A
广西桂林市农科所	492.83	10.09	6	3/27	6/19	7/11	106	16.3	88.1	19.3	132.8	116.9	88.0	24.1	0.2	直	未发	轻	B
湖南郴州市农科所	567.50	-0.15	7	3/28	6/17	7/16	110	17.5	85.9	19.4	152.5	125.8	82.5	25.7	0.3	直	未发	未发	C
湖南衡阳市农科所	598.50	4.88	2	3/24	6/18	7/15	113	21.6	89.3	21.4	128.9	114.7	89.0	26.8		直	未发	无	A
湖南省贺家山原种场	521.67	4.33	2	3/26	6/21	7/19	115	17.4	104.2	21.5	132.8	120.8	91.0	27.6		直	未发	轻	A
江西邓家埠水稻原种场	561.17	4.40	8	3/27	6/20	7/21	116	24.6	86.9	20.1	114.1	94.8	83.1	25.0	0.0	直	未发	轻	C
江西赣州市农科所	513.17	5.77	3	3/22	6/8	7/7	107	19.8	87.6	22.0	134.4	103.5	77.0	26.4	0.8	直	未发	轻	A
江西吉安市农科所	575.33	7.47	4	3/25	6/15	7/13	110	20.6	88.5	22.0	158.7	120.8	76.1	23.9	0.0	直	未发	轻	A
江西省种子管理局	591.67	5.19	3	3/20	6/20	7/15	117	19.4	93.6	21.4	152.6	129.8	85.1	26.8	0.2	直	未发	轻	A
江西宜春市农科所	617.17	14.75	4	3/21	6/18	7/15	116	27.2	89.8	19.0	117.4	90.6	77.2	23.7	0.1	直	未发	轻	C
浙江金华市农业科学院	519.50	8.61	4	4/2	6/24	7/23	112	16.2	96.3	20.2	154.1	110.5	71.7	24.5	0.0	斜	未发	中	A
浙江温州市农业科学院	495.33	6.60	4	3/25	6/23	7/19	116	13.4	89.3	21.8	161.3	131.4	81.5	26.3	0.5	直	未发	轻	B
浙江诸暨农作物区试站	594.33	8.79	5	3/28	6/25	7/22	116	20.0	91.0	20.7	139.2	111.4	80.0	25.0	0.0	直	未发	轻	A
中国水稻研究所	516.31	5.15	9	3/30	6/24	7/26	118	21.0	94.9	20.7	157.3	134.5	85.5	26.7	0.0	直	未发	轻	B

注：综合评级 A—好，B—较好，C—中等，D——般。

表 4-8-10　早籼迟熟组（131411N）区试品种在各试点的产量、生育期及主要农艺经济性状表现

品种名称/试验点	亩产（千克）	比 CK ±%	产量位次	播种期（月/日）	齐穗期（月/日）	成熟期（月/日）	全生育期（天）	有效穗（万/亩）	株高（厘米）	穗长（厘米）	总粒数/穗	实粒数/穗	结实率（%）	千粒重（克）	杂株率（%）	倒伏性	穗颈瘟	纹枯病	综合评级
早丰优 107																			
福建沙县良种场	537.83	12.32	3	3/15	6/11	7/11	118	18.0	99.8	22.2	188.3	153.7	81.6	24.8	0.3	直	未发	轻	A
广西桂林市农科所	504.67	12.73	4	3/27	6/18	7/13	108	23.3	93.0	16.5	114.5	98.3	85.9	20.6	1.0	直	未发	轻	A
湖南郴州市农科所	571.33	0.53	5	3/28	6/17	7/17	111	20.9	85.7	19.0	123.6	105.9	85.7	26.2	0.3	直	未发	未发	B
湖南衡阳市农科所	589.00	3.21	8	3/24	6/19	7/17	115	22.4	90.3	20.3	147.0	126.7	86.2	26.0		直	未发	无	B
湖南省贺家山原种场	520.00	4.00	3	3/26	6/21	7/19	115	19.3	100.3	18.3	118.2	103.3	87.4	26.6		直	未发	无	A
江西邓家埠水稻原种场	604.17	12.40	3	3/27	6/20	7/20	115	24.8	89.6	17.7	117.2	98.6	84.1	24.9	0.0	直	未发	轻	A
江西赣州市农科所	511.00	5.32	4	3/22	6/12	7/8	108	18.6	93.3	18.7	126.6	103.2	81.5	26.8	0.6	直	未发	轻	A
江西吉安市农科所	574.50	7.32	5	3/25	6/16	7/14	111	22.2	94.5	18.5	124.6	103.2	82.8	24.5	0.0	直	未发	轻	A
江西省种子管理局	600.83	6.81	1	3/20	6/20	7/15	117	25.3	90.6	18.2	107.8	92.0	85.3	27.4	0.9	直	未发	轻	A
江西宜春市农科所	602.83	12.09	8	3/21	6/18	7/15	116	27.4	91.3	16.7	125.6	109.7	87.3	23.5	0.3	直	未发	轻	C
浙江金华市农业科学院	522.17	9.16	3	4/2	6/23	7/22	111	17.0	103.2	17.8	165.2	123.1	74.5	24.9	1.2	倒	未发	中	B
浙江温州市农业科学院	502.00	8.03	1	3/25	6/22	7/19	116	18.2	85.7	19.8	139.6	120.9	86.6	24.9	1.4	直	未发	轻	A
浙江诸暨农作物区试站	597.83	9.43	3	3/28	6/23	7/22	116	21.4	97.5	19.1	124.6	108.2	86.8	24.0	0.0	直	未发	轻	A
中国水稻研究所	535.50	9.06	7	3/30	6/24	7/26	118	22.7	87.4	19.7	142.1	124.6	87.7	27.1	0.0	直	未发	轻	B

注：综合评级 A—好，B—较好，C—中等，D——般。

表 4-8-11　早籼迟熟组（131411N）区试品种在各试点的产量、生育期及主要农艺经济性状表现

品种名称/试验点	亩产（千克）	比 CK ±%	产量位次	播种期（月/日）	齐穗期（月/日）	成熟期（月/日）	全生育期（天）	有效穗（万/亩）	株高（厘米）	穗长（厘米）	总粒数/穗	实粒数/穗	结实率（%）	千粒重（克）	杂株率（%）	倒伏性	穗颈瘟	纹枯病	综合评级
五丰优 286																			
福建沙县良种场	521.67	8.95	5	3/15	6/8	7/6	113	15.6	89.1	21.0	187.6	154.2	82.2	24.0	0.2	直	未发	轻	B
广西桂林市农科所	515.50	15.15	2	3/27	6/18	7/12	107	17.0	86.1	18.3	132.6	118.3	89.2	25.3	0.6	直	未发	轻	A
湖南郴州市农科所	580.83	2.20	3	3/28	6/18	7/16	110	18.2	79.4	18.8	165.2	133.8	81.0	24.5	0.8	直	未发	未发	A
湖南衡阳市农科所	592.33	3.80	4	3/24	6/19	7/17	115	19.8	87.0	20.7	136.0	119.9	88.2	25.4		直	未发	无	B
湖南省贺家山原种场	500.00	0.00	7	3/26	6/19	7/17	113	18.5	84.9	19.1	133.1	108.3	81.4	25.0		直	未发	轻	C
江西邓家埠水稻原种场	620.67	15.47	1	3/27	6/21	7/21	116	23.8	85.1	18.1	138.0	112.1	81.2	23.7	0.5	直	未发	轻	A
江西赣州市农科所	519.17	7.01	2	3/22	6/9	7/6	106	19.6	77.5	18.1	140.8	116.8	83.0	24.2	0.7	直	未发	轻	A
江西吉安市农科所	579.67	8.28	2	3/25	6/17	7/15	112	23.2	85.7	17.8	129.7	111.3	85.8	23.5	0.4	直	未发	轻	A
江西省种子管理局	595.00	5.78	2	3/20	6/21	7/16	118	23.3	89.0	18.7	147.9	120.1	81.2	24.7	0.4	直	未发	轻	A
江西宜春市农科所	614.00	14.16	6	3/21	6/18	7/15	116	19.0	85.7	17.2	140.6	115.5	82.1	27.3	0.6	直	未发	轻	C
浙江金华市农业科学院	502.33	5.02	7	4/2	6/24	7/23	112	14.6	91.5	19.2	160.6	123.0	76.6	24.2	0.5	直	未发	中	B
浙江温州市农业科学院	471.33	1.43	9	3/25	6/25	7/21	118	15.2	86.7	19.8	169.9	157.8	92.9	24.6	0.6	直	未发	轻	C
浙江诸暨农作物区试站	595.50	9.00	4	3/28	6/23	7/22	116	17.3	88.5	19.3	178.3	163.4	91.6	23.5	0.0	直	未发	轻	A
中国水稻研究所	556.43	13.32	4	3/30	6/23	7/25	117	23.1	94.4	20.9	151.4	116.2	76.7	24.8	0.0	直	未发	轻	A

注：综合评级 A—好，B—较好，C—中等，D——般。

表 4-8-12　早籼迟熟组（131411N）区试品种在各试点的产量、生育期及主要农艺经济性状表现

品种名称/试验点	亩产（千克）	比 CK ±%	产量位次	播种期（月/日）	齐穗期（月/日）	成熟期（月/日）	全生育期（天）	有效穗（万/亩）	株高（厘米）	穗长（厘米）	总粒数/穗	实粒数/穗	结实率（%）	千粒重（克）	杂株率（%）	倒伏性	穗颈瘟	纹枯病	综合评级
陆两优 996（CK）																			
福建沙县良种场	478.83	0.00	10	3/15	6/8	7/7	114	17.0	106.7	22.6	156.2	133.3	85.3	27.7	6.4	直	未发	轻	D
广西桂林市农科所	447.67	0.00	12	3/27	6/16	7/10	105	15.5	91.5	18.6	132.1	107.8	81.6	27.5	15.0	直	未发	轻	D
湖南郴州市农科所	568.33	0.00	6	3/28	6/18	7/18	112	17.8	93.6	19.7	140.5	116.5	82.9	28.0	2.0	直	未发	未发	C
湖南衡阳市农科所	570.67	0.00	10	3/24	6/20	7/17	115	19.8	101.7	20.0	115.2	105.9	91.9	28.3	3.5	直	未发	无	B
湖南省贺家山原种场	500.00	0.00	8	3/26	6/20	7/19	115	17.8	101.7	20.5	134.5	122.2	90.9	29.6	1.5	直	未发	轻	C
江西邓家埠水稻原种场	537.50	0.00	9	3/27	6/19	7/19	114	23.8	95.5	19.4	96.2	86.2	89.6	27.0	4.8	直	未发	轻	D
江西赣州市农科所	485.17	0.00	7	3/22	6/10	7/8	108	20.8	96.8	20.1	120.9	95.3	78.8	26.9	4.8	直	未发	轻	A
江西吉安市农科所	535.33	0.00	11	3/25	6/16	7/13	110	19.8	97.1	20.1	122.5	102.3	83.5	26.7	2.5	直	未发	轻	C
江西省种子管理局	562.50	0.00	11	3/20	6/19	7/14	116	24.3	96.4	18.7	102.0	90.2	88.4	28.6	3.7	直	未发	轻	C
江西宜春市农科所	537.83	0.00	11	3/21	6/17	7/13	114	22.2	89.7	17.5	100.7	83.5	82.9	26.2	14.8	直	未发	轻	
浙江金华市农业科学院	478.33	0.00	10	4/2	6/22	7/21	110	12.6	100.4	20.0	137.0	106.1	77.4	27.3	5.9	直	未发	重	C
浙江温州市农业科学院	464.67	0.00	11	3/25	6/26	7/23	120	15.2	98.7	21.2	150.4	120.3	80.0	27.7	4.2	直	未发	轻	D
浙江诸暨农作物区试站	546.33	0.00	10	3/28	6/24	7/22	116	19.7	104.0	22.2	158.2	127.3	80.5	27.0	1.2	直	未发	轻	
中国水稻研究所	491.02	0.00	12	3/30	6/23	7/25	117	21.1	98.4	20.4	154.4	122.8	79.5	28.4	3.8	直	未发	轻	D

注：综合评级 A—好，B—较好，C—中等，D——般。

表 4-9-1　早籼迟熟组（131411N）生产试验品种在各试验点的产量、生育期、主要特征及田间抗性表现

品种名称/试验点	亩产（千克）	比 CK ±%	播种期（月/日）	齐穗期（月/日）	成熟期（月/日）	全生育期(天)	耐寒性	整齐度	杂株率（%）	株型	叶色	叶姿	长势	熟期转色	倒伏性	落粒性	叶瘟	穗颈瘟	白叶枯病	纹枯病
H750S/HY22																				
福建沙县良种场	516.25	5.50	3/15	6/8	7/8	115	强	整齐	0.2	适中	浓绿	一般	繁茂	好	直	中等	轻	未发	未发	轻
湖南邵阳市农科所	546.40	4.92	3/31	6/19	7/18	109	强	整齐		适中	绿	直	繁茂	好		难	未发	未发	未发	轻
湖南省贺家山原种场	508.86	6.10	3/26	6/26	7/20	116	弱	中等	1.0	适中	绿	中等	繁茂	中		难	未发	未发	未发	轻
湖南岳阳县农业种子技术推广站	433.58	20.81	3/24	6/26	7/10	108	强	整齐	1.0	紧束	绿	挺直	繁茂	好	直	中	无	无	无	无
江西现代种业有限公司	578.00	8.65	3/25	6/21	7/17	114	强	一般	1.0	散	绿	挺	好	一般	直	中	未发	未发	未发	轻
江西省种子管理局	563.15	2.81	3/20	6/19	7/13	115	强	整齐		适中	绿	挺直	繁茂	好	直	中	未发	未发	未发	轻
江西进贤县种子管理站	498.40	-0.78	3/27	6/16	7/13	108														
浙江诸暨农作物区试站	535.31	2.39	3/28	6/22	7/21	115	强	一般		紧凑	淡绿	挺直	繁茂	好	直	中				轻
荣丰优 107																				
福建沙县良种场	527.03	7.70	3/15	6/12	7/12	119	中	整齐	0.5	适中	浓绿	一般	繁茂	好	倒	中等	轻	未发	未发	轻
湖南邵阳市农科所	587.40	12.79	3/31	6/24	7/22	113	强	整齐		适中	绿	一般	繁茂	好		难	未发	未发	未发	轻
湖南省贺家山原种场	499.60	4.17	3/26	6/27	7/21	117	强	中等		紧凑	浓绿	挺直	中等	好		中	未发	未发	未发	轻
湖南岳阳县农业种子技术推广站	403.24	12.35	3/24	6/28	7/13	111	中	一般	1.7	适中	绿	一般	一般	好	直	中	无	无	无	无
江西现代种业有限公司	575.00	8.08	3/25	6/25	7/20	117	中	齐	0.0	紧	绿	挺	好	好	直	中	未发	发	未发	轻
江西省种子管理局	581.02	6.08	3/20	6/19	7/14	116	强	整齐		适中	绿	挺直	繁茂	好	直	中	未发	未发	未发	轻
江西进贤县种子管理站	507.50	1.04	3/27	6/20	7/16	111														
浙江诸暨农作物区试站	540.63	3.41	3/28	6/25	7/24	118	强	整齐		紧凑	浓绿	长挺	繁茂	好	直	中				轻

表 4-9-2　早籼迟熟组（131411N）生产试验品种在各试验点的产量、生育期、主要特征及田间抗性表现

品种名称/试验点	亩产（千克）	比 CK ±%	播种期（月/日）	齐穗期（月/日）	成熟期（月/日）	全生育期(天)	耐寒性	整齐度	杂株率（%）	株型	叶色	叶姿	长势	熟期转色	倒伏性	落粒性	叶瘟	穗颈瘟	白叶枯病	纹枯病
早丰优 9 号																				
福建沙县良种场	567.18	12.12	3/15	6/10	7/10	117	中	整齐	0.3	适中	浓绿	一般	繁茂	好	倒	中等	轻	未发	未发	轻
湖南邵阳市农科所	572.60	9.95	3/31	6/22	7/21	112	强	整齐		适中	绿	直	繁茂	好		难	未发	未发	未发	轻
湖南省贺家山原种场	513.80	7.13	3/26	6/25	7/22	118	强	整齐		松散	绿	披垂	繁茂	好		中	未发	未发	未发	中
湖南岳阳县农业种子技术推广站	378.96	5.59	3/24	7/2	7/18	116	中	不齐	2.6	适中	绿	一般	一般	好	直	中	无	无	无	无
江西现代种业有限公司	559.00	5.08	3/25	6/22	7/19	116	强	齐	0.0	紧	绿	中	好	好	直	易	未发	未发	未发	中
江西省种子管理局	576.80	5.31	3/20	6/19	7/14	116	强	整齐		适中	绿	挺直	繁茂	好	直	中	未发	未发	未发	轻
江西进贤县种子管理站	499.80	/0.50	3/27	6/18	7/15	110														
浙江诸暨农作物区试站	546.88	4.60	3/28	6/22	7/22	116	强	整齐		紧凑	淡绿	略披	繁茂	好	直	中				轻
陵两优 22																				
福建沙县良种场	541.45	7.04	3/15	6/7	7/7	114	中	整齐	0.5	适中	绿	一般	繁茂	好	直	中等	轻	未发	未发	轻
湖南邵阳市农科所	551.60	5.91	3/31	6/19	6/16	107	强	整齐		适中	绿	一般	繁茂	好		难	未发	未发	未发	轻
湖南省贺家山原种场	471.20	-1.75	3/26	6/25	7/19	115	弱	中等	3.0	适中	浓绿	中等	中等	中		难	未发	未发	未发	轻
湖南岳阳县农业种子技术推广站	450.62	25.56	3/24	6/26	7/10	108	强	整齐	0.5	紧束	绿	挺直	繁茂	好	直	中	无	无	无	无
江西现代种业有限公司	585.00	9.96	3/25	6/21	7/18	115	强	齐	0.5	散	绿	挺	好	好	直	中	未发	未发	未发	中
江西省种子管理局	584.29	6.67	3/20	6/19	7/13	115	强	整齐		适中	绿	挺直	繁茂	好	直	中	未发	未发	未发	轻
江西进贤县种子管理站	515.90	2.71	3/27	6/18	7/14	109														
浙江诸暨农作物区试站	552.81	5.74	3/28	6/23	7/23	117	强	整齐		紧凑	浓绿	宽挺	繁茂	好	直	中				轻

表 4-9-3　早籼迟熟组（131411N）生产试验品种在各试验点的产量、生育期、主要特征及田间抗性表现

品种名称/试验点	亩产（千克）	比 CK ±%	播种期（月/日）	齐穗期（月/日）	成熟期（月/日）	全生育期(天)	耐寒性	整齐度	杂株率（%）	株型	叶色	叶姿	长势	熟期转色	倒伏性	落粒性	叶瘟	穗颈瘟	白叶枯病	纹枯病
荣优 286																				
福建沙县良种场	539.80	10.31	3/15	6/7	7/7	114	强	整齐	0.5	适中	浓绿	一般	繁茂	好	直	中等	轻	未发	未发	轻
湖南邵阳市农科所	569.20	9.29	3/31	6/20	7/18	109	强	整齐		适中	绿	直	繁茂	好		难	未发	未发	未发	轻
湖南省贺家山原种场	485.60	-0.93	3/26	6/24	7/20	116	强	中等		适中	浓绿	中等	繁茂	中		中	未发	未发	未发	中
湖南岳阳县农业种子技术推广站	377.12	5.08	3/24	7/3	7/19	117	中	整齐	1.3	适中	绿	一般	一般	好	直	中	无	无	无	无
江西现代种业有限公司	551.00	3.57	3/25	6/23	7/20	117	中	齐	1.0	紧	绿	挺	好	好	直	中	未发	未发	未发	轻
江西省种子管理局	579.75	5.85	3/20	6/19	7/14	116	强	整齐		适中	绿	挺直	繁茂	好	直	中	未发	未发	未发	轻
江西进贤县种子管理站	528.50	5.22	3/27	6/18	7/15	110														
浙江诸暨农作物区试站	532.81	1.91	3/28	6/22	7/22	116	强	整齐		紧凑	浓绿	宽挺	繁茂	好	直	中				轻
温 814																				
福建沙县良种场	519.70	6.20	3/15	6/7	7/7	114	中	整齐	0.0	适中	绿	挺直	繁茂	好	直	中等	轻	未发	未发	轻
湖南邵阳市农科所	541.60	3.99	3/31	6/19	7/18	109	强	整齐		适中	浓绿	一般	一般	好		难	未发	未发	未发	轻
湖南省贺家山原种场	478.76	-2.32	3/26	6/22	7/13	109	中	中等		紧凑	浓绿	挺直	中等	中		中	未发	未发	未发	轻
湖南岳阳县农业种子技术推广站	402.64	12.19	3/24	6/28	7/12	110	强	一般	0.2	适中	绿	一般	一般	好	直	易	无	无	无	无
江西现代种业有限公司	562.00	2.93	3/25	6/18	7/16	113	强	齐	0.0	紧	浓绿	挺	好	好	直	中	未发	未发	未发	轻
江西省种子管理局	562.96	2.78	3/20	6/18	7/12	114	强	整齐		适中	绿	挺直	一般	好	直	中	未发	未发	未发	轻
江西进贤县种子管理站	496.70	-1.11	3/27	6/17	7/12	107														
浙江诸暨农作物区试站	562.50	7.59	3/28	6/20	7/20	114	强	整齐		紧凑	淡绿	挺直	繁茂	好	直	中				轻

表 4-9-4　早籼迟熟组（131411N）生产试验品种在各试验点的产量、生育期、主要特征及田间抗性表现

品种名称/试验点	亩产（千克）	比 CK ±%	播种期（月/日）	齐穗期（月/日）	成熟期（月/日）	全生育期(天)	耐寒性	整齐度	杂株率（%）	株型	叶色	叶姿	长势	熟期转色	倒伏性	落粒性	叶瘟	穗颈瘟	白叶枯病	纹枯病
金优 402（CK）																				
福建沙县良种场	497.60	0.00	3/15	6/10	7/10	117	强	整齐	0.4	适中	绿	一般	繁茂	好	伏	中等	轻	未发	未发	轻
湖南邵阳市农科所	520.80	0.00	3/31	6/19	7/20	111	强	整齐		紧凑	绿	一般	繁茂	好		一般	未发	未发	未发	轻
湖南省贺家山原种场	484.88	0.00	3/26	6/28	7/21	117	强	中等		松散	绿	披垂	繁茂	好	倒	易	未发	未发	未发	中
湖南岳阳县农业种子技术推广站	358.90	0.00	3/24	6/28	7/14	112	中	一般	0.8	适中	绿	一般	一般	好	直	中	无	无	无	无
江西现代种业有限公司	539.00	0.00	3/25	6/22	7/18	115	强	一般	1.0	中	绿	中	好	一般	直	易	未发	未发	未发	中
江西省种子管理局	547.73	0.00	3/20	6/19	7/14	116	强	整齐		适中	绿	挺直	繁茂	好	直	中	未发	未发	未发	轻
江西进贤县种子管理站	502.30	0.00	3/27	6/17	7/16	111														
浙江诸暨农作物区试站	522.81	0.00	3/28	6/21	7/22	116	强	整齐							直	中				轻

第五章　2013年长江上游中籼迟熟A组国家水稻品种试验汇总报告

一、试验概况

（一）试验目的

鉴定评价我国南方稻区新选育和引进的水稻新品种（组合，下同）的丰产性、稳产性、适应性、抗性、米质及其他重要性状表现，为国家水稻品种审定提供科学依据。

（二）参试品种

区试品种10个，竹优1013、鹏两优187和绿优4923为续试品种，其他为新参试品种，以Ⅱ优838（CK）为对照；生产试验品种3个，也以Ⅱ优838（CK）为对照。品种名称、类型、亲本组合、选育/供种单位见表5-1。

（三）承试单位

区试点17个，生产试验点8个，分布在贵州、陕西、四川、云南和重庆5个省市。承试单位、试验地点、经纬度、海拔高度、试验负责人及执行人见表5-2。

（四）试验设计、栽培管理与观察记载

各试验点均按《2013年南方稻区国家水稻品种试验实施方案》及《农作物品种区域试验技术规范　水稻)》进行试验。

区试采用完全随机区组排列，3次重复，小区面积0.02亩。生产试验采用大区随机排列，不设重复，大区面积0.5亩。

分区试、生产试验，同组试验所有品种同期播种、移栽，施肥水平中等偏上，其他栽培管理措施与当地大田生产相同。

观察记载项目与标准按《农作物品种区域试验技术规范　水稻》以及《国家水稻品种试验观察记载项目、方法及标准》《南方稻区国家水稻品种区试及生产试验记载表》等的要求执行。

（五）特性鉴定

抗性鉴定：四川省农业科学院植保所、重庆涪陵区农科所和贵州湄潭县农业局植保站负责稻瘟病抗性鉴定，鉴定采用人工接菌与病区自然诱发相结合；中国水稻研究所稻作发展中心负责稻飞虱抗性鉴定。鉴定种子由中国水稻研究所试验点统一提供，鉴定结果由四川省农业科学院植保所负责汇总。湖北恩施州农业科学院和华中农业大学植物科学院分别负责生产试验品种的耐冷性和耐热性鉴定。

米质分析：由陕西汉中市农科所、云南红河州农科所和四川省原良种试验站试验点分别单独种植生产提供样品，农业部稻米及制品质量监督检验测试中心负责检测分析。

参试品种的特异性及续试品种年度间的一致性鉴定：由中国水稻研究所进行DNA指纹鉴定。

（六）统计分析

按照《农作物品种区域试验技术规范　水稻》等有关试验质量评价标准，对各试验（鉴定）点试验（鉴定）结果的可靠性、完整性、准确性、可比性以及对照品种表现情况等进行分析评估，确保汇总质量。2013年区试云南省德宏州种子站试验点因试验误差大和对照品种产量异常偏低未列入

汇总，其余16个试验点试验结果正常，列入汇总。2013年生产试验各试验点试验结果正常，全部列入汇总。

产量联合方差分析采用混合模型，品种间产量差异多重比较采用Duncan's新复极差法；参试品种的丰产性主要以品种在区试和生产试验中相对于对照品种产量及组平均产量衡量；参试品种的适应性主要以品种在区试中比对照品种增产的试验点比例衡量；参试品种的稳产性主要以品种在年度间区试中相对于对照品种产量的差异变化程度衡量。

参试品种的生育期主要以全生育期比对照品种长短的天数衡量。

参试品种的抗性以指定的鉴定单位的鉴定结果为主要依据，对稻瘟病抗性的主要评价指标为综合指数和穗瘟损失率最高级，对其他病虫害抗性的主要评价指标为最高级。

参试品种的米质检测、评价按照国家《优质稻谷》标准，分优质1级、优质2级、优质3级，未达到优质级的品种米质均为等外级。

二、结果分析

（一）产量

2013年区试品种中，Ⅱ优838（CK）产量偏低、居第10位。依据比组平均产量的增减产幅度，产量较高的品种有德香074A/R4923、绿优4923和泸优257，产量居前3位，平均亩产630.40～636.61千克，比Ⅱ优838（CK）增产7.70%～8.76%；产量一般的品种有瑞华218，平均亩产是564.96千克，比Ⅱ优838（CK）减产3.48%；其他品种产量中等，平均亩产609.50～622.58千克，比Ⅱ优838（CK）增产4.13%～6.37%。品种产量、比对照及组平均增减产百分率、品种间产量差异显著性、比对照增产试验点比例等汇总结果见表5－3。

2013年生产试验品种中，所有品种均表现较好，平均亩产579.33～590.48千克，比Ⅱ优838（CK）增产4.87%～7.58%。品种产量、比对照增减产百分率等汇总结果以及各试验点对品种的综合评价等级见表5－4。

（二）生育期

2013年区试品种中，瑞华218熟期较早，全生育期比Ⅱ优838（CK）短4.1天；其他品种全生育期152.3～154.9天，与Ⅱ优838（CK）相当、熟期适宜。品种全生育期及比对照长短天数见表5－3。

2013年生产试验品种中，全生育期156.8～159.5天，与Ⅱ优838（CK）相当、熟期适宜。品种全生育期及比对照长短天数见表5－4。

（三）主要农艺经济性状

品种分蘖率、有效穗数、成穗率、株高、每穗总粒数、每穗实粒数、结实率、千粒重等主要农艺经济性状汇总结果见表5－3。

（四）抗性

2013年区试品种中，所有品种的稻瘟病综合指数均未超过6.5级。依据穗瘟损失率最高级，绿优4923和泸优257为中抗，鹏两优187和天龙优1375为中感，其他品种为感或高感。

品种在各稻瘟病抗性鉴定点的鉴定结果见表5－5，品种稻瘟病抗性鉴定汇总结果、褐飞虱鉴定结果以及生产试验品种的耐冷、耐热性鉴定结果见表5－6。

（五）米质

依据国家《优质稻谷》标准，绿优4923、鹏两优187和德香074A/R4923米质达国标优质3级，其他品种米质中等或一般。品种糙米率、整精米率、粒长、长宽比、垩白粒率、垩白度、胶稠度、直链淀粉等米质性状表现见表5－7。

（六）品种在各试验点表现

区试、生产试验品种在各试验点的产量、生育期、主要农艺经济性状、田间抗性表现等见表5－8－1至表5－8－11、表5－9－1至表5－9－2。

三、品种评价

（一）生产试验品种

1. 内香6A/蜀恢538

2011年初试平均亩产612.07千克，比Ⅱ优838（CK）增产5.19%，达极显著水平；2012年续试平均亩产611.71千克，比Ⅱ优838（CK）增产8.24%，达极显著水平；两年区试平均亩产611.89千克，比Ⅱ优838（CK）增产6.69%，增产点比例87.1%；2013年生产试验平均亩产581.60千克，比Ⅱ优838（CK）增产6.65%。全生育期两年区试平均158.7天，比Ⅱ优838（CK）迟熟2.0天。主要农艺性状两年区试综合表现：每亩有效穗数15.6万穗，株高104.6厘米，穗长26.2厘米，每穗总粒数166.9粒，结实率81.8%，千粒重31.0克。抗性两年综合表现：稻瘟病综合指数3.9级，穗瘟损失率最高级7级，抗性频率66.0%；褐飞虱平均级9级，最高级9级；抽穗期耐热性5级，耐冷性中等。米质主要指标两年综合表现：整精米率57.9%，长宽比2.9，垩白粒率35%，垩白度4.9%，胶稠度84毫米，直链淀粉含量15.1%。

2013年国家水稻品种试验年会审议意见：已完成试验程序，可以申报国家品种审定。

2. 343A/天恢918

2011年初试平均亩产612.70千克，比Ⅱ优838（CK）增产5.30%，达极显著水平；2012年续试平均亩产596.96千克，比Ⅱ优838（CK）增产5.62%，达极显著水平；两年区试平均亩产604.83千克，比Ⅱ优838（CK）增产5.46%，增产点比例84.5%；2013年生产试验平均亩产590.48千克，比Ⅱ优838（CK）增产7.58%。全生育期两年区试平均154.1天，比Ⅱ优838（CK）早熟2.6天。主要农艺性状两年区试综合表现：每亩有效穗数14.6万穗，株高119.9厘米，穗长26.1厘米，每穗总粒数183.7粒，结实率78.3%，千粒重32.0克。抗性两年综合表现：稻瘟病综合指数3.4级，穗瘟损失率最高级5级，抗性频率44.7%；褐飞虱平均级8级，最高级9级；抽穗期耐热性5级，耐冷性中等。米质主要指标两年综合表现：整精米率47.5%，长宽比2.7，垩白粒率41%，垩白度4.9%，胶稠度84毫米，直链淀粉含量16.4%。

2013年国家水稻品种试验年会审议意见：已完成试验程序，可以申报国家品种审定。

3. 902A/R8088

2011年初试平均亩产611.19千克，比Ⅱ优838（CK）增产5.04%，达极显著水平；2012年续试平均亩产591.71千克，比Ⅱ优838（CK）增产4.70%，达极显著水平；两年区试平均亩产601.45千克，比Ⅱ优838（CK）增产4.87%，增产点比例87.8%；2013年生产试验平均亩产579.33千克，比Ⅱ优838（CK）增产4.87%。全生育期两年区试平均158.0天，比Ⅱ优838（CK）迟熟1.3天。主要农艺性状两年区试综合表现：每亩有效穗数14.7万穗，株高115.6厘米，穗长24.4厘米，每穗总粒数195.6粒，结实率78.6%，千粒重27.9克。抗性两年综合表现：稻瘟病综合指数5.7级，穗瘟损失率最高级7级，抗性频率10.6%；褐飞虱平均级8级，最高级9级；抽穗期耐热性5级、耐冷。米质主要指标两年综合表现：整精米率58.8%，长宽比2.5，垩白粒率32%，垩白度5.0%，胶稠度69毫米，直链淀粉含量21.8%。

2013年国家水稻品种试验年会审议意见：已完成试验程序，可以申报国家品种审定。

（二）续试品种

1. 绿优4923

2012年初试平均亩产593.79千克，比Ⅱ优838（CK）增产5.06%，达极显著水平；2013年续试平均亩产630.66千克，比Ⅱ优838（CK）增产7.75%，达极显著水平；两年区试平均亩产612.22

千克，比Ⅱ优838（CK）增产6.43%，增产点比例100.0%。全生育期两年区试平均153.8天，比Ⅱ优838（CK）早熟1.5天。主要农艺性状两年区试综合表现：每亩有效穗数14.8万穗，株高110.7厘米，穗长25.6厘米，每穗总粒数185.5粒，结实率78.8%，千粒重29.9克。抗性两年综合表现：稻瘟病综合指数4.3级，穗瘟损失率最高级7级；褐飞虱平均级8级，最高级9级。米质主要指标两年综合表现：整精米率56.7%，长宽比3.1，垩白粒率25%，垩白度4.6%，胶稠度64毫米，直链淀粉含量20.5%，达国标优质3级。

2013年国家水稻品种试验年会审议意见：2014年进行生产试验。

2. 竹优1013

2012年初试平均亩产589.18千克，比Ⅱ优838（CK）增产4.25%，达极显著水平；2013年续试平均亩产611.10千克，比Ⅱ优838（CK）增产4.41%，达极显著水平；两年区试平均亩产600.14千克，比Ⅱ优838（CK）增产4.33%，增产点比例82.0%。全生育期两年区试平均154.7天，比Ⅱ优838（CK）早熟0.6天。主要农艺性状两年区试综合表现：每亩有效穗数14.7万穗，株高121.3厘米，穗长25.6厘米，每穗总粒数164.2粒，结实率80.7%，千粒重32.0克。抗性两年综合表现：稻瘟病综合指数6.0级，穗瘟损失率最高级7级；褐飞虱平均级7级，最高级7级。米质主要指标两年综合表现：整精米率48.0%，长宽比2.8，垩白粒率67%，垩白度8.6%，胶稠度83毫米，直链淀粉含量21.8%。

2013年国家水稻品种试验年会审议意见：终止试验。

3. 鹏两优187

2012年初试平均亩产582.56千克，比Ⅱ优838（CK）增产3.08%，达极显著水平；2013年续试平均亩产609.50千克，比Ⅱ优838（CK）增产4.13%，达极显著水平；两年区试平均亩产596.03千克，比Ⅱ优838（CK）增产3.61%，增产点比例63.8%。全生育期两年区试平均153.2天，比Ⅱ优838（CK）早熟2.1天。主要农艺性状两年区试综合表现：每亩有效穗数14.6万穗，株高115.0厘米，穗长24.4厘米，每穗总粒数183.0粒，结实率82.0%，千粒重27.1克。抗性两年综合表现：稻瘟病综合指数5.4级，穗瘟损失率最高级7级；褐飞虱平均级7级，最高级7级。米质主要指标两年综合表现：整精米率56.4%，长宽比3.1，垩白粒率20%，垩白度2.8%，胶稠度75毫米，直链淀粉含量15.0%，达国标优质3级。

2013年国家水稻品种试验年会审议意见：2014年进行生产试验。

（三）初试品种

1. 德香074A/R4923

2013年初试平均亩产636.61千克，比Ⅱ优838（CK）增产8.76%，达极显著水平，增产点比例100.0%。全生育期154.6天，比Ⅱ优838（CK）迟熟0.2天。主要农艺性状表现：每亩有效穗数14.5万穗，株高120.9厘米，穗长26.1厘米，每穗总粒数176.5粒，结实率78.4%，千粒重32.2克。抗性：稻瘟病综合指数5.3级，穗瘟损失率最高级7级；褐飞虱7级。米质主要指标：整精米率57.7%，长宽比2.9，垩白粒率16%，垩白度1.8%，胶稠度86毫米，直链淀粉含量15.6%，达国标优质3级。

2013年国家水稻品种试验年会审议意见：2014年续试。

2. 泸优257

2013年初试平均亩产630.40千克，比Ⅱ优838（CK）增产7.70%，达极显著水平，增产点比例100.0%。全生育期154.8天，比Ⅱ优838（CK）迟熟0.4天。主要农艺性状表现：每亩有效穗数13.9万穗，株高117.8厘米，穗长26.1厘米，每穗总粒数198.8粒，结实率83.9%，千粒重28.6克。抗性：稻瘟病综合指数3.3级，穗瘟损失率最高级3级；褐飞虱7级。米质主要指标：整精米率59.9%，长宽比2.8，垩白粒率37%，垩白度6.0%，胶稠度79毫米，直链淀粉含量24.6%。

2013年国家水稻品种试验年会审议意见：2014年续试。

3. 德润1A/金恢8023

2013年初试平均亩产622.58千克，比Ⅱ优838（CK）增产6.37%，达极显著水平，增产点比例

87.5%。全生育期153.8天，比Ⅱ优838（CK）早熟0.6天。主要农艺性状表现：每亩有效穗数13.9万穗，株高114.6厘米，穗长24.7厘米，每穗总粒数183.8粒，结实率84.5%，千粒重30.3克。抗性：稻瘟病综合指数6.3级，穗瘟损失率最高级9级；褐飞虱9级。米质主要指标：整精米率52.9%，长宽比2.8，垩白粒率44%，垩白度6.5%，胶稠度83毫米，直链淀粉含量15.9%。

2013年国家水稻品种试验年会审议意见：终止试验。

4. 内香5A/川恢907

2013年初试平均亩产622.47千克，比Ⅱ优838（CK）增产6.35%，达极显著水平，增产点比例87.5%。全生育期151.6天，比Ⅱ优838（CK）早熟2.8天。主要农艺性状表现：每亩有效穗数14.4万穗，株高113.0厘米，穗长25.2厘米，每穗总粒数172.1粒，结实率81.9%，千粒重31.5克。抗性：稻瘟病综合指数5.8级，穗瘟损失率最高级7级；褐飞虱7级。米质主要指标：整精米率52.5%，长宽比3.1，垩白粒率32%，垩白度5.0%，胶稠度84毫米，直链淀粉含量14.7%。

2013年国家水稻品种试验年会审议意见：2014年续试。

5. 天龙优1375

2013年初试平均亩产617.32千克，比Ⅱ优838（CK）增产5.47%，达极显著水平，增产点比例100.0%。全生育期152.4天，比Ⅱ优838（CK）早熟2.0天。主要农艺性状表现：每亩有效穗数14.0万穗，株高118.3厘米，穗长24.2厘米，每穗总粒数191.2粒，结实率81.8%，千粒重29.6克。抗性：稻瘟病综合指数4.8级，穗瘟损失率最高级5级；褐飞虱5级。米质主要指标：整精米率55.3%，长宽比2.3，垩白粒率56%，垩白度9.6%，胶稠度73毫米，直链淀粉含量23.7%。

2013年国家水稻品种试验年会审议意见：2014年续试。

6. T优1655

2013年初试平均亩产616.56千克，比Ⅱ优838（CK）增产5.34%，达极显著水平，增产点比例81.3%。全生育期154.9天，比Ⅱ优838（CK）迟熟0.5天。主要农艺性状表现：每亩有效穗数14.4万穗，株高124.6厘米，穗长28.0厘米，每穗总粒数213.8粒，结实率78.3%，千粒重27.4克。抗性：稻瘟病综合指数5.1级，穗瘟损失率最高级7级；褐飞虱7级。米质主要指标：整精米率60.4%，长宽比3.0，垩白粒率33%，垩白度4.8%，胶稠度76毫米，直链淀粉含量20.8%。

2013年国家水稻品种试验年会审议意见：2014年续试。

7. 瑞华218

2013年初试平均亩产564.96千克，比Ⅱ优838（CK）减产3.48%，达极显著水平，增产点比例25.0%。全生育期150.3天，比Ⅱ优838（CK）早熟4.1天。主要农艺性状表现：每亩有效穗数13.4万穗，株高116.9厘米，穗长25.7厘米，每穗总粒数197.4粒，结实率80.6%，千粒重28.6克。抗性：稻瘟病综合指数5.9级，穗瘟损失率最高级7级；褐飞虱9级。米质主要指标：整精米率63.5%，长宽比3.0，垩白粒率35%，垩白度4.5%，胶稠度76毫米，直链淀粉含量15.3%。

2013年国家水稻品种试验年会审议意见：终止试验。

表 5－1　长江上游中籼迟熟 A 组（132411NS-A）区试及生产试验参试品种基本情况

编号	品种名称	品种类型	亲本组合	选育/供种单位
区试				
1	*泸优 257	杂交稻	泸 98A × 蜀恢 257	四川农业大学水稻所
2	*T 优 1655	杂交稻	T98A × R1655	湖南恒德种业科技有限公司
3	*瑞华 218	杂交稻	007s × R218	江苏瑞华农业科技有限公司
4	*内香 5A/川恢 907	杂交稻	内香 5A × 川恢 907	四川丰禾种业有限公司
5	竹优 1013	杂交稻	竹丰 1A × HR013	红河州农科所
6	*德香 074A/R4923	杂交稻	德香 074A × R4923	中种集团/四川省水稻高粱所
7CK	Ⅱ优 838（CK）	杂交稻	Ⅱ-32A × 辐恢 838	四川省原子能研究院
8	*天龙优 1375	杂交稻	天龙 13A × 天龙恢 0675	四川绵阳市天龙水稻研究所
9	鹏两优 187	杂交稻	鹏 S × Λ-187	四川国豪种业股份有限公司
10	绿优 4923	杂交稻	绿 5DF1A × 绿恢 4923	四川省绿丹种业有限责任公司
11	*德润 1A/金恢 8023	杂交稻	德润 1A × 金恢 8023	成都金卓农业股份有限公司
生产试验				
9	内香 6A/蜀恢 538	杂交稻	内香 6A × 蜀恢 538	四川农业大学水稻所
10CK	Ⅱ优 838（CK）	杂交稻	Ⅱ-32A × 辐恢 838	四川省原子能研究院
15	343A/天恢 918	杂交稻	343A × 天恢 918	武胜县农业科学研究所
16	902A/R8088	杂交稻	902A × R8088	四川正兴种业有限公司

*为 2013 年新参试品种。

表 5-2　长江上游中籼迟熟 A 组（132411NS-A）区试及生产试验点基本情况

承试单位	试验地点	经度	纬度	海拔高度（米）	试验负责人及执行人
区试					
贵州黔东南州农科所	凯里市舟溪镇	107°55′	26°29′	740.0	金玉荣、杨秀军、雷安宁、彭朝才
贵州黔西南州农科所	兴义市桔山镇新建村	104°56′	25°6′	1 200.0	敖正友
贵州省农业科学院水稻所	贵阳市小河区	106°43′	26°35′	1 140.0	涂敏、李树杏
贵州遵义市农科所	遵义市南白镇红星村	106°54′	27°32′	900.0	王怀昕
陕西汉中市农科所	汉中市汉台区农科所试验农场	106°59′	33°07′	510.0	黄卫群
四川广元市种子站	广元市利州区赤化镇石羊一组	105°57′	32°34′	490.0	王春
四川绵阳市农科所	绵阳市农科区松垭镇	104°45′	31°03′	470.0	刘定友
四川内江杂交水稻中心	内江杂交水稻中心试验地	105°03′	29°35′	352.3	肖培村、谢从简、曹厚明
四川省原良种试验站	双流县九江镇	130°55′	30°05′	494.0	赵银春、胡蓉
四川省农业科学院水稻高粱所	泸县福集镇茂盛村	105°22′	29°10′	291.0	徐富贤、朱永川
四川巴中市巴州区种子站	巴州区石城乡青州坝村	106°49′	31°51′	370.0	程雄、庞立华、侯兵
云南德宏州种子站	芒市大湾村	98°36′	24°29′	913.8	刘宏珺、董保萍、杨素华、张正兴、王宪芳
云南红河州农科所	蒙自市雨过铺镇永宁村	103°23′	23°27′	1284.0	马文金、张文华、王海德
云南文山州种子站	文山市开化镇黑卡村	103°35′	22°40′	1260.0	张才能、金代珍
重庆涪陵区种子站	涪陵区马武镇文观村 3 社	107°17′	29°36′	672.1	胡永友、陈景平
重庆市农业科学院水稻所	巴南区南彭镇大石塔村	106°20′	29°30′	302.0	李贤勇、何永歆
重庆万州区种子站	万州区良种场	108°23′	31°05′	180.0	熊德辉、谭安平、谭家刚
生产试验					
四川巴中市巴州区种子站	巴州区石城乡青州坝村	106.69°	31.76°	370.0	程雄、庞立华、侯兵
四川宜宾市农业科学院	南溪县大观试验基地	104°00′	27°00′	350.0	林纲、江青山
四川西充县种子站	观凤乡袁塘坝村	105°08′	31°01′	350.0	袁维虎、王小林
四川宣汉县种子站	双河镇玛瑙村	108°03′	31°15′	360.0	吴清连、向乾
重庆南川区种子站	南川区大观镇铁桥村 3 组	107°05′	29°03′	720.0	倪万贵、冉忠领
重庆潼南县种子站	崇龛镇临江村 5 社	105°38′	30°06′	260.0	张建国、谭长华、梁浩、胡海
贵州遵义县种子站	石板镇乐意村十二组	106°45′	27°30′	860.0	范方敏、姚高学
云南红河州农科所	蒙自市雨过铺镇永宁村	103°23′	23°27′	1 284.0	马文金、张文华、王海德

表 5-3 长江上游中籼迟熟 A 组（132411NS-A）区试品种产量、生育期及主要农艺经济性状汇总分析结果

品种名称	区试年份	亩产（千克）	比 CK ±%	比组平均 ±%	产量差异显著性		回归系数	比 CK 增产点（%）	全生育期（天）	比 CK ±天	分蘖率（%）	有效穗（万/亩）	成穗率（%）	株高（厘米）	穗长（厘米）	每穗总粒数	每穗实粒数	结实率（%）	千粒重（克）
					5%	1%													
绿优 4923	2012～2013	612.22	6.43	2.09				100	153.8	-1.5	281.0	14.8	66.5	110.7	25.6	185.5	146.2	78.8	29.9
竹优 1013	2012～2013	600.14	4.33	0.10				82.0	154.7	-0.6	290.2	14.7	65.3	121.3	25.6	164.2	132.6	80.7	32.0
鹏两优 187	2012～2013	596.03	3.61	-0.59				63.8	153.2	-2.1	297.6	14.6	60.7	115.0	24.4	183.0	150.2	82.0	27.1
Ⅱ优 838（CK）	2012～2013	575.24	0.00	-4.05				0.0	155.3	0.0	295.4	14.7	63.6	113.1	25.0	162.2	142.8	88.1	28.9
德香 074A/R4923	2013	636.61	8.76	3.78	a	A	1.10	100	154.6	0.2	264.3	14.5	67.0	120.9	26.1	176.5	138.3	78.4	32.2
绿优 4923	2013	630.66	7.75	2.81	a	AB	1.01	100	152.7	-1.7	269.1	14.9	67.8	112.4	25.9	190.0	151.9	79.9	30.0
泸优 257	2013	630.40	7.70	2.77	a	AB	1.04	100	154.8	0.4	294.0	13.9	64.9	117.8	26.1	198.8	166.9	83.9	28.6
德润 1A/金恢 8023	2013	622.58	6.37	1.50	b	BC	0.96	87.5	153.8	-0.6	261.8	13.9	65.0	114.6	24.7	183.8	155.4	84.5	30.3
内香 5A/川恢 907	2013	622.47	6.35	1.48	b	BC	0.97	87.5	151.6	-2.8	283.9	14.4	64.0	113.0	25.2	172.1	140.8	81.9	31.5
天龙优 1375	2013	617.32	5.47	0.64	bc	CD	0.99	100	152.4	-2.0	269.0	14.0	65.2	118.3	24.2	191.2	156.3	81.8	29.6
T 优 1655	2013	616.56	5.34	0.51	bcd	CD	1.00	81.3	154.9	0.5	270.4	14.4	67.6	124.6	28.0	213.8	167.4	78.3	27.4
竹优 1013	2013	611.10	4.41	-0.38	cd	D	0.94	87.5	154.1	-0.3	291.6	14.6	64.4	123.6	26.2	165.6	133.2	80.4	32.0
鹏两优 187	2013	609.50	4.13	-0.64	d	D	1.16	68.8	152.3	-2.2	293.6	14.6	61.9	115.8	25.2	189.0	155.0	82.0	27.3
Ⅱ优 838（CK）	2013	585.31	0.00	-4.58	e	E	0.95	0.0	154.4	0.0	311.5	14.7	62.0	114.6	25.0	159.8	142.9	89.4	28.8
瑞华 218	2013	564.96	-3.48	-7.90	f	F	0.87	25.0	150.3	-4.1	276.2	13.4	63.2	116.9	25.7	197.4	159.1	80.6	28.6

表 5－4　长江上游中籼迟熟 A 组生产试验（132411NS-A-S）品种产量、生育期及在各生产试验点综合评价等级

品种名称	内香 6A/蜀恢 538	343A/天恢 918	902A/R8088	Ⅱ优 838（CK）
生产试验汇总表现				
全生育期（天）	159.5	156.8	157.1	158.3
比 CK ± 天	1.2	－1.6	－1.2	0.0
亩产（千克）	581.60	590.48	579.33	549.05
产量比 CK ± %	6.65	7.58	4.87	0.00
各生产试验点综合评价等级				
贵州遵义县种子站	B	B	B	B
四川巴中市巴州区种子站	B	B	A	C
四川西充县种子站				
四川宣汉县种子站	A	A	A	B
四川宜宾市农业科学院	C	B	C	C
云南红河州农科所	A	B	B	C
重庆南川区种子站	A	A	A	B
重庆潼南县种子站	A	A	C	C

备注：1. 各组品种生产试验合并进行，因品种较多，部分试点加设 CK 后安排在 2 块田中试验，表中产量比 CK ± % 系同田块 CK 比较的结果；
2. 综合评价等级：A—好，B—较好，C—中等，D——一般。

表 5－5　长江上游中籼迟熟 A 组（132411NS-A）品种稻瘟病抗性各地鉴定结果（2013 年）

品种名称	四川蒲江					重庆涪陵					贵州湄潭				
	叶瘟（级）	穗瘟发病率		穗瘟损失率		叶瘟（级）	穗瘟发病率		穗瘟损失率		叶瘟（级）	穗瘟发病率		穗瘟损失率	
		%	级	%	级		%	级	%	级		%	级	%	级
泸优 257	5	21	5	6	3	5	7	3	1	1	3	14	5	7	3
T 优 1655	5	30	7	14	3	6	72	9	49	7	3	13	5	7	3
瑞华 218	5	21	5	8	3	7	51	9	34	7	4	37	7	36	7
内香 5A/川恢 907	5	42	7	21	5	5	81	9	49	7	3	39	7	22	5
竹优 1013	5	77	9	41	7	5	37	7	19	5	2	19	5	11	3
德香 074A/R4923	6	33	7	12	3	5	83	9	49	7	3	28	7	13	3
Ⅱ优 838（CK）	6	89	9	54	9	6	88	9	54	9	5	57	9	66	9
天龙优 1375	5	22	5	8	3	5	36	7	17	5	3	40	7	23	5
鹏两优 187	5	17	5	6	3	5	22	5	10	3	2	36	7	21	5
绿优 4923	5	21	5	8	3	5	9	3	3	1	3	20	5	12	3
德润 1A/金恢 8023	5	33	7	15	5	8	100	9	72	9	2	33	7	23	5
感病对照	9	94	9	68	9										

注：1. 鉴定单位为四川省农业科学院植保所、重庆涪陵区农科所、贵州湄潭县农业局植保站；
2. 四川省农业科学院植保所感病对照品种为Ⅱ优 725。

表 5-6 长江上游中籼迟熟 A 组（132411NS-A）品种对主要病虫抗性综合评价结果（2012~2013 年）及抽穗期温度敏感性（2013 年）

品种名称	区试年份	稻瘟病								褐飞虱			抽穗期耐热性	抽穗期耐冷性
		2013 年各地综合指数（级）				2013 年穗瘟损失率最高级	1~2 年综合评价		抗性频率（%）	2012 年（级）	1~2 年综合评价			
		四川	重庆	贵州	平均		平均综合指数（级）	穗瘟损失率最高级			平均级	最高级		
内香 6A/蜀恢 538	2011~2012												5	中等
343A/天恢 918	2011~2012												5	中等
902A/R8088	2011~2012												5	耐冷
Ⅱ优 838（CK）	2011~2012												3	耐冷
竹优 1013	2012~2013	7.0	5.5	3.3	5.3	7	6.0	7		7	7	7		
鹏两优 187	2012~2013	4.0	4.0	4.8	4.3	5	5.4	7		7	7	7		
绿优 4923	2012~2013	4.0	2.5	3.5	3.3	3	4.3	7		9	8	9		
Ⅱ优 838（CK）	2012~2013	8.3	8.3	8.0	8.2	9	8.2	9		7	7	7		
泸优 257	2013	4.0	2.5	3.5	3.3	3	3.3	3		7	7	7		
T 优 1655	2013	4.5	7.3	3.5	5.1	7	5.1	7		7	7	7		
瑞华 218	2013	4.0	7.5	6.3	5.9	7	5.9	7		9	9	9		
内香 5A/川恢 907	2013	5.5	7.0	5.0	5.8	7	5.8	7		7	7	7		
德香 074A/R4923	2013	4.8	7.0	4.0	5.3	7	5.3	7		7	7	7		
Ⅱ优 838（CK）	2013	8.3	8.3	8.0	8.2	9	8.2	9		7	7	7		
天龙优 1375	2013	4.0	5.5	5.0	4.8	5	4.8	5		5	5	5		
德润 1A/金恢 8023	2013	5.5	8.8	4.8	6.3	9	6.3	9		9	9	9		

注：1. 稻瘟病综合指数（级）= 叶瘟级 ×25% + 穗瘟发病率级 ×25% + 穗瘟损失率级 ×50%；

2. 褐飞虱、耐热性、耐冷性分别为中国水稻研究所、华中农业大学、湖北恩施州农业科学院鉴定结果。

表 5－7　长江上游中籼迟熟 A 组（132411NS-A）品种米质检测分析结果

品种名称	年份	糙米率(%)	精米率(%)	整精米率(%)	粒长（毫米）	长宽比	垩白粒率(%)	垩白度(%)	透明度（级）	碱消值（级）	胶稠度（毫米）	直链淀粉(%)	国标**（等级）	部标*（等级）
绿优 4923	2012～2013	81.6	73.0	56.7	7.1	3.1	25	4.6	2	6.0	64	20.5	优 3	优 3
鹏两优 187	2012～2013	79.3	71.2	56.4	6.7	3.1	20	2.8	2	5.5	75	15.0	优 3	优 3
竹优 1013	2012～2013	80.6	72.0	48.3	7.0	2.8	67	8.6	1	5.0	83	21.8	普通	等外
Ⅱ优 838（CK）	2012～2013	80.6	72.6	61.8	6.0	2.3	43	8.9	2	6.2	66	21.0	普通	等外
T 优 1655	2013	80.1	71.5	60.4	6.8	3.0	33	4.8	2	5.1	76	20.8	优 3	等外
德润 1A/金恢 8023	2013	81.0	73.0	52.9	6.8	2.8	44	6.5	2	4.1	83	15.9	普通	等外
德香 074A/R4923	2013	81.8	73.5	57.7	7.2	2.9	16	1.8	2	6.8	86	15.6	优 2	优 3
泸优 257	2013	81.7	73.1	59.9	6.7	2.8	37	6.0	1	6.2	79	24.6	普通	等外
内香 5A/川恢 907	2013	81.8	73.6	52.5	7.2	3.1	32	5.0	1	5.1	84	14.7	优 3	等外
瑞华 218	2013	81.1	73.5	63.5	6.8	3.0	35	4.5	2	6.7	76	15.3	优 3	等外
天龙优 1375	2013	81.0	72.9	55.3	6.1	2.3	56	9.6	2	5.8	73	23.7	普通	等外
Ⅱ优 838（CK）	2013	80.6	72.6	61.8	6.0	2.3	43	8.9	2	6.2	66	21.0	普通	等外

注：1. 样品生产提供单位：陕西汉中市农科所（2012～2013 年）、云南红河州农科所（2012～2013 年）、四川省原良种试验站（2012～2013 年）；

2. 检测分析单位：农业部稻米及制品质量监督检验测试中心。

表 5－8－1　长江上游中籼迟熟 A 组（132411NS-A）区试品种在各试点的产量、生育期及主要农艺经济性状表现

品种名称/试验点	亩产（千克）	比 CK ±%	产量位次	播种期（月/日）	齐穗期（月/日）	成熟期（月/日）	全生育期（天）	有效穗（万/亩）	株高（厘米）	穗长（厘米）	总粒数/穗	实粒数/穗	结实率（%）	千粒重（克）	杂株率（%）	倒伏性	穗颈瘟	纹枯病	综合评级
泸优 257																			
贵州黔东南州农科所	646.67	5.03	8	4/15	8/11	9/21	159	13.5	115.4	25.0	188.2	161.8	86.0	30.1	0.0	直	未发	中	C
贵州黔西南州农科所	835.67	8.69	2	4/10	8/14	9/23	166	17.2	112.6	25.0	193.7	163.2	84.3	30.3	0.0	直	未发	轻	A
贵州省农业科学院水稻所	628.50	9.86	5	4/13	8/13	9/23	163	12.8	110.3	23.6	220.5	180.0	81.7	28.2	0.0	直	未发	未发	B
贵州遵义市农科所	710.83	19.33	1	4/15	8/13	9/24	162	13.4	107.6	25.7	212.5	176.3	82.9	29.0	0.0	直	未发	轻	A
陕西汉中市农科所	718.98	4.62	7	4/11	8/7	9/10	153	14.7	134.4	25.4	189.5	182.4	96.2	29.1	0.0	直	未发	轻	A
四川巴中市巴州区种子站	579.50	9.13	1	3/30	7/28	8/25	148	17.1	130.0	24.8	164.0	148.9	90.8	29.0		直	未发	无	A
四川广元市种子站	619.17	7.12	5	4/12	8/10	9/17	158	11.8	118.2	23.6	194.5	182.2	93.7	26.7	0.6	直	未发	轻	A
四川绵阳市农科所	508.92	5.68	5	3/27	7/26	8/26	152	14.9	116.4	25.8	125.0	112.1	89.7	31.1		直	未发	中	B
四川内江杂交水稻开发中心	557.50	4.60	7	3/30	7/24	8/24	147	12.3	114.5	25.5	199.1	144.0	72.3	31.3		直	未发	轻	B
四川省农业科学院水稻高粱所	581.79	5.04	4	3/13	6/28	7/30	139	11.0	135.0	28.5	260.6	201.8	77.4	27.6	1.0	直	未发	轻	A
四川省原良种试验站	514.83	6.52	2	4/11	8/6	9/5	146	11.0	125.0	29.2	226.3	176.6	78.0	27.0	0.0	直	未发	轻	A
云南红河州农科所	646.67	7.12	7	4/2	8/12	9/15	166	16.5	111.0	25.5	179.1	158.1	88.3	28.9	0.0	直	未发	轻	B
云南文山州种子站	727.17	8.29	2	4/15	8/15	9/19	157	16.4	106.4	26.4	203.9	161.1	79.0	28.4	0.0	直	无	轻感	A
重庆市涪陵区种子站	623.24	0.52	9	3/15	7/19	8/20	158	12.9	112.6	24.7	172.4	158.1	91.7	28.3	0.0	直	未发	中	D
重庆市农业科学院水稻所	594.67	6.84	4	3/18	7/10	8/10	145	12.6	122.8	31.6	238.2	185.3	77.8	26.5	0.0	直	未发	无	B
重庆万州区种子站	592.33	15.46	4	3/19	7/19	8/24	158	15.0	113.0	27.0	213.8	178.6	83.5	26.3	0.0	直	未发	轻	A

注：综合评级 A—好，B—较好，C—中等，D——一般。

表 5-8-2 长江上游中籼迟熟 A 组（132411NS-A）区试品种在各试点的产量、生育期及主要农艺经济性状表现

品种名称/试验点	亩产（千克）	比 CK ±%	产量位次	播种期（月/日）	齐穗期（月/日）	成熟期（月/日）	全生育期（天）	有效穗（万/亩）	株高（厘米）	穗长（厘米）	总粒数/穗	实粒数/穗	结实率（%）	千粒重（克）	杂株率（%）	倒伏性	穗颈瘟	纹枯病	综合评级
T 优 1655																			
贵州黔东南州农科所	651.33	5.79	6	4/15	8/9	9/19	157	15.3	122.1	23.5	166.4	142.6	85.7	29.2	0.0	直	未发	轻	B
贵州黔西南州农科所	815.67	6.09	6	4/10	8/13	9/21	164	18.3	119.5	28.1	235.3	150.6	64.0	29.8	0.0	直	未发	轻	B
贵州省农业科学院水稻所	593.36	3.72	8	4/13	8/16	10/1	171	11.0	107.0	26.4	242.1	202.6	83.7	27.4	0.0	直	未发	未发	C
贵州遵义市农科所	632.67	6.21	8	4/15	8/9	9/22	160	14.0	118.0	27.9	240.3	161.8	67.3	27.4	0.0	直	未发	轻	C
陕西汉中市农科所	721.98	5.06	5	4/11	8/7	9/10	153	18.7	142.8	27.3	183.4	165.4	90.2	24.9	0.0	斜	未发	轻	B
四川巴中市巴州区种子站	563.50	6.12	4	3/30	7/26	8/24	147	14.7	139.0	29.8	265.9	232.2	87.3	28.9		直	未发	轻	B
四川广元市种子站	630.33	9.05	1	4/12	8/10	9/19	160	11.6	125.0	25.4	211.8	181.2	85.6	29.7	0.6	直	未发	轻	A
四川绵阳市农科所	522.50	8.50	3	3/27	7/24	8/26	152	15.3	127.2	28.4	150.8	128.7	85.3	28.3		倒	未发	重	B
四川内江杂交水稻开发中心	578.67	8.57	3	3/30	7/21	8/21	144	13.2	133.5	28.0	216.9	160.3	73.9	27.8		直	未发	轻	A
四川省农业科学院水稻高粱所	608.41	9.85	2	3/13	6/28	7/28	137	10.8	135.7	31.2	299.7	222.6	74.3	26.8	0.0	直	未发	轻	A
四川省原良种试验站	526.50	8.93	1	4/11	8/5	9/8	151	11.5	125.4	28.8	207.6	172.4	83.0	26.8	0.0	直	未发	轻	A
云南红河州农科所	632.67	4.80	9	4/2	8/11	9/15	166	18.8	115.2	26.8	170.9	145.2	85.0	27.4	0.0	直	未发	轻	C
云南文山州种子站	668.00	-0.52	10	4/15	8/14	9/20	158	16.7	116.6	31.4	217.6	143.7	66.0	27.7	0.3	直	轻感	中感	C
重庆市涪陵区种子站	694.23	11.97	2	3/15	7/21	8/21	159	13.6	125.2	27.2	189.9	150.4	79.2	26.1	0.0	直	未发	未发	A
重庆市农业科学院水稻所	555.98	-0.11	9	3/18	7/10	8/9	144	13.6	125.4	30.3	226.0	159.8	70.7	26.2	1.1	倒	未发	轻	D
重庆万州区种子站	469.17	-8.54	11	3/19	7/17	8/22	156	13.7	116.0	28.2	196.9	158.9	80.7	24.3	0.0	直	未发	轻	D

注：综合评级 A—好，B—较好，C—中等，D——一般。

表 5－8－3　长江上游中籼迟熟 A 组（132411NS-A）区试品种在各试点的产量、生育期及主要农艺经济性状表现

品种名称/试验点	亩产（千克）	比 CK ±%	产量位次	播种期（月/日）	齐穗期（月/日）	成熟期（月/日）	全生育期（天）	有效穗（万/亩）	株高（厘米）	穗长（厘米）	总粒数/穗	实粒数/穗	结实率（%）	千粒重（克）	杂株率（%）	倒伏性	穗颈瘟	纹枯病	综合评级
瑞华 218																			
贵州黔东南州农科所	599.17	−2.68	11	4/15	8/1	9/14	152	11.4	117.4	25.4	194.7	176.7	90.8	30.0	0.1	直	未发	中	D
贵州黔西南州农科所	708.83	−7.80	11	4/10	8/9	9/19	162	17.4	113.4	25.0	212.3	139.8	65.9	29.7	0.0	直	未发	轻	D
贵州省农业科学院水稻所	518.57	−9.35	11	4/13	8/11	9/22	162	10.5	102.5	23.2	225.2	164.8	73.2	29.7	0.4	直	未发	未发	D
贵州遵义市农科所	609.50	2.32	9	4/15	8/5	9/20	158	11.4	110.4	25.9	233.8	186.1	79.6	30.8	0.0	直	未发	轻	C
陕西汉中市农科所	656.01	−4.54	11	4/11	8/4	9/7	150	16.3	131.4	24.8	182.7	160.8	88.0	27.1	0.0	直	未发	轻	D
四川巴中市巴州区种子站	532.50	0.28	8	3/30	7/23	8/23	146	16.0	133.0	27.7	153.8	127.0	82.6	29.5	2.0	直	未发	无	C
四川广元市种子站	629.00	8.82	2	4/12	8/8	9/17	158	13.3	115.4	24.0	179.9	163.7	91.0	29.8	0.9	直	未发	轻	A
四川绵阳市农科所	436.75	−9.31	11	3/27	7/24	8/25	151	14.4	119.0	25.9	123.4	111.6	90.4	28.5		直	未发	轻	D
四川内江杂交水稻开发中心	583.67	9.51	2	3/30	7/19	8/19	142	11.9	127.0	26.0	206.0	186.6	90.6	27.1		直	未发	轻	A
四川省农业科学院水稻高粱所	484.74	−12.48	11	3/13	6/23	7/23	132	10.6	129.3	26.9	231.1	180.2	78.0	26.5	3.0	直	未发	轻	D
四川省原良种试验站	476.00	−1.52	11	4/11	8/6	9/5	146	12.3	125.0	24.5	174.2	139.7	80.2	28.0	2.0	直	未发	轻	C
云南红河州农科所	588.83	−2.46	11	4/2	8/6	9/10	161	16.9	103.0	22.6	150.0	129.0	86.0	30.9	0.5	直	未发	轻	D
云南文山州种子站	631.67	−5.93	11	4/15	8/10	9/15	153	13.8	111.2	26.7	257.0	165.8	64.5	30.0	0.0	直	无	轻感	C
重庆市涪陵区种子站	608.27	−1.89	11	3/15	7/12	8/13	151	12.5	103.8	25.9	213.4	197.7	92.6	27.6	0.0	直	未发	未发	D
重庆市农业科学院水稻所	478.67	−14.00	11	3/18	7/4	8/5	140	11.7	118.7	31.1	240.6	160.0	66.5	27.4	1.0	直	未发	轻	D
重庆万州区种子站	497.17	−3.09	10	3/19	7/11	8/7	141	13.8	110.0	26.0	180.5	155.5	86.1	25.8	5.5	直	未发	轻	C

注：综合评级 A—好，B—较好，C—中等，D——般。

表 5-8-4 长江上游中籼迟熟 A 组（132411NS-A）区试品种在各试点的产量、生育期及主要农艺经济性状表现

品种名称/试验点	亩产（千克）	比 CK ±%	产量位次	播种期（月/日）	齐穗期（月/日）	成熟期（月/日）	全生育期（天）	有效穗（万/亩）	株高（厘米）	穗长（厘米）	总粒数/穗	实粒数/穗	结实率（%）	千粒重（克）	杂株率（%）	倒伏性	穗颈瘟	纹枯病	综合评级
内香 5A/川恢 907																			
贵州黔东南州农科所	658.33	6.93	4	4/15	7/29	9/13	151	16.5	108.6	23.7	138.8	123.3	88.8	33.5	0.0	直	未发	轻	B
贵州黔西南州农科所	764.17	-0.61	9	4/10	8/8	9/20	163	16.3	105.8	24.4	170.4	138.4	81.2	34.6	0.0	直	未发	轻	C
贵州省农业科学院水稻所	644.99	12.75	3	4/13	8/9	9/28	168	12.2	93.1	22.2	218.8	167.3	76.5	33.1	1.1	直	未发	未发	A
贵州遵义市农科所	646.00	8.45	6	4/15	8/5	9/20	158	11.9	104.8	26.0	191.1	121.0	63.3	32.5	0.0	直	未发	轻	B
陕西汉中市农科所	735.17	6.98	1	4/11	8/4	9/7	150	16.8	132.0	24.8	149.5	141.4	94.6	32.2	0.0	直	未发	轻	A
四川巴中市巴州区种子站	557.00	4.90	6	3/30	7/24	8/23	146	14.7	119.0	25.0	117.2	108.3	92.4	31.7		直	未发	无	B
四川广元市种子站	613.17	6.08	6	4/12	8/6	9/19	160	11.9	119.4	23.4	183.1	172.1	94.0	29.3	0.3	直	未发	轻	B
四川绵阳市农科所	472.42	-1.90	10	3/27	7/20	8/23	149	16.1	115.0	27.1	114.0	102.3	89.7	32.3		直	未发	重	D
四川内江杂交水稻开发中心	575.50	7.97	4	3/30	7/17	8/17	140	14.1	122.0	26.7	179.7	134.6	74.9	31.3		直	未发	中	B
四川省农业科学院水稻高粱所	564.95	2.00	8	3/13	6/23	7/23	132	11.7	116.3	27.1	197.2	159.3	80.8	31.1	1.5	直	未发	轻	B
四川省原良种试验站	513.67	6.28	3	4/11	8/4	9/3	144	12.6	123.2	26.7	211.0	168.6	79.9	24.6	1.2	直	未发	轻	A
云南红河州农科所	660.67	9.44	5	4/2	8/6	9/13	164	18.8	105.6	22.3	134.0	113.5	84.7	32.8	0.3	直	未发	中	B
云南文山州种子站	737.50	9.83	1	4/15	8/8	9/15	153	15.0	108.4	25.2	230.7	171.3	74.3	33.3	0.0	直	无	中感	A
重庆市涪陵区种子站	647.87	4.50	6	3/15	7/14	8/13	151	13.9	109.2	24.9	137.9	113.2	82.1	32.1	0.0	直	未发	未发	C
重庆市农业科学院水稻所	590.65	6.12	6	3/18	7/7	8/7	142	13.6	118.0	27.6	181.3	145.4	80.2	31.3	0.6	直	未发	轻	A
重庆万州区种子站	577.50	12.57	6	3/19	7/13	8/20	154	14.0	108.0	26.5	198.4	173.4	87.4	28.2	1.7	直	未发	轻	A

注：综合评级 A—好，B—较好，C—中等，D——一般。

表 5－8－5　长江上游中籼迟熟 A 组（132411NS-A）区试品种在各试点的产量、生育期及主要农艺经济性状表现

品种名称/试验点	亩产（千克）	比 CK ±%	产量位次	播种期（月/日）	齐穗期（月/日）	成熟期（月/日）	全生育期（天）	有效穗（万/亩）	株高（厘米）	穗长（厘米）	总粒数/穗	实粒数/穗	结实率（%）	千粒重（克）	杂株率（%）	倒伏性	穗颈瘟	纹枯病	综合评级
竹优 1013																			
贵州黔东南州农科所	649.50	5.49	7	4/15	8/10	9/20	158	14.3	123.2	25.7	181.8	160.4	88.2	29.0	0.0	直	未发	轻	B
贵州黔西南州农科所	743.00	－3.36	10	4/10	8/12	9/22	165	16.8	120.0	26.6	194.7	129.5	66.5	34.6	0.0	直	未发	轻	D
贵州省农业科学院水稻所	610.94	6.79	6	4/13	8/12	9/27	167	13.8	112.4	23.9	177.3	136.1	76.8	33.5	0.4	直	未发	未发	B
贵州遵义市农科所	648.83	8.92	4	4/15	8/7	9/22	160	14.4	116.4	25.5	194.5	132.1	67.9	32.4	0.0	直	未发	轻	A
陕西汉中市农科所	722.57	5.15	4	4/11	8/6	9/8	151	16.5	139.8	25.1	156.3	140.0	89.6	32.3	0.8	直	未发	轻	A
四川巴中市巴州区种子站	491.17	－7.50	11	3/30	7/27	8/24	147	12.0	134.0	24.5	120.1	94.5	78.7	33.0		直	未发	无	D
四川广元市种子站	621.50	7.53	4	4/12	8/10	9/20	161	13.7	131.1	25.8	160.0	142.2	88.9	30.1	0.6	直	未发	轻	A
四川绵阳市农科所	508.50	5.59	6	3/27	7/23	8/25	151	15.8	124.9	26.5	112.8	97.7	86.6	34.8		倒	未发	中	C
四川内江杂交水稻开发中心	559.83	5.03	5	3/30	7/20	8/20	143	13.8	136.5	26.8	156.4	125.3	80.1	33.0		直	未发	中	B
四川省农业科学院水稻高粱所	579.30	4.59	5	3/13	6/30	7/30	139	12.8	136.0	28.8	168.5	145.0	86.1	32.3	1.0	直	未发	轻	A
四川省原良种试验站	498.83	3.21	8	4/11	8/3	9/4	145	13.4	123.8	24.8	141.0	121.0	85.8	31.0	0.0	直	未发	轻	B
云南红河州农科所	699.50	15.87	2	4/2	8/11	9/16	167	17.1	113.4	24.6	160.8	135.5	84.3	32.9	0.8	直	未发	轻	A
云南文山州种子站	683.50	1.79	5	4/15	8/14	9/20	158	16.2	112.0	29.3	187.9	127.3	67.7	33.9	1.0	直	轻感	中感	B
重庆市涪陵区种子站	646.09	4.21	7	3/15	7/17	8/18	156	15.3	112.2	25.5	145.6	122.9	84.4	32.6	0.0	直	未发	未发	C
重庆市农业科学院水稻所	597.50	7.35	2	3/18	7/10	8/9	144	13.3	126.0	28.2	204.8	153.7	75.0	30.3	0.9	直	未发	轻	A
重庆万州区种子站	517.00	0.78	7	3/19	7/15	8/20	154	13.9	116.0	28.3	186.9	167.7	89.7	26.5	0.0	直	未发	轻	B

注：综合评级 A—好，B—较好，C—中等，D——般。

表 5-8-6　长江上游中籼迟熟 A 组（132411NS-A）区试品种在各试点的产量、生育期及主要农艺经济性状表现

品种名称/试验点	亩产（千克）	比 CK ±%	产量位次	播种期（月/日）	齐穗期（月/日）	成熟期（月/日）	全生育期（天）	有效穗（万/亩）	株高（厘米）	穗长（厘米）	总粒数/穗	实粒数/穗	结实率（%）	千粒重（克）	杂株率（%）	倒伏性	穗颈瘟	纹枯病	综合评级
德香 074A/R4923																			
贵州黔东南州农科所	685.33	11.32	1	4/15	8/3	9/15	153	13.5	113.5	25.8	174.1	145.5	83.6	35.3	0.0	直	未发	未发	A
贵州黔西南州农科所	866.83	12.75	1	4/10	8/10	9/22	165	21.0	110.2	24.6	156.7	119.8	76.5	34.3	0.0	直	未发	轻	A
贵州省农业科学院水稻所	650.04	13.63	2	4/13	8/11	9/29	169	12.8	115.6	24.3	197.8	157.7	79.7	32.8	0.8	直	未发	未发	A
贵州遵义市农科所	699.00	17.35	2	4/15	8/7	9/22	160	14.6	113.3	25.0	197.6	134.0	67.8	33.0	0.0	直	未发	轻	A
陕西汉中市农科所	715.98	4.19	8	4/11	8/7	9/10	153	18.6	133.8	25.5	155.5	126.4	81.3	31.0	0.0	斜	未发	轻	B
四川巴中市巴州区种子站	569.00	7.16	3	3/30	7/26	8/24	147	10.4	130.0	26.4	152.6	140.7	92.2	34.7		直	未发	无	B
四川广元市种子站	594.50	2.85	8	4/12	8/10	9/21	162	13.0	122.5	25.4	163.9	139.7	85.2	29.1	0.3	直	未发	轻	B
四川绵阳市农科所	524.83	8.98	2	3/27	7/21	8/25	151	15.5	121.5	26.7	124.7	103.1	82.7	33.8		伏	未发	中	B
四川内江杂交水稻开发中心	559.00	4.88	6	3/30	7/21	8/21	144	13.0	127.0	26.8	172.2	130.2	75.6	32.3		直	未发	中	B
四川省农业科学院水稻高粱所	602.07	8.70	3	3/13	6/28	7/30	139	12.4	134.3	29.6	236.4	162.9	68.9	31.2	0.0	斜	未发	轻	A
四川省原良种试验站	501.67	3.79	7	4/11	8/5	9/10	151	14.2	123.4	26.3	156.0	110.2	70.7	31.2	0.8	直	未发	轻	B
云南红河州农科所	663.67	9.94	4	4/2	8/13	9/17	168	16.8	113.2	24.5	166.3	137.8	82.8	31.4	0.5	直	未发	中	B
云南文山州种子站	673.33	0.27	6	4/15	8/10	9/18	156	14.6	114.4	25.4	194.4	150.1	77.2	33.4	0.5	直	轻感	中感	B
重庆市涪陵区种子站	685.04	10.49	3	3/15	7/15	8/18	156	13.5	117.2	24.6	167.7	136.9	81.6	32.1	1.0	倒	未发	轻	A
重庆市农业科学院水稻所	593.56	6.65	5	3/18	7/8	8/8	143	14.4	127.8	29.3	197.1	142.5	72.3	30.5	1.2	倒	未发	无	C
重庆万州区种子站	601.83	17.32	2	3/19	7/16	8/22	156	14.0	116.0	27.1	211.4	175.5	83.0	28.5	0.0	直	未发	轻	A

注：综合评级 A—好，B—较好，C—中等，D——般。

表 5-8-7　长江上游中籼迟熟 A 组（132411NS-A）区试品种在各试点的产量、生育期及主要农艺经济性状表现

品种名称/试验点	亩产（千克）	比 CK ±%	产量位次	播种期（月/日）	齐穗期（月/日）	成熟期（月/日）	全生育期（天）	有效穗（万/亩）	株高（厘米）	穗长（厘米）	总粒数/穗	实粒数/穗	结实率（%）	千粒重（克）	杂株率（%）	倒伏性	穗颈瘟	纹枯病	综合评级
Ⅱ优 838（CK）																			
贵州黔东南州农科所	615.67	0.00	10	4/15	8/10	9/20	158	14.6	107.2	24.7	163.2	150.8	92.4	28.6	0.0	直	未发	轻	C
贵州黔西南州农科所	768.83	0.00	8	4/10	8/12	9/19	162	17.3	104.0	24.8	161.5	146.2	90.5	30.5	0.0	直	未发	轻	C
贵州省农业科学院水稻所	572.07	0.00	10	4/13	8/15	9/29	169	12.8	103.1	22.5	180.6	153.0	84.7	28.8	0.0	直	未发	未发	C
贵州遵义市农科所	595.67	0.00	11	4/15	8/9	9/20	158	13.6	103.7	25.1	182.9	149.6	81.8	29.2	0.0	直	未发	轻	D
陕西汉中市农科所	687.20	0.00	10	4/11	8/8	9/11	154	17.4	127.6	24.1	139.4	136.5	97.9	28.9	0.0	直	未发	轻	C
四川巴中市巴州区种子站	531.00	0.00	9	3/30	7/27	8/23	146	12.3	133.0	26.1	152.8	140.5	92.4	31.1		直	未发	无	C
四川广元市种子站	578.00	0.00	10	4/12	8/10	9/17	158	14.2	110.6	23.6	155.1	139.1	89.7	29.6	0.6	直	未发	轻	B
四川绵阳市农科所	481.58	0.00	9	3/27	7/25	8/24	150	16.6	114.9	25.4	121.8	105.6	86.7	29.7		直	未发	中	C
四川内江杂交水稻开发中心	533.00	0.00	10	3/30	7/23	8/23	146	13.5	130.0	25.1	156.7	143.9	91.9	28.9		直	未发	轻	C
四川省农业科学院水稻高粱所	553.87	0.00	9	3/13	7/2	8/2	142	12.5	128.7	27.1	185.4	166.4	89.7	27.8	0.0	直	未发	轻	C
四川省原良种试验站	483.33	0.00	10	4/11	8/7	9/6	147	13.6	118.6	24.7	142.3	133.9	94.0	27.0	0.0	直	未发	轻	B
云南红河州农科所	603.67	0.00	10	4/2	8/16	9/17	168	18.8	105.0	24.7	148.5	131.3	88.4	29.0	0.0	直	未发	轻	D
云南文山州种子站	671.50	0.00	8	4/15	8/12	9/18	156	14.6	106.6	25.7	182.6	161.1	88.2	29.2	0.0	直	轻感	轻感	B
重庆市涪陵区种子站	619.99	0.00	10	3/15	7/18	8/19	157	15.0	104.6	24.3	135.5	119.5	88.2	30.0	1.0	直	未发	轻	D
重庆市农业科学院水稻所	556.57	0.00	8	3/18	7/10	8/9	144	14.2	118.8	27.2	168.5	149.2	88.5	27.2	0.8	直	未发	轻	C
重庆万州区种子站	513.00	0.00	8	3/19	7/18	8/22	156	14.4	117.0	25.6	180.4	160.4	88.9	26.1	0.0	直	未发	轻	B

注：综合评级 A—好，B—较好，C—中等，D——一般。

表 5-8-8 长江上游中籼迟熟 A 组（132411NS-A）区试品种在各试点的产量、生育期及主要农艺经济性状表现

品种名称/试验点	亩产（千克）	比 CK ±%	产量位次	播种期（月/日）	齐穗期（月/日）	成熟期（月/日）	全生育期（天）	有效穗（万/亩）	株高（厘米）	穗长（厘米）	总粒数/穗	实粒数/穗	结实率（%）	千粒重（克）	杂株率（%）	倒伏性	穗颈瘟	纹枯病	综合评级
天龙优 1375																			
贵州黔东南州农科所	660.00	7.20	3	4/15	8/2	9/14	152	14.1	112.0	24.1	199.4	169.6	85.1	28.4	0.3	直	未发	未发	B
贵州黔西南州农科所	787.17	2.39	7	4/10	8/10	9/19	162	19.7	109.1	23.3	158.1	121.9	77.1	31.7	0.0	直	未发	轻	C
贵州省农业科学院水稻所	595.60	4.11	7	4/13	8/12	9/24	164	12.5	106.5	21.7	186.1	156.1	83.8	29.8	1.1	直	未发	未发	C
贵州遵义市农科所	609.17	2.27	10	4/15	8/10	9/20	158	13.0	110.6	23.7	214.6	150.0	69.9	30.1	0.0	直	未发	轻	D
陕西汉中市农科所	726.17	5.67	2	4/11	8/6	9/9	152	18.3	131.8	23.0	173.9	163.8	94.2	28.8	0.5	直	未发	轻	A
四川巴中市巴州区种子站	554.83	4.49	7	3/30	7/28	8/25	148	11.2	134.0	23.9	166.0	147.6	88.9	29.6		直	未发	无	B
四川广元市种子站	595.33	3.00	7	4/12	8/7	9/17	158	11.5	123.3	23.4	193.9	174.3	89.9	30.5	0.3	直	未发	轻	B
四川绵阳市农科所	496.42	3.08	8	3/27	7/22	8/26	152	16.0	120.0	23.3	140.5	128.4	91.4	30.1		直	未发	中	C
四川内江杂交水稻开发中心	550.83	3.35	9	3/30	7/20	8/20	143	13.7	119.0	23.9	182.7	145.9	79.9	29.3		直	未发	轻	C
四川省农业科学院水稻高粱所	571.65	3.21	7	3/13	6/28	7/30	139	10.3	126.0	26.9	238.9	196.4	82.2	28.9	1.5	直	未发	轻	B
四川省原良种试验站	503.00	4.07	6	4/11	8/5	9/5	146	11.8	128.8	23.8	185.0	152.5	82.4	28.2	0.8	直	未发	轻	B
云南红河州农科所	696.67	15.41	3	4/2	8/8	9/16	167	17.2	109.0	22.3	175.5	138.5	78.9	30.5	0.5	直	未发	轻	A
云南文山州种子站	716.17	6.65	3	4/15	8/11	9/17	155	13.6	109.8	25.3	262.5	178.5	68.0	30.1	0.8	直	无	轻感	A
重庆市涪陵区种子站	639.46	3.14	8	3/15	7/16	8/18	156	13.3	122.4	24.2	172.4	138.6	80.4	32.9	0.0	直	未发	未发	C
重庆市农业科学院水稻所	595.33	6.96	3	3/18	7/10	8/10	145	12.7	125.8	29.5	212.5	166.8	78.5	29.0	0.0	直	未发	轻	B
重庆万州区种子站	579.33	12.93	5	3/19	7/13	8/7	141	14.8	105.0	25.8	197.3	172.1	87.2	25.8	0.0	直	未发	轻	A

注：综合评级 A—好，B—较好，C—中等，D—一般。

表 5-8-9　长江上游中籼迟熟 A 组（132411NS-A）区试品种在各试点的产量、生育期及主要农艺经济性状表现

品种名称/试验点	亩产（千克）	比 CK ±%	产量位次	播种期（月/日）	齐穗期（月/日）	成熟期（月/日）	全生育期（天）	有效穗（万/亩）	株高（厘米）	穗长（厘米）	总粒数/穗	实粒数/穗	结实率（%）	千粒重（克）	杂株率（%）	倒伏性	穗颈瘟	纹枯病	综合评级
鹏两优 187																			
贵州黔东南州农科所	639.50	3.87	9	4/15	8/3	9/16	154	15.6	109.9	24.0	161.8	148.5	91.8	26.7	0.0	直	未发	未发	C
贵州黔西南州农科所	819.67	6.61	5	4/10	8/8	9/18	161	18.1	106.0	24.0	225.8	162.6	72.0	27.9	0.0	直	未发	轻	B
贵州省农业科学院水稻所	635.30	11.05	4	4/13	8/9	9/22	162	13.6	105.2	22.9	195.7	157.8	80.6	30.7	0.0	直	未发	未发	A
贵州遵义市农科所	641.17	7.64	7	4/15	8/7	9/20	158	14.9	106.1	24.1	222.2	148.1	66.7	26.8	0.0	直	未发	轻	B
陕西汉中市农科所	688.40	0.17	9	4/11	8/7	9/10	153	17.0	130.2	23.0	174.5	163.2	93.5	25.9	0.0	直	未发	轻	C
四川巴中市巴州区种子站	519.67	-2.13	10	3/30	7/28	8/24	147	13.3	139.0	25.5	149.6	138.6	92.6	27.1		直	未发	无	C
四川广元市种子站	628.67	8.77	3	4/12	8/6	9/15	156	12.2	113.7	23.8	212.0	176.2	83.1	28.0	0.6	直	未发	轻	A
四川绵阳市农科所	532.42	10.56	1	3/27	7/27	8/28	154	17.1	121.3	24.8	133.9	119.3	89.1	26.6		直	未发	轻	A
四川内江杂交水稻开发中心	494.33	-7.25	11	3/30	7/19	8/19	142	14.3	129.0	24.3	181.1	124.6	68.8	26.9		直	未发	轻	D
四川省农业科学院水稻高粱所	544.73	-1.65	10	3/13	6/26	7/27	136	11.4	124.7	27.5	242.9	197.6	81.3	24.8	0.0	直	未发	轻	D
四川省原良种试验站	497.33	2.90	9	4/11	8/5	9/5	146	12.2	116.4	23.6	186.3	166.8	89.5	25.0	0.0	直	未发	轻	C
云南红河州农科所	703.33	16.51	1	4/2	8/6	9/11	162	18.5	102.5	22.4	181.3	153.2	84.5	27.7	0.8	直	未发	轻	A
云南文山州种子站	688.67	2.56	4	4/15	8/5	9/15	153	14.6	102.4	28.5	186.9	154.3	82.6	33.3	0.8	直	轻感	轻感	B
重庆市涪陵区种子站	682.43	10.07	4	3/15	8/19	8/20	158	13.0	119.4	32.5	175.5	147.3	83.9	26.9	0.0	直	未发	未发	A
重庆市农业科学院水稻所	528.47	-5.05	10	3/18	7/8	8/7	142	13.0	119.8	27.7	203.3	159.4	78.4	26.7	1.3	直	未发	无	B
重庆万州区种子站	508.00	-0.97	9	3/19	7/10	8/18	152	14.1	107.0	24.0	190.5	162.9	85.5	25.3	0.0	直	未发	轻	C

注：综合评级 A—好，B—较好，C—中等，D——般。

表 5-8-10　长江上游中籼迟熟 A 组（132411NS-A）区试品种在各试点的产量、生育期及主要农艺经济性状表现

品种名称/试验点	亩产（千克）	比 CK ±%	产量位次	播种期（月/日）	齐穗期（月/日）	成熟期（月/日）	全生育期（天）	有效穗（万/亩）	株高（厘米）	穗长（厘米）	总粒数/穗	实粒数/穗	结实率（%）	千粒重（克）	杂株率（%）	倒伏性	穗颈瘟	纹枯病	综合评级
绿优 4923																			
贵州黔东南州农科所	669.33	8.72	2	4/15	8/6	9/18	156	12.9	113.4	26.3	197.5	172.8	87.5	30.2	0.0	直	未发	轻	A
贵州黔西南州农科所	826.17	7.46	4	4/10	8/10	9/23	166	18.6	110.2	26.8	175.4	139.7	79.6	31.3	0.0	直	未发	轻	B
贵州省农业科学院水稻所	658.29	15.07	1	4/13	8/10	9/21	161	12.8	105.6	23.3	237.9	175.6	73.8	31.9	0.0	直	未发	未发	A
贵州遵义市农科所	675.83	13.46	3	4/15	8/5	9/22	160	14.5	102.2	24.9	211.6	152.5	72.1	29.1	0.0	直	未发	轻	A
陕西汉中市农科所	723.77	5.32	3	4/11	8/4	9/7	150	17.3	120.8	24.2	156.3	145.7	93.2	28.6	0.0	直	未发	轻	A
四川巴中市巴州区种子站	574.33	8.16	2	3/30	7/27	8/25	148	14.1	124.0	26.6	194.2	178.5	91.9	30.6		直	未发	无	A
四川广元市种子站	594.50	2.85	9	4/12	8/5	9/17	158	13.2	112.6	24.7	159.5	138.5	86.8	30.5	0.6	直	未发	轻	B
四川绵阳市农科所	511.75	6.26	4	3/27	7/21	8/23	149	16.6	114.5	25.2	131.1	108.1	82.5	31.4		直	未发	重	B
四川内江杂交水稻开发中心	554.67	4.07	8	3/30	7/17	8/17	140	14.1	115.0	26.0	181.0	135.0	74.6	30.0		直	未发	轻	C
四川省农业科学院水稻高粱所	572.30	3.33	6	3/13	6/27	7/29	138	12.7	120.7	28.4	218.0	165.5	75.9	28.7	1.0	直	未发	轻	B
四川省原良种试验站	506.00	4.69	5	4/11	7/30	9/2	143	13.1	108.0	25.7	164.0	134.7	82.2	29.2	0.0	直	未发	轻	B
云南红河州农科所	638.50	5.77	8	4/2	8/11	9/16	167	18.1	108.3	23.6	174.8	127.4	72.9	28.8	0.0	直	未发	轻	C
云南文山州种子站	673.00	0.22	7	4/15	8/12	9/17	155	15.4	105.4	27.3	225.7	156.3	69.3	30.0	0.3	直	轻感	轻感	B
重庆市涪陵区种子站	704.40	13.61	1	3/15	7/15	8/16	154	14.8	114.6	26.5	216.9	180.1	83.0	29.6	0.0	直	未发	未发	A
重庆市农业科学院水稻所	590.00	6.01	7	3/18	7/9	8/10	145	14.5	118.2	29.3	206.5	150.5	72.9	28.5	1.8	直	未发	轻	B
重庆万州区种子站	617.67	20.40	1	3/19	7/16	8/19	153	15.0	105.0	26.5	189.2	169.4	89.5	31.2	0.0	直	未发	轻	A

注：综合评级 A—好，B—较好，C—中等，D——般。

表 5-8-11 长江上游中籼迟熟 A 组（132411NS-A）区试品种在各试点的产量、生育期及主要农艺经济性状表现

品种名称/试验点	亩产（千克）	比 CK ±%	产量位次	播种期（月/日）	齐穗期（月/日）	成熟期（月/日）	全生育期（天）	有效穗（万/亩）	株高（厘米）	穗长（厘米）	总粒数/穗	实粒数/穗	结实率（%）	千粒重（克）	杂株率（%）	倒伏性	穗颈瘟	纹枯病	综合评级
德润 1A/金恢 8023																			
贵州黔东南州农科所	655.83	6.52	5	4/15	8/6	9/18	156	15.2	114.7	24.2	178.0	141.9	79.7	30.1	0.0	直	未发	轻	B
贵州黔西南州农科所	832.50	8.28	3	4/10	8/12	9/21	164	19.7	111.8	24.6	153.2	129.8	84.7	32.7	0.0	直	未发	轻	A
贵州省农业科学院水稻所	577.12	0.88	9	4/13	8/12	9/23	163	11.7	107.0	23.1	219.1	178.1	81.3	27.3	1.9	直	未发	未发	C
贵州遵义市农科所	646.67	8.56	5	4/15	8/9	9/22	160	12.4	101.4	23.7	217.7	155.1	71.2	31.0	0.0	直	未发	轻	B
陕西汉中市农科所	721.95	5.06	6	4/11	8/9	9/11	154	18.1	123.8	23.0	134.9	116.5	86.4	29.4	0.0	直	未发	轻	A
四川巴中市巴州区种子站	558.50	5.18	5	3/30	7/27	8/25	148	11.7	132.0	22.4	165.2	154.4	93.5	32.8		直	未发	无	B
四川广元市种子站	557.67	-3.52	11	4/12	8/11	9/17	158	12.1	119.0	23.8	174.0	143.2	82.3	30.7	0.3	直	未发	轻	B
四川绵阳市农科所	504.00	4.66	7	3/27	7/25	8/23	149	16.6	109.9	24.4	125.2	107.4	85.8	31.6		直	未发	重	B
四川内江杂交水稻开发中心	599.33	12.45	1	3/30	7/22	8/22	145	12.3	114.5	25.0	180.8	172.0	95.1	31.2		直	未发	轻	A
四川省农业科学院水稻高粱所	620.43	12.02	1	3/13	6/27	7/29	138	10.9	123.0	27.9	233.2	208.1	89.2	29.3	1.5	直	未发	轻	A
四川省原良种试验站	512.33	6.00	4	4/11	8/10	9/7	148	12.3	118.2	23.5	163.9	141.6	86.4	29.4	0.8	直	未发	轻	A
云南红河州农科所	657.67	8.94	6	4/2	8/1	9/14	165	14.6	105.3	24.2	180.3	153.0	84.9	32.1	0.3	直	未发	轻	B
云南文山州种子站	668.17	-0.50	9	4/15	8/12	9/19	157	15.2	109.0	26.4	201.1	150.0	74.6	31.8	0.8	直	轻感	轻感	B
重庆市涪陵区种子站	655.52	5.73	5	3/15	7/17	8/16	154	13.1	109.8	24.7	177.2	167.6	94.6	30.6	0.0	直	未发	未发	B
重庆市农业科学院水稻所	601.00	7.98	1	3/18	7/10	8/11	146	12.3	126.3	30.2	233.0	186.0	79.8	28.4	1.4	直	未发	轻	B
重庆万州区种子站	592.67	15.53	3	3/19	7/18	8/22	156	14.7	108.0	24.5	204.7	181.1	88.7	27.0	0.0	直	未发	轻	A

注：综合评级 A—好，B—较好，C—中等，D——般。

表 5-9-1　长江上游中籼迟熟 A 组生产试验（132411NS-A-S）品种在各试验点的产量、生育期、主要特征、田间抗性表现

品种名称/试验点	亩产（千克）	比 CK ±%	播种期（月/日）	齐穗期（月/日）	成熟期（月/日）	全生育期(天)	耐寒性	整齐度	杂株率（%）	株型	叶色	叶姿	长势	熟期转色	倒伏性	落粒性	叶瘟	穗颈瘟	纹枯病
内香 6A/蜀恢 538																			
贵州遵义县种子站	624.10	3.50	3/31	8/17	9/23	176	中	整齐	0.0	紧束	绿	挺直	一般	好	直	中	未发	未发	无
四川巴中市巴州区种子站	556.70	6.77	3/30	7/27	8/24	147	未发	齐	0.0	紧束	绿	挺直	繁茂	好	直		未发	未发	无
四川西充县种子站	562.92	-1.01	3/16	7/29	8/25	162	未发	一般	0.0	适中	绿	一般	一般	好	直	中	无	无	无
四川宣汉县种子站	629.00	7.34	3/18	7/29	8/30	165	中	整齐	0.0	适中	绿	挺直	繁茂	好	直	中	无	无	无
四川宜宾市农业科学院	550.96	5.25	3/18	7/10	8/9	144	中	齐	0.0	适中	浓绿	挺直	繁茂	中	直		未发	未发	轻
云南红河州农科所	662.90	9.82	4/2	8/15	9/16	167	强	整齐	0.0	适中	浓绿	挺直	繁茂	好	直	易	未发	未发	轻
重庆南川区种子站	628.00	7.90	3/22	7/30	9/6	168	强	齐	0.0	紧	绿	直	旺	好	直	易	无	无	无
重庆潼南县种子站	438.20	13.64	3/13	7/7	8/6	147	未发	整齐	无	适中	淡绿	一般	一般	好	直	易	未发	未发	轻
343A/天恢 918																			
贵州遵义县种子站	622.30	3.20	3/31	8/18	9/24	177	中	整齐	0.7	适中	绿	一般	繁茂	中	直	易	未发	未发	无
四川巴中市巴州区种子站	560.90	7.58	3/30	7/23	8/23	146	未发	一般	0.0	松散	淡绿	一般	一般	好	直		未发	未发	无
四川西充县种子站	594.84	4.61	3/16	7/28	8/21	158	未发	整齐	0.0	紧束	绿	一般	一般	好	直	中	无	无	无
四川宣汉县种子站	635.00	7.99	3/18	7/26	8/28	163	中	整齐	0.0	适中	绿	披垂	繁茂	好	直	中	无	无	无
四川宜宾市农业科学院	570.32	5.09	3/18	7/1	7/31	135	中	中	0.0	松散	浓绿	中等	繁茂	中	直		未发	未发	轻
云南红河州农科所	657.70	8.96	4/2	8/7	9/13	164	强	整齐	0.0	适中	浓绿	挺直	繁茂	好	直	易	未发	未发	轻
重庆南川区种子站	658.20	13.09	3/22	7/25	9/5	167	强	齐	0.0	紧	绿	直	旺	好	直	易	无	无	无
重庆潼南县种子站	424.60	10.11	3/13	7/2	8/3	144	未发	整齐	无	适中	绿	一般	一般	好	直	易	未发	未发	中

表 5－9－2　长江上游中籼迟熟 A 组生产试验（132411NS-A-S）品种在各试验点的产量、生育期、主要特征、田间抗性表现

品种名称/试验点	亩产（千克）	比 CK ±%	播种期（月/日）	齐穗期（月/日）	成熟期（月/日）	全生育期(天)	耐寒性	整齐度	杂株率（%）	株型	叶色	叶姿	长势	熟期转色	倒伏性	落粒性	叶瘟	穗颈瘟	纹枯病
902A/R8088																			
贵州遵义县种子站	620.00	2.82	3/31	8/7	9/14	167	强	整齐	0.7	紧束	浓绿	挺直	一般	好	直	中	未发	未发	无
四川巴中市巴州区种子站	563.40	8.06	3/30	7/25	8/24	147	未发	齐	0.0	松散	淡绿	一般	繁茂	好	直		未发	未发	无
四川西充县种子站	614.28	5.66	3/16	7/26	8/19	156	未发	整齐	0.0	适中	绿	挺直	一般	好	直	中	无	无	无
四川宣汉县种子站	631.00	7.31	3/18	7/29	8/30	165	中	整齐	0.0	适中	绿	披垂	繁茂	好	直	中	无	无	无
四川宜宾市农业科学院	554.28	2.13	3/18	7/10	8/9	144	中	中	2.8	适中	绿	中等	繁茂	中	直		未发	未发	轻
云南红河州农科所	638.90	5.85	4/2	8/12	9/14	165	强	整齐	0.0	适中	浓绿	挺直	繁茂	好	直	易	未发	未发	轻
重庆南川区种子站	634.40	9.00	3/22	8/1	9/5	167	强	齐	0.0	紧	绿	直	旺	好	直	易	无	无	无
重庆潼南县种子站	378.40	-1.87	3/13	7/3	8/5	146	未发	整齐	0.6	适中	淡绿	一般	一般	好	直	易	未发	未发	中
Ⅱ优 838（CK）																			
贵州遵义县种子站	603.00	0.00	3/31	8/16	9/22	175	中	整齐	0.0	适中	淡绿	一般	一般	中	直	中	未发	未发	无
四川巴中市巴州区种子站	523.10	0.00	3/30	7/27	8/24～25	147.5	未发	齐	0.0	适中	绿	一般	一般	好	直		未发	未发	无
四川西充县种子站	575.01	0.00	3/16	8/27	8/20	157	未发	整齐	0.0	适中	绿	一般	一般	好	直	中	无	无	无
四川宣汉县种子站	587.00	0.00	3/18	7/27	8/29	164	中	整齐	0.0	适中	绿	披垂	繁茂	好	直	中	无	无	无
四川宜宾市农业科学院	533.10	0.00	3/18	7/11	8/10	145	中	齐	0.0	适中	浓绿	中等	繁茂	中	直		未发	未发	轻
云南红河州农科所	603.60	0.00	4/2	8/16	9/17	168	强	整齐	0.0	适中	浓绿	挺直	繁茂	好	直	易	未发	未发	轻
重庆南川区种子站	582.00	0.00	3/22	7/28	9/5	167	强	齐	0.0	紧	绿	直	旺	好	直	易	无	无	无
重庆潼南县种子站	385.60	0.00	3/13	7/6	8/2	143	未发	整齐	无	适中	绿	一般	一般	好	直	易	未发	未发	中

第六章　2013 年长江上游中籼迟熟 B 组国家水稻品种试验汇总报告

一、试验概况

（一）试验目的

鉴定评价我国南方稻区新选育和引进的水稻新品种（组合，下同）的丰产性、稳产性、适应性、抗性、米质及其他重要性状表现，为国家水稻品种审定提供科学依据。

（二）参试品种

区试品种 11 个，其中，蓉 18 优 2348 为续试品种，其他为新参试品种，以Ⅱ优 838（CK）为对照；生产试验品种 5 个，也以Ⅱ优 838（CK）为对照。品种名称、类型、亲本组合、选育/供种单位见表 6－1。

（三）承试单位

区试点 17 个，生产试验点 8 个，分布在贵州、陕西、四川、云南和重庆 5 个省市。承试单位、试验地点、经纬度、海拔高度、试验负责人及执行人见表 6－2。

（四）试验设计、栽培管理与观察记载

各试验点均按《2013 年南方稻区国家水稻品种试验实施方案》及《农作物品种区域试验技术规范　水稻》进行试验。

区试采用完全随机区组排列，3 次重复，小区面积 0.02 亩。生产试验采用大区随机排列，不设重复，大区面积 0.5 亩。

分区试、生产试验，同组试验所有品种同期播种、移栽，施肥水平中等偏上，其他栽培管理措施与当地大田生产相同。

观察记载项目与标准按《农作物品种区域试验技术规范　水稻》以及《国家水稻品种试验观察记载项目、方法及标准》《南方稻区国家水稻品种区试及生产试验记载表》等的要求执行。

（五）特性鉴定

抗性鉴定：四川省农业科学院植保所、重庆涪陵区农科所和贵州湄潭县农业局植保站负责稻瘟病抗性鉴定，鉴定采用人工接菌与病区自然诱发相结合；中国水稻研究所稻作发展中心负责稻飞虱抗性鉴定。鉴定种子由中国水稻研究所试验点统一提供，鉴定结果由四川省农业科学院植保所负责汇总。湖北恩施州农业科学院和华中农业大学植科院分别负责生产试验品种的耐冷性和耐热性鉴定。

米质分析：由陕西汉中市农科所、云南红河州农科所和四川省原良种试验站试验点分别单独种植生产提供样品，农业部稻米及制品质量监督检验测试中心负责检测分析。

参试品种的特异性及续试品种年度间的一致性鉴定：由中国水稻研究所进行 DNA 指纹鉴定。

（六）统计分析

按照《农作物品种区域试验技术规范　水稻》等有关试验质量评价标准，对各试验（鉴定）点试验（鉴定）结果的可靠性、完整性、准确性、可比性以及对照品种表现情况等进行分析评估，确保汇总质量。2013 年区试云南省德宏州种子站试验点因试验误差大和对照品种产量异常偏低未列入

汇总，其余16个试验点试验结果正常，列入汇总。2013年生产试验各试验点试验结果正常，全部列入汇总。

产量联合方差分析采用混合模型，品种间产量差异多重比较采用Duncan's新复极差法；参试品种的丰产性主要以品种在区试和生产试验中相对于对照品种产量及组平均产量衡量；参试品种的适应性主要以品种在区试中比对照品种增产的试验点比例衡量；参试品种的稳产性主要以品种在年度间区试中相对于对照品种产量的差异变化程度衡量。

参试品种的生育期主要以全生育期比对照品种长短的天数衡量。

参试品种的抗性以指定的鉴定单位的鉴定结果为主要依据，对稻瘟病抗性的主要评价指标为综合指数和穗瘟损失率最高级，对其他病虫害抗性的主要评价指标为最高级。

参试品种的米质检测、评价按照国家《优质稻谷》标准，分优质1级、优质2级、优质3级，未达到优质级的品种米质均为等外级。

二、结果分析

（一）产量

Ⅱ优838（CK）产量偏低、居第12位。2013年区试品种中，依据比组平均产量的增减产幅度，产量较高的品种有内香6A/绵恢138，产量居第1位，平均亩产是628.58千克，比Ⅱ优838（CK）增产6.66%；产量中等的品种有德香781、82779A/川恢907、龙香450、蓉18优2348、山州3A/金恢15、鹏两优713、08正2174A/成恢727、川谷A/R1861、904A/R149，平均亩产611.7～626.15千克，比Ⅱ优838（CK）增产3.79%～6.24%；Y两优340产量一般，平均亩产591.26千克，较Ⅱ优838（CK）有小幅度增产。品种产量、比对照及组平均增减产百分率、品种间产量差异显著性、比对照增产试验点比例等汇总结果见表6-3。

2013年生产试验品种中，所有品种均表现较好，平均亩产5568.48～588.91千克，比Ⅱ优838（CK）增产3.58%～7.52%。品种产量、比对照增减产百分率等汇总结果以及各试验点对品种的综合评价等级见表6-4。

（二）生育期

2013年区试品种中，蓉18优2348熟期较早，全生育期比Ⅱ优838（CK）短3.0天；其他品种全生育期151.1～155.9天，与Ⅱ优838（CK）相当、熟期适宜。品种全生育期及比对照长短天数见表6-3。

2013年生产试验品种中，全生育期156.3～158.4天，与Ⅱ优838（CK）相当、熟期适宜。品种全生育期及比对照长短天数见表6-4。

（三）主要农艺经济性状

品种分蘖率、有效穗数、成穗率、株高、每穗总粒数、每穗实粒数、结实率、千粒重等主要农艺经济性状汇总结果见表6-3。

（四）抗性

2013年区试品种中，所有品种的稻瘟病综合指数均未超过6.5级。依据穗瘟损失率最高级，904A/R149、08正2174A/成恢727、龙香450和川谷A/R1861为中抗，蓉18优2348和内香6A/绵恢138为中感，其他品种为感或高感。

品种在各稻瘟病抗性鉴定点的鉴定结果见表6-5，品种稻瘟病抗性鉴定汇总结果、褐飞虱鉴定结果以及生产试验品种的耐冷、耐热性鉴定结果见表6-6。

（五）米质

依据国家《优质稻谷》标准，蓉18优2348、Y两优340、鹏两优713和山州3A/金恢15米质达国标优质3级，其他品种米质中等或一般。品种糙米率、整精米率、粒长、长宽比、垩白粒率、垩白度、胶稠度、直链淀粉等米质性状表现见表6-7。

（六）品种在各试验点表现

区试、生产试验品种在各试验点的产量、生育期、主要农艺经济性状、田间抗性表现等见表6-8-1至表6-8-11、表6-9-1至表6-9-3。

三、品种评价

（一）生产试验品种

1. 成优489

2011年初试平均亩产606.32千克，比Ⅱ优838（CK）增产5.10%，达极显著水平；2012年续试平均亩产615.85千克，比Ⅱ优838（CK）增产8.25%，达极显著水平；两年区试平均亩产611.08千克，比Ⅱ优838（CK）增产6.66%，增产点比例87.1%；2013年生产试验平均亩产568.48千克，比Ⅱ优838（CK）增产3.58%。全生育期两年区试平均156.9天，比Ⅱ优838（CK）迟熟0.1天。主要农艺性状两年区试综合表现：每亩有效穗数15.1万穗，株高116.1厘米，穗长25.1厘米，每穗总粒数168.4粒，结实率82.3%，千粒重31.6克。抗性两年综合表现：稻瘟病综合指数3.8级，穗瘟损失率最高级7级；褐飞虱平均级9级，最高级9级；抽穗期耐热性5级，耐冷。米质主要指标两年综合表现：整精米率50.8%，长宽比2.8，垩白粒率90%，垩白度13.2%，胶稠度84毫米，直链淀粉含量16.6%。

2013年国家水稻品种试验年会审议意见：已完成试验程序，可以申报国家品种审定。

2. 川优6203

2011年初试平均亩产571.59千克，比Ⅱ优838（CK）减产0.92%，未达显著水平；2012年续试平均亩产599.19千克，比Ⅱ优838（CK）增产5.32%，达极显著水平；两年区试平均亩产585.39千克，比Ⅱ优838（CK）增产2.18%，增产点比例64.1%；2013年生产试验平均亩产571.16千克，比Ⅱ优838（CK）增产4.78%。全生育期两年区试平均156.3天，比Ⅱ优838（CK）早熟0.5天。主要农艺性状两年区试综合表现：每亩有效穗数15.2万穗，株高111.6厘米，穗长25.6厘米，每穗总粒数169.0粒，结实率80.8%，千粒重29.0克。抗性两年综合表现：稻瘟病综合指数3.6级，穗瘟损失率最高级5级，抗性频率23.4%；褐飞虱平均级8级，最高级9级；抽穗期耐热性1级，耐冷。米质主要指标两年综合表现：整精米率58.7%，长宽比3.5，垩白粒率28%，垩白度2.3%，胶稠度75毫米，直链淀粉含量17.5%，达国标优质2级。

2013年国家水稻品种试验年会审议意见：已完成试验程序，可以申报国家品种审定。

3. 荆楚优37

2011年初试平均亩产594.04千克，比Ⅱ优838（CK）增产2.97%，达极显著水平；2012年续试平均亩产596.33千克，比Ⅱ优838（CK）增产4.82%，达极显著水平；两年区试平均亩产595.19千克，比Ⅱ优838（CK）增产3.89%，增产点比例87.5%；2013年生产试验平均亩产587.02千克，比Ⅱ优838（CK）增产6.19%。全生育期两年区试平均155.5天，比Ⅱ优838（CK）早熟1.3天。主要农艺性状两年区试综合表现：每亩有效穗数14.2万穗，株高116.0厘米，穗长26.1厘米，每穗总粒数224.6粒，结实率77.5%，千粒重25.2克。抗性两年综合表现：稻瘟病综合指数6.8级，穗瘟损失率最高级7级，抗性频率31.9%；褐飞虱平均级8级，最高级9级；抽穗期耐热性5级，耐冷。米质主要指标两年综合表现：整精米率61.4%，长宽比2.7，垩白粒率39%，垩白度4.9%，胶稠度70毫米，直链淀粉含量22.0%。

2013年国家水稻品种试验年会审议意见：已完成试验程序，可以申报国家品种审定。

4. 宜香5979

2011年初试平均亩产602.81千克，比Ⅱ优838（CK）增产4.49%，达极显著水平；2012年续试平均亩产593.72千克，比Ⅱ优838（CK）增产4.36%，达极显著水平；两年区试平均亩产598.26

千克，比Ⅱ优838（CK）增产4.43%，增产点比例77.8%；2013年生产试验平均亩产588.91千克，比Ⅱ优838（CK）增产7.52%。全生育期两年区试平均156.1天，比Ⅱ优838（CK）早熟0.7天。主要农艺性状两年区试综合表现：每亩有效穗数15.4万穗，株高116.2厘米，穗长25.9厘米，每穗总粒数182.6粒，结实率79.5%，千粒重28.3克。抗性两年综合表现：稻瘟病综合指数6.0级，穗瘟损失率最高级7级，抗性频率10.6%；褐飞虱平均级7级，最高级7级；抽穗期耐热性3级，耐冷。米质主要指标两年综合表现：整精米率59.1%，长宽比2.6，垩白粒率58%，垩白度10.2%，胶稠度80毫米，直链淀粉含量21.7%。

2013年国家水稻品种试验年会审议意见：已完成试验程序，可以申报国家品种审定。

5. 内香7539

2011年初试平均亩产598.29千克，比Ⅱ优838（CK）增产3.70%，达极显著水平；2012年续试平均亩产588.02千克，比Ⅱ优838（CK）增产3.36%，达极显著水平；两年区试平均亩产593.15千克，比Ⅱ优838（CK）增产3.53%，增产点比例75.3%；2013年生产试验平均亩产588.04千克，比Ⅱ优838（CK）增产7.03%。全生育期两年区试平均157.1天，比Ⅱ优838（CK）迟熟0.3天。主要农艺性状两年区试综合表现：每亩有效穗数15.5万穗，株高106.7厘米，穗长23.6厘米，每穗总粒数169.7粒，结实率83.8%，千粒重28.3克。抗性两年综合表现：稻瘟病综合指数5.2级，穗瘟损失率最高级7级，抗性频率36.2%；褐飞虱平均级9级，最高级9级；抽穗期耐热性3级，耐冷性中等。米质主要指标两年综合表现：整精米率60.4%，长宽比2.5，垩白粒率40%，垩白度4.5%，胶稠度84毫米，直链淀粉含量15.5%。

2013年国家水稻品种试验年会审议意见：已完成试验程序，可以申报国家品种审定。

（二）续试品种

蓉18优2348

2012年初试平均亩产597.31千克，比Ⅱ优838（CK）增产4.99%，达极显著水平；2013年续试平均亩产622.47千克，比Ⅱ优838（CK）增产5.62%，达极显著水平；两年区试平均亩产609.89千克，比Ⅱ优838（CK）增产5.31%，增产点比例94.1%。全生育期两年区试平均151.5天，比Ⅱ优838（CK）早熟3.4天。主要农艺性状两年区试综合表现：每亩有效穗数14.8万穗，株高109.9厘米，穗长25.5厘米，每穗总粒数172.8粒，结实率83.3%，千粒重30.5克。抗性：稻瘟病综合指数3.8级，穗瘟损失率最高级5级；褐飞虱平均级8级，最高级9级。米质主要指标：整精米率52.4%，长宽比2.8，垩白粒率21%，垩白度4.2%，胶稠度79毫米，直链淀粉含量15.4%，达国标优质3级。

2013年国家水稻品种试验年会审议意见：2014年进行生产试验。

（三）初试品种

1. 内香6A/绵恢138

2012年初试平均亩产628.58千克，比Ⅱ优838（CK）增产6.66%，达极显著水平，增产点比例93.8%。全生育期155.2天，比Ⅱ优838（CK）迟熟1.1天。主要农艺性状表现：每亩有效穗数15.2万穗，株高107.7厘米，穗长26.6厘米，每穗总粒数176.0粒，结实率84.0%，千粒重28.6克。抗性：稻瘟病综合指数3.5级，穗瘟损失率最高级5级；褐飞虱7级。米质主要指标：整精米率56.7%，长宽比2.8，垩白粒率21%，垩白度2.9%，胶稠度79毫米，直链淀粉含量13.8%。

2013年国家水稻品种试验年会审议意见：2014年续试。

2. 德香781

2013年初试平均亩产626.15千克，比Ⅱ优838（CK）增产6.24%，达极显著水平，增产点比例87.5%。全生育期153.3天，比Ⅱ优838（CK）早熟0.8天。主要农艺性状表现：每亩有效穗数13.9万穗，株高114.5厘米，穗长26.1厘米，每穗总粒数173.9粒，结实率85.2%，千粒重31.5克。抗性：稻瘟病综合指数5.6级，穗瘟损失率最高级7级；褐飞虱7级。米质主要指标：整精米率61.5%，长宽比2.6，垩白粒率38%，垩白度5.6%，胶稠度83毫米，直链淀粉含量14.9%。

2013 年国家水稻品种试验年会审议意见：2014 年续试。

3. 82779A/川恢 907

2013 年初试平均亩产 622.57 千克，比Ⅱ优 838（CK）增产 5.64%，达极显著水平，增产点比例 87.5%。全生育期 153.7 天，比Ⅱ优 838（CK）早熟 0.4 天。主要农艺性状表现：每亩有效穗数 14.4 万穗，株高 117.4 厘米，穗长 26.5 厘米，每穗总粒数 194.4 粒，结实率 80.5%，千粒重 29.5 克。抗性：稻瘟病综合指数 5.8 级，穗瘟损失率最高级 7 级；褐飞虱 9 级。米质主要指标：整精米率 54.2%，长宽比 3.0，垩白粒率 46%，垩白度 9.4%，胶稠度 85 毫米，直链淀粉含量 21.6%。

2013 年国家水稻品种试验年会审议意见：2014 年续试。

4. 龙香 450

2013 年初试平均亩产 622.55 千克，比Ⅱ优 838（CK）增产 5.63%，达极显著水平，增产点比例 93.8%。全生育期 154.8 天，比Ⅱ优 838（CK）迟熟 0.7 天。主要农艺性状表现：每亩有效穗数 13.8 万穗，株高 119.8 厘米，穗长 26.7 厘米，每穗总粒数 195.0 粒，结实率 73.8%，千粒重 32.6 克。抗性：稻瘟病综合指数 3.8 级，穗瘟损失率最高级 3 级；褐飞虱 9 级。米质主要指标：整精米率 45.3%，长宽比 2.6，垩白粒率 63%，垩白度 13.5%，胶稠度 85 毫米，直链淀粉含量 21.3%。

2013 年国家水稻品种试验年会审议意见：2014 年续试。

5. 山州 3A/金恢 15

2013 年初试平均亩产 621.39 千克，比Ⅱ优 838（CK）增产 5.44%，达极显著水平，增产点比例 68.8%。全生育期 151.8 天，比Ⅱ优 838（CK）早熟 2.3 天。主要农艺性状表现：每亩有效穗数 14.8 万穗，株高 113.8 厘米，穗长 25.9 厘米，每穗总粒数 168.5 粒，结实率 85.4%，千粒重 30.3 克。抗性：稻瘟病综合指数 5.8 级，穗瘟损失率最高级 7 级；褐飞虱 7 级。米质主要指标：整精米率 62.5%，长宽比 3.0，垩白粒率 18%，垩白度 3.0%，胶稠度 87 毫米，直链淀粉含量 15.0%，达国标优质 3 级。

2013 年国家水稻品种试验年会审议意见：2014 年续试。

6. 鹏两优 713

2013 年初试平均亩产 616.74 千克，比Ⅱ优 838（CK）增产 4.65%，达极显著水平，增产点比例 81.3%。全生育期 154.0 天，比Ⅱ优 838（CK）早熟 0.1 天。主要农艺性状表现：每亩有效穗数 15.0 万穗，株高 115.7 厘米，穗长 24.7 厘米，每穗总粒数 203.8 粒，结实率 83.1%，千粒重 25.4 克。抗性：稻瘟病综合指数 4.3 级，穗瘟损失率最高级 7 级；褐飞虱 9 级。米质主要指标：整精米率 52.9%，长宽比 3.0，垩白粒率 14%，垩白度 1.5%，胶稠度 77 毫米，直链淀粉含量 15.1%，达国标优质 3 级。

2013 年国家水稻品种试验年会审议意见：2014 年续试。

7. 08 正 2174A/成恢 727

2013 年初试平均亩产 616.25 千克，比Ⅱ优 838（CK）增产 4.56%，达极显著水平，增产点比例 87.5%。全生育期 152.4 天，比Ⅱ优 838（CK）早熟 1.7 天。主要农艺性状表现：每亩有效穗数 14.1 万穗，株高 113.9 厘米，穗长 25.2 厘米，每穗总粒数 172.7 粒，结实率 87.8%，千粒重 29.9 克。抗性：稻瘟病综合指数 3.0 级，穗瘟损失率最高级 3 级；褐飞虱 7 级。米质主要指标：整精米率 59.5%，长宽比 3.1，垩白粒率 34%，垩白度 6.9%，胶稠度 57 毫米，直链淀粉含量 20.2%。

2013 年国家水稻品种试验年会审议意见：2014 年续试。

8. 川谷 A/R1861

2013 年初试平均亩产 612.51 千克，比Ⅱ优 838（CK）增产 3.93%，达极显著水平，增产点比例 87.5%。全生育期 154.8 天，比Ⅱ优 838（CK）迟熟 0.7 天。主要农艺性状表现：每亩有效穗数 14.6 万穗，株高 114.4 厘米，穗长 26.3 厘米，每穗总粒数 174.5 粒，结实率 83.2%，千粒重 29.4 克。抗性：稻瘟病综合指数 3.3 级，穗瘟损失率最高级 3 级；褐飞虱 7 级。米质主要指标：整精米率 55.0%，长宽比 2.7，垩白粒率 51%，垩白度 9.0%，胶稠度 82 毫米，直链淀粉含量 23.3%。

2013 年国家水稻品种试验年会审议意见：2014 年续试。

9. 904A/R149

2013 年初试平均亩产 611.70 千克，比Ⅱ优 838（CK）增产 3.79%，达极显著水平，增产点比例

75.0%。全生育期155.3天，比Ⅱ优838（CK）迟熟1.2天。主要农艺性状表现：每亩有效穗数14.4万穗，株高109.4厘米，穗长24.5厘米，每穗总粒数166.9粒，结实率86.1%，千粒重30.6克。抗性：稻瘟病综合指数3.8级，穗瘟损失率最高级3级；褐飞虱7级。米质主要指标：整精米率52.7%，长宽比2.8，垩白粒率35%，垩白度6.0%，胶稠度74毫米，直链淀粉含量20.8%。

2013年国家水稻品种试验年会审议意见：2014年续试。

10. Y两优340

2013年初试平均亩产591.26千克，比Ⅱ优838（CK）增产0.32%，未达显著水平，增产点比例37.5%。全生育期155.9天，比Ⅱ优838（CK）迟熟1.8天。主要农艺性状表现：每亩有效穗数14.8万穗，株高107.8厘米，穗长26.7厘米，每穗总粒数191.2粒，结实率82.0%，千粒重25.8克。抗性：稻瘟病综合指数5.8级，穗瘟损失率最高级9级；褐飞虱9级。米质主要指标：整精米率57.1%，长宽比2.9，垩白粒率13%，垩白度1.6%，胶稠度65毫米，直链淀粉含量15.7%，达国标优质3级。

2013年国家水稻品种试验年会审议意见：终止试验。

表 6-1　长江上游中籼迟熟 B 组（132411NS-B）区试及生产试验参试品种基本情况

编号	品种名称	品种类型	亲本组合	选育/供种单位
区试				
1	*904A/R149	杂交稻	904A×R149	四川隆平高科种业有限公司
2CK	Ⅱ优 838（CK）	杂交稻	Ⅱ-32A×辐恢 838	四川省原子能研究院
3	蓉 18 优 2348	杂交稻	蓉 18A×雅恢 2115	四川众智种业科技有限公司
4	*08 正 2174A/成恢 727	杂交稻	08 正 2174A×成恢 727	武汉武大天源生物科技股份有限公司
5	*Y 两优 340	杂交稻	Y58S×R340	贵州国豪农业有限公司
6	*鹏两优 713	杂交稻	鹏 S×R713	深圳市兆农农业科技有限公司
7	*82779A/川恢 907	杂交稻	82779A×川恢 907	四川省农业科学院生物技术核技术研究所
8	*山州 3A/金恢 15	杂交稻	山州 3A×金恢 15	雅安市山州种业有限责任公司/四川金堂莲花农科所
9	*内香 6A/绵恢 138	杂交稻	内香 6A×绵恢 138	四川国垠天府种业有限公司/绵阳市农业科学院
10	*龙香 450	杂交稻	龙香 4A×天龙恢 1250	四川西科种业股份有限公司/绵阳天龙水稻研究所
11	*德香 781	杂交稻	德香 074A×DR781	四川省农业科学院水稻高粱所
12	*川谷 A/R1861	杂交稻	川谷 A×R1861	四川省农业科学院水稻高粱所
生产试验				
1	成优 489	杂交稻	成丰 A×G489	贵州省水稻所
4	宜香 5979	杂交稻	宜香 1A×宜恢 5979	宜宾市农业科学院
5	川优 6203	杂交稻	川 106A×成恢 3203	四川省农业科学院作物所
10CK	Ⅱ优 838（CK）	杂交稻	Ⅱ-32A×辐恢 838	四川省原子能研究院
11	内香 7539	杂交稻	内香 7A×内恢 2539	内江杂交水稻科技开发中心
13	荆楚优 37	杂交稻	荆楚 D8A×R37	湖北荆楚种业股份有限公司

*为 2013 年新参试品种。

表 6-2 长江上游中籼迟熟 B 组（132411NS-B）区试及生产试验点基本情况

承试单位	试验地点	经度	纬度	海拔高度（米）	试验负责人及执行人
区试					
贵州黔东南州农科所	凯里市舟溪镇	107°55′	26°29′	740.0	金玉荣、杨秀军、雷安宁、彭朝才
贵州黔西南州农科所	兴义市桔山镇新建村	104°56′	25°6′	1 200.0	敖正友
贵州省农业科学院水稻所	贵阳市小河区	106°43′	26°35′	1 140.0	涂敏、李树杏
贵州遵义市农科所	遵义市南白镇红星村	106°54′	27°32′	900.0	王怀昕
陕西汉中市农科所	汉中市汉台区农科所试验农场	106°59′	33°07′	510.0	黄卫群
四川广元市种子站	广元市利州区赤化镇石羊一组	105°57′	32°34′	490.0	王春
四川绵阳市农科所	绵阳市农科区松垭镇	104°45′	31°03′	470.0	刘定友
四川内江杂交水稻中心	内江杂交水稻中心试验地	105°03′	29°35′	352.3	肖培村、谢从简、曹厚明
四川省原良种试验站	双流县九江镇	130°55′	30°05′	494.0	赵银春、胡蓉
四川省农业科学院水稻高粱所	泸县福集镇茂盛村	105°22′	29°10′	291.0	徐富贤、朱永川
四川巴中市巴州区种子站	巴州区石城乡青州坝村	106°43′	31°51′	370.0	程雄、庞立华、侯兵
云南德宏州种子站	芒市大湾村	98°36′	24°29′	913.8	刘宏珺、董保萍、杨素华、张正兴、王宪芳
云南红河州农科所	蒙自市雨过铺镇永宁村	103°23′	23°27′	1 284.0	马文金、张文华、王海德
云南文山州种子站	文山市开化镇黑卡村	103°35′	22°40′	1 260.0	张才能、金代珍
重庆涪陵区种子站	涪陵区马武镇文观村 3 社	107°17′	29°36′	672.1	胡永友、陈景平
重庆市农业科学院水稻所	巴南区南彭镇大石塔村	106°20′	29°30′	302.0	李贤勇、何永歆
重庆万州区种子站	万州区良种场	108°23′	31°05′	180.0	熊德辉、谭安平、谭家刚
生产试验					
四川巴中市巴州区种子站	巴州区石城乡青州坝村	106.69°	31.76°	370.0	程雄、庞立华、侯兵
四川宜宾市农业科学院	南溪县大观试验基地	104°00′	27°00′	350.0	林纲、江青山
四川西充县种子站	观凤乡袁塘坝村	105°08′	31°01′	350.0	袁维虎、王小林
四川宣汉县种子站	双河镇玛瑙村	108°03′	31°15′	360.0	吴清连、向乾
重庆南川区种子站	南川区大观镇铁桥村 3 组	107°05′	29°03′	720.0	倪万贵、冉忠领
重庆潼南县种子站	崇龛镇临江村 5 社	105°38′	30°06′	260.0	张建国、谭长华、梁浩、胡海
贵州遵义县种子站	石板镇乐意村十二组	106°45′	27°30′	860.0	范方敏、姚高学
云南红河州农科所	蒙自市雨过铺镇永宁村	103°23′	23°27′	1 284.0	马文金、张文华、王海德

表 6-3　长江上游中籼迟熟 B 组（132411NS-B）区试品种产量、生育期及主要农艺经济性状汇总分析结果

品种名称	区试年份	亩产（千克）	比 CK ±%	比组平均 ±%	产量差异显著性 0.05	产量差异显著性 0.01	回归系数	比 CK 增产点(%)	全生育期（天）	比 CK ±天	分蘖率(%)	有效穗（万/亩）	成穗率（%）	株高（厘米）	穗长（厘米）	每穗总粒数	每穗实粒数	结实率(%)	千粒重(克)
蓉 18 优 2348	2012~2013	609.89	5.31	1.51				94.1	151.5	-3.4	298.3	14.8	67.2	109.9	25.5	172.8	144.1	83.3	30.5
Ⅱ优 838（CK）	2012~2013	579.13	0.00	-3.61				0.0	154.9	0.0	305.4	14.6	64.3	112.6	24.7	162.4	144.5	89.0	28.6
内香6A/绵恢138	2013	628.58	6.66	2.19	a	A	0.97	93.8	155.2	1.1	315.6	15.2	66.6	107.7	26.6	176.0	147.9	84.0	28.6
德香 781	2013	626.15	6.24	1.79	a	AB	1.09	87.5	153.3	-0.8	292.9	13.9	66.5	114.5	26.1	173.9	148.1	85.2	31.5
82779A/川恢 907	2013	622.57	5.64	1.21	ab	ABC	1.12	87.5	153.7	-0.4	275.4	14.4	67.1	117.4	26.5	194.4	156.5	80.5	29.5
龙香 450	2013	622.55	5.63	1.21	ab	ABC	1.01	93.8	154.8	0.7	281.5	13.8	65.0	119.8	26.7	195.0	144.0	73.8	32.6
蓉 18 优 2348	2013	622.47	5.62	1.19	ab	ABC	0.99	100	151.1	-3.0	288.2	14.7	68.5	110.4	25.9	178.2	152.1	85.4	30.3
山州 3A/金恢 15	2013	621.39	5.44	1.02	ab	ABC	1.08	68.8	151.8	-2.3	293.5	14.8	66.3	113.8	25.9	168.5	144.0	85.4	30.3
鹏两优 713	2013	616.74	4.65	0.26	bc	BCD	0.98	81.3	154.0	-0.1	316.2	15.0	62.9	115.7	24.7	203.8	169.4	83.1	25.4
08 正 2174A/成恢 727	2013	616.25	4.56	0.18	bc	BCD	0.96	87.5	152.4	-1.7	265.3	14.1	67.5	113.9	25.2	172.7	151.7	87.8	29.9
川谷 A/R1861	2013	612.51	3.93	-0.43	c	CD	0.85	87.5	154.8	0.7	277.5	14.6	66.6	114.4	26.3	174.5	145.2	83.2	29.4
904A/R149	2013	611.70	3.79	-0.56	c	D	0.91	75.0	155.3	1.2	259.8	14.4	65.3	109.4	24.5	166.9	143.7	86.1	30.6
Y 两优 340	2013	591.26	0.32	-3.88	d	E	1.12	37.5	155.9	1.8	300.6	14.8	62.1	107.8	26.7	191.2	156.8	82.0	25.8
Ⅱ优 838（CK）	2013	589.35	0.00	-4.19	d	E	0.93	0.0	154.1	0.0	288.1	14.7	67.0	112.6	24.6	163.6	145.2	88.8	28.6

表 6－4　长江上游中籼迟熟 B 组生产试验（132411NS-B-S）品种产量、生育期及在各生产试验点综合评价等级

品种名称	成优 489	宜香 5979	川优 6203	内香 7539	荆楚优 37	Ⅱ优 838（CK）
生产试验汇总表现						
全生育期（天）	158.3	156.9	157.6	158.4	156.3	158.3
比 CK ± 天	－0.1	－1.4	－0.7	0.1	－2.1	0.0
亩产（千克）	568.48	588.91	571.16	588.04	587.02	549.05
产量比 CK ± %	3.58	7.52	4.78	7.03	6.19	0.00
各生产试验点综合评价等级						
贵州遵义县种子站	B	A	B	A	A	B
四川巴中市巴州区种子站	B	B	A	B	A	C
四川西充县种子站						
四川宣汉县种子站	A	A	A	A	A	B
四川宜宾市农业科学院	C	A	C	C	C	C
云南红河州农科所	A	A	C	A	A	C
重庆南川区种子站	A	A	B	A	A	B
重庆潼南县种子站	B	A	A	A	C	C

备注：1. 各组品种生产试验合并进行，因品种较多，部分试点加设 CK 后安排在 2 块田中试验，表中产量比 CK ± % 系同田块 CK 比较的结果；

2. 综合评价等级：A—好，B—较好，C—中等，D—一般。

表 6-5　长江上游中籼迟熟 B 组（132411NS-B）品种稻瘟病抗性各地鉴定结果（2013 年）

品种名称	四川蒲江					重庆涪陵					贵州湄潭				
	叶瘟	穗瘟发病率		穗瘟损失率		叶瘟	穗瘟发病率		穗瘟损失率		叶瘟	穗瘟发病率		穗瘟损失率	
	（级）	%	级	%	级	（级）	%	级	%	级	（级）	%	级	%	级
904A/R149	4	22	5	8	3	5	18	5	8	3	3	20	5	10	3
Ⅱ优 838（CK）	6	68	9	39	7	7	85	9	52	9	6	77	9	66	9
蓉 18 优 2348	5	36	7	15	3	1	3	1	1	1	2	42	7	23	5
08 正 2174A/成恢 727	4	22	5	7	3	3	3	1	1	1	2	32	7	14	3
Y 两优 340	5	24	5	8	3	7	85	9	52	9	3	38	7	23	5
鹏两优 713	5	28	7	12	3	4	7	3	1	1	4	35	7	41	7
82779A/川恢 907	5	39	7	18	5	5	81	9	49	7	3	38	7	21	5
山州 3A/金恢 15	5	41	7	19	5	6	69	9	44	7	2	31	7	25	5
内香 6A/绵恢 138	5	30	7	11	3	1	2	1	0	1	3	36	7	24	5
龙香 450	6	21	5	7	3	4	13	5	6	3	3	19	5	9	3
德香 781	6	37	7	19	5	6	67	9	39	7	2	27	7	12	3
川谷 A/R1861	6	23	5	7	3	2	7	3	2	1	2	32	7	15	3
感病对照	9	94	9	68	9										

注：1. 鉴定单位为四川省农业科学院植保所、重庆涪陵区农科所、贵州湄潭县农业局植保站；
2. 四川省农业科学院植保所感病对照品种为Ⅱ优 725。

表 6－6　长江上游中籼迟熟 B 组（132411NS-B）品种对主要病虫抗性综合评价结果（2012～2013 年）及抽穗期温度敏感性（2013 年）

品种名称	区试年份	稻瘟病								褐飞虱			抽穗期耐热性级	抽穗期耐冷性
		2013 年各地综合指数（级）				2013 年	1～2 年综合评价		抗性频率（%）	2013 年（级）	1～2 年综合评价			
		四川	重庆	贵州	平均	穗瘟损失率最高级	平均综合指数（级）	穗瘟损失率最高级			平均级	最高级		
成优 489	2011～2012												5	耐冷
宜香 5979	2011～2012												3	耐冷
川优 6203	2011～2012												1	耐冷
内香 7539	2011～2012												3	中等
荆楚优 37	2011～2012												5	耐冷
Ⅱ优 838（CK）	2011～2012												3	耐冷
蓉 18 优 2348	2012～2013	4.5	1.0	4.8	3.4	5	3.8	5		7	8	9		
Ⅱ优 838（CK）	2012～2013	7.3	8.5	8.3	8.0	9	8.0	9		9	9	9		
904A/R149	2013	3.8	4.0	3.5	3.8	3	3.8	3		7	7	7		
Ⅱ优 838（CK）	2013	7.3	8.5	8.3	8.0	9	8.0	9		9	9	9		
08 正 2174A/成恢 727	2013	3.8	1.5	3.8	3.0	3	3.0	3		7	7	7		
Y 两优 340	2013	4.0	8.5	5.0	5.8	9	5.8	9		7	7	7		
鹏两优 713	2013	4.5	2.3	6.3	4.3	7	4.3	7		9	9	9		
82779A/川恢 907	2013	5.5	7.0	5.0	5.8	7	5.8	7		7	7	7		
山州 3A/金恢 15	2013	5.5	7.3	4.8	5.8	7	5.8	7		7	7	7		
内香 6A/绵恢 138	2013	4.5	1.0	5.0	3.5	5	3.5	5		7	7	7		
龙香 450	2013	4.3	3.8	3.5	3.8	3	3.8	3		9	9	9		
德香 781	2013	5.8	7.3	3.8	5.6	7	5.6	7		7	7	7		
川谷 A/R1861	2013	4.3	1.8	3.8	3.3	3	3.3	3		7	7	7		

注：1. 稻瘟病综合指数（级）＝叶瘟级×25%＋穗瘟发病率级×25%＋穗瘟损失率级×50%；

2. 褐飞虱、耐热性、耐冷性分别为中国水稻研究所、华中农业大学、湖北恩施州农业科学院鉴定结果。

表 6－7　长江上游中籼迟熟 B 组（132411NS-B）品种米质检测分析结果

品种名称	年份	糙米率(%)	精米率(%)	整精米率(%)	粒长(毫米)	长宽比	垩白粒率(%)	垩白度(%)	透明度(级)	碱消值(级)	胶稠度(毫米)	直链淀粉(%)	部标*(等级)	国标**(等级)
蓉 18 优 2348	2012～2013	81.4	72.6	52.4	6.8	2.8	21	4.2	2	6.0	79	15.4	优 3	优 3
Ⅱ优 838（CK）	2012～2013	80.6	72.6	61.8	6.0	2.3	43	8.9	2	6.2	66	21.0	普通	等外
08 正 2174A/成恢 727	2013	81.1	72.9	59.5	7.1	3.1	34	6.9	2	5.8	57	20.2	普通	等外
82779A/川恢 907	2013	82.4	73.3	54.2	7.0	3.0	46	9.4	1	5.2	85	21.6	普通	等外
904A/R149	2013	80.2	72.0	52.7	7.0	2.8	35	6.0	2	4.9	74	20.8	普通	等外
Y 两优 340	2013	80.8	72.7	57.1	6.6	2.9	13	1.6	1	6.7	65	15.7	优 2	优 3
川谷 A/R1861	2013	82.6	74.1	55.0	6.8	2.7	51	9.0	1	6.5	82	23.3	普通	等外
德香 781	2013	81.6	73.1	61.5	6.7	2.6	38	5.6	1	6.9	83	14.9	普通	等外
龙香 450	2013	81.0	73.0	45.3	6.9	2.6	63	13.5	2	5.0	85	21.3	普通	等外
内香 6A/绵恢 138	2013	81.1	72.8	62.4	7.0	3.0	21	2.9	2	5.1	79	13.8	优 3	等外
鹏两优 713	2013	79.8	71.8	52.9	6.6	3.0	14	1.5	2	4.9	77	15.1	普通	优 3
山州 3A/金恢 15	2013	80.5	72.5	62.5	7.1	3.0	18	3.0	1	3.9	87	15.0	普通	优 3
Ⅱ优 838（CK）	2013	80.6	72.6	61.8	6.0	2.3	43	8.9	2	6.2	66	21.0	普通	等外

注：1. 样品生产提供单位：陕西汉中市农科所（2012～2013 年）、云南红河州农科所（2012～2013 年）、四川省原良种试验站（2012～2013 年）；

2. 检测分析单位：农业部稻米及制品质量监督检验测试中心。

表 6－8－1　长江上游中籼迟熟 B 组（132411NS-B）区试品种在各试点的产量、生育期及主要农艺经济性状表现

品种名称/试验点	亩产（千克）	比 CK ± %	产量位次	播种期（月/日）	齐穗期（月/日）	成熟期（月/日）	全生育期（天）	有效穗（万/亩）	株高（厘米）	穗长（厘米）	总粒数/穗	实粒数/穗	结实率（%）	千粒重（克）	杂株率（%）	倒伏性	穗颈瘟	纹枯病	综评等级
904A/R149																			
贵州黔东南州农科所	630.67	8.83	3	4/15	8/7	9/18	156	13.8	102.6	24.1	175.6	160.2	91.2	30.0	0.0	直	未发	轻	B
贵州黔西南州农科所	785.50	0.21	9	4/10	8/13	9/21	164	17.2	97.8	23.0	168.6	150.5	89.3	30.6	0.0	直	未发	中	C
贵州省农业科学院水稻所	602.92	2.37	8	4/13	8/16	9/28	168	13.3	99.3	22.9	199.6	152.1	76.2	30.7	0.0	直	未发	未发	C
贵州遵义市农科所	647.67	2.75	9	4/15	8/13	9/22	160	12.2	102.0	24.6	198.1	169.8	85.7	30.6	0.0	直	未发	轻	C
陕西汉中市农科所	741.76	6.45	2	4/11	8/9	9/12	155	17.4	124.0	24.4	160.2	147.5	92.0	31.1	0.0	直	未发	轻	A
四川巴中市巴州区种子站	540.83	－0.22	9	3/30	7/29	8/25	148	9.9	115.0	24.5	178.2	166.4	93.4	32.2		直	未发	无	C
四川广元市种子站	569.00	4.56	7	4/12	8/12	9/17	158	12.0	108.4	23.7	170.4	154.2	90.5	30.5	0.3	直	未发	轻	A
四川绵阳市农科所	549.67	11.36	3	3/27	7/27	8/23	149	17.8	114.2	24.9	114.4	105.2	92.0	30.7		直	未发	中	A
四川内江杂交水稻开发中心	493.67	－0.94	10	3/30	7/23	8/23	146	14.4	118.5	23.9	136.3	111.7	81.9	32.3		直	未发	轻	C
四川省农业科学院水稻高粱所	564.25	6.51	2	3/13	7/4	8/4	144	13.8	118.7	25.6	166.1	144.7	87.1	30.7	0.0	直	未发	轻	A
四川省原良种试验站	507.33	3.54	6	4/11	8/9	9/7	148	13.1	114.6	27.0	157.2	131.1	83.4	30.2	0.4	直	未发	轻	B
云南红河州农科所	653.83	5.68	10	4/2	8/14	9/17	168	18.0	98.4	22.9	158.0	126.8	80.2	30.8	0.5	直	未发	轻	C
云南文山州种子站	610.83	－3.63	11	4/15	8/19	9/22	160	14.6	102.5	23.1	168.2	137.9	82.0	30.5	0.0	直	无	轻感	C
重庆市涪陵区种子站	766.30	5.61	7	3/15	7/19	8/21	159	15.9	101.2	23.1	144.3	124.6	86.3	30.4	0.0	直	未发	轻	C
重庆市农业科学院水稻所	548.33	－1.14	10	3/18	7/10	8/11	146	12.3	113.0	27.3	177.4	147.6	83.2	31.3	0.8	直	未发	轻	D
重庆万州区种子站	574.67	10.58	5	3/19	7/18	8/21	155	14.6	120.0	27.2	197.7	168.5	85.2	27.1	0.0	直	未发	中	A

注：综合评级 A—好，B—较好，C—中等，D—一般。

表 6-8-2　长江上游中籼迟熟 B 组（132411NS-B）区试品种在各试点的产量、生育期及主要农艺经济性状表现

品种名称/试验点	亩产（千克）	比 CK ± %	产量位次	播种期（月/日）	齐穗期（月/日）	成熟期（月/日）	全生育期（天）	有效穗（万/亩）	株高（厘米）	穗长（厘米）	总粒数/穗	实粒数/穗	结实率（%）	千粒重（克）	杂株率（%）	倒伏性	穗颈瘟	纹枯病	综评等级
Ⅱ优 838（CK）																			
贵州黔东南州农科所	579.50	0.00	10	4/15	8/7	9/18	156	14.3	109.7	23.9	154.3	141.5	91.7	28.1	0.0	直	未发	轻	C
贵州黔西南州农科所	783.83	0.00	10	4/10	8/10	9/19	162	18.3	102.8	25.8	162.7	144.8	89.0	29.9	0.0	直	未发	中	C
贵州省农业科学院水稻所	588.95	0.00	10	4/13	8/13	9/27	167	13.7	99.3	22.1	184.0	159.6	86.7	28.7	0.0	直	未发	未发	C
贵州遵义市农科所	630.33	0.00	12	4/15	8/13	9/20	158	14.2	100.8	25.1	183.3	158.6	86.5	29.7	0.0	直	未发	轻	D
陕西汉中市农科所	696.79	0.00	11	4/11	8/7	9/10	153	16.8	126.0	25.3	151.8	147.2	96.9	28.8	0.0	直	未发	轻	C
四川巴中市巴州区种子站	542.00	0.00	7	3/30	7/27	8/25	148	13.4	127.0	23.8	151.1	141.3	93.5	29.0		直	未发	无	C
四川广元市种子站	544.17	0.00	9	4/12	8/10	9/17	158	13.6	112.5	24.0	177.8	157.4	88.5	27.7	0.3	直	未发	轻	B
四川绵阳市农科所	493.58	0.00	11	3/27	7/27	8/24	150	17.3	116.1	25.3	132.2	110.9	83.9	29.4		直	未发	轻	C
四川内江杂交水稻开发中心	498.33	0.00	9	3/30	7/21	8/21	144	13.5	119.5	24.3	151.8	137.1	90.3	29.4		直	未发	轻	C
四川省农业科学院水稻高粱所	529.74	0.00	11	3/13	7/1	8/1	141	12.3	129.3	28.0	178.6	165.1	92.4	28.9	0.0	直	未发	轻	C
四川省原良种试验站	490.00	0.00	10	4/11	8/6	9/5	146	12.3	110.2	24.2	178.9	148.0	82.8	27.0	0.4	直	未发	轻	B
云南红河州农科所	618.67	0.00	12	4/2	8/14	9/17	168	18.7	104.3	23.1	139.8	127.1	90.9	28.4	0.3	直	未发	轻	D
云南文山州种子站	633.83	0.00	10	4/15	8/15	9/19	157	15.3	102.2	25.1	180.1	153.9	85.5	29.2	0.0	直	无	轻感	B
重庆市涪陵区种子站	725.59	0.00	11	3/15	7/19	8/21	159	13.3	110.4	22.8	141.1	127.4	90.3	28.8	0.0	直	未发	无	D
重庆市农业科学院水稻所	554.67	0.00	8	3/18	7/10	8/9	144	14.1	119.2	27.4	166.7	146.4	87.8	27.4	1.1	直	未发	轻	C
重庆万州区种子站	519.67	0.00	9	3/19	7/19	8/21	155	14.1	113.0	23.8	183.2	157.1	85.8	27.2	0.0	直	未发	轻	B

注：综合评级 A—好，B—较好，C—中等，D—一般。

表 6-8-3　长江上游中籼迟熟 B 组（132411NS-B）区试品种在各试点的产量、生育期及主要农艺经济性状表现

品种名称/试验点	亩产（千克）	比 CK ± %	产量位次	播种期（月/日）	齐穗期（月/日）	成熟期（月/日）	全生育期（天）	有效穗（万/亩）	株高（厘米）	穗长（厘米）	总粒数/穗	实粒数/穗	结实率（%）	千粒重（克）	杂株率（%）	倒伏性	穗颈瘟	纹枯病	综评等级
蓉 18 优 2348																			
贵州黔东南州农科所	613.33	5.84	6	4/15	8/1	9/13	151	14.6	108.0	24.2	165.1	142.2	86.1	30.6	0.2	直	未发	轻	B
贵州黔西南州农科所	823.17	5.02	7	4/10	8/8	9/19	162	18.6	103.0	26.6	176.7	138.3	78.3	32.5	0.0	直	未发	中	C
贵州省农业科学院水稻所	611.14	3.77	7	4/13	8/9	9/20	160	13.8	103.5	22.8	181.9	147.2	80.9	30.5	0.0	直	未发	未发	B
贵州遵义市农科所	658.83	4.52	5	4/15	8/6	9/20	158	11.7	106.8	26.1	220.5	183.3	83.1	31.3	0.0	直	未发	轻	B
陕西汉中市农科所	725.57	4.13	7	4/11	8/3	9/6	149	16.1	124.4	25.8	179.0	169.6	94.8	29.9	0.0	直	未发	轻	B
四川巴中市巴州区种子站	591.00	9.04	1	3/30	7/24	8/24	147	18.7	120.0	27.0	179.8	162.7	90.5	30.8		直	未发	无	A
四川广元市种子站	545.33	0.21	8	4/12	8/7	9/20	161	11.7	107.4	24.8	183.4	156.4	85.3	28.0	0.3	直	未发	轻	B
四川绵阳市农科所	518.75	5.10	9	3/27	7/19	8/20	146	19.4	112.1	25.8	120.7	110.6	91.6	31.2		直	未发	中	C
四川内江杂交水稻开发中心	515.17	3.38	6	3/30	7/14	8/14	137	12.3	114.0	24.7	162.3	135.5	83.5	30.1		直	未发	中	C
四川省农业科学院水稻高粱所	550.73	3.96	7	3/13	6/25	7/28	137	10.4	119.7	28.7	205.6	185.0	90.0	29.8	0.0	直	未发	轻	B
四川省原良种试验站	512.33	4.56	4	4/11	8/4	9/5	146	12.0	105.4	26.3	172.4	149.4	86.7	29.0	0.0	直	未发	轻	B
云南红河州农科所	655.33	5.93	9	4/2	8/5	9/12	163	17.4	101.5	24.4	148.5	132.8	89.4	32.6	1.0	直	未发	重	C
云南文山州种子站	674.67	6.44	5	4/15	8/12	9/17	155	14.8	105.8	25.8	192.4	142.7	74.2	30.4	0.3	直	轻感	轻感	D
重庆市涪陵区种子站	783.86	8.03	5	3/15	7/15	8/17	155	13.8	108.0	26.5	176.1	158.3	89.9	30.5	0.0	直	未发	无	B
重庆市农业科学院水稻所	574.17	3.52	6	3/18	7/3	8/4	139	13.5	114.2	28.5	192.4	147.6	76.7	30.1	0.4	直	未发	轻	B
重庆万州区种子站	606.17	16.64	1	3/19	7/10	8/18	152	15.7	112.0	26.3	193.8	172.5	89.0	28.2	0.0	直	未发	中	A

注：综合评级 A—好，B—较好，C—中等，D——般。

表 6-8-4 长江上游中籼迟熟 B 组（132411NS-B）区试品种在各试点的产量、生育期及主要农艺经济性状表现

品种名称/试验点	亩产（千克）	比 CK ±%	产量位次	播种期（月/日）	齐穗期（月/日）	成熟期（月/日）	全生育期（天）	有效穗（万/亩）	株高（厘米）	穗长（厘米）	总粒数/穗	实粒数/穗	结实率（%）	千粒重（克）	杂株率（%）	倒伏性	穗颈瘟	纹枯病	综评等级
08 正 2174A/成恢 727																			
贵州黔东南州农科所	612.67	5.72	7	4/15	8/8	9/19	157	16.4	104.8	23.2	141.5	127.8	90.3	29.5	0.4	直	未发	未发	B
贵州黔西南州农科所	819.33	4.53	8	4/10	8/10	9/19	162	15.7	110.0	25.0	185.7	161.0	86.7	32.7	0.0	直	未发	中	C
贵州省农业科学院水稻所	580.03	-1.51	11	4/13	8/15	9/25	165	11.7	101.9	22.8	216.3	172.9	79.9	29.4	0.0	直	未发	未发	C
贵州遵义市农科所	677.33	7.46	3	4/15	8/9	9/22	160	11.4	106.7	26.0	211.0	188.1	89.2	30.8	0.0	直	未发	轻	A
陕西汉中市农科所	745.36	6.97	1	4/11	8/5	9/7	150	17.1	129.0	23.9	156.9	148.4	94.6	30.1	0.0	直	未发	轻	A
四川巴中市巴州区种子站	572.33	5.60	4	3/30	7/28	8/24	147	13.3	120.0	24.9	172.0	159.3	91.5	31.3	2.0	直	未发	无	B
四川广元市种子站	590.00	8.42	4	4/12	8/11	9/17	158	12.7	106.3	24.5	175.2	157.8	90.1	29.3	0.9	直	未发	轻	A
四川绵阳市农科所	531.33	7.65	7	3/27	7/22	8/21	147	16.3	117.0	24.9	115.9	107.3	92.6	31.3		直	未发	中	B
四川内江杂交水稻开发中心	537.00	7.76	2	3/30	7/18	8/18	141	13.9	119.0	24.4	156.7	138.0	88.1	30.9		直	未发	轻	B
四川省农业科学院水稻高粱所	547.80	3.41	9	3/13	6/30	7/30	139	12.8	121.7	27.1	228.0	183.3	80.4	23.6	0.0	直	未发	轻	B
四川省原良种试验站	505.00	3.06	9	4/11	8/5	9/4	145	13.1	121.2	23.9	139.4	129.1	92.6	30.2	0.4	直	未发	轻	B
云南红河州农科所	658.33	6.41	7	4/2	8/10	9/14	165	18.3	109.2	23.7	138.1	118.8	86.0	30.8	0.0	直	未发	轻	C
云南文山州种子站	572.67	-9.65	12	4/15	8/15	9/13	151	15.4	102.7	24.4	159.9	129.4	80.9	31.0	0.0	直	无	轻感	B
重庆市涪陵区种子站	782.15	7.80	6	3/15	7/18	8/18	156	12.5	113.0	25.9	147.9	142.1	96.0	30.1	0.0	直	未发	无	B
重庆市农业科学院水稻所	600.33	8.23	2	3/18	7/8	8/8	143	11.1	119.6	32.6	228.6	194.1	84.9	30.4	1.6	斜	未发	轻	A
重庆万州区种子站	528.33	1.67	6	3/19	7/15	8/18	152	13.3	121.0	26.2	189.5	169.3	89.3	26.8	0.0	直	未发	轻	B

注：综合评级 A—好，B—较好，C—中等，D——般。

表 6-8-5 长江上游中籼迟熟 B 组（132411NS-B）区试品种在各试点的产量、生育期及主要农艺经济性状表现

品种名称/试验点	亩产（千克）	比 CK ± %	产量位次	播种期（月/日）	齐穗期（月/日）	成熟期（月/日）	全生育期（天）	有效穗（万/亩）	株高（厘米）	穗长（厘米）	总粒数/穗	实粒数/穗	结实率（%）	千粒重（克）	杂株率（%）	倒伏性	穗颈瘟	纹枯病	综评等级
Y 两优 340																			
贵州黔东南州农科所	569.00	-1.81	11	4/15	8/8	9/17	155	13.2	107.0	26.1	181.3	161.6	89.1	25.7	0.0	直	未发	轻	C
贵州黔西南州农科所	833.67	6.36	5	4/10	8/13	9/22	165	19.5	96.8	28.8	201.2	166.4	82.7	26.1	0.0	直	未发	轻	B
贵州省农业科学院水稻所	549.57	-6.69	12	4/13	8/15	9/27	167	13.4	95.9	24.5	222.6	159.5	71.6	25.6	0.0	直	未发	未发	D
贵州遵义市农科所	649.83	3.09	7	4/15	8/13	9/20	158	13.6	98.4	26.8	212.2	166.9	78.7	26.4	0.0	直	未发	轻	B
陕西汉中市农科所	700.39	0.52	10	4/11	8/11	9/14	157	18.3	120.8	25.8	183.9	162.9	88.6	25.1	0.0	直	未发	轻	C
四川巴中市巴州区种子站	518.50	-4.34	12	3/30	7/28	8/23	146	12.3	117.0	25.9	161.9	141.8	87.6	25.8		直	未发	无	D
四川广元市种子站	526.17	-3.31	12	4/12	8/16	9/21	162	12.1	102.0	24.8	200.4	168.4	84.0	27.2	0.6	直	未发	轻	B
四川绵阳市农科所	522.17	5.79	8	3/27	7/31	8/29	155	18.0	109.6	26.5	134.4	121.0	90.0	26.0		直	未发	轻	C
四川内江杂交水稻开发中心	473.67	-4.95	12	3/30	7/23	8/23	146	15.3	119.0	26.6	154.7	127.9	82.7	26.3		直	未发	轻	C
四川省农业科学院水稻高粱所	503.43	-4.97	12	3/13	7/3	8/3	143	10.6	122.7	30.5	237.0	205.4	86.7	24.3	0.0	直	未发	轻	D
四川省原良种试验站	472.33	-3.61	12	4/11	8/13	9/13	154	13.0	116.8	28.7	186.3	147.3	79.1	25.0	1.2	直	未发	轻	C
云南红河州农科所	710.83	14.90	1	4/2	8/11	9/15	166	19.4	95.6	24.8	190.3	150.6	79.1	24.9	0.3	直	未发	轻	A
云南文山州种子站	674.83	6.47	4	4/15	8/16	9/18	156	15.6	103.4	25.4	192.9	153.6	79.7	27.0	0.0	直	无	轻感	B
重庆市涪陵区种子站	707.16	-2.54	12	3/15	7/25	8/25	163	15.0	94.4	24.7	168.5	142.0	84.2	26.2	0.0	直	未发	无	D
重庆市农业科学院水稻所	551.83	-0.51	9	3/18	7/10	8/9	144	12.7	113.0	29.7	218.3	172.5	79.0	25.6	0.7	直	未发	轻	C
重庆万州区种子站	496.83	-4.39	11	3/19	7/16	8/24	158	14.5	113.0	28.0	212.9	160.7	75.5	26.5	0.0	直	未发	轻	C

注：综合评级 A—好，B—较好，C—中等，D—一般。

表 6-8-6　长江上游中籼迟熟 B 组（132411NS-B）区试品种在各试点的产量、生育期及主要农艺经济性状表现

品种名称/试验点	亩产（千克）	比 CK ±%	产量位次	播种期（月/日）	齐穗期（月/日）	成熟期（月/日）	全生育期（天）	有效穗（万/亩）	株高（厘米）	穗长（厘米）	总粒数/穗	实粒数/穗	结实率（%）	千粒重（克）	杂株率（%）	倒伏性	穗颈瘟	纹枯病	综评等级
鹏两优 713																			
贵州黔东南州农科所	593.17	2.36	9	4/15	8/4	9/15	153	15.5	111.6	23.6	169.6	143.9	84.8	25.8	0.8	直	未发	轻	C
贵州黔西南州农科所	835.33	6.57	3	4/10	8/9	9/20	163	18.0	104.2	23.6	227.9	180.9	79.4	26.0	0.0	直	未发	轻	B
贵州省农业科学院水稻所	619.07	5.11	4	4/13	8/13	9/24	164	13.7	103.9	23.0	231.7	187.9	81.1	24.7	0.0	直	未发	未发	B
贵州遵义市农科所	648.50	2.88	8	4/15	8/9	9/20	158	13.2	106.3	24.4	270.3	207.0	76.6	25.5	0.0	直	未发	轻	C
陕西汉中市农科所	685.40	-1.64	12	4/11	8/11	9/14	157	18.5	130.0	23.3	186.0	162.0	87.1	24.9	1.2	直	未发	轻	D
四川巴中市巴州区种子站	526.33	-2.89	11	3/30	7/25	8/23	146	13.6	132.0	25.7	187.3	173.2	92.5	24.8		直	未发	轻	C
四川广元市种子站	591.17	8.64	3	4/12	8/11	9/19	160	13.1	121.1	23.4	195.5	164.7	84.2	26.1	0.6	直	未发	轻	A
四川绵阳市农科所	579.67	17.44	1	3/27	7/29	8/29	155	16.6	127.1	24.4	153.8	140.6	91.4	25.4		直	未发	轻	A
四川内江杂交水稻开发中心	505.83	1.51	8	3/30	7/21	8/21	144	15.4	127.0	24.1	175.2	147.0	83.9	25.0		直	未发	轻	C
四川省农业科学院水稻高粱所	557.54	5.25	5	3/13	6/30	7/30	139	11.9	123.0	27.1	195.7	167.7	85.7	29.2	1.0	直	未发	轻	A
四川省原良种试验站	545.33	11.29	1	4/11	8/9	9/7	148	13.9	119.4	24.8	174.4	156.8	89.9	25.1	0.0	直	未发	无	B
云南红河州农科所	671.67	8.57	6	4/2	8/11	9/14	165	18.5	106.0	23.1	193.3	154.6	80.0	24.6	0.3	直	未发	轻	B
云南文山州种子站	666.00	5.08	7	4/15	8/13	9/11	149	15.8	105.3	22.2	235.2	176.9	75.2	25.3	0.0	直	无	轻感	C
重庆市涪陵区种子站	765.57	5.51	8	3/15	7/20	8/21	159	14.8	96.2	25.7	223.4	190.1	85.1	24.8	0.0	直	未发	无	C
重庆市农业科学院水稻所	588.33	6.07	4	3/18	7/10	8/12	147	12.0	117.4	28.1	237.7	198.2	83.4	25.3	1.2	直	未发	无	B
重庆万州区种子站	489.00	-5.90	12	3/19	7/12	8/23	157	15.0	120.0	28.3	203.3	158.3	77.9	24.1	0.0	直	未发	轻	C

注：综合评级 A—好，B—较好，C—中等，D——般。

表 6-8-7 长江上游中籼迟熟 B 组（132411NS-B）区试品种在各试点的产量、生育期及主要农艺经济性状表现

品种名称/试验点	亩产（千克）	比 CK ± %	产量位次	播种期（月/日）	齐穗期（月/日）	成熟期（月/日）	全生育期（天）	有效穗（万/亩）	株高（厘米）	穗长（厘米）	总粒数/穗	实粒数/穗	结实率（%）	千粒重（克）	杂株率（%）	倒伏性	穗颈瘟	纹枯病	综评等级
82779A/川恢 907																			
贵州黔东南州农科所	618.17	6.67	4	4/15	8/6	9/15	153	16.9	111.4	24.4	154.2	137.1	88.9	27.5	0.0	直	未发	未发	B
贵州黔西南州农科所	851.83	8.68	1	4/10	8/10	9/23	166	18.5	114.5	26.7	176.0	143.2	81.4	31.8	0.4	直	未发	中	A
贵州省农业科学院水稻所	654.04	11.05	3	4/13	8/11	9/22	162	13.8	105.2	24.2	198.2	160.5	81.0	30.1	1.9	直	未发	未发	A
贵州遵义市农科所	645.83	2.46	10	4/15	8/7	9/24	162	12.5	106.6	26.7	245.1	176.3	72.0	30.4	0.0	直	未发	轻	C
陕西汉中市农科所	732.77	5.16	4	4/11	8/6	9/8	151	20.2	133.4	26.1	191.4	158.8	83.0	28.9	0.0	直	未发	轻	A
四川巴中市巴州区种子站	541.67	-0.06	8	3/30	7/27	8/24	147	12.0	129.0	27.0	171.0	149.6	87.5	30.9		直	未发	无	C
四川广元市种子站	543.17	-0.18	10	4/12	8/9	9/19	160	12.6	112.4	24.2	210.5	167.3	79.5	27.7	0.3	直	未发	轻	B
四川绵阳市农科所	543.42	10.10	5	3/27	7/24	8/26	152	17.3	120.4	26.5	138.9	124.1	89.3	29.7		直	未发	重	B
四川内江杂交水稻开发中心	521.33	4.62	4	3/30	7/20	8/20	143	13.9	120.5	26.9	181.0	149.3	82.5	30.7		直	未发	轻	C
四川省农业科学院水稻高粱所	555.90	4.94	6	3/13	6/29	7/30	139	11.0	125.0	29.5	245.0	189.7	77.4	28.9	2.5	直	未发	轻	A
四川省原良种试验站	510.00	4.08	5	4/11	8/8	9/8	149	13.1	123.8	25.6	174.4	142.3	81.6	27.8	1.6	直	未发	轻	B
云南红河州农科所	657.33	6.25	8	4/2	8/9	9/14	165	15.2	112.3	24.9	176.9	156.3	88.4	31.7	0.0	直	未发	轻	C
云南文山州种子站	646.50	2.00	9	4/15	8/8	9/12	150	13.8	100.6	26.7	198.1	156.6	79.1	30.0	1.0	直	无	轻感	C
重庆市涪陵区种子站	826.34	13.89	1	3/15	7/17	8/20	158	13.3	119.8	26.3	207.2	168.3	81.2	30.0	0.0	直	未发	无	A
重庆市农业科学院水稻所	585.67	5.59	5	3/18	7/10	8/11	146	12.5	117.8	30.2	241.2	164.0	68.0	30.0	1.7	直	未发	轻	B
重庆万州区种子站	527.17	1.44	7	3/19	7/13	8/22	156	13.5	126.0	27.7	201.7	161.4	80.0	26.1	0.0	直	未发	轻	B

注：综合评级 A—好，B—较好，C—中等，D——般。

表 6-8-8 长江上游中籼迟熟 B 组（132411NS-B）区试品种在各试点的产量、生育期及主要农艺经济性状表现

品种名称/试验点	亩产（千克）	比 CK ± %	产量位次	播种期（月/日）	齐穗期（月/日）	成熟期（月/日）	全生育期（天）	有效穗（万/亩）	株高（厘米）	穗长（厘米）	总粒数/穗	实粒数/穗	结实率（%）	千粒重（克）	杂株率（%）	倒伏性	穗颈瘟	纹枯病	综评等级
山州 3A/金恢 15																			
贵州黔东南州农科所	634.17	9.43	1	4/15	8/2	9/13	151	12.6	105.2	24.0	178.4	163.0	91.4	30.9	0.0	直	未发	轻	A
贵州黔西南州农科所	778.83	-0.64	11	4/10	8/9	9/21	164	17.3	109.6	26.4	158.4	141.4	89.3	32.2	0.0	直	未发	中	C
贵州省农业科学院水稻所	675.88	14.76	1	4/13	8/11	9/24	164	15.1	107.6	24.2	179.7	153.7	85.5	30.3	0.0	直	未发	未发	A
贵州遵义市农科所	677.67	7.51	2	4/15	8/7	9/18	156	12.5	109.0	27.9	214.5	173.8	81.0	32.4	0.0	直	未发	轻	A
陕西汉中市农科所	727.37	4.39	6	4/11	8/6	9/8	151	16.8	127.0	24.2	117.9	108.4	91.9	29.4	0.0	直	未发	轻	A
四川巴中市巴州区种子站	571.50	5.44	5	3/30	7/26	8/25	148	14.7	137.0	25.4	205.3	183.8	89.5	30.2		直	轻	轻	B
四川广元市种子站	608.83	11.88	1	4/12	8/10	9/19	160	13.7	112.5	24.6	178.8	156.6	87.6	29.6	0.3	直	未发	轻	A
四川绵阳市农科所	461.25	-6.55	12	3/27	7/18	8/16	142	19.9	112.3	26.2	102.2	89.8	87.9	31.3		直	未发	重	D
四川内江杂交水稻开发中心	491.33	-1.40	11	3/30	7/17	8/17	140	13.4	114.5	24.9	139.6	120.0	86.0	30.2		直	未发	轻	C
四川省农业科学院水稻高粱所	549.74	3.78	8	3/13	6/25	7/28	137	13.0	119.7	26.9	165.2	145.6	88.1	29.6	1.5	直	未发	轻	B
四川省原良种试验站	527.17	7.59	2	4/11	8/6	9/7	148	14.2	103.0	27.0	153.3	129.2	84.3	29.6	0.8	直	未发	轻	B
云南红河州农科所	689.58	11.46	3	4/2	8/9	9/14	165	17.3	112.4	25.6	160.0	137.0	85.6	31.2	0.8	直	未发	中	A
云南文山州种子站	686.67	8.34	3	4/15	8/13	9/16	154	15.6	112.3	25.3	180.5	155.3	86.0	30.8	0.0	直	轻感	轻感	B
重庆市涪陵区种子站	813.05	12.05	2	3/15	7/14	8/16	154	13.6	107.4	25.5	167.1	143.5	85.9	30.5	0.0	直	未发	轻	A
重庆市农业科学院水稻所	530.50	-4.36	11	3/18	7/5	8/4	139	12.4	117.4	29.5	206.7	154.0	74.5	30.1	2.1	直	未发	轻	D
重庆万州区种子站	518.67	-0.19	10	3/19	7/14	8/21	155	15.5	114.0	27.5	189.2	148.5	78.5	26.4	0.0	直	未发	轻	D

注：综合评级 A—好，B—较好，C—中等，D——般。

表 6－8－9　长江上游中籼迟熟 B 组（132411NS-B）区试品种在各试点的产量、生育期及主要农艺经济性状表现

品种名称/试验点	亩产（千克）	比 CK ± %	产量位次	播种期（月/日）	齐穗期（月/日）	成熟期（月/日）	全生育期（天）	有效穗（万/亩）	株高（厘米）	穗长（厘米）	总粒数/穗	实粒数/穗	结实率（%）	千粒重（克）	杂株率（%）	倒伏性	穗颈瘟	纹枯病	综评等级
内香 6A/绵恢 138																			
贵州黔东南州农科所	556.33	-4.00	12	4/15	8/5	9/16	154	15.9	104.6	23.7	178.5	131.8	73.8	28.7	0.0	直	未发	轻	C
贵州黔西南州农科所	838.33	6.95	2	4/10	8/10	9/22	165	18.1	102.5	26.7	174.3	152.8	87.7	30.0	0.0	直	未发	中	B
贵州省农业科学院水稻所	595.38	1.09	9	4/13	8/14	9/25	165	14.9	97.1	24.0	185.7	139.1	74.9	30.1	0.0	直	未发	未发	C
贵州遵义市农科所	682.00	8.20	1	4/15	8/7	9/22	160	12.4	99.3	27.3	221.1	172.8	78.2	30.0	0.0	直	未发	轻	A
陕西汉中市农科所	718.38	3.10	8	4/11	8/7	9/10	153	17.3	121.2	26.5	154.7	140.3	90.7	27.3	0.0	直	未发	轻	B
四川巴中市巴州区种子站	577.50	6.55	3	3/30	7/28	8/25	148	20.0	118.0	27.2	123.4	112.1	90.8	29.9		直	未发	无	B
四川广元市种子站	578.67	6.34	5	4/12	8/11	9/23	164	13.5	97.6	24.4	172.7	155.5	90.0	27.2	0.9	直	未发	轻	A
四川绵阳市农科所	568.75	15.23	2	3/27	7/27	8/27	153	16.5	111.0	26.6	126.7	118.4	93.4	29.5		直	未发	轻	A
四川内江杂交水稻开发中心	556.00	11.57	1	3/30	7/22	8/22	145	15.3	110.5	26.2	164.7	142.5	86.6	29.4		直	未发	轻	A
四川省农业科学院水稻高粱所	561.83	6.06	3	3/13	6/28	7/30	139	13.0	117.3	28.7	185.1	155.1	83.8	28.2	0.0	直	未发	轻	A
四川省原良种试验站	506.83	3.44	7	4/11	8/12	9/13	154	12.7	118.2	26.3	180.7	142.0	78.6	26.8	2.0	直	未发	轻	C
云南红河州农科所	675.42	9.17	4	4/2	8/13	9/17	168	16.8	95.7	26.2	183.1	152.7	83.4	28.9	0.0	直	未发	轻	B
云南文山州种子站	666.67	5.18	6	4/15	8/14	9/18	156	16.2	98.0	26.0	156.7	129.7	82.8	31.2	0.0	直	无	轻感	B
重庆市涪陵区种子站	792.21	9.18	4	3/15	7/18	8/20	158	13.1	103.6	27.6	181.5	161.9	89.2	27.5	0.0	直	未发	无	B
重庆市农业科学院水稻所	600.67	8.29	1	3/18	7/10	8/10	145	12.8	116.2	30.3	224.2	177.6	79.2	27.6	0.6	直	未发	轻	B
重庆万州区种子站	582.33	12.06	4	3/19	7/14	8/22	156	14.6	112.0	28.0	203.5	181.7	89.3	25.8	0.0	直	未发	轻	A

注：综合评级 A—好，B—较好，C—中等，D——般。

表 6-8-10　长江上游中籼迟熟 B 组（132411NS-B）区试品种在各试点的产量、生育期及主要农艺经济性状表现

品种名称/试验点	亩产（千克）	比 CK ± %	产量位次	播种期（月/日）	齐穗期（月/日）	成熟期（月/日）	全生育期（天）	有效穗（万/亩）	株高（厘米）	穗长（厘米）	总粒数/穗	实粒数/穗	结实率（%）	千粒重（克）	杂株率（%）	倒伏性	穗颈瘟	纹枯病	综评等级
龙香 450																			
贵州黔东南州农科所	633.67	9.35	2	4/15	8/5	9/15	153	12.7	117.6	27.5	204.1	152.6	76.3	34.2	0.2	直	未发	轻	A
贵州黔西南州农科所	834.17	6.42	4	4/10	8/11	9/22	165	17.1	111.6	25.0	184.4	137.9	74.8	34.9	0.0	直	未发	轻	B
贵州省农业科学院水稻所	612.92	4.07	6	4/13	8/12	9/23	163	13.1	109.0	24.0	189.0	135.7	71.8	31.7	0.0	直	未发	未发	B
贵州遵义市农科所	636.83	1.03	11	4/15	8/9	9/22	160	12.2	97.9	26.9	230.9	147.1	63.7	34.3	0.0	直	未发	轻	D
陕西汉中市农科所	732.77	5.16	5	4/11	8/9	9/12	155	16.7	133.0	25.4	145.2	127.1	87.5	32.1	0.0	直	未发	轻	A
四川巴中市巴州区种子站	582.17	7.41	2	3/30	7/27	8/25	148	11.5	130.0	27.4	210.3	183.6	87.3	32.9		直	未发	轻	B
四川广元市种子站	571.50	5.02	6	4/12	8/11	9/20	161	11.9	120.0	25.1	179.0	151.6	84.7	30.7	0.6	直	未发	轻	A
四川绵阳市农科所	543.75	10.16	4	3/27	7/26	8/28	154	14.9	127.2	28.3	150.0	126.0	84.0	33.3		倒	未发	中	B
四川内江杂交水稻开发中心	516.17	3.58	5	3/30	7/20	8/20	143	14.5	121.5	25.5	158.2	121.1	76.5	34.1		斜	未发	中	C
四川省农业科学院水稻高粱所	568.22	7.26	1	3/13	6/29	7/30	139	10.2	129.0	31.1	234.3	168.2	71.8	33.8	3.5	直	未发	轻	A
四川省原良种试验站	515.17	5.14	3	4/11	8/10	9/11	152	13.4	125.8	27.6	191.0	114.7	60.0	34.0	1.2	直	未发	轻	B
云南红河州农科所	675.42	9.17	5	4/2	8/11	9/17	168	18.1	114.0	24.7	175.8	125.8	71.5	33.1	0.3	直	未发	中	B
云南文山州种子站	721.50	13.83	1	4/15	8/14	9/19	157	14.2	114.1	26.2	251.8	166.8	66.2	32.0	1.5	直	轻感	轻感	A
重庆市涪陵区种子站	755.00	4.05	10	3/15	7/18	8/19	157	11.3	120.6	27.3	206.5	152.8	74.0	33.1	0.0	直	未发	轻	C
重庆市农业科学院水稻所	458.00	-17.43	12	3/18	7/10	8/11	146	13.2	128.2	29.1	210.1	113.0	53.8	31.7	0.4	直	未发	轻	D
重庆万州区种子站	603.50	16.13	2	3/19	7/15	8/22	156	15.1	118.0	26.4	198.8	179.5	90.3	26.3	0.0	直	未发	轻	A

注：综合评级 A—好，B—较好，C—中等，D—一般。

表 6－8－11 长江上游中籼迟熟 B 组（132411NS-B）区试品种在各试点的产量、生育期及主要农艺经济性状表现

品种名称/试验点	亩产（千克）	比 CK ± %	产量位次	播种期（月/日）	齐穗期（月/日）	成熟期（月/日）	全生育期（天）	有效穗（万/亩）	株高（厘米）	穗长（厘米）	总粒数/穗	实粒数/穗	结实率（%）	千粒重（克）	杂株率（%）	倒伏性	穗颈瘟	纹枯病	综评等级
德香 781																			
贵州黔东南州农科所	616.83	6.44	5	4/15	8/5	9/16	154	13.0	108.7	23.9	162.9	144.7	88.8	33.2	0.0	直	未发	未发	B
贵州黔西南州农科所	828.50	5.70	6	4/10	8/11	9/22	165	18.6	101.6	24.7	170.8	136.2	79.7	33.0	0.0	直	未发	轻	B
贵州省农业科学院水稻所	660.84	12.21	2	4/13	8/11	9/24	164	12.6	107.7	24.5	206.0	170.4	82.7	31.8	0.0	直	未发	未发	A
贵州遵义市农科所	660.83	4.84	4	4/15	8/7	9/20	158	10.4	109.0	27.1	222.9	186.3	83.6	32.9	0.0	直	未发	轻	B
陕西汉中市农科所	733.97	5.34	3	4/11	8/7	9/10	153	16.5	128.8	24.8	142.0	121.0	85.2	30.8	0.0	直	未发	轻	A
四川巴中市巴州区种子站	566.50	4.52	6	3/30	7/27	8/24	147	11.2	131.0	25.9	163.8	146.5	89.4	32.9		直	未发	无	B
四川广元市种子站	534.33	－1.81	11	4/12	8/11	9/19	160	12.3	108.3	24.7	163.3	148.3	90.8	30.5	0.6	直	未发	轻	B
四川绵阳市农科所	510.08	3.34	10	3/27	7/23	8/22	148	16.8	114.5	26.5	125.1	114.5	91.5	34.0		直	未发	中	C
四川内江杂交水稻开发中心	513.83	3.11	7	3/30	7/21	8/21	144	14.3	118.5	26.3	154.3	127.4	82.5	32.0		直	未发	轻	C
四川省农业科学院水稻高粱所	545.93	3.06	10	3/13	6/26	7/28	137	11.2	122.3	28.5	190.1	162.9	85.7	30.9	0.0	直	未发	轻	C
四川省原良种试验站	489.83	－0.03	11	4/11	8/10	9/11	152	11.8	119.6	27.1	158.3	139.5	88.1	29.8	0.0	直	未发	轻	B
云南红河州农科所	700.00	13.15	2	4/2	8/6	9/12	163	16.9	108.1	24.3	153.0	135.6	88.6	33.2	0.0	直	未发	轻	A
云南文山州种子站	660.50	4.21	8	4/15	8/10	9/12	150	14.6	107.6	26.4	192.6	141.6	73.5	32.9	0.0	直	无	轻感	B
重庆市涪陵区种子站	804.20	10.83	3	3/15	7/16	8/17	155	15.6	111.0	26.0	169.4	150.1	88.6	26.0	0.0	直	未发	无	A
重庆市农业科学院水稻所	590.17	6.40	3	3/18	7/12	8/13	148	11.3	124.6	28.9	212.1	171.2	80.7	32.3	1.3	斜	未发	轻	B
重庆万州区种子站	602.00	15.84	3	3/19	7/15	8/20	154	15.5	110.0	28.8	195.4	173.4	88.7	28.5	0.0	直	未发	中	A

注：综合评级 A—好，B—较好，C—中等，D——般。

表 6－8－12　长江上游中籼迟熟 B 组（132411NS-B）区试品种在各试点的产量、生育期及主要农艺经济性状表现

品种名称/试验点	亩产（千克）	比 CK ± %	产量位次	播种期（月/日）	齐穗期（月/日）	成熟期（月/日）	全生育期（天）	有效穗（万/亩）	株高（厘米）	穗长（厘米）	总粒数/穗	实粒数/穗	结实率（%）	千粒重（克）	杂株率（%）	倒伏性	穗颈瘟	纹枯病	综评等级
川谷 A/R1861																			
贵州黔东南州农科所	599.33	3.42	8	4/15	8/6	9/17	155	12.9	107.3	25.0	185.8	161.5	86.9	29.1	0.6	直	未发	轻	C
贵州黔西南州农科所	736.83	－6.00	12	4/10	8/12	9/22	165	16.7	104.6	26.2	152.9	136.4	89.2	31.9	0.0	直	未发	轻	D
贵州省农业科学院水稻所	617.43	4.84	5	4/13	8/16	9/28	168	13.9	100.6	23.6	199.0	155.6	78.2	29.4	0.0	直	未发	未发	B
贵州遵义市农科所	653.83	3.73	6	4/15	8/10	9/22	160	14.2	101.4	26.5	200.7	145.9	72.7	30.1	0.0	直	未发	轻	B
陕西汉中市农科所	704.59	1.12	9	4/11	8/10	9/13	156	19.1	127.6	25.5	132.0	105.3	79.8	28.1	0.0	直	未发	轻	C
四川巴中市巴州区种子站	537.50	－0.83	10	3/30	7/26	8/24	147	10.9	130.0	27.0	190.6	176.5	92.6	30.2		直	未发	无	C
四川广元市种子站	598.50	9.98	2	4/12	8/14	9/17	158	12.7	116.2	25.5	179.3	163.5	91.2	28.6	0.3	直	未发	轻	A
四川绵阳市农科所	532.67	7.92	6	3/27	7/26	8/26	152	15.8	115.9	27.5	120.5	108.4	90.0	31.4		直	未发	轻	B
四川内江杂交水稻开发中心	535.83	7.53	3	3/30	7/20	8/20	143	15.9	126.0	27.4	154.2	125.5	81.4	29.9		直	未发	轻	B
四川省农业科学院水稻高粱所	560.23	5.76	4	3/13	6/30	8/1	141	13.2	122.3	29.5	197.2	158.0	80.1	27.7	1.0	直	未发	轻	A
四川省原良种试验站	505.50	3.16	8	4/11	8/14	9/12	153	12.5	116.2	27.0	178.5	151.4	84.8	27.0	1.2	直	未发	无	B
云南红河州农科所	651.67	5.33	11	4/2	8/12	9/15	166	18.6	105.3	24.3	152.3	130.3	85.5	31.1	0.0	直	未发	轻	C
云南文山州种子站	716.67	13.07	2	4/15	8/13	9/16	154	15.8	105.8	25.4	180.8	157.2	86.9	30.1	0.3	直	无	轻感	A
重庆市涪陵区种子站	762.21	5.05	9	3/15	7/19	8/21	159	14.6	112.6	23.5	158.2	125.6	79.4	29.8	0.0	直	未发	轻	C
重庆市农业科学院水稻所	565.50	1.95	7	3/18	7/10	8/10	145	12.5	123.2	29.4	222.4	156.1	70.2	30.0	1.6	直	未发	轻	C
重庆万州区种子站	521.83	0.42	8	3/19	7/16	8/21	155	14.4	116.0	27.1	187.8	166.4	88.6	25.9	0.0	直	未发	轻	B

注：综合评级 A—好，B—较好，C—中等，D——般。

表 6－9－1　长江上游中籼迟熟 B 组生产试验（132411NS-B-S）品种在各试验点的产量、生育期、主要特征、田间抗性表现

品种名称/试验点	亩产（千克）	比 CK ±%	播种期（月/日）	齐穗期（月/日）	成熟期（月/日）	全生育期(天)	耐寒性	整齐度	杂株率（%）	株型	叶色	叶姿	长势	熟期转色	倒伏性	落粒性	叶瘟	穗颈瘟	纹枯病
成优 489																			
贵州遵义县种子站	618.70	2.60	3/31	8/12	9/20	173	中	整齐	0.7	紧束	绿	挺直	繁茂	中	直	中	未发	未发	轻
四川巴中市巴州区种子站	534.30	2.47	3/30	7/26	8/25	148	未发	齐	0.0	紧束	浓绿	挺直	繁茂	中	直		未发	未发	无
四川西充县种子站	563.68	-3.04	3/16	7/28	8/20	157	未发	一般	0.0	适中	绿	一般	一般	好	斜	中	无	无	无
四川宣汉县种子站	625.00	6.66	3/18	7/31	9/2	168	中	整齐	0.0	适中	绿	挺直	繁茂	好	直	中	无	无	无
四川宜宾市农业科学院	536.82	2.55	3/18	7/8	8/7	142	中	齐	0.0	适中	浓绿	一般	繁茂	好	直		未发	未发	轻
云南红河州农科所	660.10	9.36	4/2	8/11	9/14	165	强	整齐	0.0	适中	浓绿	挺直	繁茂	好	直	易	未发	未发	轻
重庆南川区种子站	613.60	5.43	3/22	7/25	9/5	167	强	齐	0.0	紧	绿	直	旺	好	直	易	无	无	无
重庆潼南县种子站	395.60	2.59	3/13	7/2	8/5	146	未发	整齐	无	适中	淡绿	一般	一般	好	直	易	未发	未发	轻
宜香 5979																			
贵州遵义县种子站	653.00	8.29	3/31	8/5	9/13	166	中	整齐	0.7	紧束	浓绿	挺直	一般	好	直	易	未发	未发	无
四川巴中市巴州区种子站	552.60	5.30	3/30	7/24	8/23	146	未发	齐	0.0	紧束	淡绿	挺直	繁茂	好	直		未发	未发	无
四川西充县种子站	593.08	2.01	3/16	7/29	8/21	158	未发	一般	0.0	紧束	绿	一般	一般	好	直	中	无	无	无
四川宣汉县种子站	627.60	7.10	3/18	7/27	8/29	164	中	整齐	0.0	适中	绿	挺直	繁茂	好	直	中	无	无	无
四川宜宾市农业科学院	564.86	7.90	3/18	7/10	8/9	144	中	齐	0.0	适中	绿	挺直	繁茂	好	直		未发	未发	轻
云南红河州农科所	663.50	9.92	4/2	8/8	9/13	164	强	整齐	0.0	适中	浓绿	挺直	繁茂	好	直	易	未发	未发	轻
重庆南川区种子站	621.00	6.70	3/22	7/26	9/4	166	强	齐	0.0	紧	绿	直	旺	好	直	易	无	无	无
重庆潼南县种子站	435.60	12.97	3/13	7/4	8/6	147	未发	整齐	无	适中	淡绿	一般	一般	好	直	易	未发	未发	中

表 6－9－2　长江上游中籼迟熟 B 组生产试验（132411NS-B-S）品种在各试验点的产量、生育期、主要特征、田间抗性表现

品种名称/试验点	亩产（千克）	比 CK ±%	播种期（月/日）	齐穗期（月/日）	成熟期（月/日）	全生育期(天)	耐寒性	整齐度	杂株率（%）	株型	叶色	叶姿	长势	熟期转色	倒伏性	落粒性	叶瘟	穗颈瘟	纹枯病
川优 6203																			
贵州遵义县种子站	641.60	6.40	3/31	8/11	9/17	170	中	一般	1.0	紧束	浓绿	一般	繁茂	好	直	中	未发	未发	无
四川巴中市巴州区种子站	563.20	8.02	3/30	7/25	8/24	147	未发	齐	0.0	适中	绿	挺直	一般	好	直		未发	未发	无
四川西充县种子站	588.54	3.50	3/16	7/29	8/21	158	未发	整齐	0.0	适中	绿	一般	一般	好	直	中	无	无	无
四川宣汉县种子站	609.00	3.92	3/18	7/30	8/31	166	中	一般	0.0	适中	淡绿	挺直	一般	好	直	中	无	无	无
四川宜宾市农业科学院	531.66	1.56	3/18	7/7	8/6	141	中	中	0.0	适中	绿	中等	繁茂	中	直		未发	未发	轻
云南红河州农科所	607.70	0.68	4/2	8/13	9/15	166	强	整齐	0.0	适中	浓绿	挺直	繁茂	好	直	易	未发	未发	轻
重庆南川区种子站	598.00	2.75	3/22	7/27	9/5	167	强	齐	0.0	紧	绿	直	旺	好	直	易	无	无	无
重庆潼南县种子站	429.60	11.41	3/13	7/6	8/5	146	未发	整齐	无	适中	绿	一般	一般	好	直	易	未发	未发	轻
内香 7539																			
贵州遵义县种子站	648.80	7.60	3/31	8/16	9/21	174	中	整齐	0.7	适中	浓绿	挺直	繁茂	中	直	中	未发	未发	无
四川巴中市巴州区种子站	560.20	7.44	3/30	7/26	8/24	147	未发	齐	0.0	紧束	绿	挺直	繁茂	好	直		未发	未发	轻
四川西充县种子站	598.22	5.20	3/16	7/29	8/22	159	未发	整齐	0.0	适中	绿	一般	一般	好	直	中	无	无	无
四川宣汉县种子站	627.00	7.00	3/18	7/27	8/29	164	中	整齐	0.0	适中	绿	挺直	繁茂	好	直	中	无	无	无
四川宜宾市农业科学院	561.42	3.45	3/18	7/10	8/9	144	中	齐	0.0	适中	浓绿	中等	繁茂	中	直		未发	未发	轻
云南红河州农科所	659.30	9.23	4/2	8/16	9/17	168	强	整齐	0.0	紧凑	浓绿	挺直	繁茂	好	直	易	未发	未发	轻
重庆南川区种子站	638.00	9.62	3/22	7/28	9/3	165	强	齐	0.0	紧	绿	直	旺	好	直	易	无	无	无
重庆潼南县种子站	411.40	6.69	3/13	7/7	8/5	146	未发	整齐	无	适中	绿	一般	一般	好	直	易	未发	未发	中

表 6-9-3　长江上游中籼迟熟 B 组生产试验（132411NS-B-S）品种在各试验点的产量、生育期、主要特征、田间抗性表现

品种名称/试验点	亩产（千克）	比 CK ±%	播种期（月/日）	齐穗期（月/日）	成熟期（月/日）	全生育期(天)	耐寒性	整齐度	杂株率（%）	株型	叶色	叶姿	长势	熟期转色	倒伏性	落粒性	叶瘟	穗颈瘟	纹枯病
荆楚优 37																			
贵州遵义县种子站	645.20	7.00	3/31	8/9	9/16	167	中	一般	1.0	适中	绿	一般	一般	好	直	中	未发	未发	无
四川巴中市巴州区种子站	566.80	8.71	3/30	7/26	8/25	148	未发	齐	0.0	松散	绿	披垂	繁茂	好	直		未发	未发	无
四川西充县种子站	605.22	4.10	3/16	7/28	8/19	156	未发	整齐	0.0	适中	绿	一般	一般	好	直	中	无	无	无
四川宣汉县种子站	629.50	7.06	3/18	7/28	8/30	165	中	整齐	0.0	适中	绿	披垂	繁茂	好	直	中	无	无	无
四川宜宾市农业科学院	562.92	3.72	3/18	7/6	8/5	140	中	中	1.3	松散	淡绿	中等	繁茂	中	直		未发	未发	轻
云南红河州农科所	658.30	9.06	4/2	8/10	9/14	165	强	整齐	0.0	适中	浓绿	挺直	繁茂	好	直	易	未发	未发	轻
重庆南川区种子站	649.00	11.51	3/22	7/26	9/3	165	强	齐	0.0	紧	绿	直	旺	好	直	易	无	无	无
重庆潼南县种子站	379.20	-1.66	3/13	7/3	8/3	144	未发	整齐	无	适中	绿	一般	一般	好	直	易	未发	未发	中
Ⅱ优 838（CK）																			
贵州遵义县种子站	603.00	0.00	3/31	8/16	9/22	175	中	整齐	0.0	适中	淡绿	一般	一般	中	直	中	未发	未发	无
四川巴中市巴州区种子站	523.10	0.00	3/30	7/27	8/24~25	147.5	未发	齐	0.0	适中	绿	一般	一般	好	直		未发	未发	无
四川西充县种子站	575.01	0.00	3/16	8/27	8/20	157	未发	整齐	0.0	适中	绿	一般	一般	好	直	中	无	无	无
四川宣汉县种子站	587.00	0.00	3/18	7/27	8/29	164	中	整齐	0.0	适中	绿	披垂	繁茂	好	直	中	无	无	无
四川宜宾市农业科学院	533.10	0.00	3/18	7/11	8/10	145	中	齐	0.0	适中	浓绿	中等	繁茂	中	直		未发	未发	轻
云南红河州农科所	603.60	0.00	4/2	8/16	9/17	168	强	整齐	0.0	适中	浓绿	挺直	繁茂	好	直	易	未发	未发	轻
重庆南川区种子站	582.00	0.00	3/22	7/28	9/5	167	强	齐	0.0	紧	绿	直	旺	好	直	易	无	无	无
重庆潼南县种子站	385.60	0.00	3/13	7/6	8/2	143	未发	整齐	无	适中	绿	一般	一般	好	直	易	未发	未发	中

第七章　2013 年长江上游中籼迟熟 C 组国家水稻品种试验汇总报告

一、试验概况

（一）试验目的

鉴定评价我国南方稻区新选育和引进的水稻新品种（组合，下同）的丰产性、稳产性、适应性、抗性、米质及其他重要性状表现，为国家水稻品种审定提供科学依据。

（二）参试品种

区试品种 11 个，其中，内香 6 优 9 号和西大 2A/西恢 16 为续试品种，其他为新参试品种，以Ⅱ优 838（CK）为对照；生产试验品种 2 个，也以Ⅱ优 838（CK）为对照。品种名称、类型、亲本组合、选育/供种单位见表 7－1。

（三）承试单位

区试点 17 个，生产试验点 8 个，分布在贵州、陕西、四川、云南和重庆 5 个省市。承试单位、试验地点、经纬度、海拔高度、试验负责人及执行人见表 7－2。

（四）试验设计、栽培管理与观察记载

各试验点均按《2013 年南方稻区国家水稻品种试验实施方案》及《农作物品种区域试验技术规范　水稻》进行试验。

区试采用完全随机区组排列，3 次重复，小区面积 0.02 亩。生产试验采用大区随机排列，不设重复，大区面积 0.5 亩。

分区试、生产试验，同组试验所有品种同期播种、移栽，施肥水平中等偏上，其他栽培管理措施与当地大田生产相同。

观察记载项目与标准按《农作物品种区域试验技术规范　水稻》以及《国家水稻品种试验观察记载项目、方法及标准》《南方稻区国家水稻品种区试及生产试验记载表》等的要求执行。

（五）特性鉴定

抗性鉴定：四川省农业科学院植保所、重庆涪陵区农科所和贵州湄潭县农业局植保站负责稻瘟病抗性鉴定，鉴定采用人工接菌与病区自然诱发相结合；中国水稻研究所稻作发展中心负责稻飞虱抗性鉴定。鉴定种子由中国水稻研究所试验点统一提供，鉴定结果由四川省农业科学院植保所负责汇总。湖北恩施州农业科学院和华中农业大学植科院分别负责生产试验品种的耐冷性和耐热性鉴定。

米质分析：由陕西汉中市农科所、云南红河州农科所和四川省原良种试验站试验点分别单独种植生产提供样品，农业部稻米及制品质量监督检验测试中心负责检测分析。

参试品种的特异性及续试品种年度间的一致性鉴定：由中国水稻研究所进行 DNA 指纹鉴定。

（六）统计分析

按照《农作物品种区域试验技术规范　水稻》等有关试验质量评价标准，对各试验（鉴定）点试验（鉴定）结果的可靠性、完整性、准确性、可比性以及对照品种表现情况等进行分析评估，确保汇总质量。2013 年区试云南省德宏州种子站试验点因试验误差大和对照品种产量异常偏低未列入

汇总，其余16个试验点试验结果正常，列入汇总。2013年生产试验各试验点试验结果正常，全部列入汇总。

产量联合方差分析采用混合模型，品种间产量差异多重比较采用Duncan's新复极差法；参试品种的丰产性主要以品种在区试和生产试验中相对于对照品种产量及组平均产量衡量；参试品种的适应性主要以品种在区试中比对照品种增产的试验点比例衡量；参试品种的稳产性主要以品种在年度间区试中相对于对照品种产量的差异变化程度衡量。

参试品种的生育期主要以全生育期比对照品种长短的天数衡量。

参试品种的抗性以指定的鉴定单位的鉴定结果为主要依据，对稻瘟病抗性的主要评价指标为综合指数和穗瘟损失率最高级，对其他病虫害抗性的主要评价指标为最高级。

参试品种的米质检测、评价按照国家《优质稻谷》标准，分优质1级、优质2级、优质3级，未达到优质级的品种米质均为等外级。

二、结果分析

（一）产量

Ⅱ优838（CK）产量偏低、居第12位。2013年区试品种中，依据比组平均产量的增减产幅度，产量较高的品种有Q6优28和内香6优9号，产量居前2位，平均亩产633.29千克和628.06千克，比Ⅱ优838（CK）分别增产9.05%和8.15%；产量中等的品种有宜香优3399、繁优609、西大2A/西恢16、繁优797、奇优429、宜香优800和禾两优4号，平均亩产600.34~619.47千克，比Ⅱ优838（CK）增产3.37%~6.67%；其他品种产量一般，平均亩产594.60~595.92千克，较Ⅱ优838（CK）有小幅度的增产。品种产量、比对照及组平均增减产百分率、品种间产量差异显著性、比对照增产试验点比例等汇总结果见表7-3。

2013年生产试验品种中，乐丰A/天恢918和宜香优1108表现较好，平均亩产582.57千克和582.55千克，比Ⅱ优838（CK）分别增产6.23%和6.08%。品种产量、比对照增减产百分率等汇总结果以及各试验点对品种的综合评价等级见表7-4。

（二）生育期

2013年区试品种中，繁优609熟期较早，全生育期比Ⅱ优838（CK）短5.9天；其他品种全生育期152.3~157.0天，Ⅱ优838（CK）长短不超过3天、熟期适宜。品种全生育期及比对照长短天数见表7-3。

2013年生产试验品种中，全生育期155.8~155.9天，与Ⅱ优838（CK）相当、熟期适宜。品种全生育期及比对照长短天数见表7-4。

（三）主要农艺经济性状

品种分蘖率、有效穗数、成穗率、株高、每穗总粒数、每穗实粒数、结实率、千粒重等主要农艺经济性状汇总结果见表7-3。

（四）抗性

2013年区试品种中，所有品种的稻瘟病综合指数均未超过6.5级。依据穗瘟损失率最高级，内香6优9号和泸98A/绵恢357为中抗，宜香优800和禾两优4号为高感，其他品种为中感。

品种在各稻瘟病抗性鉴定点的鉴定结果见表7-5，品种稻瘟病抗性鉴定汇总结果、褐飞虱鉴定结果以及生产试验品种的耐冷、耐热性鉴定结果见表7-6。

（五）米质

依据国家《优质稻谷》标准，繁优609、繁优797和宜香优800米质优，均达国标优质3级，其他品种米质中等或一般。品种糙米率、整精米率、粒长、长宽比、垩白粒率、垩白度、胶稠度、直链淀粉等米质性状表现见表7－7。

（六）品种在各试验点表现

区试、生产试验品种在各试验点的产量、生育期、主要农艺经济性状、田间抗性表现等见表7－8－1至表7－8－12、表7－9－1至表7－9－2。

三、品种评价

（一）生产试验品种

1. 乐丰A/天恢918

2011年初试平均亩产604.05千克，比Ⅱ优838（CK）增产5.04%，达极显著水平；2012年续试平均亩产600.88千克，比Ⅱ优838（CK）增产6.70%，达极显著水平；两年区试平均亩产602.46千克，比Ⅱ优838（CK）增产5.86%，增产点比例87.5%；2013年生产试验平均亩产582.57千克，比Ⅱ优838（CK）增产6.23%。全生育期两年区试平均156.4天，比Ⅱ优838（CK）早熟0.2天。主要农艺性状两年区试综合表现：每亩有效穗数14.1万穗，株高115.6厘米，穗长25.2厘米，每穗总粒数179.5粒，结实率79.2%，千粒重32.4克。抗性两年综合表现：稻瘟病综合指数4.4级，穗瘟损失率最高级5级，抗性频率76.6%；褐飞虱平均级9级，最高级9级；抽穗期耐热性7级，耐冷性敏感。米质主要指标两年综合表现：整精米率51.7%，长宽比2.6，垩白粒率61%，垩白度9.5%，胶稠度75毫米，直链淀粉含量22.2%。

2013年国家水稻品种试验年会审议意见：已完成试验程序，可以申报国家品种审定。

2. 宜香优1108

2011年初试平均亩产608.64千克，比Ⅱ优838（CK）增产5.84%，达极显著水平；2012年续试平均亩产592.64千克，比Ⅱ优838（CK）增产5.23%，达极显著水平；两年区试平均亩产600.64千克，比Ⅱ优838（CK）增产5.54%，增产点比例100.0%；2013年生产试验平均亩产584.55千克，比Ⅱ优838（CK）增产6.23%。全生育期两年区试平均156.3天，比Ⅱ优838（CK）早熟0.3天。主要农艺性状两年区试综合表现：每亩有效穗数14.8万穗，株高116.1厘米，穗长26.1厘米，每穗总粒数183.3粒，结实率79.1%，千粒重29.4克。抗性两年综合表现：稻瘟病综合指数5.8级，穗瘟损失率最高级7级，抗性频率25.5%；褐飞虱平均级9级，最高级9级；抽穗期耐热性5级，耐冷。米质主要指标两年综合表现：整精米率54.0%，长宽比3.0，垩白粒率12%，垩白度1.7%，胶稠度83毫米，直链淀粉含量16.0%，达国标优质2级。

2013年国家水稻品种试验年会审议意见：已完成试验程序，可以申报国家品种审定。

（二）续试品种

1. 内香6优9号

2012年初试平均亩产608.80千克，比Ⅱ优838（CK）增产8.10%，达极显著水平，增产点比例100.0%；2013年续试平均亩产628.06千克，比Ⅱ优838（CK）增产8.15%，达极显著水平；两年区试平均亩产618.43千克，比Ⅱ优838（CK）增产8.12%，增产点比例96.9%。全生育期两年区试平均155.9天，比Ⅱ优838（CK）迟熟1.2天。主要农艺性状两年区试综合表现：每亩有效穗数14.9万穗，株高112.4厘米，穗长26.6厘米，每穗总粒数164.7粒，结实率83.4%，千粒重31.7克。抗性两年综合表现：稻瘟病综合指数4.1级，穗瘟损失率最高级7级；褐飞虱平均级9级，最高级9级。米质主要指标两年综合表现：整精米率47.2%，长宽比2.7，垩白粒率52%，垩白度10.2%，胶稠度77毫米，直链淀粉含量21.1%。

2013年国家水稻品种试验年会审议意见：2014年进行生产试验。

2. 西大2A/西恢16

2012年初试平均亩产603.36千克，比Ⅱ优838（CK）增产7.14%，达极显著水平，增产点比例82.4%；2013年续试平均亩产618.31千克，比Ⅱ优838（CK）增产6.47%，达极显著水平；两年区试平均亩产610.83千克，比Ⅱ优838（CK）增产6.80%，增产点比例88.1%。全生育期两年区试平均155.8天，比Ⅱ优838（CK）迟熟1.0天。主要农艺性状两年区试综合表现：每亩有效穗数14.1万穗，株高119.0厘米，穗长26.9厘米，每穗总粒数189.1粒，结实率80.2%，千粒重30.5克。抗性两年综合表现：稻瘟病综合指数5.5级，穗瘟损失率最高级7级；褐飞虱平均级7级，最高级9级。米质主要指标两年综合表现：整精米率48.7%，长宽比3.0，垩白粒率57%，垩白度9.5%，胶稠度75毫米，直链淀粉含量21.9%。

2013年国家水稻品种试验年会审议意见：2014年进行生产试验。

（三）初试品种

1. Q6优28

2013年初试平均亩产633.29千克，比Ⅱ优838（CK）增产9.05%，达极显著水平，增产点比例100%。全生育期152.6天，比Ⅱ优838（CK）早熟1.8天。主要农艺性状表现：每亩有效穗数15.0万穗，株高111.3厘米，穗长25.5厘米，每穗总粒数227.5粒，结实率80.2%，千粒重25.1克。抗性：稻瘟病综合指数4.5级，穗瘟损失率最高级5级；褐飞虱7级。米质主要指标：整精米率55.7%，长宽比3.2，垩白粒率37%，垩白度8.3%，胶稠度82毫米，直链淀粉含量20.8%。

2013年国家水稻品种试验年会审议意见：2014年续试。

2. 宜香优3399

2013年初试平均亩产619.47千克，比Ⅱ优838（CK）增产6.67%，达极显著水平，增产点比例93.8%。全生育期153.9天，比Ⅱ优838（CK）早熟0.5天。主要农艺性状表现：每亩有效穗数14.8万穗，株高116.7厘米，穗长26.7厘米，每穗总粒数197.3粒，结实率75.3%，千粒重28.7克。抗性：稻瘟病综合指数4.5级，穗瘟损失率最高级5级；褐飞虱7级。米质主要指标：整精米率57.8%，长宽比2.8，垩白粒率37%，垩白度6.7%，胶稠度80毫米，直链淀粉含量21.8%。

2013年国家水稻品种试验年会审议意见：2014年续试。

3. 繁优609

2013年初试平均亩产619.24千克，比Ⅱ优838（CK）增产6.63%，达极显著水平，增产点比例81.3%。全生育期148.5天，比Ⅱ优838（CK）早熟5.9天。主要农艺性状表现：每亩有效穗数14.5万穗，株高112.2厘米，穗长25.8厘米，每穗总粒数186.5粒，结实率83.8%，千粒重29.1克。抗性：稻瘟病综合指数4.3级，穗瘟损失率最高级5级，褐飞虱7级。米质主要指标：整精米率55.4%，长宽比3.1，垩白粒率22%，垩白度4.2%，胶稠度81毫米，直链淀粉含量15.4%，达国标优质3级。

2013年国家水稻品种试验年会审议意见：2014年续试。

4. 繁优797

2013年初试平均亩产615.41千克，比Ⅱ优838（CK）增产5.97%，达极显著水平，增产点比例81.3%。全生育期154.7天，比Ⅱ优838（CK）迟熟0.3天。主要农艺性状表现：每亩有效穗数14.1万穗，株高118.6厘米，穗长27.0厘米，每穗总粒数192.8粒，结实率81.4%，千粒重30.3克。抗性：稻瘟病综合指数5.5级，穗瘟损失率最高级5级，褐飞虱7级。米质主要指标：整精米率56.4%，长宽比3.1，垩白粒率23%，垩白度3.3%，胶稠度86毫米，直链淀粉含量21.6%，达国标优质3级。

2013年国家水稻品种试验年会审议意见：2014年续试。

5. 奇优429

2013年初试平均亩产615.23千克，比Ⅱ优838（CK）增产5.94%，达极显著水平，增产点比例81.3%。全生育期152.5天，比Ⅱ优838（CK）早熟1.9天。主要农艺性状表现：每亩有效穗数14.0万穗，株高111.3厘米，穗长25.3厘米，每穗总粒数187.0粒，结实率80.1%，千粒重31.8克。抗性：稻瘟病综合指数3.6级，穗瘟损失率最高级5级；褐飞虱5级。米质主要指标：整精米率51.0%，长宽比2.8，垩白粒率86%，垩白度16.5%，胶稠度84毫米，直链淀粉含量20.7%。

2013年国家水稻品种试验年会审议意见：2014年续试。

6. 宜香优 800

2013 年初试平均亩产 603.53 千克，比Ⅱ优 838（CK）增产 3.92%，达极显著水平，增产点比例 87.5%。全生育期 156.2 天，比Ⅱ优 838（CK）迟熟 1.8 天。主要农艺性状表现：每亩有效穗数 14.6 万穗，株高 123.9 厘米，穗长 28.0 厘米，每穗总粒数 184.0 粒，结实率 79.2%，千粒重 30.9 克。抗性：稻瘟病综合指数 6.0 级，穗瘟损失率最高级 9 级，褐飞虱 7 级。米质主要指标：整精米率 60.2%，长宽比 2.9，垩白粒率 23%，垩白度 3.3%，胶稠度 70 毫米，直链淀粉含量 15.9%，达国标优质 3 级。

2013 年国家水稻品种试验年会审议意见：终止试验。

7. 禾两优 4 号

2013 年初试平均亩产 600.34 千克，比Ⅱ优 838（CK）增产 3.37%，达极显著水平，增产点比例 75.0%。全生育期 157.0 天，比Ⅱ优 838（CK）迟熟 2.6 天。主要农艺性状表现：每亩有效穗数 15.7 万穗，株高 109.1 厘米，穗长 25.1 厘米，每穗总粒数 188.4 粒，结实率 80.3%，千粒重 26.3 克。抗性：稻瘟病综合指数 6.3 级，穗瘟损失率最高级 9 级，褐飞虱 7 级。米质主要指标：整精米率 61.0%，长宽比 3.0，垩白粒率 16%，垩白度 2.2%，胶稠度 81 毫米，直链淀粉含量 15.0%，达国标优质 3 级。

2013 年国家水稻品种试验年会审议意见：终止试验。

8. 谷优 902

2013 年初试平均亩产 595.92 千克，比Ⅱ优 838（CK）增产 2.61%，达极显著水平，增产点比例 56.3%。全生育期 152.3 天，比Ⅱ优 838（CK）早熟 2.1 天。主要农艺性状表现：每亩有效穗数 14.6 万穗，株高 121.7 厘米，穗长 26.2 厘米，每穗总粒数 181.0 粒，结实率 80.9%，千粒重 29.5 克。抗性：稻瘟病综合指数 3.4 级，穗瘟损失率最高级 5 级，褐飞虱 9 级。米质主要指标：整精米率 55.8%，长宽比 2.9，垩白粒率 77%，垩白度 14.4%，胶稠度 75 毫米，直链淀粉含量 21.9%。

2013 年国家水稻品种试验年会审议意见：终止试验。

9. 泸 98A/绵恢 357

2013 年初试平均亩产 594.60 千克，比Ⅱ优 838（CK）增产 2.39%，达极显著水平，增产点比例 68.8%。全生育期 156.2 天，比Ⅱ优 838（CK）迟熟 1.8 天。主要农艺性状表现：每亩有效穗数 13.8 万穗，株高 114.0 厘米，穗长 26.3 厘米，每穗总粒数 197.8 粒，结实率 78.0%，千粒重 30.1 克。抗性：稻瘟病综合指数 3.6 级，穗瘟损失率最高级 3 级，褐飞虱 7 级。米质主要指标：整精米率 65.3%，长宽比 2.9，垩白粒率 31%，垩白度 5.2%，胶稠度 57 毫米，直链淀粉含量 21.2%。

2013 年国家水稻品种试验年会审议意见：2014 年续试。

表 7－1　长江上游中籼迟熟 C 组（132411NS-C）区试参试品种基本情况

编号	品种名称	品种类型	亲本组合	选育/供种单位
区试				
1	* 宜香优 3399	杂交稻	宜香 1A × 宜恢 3399	宜宾市农业科学院/宜宾市宜字头种业有限责任公司
2	* 奇优 429	杂交稻	G98A × R429	贵州卓豪农业科技有限公司
3	西大 2A/西恢 16	杂交稻	西大 2A × 西恢 16	西南大学农学与生物科技学院
4	* 宜香优 800	杂交稻	宜香 1A × 祥恢 800	眉山市东坡区祥禾作物研究所
5	* 繁优 797	杂交稻	繁 6A × 金恢 797	四川农业大学水稻所
6	内香 6 优 9 号	杂交稻	内香 6A × 泸恢 9 号	四川省农业科学院水稻高粱所
7	* 繁优 609	杂交稻	繁源 A × 帮恢 609	重庆帮豪种业有限责任公司
8	* Q6 优 28	杂交稻	Q6A × R28	重庆中一种业有限公司
9	* 禾两优 4 号	杂交稻	禾 1S × 洪恢 4 号	贵州禾睦福种子有限公司
10CK	Ⅱ优 838（CK）	杂交稻	Ⅱ-32A × 辐恢 838	四川省原子能研究院
11	* 泸 98A/绵恢 357	杂交稻	泸 98A × 绵恢 357	北京德农种业有限公司/绵阳农业科学院/四川省水稻高粱所
12	* 谷优 902	杂交稻	川谷 A × ZR902	贵州卓豪农业科技有限公司
生产试验				
6	乐丰 A/天恢 918	杂交稻	乐丰 A × 天恢 918	仲衍种业股份有限公司/四川正兴种业有限公司
10CK	Ⅱ优 838（CK）	杂交稻	Ⅱ-32A × 辐恢 838	四川省原子能研究院
14	宜香优 1108	杂交稻	宜香 1A × 宜恢 1108	宜宾市农业科学院

* 为 2013 年新参试品种。

表 7-2　长江上游中籼迟熟 C 组（132411NS-C）区试及生产试验点基本情况

承试单位	试验地点	经度	纬度	海拔高度（米）	试验负责人及执行人
区试					
贵州黔东南州农科所	凯里市舟溪镇	107°55′	26°29′	740.0	金玉荣、杨秀军、雷安宁、彭朝才
贵州黔西南州农科所	兴义市桔山镇新建村	104°56′	25°6′	1 200.0	敖正友
贵州省农业科学院水稻所	贵阳市小河区	106°43′	26°35′	1 140.0	涂敏、李树杏
贵州遵义市农科所	遵义市南白镇红星村	106°54′	27°32′	900.0	王怀昕
陕西汉中市农科所	汉中市汉台区农科所试验农场	106°59′	33°07′	510.0	黄卫群
四川广元市种子站	广元市利州区赤化镇石羊一组	105°57′	32°34′	490.0	王春
四川绵阳市农科所	绵阳市农科区松垭镇	104°45′	31°03′	470.0	刘定友
四川内江杂交水稻中心	内江杂交水稻中心试验地	105°03′	29°35′	352.3	肖培村、谢从简、曹厚明
四川省原良种试验站	双流县九江镇	130°55′	30°05′	494.0	赵银春、胡蓉
四川省农业科学院水稻高粱所	泸县福集镇茂盛村	105°22′	29°10′	291.0	徐富贤、朱永川
四川巴中市巴州区种子站	巴州区石城乡青州坝村	106°43′	31°51′	370.0	程雄、庞立华、侯兵
云南德宏州种子站	芒市大湾村	98°36′	24°29′	913.8	刘宏珺、董保萍、杨素华、张正兴、王宪芳
云南红河州农科所	蒙自市雨过铺镇永宁村	103°23′	23°27′	1 284.0	马文金、张文华、王海德
云南文山州种子站	文山市开化镇黑卡村	103°35′	22°40′	1 260.0	张才能、金代珍
重庆涪陵区种子站	涪陵区马武镇文观村 3 社	107°17′	29°36′	672.1	胡永友、陈景平
重庆市农业科学院水稻所	巴南区南彭镇大石塔村	106°20′	29°30′	302.0	李贤勇、何永歆
重庆万州区种子站	万州区良种场	108°23′	31°05′	180.0	熊德辉、谭安平、谭家刚
生产试验					
四川巴中市巴州区种子站	巴州区石城乡青州坝村	106.69°	31.76°	370.0	程雄、庞立华、侯兵
四川宜宾市农业科学院	南溪县大观试验基地	104°00′	27°00′	350.0	林纲、江青山
四川西充县种子站	观凤乡袁塘坝村	105°08′	31°01′	350.0	袁维虎、王小林
四川宣汉县种子站	双河镇玛瑙村	108°03′	31°15′	360.0	吴清连、向乾
重庆南川区种子站	南川区大观镇铁桥村 3 组	107°05′	29°03′	720.0	倪万贵、冉忠领
重庆潼南县种子站	崇龛镇临江村 5 社	105°38′	30°06′	260.0	张建国、谭长华、梁浩、胡海
贵州遵义县种子站	石板镇乐意村十二组	106°45′	27°30′	860.0	范方敏、姚高学
云南红河州农科所	蒙自市雨过铺镇永宁村	103°23′	23°27′	1 284.0	马文金、张文华、王海德

表 7－3　长江上游中籼迟熟 C 组（132411NS-C）区试品种产量、生育期及主要农艺经济性状汇总分析结果

品种名称	区试年份	亩产（千克）	比 CK ±%	比组平均 ±%	产量差异显著性 0.05	产量差异显著性 0.01	回归系数	比 CK 增产点（%）	全生育期（天）	比 CK ±天	分蘖率（%）	有效穗（万/亩）	成穗率（%）	株高（厘米）	穗长（厘米）	每穗总粒数	每穗实粒数	结实率（%）	千粒重（克）
内香 6 优 9 号	2012～2013	618.43	8.12	3.77				96.9	155.9	1.2	307.1	14.9	63.2	112.4	26.6	164.7	137.3	83.4	31.7
西大 2A/西恢 16	2012～2013	610.83	6.80	2.51				88.1	155.8	1.0	280.5	14.1	63.6	119.0	26.9	189.1	151.7	80.2	30.5
Ⅱ优 838（CK）	2012～2013	571.96	0.00	-4.02				0.0	154.7	0.0	305.7	14.8	64.1	113.0	25.0	164.8	143.2	86.9	29.0
Q6 优 28	2013	633.29	9.05	3.76	a	A	1.08	100	152.6	-1.8	302.8	15.0	67.2	111.3	25.5	227.5	182.4	80.2	25.1
内香 6 优 9 号	2013	628.06	8.15	2.90	a	AB	1.06	93.8	155.4	1.0	313.7	15.0	62.8	113.2	26.8	165.1	138.3	83.8	31.7
宜香优 3399	2013	619.47	6.67	1.49	b	BC	0.99	93.8	153.9	-0.5	290.8	14.8	64.9	116.7	26.7	197.3	148.6	75.3	28.7
繁优 609	2013	619.24	6.63	1.46	b	BC	1.14	81.3	148.5	-5.9	306.8	14.5	65.7	112.2	25.8	186.5	156.3	83.8	29.1
西大 2A/西恢 16	2013	618.31	6.47	1.30	b	C	0.84	93.8	154.7	0.3	286.9	14.1	63.7	118.6	27.0	192.8	157.0	81.4	30.3
繁优 797	2013	615.41	5.97	0.83	b	C	1.11	81.3	154.7	0.3	298.3	15.1	63.2	118.2	27.5	177.1	147.2	83.1	29.4
奇优 429	2013	615.23	5.94	0.80	b	C	1.24	81.3	152.5	-1.9	277.0	14.0	63.0	111.3	25.3	187.0	149.8	80.1	31.8
宜香优 800	2013	603.53	3.92	-1.12	c	D	0.84	87.5	156.2	1.8	326.6	14.6	62.8	123.9	28.0	184.0	145.8	79.2	30.9
禾两优 4 号	2013	600.34	3.37	-1.64	cd	D	0.86	75.0	157.0	2.6	352.9	15.7	62.5	109.1	25.1	188.4	151.3	80.3	26.3
谷优 902	2013	595.92	2.61	-2.36	d	D	1.19	56.3	152.3	-2.1	316.6	14.6	63.1	121.7	26.2	181.0	146.4	80.9	29.5
泸 98A/绵恢 357	2013	594.60	2.39	-2.58	d	D	0.77	68.8	156.2	1.8	300.3	13.8	63.9	114.0	26.3	197.8	154.4	78.0	30.1
Ⅱ优 838（CK）	2013	580.75	0.00	-4.85	e	E	0.88	0.0	154.4	0.0	314.6	14.8	64.9	113.1	25.1	164.5	143.4	87.2	28.7

表 7-4　长江上游中籼迟熟 C 组生产试验（132411NS-C-S）品种产量、生育期及在各生产试验点综合评价等级

品种名称	乐丰 A/天恢 918	宜香优 1108	Ⅱ优 838（CK）
生产试验汇总表现			
全生育期（天）	157.6	157.6	158.3
比 CK ± 天	-0.7	-0.7	0.0
亩产（千克）	582.57	584.55	549.05
产量比 CK ± %	6.23	6.08	0.00
各生产试验点综合评价等级			
贵州遵义县种子站	B	B	B
四川巴中市巴州区种子站	A	B	C
四川西充县种子站			
四川宣汉县种子站	A	A	B
四川宜宾市农业科学院	B	A	C
云南红河州农科所	B	B	C
重庆南川区种子站	A	A	B
重庆潼南县种子站	B	B	C

备注：1. 各组品种生产试验合并进行，因品种较多，部分试点加设 CK 后安排在 2 块田中试验，表中产量比 CK ± % 系同田块 CK 比较的结果；

2. 综合评价等级：A—好，B—较好，C—中等，D——般。

表 7－5 长江上游中籼迟熟 C 组（132411NS-C）品种稻瘟病抗性各地鉴定结果（2013 年）

品种名称	四川蒲江					重庆涪陵					贵州湄潭				
	叶瘟（级）	穗瘟发病率		穗瘟损失率		叶瘟（级）	穗瘟发病率		穗瘟损失率		叶瘟（级）	穗瘟发病率		穗瘟损失率	
		%	级	%	级		%	级	%	级		%	级	%	级
宜香优 3399	5	29	7	13	3	5	23	5	13	3	3	34	7	20	5
奇优 429	4	29	7	12	3	3	4	1	1	1	3	33	7	23	5
西大 2A/西恢 16	5	43	7	20	5	5	28	7	19	5	3	15	5	8	3
宜香优 800	6	23	5	9	3	7	44	7	26	5	4	71	9	59	9
繁优 797	5	36	7	15	5	5	56	9	27	5	3	29	7	19	5
内香 6 优 9 号	5	15	5	5	3	4	18	5	12	3	2	21	5	12	3
繁优 609	5	36	7	15	5	1	10	3	5	3	2	38	7	25	5
Q6 优 28	6	32	7	13	3	5	49	7	25	5	2	18	5	10	3
禾两优 4 号	5	29	7	13	3	6	48	7	33	7	3	51	9	51	9
Ⅱ优 838（CK）	6	82	9	53	9	7	87	9	53	9	5	78	9	78	9
泸 98A/绵恢 357	6	18	5	6	3	5	7	3	2	1	3	26	7	13	3
谷优 902	5	22	5	7	3	3	4	1	1	1	2	39	7	28	5
感病对照	9	94	9	68	9										

注：1. 鉴定单位为四川省农业科学院植保所、重庆涪陵区农科所、贵州湄潭县农业局植保站；
2. 四川省农业科学院植保所感病对照品种为Ⅱ优 725。

表 7-6 长江上游中籼迟熟 C 组（132411NS-C）品种对主要病虫抗性综合评价结果（2012~2013 年）及抽穗期温度敏感性（2013 年）

品种名称	区试年份	稻瘟病							褐飞虱			抽穗期耐热性（级）	抽穗期耐冷性
		2013 年各地综合指数（级）				2013 年	1~2 年综合评价		2013 年（级）	1~2 年综合评价			
		四川	重庆	贵州	平均	穗瘟损失率最高级	平均综合指数（级）	穗瘟损失率最高级		平均级	最高级		
乐丰 A/天恢 918	2011~2012											7	敏感
宜香优 1108	2011~2012											5	耐冷
Ⅱ优 838（CK）	2011~2012											3	耐冷
西大 2A/西恢 16	2012~2013	5.5	5.5	3.5	4.8	5	5.5	7	5	7	9		
内香 6 优 9 号	2012~2013	4.0	3.8	3.3	3.7	3	4.1	7	9	9	9		
Ⅱ优 838（CK）	2012~2013	8.3	8.5	7.5	8.1	9	8.1	9	7	8	9		
宜香优 3399	2013	4.5	4.0	5.0	4.5	5	4.5	5	7	7	7		
奇优 429	2013	4.3	1.5	5.0	3.6	5	3.6	5	5	5	5		
宜香优 800	2013	4.3	6.0	7.8	6.0	9	6.0	9	7	7	7		
繁优 797	2013	5.5	6.0	5.0	5.5	5	5.5	5	7	7	7		
繁优 609	2013	5.5	2.5	4.8	4.3	5	4.3	5	7	7	7		
Q6 优 28	2013	4.8	5.5	3.3	4.5	5	4.5	5	7	7	7		
禾两优 4 号	2013	4.5	6.8	7.5	6.3	9	6.3	9	7	7	7		
Ⅱ优 838（CK）	2013	8.3	8.5	8.0	8.3	9	8.3	9	7	7	7		
泸 98A/绵恢 357	2013	4.3	2.5	4.0	3.6	3	3.6	3	7	7	7		
谷优 902	2013	4.0	1.5	4.8	3.4	5	3.4	5	9	9	9		

注：1. 稻瘟病综合指数（级）=叶瘟级×25%+穗瘟发病率级×25%+穗瘟损失率级×50%；

2. 褐飞虱、耐热性、耐冷性分别为中国水稻研究所、华中农业大学、湖北恩施州农业科学院鉴定结果。

表 7－7　长江上游中籼迟熟 C 组（132411NS-C）品种米质检测分析结果

品种名称	年份	糙米率(%)	精米率(%)	整精米率(%)	粒长(毫米)	长宽比	垩白粒率(%)	垩白度(%)	透明度(级)	碱消值(级)	胶稠度(毫米)	直链淀粉(%)	部标*(等级)	国标**(等级)
内香 6 优 9 号	2012～2013	81.1	73.1	47.2	6.9	2.7	52	10.2	2	4.5	77	21.1	普通	等外
西大 2A/西恢 16	2012～2013	81.3	72.6	48.7	7.2	3.0	57	9.5	2	5.3	75	21.9	普通	等外
Ⅱ优 838（CK）	2012～2013	80.6	72.6	61.8	6.0	2.3	43	8.9	2	6.2	66	21.0	普通	等外
Q6 优 28	2013	81.6	73.0	55.7	6.9	3.2	37	8.3	1	7.0	82	20.8	普通	等外
繁优 609	2013	80.4	71.5	55.4	7.2	3.1	22	4.2	2	5.6	81	15.4	优 3	优 3
繁优 797	2013	80.5	71.9	56.4	7.1	3.1	23	3.3	1	5.2	86	21.6	优 3	优 3
谷优 902	2013	82.5	73.7	55.8	6.8	2.9	77	14.4	2	6.3	75	21.9	普通	等外
禾两优 4 号	2013	81.1	72.8	61.0	6.8	3.0	16	2.2	2	4.5	81	15.0	普通	优 3
泸 98A/绵恢 357	2013	81.6	73.5	65.3	7.0	2.9	31	5.2	2	7.0	57	21.2	普通	等外
奇优 429	2013	80.6	71.9	51.0	7.0	2.8	86	16.5	2	4.9	84	20.7	普通	等外
宜香优 3399	2013	80.8	72.5	57.8	6.8	2.8	37	6.7	1	6.2	80	21.8	普通	等外
宜香优 800	2013	80.2	72.1	60.2	7.1	2.9	23	3.3	1	6.9	70	15.9	优 3	优 3
Ⅱ优 838（CK）	2013	80.6	72.6	61.8	6.0	2.3	43	8.9	2	6.2	66	21.0	普通	等外

注：1. 样品生产提供单位：陕西汉中市农科所（2012～2013 年）、云南红河州农科所（2012～2013 年）、四川省原良种试验站（2012～2013 年）；

2. 检测分析单位：农业部稻米及制品质量监督检验测试中心。

表 7-8-1　长江上游中籼迟熟 C 组（132411NS-C）区试品种在各试点的产量、生育期及主要农艺经济性状表现

品种名称/试验点	亩产（千克）	比 CK ± %	产量位次	播种期（月/日）	齐穗期（月/日）	成熟期（月/日）	全生育期（天）	有效穗（万/亩）	株高（厘米）	穗长（厘米）	总粒数/穗	实粒数/穗	结实率（%）	千粒重（克）	杂株率（%）	倒伏性	穗颈瘟	纹枯病	综评等级
宜香优 3399																			
贵州黔东南州农科所	670.00	8.41	3	4/15	8/2	9/15	153	15.7	111.8	24.7	159.5	139.5	87.5	29.4	0.0	直	未发	轻	B
贵州黔西南州农科所	774.83	6.12	7	4/9	8/7	9/20	164	19.1	109.1	27.5	205.1	135.6	66.1	30.2	0.0	直	未发	轻	B
贵州省农业科学院水稻所	564.53	0.98	9	4/13	8/12	9/26	166	13.2	106.5	24.4	204.8	153.2	74.8	29.1	0.0	直	未发	未发	C
贵州遵义市农科所	680.67	7.70	9	4/15	8/7	9/22	160	13.3	105.5	27.2	243.8	166.8	68.4	29.3	0.0	直	未发	轻	C
陕西汉中市农科所	731.57	6.09	1	4/11	8/8	9/11	154	16.6	133.4	25.8	180.5	146.2	81.0	28.4	1.2	直	未发	轻	A
四川巴中市巴州区种子站	540.00	3.98	4	3/30	7/24	8/25	148	13.3	121.0	25.6	144.4	125.9	87.2	31.0		直	未发	无	B
四川广元市种子站	529.67	3.11	8	4/12	8/11	9/21	162	13.5	118.2	24.2	174.0	151.0	86.8	28.0	0.3	直	未发	轻	B
四川绵阳市农科所	553.42	12.35	3	3/27	7/25	8/29	155	16.3	115.6	27.1	134.8	119.9	88.9	28.8		直	未发	无	A
四川内江杂交水稻开发中心	506.33	3.33	7	3/30	7/16	8/16	139	13.3	121.5	26.0	195.3	132.2	67.7	28.0		直	未发	轻	C
四川省农业科学院水稻高粱所	504.64	-2.19	11	3/13	6/23	7/27	136	11.1	120.3	28.8	229.0	167.0	72.9	27.5	0.0	直	未发	轻	D
四川省原良种试验站	503.50	4.57	6	4/11	8/6	9/10	151	13.1	121.6	28.2	219.3	143.8	65.6	27.4	0.8	直	未发	轻	B
云南红河州农科所	728.50	15.76	1	4/2	8/5	9/13	164	18.8	115.2	26.4	190.1	142.5	75.0	28.9	0.3	直	未发	轻	A
云南文山州种子站	722.83	7.27	5	4/15	8/12	9/17	155	16.0	112.9	26.3	225.3	156.1	69.3	27.4	0.0	直	轻感	轻感	B
重庆市涪陵区种子站	689.57	3.10	11	3/15	7/18	8/20	158	15.0	119.4	28.3	215.2	169.2	78.6	28.8	0.0	直	未发	无	D
重庆市农业科学院水稻所	611.17	8.94	2	3/18	7/5	8/6	141	14.2	121.8	31.4	213.6	150.4	70.4	30.1	1.1	直	未发	轻	A
重庆万州区种子站	600.33	16.08	1	3/19	7/15	8/22	156	15.0	114.0	25.5	221.7	178.9	80.7	26.2	0.0	直	未发	轻	A

注：综合评级 A—好，B—较好，C—中等，D—一般。

表 7-8-2　长江上游中籼迟熟 C 组（132411NS-C）区试品种在各试点的产量、生育期及主要农艺经济性状表现

品种名称/试验点	亩产（千克）	比 CK ±%	产量位次	播种期（月/日）	齐穗期（月/日）	成熟期（月/日）	全生育期（天）	有效穗（万/亩）	株高（厘米）	穗长（厘米）	总粒数/穗	实粒数/穗	结实率（%）	千粒重（克）	杂株率（%）	倒伏性	穗颈瘟	纹枯病	综评等级
奇优 429																			
贵州黔东南州农科所	659.67	6.74	6	4/15	8/2	9/15	153	13.3	110.5	23.8	184.9	165.1	89.3	31.0	0.0	直	未发	未发	B
贵州黔西南州农科所	776.17	6.30	6	4/9	8/8	9/21	165	16.4	101.6	27.0	218.2	138.2	63.3	34.6	0.0	直	未发	轻	B
贵州省农业科学院水稻所	634.17	13.44	2	4/13	8/11	9/23	163	12.3	105.2	23.9	189.8	158.2	83.4	34.0	0.0	直	未发	未发	A
贵州遵义市农科所	758.17	19.96	1	4/15	8/7	9/20	158	13.3	105.0	25.9	218.7	162.0	74.1	32.9	0.0	直	未发	轻	A
陕西汉中市农科所	726.77	5.39	3	4/11	8/5	9/8	151	17.2	131.4	24.3	171.5	158.0	92.1	31.7	0.8	直	未发	轻	A
四川巴中市巴州区种子站	533.17	2.66	6	3/30	7/25	8/24	147	13.1	116.0	26.5	201.7	175.3	86.9	32.7	1.5	直	未发	无	B
四川广元市种子站	569.67	10.90	2	4/12	8/10	9/19	160	12.1	117.8	23.3	190.4	168.6	88.5	30.3	0.3	直	未发	轻	A
四川绵阳市农科所	489.42	-0.64	12	3/27	7/24	8/24	150	15.2	111.6	25.8	123.0	103.0	83.7	34.7		直	未发	无	D
四川内江杂交水稻开发中心	463.00	-5.51	11	3/30	7/15	8/15	138	12.6	110.5	24.9	180.3	121.1	67.2	31.7		直	未发	中	C
四川省农业科学院水稻高粱所	521.85	1.14	7	3/13	6/28	7/28	137	10.7	110.0	27.7	241.8	182.5	75.5	29.7	1.0	直	未发	轻	B
四川省原良种试验站	425.83	-11.56	12	4/11	8/4	9/4	145	11.5	112.6	24.0	169.4	123.4	72.9	31.0	1.2	直	未发	轻	C
云南红河州农科所	660.17	4.90	8	4/2	8/6	9/13	164	16.2	110.6	25.3	180.4	151.6	84.0	32.1	0.0	直	未发	轻	C
云南文山州种子站	749.83	11.28	1	4/15	8/9	9/15	153	16.0	108.2	23.0	184.7	142.5	77.1	32.5	0.3	直	无	轻感	A
重庆市涪陵区种子站	746.91	11.68	5	3/15	7/17	8/19	157	14.4	105.4	24.3	164.3	148.9	90.6	31.9	0.0	直	未发	无	B
重庆市农业科学院水稻所	599.17	6.80	5	3/18	7/7	8/8	143	14.8	112.4	27.9	178.8	134.5	75.2	31.4	0.0	直	未发	轻	B
重庆万州区种子站	529.67	2.42	8	3/19	7/13	8/22	156	14.5	112.0	27.0	194.2	163.4	84.1	26.5	0.0	直	未发	轻	B

注：综合评级 A—好，B—较好，C—中等，D——般。

表 7-8-3　长江上游中籼迟熟 C 组（132411NS-C）区试品种在各试点的产量、生育期及主要农艺经济性状表现

品种名称/试验点	亩产（千克）	比 CK ±%	产量位次	播种期（月/日）	齐穗期（月/日）	成熟期（月/日）	全生育期（天）	有效穗（万/亩）	株高（厘米）	穗长（厘米）	总粒数/穗	实粒数/穗	结实率（%）	千粒重（克）	杂株率（%）	倒伏性	穗颈瘟	纹枯病	综评等级
西大 2A/西恢 16																			
贵州黔东南州农科所	625.33	1.19	10	4/15	8/7	9/17	155	13.5	111.9	25.5	178.1	159.0	89.3	29.8	0.0	直	未发	轻	C
贵州黔西南州农科所	729.83	-0.05	10	4/9	8/9	9/22	166	16.5	115.4	28.0	209.4	135.3	64.6	33.2	0.0	直	未发	轻	C
贵州省农业科学院水稻所	644.03	15.20	1	4/13	8/15	9/28	168	12.1	108.3	25.0	210.1	176.5	84.0	31.3	0.0	直	未发	未发	A
贵州遵义市农科所	682.17	7.94	8	4/15	8/6	9/20	158	14.5	104.7	26.0	190.3	149.5	78.6	31.2	0.0	直	未发	轻	C
陕西汉中市农科所	729.17	5.74	2	4/11	8/8	9/11	154	16.5	136.6	26.6	176.1	153.0	86.9	30.1	0.0	斜	未发	轻	A
四川巴中市巴州区种子站	562.50	8.31	2	3/30	7/26	8/24	147	12.0	136.0	27.9	220.5	206.8	93.8	32.5		直	未发	无	A
四川广元市种子站	530.33	3.24	6	4/12	8/11	9/19	160	12.3	113.5	24.8	176.9	160.7	90.8	30.6	0.6	直	未发	轻	B
四川绵阳市农科所	554.08	12.49	2	3/27	7/26	8/29	155	16.7	121.8	27.8	126.6	114.3	90.3	31.5		直	未发	轻	A
四川内江杂交水稻开发中心	512.33	4.56	5	3/30	7/17	8/17	140	12.2	115.5	26.3	176.2	153.9	87.3	29.4		倒	未发	轻	B
四川省农业科学院水稻高粱所	539.32	4.53	3	3/13	7/3	8/3	143	10.3	131.0	31.7	273.4	210.1	76.8	27.4	1.0	直	未发	轻	A
四川省原良种试验站	497.17	3.25	9	4/11	8/6	9/10	151	12.6	118.4	26.8	172.4	131.3	76.2	29.2	0.0	直	未发	轻	B
云南红河州农科所	653.33	3.81	9	4/2	8/11	9/15	166	16.4	113.0	26.4	170.8	144.1	84.4	31.3	0.5	直	未发	轻	C
云南文山州种子站	723.50	7.37	4	4/15	8/14	9/15	153	16.4	113.5	26.1	211.1	161.5	76.5	29.9	0.3	直	无	轻感	A
重庆市涪陵区种子站	712.73	6.57	8	3/15	7/19	8/20	158	14.5	115.8	25.8	190.4	133.9	70.3	31.7	1.0	直	未发	无	C
重庆市农业科学院水稻所	601.83	7.28	4	3/18	7/11	8/12	147	13.7	126.0	29.1	207.3	149.7	72.2	30.1	0.6	倒	未发	轻	B
重庆万州区种子站	595.33	15.11	2	3/19	7/15	8/20	154	14.8	116.0	28.3	195.0	172.5	88.5	25.5	0.0	直	未发	轻	A

注：综合评级 A—好，B—较好，C—中等，D——般。

表 7-8-4　长江上游中籼迟熟 C 组（132411NS-C）区试品种在各试点的产量、生育期及主要农艺经济性状表现

品种名称/试验点	亩产（千克）	比 CK ±%	产量位次	播种期（月/日）	齐穗期（月/日）	成熟期（月/日）	全生育期（天）	有效穗（万/亩）	株高（厘米）	穗长（厘米）	总粒数/穗	实粒数/穗	结实率（%）	千粒重（克）	杂株率（%）	倒伏性	穗颈瘟	纹枯病	综评等级
宜香优 800																			
贵州黔东南州农科所	665.67	7.71	4	4/15	8/5	9/18	156	12.9	115.3	23.4	194.3	167.7	86.3	31.7	0.0	直	未发	未发	B
贵州黔西南州农科所	770.50	5.52	8	4/9	8/10	9/23	167	19.3	112.6	28.6	190.5	118.7	62.3	33.3	0.0	直	未发	轻	C
贵州省农业科学院水稻所	559.91	0.16	10	4/13	8/18	9/29	169	14.1	114.9	23.4	178.7	131.6	73.6	31.6	1.5	直	未发	未发	C
贵州遵义市农科所	663.50	4.98	11	4/15	8/6	9/20	158	12.3	109.2	27.4	206.9	166.1	80.3	32.4	0.0	直	未发	轻	D
陕西汉中市农科所	724.97	5.13	6	4/11	8/11	9/14	157	17.7	141.0	28.1	169.6	139.9	82.5	30.7	0.8	斜	未发	轻	A
四川巴中市巴州区种子站	532.67	2.57	7	3/30	7/27	8/24	147	17.9	129.0	30.2	172.6	150.1	86.9	32.0		直	未发	轻	A
四川广元市种子站	569.67	10.90	3	4/12	8/16	9/21	162	12.2	131.1	26.0	201.4	170.6	84.7	28.6	0.3	直	未发	轻	A
四川绵阳市农科所	537.42	9.10	6	3/27	7/27	8/29	155	16.4	124.8	30.4	117.8	102.4	86.9	32.2		直	未发	轻	B
四川内江杂交水稻开发中心	509.50	3.98	6	3/30	7/22	8/22	145	13.0	128.5	28.8	175.1	138.1	78.9	30.5		直	未发	轻	B
四川省农业科学院水稻高粱所	547.78	6.17	1	3/13	7/1	8/1	141	11.0	145.3	33.3	227.7	182.9	80.3	29.9	0.0	直	未发	轻	A
四川省原良种试验站	512.50	6.44	1	4/11	8/9	9/12	153	13.2	129.2	28.6	172.9	137.6	79.6	28.2	0.8	直	未发	无	A
云南红河州农科所	618.00	-1.80	12	4/2	8/12	9/16	167	17.6	117.1	27.0	185.1	120.6	65.1	32.2	0.5	直	未发	轻	D
云南文山州种子站	628.83	-6.68	11	4/15	8/18	9/20	158	14.9	118.4	27.0	203.9	132.1	64.8	31.5	0.3	直	无	轻感	B
重庆市涪陵区种子站	705.00	5.41	10	3/15	7/20	8/22	160	14.9	120.0	28.0	176.6	153.7	87.1	31.0	0.0	直	未发	无	C
重庆市农业科学院水稻所	587.83	4.78	6	3/18	7/12	8/13	148	13.1	129.7	28.3	172.4	155.5	90.2	30.3	0.9	直	未发	轻	B
重庆万州区种子站	522.67	1.06	9	3/19	7/14	8/22	156	13.4	117.0	29.0	198.8	165.7	83.4	27.9	0.0	直	未发	轻	B

注：综合评级 A—好，B—较好，C—中等，D——般。

表 7-8-5　长江上游中籼迟熟 C 组（132411NS-C）区试品种在各试点的产量、生育期及主要农艺经济性状表现

品种名称/试验点	亩产（千克）	比 CK ± %	产量位次	播种期（月/日）	齐穗期（月/日）	成熟期（月/日）	全生育期（天）	有效穗（万/亩）	株高（厘米）	穗长（厘米）	总粒数/穗	实粒数/穗	结实率（%）	千粒重（克）	杂株率（%）	倒伏性	穗颈瘟	纹枯病	综评等级
繁优 797																			
贵州黔东南州农科所	653.00	5.66	8	4/15	8/11	9/22	160	16.1	109.0	27.0	174.9	152.5	87.2	26.2	0.0	直	未发	轻	B
贵州黔西南州农科所	794.83	8.86	2	4/9	8/9	9/22	166	23.2	112.6	28.8	151.6	108.6	71.6	31.7	0.0	直	未发	轻	A
贵州省农业科学院水稻所	596.21	6.65	6	4/13	8/14	10/1	171	13.3	110.6	24.2	183.5	148.9	81.1	30.3	0.0	直	未发	未发	B
贵州遵义市农科所	682.67	8.02	7	4/15	8/7	9/18	156	12.8	110.1	27.6	204.2	165.3	81.0	30.1	0.0	直	未发	轻	B
陕西汉中市农科所	712.38	3.31	10	4/11	8/7	9/10	153	17.2	134.8	27.1	143.0	126.2	88.3	28.4	0.0	斜	未发	轻	C
四川巴中市巴州区种子站	527.67	1.61	9	3/30	7/29	8/25	148	15.9	128.0	28.5	178.0	165.4	92.9	30.5		直	未发	轻	B
四川广元市种子站	574.67	11.87	1	4/12	8/10	9/20	161	13.2	121.4	25.7	186.3	155.3	83.3	30.1	0.3	直	未发	轻	A
四川绵阳市农科所	540.67	9.76	5	3/27	7/25	8/24	150	15.8	118.4	27.5	121.5	110.7	91.1	31.2		斜	未发	无	C
四川内江杂交水稻开发中心	485.50	-0.92	9	3/30	7/17	8/17	140	15.2	123.0	27.5	150.6	124.1	82.4	29.1		斜	未发	轻	C
四川省农业科学院水稻高粱所	536.44	3.97	4	3/13	6/30	7/30	139	11.3	128.7	30.0	201.2	168.1	83.5	28.4	0.0	直	未发	轻	A
四川省原良种试验站	505.50	4.98	4	4/11	8/3	9/10	151	12.3	121.6	27.6	176.1	144.6	82.1	28.6	0.0	直	未发	轻	A
云南红河州农科所	706.67	12.29	3	4/2	8/10	9/15	166	18.8	111.2	26.6	183.9	141.8	77.1	29.1	0.0	直	未发	轻	A
云南文山州种子站	729.00	8.19	3	4/15	8/16	9/19	157	14.8	112.4	27.0	216.1	174.4	80.7	30.5	0.5	直	无	轻感	B
重庆市涪陵区种子站	753.19	12.62	4	3/15	7/20	8/21	159	14.5	116.0	29.0	184.2	150.8	81.9	31.7	0.0	直	未发	轻	B
重庆市农业科学院水稻所	545.50	-2.76	12	3/18	7/8	8/9	144	13.2	122.2	27.4	191.5	154.5	80.7	28.8	1.3	直	未发	轻	C
重庆万州区种子站	502.67	-2.80	11	3/19	7/15	8/20	154	13.9	112.0	28.0	187.4	163.3	87.1	25.8	0.0	直	未发	轻	C

注：综合评级 A—好，B—较好，C—中等，D—一般。

表 7-8-6　长江上游中籼迟熟 C 组（132411NS-C）区试品种在各试点的产量、生育期及主要农艺经济性状表现

品种名称/试验点	亩产（千克）	比 CK ± %	产量位次	播种期（月/日）	齐穗期（月/日）	成熟期（月/日）	全生育期（天）	有效穗（万/亩）	株高（厘米）	穗长（厘米）	总粒数/穗	实粒数/穗	结实率（%）	千粒重（克）	杂株率（%）	倒伏性	穗颈瘟	纹枯病	综评等级
内香 6 优 9 号																			
贵州黔东南州农科所	673.50	8.98	2	4/15	8/6	9/17	155	15.5	100.8	25.8	167.6	133.3	79.5	32.9	0.0	直	未发	未发	A
贵州黔西南州农科所	784.33	7.42	5	4/9	8/8	9/20	164	18.6	101.3	27.0	163.1	130.4	80.0	32.9	0.0	直	未发	未发	B
贵州省农业科学院水稻所	584.27	4.51	7	4/13	8/17	9/25	165	13.1	100.8	24.5	176.0	138.9	78.9	32.1	0.0	直	未发	未发	B
贵州遵义市农科所	705.17	11.58	3	4/15	8/7	9/20	158	14.8	101.7	27.0	186.7	148.0	79.3	33.3	0.0	直	未发	轻	A
陕西汉中市农科所	726.77	5.39	4	4/11	8/12	9/14	157	15.3	125.2	27.3	153.6	140.6	91.6	32.2	0.0	直	未发	轻	A
四川巴中市巴州区种子站	530.00	2.05	8	3/30	7/27	8/24	147	15.7	126.0	27.5	164.1	150.3	91.6	32.3		直	未发	无	B
四川广元市种子站	566.00	10.19	5	4/12	8/15	9/20	161	13.3	118.2	25.1	173.7	145.5	83.8	30.9	0.3	直	未发	轻	A
四川绵阳市农科所	555.42	12.76	1	3/27	7/31	8/28	154	16.9	112.4	27.7	112.4	101.1	89.9	32.8		直	未发	无	A
四川内江杂交水稻开发中心	535.83	9.35	1	3/30	7/26	8/26	149	14.1	121.5	26.6	152.1	129.1	84.9	31.6		直	未发	轻	A
四川省农业科学院水稻高粱所	542.85	5.21	2	3/13	7/2	8/2	142	12.9	119.7	28.8	177.0	146.7	82.8	29.1	0.0	直	未发	轻	A
四川省原良种试验站	503.00	4.47	7	4/11	8/9	9/12	153	13.3	121.0	26.4	158.4	132.4	83.6	29.2	2.0	直	未发	无	B
云南红河州农科所	697.67	10.86	4	4/2	8/11	9/15	166	16.8	105.3	25.1	158.9	138.8	87.4	33.6	0.0	直	未发	轻	B
云南文山州种子站	736.83	9.35	2	4/15	8/17	9/19	157	16.6	104.3	26.3	199.0	148.9	74.8	32.2	0.0	直	无	轻感	B
重庆市涪陵区种子站	775.82	16.00	3	3/15	7/19	8/21	159	14.8	113.8	27.0	144.5	132.4	91.6	32.8	0.0	直	未发	无	A
重庆市农业科学院水稻所	559.33	-0.30	10	3/18	7/10	8/12	147	14.6	123.6	28.1	161.5	126.9	78.6	31.2	0.4	直	未发	轻	C
重庆万州区种子站	572.17	10.63	6	3/19	7/16	8/19	153	14.4	116.0	28.4	192.5	169.5	88.1	27.6	0.0	直	未发	轻	A

注：综合评级 A—好，B—较好，C—中等，D——一般。

表 7-8-7　长江上游中籼迟熟 C 组（132411NS-C）区试品种在各试点的产量、生育期及主要农艺经济性状表现

品种名称/试验点	亩产（千克）	比 CK ± %	产量位次	播种期（月/日）	齐穗期（月/日）	成熟期（月/日）	全生育期（天）	有效穗（万/亩）	株高（厘米）	穗长（厘米）	总粒数/穗	实粒数/穗	结实率（%）	千粒重（克）	杂株率（%）	倒伏性	穗颈瘟	纹枯病	综评等级
繁优 609																			
贵州黔东南州农科所	659.00	6.63	7	4/15	7/29	9/12	150	14.1	110.4	24.3	178.2	151.8	85.2	29.9	0.0	直	未发	轻	B
贵州黔西南州农科所	793.67	8.70	3	4/9	8/5	9/18	162	20.3	102.8	26.6	186.8	128.8	69.0	30.9	0.0	直	未发	轻	A
贵州省农业科学院水稻所	622.11	11.28	4	4/13	8/6	9/20	160	13.8	96.8	23.0	192.5	155.7	80.9	30.2	0.0	直	未发	未发	A
贵州遵义市农科所	701.50	11.00	5	4/15	8/5	9/20	158	12.9	110.5	25.7	212.0	174.9	82.5	30.8	0.0	直	未发	轻	B
陕西汉中市农科所	724.37	5.04	9	4/11	7/31	9/3	146	19.2	121.8	25.4	168.2	154.7	91.9	28.8	0.4	斜	未发	轻	B
四川巴中市巴州区种子站	546.33	5.20	3	3/30	7/23	8/25	148	12.9	128.0	28.3	210.1	194.2	92.4	29.4		直	未发	无	B
四川广元市种子站	530.17	3.21	7	4/12	8/4	9/17	158	12.6	105.4	24.9	160.5	142.7	88.9	30.5	0.3	直	未发	轻	B
四川绵阳市农科所	508.92	3.32	9	3/27	7/19	8/18	144	16.8	114.1	26.2	121.6	110.3	90.7	29.6		直	未发	轻	C
四川内江杂交水稻开发中心	475.50	-2.96	10	3/30	7/11	8/12	135	12.5	113.5	26.3	181.4	154.7	85.3	26.7		直	未发	中	C
四川省农业科学院水稻高粱所	506.54	-1.82	10	3/13	6/20	7/21	130	11.0	113.3	26.5	222.2	177.3	79.8	27.6	0.0	直	未发	轻	C
四川省原良种试验站	511.67	6.27	2	4/11	7/31	9/2	143	13.0	125.4	25.4	164.2	141.3	86.0	28.2	0.0	直	未发	中	A
云南红河州农科所	692.02	9.96	5	4/2	7/30	9/7	158	17.2	112.0	25.0	180.6	152.8	84.6	29.9	0.5	直	未发	轻	B
云南文山州种子站	669.33	-0.67	9	4/15	8/6	9/13	151	14.8	103.5	25.6	200.6	160.8	80.2	30.8	0.0	直	无	轻感	B
重庆市涪陵区种子站	796.09	19.03	1	3/15	7/14	8/16	154	12.5	109.8	26.6	191.4	161.0	84.1	29.4	0.0	直	未发	无	A
重庆市农业科学院水稻所	578.33	3.09	7	3/18	7/2	8/3	138	13.3	116.8	26.6	201.9	164.5	81.5	28.2	0.7	倒	未发	轻	B
重庆万州区种子站	592.33	14.53	3	3/19	7/4	8/7	141	15.3	111.0	26.8	211.7	175.8	83.0	25.1	2.0	直	未发	轻	A

注：综合评级 A—好，B—较好，C—中等，D——般。

表 7-8-8　长江上游中籼迟熟 C 组（132411NS-C）区试品种在各试点的产量、生育期及主要农艺经济性状表现

品种名称/试验点	亩产（千克）	比 CK ± %	产量位次	播种期（月/日）	齐穗期（月/日）	成熟期（月/日）	全生育期（天）	有效穗（万/亩）	株高（厘米）	穗长（厘米）	总粒数/穗	实粒数/穗	结实率（%）	千粒重（克）	杂株率（%）	倒伏性	穗颈瘟	纹枯病	综评等级
Q6 优 28																			
贵州黔东南州农科所	689.67	11.60	1	4/15	8/3	9/16	154	15.9	102.9	23.9	201.0	168.4	83.8	26.3	0.1	直	未发	未发	A
贵州黔西南州农科所	811.50	11.14	1	4/9	8/7	9/19	163	18.8	106.3	27.4	255.4	161.8	63.4	27.3	0.0	直	未发	轻	A
贵州省农业科学院水稻所	629.26	12.56	3	4/13	8/12	9/25	165	14.9	98.6	23.7	220.7	182.6	82.7	25.0	0.0	直	未发	未发	A
贵州遵义市农科所	698.83	10.57	6	4/15	8/5	9/20	158	13.0	100.2	25.3	300.3	226.8	75.5	25.6	0.0	直	未发	轻	B
陕西汉中市农科所	726.77	5.39	5	4/11	8/4	9/7	150	18.5	126.0	25.0	224.1	195.8	87.4	22.7	0.0	直	未发	轻	A
四川巴中市巴州区种子站	578.33	11.36	1	3/30	7/24	8/25	148	17.6	127.0	26.5	218.4	204.4	93.6	27.5		直	未发	轻	A
四川广元市种子站	568.50	10.67	4	4/12	8/9	9/17	158	13.2	114.4	24.4	218.7	172.2	78.7	24.3	0.3	直	未发	轻	A
四川绵阳市农科所	522.50	6.07	8	3/27	7/24	8/28	154	17.4	108.8	26.3	154.9	137.9	89.0	24.6		直	未发	轻	B
四川内江杂交水稻开发中心	526.33	7.41	3	3/30	7/20	8/20	143	11.3	116.5	27.5	247.3	210.3	85.0	24.6		直	未发	轻	A
四川省农业科学院水稻高粱所	531.93	3.10	6	3/13	6/29	7/30	139	9.8	119.3	29.2	332.9	249.6	75.0	22.3	0.0	直	未发	轻	B
四川省原良种试验站	501.17	4.08	8	4/11	8/3	9/4	145	12.1	119.6	21.8	234.0	175.0	74.8	24.2	1.2	直	未发	轻	B
云南红河州农科所	712.83	13.27	2	4/2	8/3	9/9	160	18.1	104.1	23.4	201.3	165.4	82.2	24.7	0.0	直	未发	轻	A
云南文山州种子站	685.33	1.71	6	4/15	8/11	9/13	151	15.8	104.5	23.8	227.0	168.3	74.1	24.8	0.0	直	无	轻感	C
重庆市涪陵区种子站	780.65	16.72	2	3/15	7/18	8/20	158	15.0	104.4	24.8	204.8	151.6	74.0	24.6	0.0	直	未发	无	A
重庆市农业科学院水稻所	609.17	8.59	3	3/18	7/5	8/6	141	13.6	114.8	28.3	216.4	188.1	86.9	25.8	0.6	直	未发	轻	A
重庆万州区种子站	559.83	8.25	7	3/19	7/14	8/21	155	15.1	113.0	26.5	183.3	160.3	87.5	28.1	0.0	直	未发	轻	A

注：综合评级 A—好，B—较好，C—中等，D——般。

表 7-8-9 长江上游中籼迟熟 C 组（132411NS-C）区试品种在各试点的产量、生育期及主要农艺经济性状表现

品种名称/试验点	亩产（千克）	比 CK ± %	产量位次	播种期（月/日）	齐穗期（月/日）	成熟期（月/日）	全生育期（天）	有效穗（万/亩）	株高（厘米）	穗长（厘米）	总粒数/穗	实粒数/穗	结实率（%）	千粒重（克）	杂株率（%）	倒伏性	穗颈瘟	纹枯病	综评等级
禾两优 4 号																			
贵州黔东南州农科所	637.83	3.21	9	4/15	8/8	9/18	156	14.7	100.3	24.3	198.1	166.6	84.1	25.4	0.0	直	未发	未发	C
贵州黔西南州农科所	729.50	-0.09	11	4/9	8/12	9/22	166	21.0	94.2	24.5	189.8	126.6	66.7	27.7	0.0	直	轻	轻	C
贵州省农业科学院水稻所	570.36	2.03	8	4/13	8/17	9/29	169	13.9	95.2	22.4	196.9	156.3	79.4	27.1	0.0	直	未发	未发	C
贵州遵义市农科所	675.50	6.88	10	4/15	8/9	9/22	160	15.3	93.8	25.2	226.4	158.2	69.9	26.5	0.0	直	未发	轻	C
陕西汉中市农科所	724.97	5.13	7	4/11	8/13	9/15	158	18.9	131.6	23.9	158.3	134.5	85.0	25.5	0.0	直	未发	轻	B
四川巴中市巴州区种子站	527.50	1.57	10	3/30	7/29	8/23	146	14.4	116.0	23.3	191.9	179.6	93.6	25.3		直	未发	无	B
四川广元市种子站	511.33	-0.45	10	4/12	8/15	9/23	164	14.6	115.3	24.7	147.0	121.8	82.8	30.1	0.6	直	未发	轻	B
四川绵阳市农科所	547.67	11.18	4	3/27	8/1	8/31	157	19.3	112.5	25.6	140.7	111.6	79.3	25.7		直	未发	轻	B
四川内江杂交水稻开发中心	514.00	4.90	4	3/30	7/25	8/25	148	15.2	119.5	25.6	157.8	145.6	92.3	26.5		直	未发	轻	B
四川省农业科学院水稻高粱所	494.75	-4.11	12	3/13	7/4	8/4	144	11.3	120.3	28.3	226.6	190.2	83.9	24.3	0.0	直	未发	轻	D
四川省原良种试验站	510.33	5.99	3	4/11	8/6	9/10	151	12.3	117.2	25.0	189.2	153.3	81.0	25.0	0.0	直	未发	轻	A
云南红河州农科所	662.83	5.32	7	4/2	8/12	9/15	166	18.4	95.6	23.5	196.2	141.1	71.9	27.4	0.0	直	未发	轻	B
云南文山州种子站	638.00	-5.32	10	4/15	8/18	9/21	159	18.8	100.7	23.4	207.7	131.4	63.3	27.9	0.0	直	无	轻感	C
重庆市涪陵区种子站	707.08	5.72	9	3/15	7/24	8/25	163	15.9	99.6	25.6	177.1	151.0	85.2	25.6	1.0	直	未发	无	C
重庆市农业科学院水稻所	575.33	2.55	8	3/18	7/15	8/16	151	13.5	119.2	29.4	211.2	175.5	83.1	25.5	0.0	直	未发	轻	C
重庆万州区种子站	578.50	11.86	5	3/19	7/17	8/20	154	14.5	115.0	26.3	199.6	178.1	89.2	25.4	0.0	直	未发	轻	A

注：综合评级 A—好，B—较好，C—中等，D——一般。

表 7-8-10　长江上游中籼迟熟 C 组（132411NS-C）区试品种在各试点的产量、生育期及主要农艺经济性状表现

品种名称/试验点	亩产（千克）	比 CK ± %	产量位次	播种期（月/日）	齐穗期（月/日）	成熟期（月/日）	全生育期（天）	有效穗（万/亩）	株高（厘米）	穗长（厘米）	总粒数/穗	实粒数/穗	结实率（%）	千粒重（克）	杂株率（%）	倒伏性	穗颈瘟	纹枯病	综评等级
Ⅱ优 838（CK）																			
贵州黔东南州农科所	618.00	0.00	11	4/15	8/10	9/20	158	14.5	106.5	24.4	165.4	154.3	93.3	28.0	0.0	直	未发	轻	C
贵州黔西南州农科所	730.17	0.00	9	4/9	8/12	9/20	164	21.2	103.0	25.6	150.3	122.6	81.6	28.5	0.0	直	未发	轻	C
贵州省农业科学院水稻所	559.03	0.00	11	4/13	8/16	9/25	165	13.8	93.4	22.8	165.1	141.9	86.0	28.5	0.8	直	未发	未发	C
贵州遵义市农科所	632.00	0.00	12	4/15	8/9	9/22	160	14.2	106.2	25.2	199.8	156.3	78.3	30.0	0.0	直	未发	轻	D
陕西汉中市农科所	689.59	0.00	12	4/11	8/10	9/12	155	17.5	125.2	25.2	161.1	155.7	96.7	29.3	0.0	直	未发	轻	C
四川巴中市巴州区种子站	519.33	0.00	11	3/30	7/27	8/23	146	12.8	129.0	25.9	163.8	157.2	96.0	29.5		直	未发	轻	B
四川广元市种子站	513.67	0.00	9	4/12	8/12	9/17	158	14.2	113.5	24.5	157.4	132.0	83.9	28.0	0.3	直	未发	轻	B
四川绵阳市农科所	492.58	0.00	11	3/27	7/26	8/25	151	14.8	115.0	25.7	128.0	112.1	87.6	29.9		直	未发	无	D
四川内江杂交水稻开发中心	490.00	0.00	8	3/30	7/21	8/21	144	13.8	121.0	25.4	147.6	127.2	86.2	29.8		直	未发	轻	C
四川省农业科学院水稻高粱所	515.95	0.00	8	3/13	7/4	8/4	144	11.3	125.3	27.6	199.9	176.9	88.5	27.9	0.0	直	未发	轻	B
四川省原良种试验站	481.50	0.00	11	4/11	8/6	9/5	146	13.7	118.0	24.1	146.7	128.4	87.5	27.8	1.2	直	未发	轻	C
云南红河州农科所	629.33	0.00	11	4/2	8/12	9/15	166	18.5	104.2	23.4	148.2	134.2	90.5	28.9	0.5	直	未发	轻	D
云南文山州种子站	673.83	0.00	7	4/15	8/16	9/19	157	15.2	105.7	25.0	196.0	159.4	81.3	29.3	0.0	直	无	轻感	C
重庆市涪陵区种子站	668.81	0.00	12	3/15	7/20	8/21	159	13.8	109.4	25.0	139.1	123.0	88.4	29.6	0.0	直	未发	无	D
重庆市农业科学院水稻所	561.00	0.00	9	3/18	7/10	8/9	144	14.1	118.2	27.7	173.8	150.5	86.6	27.7	0.0	直	未发	轻	C
重庆万州区种子站	517.17	0.00	10	3/19	7/17	8/20	154	14.1	116.0	24.2	189.5	162.4	85.7	26.1	0.0	直	未发	中	B

注：综合评级 A—好，B—较好，C—中等，D——一般。

表 7-8-11　长江上游中籼迟熟 C 组（132411NS-C）区试品种在各试点的产量、生育期及主要农艺经济性状表现

品种名称/试验点	亩产（千克）	比 CK ±%	产量位次	播种期（月/日）	齐穗期（月/日）	成熟期（月/日）	全生育期（天）	有效穗（万/亩）	株高（厘米）	穗长（厘米）	总粒数/穗	实粒数/穗	结实率（%）	千粒重（克）	杂株率（%）	倒伏性	穗颈瘟	纹枯病	综评等级
泸 98A/绵恢 357																			
贵州黔东南州农科所	580.00	-6.15	12	4/15	8/13	9/23	161	13.1	105.6	26.3	205.6	150.0	73.0	30.2	0.8	直	未发	中	D
贵州黔西南州农科所	699.00	-4.27	12	4/9	8/10	9/20	164	16.1	104.1	26.8	211.7	146.8	69.3	30.6	0.0	直	未发	轻	D
贵州省农业科学院水稻所	526.96	-5.74	12	4/13	8/23	10/4	174	11.8	102.2	22.6	188.5	145.2	77.0	31.5	0.0	直	未发	未发	D
贵州遵义市农科所	703.67	11.34	4	4/15	8/12	9/24	162	11.2	99.4	26.4	238.3	197.5	82.9	30.6	0.0	直	轻	轻	B
陕西汉中市农科所	724.37	5.04	8	4/11	8/10	9/12	155	17.8	125.6	25.3	151.4	129.8	85.7	30.2	0.0	直	未发	轻	A
四川巴中市巴州区种子站	536.50	3.31	5	3/30	7/28	8/25	148	13.9	132.0	27.5	212.6	186.4	87.7	30.1		直	未发	无	B
四川广元市种子站	499.17	-2.82	12	4/12	8/13	9/19	160	12.6	119.0	24.0	159.0	140.2	88.2	30.2	0.3	直	未发	轻	B
四川绵阳市农科所	527.67	7.12	7	3/27	7/27	8/25	151	13.9	110.8	27.3	143.3	118.8	82.9	32.2		直	未发	轻	B
四川内江杂交水稻开发中心	533.67	8.91	2	3/30	7/22	8/22	145	12.6	119.0	26.0	173.4	137.9	79.5	31.0		直	未发	中	B
四川省农业科学院水稻高粱所	534.59	3.61	5	3/13	7/4	8/4	144	10.4	132.7	30.4	289.0	201.2	69.6	26.6	0.0	直	未发	轻	B
四川省原良种试验站	497.00	3.22	10	4/11	8/6	9/5	146	12.3	115.4	25.7	157.4	137.1	87.1	29.8	0.0	直	未发	无	B
云南红河州农科所	683.33	8.58	6	4/2	8/12	9/17	168	17.1	105.0	25.8	179.6	138.5	77.1	32.0	0.0	直	未发	轻	C
云南文山州种子站	523.50	-22.31	12	4/15	8/17	9/18	156	15.8	107.3	25.0	225.9	124.0	54.9	30.6	0.5	直	无	轻感	D
重庆市涪陵区种子站	740.73	10.75	6	3/15	7/22	8/23	161	13.6	110.6	26.2	238.5	195.7	82.0	28.8	0.0	直	未发	无	B
重庆市农业科学院水稻所	619.17	10.37	1	3/18	7/12	8/13	148	13.7	118.6	28.6	185.6	148.3	79.9	31.2	0.6	直	未发	轻	A
重庆万州区种子站	584.33	12.99	4	3/19	7/18	8/22	156	15.2	116.0	26.7	205.4	172.5	84.0	26.7	0.0	直	未发	轻	A

注：综合评级 A—好，B—较好，C—中等，D——般。

表 7－8－12　长江上游中籼迟熟 C 组（132411NS-C）区试品种在各试点的产量、生育期及主要农艺经济性状表现

品种名称/试验点	亩产（千克）	比 CK ± %	产量位次	播种期（月/日）	齐穗期（月/日）	成熟期（月/日）	全生育期（天）	有效穗（万/亩）	株高（厘米）	穗长（厘米）	总粒数/穗	实粒数/穗	结实率（%）	千粒重（克）	杂株率（%）	倒伏性	穗颈瘟	纹枯病	综评等级
谷优 902																			
贵州黔东南州农科所	664.17	7.47	5	4/15	8/4	9/14	152	14.6	111.9	24.6	181.1	155.4	85.8	29.0	0.2	直	未发	轻	B
贵州黔西南州农科所	785.00	7.51	4	4/9	8/12	9/20	164	20.7	108.4	26.6	161.5	124.9	77.3	30.9	0.0	直	未发	轻	B
贵州省农业科学院水稻所	609.31	8.99	5	4/13	8/13	9/26	166	12.6	111.1	23.9	198.4	164.4	82.8	30.3	1.9	直	未发	未发	B
贵州遵义市农科所	739.50	17.01	2	4/15	8/7	9/24	162	14.0	112.3	25.7	208.8	173.5	83.1	29.6	0.0	直	未发	轻	A
陕西汉中市农科所	703.39	2.00	11	4/11	8/7	9/10	153	16.6	137.2	25.6	141.2	130.3	92.3	29.3	0.0	斜	未发	轻	C
四川巴中市巴州区种子站	517.17	－0.42	12	3/30	7/25	8/24	147	14.4	136.0	28.9	196.2	143.3	73.0	30.8	1.5	直	未发	无	C
四川广元市种子站	504.00	－1.88	11	4/12	8/9	9/20	161	12.4	115.5	26.0	154.2	137.8	89.4	29.8	0.3	直	未发	轻	B
四川绵阳市农科所	501.58	1.83	10	3/27	7/24	8/24	150	17.4	123.4	27.1	123.6	100.8	81.6	31.1		倒	未发	无	D
四川内江杂交水稻开发中心	424.67	－13.33	12	3/30	7/19	8/19	142	13.1	135.5	27.0	171.5	122.0	71.1	28.9		直	未发	轻	D
四川省农业科学院水稻高粱所	515.60	－0.07	9	3/13	6/28	7/28	137	10.7	136.0	29.7	212.6	179.8	84.5	28.2	0.0	直	未发	轻	C
四川省原良种试验站	503.67	4.60	5	4/11	8/5	9/5	146	12.2	123.6	24.5	178.3	144.5	81.0	28.8	1.6	直	未发	无	B
云南红河州农科所	652.00	3.60	10	4/2	8/8	9/13	164	16.8	111.3	27.2	175.1	145.6	83.2	31.0	0.0	直	未发	轻	C
云南文山州种子站	671.83	－0.30	8	4/15	8/13	9/15	153	16.2	114.6	25.3	196.5	156.0	79.4	29.2	1.0	直	无	轻感	B
重庆市涪陵区种子站	718.59	7.44	7	3/15	7/20	8/22	160	13.8	124.0	26.4	196.4	158.6	80.8	29.5	0.0	直	未发	无	C
重庆市农业科学院水稻所	550.67	－1.84	11	3/19	7/6	8/5	139	13.6	132.0	24.2	213.6	157.2	73.6	27.1	0.8	伏	未发	轻	C
重庆万州区种子站	473.67	－8.41	12	3/19	7/10	8/7	141	13.8	115.0	27.3	186.5	147.6	79.1	28.4	0.0	直	未发	轻	D

注：综合评级 A—好，B—较好，C—中等，D——般。

表 7-9-1　长江上游中籼迟熟 C 组生产试验（132411NS-C-S）品种在各试验点的产量、生育期、主要特征、田间抗性表现

品种名称/试验点	亩产（千克）	比 CK ±%	播种期（月/日）	齐穗期（月/日）	成熟期（月/日）	全生育期(天)	耐寒性	整齐度	杂株率（%）	株型	叶色	叶姿	长势	熟期转色	倒伏性	落粒性	叶瘟	穗颈瘟	纹枯病
乐丰 A/天恢 918																			
贵州遵义县种子站	628.30	4.20	3/31	8/12	9/20	173	中	整齐	0.3	适中	绿	挺直	一般	好	直	中	未发	未发	轻
四川巴中市巴州区种子站	563.80	7.43	3/30	7/25	8/23	146	未发	齐	0.0	适中	淡绿	挺直	一般	好	直		未发	未发	无
四川西充县种子站	598.80	5.30	3/16	7/27	8/20	157	未发	整齐	0.0	适中	绿	一般	一般	好	直	中	无	无	无
四川宣汉县种子站	626.40	6.89	3/18	7/30	8/31	166	中	一般	0.0	适中	绿	披垂	繁茂	好	直	中	无	无	无
四川宜宾市农业科学院	539.94	3.14	3/18	7/7	8/6	141	中	中	0.0	松散	浓绿	中等	繁茂	中	直		未发	未发	轻
云南红河州农科所	648.90	7.50	4/2	8/8	9/14	165	强	整齐	0.0	适中	浓绿	挺直	繁茂	好	直	易	未发	未发	轻
重庆南川区种子站	663.40	13.99	3/22	7/26	9/4	166	强	齐	1.3	紧	绿	直	旺	好	直	易	无	无	无
重庆潼南县种子站	391.00	1.40	3/13	7/3	8/6	147	未发	整齐	无	适中	深绿	一般	一般	好	直	易	未发	未发	中
宜香优 1108																			
贵州遵义县种子站	633.80	5.11	3/31	8/14	9/21	174	中	整齐	0.3	紧束	绿	挺直	繁茂	好	直	中	未发	未发	轻
四川巴中市巴州区种子站	555.60	5.87	3/30	7/24	8/23	146	未发	齐	0.0	适中	绿	挺直	一般	好	直		未发	未发	无
四川西充县种子站	586.26	3.10	3/16	7/26	8/19	156	未发	整齐	0.0	适中	绿	挺直	一般	好	直	中	无	无	无
四川宣汉县种子站	634.50	7.91	3/18	7/28	8/30	165	中	整齐	0.0	适中	绿	披垂	繁茂	好	直	中	无	无	无
四川宜宾市农业科学院	577.42	6.39	3/18	7/7	8/6	141	中	齐	0.0	适中	绿	中等	繁茂	好	直		未发	未发	轻
云南红河州农科所	647.60	7.29	4/2	8/10	9/14	165	强	整齐	0.0	适中	浓绿	挺直	繁茂	好	直	易	未发	未发	轻
重庆南川区种子站	651.60	11.96	3/22	7/27	9/5	167	强	齐	0.0	紧	绿	直	旺	好	直	易	无	无	无
重庆潼南县种子站	389.60	1.04	3/13	7/3	8/6	147	未发	整齐	无	适中	淡绿	一般	一般	好	直	易	未发	未发	中

表 7-9-2 长江上游中籼迟熟 C 组生产试验（132411NS-C-S）品种在各试验点的产量、生育期、主要特征、田间抗性表现

品种名称/试验点	亩产（千克）	比 CK ±%	播种期（月/日）	齐穗期（月/日）	成熟期（月/日）	全生育期(天)	耐寒性	整齐度	杂株率（%）	株型	叶色	叶姿	长势	熟期转色	倒伏性	落粒性	叶瘟	穗颈瘟	纹枯病
Ⅱ优 838（CK）																			
贵州遵义县种子站	603.00	0.00	3/31	8/16	9/22	175	中	整齐	0.0	适中	淡绿	一般	一般	中	直	中	未发	未发	无
四川巴中市巴州区种子站	523.10	0.00	3/30	7/27	8/24-25	147.5	未发	齐	0.0	适中	绿	一般	一般	好	直		未发	未发	无
四川西充县种子站	575.01	0.00	3/16	8/27	8/20	157	未发	整齐	0.0	适中	绿	一般	一般	好	直	中	无	无	无
四川宣汉县种子站	587.00	0.00	3/18	7/27	8/29	164	中	整齐	0.0	适中	绿	披垂	繁茂	好	直	中	无	无	无
四川宜宾市农业科学院	533.10	0.00	3/18	7/11	8/10	145	中	齐	0.0	适中	浓绿	中等	繁茂	中	直		未发	未发	轻
云南红河州农科所	603.60	0.00	4/2	8/16	9/17	168	强	整齐	0.0	适中	浓绿	挺直	繁茂	好	直	易	未发	未发	轻
重庆南川区种子站	582.00	0.00	3/22	7/28	9/5	167	强	齐	0.0	紧	绿	直	旺	好	直	易	无	无	无
重庆潼南县种子站	385.60	0.00	3/13	7/6	8/2	143	未发	整齐	无	适中	绿	一般	一般	好	直	易	未发	未发	中

第八章　2013 年长江上游中籼迟熟 D 组国家水稻品种试验汇总报告

一、试验概况

（一）试验目的

鉴定评价我国南方稻区新选育和引进的水稻新品种（组合，下同）的丰产性、稳产性、适应性、抗性、米质及其他重要性状表现，为国家水稻品种审定提供科学依据。

（二）参试品种

区试品种 11 个，其中，川谷优 23、343A/R533 和宜香优 196 为续试品种，其他为新参试品种，以Ⅱ优 838（CK）为对照；生产试验品种 3 个，也以Ⅱ优 838（CK）为对照。品种名称、类型、亲本组合、选育/供种单位见表 8－1。

（三）承试单位

区试点 17 个，生产试验点 8 个，分布在贵州、陕西、四川、云南和重庆 5 个省市。承试单位、试验地点、经纬度、海拔高度、试验负责人及执行人见表 8－2。

（四）试验设计、栽培管理与观察记载

各试验点均按《2013 年南方稻区国家水稻品种试验实施方案》及《农作物品种区域试验技术规范　水稻》进行试验。

区试采用完全随机区组排列，3 次重复，小区面积 0.02 亩。生产试验采用大区随机排列，不设重复，大区面积 0.5 亩。

分区试、生产试验，同组试验所有品种同期播种、移栽，施肥水平中等偏上，其他栽培管理措施与当地大田生产相同。

观察记载项目与标准按《农作物品种区域试验技术规范　水稻》以及《国家水稻品种试验观察记载项目、方法及标准》《南方稻区国家水稻品种区试及生产试验记载表》等的要求执行。

（五）特性鉴定

抗性鉴定：四川省农业科学院植保所、重庆涪陵区农科所和贵州湄潭县农业局植保站负责稻瘟病抗性鉴定，鉴定采用人工接菌与病区自然诱发相结合；中国水稻研究所稻作发展中心负责稻飞虱抗性鉴定。鉴定种子由中国水稻研究所试验点统一提供，鉴定结果由四川省农业科学院植保所负责汇总。湖北恩施州农业科学院和华中农业大学植科院分别负责生产试验品种的耐冷性和耐热性鉴定。

米质分析：由陕西汉中市农科所、云南红河州农科所和四川省原良种试验站试验点分别单独种植生产提供样品，农业部稻米及制品质量监督检验测试中心负责检测分析。

参试品种的特异性及续试品种年度间的一致性鉴定：由中国水稻研究所进行 DNA 指纹鉴定。

（六）统计分析

按照《农作物品种区域试验技术规范　水稻》等有关试验质量评价标准，对各试验（鉴定）点试验（鉴定）结果的可靠性、完整性、准确性、可比性以及对照品种表现情况等进行分析评估，确保汇总质量。2013 年区试云南省德宏州种子站试验点因试验误差大和对照品种产量异常偏低未列入

汇总，其余16个试验点试验结果正常，列入汇总。2013年生产试验各试验点试验结果正常，全部列入汇总。

产量联合方差分析采用混合模型，品种间产量差异多重比较采用Duncan's新复极差法；参试品种的丰产性主要以品种在区试和生产试验中相对于对照品种产量及组平均产量衡量；参试品种的适应性主要以品种在区试中比对照品种增产的试验点比例衡量；参试品种的稳产性主要以品种在年度间区试中相对于对照品种产量的差异变化程度衡量。

参试品种的生育期主要以全生育期比对照品种长短的天数衡量。

参试品种的抗性以指定的鉴定单位的鉴定结果为主要依据，对稻瘟病抗性的主要评价指标为综合指数和穗瘟损失率最高级，对其他病虫害抗性的主要评价指标为最高级。

参试品种的米质检测、评价按照国家《优质稻谷》标准，分优质1级、优质2级、优质3级，未达到优质级的品种米质均为等外级。

二、结果分析

（一）产量

Ⅱ优838（CK）产量偏低、居第12位。2013年区试品种中，依据比组平均产量的增减产幅度，产量较高的品种有鹏两优332、成丰A/天恢918和川谷优23，产量居前3位，平均亩产627.73～634.96千克，比Ⅱ优838（CK）增产7.44%～8.67%；产量中等的品种有343A/R533、宜香优196、禾两优339、德香146、内香5A/绵恢768和晶两优华占，平均亩产602.48～624.86千克，比Ⅱ优838（CK）增产3.11%～6.94%；其他品种产量一般，平均亩产589.62～591.96千克，比Ⅱ优838（CK）增产0.91%～1.31%。品种产量、比对照及组平均增减产百分率、品种间产量差异显著性、比对照增产试验点比例等汇总结果见表8－3。

2013年生产试验品种中，乐丰A/R891、DM63A/乐恢188和德优427表现较好，平均亩产575.00～589.03千克，比Ⅱ优838（对照）增产4.84%～6.89%。品种产量、比对照增减产百分率等汇总结果以及各试验点对品种的综合评价等级见表8－4。

（二）生育期

2013年区试品种中，内香5A/绵恢768熟期较早，全生育期比Ⅱ优838（CK）短3.2天；德香146熟期较迟，全生育期比Ⅱ优838（CK）长3.1天；其他品种全生育期151.9～156.1天，与Ⅱ优838（CK）相当、熟期适宜。品种全生育期及比对照长短天数见表8－3。

2013年生产试验品种中，乐丰A/R891、DM63A/乐恢188和德优427全生育期153.2～155.1天，与Ⅱ优838（CK）相当、熟期适宜。品种全生育期及比对照长短天数见表8－4。

（三）主要农艺经济性状

品种分蘖率、有效穗数、成穗率、株高、每穗总粒数、每穗实粒数、结实率、千粒重等主要农艺经济性状汇总结果见表8－3。

（四）抗性

2013年区试品种中，所有品种的稻瘟病综合指数均未超过6.5级。晶两优华占、成丰A/天恢918和343A/R533为中抗，内香5A/绵恢768、德香146和冈1优1号为中感，其他品种为感或高感。

品种在各稻瘟病抗性鉴定点的鉴定结果见表8－5，品种稻瘟病抗性鉴定汇总结果、褐飞虱鉴定结果以及生产试验品种的耐冷、耐热性鉴定结果见表8－6。

（五）米质

依据国家《优质稻谷》标准，晶两优华占、鹏两优332和宜香优3301达优质3级，其他品种米质中等或一般。品种糙米率、整精米率、粒长、长宽比、垩白粒率、垩白度、胶稠度、直链淀粉等米质性状表现见表8－7。

（六）品种在各试验点表现

区试、生产试验品种在各试验点的产量、生育期、主要农艺经济性状、田间抗性表现等见表8－8－1至8－8－12、表8－9－1至8－9－2。

三、品种评价

（一）生产试验品种

1. 德优427

2011年初试平均亩产617.31千克，比Ⅱ优838（CK）增产4.86%，达极显著水平；2012年续试平均亩产607.57千克，比Ⅱ优838（CK）增产6.37%，达极显著水平；两年区试平均亩产612.44千克，比Ⅱ优838（CK）增产5.60%，增产点比例83.7%；2013年生产试验平均亩产589.03千克，比Ⅱ优838（CK）增产6.89%。全生育期两年区试平均158.4天，比Ⅱ优838（CK）迟熟1.4天。主要农艺性状两年区试综合表现：每亩有效穗数14.9万穗，株高113.7厘米，穗长24.5厘米，每穗总粒数160.0粒，结实率82.2%，千粒重32.0克。抗性两年综合表现：稻瘟病综合指数4.9级，穗瘟损失率最高级7级，抗性频率40.4%；褐飞虱平均级7级，最高级7级；抽穗期耐热性5级，耐冷。米质主要指标两年综合表现：整精米率58.0%，长宽比2.8，垩白粒率20%，垩白度2.3%，胶稠度73毫米，直链淀粉含量17.3%，达国标优质2级。

2013年国家水稻品种试验年会审议意见：已完成试验程序，可以申报国家品种审定。

2. DM63A/乐恢188

2011年初试平均亩产614.17千克，比Ⅱ优838（CK）增产4.33%，达极显著水平；2012年续试平均亩产603.42千克，比Ⅱ优838（CK）增产5.64%，达极显著水平；两年区试平均亩产608.80千克，比Ⅱ优838（CK）增产4.98%，增产点比例96.7%；2013年生产试验平均亩产577.00千克，比Ⅱ优838（CK）增产5.10%。全生育期两年区试平均154.6天，比Ⅱ优838（CK）早熟2.4天。主要农艺性状两年区试综合表现：每亩有效穗数15.0万穗，株高118.8厘米，穗长24.7厘米，每穗总粒数180.6粒，结实率78.8%，千粒重29.4克。抗性两年综合表现：稻瘟病综合指数5.1级，穗瘟损失率最高级5级，抗性频率34.0%；褐飞虱平均级7级，最高级7级；抽穗期耐热性5级，耐冷性中等。米质主要指标两年综合表现：整精米率57.5%，长宽比2.8，垩白粒率60%，垩白度12.5%，胶稠度79毫米，直链淀粉含量25.1%。

2013年国家水稻品种试验年会审议意见：已完成试验程序，可以申报国家品种审定。

3. 乐丰A/R891

2011年初试平均亩产609.30千克，比Ⅱ优838（CK）增产3.50%，达极显著水平；2012年续试平均亩产596.22千克，比Ⅱ优838（CK）增产4.38%，达极显著水平；两年区试平均亩产602.76千克，比Ⅱ优838（CK）增产3.94%，增产点比例81.2%；2013年生产试验平均亩产575.00千克，比Ⅱ优838（CK）增产4.84%。全生育期两年区试平均158.6天，比Ⅱ优838（CK）迟熟1.6天。主要农艺性状两年区试综合表现：每亩有效穗数14.2万穗，株高115.5厘米，穗长25.2厘米，每穗总粒数188.7粒，结实率77.0%，千粒重30.5克。抗性两年综合表现：稻瘟病综合指数4.2级，穗瘟损失率最高级5级，抗性频率72.3%；褐飞虱平均级8级，最高级9级；抽穗期耐热性7级，耐冷性中等。米质主要指标两年综合表现：整精米率53.4%，长宽比2.6，垩白粒率70%，垩白度11.9%，胶稠度70毫米，直链淀粉含量26.0%。

2013年国家水稻品种试验年会审议意见：已完成试验程序，可以申报国家品种审定。

（二）续试品种

1. 川谷优23

2012年初试平均亩产601.41千克，比Ⅱ优838（CK）增产5.29%，达极显著水平，增产点比例

88.2%；2013 年续试平均亩产 627.73 千克，比Ⅱ优 838（CK）增产 7.44%，达极显著水平；两年区试平均亩产 614.57 千克，比Ⅱ优 838（CK）增产 6.38%，增产点比例 91.0%。全生育期两年区试平均 155.1 天，比Ⅱ优 838（CK）迟熟 0.5 天。主要农艺性状两年区试综合表现：每亩有效穗数 14.6 万穗，株高 115.5 厘米，穗长 26.2 厘米，每穗总粒数 182.7 粒，结实率 80.3%，千粒重 30.4 克。抗性两年综合表现：稻瘟病综合指数 4.3 级，穗瘟损失率最高级 7 级；褐飞虱平均级 9 级，最高级 9 级。米质主要指标两年综合表现：整精米率 58.7%，长宽比 2.6，垩白粒率 63%，垩白度 12.0%，胶稠度 82 毫米，直链淀粉含量 24.8%。

2013 年国家水稻品种试验年会审议意见：2014 年进行生产试验。

2. 343A/R533

2012 年初试平均亩产 600.53 千克，比Ⅱ优 838（CK）增产 5.09%，达极显著水平，增产点比例 82.4%；2013 年续试平均亩产 624.86 千克，比Ⅱ优 838（CK）增产 6.94%，达极显著水平；两年区试平均亩产 612.57 千克，比Ⅱ优 838（CK）增产 6.03%，增产点比例 88.1%。全生育期两年区试平均 153.2 天，比Ⅱ优 838（CK）早熟 1.5 天。主要农艺性状两年区试综合表现：每亩有效穗数 14.0 万穗，株高 120.2 厘米，穗长 26.0 厘米，每穗总粒数 191.0 粒，结实率 80.2%，千粒重 30.8 克。抗性两年综合表现：稻瘟病综合指数 3.7 级，穗瘟损失率最高级 5 级；褐飞虱平均级 8 级，最高级 9 级。米质主要指标两年综合表现：整精米率 43.2%，长宽比 2.9，垩白粒率 47%，垩白度 8.5%，胶稠度 75 毫米，直链淀粉含量 21.8%。

2013 年国家水稻品种试验年会审议意见：已完成试验程序，可以申报国家品种审定。

3. 宜香优 196

2012 年初试平均亩产 598.02 千克，比Ⅱ优 838（CK）增产 4.70%，达极显著水平，增产点比例 88.2%；2013 年续试平均亩产 624.01 千克，比Ⅱ优 838（CK）增产 6.80%，达极显著水平；两年区试平均亩产 611.02 千克，比Ⅱ优 838（CK）增产 5.76%，增产点比例 94.1%。全生育期两年区试平均 154.3 天，比Ⅱ优 838（CK）早熟 0.4 天。主要农艺性状两年区试综合表现：每亩有效穗数 14.3 万穗，株高 116.5 厘米，穗长 27.2 厘米，每穗总粒数 174.9 粒，结实率 79.7%，千粒重 32.8 克。抗性两年综合表现：稻瘟病综合指数 5.7 级，穗瘟损失率最高级 7 级；褐飞虱平均级 8 级，最高级 9 级。米质主要指标两年综合表现：整精米率 53.3%，长宽比 2.9，垩白粒率 57%，垩白度 8.7%，胶稠度 76 毫米，直链淀粉含量 16.6%。

2013 年国家水稻品种试验年会审议意见：已完成试验程序，可以申报国家品种审定。

（三）初试品种

1. 鹏两优 332

2013 年初试平均亩产 634.96 千克，比Ⅱ优 838（CK）增产 8.67%，达极显著水平，增产点比例 87.5%。全生育期 154.8 天，比Ⅱ优 838（CK）迟熟 1.0 天。主要农艺性状表现：每亩有效穗数 14.8 万穗，株高 114.7 厘米，穗长 25.2 厘米，每穗总粒数 211.5 粒，结实率 81.5%，千粒重 26.7 克。抗性：稻瘟病综合指数 4.7 级，穗瘟损失率最高级 9 级；褐飞虱 7 级。米质主要指标：整精米率 60.4%，长宽比 3.2，垩白粒率 17%，垩白度 2.6%，胶稠度 80 毫米，直链淀粉含量 15.2%，达国标优质 3 级。

2013 年国家水稻品种试验年会审议意见：终止试验。

2. 成丰 A/天恢 918

2013 年初试平均亩产 630.74 千克，比Ⅱ优 838（CK）增产 7.95%，达极显著水平，增产点比例 93.8%。全生育期 152.0 天，比Ⅱ优 838（CK）早熟 1.8 天。主要农艺性状表现：每亩有效穗数 13.8 万穗，株高 118.4 厘米，穗长 26.6 厘米，每穗总粒数 188.0 粒，结实率 80.5%，千粒重 32.3 克。抗性：稻瘟病综合指数 3.0 级，穗瘟损失率最高级 3 级；褐飞虱 7 级。米质主要指标：整精米率 58.0%，长宽比 2.6，垩白粒率 60%，垩白度 10.1%，胶稠度 84 毫米，直链淀粉含量 14.7%。

2013 年国家水稻品种试验年会审议意见：2014 年续试。

3. 禾两优 339

2013 年初试平均亩产 622.33 千克，比Ⅱ优 838（CK）增产 6.51%，达极显著水平，增产点比例

93.8%。全生育期152.7天，比Ⅱ优838（CK）早熟1.1天。主要农艺性状表现：每亩有效穗数16.5万穗，株高108.6厘米，穗长25.8厘米，每穗总粒数186.0粒，结实率82.4%，千粒重25.0克。抗性：稻瘟病综合指数5.5级，穗瘟损失率最高级7级；褐飞虱7级。米质主要指标：整精米率66.8%，长宽比3.0，垩白粒率35%，垩白度4.3%，胶稠度70毫米，直链淀粉含量14.5%。

2013年国家水稻品种试验年会审议意见：2014年续试。

4. 德香146

2013年初试平均亩产621.51千克，比Ⅱ优838（CK）增产6.37%，达极显著水平，增产点比例87.5%。全生育期156.9天，比Ⅱ优838（CK）迟熟3.1天。主要农艺性状表现：每亩有效穗数14.5万穗，株高118.5厘米，穗长26.0厘米，每穗总粒数187.0粒，结实率80.9%，千粒重30.5克。抗性：稻瘟病综合指数3.5级，穗瘟损失率最高级5级；褐飞虱7级。米质主要指标：整精米率55.1%，长宽比2.7，垩白粒率17%，垩白度2.9%，胶稠度86毫米，直链淀粉含量15.6%。

2013年国家水稻品种试验年会审议意见：2014年续试。

5. 内香5A/绵恢768

2013年初试平均亩产617.08千克，比Ⅱ优838（CK）增产5.61%，达极显著水平，增产点比例93.8%。全生育期150.6天，比Ⅱ优838（CK）早熟3.2天。主要农艺性状表现：每亩有效穗数14.0万穗，株高110.7厘米，穗长25.1厘米，每穗总粒数171.0粒，结实率86.2%，千粒重30.3克。抗性：稻瘟病综合指数4.2级，穗瘟损失率最高级5级；褐飞虱9级。米质主要指标：整精米率53.5%，长宽比2.9，垩白粒率44%，垩白度7.4%，胶稠度71毫米，直链淀粉含量18.7%。

2013年国家水稻品种试验年会审议意见：2014年续试。

6. 晶两优华占

2013年初试平均亩产602.48千克，比Ⅱ优838（CK）增产3.11%，达极显著水平，增产点比例81.3%。全生育期156.1天，比Ⅱ优838（CK）迟熟2.3天。主要农艺性状表现：每亩有效穗数16.4万穗，株高105.2厘米，穗长25.2厘米，每穗总粒数196.7粒，结实率79.8%，千粒重24.6克。抗性：稻瘟病综合指数2.9级，穗瘟损失率最高级3级；褐飞虱9级。米质主要指标：整精米率66.8%，长宽比2.9，垩白粒率8%，垩白度1.6%，胶稠度75毫米，直链淀粉含量15.0%，达国标优质3级。

2013年国家水稻品种试验年会审议意见：2014年续试。

7. 宜香优3301

2013年初试平均亩产591.96千克，比Ⅱ优838（CK）增产1.31%，达显著水平，增产点比例50.0%。全生育期156.1天，比Ⅱ优838（CK）迟熟2.3天。主要农艺性状表现：每亩有效穗数14.8万穗，株高117.7厘米，穗长27.0厘米，每穗总粒数173.1粒，结实率79.7%，千粒重31.5克。抗性：稻瘟病综合指数6.2级，穗瘟损失率最高级9级；褐飞虱5级。米质主要指标：整精米率57.3%，长宽比3.1，垩白粒率14%，垩白度2.5%，胶稠度77毫米，直链淀粉含量15.3%，达国标优质3级。

2013年国家水稻品种试验年会审议意见：终止试验。

8. 冈1优1号

2013年初试平均亩产589.62千克，比Ⅱ优838（CK）增产0.91%，达显著水平，增产点比例43.8%。全生育期152.4天，比Ⅱ优838（CK）早熟1.4天。主要农艺性状表现：每亩有效穗数15.4万穗，株高120.5厘米，穗长25.7厘米，每穗总粒数162.1粒，结实率85.2%，千粒重29.7克。抗性：稻瘟病综合指数4.1级，穗瘟损失率最高级5级；褐飞虱9级。米质主要指标：整精米率61.6%，长宽比3.0，垩白粒率59%，垩白度13.0%，胶稠度70毫米，直链淀粉含量21.3%。

2013年国家水稻品种试验年会审议意见：终止试验。

表 8-1 长江上游中籼迟熟 D 组（132411NS-D）区试及生产试验参试品种基本情况

编号	品种名称	品种类型	亲本组合	选育/供种单位
区试				
1	*内香 5A/绵恢 768	杂交稻	内香 5A×绵恢 768	西南科技大学水稻所/内江杂交水稻科技开发中心
2	*德香 146	杂交稻	德香 074A×绵恢 146	四川绵阳市农业科学院/四川省水稻高粱所
3	川谷优 23	杂交稻	川谷 A×泸恢 23	四川省农业科学院水稻高粱所
4	*晶两优华占	杂交稻	晶 4155S×华占	袁隆平农业高科技股份有限公司/中国水稻研究所
5CK	Ⅱ优 838（CK）	杂交稻	Ⅱ-32A×辐恢 838	四川省原子能研究院
6	*冈 1 优 1 号	杂交稻	冈香 1A×金恢 1 号	四川农业大学水稻所
7	*成丰 A/天恢 918	杂交稻	成丰 A×天恢 918	仲衍种业股份有限公司
8	343A/R533	杂交稻	343A×R533	武胜县农业科学研究所
9	宜香优 196	杂交稻	宜香 1A×R196	贵州卓豪农业科技有限公司
10	*宜香优 3301	杂交稻	宜香 1A×闽恢 3301	四川农大高科农业有限责任公司/福建科荟种业有限公司
11	*禾两优 339	杂交稻	禾 1S×辐恢 838/339	重庆市为天农业有限责任公司/贵州禾睦福种子有限公司
12	*鹏两优 332	杂交稻	鹏 S×R332	江西科源种业有限公司
生产试验				
2	乐丰 A/R891	杂交稻	乐丰 A×R891	双流县发兴农作物研究所
7	DM63A/乐恢 188	杂交稻	DM63A×乐恢 188	双流县发兴农作物研究所
10CK	Ⅱ优 838（CK）	杂交稻	Ⅱ-32A×辐恢 838	四川省原子能研究院
12	德优 427	杂交稻	德香 074A×成恢 727	四川省农业科学院水稻高粱所

*为 2013 年新参试品种。

表 8－2　长江上游中籼迟熟 D 组（132411NS-D）区试及生产试验点基本情况

承试单位	试验地点	经度	纬度	海拔高度（米）	试验负责人及执行人
区试					
贵州黔东南州农科所	凯里市舟溪镇	107°55′	26°29′	740.0	金玉荣、杨秀军、雷安宁、彭朝才
贵州黔西南州农科所	兴义市桔山镇新建村	104°56′	25°6′	1 200.0	敖正友
贵州省农业科学院水稻所	贵阳市小河区	106°43′	26°35′	1 140.0	涂敏、李树杏
贵州遵义市农科所	遵义市南白镇红星村	106°54′	27°32′	900.0	王怀昕
陕西汉中市农科所	汉中市汉台区农科所试验农场	106°59′	33°07′	510.0	黄卫群
四川广元市种子站	广元市利州区赤化镇石羊一组	105°57′	32°34′	490.0	王春
四川绵阳市农科所	绵阳市农科区松垭镇	104°45′	31°03′	470.0	刘定友
四川内江杂交水稻中心	内江杂交水稻中心试验地	105°03′	29°35′	352.3	肖培村、谢从简、曹厚明
四川省原良种试验站	双流县九江镇	130°55′	30°05′	494.0	赵银春、胡蓉
四川省农业科学院水稻高粱所	泸县福集镇茂盛村	105°22′	29°10′	291.0	徐富贤、朱永川
四川巴中市巴州区种子站	巴州区石城乡青州坝村	106°43′	31°51′	370.0	程雄、庞立华、侯兵
云南德宏州种子站	芒市大湾村	98°36′	24°29′	913.8	刘宏珺、董保萍、杨素华、张正兴、王宪芳
云南红河州农科所	蒙自市雨过铺镇永宁村	103°23′	23°27′	1 284.0	马文金、张文华、王海德
云南文山州种子站	文山市开化镇黑卡村	103°35′	22°40′	1 260.0	张才能、金代珍
重庆涪陵区种子站	涪陵区马武镇文观村 3 社	107°17′	29°36′	672.1	胡永友、陈景平
重庆市农业科学院水稻所	巴南区南彭镇大石塔村	106°20′	29°30′	302.0	李贤勇、何永歆
重庆万州区种子站	万州区良种场	108°23′	31°05′	180.0	熊德辉、谭安平、谭家刚
生产试验					
四川巴中市巴州区种子站	巴州区石城乡青州坝村	106.69°	31.76°	370.0	程雄、庞立华、侯兵
四川宜宾市农业科学院	南溪县大观试验基地	104°00′	27°00′	350.0	林纲、江青山
四川西充县种子站	观凤乡袁塘坝村	105°08′	31°01′	350.0	袁维虎、王小林
四川宣汉县种子站	双河镇玛瑙村	108°03′	31°15′	360.0	吴清连、向乾
重庆南川区种子站	南川区大观镇铁桥村 3 组	107°05′	29°03′	720.0	倪万贵、冉忠领
重庆潼南县种子站	崇龛镇临江村 5 社	105°38′	30°06′	260.0	张建国、谭长华、梁浩、胡海
贵州遵义县种子站	石板镇乐意村十二组	106°45′	27°30′	860.0	范方敏、姚高学
云南红河州农科所	蒙自市雨过铺镇永宁村	103°23′	23°27′	1 284.0	马文金、张文华、王海德

表 8-3　长江上游中籼迟熟 D 组（132411NS-D）区试品种产量、生育期及主要农艺经济性状汇总分析结果

品种名称	区试年份	亩产（千克）	比 CK ±%	比组平均 ±%	产量差异显著性		回归系数	比 CK 增产点（%）	全生育期（天）	比 CK ±天	分蘖率（%）	有效穗（万/亩）	成穗率（%）	株高（厘米）	穗长（厘米）	每穗总粒数	每穗实粒数	结实率（%）	千粒重（克）
					0.05	0.01													
川谷优 23	2012～2013	614.57	6.38	2.55				91.0	155.1	0.5	283.2	14.6	65.4	115.5	26.2	182.7	146.6	80.3	30.4
343A/R533	2012～2013	612.57	6.03	2.22				88.1	153.2	-1.5	278.5	14.0	68.0	120.2	26.0	191.0	153.0	80.2	30.8
宜香优 196	2012～2013	611.02	5.76	1.95				94.1	154.3	-0.4	299.8	14.3	64.7	116.5	27.2	174.9	139.3	79.7	32.8
Ⅱ优 838（CK）	2012～2013	577.73	0.00	-3.58				0.0	154.6	0.0	279.6	14.7	65.1	112.5	25.0	169.2	145.7	86.1	28.8
鹏两优 332	2013	634.96	8.67	3.36	a	A	1.10	87.5	154.8	1.0	292.2	14.8	63.9	114.7	25.2	211.5	172.3	81.5	26.7
成丰 A/天恢 918	2013	630.74	7.95	2.68	ab	AB	0.88	93.8	152.0	-1.8	276.9	13.8	68.6	118.4	26.6	188.0	151.4	80.5	32.3
川谷优 23	2013	627.73	7.44	2.19	bc	ABC	1.00	93.8	154.0	0.2	299.8	14.9	66.3	115.0	26.7	187.3	150.2	80.2	29.9
343A/R533	2013	624.86	6.94	1.72	bc	BCD	1.00	93.8	151.9	-1.9	279.6	14.3	70.0	119.5	26.3	189.2	154.1	81.5	30.7
宜香优 196	2013	624.01	6.80	1.58	bc	BCD	0.95	100	153.1	-0.7	310.4	14.2	64.0	117.5	27.8	180.1	143.3	79.6	32.9
禾两优 339	2013	622.33	6.51	1.31	cd	BCD	1.04	93.8	152.7	-1.1	327.4	16.5	68.7	108.6	25.8	186.0	153.3	82.4	25.0
德香 146	2013	621.51	6.37	1.17	cd	CD	1.00	87.5	156.9	3.1	293.6	14.5	65.2	118.5	26.0	187.0	151.4	80.9	30.5
内香 5A/绵恢 768	2013	617.08	5.61	0.45	d	D	0.99	93.8	150.6	-3.2	299.6	14.0	62.1	110.7	25.1	171.0	147.5	86.2	30.3
晶两优华占	2013	602.48	3.11	-1.92	e	E	1.02	81.3	156.1	2.3	317.0	16.4	66.9	105.2	25.2	196.7	157.0	79.8	24.6
宜香优 3301	2013	591.96	1.31	-3.64	f	F	0.96	50.0	156.1	2.3	309.9	14.8	65.0	117.7	27.0	173.1	137.9	79.7	31.5
冈 1 优 1 号	2013	589.62	0.91	-4.02	fg	F	1.12	43.8	152.4	-1.4	309.7	15.4	65.1	120.5	25.7	162.1	138.0	85.2	29.7
Ⅱ优 838（CK）	2013	584.28	0.00	-4.89	g	F	0.92	0.0	153.8	0.0	273.2	14.5	66.5	111.9	25.2	174.7	152.3	87.2	28.6

表 8－4 长江上游中籼迟熟 D 组生产试验（132411NS-D-S）品种产量、生育期及在各生产试验点综合评价等级

品种名称	乐丰 A/R891	DM63A/乐恢 188	德优 427	Ⅱ优 838（CK）
生产试验汇总表现				
全生育期（天）	157.4	157.4	158.6	158.3
比 CK ± 天	-0.9	-0.9	0.3	0.0
亩产（千克）	575.00	577.00	589.03	549.05
产量比 CK ± %	4.84	5.10	6.89	0.00
各生产试验点综合评价等级				
贵州遵义县种子站	B	B	B	B
四川巴中市巴州区种子站	B	B	B	C
四川西充县种子站				
四川宣汉县种子站	A	A	A	B
四川宜宾市农业科学院	B	B	B	C
云南红河州农科所	C	C	B	C
重庆南川区种子站	A	A	A	B
重庆潼南县种子站	B	B	A	C

备注：1. 各组品种生产试验合并进行，因品种较多，部分试点加设 CK 后安排在 2 块田中试验，表中产量比 CK ± % 系同田块 CK 比较的结果；
2. 综合评价等级：A—好，B—较好，C—中等，D—一般。

表 8－5　长江上游中籼迟熟 D 组（132411NS-D）品种稻瘟病抗性各地鉴定结果（2013 年）

品种名称	四川蒲江					重庆涪陵					贵州湄潭				
	叶瘟（级）	穗瘟发病率		穗瘟损失率		叶瘟（级）	穗瘟发病率		穗瘟损失率		叶瘟（级）	穗瘟发病率		穗瘟损失率	
		%	级	%	级		%	级	%	级		%	级	%	级
内香 5A/绵恢 768	5	23	5	9	3	5	25	5	20	5	3	25	5	13	3
德香 146	4	23	5	7	3	5	4	1	1	1	2	31	7	17	5
川谷优 23	5	22	5	7	3	1	2	1	1	1	3	57	9	32	7
晶两优华占	4	17	5	5	3	3	2	1	0	1	3	22	5	12	3
Ⅱ优 838（CK）	5	80	9	49	7	7	86	9	55	9	5	68	9	74	9
冈 1 优 1 号	4	22	5	8	3	4	12	5	6	3	2	39	7	22	5
成丰 A/天恢 918	6	31	7	13	3	1	1	1	0	1	2	22	5	11	3
343A/R533	5	30	7	14	3	3	2	1	1	1	3	23	5	12	3
宜香优 196	5	39	7	19	5	7	49	7	42	7	3	49	7	28	5
宜香优 3301	5	58	9	36	7	6	100	9	74	9	2	20	5	10	3
禾两优 339	5	21	5	8	3	7	41	7	21	5	3	56	9	48	7
鹏两优 332	5	17	5	6	3	4	8	3	2	1	4	67	9	66	9
感病对照	9	94	9	68	9										

注：1. 鉴定单位为四川省农业科学院植保所、重庆涪陵区农科所、贵州湄潭县农业局植保站；
2. 四川省农业科学院植保所感病对照品种为Ⅱ优 725。

表 8－6　长江上游中籼迟熟 D 组（132411NS-D）品种对主要病虫抗性综合评价结果（2012～2013 年）及抽穗期温度敏感性（2013 年）

品种名称	区试年份	稻瘟病							褐飞虱			抽穗期耐热性（级）	抽穗期耐冷性
		2013 年各地综合指数（级）				2013 年穗瘟损失率最高级	1～2 年综合评价		2013 年（级）	1～2 年综合评价			
		四川	重庆	贵州	平均		平均综合指数（级）	穗瘟损失率最高级		平均级	最高级		
乐丰 A/R891	2011～2012											7	中等
DM63A/乐恢 188	2011～2012											5	中等
德优 427	2011～2012											5	耐冷
Ⅱ优 838（CK）	2012～2013											3	耐冷
川谷优 23	2012～2013	4.0	1.0	6.5	3.8	7	4.3	7	9	9	9		
343A/R533	2012～2013	4.5	1.5	3.5	3.2	3	3.7	5	7	8	9		
宜香优 196	2012～2013	5.5	7.0	5.0	5.8	7	5.7	7	7	8	9		
Ⅱ优 838（CK）	2012～2013	7.0	8.5	8.0	7.8	9	7.8	9	7	8	9		
内香 5A/绵恢 768	2013	4.0	5.0	3.5	4.2	5	4.2	5	9	9	9		
德香 146	2013	3.8	2.0	4.8	3.5	5	3.5	5	7	7	7		
晶两优华占	2013	3.8	1.5	3.5	2.9	3	2.9	3	9	9	9		
Ⅱ优 838（CK）	2013	7.0	8.5	8.0	7.8	9	7.8	9	7	7	7		
冈 1 优 1 号	2013	3.8	3.8	4.8	4.1	5	4.1	5	9	9	9		
成丰 A/天恢 918	2013	4.8	1.0	3.3	3.0	3	3.0	3	7	7	7		
宜香优 3301	2013	7.0	8.3	3.3	6.2	9	6.2	9	5	5	5		
禾两优 339	2013	4.0	6.0	6.5	5.5	7	5.5	7	7	7	7		
鹏两优 332	2013	4.0	2.3	7.8	4.7	9	4.7	9	7	7	7		

注：1. 稻瘟病综合指数（级）＝叶瘟级×25%＋穗瘟发病率级×25%＋穗瘟损失率级×50%；

2. 褐飞虱、耐热性、耐冷性分别为中国水稻研究所、华中农业大学、湖北恩施州农业科学院鉴定结果。

表 8－7　长江上游中籼迟熟 D 组（132411NS-D）品种米质检测分析结果

品种名称	年份	糙米率(%)	精米率(%)	整精米率(%)	粒长(毫米)	长宽比	垩白粒率(%)	垩白度(%)	透明度(级)	碱消值(级)	胶稠度(毫米)	直链淀粉(%)	部标*(等级)	国标**(等级)
343A/R533	2012～2013	81.4	72.6	43.2	7.1	2.9	47	8.5	2	5.3	75	21.8	普通	等外
川谷优 23	2012～2013	82.0	73.6	58.7	6.8	2.6	63	12.0	3	6.2	82	24.8	普通	等外
宜香优 196	2012～2013	80.5	72.5	53.3	7.2	2.9	57	8.7	1	6.8	76	16.6	普通	等外
Ⅱ优 838（CK）	2012～2013	80.6	72.6	61.8	6.0	2.3	43	8.9	2	6.2	66	21.0	普通	等外
成丰 A/天恢 918	2013	80.8	72.7	58.0	6.9	2.6	60	10.1	2	3.5	84	14.7	普通	等外
德香 146	2013	80.5	72.1	55.1	6.8	2.7	17	2.9	2	4.9	86	15.6	普通	等外
冈 1 优 1 号	2013	81.1	72.5	61.6	7.0	3.0	59	13.0	2	5.5	70	21.3	普通	等外
禾两优 339	2013	81.6	73.6	66.8	6.6	3.0	35	4.3	2	6.9	70	14.5	优 3	等外
晶两优华占	2013	80.4	72.4	66.8	6.4	2.9	8	1.6	2	4.5	75	15.0	普通	优 3
内香 5A/绵恢 768	2013	81.1	72.7	53.5	7.1	2.9	44	7.4	2	6.0	71	18.7	普通	等外
鹏两优 332	2013	79.7	71.4	60.4	6.9	3.2	17	2.6	2	4.9	80	15.2	普通	优 3
宜香优 3301	2013	81.2	72.8	57.3	7.4	3.1	14	2.5	1	5.0	77	15.3	优 3	优 3
Ⅱ优 838（CK）	2013	80.6	72.6	61.8	6.0	2.3	43	8.9	2	6.2	66	21.0	普通	等外

注：1. 样品生产提供单位：陕西汉中市农科所（2012～2013 年）、云南红河州农科所（2012～2013 年）、四川省原良种试验站（2012～2013 年）；

2. 检测分析单位：农业部稻米及制品质量监督检验测试中心。

表 8-8-1　长江上游中籼迟熟 D 组（132411NS-D）区试品种在各试点的产量、生育期及主要农艺经济性状表现

品种名称/试验点	亩产（千克）	比 CK ± %	产量位次	播种期（月/日）	齐穗期（月/日）	成熟期（月/日）	全生育期（天）	有效穗（万/亩）	株高（厘米）	穗长（厘米）	总粒数/穗	实粒数/穗	结实率（%）	千粒重（克）	杂株率（%）	倒伏性	穗颈瘟	纹枯病	综评等级
内香 5A/绵恢 768																			
贵州黔东南州农科所	643.00	7.11	7	4/15	8/2	9/14	152	14.4	113.4	24.5	155.5	138.3	88.9	31.3	0.0	直	未发	轻	B
贵州黔西南州农科所	809.83	9.93	2	4/14	8/12	9/22	161	18.4	99.4	24.4	188.5	145.7	77.3	30.7	0.0	直	未发	轻	A
贵州省农业科学院水稻所	650.92	9.29	7	4/13	8/12	9/25	165	14.3	102.0	23.0	185.1	148.9	80.4	30.9	1.1	直	未发	未发	B
贵州遵义市农科所	677.04	9.67	5	4/15	8/6	9/20	158	13.1	104.3	25.1	211.0	170.4	80.8	32.4	0.0	直	未发	轻	B
陕西汉中市农科所	729.17	5.56	7	4/11	8/4	9/7	150	16.2	134.8	24.4	155.1	138.3	89.2	29.3	0.0	直	未发	轻	A
四川巴中市巴州区种子站	537.00	1.23	7	3/30	7/24	8/24	147	12.0	120.0	25.0	157.7	143.3	90.9	30.6	1.5	直	未发	轻	B
四川广元市种子站	577.50	4.30	5	4/12	8/5	9/17	158	13.2	102.5	24.6	188.4	159.6	84.7	28.4	0.3	直	未发	轻	A
四川绵阳市农科所	520.17	3.38	10	3/27	7/20	8/18	144	14.8	115.8	26.4	119.1	108.8	91.4	32.6		直	未发	轻	C
四川内江杂交水稻开发中心	566.33	10.47	4	3/30	7/15	8/15	138	13.4	113.0	23.7	163.6	143.0	87.4	30.8		直	未发	轻	A
四川省农业科学院水稻高粱所	558.83	3.19	8	3/13	6/23	7/22	131	13.9	111.3	23.9	149.7	135.5	90.5	30.0	0.0	直	未发	轻	B
四川省原良种试验站	504.83	4.09	5	4/11	8/4	9/5	146	11.6	117.6	26.7	152.1	135.9	89.4	31.2	1.2	直	未发	轻	B
云南红河州农科所	695.00	7.20	6	4/2	7/30	9/5	156	17.6	100.3	22.5	156.5	144.8	92.5	29.3	0.0	直	未发	轻	B
云南文山州种子站	611.50	-7.91	11	4/15	8/5	9/12	150	11.4	100.1	26.0	189.4	162.8	86.0	32.7	0.0	直	无	轻感	D
重庆市涪陵区种子站	612.01	2.87	9	3/15	7/20	8/21	159	12.5	111.6	27.1	165.4	139.9	84.6	26.5	0.0	直	未发	无	C
重庆市农业科学院水稻所	575.67	3.41	8	3/18	7/6	8/7	142	11.9	122.8	29.2	206.9	174.4	84.3	28.9		直	未发	轻	B
重庆万州区种子站	604.50	16.85	3	3/19	7/14	8/18	152	15.7	103.0	25.5	192.1	169.9	88.4	29.1	0.0	直	未发	轻	A

注：综合评级 A—好，B—较好，C—中等，D——一般。

表 8－8－2　长江上游中籼迟熟 D 组（132411NS-D）区试品种在各试点的产量、生育期及主要农艺经济性状表现

品种名称/试验点	亩产（千克）	比 CK ± %	产量位次	播种期（月/日）	齐穗期（月/日）	成熟期（月/日）	全生育期（天）	有效穗（万/亩）	株高（厘米）	穗长（厘米）	总粒数/穗	实粒数/穗	结实率（%）	千粒重（克）	杂株率（%）	倒伏性	穗颈瘟	纹枯病	综评等级
德香 146																			
贵州黔东南州农科所	589.33	-1.83	12	4/15	8/8	9/20	158	13.9	111.8	26.0	179.1	138.3	77.2	31.0	0.1	直	未发	轻	D
贵州黔西南州农科所	799.00	8.46	3	4/14	8/16	9/28	167	18.5	103.9	23.4	230.1	158.2	68.8	27.9	0.0	直	未发	轻	B
贵州省农业科学院水稻所	660.08	10.83	5	4/13	8/16	9/28	168	12.8	108.2	24.4	197.5	163.2	82.6	31.2	0.8	直	未发	未发	B
贵州遵义市农科所	666.15	7.91	6	4/15	8/12	9/24	162	14.7	100.9	25.5	209.2	147.8	70.7	32.1	0.0	直	未发	轻	B
陕西汉中市农科所	730.97	5.82	4	4/11	8/14	9/17	160	17.9	140.4	25.6	172.2	145.3	84.4	30.7	0.0	直	未发	轻	A
四川巴中市巴州区种子站	569.83	7.41	3	3/30	7/28	8/24	147	13.1	129.0	26.6	221.8	191.3	86.3	31.9		直	未发	轻	A
四川广元市种子站	554.67	0.18	10	4/12	8/16	9/21	162	13.4	120.1	24.4	177.2	155.5	87.7	27.8	0.3	直	未发	轻	B
四川绵阳市农科所	577.58	14.79	2	3/27	7/28	8/28	154	16.0	125.1	27.1	139.0	114.2	82.2	32.0		直	未发	无	A
四川内江杂交水稻开发中心	529.50	3.28	7	3/30	7/25	8/25	148	14.6	129.5	24.7	145.5	121.2	83.3	31.4		直	未发	中	C
四川省农业科学院水稻高粱所	566.55	4.62	6	3/13	7/4	8/4	144	13.5	128.0	28.1	185.2	145.8	78.7	29.8	2.0	直	未发	轻	B
四川省原良种试验站	504.50	4.02	6	4/11	8/14	9/13	153	12.5	122.4	25.1	170.0	135.1	79.4	30.2	0.4	直	未发	轻	B
云南红河州农科所	750.67	15.78	1	4/2	8/11	9/14	165	18.1	110.2	24.7	161.9	143.3	88.5	30.9	0.0	直	未发	轻	A
云南文山州种子站	673.00	1.36	6	4/15	8/15	9/19	157	14.4	103.9	25.6	213.5	153.7	72.0	31.8	0.8	直	无	轻感	B
重庆市涪陵区种子站	583.24	-1.96	12	3/15	7/21	8/21	159	11.1	113.0	27.4	203.1	174.9	86.1	30.8	0.0	直	未发	无	D
重庆市农业科学院水稻所	601.67	8.08	2	3/18	7/14	8/15	150	12.5	130.0	28.1	182.6	159.0	87.1	31.4		直	未发	轻	B
重庆万州区种子站	587.50	13.56	6	3/19	7/17	8/22	156	15.2	119.0	29.0	204.7	175.5	85.7	26.4	0.0	直	未发	轻	A

注：综合评级 A—好，B—较好，C—中等，D——般。

表8-8-3　长江上游中籼迟熟D组（132411NS-D）区试品种在各试点的产量、生育期及主要农艺经济性状表现

品种名称/试验点	亩产（千克）	比CK±%	产量位次	播种期（月/日）	齐穗期（月/日）	成熟期（月/日）	全生育期（天）	有效穗（万/亩）	株高（厘米）	穗长（厘米）	总粒数/穗	实粒数/穗	结实率（%）	千粒重（克）	杂株率（%）	倒伏性	穗颈瘟	纹枯病	综评等级
川谷优23																			
贵州黔东南州农科所	648.17	7.97	6	4/15	8/5	9/17	155	12.7	111.1	26.4	192.4	170.0	88.4	30.6	0.0	直	未发	轻	B
贵州黔西南州农科所	769.83	4.50	8	4/14	8/19	9/25	164	17.2	99.4	24.0	190.1	140.0	73.6	32.5	0.0	直	未发	轻	C
贵州省农业科学院水稻所	665.99	11.82	4	4/13	8/13	9/25	165	13.6	105.2	23.5	192.3	158.1	82.2	31.7	0.4	直	未发	未发	B
贵州遵义市农科所	660.00	6.91	8	4/15	8/8	9/20	158	14.8	103.8	25.9	205.5	141.9	69.1	32.4	0.0	直	未发	轻	C
陕西汉中市农科所	727.97	5.38	8	4/11	8/12	9/15	158	20.4	132.2	26.1	155.6	135.2	86.9	30.5	0.0	直	未发	轻	A
四川巴中市巴州区种子站	575.33	8.45	2	3/30	7/26	8/25	148	16.5	120.0	25.9	194.3	172.4	88.7	31.0		直	未发	无	A
四川广元市种子站	612.50	10.63	2	4/12	8/13	9/20	161	12.2	124.3	26.6	208.0	172.2	82.8	26.8	0.3	直	未发	轻	A
四川绵阳市农科所	533.25	5.98	8	3/27	7/24	8/24	150	19.1	115.1	26.3	129.1	118.5	91.8	24.3		直	未发	无	B
四川内江杂交水稻开发中心	494.83	-3.48	10	3/30	7/22	8/22	145	13.8	119.0	27.4	178.3	116.4	65.3	31.3		直	未发	轻	C
四川省农业科学院水稻高粱所	618.26	14.16	2	3/13	6/26	7/28	137	13.8	126.3	29.1	203.2	158.3	77.9	29.2	0.0	直	未发	轻	A
四川省原良种试验站	508.67	4.88	3	4/11	8/10	9/7	148	12.0	113.4	29.5	181.5	151.8	83.7	28.2	0.0	直	未发	轻	A
云南红河州农科所	733.00	13.06	3	4/2	8/9	9/12	163	17.8	110.6	24.5	185.8	138.3	74.4	33.0	0.0	直	未发	轻	A
云南文山州种子站	701.33	5.62	1	4/15	8/15	9/18	156	14.9	102.6	25.9	190.8	147.0	77.0	32.3	0.8	直	无	轻感	A
重庆市涪陵区种子站	626.09	5.24	6	3/15	7/21	8/21	159	13.5	114.6	27.1	169.3	144.6	85.5	28.5	0.0	直	未发	无	B
重庆市农业科学院水稻所	584.17	4.94	6	3/18	7/8	8/9	144	12.2	123.6	30.3	209.5	175.4	83.7	28.8		直	未发	轻	A
重庆万州区种子站	584.33	12.95	7	3/19	7/17	8/19	153	14.1	118.0	28.2	211.7	163.4	77.2	28.0	0.0	直	未发	轻	A

注：综合评级 A—好，B—较好，C—中等，D——般。

表 8-8-4　长江上游中籼迟熟 D 组（132411NS-D）区试品种在各试点的产量、生育期及主要农艺经济性状表现

品种名称/试验点	亩产（千克）	比 CK ± %	产量位次	播种期（月/日）	齐穗期（月/日）	成熟期（月/日）	全生育期（天）	有效穗（万/亩）	株高（厘米）	穗长（厘米）	总粒数/穗	实粒数/穗	结实率（%）	千粒重（克）	杂株率（%）	倒伏性	穗颈瘟	纹枯病	综评等级
晶两优华占																			
贵州黔东南州农科所	636.50	6.03	8	4/15	8/7	9/18	156	13.4	110.0	24.6	234.9	184.0	78.3	27.1	0.4	直	未发	未发	B
贵州黔西南州农科所	798.67	8.42	4	4/14	8/19	9/25	164	20.9	91.6	22.4	212.9	158.1	74.3	24.4	0.0	直	未发	轻	B
贵州省农业科学院水稻所	601.19	0.94	11	4/13	8/19	9/30	170	16.0	94.1	22.9	197.1	163.2	82.8	23.0	0.0	直	未发	未发	D
贵州遵义市农科所	661.44	7.15	7	4/15	8/9	9/22	160	14.8	90.7	24.7	257.1	192.5	74.9	23.6	0.0	直	未发	轻	B
陕西汉中市农科所	730.37	5.73	6	4/11	8/12	9/15	158	22.3	119.4	23.1	146.2	111.7	76.4	23.4	0.0	直	未发	轻	A
四川巴中市巴州区种子站	560.67	5.69	5	3/30	7/24	8/24	147	17.5	122.0	25.0	179.7	159.1	88.5	23.5		直	未发	轻	B
四川广元市种子站	561.83	1.47	8	4/12	8/13	9/19	160	14.6	107.6	24.1	157.2	140.2	89.2	28.0	0.6	直	未发	轻	B
四川绵阳市农科所	553.25	9.95	4	3/27	7/30	8/30	156	20.1	105.0	24.5	127.7	114.1	89.4	24.3		直	未发	轻	B
四川内江杂交水稻开发中心	579.50	13.04	1	3/30	7/23	8/23	146	17.1	113.0	24.0	162.5	149.9	92.2	23.8		直	未发	轻	A
四川省农业科学院水稻高粱所	518.85	-4.19	11	3/13	7/4	8/4	144	12.7	114.0	27.2	230.7	192.3	83.4	21.6	0.0	直	未发	轻	D
四川省原良种试验站	501.67	3.44	8	4/11	8/6	9/5	146	14.7	108.8	24.8	184.7	155.9	84.4	22.6	0.4	直	未发	轻	B
云南红河州农科所	656.00	1.18	10	4/2	8/10	9/12	163	18.9	94.7	23.2	188.9	132.5	70.1	23.2	0.3	直	未发	轻	D
云南文山州种子站	630.00	-5.12	10	4/15	8/16	9/20	158	15.8	92.8	24.2	279.1	169.8	60.8	23.3	0.0	直	无	轻感	C
重庆市涪陵区种子站	634.49	6.65	5	3/15	7/25	8/26	164	15.8	98.8	29.5	185.9	163.5	88.0	31.4	0.0	直	未发	无	B
重庆市农业科学院水稻所	576.83	3.62	7	3/18	7/13	8/14	149	13.1	111.2	31.5	218.7	176.9	80.9	25.6		直	未发	轻	B
重庆万州区种子站	438.33	-15.27	11	3/19	7/16	8/22	156	14.0	109.0	27.3	183.5	147.7	80.5	24.5	0.0	直	未发	轻	D

注：综合评级 A—好，B—较好，C—中等，D——般。

表 8-8-5 长江上游中籼迟熟 D 组（132411NS-D）区试品种在各试点的产量、生育期及主要农艺经济性状表现

品种名称/试验点	亩产（千克）	比 CK ± %	产量位次	播种期（月/日）	齐穗期（月/日）	成熟期（月/日）	全生育期（天）	有效穗（万/亩）	株高（厘米）	穗长（厘米）	总粒数/穗	实粒数/穗	结实率（%）	千粒重（克）	杂株率（%）	倒伏性	穗颈瘟	纹枯病	综评等级
Ⅱ优 838（CK）																			
贵州黔东南州农科所	600.33	0.00	10	4/15	8/7	9/16	154	14.3	109.1	25.0	164.5	150.9	91.7	28.3	0.0	直	未发	轻	C
贵州黔西南州农科所	736.67	0.00	9	4/14	8/17	9/23	162	17.8	96.0	24.4	176.8	146.4	82.8	28.0	0.0	直	未发	中	C
贵州省农业科学院水稻所	595.60	0.00	12	4/13	8/15	9/25	165	13.9	95.1	22.8	176.0	151.9	86.3	27.8	0.0	直	未发	未发	D
贵州遵义市农科所	617.32	0.00	12	4/15	8/8	9/20	158	13.8	104.5	25.2	208.1	161.8	77.8	28.0	0.0	直	未发	轻	D
陕西汉中市农科所	690.79	0.00	12	4/11	8/10	9/13	156	20.7	127.0	23.9	137.3	129.9	94.6	29.3	0.0	直	未发	轻	C
四川巴中市巴州区种子站	530.50	0.00	10	3/30	7/27	8/24	147	13.6	130.0	26.1	182.7	164.9	90.3	30.3	1.5	直	未发	无	C
四川广元市种子站	553.67	0.00	11	4/12	8/11	9/17	158	13.7	109.2	24.0	166.4	154.0	92.5	27.4	0.6	直	未发	轻	B
四川绵阳市农科所	503.17	0.00	11	3/27	7/26	8/24	150	15.9	114.7	26.0	125.1	106.2	84.9	30.0		直	未发	无	D
四川内江杂交水稻开发中心	512.67	0.00	9	3/30	7/21	8/21	144	13.7	120.5	25.1	153.6	137.3	89.4	29.2		直	未发	轻	C
四川省农业科学院水稻高粱所	541.55	0.00	9	3/13	7/4	8/4	144	10.0	125.0	27.7	211.2	191.2	90.5	28.9	0.0	直	未发	轻	C
四川省原良种试验站	485.00	0.00	10	4/11	8/7	9/5	146	11.6	112.2	23.7	189.3	152.9	80.8	27.6	0.0	直	未发	轻	C
云南红河州农科所	648.33	0.00	11	4/2	8/10	9/12	163	18.2	105.3	24.3	152.3	138.6	91.0	28.9	0.0	直	未发	轻	D
云南文山州种子站	664.00	0.00	9	4/15	8/14	9/19	157	13.8	101.6	25.3	203.5	176.8	86.9	29.7	0.0	直	无	轻感	B
重庆市涪陵区种子站	594.93	0.00	10	3/15	7/21	8/22	160	13.6	110.2	28.1	186.6	162.2	86.9	31.3	0.0	直	未发	无	D
重庆市农业科学院水稻所	556.67	0.00	9	3/18	7/10	8/9	144	13.8	119.4	27.4	173.0	151.7	87.7	27.4		直	未发	轻	C
重庆万州区种子站	517.33	0.00	9	3/19	7/19	8/19	153	14.3	110.0	24.5	188.4	160.8	85.4	26.1	0.0	直	未发	轻	B

注：综合评级 A—好，B—较好，C—中等，D——般。

表 8-8-6　长江上游中籼迟熟 D 组（132411NS-D）区试品种在各试点的产量、生育期及主要农艺经济性状表现

品种名称/试验点	亩产（千克）	比 CK ± %	产量位次	播种期（月/日）	齐穗期（月/日）	成熟期（月/日）	全生育期（天）	有效穗（万/亩）	株高（厘米）	穗长（厘米）	总粒数/穗	实粒数/穗	结实率（%）	千粒重（克）	杂株率（%）	倒伏性	穗颈瘟	纹枯病	综评等级
冈 1 优 1 号																			
贵州黔东南州农科所	592.17	-1.36	11	4/15	8/6	9/16	154	12.7	111.3	26.7	193.0	166.9	86.5	28.9	0.0	直	未发	轻	C
贵州黔西南州农科所	732.17	-0.61	12	4/14	8/16	9/24	163	21.3	101.4	24.8	150.8	115.2	76.4	29.6	0.0	直	未发	轻	D
贵州省农业科学院水稻所	624.33	4.82	10	4/13	8/12	9/25	165	14.1	202.0	23.5	175.7	148.8	84.7	31.3	0.0	直	未发	未发	C
贵州遵义市农科所	690.39	11.84	3	4/15	8/7	9/20	158	13.6	108.7	25.8	201.5	166.1	82.5	30.1	0.0	直	未发	轻	A
陕西汉中市农科所	705.19	2.08	9	4/11	8/8	9/11	154	20.0	125.8	24.0	133.6	126.7	94.9	29.9	0.0	直	未发	轻	B
四川巴中市巴州区种子站	527.17	-0.63	11	3/30	7/25	8/24	147	15.6	131.0	27.0	181.6	154.2	84.9	30.3		直	未发	轻	C
四川广元市种子站	529.50	-4.37	12	4/12	8/10	9/16	157	14.0	114.4	25.0	146.8	135.8	92.5	28.5	0.6	直	未发	轻	B
四川绵阳市农科所	500.25	-0.58	12	3/27	7/23	8/21	147	18.0	114.9	25.4	121.6	101.6	83.6	30.0		直	未发	中	D
四川内江杂交水稻开发中心	469.67	-8.39	12	3/30	7/17	8/17	140	16.2	109.5	26.1	138.0	105.9	76.8	30.5		倒	未发	中	D
四川省农业科学院水稻高粱所	621.10	14.69	1	3/13	6/26	7/27	136	11.8	125.0	29.6	214.8	182.5	85.0	29.4	0.0	直	未发	轻	A
四川省原良种试验站	477.00	-1.65	11	4/11	8/5	9/7	148	14.1	116.6	24.7	136.1	118.8	87.3	29.2	0.0	直	未发	轻	C
云南红河州农科所	691.67	6.68	7	4/2	8/6	9/11	162	16.4	113.4	23.6	154.1	135.6	88.0	32.0	0.0	直	未发	轻	B
云南文山州种子站	667.00	0.45	8	4/15	8/13	9/19	157	16.8	106.6	24.6	168.2	132.9	79.0	30.0	0.3	直	无	轻感	B
重庆市涪陵区种子站	623.24	4.76	8	3/15	7/15	8/18	156	14.4	112.4	26.1	139.9	126.2	90.2	31.2	0.0	直	未发	无	C
重庆市农业科学院水稻所	551.33	-0.96	11	3/18	7/7	8/6	141	13.2	122.4	27.6	160.8	139.7	86.9	30.6		倒	未发	轻	C
重庆万州区种子站	431.83	-16.53	12	3/19	7/15	8/20	154	13.7	112.0	27.0	177.2	151.8	85.7	23.9	0.0	直	未发	轻	D

注：综合评级 A—好，B—较好，C—中等，D——般。

表 8-8-7　长江上游中籼迟熟 D 组（132411NS-D）区试品种在各试点的产量、生育期及主要农艺经济性状表现

品种名称/试验点	亩产（千克）	比 CK ± %	产量位次	播种期（月/日）	齐穗期（月/日）	成熟期（月/日）	全生育期（天）	有效穗（万/亩）	株高（厘米）	穗长（厘米）	总粒数/穗	实粒数/穗	结实率（%）	千粒重（克）	杂株率（%）	倒伏性	穗颈瘟	纹枯病	综评等级
成丰 A/天恢 918																			
贵州黔东南州农科所	652.33	8.66	5	4/15	8/4	9/15	153	15.9	110.9	25.3	170.6	142.6	83.6	29.2	0.0	直	未发	轻	B
贵州黔西南州农科所	733.83	-0.39	11	4/14	8/14	9/23	162	16.6	106.5	25.7	196.7	129.8	66.0	35.0	0.0	直	未发	中	D
贵州省农业科学院水稻所	686.71	15.30	1	4/13	8/13	9/26	166	13.1	105.9	24.5	190.1	151.6	79.7	34.8	0.0	直	未发	未发	A
贵州遵义市农科所	644.85	4.46	10	4/15	8/7	9/20	158	13.0	110.6	26.2	211.1	138.9	65.8	34.4	0.0	直	未发	轻	C
陕西汉中市农科所	739.37	7.03	2	4/11	8/7	9/10	153	18.9	130.0	26.6	166.5	143.0	85.9	33.5	0.0	直	未发	轻	A
四川巴中市巴州区种子站	586.83	10.62	1	3/30	7/24	8/25	148	13.7	132.0	29.6	243.4	228.3	93.8	34.6		直	未发	无	A
四川广元市种子站	602.00	8.73	4	4/12	8/10	9/18	159	12.1	124.0	24.8	214.5	172.7	80.5	26.7	0.6	直	未发	轻	A
四川绵阳市农科所	583.08	15.88	1	3/27	7/23	8/23	149	13.7	131.1	28.0	142.2	124.7	87.7	35.6		直	未发	无	A
四川内江杂交水稻开发中心	569.17	11.02	3	3/30	7/17	8/17	140	13.3	122.0	26.3	157.0	137.5	87.6	33.7		斜	未发	轻	A
四川省农业科学院水稻高粱所	561.89	3.76	7	3/13	6/24	7/26	135	10.6	122.0	28.1	205.1	165.8	80.9	32.9	0.0	直	未发	轻	B
四川省原良种试验站	517.67	6.74	1	4/11	8/5	9/5	146	12.8	127.0	25.2	191.4	145.1	75.8	28.2	0.0	直	未发	轻	A
云南红河州农科所	733.83	13.19	2	4/2	8/2	9/7	158	17.0	105.2	25.0	166.3	125.7	75.6	34.5	0.0	直	未发	轻	A
云南文山州种子站	676.67	1.91	3	4/15	8/12	9/13	151	13.6	109.6	25.3	200.8	150.0	74.7	34.0	0.3	直	无	轻感	B
重庆市涪陵区种子站	687.57	15.57	2	3/15	7/18	8/20	159	11.3	117.2	28.5	173.9	149.2	85.8	29.5	0.0	直	未发	无	A
重庆市农业科学院水稻所	595.00	6.89	5	3/18	7/7	8/8	143	11.8	130.2	29.0	189.6	168.0	88.6	31.0		倒	未发	轻	B
重庆万州区种子站	521.00	0.71	8	3/19	7/15	8/18	152	13.5	110.0	28.0	189.3	148.8	78.6	28.9	0.0	直	未发	轻	B

注：综合评级 A—好，B—较好，C—中等，D——般。

表 8-8-8　长江上游中籼迟熟 D 组（132411NS-D）区试品种在各试点的产量、生育期及主要农艺经济性状表现

品种名称/试验点	亩产（千克）	比 CK ±%	产量位次	播种期（月/日）	齐穗期（月/日）	成熟期（月/日）	全生育期（天）	有效穗（万/亩）	株高（厘米）	穗长（厘米）	总粒数/穗	实粒数/穗	结实率（%）	千粒重（克）	杂株率（%）	倒伏性	穗颈瘟	纹枯病	综评等级
343A/R533																			
贵州黔东南州农科所	679.00	13.10	1	4/15	8/6	9/17	155	14.5	114.4	26.1	186.3	151.1	84.3	30.7	0.0	直	未发	未发	A
贵州黔西南州农科所	784.50	6.49	6	4/14	8/13	9/22	161	18.7	111.4	26.2	201.8	132.3	65.6	32.0	0.0	直	未发	轻	B
贵州省农业科学院水稻所	673.02	13.00	2	4/13	8/12	9/24	164	14.0	107.5	23.5	183.9	156.8	85.3	31.5	0.0	直	未发	未发	A
贵州遵义市农科所	630.74	2.17	11	4/15	8/6	9/20	158	11.9	112.0	27.0	255.2	171.8	67.3	32.5	0.0	直	未发	轻	D
陕西汉中市农科所	736.37	6.60	3	4/11	8/5	9/8	151	18.5	130.8	25.6	178.1	150.6	84.6	29.9	0.0	直	未发	轻	A
四川巴中市巴州区种子站	562.33	6.00	4	3/30	7/25	8/25	148	12.1	134.0	27.8	212.4	183.9	86.6	30.8		直	未发	无	B
四川广元市种子站	570.33	3.01	7	4/12	8/10	9/17	158	12.5	118.1	24.3	161.4	141.8	87.9	30.8	0.3	直	未发	轻	B
四川绵阳市农科所	538.75	7.07	7	3/27	7/23	8/24	150	16.0	125.0	27.3	133.7	121.0	90.5	31.8		直	未发	中	B
四川内江杂交水稻开发中心	490.33	-4.36	11	3/30	7/18	8/17	140	13.4	121.0	27.7	185.7	134.6	72.5	31.3		直	未发	轻	C
四川省农业科学院水稻高粱所	574.73	6.13	5	3/13	6/23	7/22	131	12.0	121.3	26.1	187.9	167.8	89.3	29.1	0.0	直	未发	轻	A
四川省原良种试验站	516.33	6.46	2	4/11	8/6	9/6	147	13.1	123.2	21.7	158.3	131.6	83.1	30.4	1.2	直	未发	轻	B
云南红河州农科所	696.83	7.48	5	4/2	8/4	9/7	158	17.8	115.0	24.9	157.6	133.5	84.7	32.6	0.5	直	未发	轻	B
云南文山州种子站	671.33	1.10	7	4/15	8/12	9/13	151	13.8	110.8	25.2	213.5	160.4	75.1	31.0	0.0	直	无	轻感	B
重庆市涪陵区种子站	660.25	10.98	4	3/15	7/22	8/24	162	13.5	119.0	28.2	180.2	158.4	87.9	30.6	0.0	直	未发	无	A
重庆市农业科学院水稻所	613.00	10.12	1	3/18	7/6	8/7	142	11.4	134.4	32.5	230.2	198.7	86.3	28.7		直	未发	轻	B
重庆万州区种子站	599.83	15.95	4	3/19	7/15	8/20	154	15.3	114.0	27.1	201.1	171.5	85.3	27.1	0.0	直	未发	轻	A

注：综合评级 A—好，B—较好，C—中等，D——般。

表 8-8-9　长江上游中籼迟熟 D 组（132411NS-D）区试品种在各试点的产量、生育期及主要农艺经济性状表现

品种名称/试验点	亩产（千克）	比 CK ± %	产量位次	播种期（月/日）	齐穗期（月/日）	成熟期（月/日）	全生育期（天）	有效穗（万/亩）	株高（厘米）	穗长（厘米）	总粒数/穗	实粒数/穗	结实率（%）	千粒重（克）	杂株率（%）	倒伏性	穗颈瘟	纹枯病	综评等级
宜香优 196																			
贵州黔东南州农科所	660.83	10.08	3	4/15	8/4	9/16	154	13.2	112.2	26.6	167.4	136.6	81.6	35.9	0.1	直	未发	轻	B
贵州黔西南州农科所	770.67	4.61	7	4/14	8/15	9/25	164	18.6	106.2	26.6	181.3	121.6	67.1	34.7	0.0	直	未发	轻	C
贵州省农业科学院水稻所	630.17	5.80	8	4/13	8/12	9/24	164	13.7	108.1	25.8	163.4	138.8	84.9	35.0	0.8	直	未发	未发	C
贵州遵义市农科所	690.65	11.88	2	4/15	8/6	9/22	160	12.6	104.7	28.3	230.5	163.4	70.9	35.2	0.0	直	未发	轻	A
陕西汉中市农科所	730.97	5.82	5	4/11	8/9	9/12	155	16.6	130.2	27.4	154.9	134.1	86.6	32.2	0.0	直	未发	轻	A
四川巴中市巴州区种子站	536.67	1.16	8	3/30	7/23	8/25	148	11.7	129.0	30.4	195.1	176.5	90.4	34.9		直	未发	轻	B
四川广元市种子站	557.33	0.66	9	4/12	8/10	9/18	159	14.1	122.3	25.2	151.2	133.8	88.5	28.2	0.9	直	未发	轻	B
四川绵阳市农科所	544.33	8.18	5	3/27	7/24	8/25	151	16.6	120.3	28.7	108.6	95.1	87.6	34.8		直	未发	无	B
四川内江杂交水稻开发中心	535.33	4.42	6	3/30	7/16	8/16	139	15.2	127.0	28.9	159.8	111.7	69.9	35.2		直	未发	轻	C
四川省农业科学院水稻高粱所	593.80	9.65	3	3/13	6/26	7/29	138	13.3	125.3	32.2	199.3	142.0	71.2	31.7	1.0	直	未发	轻	A
四川省原良种试验站	505.67	4.26	4	4/11	8/7	9/7	148	12.9	121.2	28.4	165.0	124.2	75.3	32.2	0.4	直	未发	中	B
云南红河州农科所	660.00	1.80	9	4/2	8/3	9/9	160	17.2	111.5	26.1	154.9	123.4	79.7	32.3	0.0	直	未发	轻	C
云南文山州种子站	700.50	5.50	2	4/15	8/11	9/12	150	13.8	107.8	25.8	210.8	163.6	77.6	33.2	0.0	直	轻感	轻感	A
重庆市涪陵区种子站	665.21	11.81	3	3/15	7/22	8/23	161	11.3	120.8	28.5	220.2	189.0	85.8	30.1	0.0	直	未发	无	A
重庆市农业科学院水稻所	597.17	7.27	4	3/18	7/8	8/8	143	11.5	124.0	29.1	203.9	165.2	81.0	32.9		直	未发	轻	A
重庆万州区种子站	604.83	16.91	2	3/19	7/13	8/21	155	15.6	110.0	26.5	214.8	173.3	80.7	28.3	0.0	直	未发	轻	A

注：综合评级 A—好，B—较好，C—中等，D——一般。

表 8－8－10　长江上游中籼迟熟 D 组（132411NS-D）区试品种在各试点的产量、生育期及主要农艺经济性状表现

品种名称/试验点	亩产（千克）	比 CK ± %	产量位次	播种期（月/日）	齐穗期（月/日）	成熟期（月/日）	全生育期（天）	有效穗（万/亩）	株高（厘米）	穗长（厘米）	总粒数/穗	实粒数/穗	结实率（%）	千粒重（克）	杂株率（%）	倒伏性	穗颈瘟	纹枯病	综评等级
宜香优 3301																			
贵州黔东南州农科所	626.83	4.41	9	4/15	8/6	9/17	155	14.6	110.5	26.0	152.7	130.0	85.1	34.3	0.0	直	未发	未发	C
贵州黔西南州农科所	736.50	－0.02	10	4/14	8/20	9/26	165	18.2	110.6	26.4	187.7	124.8	66.5	33.1	0.0	直	未发	轻	C
贵州省农业科学院水稻所	626.91	5.26	9	4/13	8/15	9/30	170	13.6	106.8	25.1	173.4	143.3	82.6	33.6	0.0	直	未发	未发	C
贵州遵义市农科所	709.11	14.87	1	4/15	8/8	9/22	160	13.8	102.2	27.0	189.7	150.9	79.6	33.2	0.0	直	未发	轻	A
陕西汉中市农科所	705.19	2.08	10	4/11	8/9	9/12	155	17.0	132.0	27.9	156.9	128.3	81.8	30.5	0.8	斜	未发	轻	B
四川巴中市巴州区种子站	533.33	0.53	9	3/30	7/26	8/26	149	15.2	131.0	28.3	184.7	169.4	91.7	31.9		直	未发	无	B
四川广元市种子站	619.33	11.86	1	4/12	8/13	9/21	162	13.2	123.4	26.1	205.7	162.9	79.2	29.4	0.6	直	未发	轻	A
四川绵阳市农科所	541.67	7.65	6	3/27	7/30	8/28	154	16.1	120.6	28.8	148.6	104.3	70.2	32.5		直	未发	轻	B
四川内江杂交水稻开发中心	514.33	0.32	8	3/30	7/22	8/22	145	15.9	123.0	24.8	141.8	112.0	79.0	32.1		直	未发	轻	C
四川省农业科学院水稻高粱所	535.43	－1.13	10	3/13	7/2	8/2	142	11.8	123.0	29.8	175.1	152.0	86.8	30.9	0.0	直	未发	轻	C
四川省原良种试验站	453.17	－6.56	12	4/11	8/12	9/12	153	12.6	122.6	27.1	133.5	117.1	87.7	31.2	1.6	直	未发	轻	C
云南红河州农科所	637.17	－1.72	12	4/2	8/7	9/13	164	17.9	108.0	26.8	167.5	127.8	76.3	32.0	0.0	直	未发	轻	D
云南文山州种子站	602.17	－9.31	12	4/15	8/18	9/20	158	15.8	113.2	26.4	180.4	116.1	64.4	32.2	0.5	直	无	轻感	C
重庆市涪陵区种子站	590.21	－0.79	11	3/15	7/21	8/23	161	14.6	118.2	27.5	179.4	164.5	91.7	29.5	0.0	直	未发	无	D
重庆市农业科学院水稻所	552.33	－0.78	10	3/18	7/11	8/12	147	12.8	124.6	27.1	168.9	142.2	84.2	31.5		直	未发	重	C
重庆万州区种子站	487.67	－5.73	10	3/19	7/18	8/23	157	13.8	114.0	26.4	223.3	160.2	71.7	26.3	0.0	直	未发	轻	C

注：综合评级 A—好，B—较好，C—中等，D——一般。

表 8-8-11　长江上游中籼迟熟 D 组（132411NS-D）区试品种在各试点的产量、生育期及主要农艺经济性状表现

品种名称/试验点	亩产（千克）	比 CK ± %	产量位次	播种期（月/日）	齐穗期（月/日）	成熟期（月/日）	全生育期（天）	有效穗（万/亩）	株高（厘米）	穗长（厘米）	总粒数/穗	实粒数/穗	结实率（%）	千粒重（克）	杂株率（%）	倒伏性	穗颈瘟	纹枯病	综评等级
禾两优 339																			
贵州黔东南州农科所	657.67	9.55	4	4/15	8/5	9/16	154	16.4	102.6	25.5	192.7	158.4	82.2	24.6	0.0	直	未发	轻	B
贵州黔西南州农科所	796.33	8.10	5	4/14	8/14	9/27	166	21.8	92.6	24.4	194.1	153.9	79.3	23.8	0.0	直	未发	轻	B
贵州省农业科学院水稻所	653.69	9.75	6	4/13	8/12	9/24	164	15.8	95.7	23.8	217.5	177.5	81.6	24.1	0.0	直	未发	未发	B
贵州遵义市农科所	679.84	10.13	4	4/15	8/6	9/20	158	15.6	102.0	25.7	242.1	186.4	77.0	24.1	0.0	直	未发	轻	B
陕西汉中市农科所	742.36	7.47	1	4/11	8/4	9/7	150	20.8	124.6	24.0	151.0	138.9	92.0	24.0	0.0	直	未发	轻	A
四川巴中市巴州区种子站	558.33	5.25	6	3/30	7/22	8/23	146	21.3	122.0	27.8	173.5	155.8	89.8	23.2		直	未发	轻	B
四川广元市种子站	576.00	4.03	6	4/12	8/3	9/13	154	13.4	110.4	24.8	189.3	159.1	84.0	26.5	0.3	直	未发	轻	B
四川绵阳市农科所	530.42	5.42	9	3/27	7/26	8/26	152	15.3	115.4	27.3	123.1	106.9	86.8	32.4		直	未发	轻	C
四川内江杂交水稻开发中心	566.00	10.40	5	3/30	7/18	8/17	140	17.1	111.0	25.0	153.5	134.1	87.3	24.5		斜	未发	轻	A
四川省农业科学院水稻高粱所	503.07	-7.11	12	3/13	6/28	7/30	139	13.5	114.3	28.4	218.6	167.7	76.7	21.7	0.0	直	未发	轻	D
四川省原良种试验站	502.83	3.68	7	4/11	8/4	9/5	146	14.5	120.6	24.5	156.7	138.2	88.2	23.0	0.4	直	未发	轻	B
云南红河州农科所	698.83	7.79	4	4/2	8/6	9/10	161	19.1	98.4	23.4	175.9	150.3	85.4	24.7	2.9	直	未发	轻	B
云南文山州种子站	674.33	1.56	4	4/15	8/14	9/12	150	17.4	95.6	24.9	215.0	139.5	64.9	26.2	0.0	直	无	轻感	C
重庆市涪陵区种子站	624.93	5.04	7	3/15	7/21	8/22	160	13.5	105.4	24.4	136.6	126.6	92.6	26.4	0.0	直	未发	无	B
重庆市农业科学院水稻所	598.50	7.51	3	3/18	7/13	8/13	148	13.7	119.2	30.7	219.1	173.5	79.2	26.8	1.5	直	未发	轻	A
重庆万州区种子站	594.17	14.85	5	3/19	7/16	8/21	155	14.8	108.0	28.0	217.0	185.7	85.6	24.4	0.0	直	未发	轻	A

注：综合评级 A—好，B—较好，C—中等，D——般。

表 8－8－12　长江上游中籼迟熟 D 组（132411NS-D）区试品种在各试点的产量、生育期及主要农艺经济性状表现

品种名称/试验点	亩产（千克）	比 CK ± %	产量位次	播种期（月/日）	齐穗期（月/日）	成熟期（月/日）	全生育期（天）	有效穗（万/亩）	株高（厘米）	穗长（厘米）	总粒数/穗	实粒数/穗	结实率（%）	千粒重（克）	杂株率（%）	倒伏性	穗颈瘟	纹枯病	综评等级
鹏两优 332																			
贵州黔东南州农科所	673.33	12.16	2	4/15	8/9	9/21	159	17.8	100.5	23.7	182.3	156.2	85.7	24.4	0.3	直	未发	未发	A
贵州黔西南州农科所	838.83	13.87	1	4/14	8/17	9/27	166	17.6	106.0	24.1	217.0	165.0	76.0	28.2	0.0	直	未发	轻	A
贵州省农业科学院水稻所	671.94	12.82	3	4/13	8/14	9/26	166	14.6	102.7	22.7	218.0	173.3	79.5	27.9	0.0	直	未发	未发	A
贵州遵义市农科所	646.40	4.71	9	4/15	8/7	9/20	158	12.8	102.9	24.2	279.2	199.8	71.6	27.0	0.0	直	未发	轻	C
陕西汉中市农科所	703.99	1.91	11	4/11	8/10	9/13	156	16.1	128.4	23.3	195.5	164.5	84.1	26.7	0.0	直	未发	轻	C
四川巴中市巴州区种子站	517.83	−2.39	12	3/30	7/27	8/26	149	14.1	126.0	25.3	238.9	213.6	89.4	25.3		直	未发	轻	C
四川广元市种子站	607.50	9.72	3	4/12	8/11	9/17	158	11.5	115.0	24.0	212.3	172.7	81.3	27.2	0.3	直	未发	轻	A
四川绵阳市农科所	565.17	12.32	3	3/27	7/29	8/28	154	17.2	120.6	24.8	145.9	125.0	85.7	26.3		直	未发	轻	A
四川内江杂交水稻开发中心	573.33	11.83	2	3/30	7/21	8/21	144	15.0	129.0	25.3	204.4	160.9	78.7	26.7		直	未发	轻	A
四川省农业科学院水稻高粱所	584.17	7.87	4	3/13	7/1	8/1	141	12.4	127.3	29.2	271.4	198.9	73.3	24.2	1.0	直	未发	轻	A
四川省原良种试验站	498.67	2.82	9	4/11	8/7	9/5	146	13.1	120.4	24.5	199.1	155.9	78.3	24.8	0.0	直	未发	轻	B
云南红河州农科所	691.67	6.68	8	4/2	8/5	9/10	161	17.8	106.1	21.8	189.2	160.0	84.6	27.1	0.0	直	未发	轻	B
云南文山州种子站	673.33	1.41	5	4/15	8/14	9/14	153	13.4	102.7	23.7	243.3	189.7	78.0	27.5	0.0	直	无	轻感	B
重庆市涪陵区种子站	762.74	28.21	1	3/15	7/25	8/27	165	15.5	113.0	26.4	176.4	165.1	93.6	30.1	0.0	直	未发	无	A
重庆市农业科学院水稻所	539.67	−3.05	12	3/19	7/12	8/12	146	12.4	124.8	32.2	211.1	177.1	83.9	25.6		直	未发	轻	C
重庆万州区种子站	610.83	18.07	1	3/19	7/13	8/21	155	15.5	109.0	27.8	199.8	178.8	89.5	27.7	0.0	直	未发	轻	A

注：综合评级 A—好，B—较好，C—中等，D——般。

表 8-9-1　长江上游中籼迟熟 D 组生产试验（132411NS-D-S）品种在各试验点的产量、生育期、主要特征、田间抗性表现

品种名称/试验点	亩产（千克）	比 CK ±%	播种期（月/日）	齐穗期（月/日）	成熟期（月/日）	全生育期(天)	耐寒性	整齐度	杂株率（%）	株型	叶色	叶姿	长势	熟期转色	倒伏性	落粒性	叶瘟	穗颈瘟	纹枯病
乐丰 A/R891																			
贵州遵义县种子站	633.80	5.11	3/31	8/10	9/18	171	中	一般	1.0	松散	浓绿	披垂	一般	好	直	中	未发	未发	无
四川巴中市巴州区种子站	547.50	4.33	3/30	7/26	8/25	148	未发	一般	0.0	松散	绿	一般	繁茂	好	直		未发	未发	无
四川西充县种子站	602.32	3.60	3/16	7/27	8/21	158	未发	整齐	0.0	适中	绿	一般	一般	好	直	中	无	无	无
四川宣汉县种子站	628.00	7.17	3/18	7/29	8/30	165	中	整齐	0.0	适中	绿	披垂	繁茂	好	直	中	无	无	无
四川宜宾市农业科学院	551.16	5.29	3/18	7/9	8/8	143	中	齐	0.0	松散	浓绿	一般	繁茂	中	直		未发	未发	轻
云南红河州农科所	612.20	1.42	4/2	8/9	9/13	164	强	一般	0.0	适中	浓绿	挺直	繁茂	好	直	易	未发	未发	轻
重庆南川区种子站	617.00	6.01	3/22	7/25	9/5	167	强	齐	0.0	紧	绿	直	旺	好	直	易	无	无	无
重庆潼南县种子站	408.00	5.81	3/13	7/4	8/2	143	未发	整齐	0.8	适中	淡绿	一般	一般	好	直	易	未发	未发	中
DM63A/乐恢 188																			
贵州遵义县种子站	642.20	6.50	3/31	8/16	9/22	175	中	一般	3.1	适中	淡绿	一般	一般	中	直	易	未发	未发	无
四川巴中市巴州区种子站	539.70	3.51	3/30	7/23	8/24	147	未发	齐	0.0	适中	绿	挺直	繁茂	好	直		未发	未发	无
四川西充县种子站	594.66	2.28	3/16	7/27	8/19	156	未发	整齐	0.0	适中	绿	一般	一般	好	直	中	无	无	无
四川宣汉县种子站	630.50	7.59	3/18	7/30	8/31	166	中	整齐	0.0	适中	绿	挺直	繁茂	好	直	中	无	无	无
四川宜宾市农业科学院	549.72	5.01	3/18	7/8	8/7	142	中	齐	2.8	紧束	绿	中等	繁茂	好	直		未发	未发	轻
云南红河州农科所	610.40	1.13	4/2	8/9	9/14	165	强	整齐	0.0	适中	浓绿	挺直	繁茂	好	直	易	未发	未发	轻
重庆南川区种子站	654.00	12.37	3/22	7/26	9/3	165	强	齐	0.0	紧	绿	直	旺	好	直	易	无	无	无
重庆潼南县种子站	394.80	2.39	3/13	7/3	8/2	143	未发	整齐	无	适中	淡绿	一般	一般	好	直	易	未发	未发	中

表 8－9－2　长江上游中籼迟熟 D 组生产试验（132411NS-D-S）品种在各试验点的产量、生育期、主要特征、田间抗性表现

品种名称/试验点	亩产（千克）	比 CK ±%	播种期（月/日）	齐穗期（月/日）	成熟期（月/日）	全生育期(天)	耐寒性	整齐度	杂株率（%）	株型	叶色	叶姿	长势	熟期转色	倒伏性	落粒性	叶瘟	穗颈瘟	纹枯病
德优 427																			
贵州遵义县种子站	638.40	5.87	3/31	8/16	9/22	175	中	整齐	0.0	紧束	绿	挺直	繁茂	中	直	中	未发	未发	无
四川巴中市巴州区种子站	558.30	6.38	3/30	7/27	8/24	147	未发	一般	0.0	适中	绿	挺直	繁茂	中	直		未发	未发	无
四川西充县种子站	602.30	3.60	3/16	7/29	8/21	158	未发	整齐	0.0	紧束	绿	一般	一般	好	直	中	无	无	无
四川宣汉县种子站	628.60	6.90	3/18	7/30	8/31	166	中	整齐	0.0	适中	绿	挺直	繁茂	好	直	中	无	无	无
四川宜宾市农业科学院	570.82	5.18	3/18	7/11	8/10	145	中	齐	0.0	适中	绿	中等	繁茂	中	直		未发	未发	轻
云南红河州农科所	650.00	7.69	4/2	8/13	9/16	167	强	整齐	0.0	适中	浓绿	一般	繁茂	好	直	易	未发	未发	轻
重庆南川区种子站	644.00	10.65	3/22	7/29	9/4	166	强	齐	0.0	紧	绿	直	旺	好	直	易	无	无	无
重庆潼南县种子站	419.80	8.87	3/13	7/3	8/4	145	未发	整齐	无	适中	淡绿	一般	一般	好	直	易	未发	未发	轻
Ⅱ优 838（CK）																			
贵州遵义县种子站	603.00	0.00	3/31	8/16	9/22	175	中	整齐	0.0	适中	淡绿	一般	一般	中	直	中	未发	未发	无
四川巴中市巴州区种子站	523.10	0.00	3/30	7/27	8/24～25	147.5	未发	齐	0.0	适中	绿	一般	一般	好	直		未发	未发	无
四川西充县种子站	575.01	0.00	3/16	8/27	8/20	157	未发	整齐	0.0	适中	绿	一般	一般	好	直	中	无	无	无
四川宣汉县种子站	587.00	0.00	3/18	7/27	8/29	164	中	整齐	0.0	适中	绿	披垂	繁茂	好	直	中	无	无	无
四川宜宾市农业科学院	533.10	0.00	3/18	7/11	8/10	145	中	齐	0.0	适中	浓绿	中等	繁茂	中	直		未发	未发	轻
云南红河州农科所	603.60	0.00	4/2	8/16	9/17	168	强	整齐	0.0	适中	浓绿	挺直	繁茂	好	直	易	未发	未发	轻
重庆南川区种子站	582.00	0.00	3/22	7/28	9/5	167	强	齐	0.0	紧	绿	直	旺	好	直	易	无	无	无
重庆潼南县种子站	385.60	0.00	3/13	7/6	8/2	143	未发	整齐	无	适中	绿	一般	一般	好	直	易	未发	未发	中

第九章　2013 年长江上游中籼迟熟 E 组国家水稻品种试验汇总报告

一、试验概况

（一）试验目的

鉴定评价我国南方稻区新选育和引进的水稻新品种（组合，下同）的丰产性、稳产性、适应性、抗性、米质及其他重要性状表现，为国家水稻品种审定提供科学依据。

（二）参试品种

区试品种 11 个，其中，21A/成恢 727、川农 1A/成恢 3203、宜香优 5577 和广优 4019 为续试品种，其他为新参试品种，以Ⅱ优 838（CK）为对照；生产试验品种 2 个，也以Ⅱ优 838（CK）为对照。品种名称、类型、亲本组合、选育/供种单位见表 9－1。

（三）承试单位

区试点 17 个，生产试验点 8 个，分布在贵州、陕西、四川、云南和重庆 5 个省市。承试单位、试验地点、经纬度、海拔高度、试验负责人及执行人见表 9－2。

（四）试验设计、栽培管理与观察记载

各试验点均按《2013 年南方稻区国家水稻品种试验实施方案》及《农作物品种区域试验技术规范　水稻》进行试验。

区试采用完全随机区组排列，3 次重复，小区面积 0.02 亩。生产试验采用大区随机排列，不设重复，大区面积 0.5 亩。

分区试、生产试验，同组试验所有品种同期播种、移栽，施肥水平中等偏上，其他栽培管理措施与当地大田生产相同。

观察记载项目与标准按《农作物品种区域试验技术规范　水稻》以及《国家水稻品种试验观察记载项目、方法及标准》《南方稻区国家水稻品种区试及生产试验记载表》等的要求执行。

（五）特性鉴定

抗性鉴定：四川省农业科学院植保所、重庆涪陵区农科所和贵州湄潭县农业局植保站负责稻瘟病抗性鉴定，鉴定采用人工接菌与病区自然诱发相结合；中国水稻研究所稻作发展中心负责稻飞虱抗性鉴定。鉴定种子由中国水稻研究所试验点统一提供，鉴定结果由四川省农业科学院植保所负责汇总。湖北恩施州农业科学院和华中农业大学植科院分别负责生产试验品种的耐冷性和耐热性鉴定。

米质分析：由陕西汉中市农科所、云南红河州农科所和四川省原良种试验站试验点分别单独种植生产提供样品，农业部稻米及制品质量监督检验测试中心负责检测分析。

参试品种的特异性及续试品种年度间的一致性鉴定：由中国水稻研究所进行 DNA 指纹鉴定。

（六）统计分析

按照《农作物品种区域试验技术规范　水稻》等有关试验质量评价标准，对各试验（鉴定）点试验（鉴定）结果的可靠性、完整性、准确性、可比性以及对照品种表现情况等进行分析评估，确保汇总质量。2013 年区试云南省德宏州种子站试验点因试验误差大和对照品种产量异常偏低未列入

汇总，其余16个试验点试验结果正常，列入汇总。2013年生产试验各试验点试验结果正常，全部列入汇总。

产量联合方差分析采用混合模型，品种间产量差异多重比较采用Duncan's新复极差法；参试品种的丰产性主要以品种在区试和生产试验中相对于对照品种产量及组平均产量衡量；参试品种的适应性主要以品种在区试中比对照品种增产的试验点比例衡量；参试品种的稳产性主要以品种在年度间区试中相对于对照品种产量的差异变化程度衡量。

参试品种的生育期主要以全生育期比对照品种长短的天数衡量。

参试品种的抗性以指定的鉴定单位的鉴定结果为主要依据，对稻瘟病抗性的主要评价指标为综合指数和穗瘟损失率最高级，对其他病虫害抗性的主要评价指标为最高级。

参试品种的米质检测、评价按照国家《优质稻谷》标准，分优质1级、优质2级、优质3级，未达到优质级的品种米质均为等外级。

二、结果分析

（一）产量

Ⅱ优838（CK）产量偏低、居第11位。2013年区试品种中，依据比组平均产量的增减产幅度，产量较高的品种有21A/成恢727、兆两优7213和泸优727，产量居前3位，平均亩产634.16～642.19千克，比Ⅱ优838（CK）增产8.17%～9.54%；产量一般的品种有金瑞18和辐优21，平均亩产575.17～588.49千克，较Ⅱ优838（CK）有小幅度的增减产；其他品种产量中等，平均亩产594.68～626.15千克，比Ⅱ优838（CK）增产1.44%～6.80%。品种产量、比对照及组平均增减产百分率、品种间产量差异显著性、比对照增产试验点比例等汇总结果见表9－3。

2013年生产试验品种中，全优785和XF优5816均表现较好，平均亩产分别是575.86千克和584.59千克，比Ⅱ优838（CK）分别增产5.14%和6.03%。品种产量、比对照增减产百分率等汇总结果以及各试验点对品种的综合评价等级见表9－4。

（二）生育期

2013年区试品种中，文优198熟期较早，全生育期比Ⅱ优838（CK）短3.8天；广优3186熟期较迟，全生育期比Ⅱ优838（CK）长4.2天；其他品种全生育期151.1～156.3天，与Ⅱ优838（CK）相当、熟期适宜。品种全生育期及比对照长短天数见表9－3。

2013年生产试验品种中，全优785和XF优5816的全生育期分别是158.3天和156.5天，与Ⅱ优838（CK）相仿。品种全生育期及比对照长短天数见表9－4。

（三）主要农艺经济性状

品种分蘖率、有效穗数、成穗率、株高、每穗总粒数、每穗实粒数、结实率、千粒重等主要农艺经济性状汇总结果见表9－3。

（四）抗性

2013年区试品种中，稻瘟病综合指数除辐优21外，其他品种均未超过6.5级。依据穗瘟损失率最高级，Ⅱ-6A/R286和陵优2060为中抗，辐优21和兆两优7213为高感，其他品种为中感或感。

品种在各稻瘟病抗性鉴定点的鉴定结果见表9－5，品种稻瘟病抗性鉴定汇总结果、褐飞虱鉴定结果以及生产试验品种的耐冷、耐热性鉴定结果见表9－6。

（五）米质

依据国家《优质稻谷》标准，所有品种米质中等或一般。品种糙米率、整精米率、粒长、长宽比、垩白粒率、垩白度、胶稠度、直链淀粉等米质性状表现见表9－7。

（六）品种在各试验点表现

区试、生产试验品种在各试验点的产量、生育期、主要农艺经济性状、田间抗性表现等见表9－8－1至表9－8－13、表9－9－1至表9－9－2。

三、品种评价

（一）生产试验品种

1. XF优5816

2011年初试平均亩产608.24千克，比Ⅱ优838（CK）增产4.47%，达极显著水平；2012年续试平均亩产604.71千克，比Ⅱ优838（CK）增产6.08%，达极显著水平；两年区试平均亩产606.47千克，比Ⅱ优838（CK）增产5.27%，增产点比例90.8%；2013年生产试验平均亩产584.59千克，比Ⅱ优838（CK）增产6.03%。全生育期两年区试平均154.8天，比Ⅱ优838（CK）早熟2.1天。主要农艺性状两年区试综合表现：每亩有效穗数15.2万穗，株高111.4厘米，穗长25.3厘米，每穗总粒数175.9粒，结实率78.9%，千粒重30.7克。抗性两年综合表现：稻瘟病综合指数4.5级，穗瘟损失率最高级5级，抗性频率17.0%；褐飞虱平均级7级，最高级9级；抽穗期耐热性7级，耐冷性中等。米质主要指标两年综合表现：整精米率54.0%，长宽比2.9，垩白粒率65%，垩白度11.6%，胶稠度77毫米，直链淀粉含量22.1%。

2013年国家水稻品种试验年会审议意见：已完成试验程序，可以申报国家品种审定。

2. 全优785

2011年初试平均亩产609.14千克，比Ⅱ优838（CK）增产4.63%，达极显著水平；2012年续试平均亩产600.58千克，比Ⅱ优838（CK）增产5.35%，达极显著水平；两年区试平均亩产604.86千克，比Ⅱ优838（CK）增产4.99%，增产点比例81.2%；2013年生产试验平均亩产575.86千克，比Ⅱ优838（CK）增产5.14%。全生育期两年区试平均157.7天，比Ⅱ优838（CK）迟熟0.8天。主要农艺性状两年区试综合表现：每亩有效穗数15.9万穗，株高110.9厘米，穗长24.9厘米，每穗总粒数167.6粒，结实率78.9%，千粒重29.5克。抗性两年综合表现：稻瘟病综合指数3.0级，穗瘟损失率最高级5级，抗性频率68.1%；褐飞虱平均级7级，最高级7级；抽穗期耐热性5级，耐冷性敏感。米质主要指标两年综合表现：整精米率61.7%，长宽比2.5，垩白粒率87%，垩白度14.6%，胶稠度78毫米，直链淀粉含量21.7%。

2013年国家水稻品种试验年会审议意见：已完成试验程序，可以申报国家品种审定。

（二）续试品种

1. 宜香优5577

2012年初试平均亩产606.61千克，比Ⅱ优838（CK）增产6.41%，达极显著水平；2013年续试平均亩产616.41千克，比Ⅱ优838（CK）增产5.14%，达极显著水平；两年区试平均亩产611.51千克，比Ⅱ优838（CK）增产5.77%，增产点比例97.1%。全生育期两年区试平均154.2天，比Ⅱ优838（CK）早熟0.9天。主要农艺性状两年区试综合表现：每亩有效穗数15.0万穗，株高117.3厘米，穗长26.3厘米，每穗总粒数174.0粒，结实率81.2%，千粒重29.8克。抗性两年综合表现：稻瘟病综合指数6.2级，穗瘟损失率最高级7级；褐飞虱平均级7级，最高级7级。米质主要指标两年综合表现：整精米率51.5%，长宽比3.0，垩白粒率44%，垩白度7.2%，胶稠度75毫米，直链淀粉含量22.4%。

2013年国家水稻品种试验年会审议意见：2014年进行生产试验。

2. 21A/成恢727

2012年初试平均亩产606.23千克，比Ⅱ优838（CK）增产6.35%，达极显著水平；2013年续试平均亩产642.19千克，比Ⅱ优838（CK）增产9.54%，达极显著水平；两年区试平均亩产624.21千克，比Ⅱ优838（CK）增产7.97%，增产点比例97.1%。全生育期两年区试平均155.4天，比Ⅱ

优838（CK）迟熟0.3天。主要农艺性状两年区试综合表现：每亩有效穗数15.1万穗，株高113.3厘米，穗长25.4厘米，每穗总粒数176.2粒，结实率83.1%，千粒重29.9克。抗性两年综合表现：稻瘟病综合指数4.4级，穗瘟损失率最高级7级；褐飞虱平均级7级，最高级9级。米质主要指标两年综合表现：整精米率62.9%，长宽比3.1，垩白粒率46%，垩白度7.1%，胶稠度63毫米，直链淀粉含量21.4%。

2013年国家水稻品种试验年会审议意见：2014年进行生产试验。

3. 广优4019

2012年初试平均亩产599.88千克，比Ⅱ优838（CK）增产5.23%，达极显著水平；2013年续试平均亩产605.72千克，比Ⅱ优838（CK）增产3.32%，达极显著水平；两年区试平均亩产602.80千克，比Ⅱ优838（CK）增产4.26%，增产点比例69.3%。全生育期两年区试平均154.5天，比Ⅱ优838（CK）早熟0.6天。主要农艺性状两年区试综合表现：每亩有效穗数15.5万穗，株高118.1厘米，穗长25.0厘米，每穗总粒数165.8粒，结实率83.0%，千粒重29.3克。抗性两年综合表现：稻瘟病综合指数4.0级，穗瘟损失率最高级7级；褐飞虱平均级7级，最高级7级。米质主要指标两年综合表现：整精米率53.8%，长宽比2.8，垩白粒率77%，垩白度11.8%，胶稠度79毫米，直链淀粉含量21.4%。

2013年国家水稻品种试验年会审议意见：终止试验。

4. 川农1A/成恢3203

2012年初试平均亩产593.40千克，比Ⅱ优838（CK）增产4.09%，达极显著水平；2013年续试平均亩产623.25千克，比Ⅱ优838（CK）增产6.31%，达极显著水平；两年区试平均亩产608.32千克，比Ⅱ优838（CK）增产5.22%，增产点比例85.1%。全生育期两年区试平均155.9天，比Ⅱ优838（CK）迟熟0.8天。主要农艺性状两年区试综合表现：每亩有效穗数15.5万穗，株高113.7厘米，穗长24.8厘米，每穗总粒数172.0粒，结实率82.0%，千粒重29.9克。抗性两年综合表现：稻瘟病综合指数3.8级，穗瘟损失率最高级5级；褐飞虱平均级8级，最高级9级。米质主要指标两年综合表现：整精米率56.4%，长宽比3.0，垩白粒率51%，垩白度9.2%，胶稠度74毫米，直链淀粉含量21.6%。

2013年国家水稻品种试验年会审议意见：2014年进行生产试验。

（三）初试品种

1. 兆两优7213

2013年初试平均亩产638.76千克，比Ⅱ优838（CK）增产8.95%，达极显著水平，增产点比例100%。全生育期153.7天，比Ⅱ优838（CK）早熟0.3天。主要农艺性状表现：每亩有效穗数14.3万穗，株高120.4厘米，穗长26.6厘米，每穗总粒数196.7粒，结实率79.9%，千粒重29.9克。抗性：稻瘟病综合指数5.9级，穗瘟损失率最高级9级；褐飞虱7级。米质主要指标：整精米率60.9%，长宽比2.9，垩白粒率24%，垩白度4.2%，胶稠度84毫米，直链淀粉含量13.7%。

2013年国家水稻品种试验年会审议意见：终止试验。

2. 泸优727

2013年初试平均亩产634.16千克，比Ⅱ优838（CK）增产8.17%，达极显著水平，增产点比例100%。全生育期156.3天，比Ⅱ优838（CK）迟熟2.3天。主要农艺性状表现：每亩有效穗数15.3万穗，株高111.0厘米，穗长24.2厘米，每穗总粒数181.1粒，结实率82.7%，千粒重29.2克。抗性：稻瘟病综合指数3.9级，穗瘟损失率最高级7级；褐飞虱7级。米质主要指标：整精米率54.6%，长宽比3.0，垩白粒率35%，垩白度5.6%，胶稠度73毫米，直链淀粉含量21.1%。

2013年国家水稻品种试验年会审议意见：2014年续试。

3. 陵优2060

2013年初试平均亩产626.15千克，比Ⅱ优838（CK）增产6.80%，达极显著水平，增产点比例81.3%。全生育期154.9天，比Ⅱ优838（CK）迟熟0.9天。主要农艺性状表现：每亩有效穗数14.5万穗，株高125.5厘米，穗长26.8厘米，每穗总粒数193.0粒，结实率76.2%，千粒重31.4克。抗性：稻瘟病综合指数 3.3 级，穗瘟损失率最高级 3 级；褐飞虱 7 级。米质主要指标：整精米率 44.8%，长宽比 2.8，垩白粒率 51%，垩白度 6.0%，胶稠度 83 毫米，直链淀粉含量 25.6%。

2013 年国家水稻品种试验年会审议意见：2014 年续试。

4. 文优 198

2013 年初试平均亩产 619.77 千克，比Ⅱ优 838（CK）增产 5.72%，达极显著水平，增产点比例 93.8%。全生育期 150.2 天，比Ⅱ优 838（CK）早熟 3.8 天。主要农艺性状表现：每亩有效穗数 14.0 万穗，株高 115.8 厘米，穗长 26.5 厘米，每穗总粒数 194.5 粒，结实率 80.0%，千粒重 30.2 克。抗性：稻瘟病综合指数 4.3 级，穗瘟损失率最高级 5 级；褐飞虱 7 级。米质主要指标：整精米率 50.3%，长宽比 2.8，垩白粒率 34%，垩白度 6.6%，胶稠度 73 毫米，直链淀粉含量 21.0%。

2013 年国家水稻品种试验年会审议意见：2014 年续试。

5. Ⅱ-6A/R286

2013 年初试平均亩产 609.69 千克，比Ⅱ优 838（CK）增产 4.00%，达极显著水平，增产点比例 81.3%。全生育期 151.1 天，比Ⅱ优 838（CK）早熟 2.9 天。主要农艺性状表现：每亩有效穗数 14.5 万穗，株高 115.0 厘米，穗长 26.4 厘米，每穗总粒数 188.9 粒，结实率 80.2%，千粒重 29.8 克。抗性：稻瘟病综合指数 3.3 级，穗瘟损失率最高级 3 级；褐飞虱 7 级。米质主要指标：整精米率 58.4%，长宽比 2.4，垩白粒率 84%，垩白度 16.6%，胶稠度 72 毫米，直链淀粉含量 21.3%。

2013 年国家水稻品种试验年会审议意见：2014 年续试。

6. 广优 3186

2013 年初试平均亩产 594.68 千克，比Ⅱ优 838（CK）增产 1.44%，达极显著水平，增产点比例 56.3%。全生育期 158.2 天，比Ⅱ优 838（CK）迟熟 4.2 天。主要农艺性状表现：每亩有效穗数 15.5 万穗，株高 125.1 厘米，穗长 26.5 厘米，每穗总粒数 177.2 粒，结实率 76.9%，千粒重 30.6 克。抗性：稻瘟病综合指数 3.7 级，穗瘟损失率最高级 5 级；褐飞虱 7 级。米质主要指标：整精米率 53.2%，长宽比 2.9，垩白粒率 51%，垩白度 7.6%，胶稠度 75 毫米，直链淀粉含量 20.7%。

2013 年国家水稻品种试验年会审议意见：终止试验。

7. 金瑞 18

2013 年初试平均亩产 588.49 千克，比Ⅱ优 838（CK）增产 0.38%，达显著水平，增产点比例 43.8%。全生育期 153.0 天，比Ⅱ优 838（CK）早熟 1.0 天。主要农艺性状表现：每亩有效穗数 13.7 万穗，株高 115.9 厘米，穗长 26.8 厘米，每穗总粒数 191.0 粒，结实率 78.3%，千粒重 30.5 克。抗性：稻瘟病综合指数 3.8 级，穗瘟损失率最高级 5 级；褐飞虱 7 级。米质主要指标：整精米率 49.8%，长宽比 2.9，垩白粒率 72%，垩白度 11.0%，胶稠度 85 毫米，直链淀粉含量 21.6%。

2013 年国家水稻品种试验年会审议意见：终止试验。

8. 辐优 21

2013 年初试平均亩产 575.17 千克，比Ⅱ优 838（CK）减产 1.89%，达极显著水平，增产点比例 37.5%。全生育期 151.6 天，比Ⅱ优 838（CK）早熟 2.4 天。主要农艺性状表现：每亩有效穗数 14.8 万穗，株高 110.5 厘米，穗长 25.6 厘米，每穗总粒数 169.1 粒，结实率 86.4%，千粒重 28.5 克。抗性：稻瘟病综合指数 7.2 级，穗瘟损失率最高级 9 级；褐飞虱 7 级。米质主要指标：整精米率 63.7%，长宽比 2.3，垩白粒率 74%，垩白度 13.3%，胶稠度 69 毫米，直链淀粉含量 24.4%。

2013 年国家水稻品种试验年会审议意见：终止试验。

表 9－1　长江上游中籼迟熟 E 组（132411NS-E）区试及生产试验参试品种基本情况

编号	品种名称	品种类型	亲本组合	选育/供种单位
区试				
1	＊文优 198	杂交稻	文香 28A×兴恢 198	文山州农业科学院等
2	川农 1A/成恢 3203	杂交稻	川农 1A×成恢 3203	四川农业大学水稻所
3	＊Ⅱ-6A/R286	杂交稻	Ⅱ-6A×R286	贵州卓信农业科学研究所
4	＊泸优 727	杂交稻	泸 006A×成恢 727	四川省农业科学院水稻高粱所
5	＊广优 3186	杂交稻	广抗 131A×金恢 3186	福建农林大学作物学院/福建省三明市农科所
6	＊辐优 21	杂交稻	辐 74A×R21	四川省嘉陵农作物品种研究中心/四川中正科技有限公司
7	宜香优 5577	杂交稻	宜香 1A×宜恢 5577	宜宾市农业科学院
8CK	Ⅱ优 838（CK）	杂交稻	Ⅱ-32A×辐恢 838	四川省原子能研究院
9	21A/成恢 727	杂交稻	21A×成恢 727	四川农业大学水稻所
10	广优 4019	杂交稻	广抗 13A×明恢 4019	福建省三明市农科所/福建六三种业有限责任公司
11	＊兆两优 7213	杂交稻	272S×R13	四川省绿丹种业有限责任公司
12	＊金瑞 18	杂交稻	金岗 35A×瑞恢 18	重庆市瑞丰种业有限责任公司
13	＊陵优 2060	杂交稻	陵 2A×涪恢 060	重庆市涪陵区农科所
生产试验				
3	全优 785	杂交稻	全丰 A×R785	贵州省水稻所
8	XF 优 5816	杂交稻	内香 5A×内恢 4816	成都丰乐种业有限责任公司
10CK	Ⅱ优 838（CK）	杂交稻	Ⅱ-32A×辐恢 838	四川省原子能研究院

＊为 2013 年新参试品种。

表 9－2　长江上游中籼迟熟 E 组（132411NS-E）区试及生产试验点基本情况

承试单位	试验地点	经度	纬度	海拔高度（米）	试验负责人及执行人
区试					
贵州黔东南州农科所	凯里市舟溪镇	107°55′	26°29′	740.0	金玉荣、杨秀军、雷安宁、彭朝才
贵州黔西南州农科所	兴义市桔山镇新建村	104°56′	25°6′	1 200.0	敖正友
贵州省农业科学院水稻所	贵阳市小河区	106°43′	26°35′	1 140.0	涂敏、李树杏
贵州遵义市农科所	遵义市南白镇红星村	106°54′	27°32′	900.0	王怀昕
陕西汉中市农科所	汉中市汉台区农科所试验农场	106°59′	33°07′	510.0	黄卫群
四川广元市种子站	广元市利州区赤化镇石羊一组	105°57′	32°34′	490.0	王春
四川绵阳市农科所	绵阳市农科区松垭镇	104°45′	31°03′	470.0	刘定友
四川内江杂交水稻中心	内江杂交水稻中心试验地	105°03′	29°35′	352.3	肖培村、谢从简、曹厚明
四川省原良种试验站	双流县九江镇	130°55′	30°05′	494.0	赵银春、胡蓉
四川省农业科学院水稻高粱所	泸县福集镇茂盛村	105°22′	29°10′	291.0	徐富贤、朱永川
四川巴中市巴州区种子站	巴州区石城乡青州坝村	106°43′	31°51′	370.0	程雄、庞立华、侯兵
云南德宏州种子站	芒市大湾村	98°36′	24°29′	913.8	刘宏珺、董保萍、杨素华、张正兴、王宪芳
云南红河州农科所	蒙自市雨过铺镇永宁村	103°23′	23°27′	1 284.0	马文金、张文华、王海德
云南文山州种子站	文山市开化镇黑卡村	103°35′	22°40′	1 260.0	张才能、金代珍
重庆涪陵区种子站	涪陵区马武镇文观村 3 社	107°17′	29°36′	672.1	胡永友、陈景平
重庆市农业科学院水稻所	巴南区南彭镇大石塔村	106°20′	29°30′	302.0	李贤勇、何永歆
重庆万州区种子站	万州区良种场	108°23′	31°05′	180.0	熊德辉、谭安平、谭家刚
生产试验					
四川巴中市巴州区种子站	巴州区石城乡青州坝村	106.69°	31.76°	370.0	程雄、庞立华、侯兵
四川宜宾市农业科学院	南溪县大观试验基地	104°00′	27°00′	350.0	林纲、江青山
四川西充县种子站	观凤乡袁塘坝村	105°08′	31°01′	350.0	袁维虎、王小林
四川宣汉县种子站	双河镇玛瑙村	108°03′	31°15′	360.0	吴清连、向乾
重庆南川区种子站	南川区大观镇铁桥村 3 组	107°05′	29°03′	720.0	倪万贵、冉忠领
重庆潼南县种子站	崇龛镇临江村 5 社	105°38′	30°06′	260.0	张建国、谭长华、梁浩、胡海
贵州遵义县种子站	石板镇乐意村十二组	106°45′	27°30′	860.0	范方敏、姚高学
云南红河州农科所	蒙自市雨过铺镇永宁村	103°23′	23°27′	1 284.0	马文金、张文华、王海德

表9－3 长江上游中籼迟熟E组（132411NS-E）区试品种产量、生育期及主要农艺经济性状汇总分析结果

品种名称	区试年份	亩产（千克）	比CK±%	比组平均±%	产量差异显著性 0.05	产量差异显著性 0.01	回归系数	比CK增产点(%)	全生育期（天）	比CK±天	分蘖率(%)	有效穗（万/亩）	成穗率（%）	株高（厘米）	穗长（厘米）	每穗总粒数	每穗实粒数	结实率(%)	千粒重(克)
21A/成恢727	2012～2013	624.21	7.97	3.92				97.1	155.4	0.3	296.2	15.1	66.5	113.3	25.4	176.2	146.5	83.1	29.9
川农1A/成恢3203	2012～2013	608.32	5.22	1.28				85.1	155.9	0.8	285.9	15.5	66.3	113.7	24.8	172.0	141.0	82.0	29.9
宜香优5577	2012～2013	611.51	5.77	1.85				97.1	154.2	-0.9	305.9	15.0	66.0	117.3	26.3	174.0	141.2	81.2	29.8
广优4019	2012～2013	602.80	4.26	0.40				69.3	154.5	-0.6	300.6	15.5	66.8	118.1	25.0	165.8	137.6	83.0	29.3
Ⅱ优838（CK）	2012～2013	578.16	0.00	-3.72				0.0	155.1	0.0	292.8	14.7	64.0	112.9	24.6	162.2	143.6	88.5	29.0
21A/成恢727	2013	642.19	9.54	4.87	a	A	1.13	100	154.9	0.9	312.1	15.0	68.4	113.6	25.7	180.8	153.2	84.8	29.7
兆两优7213	2013	638.76	8.95	4.31	ab	A	1.12	100	153.7	-0.3	290.2	14.3	68.0	120.4	26.6	196.7	157.2	79.9	29.9
泸优727	2013	634.16	8.17	3.56	b	AB	1.06	100	156.3	2.3	266.6	15.3	67.6	111.0	24.2	181.1	149.7	82.7	29.2
陵优2060	2013	626.15	6.80	2.25	c	BC	0.98	81.3	154.9	0.9	317.8	14.5	65.5	125.5	26.8	193.0	147.2	76.2	31.4
川农1A/成恢3203	2013	623.25	6.31	1.78	cd	CD	0.78	93.8	154.6	0.6	298.4	15.5	69.3	114.7	24.7	172.9	144.1	83.3	29.8
文优198	2013	619.77	5.72	1.21	cd	CD	0.99	93.8	150.2	-3.8	283.7	14.0	68.8	115.8	26.5	194.5	155.6	80.0	30.2
宜香优5577	2013	616.41	5.14	0.66	d	DE	0.94	100	153.3	-0.7	305.2	15.0	68.4	118.3	26.8	174.8	143.1	81.9	29.6
Ⅱ-6A/R286	2013	609.69	4.00	-0.44	e	EF	1.14	81.3	151.1	-2.9	299.5	14.5	65.7	115.0	26.4	188.9	151.6	80.2	29.8
广优4019	2013	605.72	3.32	-1.08	e	F	1.06	56.3	153.6	-0.4	316.5	15.6	67.2	117.6	25.4	164.6	139.4	84.7	29.1
广优3186	2013	594.68	1.44	-2.89	f	G	0.79	56.3	158.2	4.2	303.7	15.5	65.8	125.1	26.5	177.2	136.2	76.9	30.6
金瑞18	2013	588.49	0.38	-3.90	g	GH	1.02	43.8	153.0	-1.0	279.7	13.7	66.6	115.9	26.8	191.0	149.5	78.3	30.5
Ⅱ优838（CK）	2013	586.26	0.00	-4.26	g	H	0.95	0.0	154.0	0.0	306.2	15.0	65.7	113.3	24.9	161.4	143.9	89.2	29.1
辐优21	2013	575.17	-1.89	-6.07	h	I	1.04	37.5	151.6	-2.4	313.7	14.8	63.5	110.5	25.6	169.1	146.1	86.4	28.5

表 9－4　长江上游中籼迟熟 E 组生产试验（132411NS-E-S）品种产量、生育期及在各生产试验点综合评价等级

品种名称	全优 785	XF 优 5816	Ⅱ优 838（CK）
生产试验汇总表现			
全生育期（天）	158.3	156.5	158.3
比 CK ± 天	-0.1	-1.8	0.0
亩产（千克）	575.86	584.59	549.05
产量比 CK ±%	5.14	6.03	0.00
各生产试验点综合评价等级			
贵州遵义县种子站	A	A	B
四川巴中市巴州区种子站	A	B	C
四川西充县种子站			
四川宣汉县种子站	A	A	B
四川宜宾市农业科学院	B	B	C
云南红河州农科所	A	A	C
重庆南川区种子站	A	A	B
重庆潼南县种子站	B	C	C

备注：1. 各组品种生产试验合并进行，因品种较多，部分试点加设 CK 后安排在 2 块田中试验，表中产量比 CK ±% 系同田块 CK 比较的结果；
2. 综合评价等级：A—好，B—较好，C—中等，D——般。

表 9－5　长江上游中籼迟熟 E 组（132411NS-E）品种稻瘟病抗性各地鉴定结果（2013 年）

品种名称	四川蒲江					重庆涪陵					贵州湄潭				
	叶瘟（级）	穗瘟发病率		穗瘟损失率		叶瘟（级）	穗瘟发病率		穗瘟损失率		叶瘟（级）	穗瘟发病率		穗瘟损失率	
		%	级	%	级		%	级	%	级		%	级	%	级
文优 198	5	33	7	15	5	4	8	3	2	1	3	42	7	24	5
川农 1A/成恢 3203	5	17	5	5	3	3	3	1	1	1	3	30	7	16	5
Ⅱ-6A/R286	5	24	5	8	3	4	9	3	3	1	3	25	5	13	3
泸优 727	4	23	5	9	3	3	3	1	2	1	3	52	9	30	7
广优 3186	5	17	5	6	3	4	7	3	2	1	2	49	7	28	5
辐优 21	5	65	9	40	7	6	91	9	55	9	4	42	7	37	7
宜香优 5577	7	38	7	20	5	6	48	7	31	7	2	43	7	25	5
Ⅱ优 838（CK）	6	95	9	67	9	6	75	9	48	7	5	59	9	71	9
21A/成恢 727	5	21	5	7	3	4	8	3	2	1	3	39	7	18	5
广优 4019	5	22	5	8	3	3	3	1	0	1	4	50	7	26	5
兆两优 7213	6	97	9	62	9	5	39	7	23	5	3	31	7	14	3
金瑞 18	6	17	5	6	3	4	9	3	2	1	3	43	7	23	5
陵优 2060	5	19	5	7	3	5	8	3	3	1	3	22	5	12	3
感病对照	9	94	9		68	9									

注：1. 鉴定单位为四川省农业科学院植保所、重庆涪陵区农科所、贵州湄潭县农业局植保站；

2. 四川省农业科学院植保所感病对照品种为Ⅱ优 725。

表 9-6 长江上游中籼迟熟 E 组（132411NS-E）品种对主要病虫抗性综合评价结果（2012~2013 年）及抽穗期温度敏感性（2013 年）

品种名称	区试年份	稻瘟病							褐飞虱			抽穗期耐热性（级）	抽穗期耐冷性
		2013 年各地综合指数（级）				2013 年穗瘟损失率最高级	1~2 年综合评价		2013 年（级）	1~2 年综合评价			
		四川	重庆	贵州	平均		平均综合指数（级）	穗瘟损失率最高级		平均级	最高级		
全优 785	2011~2012											5	敏感
XF 优 5816	2011~2012											7	中等
Ⅱ优 838（CK）	2011~2012											3	耐冷
川农 1A/成恢 3203	2012~2013	4.0	1.5	5.0	3.5	5	3.8	5	7	8	9		
宜香优 5577	2012~2013	6.0	6.8	4.8	5.8	7	6.2	7	7	7	7		
21A/成恢 727	2012~2013	4.0	2.3	5.0	3.8	5	4.4	7	5	7	9		
广优 4019	2012~2013	4.0	1.5	5.3	3.6	5	4.0	7	7	7	7		
Ⅱ优 838（CK）	2012~2013	8.3	7.3	8.0	7.8	9	7.9	9	9	9	9		
文优 198	2013	5.5	2.3	5.0	4.3	5	4.3	5	7	7	7		
Ⅱ-6A/R286	2013	4.0	2.3	3.5	3.3	3	3.3	3	7	7	7		
泸优 727	2013	3.8	1.5	6.5	3.9	7	3.9	7	7	7	7		
广优 3186	2013	4.0	2.3	4.8	3.7	5	3.7	5	7	7	7		
辐优 21	2013	7.0	8.3	6.3	7.2	9	7.2	9	7	7	7		
Ⅱ优 838（CK）	2013	8.3	7.3	8.0	7.8	9	7.8	9	9	9	9		
兆两优 7213	2013	8.3	5.5	4.0	5.9	9	5.9	9	7	7	7		
金瑞 18	2013	4.3	2.3	5.0	3.8	5	3.8	5	7	7	7		
陵优 2060	2013	4.0	2.5	3.5	3.3	3	3.3	3	7	7	7		

注：1. 稻瘟病综合指数（级）= 叶瘟级 ×25% + 穗瘟发病率级 ×25% + 穗瘟损失率级 ×50%；

2. 褐飞虱、耐热性、耐冷性分别为中国水稻研究所、华中农业大学、湖北恩施州农业科学院鉴定结果。

表 9－7　长江上游中籼迟熟 E 组（132411NS-E）品种米质检测分析结果

品种名称	年份	糙米率(%)	精米率(%)	整精米率(%)	粒长(毫米)	长宽比	垩白粒率(%)	垩白度(%)	透明度(级)	碱消值(级)	胶稠度(毫米)	直链淀粉(%)	部标*(等级)	国标**(等级)
21A/成恢 727	2012～2013	81.0	72.8	62.9	7.1	3.1	46	7.1	2	6.1	63	21.4	普通	等外
川农 1A/成恢 3203	2012～2013	80.5	71.9	56.4	7.2	3.0	51	9.2	2	6.3	74	21.6	普通	等外
广优 4019	2012～2013	81.2	73.1	53.8	6.8	2.8	77	11.8	2	5.3	79	21.4	普通	等外
宜香优 5577	2012～2013	80.8	72.4	51.5	7.0	3.0	44	7.2	1	6.2	75	22.4	普通	等外
Ⅱ优 838（CK）	2012～2013	80.6	72.6	61.8	6.0	2.3	43	8.9	2	6.2	66	21.0	普通	等外
Ⅱ-6A/R286	2013	81.5	72.8	58.4	6.3	2.4	84	16.6	2	6.9	72	21.3	普通	等外
辐优 21	2013	80.3	72.3	63.7	5.9	2.3	74	13.3	2	6.5	69	24.4	普通	等外
广优 3186	2013	80.1	72.0	53.2	7.1	2.9	51	7.6	1	5.3	75	20.7	普通	等外
金瑞 18	2013	81.8	73.0	49.8	7.0	2.9	72	11.0	2	4.8	85	21.6	普通	等外
陵优 2060	2013	81.6	72.7	44.8	7.2	2.8	51	6.0	2	5.7	83	25.6	普通	等外
泸优 727	2013	81.6	73.1	54.6	7.2	3.0	35	5.6	2	6.4	73	21.1	普通	等外
文优 198	2013	81.3	72.8	50.3	6.9	2.8	34	6.6	2	5.0	73	21.0	普通	等外
兆两优 7213	2013	80.6	72.4	60.9	6.9	2.9	24	4.2	2	3.7	84	13.7	普通	等外
Ⅱ优 838（CK）	2013	80.6	72.6	61.8	6.0	2.3	43	8.9	2	6.2	66	21.0	普通	等外

注：1. 样品生产提供单位：陕西汉中市农科所（2012～2013 年）、云南红河州农科所（2012～2013 年）、四川省原良种试验站（2012～2013 年）；

2. 检测分析单位：农业部稻米及制品质量监督检验测试中心。

表 9－8－1　长江上游中籼迟熟 E 组（132411NS-E）区试品种在各试点的产量、生育期及主要农艺经济性状表现

品种名称/试验点	亩产（千克）	比 CK ± %	产量位次	播种期（月/日）	齐穗期（月/日）	成熟期（月/日）	全生育期（天）	有效穗（万/亩）	株高（厘米）	穗长（厘米）	总粒数/穗	实粒数/穗	结实率（%）	千粒重（克）	杂株率（%）	倒伏性	穗颈瘟	纹枯病	综评等级
文优 198																			
贵州黔东南州农科所	644.33	8.41	3	4/15	8/3	9/14	152	12.1	115.6	25.5	200.5	154.9	77.3	35.1	0.0	直	未发	未发	B
贵州黔西南州农科所	790.67	2.44	3	4/9	8/6	9/16	160	15.8	110.6	27.0	218.2	157.6	72.2	32.3	0.0	直	未发	轻	A
贵州省农业科学院水稻所	649.65	6.67	6	4/13	8/9	9/20	160	13.4	101.7	24.0	218.3	168.9	77.4	29.6	0.4	直	未发	未发	C
贵州遵义市农科所	648.17	8.69	5	4/15	8/6	9/20	158	14.9	105.3	26.0	195.5	132.9	68.0	30.7	0.0	直	轻	轻 ++	B
陕西汉中市农科所	748.36	6.39	1	4/11	8/2	9/4	147	17.0	133.4	26.6	193.0	176.5	91.5	30.5	1.2	直	未发	轻	A
四川巴中市巴州区种子站	555.00	6.05	5	3/30	7/26	8/24	147	13.4	123.0	27.5	187.3	167.8	89.6	31.4		直	未发	无	A
四川广元市种子站	548.17	4.08	7	4/12	8/9	9/19	160	12.8	107.0	25.4	181.5	148.7	81.9	30.9	0.3	直	未发	轻	B
四川绵阳市农科所	505.67	0.33	10	3/27	7/19	8/24	150	14.1	123.1	27.1	141.6	128.2	90.5	28.5		倒	未发	中	D
四川内江杂交水稻开发中心	549.44	5.21	7	3/30	7/11	8/11	134	14.3	121.0	26.0	165.7	137.1	82.7	30.3		倒	未发	轻	C
四川省农业科学院水稻高粱所	605.00	5.46	5	3/13	6/22	7/23	132	10.5	124.7	29.3	256.8	218.6	85.2	28.5	0.0	直	未发	轻	A
四川省原良种试验站	506.50	3.75	7	4/11	8/6	9/5	146	12.0	117.4	27.5	211.4	160.7	76.0	27.0	0.0	直	未发	无	B
云南红河州农科所	676.17	5.62	7	4/2	7/31	9/5	156	17.8	105.0	24.6	155.8	131.6	84.4	31.1	1.0	直	未发	轻	C
云南文山州种子站	604.17	-1.20	12	4/15	8/15	9/14	152	14.6	107.7	26.0	211.9	130.9	61.8	31.6	0.8	直	轻感	轻感	C
重庆市涪陵区种子站	686.42	9.95	9	3/15	7/15	8/16	154	13.8	119.8	25.1	148.5	124.9	84.1	30.8	0.0	直	未发	轻	B
重庆市农业科学院水稻所	582.67	4.11	6	3/18	7/5	8/6	141	12.5	125.2	28.2	204.5	172.0	84.1	28.6	0.0	斜	未发	轻	B
重庆万州区种子站	616.00	15.90	1	3/19	7/10	8/20	154	15.5	112.0	27.5	221.5	178.9	80.8	26.3	0.0	直	未发	轻	A

注：综合评级 A—好，B—较好，C—中等，D—一般。

表 9－8－2　长江上游中籼迟熟 E 组（132411NS-E）区试品种在各试点的产量、生育期及主要农艺经济性状表现

品种名称/试验点	亩产（千克）	比 CK ± %	产量位次	播种期（月/日）	齐穗期（月/日）	成熟期（月/日）	全生育期（天）	有效穗（万/亩）	株高（厘米）	穗长（厘米）	总粒数/穗	实粒数/穗	结实率（%）	千粒重（克）	杂株率（%）	倒伏性	穗颈瘟	纹枯病	综评等级
川农 1A/成恢 3203																			
贵州黔东南州农科所	635.33	6.90	6	4/15	8/6	9/16	154	13.9	117.5	23.1	159.0	136.7	86.0	32.0	0.0	直	未发	轻	B
贵州黔西南州农科所	713.33	-7.58	13	4/9	8/10	9/16	160	16.5	99.8	24.0	165.0	138.0	83.6	30.9	0.0	直	未发	轻	D
贵州省农业科学院水稻所	625.13	2.64	10	4/13	8/17	9/24	164	14.3	98.3	23.2	197.5	148.0	74.9	30.5	0.8	直	未发	未发	C
贵州遵义市农科所	634.83	6.46	7	4/15	8/12	9/22	160	13.6	98.8	23.8	186.8	154.9	82.9	29.2	0.0	直	未发	轻	B
陕西汉中市农科所	728.57	3.58	7	4/11	8/9	9/12	155	19.4	132.4	24.2	161.8	137.9	85.2	30.6	0.0	倒	未发	轻	D
四川巴中市巴州区种子站	576.83	10.22	2	3/30	7/26	8/25	148	17.1	134.0	24.5	192.4	178.2	92.6	30.3		直	未发	无	A
四川广元市种子站	558.50	6.04	5	4/12	8/12	9/18	159	14.3	117.1	24.0	172.2	139.8	81.2	30.1	0.9	直	未发	轻	A
四川绵阳市农科所	558.83	10.88	8	3/27	7/27	8/28	154	16.4	120.0	25.0	123.9	114.0	92.0	30.5		倒	未发	轻	B
四川内江杂交水稻开发中心	589.59	12.90	2	3/30	7/25	8/25	148	16.0	120.5	23.7	143.5	125.9	87.7	30.0		直	未发	轻	A
四川省农业科学院水稻高粱所	603.21	5.15	6	3/13	6/30	7/30	139	12.7	117.0	27.9	204.0	181.8	89.1	28.7	1.0	直	未发	轻	A
四川省原良种试验站	494.00	1.19	8	4/11	8/15	9/12	152	12.6	115.8	25.4	162.3	129.2	79.6	28.8	1.6	直	未发	轻	B
云南红河州农科所	676.17	5.62	8	4/2	8/8	9/10	161	19.0	100.3	23.7	144.4	114.5	79.3	31.7	0.5	直	未发	轻	C
云南文山州种子站	661.83	8.23	3	4/15	8/17	9/19	157	17.4	108.6	23.2	170.9	118.6	69.4	31.2	0.8	直	无	轻感	B
重庆市涪陵区种子站	722.27	15.70	4	3/15	7/19	8/20	159	16.0	112.4	25.0	154.1	133.0	86.3	29.6	0.0	直	未发	轻	A
重庆市农业科学院水稻所	585.83	4.67	5	3/18	7/14	8/15	150	13.4	122.6	27.3	196.7	170.1	86.5	27.1	0.0	直	未发	轻	B
重庆万州区种子站	607.67	14.33	4	3/19	7/19	8/20	154	15.7	120.0	27.7	231.2	184.6	79.8	26.4	0.0	直	未发	轻	A

注：综合评级 A—好，B—较好，C—中等，D——般。

表 9-8-3　长江上游中籼迟熟 E 组（132411NS-E）区试品种在各试点的产量、生育期及主要农艺经济性状表现

品种名称/试验点	亩产（千克）	比 CK±%	产量位次	播种期（月/日）	齐穗期（月/日）	成熟期（月/日）	全生育期（天）	有效穗（万/亩）	株高（厘米）	穗长（厘米）	总粒数/穗	实粒数/穗	结实率（%）	千粒重（克）	杂株率（%）	倒伏性	穗颈瘟	纹枯病	综评等级
Ⅱ-6A/R286																			
贵州黔东南州农科所	631.33	6.23	7	4/15	8/4	9/14	152	15.4	114.3	24.2	157.3	130.2	82.8	32.9	0.2	直	未发	轻	B
贵州黔西南州农科所	785.50	1.77	5	4/9	8/9	9/17	161	16.7	108.0	27.3	216.9	151.1	69.7	31.1	0.0	直	未发	轻	B
贵州省农业科学院水稻所	676.24	11.04	4	4/13	8/10	9/23	163	13.9	105.5	25.7	218.6	165.4	75.7	29.6	1.1	直	未发	未发	B
贵州遵义市农科所	648.83	8.80	4	4/15	8/6	9/20	158	12.8	105.6	25.9	217.9	161.4	74.1	30.1	0.0	直	未发	轻	B
陕西汉中市农科所	715.98	1.79	8	4/11	8/5	9/7	150	17.8	131.4	25.8	174.1	157.7	90.6	30.4	0.0	直	未发	轻	C
四川巴中市巴州区种子站	529.50	1.18	9	3/30	7/26	8/24	147	14.7	126.0	28.0	211.8	188.4	89.0	31.1		直	未发	无	B
四川广元市种子站	553.17	5.03	6	4/12	8/6	9/15	156	12.3	111.5	25.0	167.9	146.9	87.5	28.8	0.3	直	未发	轻	A
四川绵阳市农科所	535.83	6.32	9	3/27	7/22	8/23	149	16.6	117.3	27.2	138.4	126.3	91.3	28.5		直	未发	轻	B
四川内江杂交水稻开发中心	570.66	9.28	4	3/30	7/16	8/16	139	14.1	120.5	25.7	172.3	132.1	76.7	30.7		直	未发	中	B
四川省农业科学院水稻高粱所	546.06	-4.82	13	3/13	6/23	7/25	134	11.2	120.7	27.3	228.0	181.7	79.7	28.5	0.0	直	未发	轻	D
四川省原良种试验站	508.67	4.20	6	4/11	8/5	9/5	146	13.1	115.4	25.3	164.5	136.3	82.9	28.6	0.0	直	未发	无	A
云南红河州农科所	672.17	5.00	9	4/2	8/4	9/8	159	16.8	102.5	25.2	179.2	146.8	81.9	30.8	0.0	直	未发	轻	C
云南文山州种子站	637.17	4.20	7	4/15	8/12	9/13	151	15.4	107.8	26.6	217.3	134.1	61.7	30.2	0.0	直	轻感	轻感	B
重庆市涪陵区种子站	721.15	15.52	5	3/15	7/18	8/18	156	14.6	114.8	25.7	174.2	151.7	87.1	30.6	0.0	直	未发	轻	A
重庆市农业科学院水稻所	557.50	-0.39	11	3/18	7/6	8/6	141	12.1	123.2	28.5	211.5	173.2	81.9	27.6	1.2	斜	未发	轻	C
重庆万州区种子站	465.33	-12.45	12	3/19	7/14	8/22	156	14.6	115.0	29.0	172.8	141.6	81.9	26.6	0.0	直	未发	轻	C

注：综合评级 A—好，B—较好，C—中等，D——般。

表 9－8－4　长江上游中籼迟熟 E 组（132411NS-E）区试品种在各试点的产量、生育期及主要农艺经济性状表现

品种名称/试验点	亩产（千克）	比 CK ± %	产量位次	播种期（月/日）	齐穗期（月/日）	成熟期（月/日）	全生育期（天）	有效穗（万/亩）	株高（厘米）	穗长（厘米）	总粒数/穗	实粒数/穗	结实率（%）	千粒重（克）	杂株率（%）	倒伏性	穗颈瘟	纹枯病	综评等级
泸优 727																			
贵州黔东南州农科所	639.17	7.54	5	4/15	8/11	9/21	159	14.2	101.9	23.0	152.9	140.7	92.0	32.8	0.3	直	未发	未发	B
贵州黔西南州农科所	789.50	2.29	4	4/9	8/12	9/18	162	17.4	100.0	23.2	176.8	150.2	85.0	30.5	0.0	直	未发	轻	B
贵州省农业科学院水稻所	706.16	15.95	2	4/13	8/16	9/28	168	14.2	102.9	24.3	202.3	170.9	84.5	29.3	0.0	直	未发	未发	A
贵州遵义市农科所	652.17	9.36	3	4/15	8/14	9/24	162	13.6	95.3	23.3	207.2	169.7	81.9	27.9	0.0	直	未发	轻	A
陕西汉中市农科所	741.16	5.37	4	4/11	8/9	9/12	155	21.1	123.8	22.4	144.7	124.8	86.2	28.9	0.0	直	未发	轻	A
四川巴中市巴州区种子站	574.17	9.71	3	3/30	7/27	8/24	147	17.2	122.0	22.8	167.6	154.0	91.9	29.1		直	未发	无	A
四川广元市种子站	531.00	0.82	11	4/12	8/12	9/19	160	12.6	121.2	24.1	182.1	160.1	87.9	27.6	0.3	直	未发	轻	B
四川绵阳市农科所	578.42	14.77	2	3/27	7/29	8/28	154	16.8	114.9	24.1	139.6	121.4	87.0	30.6		直	未发	轻	A
四川内江杂交水稻开发中心	542.90	3.96	8	3/30	7/23	8/23	146	15.3	125.5	25.1	165.6	141.2	85.3	28.7		倒	未发	轻	C
四川省农业科学院水稻高粱所	602.41	5.01	7	3/13	7/1	8/1	141	12.8	124.7	26.9	235.9	181.1	76.8	27.3	0.0	直	未发	轻	A
四川省原良种试验站	512.83	5.05	4	4/11	8/11	9/14	154	14.7	113.6	23.1	152.4	126.7	83.1	27.4	0.0	直	未发	轻	B
云南红河州农科所	708.83	10.73	3	4/2	8/11	9/11	162	17.3	98.1	24.8	186.2	156.6	84.1	30.2	0.8	直	未发	轻	A
云南文山州种子站	675.00	10.38	2	4/15	8/23	9/23	161	16.2	102.5	23.9	199.8	127.1	63.6	31.5	0.0	直	无	轻感	B
重庆市涪陵区种子站	720.51	15.41	6	3/15	7/25	8/24	162	15.0	102.2	22.5	181.0	140.5	77.6	30.0	0.0	直	未发	轻	A
重庆市农业科学院水稻所	593.17	5.99	3	3/18	7/15	8/16	151	13.0	114.8	27.5	207.2	166.4	80.3	28.6	0.0	直	未发	轻	B
重庆万州区种子站	579.17	8.97	7	3/19	7/21	8/22	156	14.1	113.0	25.5	195.7	164.4	84.0	27.6	0.0	直	未发	轻	A

注：综合评级 A—好，B—较好，C—中等，D——般。

表 9-8-5　长江上游中籼迟熟 E 组（132411NS-E）区试品种在各试点的产量、生育期及主要农艺经济性状表现

品种名称/试验点	亩产（千克）	比 CK ± %	产量位次	播种期（月/日）	齐穗期（月/日）	成熟期（月/日）	全生育期（天）	有效穗（万/亩）	株高（厘米）	穗长（厘米）	总粒数/穗	实粒数/穗	结实率（%）	千粒重（克）	杂株率（%）	倒伏性	穗颈瘟	纹枯病	综评等级
广优 3186																			
贵州黔东南州农科所	591.00	-0.56	11	4/15	8/8	9/18	156	13.0	113.9	25.2	180.4	133.0	73.7	35.5	0.8	直	未发	未发	C
贵州黔西南州农科所	727.83	-5.70	12	4/9	8/14	9/18	162	18.6	111.8	28.2	163.9	126.7	77.3	31.4	0.0	直	未发	轻	C
贵州省农业科学院水稻所	630.72	3.56	8	4/13	8/19	10/1	171	13.7	187.6	23.6	196.8	159.5	81.1	29.0	0.0	直	未发	未发	C
贵州遵义市农科所	641.50	7.57	6	4/15	8/18	9/26	164	11.5	103.0	26.3	218.7	175.0	80.0	32.6	0.0	直	未发	轻	B
陕西汉中市农科所	637.43	-9.38	13	4/11	8/16	9/18	161	20.7	139.2	25.6	160.0	109.0	68.1	28.8	0.0	直	未发	轻	D
四川巴中市巴州区种子站	552.33	5.54	6	3/30	7/27	8/26	149	19.7	132.0	26.6	164.2	142.1	86.5	32.0		直	未发	无	B
四川广元市种子站	594.50	12.88	1	4/12	8/14	9/23	164	13.7	124.9	24.7	180.4	150.6	83.5	30.7	0.3	直	未发	轻	A
四川绵阳市农科所	583.17	15.71	1	3/27	8/2	9/2	159	17.0	128.8	29.0	124.9	113.5	90.9	31.5		直	未发	轻	C
四川内江杂交水稻开发中心	581.51	11.35	3	3/30	7/26	8/26	149	14.1	126.5	27.3	172.7	136.9	79.2	31.2		直	未发	轻	A
四川省农业科学院水稻高粱所	563.76	-1.73	11	3/13	7/4	8/4	144	11.8	135.0	29.7	240.8	178.8	74.3	29.2	1.0	直	未发	轻	C
四川省原良种试验站	450.33	-7.75	12	4/11	8/14	9/15	155	14.5	118.4	26.8	169.2	109.1	64.5	29.2	1.2	直	未发	无	C
云南红河州农科所	671.50	4.89	10	4/2	8/13	9/16	167	19.6	104.5	24.3	147.1	109.8	74.6	31.5	1.0	直	未发	轻	C
云南文山州种子站	569.17	-6.92	13	4/15	8/20	9/21	159	16.2	114.0	26.2	213.1	121.5	57.0	31.4	0.3	直	无	轻感	C
重庆市涪陵区种子站	651.27	4.32	11	3/15	7/30	8/26	164	15.9	116.2	25.2	130.4	109.8	84.2	31.9	0.0	直	未发	无	C
重庆市农业科学院水稻所	560.33	0.12	8	3/18	7/18	8/19	154	13.5	132.0	27.3	194.2	154.8	79.7	28.2	1.6	直	未发	轻	C
重庆万州区种子站	508.50	-4.33	9	3/19	7/20	8/23	153	15.0	113.0	28.0	178.5	149.5	83.8	26.3	0.0	直	未发	轻	C

注：综合评级 A—好，B—较好，C—中等，D——般。

表 9-8-6　长江上游中籼迟熟 E 组（132411NS-E）区试品种在各试点的产量、生育期及主要农艺经济性状表现

品种名称/试验点	亩产（千克）	比 CK ±%	产量位次	播种期（月/日）	齐穗期（月/日）	成熟期（月/日）	全生育期（天）	有效穗（万/亩）	株高（厘米）	穗长（厘米）	总粒数/穗	实粒数/穗	结实率（%）	千粒重（克）	杂株率（%）	倒伏性	穗颈瘟	纹枯病	综评等级
辐优 21																			
贵州黔东南州农科所	622.33	4.71	9	4/15	8/6	9/17	155	13.7	107.2	25.6	176.0	155.2	88.2	29.9	0.3	直	未发	轻	C
贵州黔西南州农科所	768.17	-0.47	8	4/9	8/6	9/14	158	15.3	100.0	25.8	180.5	168.8	93.5	30.4	0.0	直	未发	轻	C
贵州省农业科学院水稻所	588.38	-3.39	13	4/13	8/11	9/23	163	13.9	99.4	24.6	216.0	156.1	72.3	28.7	0.8	直	未发	未发	D
贵州遵义市农科所	620.17	4.00	11	4/15	8/12	9/22	160	12.9	93.0	25.4	210.2	174.1	82.8	27.9	0.0	直	未发	轻	C
陕西汉中市农科所	707.58	0.60	10	4/11	8/5	9/7	150	19.4	124.8	24.5	138.0	130.3	94.4	28.0	10	直	未发	轻	D
四川巴中市巴州区种子站	500.17	-4.43	13	3/30	7/27	8/24	147	16.5	126.0	24.8	136.0	119.3	87.7	28.0		直	未发	轻	C
四川广元市种子站	559.50	6.23	4	4/12	8/6	9/14	155	14.4	107.3	24.2	155.7	142.5	91.5	29.0	0.6	直	未发	轻	A
四川绵阳市农科所	479.17	-4.93	13	3/27	7/23	8/22	148	18.0	115.0	26.3	118.8	105.2	88.6	29.9		直	未发	中	D
四川内江杂交水稻开发中心	540.17	3.44	9	3/30	7/17	8/17	140	15.3	119.5	26.0	146.0	129.0	88.3	29.0	差	直	未发	轻	C
四川省农业科学院水稻高粱所	560.95	-2.22	12	3/13	6/26	7/27	136	12.0	111.7	27.9	204.3	181.6	88.9	27.5	6.1	直	未发	轻	D
四川省原良种试验站	445.67	-8.71	13	4/11	8/3	9/4	145	13.1	114.8	25.1	138.2	125.2	90.6	27.4	0.4	直	未发	无	C
云南红河州农科所	616.00	-3.78	13	4/2	8/4	9/6	157	17.9	100.4	23.7	157.1	136.8	87.1	29.2	0.0	直	未发	轻	D
云南文山州种子站	620.83	1.53	8	4/15	8/13	9/19	157	13.0	104.2	27.2	202.9	173.0	85.3	29.2	3.0	直	无	轻感	B
重庆市涪陵区种子站	592.75	-5.05	13	3/15	7/19	8/20	159	13.1	112.2	24.3	164.6	144.7	87.9	29.2	0.0	直	未发	无	D
重庆市农业科学院水稻所	535.50	-4.32	13	3/18	7/7	8/7	142	14.0	122.0	26.5	171.7	147.0	85.6	27.6	0.0	斜	未发	轻	D
重庆万州区种子站	445.33	-16.21	13	3/19	7/12	8/20	154	13.8	111.0	27.4	189.4	148.8	78.6	25.2	5.0	直	未发	中	D

注：综合评级 A—好，B—较好，C—中等，D——般。

表 9-8-7 长江上游中籼迟熟 E 组（132411NS-E）区试品种在各试点的产量、生育期及主要农艺经济性状表现

品种名称/试验点	亩产（千克）	比 CK ± %	产量位次	播种期（月/日）	齐穗期（月/日）	成熟期（月/日）	全生育期（天）	有效穗（万/亩）	株高（厘米）	穗长（厘米）	总粒数/穗	实粒数/穗	结实率（%）	千粒重（克）	杂株率（%）	倒伏性	穗颈瘟	纹枯病	综评等级
宜香优 5577																			
贵州黔东南州农科所	650.00	9.37	2	4/15	8/4	9/15	153	14.9	114.8	22.8	155.0	138.9	89.6	32.4	0.0	直	未发	轻	A
贵州黔西南州农科所	772.33	0.07	6	4/9	8/8	9/16	160	19.6	114.7	27.5	176.9	126.9	71.7	30.7	0.0	直	未发	轻	C
贵州省农业科学院水稻所	626.49	2.87	9	4/13	8/14	9/26	166	15.9	101.8	24.0	175.0	135.9	77.7	29.5	0.0	直	未发	未发	C
贵州遵义市农科所	622.00	4.30	10	4/15	8/7	9/22	160	12.6	105.4	27.1	229.7	165.0	71.9	29.7	0.0	直	未发	轻	C
陕西汉中市农科所	714.18	1.53	9	4/11	8/5	9/7	150	17.6	130.0	26.2	148.4	129.4	87.2	29.6	1.0	倒	未发	轻	C
四川巴中市巴州区种子站	529.33	1.15	10	3/30	7/26	8/24	147	12.8	130.0	28.5	171.0	152.4	89.1	29.6		直	未发	无	B
四川广元市种子站	535.67	1.71	10	4/12	8/11	9/18	159	13.1	108.4	26.0	187.9	149.9	79.8	28.3	0.6	直	未发	轻	B
四川绵阳市农科所	563.50	11.81	6	3/27	7/25	8/27	153	16.8	126.1	28.0	125.5	115.3	91.9	30.2		斜	未发	轻	B
四川内江杂交水稻开发中心	525.52	0.63	10	3/30	7/19	8/19	142	14.4	126.5	25.9	141.6	122.5	86.5	29.2		直	未发	中	C
四川省农业科学院水稻高粱所	586.79	2.28	8	3/13	6/27	7/30	139	11.1	129.0	30.8	225.6	187.8	83.3	30.1	0.0	直	未发	轻	B
四川省原良种试验站	514.17	5.33	2	4/11	8/10	9/13	153	13.2	115.4	27.5	154.0	134.4	87.3	28.2	0.4	直	未发	无	B
云南红河州农科所	683.17	6.72	5	4/2	8/2	9/8	159	18.4	104.2	24.2	148.1	132.2	89.3	30.1	0.0	直	未发	轻	B
云南文山州种子站	642.00	4.99	5	4/15	8/17	9/20	158	15.6	118.0	26.5	191.9	127.4	66.4	30.7	0.0	直	无	轻感	B
重庆市涪陵区种子站	698.03	11.81	8	3/15	7/18	8/19	157	15.4	120.2	26.3	148.4	126.4	85.2	29.6	0.0	直	未发	无	B
重庆市农业科学院水稻所	591.17	5.63	4	3/18	7/8	8/9	144	13.2	132.6	29.7	192.1	164.4	85.6	29.0	1.4	斜	未发	轻	C
重庆万州区种子站	608.17	14.42	3	3/19	7/12	8/19	153	15.4	115.0	27.6	225.7	181.2	80.3	27.1	0.0	直	未发	中	A

注：综合评级 A—好，B—较好，C—中等，D——般。

表 9-8-8　长江上游中籼迟熟 E 组（132411NS-E）区试品种在各试点的产量、生育期及主要农艺经济性状表现

品种名称/试验点	亩产（千克）	比 CK ± %	产量位次	播种期（月/日）	齐穗期（月/日）	成熟期（月/日）	全生育期（天）	有效穗（万/亩）	株高（厘米）	穗长（厘米）	总粒数/穗	实粒数/穗	结实率（%）	千粒重（克）	杂株率（%）	倒伏性	穗颈瘟	纹枯病	综评等级
Ⅱ优 838（CK）																			
贵州黔东南州农科所	594.33	0.00	10	4/15	8/7	9/19	157	13.4	106.7	23.1	151.3	140.3	92.7	33.0	0.0	直	未发	未发	C
贵州黔西南州农科所	771.83	0.00	7	4/9	8/9	9/16	160	16.9	105.0	25.8	161.9	142.4	88.0	30.1	0.0	直	未发	轻	C
贵州省农业科学院水稻所	609.03	0.00	12	4/13	8/15	9/25	165	14.1	96.0	22.8	168.1	145.0	86.3	28.9	0.0	直	未发	未发	C
贵州遵义市农科所	596.33	0.00	13	4/15	8/12	9/22	160	12.0	102.2	24.4	193.7	162.9	84.1	28.1	0.0	直	未发	轻	D
陕西汉中市农科所	703.39	0.00	11	4/11	8/8	9/11	154	18.5	125.0	24.9	148.0	143.2	96.8	29.5	0.0	直	未发	轻	C
四川巴中市巴州区种子站	523.33	0.00	11	3/30	7/23	8/24	147	16.8	137.0	24.8	152.8	143.6	93.9	29.4		直	未发	无	B
四川广元市种子站	526.67	0.00	12	4/12	8/11	9/17	158	13.1	110.4	23.9	159.0	150.4	94.6	30.2	0.6	直	未发	轻	B
四川绵阳市农科所	504.00	0.00	11	3/27	7/26	8/24	150	17.5	116.4	25.1	126.9	111.4	87.8	28.9		直	未发	轻	C
四川内江杂交水稻开发中心	522.21	0.00	11	3/30	7/21	8/21	144	14.4	128.5	24.5	147.3	133.8	90.8	29.7		直	未发	轻	C
四川省农业科学院水稻高粱所	573.69	0.00	9	3/13	7/2	8/2	142	13.1	124.0	27.9	192.7	173.1	89.8	27.3	0.0	直	未发	轻	C
四川省原良种试验站	488.17	0.00	9	4/11	8/10	9/13	153	13.9	115.2	25.5	152.1	131.6	86.5	27.0	0.0	直	未发	无	B
云南红河州农科所	640.17	0.00	11	4/2	8/6	9/8	159	18.6	96.1	23.8	150.3	135.2	90.0	28.8	0.8	直	未发	轻	C
云南文山州种子站	611.50	0.00	11	4/15	8/17	9/20	158	15.0	106.8	24.0	184.8	156.8	84.8	29.7	0.0	直	无	轻感	C
重庆市涪陵区种子站	624.29	0.00	12	3/15	7/21	8/20	159	15.3	108.0	23.1	138.3	122.1	88.3	30.4	0.0	直	未发	无	D
重庆市农业科学院水稻所	559.67	0.00	9	3/18	7/10	8/10	145	13.8	118.8	26.8	171.2	150.5	87.9	27.6	0.5	直	未发	轻	C
重庆万州区种子站	531.50	0.00	8	3/19	7/16	8/19	153	14.3	117.0	28.1	183.3	159.9	87.2	27.2	0.0	直	未发	中	B

注：综合评级 A—好，B—较好，C—中等，D——般。

表 9-8-9 长江上游中籼迟熟 E 组（132411NS-E）区试品种在各试点的产量、生育期及主要农艺经济性状表现

品种名称/试验点	亩产（千克）	比 CK ± %	产量位次	播种期（月/日）	齐穗期（月/日）	成熟期（月/日）	全生育期（天）	有效穗（万/亩）	株高（厘米）	穗长（厘米）	总粒数/穗	实粒数/穗	结实率（%）	千粒重（克）	杂株率（%）	倒伏性	穗颈瘟	纹枯病	综评等级
21A/成恢 727																			
贵州黔东南州农科所	659.67	10.99	1	4/15	8/9	9/20	158	12.8	106.1	24.5	188.1	163.5	86.9	32.6	0.0	直	未发	轻	A
贵州黔西南州农科所	815.67	5.68	1	4/9	8/10	9/19	163	17.6	108.9	26.4	178.2	154.2	86.5	30.5	0.0	直	未发	轻	A
贵州省农业科学院水稻所	684.99	12.47	3	4/13	8/17	9/26	166	15.3	99.3	22.0	197.7	162.8	82.4	28.6	0.0	直	未发	未发	B
贵州遵义市农科所	692.50	16.13	1	4/15	8/12	9/22	160	14.8	99.5	24.6	191.1	151.2	79.1	29.5	0.0	直	未发	轻	A
陕西汉中市农科所	742.96	5.63	3	4/11	8/8	9/11	154	17.9	129.6	25.9	162.3	145.5	89.6	30.0	0.0	直	未发	轻	A
四川巴中市巴州区种子站	580.00	10.83	1	3/30	7/27	8/24	147	15.5	128.0	25.0	180.1	168.3	93.4	29.8		直	未发	无	A
四川广元市种子站	540.33	2.59	9	4/12	8/10	9/17	158	12.4	105.6	24.8	175.4	153.4	87.5	30.5	0.3	直	未发	轻	B
四川绵阳市农科所	574.00	13.89	3	3/27	7/27	8/28	154	17.7	116.9	25.9	119.2	102.4	85.9	32.0		直	未发	中	A
四川内江杂交水稻开发中心	551.17	5.55	6	3/30	7/24	8/24	147	16.1	124.5	25.5	153.4	130.5	85.1	29.7		倒	未发	轻	C
四川省农业科学院水稻高粱所	614.43	7.10	4	3/13	6/26	7/28	137	12.2	129.7	29.1	263.6	207.1	78.6	26.3	0.0	直	未发	轻	A
四川省原良种试验站	513.33	5.15	3	4/11	8/12	9/14	154	12.6	114.6	26.1	172.4	141.8	82.3	29.0	0.0	直	未发	轻	A
云南红河州农科所	721.67	12.73	1	4/2	8/6	9/8	159	17.8	98.7	23.1	150.1	130.1	86.7	31.9	0.0	直	未发	轻	A
云南文山州种子站	692.17	13.19	1	4/15	8/16	9/22	160	14.8	105.2	26.3	216.4	159.7	73.8	31.1	0.3	直	无	轻感	A
重庆市涪陵区种子站	728.65	16.72	2	3/15	7/20	8/20	159	15.3	114.2	24.8	143.2	126.5	88.4	28.6	0.0	直	未发	无	A
重庆市农业科学院水稻所	577.33	3.16	7	3/18	7/10	8/11	146	12.5	122.0	27.9	195.3	177.3	90.8	27.5	0.0	直	未发	轻	B
重庆万州区种子站	586.17	10.29	5	3/19	7/16	8/22	156	14.9	115.0	28.8	205.6	177.5	87.6	27.9	0.0	直	未发	轻	A

注：综合评级 A—好，B—较好，C—中等，D——般。

表 9-8-10　长江上游中籼迟熟 E 组（132411NS-E）区试品种在各试点的产量、生育期及主要农艺经济性状表现

品种名称/试验点	亩产（千克）	比 CK ± %	产量位次	播种期（月/日）	齐穗期（月/日）	成熟期（月/日）	全生育期（天）	有效穗（万/亩）	株高（厘米）	穗长（厘米）	总粒数/穗	实粒数/穗	结实率（%）	千粒重（克）	杂株率（%）	倒伏性	穗颈瘟	纹枯病	综评等级
广优 4019																			
贵州黔东南州农科所	588.33	-1.01	12	4/15	8/4	9/14	152	15.1	110.3	24.1	132.1	118.9	90.0	32.7	0.0	直	未发	轻	D
贵州黔西南州农科所	762.50	-1.21	10	4/9	8/10	9/18	162	20.2	111.6	25.3	147.3	124.6	84.6	29.9	0.0	直	未发	轻	C
贵州省农业科学院水稻所	642.38	5.48	7	4/13	8/15	9/23	163	15.6	103.4	24.5	195.5	154.3	78.9	29.0	0.8	直	未发	未发	C
贵州遵义市农科所	627.17	5.17	9	4/15	8/9	9/22	160	14.5	100.9	25.2	182.8	143.1	78.3	28.8	0.0	直	未发	轻	C
陕西汉中市农科所	697.99	-0.77	12	4/11	8/8	9/11	154	21.6	137.2	25.0	140.4	128.8	91.7	29.3	0.0	直	未发	轻	C
四川巴中市巴州区种子站	510.00	-2.55	12	3/30	7/24	8/24	147	17.1	123.0	23.2	126.9	113.5	89.4	28.5		直	未发	无	C
四川广元市种子站	587.83	11.61	2	4/12	8/11	9/17	158	12.0	115.2	24.0	182.1	157.2	86.3	29.1	0.3	直	未发	轻	A
四川绵阳市农科所	569.33	12.96	5	3/27	7/24	8/25	151	17.4	125.7	27.0	119.6	109.0	91.1	31.0		直	未发	轻	A
四川内江杂交水稻开发中心	557.39	6.74	5	3/30	7/20	8/20	143	14.7	126.0	25.0	153.7	135.0	87.8	29.5		直	未发	中	C
四川省农业科学院水稻高粱所	620.21	8.11	2	3/13	6/27	7/29	138	12.9	136.7	29.2	221.2	184.2	83.3	26.9	4.0	直	未发	轻	A
四川省原良种试验站	475.33	-2.63	10	4/11	8/12	9/14	154	12.2	118.2	27.0	168.4	141.1	83.8	28.4	1.6	直	未发	轻	C
云南红河州农科所	683.17	6.72	6	4/2	8/6	9/8	159	19.0	103.0	23.6	150.5	133.3	88.6	30.6	1.0	直	未发	轻	A
云南文山州种子站	614.00	0.41	10	4/15	8/16	9/20	158	14.4	112.2	24.7	199.1	148.7	74.7	28.7	0.0	直	无	轻感	C
重庆市涪陵区种子站	725.85	16.27	3	3/15	7/19	8/21	160	14.4	122.4	23.6	147.3	127.8	86.7	30.3	0.0	直	未发	轻	A
重庆市农业科学院水稻所	559.00	-0.12	10	3/18	7/9	8/10	145	14.4	126.6	28.2	190.6	155.5	81.6	27.2	0.0	倒	未发	轻	D
重庆万州区种子站	471.00	-11.38	10	3/19	7/16	8/19	153	13.5	110.0	26.4	176.6	155.7	88.2	25.9	0.0	直	未发	轻	C

注：综合评级 A—好，B—较好，C—中等，D——般。

表 9－8－11　长江上游中籼迟熟 E 组（132411NS-E）区试品种在各试点的产量、生育期及主要农艺经济性状表现

品种名称/试验点	亩产（千克）	比 CK ± %	产量位次	播种期（月/日）	齐穗期（月/日）	成熟期（月/日）	全生育期（天）	有效穗（万/亩）	株高（厘米）	穗长（厘米）	总粒数/穗	实粒数/穗	结实率（%）	千粒重（克）	杂株率（%）	倒伏性	穗颈瘟	纹枯病	综评等级
兆两优 7213																			
贵州黔东南州农科所	629.50	5.92	8	4/15	8/3	9/13	151	13.4	113.6	27.1	188.6	143.1	75.9	33.6	0.1	直	未发	未发	C
贵州黔西南州农科所	814.00	5.46	2	4/9	8/9	9/19	163	19.4	113.2	25.5	149.6	134.5	89.9	30.7	0.0	直	未发	轻	A
贵州省农业科学院水稻所	664.30	9.07	5	4/13	8/9	9/22	162	13.8	105.4	24.8	199.8	164.4	82.3	30.0	0.0	直	未发	未发	B
贵州遵义市农科所	688.83	15.51	2	4/15	8/7	9/22	160	12.8	113.1	25.8	242.1	168.4	69.6	29.6	0.0	直	未发	轻＋	A
陕西汉中市农科所	738.77	5.03	6	4/11	8/8	9/11	154	16.6	138.8	26.3	195.3	170.0	87.0	29.7	0.0	直	未发	轻	A
四川巴中市巴州区种子站	543.83	3.92	8	3/30	7/28	8/24	147	13.6	130.0	26.9	208.6	170.2	81.6	30.7		直	未发	无	B
四川广元市种子站	543.50	3.20	8	4/12	8/9	9/17	158	11.3	115.6	25.1	197.7	162.5	82.2	28.9	0.3	直	未发	轻	B
四川绵阳市农科所	570.92	13.28	4	3/27	7/24	8/28	154	17.5	125.2	27.5	118.1	102.0	86.4	32.8		直	未发	轻	A
四川内江杂交水稻开发中心	591.50	13.27	1	3/30	7/18	8/18	141	12.7	120.0	26.1	180.3	156.5	86.8	30.6		直	未发	轻	A
四川省农业科学院水稻高粱所	617.24	7.59	3	3/13	6/28	7/30	139	10.8	130.7	30.2	264.3	207.1	78.4	28.9	0.0	直	未发	轻	A
四川省原良种试验站	521.00	6.73	1	4/11	8/10	9/11	152	12.9	122.6	24.6	189.9	145.4	76.6	27.0	0.0	直	未发	无	A
云南红河州农科所	699.33	9.24	4	4/2	8/4	9/8	159	16.8	106.2	25.8	169.8	142.5	83.9	31.4	0.0	直	未发	轻	B
云南文山州种子站	619.17	1.25	9	4/15	8/16	9/20	158	13.4	116.1	27.5	219.4	163.9	74.7	30.9	0.0	直	轻感	轻感	C
重庆市涪陵区种子站	792.91	27.01	1	3/15	7/19	8/21	160	15.8	119.2	24.6	164.9	130.4	79.1	31.0	0.0	直	未发	轻	A
重庆市农业科学院水稻所	601.33	7.44	2	3/18	7/10	8/11	146	12.6	131.0	27.9	225.2	184.0	81.7	27.3	0.9	直	未发	轻	A
重庆万州区种子站	584.00	9.88	6	3/19	7/10	8/21	155	15.0	126.0	30.0	233.3	170.2	73.0	25.1	0.0	直	未发	中	A

注：综合评级 A—好，B—较好，C—中等，D——般。

表 9－8－12　长江上游中籼迟熟 E 组（132411NS-E）区试品种在各试点的产量、生育期及主要农艺经济性状表现

品种名称/试验点	亩产（千克）	比 CK ± %	产量位次	播种期（月/日）	齐穗期（月/日）	成熟期（月/日）	全生育期（天）	有效穗（万/亩）	株高（厘米）	穗长（厘米）	总粒数/穗	实粒数/穗	结实率（%）	千粒重（克）	杂株率（%）	倒伏性	穗颈瘟	纹枯病	综评等级
金瑞 18																			
贵州黔东南州农科所	586.50	－1.32	13	4/15	8/5	9/15	153	12.5	108.5	25.0	164.9	138.6	84.1	33.2	0.0	直	未发	未发	D
贵州黔西南州农科所	731.17	－5.27	11	4/9	8/9	9/18	162	15.5	110.4	26.6	205.2	150.4	73.3	31.5	0.0	直	未发	轻	C
贵州省农业科学院水稻所	622.36	2.19	11	4/13	8/12	9/23	163	12.9	107.2	23.6	199.6	162.1	81.2	30.1	0.4	直	未发	未发	C
贵州遵义市农科所	606.17	1.65	12	4/15	8/7	9/20	158	12.6	102.9	25.9	229.7	146.0	63.6	31.4	0.0	直	未发	轻	D
陕西汉中市农科所	745.36	5.97	2	4/11	8/6	9/9	152	16.5	129.2	27.1	193.6	174.2	90.0	30.4	0.0	直	未发	轻	A
四川巴中市巴州区种子站	550.17	5.13	7	3/30	7/27	8/25	148	10.5	130.0	28.3	220.3	190.3	86.4	31.8		直	未发	无	B
四川广元市种子站	508.50	－3.45	13	4/12	8/10	9/17	158	12.3	116.0	25.4	186.8	149.2	79.9	29.2	0.6	直	未发	轻	B
四川绵阳市农科所	496.33	－1.52	12	3/27	7/25	8/25	151	16.8	118.8	26.9	136.0	118.9	87.4	30.6		直	未发	中	D
四川内江杂交水稻开发中心	494.99	－5.21	13	3/30	7/19	8/19	142	14.2	124.0	27.0	172.1	119.4	69.4	31.0		直	未发	轻	C
四川省农业科学院水稻高粱所	567.98	－0.99	10	3/13	6/28	7/30	139	10.7	126.7	30.6	250.1	186.8	74.7	28.9	0.0	直	未发	轻	D
四川省原良种试验站	510.83	4.64	5	4/11	8/9	9/13	154	12.7	111.6	27.0	157.1	105.9	67.4	33.4	0.4	直	未发	轻	B
云南红河州农科所	622.67	－2.73	12	4/2	8/2	9/5	156	17.1	100.0	24.6	151.4	130.5	86.2	32.6	0.0	直	未发	轻	D
云南文山州种子站	642.00	4.99	6	4/15	8/12	9/18	156	14.8	109.5	24.7	195.7	147.8	75.5	29.7	0.0	直	无	轻感	B
重庆市涪陵区种子站	706.25	13.13	7	3/15	7/20	8/20	159	14.4	114.6	25.3	169.9	140.2	82.5	31.4	0.0	直	未发	无	B
重庆市农业科学院水稻所	555.67	－0.72	12	3/18	7/8	8/8	143	12.1	124.6	30.2	232.4	176.9	76.1	27.5	1.1	直	未发	轻	C
重庆万州区种子站	468.83	－11.79	11	3/19	7/11	8/20	154	13.5	121.0	30.0	191.2	154.3	80.8	26.1	0.0	直	未发	轻	D

注：综合评级 A—好，B—较好，C—中等，D——般。

表 9-8-13　长江上游中籼迟熟 E 组（132411NS-E）区试品种在各试点的产量、生育期及主要农艺经济性状表现

品种名称/试验点	亩产（千克）	比 CK ±%	产量位次	播种期（月/日）	齐穗期（月/日）	成熟期（月/日）	全生育期（天）	有效穗（万/亩）	株高（厘米）	穗长（厘米）	总粒数/穗	实粒数/穗	结实率（%）	千粒重（克）	杂株率（%）	倒伏性	穗颈瘟	纹枯病	综评等级
陵优 2060																			
贵州黔东南州农科所	642.33	8.08	4	4/15	8/6	9/18	156	13.6	117.5	25.2	183.5	143.9	78.4	34.4	0.0	直	未发	轻	B
贵州黔西南州农科所	766.00	-0.76	9	4/9	8/9	9/19	163	18.7	115.8	26.4	191.6	123.3	64.4	32.8	0.0	直	未发	轻	C
贵州省农业科学院水稻所	711.38	16.81	1	4/13	8/12	9/25	165	13.7	108.3	25.2	200.8	171.1	85.2	31.6	0.0	直	未发	未发	A
贵州遵义市农科所	628.67	5.42	8	4/15	8/8	9/20	158	13.0	108.5	25.2	231.4	144.1	62.3	31.6	0.0	直	未发	轻	B
陕西汉中市农科所	740.56	5.29	5	4/11	8/9	9/11	154	17.7	141.6	26.8	190.1	151.9	79.9	31.9	0.0	直	未发	轻	A
四川巴中市巴州区种子站	568.00	8.54	4	3/30	7/24	8/25	148	14.7	137.0	29.9	214.9	183.3	85.3	33.4		直	未发	无	B
四川广元市种子站	583.67	10.82	3	4/13	8/11	9/21	162	14.2	130.1	25.2	152.8	135.4	88.6	28.8	0.3	直	未发	轻	A
四川绵阳市农科所	559.83	11.08	7	3/27	7/27	8/29	155	15.1	129.7	27.4	127.7	114.4	89.6	32.8		直	未发	轻	B
四川内江杂交水稻开发中心	503.74	-3.54	12	3/30	7/20	8/20	143	14.0	134.5	26.3	182.8	114.2	62.5	31.5		直	未发	轻	C
四川省农业科学院水稻高粱所	620.60	8.18	1	3/13	6/26	7/28	137	11.8	133.7	29.4	274.9	186.5	80.8	30.3	4.5	直	未发	轻	A
四川省原良种试验站	463.00	-5.16	11	4/11	8/9	9/13	154	12.0	125.4	27.3	180.2	129.8	72.0	30.2	0.0	直	未发	无	C
云南红河州农科所	712.00	11.22	2	4/2	8/4	9/9	160	17.8	113.2	25.1	173.5	135.8	78.3	32.7	0.0	直	未发	轻	A
云南文山州种子站	643.50	5.23	4	4/15	8/12	9/19	157	14.6	119.7	24.8	216.1	133.2	61.6	32.2	0.5	直	轻感	轻感	C
重庆市涪陵区种子站	660.94	5.87	10	3/15	7/22	8/21	160	13.8	128.8	25.5	136.2	127.1	93.3	31.6	0.0	直	未发	无	C
重庆市农业科学院水稻所	602.17	7.59	1	3/18	7/13	8/14	149	12.0	137.8	29.8	233.4	187.2	80.2	29.3	1.6	直	未发	轻	C
重庆万州区种子站	612.00	15.15	2	3/19	7/15	8/23	157	15.3	126.0	29.3	198.1	173.4	87.5	28.0	0.0	直	未发	轻	A

注：综合评级 A—好，B—较好，C—中等，D——般。

表 9－9－1 长江上游中籼迟熟 E 组生产试验（132411NS-E-S）品种在各试验点的产量、生育期、主要特征、田间抗性表现

品种名称/试验点	亩产（千克）	比 CK ±%	播种期（月/日）	齐穗期（月/日）	成熟期（月/日）	全生育期(天)	耐寒性	整齐度	杂株率（%）	株型	叶色	叶姿	长势	熟期转色	倒伏性	落粒性	叶瘟	穗颈瘟	纹枯病
全优 785																			
贵州遵义县种子站	643.40	6.70	3/31	8/11	9/19	172	中	整齐	0.0	适中	绿	一般	一般	好	直	易	未发	未发	轻
四川巴中市巴州区种子站	570.00	9.32	3/30	7/27	8/25	148	未发	齐	0.0	紧束	绿	挺直	繁茂	好	直		未发	未发	无
四川西充县种子站	566.64	-0.35	3/16	7/28	8/20	157	未发	一般	0.0	适中	绿	一般	一般	好	直	中	无	无	无
四川宣汉县种子站	628.50	7.25	3/18	7/28	8/30	165	中	整齐	0.0	适中	绿	挺直	繁茂	好	直	中	无	无	无
四川宜宾市农业科学院	529.64	1.18	3/18	7/10	8/9	144	中	齐	0.0	松散	淡绿	挺直	繁茂	中	直		未发	未发	轻
云南红河州农科所	661.10	9.53	4/2	8/14	9/17	168	强	整齐	0.0	适中	浓绿	挺直	繁茂	好	直	易	未发	未发	轻
重庆南川区种子站	615.00	5.67	3/22	7/29	9/4	166	强	齐	0.0	紧	绿	直	旺	好	直	易	无	无	无
重庆潼南县种子站	392.60	1.82	3/13	7/7	8/5	146	未发	整齐	无	适中	淡绿	一般	一般	好	直	易	未发	未发	轻
XF 优 5816																			
贵州遵义县种子站	644.60	6.90	3/31	8/9	9/18	171	中	整齐	0.0	适中	绿	一般	繁茂	好	直	中	未发	未发	无
四川巴中市巴州区种子站	534.90	1.92	3/30	7/24	8/23	146	未发	一般	0.0	适中	绿	挺直	一般	好	直		未发	未发	无
四川西充县种子站	611.04	5.10	3/16	7/29	8/21	158	未发	整齐	0.0	适中	绿	一般	一般	好	直	中	无	无	无
四川宣汉县种子站	632.30	7.90	3/18	7/27	8/29	164	中	整齐	0.0	适中	绿	挺直	繁茂	好	直	中	无	无	无
四川宜宾市农业科学院	550.26	5.12	3/18	7/7	8/6	141	中	齐	0.0	适中	绿	挺直	繁茂	好	直		未发	未发	轻
云南红河州农科所	668.60	10.77	4/2	8/7	9/13	164	强	整齐	0.0	适中	浓绿	挺直	繁茂	好	直	易	未发	未发	轻
重庆南川区种子站	661.00	13.57	3/22	7/27	9/4	166	强	齐	0.0	披	绿	直	旺	好	直	易	无	无	无
重庆潼南县种子站	374.00	-3.01	3/13	7/4	8/1	142	未发	整齐	无	适中	淡绿	一般	一般	好	直	易	未发	未发	中

表 9－9－2　长江上游中籼迟熟 E 组生产试验（132411NS-E-S）品种在各试验点的产量、生育期、主要特征、田间抗性表现

品种名称/试验点	亩产（千克）	比 CK ±%	播种期（月/日）	齐穗期（月/日）	成熟期（月/日）	全生育期(天)	耐寒性	整齐度	杂株率（%）	株型	叶色	叶姿	长势	熟期转色	倒伏性	落粒性	叶瘟	穗颈瘟	纹枯病
Ⅱ优 838（CK）																			
贵州遵义县种子站	603.00	0.00	3/31	8/16	9/22	175	中	整齐	0.0	适中	淡绿	一般	一般	中	直	中	未发	未发	无
四川巴中市巴州区种子站	523.10	0.00	3/30	7/27	8/24～25	147.5	未发	齐	0.0	适中	绿	一般	一般	好	直		未发	未发	无
四川西充县种子站	575.01	0.00	3/16	8/27	8/20	157	未发	整齐	0.0	适中	绿	一般	一般	好	直	中	无	无	无
四川宣汉县种子站	587.00	0.00	3/18	7/27	8/29	164	中	整齐	0.0	适中	绿	披垂	繁茂	好	直	中	无	无	无
四川宜宾市农业科学院	533.10	0.00	3/18	7/11	8/10	145	中	齐	0.0	适中	浓绿	中等	繁茂	中	直		未发	未发	轻
云南红河州农科所	603.60	0.00	4/2	8/16	9/17	168	强	整齐	0.0	适中	浓绿	挺直	繁茂	好	直	易	未发	未发	轻
重庆南川区种子站	582.00	0.00	3/22	7/28	9/5	167	强	齐	0.0	紧	绿	直	旺	好	直	易	无	无	无
重庆潼南县种子站	385.60	0.00	3/13	7/6	8/2	143	未发	整齐	无	适中	绿	一般	一般	好	直	易	未发	未发	中

第十章　2013年长江中下游中籼迟熟A组国家水稻品种试验汇总报告

一、试验概况

（一）试验目的

鉴定评价我国南方稻区新选育和引进的水稻新品种（组合，下同）的丰产性、稳产性、适应性、抗性、米质及其他重要性状表现，为国家水稻品种审定提供科学依据。

（二）参试品种

区试品种12个，徽两优1108、广优673和深优9597为续试品种，其他为新参试品种，以丰两优四号（CK）为对照；生产试验品种1个，也以丰两优四号（CK）为对照。品种名称、类型、亲本组合、选育/供种单位见表10-1。

（三）承试单位

区试点15个，生产试验点9个，分布在安徽、福建、河南、湖北、湖南、江苏、江西和浙江8个省。承试单位、试验地点、经纬度、海拔高度、试验负责人及执行人见表10-2。

（四）试验设计、栽培管理与观察记载

各试验点均按《2013年南方稻区国家水稻品种试验实施方案》及《农作物品种区域试验技术规范　水稻》进行试验。

区试采用完全随机区组排列，3次重复，小区面积0.02亩。生产试验采用大区随机排列，不设重复，大区面积0.5亩。

分区试、生产试验，同组试验所有品种同期播种、移栽，施肥水平中等偏上，其他栽培管理措施与当地大田生产相同。

观察记载项目与标准按《农作物品种区域试验技术规范　水稻》以及《国家水稻品种试验观察记载项目、方法及标准》《南方稻区国家水稻品种区试及生产试验记载表》等的要求执行。

（五）特性鉴定

抗性鉴定：浙江省农业科学院植保所、湖南省农业科学院植保所、湖北宜昌市农科所、安徽省农业科学院植保所、福建上杭县茶地乡农技站和江西井冈山垦殖场石市口分场负责稻瘟病抗性鉴定。湖南省农业科学院水稻所负责白叶枯病抗性鉴定。鉴定采用人工接菌与病区自然诱发相结合。中国水稻研究所稻作发展中心负责稻飞虱抗性鉴定。鉴定结果由浙江省农业科学院植保所负责汇总。华中农业大学植科院负责生产试验品种的耐热性鉴定。鉴定种子均由中国水稻研究所试验点统一提供。

米质分析：由安徽省农业科学院水稻所、河南信阳市农科所和湖北京山县农业局试验点分别单独种植生产提供样品，农业部稻米及制品质量监督检验测试中心负责检测分析。

参试品种的特异性及续试品种年度间的一致性鉴定：由中国水稻研究所进行DNA指纹鉴定。

（六）统计分析

按照《农作物品种区域试验技术规范　水稻》等有关试验质量评价标准，对各试验（鉴定）点试验（鉴定）结果的可靠性、完整性、准确性、可比性以及对照品种表现情况等进行分析评估，确

保汇总质量。2013 年区试、生产试验各试验点试验结果正常，全部列入汇总。

产量联合方差分析采用混合模型，品种间产量差异多重比较采用 Duncan's 新复极差法；参试品种的丰产性主要以品种在区试和生产试验中相对于对照品种产量及组平均产量衡量；参试品种的适应性主要以品种在区试中比对照品种增产的试验点比例衡量；参试品种的稳产性主要以品种在年度间区试中相对于对照品种产量的差异变化程度衡量。

参试品种的生育期主要以全生育期比对照品种长短的天数衡量。

参试品种的抗性以指定的鉴定单位的鉴定结果为主要依据，对稻瘟病抗性的主要评价指标为综合指数和穗瘟损失率最高级，对其他病虫害抗性的主要评价指标为最高级。

参试品种的米质检测、评价按照国家《优质稻谷》标准，分优质 1 级、优质 2 级、优质 3 级，未达到优质级的品种米质均为等外级。

二、结果分析

（一）产量

2013 年区试品种中，丰两优四号（CK）产量中等偏下、居第 9 位。依据比组平均产量的增减产幅度，产量较高的品种有两优 919、徽两优 1108、深优 9597、C815S/R018，产量居前 4 位，平均亩产 625.32 ~ 635.96 千克，比丰两优四号（CK）增产 4.42% ~ 6.20%；产量中等的品种有 095S/4418、利两优 1 号、两优 798 和扬两优 253，平均亩产 613.92 ~ 621.20 千克，比丰两优四号（CK）增产 2.52% ~ 3.74%；其他品种产量一般，平均亩产 587.17 ~ 595.33 千克，较丰两优四号（CK）减产 0.58% ~ 1.95%、幅度小于 2%。品种产量、比对照及组平均增减产百分率、品种间产量差异显著性、比对照增产试验点比例等汇总结果见表 10 - 3。

2013 年生产试验品种中，Y 两优 6 号表现较好，平均亩产 639.80 千克，比丰两优四号（CK）增产 6.91%。品种产量、比对照增减产百分率等汇总结果以及各试验点对品种的综合评价等级见表 10 - 4。

（二）生育期

2013 年区试品种中，两优 919 和广优 673 的全生育期比丰两优四号（CK）分别长 3.3 天和 5.0 天，熟期较迟；其他品种全生育期 132.4 ~ 137.2 天，与丰两优四号（CK）相仿、熟期适宜。品种全生育期及比对照长短天数见表 10 - 3。

2013 年生产试验品种中，Y 两优 6 号熟期适宜。品种全生育期及比对照长短天数见表 10 - 4。

（三）主要农艺经济性状

品种分蘖率、有效穗数、成穗率、株高、每穗总粒数、每穗实粒数、结实率、千粒重等主要农艺经济性状汇总结果见表 10 - 3。

（四）抗性

2013 年区试品种中，所有品种的稻瘟病综合指数均未超过 6.5 级。依据穗瘟损失率最高级，广优 673 和利两优 1 号为中抗，徽两优 1108、深优 9597 和 C815S/R018 为中感，其他品种为感或高感。

品种在各稻瘟病抗性鉴定点的鉴定结果见表 10 - 5，品种稻瘟病抗性鉴定汇总结果、白叶枯病鉴定结果、褐飞虱鉴定结果以及生产试验品种的耐热性鉴定结果见表 10 - 6。

（五）米质

依据国家《优质稻谷》标准，除了两优 919 达国标优质 3 级外，其他品种均为等外级，米质中等或一般。品种糙米率、整精米率、粒长、长宽比、垩白粒率、垩白度、胶稠度、直链淀粉等米质性状表现见表 10 - 7。

（六）品种在各试验点表现

区试、生产试验品种在各试验点的产量、生育期、主要农艺经济性状、田间抗性表现等见表10－8－1至表10－8－13、表10－9。

三、品种评价

（一）生产试验品种

Y两优6号

2011年初试平均亩产623.38千克，比丰两优四号（CK）增产5.47%，达极显著水平；2012年续试平均亩产630.55千克，比丰两优四号（CK）增产6.27%，达极显著水平；两年区试平均亩产626.96千克，比丰两优四号（CK）增产5.87%，增产点比例90.0%；2013年生产试验平均亩产639.80千克，比丰两优四号（CK）增产6.91%。全生育期两年区试平均138.4天，比丰两优四号（CK）迟熟1.4天。主要农艺性状两年区试综合表现：每亩有效穗数17.0万穗，株高123.9厘米，穗长26.8厘米，每穗总粒数175.6粒，结实率83.4%，千粒重27.0克。抗性两年综合表现：稻瘟病综合指数4.1级，穗瘟损失率最高级9级；白叶枯病平均级4级，最高级5级；褐飞虱平均级9级，最高级9级；抽穗期耐热性3级。米质主要指标两年综合表现：整精米率57.6%，长宽比3.1，垩白粒率28%，垩白度3.7%，胶稠度82毫米，直链淀粉含量15.7%，达国标优质3级。

2013年国家水稻品种试验年会审议意见：已完成试验程序，可以申报国家品种审定。

（二）续试品种

1. 徽两优1108

2012年初试平均亩产631.17千克，比丰两优四号（CK）增产6.37%，达极显著水平；2013年续试平均亩产631.10千克，比丰两优四号（CK）增产5.39%，达极显著水平；两年区试平均亩产631.13千克，比丰两优四号（CK）增产5.88%，增产点比例93.3%。全生育期两年区试平均135.3天，比丰两优四号（CK）早熟0.1天。主要农艺性状两年区试综合表现：每亩有效穗数16.7万穗，株高124.7厘米，穗长26.1厘米，每穗总粒数183.0粒，结实率83.3%，千粒重26.7克。抗性两年综合表现：稻瘟病综合指数4.0级，穗瘟损失率最高级7级；白叶枯病平均级4级，最高级5级；褐飞虱平均级8级，最高级9级。米质主要指标两年综合表现：整精米率53.1%，长宽比3.2，垩白粒率12%，垩白度1.1%，胶稠度75毫米，直链淀粉含量12.8%。DNA指纹鉴定结果两年区试品种不一致。

2013年国家水稻品种试验年会审议意见：终止试验。

2. 深优9597

2012年初试平均亩产623.78千克，比丰两优四号（CK）增产5.13%，达极显著水平；2013年续试平均亩产629.90千克，比丰两优四号（CK）增产5.19%，达极显著水平；两年区试平均亩产626.84千克，比丰两优四号（CK）增产5.16%，增产点比例90.0%。全生育期两年区试平均133.0天，比丰两优四号（CK）早熟2.4天。主要农艺性状两年区试综合表现：每亩有效穗数18.0万穗，株高119.2厘米，穗长23.9厘米，每穗总粒数171.5粒，结实率86.6%，千粒重25.3克。抗性两年综合表现：稻瘟病综合指数4.9级，穗瘟损失率最高级7级；白叶枯病平均级7级，最高级7级；褐飞虱平均级8级，最高级9级。米质主要指标两年综合表现：整精米率58.7%，长宽比3.1，垩白粒率21%，垩白度2.8%，胶稠度86毫米，直链淀粉含量12.7%。

2013年国家水稻品种试验年会审议意见：2014年进行生产试验。

3. 广优673

2012年初试平均亩产611.75千克，比丰两优四号（CK）增产3.10%，达极显著水平；2013年续试平均亩产590.89千克，比丰两优四号（CK）减产1.32%，未达显著水平；两年区试平均亩产601.32千克，比丰两优四号（CK）增产0.88%，增产点比例60.0%。全生育期两年区试平均139.1

天，比丰两优四号（CK）迟熟3.8天。主要农艺性状两年区试综合表现：每亩有效穗数16.9万穗，株高130.0厘米，穗长26.2厘米，每穗总粒数161.1粒，结实率77.7%，千粒重31.1克。抗性两年综合表现：稻瘟病综合指数1.9级，穗瘟损失率最高级3级；白叶枯病平均级7级，最高级7级；褐飞虱平均级8级，最高级9级。米质主要指标两年综合表现：整精米率48.4%，长宽比3.0，垩白粒率79%，垩白度11.8%，胶稠度84毫米，直链淀粉含量20.2%。

2013年国家水稻品种试验年会审议意见：终止试验。

（三）初试品种

1. 两优919

2013年初试平均亩产635.96千克，比丰两优四号（CK）增产6.20%，达极显著水平，增产点比例86.7%。全生育期138.1天，比丰两优四号（CK）迟熟3.3天。主要农艺性状表现：每亩有效穗数15.8万穗，株高130.3厘米，穗长27.6厘米，每穗总粒数200.1粒，结实率82.1%，千粒重26.9克。抗性：稻瘟病综合指数5.2级，穗瘟损失率最高级9级；白叶枯病7级；褐飞虱9级。米质主要指标：整精米率58.0%，长宽比3.1，垩白粒率29%，垩白度2.9%，胶稠度81毫米，直链淀粉含量15.5%，达国标优质3级。

2013年国家水稻品种试验年会审议意见：2014年续试。

2. C815S/R018

2013年初试平均亩产625.32千克，比丰两优四号（CK）增产4.42%，达极显著水平，增产点比例80.0%。全生育期132.7天，比丰两优四号（CK）早熟2.1天。主要农艺性状表现：每亩有效穗数19.1万穗，株高114.2厘米，穗长24.4厘米，每穗总粒数191.5粒，结实率78.9%，千粒重23.1克。抗性：稻瘟病综合指数3.3级，穗瘟损失率最高级5级；白叶枯病5级；褐飞虱7级。米质主要指标：整精米率64.2%，长宽比3.1，垩白粒率18%，垩白度1.8%，胶稠度81毫米，直链淀粉含量13.0%。

2013年国家水稻品种试验年会审议意见：2014年续试。

3. 095S/4418

2013年初试平均亩产621.20千克，比丰两优四号（CK）增产3.74%，达极显著水平，增产点比例73.3%。全生育期134.1天，比丰两优四号（CK）早熟0.7天。主要农艺性状表现：每亩有效穗数18.4万穗，株高117.6厘米，穗长23.0厘米，每穗总粒数212.2粒，结实率78.7%，千粒重21.9克。抗性：稻瘟病综合指数4.7级，穗瘟损失率最高级7级；白叶枯病7级；褐飞虱9级。米质主要指标：整精米率63.3%，长宽比3.1，垩白粒率25%，垩白度2.9%，胶稠度81毫米，直链淀粉含量13.0%。

2013年国家水稻品种试验年会审议意见：2014年续试。

4. 利两优1号

2013年初试平均亩产619.77千克，比丰两优四号（CK）增产3.50%，达极显著水平，增产点比例80.0%。全生育期134.3天，比丰两优四号（CK）早熟0.5天。主要农艺性状表现：每亩有效穗数14.2万穗，株高132.8厘米，穗长24.6厘米，每穗总粒数198.6粒，结实率82.8%，千粒重29.5克。抗性：稻瘟病综合指数2.2级，穗瘟损失率最高级3级；白叶枯病5级；褐飞虱7级。米质主要指标：整精米率45.1%，长宽比3.2，垩白粒率29%，垩白度3.9%，胶稠度85毫米，直链淀粉含量13.1%。

2013年国家水稻品种试验年会审议意见：2014年续试。

5. 两优798

2013年初试平均亩产618.29千克，比丰两优四号（CK）增产3.25%，达极显著水平，增产点比例73.3%。全生育期136.3天，比丰两优四号（CK）迟熟1.5天。主要农艺性状表现：每亩有效穗数16.8万穗，株高124.8厘米，穗长29.3厘米，每穗总粒数199.3粒，结实率79.6%，千粒重25.1克。抗性：稻瘟病综合指数5.3级，穗瘟损失率最高级7级；白叶枯病5级；褐飞虱9级。米质主要指标：整精米率64.4%，长宽比3.2，垩白粒率19%，垩白度1.5%，胶稠度74毫米，直链淀粉含量 12.2%。

2013 年国家水稻品种试验年会审议意见：2014 年续试。

6. 扬两优 253

2013 年初试平均亩产 613.92 千克，比丰两优四号（CK）增产 2.52%，达极显著水平，增产点比例 66.7%。全生育期 136.1 天，比丰两优四号（CK）迟熟 1.3 天。主要农艺性状表现：每亩有效穗数 17.0 万穗，株高 111.6 厘米，穗长 23.9 厘米，每穗总粒数 174.7 粒，结实率 77.7%，千粒重 28.1 克。抗性：稻瘟病综合指数 5.4 级，穗瘟损失率最高级 9 级；白叶枯病 5 级；褐飞虱 7 级。米质主要指标：整精米率 51.6%，长宽比 3.0，垩白粒率 48%，垩白度 6.1%，胶稠度 80 毫米，直链淀粉含量 13.5%。

2013 年国家水稻品种试验年会审议意见：终止试验。

7. 协优 907

2013 年初试平均亩产 595.33 千克，比丰两优四号（CK）减产 0.58%，未达显著水平，增产点比例 33.3%。全生育期 135.7 天，比丰两优四号（CK）迟熟 0.9 天。主要农艺性状表现：每亩有效穗数 15.8 万穗，株高 125.3 厘米，穗长 24.3 厘米，每穗总粒数 164.9 粒，结实率 80.4%，千粒重 31.0 克。抗性：稻瘟病综合指数 6.0 级，穗瘟损失率最高级 9 级；白叶枯病 5 级；褐飞虱 9 级。米质主要指标：整精米率 36.8%，长宽比 2.8，垩白粒率 86%，垩白度 19.8%，胶稠度 84 毫米，直链淀粉含量 21.2%。

2013 年国家水稻品种试验年会审议意见：终止试验。

8. 深 08S/187

2013 年初试平均亩产 594.43 千克，比丰两优四号（CK）减产 0.73%，未达显著水平，增产点比例 40.0%。全生育期 137.2 天，比丰两优四号（CK）迟熟 2.4 天。主要农艺性状表现：每亩有效穗数 17.8 万穗，株高 121.9 厘米，穗长 26.3 厘米，每穗总粒数 185.5 粒，结实率 81.6%，千粒重 24.1 克。抗性：稻瘟病综合指数 5.8 级，穗瘟损失率最高级 9 级；白叶枯病 5 级；褐飞虱 7 级。米质主要指标：整精米率 61.6%，长宽比 3.2，垩白粒率 12%，垩白度 1.1%，胶稠度 76 毫米，直链淀粉含量 12.6%。

2013 年国家水稻品种试验年会审议意见：终止试验。

9. 富两优 849

2013 年初试平均亩产 587.17 千克，比丰两优四号（CK）减产 1.95%，达极显著水平，增产点比例 46.7%。全生育期 137.0 天，比丰两优四号（CK）迟熟 2.2 天。主要农艺性状表现：每亩有效穗数 17.6 万穗，株高 118.8 厘米，穗长 26.1 厘米，每穗总粒数 166.0 粒，结实率 82.5%，千粒重 25.5 克。抗性：稻瘟病综合指数 4.6 级，穗瘟损失率最高级 7 级；白叶枯病 5 级；褐飞虱 7 级。米质主要指标：整精米率 59.6%，长宽比 3.5，垩白粒率 11%，垩白度 0.9%，胶稠度 81 毫米，直链淀粉含量 13.5%。

2013 年国家水稻品种试验年会审议意见：终止试验。

表 10－1　长江中下游中籼迟熟 A 组（132411NX-A）区试及生产试验参试品种基本情况

编号	品种名称	品种类型	亲本组合	选育/供种单位
区试				
1	徽两优 1108	杂交稻	徽农 S×R108	合肥信达高科农科所
2	＊利两优 1 号	杂交稻	S71×R111	信阳市水稻工程技术中心/长沙利诚种业有限公司
3	广优 673	杂交稻	广抗 A×福恢 673	中种福建农嘉种业股份有限公司
4CK	丰两优四号（CK）	杂交稻	丰 39S×盐稻 4 号选	合肥丰乐种业股份公司
5	深优 9597	杂交稻	深 95A×R6297	江西科源种业有限公司
6	＊两优 798	杂交稻	Y58S×FL798	中国农业科学院作科所
7	＊C815S/R018	杂交稻	C815S×R018	湖南洞庭高科种业股份有限公司/岳阳市农科所
8	＊深 08S/187	杂交稻	深 08S×187	江苏省杂交水稻种质改良与繁育工程技术研究中心
9	＊095S/4418	杂交稻	095S×4418	江西天涯种业有限公司
10	＊两优 919	杂交稻	富 1S×R919	安徽省蓝田农业开发有限公司
11	＊协优 907	杂交稻	协青早 A×浙恢 907	浙江省农业科学院作核所
12	＊扬两优 253	杂交稻	扬籼 2S×扬恢 153	江苏金土地种业有限公司
13	＊富两优 849	杂交稻	08S×P849	湖北富悦农业集团有限公司
生产试验				
3CK	丰两优四号（CK）	杂交稻	丰 39S×盐稻 4 号选	合肥丰乐种业股份公司
4	Y 两优 6 号	杂交稻	Y58S×望恢 006	湖南希望种业科技有限公司

＊为 2013 年新参试品种。

表 10－2　长江中下游中籼迟熟 A 组（132411NX-A）区试及生产试验点基本情况

承试单位	试验地点	经度	纬度	海拔高度（米）	试验负责人及执行人
区试					
安徽滁州市农科所	滁州市沙河镇新集村	118°18′	32°18′	32.0	黄明永、刘淼才
安徽黄山市种子站	黄山市农科所雁塘基地	118°14′	29°40′	134.0	汪淇、王淑芬、汤雷
安徽省农业科学院水稻所	合肥市	117°	32°	20.0	罗志祥、阮新民
安徽芜湖市种子站	芜湖市方村种子基地	118°27′	31°14′	7.2	胡四保
福建建阳市良种场	建阳市三亩片省引种观察圃内	118°22′	27°03′	150.0	张金明
河南信阳市农业科学院	信阳市本院试验田	114°05′	32°07′	75.9	王青林、霍二伟
湖北京山县农业局	京山县国家区试基地	113°07′	31°01′	75.6	彭金好、张红文
湖北宜昌市农业科学院	枝江市问安镇四岗试验基地	111°05′	30°34′	60.0	贺丽、黄蓉
湖南怀化市农科所	怀化市鹤城区石门乡坨院村	109°58′	27°33′	231.0	江生
湖南岳阳市农科所	岳阳县麻塘试验基地	113°05′	29°24′	32.0	黄四民
江苏里下河地区农科所	扬州市	119°25′	32°25′	8.0	戴正元、刘晓静、刘广青
江苏沿海地区农科所	盐城市	120°08′	33°23′	2.7	孙明法、朱国永
江西九江市农科所	九江县马回岭镇	115°48′	29°26′	45.0	曹国军、潘世文、李三元、胡永平、吕太华、黄晓波
江西省农业科学院水稻所	南昌市莲塘伍农岗	115°58′	28°41′	30.0	邱在辉、胡兰香、陈智辉、张晓宁、李名迪
中国水稻研究所	浙江省富阳市	120°19′	30°12′	7.2	杨仕华、夏俊辉、施彩娟、韩新华
生产试验					
福建建阳市种子站	将口镇东田村	118°07′	27°28′	140.0	廖海林、张贵河
江西抚州市农科所	抚州市临川区鹏溪	116°16′	28°01′	47.3	黎二妹、车慧燕
湖南石门县水稻原种场	石门县白洋湖	111°22′	29°35′	116.9	张光纯
湖北襄阳市农业科学院	襄阳市高新开发区	112°08′	32°05′	67.0	曹国长
湖北赤壁市种子局	官塘驿镇石泉村	114°07′	29°48′	24.4	姚忠清、王小光
安徽合肥丰乐种业公司	肥西县严店乡苏小村	117°17′	31°52′	14.7	徐剑、王中花
浙江天台县种子站	平桥镇山头邵村	120.9°	29.2°	98.0	陈人慧、曹雪仙
浙江临安市种子站	临安市於潜镇祈祥村	119°24′	30°10′	83.0	袁德明、虞和炳
江苏里下河地区农科所	扬州市	119°25′	32°25′	8.0	戴正元、刘晓静、刘广青

表 10－3　长江中下游中籼迟熟 A 组（132411NX-A）区试品种产量、生育期及主要农艺经济性状汇总分析结果

品种名称	区试年份	亩产（千克）	比 CK ±%	比组平均 ±%	产量差异显著性 0.05	产量差异显著性 0.01	回归系数	比 CK 增产点（%）	全生育期（天）	比 CK ±天	分蘖率（%）	有效穗（万/亩）	成穗率（%）	株高（厘米）	穗长（厘米）	每穗总粒数	每穗实粒数	结实率（%）	千粒重（克）
徽两优 1108	2012～2013	631.13	5.88	4.50				93.3	135.3	-0.1	431.1	16.7	64.3	124.7	26.1	183.0	152.4	83.3	26.7
深优 9597	2012～2013	626.84	5.16	3.78				90.0	133.0	-2.4	453.7	18.0	62.3	119.2	23.9	171.5	148.6	86.6	25.3
广优 673	2012～2013	601.32	0.88	-0.42				60.0	139.1	3.8	437.3	16.9	63.8	130.0	26.2	161.1	125.1	77.7	31.1
丰两优四号（CK）	2012～2013	596.09	0.00	-1.31				0.0	135.3	0.0	444.4	15.7	60.0	126.1	25.0	184.8	150.5	81.4	27.8
两优 919	2013	635.96	6.20	3.84	a	A	1.15	86.7	138.1	3.3	441.6	15.8	60.0	130.3	27.6	200.1	164.2	82.1	26.9
徽两优 1108	2013	631.10	5.39	3.04	ab	AB	1.18	93.3	134.1	-0.7	476.8	17.6	62.3	126.1	26.2	181.4	153.5	84.6	24.7
深优 9597	2013	629.90	5.19	2.85	ab	ABC	0.75	86.7	132.4	-2.4	476.8	18.0	60.8	120.8	24.0	171.4	148.5	86.7	25.3
C815S/R018	2013	625.32	4.42	2.10	bc	BCD	0.46	80.0	132.7	-2.1	551.5	19.1	60.1	114.2	24.4	191.5	151.1	78.9	23.1
095S/4418	2013	621.20	3.74	1.43	cd	BCDE	0.55	73.3	134.1	-0.7	480.3	18.4	57.7	117.6	23.0	212.2	167.0	78.7	21.9
利两优 1 号	2013	619.77	3.50	1.19	cd	CDE	0.72	80.0	134.3	-0.5	396.8	14.2	64.3	132.8	24.6	198.6	164.5	82.8	29.5
两优 798	2013	618.29	3.25	0.95	cd	DE	1.06	73.3	136.3	1.5	438.4	16.8	63.7	124.8	29.3	199.3	158.6	79.6	25.1
扬两优 253	2013	613.92	2.52	0.24	d	E	1.37	66.7	136.1	1.3	518.4	17.0	58.2	111.6	23.9	174.7	135.8	77.7	28.1
丰两优四号（CK）	2013	598.82	0.00	-2.23	e	F	1.07	0.0	134.8	0.0	466.1	15.3	58.1	127.2	25.4	188.4	157.9	83.8	27.8
协优 907	2013	595.33	-0.58	-2.80	ef	FG	0.82	33.3	135.7	0.9	430.6	15.8	65.2	125.3	24.3	164.9	132.5	80.4	31.0
深 08S/187	2013	594.43	-0.73	-2.94	efg	FG	1.29	40.0	137.2	2.4	495.8	17.8	58.2	121.9	26.3	185.5	151.4	81.6	24.1
广优 673	2013	590.89	-1.32	-3.52	fg	FG	1.66	40.0	139.8	5.0	468.7	16.9	62.5	131.8	26.1	164.9	124.2	75.3	30.5
富两优 849	2013	587.17	-1.95	-4.13	g	G	0.91	46.7	137.0	2.2	470.2	17.6	57.6	118.8	26.1	166.0	136.9	82.5	25.5

表 10－4　长江中下游中籼迟熟 A 组生产试验（132411NX-A-S）品种产量、生育期及在各生产试验点综合评价等级

品种名称	Y 两优 6 号	丰两优四号（CK）
生产试验汇总表现		
全生育期（天）	134.0	132.2
比 CK ± 天	1.8	0.0
亩产（千克）	639.80	598.36
产量比 CK ± %	6.91	0.00
各生产试验点综合评价等级		
安徽合肥丰乐种业股份公司	B	A
江西抚州市农科所	A	B
湖南石门县水稻原种场	A	
湖北襄阳市农业科学院	B	C
湖北赤壁市种子局	A	B
福建建阳市种子站	A	C
浙江临安市种子站	A	B
浙江天台县种子站	A	C
江苏里下河地区农科所	B	B

注：1. 各组品种生产试验合并进行，因品种较多，个别试点加设 CK 后安排在 2 块田中试验，表中产量比 CK ± % 系与同田块 CK 比较的结果；
2. 综合评价等级：A—好，B—较好，C—中等，D——一般。

表 10－5　长江中下游中籼迟熟 A 组（132411NX-A）品种稻瘟病抗性各地鉴定结果（2013 年）

品种名称	浙江2013					安徽2013					湖北2013					湖南2013					江西2013					福建2013				
	叶瘟（级）	穗瘟发病率		穗瘟损失率		叶瘟（级）	穗瘟发病率		穗瘟损失率		叶瘟（级）	穗瘟发病率		穗瘟损失率		叶瘟（级）	穗瘟发病率		穗瘟损失率		叶瘟（级）	穗瘟发病率		穗瘟损失率		叶瘟（级）	穗瘟发病率		穗瘟损失率	
		%	级	%	级		%	级	%	级		%	级	%	级		%	级	%	级		%	级	%	级		%	级	%	级
徽两优 1108	5	15	5	5	3	5	29	7	19	5	4	26	7	6	3	2	18	5	4	1	0	15	5	3	1	3	10	5	10	3
利两优 1 号	0	3	1	1	1	1	7	3	4	1	5	17	5	3	1	4	23	5	8	3	3	9	3	2	1	4	3	3	3	1
广优 673	0	0	0	0	0	0	8	3	3	1	5	27	7	4	1	4	26	7	9	3	3	16	5	3	1	2	1	1	1	1
丰两优四号（CK）	6	65	9	30	5	5	41	7	38	7	7	83	9	60	9	7	82	9	39	7	6	100	9	56	9	8	74	9	74	9
深优 9597	6	45	7	17	5	5	28	7	17	5	4	27	7	6	3	4	25	5	9	3	5	83	9	25	5	5	12	5	12	3
两优 798	0	15	5	6	3	3	57	9	34	7	5	29	7	10	3	6	62	9	33	7	3	91	9	29	5	5	12	5	12	3
C815S/R018	0	2	1	0	1	1	9	3	4	1	4	28	7	10	3	4	20	5	5	3	4	59	9	30	5	4	10	5	10	3
深 08S/187	0	0	0	0	0	3	75	9	68	9	4	61	9	35	7	4	18	5	5	3	4	71	9	34	7	7	76	9	76	9
095S/4418	7	15	5	5	1	5	59	9	35	7	3	47	7	19	5	2	25	5	10	3	3	69	9	21	5	3	12	5	12	3
两优 919	5	46	7	26	5	3	12	5	5	3	5	41	7	10	3	4	22	5	7	3	7	100	9	58	9	5	17	7	17	5
协优 907	7	15	5	5	1	3	61	9	49	7	3	52	9	16	5	4	44	7	16	5	3	64	9	23	5	6	52	9	52	9
扬两优 253	7	15	5	3	1	5	57	9	46	7	4	44	7	15	5	2	36	7	11	3	2	25	5	7	3	9	100	9	100	9
富两优 849	5	12	5	2	1	3	48	7	29	5	5	30	7	9	3	4	8	3	3	1	5	75	9	32	7	5	13	5	13	5
感病对照	8	100	9	100	9	5	46	7	37	7	8	100	9	96	9	8	90	9	44	7	6	100	9	88	9	9	100	9	94	9

注：1. 鉴定单位分别为浙江省农业科学院植保所、安徽省农业科学院植保所、湖北宜昌市农科所、湖南省农业科学院植保所、江西井冈山垦殖场、福建上杭县茶地乡农技站；

2. 浙江、安徽、湖北、江西、福建感病对照分别为 wh26、汕优 63、丰两优香 1 号、恩糯、汕优 63＋广西矮 4 号＋明恢 86，湖南不详。

表 10－6　长江中下游中籼迟熟 A 组（132411NX-A）品种对主要病虫抗性综合评价结果（2012～2013 年）及耐热性（2013 年）

品种名称	区试年份	稻瘟病（级）										白叶枯病（级）			褐飞虱（级）			抽穗期耐热性（级）
		2013 年各地综合指数							2013 年	1～2 年综合评价		2013 年	1～2 年综合评价		2013 年	1～2 年综合评价		
		浙江	安徽	湖北	湖南	江西	福建	平均	穗瘟损失率最高级	平均综合指数	穗瘟损失率最高级		平均级	最高级		平均级	最高级	
Y 两优 6 号	2011～2012																	3
丰两优四号（CK）	2011～2012																	3
徽两优 1108	2012～2013	4.0	5.7	4.3	2.3	1.8	3.5	3.6	5	4.0	7	5	4	5	9	8	9	
广优 673	2012～2013	0.0	1.7	3.5	4.3	2.5	1.3	2.2	3	1.9	3	7	7	7	7	8	9	
深优 9597	2012～2013	5.8	5.7	4.3	3.8	6.0	4.0	4.9	5	4.9	7	7	7	7	7	8	9	
丰两优四号（CK）	2012～2013	6.3	7.0	8.5	7.5	8.3	8.8	7.7	9	7.4	9	5	5	5	7	8	9	
利两优 1 号	2013	0.8	1.7	3.0	3.8	2.0	2.3	2.2	3	2.2	3	5	5	5	7	7	7	
丰两优四号（CK）	2013	6.3	7.0	8.5	7.5	8.3	8.8	7.7	9	7.7	9	5	5	5	7	7	7	
两优 798	2013	2.8	7.7	4.5	7.3	5.5	4.0	5.3	7	5.3	7	5	5	5	9	9	9	
C815S/R018	2013	0.8	1.7	4.3	3.8	5.8	3.8	3.3	5	3.3	5	5	5	5	7	7	7	
深 08S/187	2013	0.0	9.0	6.8	3.8	6.8	8.5	5.8	9	5.8	9	5	5	5	7	7	7	
095S/4418	2013	3.5	7.7	5.0	3.3	5.5	3.5	4.7	7	4.7	7	7	7	7	9	9	9	
两优 919	2013	5.5	3.7	4.5	3.8	8.5	5.5	5.2	9	5.2	9	7	7	7	9	9	9	
协优 907	2013	3.5	7.7	5.5	5.3	5.5	8.3	6.0	9	6.0	9	5	5	5	9	9	9	
扬两优 253	2013	3.5	7.7	5.3	3.8	3.3	9.0	5.4	9	5.4	9	5	5	5	7	7	7	
富两优 849	2013	3.0	5.7	4.5	2.3	7.0	5.0	4.6	7	4.6	7	5	5	5	7	7	7	

注：1. 稻瘟病综合指数（级）＝叶瘟级×25%＋穗瘟发病率级×25%＋穗瘟损失率级×50%（安徽稻瘟病感病对照叶瘟发病未达 7 级以上，叶瘟结果不采用。品种综合指数（级）＝穗瘟发病率级×35%＋穗瘟损失率级×65%）；

2. 白叶枯病、褐飞虱、耐热性分别为湖南省农业科学院水稻所、中国水稻研究所、华中农业大学鉴定结果。

表 10－7　长江中下游中籼迟熟 A 组（132411NX-A）品种米质检测分析结果

品种名称	年份	糙米率(%)	精米率(%)	整精米率(%)	粒长(毫米)	长宽比	垩白粒率(%)	垩白度(%)	透明度(级)	碱消值(级)	胶稠度(毫米)	直链淀粉(%)	部标*(等级)	国标**(等级)
广优 673	2012～2013	78.6	70.5	48.4	7.0	3.0	79	11.8	2	4.6	84	20.2	普通	等外
徽两优 1108	2012～2013	79.8	71.5	53.1	6.7	3.2	12	1.1	2	6.8	75	12.8	普通	等外
深优 9597	2012～2013	80.7	72.2	58.7	6.4	3.1	21	2.8	4	3.2	86	12.7	普通	等外
丰两优四号（CK）	2012～2013	80.2	71.7	55.4	6.8	3.1	32	4.5	1	6.7	75	14.5	优 3	等外
095S/4418	2013	80.3	71.1	63.3	6.1	3.1	25	2.9	2	3.8	81	13.0	普通	等外
C815S/R018	2013	79.5	71.6	64.2	6.3	3.1	18	1.8	3	3.1	81	13.0	普通	等外
富两优 849	2013	80.1	70.9	59.6	6.9	3.5	11	0.9	2	4.6	81	13.5	普通	等外
利两优 1 号	2013	79.2	68.6	45.1	7.2	3.2	29	3.9	3	4.8	85	13.1	普通	等外
两优 798	2013	79.8	72.1	64.4	6.8	3.2	19	1.5	2	6.9	74	12.2	普通	等外
两优 919	2013	80.3	71.8	58.0	6.7	3.1	29	2.9	1	6.5	81	15.5	优 2	优 3
深 08S/187	2013	79.2	71.0	61.6	6.5	3.2	12	1.1	2	6.1	76	12.6	普通	等外
协优 907	2013	80.7	71.7	36.8	6.8	2.8	86	19.8	3	4.0	84	21.2	普通	等外
扬两优 253	2013	79.8	70.6	51.6	6.8	3.0	48	6.1	2	4.0	80	13.5	普通	等外
丰两优四号（CK）	2013	80.2	71.7	55.4	6.8	3.1	32	4.5	1	6.7	75	14.5	优 3	等外

注：1. 样品生产提供单位：安徽省农业科学院水稻所（2012～2013 年）、河南信阳市农科所（2012～2013 年）、湖北京山县农业局（2012～2013 年）；

2. 检测分析单位：农业部稻米及制品质量监督检验测试中心。

表 10－8－1　长江中下游中籼迟熟 A 组（132411NX-A）区试品种在各试点的产量、生育期及主要农艺经济性状表现

品种名称/试验点	亩产（千克）	比 CK ± %	产量位次	播种期（月/日）	齐穗期（月/日）	成熟期（月/日）	全生育期（天）	有效穗（万/亩）	株高（厘米）	穗长（厘米）	总粒数/穗	实粒数/穗	结实率（%）	千粒重（克）	杂株率（%）	倒伏性	穗颈瘟	纹枯病	综评等级
徽两优 1108																			
安徽滁州市农科所	677.83	3.38	8	5/6	8/20	9/29	146	15.8	123.1	27.6	208.7	196.3	94.1	23.9	2.0	直	未发	轻	A
安徽黄山市种子站	601.83	6.46	4	5/2	8/15	9/12	133	18.2	108.2	23.9	166.5	138.3	83.1	24.5	3.5	直	未发	未发	B
安徽省农业科学院水稻所	726.00	8.44	1	5/4	8/18	9/23	142	17.7	140.0	26.0	204.9	170.1	83.0	24.5		直	未发	轻	A
安徽芜湖市种子站	649.67	5.44	4	5/11	8/17	9/18	130	16.8	135.8	28.2	203.9	172.3	84.5	25.7	0.0	直	未发	无	A
福建建阳市良种场	667.83	6.82	5	5/14	8/15	9/19	128	17.0	136.6	26.8	183.0	158.1	86.4	25.3	4.9	直	未发	轻	B
河南信阳市农业科学院	622.50	6.44	4	4/24	8/9	9/15	144	20.0	135.8	24.9	149.7	126.2	84.3	23.6	0.9	直	未发	轻	B
湖北京山县农业局	641.93	6.30	3	4/27	8/4	8/30	125	21.2	104.3	23.5	149.2	128.7	86.3	25.1	0.6	直	未发	未发	A
湖北宜昌市农业科学院	633.60	12.84	1	4/24	8/2	9/4	133	17.6	127.0	27.0	164.0	143.2	87.3	25.1	1.0	直	未发	轻	A
湖南怀化市农科所	554.33	5.02	6	4/25	8/3	9/3	131	17.2	115.2	27.5	186.9	145.8	78.0	22.8		直	未发	轻	B
湖南岳阳市农科所	621.33	8.25	7	5/12	8/15	9/20	131	15.6	135.6	27.4	189.5	153.5	81.0	28.2	0.0	直	未发	无	B
江苏里下河地区农科所	625.83	4.74	6	5/10	8/16	9/22	135	16.4	135.2	25.8	190.0	157.5	82.9	25.3	0.3	直	未发	轻	B
江苏沿海地区农科所	645.50	5.82	5	5/7	8/19	9/25	141	16.5	127.6	26.0	212.6	175.6	82.6	23.6	1.8	直	轻	轻	B
江西九江市农科所	592.67	3.79	8	5/14	8/19	9/23	132	16.5	120.1	26.1	192.1	149.2	77.7	25.2		直	未发	未发	C
江西省农业科学院水稻所	542.33	－4.18	12	5/17	8/20	9/18	124	17.8	112.4	26.7	161.3	143.8	89.2	23.6	0.0	直	未发	未发	C
中国水稻研究所	663.28	1.44	1	5/20	8/23	10/4	137	20.2	134.2	25.4	159.0	143.6	90.3	24.3	0.0	直	未发	轻	B

注：综合评级 A—好，B—较好，C—中等，D——一般。

表 10-8-2　长江中下游中籼迟熟 A 组（132411NX-A）区试品种在各试点的产量、生育期及主要农艺经济性状表现

品种名称/试验点	亩产（千克）	比 CK ± %	产量位次	播种期（月/日）	齐穗期（月/日）	成熟期（月/日）	全生育期（天）	有效穗（万/亩）	株高（厘米）	穗长（厘米）	总粒数/穗	实粒数/穗	结实率（%）	千粒重（克）	杂株率（%）	倒伏性	穗颈瘟	纹枯病	综评等级
利两优 1 号																			
安徽滁州市农科所	681.50	3.94	5	5/6	8/20	9/28	145	15.6	127.5	23.8	218.6	171.2	78.3	27.6	1.8	直	未发	轻	A
安徽黄山市种子站	581.50	2.86	8	5/2	8/12	9/12	133	11.8	117.6	23.1	209.3	167.1	79.8	30.4	1.2	直	未发	未发	B
安徽省农业科学院水稻所	632.00	-5.60	12	5/4	8/15	9/21	140	14.1	141.0	24.0	172.6	150.3	87.1	30.4	0.8	直	未发	轻	C
安徽芜湖市种子站	667.33	8.30	1	5/11	8/16	9/16	128	16.0	138.4	24.0	200.4	168.5	84.1	28.7	2.0	直	未发	轻	A
福建建阳市良种场	636.17	1.76	8	5/14	8/14	9/21	130	14.3	144.4	24.9	174.5	146.2	83.8	30.9	0.0	直	未发	轻	C
河南信阳市农业科学院	637.83	9.06	1	4/24	8/8	9/14	143	15.4	134.5	23.8	194.8	167.8	86.1	28.7		直	未发	轻	A
湖北京山县农业局	632.63	4.76	4	4/27	8/3	8/30	125	16.7	120.5	24.4	149.6	138.4	92.5	31.3	1.9	直	未发	轻	A
湖北宜昌市农业科学院	618.10	10.08	4	4/24	7/31	9/2	131	15.1	131.5	25.5	176.7	129.2	73.1	31.2	3.9	直	未发	轻	A
湖南怀化市农科所	574.00	8.75	3	4/25	8/8	9/6	134	10.8	122.1	24.3	207.9	191.8	92.3	29.1		直	未发	轻	A
湖南岳阳市农科所	622.33	8.42	6	5/12	8/16	9/22	133	13.7	142.0	26.3	276.6	225.5	81.5	29.1	0.0	直	未发	轻	A
江苏里下河地区农科所	628.67	5.22	5	5/10	8/17	9/25	138	11.1	139.8	24.3	211.6	190.5	90.0	28.9	0.0	直	未发	轻	B
江苏沿海地区农科所	630.33	3.33	9	5/7	8/18	9/25	141	13.5	138.8	26.3	220.6	172.2	78.1	27.5	1.5	直	轻	轻	C
江西九江市农科所	596.67	4.50	7	5/14	8/22	9/27	136	15.5	126.8	24.0	196.9	136.0	69.1	28.6	1.0	直	未发	未发	C
江西省农业科学院水稻所	543.17	-4.03	11	5/17	8/19	9/18	124	14.3	124.8	24.6	160.1	135.0	84.3	30.4	0.0	直	未发	未发	C
中国水稻研究所	614.36	-6.04	13	5/20	8/24	10/1	134	14.7	142.6	25.0	208.4	177.2	85.0	29.1	0.0	直	未发	轻	D

注：综合评级 A—好，B—较好，C—中等，D——一般。

表 10－8－3　长江中下游中籼迟熟 A 组（132411NX-A）区试品种在各试点的产量、生育期及主要农艺经济性状表现

品种名称/试验点	亩产（千克）	比 CK ± %	产量位次	播种期（月/日）	齐穗期（月/日）	成熟期（月/日）	全生育期（天）	有效穗（万/亩）	株高（厘米）	穗长（厘米）	总粒数/穗	实粒数/穗	结实率（%）	千粒重（克）	杂株率（%）	倒伏性	穗颈瘟	纹枯病	综评等级
广优 673																			
安徽滁州市农科所	687.67	4.88	3	5/6	8/22	10/2	149	16.8	131.6	27.0	173.5	155.6	89.7	29.0	1.3	直	未发	轻	A
安徽黄山市种子站	543.67	－3.83	13	5/2	8/14	9/12	133	14.7	106.6	25.2	156.3	118.1	75.6	32.4	0.0	直	未发	未发	C
安徽省农业科学院水稻所	685.00	2.32	5	5/4	8/19	9/25	144	16.1	151.0	26.7	172.8	135.8	78.6	31.1	2.2	直	未发	轻	B
安徽芜湖市种子站	610.50	－0.92	9	5/11	8/24	9/29	141	16.7	140.1	26.7	188.3	144.4	76.7	29.5	0.0	直	未发	无	C
福建建阳市良种场	679.83	8.74	2	5/14	8/18	9/26	135	16.7	138.6	26.8	193.3	164.0	84.9	24.9	0.0	直	未发	无	A
河南信阳市农业科学院	533.67	－8.75	13	4/24	8/14	9/17	146	18.8	135.3	25.9	165.9	109.4	65.9	30.7		伏	未发	轻	D
湖北京山县农业局	602.63	－0.21	9	4/27	8/11	9/11	137	23.0	124.1	25.9	137.4	79.5	57.9	33.2	0.8	斜	未发	未发	C
湖北宜昌市农业科学院	478.52	－14.78	13	4/24	8/5	9/6	135	14.6	123.0	25.0	147.0	104.0	70.7	31.9	1.5	直	未发	中	D
湖南怀化市农科所	524.17	－0.69	11	4/25	8/7	9/8	136	13.6	123.3	27.6	187.1	133.1	71.1	31.2		直	未发	轻	D
湖南岳阳市农科所	596.50	3.92	9	5/12	8/20	9/25	136	15.2	141.0	26.2	176.2	134.2	76.2	30.7	0.0	直	未发	轻	B
江苏里下河地区农科所	611.83	2.40	9	5/10	8/22	9/29	142	15.1	142.0	28.2	177.7	147.3	82.9	31.1	0.3	倒	未发	轻	B
江苏沿海地区农科所	597.33	－2.08	12	5/7	8/21	9/29	145	16.3	126.0	24.6	157.7	130.4	82.7	29.7	0.0	直	轻	轻	D
江西九江市农科所	590.33	3.39	9	5/14	8/25	9/30	139	19.3	132.7	25.4	158.1	98.7	62.4	29.5		直	未发	未发	C
江西省农业科学院水稻所	496.00	－12.37	13	5/17	8/26	9/27	133	17.8	124.3	24.6	127.4	94.5	74.2	31.6	0.0	直	未发	未发	D
中国水稻研究所	625.65	－4.32	9	5/20	8/31	10/13	146	19.5	136.8	25.0	154.7	114.4	73.9	31.2	0.0	直	未发	轻	C

注：综合评级 A—好，B—较好，C—中等，D——一般。

表 10-8-4 长江中下游中籼迟熟 A 组（132411NX-A）区试品种在各试点的产量、生育期及主要农艺经济性状表现

品种名称/试验点	亩产（千克）	比 CK ± %	产量位次	播种期（月/日）	齐穗期（月/日）	成熟期（月/日）	全生育期（天）	有效穗（万/亩）	株高（厘米）	穗长（厘米）	总粒数/穗	实粒数/穗	结实率（%）	千粒重（克）	杂株率（%）	倒伏性	穗颈瘟	纹枯病	综评等级
丰两优四号（CK）																			
安徽滁州市农科所	655.67	0.00	11	5/6	8/21	10/1	148	13.8	121.3	26.5	237.3	221.5	93.3	27.5	0.0	直	未发	轻	A
安徽黄山市种子站	565.33	0.00	10	5/2	8/12	9/11	132	15.8	135.2	23.6	160.5	134.0	83.5	28.1	0.0	直	轻	未发	B
安徽省农业科学院水稻所	669.50	0.00	7	5/4	8/18	9/24	143	15.6	138.2	25.7	191.2	154.1	80.6	27.9	1.5	直	未发	轻	B
安徽芜湖市种子站	616.17	0.00	8	5/11	8/15	9/21	133	18.2	134.3	26.3	184.8	151.2	81.8	26.4	0.0	直	未发	轻	B
福建建阳市良种场	625.17	0.00	11	5/14	8/12	9/19	128	15.4	133.3	24.3	169.6	146.7	86.5	29.1	0.0	直	未发	轻	C
河南信阳市农业科学院	584.83	0.00	10	4/24	8/2	9/8	137	16.5	125.2	24.3	189.8	151.4	79.8	26.9		直	未发	轻	C
湖北京山县农业局	603.90	0.00	8	4/27	8/4	9/5	131	15.5	109.7	25.8	188.6	161.9	85.8	28.2	0.5	直	未发	未发	C
湖北宜昌市农业科学院	561.50	0.00	9	4/24	7/31	9/3	132	16.3	124.0	26.5	171.0	127.9	74.8	26.9	0.8	直	未发	轻	C
湖南怀化市农科所	527.83	0.00	9	4/25	8/1	9/3	131	13.0	116.5	25.8	200.9	163.5	81.4	27.0		直	未发	轻	C
湖南岳阳市农科所	574.00	0.00	10	5/12	8/15	9/20	131	15.6	132.0	24.8	222.6	181.6	81.6	28.6	0.0	直	未发	无	B
江苏里下河地区农科所	597.50	0.00	12	5/10	8/17	9/26	139	13.7	131.8	26.0	183.3	161.8	88.3	27.8	0.6	倒	未发	轻	B
江苏沿海地区农科所	610.00	0.00	11	5/7	8/17	9/25	141	13.2	131.0	25.2	202.7	174.1	85.9	27.5	0.3	直	轻	轻	D
江西九江市农科所	571.00	0.00	10	5/14	8/18	9/22	131	15.4	123.0	24.6	163.6	129.1	78.9	27.7	1.0	直	未发	未发	C
江西省农业科学院水稻所	566.00	0.00	6	5/17	8/20	9/21	127	15.0	117.5	25.7	180.4	147.1	81.5	28.0	0.0	直	未发	未发	B
中国水稻研究所	653.87	0.00	3	5/20	8/21	10/5	138	16.9	134.8	26.0	179.3	163.0	90.9	29.0	0.0	伏	未发	轻	B

注：综合评级 A—好，B—较好，C—中等，D——一般。

表 10-8-5　长江中下游中籼迟熟 A 组（132411NX-A）区试品种在各试点的产量、生育期及主要农艺经济性状表现

品种名称/试验点	亩产（千克）	比 CK ± %	产量位次	播种期（月/日）	齐穗期（月/日）	成熟期（月/日）	全生育期（天）	有效穗（万/亩）	株高（厘米）	穗长（厘米）	总粒数/穗	实粒数/穗	结实率（%）	千粒重（克）	杂株率（%）	倒伏性	穗颈瘟	纹枯病	综评等级
深优 9597																			
安徽滁州市农科所	686.33	4.68	4	5/6	8/20	9/30	147	15.6	123.9	25.2	216.6	195.1	90.1	24.7	0.0	直	未发	轻	A
安徽黄山市种子站	594.33	5.13	6	5/2	8/8	9/8	129	17.5	119.8	21.7	151.0	129.1	85.5	26.7	0.0	直	未发	未发	B
安徽省农业科学院水稻所	662.67	-1.02	9	5/4	8/18	9/24	143	16.8	132.0	23.9	183.7	154.1	83.9	25.9	2.3	直	未发	轻	C
安徽芜湖市种子站	661.50	7.36	2	5/11	8/15	9/16	128	18.6	129.0	25.2	185.7	161.0	86.7	25.4	0.0	直	未发	无	A
福建建阳市良种场	671.67	7.44	3	5/14	8/11	9/16	125	17.7	128.2	25.6	149.9	122.2	81.5	32.5	0.0	直	未发	轻	A
河南信阳市农业科学院	597.33	2.14	9	4/24	8/3	9/7	136	19.6	118.0	21.3	132.9	100.5	75.6	23.6		直	未发	轻	C
湖北京山县农业局	626.25	3.70	6	4/27	8/1	9/2	128	19.9	100.7	23.1	153.4	136.4	88.9	24.9	0.7	直	未发	轻	B
湖北宜昌市农业科学院	610.90	8.80	5	4/24	7/29	8/28	127	21.8	119.0	25.3	141.1	122.8	87.0	23.1	1.4	直	未发	轻	B
湖南怀化市农科所	580.33	9.95	2	4/25	7/30	9/2	130	18.9	110.3	24.3	142.2	125.9	88.5	25.1		直	未发	轻	A
湖南岳阳市农科所	634.00	10.45	3	5/12	8/12	9/18	129	14.3	122.6	24.7	225.8	190.8	84.5	24.6	0.0	直	未发	无	A
江苏里下河地区农科所	617.83	3.40	7	5/10	8/14	9/23	136	16.3	132.0	25.4	198.8	176.7	88.9	23.7	0.0	斜	未发	轻	B
江苏沿海地区农科所	635.17	4.13	7	5/7	8/17	9/25	141	16.9	118.2	24.4	186.0	155.6	83.7	24.8	0.3	直	轻	轻	B
江西九江市农科所	611.00	7.01	4	5/14	8/16	9/19	128	18.0	113.3	23.1	166.5	152.8	91.8	25.6		直	未发	未发	B
江西省农业科学院水稻所	613.83	8.45	3	5/17	8/17	9/18	124	18.8	115.2	22.2	156.3	142.6	91.2	24.3	0.0	直	未发	未发	A
中国水稻研究所	645.41	-1.29	4	5/20	8/20	10/2	135	19.7	129.5	25.1	180.4	162.0	89.8	25.1	0.0	伏	未发	轻	C

注：综合评级 A—好，B—较好，C—中等，D——般。

表 10－8－6　长江中下游中籼迟熟 A 组（132411NX-A）区试品种在各试点的产量、生育期及主要农艺经济性状表现

品种名称/试验点	亩产（千克）	比 CK ± %	产量位次	播种期（月/日）	齐穗期（月/日）	成熟期（月/日）	全生育期（天）	有效穗（万/亩）	株高（厘米）	穗长（厘米）	总粒数/穗	实粒数/穗	结实率（%）	千粒重（克）	杂株率（%）	倒伏性	穗颈瘟	纹枯病	综评等级
两优 798																			
安徽滁州市农科所	676.33	3.15	9	5/6	8/21	10/2	149	16.6	125.5	32.7	234.6	185.7	79.2	23.4	0.5	直	未发	轻	A
安徽黄山市种子站	564.33	-0.18	11	5/2	8/12	9/10	131	17.0	106.5	26.9	158.2	131.0	82.8	25.7	1.2	直	未发	未发	C
安徽省农业科学院水稻所	705.33	5.35	4	5/4	8/18	9/24	143	18.0	138.0	27.8	187.7	154.7	82.4	25.4	0.5	直	未发	轻	B
安徽芜湖市种子站	644.17	4.54	5	5/11	8/18	9/24	136	19.1	134.9	29.3	193.7	152.6	78.8	25.6	0.0	直	未发	轻	A
福建建阳市良种场	629.83	0.75	9	5/14	8/14	9/24	133	15.4	135.2	28.9	205.1	166.9	81.4	24.7	0.0	直	未发	轻	C
河南信阳市农业科学院	607.17	3.82	8	4/24	8/2	9/10	139	15.2	127.0	28.3	166.7	137.3	82.4	25.0		直	未发	轻	B
湖北京山县农业局	628.58	4.09	5	4/27	8/2	9/4	130	20.7	108.2	28.6	172.4	134.5	78.0	28.1	0.8	直	未发	未发	B
湖北宜昌市农业科学院	627.60	11.77	2	4/24	8/1	9/3	132	16.4	127.0	27.4	178.4	151.6	85.0	25.3	3.0	直	未发	轻	A
湖南怀化市农科所	556.17	5.37	5	4/25	8/4	9/6	134	15.7	111.1	29.0	215.6	145.2	67.3	25.2		直	未发	轻	B
湖南岳阳市农科所	567.67	-1.10	12	5/12	8/17	9/22	133	16.7	128.3	28.9	239.5	193.5	80.8	25.7	0.0	直	未发	无	C
江苏里下河地区农科所	629.17	5.30	4	5/10	8/16	9/27	140	13.9	131.8	29.5	218.3	181.6	83.2	25.2	0.6	直	未发	轻	B
江苏沿海地区农科所	647.33	6.12	4	5/7	8/20	9/27	143	17.2	122.8	31.0	196.4	163.0	83.0	24.3	1.2	直	轻	轻	B
江西九江市农科所	606.67	6.25	5	5/14	8/21	9/26	135	15.4	113.9	28.6	204.9	144.1	70.3	24.3		直	未发	未发	B
江西省农业科学院水稻所	549.50	-2.92	9	5/17	8/21	9/22	128	17.9	125.3	31.8	188.2	151.8	80.7	25.5	0.0	直	未发	未发	C
中国水稻研究所	634.52	-2.96	7	5/20	8/25	10/6	139	16.4	136.4	31.4	230.0	186.0	80.9	23.7	0.0	直	未发	轻	C

注：综合评级 A—好，B—较好，C—中等，D——般。

表 10-8-7　长江中下游中籼迟熟 A 组（132411NX-A）区试品种在各试点的产量、生育期及主要农艺经济性状表现

品种名称/试验点	亩产（千克）	比 CK ± %	产量位次	播种期（月/日）	齐穗期（月/日）	成熟期（月/日）	全生育期（天）	有效穗（万/亩）	株高（厘米）	穗长（厘米）	总粒数/穗	实粒数/穗	结实率（%）	千粒重（克）	杂株率（%）	倒伏性	穗颈瘟	纹枯病	综评等级
C815S/R018																			
安徽滁州市农科所	621.83	-5.16	13	5/6	8/15	9/25	142	19.6	107.5	23.3	205.2	149.2	72.7	22.8	0.8	直	未发	轻	B
安徽黄山市种子站	617.67	9.26	2	5/2	8/6	9/10	131	19.1	116.4	22.8	183.7	151.7	82.6	22.0	2.1	直	未发	未发	A
安徽省农业科学院水稻所	680.83	1.69	6	5/4	8/12	9/17	136	17.6	132.0	23.9	208.5	166.9	80.0	23.4		直	未发	轻	B
安徽芜湖市种子站	578.83	-6.06	11	5/11	8/14	9/18	130	15.9	121.5	25.5	219.4	165.7	75.5	25.0	3.3	直	未发	无	B
福建建阳市良种场	655.00	4.77	6	5/14	8/9	9/21	130	18.4	118.1	26.8	186.8	158.2	84.7	23.7	2.5	直	未发	轻	B
河南信阳市农业科学院	621.83	6.33	5	4/24	8/3	9/10	139	23.1	113.9	22.6	162.7	135.4	83.2	21.4		直	未发	轻	B
湖北京山县农业局	645.75	6.93	2	4/27	8/1	9/3	129	18.9	101.3	25.2	192.2	169.4	88.1	22.1	0.3	直	未发	未发	A
湖北宜昌市农业科学院	580.40	3.37	8	4/24	7/31	9/2	131	19.7	113.5	24.5	160.1	131.0	81.8	22.8	1.3	直	未发	中	B
湖南怀化市农科所	567.00	7.42	4	4/25	7/29	9/3	131	18.6	101.5	24.2	179.0	134.8	75.3	23.3		直	未发	轻	A
湖南岳阳市农科所	637.00	10.98	1	5/12	8/13	9/18	129	17.5	117.8	24.4	226.2	178.2	78.8	26.3	0.0	直	未发	无	A
江苏里下河地区农科所	644.17	7.81	2	5/10	8/13	9/24	137	16.0	121.2	24.6	206.4	167.7	81.3	22.8	0.3	直	未发	轻	A
江苏沿海地区农科所	632.67	3.72	8	5/7	8/15	9/20	136	19.6	113.2	24.9	186.7	146.1	78.3	21.9	0.0	直	轻	轻	C
江西九江市农科所	624.00	9.28	2	5/14	8/18	9/22	131	17.5	104.4	23.1	198.9	139.5	70.1	23.5		直	未发	未发	A
江西省农业科学院水稻所	651.83	15.16	1	5/17	8/15	9/18	124	23.0	109.1	24.4	159.0	126.6	79.6	22.7	1.2	斜	未发	未发	A
中国水稻研究所	620.95	-5.04	12	5/20	8/22	10/2	135	21.8	121.5	25.9	197.7	146.4	74.1	23.1	1.2	直	未发	轻	D

注：综合评级 A—好，B—较好，C—中等，D——般。

表 10-8-8　长江中下游中籼迟熟 A 组（132411NX-A）区试品种在各试点的产量、生育期及主要农艺经济性状表现

品种名称/试验点	亩产（千克）	比 CK ± %	产量位次	播种期（月/日）	齐穗期（月/日）	成熟期（月/日）	全生育期（天）	有效穗（万/亩）	株高（厘米）	穗长（厘米）	总粒数/穗	实粒数/穗	结实率（%）	千粒重（克）	杂株率（%）	倒伏性	穗颈瘟	纹枯病	综评等级
深 08S/187																			
安徽滁州市农科所	698.67	6.56	1	5/6	8/21	9/30	147	17.6	116.5	28.9	233.5	208.1	89.1	22.6	0.8	直	未发	轻	A
安徽黄山市种子站	547.00	-3.24	12	5/2	8/15	9/12	133	17.2	122.0	24.0	152.8	128.8	84.3	24.9	1.8	直	未发	未发	C
安徽省农业科学院水稻所	642.00	-4.11	11	5/4	8/19	9/24	143	16.4	134.0	26.7	196.7	160.5	81.6	24.5	2.0	直	未发	轻	C
安徽芜湖市种子站	557.67	-9.49	12	5/11	8/21	9/23	135	17.3	129.3	27.3	190.8	149.1	78.1	25.6	0.0	直	未发	轻	B
福建建阳市良种场	639.00	2.21	7	5/14	8/16	9/21	130	17.9	124.6	25.7	177.5	152.6	86.0	24.3	0.0	直	未发	无	C
河南信阳市农业科学院	552.17	-5.59	12	4/24	8/10	9/15	144	19.0	131.6	25.3	157.3	129.0	82.0	24.1		直	未发	无	C
湖北京山县农业局	596.70	-1.19	10	4/27	8/5	9/6	132	17.9	114.3	25.0	170.3	146.6	86.1	24.1	0.2	直	未发	未发	C
湖北宜昌市农业科学院	519.90	-7.41	12	4/24	8/6	9/6	135	18.3	123.0	27.0	166.3	118.8	71.4	24.6	0.5	直	未发	轻	D
湖南怀化市农科所	539.50	2.21	8	4/25	8/4	9/6	134	17.2	105.2	25.3	167.0	135.2	81.0	23.9		直	未发	轻	C
湖南岳阳市农科所	626.50	9.15	5	5/12	8/18	9/23	134	16.5	123.6	25.7	213.6	169.6	79.4	24.8	0.0	直	未发	无	B
江苏里下河地区农科所	616.53	3.19	8	5/10	8/20	9/28	141	16.1	132.0	27.8	198.0	162.3	82.0	23.6	0.0	直	未发	轻	C
江苏沿海地区农科所	662.50	8.61	2	5/7	8/21	9/30	146	17.5	121.8	29.0	195.7	159.8	81.7	23.9	0.0	直	轻	轻	A
江西九江市农科所	545.33	-4.50	13	5/14	8/22	9/27	136	17.3	109.5	25.8	201.5	149.5	74.2	23.6	1.0	直	未发	未发	D
江西省农业科学院水稻所	548.33	-3.12	10	5/17	8/23	9/24	130	21.5	109.0	25.2	162.5	130.9	80.6	23.7	0.0	直	未发	未发	C
中国水稻研究所	624.71	-4.46	10	5/20	8/26	10/5	138	19.3	132.8	26.4	198.7	170.8	86.0	22.7	0.0	直	未发	轻	C

注：综合评级 A—好，B—较好，C—中等，D——般。

表 10－8－9　长江中下游中籼迟熟 A 组（132411NX-A）区试品种在各试点的产量、生育期及主要农艺经济性状表现

品种名称/试验点	亩产（千克）	比 CK ± %	产量位次	播种期（月/日）	齐穗期（月/日）	成熟期（月/日）	全生育期（天）	有效穗（万/亩）	株高（厘米）	穗长（厘米）	总粒数/穗	实粒数/穗	结实率（%）	千粒重（克）	杂株率（%）	倒伏性	穗颈瘟	纹枯病	综评等级
095S/4418																			
安徽滁州市农科所	676.17	3.13	10	5/6	8/18	9/29	146	16.7	113.3	23.4	255.7	195.6	76.5	22.5	0.0	直	未发	轻	A
安徽黄山市种子站	609.50	7.81	3	5/2	8/9	9/10	131	19.3	138.5	21.3	194.4	160.1	82.4	20.6	1.8	直	未发	未发	B
安徽省农业科学院水稻所	655.17	－2.14	10	5/4	8/10	9/14	133	16.5	124.0	24.2	231.3	198.6	85.9	20.8	0.3	直	未发	轻	C
安徽芜湖市种子站	636.50	3.30	6	5/11	8/15	9/21	133	17.8	123.0	24.3	205.3	167.9	81.8	23.8	1.7	直	未发	无	A
福建建阳市良种场	669.83	7.14	4	5/14	8/11	9/22	131	19.1	121.7	22.6	183.5	157.3	85.7	23.1	2.1	直	未发	轻	B
河南信阳市农业科学院	632.33	8.12	2	4/24	8/6	9/11	140	21.2	113.8	22.3	185.9	148.2	79.7	21.0		直	未发	轻	B
湖北京山县农业局	569.75	－5.66	11	4/27	8/1	9/3	129	19.0	105.4	22.0	138.6	115.9	83.6	22.0	3.8	直	未发	未发	C
湖北宜昌市农业科学院	600.30	6.91	6	4/24	8/1	9/3	132	21.3	116.5	24.0	160.9	130.1	80.9	21.9	1.0	直	未发	轻	B
湖南怀化市农科所	601.67	13.99	1	4/25	7/31	9/3	131	17.7	106.8	22.7	221.5	164.0	74.0	21.3		直	未发	轻	A
湖南岳阳市农科所	561.67	－2.15	13	5/12	8/15	9/20	131	16.3	122.6	23.8	253.9	209.7	82.6	25.2	0.0	直	未发	无	B
江苏里下河地区农科所	611.00	2.26	10	5/10	8/16	9/26	139	13.0	125.6	23.7	221.2	188.7	85.3	21.9	0.0	直	未发	轻	B
江苏沿海地区农科所	617.17	1.17	10	5/7	8/17	9/24	140	18.1	120.2	24.6	269.4	195.4	72.5	19.3	0.6	直	轻	轻	C
江西九江市农科所	632.83	10.83	1	5/14	8/20	9/24	133	17.6	103.4	20.2	187.1	149.3	79.8	23.6	2.0	直	未发	未发	A
江西省农业科学院水稻所	615.67	8.78	2	5/17	8/17	9/19	125	22.1	106.4	22.1	175.7	134.3	76.4	21.3	0.0	直	未发	未发	A
中国水稻研究所	628.47	－3.88	8	5/20	8/22	10/4	137	20.0	122.3	23.3	297.9	190.2	63.9	19.6	0.0	倒	未发	轻	C

注：综合评级 A—好，B—较好，C—中等，D——般。

表 10-8-10 长江中下游中籼迟熟 A 组（132411NX-A）区试品种在各试点的产量、生育期及主要农艺经济性状表现

品种名称/试验点	亩产（千克）	比 CK ± %	产量位次	播种期（月/日）	齐穗期（月/日）	成熟期（月/日）	全生育期（天）	有效穗（万/亩）	株高（厘米）	穗长（厘米）	总粒数/穗	实粒数/穗	结实率（%）	千粒重（克）	杂株率（%）	倒伏性	穗颈瘟	纹枯病	综评等级
两优 919																			
安徽滁州市农科所	691.17	5.41	2	5/6	8/23	10/3	150	16.6	128.5	28.3	215.4	203.9	94.7	25.8	0.8	直	未发	轻	A
安徽黄山市种子站	618.00	9.32	1	5/2	8/16	9/13	134	15.9	115.7	25.8	178.8	144.5	80.8	27.0	1.2	直	未发	未发	A
安徽省农业科学院水稻所	718.00	7.24	3	5/4	8/20	9/25	144	15.4	143.0	27.2	209.9	175.1	83.4	28.1	0.3	直	未发	轻	A
安徽芜湖市种子站	655.83	6.44	3	5/11	8/18	9/23	135	17.4	142.5	27.6	197.5	158.8	80.4	27.9	3.8	直	未发	无	A
福建建阳市良种场	685.50	9.65	1	5/14	8/13	9/23	132	15.9	141.2	29.0	193.9	163.6	84.4	26.8	1.1	直	未发	轻	A
河南信阳市农业科学院	626.67	7.15	3	4/24	8/8	9/18	147	16.3	135.0	27.5	189.7	139.2	73.4	25.9		直	未发	轻	B
湖北京山县农业局	661.65	9.56	1	4/27	8/10	9/13	139	16.9	112.3	26.0	186.3	159.9	85.8	27.0	2.5	直	未发	中	A
湖北宜昌市农业科学院	626.60	11.59	3	4/24	8/3	9/5	134	14.7	126.5	26.5	175.9	151.7	86.2	28.0	1.8	直	未发	轻	A
湖南怀化市农科所	551.50	4.48	7	4/25	8/5	9/6	134	14.4	121.3	28.5	178.0	141.6	79.6	28.0		直	未发	轻	C
湖南岳阳市农科所	633.67	10.39	4	5/12	8/17	9/22	133	16.0	133.8	27.1	210.6	161.6	76.7	26.3	0.0	直	未发	无	A
江苏里下河地区农科所	631.67	5.72	3	5/10	8/20	9/27	140	13.4	138.8	28.1	213.6	191.3	89.6	26.9	0.6	倒	未发	轻	A
江苏沿海地区农科所	662.83	8.66	1	5/7	8/21	9/30	146	15.8	133.6	28.9	232.0	170.9	73.7	25.9	1.2	直	轻	轻	A
江西九江市农科所	604.00	5.78	6	5/14	8/21	9/25	134	15.4	115.5	27.8	236.9	181.7	76.7	24.7	3.0	直	未发	未发	B
江西省农业科学院水稻所	550.50	-2.74	8	5/17	8/23	9/25	131	16.3	125.7	26.7	173.7	136.3	78.5	27.5	0.0	直	未发	未发	C
中国水稻研究所	621.89	-4.89	11	5/20	8/24	10/5	138	16.7	140.4	28.5	209.1	183.2	87.6	27.6	1.6	倒	未发	轻	C

注：综合评级 A—好，B—较好，C—中等，D——般。

表 10－8－11　长江中下游中籼迟熟 A 组（132411NX-A）区试品种在各试点的产量、生育期及主要农艺经济性状表现

品种名称/试验点	亩产（千克）	比 CK ± %	产量位次	播种期（月/日）	齐穗期（月/日）	成熟期（月/日）	全生育期（天）	有效穗（万/亩）	株高（厘米）	穗长（厘米）	总粒数/穗	实粒数/穗	结实率（%）	千粒重（克）	杂株率（%）	倒伏性	穗颈瘟	纹枯病	综评等级
协优 907																			
安徽滁州市农科所	624.83	-4.70	12	5/6	8/16	9/29	146	14.8	127.5	25.4	209.3	167.1	79.9	30.4	0.5	直	未发	中	B
安徽黄山市种子站	600.00	6.13	5	5/2	8/9	9/10	131	16.2	117.4	23.2	149.4	126.8	84.9	30.6	0.9	直	未发	未发	B
安徽省农业科学院水稻所	667.67	-0.27	8	5/4	8/14	9/19	138	17.7	132.0	24.9	157.8	124.5	78.9	30.5	1.0	直	未发	轻	C
安徽芜湖市种子站	593.33	-3.71	10	5/11	8/17	9/25	137	16.9	132.3	24.6	178.6	137.7	77.1	28.7	1.7	直	未发	轻	B
福建建阳市良种场	593.67	-5.04	12	5/14	8/16	9/22	131	14.0	133.5	24.4	155.4	133.0	85.6	32.6	11.5	直	轻	轻	D
河南信阳市农业科学院	577.17	-1.31	11	4/24	8/6	9/16	145	18.3	128.9	23.1	150.0	123.4	82.3	31.4		直	未发	轻	C
湖北京山县农业局	564.15	-6.58	12	4/27	8/3	9/4	130	18.2	109.5	24.1	116.7	103.4	88.6	32.2	0.6	直	未发	轻	C
湖北宜昌市农业科学院	540.20	-3.79	10	4/24	8/1	9/4	133	15.8	128.0	24.6	134.0	111.0	82.8	31.0	2.9	斜	未发	中	C
湖南怀化市农科所	511.17	-3.16	12	4/25	8/3	9/2	130	13.2	116.5	24.2	151.2	123.8	81.9	32.5	2.4	直	未发	轻	D
湖南岳阳市农科所	621.17	8.22	8	5/12	8/18	9/24	135	14.8	132.0	25.3	202.2	156.2	77.3	30.1	0.0	直	未发	无	B
江苏里下河地区农科所	610.67	2.20	11	5/10	8/15	9/26	139	13.3	131.6	24.4	190.0	164.0	86.3	31.7	1.4	倒	未发	轻	C
江苏沿海地区农科所	585.67	-3.99	13	5/7	8/18	9/24	140	14.9	129.4	23.1	175.2	132.2	75.5	30.8	0.3	直	轻	轻	D
江西九江市农科所	616.33	7.94	3	5/14	8/23	9/27	136	16.0	121.5	23.5	201.2	138.1	68.6	31.5	1.0	直	未发	未发	B
江西省农业科学院水稻所	585.17	3.39	4	5/17	8/19	9/21	127	14.2	118.9	26.7	172.2	158.1	91.8	32.9	1.2	直	未发	未发	B
中国水稻研究所	638.82	-2.30	6	5/20	8/23	10/5	138	19.3	120.9	23.1	130.0	88.5	68.1	27.9	2.4	直	未发	轻	C

注：综合评级 A—好，B—较好，C—中等，D—一般。

表 10-8-12　长江中下游中籼迟熟 A 组（132411NX-A）区试品种在各试点的产量、生育期及主要农艺经济性状表现

品种名称/试验点	亩产（千克）	比 CK ± %	产量位次	播种期（月/日）	齐穗期（月/日）	成熟期（月/日）	全生育期（天）	有效穗（万/亩）	株高（厘米）	穗长（厘米）	总粒数/穗	实粒数/穗	结实率（%）	千粒重（克）	杂株率（%）	倒伏性	穗颈瘟	纹枯病	综评等级
扬两优 253																			
安徽滁州市农科所	679.17	3.58	7	5/6	8/18	9/29	146	18.8	96.1	21.8	182.1	140.4	77.1	26.7	2.8	直	未发	轻	A
安徽黄山市种子站	579.67	2.54	9	5/2	8/12	9/12	133	16.4	111.9	22.8	164.3	130.1	79.2	26.6	2.6	直	未发	未发	B
安徽省农业科学院水稻所	719.33	7.44	2	5/4	8/13	9/18	137	18.0	116.0	22.9	169.9	138.6	81.6	29.0	2.8	直	未发	轻	A
安徽芜湖市种子站	626.17	1.62	7	5/11	8/17	9/22	134	15.6	117.6	25.8	208.5	164.2	78.8	28.1	5.0	直	未发	无	B
福建建阳市良种场	591.33	-5.41	13	5/14	8/12	9/18	127	15.7	119.7	24.4	175.7	146.8	83.6	27.2	6.9	直	未发	中	D
河南信阳市农业科学院	614.50	5.07	6	4/24	8/7	9/15	144	17.6	109.2	23.1	168.9	132.2	78.3	25.3		直	未发	轻	B
湖北京山县农业局	619.28	2.55	7	4/27	8/7	9/8	134	22.7	100.2	22.6	145.5	104.7	72.0	28.8	0.7	直	未发	中	B
湖北宜昌市农业科学院	533.30	-5.02	11	4/24	8/3	9/5	134	16.3	108.5	25.5	159.2	123.3	77.4	26.7	3.1	直	未发	轻	D
湖南怀化市农科所	505.83	-4.17	13	4/25	8/3	9/7	135	15.1	104.1	25.9	175.9	121.5	69.1	28.6	4.1	直	未发	轻	D
湖南岳阳市农科所	635.50	10.71	2	5/12	8/17	9/22	133	15.6	115.0	24.2	183.5	138.5	75.5	27.6	0.0	直	未发	无	A
江苏里下河地区农科所	660.67	10.57	1	5/10	8/17	9/26	139	14.8	117.4	24.4	185.5	168.7	90.9	28.3	0.6	直	未发	轻	A
江苏沿海地区农科所	659.83	8.17	3	5/7	8/19	9/24	140	17.9	112.0	23.1	184.5	149.3	80.9	26.2	0.0	直	轻	轻	A
江西九江市农科所	569.33	-0.29	12	5/14	8/23	9/27	136	16.3	108.7	23.1	171.9	106.3	61.8	30.9	2.0	直	未发	未发	C
江西省农业科学院水稻所	575.17	1.62	5	5/17	8/19	9/24	130	17.4	102.7	24.6	164.7	117.3	71.2	29.3	3.2	直	未发	未发	C
中国水稻研究所	639.76	-2.16	5	5/20	8/25	10/6	139	17.2	134.3	24.8	180.0	154.6	85.9	31.6	0.0	直	未发	轻	C

注：综合评级 A—好，B—较好，C—中等，D——般。

表 10-8-13　长江中下游中籼迟熟 A 组（132411NX-A）区试品种在各试点的产量、生育期及主要农艺经济性状表现

品种名称/试验点	亩产（千克）	比 CK ± %	产量位次	播种期（月/日）	齐穗期（月/日）	成熟期（月/日）	全生育期（天）	有效穗（万/亩）	株高（厘米）	穗长（厘米）	总粒数/穗	实粒数/穗	结实率（%）	千粒重（克）	杂株率（%）	倒伏性	穗颈瘟	纹枯病	综评等级
富两优 849																			
安徽滁州市农科所	680.83	3.84	6	5/6	8/20	9/29	146	15.6	110.7	29.9	231.8	211.8	91.4	23.1	0.0	直	未发	轻	A
安徽黄山市种子站	582.33	3.01	7	5/2	8/16	9/14	135	17.0	125.0	23.9	152.0	124.5	81.9	24.7	2.1	直	未发	未发	C
安徽省农业科学院水稻所	607.00	-9.34	13	5/4	8/18	9/22	141	20.3	128.0	26.0	140.5	120.2	85.6	25.2	2.8	直	未发	轻	D
安徽芜湖市种子站	546.00	-11.39	13	5/11	8/19	9/23	135	18.5	125.2	25.6	164.1	134.7	82.1	25.7	1.7	直	未发	无	C
福建建阳市良种场	626.83	0.27	10	5/14	8/17	9/23	132	15.4	128.3	27.3	188.7	165.7	87.8	25.2	0.0	直	轻	轻	C
河南信阳市农业科学院	608.33	4.02	7	4/24	8/10	9/16	145	21.5	124.8	23.8	125.1	97.7	78.1	25.1		直	未发	轻	B
湖北京山县农业局	472.05	-21.83	13	4/27	8/5	9/7	133	13.7	108.6	23.4	158.5	110.5	69.7	31.1	0.8	直	未发	未发	D
湖北宜昌市农业科学院	590.50	5.16	7	4/24	8/3	9/4	133	19.7	114.0	26.6	133.1	118.2	88.8	25.7	1.1	直	未发	轻	B
湖南怀化市农科所	525.33	-0.47	10	4/25	8/7	9/7	135	17.9	103.0	25.7	148.2	118.2	79.8	25.5		直	未发	轻	C
湖南岳阳市农科所	572.67	-0.23	11	5/12	8/18	9/23	134	15.8	122.3	26.7	187.3	145.3	77.6	28.4	0.0	直	未发	无	C
江苏里下河地区农科所	568.83	-4.80	13	5/10	8/18	9/26	139	15.9	125.0	28.2	206.1	167.1	81.1	24.0	0.0	直	未发	轻	D
江苏沿海地区农科所	635.50	4.18	6	5/7	8/21	9/30	146	15.5	129.8	27.5	212.9	171.1	80.4	24.2	0.0	直	轻	轻	B
江西九江市农科所	570.00	-0.18	11	5/14	8/21	9/25	134	16.9	102.7	24.3	142.7	113.3	79.4	26.2		直	未发	未发	C
江西省农业科学院水稻所	564.67	-0.24	7	5/17	8/21	9/22	128	21.3	106.1	25.6	134.9	119.0	88.2	24.1	0.0	直	未发	未发	C
中国水稻研究所	656.70	0.43	2	5/20	8/23	10/6	139	19.0	128.7	27.3	163.8	136.0	83.1	24.5	0.0	直	未发	轻	B

注：综合评级 A—好，B—较好，C—中等，D——般。

表 10－9　长江中下游中籼迟熟 A 组生产试验（132411NX-A-S）品种在各试验点的产量、生育期、主要特征、田间抗性表现

品种名称/试验点	亩产（千克）	比 CK ±%	播种期（月/日）	齐穗期（月/日）	成熟期（月/日）	全生育期(天)	耐寒性	整齐度	杂株率（%）	株型	叶色	叶姿	长势	熟期转色	倒伏性	落粒性	叶瘟	穗颈瘟	纹枯病
Y 两优 6 号																			
安徽合肥丰乐种业股份公司	535.58	-2.32	5/10	8/15	9/20	133	未发	整齐	0.0	适中	浓绿	挺直	一般	中	直	中	未发	未发	未发
江西抚州市农科所	651.52	7.82	5/13	8/13	9/19	129	未发	整齐	无	适中	绿	挺直	一般	好	直		未发	未发	轻
湖南石门县水稻原种场	680.00	-0.58	4/25	8/1	8/29	125	未发	整齐	无	较紧	绿	挺直	繁茂	好	直	中	未发	未发	未发
湖北襄阳市农业科学院	609.32	10.56	4/19	8/3	9/10	144	未遇	整齐	1.4	适中	淡绿	挺直	繁茂	好	直	中	未发	未发	中
湖北赤壁市种子局	605.00	6.70	4/25	7/31	9/3	131	未发	整齐	1.8	适中	浓绿	一般	繁茂	好	直	中	无	无	轻
福建建阳市种子站	716.21	8.42	5/18	8/24	9/30	135	未发	整齐	0.0	适中	绿	挺直	繁茂	好	直	中	无	无	无
浙江临安市种子站	666.60	12.49	5/31	8/29	10/8	130	未发	整齐	0.0	紧凑	浓绿	挺直	中等	好	直	中	未发	未发	轻
浙江天台县种子站	675.99	12.40	5/13	8/16	10/1	141	未发	中等	0.0	紧凑	绿	挺直	繁茂	中	直	中	未发	未发	轻
江苏里下河地区农科所	618.00	6.74	5/10	8/18	9/25	138	强	整齐	0.3	适中	浓绿	挺直	繁茂	好	斜	易	未发	未发	轻
丰两优四号（CK）																			
安徽合肥丰乐种业股份公司	548.33	0.00	5/10	8/15	9/18	131	未发	整齐	0.0	适中	绿	挺直	繁茂	好	直	中	未发	未发	轻
江西抚州市农科所	604.28	0.00	5/13	8/9	9/15	125	未发	整齐	无	适中	绿	挺直	一般	好	直		未发	未发	轻
湖南石门县水稻原种场	684.00	0.00	4/25	7/30	8/28	124	未发	整齐	无	紧凑	绿	挺直	繁茂	好	直	中	未发	未发	未发
湖北襄阳市农业科学院	551.10	0.00	4/19	8/1	9/9	143	未遇	整齐	1.6	适中	绿	挺直	繁茂	好	伏	中	未发	未发	中
湖北赤壁市种子局	567.00	0.00	4/25	7/27	8/30	127	未发	整齐	2.6	适中	浓绿	一般	一般	中	直	易	轻	中	轻
福建建阳市种子站	657.50	0.00	5/18	8/20	9/29	134	未发	整齐	0.0	适中	绿	挺直	繁茂	中	直	中	轻	轻	轻
浙江临安市种子站	592.60	0.00	5/31	8/25	10/8	130	未发	整齐	0.0	松散	淡绿	中等	繁茂	中	直	中	未发	未发	轻
浙江天台县种子站	601.39	0.00	5/13	8/12	9/27	137	未发	不齐	0.0	紧凑	浅绿	中等	繁茂	好	伏	中	未发	未发	轻
江苏里下河地区农科所	579.00	0.00	5/10	8/16	9/26	139	强	中等	0.6	松散	绿	中等	繁茂	中	伏	易	未发	未发	轻

第十一章　2013年长江中下游中籼迟熟B组国家水稻品种试验汇总报告

一、试验概况

（一）试验目的

鉴定评价我国南方稻区新选育和引进的水稻新品种（组合，下同）的丰产性、稳产性、适应性、抗性、米质及其他重要性状表现，为国家水稻品种审定提供科学依据。

（二）参试品种

区试品种12个，Y两优8188、内香7539、泸优华占和Y两优1998为续试品种，其他为新参试品种，以丰两优四号（CK）为对照；生产试验品种1个，也以丰两优四号（CK）为对照。品种名称、类型、亲本组合、选育/供种单位见表11－1。区试品种荆两优338未抽穗，无试验结果。

（三）承试单位

区试点15个，生产试验点9个，分布在安徽、福建、河南、湖北、湖南、江苏、江西和浙江8个省。承试单位、试验地点、经纬度、海拔高度、试验负责人及执行人见表11－2。

（四）试验设计、栽培管理与观察记载

各试验点均按《2013年南方稻区国家水稻品种试验实施方案》及《农作物品种区域试验技术规范　水稻》进行试验。

区试采用完全随机区组排列，3次重复，小区面积0.02亩。生产试验采用大区随机排列，不设重复，大区面积0.5亩。

分区试、生产试验，同组试验所有品种同期播种、移栽，施肥水平中等偏上，其他栽培管理措施与当地大田生产相同。

观察记载项目与标准按《农作物品种区域试验技术规范　水稻》以及《国家水稻品种试验观察记载项目、方法及标准》《南方稻区国家水稻品种区试及生产试验记载表》等的要求执行。

（五）特性鉴定

抗性鉴定：浙江省农业科学院植保所、湖南省农业科学院植保所、湖北宜昌市农科所、安徽省农业科学院植保所、福建上杭县茶地乡农技站和江西井冈山垦殖场石市口分场负责稻瘟病抗性鉴定。湖南省农业科学院水稻所负责白叶枯病抗性鉴定。鉴定采用人工接菌与病区自然诱发相结合。中国水稻研究所稻作发展中心负责稻飞虱抗性鉴定。鉴定结果由浙江省农业科学院植保所负责汇总。华中农业大学植科院负责生产试验品种的耐热性鉴定。鉴定种子均由中国水稻研究所试验点统一提供。

米质分析：由安徽省种子站、河南信阳市农科所和湖北京山县农业局试验点分别单独种植生产提供样品，农业部稻米及制品质量监督检验测试中心负责检测分析。

参试品种的特异性及续试品种年度间的一致性鉴定：由中国水稻研究所进行DNA指纹鉴定。

（六）统计分析

按照《农作物品种区域试验技术规范　水稻》等有关试验质量评价标准，对各试验（鉴定）点试验（鉴定）结果的可靠性、完整性、准确性、可比性以及对照品种表现情况等进行分析评估，确

保汇总质量。2013 年区试、生产试验各试验点试验结果正常，全部列入汇总。

产量联合方差分析采用混合模型，品种间产量差异多重比较采用 Duncan's 新复极差法；参试品种的丰产性主要以品种在区试和生产试验中相对于对照品种产量及组平均产量衡量；参试品种的适应性主要以品种在区试中比对照品种增产的试验点比例衡量；参试品种的稳产性主要以品种在年度间区试中相对于对照品种产量的差异变化程度衡量。

参试品种的生育期主要以全生育期比对照品种长短的天数衡量。

参试品种的抗性以指定的鉴定单位的鉴定结果为主要依据，对稻瘟病抗性的主要评价指标为综合指数和穗瘟损失率最高级，对其他病虫害抗性的主要评价指标为最高级。

参试品种的米质检测、评价按照国家《优质稻谷》标准，分优质 1 级、优质 2 级、优质 3 级，未达到优质级的品种米质均为等外级。

二、结果分析

（一）产量

丰两优四号（CK）产量中等略偏下、居第 9 位。2013 年区试品种中，依据比组平均产量的增减产幅度，产量较高的品种有深两优 136、泸优华占、荃优丝苗、Y 两优 1998 和 Y 两优 8188，产量居前 5 位，平均亩产 628.51～641.83 千克，比丰两优四号（CK）增产 5.45%～7.68%；产量中等的品种有广两优 808、建优 117、和两优 396，平均亩产 608.44～616.87 千克，比丰两优四号（CK）增产 2.08%～3.49%；其他品种产量一般，平均亩产 575.40～592.46 千克，比丰两优四号（CK）减产 3.46%～0.60%。品种产量、比对照及组平均增减产百分率、品种间产量差异显著性、比对照增产试验点比例等汇总结果见表 11－3。

2013 年生产试验品种中，Y 两优 1928 产量表现较好，平均亩产 635.30 千克，比丰两优四号（CK）增产 6.41%。品种产量、比对照增减产百分率等汇总结果以及各试验点对品种的综合评价等级见表 11－4。

（二）生育期

2013 年区试品种中，苏优 1165 的全生育期比丰两优四号（CK）长 3.2 天，熟期较迟；其他品种全生育期 133.3～136.1 天，与丰两优四号（CK）相仿、熟期适宜。品种全生育期及比对照长短天数见表 11－3。

2013 年生产试验品种中，Y 两优 1928 熟期较迟，全生育期比丰两优四号（CK）长 3.6 天。品种全生育期及比对照长短天数见表 11－4。

（三）主要农艺经济性状

品种分蘖率、有效穗数、成穗率、株高、每穗总粒数、每穗实粒数、结实率、千粒重等主要农艺经济性状汇总结果见表 11－3。

（四）抗性

2013 年区试品种中，所有品种的稻瘟病综合指数均未超过 6.5 级。依据穗瘟损失率最高级，赣优 9141 为中抗，内香 7539、泸优华占和荃优丝苗为中感，其他品种为感或高感。

品种在各稻瘟病抗性鉴定点的鉴定结果见表 11－5，品种稻瘟病抗性鉴定汇总结果、白叶枯病鉴定结果、褐飞虱鉴定结果以及生产试验品种的耐热性鉴定结果见表 11－6。

（五）米质

依据国家《优质稻谷》标准，除了荃优丝苗达国标优质 3 级外，其他参试品种均为等外级，米质中等或一般。品种糙米率、整精米率、粒长、长宽比、垩白粒率、垩白度、胶稠度、直链淀粉等米质性状表现见表 11－7。

（六）品种在各试验点表现

区试、生产试验品种在各试验点的产量、生育期、主要农艺经济性状、田间抗性表现等见表11－8－1至表11－8－12、表11－9。

三、品种评价

（一）生产试验品种

Y两优1928

2011年初试平均亩产616.93千克，比丰两优四号（CK）增产5.76%，达极显著水平；2012年续试平均亩产630.82千克，比丰两优四号（CK）增产5.87%，达极显著水平；两年区试平均亩产623.88千克，比丰两优四号（CK）增产5.82%，增产点比例86.7%；2013年生产试验平均亩产635.30千克，比丰两优四号（CK）增产6.41%。全生育期两年区试平均139.7天，比丰两优四号（CK）迟熟2.9天。主要农艺性状两年区试综合表现：每亩有效穗数15.8万穗，株高126.6厘米，穗长26.9厘米，每穗总粒数193.5粒，结实率79.2%，千粒重28.1克。抗性两年综合表现：稻瘟病综合指数4.9级，穗瘟损失率最高级9级；白叶枯病平均级3级，最高级3级；褐飞虱平均级9级，最高级9级；抽穗期耐热性5级。米质主要指标两年综合表现：整精米率63.6%，长宽比3.1，垩白粒率25%，垩白度2.2%，胶稠度69毫米，直链淀粉含量16.3%，达国标优质2级。

2013年国家水稻品种试验年会审议意见：已完成试验程序，可以申报国家品种审定。

（二）续试品种

1. 泸优华占

2012年初试平均亩产638.79千克，比丰两优四号（CK）增产7.20%，达极显著水平；2013年续试平均亩产637.68千克，比丰两优四号（CK）增产6.99%，达极显著水平；两年区试平均亩产638.23千克，比丰两优四号（CK）增产7.10%，增产点比例83.3%。全生育期两年区试平均134.7天，比丰两优四号（CK）早熟0.1天。主要农艺性状两年区试综合表现：每亩有效穗数18.8万穗，株高115.9厘米，穗长24.4厘米，每穗总粒数198.0粒，结实率79.5%，千粒重23.1克。抗性两年综合表现：稻瘟病综合指数3.0级，穗瘟损失率最高级5级；白叶枯病平均级5级，最高级5级；褐飞虱平均级6级，最高级7级。米质主要指标两年综合表现：整精米率60.4%，长宽比3.1，垩白粒率19%，垩白度3.3%，胶稠度83毫米，直链淀粉含量13.4%。

2013年国家水稻品种试验年会审议意见：2014年进行生产试验。

2. Y两优1998

2012年初试平均亩产622.62千克，比丰两优四号（CK）增产4.49%，达极显著水平；2013年续试平均亩产634.30千克，比丰两优四号（CK）增产6.42%，达极显著水平；两年区试平均亩产628.46千克，比丰两优四号（CK）增产5.46%，增产点比例83.3%。全生育期两年区试平均135.9天，比丰两优四号（CK）迟熟1.1天。主要农艺性状两年区试综合表现：每亩有效穗数16.6万穗，株高125.1厘米，穗长27.9厘米，每穗总粒数204.7粒，结实率81.0%，千粒重24.3克。抗性两年综合表现：稻瘟病综合指数3.9级，穗瘟损失率最高级7级；白叶枯病平均级4级，最高级5级；褐飞虱平均级9级，最高级9级。米质主要指标两年综合表现：整精米率62.9%，长宽比2.9，垩白粒率13%，垩白度1.9%，胶稠度75毫米，直链淀粉含量12.8%。

2013年国家水稻品种试验年会审议意见：2014年进行生产试验。

3. Y两优8188

2012年初试平均亩产630.10千克，比丰两优四号（CK）增产5.75%，达极显著水平；2013年续试平均亩产628.51千克，比丰两优四号（CK）增产5.45%，达极显著水平；两年区试平均亩产629.31千克，比丰两优四号（CK）增产5.60%，增产点比例90.0%。全生育期两年区试平均132.9天，比丰两优四号（CK）早熟1.9天。主要农艺性状两年区试综合表现：每亩有效穗数18.3万穗，株高116.3厘米，穗长26.4厘米，每穗总粒数166.2粒，结实率83.9%，千粒重25.8克。抗性两年综合表现：稻瘟病综合指数4.7级，穗瘟损失率最高级9级；白叶枯病平均级4级，最高级5级；褐飞虱平均级8级，最高级9级。米质主要指标两年综合表现：整精米率53.1%，长宽比3.2，垩白粒率49%，垩白度8.1%，胶稠度62毫米，直链淀粉含量20.3%。

2013年国家水稻品种试验年会审议意见：2014年进行生产试验。

4. 内香7539

2012年初试平均亩产597.87千克，比丰两优四号（CK）增产0.34%，未达显著水平；2013年续试平均亩产575.40千克，比丰两优四号（CK）减产3.46%，达极显著水平；两年区试平均亩产586.63千克，比丰两优四号（CK）减产1.56%，增产点比例23.3%。全生育期两年区试平均134.8天，比丰两优四号（CK）早熟0.1天。主要农艺性状两年区试综合表现：每亩有效穗数17.2万穗，株高118.4厘米，穗长24.4厘米，每穗总粒数164.8粒，结实率84.2%，千粒重27.0克。抗性两年综合表现：稻瘟病综合指数3.0级，穗瘟损失率最高级5级；白叶枯病平均级6级，最高级7级；褐飞虱平均级8级，最高级9级。米质主要指标两年综合表现：整精米率51.0%，长宽比2.7，垩白粒率43%，垩白度6.6%，胶稠度82毫米，直链淀粉含量14.3%。

2013年国家水稻品种试验年会审议意见：终止试验。

（三）初试品种

1. 深两优136

2013年初试平均亩产641.83千克，比丰两优四号（CK）增产7.68%，达极显著水平，增产点比例100.0%。全生育期136.3天，比丰两优四号（CK）迟熟1.9天。主要农艺性状表现：每亩有效穗数18.4万穗，株高113.0厘米，穗长24.9厘米，每穗总粒数187.8粒，结实率83.6%，千粒重23.4克。抗性：稻瘟病综合指数5.9级，穗瘟损失率最高级9级；白叶枯病5级；褐飞虱9级。米质主要指标：整精米率61.5%，长宽比3.1，垩白粒率18%，垩白度1.5%，胶稠度71毫米，直链淀粉含量14.1%。

2013年国家水稻品种试验年会审议意见：2014年续试。

2. 荃优丝苗

2013年初试平均亩产634.96千克，比丰两优四号（CK）增产6.53%，达极显著水平，增产点比例100.0%。全生育期134.1天，比丰两优四号（CK）早熟0.3天。主要农艺性状表现：每亩有效穗数17.8万穗，株高120.6厘米，穗长25.2厘米，每穗总粒数183.7粒，结实率83.0%，千粒重24.9克。抗性：稻瘟病综合指数3.1级，穗瘟损失率最高级5级；白叶枯病5级；褐飞虱7级。米质主要指标：整精米率66.3%，长宽比3.1，垩白粒率12%，垩白度2.0%，胶稠度75毫米，直链淀粉含量15.0%，达国标优质3级。

2013年国家水稻品种试验年会审议意见：2014年续试。

3. 广两优808

2013年初试平均亩产616.87千克，比丰两优四号（CK）增产3.49%，达极显著水平，增产点比例73.3%。全生育期133.3天，比丰两优四号（CK）早熟1.1天。主要农艺性状表现：每亩有效穗数15.8万穗，株高127.1厘米，穗长25.8厘米，每穗总粒数191.3粒，结实率83.4%，千粒重28.1克。抗性：稻瘟病综合指数5.5级，穗瘟损失率最高级7级；白叶枯病7级；褐飞虱9级。米质主要指标：整精米率56.7%，长宽比3.1，垩白粒率41%，垩白度5.2%，胶稠度78毫米，直链淀粉含量15.0%。

2013年国家水稻品种试验年会审议意见：2014年续试。

4. 建两优117

2013年初试平均亩产614.79千克，比丰两优四号（CK）增产3.14%，达极显著水平，增产点比例80.0%。全生育期136.1天，比丰两优四号（CK）迟熟1.7天。主要农艺性状表现：每亩有效穗数17.4万穗，株高120.3厘米，穗长26.3厘米，每穗总粒数175.0粒，结实率77.7%，千粒重27.8克。抗性：稻瘟病综合指数5.5级，穗瘟损失率最高级9级；白叶枯病7级；褐飞虱7级。米质主要指标：整精米率45.8%，长宽比3.0，垩白粒率51%，垩白度7.8%，胶稠度88毫米，直链淀粉含量21.5%。

2013年国家水稻品种试验年会审议意见：2014年续试。

5. 和两优396

2013年初试平均亩产608.44千克，比丰两优四号（CK）增产2.08%，达极显著水平，增产点比例80.0%。全生育期135.0天，比丰两优四号（CK）迟熟0.6天。主要农艺性状表现：每亩有效穗数19.0万穗，株高114.6厘米，穗长25.6厘米，每穗总粒数178.4粒，结实率84.4%，千粒重22.5克。抗性：稻瘟病综合指数4.2级，穗瘟损失率最高级9级；白叶枯病5级；褐飞虱9级。米质主要指标：整精米率65.9%，长宽比3.1，垩白粒率12%，垩白度1.5%，胶稠度75毫米，直链淀粉含量14.0%。

2013年国家水稻品种试验年会审议意见：终止试验。

6. 苏优1165

2013年初试平均亩产592.46千克，比丰两优四号（CK）减产0.60%，未达显著水平，增产点比例53.3%。全生育期137.6天，比丰两优四号（CK）迟熟3.2天。主要农艺性状表现：每亩有效穗数15.4万穗，株高123.8厘米，穗长23.9厘米，每穗总粒数196.3粒，结实率75.1%，千粒重27.0克。抗性：稻瘟病综合指数6.4级，穗瘟损失率最高级9级；白叶枯病5级；褐飞虱9级。米质主要指标：整精米率51.2%，长宽比2.7，垩白粒率67%，垩白度10.8%，胶稠度69毫米，直链淀粉含量19.7%。

2013年国家水稻品种试验年会审议意见：终止试验。

7. 赣优9141

2013年初试平均亩产585.16千克，比丰两优四号（CK）减产1.82%，达极显著水平，增产点比例26.7%。全生育期135.1天，比丰两优四号（CK）迟熟0.7天。主要农艺性状表现：每亩有效穗数14.5万穗，株高133.2厘米，穗长24.5厘米，每穗总粒数183.5粒，结实率78.8%，千粒重30.3克。抗性：稻瘟病综合指数3.0级，穗瘟损失率最高级3级；白叶枯病7级；褐飞虱7级。米质主要指标：整精米率48.1%，长宽比3.0，垩白粒率71%，垩白度18.6%，胶稠度50毫米，直链淀粉含量20.1%。

2013年国家水稻品种试验年会审议意见：终止试验。

表 11－1　长江中下游中籼迟熟 B 组（132411NX-B）区试及生产试验参试品种基本情况

编号	品种名称	品种类型	亲本组合	选育/供种单位
区试				
1	Y 两优 8188	杂交稻	Y58S×奥 R8188	湖南奥谱隆种业科技有限公司
2	* 荆两优 338	杂交稻	荆 118S×R338	成都航丰农作物研究所
3	* 荃优丝苗	杂交稻	荃 9311A×五山丝苗	安徽荃银高科种业
4	* 苏优 1165	杂交稻	苏 11A×苏恢 365	江苏中江种业股份有限公司
5	* 广两优 808	杂交稻	广占 63-4S×R808	中国水稻研究所
6	内香 7539	杂交稻	内香 7A×内恢 2539	内江杂交水稻科技开发中心
7	* 和两优 396	杂交稻	和 620S/R396	中种集团
8CK	丰两优四号（CK）	杂交稻	丰 39S×盐稻 4 号选	合肥丰乐种业股份公司
9	* 建两优 117	杂交稻	建 S×常恢 117	湖南金健种业有限责任公司
10	* 深两优 136	杂交稻	深 08S×R136	湖南大农种业科技有限公司
11	泸优华占	杂交稻	泸香 078A×华占	江西先农种业有限公司
12	Y 两优 1998	杂交稻	Y58S×新恢 1998	长沙市岳麓区希望农业研究所
13	* 赣优 9141	杂交稻	赣香 A×浙恢 9141	浙江省农业科学院作核所
生产试验				
3CK	丰两优四号（CK）	杂交稻	丰 39S×盐稻 4 号选	合肥丰乐种业股份公司
6	Y 两优 1928	杂交稻	Y58S×R1928	湖南天盛生物科技有限公司

* 为 2013 年新参试品种。

表 11－2　长江中下游中籼迟熟 B 组（132411NX-B）区试及生产试验点基本情况

承试单位	试验地点	经度	纬度	海拔高度（米）	试验负责人及执行人
区试					
安徽滁州市农科所	滁州市沙河镇新集村	118°18′	32°18′	32.0	黄明永、刘淼才
安徽黄山市种子站	黄山市农科所雁塘基地	118°14′	29°40′	134.0	汪淇、王淑芬、汤雷
安徽省农业科学院水稻所	合肥市	117°	32°	20.0	罗志祥、阮新民
安徽芜湖市种子站	芜湖市方村种子基地	118°27′	31°14′	7.2	胡四保
福建建阳市良种场	建阳市三亩片省引种观察圃内	118°22′	27°03′	150.0	张金明
河南信阳市农业科学院	信阳市本院试验田	114°05′	32°07′	75.9	王青林、霍二伟
湖北京山县农业局	京山县国家区试基地	113°07′	31°01′	75.6	彭金好、张红文
湖北宜昌市农业科学院	枝江市问安镇四岗试验基地	111°05′	30°34′	60.0	贺丽、黄蓉
湖南怀化市农科所	怀化市鹤城区石门乡坨院村	109°58′	27°33′	231.0	江生
湖南岳阳市农科所	岳阳县麻塘试验基地	113°05′	29°24′	32.0	黄四民
江苏里下河地区农科所	扬州市	119°25′	32°25′	8.0	戴正元、刘晓静、刘广青
江苏沿海地区农科所	盐城市	120°08′	33°23′	2.7	孙明法、朱国永
江西九江市农科所	九江县马回岭镇	115°48′	29°26′	45.0	曹国军、潘世文、李三元、胡永平、吕太华、黄晓波
江西省农业科学院水稻所	南昌市莲塘伍农岗	115°58′	28°41′	30.0	邱在辉、胡兰香、陈智辉、张晓宁、李名迪
中国水稻研究所	浙江省富阳市	120°19′	30°12′	7.2	杨仕华、夏俊辉、施彩娟、韩新华
生产试验					
福建建阳市种子站	将口镇东田村	118°07′	27°28′	140.0	廖海林、张贵河
江西抚州市农科所	抚州市临川区鹏溪	116°16′	28°01′	47.3	黎二妹、车慧燕
湖南石门县水稻原种场	石门县白洋湖	111°22′	29°35′	116.9	张光纯
湖北襄阳市农业科学院	襄阳市高新开发区	112°08′	32°05′	67.0	曹国长
湖北赤壁市种子局	官塘驿镇石泉村	114°07′	29°48′	24.4	姚忠清、王小光
安徽合肥丰乐种业公司	肥西县严店乡苏小村	117°17′	31°52′	14.7	徐剑、王中花
浙江天台县种子站	平桥镇山头邵村	120°09′	29°02′	98.0	陈人慧、曹雪仙
浙江临安市种子站	临安市於潜镇祈祥村	119°24′	30°10′	83.0	袁德明、虞和炳
江苏里下河地区农科所	扬州市	119°25′	32°25′	8.0	戴正元、刘晓静、刘广青

表 11－3　长江中下游中籼迟熟 B 组（132411NX-B）区试品种产量、生育期及主要农艺经济性状汇总分析结果

品种名称	区试年份	亩产（千克）	比 CK ±%	比组平均 ±%	产量差异显著性 0.05	产量差异显著性 0.01	回归系数	比 CK 增产点（%）	全生育期（天）	比 CK ±天	分蘖率（%）	有效穗（万/亩）	成穗率（%）	株高（厘米）	穗长（厘米）	每穗总粒数	每穗实粒数	结实率（%）	千粒重（克）
泸优华占	2012～2013	638.23	7.10	4.81				83.3	134.7	－0.1	446.2	18.8	63.0	115.9	24.4	198.0	157.3	79.5	23.1
Y 两优 1998	2012～2013	628.46	5.46	3.19				83.3	135.9	1.1	451.8	16.6	63.3	125.1	27.9	204.7	165.8	81.0	24.3
Y 两优 8188	2012～2013	629.31	5.60	3.34				90.0	132.9	－1.9	474.9	18.3	62.2	116.3	26.4	166.2	139.4	83.9	25.8
内香 7539	2012～2013	586.63	－1.56	－3.65				23.3	134.8	－0.1	456.3	17.2	64.8	118.4	24.4	164.8	138.8	84.2	27.0
丰两优四号（CK）	2012～2013	595.95	0.00	－2.14				0.0	134.8	0.0	431.5	15.9	58.9	124.6	25.2	182.0	150.3	82.6	28.0
深两优 136	2013	641.83	7.68	4.55	a	A	0.51	100	136.3	1.9	508.9	18.4	59.6	113.0	24.9	187.8	157.0	83.6	23.4
泸优华占	2013	637.68	6.99	3.88	a	AB	1.07	73.3	135.1	0.7	453.6	19.2	63.0	118.1	25.0	200.7	160.1	79.8	22.9
荃优丝苗	2013	634.96	6.53	3.44	ab	AB	0.66	100	134.1	－0.3	478.9	17.8	63.7	120.6	25.2	183.7	152.6	83.0	24.9
Y 两优 1998	2013	634.30	6.42	3.33	ab	AB	0.76	93.3	135.7	1.3	495.4	16.8	62.2	126.7	27.7	201.2	163.2	81.1	24.1
Y 两优 8188	2013	628.51	5.45	2.39	b	B	1.09	86.7	133.3	－1.1	525.3	18.4	61.3	117.0	26.7	168.8	141.3	83.7	25.4
广两优 808	2013	616.87	3.49	0.49	c	C	0.99	73.3	133.3	－1.1	429.2	15.8	61.6	127.1	25.8	191.3	159.5	83.4	28.1
建两优 117	2013	614.79	3.14	0.15	cd	C	1.19	80.0	136.1	1.7	514.6	17.4	58.7	120.3	26.3	175.0	135.9	77.7	27.8
和两优 396	2013	608.44	2.08	－0.88	d	C	0.98	80.0	135.0	0.6	510.4	19.0	59.6	114.6	25.6	178.4	150.6	84.4	22.5
丰两优四号（CK）	2013	596.04	0.00	－2.90	e	D	0.43	0.0	134.4	0.0	451.8	15.9	57.9	125.8	25.6	183.4	151.1	82.4	27.7
苏优 1165	2013	592.46	－0.60	－3.49	e	DE	1.53	53.3	137.6	3.2	413.7	15.4	63.9	123.8	23.9	196.3	147.4	75.1	27.0
赣优 9141	2013	585.16	－1.82	－4.68	f	E	1.27	26.7	135.1	0.7	437.5	14.5	57.2	133.2	24.5	183.5	144.7	78.8	30.3
内香 7539	2013	575.40	－3.46	－6.27	g	F	0.70	13.3	135.5	1.1	458.1	16.7	62.2	120.5	24.1	167.1	142.0	85.0	26.6

表 11－4　长江中下游中籼迟熟 B 组生产试验（132411NX-B-S）品种产量、生育期及在各生产试验点综合评价等级

品种名称	Y 两优 1928	丰两优四号（CK）
生产试验汇总表现		
全生育期（天）	135.8	132.2
比 CK ± 天	3.6	0.0
亩产（千克）	635.30	598.36
产量比 CK ± %	6.41	0.00
各生产试验点综合评价等级		
安徽合肥丰乐种业股份公司	A	A
江西抚州市农科所	B	B
湖南石门县水稻原种场	B	
湖北襄阳市农业科学院	A	C
湖北赤壁市种子局	A	B
福建建阳市种子站	B	C
浙江临安市种子站	A	B
浙江天台县种子站	A	C
江苏里下河地区农科所	A	B

注：1. 各组品种生产试验合并进行，因品种较多，个别试点加设 CK 后安排在 2 块田中试验，表中产量比 CK ± % 系与同田块 CK 比较的结果；
2. 综合评价等级：A—好，B—较好，C—中等，D—一般。

表 11－5 长江中下游中籼迟熟 B 组（132411NX-B）品种稻瘟病抗性各地鉴定结果（2013 年）

品种名称	浙江2013					安徽2013					湖北2013					湖南2013					江西2013					福建2013				
	叶瘟（级）	穗瘟发病率		穗瘟损失率		叶瘟（级）	穗瘟发病率		穗瘟损失率		叶瘟（级）	穗瘟发病率		穗瘟损失率		叶瘟（级）	穗瘟发病率		穗瘟损失率		叶瘟（级）	穗瘟发病率		穗瘟损失率		叶瘟（级）	穗瘟发病率		穗瘟损失率	
		%	级	%	级		%	级	%	级		%	级	%	级		%	级	%	级		%	级	%	级		%	级	%	级
Y 两优 8188	5	7	3	1	1	1	47	7	35	7	5	49	7	11	3	3	21	5	5	3	3	67	9	25	5	5	35	7	16	5
荃优丝苗	6	15	5	5	1	3	8	3	5	1	2	11	5	3	1	2	28	7	8	3	4	87	9	20	5	4	5	1	1	1
苏优 1165	5	7	3	1	1	7	64	9	38	9	5	52	9	19	5	7	28	7	7	3	6	100	9	61	9	7	57	9	32	7
广两优 808	5	45	7	23	5	3	43	7	26	5	6	44	7	14	3	5	25	5	10	3	6	81	9	34	7	7	45	7	28	5
内香 7539	5	37	7	18	5	1	6	3	4	1	4	10	3	2	1	5	51	9	16	5	3	21	5	6	3	4	13	5	6	3
和两优 396	7	2	1	0	1	3	9	3	7	3	4	37	7	12	3	5	15	5	3	1	6	100	9	54	9	5	23	5	14	3
丰两优四号（CK）	6	55	9	38	7	3	48	7	38	7	8	74	9	46	7	7	67	9	34	7	5	100	9	55	9	9	100	9	98	9
建两优 117	3	2	1	0	1	5	72	9	72	9	2	44	7	20	5	2	33	7	10	3	3	77	9	17	5	7	93	9	67	9
深两优 136	5	42	7	17	5	3	86	9	86	9	4	31	7	9	3	5	27	7	9	3	6	100	9	54	9	5	24	5	15	3
泸优华占	3	1	1	0	1	3	0	0	0	0	4	24	5	6	3	2	24	5	9	3	3	61	9	14	3	4	7	3	2	1
Y 两优 1998	0	4	1	1	1	3	21	5	13	3	3	45	7	24	5	2	12	5	3	1	4	80	9	35	7	4	25	5	14	3
赣优 9141	6	20	5	4	1	1	10	3	8	3	4	29	7	5	3	2	33	7	9	3	1	18	5	4	1	5	5	1	2	1
感病对照	8	100	9	100	9	5	46	7	37	7	8	100	9	96	9	8	90	9	44	7	6	100	9	88	9	9	100	9	94	9

注：1. 鉴定单位分别为浙江省农业科学院植保所、安徽省农业科学院植保所、湖北宜昌市农科所、湖南省农业科学院植保所、江西井冈山垦殖场、福建上杭县茶地乡农技站；

2. 浙江、安徽、湖北、江西、福建感病对照分别为 wh26、汕优 63、丰两优香 1 号、恩糯、汕优 63 + 广西矮 4 号 + 明恢 86，湖南不详。

表 11－6　长江中下游中籼迟熟 B 组（132411NX-B）品种对主要病虫抗性综合评价结果（2012～2013 年）及耐热性（2013 年）

品种名称	区试年份	稻瘟病（级）										白叶枯病（级）			褐飞虱（级）			抽穗期耐热性（级）
		2013 年各地综合指数							2013 年	1～2 年综合评价		2013 年	1～2 年综合评价		2013 年	1～2 年综合评价		
		浙江	安徽	湖北	湖南	江西	福建	平均	穗瘟损失率最高级	平均综合指数	穗瘟损失率最高级		平均级	最高级		平均级	最高级	
Y 两优 1928	2011～2012																	5
丰两优四号（CK）	2011～2012																	3
Y 两优 8188	2012～2013	2.5	7.0	4.5	3.5	5.5	5.5	4.8	7	4.7	9	5	4	5	7	8	9	
内香 7539	2012～2013	5.5	1.7	2.3	6.0	3.5	3.8	3.8	5	3.0	5	5	6	7	7	8	9	
泸优华占	2012～2013	1.5	0.0	3.8	3.3	4.5	2.3	2.5	5	3.0	5	5	5	5	5	6	7	
Y 两优 1998	2012～2013	0.8	3.7	5.0	2.3	6.8	3.8	3.7	7	3.9	7	5	4	5	9	9	9	
丰两优四号（CK）	2012～2013	7.3	7.0	7.8	7.5	8.0	9.0	7.8	9	7.7	9	7	5	7	7	7	7	
荃优丝苗	2013	3.3	1.7	2.3	3.8	5.8	1.8	3.1	5	3.1	5	5	5	5	7	7	7	
苏优 1165	2013	2.5	9.0	6.0	5.0	8.3	7.5	6.4	9	6.4	9	5	5	5	9	9	9	
广两优 808	2013	5.5	5.7	4.8	4.0	7.3	6.0	5.5	7	5.5	7	7	7	7	9	9	9	
和两优 396	2013	2.5	3.0	4.3	3.0	8.3	4.0	4.2	9	4.2	9	5	5	5	9	9	9	
丰两优四号（CK）	2013	7.3	7.0	7.8	7.5	8.0	9.0	7.8	9	7.8	9	7	7	7	7	7	7	
建两优 117	2013	1.5	9.0	4.8	3.8	5.5	8.5	5.5	9	5.5	9	7	7	7	7	7	7	
深两优 136	2013	5.5	9.0	4.3	4.5	8.3	4.0	5.9	9	5.9	9	5	5	5	9	9	9	
赣优 9141	2013	3.3	3.0	4.3	3.8	2.0	2.0	3.0	3	3.0	3	7	7	7	7	7	7	

注：1. 稻瘟病综合指数（级）＝叶瘟级×25%＋穗瘟发病率级×25%＋穗瘟损失率级×50%（安徽稻瘟病感病对照叶瘟发病未达 7 级以上，叶瘟结果不采用。品种综合指数（级）＝穗瘟发病率级×35%＋穗瘟损失率级×65%）；

2. 白叶枯病、褐飞虱、耐热性分别为湖南省农业科学院水稻所、中国水稻研究所、华中农业大学鉴定结果。

表 11－7　长江中下游中籼迟熟 B 组（132411NX-B）品种米质检测分析结果

品种名称	年份	糙米率（%）	精米率（%）	整精米率（%）	粒长（毫米）	长宽比	垩白粒率（%）	垩白度（%）	透明度（级）	碱消值（级）	胶稠度（毫米）	直链淀粉（%）	部标*（等级）	国标**（等级）
Y 两优 1998	2012～2013	79.9	71.6	62.9	6.2	2.9	13	1.9	3	3.6	75	12.8	普通	等外
Y 两优 8188	2012～2013	80.3	72.1	53.1	6.7	3.2	49	8.1	3	5.9	62	20.3	普通	等外
泸优华占	2012～2013	80.8	72.4	60.4	6.4	3.1	19	3.3	3	3.3	83	13.4	普通	等外
内香 7539	2012～2013	80.1	71.3	51.0	6.3	2.7	43	6.6	2	3.3	82	14.3	普通	等外
丰两优四号（CK）	2012～2013	80.2	71.7	55.4	6.8	3.1	32	4.5	1	6.7	75	14.5	优 3	等外
赣优 9141	2013	80.3	71.2	48.1	6.8	3.0	71	18.6	3	6.8	50	20.1	普通	等外
广两优 808	2013	80.9	72.2	56.7	6.9	3.1	41	5.2	2	6.4	78	15.0	普通	等外
和两优 396	2013	78.7	70.2	65.9	6.2	3.1	12	1.5	2	6.4	75	14.0	优 3	等外
建两优 117	2013	80.7	72.3	45.8	6.8	3.0	51	7.8	3	4.3	88	21.5	普通	等外
荃优丝苗	2013	80.2	71.7	66.3	6.4	3.1	12	2.0	1	6.7	75	15.0	优 2	优 3
深两优 136	2013	79.1	71.0	61.5	6.3	3.1	18	1.5	2	6.5	71	14.1	优 2	等外
苏优 1165	2013	80.9	73.1	51.2	6.5	2.7	67	10.8	3	4.4	69	19.7	普通	等外
丰两优四号（CK）	2013	80.2	71.7	55.4	6.8	3.1	32	4.5	1	6.7	75	14.5	优 3	等外

注：1. 样品生产提供单位：安徽省农业科学院水稻所（2012～2013 年）、河南信阳市农科所（2012～2013 年）、湖北京山县农业局（2012～2013 年）；

2. 检测分析单位：农业部稻米及制品质量监督检验测试中心。

表 11-8-1　长江中下游中籼迟熟 B 组（132411NX-B）区试品种在各试点的产量、生育期及主要农艺经济性状表现

品种名称/试验点	亩产（千克）	比 CK ± %	产量位次	播种期（月/日）	齐穗期（月/日）	成熟期（月/日）	全生育期（天）	有效穗（万/亩）	株高（厘米）	穗长（厘米）	总粒数/穗	实粒数/穗	结实率（%）	千粒重（克）	杂株率（%）	倒伏性	穗颈瘟	纹枯病	综评等级
Y 两优 8188																			
安徽滁州市农科所	689.17	3.50	6	5/6	8/14	9/25	142	18.6	114.1	27.8	196.2	156.6	79.8	24.8	0.0	直	未发	轻	A
安徽黄山市种子站	579.83	4.70	6	5/2	8/10	9/10	131	18.5	109.9	25.6	151.4	132.1	87.3	24.8	1.8	直	未发	未发	B
安徽省农业科学院水稻所	711.33	5.62	3	5/4	8/9	9/14	133	18.0	120.2	25.8	187.5	154.4	82.3	25.7	1.8	直	未发	轻	B
安徽芜湖市种子站	643.00	5.24	4	5/11	8/15	9/20	132	19.2	126.7	27.8	189.6	156.2	82.4	24.8	0.0	直	未发	轻	A
福建建阳市良种场	608.17	1.56	7	5/14	8/15	9/26	135	16.4	125.2	29.0	186.5	156.5	83.9	24.9	0.0	直	未发	轻	C
河南信阳市农业科学院	635.00	7.69	2	4/24	8/3	9/11	140	22.3	122.7	24.2	139.0	116.1	83.5	25.5			未发	轻	A
湖北京山县农业局	632.93	4.66	5	4/27	8/2	9/3	129	19.3	100.2	26.6	142.2	134.8	94.8	25.4	0.2	直	未发	未发	B
湖北宜昌市农业科学院	645.07	13.28	1	4/24	7/31	8/31	129	21.3	111.0	25.5	133.3	118.8	89.1	25.3	1.2	直	未发	轻	A
湖南怀化市农科所	574.00	7.06	3	4/25	8/2	9/3	131	18.4	110.0	27.8	152.3	121.1	79.5	26.5		直	未发	轻	A
湖南岳阳市农科所	622.33	7.86	4	5/12	8/15	9/20	131	14.6	118.8	26.9	190.8	147.8	77.5	25.7	0.0	直	未发	无	A
江苏里下河地区农科所	636.17	7.34	2	5/10	8/14	9/21	134	16.1	121.2	27.3	180.3	161.7	89.7	26.3	0.3	直	未发	轻	A
江苏沿海地区农科所	661.83	6.78	5	5/7	8/14	9/22	138	17.2	121.4	26.6	193.5	159.3	82.3	23.8	0.6	斜	轻	轻	B
江西九江市农科所	625.00	10.10	6	5/14	8/19	9/23	132	17.5	113.1	26.9	165.5	127.0	76.7	27.4	2.0	直	未发	未发	B
江西省农业科学院水稻所	552.33	-2.27	8	5/17	8/18	9/19	125	18.8	109.5	25.4	157.4	124.7	79.2	24.4	0.0	倒	未发	未发	C
中国水稻研究所	611.54	-0.61	9	5/20	8/21	10/5	138	20.0	130.3	27.0	166.7	151.9	91.1	25.6	0.0	伏	未发	轻	C

注：综合评级 A—好，B—较好，C—中等，D——般。

表 11-8-2　长江中下游中籼迟熟 B 组（132411NX-B）区试品种在各试点的产量、生育期及主要农艺经济性状表现

品种名称/试验点	亩产（千克）	比 CK ± %	产量位次	播种期（月/日）	齐穗期（月/日）	成熟期（月/日）	全生育期（天）	有效穗（万/亩）	株高（厘米）	穗长（厘米）	总粒数/穗	实粒数/穗	结实率（%）	千粒重（克）	杂株率（%）	倒伏性	穗颈瘟	纹枯病	综评等级
荃优丝苗																			
安徽滁州市农科所	700.33	5.18	4	5/6	8/16	9/28	145	16.9	118.5	25.8	213.6	188.6	88.3	24.8	1.0	直	未发	轻	A
安徽黄山市种子站	601.50	8.61	2	5/2	8/8	9/10	131	16.2	108.0	24.6	193.1	159.6	82.7	24.4	1.2	直	未发	未发	A
安徽省农业科学院水稻所	703.33	4.43	5	5/4	8/15	9/20	139	17.1	130.3	25.5	197.5	169.4	85.8	24.7	2.4	直	未发	轻	B
安徽芜湖市种子站	630.33	3.16	5	5/11	8/16	9/21	133	17.4	133.1	26.7	208.2	169.9	81.6	24.5	0.8	直	未发	轻	A
福建建阳市良种场	633.33	5.76	4	5/14	8/12	9/23	132	15.9	119.8	28.0	185.1	155.7	84.1	26.2	0.0	直	轻	轻	B
河南信阳市农业科学院	614.83	4.27	7	4/24	7/31	9/6	140	19.9	127.2	24.5	161.8	151.3	93.5	24.7	4.2		未发	轻	B
湖北京山县农业局	643.50	6.41	3	4/27	8/2	9/4	130	23.1	107.3	24.4	149.9	130.8	87.3	24.4	0.6	直	未发	未发	A
湖北宜昌市农业科学院	625.30	9.81	4	4/24	7/31	9/2	131	17.4	122.0	25.0	160.4	134.7	84.0	25.2	2.0	直	未发	轻	A
湖南怀化市农科所	561.00	4.63	8	4/25	8/1	9/2	130	16.7	106.0	24.5	152.4	129.4	84.9	26.7		直	未发	轻	B
湖南岳阳市农科所	622.00	7.80	5	5/12	8/12	9/17	128	14.8	131.5	24.2	200.6	154.6	77.1	24.8	0.0	直	未发	无	B
江苏里下河地区农科所	652.17	10.04	1	5/10	8/17	9/25	138	16.0	131.4	24.9	194.4	175.7	90.4	25.1	0.6	直	未发	轻	A
江苏沿海地区农科所	669.33	7.99	3	5/7	8/19	9/25	141	16.9	120.6	25.8	199.6	165.6	83.0	24.5	1.2	直	轻	轻	A
江西九江市农科所	641.00	12.92	3	5/14	8/17	9/21	130	19.1	111.1	24.5	184.7	126.8	68.7	24.6	3.0	直	未发	未发	B
江西省农业科学院水稻所	598.00	5.81	2	5/17	8/18	9/20	126	19.2	113.9	24.4	174.1	142.3	81.7	25.2	0.0	直	未发	未发	B
中国水稻研究所	628.47	2.14	5	5/20	8/21	10/4	137	20.3	128.7	26.0	180.7	134.6	74.5	22.9	0.8	倒	未发	轻	B

注：综合评级 A—好，B—较好，C—中等，D——般。

表 11-8-3 长江中下游中籼迟熟 B 组（132411NX-B）区试品种在各试点的产量、生育期及主要农艺经济性状表现

品种名称/试验点	亩产（千克）	比 CK ± %	产量位次	播种期（月/日）	齐穗期（月/日）	成熟期（月/日）	全生育期（天）	有效穗（万/亩）	株高（厘米）	穗长（厘米）	总粒数/穗	实粒数/穗	结实率（%）	千粒重（克）	杂株率（%）	倒伏性	穗颈瘟	纹枯病	综评等级
苏优 1165																			
安徽滁州市农科所	687.00	3.18	7	5/6	8/19	9/30	147	16.6	124.9	23.7	256.7	166.1	64.7	27.4	1.0	直	未发	轻	A
安徽黄山市种子站	522.17	-5.72	12	5/2	8/13	9/10	131	14.2	121.8	23.2	192.9	137.1	71.1	27.1	0.0	直	轻	未发	D
安徽省农业科学院水稻所	612.33	-9.08	12	5/4	8/14	9/20	139	14.1	131.5	23.2	206.7	159.4	77.1	27.4	1.3	直	未发	轻	C
安徽芜湖市种子站	620.67	1.58	6	5/11	8/18	9/22	134	16.8	135.9	25.3	215.0	173.5	80.7	24.3	0.0	直	未发	无	A
福建建阳市良种场	613.00	2.37	6	5/14	8/17	9/25	134	13.3	126.9	25.2	187.5	165.5	88.3	27.6	4.6	直	轻	轻	C
河南信阳市农业科学院	618.50	4.89	6	4/24	8/8	9/16	145	16.7	126.7	20.8	171.6	100.1	58.3	27.4			未发	轻	B
湖北京山县农业局	571.58	-5.48	10	4/27	8/10	9/12	138	15.8	100.5	21.8	197.6	141.8	71.8	25.4	0.3	直	未发	未发	B
湖北宜昌市农业科学院	534.55	-6.13	12	4/24	8/5	9/6	135	15.4	122.0	26.0	172.8	125.2	72.5	27.9	2.2	直	未发	轻	D
湖南怀化市农科所	563.17	5.04	6	4/25	8/8	9/6	134	13.9	113.5	25.1	184.7	144.7	78.3	29.1		直	未发	轻	B
湖南岳阳市农科所	568.33	-1.50	12	5/12	8/17	9/22	133	14.5	131.9	24.6	220.9	171.9	77.8	26.2	0.0	直	未发	无	C
江苏里下河地区农科所	630.17	6.33	4	5/10	8/18	9/28	141	14.2	131.6	24.4	185.6	161.1	86.8	27.0	0.9	直	未发	轻	A
江苏沿海地区农科所	673.83	8.71	2	5/7	8/23	10/1	147	16.3	120.0	22.7	192.9	161.1	83.5	25.9	0.3	直	轻	轻	A
江西九江市农科所	611.33	7.69	7	5/14	8/26	9/30	139	15.5	126.3	22.1	148.9	112.1	75.3	28.8		直	未发	未发	C
江西省农业科学院水稻所	508.00	-10.12	12	5/17	8/22	9/23	129	16.9	115.7	24.0	166.7	118.8	71.3	27.8	0.0	直	未发	未发	D
中国水稻研究所	552.27	-10.24	12	5/20	8/30	10/5	138	17.0	127.5	25.9	243.5	172.3	70.8	26.1	0.0	直	未发	轻	D

注：综合评级 A—好，B—较好，C—中等，D——般。

表 11-8-4　长江中下游中籼迟熟 B 组（132411NX-B）区试品种在各试点的产量、生育期及主要农艺经济性状表现

品种名称/试验点	亩产（千克）	比 CK ± %	产量位次	播种期（月/日）	齐穗期（月/日）	成熟期（月/日）	全生育期（天）	有效穗（万/亩）	株高（厘米）	穗长（厘米）	总粒数/穗	实粒数/穗	结实率（%）	千粒重（克）	杂株率（%）	倒伏性	穗颈瘟	纹枯病	综评等级
广两优 808																			
安徽滁州市农科所	724.33	8.79	2	5/6	8/21	9/29	143	15.6	134.5	26.6	226.7	211.1	93.1	27.7	2.0	伏	未发	中	A
安徽黄山市种子站	584.67	5.57	5	5/2	8/9	9/10	131	14.2	117.5	25.4	206.0	165.1	80.1	25.6	1.2	直	未发	未发	B
安徽省农业科学院水稻所	672.50	-0.15	8	5/4	8/18	9/23	142	15.6	137.6	25.7	191.4	154.3	80.6	29.4	1.0	直	未发	轻	C
安徽芜湖市种子站	591.17	-3.25	9	5/11	8/16	9/20	132	15.7	139.3	25.2	192.1	158.7	82.6	27.1	2.5	直	未发	轻	B
福建建阳市良种场	645.00	7.71	3	5/14	8/10	9/20	129	14.1	121.3	25.9	186.8	159.1	85.2	28.7	1.4	直	未发	轻	B
河南信阳市农业科学院	623.83	5.79	5	4/24	7/31	9/7	136	18.7	124.9	23.7	146.0	131.1	89.8	27.3	3.9		未发	轻	B
湖北京山县农业局	618.75	2.32	7	4/27	7/31	9/2	128	19.0	108.7	25.2	184.1	139.8	75.9	27.9	0.4	直	未发	未发	B
湖北宜昌市农业科学院	617.93	8.52	5	4/24	7/29	9/1	130	14.6	121.5	27.0	169.7	148.3	87.4	28.7	3.3	直	未发	中	B
湖南怀化市农科所	521.33	-2.77	11	4/25	7/29	9/1	129	12.5	130.0	26.3	188.3	158.6	84.2	28.5		直	未发	轻	C
湖南岳阳市农科所	606.67	5.14	7	5/12	8/13	9/18	129	16.3	125.0	25.8	233.0	185.0	79.4	29.8	0.0	直	未发	无	B
江苏里下河地区农科所	626.83	5.76	7	5/10	8/14	9/23	136	13.1	131.0	26.6	202.9	179.0	88.2	29.2	0.9	直	未发	轻	B
江苏沿海地区农科所	650.00	4.87	6	5/7	8/21	9/28	144	15.2	129.0	27.6	228.1	175.9	77.1	25.9	0.0	直	轻	轻	B
江西九江市农科所	600.00	5.70	8	5/14	8/16	9/20	129	16.0	124.4	25.5	171.8	137.9	80.3	30.2		直	未发	未发	C
江西省农业科学院水稻所	566.00	0.15	6	5/17	8/18	9/20	126	18.1	122.0	24.7	138.0	117.7	85.3	29.6	0.0	直	未发	未发	B
中国水稻研究所	604.01	-1.83	10	5/20	8/25	10/3	136	18.6	139.4	26.4	204.7	170.6	83.3	25.6	0.0	直	未发	轻	C

注：综合评级 A—好，B—较好，C—中等，D——般。

表 11-8-5 长江中下游中籼迟熟 B 组（132411NX-B）区试品种在各试点的产量、生育期及主要农艺经济性状表现

品种名称/试验点	亩产（千克）	比 CK ±%	产量位次	播种期（月/日）	齐穗期（月/日）	成熟期（月/日）	全生育期（天）	有效穗（万/亩）	株高（厘米）	穗长（厘米）	总粒数/穗	实粒数/穗	结实率（%）	千粒重（克）	杂株率（%）	倒伏性	穗颈瘟	纹枯病	综评等级
内香 7539																			
安徽滁州市农科所	644.00	-3.28	11	5/6	8/18	9/29	146	16.6	124.5	24.9	202.9	167.3	82.4	26.7	0.5	直	未发	轻	B
安徽黄山市种子站	529.17	-4.45	11	5/2	8/9	9/10	131	15.1	110.9	24.0	165.7	143.2	86.4	26.4	1.5	直	未发	未发	D
安徽省农业科学院水稻所	659.17	-2.13	11	5/4	8/14	9/19	138	16.2	127.8	23.8	184.6	150.9	81.7	27.2	0.3	斜	未发	轻	D
安徽芜湖市种子站	564.83	-7.56	11	5/11	8/17	9/23	135	16.3	129.5	24.8	178.5	148.6	83.2	27.0	1.7	直	未发	轻	B
福建建阳市良种场	565.83	-5.51	12	5/14	8/14	9/22	131	15.7	124.2	22.3	177.4	151.3	85.3	24.3	1.0	直	未发	中	D
河南信阳市农业科学院	536.17	-9.07	12	4/24	8/7	9/12	141	20.3	124.4	23.0	150.8	123.2	81.7	27.5		伏	未发	轻	D
湖北京山县农业局	556.95	-7.90	11	4/27	8/5	9/7	133	19.9	96.1	23.0	137.1	128.1	93.4	22.7	1.3	直	未发	未发	C
湖北宜昌市农业科学院	559.33	-1.77	10	4/24	8/1	9/3	132	17.1	116.5	25.6	144.0	119.4	82.9	27.9	2.0	斜	未发	中	C
湖南怀化市农科所	513.33	-4.26	12	4/25	8/4	9/2	130	17.8	115.2	24.8	116.5	106.5	91.4	27.8		直	未发	轻	D
湖南岳阳市农科所	570.67	-1.10	11	5/12	8/16	9/21	132	14.3	123.6	24.4	187.5	151.5	80.8	26.6	0.0	直	未发	无	C
江苏里下河地区农科所	597.50	0.81	10	5/10	8/17	9/27	140	14.7	133.4	23.3	185.8	168.1	90.5	25.9	0.6	倒	未发	轻	C
江苏沿海地区农科所	606.67	-2.12	11	5/7	8/19	9/29	145	15.7	122.4	23.7	186.5	149.4	80.1	25.5	0.3	直	轻	轻	D
江西九江市农科所	559.67	-1.41	12	5/14	8/22	9/27	136	15.3	110.1	23.9	146.9	120.1	81.8	28.9	2.0	直	未发	未发	D
江西省农业科学院水稻所	547.67	-3.10	9	5/17	8/20	9/20	126	19.5	109.1	24.8	144.1	115.9	80.4	27.0	0.0	直	未发	未发	C
中国水稻研究所	620.00	0.76	7	5/20	8/22	10/3	136	15.5	139.2	25.8	198.4	187.3	94.4	28.3	1.2	伏	未发	轻	B

注：综合评级 A—好，B—较好，C—中等，D——般。

表 11－8－6　长江中下游中籼迟熟 B 组（132411NX-B）区试品种在各试点的产量、生育期及主要农艺经济性状表现

品种名称/试验点	亩产（千克）	比 CK ± %	产量位次	播种期（月/日）	齐穗期（月/日）	成熟期（月/日）	全生育期（天）	有效穗（万/亩）	株高（厘米）	穗长（厘米）	总粒数/穗	实粒数/穗	结实率（%）	千粒重（克）	杂株率（%）	倒伏性	穗颈瘟	纹枯病	综评等级
和两优 396																			
安徽滁州市农科所	679.67	2.08	9	5/6	8/19	9/30	147	19.6	99.1	27.2	184.7	149.8	81.1	25.8	1.0	直	未发	轻	A
安徽黄山市种子站	566.00	2.20	7	5/2	8/12	9/11	132	17.5	112.9	24.1	177.0	148.2	83.7	21.7	1.5	直	未发	未发	C
安徽省农业科学院水稻所	663.50	-1.48	9	5/4	8/14	9/20	139	20.3	124.9	25.0	178.2	148.9	83.6	22.1	1.5	直	未发	轻	C
安徽芜湖市种子站	583.17	-4.56	10	5/11	8/17	9/21	133	18.4	126.9	26.3	187.8	154.8	82.4	23.7	3.3	直	未发	无	B
福建建阳市良种场	577.17	-3.62	11	5/14	8/13	9/24	133	15.9	118.9	28.0	193.5	163.4	84.5	23.3	0.0	直	未发	轻	D
河南信阳市农业科学院	596.83	1.21	8	4/24	8/3	9/11	140	24.1	119.9	23.1	135.2	125.4	92.8	21.5			未发	轻	C
湖北京山县农业局	620.85	2.67	6	4/27	8/2	9/4	130	22.9	100.5	24.0	173.5	157.0	90.5	21.3	0.9	直	未发	轻	B
湖北宜昌市农业科学院	595.65	4.60	7	4/24	7/31	9/3	132	21.8	114.0	26.0	151.6	128.3	84.6	21.6	2.4	直	未发	轻	B
湖南怀化市农科所	574.00	7.06	4	4/25	8/2	9/3	131	17.4	104.9	25.4	165.5	152.2	92.0	22.3		直	未发	轻	A
湖南岳阳市农科所	609.33	5.60	6	5/12	8/14	9/19	130	16.6	116.7	26.2	198.2	156.2	78.8	24.5	0.0	直	未发	无	C
江苏里下河地区农科所	623.33	5.17	8	5/10	8/17	9/25	138	14.1	121.2	25.1	211.7	177.9	84.0	23.2	0.6	直	未发	轻	B
江苏沿海地区农科所	639.33	3.15	7	5/7	8/20	9/26	142	15.9	117.6	28.2	220.3	186.1	84.5	21.4	0.0	直	轻	轻	B
江西九江市农科所	594.33	4.70	10	5/14	8/18	9/22	131	19.1	105.5	24.3	170.2	139.8	82.1	23.9		直	未发	未发	C
江西省农业科学院水稻所	567.50	0.41	4	5/17	8/19	9/22	128	21.3	105.1	24.0	159.5	132.9	83.3	21.3	0.0	直	未发	未发	B
中国水稻研究所	636.00	3.36	4	5/20	8/23	10/6	139	20.7	130.2	26.6	169.1	138.3	81.8	20.4	0.0	直	未发	轻	B

注：综合评级 A—好，B—较好，C—中等，D——般。

表 11-8-7　长江中下游中籼迟熟 B 组（132411NX-B）区试品种在各试点的产量、生育期及主要农艺经济性状表现

品种名称/试验点	亩产（千克）	比 CK ± %	产量位次	播种期（月/日）	齐穗期（月/日）	成熟期（月/日）	全生育期（天）	有效穗（万/亩）	株高（厘米）	穗长（厘米）	总粒数/穗	实粒数/穗	结实率（%）	千粒重（克）	杂株率（%）	倒伏性	穗颈瘟	纹枯病	综评等级
丰两优四号（CK）																			
安徽滁州市农科所	665.83	0.00	10	5/6	8/20	9/27	144	16.8	125.1	26.3	237.5	191.9	80.8	26.7	1.3	伏	未发	中	A
安徽黄山市种子站	553.83	0.00	10	5/2	8/12	9/10	131	15.1	121.0	24.1	176.2	145.1	82.3	27.8	0.0	直	未发	未发	C
安徽省农业科学院水稻所	673.50	0.00	7	5/4	8/20	9/25	144	16.5	131.1	27.3	193.5	147.9	76.4	28.5	0.8	直	未发	轻	B
安徽芜湖市种子站	611.00	0.00	7	5/11	8/16	9/21	133	18.1	138.7	26.0	182.6	152.1	83.3	26.2	0.8	直	未发	无	B
福建建阳市良种场	598.83	0.00	8	5/14	8/11	9/19	128	14.4	125.4	25.3	172.0	149.3	86.8	29.1	0.0	直	未发	中	C
河南信阳市农业科学院	589.67	0.00	9	4/24	8/2	9/10	139	17.4	125.3	26.5	144.8	126.0	87.0	26.6			未发	轻	C
湖北京山县农业局	604.73	0.00	8	4/27	8/4	9/5	131	15.7	105.7	25.9	191.6	154.9	80.8	28.2	0.3	直	未发	未发	C
湖北宜昌市农业科学院	569.43	0.00	9	4/24	7/28	9/3	132	16.5	122.5	26.4	169.7	126.4	74.5	27.1	1.0	直	未发	轻	C
湖南怀化市农科所	536.17	0.00	9	4/25	8/2	9/3	131	14.1	122.0	25.8	157.1	134.1	85.4	29.4		直	未发	轻	C
湖南岳阳市农科所	577.00	0.00	9	5/12	8/14	9/19	130	15.5	126.3	25.6	185.9	142.9	76.9	27.8	0.0	直	未发	无	B
江苏里下河地区农科所	592.67	0.00	11	5/10	8/16	9/25	138	13.3	143.4	25.2	190.5	163.2	85.7	28.1	0.6	直	未发	轻	C
江苏沿海地区农科所	619.83	0.00	9	5/7	8/19	9/26	142	14.8	129.2	25.1	202.5	166.5	82.2	27.0	0.3	直	轻	轻	C
江西九江市农科所	567.67	0.00	11	5/14	8/16	9/20	129	15.7	119.4	25.2	196.8	155.8	79.2	26.9		直	未发	未发	C
江西省农业科学院水稻所	565.17	0.00	7	5/17	8/19	9/20	126	15.9	115.0	24.3	172.2	144.4	83.9	27.3	0.0	直	未发	未发	B
中国水稻研究所	615.30	0.00	8	5/20	8/22	10/5	138	18.1	137.2	25.3	178.6	165.9	92.9	28.4	0.0	伏	未发	轻	B

注：综合评级 A—好，B—较好，C—中等，D——般。

表 11－8－8　长江中下游中籼迟熟 B 组（132411NX-B）区试品种在各试点的产量、生育期及主要农艺经济性状表现

品种名称/试验点	亩产（千克）	比 CK ±%	产量位次	播种期（月/日）	齐穗期（月/日）	成熟期（月/日）	全生育期（天）	有效穗（万/亩）	株高（厘米）	穗长（厘米）	总粒数/穗	实粒数/穗	结实率（%）	千粒重（克）	杂株率（%）	倒伏性	穗颈瘟	纹枯病	综评等级
建两优 117																			
安徽滁州市农科所	686.67	3.13	8	5/6	8/20	9/29	146	16.9	118.5	27.2	197.3	163.3	82.8	27.6	0.0	直	未发	轻	A
安徽黄山市种子站	596.00	7.61	3	5/2	8/9	9/10	131	17.6	116.0	25.0	163.6	123.9	75.7	27.6	1.8	直	未发	未发	B
安徽省农业科学院水稻所	708.50	5.20	4	5/4	8/13	9/20	139	17.7	128.7	24.3	184.8	141.2	76.4	29.3	2.8	直	未发	轻	B
安徽芜湖市种子站	655.50	7.28	3	5/11	8/17	9/23	135	19.5	132.1	25.9	195.6	164.3	84.0	23.7	0.0	直	未发	中	A
福建建阳市良种场	632.67	5.65	5	5/14	8/17	9/28	137	15.3	124.7	27.7	185.7	150.2	80.9	28.1	0.0	直	未发	轻	B
河南信阳市农业科学院	579.50	－1.72	11	4/24	8/9	9/16	145	20.7	120.0	24.8	149.3	114.5	76.7	27.4			未发	轻	B
湖北京山县农业局	585.08	－3.25	9	4/27	8/4	9/8	134	16.4	102.7	25.0	162.4	140.8	86.7	26.0	0.6	直	未发	未发	C
湖北宜昌市农业科学院	598.05	5.03	6	4/24	8/2	9/4	133	17.4	115.0	27.1	161.3	125.9	78.1	28.6	0.8	直	未发	轻	B
湖南怀化市农科所	571.67	6.62	5	4/25	8/3	9/3	131	15.2	115.4	27.5	166.6	131.9	79.2	29.5		直	未发	轻	B
湖南岳阳市农科所	606.33	5.08	8	5/12	8/18	9/23	134	14.8	124.6	26.4	188.0	139.5	74.2	27.6	0.0	直	未发	无	B
江苏里下河地区农科所	619.17	4.47	9	5/10	8/17	9/25	138	15.5	128.8	28.1	170.9	133.1	77.9	28.4	0.6	伏	未发	轻	B
江苏沿海地区农科所	634.67	2.39	8	5/7	8/18	9/25	141	18.5	118.6	27.9	203.8	148.4	72.8	25.2	0.9	直	轻	轻	C
江西九江市农科所	595.33	4.87	9	5/14	8/22	9/26	135	16.9	116.2	24.7	149.6	112.2	75.0	30.5		直	未发	未发	C
江西省农业科学院水稻所	526.33	－6.87	11	5/17	8/19	9/19	125	19.4	109.2	25.2	142.6	106.0	74.3	29.3	1.6	直	未发	未发	C
中国水稻研究所	626.32	1.79	6	5/20	8/24	10/5	138	19.2	133.6	27.1	203.1	142.8	70.3	28.0	0.0	直	未发	轻	B

注：综合评级 A—好，B—较好，C—中等，D——般。

表 11-8-9 长江中下游中籼迟熟 B 组（132411NX-B）区试品种在各试点的产量、生育期及主要农艺经济性状表现

品种名称/试验点	亩产（千克）	比 CK ± %	产量位次	播种期（月/日）	齐穗期（月/日）	成熟期（月/日）	全生育期（天）	有效穗（万/亩）	株高（厘米）	穗长（厘米）	总粒数/穗	实粒数/穗	结实率（%）	千粒重（克）	杂株率（%）	倒伏性	穗颈瘟	纹枯病	综评等级
深两优 136																			
安徽滁州市农科所	698.83	4.96	5	5/6	8/21	9/30	147	18.6	110.5	26.2	184.2	164.3	89.2	24.3	0.5	直	未发	轻	A
安徽黄山市种子站	561.33	1.35	8	5/2	8/14	9/10	131	15.6	108.3	23.1	218.9	165.3	75.5	22.0	0.0	直	轻	未发	C
安徽省农业科学院水稻所	702.83	4.36	6	5/4	8/19	9/24	143	19.1	128.1	23.9	156.8	126.6	80.7	30.0	1.0	直	未发	轻	B
安徽芜湖市种子站	664.50	8.76	1	5/11	8/18	9/22	134	17.9	125.8	25.6	216.6	185.4	85.6	23.1	0.8	直	未发	无	A
福建建阳市良种场	649.67	8.49	2	5/14	8/12	9/19	128	16.1	108.1	25.3	189.2	165.9	87.7	24.7	7.3	直	未发	轻	A
河南信阳市农业科学院	646.83	9.69	1	4/24	8/8	9/14	143	20.8	112.9	22.9	169.1	133.5	78.9	23.0	0.9		未发	轻	A
湖北京山县农业局	655.13	8.33	1	4/27	8/6	9/10	136	19.5	100.3	24.6	193.8	168.6	87.0	22.3	0.5	直	未发	未发	A
湖北宜昌市农业科学院	637.95	12.03	2	4/24	8/3	9/4	133	22.0	109.5	24.6	145.2	129.1	88.9	22.6	1.4	直	未发	轻	A
湖南怀化市农科所	606.67	13.15	2	4/25	8/4	9/4	132	16.6	110.0	24.6	181.5	160.6	88.5	23.4		直	未发	轻	A
湖南岳阳市农科所	631.33	9.42	2	5/12	8/17	9/22	133	16.0	116.8	25.7	232.6	198.6	85.4	24.2	0.0	直	未发	无	A
江苏里下河地区农科所	627.33	5.85	6	5/10	8/19	9/27	140	17.4	122.8	25.7	170.1	151.9	89.3	22.9	0.6	直	未发	轻	B
江苏沿海地区农科所	678.00	9.38	1	5/7	8/23	10/1	147	18.2	113.2	27.1	221.4	162.6	73.4	22.3	0.3	直	轻	轻	A
江西九江市农科所	646.00	13.80	2	5/14	8/18	9/22	131	18.4	105.0	23.3	160.8	135.3	84.1	23.9		直	未发	未发	A
江西省农业科学院水稻所	567.17	0.35	5	5/17	8/21	9/22	128	18.9	101.3	24.2	171.5	145.1	84.6	21.6	0.0	直	未发	未发	B
中国水稻研究所	653.87	6.27	2	5/20	8/26	10/6	139	20.2	121.7	26.6	205.0	162.8	79.4	21.2	0.0	直	未发	轻	A

注：综合评级 A—好，B—较好，C—中等，D——般。

表 11-8-10　长江中下游中籼迟熟 B 组（132411NX-B）区试品种在各试点的产量、生育期及主要农艺经济性状表现

品种名称/试验点	亩产（千克）	比 CK ±%	产量位次	播种期（月/日）	齐穗期（月/日）	成熟期（月/日）	全生育期（天）	有效穗（万/亩）	株高（厘米）	穗长（厘米）	总粒数/穗	实粒数/穗	结实率（%）	千粒重（克）	杂株率（%）	倒伏性	穗颈瘟	纹枯病	综评等级
泸优华占																			
安徽滁州市农科所	741.67	11.39	1	5/6	8/19	10/4	151	18.6	125.2	24.9	244.3	188.9	77.3	23.4	1.0	伏	未发	中	A
安徽黄山市种子站	604.17	9.09	1	5/2	8/9	9/10	131	16.8	111.6	23.2	196.1	168.0	85.7	22.0	0.9	直	未发	未发	A
安徽省农业科学院水稻所	732.67	8.78	1	5/4	8/12	9/18	137	19.4	121.2	24.9	204.8	169.2	82.6	22.7	0.3	倒	未发	轻	A
安徽芜湖市种子站	604.50	-1.06	8	5/11	8/18	9/25	137	21.6	128.5	24.3	191.2	144.0	75.3	22.6	0.0	直	未发	轻	B
福建建阳市良种场	584.17	-2.45	9	5/14	8/12	9/22	131	16.9	117.5	25.1	187.6	152.5	81.3	23.5	0.0	直	未发	轻	D
河南信阳市农业科学院	628.17	6.53	4	4/24	8/4	9/12	141	23.5	117.8	23.4	167.6	126.0	75.2	22.1			未发	轻	B
湖北京山县农业局	646.43	6.89	2	4/27	8/2	9/4	130	17.6	100.9	25.8	223.6	183.8	82.2	21.7	0.5	直	未发	未发	A
湖北宜昌市农业科学院	633.57	11.26	3	4/24	7/31	9/3	132	20.7	118.0	25.0	166.5	135.4	81.3	23.0	3.1	斜	未发	中	A
湖南怀化市农科所	623.17	16.23	1	4/25	8/2	9/4	132	19.8	121.5	26.0	168.0	135.1	80.4	23.6		直	未发	轻	A
湖南岳阳市农科所	626.50	8.58	3	5/12	8/14	9/19	130	14.8	125.5	25.5	203.2	160.2	78.8	23.8	0.0	直	未发	无	A
江苏里下河地区农科所	628.83	6.10	5	5/10	8/14	9/24	137	17.2	120.6	24.3	201.6	184.1	91.3	22.2	0.6	倒	未发	轻	B
江苏沿海地区农科所	612.67	-1.16	10	5/7	8/17	9/24	140	17.8	117.0	25.1	226.9	164.2	72.4	22.2	1.5	斜	轻	轻	C
江西九江市农科所	654.67	15.33	1	5/14	8/21	9/25	134	22.7	110.1	24.0	202.7	139.7	68.9	24.8		直	未发	未发	A
江西省农业科学院水稻所	640.00	13.24	1	5/17	8/19	9/20	126	22.9	105.2	23.0	158.8	129.5	81.5	22.6	1.2	斜	未发	未发	A
中国水稻研究所	604.01	-1.83	11	5/20	8/22	10/5	138	17.0	131.6	30.6	268.3	221.5	82.5	23.1	3.2	直	未发	轻	C

注：综合评级 A—好，B—较好，C—中等，D——一般。

表 11－8－11　长江中下游中籼迟熟 B 组（132411NX-B）区试品种在各试点的产量、生育期及主要农艺经济性状表现

品种名称/试验点	亩产（千克）	比 CK ± %	产量位次	播种期（月/日）	齐穗期（月/日）	成熟期（月/日）	全生育期（天）	有效穗（万/亩）	株高（厘米）	穗长（厘米）	总粒数/穗	实粒数/穗	结实率（%）	千粒重（克）	杂株率（%）	倒伏性	穗颈瘟	纹枯病	综评等级
Y 两优 1998																			
安徽滁州市农科所	704.17	5.76	3	5/6	8/18	9/30	147	17.8	122.4	27.7	231.0	174.4	75.5	24.7	1.5	直	未发	轻	A
安徽黄山市种子站	589.50	6.44	4	5/2	8/10	9/10	131	15.6	122.9	27.2	196.2	163.6	83.4	23.3	1.2	直	轻	未发	B
安徽省农业科学院水稻所	730.50	8.46	2	5/4	8/15	9/21	140	17.8	138.1	28.3	196.7	165.1	83.9	24.9	3.6	直	未发	轻	A
安徽芜湖市种子站	661.33	8.24	2	5/11	8/17	9/25	137	17.8	139.5	29.9	229.1	176.4	77.0	23.8	2.5	直	未发	轻	A
福建建阳市良种场	652.17	8.91	1	5/14	8/11	9/26	135	14.9	129.1	27.3	195.9	166.8	85.1	27.1	0.0	直	未发	轻	A
河南信阳市农业科学院	630.00	6.84	3	4/24	8/1	9/11	140	16.7	129.0	27.3	186.0	167.7	90.2	23.9	2.9		未发	轻	B
湖北京山县农业局	634.13	4.86	4	4/27	8/2	9/4	130	17.9	106.4	27.6	177.5	155.8	87.8	24.3	2.2	直	未发	未发	B
湖北宜昌市农业科学院	588.73	3.39	8	4/24	8/2	9/4	133	16.6	123.0	26.7	171.3	148.3	86.6	24.5	1.8	直	未发	轻	C
湖南怀化市农科所	562.50	4.91	7	4/25	8/5	9/6	134	18.4	122.3	28.3	158.0	128.2	81.1	24.5		直	未发	轻	B
湖南岳阳市农科所	635.67	10.17	1	5/12	8/16	9/21	132	14.9	135.0	27.6	220.5	174.5	79.1	24.8	0.0	直	未发	无	A
江苏里下河地区农科所	630.83	6.44	3	5/10	8/16	9/26	139	13.7	132.8	29.2	242.3	207.0	85.4	24.6	0.6	倒	未发	轻	A
江苏沿海地区农科所	664.83	7.26	4	5/7	8/18	9/25	141	15.5	133.2	28.8	247.3	186.5	75.4	23.3	0.6	直	轻	轻	A
江西九江市农科所	637.00	12.21	4	5/14	8/19	9/23	132	16.2	122.5	26.4	192.5	141.4	73.5	24.0	1.0	直	未发	未发	B
江西省农业科学院水稻所	544.00	－3.75	10	5/17	8/17	9/20	126	16.6	118.5	27.8	175.4	153.6	87.6	23.0	0.0	直	未发	未发	C
中国水稻研究所	649.17	5.50	3	5/20	8/24	10/5	138	22.0	126.3	25.9	198.7	139.1	70.0	21.5	0.8	倒	未发	轻	A

注：综合评级 A—好，B—较好，C—中等，D——般。

表 11－8－12　长江中下游中籼迟熟 B 组（132411NX-B）区试品种在各试点的产量、生育期及主要农艺经济性状表现

品种名称/试验点	亩产（千克）	比 CK±%	产量位次	播种期（月/日）	齐穗期（月/日）	成熟期（月/日）	全生育期（天）	有效穗（万/亩）	株高（厘米）	穗长（厘米）	总粒数/穗	实粒数/穗	结实率（%）	千粒重（克）	杂株率（%）	倒伏性	穗颈瘟	纹枯病	综评等级
赣优 9141																			
安徽滁州市农科所	627.83	－5.71	12	5/6	8/16	9/28	145	17.4	134.5	24.3	198.0	140.0	70.7	28.3	2.3	直	未发	轻	B
安徽黄山市种子站	560.00	1.11	9	5/2	8/11	9/11	132	12.9	126.4	23.1	166.9	142.7	85.5	30.7	0.9	直	未发	未发	C
安徽省农业科学院水稻所	661.83	－1.73	10	5/4	8/13	9/20	139	14.4	140.8	25.9	205.7	156.1	75.9	30.2	1.0	直	未发	轻	C
安徽芜湖市种子站	549.17	－10.12	12	5/11	8/15	9/18	130	15.6	141.3	24.6	169.8	135.2	79.6	29.6	0.0	直	未发	轻	C
福建建阳市良种场	581.50	－2.89	10	5/14	8/12	9/27	136	13.4	132.6	25.8	171.7	144.8	84.3	30.7	0.0	直	未发	轻	D
河南信阳市农业科学院	588.83	－0.14	10	4/24	7/31	9/10	139	15.5	134.3	21.0	132.2	112.6	85.2	29.7			未发	轻	C
湖北京山县农业局	514.05	－15.00	12	4/27	8/3	9/5	131	16.6	117.8	24.4	161.3	115.8	71.8	29.1	1.1	直	未发	未发	D
湖北宜昌市农业科学院	551.70	－3.11	11	4/24	7/30	9/3	132	15.2	129.0	25.0	173.5	120.5	69.5	29.3	3.9	直	未发	轻	D
湖南怀化市农科所	526.33	－1.83	10	4/25	8/4	9/7	135	10.4	123.7	25.2	211.3	182.1	86.2	30.6		直	未发	轻	C
湖南岳阳市农科所	572.33	－0.81	10	5/12	8/15	9/20	131	14.6	141.0	24.9	216.6	168.6	77.8	30.8	0.0	直	未发	无	C
江苏里下河地区农科所	591.17	－0.25	12	5/10	8/15	9/26	139	11.3	142.4	24.5	222.7	166.9	74.9	31.5	0.6	直	未发	轻	D
江苏沿海地区农科所	575.83	－7.10	12	5/7	8/19	9/27	143	14.5	139.8	25.6	189.4	142.6	75.3	28.6	0.0	直	轻	轻	D
江西九江市农科所	631.00	11.16	5	5/14	8/16	9/21	130	14.3	129.1	23.9	143.3	129.4	90.3	31.5	2.0	直	未发	未发	B
江西省农业科学院水稻所	576.00	1.92	3	5/17	8/19	9/22	128	16.0	123.6	24.3	181.9	141.9	78.0	31.9	0.0	直	未发	未发	B
中国水稻研究所	669.87	8.87	1	5/20	8/20	10/3	136	14.7	141.3	25.3	208.3	171.0	82.1	31.9	0.0	直	未发	轻	A

注：综合评级 A—好，B—较好，C—中等，D——般。

表 11－9　长江中下游中籼迟熟 B 组生产试验（132411NX-B-S）品种在各试验点的产量、生育期、主要特征、田间抗性表现

品种名称/试验点	亩产（千克）	比 CK ±%	播种期（月/日）	齐穗期（月/日）	成熟期（月/日）	全生育期(天)	耐寒性	整齐度	杂株率（%）	株型	叶色	叶姿	长势	熟期转色	倒伏性	落粒性	叶瘟	穗颈瘟	纹枯病
Y 两优 1928																			
安徽合肥丰乐种业股份公司	566.35	3.29	5/10	8/19	9/20	133	未发	整齐	0.0	适中	浓绿	挺直	繁茂	中	直	中	未发	未发	未发
江西抚州市农科所	638.86	5.72	5/13	8/16	9/21	131	未发	整齐	无	适中	浓绿	挺直	繁茂	好	直		未发	未发	轻
湖南石门县水稻原种场	678.00	-0.88	4/25	8/5	9/2	129	未发	整齐	无	较紧	绿	挺直	繁茂	好	直	中	未发	未发	未发
湖北襄阳市农业科学院	628.84	14.11	4/19	8/9	9/13	147	未遇	一般	1.5	紧束	绿	中等	繁茂	好	直	中	未发	未发	轻
湖北赤壁市种子局	585.60	3.28	4/25	8/2	9/5	133	未发	一般	2.1	紧束	浓绿	挺直	一般	好	直	中	无	无	轻
福建建阳市种子站	676.38	3.36	5/18	8/27	10/3	138	未发	整齐	0.0	紧束	浓绿	挺直	一般	好	直	中	无	无	无
浙江临安市种子站	616.80	4.08	5/31	9/4	10/6	128	未发	整齐	0.0	紧凑	浓绿	挺直	繁茂	好	直	中	未发	未发	轻
浙江天台县种子站	691.07	14.91	5/13	8/18	10/4	144	未发	整齐	0.0	紧凑	浓绿	挺直	繁茂	中	直	中	未发	未发	轻
江苏里下河地区农科所	635.80	9.81	5/10	8/19	9/26	139	强	中等	0.3	适中	浓绿	中等	繁茂	好	直	易	未发	未发	轻
丰两优四号（CK）																			
安徽合肥丰乐种业股份公司	548.33	0.00	5/10	8/15	9/18	131	未发	整齐	0.0	适中	绿	挺直	繁茂	好	直	中	未发	未发	轻
江西抚州市农科所	604.28	0.00	5/13	8/9	9/15	125	未发	整齐	无	适中	绿	挺直	一般	好	直		未发	未发	轻
湖南石门县水稻原种场	684.00	0.00	4/25	7/30	8/28	124	未发	整齐	无	紧凑	绿	挺直	繁茂	好	直	中	未发	未发	未发
湖北襄阳市农业科学院	551.10	0.00	4/19	8/1	9/9	143	未遇	整齐	1.6	适中	绿	挺直	繁茂	好	伏	中	未发	未发	中
湖北赤壁市种子局	567.00	0.00	4/25	7/27	8/30	127	未发	整齐	2.6	适中	浓绿	一般	一般	中	直	易	轻	中	轻
福建建阳市种子站	657.50	0.00	5/18	8/20	9/29	134	未发	整齐	0.0	适中	绿	挺直	繁茂	中	直	中	轻	轻	轻
浙江临安市种子站	592.60	0.00	5/31	8/25	10/8	130	未发	整齐	0.0	松散	淡绿	中等	繁茂	中	直	中	未发	未发	轻
浙江天台县种子站	601.39	0.00	5/13	8/12	9/27	137	未发	不齐	0.0	紧凑	浅绿	中等	繁茂	好	伏	中	未发	未发	轻
江苏里下河地区农科所	579.00	0.00	5/10	8/16	9/26	139	强	中等	0.6	松散	绿	中等	繁茂	中	伏	易	未发	未发	轻

第十二章　2013年长江中下游中籼迟熟C组国家水稻品种试验汇总报告

一、试验概况

（一）试验目的

鉴定评价我国南方稻区新选育和引进的水稻新品种（组合，下同）的丰产性、稳产性、适应性、抗性、米质及其他重要性状表现，为国家水稻品种审定提供科学依据。

（二）参试品种

区试品种12个，两优116、深两优9310、深两优118、广占63-2S/HR1128和C两优513为续试品种，其他为新参试品种，以丰两优四号（CK）为对照；本组2013年度无生产试验品种。品种名称、类型、亲本组合、选育/供种单位见表12-1。

（三）承试单位

区试点15个，生产试验点9个，分布在安徽、福建、河南、湖北、湖南、江苏、江西和浙江8个省。承试单位、试验地点、经纬度、海拔高度、试验负责人及执行人见表12-2。

（四）试验设计、栽培管理与观察记载

各试验点均按《2013年南方稻区国家水稻品种试验实施方案》及《农作物品种区域试验技术规范　水稻》进行试验。

区试采用完全随机区组排列，3次重复，小区面积0.02亩。生产试验采用大区随机排列，不设重复，大区面积0.5亩。

分区试、生产试验，同组试验所有品种同期播种、移栽，施肥水平中等偏上，其他栽培管理措施与当地大田生产相同。

观察记载项目与标准按《农作物品种区域试验技术规范　水稻》以及《国家水稻品种试验观察记载项目、方法及标准》《南方稻区国家水稻品种区试及生产试验记载表》等要求执行。

（五）特性鉴定

抗性鉴定：浙江省农业科学院植保所、湖南省农业科学院植保所、湖北宜昌市农科所、安徽省农业科学院植保所、福建上杭县茶地乡农技站和江西井冈山垦殖场石市口分场负责稻瘟病抗性鉴定。湖南省农业科学院水稻所负责白叶枯病抗性鉴定。鉴定采用人工接菌与病区自然诱发相结合。中国水稻研究所稻作发展中心负责稻飞虱抗性鉴定。鉴定结果由浙江省农业科学院植保所负责汇总。华中农业大学植科院负责生产试验品种的耐热性鉴定。鉴定种子均由中国水稻研究所试验点统一提供。

米质分析：由安徽省种子站、河南信阳市农科所和湖北京山县农业局试验点分别单独种植生产提供样品，农业部稻米及制品质量监督检验测试中心负责检测分析。

参试品种的特异性及续试品种年度间的一致性鉴定：由中国水稻研究所进行DNA指纹鉴定。

（六）统计分析

按照《农作物品种区域试验技术规范　水稻》等有关试验质量评价标准，对各试验（鉴定）点试验（鉴定）结果的可靠性、完整性、准确性、可比性以及对照品种表现情况等进行分析评估，确

保汇总质量。2013 年区试各试验点试验结果正常，全部列入汇总。

产量联合方差分析采用混合模型，品种间产量差异多重比较采用 Duncan's 新复极差法；参试品种的丰产性主要以品种在区试和生产试验中相对于对照品种产量及组平均产量衡量；参试品种的适应性主要以品种在区试中比对照品种增产的试验点比例衡量；参试品种的稳产性主要以品种在年度间区试中相对于对照品种产量的差异变化程度衡量。

参试品种的生育期主要以全生育期比对照品种长短的天数衡量。

参试品种的抗性以指定的鉴定单位的鉴定结果为主要依据，对稻瘟病抗性的主要评价指标为综合指数和穗瘟损失率最高级，对其他病虫害抗性的主要评价指标为最高级。

参试品种的米质检测、评价按照国家《优质稻谷》标准，分优质 1 级、优质 2 级、优质 3 级，未达到优质级的品种米质均为等外级。

二、结果分析

（一）产量

丰两优四号（CK）产量水平偏低、居第 12 位。2013 年区试品种中，依据比组平均产量的增减产幅度，产量较高的品种有 C 两优华占、两优 116、两优 671，产量居前 3 位，平均亩产 632.37 ~ 643.87 千克，比丰两优四号（CK）增产 5.81% ~7.73%；产量一般的品种有深两优 118、两优 2388 和广两优 800，平均亩产 582.10 ~602.21 千克，较丰两优四号（CK）有小幅度的增减产；其他品种产量中等，平均亩产 609.68 ~627.91 千克，比丰两优四号（CK）增产 2.01% ~5.06%。品种产量、比对照及组平均增减产百分率、品种间产量差异显著性、比对照增产试验点比例等汇总结果见表 12 -3。

（二）生育期

2013 年区试品种中，深两优 118 熟期较早，全生育期比丰两优四号（CK）短 4 天；其他品种全生育期 133.3 ~136.0 天，与丰两优四号（CK）相当、熟期适宜。品种全生育期及比对照长短天数见表 12 -3。

（三）主要农艺经济性状

品种分蘖率、有效穗数、成穗率、株高、每穗总粒数、每穗实粒数、结实率、千粒重等主要农艺经济性状汇总结果见表 12 -3。

（四）抗性

2013 年区试品种中，所有品种的稻瘟病综合指数均未超过 6.5 级。依据穗瘟损失率最高级，C 两优 513、C 两优华占、珞优 9348、两优 671 和 Y 两优 8220 为中感，其他品种为感或高感。

品种在各稻瘟病抗性鉴定点的鉴定结果见表 12 -4，品种稻瘟病抗性鉴定汇总结果、白叶枯病鉴定结果及褐飞虱鉴定结果见表 12 -5。

（五）米质

依据国家《优质稻谷》标准，两优 2388 和两优 671 的米质达国标优质 3 级，其他品种均为等外级，米质中等或一般。品种糙米率、整精米率、粒长、长宽比、垩白粒率、垩白度、胶稠度、直链淀粉等米质性状表现见表 12 -6。

（六）品种在各试验点表现

区试在各试验点的产量、生育期、主要农艺经济性状、田间抗性表现等见表 12 -7 -1 至表 12 -7 -13。

三、品种评价

（一）续试品种

1. 两优116

2012年初试平均亩产631.24千克，比丰两优四号（CK）增产5.04%，达极显著水平；2013年续试平均亩产634.99千克，比丰两优四号（CK）增产6.25%，达极显著水平；两年区试平均亩产633.11千克，比丰两优四号（CK）增产5.64%，增产点比例80.0%。全生育期两年区试平均134.9天，比丰两优四号（CK）早熟0.4天。主要农艺性状两年区试综合表现：每亩有效穗数16.9万穗，株高113.6厘米，穗长25.7厘米，每穗总粒数184.7粒，结实率86.7%，千粒重25.1克。抗性两年综合表现：稻瘟病综合指数3.8级，穗瘟损失率最高级7级；白叶枯病平均级4级，最高级5级；褐飞虱平均级8级，最高级9级。米质主要指标两年综合表现：整精米率45.3%，长宽比3.2，垩白粒率25%，垩白度2.9%，胶稠度51毫米，直链淀粉含量19.9%。

2013年国家水稻品种试验年会审议意见：2014年进行生产试验。

2. 广占63-2S/HR1128

2012年初试平均亩产626.83千克，比丰两优四号（CK）增产4.31%，达极显著水平；2013年续试平均亩产627.91千克，比丰两优四号（CK）增产5.06%，达极显著水平；两年区试平均亩产627.37千克，比丰两优四号（CK）增产4.68%，增产点比例80.0%。全生育期两年区试平均135.4天，比丰两优四号（CK）迟熟0.1天。主要农艺性状两年区试综合表现：每亩有效穗数14.4万穗，株高125.8厘米，穗长25.2厘米，每穗总粒数210.9粒，结实率78.4%，千粒重28.7克。抗性两年综合表现：稻瘟病综合指数4.8级，穗瘟损失率最高级7级；白叶枯病平均级5级，最高级5级；褐飞虱平均级7级，最高级7级。米质主要指标两年综合表现：整精米率51.1%，长宽比3.2，垩白粒率45%，垩白度6.3%，胶稠度76毫米，直链淀粉含量15.5%。

2013年国家水稻品种试验年会审议意见：2014年进行生产试验。

3. 深两优9310

2012年初试平均亩产625.96千克，比丰两优四号（CK）增产4.16%，达极显著水平；2013年续试平均亩产625.27千克，比丰两优四号（CK）增产4.62%，达极显著水平；两年区试平均亩产625.61千克，比丰两优四号（CK）增产4.39%，增产点比例80.0%。全生育期两年区试平均136.7天，比丰两优四号（CK）迟熟1.4天。主要农艺性状两年区试综合表现：每亩有效穗数17.3万穗，株高118.6厘米，穗长25.5厘米，每穗总粒数179.5粒，结实率83.8%，千粒重25.9克。抗性两年综合表现：稻瘟病综合指数5.5级，穗瘟损失率最高级9级；白叶枯病平均级4级，最高级5级；褐飞虱平均级8级，最高级9级。米质主要指标两年综合表现：整精米率58.3%，长宽比3.0，垩白粒率32%，垩白度4.9%，胶稠度70毫米，直链淀粉含量13.8%。

2013年国家水稻品种试验年会审议意见：2014年进行生产试验。

4. C两优513

2012年初试平均亩产625.91千克，比丰两优四号（CK）增产4.16%，达极显著水平；2013年续试平均亩产624.34千克，比丰两优四号（CK）增产4.46%，达极显著水平；两年区试平均亩产625.13千克，比丰两优四号（CK）增产4.31%，增产点比例80.0%。全生育期两年区试平均132.7天，比丰两优四号（CK）早熟2.6天。主要农艺性状两年区试综合表现：每亩有效穗数18.9万穗，株高114.9厘米，穗长25.2厘米，每穗总粒数197.8粒，结实率80.7%，千粒重22.4克。抗性两年综合表现：稻瘟病综合指数2.9级，穗瘟损失率最高级5级；白叶枯病平均级4级，最高级5级；褐飞虱平均级9级，最高级9级。米质主要指标两年综合表现：整精米率60.5%，长宽比3.3，垩白粒率14%，垩白度1.9%，胶稠度83毫米，直链淀粉含量12.9%。

2013年国家水稻品种试验年会审议意见：2014年进行生产试验。

5. 深两优118

2012年初试平均亩产619.60千克，比丰两优四号（CK）增产3.11%，达极显著水平；2013年续试平均亩产602.21千克，比丰两优四号（CK）增产0.76%，未达显著水平；两年区试平均亩产610.91千克，比丰两优四号（CK）增产1.94%，增产点比例63.3%。全生育期两年区试平均131.3天，比丰两优四号（CK）早熟4.0天。主要农艺性状两年区试综合表现：每亩有效穗数17.3万穗，株高118.6厘米，穗长25.2厘米，每穗总粒数172.3粒，结实率84.0%，千粒重26.4克。抗性两年综合表现：稻瘟病综合指数4.7级，穗瘟损失率最高级9级；白叶枯病平均级4级，最高级5级；褐飞虱平均级5级，最高级5级。米质主要指标两年综合表现：整精米率43.6%，长宽比3.4，垩白粒率58%，垩白度10.3%，胶稠度69毫米，直链淀粉含量20.3%。

2013年国家水稻品种试验年会审议意见：终止试验。

（二）初试品种

1. C两优华占

2013年初试平均亩产643.87千克，比丰两优四号（CK）增产7.73%，达极显著水平，增产点比例100.0%。全生育期133.6天，比丰两优四号（CK）早熟1.1天。主要农艺性状表现：每亩有效穗数19.1万穗，株高114.1厘米，穗长24.9厘米，每穗总粒数197.3粒，结实率80.7%，千粒重22.8克。抗性：稻瘟病综合指数3.3级，穗瘟损失率最高级5级；白叶枯病7级；褐飞虱9级。米质主要指标：整精米率64.8%，长宽比3.1，垩白粒率13%，垩白度1.2%，胶稠度81毫米，直链淀粉含量12.4%。

2013年国家水稻品种试验年会审议意见：2014年续试。

2. 两优671

2013年初试平均亩产632.37千克，比丰两优四号（CK）增产5.81%，达极显著水平，增产点比例100.0%。全生育期133.8天，比丰两优四号（CK）早熟0.9天。主要农艺性状表现：每亩有效穗数15.3万穗，株高118.6厘米，穗长24.8厘米，每穗总粒数193.9粒，结实率80.1%，千粒重29.3克。抗性：稻瘟病综合指数4.7级，穗瘟损失率最高级5级；白叶枯病5级；褐飞虱9级。米质主要指标：整精米率53.8%，长宽比3.1，垩白粒率12%，垩白度1.3%，胶稠度66毫米，直链淀粉含量17.6%，达国标优质3级。

2013年国家水稻品种试验年会审议意见：2014年续试。

3. Y两优8220

2013年初试平均亩产625.37千克，比丰两优四号（CK）增产4.64%，达极显著水平，增产点比例93.3%。全生育期133.9天，比丰两优四号（CK）早熟0.8天。主要农艺性状表现：每亩有效穗数17.6万穗，株高117.7厘米，穗长26.1厘米，每穗总粒数178.8粒，结实率82.6%，千粒重25.7克。抗性：稻瘟病综合指数3.9级，穗瘟损失率最高级5级；白叶枯病7级；褐飞虱9级。米质主要指标：整精米率62.0%，长宽比3.3，垩白粒率13%，垩白度1.8%，胶稠度77毫米，直链淀粉含量12.8%。

2013年国家水稻品种试验年会审议意见：2014年续试。

4. 珞优9348

2013年初试平均亩产615.18千克，比丰两优四号（CK）增产2.93%，达极显著水平，增产点比例66.7%。全生育期134.7天，与丰两优四号（CK）相同。主要农艺性状表现：每亩有效穗数17.2万穗，株高121.0厘米，穗长24.4厘米，每穗总粒数179.4粒，结实率83.3%，千粒重26.1克。抗性：稻瘟病综合指数3.7级，穗瘟损失率最高级5级；白叶枯病7级；褐飞虱9级。米质主要指标：整精米率46.8%，长宽比3.1，垩白粒率35%，垩白度6.0%，胶稠度69毫米，直链淀粉含量21.9%。

2013年国家水稻品种试验年会审议意见：终止试验。

5. 两优672

2013年初试平均亩产609.68千克，比丰两优四号（CK）增产2.01%，达极显著水平，增产点比例66.7%。全生育期133.9天，比丰两优四号（CK）早熟0.8天。主要农艺性状表现：每亩有效穗数15.4万穗，株高123.8厘米，穗长24.8厘米，每穗总粒数185.9粒，结实率83.5%，千粒重

27.7 克。抗性：稻瘟病综合指数 5.1 级，穗瘟损失率最高级 7 级；白叶枯病 3 级；褐飞虱 9 级。米质主要指标：整精米率 58.5%，长宽比 3.0，垩白粒率 45%，垩白度 6.4%，胶稠度 74 毫米，直链淀粉含量 14.4%。

2013 年国家水稻品种试验年会审议意见：终止试验。

6. 两优 2388

2013 年初试平均亩产 599.12 千克，比丰两优四号（CK）增产 0.24%，未达显著水平，增产点比例 66.7%。全生育期 134.9 天，比丰两优四号（CK）迟熟 0.2 天。主要农艺性状表现：每亩有效穗数 14.9 万穗，株高 123.3 厘米，穗长 24.4 厘米，每穗总粒数 197.0 粒，结实率 84.5%，千粒重 26.8 克。抗性：稻瘟病综合指数 4.5 级，穗瘟损失率最高级 7 级；白叶枯病 7 级；褐飞虱 9 级。米质主要指标：整精米率 57.2%，长宽比 3.2，垩白粒率 21%，垩白度 2.4%，胶稠度 74 毫米，直链淀粉含量 15.2%，达国标优质 3 级。

2013 年国家水稻品种试验年会审议意见：2014 年续试。

7. 广两优 800

2013 年初试平均亩产 582.10 千克，比丰两优四号（CK）减产 2.6%，达极显著水平，增产点比例 13.3%。全生育期 133.6 天，比丰两优四号（CK）早熟 1.1 天。主要农艺性状表现：每亩有效穗数 16.0 万穗，株高 124.5 厘米，穗长 24.8 厘米，每穗总粒数 188.5 粒，结实率 80.5%，千粒重 25.3 克。抗性：稻瘟病综合指数 5.4 级，穗瘟损失率最高级 7 级；白叶枯病 5 级；褐飞虱 9 级。米质主要指标：整精米率 54.2%，长宽比 3.0，垩白粒率 31%，垩白度 4.5%，胶稠度 73 毫米，直链淀粉含量 15.2%。

2013 年国家水稻品种试验年会审议意见：终止试验。

表 12－1 长江中下游中籼迟熟 C 组（132411NX-C）区试参试品种基本情况

编号	品种名称	品种类型	亲本组合	选育/供种单位
1	*C 两优华占	杂交稻	C815S×华占	湖南金色农华种业科技有限公司
2	*两优 2388	杂交稻	广占 63－4S×2388	长沙利诚种业有限公司
3	两优 116	杂交稻	深 08S×湘恢 116	湖南杂交水稻研究中心
4	*珞优 9348	杂交稻	珞红 4A×成恢 9348	武汉国英种业有限责任公司
5	*两优 672	杂交稻	三丰 S×R672	合肥三丰种业
6CK	丰两优四号（CK）	杂交稻	丰 39S×盐稻 4 号选	合肥丰乐种业股份公司
7	*广两优 800	杂交稻	广占 63-4S×R800	湖北富悦农业集团有限公司
8	深两优 9310	杂交稻	深 08S×R9310	江西天涯种业有限公司
9	深两优 118	杂交稻	深 08S×R118	湖南金健种业有限责任公司
10	*两优 671	杂交稻	6102S×R071	安徽省农业科学院水稻所
11	广占 63-2S/HR1128	杂交稻	广占 63S-2×HR1128	湖南民生种业科技有限公司
12	C 两优 513	杂交稻	C815S×R513	湖南农业大学
13	*Y 两优 8220	杂交稻	Y8-2S×RH20	安徽华韵生物科技有限公司/重庆市瑞丰种业有限责任公司

*为 2013 年新参试品种。

表 12－2　长江中下游中籼迟熟 C 组（132411NX-C）区试点基本情况

承试单位	试验地点	经度	纬度	海拔高度（米）	试验负责人及执行人
安徽滁州市农科所	滁州市沙河镇新集村	118°18′	32°18′	32.0	黄明永、刘淼才
安徽黄山市种子站	黄山市农科所雁塘基地	118°14′	29°40′	134.0	汪淇、王淑芬、汤雷
安徽省农业科学院水稻所	合肥市	117°	32°	20.0	罗志祥、阮新民
安徽芜湖市种子站	芜湖市方村种子基地	118°27′	31°14′	7.2	胡四保
福建建阳市良种场	建阳市三亩片省引种观察圃内	118°22′	27°03′	150.0	张金明
河南信阳市农业科学院	信阳市本院试验田	114°05′	32°07′	75.9	王青林、霍二伟
湖北京山县农业局	京山县国家区试基地	113°07′	31°01′	75.6	彭金好、张红文
湖北宜昌市农业科学院	枝江市问安镇四岗试验基地	111°05′	30°34′	60.0	贺丽、黄蓉
湖南怀化市农科所	怀化市鹤城区石门乡坨院村	109°58′	27°33′	231.0	江生
湖南岳阳市农科所	岳阳县麻塘试验基地	113°05′	29°24′	32.0	黄四民
江苏里下河地区农科所	扬州市	119°25′	32°25′	8.0	戴正元、刘晓静、刘广青
江苏沿海地区农科所	盐城市	120°08′	33°23′	2.7	孙明法、朱国永
江西九江市农科所	九江县马回岭镇	115°48′	29°26′	45.0	曹国军、潘世文、李三元、胡永平、吕太华、黄晓波
江西省农业科学院水稻所	南昌市莲塘伍农岗	115°58′	28°41′	30.0	邱在辉、胡兰香、陈智辉、张晓宁、李名迪
中国水稻研究所	浙江省富阳市	120°19′	30°12′	7.2	杨仕华、夏俊辉、施彩娟、韩新华

表 12－3　长江中下游中籼迟熟 C 组（132411NX-C）区试品种产量、生育期及主要农艺经济性状汇总分析结果

品种名称	区试年份	亩产（千克）	比 CK ±%	比组平均 ±%	产量差异显著性 0.05	产量差异显著性 0.01	回归系数	比 CK 增产点（%）	全生育期（天）	比 CK ±天	分蘖率（%）	有效穗（万/亩）	成穗率（%）	株高（厘米）	穗长（厘米）	每穗总粒数	每穗实粒数	结实率（%）	千粒重（克）
两优 116	2012～2013	633.11	5.64	3.48				80.0	134.9	－0.4	449.3	16.9	60.3	113.6	25.7	184.7	160.1	86.7	25.1
广占 63-2S/HR1128	2012～2013	627.37	4.68	2.54				80.0	135.4	0.1	359.0	14.4	62.4	125.8	25.2	210.9	165.3	78.4	28.7
深两优 9310	2012～2013	625.61	4.39	2.26				80.0	136.7	1.4	483.9	17.3	56.4	118.6	25.5	179.5	150.3	83.8	25.9
C 两优 513	2012～2013	625.13	4.31	2.18				80.0	132.7	－2.6	471.7	18.9	61.7	114.9	25.2	197.8	159.5	80.7	22.4
深两优 118	2012～2013	610.91	1.94	－0.13				63.3	131.3	－4.0	475.0	17.3	56.7	118.6	25.2	172.3	144.8	84.0	26.4
丰两优四号（CK）	2012～2013	599.30	0.00	－2.04				0.0	135.3	0.0	443.6	15.7	58.4	124.6	24.8	185.4	152.1	82.1	27.8
C 两优华占	2013	643.87	7.73	4.37	a	A	0.62	100	133.6	－1.1	502.6	19.1	61.6	114.1	24.9	197.3	159.2	80.7	22.8
两优 116	2013	634.99	6.25	2.93	b	AB	0.96	80.0	134.2	－0.5	478.6	16.9	59.8	114.8	25.5	190.1	163.0	85.7	24.7
两优 671	2013	632.37	5.81	2.50	bc	BC	1.16	100	133.8	－0.9	482.6	15.3	56.0	118.6	24.8	193.9	155.3	80.1	29.3
广占 63-2S/HR1128	2013	627.91	5.06	1.78	bcd	BC	0.85	86.7	134.9	0.2	366.4	14.3	62.0	126.4	25.4	214.2	167.6	78.2	28.2
Y 两优 8220	2013	625.37	4.64	1.37	cd	BC	0.77	93.3	133.9	－0.8	493.8	17.6	56.0	117.7	26.1	178.8	147.6	82.6	25.7
深两优 9310	2013	625.27	4.62	1.35	cd	BC	1.25	86.7	136.0	1.3	535.1	17.1	54.8	120.8	25.6	187.9	156.8	83.4	25.2
C 两优 513	2013	624.34	4.46	1.20	d	C	0.52	80.0	133.3	－1.4	506.7	18.9	59.6	115.2	25.8	200.2	160.6	80.2	22.6
珞优 9348	2013	615.18	2.93	－0.28	e	D	1.13	66.7	134.7	0.0	443.6	17.2	61.4	121.0	24.4	179.4	149.4	83.3	26.1
两优 672	2013	609.68	2.01	－1.17	e	DE	1.32	66.7	133.9	－0.8	444.2	15.4	59.6	123.8	24.8	185.9	155.3	83.5	27.7
深两优 118	2013	602.21	0.76	－2.39	f	EF	1.07	53.3	130.7	－4.0	496.6	17.3	56.3	119.8	25.3	171.7	142.7	83.1	26.4
两优 2388	2013	599.12	0.24	－2.89	f	F	0.81	66.7	134.9	0.2	432.2	14.9	60.8	123.3	24.4	197.0	166.4	84.5	26.8
丰两优四号（CK）	2013	597.66	0.00	－3.12	f	F	0.97	0.0	134.7	0.0	463.5	15.6	56.9	126.2	25.1	187.0	154.6	82.7	27.6
广两优 800	2013	582.10	－2.60	－5.64	g	G	1.57	13.3	133.6	－1.1	451.9	16.0	56.5	124.5	24.8	188.5	151.7	80.5	25.3

表 12－4　长江中下游中籼迟熟 C 组（132411NX-C）品种稻瘟病抗性各地鉴定结果（2013 年）

品种名称	浙江					安徽					湖北					湖南					江西					福建				
	叶瘟	穗瘟发病		穗瘟损失		叶瘟	穗瘟发病		穗瘟损失		叶瘟	穗瘟发病		穗瘟损失		叶瘟	穗瘟发病		穗瘟损失		叶瘟	穗瘟发病		穗瘟损失		叶瘟	穗瘟发病		穗瘟损失	
	(级)	%	级	%	级	(级)	%	级	%	级	(级)	%	级	%	级	(级)	%	级	%	级	(级)	%	级	%	级	(级)	%	级	%	级
C 两优华占	3	2	1	0	1	3	38	7	30	5	4	9	3	1	1	2	25	5	8	3	2	72	9	14	5	3	8	3	3	1
两优 2388	0	10	3	2	1	3	7	3	3	1	4	34	7	12	3	5	48	7	15	5	4	82	9	34	7	6	69	9	32	7
两优 116	3	0	0	0	0	3	41	7	22	5	4	28	7	8	3	2	19	5	6	3	4	90	9	37	7	3	22	5	11	3
珞优 9348	6	15	5	5	1	0	4	1	1	1	4	33	7	14	3	6	45	7	18	5	4	73	9	17	5	4	7	3	2	1
两优 672	5	30	7	18	5	3	37	7	22	5	5	47	7	6	3	4	25	5	10	3	6	83	9	43	7	5	18	5	9	3
丰两优四号（CK）	7	35	7	18	5	3	47	7	33	7	7	85	9	32	7	7	74	9	32	7	6	100	9	64	9	9	100	9	79	9
广两优 800	5	35	7	21	5	3	23	5	14	3	3	71	9	24	5	5	25	5	9	3	7	78	9	37	7	7	46	7	29	5
深两优 9310	0	40	7	16	5	1	81	9	74	9	5	39	7	12	3	4	17	5	5	3	4	86	9	37	7	4	25	5	12	3
深两优 118	3	14	5	4	1	1	77	9	68	9	3	28	7	5	1	2	30	7	10	3	3	62	9	15	3	7	95	9	71	9
两优 671	8	15	5	5	1	3	41	7	28	5	5	31	7	10	3	4	24	5	6	3	3	65	9	23	5	5	24	5	15	5
广占 63-2S/HR1128	5	25	5	5	1	3	34	7	27	5	4	30	7	7	3	4	19	5	5	1	6	90	9	36	7	4	19	5	10	3
C 两优 513	0	4	1	1	1	0	0	0	0	0	3	41	7	15	5	4	49	7	13	3	3	59	9	12	3	4	7	3	3	1
Y 两优 8220	0	17	5	6	3	3	46	7	28	5	3	27	7	7	3	2	7	3	2	1	2	75	9	18	5	4	16	5	9	3
感病对照	8	100	9	100	9	5	46	7	37	7	8	100	9	96	9	8	90	9	44	7	6	100	9	88	9	9	100	9	94	9

注：1. 鉴定单位分别为浙江省农业科学院植保所、安徽省农业科学院植保所、湖北宜昌市农科所、湖南省农业科学院植保所、江西井冈山垦殖场、福建上杭县茶地乡农技站；

2. 浙江、安徽、湖北、江西、福建感病对照分别为 wh26、汕优 63、丰两优香 1 号、恩糯、汕优 63 + 广西矮 4 号 + 明恢 86，湖南不详。

表 12－5　长江中下游中籼迟熟 C 组（132411NX-C）品种对主要病虫抗性综合评价结果（2012～2013 年）及耐热性（2013 年）

品种名称	区试年份	稻瘟病（级）										白叶枯病（级）			褐飞虱（级）			抽穗期耐热性（级）
		2013 年各地综合指数							2013 年	1～2 年综合评价		2013 年	1～2 年综合评价		2013 年	1～2 年综合评价		
		浙江	安徽	湖北	湖南	江西	福建	平均	穗瘟损失率最高级	平均综合指数	穗瘟损失率最高级		平均级	最高级		平均级	最高级	
两优 116	2012～2013	0.8	5.7	4.3	3.3	6.8	3.5	4.0	7	3.8	7	5	4	5	9	8	9	
深两优 9310	2012～2013	4.3	9.0	4.5	3.8	6.8	3.8	5.3	9	5.5	9	5	4	5	7	8	9	
深两优 118	2012～2013	2.5	9.0	3.0	3.8	4.5	8.5	5.2	9	4.7	9	5	4	5	5	5	5	
广占 63-2S/HR1128	2012～2013	3.0	5.7	4.3	2.8	7.3	3.8	4.5	7	4.8	7	5	5	5	7	7	7	
C 两优 513	2012～2013	0.8	0.0	5.0	4.3	4.5	2.3	2.8	5	2.9	5	3	4	5	9	9	9	
丰两优四号（CK）	2012～2013	6.0	7.0	7.5	7.5	8.3	9.0	7.5	9	7.7	9	5	5	5	7	8	9	
C 两优华占	2013	1.5	5.7	2.3	3.3	5.3	2.0	3.3	5	3.3	5	7	7	7	9	9	9	
两优 2388	2013	1.3	1.7	4.3	5.5	6.8	7.3	4.5	7	4.5	7	7	7	7	9	9	9	
珞优 9348	2013	3.3	1.0	4.3	5.8	5.8	2.3	3.7	5	3.7	5	7	7	7	9	9	9	
两优 672	2013	5.5	5.7	4.5	3.8	7.3	4.0	5.1	7	5.1	7	3	3	3	9	9	9	
丰两优四号（CK）	2013	6.0	7.0	7.5	7.5	8.3	9.0	7.5	9	7.5	9	5	5	5	7	7	7	
广两优 800	2013	5.5	3.7	5.5	4.0	7.5	6.0	5.4	7	5.4	7	5	5	5	9	9	9	
两优 671	2013	3.8	5.7	4.5	3.8	5.5	5.0	4.7	5	4.7	5	5	5	5	9	9	9	
Y 两优 8220	2013	2.8	5.7	4.0	1.8	5.3	3.8	3.9	5	3.9	5	7	7	7	9	9	9	

注：1. 稻瘟病综合指数（级）＝叶瘟级×25%＋穗瘟发病率级×25%＋穗瘟损失率级×50%（安徽稻瘟病感病对照叶瘟发病未达 7 级以上，叶瘟结果不采用。品种综合指数（级）＝穗瘟发病率级×35%＋穗瘟损失率级×65%）；

2. 白叶枯病、褐飞虱、耐热性分别为湖南省农业科学院水稻所、中国水稻研究所、华中农业大学鉴定结果。

表 12－6　长江中下游中籼迟熟 C 组（132411NX-C）品种米质检测分析结果

品种名称	年份	糙米率(%)	精米率(%)	整精米率(%)	粒长(毫米)	长宽比	垩白粒率(%)	垩白度(%)	透明度(级)	碱消值(级)	胶稠度(毫米)	直链淀粉(%)	部标*(等级)	国标**(等级)
C 两优 513	2012～2013	79.6	70.9	60.5	6.4	3.3	14	1.9	3	4.1	83	12.9	普通	等外
广占 63-2S/HR1128	2012～2013	80.5	72.5	51.1	7.1	3.2	45	6.3	2	6.9	76	15.5	普通	等外
两优 116	2012～2013	81.1	71.9	45.3	6.8	3.2	25	2.9	2	5.4	51	19.9	普通	等外
深两优 118	2012～2013	80.9	72.5	43.6	7.0	3.4	58	10.3	2	5.4	69	20.3	普通	等外
深两优 9310	2012～2013	79.2	71.0	58.3	6.5	3.0	32	4.9	2	6.2	70	13.8	优 3	等外
丰两优四号（CK）	2012～2013	80.2	71.7	55.4	6.8	3.1	32	4.5	1	6.7	75	14.5	优 3	等外
C 两优华占	2013	79.5	71.9	64.8	6.2	3.1	13	1.2	4	3.2	81	12.4	普通	等外
Y 两优 8220	2013	79.8	70.9	62.0	6.7	3.3	13	1.8	2	6.8	77	12.8	普通	等外
广两优 800	2013	80.7	72.6	54.2	6.7	3.0	31	4.5	2	6.7	73	15.2	优 3	等外
两优 2388	2013	80.0	72.3	57.2	6.8	3.2	21	2.4	1	6.9	74	15.2	优 2	优 3
两优 671	2013	79.5	71.0	53.8	6.6	3.1	12	1.3	2	5.2	66	17.6	优 3	优 3
两优 672	2013	80.1	71.6	58.5	6.7	3.0	45	6.4	2	6.8	74	14.4	普通	等外
珞优 9348	2013	80.7	71.7	46.8	6.7	3.1	35	6.0	2	5.6	69	21.9	普通	等外
丰两优四号（CK）	2013	80.2	71.7	55.4	6.8	3.1	32	4.5	1	6.7	75	14.5	优 3	等外

注：1. 样品生产提供单位：安徽省农业科学院水稻所（2012～2013 年）、河南信阳市农科所（2012～2013 年）、湖北京山县农业局（2012～2013 年）；

2. 检测分析单位：农业部稻米及制品质量监督检验测试中心。

表 12－7－1　长江中下游中籼迟熟 C 组（132411NX-C）区试品种在各试点的产量、生育期及主要农艺经济性状表现

品种名称/试验点	亩产（千克）	比 CK ± %	产量位次	播种期（月/日）	齐穗期（月/日）	成熟期（月/日）	全生育期（天）	有效穗（万/亩）	株高（厘米）	穗长（厘米）	总粒数/穗	实粒数/穗	结实率（%）	千粒重（克）	杂株率（%）	倒伏性	穗颈瘟	纹枯病	综评等级
C 两优华占																			
安徽滁州市农科所	676.17	3.02	10	5/6	8/14	9/26	143	18.8	108.5	24.8	245.4	169.1	68.9	22.8	0.5	直	未发	轻	B
安徽黄山市种子站	598.17	7.91	3	5/2	8/9	9/10	131	17.1	112.2	23.4	208.4	162.7	78.1	22.0	0.9	直	未发	未发	B
安徽省农业科学院水稻所	701.00	4.91	3	5/4	8/9	9/15	134	17.4	120.8	25.1	210.4	172.1	81.8	23.8	2.3	直	未发	轻	B
安徽芜湖市种子站	660.50	7.31	3	5/11	8/16	9/23	135	20.0	126.9	25.9	210.2	176.1	83.8	21.7	0.0	直	无	无	A
福建建阳市良种场	672.00	8.88	2	5/14	8/9	9/19	128	19.4	104.2	26.3	181.3	152.7	84.2	23.5	0.0	直	未发	轻	A
河南信阳市农业科学院	634.67	5.72	5	4/24	8/3	9/10	139	21.7	117.4	23.9	166.8	164.3	98.5	22.2		直	未发	轻	B
湖北京山县农业局	641.40	6.21	3	4/27	8/5	9/7	133	19.2	110.0	23.8	151.1	123.1	81.5	28.1	0.4	直	未发	未发	A
湖北宜昌市农业科学院	598.32	4.01	8	4/27	8/5	9/8	134	20.1	111.0	24.4	178.9	141.0	78.8	21.6	1.5	直	未发	轻	B
湖南怀化市农科所	627.33	10.67	1	4/25	8/1	9/6	134	19.4	109.0	24.5	170.1	151.3	88.9	21.9		直	未发	轻	A
湖南岳阳市农科所	621.33	8.21	8	5/12	8/15	9/20	131	16.8	115.6	25.4	207.1	159.1	76.8	25.2	0.0	直	未发	未发	A
江苏里下河地区农科所	622.83	6.32	1	5/10	8/13	9/23	136	14.8	119.8	24.9	207.9	188.7	90.8	22.0	0.6	直	未发	轻	A
江苏沿海地区农科所	611.50	2.86	9	5/7	8/15	9/23	139	16.8	116.4	26.6	241.3	189.6	78.6	20.9	1.2	斜	轻	轻	C
江西九江市农科所	656.83	10.21	1	5/14	8/15	9/19	128	20.5	115.9	26.1	207.4	136.5	65.8	22.9		直	未发	未发	A
江西省农业科学院水稻所	686.83	21.21	1	5/17	8/17	9/19	125	23.1	106.2	23.6	175.7	136.5	77.7	22.6	0.0	直	未发	未发	A
中国水稻研究所	649.17	10.05	1	5/20	8/19	10/1	134	20.7	117.3	24.4	196.8	165.3	84.0	21.5	0.0	直	未发	轻	A

注：综合评级 A—好，B—较好，C—中等，D——般。

表 12－7－2　长江中下游中籼迟熟 C 组（132411NX-C）区试品种在各试点的产量、生育期及主要农艺经济性状表现

品种名称/试验点	亩产（千克）	比 CK ± %	产量位次	播种期（月/日）	齐穗期（月/日）	成熟期（月/日）	全生育期（天）	有效穗（万/亩）	株高（厘米）	穗长（厘米）	总粒数/穗	实粒数/穗	结实率（%）	千粒重（克）	杂株率（%）	倒伏性	穗颈瘟	纹枯病	综评等级
两优 2388																			
安徽滁州市农科所	688.67	4.93	7	5/6	8/19	9/26	143	15.8	113.5	24.4	246.3	227.3	92.3	26.3	1.8	直	未发	轻	B
安徽黄山市种子站	533.00	－3.85	12	5/2	8/12	9/10	131	13.2	124.8	24.3	173.5	147.7	85.1	27.8	0.3	直	未发	未发	C
安徽省农业科学院水稻所	572.33	－14.34	13	5/4	8/21	9/27	146	14.5	119.8	23.5	184.1	145.9	79.3	27.3	1.0	直	未发	轻	D
安徽芜湖市种子站	569.67	－7.45	12	5/11	8/20	9/21	133	15.8	138.7	25.1	198.1	163.6	82.6	25.1	0.8	直	轻	无	B
福建建阳市良种场	633.33	2.62	7	5/14	8/13	9/19	128	13.9	127.4	27.6	189.7	164.8	86.9	27.7	0.0	直	未发	无	C
河南信阳市农业科学院	583.67	－2.78	12	4/24	8/14	9/16	145	13.9	126.7	23.9	183.6	155.0	84.4	27.5	0.6	直	未发	轻	D
湖北京山县农业局	645.60	6.91	2	4/27	8/4	9/5	131	21.1	103.0	23.2	159.0	125.9	79.2	27.3	0.6	直	未发	未发	A
湖北宜昌市农业科学院	628.97	9.34	3	4/27	8/7	9/10	136	13.4	121.0	25.5	192.7	166.6	86.5	27.4	3.1	直	未发	轻	A
湖南怀化市农科所	591.83	4.41	7	4/25	8/3	9/3	131	14.2	124.2	23.8	198.6	169.3	85.2	25.5		直	未发	轻	B
湖南岳阳市农科所	576.33	0.38	10	5/12	8/16	9/21	132	13.5	130.5	24.6	256.5	208.5	81.3	29.3	0.0	直	未发	未发	C
江苏里下河地区农科所	588.17	0.40	11	5/10	8/19	9/21	134	13.2	133.4	24.8	198.7	167.8	84.4	27.2	0.6	直	未发	轻	C
江苏沿海地区农科所	633.00	6.48	4	5/7	8/19	9/27	143	17.5	115.0	23.6	183.9	149.1	81.1	24.7	0.9	直	轻	轻	B
江西九江市农科所	601.33	0.89	9	5/14	8/19	9/23	132	14.3	124.6	24.6	206.6	175.7	85.0	23.7	2.0	直	未发	未发	C
江西省农业科学院水稻所	519.00	－8.41	13	5/17	8/21	9/19	125	15.5	116.5	23.9	172.8	135.2	78.2	27.3	2.0	直	未发	未发	C
中国水稻研究所	621.89	5.42	6	5/20	8/20	9/30	133	13.0	129.9	23.4	211.2	193.7	91.7	27.4	0.0	直	未发	轻	A

注：综合评级 A—好，B—较好，C—中等，D——般。

表 12－7－3　长江中下游中籼迟熟 C 组（132411NX-C）区试品种在各试点的产量、生育期及主要农艺经济性状表现

品种名称/试验点	亩产（千克）	比 CK ± %	产量位次	播种期（月/日）	齐穗期（月/日）	成熟期（月/日）	全生育期（天）	有效穗（万/亩）	株高（厘米）	穗长（厘米）	总粒数/穗	实粒数/穗	结实率（%）	千粒重（克）	杂株率（%）	倒伏性	穗颈瘟	纹枯病	综评等级
两优 116																			
安徽滁州市农科所	685.67	4.47	9	5/6	8/18	9/25	142	16.2	115.8	26.7	201.0	184.4	91.8	24.6	0.5	直	未发	轻	B
安徽黄山市种子站	535.83	-3.34	11	5/2	8/13	9/11	132	13.3	111.5	25.0	178.7	164.7	92.2	25.3	0.6	直	未发	未发	C
安徽省农业科学院水稻所	650.83	-2.59	9	5/4	8/13	9/19	138	16.4	124.8	24.6	185.2	159.1	85.9	25.2	3.8	直	未发	轻	C
安徽芜湖市种子站	666.83	8.34	2	5/11	8/16	9/19	131	16.7	125.6	27.2	214.4	182.2	85.0	25.5	1.7	直	无	轻	A
福建建阳市良种场	676.67	9.64	1	5/14	8/14	9/22	131	17.1	111.8	26.0	184.6	159.1	86.2	25.3	0.0	直	未发	无	A
河南信阳市农业科学院	651.67	8.55	1	4/24	8/6	9/12	141	20.9	117.3	23.5	136.0	124.4	91.5	24.9	3.6	直	未发	轻	A
湖北京山县农业局	648.45	7.38	1	4/27	8/1	9/3	129	21.5	97.0	23.2	177.3	148.1	83.5	24.2	0.3	直	未发	未发	A
湖北宜昌市农业科学院	655.30	13.92	1	4/27	8/6	9/9	135	19.7	115.0	27.0	171.0	143.5	83.9	23.9	1.0	直	未发	轻	A
湖南怀化市农科所	625.50	10.35	2	4/25	8/1	9/6	134	16.2	112.5	26.1	187.6	165.4	88.2	24.1		直	未发	轻	A
湖南岳阳市农科所	631.67	10.01	3	5/12	8/17	9/22	133	15.8	114.6	26.4	209.7	168.7	80.4	24.2	0.0	直	未发	未发	A
江苏里下河地区农科所	621.67	6.12	3	5/10	8/15	9/24	137	14.8	118.0	26.1	224.8	183.9	81.8	25.2	0.3	直	未发	轻	A
江苏沿海地区农科所	642.67	8.10	2	5/7	8/17	9/23	139	16.2	118.2	23.9	206.4	168.8	81.8	24.1	0.3	直	轻	轻	A
江西九江市农科所	639.33	7.27	2	5/14	8/18	9/22	131	17.7	119.0	26.0	206.5	159.3	77.1	25.6		直	未发	未发	B
江西省农业科学院水稻所	550.17	-2.91	12	5/17	8/18	9/21	127	17.6	103.5	25.5	163.3	144.8	88.7	23.8	0.0	直	未发	未发	C
中国水稻研究所	642.58	8.93	3	5/20	8/19	9/30	133	13.9	117.4	25.7	205.5	189.1	92.0	24.7	0.0	直	未发	轻	A

注：综合评级 A—好，B—较好，C—中等，D——般。

表 12-7-4　长江中下游中籼迟熟 C 组（132411NX-C）区试品种在各试点的产量、生育期及主要农艺经济性状表现

品种名称/试验点	亩产（千克）	比 CK ± %	产量位次	播种期（月/日）	齐穗期（月/日）	成熟期（月/日）	全生育期（天）	有效穗（万/亩）	株高（厘米）	穗长（厘米）	总粒数/穗	实粒数/穗	结实率（%）	千粒重（克）	杂株率（%）	倒伏性	穗颈瘟	纹枯病	综评等级
珞优 9348																			
安徽滁州市农科所	734.00	11.83	1	5/6	8/21	9/29	146	17.6	120.9	25.9	220.6	190.9	86.5	25.3	0.8	伏	未发	中	A
安徽黄山市种子站	583.67	5.29	7	5/2	8/11	9/10	131	14.9	121.5	23.6	180.2	151.9	84.3	26.8	2.9	直	未发	未发	B
安徽省农业科学院水稻所	646.67	-3.22	10	5/4	8/20	9/25	144	20.1	132.8	24.1	158.0	125.8	79.6	26.0	2.5	直	未发	轻	C
安徽芜湖市种子站	627.17	1.90	7	5/11	8/17	9/22	134	18.6	132.7	25.3	195.4	153.4	78.5	25.2	1.7	直	无	无	A
福建建阳市良种场	628.00	1.75	8	5/14	8/11	9/18	127	16.1	119.5	25.0	179.3	154.9	86.4	26.1	0.0	直	轻	无	C
河南信阳市农业科学院	595.17	-0.86	11	4/24	8/6	9/13	142	19.6	129.1	23.5	155.0	136.4	88.0	27.0		直	未发	轻	C
湖北京山县农业局	600.90	-0.50	11	4/27	8/4	9/5	131	16.4	105.0	25.0	176.6	144.1	81.6	28.5	1.2	直	未发	未发	B
湖北宜昌市农业科学院	604.00	5.00	7	4/27	8/7	9/11	137	16.5	120.0	25.6	169.8	134.7	79.3	25.8	0.8	直	未发	轻	B
湖南怀化市农科所	592.50	4.53	6	4/25	8/1	9/2	130	16.6	116.3	25.3	164.1	142.5	86.8	25.8		直	未发	轻	B
湖南岳阳市农科所	631.00	9.90	4	5/12	8/18	9/23	134	16.8	122.8	24.5	215.0	168.6	78.4	27.1	2.0	直	未发	未发	B
江苏里下河地区农科所	609.33	4.01	7	5/10	8/18	9/25	138	16.1	126.4	23.5	183.6	161.7	88.1	25.2	0.0	斜	未发	轻	B
江苏沿海地区农科所	616.00	3.62	8	5/7	8/18	9/24	140	15.2	123.2	23.8	197.4	160.1	81.1	25.2	0.0	直	轻	轻	C
江西九江市农科所	623.83	4.67	4	5/14	8/19	9/22	131	19.8	120.4	23.9	172.0	130.5	75.9	25.6		直	未发	未发	B
江西省农业科学院水稻所	555.00	-2.06	10	5/17	8/18	9/16	122	17.6	97.6	23.3	147.7	132.7	89.8	26.4	0.0	直	未发	未发	C
中国水稻研究所	580.49	-1.60	13	5/20	8/19	9/30	133	16.7	127.2	24.3	176.0	152.0	86.4	25.7	1.6	直	未发	轻	C

注：综合评级 A—好，B—较好，C—中等，D—一般。

表 12-7-5 长江中下游中籼迟熟 C 组（132411NX-C）区试品种在各试点的产量、生育期及主要农艺经济性状表现

品种名称/试验点	亩产（千克）	比 CK ± %	产量位次	播种期（月/日）	齐穗期（月/日）	成熟期（月/日）	全生育期（天）	有效穗（万/亩）	株高（厘米）	穗长（厘米）	总粒数/穗	实粒数/穗	结实率（%）	千粒重（克）	杂株率（%）	倒伏性	穗颈瘟	纹枯病	综评等级
两优 672																			
安徽滁州市农科所	732.67	11.63	3	5/6	8/20	10/1	148	18.6	125.8	26.0	244.0	216.3	88.7	27.3	0.8	直	未发	轻	A
安徽黄山市种子站	589.50	6.34	5	5/2	8/7	9/9	130	14.8	117.5	24.6	167.1	146.3	87.6	27.6	0.9	直	轻	未发	B
安徽省农业科学院水稻所	694.83	3.99	5	5/4	8/19	9/25	144	16.2	145.8	24.5	185.4	153.1	82.6	29.8	2.0	直	未发	轻	B
安徽芜湖市种子站	644.33	4.68	5	5/11	8/16	9/21	133	17.9	135.1	26.0	188.9	149.8	79.3	27.9	0.0	直	轻	无	A
福建建阳市良种场	626.17	1.46	9	5/14	8/11	9/19	128	14.0	118.3	25.8	177.2	153.7	86.8	29.3	0.0	直	轻	轻	C
河南信阳市农业科学院	618.83	3.08	9	4/24	7/31	9/6	135	16.8	128.4	22.5	157.5	119.7	76.0	26.5		直	未发	轻	C
湖北京山县农业局	479.63	-20.58	13	4/27	7/31	8/31	127	15.2	83.0	20.6	159.3	139.2	87.4	22.3	0.8	直	未发	未发	D
湖北宜昌市农业科学院	606.83	5.49	5	4/27	8/7	9/11	137	15.3	116.5	26.5	188.4	143.3	76.1	28.2	2.0	直	未发	轻	B
湖南怀化市农科所	561.17	-1.00	11	4/25	7/31	9/2	130	12.6	114.4	26.2	189.8	164.1	86.5	28.3		直	未发	轻	D
湖南岳阳市农科所	572.00	-0.38	12	5/12	8/14	9/19	130	14.7	133.7	25.3	224.0	179.6	80.2	28.6	1.5	直	未发	未发	C
江苏里下河地区农科所	615.50	5.06	4	5/10	8/15	9/24	137	13.2	133.4	25.5	188.1	165.8	88.1	28.4	0.6	直	未发	轻	B
江苏沿海地区农科所	618.00	3.95	7	5/7	8/20	9/25	141	15.4	127.6	24.0	177.1	146.5	82.7	28.3	0.6	直	轻	轻	C
江西九江市农科所	585.33	-1.79	12	5/14	8/17	9/21	130	16.5	129.6	24.9	187.5	132.9	70.9	26.3		直	未发	未发	C
江西省农业科学院水稻所	617.17	8.91	3	5/17	8/17	9/19	125	14.5	115.9	26.4	180.3	158.6	88.0	28.4	0.0	直	未发	未发	A
中国水稻研究所	583.31	-1.12	12	5/20	8/19	10/1	134	15.0	131.9	23.7	174.2	160.7	92.3	28.4	0.0	直	未发	轻	C

注：综合评级 A—好，B—较好，C—中等，D——般。

表 12－7－6　长江中下游中籼迟熟 C 组（132411NX-C）区试品种在各试点的产量、生育期及主要农艺经济性状表现

品种名称/试验点	亩产（千克）	比 CK ± %	产量位次	播种期（月/日）	齐穗期（月/日）	成熟期（月/日）	全生育期（天）	有效穗（万/亩）	株高（厘米）	穗长（厘米）	总粒数/穗	实粒数/穗	结实率（%）	千粒重（克）	杂株率（%）	倒伏性	穗颈瘟	纹枯病	综评等级
丰两优四号（CK）																			
安徽滁州市农科所	656.33	0.00	13	5/6	8/20	9/30	147	16.4	126.9	24.9	210.6	179.1	85.0	26.2	1.5	伏	未发	重	B
安徽黄山市种子站	554.33	0.00	10	5/2	8/10	9/10	131	13.5	126.8	24.4	183.2	156.0	85.2	27.5	1.2	直	轻	未发	C
安徽省农业科学院水稻所	668.17	0.00	6	5/4	8/17	9/23	142	16.7	133.8	26.0	191.9	147.2	76.7	27.8	0.5	直	未发	轻	B
安徽芜湖市种子站	615.50	0.00	9	5/11	8/17	9/22	134	18.0	138.4	26.6	187.1	152.3	81.4	26.8	0.0	直	无	轻	B
福建建阳市良种场	617.17	0.00	10	5/14	8/12	9/19	128	14.9	126.9	25.0	171.5	148.2	86.4	29.5	1.1	直	未发	轻	C
河南信阳市农业科学院	600.33	0.00	10	4/24	8/5	9/11	140	16.4	129.1	23.2	155.8	134.6	86.4	27.2		直	未发	轻	C
湖北京山县农业局	603.90	0.00	9	4/27	8/4	9/5	131	15.8	111.7	25.8	188.1	151.8	80.7	28.3	0.7	直	未发	未发	B
湖北宜昌市农业科学院	575.25	0.00	10	4/27	8/5	9/8	134	17.1	120.0	26.4	168.7	124.6	73.9	26.8	0.9	直	未发	轻	C
湖南怀化市农科所	566.83	0.00	10	4/25	8/1	9/4	132	14.0	117.5	25.2	182.7	153.6	84.1	27.4		直	未发	轻	C
湖南岳阳市农科所	574.17	0.00	11	5/12	8/16	9/21	132	16.7	124.0	25.6	219.8	170.8	77.7	27.2	0.0	直	未发	未发	B
江苏里下河地区农科所	585.83	0.00	12	5/10	8/16	9/26	139	13.3	131.2	24.4	175.7	158.2	90.0	28.2	0.6	直	未发	轻	C
江苏沿海地区农科所	594.50	0.00	10	5/7	8/20	9/25	141	14.6	130.8	24.6	193.5	160.3	82.8	26.9	0.3	直	轻	轻	C
江西九江市农科所	596.00	0.00	10	5/14	8/17	9/21	130	16.5	130.1	25.7	182.5	139.1	76.2	28.4		直	未发	未发	C
江西省农业科学院水稻所	566.67	0.00	9	5/17	8/18	9/19	125	15.5	114.5	24.8	174.8	149.5	85.5	27.8	0.0	直	未发	未发	C
中国水稻研究所	589.90	0.00	10	5/20	8/19	10/1	134	14.8	131.5	23.9	219.2	194.5	88.7	27.8	0.0	直	未发	轻	B

注：综合评级 A—好，B—较好，C—中等，D—一般。

表 12-7-7　长江中下游中籼迟熟 C 组（132411NX-C）区试品种在各试点的产量、生育期及主要农艺经济性状表现

品种名称/试验点	亩产（千克）	比 CK ±%	产量位次	播种期（月/日）	齐穗期（月/日）	成熟期（月/日）	全生育期（天）	有效穗（万/亩）	株高（厘米）	穗长（厘米）	总粒数/穗	实粒数/穗	结实率（%）	千粒重（克）	杂株率（%）	倒伏性	穗颈瘟	纹枯病	综评等级
广两优 800																			
安徽滁州市农科所	714.50	8.86	4	5/6	8/20	10/1	148	16.8	123.5	24.9	224.7	195.9	87.2	23.4	2.5	伏	未发	重	A
安徽黄山市种子站	486.17	-12.30	13	5/2	8/6	9/8	129	13.5	120.6	24.5	207.1	157.9	76.2	25.3	1.2	直	未发	未发	D
安徽省农业科学院水稻所	660.83	-1.10	7	5/4	8/19	9/23	142	18.3	134.8	24.5	163.5	136.0	83.2	26.7	1.0	直	未发	轻	C
安徽芜湖市种子站	558.83	-9.21	13	5/11	8/16	9/20	132	17.5	132.8	27.2	175.3	141.5	80.7	25.6	0.8	直	无	中	C
福建建阳市良种场	589.50	-4.48	13	5/14	8/11	9/21	130	14.7	121.5	24.9	176.7	143.2	81.0	26.6	0.0	直	轻	轻	D
河南信阳市农业科学院	629.33	4.83	7	4/24	8/2	9/12	141	18.8	127.3	23.2	158.0	126.1	79.8	24.3		直	未发	轻	B
湖北京山县农业局	564.15	-6.58	12	4/27	7/31	8/31	126	18.4	97.0	22.2	169.7	148.0	87.2	22.2	1.3	直	未发	未发	C
湖北宜昌市农业科学院	568.97	-1.09	12	4/27	8/5	9/8	134	17.6	118.0	27.0	163.8	131.2	80.1	24.8	1.6	直	未发	中	D
湖南怀化市农科所	559.50	-1.29	12	4/25	7/27	8/30	127	12.8	117.7	24.9	216.6	171.6	79.2	26.5		直	未发	轻	D
湖南岳阳市农科所	569.67	-0.78	13	5/12	8/14	9/19	130	15.3	134.6	25.5	213.5	165.5	77.5	25.4	0.0	直	未发	未发	C
江苏里下河地区农科所	568.67	-2.93	13	5/10	8/14	9/25	138	13.1	135.6	23.5	171.1	152.9	89.4	27.0	0.0	直	未发	轻	D
江苏沿海地区农科所	584.83	-1.63	11	5/7	8/18	9/25	141	14.9	127.2	25.8	188.2	159.7	84.9	24.7	0.0	直	轻	轻	D
江西九江市农科所	533.17	-10.54	13	5/14	8/16	9/20	129	16.0	131.8	26.4	239.7	151.9	63.4	25.3		直	未发	未发	D
江西省农业科学院水稻所	554.50	-2.15	11	5/17	8/15	9/17	123	16.8	118.5	23.7	164.8	134.6	81.7	27.4	0.0	直	未发	未发	C
中国水稻研究所	588.96	-0.16	11	5/20	8/17	10/1	134	15.3	126.8	24.0	195.2	159.5	81.7	24.4	0.0	直	未发	轻	C

注：综合评级 A—好，B—较好，C—中等，D—一般。

表 12-7-8　长江中下游中籼迟熟 C 组（132411NX-C）区试品种在各试点的产量、生育期及主要农艺经济性状表现

品种名称/试验点	亩产（千克）	比 CK ±%	产量位次	播种期（月/日）	齐穗期（月/日）	成熟期（月/日）	全生育期（天）	有效穗（万/亩）	株高（厘米）	穗长（厘米）	总粒数/穗	实粒数/穗	结实率（%）	千粒重（克）	杂株率（%）	倒伏性	穗颈瘟	纹枯病	综评等级
深两优 9310																			
安徽滁州市农科所	706.33	7.62	5	5/6	8/20	9/30	147	17.8	118.1	27.3	209.4	190.3	90.9	23.9	0.0	直	未发	轻	A
安徽黄山市种子站	583.67	5.29	8	5/2	8/14	9/13	134	16.2	120.0	24.5	174.2	153.7	88.2	25.9	0.6	直	轻	未发	B
安徽省农业科学院水稻所	699.17	4.64	4	5/4	8/14	9/20	139	16.3	128.8	24.9	198.8	165.1	83.0	26.1		直	未发	轻	B
安徽芜湖市种子站	651.67	5.88	4	5/11	8/18	9/23	135	17.4	129.0	27.1	206.9	174.2	84.2	24.8	0.0	直	无	无	A
福建建阳市良种场	648.83	5.13	6	5/14	8/16	9/23	132	16.9	121.5	25.1	177.4	152.7	86.1	25.4	0.0	直	未发	无	B
河南信阳市农业科学院	640.83	6.75	4	4/24	8/8	9/13	142	19.6	129.8	24.7	163.0	134.3	82.4	25.1		直	未发	轻	B
湖北京山县农业局	603.45	-0.07	10	4/27	8/9	9/9	135	19.1	105.0	23.4	138.1	110.9	80.3	26.3	0.5	直	未发	未发	B
湖北宜昌市农业科学院	545.90	-5.10	13	4/27	8/10	9/10	136	16.7	115.5	27.5	159.9	125.5	78.5	24.7	1.4	直	未发	轻	D
湖南怀化市农科所	576.17	1.65	9	4/25	8/4	9/7	135	13.0	115.1	25.5	211.6	187.1	88.4	24.7		直	未发	轻	C
湖南岳阳市农科所	629.33	9.61	5	5/12	8/20	9/25	136	16.9	123.5	26.9	224.7	175.7	78.2	25.6	0.0	直	未发	未发	A
江苏里下河地区农科所	612.67	4.58	5	5/10	8/18	9/22	135	14.8	127.6	24.6	186.5	165.9	89.0	25.6	0.6	直	未发	轻	B
江苏沿海地区农科所	644.33	8.38	1	5/7	8/18	9/23	139	16.5	126.2	26.6	201.7	163.5	81.1	24.2	0.0	直	轻	轻	A
江西九江市农科所	615.00	3.19	7	5/14	8/21	9/24	133	18.6	115.1	25.9	189.1	150.3	79.5	26.1		直	未发	未发	C
江西省农业科学院水稻所	581.00	2.53	6	5/17	8/21	9/20	126	19.4	103.2	24.0	179.4	131.7	73.4	23.6	0.0	直	未发	未发	B
中国水稻研究所	640.70	8.61	4	5/20	8/23	10/3	136	17.9	133.2	26.3	197.9	171.2	86.5	25.6	0.0	直	未发	轻	A

注：综合评级 A—好，B—较好，C—中等，D——一般。

表 12－7－9　长江中下游中籼迟熟 C 组（132411NX-C）区试品种在各试点的产量、生育期及主要农艺经济性状表现

品种名称/试验点	亩产（千克）	比 CK ± %	产量位次	播种期（月/日）	齐穗期（月/日）	成熟期（月/日）	全生育期（天）	有效穗（万/亩）	株高（厘米）	穗长（厘米）	总粒数/穗	实粒数/穗	结实率（%）	千粒重（克）	杂株率（%）	倒伏性	穗颈瘟	纹枯病	综评等级
深两优 118																			
安徽滁州市农科所	660.33	0.61	11	5/6	8/15	9/23	140	18.4	114.5	23.7	175.1	145.0	82.8	26.2	0.3	直	未发	轻	B
安徽黄山市种子站	606.00	9.32	1	5/2	8/11	9/10	131	16.1	120.5	25.0	172.3	150.9	87.6	26.7	1.5	直	未发	未发	A
安徽省农业科学院水稻所	740.17	10.78	1	5/4	8/12	9/17	136	20.4	129.8	24.7	166.9	139.2	83.4	26.2	1.5	直	未发	轻	A
安徽芜湖市种子站	584.00	-5.12	11	5/11	8/14	9/13	125	18.2	132.4	26.9	170.8	137.7	80.6	26.4	0.0	直	无	轻	B
福建建阳市良种场	605.67	-1.86	12	5/14	8/11	9/16	125	15.6	116.6	25.6	178.6	154.9	86.7	26.3	0.0	直	轻	轻	D
河南信阳市农业科学院	571.67	-4.77	13	4/24	7/31	9/3	132	21.1	125.8	23.0	128.1	114.9	89.7	25.9		直	未发	轻	D
湖北京山县农业局	612.90	1.49	8	4/27	7/31	8/31	126	14.4	100.0	23.2	204.5	165.6	81.0	30.5	0.5	直	未发	未发	B
湖北宜昌市农业科学院	573.82	-0.25	11	4/27	8/3	9/6	132	16.9	109.0	28.0	145.9	127.7	87.5	26.3	1.1	直	未发	轻	C
湖南怀化市农科所	517.67	-8.67	13	4/25	7/31	9/2	130	12.4	117.5	27.0	193.6	167.5	86.5	26.0		直	未发	轻	D
湖南岳阳市农科所	638.67	11.23	1	5/12	8/15	9/20	131	16.5	118.3	26.2	192.4	153.4	79.7	27.7	0.0	直	未发	未发	A
江苏里下河地区农科所	597.17	1.94	10	5/10	8/13	9/20	133	17.2	123.0	25.8	175.6	145.0	82.6	25.2	0.0	直	未发	轻	C
江苏沿海地区农科所	550.17	-7.46	13	5/7	8/14	9/20	136	17.8	126.6	26.4	161.2	117.8	73.1	28.9	0.0	斜	轻	轻	D
江西九江市农科所	591.67	-0.73	11	5/14	8/15	9/20	129	19.6	124.4	25.9	167.6	129.4	77.2	26.1		直	未发	未发	C
江西省农业科学院水稻所	591.50	4.38	5	5/17	8/16	9/17	123	17.8	115.0	24.6	168.1	139.7	83.1	25.1	0.0	直	未发	未发	B
中国水稻研究所	591.78	0.32	9	5/20	8/17	9/28	131	17.4	123.3	22.8	175.3	151.1	86.2	23.2	0.0	直	未发	轻	B

注：综合评级 A—好，B—较好，C—中等，D——般。

表 12-7-10 长江中下游中籼迟熟 C 组（132411NX-C）区试品种在各试点的产量、生育期及主要农艺经济性状表现

品种名称/试验点	亩产（千克）	比 CK ± %	产量位次	播种期（月/日）	齐穗期（月/日）	成熟期（月/日）	全生育期（天）	有效穗（万/亩）	株高（厘米）	穗长（厘米）	总粒数/穗	实粒数/穗	结实率（%）	千粒重（克）	杂株率（%）	倒伏性	穗颈瘟	纹枯病	综评等级
两优 671																			
安徽滁州市农科所	697.33	6.25	6	5/6	8/20	9/30	147	15.8	112.3	26.8	262.3	215.5	82.1	29.7	0.8	直	未发	轻	B
安徽黄山市种子站	602.00	8.60	2	5/2	8/12	9/10	131	13.1	119.7	24.3	195.2	157.6	80.7	29.9	0.6	直	未发	未发	A
安徽省农业科学院水稻所	737.17	10.33	2	5/4	8/17	9/23	142	15.9	120.8	24.0	194.2	162.1	83.5	29.3	3.0	直	未发	轻	A
安徽芜湖市种子站	623.67	1.33	8	5/11	8/16	9/16	128	16.8	128.3	24.6	177.9	138.4	77.8	30.7	1.7	直	无	无	B
福建建阳市良种场	656.67	6.40	4	5/14	8/12	9/20	129	15.1	117.3	26.3	176.2	147.0	83.4	30.7	1.8	直	未发	轻	B
河南信阳市农业科学院	647.83	7.91	2	4/24	8/2	9/6	135	16.2	122.9	24.1	179.3	149.4	83.3	30.4	1.6	直	未发	轻	A
湖北京山县农业局	621.38	2.89	7	4/27	8/1	9/2	128	19.4	105.0	24.8	168.5	130.8	77.6	28.9	1.1	直	未发	未发	B
湖北宜昌市农业科学院	637.53	10.83	2	4/27	8/7	9/9	135	15.9	114.5	26.0	181.3	141.8	78.2	28.2	2.5	直	未发	轻	A
湖南怀化市农科所	590.50	4.18	8	4/25	8/3	9/6	134	11.7	126.6	26.1	223.3	178.9	80.1	29.5		直	未发	轻	B
湖南岳阳市农科所	628.67	9.49	6	5/12	8/17	9/22	133	15.6	115.6	25.2	179.5	136.5	76.0	29.2	0.0	直	未发	未发	A
江苏里下河地区农科所	622.00	6.17	2	5/10	8/15	9/20	133	12.2	121.6	25.4	238.5	180.3	75.6	28.8	0.3	直	未发	轻	A
江苏沿海地区农科所	639.00	7.49	3	5/7	8/16	9/24	140	15.6	120.2	23.3	186.7	151.6	81.2	29.4	1.2	直	轻	轻	A
江西九江市农科所	612.00	2.68	8	5/14	8/17	9/22	131	17.5	116.7	23.0	178.8	134.5	75.2	25.6		直	未发	未发	C
江西省农业科学院水稻所	570.50	0.68	7	5/17	8/19	9/19	125	14.8	108.6	23.4	166.9	143.5	86.0	28.4	0.0	直	未发	未发	B
中国水稻研究所	599.31	1.59	8	5/20	8/19	10/3	136	14.3	128.9	24.1	200.5	161.0	80.3	30.4	0.0	直	未发	轻	B

注：综合评级 A—好，B—较好，C—中等，D——般。

表 12－7－11　长江中下游中籼迟熟 C 组（132411NX-C）区试品种在各试点的产量、生育期及主要农艺经济性状表现

品种名称/试验点	亩产（千克）	比 CK ± %	产量位次	播种期（月/日）	齐穗期（月/日）	成熟期（月/日）	全生育期（天）	有效穗（万/亩）	株高（厘米）	穗长（厘米）	总粒数/穗	实粒数/穗	结实率（%）	千粒重（克）	杂株率（%）	倒伏性	穗颈瘟	纹枯病	综评等级
广占 63-2S/HR1128																			
安徽滁州市农科所	733.83	11.81	2	5/6	8/20	9/30	147	15.6	127.3	25.4	250.9	209.4	83.5	28.7	0.8	直	未发	轻	A
安徽黄山市种子站	596.33	7.58	4	5/2	8/10	9/10	131	12.0	123.2	25.1	260.4	191.7	73.6	28.2	0.6	直	轻	未发	B
安徽省农业科学院水稻所	607.17	-9.13	12	5/4	8/20	9/26	145	14.6	131.8	25.6	197.6	139.8	70.7	30.2		直	未发	轻	D
安徽芜湖市种子站	675.50	9.75	1	5/11	8/17	9/18	130	15.7	135.4	25.9	204.9	175.3	85.6	28.4	0.0	直	无	轻	A
福建建阳市良种场	606.67	-1.70	11	5/14	8/11	9/21	130	13.0	129.7	26.0	193.1	162.1	84.0	29.3	1.1	直	轻	中	C
河南信阳市农业科学院	643.33	7.16	3	4/24	8/8	9/14	143	14.0	125.8	24.4	181.1	138.4	76.4	28.0		直	未发	轻	B
湖北京山县农业局	639.83	5.95	4	4/27	8/1	9/2	128	19.3	99.0	23.6	163.9	139.2	84.9	26.1	0.6	直	未发	未发	A
湖北宜昌市农业科学院	621.25	8.00	4	4/27	8/7	9/10	136	13.3	123.0	27.9	197.4	157.6	79.8	28.6	1.9	直	未发	轻	A
湖南怀化市农科所	608.33	7.32	4	4/25	7/30	9/1	129	12.0	126.5	26.4	237.1	188.2	79.4	28.2		直	未发	轻	B
湖南岳阳市农科所	638.67	11.23	2	5/12	8/20	9/25	136	14.5	126.7	26.3	226.8	184.8	81.5	29.7	0.0	直	未发	未发	B
江苏里下河地区农科所	598.33	2.13	9	5/10	8/17	9/26	139	12.1	130.6	25.3	225.9	172.3	76.3	29.4	0.3	直	未发	轻	C
江苏沿海地区农科所	625.17	5.16	6	5/7	8/20	9/27	143	15.9	132.2	25.9	187.9	141.5	75.3	27.2	0.6	直	轻	轻	B
江西九江市农科所	617.33	3.58	6	5/14	8/18	9/22	131	15.4	133.0	25.1	236.5	159.2	67.3	25.4		直	未发	未发	C
江西省农业科学院水稻所	567.17	0.09	8	5/17	8/19	9/19	125	16.2	119.6	24.0	188.1	133.4	70.9	27.5	0.0	直	未发	未发	C
中国水稻研究所	639.76	8.45	5	5/20	8/18	9/28	131	10.5	132.2	23.7	261.0	220.4	84.4	28.6	0.0	直	未发	轻	A

注：综合评级 A—好，B—较好，C—中等，D——般。

表 12－7－12　长江中下游中籼迟熟 C 组（132411NX-C）区试品种在各试点的产量、生育期及主要农艺经济性状表现

品种名称/试验点	亩产（千克）	比 CK ± %	产量位次	播种期（月/日）	齐穗期（月/日）	成熟期（月/日）	全生育期（天）	有效穗（万/亩）	株高（厘米）	穗长（厘米）	总粒数/穗	实粒数/穗	结实率（%）	千粒重（克）	杂株率（%）	倒伏性	穗颈瘟	纹枯病	综评等级
C 两优 513																			
安徽滁州市农科所	657.50	0.18	12	5/6	8/15	9/28	145	17.8	111.5	25.1	220.3	162.4	73.7	24.2	0.3	直	未发	轻	B
安徽黄山市种子站	564.33	1.80	9	5/2	8/10	9/10	131	17.2	115.4	24.1	201.9	157.4	78.0	21.8	0.6	直	未发	未发	C
安徽省农业科学院水稻所	644.17	-3.59	11	5/4	8/11	9/16	135	17.4	121.8	24.4	215.8	173.7	80.5	22.5	2.0	直	未发	轻	C
安徽芜湖市种子站	610.17	-0.87	10	5/11	8/14	9/19	131	19.6	125.5	26.6	196.2	148.9	75.9	23.9	0.0	直	无	轻	B
福建建阳市良种场	662.17	7.29	3	5/14	8/11	9/20	129	18.1	112.3	26.2	191.9	163.9	85.4	23.3	0.0	直	未发	轻	A
河南信阳市农业科学院	627.00	4.44	8	4/24	8/3	9/9	138	23.1	117.7	23.5	202.6	180.6	89.1	21.3		直	未发	轻	C
湖北京山县农业局	638.55	5.74	5	4/27	8/3	9/5	131	20.2	100.0	24.4	170.1	135.6	79.7	28.3	0.7	直	未发	未发	A
湖北宜昌市农业科学院	604.85	5.15	6	4/27	8/5	9/8	134	17.5	110.5	25.0	194.7	156.6	80.4	21.4	0.9	直	未发	轻	B
湖南怀化市农科所	614.00	8.32	3	4/25	7/31	9/2	130	18.4	116.5	27.0	202.8	166.0	81.9	20.5		直	未发	轻	A
湖南岳阳市农科所	628.00	9.38	7	5/12	8/14	9/19	130	16.8	109.8	24.8	218.6	176.6	80.8	25.2	0.0	直	未发	未发	A
江苏里下河地区农科所	601.83	2.73	8	5/10	8/13	9/23	136	16.4	124.2	25.5	206.3	178.1	86.3	21.6	0.3	直	未发	轻	C
江苏沿海地区农科所	582.50	-2.02	12	5/7	8/15	9/23	140	18.2	120.6	38.0	198.3	159.2	80.3	20.9	0.0	直	轻	轻	D
江西九江市农科所	635.17	6.57	3	5/14	8/18	9/22	131	19.9	111.8	23.8	208.1	135.2	65.0	22.1		直	未发	未发	B
江西省农业科学院水稻所	646.67	14.12	2	5/17	8/17	9/19	125	21.5	109.0	24.6	185.3	147.8	79.8	21.4	0.0	直	未发	未发	A
中国水稻研究所	648.23	9.89	2	5/20	8/19	10/1	134	20.8	122.1	24.8	189.9	166.4	87.6	20.7	0.0	直	未发	轻	A

注：综合评级 A—好，B—较好，C—中等，D——般。

表 12-7-13　长江中下游中籼迟熟 C 组（132411NX-C）区试品种在各试点的产量、生育期及主要农艺经济性状表现

品种名称/试验点	亩产（千克）	比 CK ± %	产量位次	播种期（月/日）	齐穗期（月/日）	成熟期（月/日）	全生育期（天）	有效穗（万/亩）	株高（厘米）	穗长（厘米）	总粒数/穗	实粒数/穗	结实率（%）	千粒重（克）	杂株率（%）	倒伏性	穗颈瘟	纹枯病	综评等级
Y 两优 8220																			
安徽滁州市农科所	687.17	4.70	8	5/6	8/19	9/29	146	18.2	107.5	25.4	192.4	155.3	80.7	25.2	0.8	直	未发	轻	B
安徽黄山市种子站	585.17	5.56	6	5/2	8/10	9/10	131	16.1	113.2	25.5	169.2	145.5	86.0	25.4	0.0	直	未发	未发	B
安徽省农业科学院水稻所	653.00	-2.27	8	5/4	8/14	9/19	138	18.6	127.8	23.9	179.5	142.9	79.6	24.8	1.0	直	未发	轻	C
安徽芜湖市种子站	639.33	3.87	6	5/11	8/16	9/23	135	17.8	126.7	25.6	194.7	167.8	86.2	24.6	0.0	直	无	轻	A
福建建阳市良种场	649.33	5.21	5	5/14	8/13	9/21	130	17.0	121.1	27.4	179.3	146.4	81.6	26.7	0.0	直	未发	轻	B
河南信阳市农业科学院	631.17	5.14	6	4/24	8/6	9/13	142	23.3	117.5	23.9	125.8	105.6	83.9	26.3	2.6	直	未发	轻	B
湖北京山县农业局	627.75	3.95	6	4/27	8/2	9/4	130	15.7	115.0	25.6	178.1	141.5	79.4	30.1	1.3	直	未发	未发	A
湖北宜昌市农业科学院	596.77	3.74	9	4/27	8/4	9/7	133	16.8	113.0	28.6	164.1	135.2	82.4	25.8	1.3	直	未发	轻	C
湖南怀化市农科所	600.00	5.85	5	4/25	8/1	9/3	131	15.7	114.2	28.1	183.1	158.8	86.7	24.8		直	未发	轻	B
湖南岳阳市农科所	620.67	8.10	9	5/12	8/16	9/21	132	16.4	119.5	26.4	215.6	165.3	76.7	26.5	0.0	直	未发	未发	A
江苏里下河地区农科所	609.83	4.10	6	5/10	8/14	9/21	134	16.1	120.8	25.9	163.0	144.9	88.9	25.6	0.9	直	未发	轻	B
江苏沿海地区农科所	631.33	6.20	5	5/7	8/16	9/22	138	16.9	119.6	27.5	189.6	155.3	81.9	23.9	0.9	直	轻	轻	B
江西九江市农科所	620.00	4.03	5	5/14	8/17	9/21	130	19.0	119.9	26.9	176.9	132.9	75.1	25.6		直	未发	未发	B
江西省农业科学院水稻所	615.67	8.65	4	5/17	8/17	9/18	124	18.5	109.0	24.8	161.1	142.3	88.3	25.3	0.0	直	未发	未发	A
中国水稻研究所	613.42	3.99	7	5/20	8/18	10/1	134	17.6	120.6	26.3	209.1	174.6	83.5	24.7	0.0	直	未发	轻	B

注：综合评级 A—好，B—较好，C—中等，D——般。

第十三章　2013年长江中下游中籼迟熟D组国家水稻品种试验汇总报告

一、试验概况

（一）试验目的

鉴定评价我国南方稻区新选育和引进的水稻新品种（组合，下同）的丰产性、稳产性、适应性、抗性、米质及其他重要性状表现，为国家水稻品种审定提供科学依据。

（二）参试品种

区试品种12个，两优1882、科两优889、C两优4418为续试品种，其他为新参试品种，以丰两优四号（CK）为对照；生产试验品种2个，也以丰两优四号（CK）为对照。品种名称、类型、亲本组合、选育/供种单位见表13-1。

（三）承试单位

区试点15个，生产试验点9个，分布在安徽、福建、河南、湖北、湖南、江苏、江西和浙江8个省。承试单位、试验地点、经纬度、海拔高度、试验负责人及执行人见表13-2。

（四）试验设计、栽培管理与观察记载

各试验点均按《2013年南方稻区国家水稻品种试验实施方案》及《农作物品种区域试验技术规范　水稻》进行试验。

区试采用完全随机区组排列，3次重复，小区面积0.02亩。生产试验采用大区随机排列，不设重复，大区面积0.5亩。

分区试、生产试验，同组试验所有品种同期播种、移栽，施肥水平中等偏上，其他栽培管理措施与当地大田生产相同。

观察记载项目与标准按《农作物品种区域试验技术规范　水稻》以及《国家水稻品种试验观察记载项目、方法及标准》《南方稻区国家水稻品种区试及生产试验记载表》等要求执行。

（五）特性鉴定

抗性鉴定：浙江省农业科学院植保所、湖南省农业科学院植保所、湖北宜昌市农科所、安徽省农业科学院植保所、福建上杭县茶地乡农技站和江西井冈山垦殖场石市口分场负责稻瘟病抗性鉴定。湖南省农业科学院水稻所负责白叶枯病抗性鉴定。鉴定采用人工接菌与病区自然诱发相结合。中国水稻研究所稻作发展中心负责稻飞虱抗性鉴定。鉴定结果由浙江省农业科学院植保所负责汇总。华中农业大学植科院负责生产试验品种的耐热性鉴定。鉴定种子均由中国水稻研究所试验点统一提供。

米质分析：由安徽省种子站、河南信阳市农科所和湖北京山县农业局试验点分别单独种植生产提供样品，农业部稻米及制品质量监督检验测试中心负责检测分析。

参试品种的特异性及续试品种年度间的一致性鉴定：由中国水稻研究所进行DNA指纹鉴定。

（六）统计分析

按照《农作物品种区域试验技术规范　水稻》等有关试验质量评价标准，对各试验（鉴定）点试验（鉴定）结果的可靠性、完整性、准确性、可比性以及对照品种表现情况等进行分析评估，确

保汇总质量。2013 年区试、生产试验各试验点试验结果正常，全部列入汇总。

产量联合方差分析采用混合模型，品种间产量差异多重比较采用 Duncan's 新复极差法；参试品种的丰产性主要以品种在区试和生产试验中相对于对照品种产量及组平均产量衡量；参试品种的适应性主要以品种在区试中比对照品种增产的试验点比例衡量；参试品种的稳产性主要以品种在年度间区试中相对于对照品种产量的差异变化程度衡量。

参试品种的生育期主要以全生育期比对照品种长短的天数衡量。

参试品种的抗性以指定的鉴定单位的鉴定结果为主要依据，对稻瘟病抗性的主要评价指标为综合指数和穗瘟损失率最高级，对其他病虫害抗性的主要评价指标为最高级。

参试品种的米质检测、评价按照国家《优质稻谷》标准，分优质 1 级、优质 2 级、优质 3 级，未达到优质级的品种米质均为等外级。

二、结果分析

（一）产量

丰两优四号（CK）产量中等偏下、居第 10 位。2013 年区试品种中，依据比组平均产量的增减产幅度，产量较高的品种有隆两优华占、鹏两优 332、广两优 704 和两优 332，产量居前 4 位，平均亩产 629.49～649.33 千克，比丰两优四号（CK）增产 5.02%～8.33%；产量一般的品种有 E 两优 2106、九优 108 和雨两优 91，平均亩产 580.90～598.91 千克，比丰两优四号（CK）减产 3.09%～0.08%；其他品种产量中等，平均亩产 603.57～626.37 千克，比丰两优四号（CK）增产 0.70%～4.50%。品种产量、比对照及组平均增减产百分率、品种间产量差异显著性、比对照增产试验点比例等汇总结果见表 13－3。

2013 年生产试验品种中，深两优 865 和两优 619 表现正常，平均亩产分别是 611.31 千克和 621.69 千克，比丰两优四号（CK）分别增产 2.08%和 3.92%。品种产量、比对照增减产百分率等汇总结果以及各试验点对品种的综合评价等级见表 13－4。

（二）生育期

2013 年区试品种中，广两优 704、两优 1882 和广优 772 的熟期较迟，全生育期比丰两优四号（CK）长 3～5 天；其他品种全生育期 131.9～137.1 天，与丰两优四号（CK）相仿、熟期适宜。品种全生育期及比对照长短天数见表 13－3。

2013 年生产试验品种中，深两优 865 和两优 619 的全生育期与丰两优四号（CK）相当、熟期适宜。品种全生育期及比对照长短天数见表 13－4。

（三）主要农艺经济性状

品种分蘖率、有效穗数、成穗率、株高、每穗总粒数、每穗实粒数、结实率、千粒重等主要农艺经济性状汇总结果见表 13－3。

（四）抗性

2013 年区试品种中，九优 108 和 E 两优 2106 的稻瘟病综合指数分别是 7.2 级和 6.8 级，其他品种均小于 6.5 级。依据穗瘟损失率最高级，隆两优华占为抗，两优 1882、鹏两优 332、和两优 332 为中抗，科两优 889 和广优 772 为中感，其他品种表现为感或高感。

品种在各稻瘟病抗性鉴定点的鉴定结果见表 13－5，品种稻瘟病抗性鉴定汇总结果、白叶枯病鉴定结果、褐飞虱鉴定结果以及生产试验品种的耐热性鉴定结果见表 13－6。

（五）米质

依据国家《优质稻谷》标准，科两优 889、两优 1882、广两优 704 米质优，达到国标优质级，其他品种米质中等或一般。品种糙米率、整精米率、粒长、长宽比、垩白粒率、垩白度、胶稠度、直链淀粉等米质性状表现见表13－7。

（六）品种在各试验点表现

区试、生产试验品种在各试验点的产量、生育期、主要农艺经济性状、田间抗性表现等见表13－8－1至表13－8－13、表13－9－1至表13－9－2。

三、品种评价

（一）生产试验品种

1. 深两优865

2011年初试平均亩产614.75千克，比丰两优四号（CK）增产6.13%，达极显著水平；2012年续试平均亩产628.87千克，比丰两优四号（CK）增产4.51%，达极显著水平；两年区试平均亩产621.81千克，比丰两优四号（CK）增产5.31%，增产点比例86.7%；2013年生产试验平均亩产611.31千克，比丰两优四号（CK）增产2.08%。全生育期两年区试平均135.4天，比丰两优四号（CK）早熟1.7天。主要农艺性状两年区试综合表现：每亩有效穗数18.2万穗，株高113.7厘米，穗长25.0厘米，每穗总粒数177.3粒，结实率86.7%，千粒重23.9克。抗性两年综合表现：稻瘟病综合指数4.7级，穗瘟损失率最高级9级；白叶枯病平均级3级，最高级3级；褐飞虱平均级7级，最高级7级；抽穗期耐热性5级。米质主要指标两年综合表现：整精米率61.4%，长宽比3.1，垩白粒率28%，垩白度4.0%，胶稠度74毫米，直链淀粉含量14.8%。

2013年国家水稻品种试验年会审议意见：已完成试验程序，可以申报国家品种审定。

2. 两优619

2011年初试平均亩产610.93千克，比丰两优四号（CK）增产5.47%，达极显著水平；2012年续试平均亩产634.11千克，比丰两优四号（CK）增产5.38%，达极显著水平；两年区试平均亩产622.52千克，比丰两优四号（CK）增产5.43%，增产点比例90.0%；2013年生产试验平均亩产621.69千克，比丰两优四号（CK）增产3.92%。全生育期两年区试平均139.9天，比丰两优四号（CK）迟熟2.8天。主要农艺性状两年区试综合表现：每亩有效穗数14.6万穗，株高122.9厘米，穗长25.4厘米，每穗总粒数195.3粒，结实率81.6%，千粒重30.0克。抗性两年综合表现：稻瘟病综合指数4.9级，穗瘟损失率最高级7级；白叶枯病平均级4级，最高级5级；褐飞虱平均级7级，最高级7级；抽穗期耐热性3级。米质主要指标两年综合表现：整精米率64.7%，长宽比3.2，垩白粒率7%，垩白度0.7%，胶稠度70毫米，直链淀粉含量16.5%，达国标优质2级。

2013年国家水稻品种试验年会审议意见：已完成试验程序，可以申报国家品种审定。

（二）续试品种

1. C两优4418

2012年初试平均亩产637.97千克，比丰两优四号（CK）增产6.03%，达极显著水平；2013年续试平均亩产626.37千克，比丰两优四号（CK）增产4.50%，达极显著水平；两年区试平均亩产632.17千克，比丰两优四号（CK）增产5.26%，增产点比例86.7%。全生育期两年区试平均134.9天，比丰两优四号（CK）早熟0.3天。主要农艺性状两年区试综合表现：每亩有效穗数18.4万穗，株高116.5厘米，穗长23.5厘米，每穗总粒数188.8粒，结实率80.2%，千粒重23.5克。抗性两年综合表现：稻瘟病综合指数5.7级，穗瘟损失率最高级9级；白叶枯病平均级5级，最高级5级；褐飞虱平均级7级，最高级7级。米质主要指标两年综合表现：整精米率61.4%，长宽比3.1，垩白粒率22%，垩白度3.0%，胶稠度80毫米，直链淀粉含量13.1%。

2013年国家水稻品种试验年会审议意见：2014年进行生产试验。

2. 两优1882

2012年初试平均亩产619.35千克，比丰两优四号（CK）增产2.93%，达极显著水平；2013年续试平均亩产623.85千克，比丰两优四号（CK）增产4.08%，达极显著水平；两年区试平均亩产621.60千克，比丰两优四号（CK）增产3.50%，增产点比例76.7%。全生育期两年区试平均140.3天，比丰两优四号（CK）迟熟5.1天。主要农艺性状两年区试综合表现：每亩有效穗数18.1万穗，株高115.0厘米，穗长23.9厘米，每穗总粒数200.1粒，结实率78.5%，千粒重22.2克。抗性两年综合表现：稻瘟病综合指数3.9级，穗瘟损失率最高级7级；白叶枯病平均级5级，最高级5级；褐飞虱平均级8级，最高级9级。米质主要指标两年综合表现：整精米率65.1%，长宽比3.3，垩白粒率8%，垩白度1.3%，胶稠度78毫米，直链淀粉含量15.1%，达国标优质3级。

2013年国家水稻品种试验年会审议意见：2014年进行生产试验。

3. 科两优889

2012年初试平均亩产636.99千克，比丰两优四号（CK）增产5.86%，达极显著水平；2013年续试平均亩产622.25千克，比丰两优四号（CK）增产3.81%，达极显著水平；两年区试平均亩产629.62千克，比丰两优四号（CK）增产4.84%，增产点比例83.3%。全生育期两年区试平均136.8天，比丰两优四号（CK）迟熟1.5天。主要农艺性状两年区试综合表现：每亩有效穗数17.5万穗，株高122.6厘米，穗长25.3厘米，每穗总粒数183.3粒，结实率84.3%，千粒重24.7克。抗性两年综合表现：稻瘟病综合指数5.3级，穗瘟损失率最高级9级；白叶枯病平均级6级，最高级7级；褐飞虱平均级9级，最高级9级。米质主要指标两年综合表现：整精米率65.8%，长宽比3.0，垩白粒率18%，垩白度2.6%，胶稠度75毫米，直链淀粉含量15.0%，达国标优质3级。

2013年国家水稻品种试验年会审议意见：2014年进行生产试验。

（三）初试品种

1. 隆两优华占

2013年初试平均亩产649.33千克，比丰两优四号（CK）增产8.33%，达极显著水平，增产点比例93.3%。全生育期137.1天，比丰两优四号（CK）迟熟2.3天。主要农艺性状表现：每亩有效穗数18.3万穗，株高122.8厘米，穗长24.5厘米，每穗总粒数188.7粒，结实率81.9%，千粒重23.4克。抗性：稻瘟病综合指数1.7级，穗瘟损失率最高级1级；白叶枯病5级；褐飞虱7级。米质主要指标：整精米率63.1%，长宽比3.1，垩白粒率11%，垩白度1.3%，胶稠度81毫米，直链淀粉含量12.9%。

2013年国家水稻品种试验年会审议意见：2014年续试。

2. 鹏两优332

2013年初试平均亩产634.57千克，比丰两优四号（CK）增产5.87%，达极显著水平，增产点比例93.3%。全生育期135.5天，比丰两优四号（CK）迟熟0.7天。主要农艺性状表现：每亩有效穗数16.5万穗，株高130.9厘米，穗长26.7厘米，每穗总粒数206.2粒，结实率78.2%，千粒重25.3克。抗性：稻瘟病综合指数2.5级，穗瘟损失率最高级3级；白叶枯病7级；褐飞虱9级。米质主要指标：整精米率53.2%，长宽比3.4，垩白粒率15%，垩白度1.5%，胶稠度81毫米，直链淀粉含量13.7%。

2013年国家水稻品种试验年会审议意见：2014年续试。

3. 广两优704

2013年初试平均亩产630.52千克，比丰两优四号（CK）增产5.19%，达极显著水平，增产点比例86.7%。全生育期138.1天，比丰两优四号（CK）迟熟3.3天。主要农艺性状表现：每亩有效穗数16.1万穗，株高130.1厘米，穗长27.5厘米，每穗总粒数185.8粒，结实率79.9%，千粒重28.6克。抗性：稻瘟病综合指数5.2级，穗瘟损失率最高级7级；白叶枯病7级；褐飞虱9级。米质主要指标：整精米率53.6%，长宽比3.2，垩白粒率25%，垩白度3.1%，胶稠度72毫米，直链淀粉含量16.5%，达国标优质3级。

2013年国家水稻品种试验年会审议意见：2014年续试。

4. 和两优332

2013年初试平均亩产629.49千克，比丰两优四号（CK）增产5.02%，达极显著水平，增产点比例86.7%。全生育期137.1天，比丰两优四号（CK）迟熟2.3天。主要农艺性状表现：每亩有效穗数18.6万穗，株高115.6厘米，穗长26.3厘米，每穗总粒数179.7粒，结实率83.3%，千粒重23.8克。抗性：稻瘟病综合指数2.3级，穗瘟损失率最高级3级；白叶枯病5级；褐飞虱9级。米质主要指标：整精米率59.9%，长宽比3.3，垩白粒率8%，垩白度1.0%，胶稠度73毫米，直链淀粉含量13.5%。

2013年国家水稻品种试验年会审议意见：2014年续试。

5. 众两优189

2013年初试平均亩产614.89千克，比丰两优四号（CK）增产2.58%，达极显著水平，增产点比例66.7%。全生育期133.9天，比丰两优四号（CK）早熟0.9天。主要农艺性状表现：每亩有效穗数17.9万穗，株高121.1厘米，穗长24.8厘米，每穗总粒数172.9粒，结实率79.5%，千粒重25.9克。抗性：稻瘟病综合指数4.1级，穗瘟损失率最高级7级；白叶枯病9级；褐飞虱9级。米质主要指标：整精米率44.4%，长宽比3.1，垩白粒率37%，垩白度5.6%，胶稠度85毫米，直链淀粉含量20.9%。

2013年国家水稻品种试验年会审议意见：终止试验。

6. 广优772

2013年初试平均亩产603.57千克，比丰两优四号（CK）增产0.70%，未达显著水平，增产点比例60.0%。全生育期138.3天，比丰两优四号（CK）迟熟3.5天。主要农艺性状表现：每亩有效穗数15.9万穗，株高134.1厘米，穗长26.3厘米，每穗总粒数168.2粒，结实率80.3%，千粒重30.1克。抗性：稻瘟病综合指数2.7级，穗瘟损失率最高级5级；白叶枯病7级；褐飞虱7级。米质主要指标：整精米率38.0%，长宽比3.1，垩白粒率66%，垩白度8.4%，胶稠度75毫米，直链淀粉含量21.5%。

2013年国家水稻品种试验年会审议意见：终止试验。

7. E两优2106

2013年初试平均亩产598.91千克，比丰两优四号（CK）减产0.08%，未达显著水平，增产点比例40.0%。全生育期137.1天，比丰两优四号（CK）迟熟2.3天。主要农艺性状表现：每亩有效穗数15.8万穗，株高125.6厘米，穗长25.6厘米，每穗总粒数169.2粒，结实率81.2%，千粒重29.3克。抗性：稻瘟病综合指数6.8级，穗瘟损失率最高级9级；白叶枯病1级；褐飞虱5级。米质主要指标：整精米率50.2%，长宽比3.1，垩白粒率27%，垩白度3.2%，胶稠度77毫米，直链淀粉含量15.0%。

2013年国家水稻品种试验年会审议意见：终止试验。

8. 九优108

2013年初试平均亩产583.56千克，比丰两优四号（CK）减产2.64%，达极显著水平，增产点比例26.7%。全生育期137.1天，比丰两优四号（CK）迟熟2.3天。主要农艺性状表现：每亩有效穗数15.5万穗，株高113.6厘米，穗长23.8厘米，每穗总粒数205.7粒，结实率74.7%，千粒重26.0克。抗性：稻瘟病综合指数7.2级，穗瘟损失率最高级9级；白叶枯病5级；褐飞虱9级。米质主要指标：整精米率48.3%，长宽比3.2，垩白粒率50%，垩白度8.6%，胶稠度62毫米，直链淀粉含量21.7%。

2013年国家水稻品种试验年会审议意见：终止试验。

9. 雨两优91

2013年初试平均亩产580.90千克，比丰两优四号（CK）减产3.09%，达极显著水平，增产点比例33.3%。全生育期131.9天，比丰两优四号（CK）早熟2.9天。主要农艺性状表现：每亩有效穗数16.4万穗，株高121.7厘米，穗长24.8厘米，每穗总粒数165.2粒，结实率84.7%，千粒重27.2克。抗性：稻瘟病综合指数5.0级，穗瘟损失率最高级7级；白叶枯病5级；褐飞虱7级。米质主要指标：整精米率47.9%，长宽比3.0，垩白粒率28%，垩白度4.1%，胶稠度76毫米，直链淀粉含量13.5%。

2013年国家水稻品种试验年会审议意见：终止试验。

表 13－1　长江中下游中籼迟熟 D 组（132411NX-D）区试及生产试验参试品种基本情况

编号	品种名称	品种类型	亲本组合	选育/供种单位
区试				
1	＊广两优 704	杂交稻	广占 63-4S × 信 704	信阳市籼稻工程研究中心/信阳市农业科学院
2	两优 1882	杂交稻	1892S × YR082	安徽荃银高科种业
3	＊隆两优华占	杂交稻	隆科 638S × 华占	袁隆平农业高科技股份有限公司/中国水稻研究所
4	科两优 889	杂交稻	科 S × 湘恢 889	湖南科裕隆种业有限公司
5	＊九优 108	杂交稻	镇 911S × W108	南京农业大学水稻所/江苏丰源种业有限公司
6	＊E 两优 2106	杂交稻	E 农 2S × R106	中垦锦绣华农武汉科技有限公司
7	＊雨两优 91	杂交稻	雨 07S × 10T-91	中国水稻研究所
8	C 两优 4418	杂交稻	C815S × 4418	湖南农业大学/湖南洞庭高科
9CK	丰两优四号（CK）	杂交稻	丰 39S × 盐稻 4 号选	合肥丰乐种业股份公司
10	＊众两优 189	杂交稻	庐白 76S × 恢 189	安徽嘉农种业有限公司
11	＊鹏两优 332	杂交稻	鹏 S × R332	江西科源种业有限公司
12	＊广优 772	杂交稻	广抗 A × 福恢 772	福建禾丰种业公司/福建省农业科学院国家水稻改良分中心/三明农科所
13	＊和两优 332	杂交稻	和 620S × R332	清华大学深圳研究生院/深圳市兆农农业科技有限公司
生产试验				
1	深两优 865	杂交稻	深 08S × R565	江西科源种业有限公司/临湘市兆农科技研发中心
2	两优 619	杂交稻	徽农 S × R619	安徽省蓝田农业开发有限公司
3CK	丰两优四号（CK）	杂交稻	丰 39S × 盐稻 4 号选	合肥丰乐种业股份公司

＊为 2013 年新参试品种。

表 13－2　长江中下游中籼迟熟 D 组（132411NX-D）区试及生产试验点基本情况

承试单位	试验地点	经度	纬度	海拔高度（米）	试验负责人及执行人
区试					
安徽滁州市农科所	滁州市沙河镇新集村	118°18′	32°18′	32.0	黄明永、刘淼才
安徽黄山市种子站	黄山市农科所雁塘基地	118°14′	29°40′	134.0	汪淇、王淑芬、汤雷
安徽省农业科学院水稻所	合肥市	117°	32°	20.0	罗志祥、阮新民
安徽芜湖市种子站	芜湖市方村种子基地	118°27′	31°14′	7.2	胡四保
福建建阳市良种场	建阳市三亩片省引种观察圃内	118°22′	27°03′	150.0	张金明
河南信阳市农业科学院	信阳市本院试验田	114°05′	32°07′	75.9	王青林、霍二伟
湖北京山县农业局	京山县国家区试基地	113°07′	31°01′	75.6	彭金好、张红文
湖北宜昌市农业科学院	枝江市问安镇四岗试验基地	111°05′	30°34′	60.0	贺丽、黄蓉
湖南怀化市农科所	怀化市鹤城区石门乡坨院村	109°58′	27°33′	231.0	江生
湖南岳阳市农科所	岳阳县麻塘试验基地	113°05′	29°24′	32.0	黄四民
江苏里下河地区农科所	扬州市	119°25′	32°25′	8.0	戴正元、刘晓静、刘广青
江苏沿海地区农科所	盐城市	120°08′	33°23′	2.7	孙明法、朱国永
江西九江市农科所	九江县马回岭镇	115°48′	29°26′	45.0	曹国军、潘世文、李三元、胡永平、吕太华、黄晓波
江西省农业科学院水稻所	南昌市莲塘伍农岗	115°58′	28°41′	30.0	邱在辉、胡兰香、陈智辉、张晓宁、李名迪
中国水稻研究所	浙江省富阳市	120°19′	30°12′	7.2	杨仕华、夏俊辉、施彩娟、韩新华
生产试验					
福建建阳市种子站	将口镇东田村	118°07′	27°28′	140.0	廖海林、张贵河
江西抚州市农科所	抚州市临川区鹏溪	116°16′	28°01′	47.3	黎二妹、车慧燕
湖南石门县水稻原种场	石门县白洋湖	111°22′	29°35′	116.9	张光纯
湖北襄阳市农业科学院	襄阳市高新开发区	112°08′	32°05′	67.0	曹国长
湖北赤壁市种子局	官塘驿镇石泉村	114°07′	29°48′	24.4	姚忠清、王小光
安徽合肥丰乐种业公司	肥西县严店乡苏小村	117°17′	31°52′	14.7	徐剑、王中花
浙江天台县种子站	平桥镇山头邵村	120.9°	29.2°	98.0	陈人慧、曹雪仙
浙江临安市种子站	临安市於潜镇祈祥村	119°24′	30°10′	83.0	袁德明、虞和炳
江苏里下河地区农科所	扬州市	119°25′	32°25′	8.0	戴正元、刘晓静、刘广青

表 13－3　长江中下游中籼迟熟 D 组（132411NX-D）区试品种产量、生育期及主要农艺经济性状汇总分析结果

品种名称	区试年份	亩产（千克）	比 CK ±%	比组平均 ±%	产量差异显著性 0.05	产量差异显著性 0.01	回归系数	比 CK 增产点（%）	全生育期（天）	比 CK ±天	分蘖率（%）	有效穗（万/亩）	成穗率（%）	株高（厘米）	穗长（厘米）	每穗总粒数	每穗实粒数	结实率（%）	千粒重（克）
C 两优 4418	2012～2013	632.17	5.26	2.73				86.7	134.9	－0.3	475.2	18.4	61.3	116.5	23.5	188.8	151.4	80.2	23.5
两优 1882	2012～2013	621.60	3.50	1.02				76.7	140.3	5.1	471.3	18.1	57.8	115.0	23.9	200.1	156.9	78.5	22.2
科两优 889	2012～2013	629.62	4.84	2.32				83.3	136.8	1.5	474.1	17.5	60.2	122.6	25.3	183.3	154.4	84.3	24.7
丰两优四号（CK）	2012～2013	600.56	0.00	－2.40				0.0	135.3	0.0	424.7	16.0	59.1	124.1	24.9	181.5	146.4	80.6	28.0
隆两优华占	2013	649.33	8.33	5.55	a	A	1.13	93.3	137.1	2.3	477.7	18.3	60.2	122.8	24.5	188.7	154.5	81.9	23.4
鹏两优 332	2013	634.57	5.87	3.15	b	B	0.87	93.3	135.5	0.7	488.3	16.5	56.2	130.9	26.7	206.2	161.2	78.2	25.3
广两优 704	2013	630.52	5.19	2.49	bc	BC	1.21	86.7	138.1	3.3	444.8	16.1	60.1	130.1	27.5	185.8	148.5	79.9	28.6
和两优 332	2013	629.49	5.02	2.32	bc	BC	0.77	86.7	137.1	2.3	485.3	18.6	58.4	115.6	26.3	179.7	149.6	83.3	23.8
C 两优 4418	2013	626.37	4.50	1.82	cd	BC	0.51	86.7	134.3	－0.5	533.6	18.3	57.4	116.7	23.6	192.1	150.5	78.3	23.4
两优 1882	2013	623.85	4.08	1.41	cd	C	1.15	80.0	139.7	4.9	499.1	18.0	56.8	116.2	24.2	207.7	161.2	77.6	22.1
科两优 889	2013	622.25	3.81	1.15	d	CD	0.51	80.0	136.0	1.2	470.6	16.9	57.8	122.8	25.5	188.5	158.4	84.0	24.3
众两优 189	2013	614.89	2.58	－0.05	e	D	0.82	66.7	133.9	－0.9	482.8	17.9	59.4	121.1	24.8	172.9	137.5	79.5	25.9
广优 772	2013	603.57	0.70	－1.89	f	E	1.72	60.0	138.3	3.5	430.9	15.9	60.0	134.1	26.3	168.2	135.1	80.3	30.1
丰两优四号（CK）	2013	599.40	0.00	－2.57	f	E	1.13	0.0	134.8	0.0	431.2	15.7	57.6	125.4	25.0	184.2	148.3	80.5	27.6
E 两优 2106	2013	598.91	－0.08	－2.65	f	E	1.03	40.0	137.1	2.3	490.7	15.8	54.8	125.6	25.6	169.2	137.5	81.2	29.3
九优 108	2013	583.56	－2.64	－5.14	g	F	0.91	26.7	137.1	2.3	477.0	15.5	55.1	113.6	23.8	205.7	153.6	74.7	26.0
雨两优 91	2013	580.90	－3.09	－5.58	g	F	1.24	33.3	131.9	－2.9	416.7	16.4	63.4	121.7	24.8	165.2	139.9	84.7	27.2

表 13－4　长江中下游中籼迟熟 D 组生产试验（132411NX-D-S）品种产量、生育期及在各生产试验点综合评价等级

品种名称	深两优 865	两优 619	丰两优四号（CK）
生产试验汇总表现			
全生育期（天）	134.0	134.9	132.2
比 CK ± 天	1.8	2.7	0.0
亩产（千克）	611.31	621.69	598.36
产量比 CK ± %	2.08	3.92	0.00
各生产试验点综合评价等级			
安徽合肥丰乐种业股份公司	B	A	A
江西抚州市农科所	B	B	B
湖南石门县水稻原种场	B	B	
湖北襄阳市农业科学院	B	B	C
湖北赤壁市种子局	B	B	B
福建建阳市种子站	A	A	C
浙江临安市种子站	C	A	B
浙江天台县种子站	B	B	C
江苏里下河地区农科所	B	B	B

注：1. 各组品种生产试验合并进行，因品种较多，个别试点加设 CK 后安排在 2 块田中试验，表中产量比 CK ± % 系与同田块 CK 比较的结果；
2. 综合评价等级：A—好，B—较好，C—中等，D—一般。

表 13－5　长江中下游中籼迟熟 D 组（132411NX-D）品种稻瘟病抗性各地鉴定结果（2013 年）

品种名称	浙江					安徽					湖北					湖南					江西					福建				
	叶瘟（级）	穗瘟发病率		穗瘟损失率		叶瘟（级）	穗瘟发病率		穗瘟损失率		叶瘟（级）	穗瘟发病率		穗瘟损失率		叶瘟（级）	穗瘟发病率		穗瘟损失率		叶瘟（级）	穗瘟发病率		穗瘟损失率		叶瘟（级）	穗瘟发病率		穗瘟损失率	
		%	级	%	级		%	级	%	级		%	级	%	级		%	级	%	级		%	级	%	级		%	级	%	级
广两优 704	0	61	9	36	7	1	45	7	29	5	6	41	7	12	3	4	22	5	7	3	5	85	9	37	7	5	25	5	11	3
两优 1882	6	0	0	0	0	3	9	3	4	1	4	27	7	8	3	2	16	5	4	1	2	23	5	6	3	4	24	5	12	3
隆两优华占	5	3	1	1	1	3	7	3	3	1	2	13	5	2	1	2	11	5	2	1	0	0	0	0	0	4	5	1	1	1
科两优 889	6	10	3	2	1	3	37	7	27	5	5	26	7	12	3	5	21	5	5	3	3	64	9	23	5	6	31	7	16	5
九优 108	7	33	7	13	5	5	34	7	32	7	7	62	9	32	7	7	30	7	9	3	7	100	9	55	9	9	100	9	100	9
E 两优 2106	5	100	9	58	9	5	29	7	17	5	6	39	7	10	3	7	65	9	27	5	4	82	9	36	7	9	100	9	95	9
雨两优 91	6	20	5	7	3	3	66	9	40	7	4	32	7	6	3	5	25	5	7	3	4	32	7	9	3	4	33	7	20	5
C 两优 4418	7	0	0	0	0	5	74	9	57	9	6	44	7	12	3	4	27	7	6	3	3	21	5	4	1	7	100	9	82	9
丰两优四号（CK）	7	60	9	42	7	3	47	7	31	7	8	76	9	48	7	6	60	9	22	5	5	100	9	75	9	9	100	9	98	9
众两优 189	6	13	5	4	1	3	28	7	15	3	5	26	7	5	3	3	10	3	3	1	3	81	9	36	7	5	22	5	13	3
鹏两优 332	5	5	1	1	1	3	8	3	5	1	4	32	7	5	3	2	19	5	5	1	2	24	5	7	3	2	6	3	1	1
广优 772	5	0	0	0	0	0	0	0	0	0	4	28	7	5	3	4	25	5	8	3	2	64	9	25	5	3	3	1	0	1
和两优 332	0	5	1	1	1	1	7	3	6	3	3	23	5	4	1	2	11	5	2	1	1	36	7	7	3	3	4	1	0	1
感病对照	8	100	9	100	9	5	46	7	37	7	8	100	9	96	9	8	90	9	44	7	6	100	9	88	9	9	100	9	94	9

注：1. 鉴定单位分别为浙江省农业科学院植保所、安徽省农业科学院植保所、湖北宜昌市农科所、湖南省农业科学院植保所、江西井冈山垦殖场、福建上杭县茶地乡农技站；

2. 浙江、安徽、湖北、江西、福建感病对照分别为 wh26、汕优 63、丰两优香 1 号、恩糯、汕优 63 + 广西矮 4 号 + 明恢 86，湖南不详。

表 13－6　长江中下游中籼迟熟 D 组（132411NX-D）品种对主要病虫抗性综合评价结果（2012～2013 年）及耐热性（2013 年）

品种名称	区试年份	稻瘟病（级）										白叶枯病（级）			褐飞虱（级）			抽穗期耐热性（级）
		2013 年各地综合指数							2013 年	1～2 年综合评价		2013 年	1～2 年综合评价		2013 年	1～2 年综合评价		
		浙江	安徽	湖北	湖南	江西	福建	平均	穗瘟损失率最高级	平均综合指数	穗瘟损失率最高级		平均级	最高级		平均级	最高级	
深两优 865	2011～2012																	5
两优 619	2011～2012																	3
丰两优四号（CK）	2011～2012																	3
两优 1882	2012～2013	1.5	1.7	4.3	2.3	3.3	3.8	2.8	3	3.9	7	5	5	5	9	8	9	
科两优 889	2012～2013	2.8	5.7	4.5	4.0	5.5	5.8	4.7	5	5.3	9	7	6	7	9	9	9	
C 两优 4418	2012～2013	1.8	9.0	4.8	4.3	2.5	8.5	5.1	9	5.7	9	5	5	5	7	7	7	
丰两优四号（CK）	2012～2013	7.5	7.0	7.8	6.3	8.0	9.0	7.6	9	7.5	9	5	5	5	7	7	7	
广两优 704	2013	5.8	5.7	4.8	3.8	7.0	4.0	5.2	7	5.2	7	7	7	7	9	9	9	
隆两优华占	2013	2.0	1.7	2.3	2.3	0.0	1.8	1.7	1	1.7	1	5	5	5	7	7	7	
九优 108	2013	6.0	7.0	7.5	5.0	8.5	9.0	7.2	9	7.2	9	5	5	5	9	9	9	
E 两优 2106	2013	8.0	5.7	4.8	6.5	6.8	9.0	6.8	9	6.8	9	1	1	1	5	5	5	
雨两优 91	2013	4.3	7.7	4.3	4.0	4.3	5.3	5.0	7	5.0	7	5	5	5	7	7	7	
丰两优四号（CK）	2013	7.5	7.0	7.8	6.3	8.0	9.0	7.6	9	7.6	9	5	5	5	7	7	7	
众两优 189	2013	3.3	4.3	4.5	2.0	6.5	4.0	4.1	7	4.1	7	9	9	9	9	9	9	
鹏两优 332	2013	2.0	1.7	4.3	2.3	3.3	1.8	2.5	3	2.5	3	7	7	7	9	9	9	
广优 772	2013	1.3	0.0	4.3	3.8	5.3	1.5	2.7	5	2.7	5	7	7	7	7	7	7	
和两优 332	2013	0.8	3.0	2.5	2.3	3.5	1.5	2.3	3	2.3	3	5	5	5	9	9	9	

注：1. 稻瘟病综合指数（级）＝叶瘟级×25%＋穗瘟发病率级×25%＋穗瘟损失率级×50%（安徽稻瘟病感病对照叶瘟发病未达 7 级以上，叶瘟结果不采用。品种综合指数（级）＝穗瘟发病率级×35%＋穗瘟损失率级×65%）；

2. 白叶枯病、褐飞虱、耐热性分别为湖南省农业科学院水稻所、中国水稻研究所、华中农业大学鉴定结果。

表 13－7　长江中下游中籼迟熟 D 组（132411NX-D）品种米质检测分析结果

品种名称	年份	糙米率(%)	精米率(%)	整精米率(%)	粒长（毫米）	长宽比	垩白粒率(%)	垩白度(%)	透明度（级）	碱消值（级）	胶稠度（毫米）	直链淀粉(%)	国标**（等级）	部标*（等级）
C 两优 4418	2012～2013	79.4	70.6	61.4	6.2	3.1	22	3.0	3	4.1	80	13.1	普通	等外
科两优 889	2012～2013	81.3	73.1	65.8	6.6	3.0	18	2.6	1	6.9	75	15.0	优 2	优 3
两优 1882	2012～2013	80.8	72.1	65.1	6.6	3.3	8	1.3	1	5.2	78	15.1	优 3	优 3
丰两优四号（CK）	2012～2013	80.2	71.7	55.4	6.8	3.1	32	4.5	1	6.7	75	14.5	优 3	等外
E 两优 2106	2013	79.3	71.2	50.2	6.9	3.1	27	3.2	2	6.8	77	15.0	普通	等外
广两优 704	2013	81.0	72.8	53.6	6.9	3.2	25	3.1	1	5.9	72	16.5	优 3	优 3
广优 772	2013	79.8	71.3	38.0	7.2	3.1	66	8.4	2	4.2	75	21.5	普通	等外
和两优 332	2013	78.9	70.1	59.9	6.5	3.3	8	1.0	2	6.8	73	13.5	优 3	等外
九优 108	2013	79.6	70.7	48.3	6.8	3.2	50	8.6	2	6.9	62	21.7	普通	等外
隆两优华占	2013	78.7	71.1	63.1	6.4	3.1	11	1.3	2	3.1	81	12.9	普通	等外
鹏两优 332	2013	79.2	70.1	53.2	6.7	3.4	15	1.5	2	4.3	81	13.7	普通	等外
雨两优 91	2013	78.6	69.8	47.9	6.7	3.0	28	4.1	2	4.7	76	13.5	普通	等外
众两优 189	2013	80.4	71.4	44.4	6.5	3.1	37	5.6	2	5.5	85	20.9	普通	等外
丰两优四号（CK）	2013	80.2	71.7	55.4	6.8	3.1	32	4.5	1	6.7	75	14.5	优 3	等外

注：1. 样品生产提供单位：安徽省农业科学院水稻所（2012～2013 年）、河南信阳市农科所（2012～2013 年）、湖北京山县农业局（2012～2013 年）；

2. 检测分析单位：农业部稻米及制品质量监督检验测试中心。

表 13-8-1　长江中下游中籼迟熟 D 组（132411NX-D）区试品种在各试点的产量、生育期及主要农艺经济性状表现

品种名称/试验点	亩产（千克）	比 CK ± %	产量位次	播种期（月/日）	齐穗期（月/日）	成熟期（月/日）	全生育期（天）	有效穗（万/亩）	株高（厘米）	穗长（厘米）	总粒数/穗	实粒数/穗	结实率（%）	千粒重（克）	杂株率（%）	倒伏性	穗颈瘟	纹枯病	综评等级
广两优 704																			
安徽滁州市农科所	694.67	3.12	8	5/6	8/22	10/2	149	17.6	116.5	26.6	209.3	158.7	75.8	26.5	1.8	直	未发	轻	A
安徽黄山市种子站	604.17	9.39	4	5/2	8/16	9/14	135	17.8	135.2	26.1	144.8	116.9	80.7	29.5	4.8	直	未发	未发	B
安徽省农业科学院水稻所	733.33	10.78	1	5/4	8/22	9/27	146	16.8	139.8	27.8	190.5	158.1	83.0	27.8	2.0	直	未发	轻	A
安徽芜湖市种子站	665.17	7.11	2	5/11	8/23	9/26	138	16.9	145.3	29.0	208.5	163.8	78.6	27.8	0.0	直	轻	无	A
福建建阳市良种场	655.00	1.29	7	5/14	8/12	9/23	132	14.9	139.0	27.9	174.7	146.7	84.0	30.5	0.0	直	未发	无	B
河南信阳市农业科学院	644.83	9.02	1	4/24	8/11	9/16	145	15.9	135.4	28.2	179.9	157.4	87.5	28.5		直	未发	轻	A
湖北京山县农业局	659.18	9.38	1	4/27	8/8	9/10	136	17.9	107.0	25.6	170.9	143.9	84.2	29.7	1.5	直	未发	未发	A
湖北宜昌市农业科学院	600.30	8.85	4	4/27	8/10	9/12	138	16.3	125.0	26.5	155.4	126.4	81.3	29.7	2.8	直	未发	轻	B
湖南怀化市农科所	561.83	3.03	8	4/25	8/5	9/2	130	13.5	126.0	28.5	183.9	151.7	82.5	28.5		直	未发	轻	C
湖南岳阳市农科所	624.17	7.55	7	5/12	8/20	9/25	136	16.2	127.8	26.6	197.2	151.2	76.7	27.2	0.0	直	未发	未发	B
江苏里下河地区农科所	632.33	6.87	3	5/10	8/20	9/28	141	13.6	133.3	28.4	180.9	160.4	88.7	29.7	0.9	直	无	轻	B
江苏沿海地区农科所	633.50	6.06	4	5/7	8/21	9/30	146	15.5	129.0	27.7	207.9	166.7	80.2	25.9	1.2	直	轻	轻	A
江西九江市农科所	650.33	6.15	5	5/14	8/20	9/25	134	15.7	130.7	29.2	248.4	161.0	64.8	28.7	1.0	直	未发	未发	B
江西省农业科学院水稻所	535.50	-8.28	13	5/17	8/22	9/23	129	16.7	121.8	27.5	149.0	114.1	76.6	29.8	1.2	直	未发	未发	C
中国水稻研究所	563.56	-2.60	12	5/20	8/23	10/3	136	15.7	139.6	26.4	185.9	150.4	80.9	29.0	0.0	直	未发	轻	C

注：综合评级 A—好，B—较好，C—中等，D——般。

表 13-8-2　长江中下游中籼迟熟 D 组（132411NX-D）区试品种在各试点的产量、生育期及主要农艺经济性状表现

品种名称/试验点	亩产（千克）	比 CK ± %	产量位次	播种期（月/日）	齐穗期（月/日）	成熟期（月/日）	全生育期（天）	有效穗（万/亩）	株高（厘米）	穗长（厘米）	总粒数/穗	实粒数/穗	结实率（%）	千粒重（克）	杂株率（%）	倒伏性	穗颈瘟	纹枯病	综评等级
两优 1882																			
安徽滁州市农科所	698.33	3.66	7	5/6	8/24	10/3	150	18.4	106.1	25.2	255.1	208.0	81.5	22.8	2.3	直	未发	轻	A
安徽黄山市种子站	605.67	9.66	3	5/2	8/17	9/15	136	18.2	113.4	23.3	197.2	155.1	78.7	21.6	2.1	直	未发	未发	A
安徽省农业科学院水稻所	681.00	2.87	5	5/4	8/20	9/26	145	18.5	133.8	25.4	200.3	163.5	81.6	22.5	1.0	直	未发	轻	B
安徽芜湖市种子站	615.00	-0.97	9	5/11	8/24	9/28	140	17.8	127.7	24.7	216.0	171.9	79.6	23.0	1.7	直	无	轻	B
福建建阳市良种场	672.83	4.05	5	5/14	8/17	9/28	137	18.0	115.4	25.2	188.0	162.5	86.4	23.7	1.1	直	未发	轻	B
河南信阳市农业科学院	586.67	-0.82	10	4/24	8/11	9/16	145	17.5	123.5	23.6	207.6	152.8	73.6	21.3		直	未发	轻	C
湖北京山县农业局	641.85	6.51	5	4/27	8/9	9/10	136	19.6	104.0	23.4	174.3	142.7	81.9	23.0	0.6	直	未发	未发	A
湖北宜昌市农业科学院	537.87	-2.47	10	4/27	8/12	9/14	140	18.1	110.5	25.6	180.6	135.6	75.1	21.6	1.0	直	未发	轻	C
湖南怀化市农科所	585.67	7.40	7	4/25	8/8	9/7	135	18.8	115.5	24.2	193.4	151.2	78.2	21.1		直	未发	轻	B
湖南岳阳市农科所	625.83	7.84	6	5/12	8/22	9/27	138	15.8	118.6	24.8	202.5	153.5	75.8	24.2	0.0	直	未发	未发	B
江苏里下河地区农科所	629.50	6.39	6	5/10	8/22	9/29	142	15.5	116.0	24.2	215.1	177.8	82.7	22.9	0.6	直	无	轻	B
江苏沿海地区农科所	619.33	3.68	8	5/7	8/24	10/2	148	15.8	119.6	22.8	236.2	183.2	77.6	21.0	0.9	直	轻	轻	B
江西九江市农科所	655.33	6.96	3	5/14	8/22	9/26	135	18.7	112.5	24.1	241.9	161.9	66.9	21.4	2.0	直	未发	未发	B
江西省农业科学院水稻所	597.00	2.26	5	5/17	8/23	9/24	130	20.8	101.5	23.2	179.7	134.0	74.6	21.9	0.0	直	未发	未发	B
中国水稻研究所	605.89	4.72	8	5/20	8/24	10/5	138	18.1	124.6	22.8	228.0	165.0	72.4	20.0	1.2	直	未发	轻	B

注：综合评级 A—好，B—较好，C—中等，D——般。

表 13-8-3　长江中下游中籼迟熟 D 组（132411NX-D）区试品种在各试点的产量、生育期及主要农艺经济性状表现

品种名称/试验点	亩产（千克）	比 CK ± %	产量位次	播种期（月/日）	齐穗期（月/日）	成熟期（月/日）	全生育期（天）	有效穗（万/亩）	株高（厘米）	穗长（厘米）	总粒数/穗	实粒数/穗	结实率（%）	千粒重（克）	杂株率（%）	倒伏性	穗颈瘟	纹枯病	综评等级
隆两优华占																			
安徽滁州市农科所	763.67	13.36	1	5/6	8/21	10/2	149	18.2	124.3	25.3	217.4	193.0	88.8	23.8	1.0	直	未发	轻	A
安徽黄山市种子站	593.83	7.51	5	5/2	8/16	9/13	134	16.4	120.4	23.0	194.2	163.1	84.0	23.0	0.0	直	未发	未发	B
安徽省农业科学院水稻所	727.17	9.84	2	5/4	8/15	9/21	140	17.9	131.8	24.3	194.5	166.7	85.7	24.3	1.3	直	未发	轻	A
安徽芜湖市种子站	564.67	-9.07	12	5/11	8/19	9/25	137	16.7	134.2	24.5	189.1	156.6	82.8	24.9	1.7	直	无	轻	B
福建建阳市良种场	670.67	3.71	6	5/14	8/11	9/23	132	17.0	123.2	26.6	183.7	162.3	88.4	24.5	0.0	直	未发	轻	B
河南信阳市农业科学院	637.83	7.83	2	4/24	8/8	9/16	145	22.6	127.8	23.7	169.6	122.3	72.1	22.8		直	未发	轻	B
湖北京山县农业局	638.85	6.01	6	4/27	8/4	9/7	133	20.7	98.0	20.8	152.2	133.8	87.9	22.7	0.3	直	未发	未发	A
湖北宜昌市农业科学院	617.65	11.99	1	4/27	8/9	9/11	137	19.7	124.0	25.0	163.3	136.4	83.5	23.6	1.3	直	未发	轻	A
湖南怀化市农科所	648.67	18.95	1	4/25	8/5	9/7	135	21.5	117.4	25.3	158.1	130.8	82.7	23.5		直	未发	轻	A
湖南岳阳市农科所	632.00	8.90	3	5/12	8/21	9/26	137	15.5	122.5	24.2	206.4	158.4	76.7	24.0	0.0	直	未发	未发	B
江苏里下河地区农科所	657.83	11.18	1	5/10	8/18	9/26	139	16.5	130.7	24.7	183.2	165.0	90.1	22.9	0.3	直	无	轻	A
江苏沿海地区农科所	655.00	9.65	1	5/7	8/21	9/28	144	18.5	132.4	25.8	199.3	159.2	79.9	21.8	0.9	直	轻	轻	A
江西九江市农科所	668.00	9.03	2	5/14	8/19	9/24	133	17.1	119.8	24.8	224.4	153.3	68.3	23.6		直	未发	未发	A
江西省农业科学院水稻所	617.83	5.82	3	5/17	8/20	9/20	126	18.3	111.6	25.0	183.7	146.8	79.9	23.3	0.0	直	未发	未发	A
中国水稻研究所	646.35	11.71	2	5/20	8/20	10/3	136	18.1	123.9	24.1	210.9	170.4	80.8	22.6	0.0	直	未发	轻	A

注：综合评级 A—好，B—较好，C—中等，D——般。

表 13-8-4　长江中下游中籼迟熟 D 组（132411NX-D）区试品种在各试点的产量、生育期及主要农艺经济性状表现

品种名称/试验点	亩产（千克）	比 CK ± %	产量位次	播种期（月/日）	齐穗期（月/日）	成熟期（月/日）	全生育期（天）	有效穗（万/亩）	株高（厘米）	穗长（厘米）	总粒数/穗	实粒数/穗	结实率（%）	千粒重（克）	杂株率（%）	倒伏性	穗颈瘟	纹枯病	综评等级
科两优 889																			
安徽滁州市农科所	692.17	2.75	9	5/6	8/21	9/30	147	17.8	111.9	25.5	204.0	180.5	88.5	23.2	1.5	直	未发	轻	A
安徽黄山市种子站	606.83	9.87	2	5/2	8/14	9/13	134	15.8	125.4	25.3	188.3	158.3	84.1	24.7	1.5	直	未发	未发	A
安徽省农业科学院水稻所	610.00	-7.85	10	5/4	8/13	9/19	138	15.2	138.8	24.6	192.4	159.8	83.1	25.2	1.5	直	未发	轻	C
安徽芜湖市种子站	673.17	8.40	1	5/11	8/18	9/22	134	18.4	130.6	26.1	214.4	174.5	81.4	24.2	2.0	直	无	无	A
福建建阳市良种场	592.17	-8.43	13	5/14	8/14	9/24	133	14.7	127.0	27.0	186.2	165.1	88.7	25.2	2.5	直	未发	轻	D
河南信阳市农业科学院	636.50	7.61	3	4/24	8/5	9/15	144	17.2	130.9	24.4	172.6	153.9	89.2	24.0	1.9	直	未发	轻	B
湖北京山县农业局	653.93	8.51	2	4/27	8/2	9/4	130	18.4	98.0	23.4	180.3	152.5	84.6	26.6	0.9	直	未发	未发	A
湖北宜昌市农业科学院	611.55	10.89	2	4/27	8/8	9/11	137	18.3	116.0	26.9	171.4	138.3	80.7	23.8	2.0	直	未发	轻	A
湖南怀化市农科所	590.00	8.19	6	4/25	8/5	9/7	135	19.4	114.1	24.9	165.8	129.5	78.1	24.0		直	未发	轻	B
湖南岳阳市农科所	632.67	9.02	2	5/12	8/18	9/23	134	15.6	121.7	24.9	192.4	152.4	79.2	24.6	0.0	直	未发	未发	A
江苏里下河地区农科所	630.50	6.56	5	5/10	8/16	9/26	139	16.3	127.7	25.5	193.8	174.7	90.1	22.9	1.2	直	无	轻	B
江苏沿海地区农科所	628.33	5.19	5	5/7	8/18	9/24	140	17.8	131.6	27.5	188.4	154.9	82.2	23.3	0.3	直	轻	轻	B
江西九江市农科所	633.67	3.43	7	5/14	8/19	9/24	133	15.1	121.3	25.9	201.3	155.4	77.2	24.2	1.0	直	未发	未发	C
江西省农业科学院水稻所	596.67	2.20	6	5/17	8/20	9/21	127	17.9	114.6	24.8	166.5	143.6	86.2	23.9	0.0	直	未发	未发	B
中国水稻研究所	545.68	-5.69	13	5/20	8/19	10/2	135	15.7	131.7	25.5	209.5	182.6	87.2	24.3	1.2	直	未发	中	D

注：综合评级 A—好，B—较好，C—中等，D——般。

表 13－8－5　长江中下游中籼迟熟 D 组（132411NX-D）区试品种在各试点的产量、生育期及主要农艺经济性状表现

品种名称/试验点	亩产（千克）	比 CK ± %	产量位次	播种期（月/日）	齐穗期（月/日）	成熟期（月/日）	全生育期（天）	有效穗（万/亩）	株高（厘米）	穗长（厘米）	总粒数/穗	实粒数/穗	结实率（%）	千粒重（克）	杂株率（%）	倒伏性	穗颈瘟	纹枯病	综评等级
九优 108																			
安徽滁州市农科所	658.00	-2.33	12	5/6	8/23	10/3	150	17.6	109.9	23.8	228.3	155.7	68.2	25.3	0.0	直	未发	轻	B
安徽黄山市种子站	584.67	5.85	8	5/2	8/14	9/11	132	13.8	114.0	22.9	228.0	167.2	73.3	26.1	0.6	直	中	未发	C
安徽省农业科学院水稻所	588.50	-11.10	12	5/4	8/15	9/21	140	14.6	117.8	22.4	188.9	152.2	80.6	26.4	0.5	直	未发	轻	D
安徽芜湖市种子站	602.83	-2.93	10	5/11	8/19	9/22	134	17.5	121.3	24.0	198.2	160.7	81.1	24.6	0.0	直	无	轻	B
福建建阳市良种场	615.00	-4.90	12	5/14	8/14	9/24	133	14.9	116.6	25.2	182.0	144.3	79.3	27.9	0.0	直	重	中	C
河南信阳市农业科学院	557.00	-5.83	12	4/24	8/8	9/14	143	17.6	117.8	21.6	182.3	134.6	73.8	25.4		直	未发	轻	C
湖北京山县农业局	580.58	-3.66	10	4/27	8/4	9/6	132	18.1	104.0	25.4	146.8	124.6	84.9	24.0	0.3	直	未发	未发	C
湖北宜昌市农业科学院	499.53	-9.42	12	4/27	8/10	9/12	138	15.1	109.0	26.2	197.5	123.4	62.5	26.7	1.1	直	未发	轻	D
湖南怀化市农科所	527.00	-3.36	13	4/25	8/6	9/7	135	14.7	113.2	22.6	173.5	138.3	79.7	26.9		直	未发	轻	D
湖南岳阳市农科所	576.00	-0.75	12	5/12	8/20	9/26	137	14.7	114.6	23.9	218.4	173.4	79.4	27.6	0.0	直	未发	未发	B
江苏里下河地区农科所	611.00	3.27	7	5/10	8/19	9/25	138	12.4	118.0	21.7	227.0	176.9	77.9	26.6	0.3	直	轻	轻	C
江苏沿海地区农科所	626.50	4.88	6	5/7	8/21	9/29	145	15.2	117.0	25.2	235.2	183.2	77.9	23.0	0.0	直	轻	轻	B
江西九江市农科所	563.67	-8.00	12	5/14	8/19	9/24	133	15.3	106.4	24.8	263.6	164.7	62.5	26.7		直	未发	未发	D
江西省农业科学院水稻所	578.83	-0.86	9	5/17	8/21	9/23	129	14.4	105.0	24.2	188.1	159.5	84.8	26.9	0.0	直	未发	未发	C
中国水稻研究所	584.25	0.98	9	5/20	8/22	10/4	137	16.3	119.5	23.5	227.0	144.9	63.8	25.6	0.0	直	未发	轻	B

注：综合评级 A—好，B—较好，C—中等，D——般。

表 13-8-6　长江中下游中籼迟熟 D 组（132411NX-D）区试品种在各试点的产量、生育期及主要农艺经济性状表现

品种名称/试验点	亩产（千克）	比 CK ± %	产量位次	播种期（月/日）	齐穗期（月/日）	成熟期（月/日）	全生育期（天）	有效穗（万/亩）	株高（厘米）	穗长（厘米）	总粒数/穗	实粒数/穗	结实率（%）	千粒重（克）	杂株率（%）	倒伏性	穗颈瘟	纹枯病	综评等级
E 两优 2106																			
安徽滁州市农科所	705.67	4.75	5	5/6	8/23	10/3	150	16.6	125.6	26.8	203.3	169.6	83.4	27.5	2.3	直	未发	轻	A
安徽黄山市种子站	538.67	-2.47	12	5/2	8/15	9/13	134	14.0	126.4	24.8	163.0	133.9	82.2	29.2	0.0	直	轻	未发	C
安徽省农业科学院水稻所	654.83	-1.08	8	5/4	8/19	9/24	143	15.5	136.8	25.8	185.2	144.1	77.8	30.1	2.5	直	未发	轻	C
安徽芜湖市种子站	556.83	-10.33	13	5/11	8/18	9/23	135	15.6	135.8	27.8	178.6	148.8	83.3	27.7	3.3	直	无	中	C
福建建阳市良种场	628.00	-2.89	10	5/14	8/13	9/23	132	15.7	129.7	26.1	169.2	136.3	80.6	30.5	0.0	直	未发	轻	C
河南信阳市农业科学院	586.00	-0.93	11	4/24	8/7	9/14	143	17.5	130.7	23.7	119.2	100.8	84.6	28.5		直	未发	轻	C
湖北京山县农业局	555.23	-7.87	12	4/27	8/8	9/10	136	16.1	104.0	23.6	149.4	125.0	83.7	27.3	1.4	直	未发	未发	C
湖北宜昌市农业科学院	598.87	8.59	5	4/27	8/9	9/11	137	15.1	124.0	26.5	165.9	132.9	80.1	30.1	1.8	直	未发	轻	B
湖南怀化市农科所	549.17	0.70	9	4/25	8/8	9/7	135	16.0	123.7	26.5	151.7	116.5	76.8	30.4		直	未发	轻	C
湖南岳阳市农科所	578.33	-0.34	11	5/12	8/20	9/25	136	16.4	121.5	24.4	219.9	164.9	75.0	30.5	0.0	直	未发	未发	C
江苏里下河地区农科所	591.50	-0.03	11	5/10	8/17	9/27	140	14.5	127.3	25.9	160.2	141.2	88.1	29.4	0.6	直	无	轻	C
江苏沿海地区农科所	650.17	8.85	2	5/7	8/20	9/27	143	16.5	130.8	24.6	186.9	145.3	77.7	27.8	0.0	直	轻	轻	A
江西九江市农科所	573.67	-6.37	11	5/14	8/17	9/22	131	15.3	118.3	25.9	167.1	122.1	73.1	30.3	3.0	直	未发	未发	D
江西省农业科学院水稻所	590.17	1.09	7	5/17	8/21	9/20	126	16.9	115.4	26.1	145.0	129.2	89.1	29.2	3.2	直	未发	未发	C
中国水稻研究所	626.59	8.29	5	5/20	8/20	10/3	136	15.7	133.9	25.3	173.6	151.6	87.3	30.3	4.4	直	未发	轻	A

注：综合评级 A—好，B—较好，C—中等，D——般。

表 13-8-7　长江中下游中籼迟熟 D 组（132411NX-D）区试品种在各试点的产量、生育期及主要农艺经济性状表现

品种名称/试验点	亩产（千克）	比 CK ± %	产量位次	播种期（月/日）	齐穗期（月/日）	成熟期（月/日）	全生育期（天）	有效穗（万/亩）	株高（厘米）	穗长（厘米）	总粒数/穗	实粒数/穗	结实率（%）	千粒重（克）	杂株率（%）	倒伏性	穗颈瘟	纹枯病	综评等级
雨两优 91																			
安徽滁州市农科所	645.17	-4.23	13	5/6	8/20	9/29	146	18.2	118.5	23.6	157.2	145.6	92.6	26.2	1.3	直	未发	轻	B
安徽黄山市种子站	534.50	-3.23	13	5/2	8/10	9/10	131	14.1	113.4	24.3	169.2	149.9	88.6	26.9	0.3	直	未发	未发	C
安徽省农业科学院水稻所	681.83	3.00	4	5/4	8/13	9/18	137	16.5	127.8	24.6	188.1	148.1	78.7	28.4	1.0	直	未发	轻	B
安徽芜湖市种子站	641.67	3.33	5	5/11	8/16	9/17	129	19.2	138.9	24.6	172.7	142.8	82.7	27.4	2.5	直	无	无	A
福建建阳市良种场	650.50	0.59	8	5/14	8/11	9/16	125	14.7	122.2	24.7	178.9	152.9	85.5	29.5	0.0	直	未发	无	B
河南信阳市农业科学院	516.00	-12.76	13	4/24	7/30	9/1	130	19.5	126.5	22.5	124.6	103.0	82.7	26.8		直	未发	轻	D
湖北京山县农业局	513.60	-14.77	13	4/27	7/30	9/3	129	15.4	100.0	25.4	129.4	111.3	86.0	23.8	0.5	直	未发	未发	D
湖北宜昌市农业科学院	534.30	-3.12	11	4/27	8/6	9/7	133	16.0	117.0	26.7	148.0	128.2	86.6	27.0	1.3	直	未发	轻	D
湖南怀化市农科所	542.00	-0.61	11	4/25	7/30	9/2	130	12.9	126.4	27.0	186.0	158.8	85.4	27.6		直	未发	轻	D
湖南岳阳市农科所	570.33	-1.72	13	5/12	8/17	9/23	134	16.5	120.8	24.5	196.5	159.5	81.2	28.6	0.0	直	未发	未发	C
江苏里下河地区农科所	559.83	-5.38	13	5/10	8/14	9/21	134	14.8	124.3	26.3	178.8	148.9	83.3	26.9	0.3	直	无	轻	D
江苏沿海地区农科所	530.50	-11.19	13	5/7	8/18	9/24	140	15.0	130.4	25.0	190.1	141.1	74.2	26.5	0.6	直	轻	轻	D
江西九江市农科所	614.67	0.33	8	5/14	8/14	9/18	127	17.7	122.7	25.0	153.5	131.3	85.5	25.0		直	未发	未发	C
江西省农业科学院水稻所	557.67	-4.48	11	5/17	8/16	9/15	121	17.6	112.1	24.1	142.6	125.9	88.3	28.4	0.0	直	未发	未发	C
中国水稻研究所	620.95	7.32	6	5/20	8/18	9/30	133	17.3	124.6	23.8	163.0	151.3	92.8	29.3	0.0	直	未发	轻	A

注：综合评级 A—好，B—较好，C—中等，D—一般。

表 13－8－8　长江中下游中籼迟熟 D 组（132411NX-D）区试品种在各试点的产量、生育期及主要农艺经济性状表现

品种名称/试验点	亩产（千克）	比 CK ± %	产量位次	播种期（月/日）	齐穗期（月/日）	成熟期（月/日）	全生育期（天）	有效穗（万/亩）	株高（厘米）	穗长（厘米）	总粒数/穗	实粒数/穗	结实率（%）	千粒重（克）	杂株率（%）	倒伏性	穗颈瘟	纹枯病	综评等级
C 两优 4418																			
安徽滁州市农科所	665.17	－1.26	11	5/6	8/18	9/29	146	19.6	115.6	23.6	220.2	149.1	67.7	24.0	0.0	直	未发	轻	B
安徽黄山市种子站	592.67	7.30	6	5/2	8/12	9/11	132	17.1	115.7	23.1	202.6	154.8	76.4	23.0	0.0	直	未发	未发	A
安徽省农业科学院水稻所	576.67	－12.89	13	5/4	8/11	9/16	135	17.8	126.8	23.7	188.2	145.8	77.5	22.5	0.5	直	未发	轻	C
安徽芜湖市种子站	636.50	2.50	6	5/11	8/16	9/20	132	18.8	120.6	23.5	195.5	164.5	84.1	23.7	1.7	直	无	轻	A
福建建阳市良种场	684.00	5.77	3	5/14	8/11	9/23	132	19.4	117.4	23.1	177.6	149.6	84.2	23.9	1.8	直	未发	轻	A
河南信阳市农业科学院	628.67	6.28	6	4/24	8/3	9/10	139	22.4	121.9	22.1	163.9	126.9	77.4	21.7		直	未发	轻	C
湖北京山县农业局	620.48	2.96	7	4/27	8/2	9/4	130	15.7	105.0	26.6	157.6	126.7	80.4	30.1	0.3	直	未发	未发	B
湖北宜昌市农业科学院	570.12	3.38	8	4/27	8/8	9/10	136	17.9	110.0	24.5	170.5	133.8	78.5	23.5	1.2	直	未发	轻	C
湖南怀化市农科所	622.67	14.18	3	4/25	8/1	9/3	131	18.3	121.9	25.3	191.9	153.6	80.0	22.7		直	未发	轻	A
湖南岳阳市农科所	630.00	8.56	4	5/12	8/16	9/20	131	16.2	115.8	24.6	207.8	162.8	78.3	24.6	0.0	直	未发	未发	A
江苏里下河地区农科所	607.67	2.70	8	5/10	8/16	9/22	135	15.7	113.3	22.8	214.8	168.2	78.3	22.2	0.3	直	无	轻	C
江苏沿海地区农科所	623.83	4.44	7	5/7	8/14	9/23	139	17.8	120.6	21.4	212.5	165.2	77.7	21.3	0.0	直	轻	轻	B
江西九江市农科所	671.00	9.52	1	5/14	8/21	9/26	135	18.9	115.1	23.5	192.6	144.9	75.2	23.6	2.0	直	未发	未发	A
江西省农业科学院水稻所	627.33	7.45	1	5/17	8/19	9/21	127	19.5	108.9	22.8	180.4	152.0	84.3	22.2	0.0	直	未发	未发	A
中国水稻研究所	638.82	10.41	3	5/20	8/22	10/1	134	18.8	122.5	23.2	206.0	159.1	77.3	22.0	0.0	直	未发	轻	A

注：综合评级 A—好，B—较好，C—中等，D——般。

表 13-8-9　长江中下游中籼迟熟 D 组（132411NX-D）区试品种在各试点的产量、生育期及主要农艺经济性状表现

品种名称/试验点	亩产（千克）	比 CK ±%	产量位次	播种期（月/日）	齐穗期（月/日）	成熟期（月/日）	全生育期（天）	有效穗（万/亩）	株高（厘米）	穗长（厘米）	总粒数/穗	实粒数/穗	结实率（%）	千粒重（克）	杂株率（%）	倒伏性	穗颈瘟	纹枯病	综评等级
丰两优四号（CK）																			
安徽滁州市农科所	673.67	0.00	10	5/6	8/20	9/29	146	17.2	126.1	24.5	192.3	168.7	87.7	26.0	0.5	倒	未发	中	B
安徽黄山市种子站	552.33	0.00	11	5/2	8/12	9/10	131	13.0	121.3	24.5	185.0	159.8	86.4	28.1	1.2	直	轻	未发	C
安徽省农业科学院水稻所	662.00	0.00	7	5/4	8/18	9/24	143	15.8	137.8	24.9	189.1	148.1	78.3	28.5	1.5	直	未发	轻	B
安徽芜湖市种子站	621.00	0.00	8	5/11	8/17	9/20	132	17.6	134.4	26.2	184.6	152.3	82.5	26.8	0.0	直	无	中	B
福建建阳市良种场	646.67	0.00	9	5/14	8/11	9/18	127	15.1	129.0	24.1	170.0	144.9	85.2	29.7	1.1	直	未发	轻	C
河南信阳市农业科学院	591.50	0.00	9	4/24	8/9	9/15	144	15.9	129.4	24.2	163.2	131.2	80.4	27.0		直	未发	轻	C
湖北京山县农业局	602.63	0.00	9	4/27	8/4	9/5	131	15.6	106.7	25.5	181.6	151.9	83.6	28.2	1.1	直	未发	未发	B
湖北宜昌市农业科学院	551.50	0.00	9	4/27	8/6	9/8	134	15.8	121.0	26.0	163.3	125.7	77.0	27.3	0.8	直	未发	中	C
湖南怀化市农科所	545.33	0.00	10	4/25	8/2	9/4	132	15.4	126.2	26.2	182.6	131.7	72.1	27.8		直	未发	轻	C
湖南岳阳市农科所	580.33	0.00	10	5/12	8/17	9/22	133	16.5	122.5	26.0	206.4	158.4	76.7	27.8	0.0	直	未发	未发	B
江苏里下河地区农科所	591.67	0.00	10	5/10	8/16	9/25	138	14.0	124.7	25.5	181.3	153.4	84.6	28.5	0.6	直	无	轻	C
江苏沿海地区农科所	597.33	0.00	11	5/7	8/16	9/22	138	16.5	127.0	24.4	190.3	145.6	76.5	25.8	0.3	直	轻	轻	C
江西九江市农科所	612.67	0.00	9	5/14	8/16	9/21	130	16.0	123.6	25.8	222.9	146.9	65.9	27.8		直	未发	未发	C
江西省农业科学院水稻所	583.83	0.00	8	5/17	8/19	9/20	126	15.8	117.8	24.4	167.4	145.4	86.9	28.0	0.0	直	未发	未发	C
中国水稻研究所	578.61	0.00	10	5/20	8/19	10/4	137	14.9	133.7	22.9	183.2	160.5	87.6	27.2	0.0	直	未发	轻	B

注：综合评级 A—好，B—较好，C—中等，D——一般。

表 13－8－10 长江中下游中籼迟熟 D 组（132411NX-D）区试品种在各试点的产量、生育期及主要农艺经济性状表现

品种名称/试验点	亩产（千克）	比 CK ± %	产量位次	播种期（月/日）	齐穗期（月/日）	成熟期（月/日）	全生育期（天）	有效穗（万/亩）	株高（厘米）	穗长（厘米）	总粒数/穗	实粒数/穗	结实率（%）	千粒重（克）	杂株率（%）	倒伏性	穗颈瘟	纹枯病	综评等级
众两优 189																			
安徽滁州市农科所	710.33	5.44	3	5/6	8/19	9/29	146	18.4	115.5	24.7	194.6	158.8	81.6	26.2	0.5	直	未发	轻	A
安徽黄山市种子站	587.50	6.37	7	5/2	8/12	9/10	131	16.4	122.4	24.9	181.4	142.3	78.4	25.7	0.9	直	轻	未发	B
安徽省农业科学院水稻所	604.67	－8.66	11	5/4	8/13	9/20	139	15.4	134.8	25.6	185.7	147.2	79.3	27.0	1.5	直	未发	轻	C
安徽芜湖市种子站	646.67	4.13	4	5/11	8/17	9/19	131	20.3	131.7	23.4	173.0	146.4	84.6	25.3	0.0	直	无	无	A
福建建阳市良种场	676.17	4.56	4	5/14	8/13	9/21	130	16.0	125.8	26.0	187.4	159.5	85.1	26.7	3.9	直	未发	轻	B
河南信阳市农业科学院	625.50	5.75	7	4/24	8/4	9/11	140	19.1	125.4	22.3	133.9	109.0	81.4	26.0		直	未发	轻	C
湖北京山县农业局	648.15	7.55	3	4/27	8/1	9/1	127	19.0	103.0	26.4	142.3	125.8	88.4	27.9	2.1	直	未发	中	A
湖北宜昌市农业科学院	607.05	10.07	3	4/27	8/7	9/8	134	20.3	115.5	26.4	141.8	116.3	82.0	26.6	1.4	直	未发	中	A
湖南怀化市农科所	602.67	10.51	5	4/25	8/3	9/5	133	18.1	119.0	24.8	168.2	129.8	77.2	26.3		直	未发	轻	A
湖南岳阳市农科所	634.67	9.36	1	5/12	8/16	9/21	132	16.9	120.6	24.6	186.3	140.3	75.3	25.4	0.0	直	未发	未发	A
江苏里下河地区农科所	566.33	－4.28	12	5/10	8/16	9/26	139	15.8	124.3	24.8	196.8	153.6	78.0	25.6	0.6	直	无	轻	D
江苏沿海地区农科所	607.33	1.67	10	5/7	8/18	9/24	140	18.2	126.6	23.9	178.0	141.2	79.3	23.9	0.3	直	轻	轻	C
江西九江市农科所	557.83	－8.95	13	5/14	8/17	9/21	130	18.0	112.0	26.0	192.5	135.9	70.6	25.1		直	未发	未发	D
江西省农业科学院水稻所	575.50	－1.43	10	5/17	8/18	9/17	123	19.6	112.0	23.4	157.5	116.9	74.2	25.7	0.0	直	未发	未发	B
中国水稻研究所	572.96	－0.98	11	5/20	8/19	10/1	134	17.6	127.3	24.0	173.6	139.1	80.2	25.2	0.0	直	未发	中	C

注：综合评级 A—好，B—较好，C—中等，D——般。

表 13－8－11　长江中下游中籼迟熟 D 组（132411NX-D）区试品种在各试点的产量、生育期及主要农艺经济性状表现

品种名称/试验点	亩产（千克）	比 CK ± %	产量位次	播种期（月/日）	齐穗期（月/日）	成熟期（月/日）	全生育期（天）	有效穗（万/亩）	株高（厘米）	穗长（厘米）	总粒数/穗	实粒数/穗	结实率（%）	千粒重（克）	杂株率（%）	倒伏性	穗颈瘟	纹枯病	综评等级
鹏两优 332																			
安徽滁州市农科所	708.83	5.22	4	5/6	8/20	9/29	146	17.8	130.9	26.2	201.6	154.6	76.7	27.0	1.0	直	未发	轻	A
安徽黄山市种子站	610.67	10.56	1	5/2	8/13	9/11	132	13.9	132.1	26.4	227.4	168.6	74.1	25.9	0.6	直	未发	未发	B
安徽省农业科学院水稻所	662.83	0.13	6	5/4	8/13	9/20	139	14.7	138.8	28.1	242.7	184.1	75.9	24.9	2.0	直	未发	轻	C
安徽芜湖市种子站	588.67	－5.21	11	5/11	8/18	9/24	136	16.4	143.4	28.3	201.5	159.2	79.0	25.9	1.7	直	轻	轻	C
福建建阳市良种场	690.17	6.73	2	5/14	8/13	9/24	133	17.0	134.2	26.8	186.6	160.5	86.0	25.7	0.0	直	未发	轻	A
河南信阳市农业科学院	635.83	7.50	4	4/24	8/5	9/11	140	19.7	135.6	25.5	157.4	150.9	95.9	24.8		直	未发	轻	B
湖北京山县农业局	647.25	7.40	4	4/27	8/3	9/5	131	18.6	104.0	25.8	170.0	145.8	85.8	25.2	0.3	直	未发	未发	A
湖北宜昌市农业科学院	591.65	7.28	6	4/27	8/6	9/9	135	16.7	119.5	28.6	181.9	138.5	76.1	24.9	1.3	直	未发	轻	B
湖南怀化市农科所	605.83	11.09	4	4/25	8/4	9/7	135	13.6	127.2	27.7	244.7	180.7	73.8	25.5		直	未发	轻	A
湖南岳阳市农科所	626.67	7.98	5	5/12	8/16	9/22	133	16.8	131.5	25.1	178.8	137.8	77.1	26.8	0.0	直	未发	未发	A
江苏里下河地区农科所	631.33	6.70	4	5/10	8/17	9/25	138	14.6	135.7	25.9	217.8	181.2	83.2	25.2	0.3	直	无	轻	A
江苏沿海地区农科所	613.50	2.71	9	5/7	8/20	9/26	142	15.5	138.8	26.2	231.3	176.5	76.3	23.5	0.9	直	轻	轻	C
江西九江市农科所	651.00	6.26	4	5/14	8/19	9/24	133	17.1	127.7	27.3	210.7	144.4	68.5	24.8	2.0	直	未发	未发	B
江西省农业科学院水稻所	625.83	7.19	2	5/17	8/19	9/19	125	18.9	122.1	25.8	193.1	139.8	72.4	24.2	0.0	直	未发	未发	A
中国水稻研究所	628.47	8.62	4	5/20	8/20	10/1	134	16.4	142.0	26.4	248.0	195.7	78.9	24.5	0.0	直	未发	轻	A

注：综合评级 A—好，B—较好，C—中等，D——般。

表 13－8－12　长江中下游中籼迟熟 D 组（132411NX-D）区试品种在各试点的产量、生育期及主要农艺经济性状表现

品种名称/试验点	亩产（千克）	比 CK ± %	产量位次	播种期（月/日）	齐穗期（月/日）	成熟期（月/日）	全生育期（天）	有效穗（万/亩）	株高（厘米）	穗长（厘米）	总粒数/穗	实粒数/穗	结实率（%）	千粒重（克）	杂株率（%）	倒伏性	穗颈瘟	纹枯病	综评等级
广优 772																			
安徽滁州市农科所	720.33	6.93	2	5/6	8/20	9/30	147	17.6	131.1	26.3	168.9	153.6	90.9	28.6	1.8	伏	未发	中	A
安徽黄山市种子站	568.17	2.87	10	5/2	8/16	9/14	135	12.6	134.0	26.1	184.6	149.6	81.0	31.9	0.0	直	未发	未发	C
安徽省农业科学院水稻所	626.17	－5.41	9	5/4	8/11	9/17	136	14.4	140.8	26.8	171.2	139.2	81.3	31.7	2.8	直	未发	轻	C
安徽芜湖市种子站	654.83	5.45	3	5/11	8/21	9/26	138	17.1	150.6	28.4	189.1	153.0	80.9	29.3	0.0	直	无	无	A
福建建阳市良种场	691.33	6.91	1	5/14	8/18	9/25	134	14.0	140.0	26.9	176.1	151.3	85.9	32.9	1.4	直	未发	轻	A
河南信阳市农业科学院	616.00	4.14	8	4/24	8/9	9/17	146	17.4	135.6	26.2	158.6	117.9	74.3	30.3		直	未发	轻	C
湖北京山县农业局	566.55	－5.99	11	4/27	8/9	9/10	136	16.7	103.0	22.8	162.9	137.8	84.6	23.2	0.5	直	未发	未发	C
湖北宜昌市农业科学院	472.72	－14.29	13	4/27	8/10	9/10	136	16.2	125.0	28.0	164.3	104.7	63.7	31.7	1.9	直	未发	中	D
湖南怀化市农科所	535.17	－1.86	12	4/25	8/6	9/8	136	14.2	146.1	27.2	146.5	121.5	82.9	32.2		直	未发	轻	D
湖南岳阳市农科所	618.17	6.52	8	5/12	8/21	9/26	137	16.7	133.3	26.7	172.2	136.2	79.1	30.8	0.0	直	未发	未发	B
江苏里下河地区农科所	602.17	1.77	9	5/10	8/19	9/27	140	13.0	136.0	26.2	186.9	157.8	84.4	31.6	0.6	直	无	轻	C
江苏沿海地区农科所	590.67	－1.12	12	5/7	8/22	9/29	145	15.8	136.6	26.0	164.6	135.4	82.3	29.2	1.2	直	轻	轻	D
江西九江市农科所	644.67	5.22	6	5/14	8/24	9/28	137	17.5	133.5	26.0	151.2	110.3	72.9	27.9		直	未发	未发	B
江西省农业科学院水稻所	537.00	－8.02	12	5/17	8/26	9/27	133	19.0	123.1	25.1	144.2	113.7	78.8	29.9	0.0	直	未发	未发	C
中国水稻研究所	609.66	5.37	7	5/20	8/29	10/6	139	16.4	143.3	26.0	181.2	144.3	79.6	30.9	0.8	直	未发	轻	A

注：综合评级 A—好，B—较好，C—中等，D——般。

表 13－8－13　长江中下游中籼迟熟 D 组（132411NX-D）区试品种在各试点的产量、生育期及主要农艺经济性状表现

品种名称/试验点	亩产（千克）	比 CK ± %	产量位次	播种期（月/日）	齐穗期（月/日）	成熟期（月/日）	全生育期（天）	有效穗（万/亩）	株高（厘米）	穗长（厘米）	总粒数/穗	实粒数/穗	结实率（%）	千粒重（克）	杂株率（%）	倒伏性	穗颈瘟	纹枯病	综评等级
和两优 332																			
安徽滁州市农科所	698.50	3.69	6	5/6	8/20	10/1	148	19.2	108.5	25.1	186.2	169.9	91.2	23.6	0.3	直	未发	轻	A
安徽黄山市种子站	580.67	5.13	9	5/2	8/13	9/13	134	16.9	112.2	25.5	176.7	155.2	87.8	22.7	0.0	直	未发	未发	B
安徽省农业科学院水稻所	684.00	3.32	3	5/4	8/14	9/20	139	17.9	135.8	26.8	190.5	163.8	86.0	23.2	2.0	直	未发	轻	B
安徽芜湖市种子站	627.50	1.05	7	5/11	8/18	9/24	136	19.7	121.3	25.9	175.6	149.8	85.3	24.8	2.0	直	无	轻	A
福建建阳市良种场	617.17	-4.56	11	5/14	8/14	9/26	135	16.7	118.7	26.5	182.9	155.3	84.9	24.3	0.0	直	未发	轻	C
河南信阳市农业科学院	630.33	6.57	5	4/24	8/5	9/14	143	22.7	123.8	26.1	153.8	151.8	98.7	24.0		直	未发	轻	B
湖北京山县农业局	615.15	2.08	8	4/27	8/3	9/5	131	18.6	104.0	24.4	131.4	123.7	94.1	28.7	0.6	直	未发	未发	B
湖北宜昌市农业科学院	579.33	5.05	7	4/27	8/8	9/12	138	20.2	103.5	27.6	161.1	127.2	79.0	23.0	0.9	直	未发	轻	B
湖南怀化市农科所	625.83	14.76	2	4/25	8/5	9/7	135	18.2	112.7	27.8	180.6	146.1	80.9	24.2		直	未发	轻	A
湖南岳阳市农科所	615.33	6.03	9	5/12	8/16	9/22	133	16.2	116.8	26.2	207.5	163.5	78.8	24.7	0.0	直	未发	未发	A
江苏里下河地区农科所	647.17	9.38	2	5/10	8/18	9/26	139	16.5	115.7	25.7	172.9	145.2	84.0	23.8	0.3	直	无	轻	A
江苏沿海地区农科所	644.50	7.90	3	5/7	8/21	9/28	144	17.2	124.4	28.1	212.9	167.5	78.7	23.1	0.3	直	轻	轻	A
江西九江市农科所	603.50	-1.50	10	5/14	8/21	9/26	135	19.6	112.7	27.4	208.1	128.7	61.8	22.8		直	未发	未发	C
江西省农业科学院水稻所	604.50	3.54	4	5/17	8/21	9/25	131	19.6	103.1	26.6	181.0	152.7	84.4	22.8	0.0	直	未发	未发	B
中国水稻研究所	668.85	15.60	1	5/20	8/22	10/3	136	19.8	121.4	24.5	174.5	143.9	82.5	21.1	0.0	直	未发	轻	A

注：综合评级 A—好，B—较好，C—中等，D——般。

表 13-9-1　长江中下游中籼迟熟 D 组生产试验（132411NX-D-S）品种在各试验点的产量、生育期、主要特征、田间抗性表现

品种名称/试验点	亩产（千克）	比 CK ±%	播种期（月/日）	齐穗期（月/日）	成熟期（月/日）	全生育期(天)	耐寒性	整齐度	杂株率（%）	株型	叶色	叶姿	长势	熟期转色	倒伏性	落粒性	叶瘟	穗颈瘟	纹枯病
深两优 865																			
安徽合肥丰乐种业股份公司	503.58	-8.16	5/10	8/17	9/21	134	未发	一般	1.0	适中	浓绿	挺直	一般	中	直	中	未发	未发	未发
江西抚州市农科所	642.84	6.38	5/13	8/15	9/20	130	未发	整齐	无	适中	浓绿	挺直	一般	好	直		未发	未发	轻
湖南石门县水稻原种场	671.00	-1.90	4/25	8/1	8/29	125	未发	欠齐	少	偏散	绿	挺直	繁茂	好	直	中	未发	未发	未发
湖北襄阳市农业科学院	594.64	7.90	4/19	8/5	9/11	145	未遇	整齐	1.2	略散	绿	挺直	繁茂	好	直	中	未发	未发	中
湖北赤壁市种子局	575.20	1.45	4/25	7/31	9/3	131	未发	一般	1.4	适中	浓绿	挺直	一般	中	直	中	轻	轻	轻
福建建阳市种子站	697.96	5.66	5/18	8/25	9/30	135	未发	整齐	0.0	适中	绿	挺直	繁茂	好	直	中	无	无	无
浙江临安市种子站	576.60	-2.70	5/31	9/2	10/9	131	未发	整齐	0.0	紧凑	绿	挺直	中等	好	直	中	未发	未发	轻
浙江天台县种子站	631.15	4.95	5/13	8/14	9/28	138	未发	中等	0.0	松散	浓绿	挺直	繁茂	中	直	中	未发	未发	轻
江苏里下河地区农科所	608.80	5.15	5/10	8/16	9/24	137	中	中等	0.3	适中	浓绿	挺直	繁茂	好	直	中	未发	未发	轻
两优 619																			
安徽合肥丰乐种业股份公司	557.50	1.67	5/10	8/20	9/20	133	未发	整齐	0.0	适中	绿	挺直	繁茂	好	直	中	未发	未发	未发
江西抚州市农科所	637.62	5.52	5/13	8/14	9/19	129	未发	整齐	无	适中	浓绿	挺直	繁茂	好	直		未发	未发	轻
湖南石门县水稻原种场	669.00	-2.19	4/25	8/4	9/2	129	未发	整齐	无	紧凑	绿	挺直	繁茂	好	直	中	未发	未发	未发
湖北襄阳市农业科学院	612.50	11.14	4/19	8/8	9/12	146	未遇	整齐	1.8	紧束	淡绿	挺直	繁茂	好	直	中	未发	未发	轻
湖北赤壁市种子局	573.00	1.06	4/25	7/31	9/2	130	未发	整齐	2.0	紧束	绿	一般	繁茂	中	直	易	轻	轻	轻
福建建阳市种子站	712.19	7.81	5/18	8/28	10/2	137	未发	整齐	0.5	适中	浓绿	挺直	繁茂	好	直	中	无	无	无
浙江临安市种子站	597.80	0.88	5/31	9/1	10/9	131	未发	整齐	0.0	紧凑	绿	挺直	繁茂	好	直	中	未发	未发	轻
浙江天台县种子站	621.43	3.33	5/13	8/15	9/29	139	未发	中等	0.0	紧凑	绿	挺直	繁茂	好	直	中	未发	未发	轻
江苏里下河地区农科所	614.20	6.08	5/10	8/21	9/27	140	强	整齐	0.3	适中	浓绿	中等	繁茂	好	直	易	未发	未发	轻

表 13－9－2　长江中下游中籼迟熟 D 组生产试验（132411NX-D-S）品种在各试验点的产量、生育期、主要特征、田间抗性表现

品种名称/试验点	亩产（千克）	比 CK ±%	播种期（月/日）	齐穗期（月/日）	成熟期（月/日）	全生育期(天)	耐寒性	整齐度	杂株率（%）	株型	叶色	叶姿	长势	熟期转色	倒伏性	落粒性	叶瘟	穗颈瘟	纹枯病
丰两优四号（CK）																			
安徽合肥丰乐种业股份公司	548.33	0.00	5/10	8/15	9/18	131	未发	整齐	0.0	适中	绿	挺直	繁茂	好	直	中	未发	未发	轻
江西抚州市农科所	604.28	0.00	5/13	8/9	9/15	125	未发	整齐	无	适中	绿	挺直	一般	好	直		未发	未发	轻
湖南石门县水稻原种场	684.00	0.00	4/25	7/30	8/28	124	未发	整齐	无	紧凑	绿	挺直	繁茂	好	直	中	未发	未发	未发
湖北襄阳市农业科学院	551.10	0.00	4/19	8/1	9/9	143	未遇	整齐	1.6	适中	绿	挺直	繁茂	好	伏	中	未发	未发	中
湖北赤壁市种子局	567.00	0.00	4/25	7/27	8/30	127	未发	整齐	2.6	适中	浓绿	一般	一般	中	直	易	轻	中	轻
福建建阳市种子站	657.50	0.00	5/18	8/20	9/29	134	未发	整齐	0.0	适中	绿	挺直	繁茂	中	直	中	轻	轻	轻
浙江临安市种子站	592.60	0.00	5/31	8/25	10/8	130	未发	整齐	0.0	松散	淡绿	中等	繁茂	中	直	中	未发	未发	轻
浙江天台县种子站	601.39	0.00	5/13	8/12	9/27	137	未发	不齐	0.0	紧凑	浅绿	中等	繁茂	好	伏	中	未发	未发	轻
江苏里下河地区农科所	579.00	0.00	5/10	8/16	9/26	139	强	中等	0.6	松散	绿	中等	繁茂	中	伏	易	未发	未发	轻

第十四章　2013年长江中下游中籼迟熟E组国家水稻品种试验汇总报告

一、试验概况

（一）试验目的

鉴定评价我国南方稻区新选育和引进的水稻新品种（组合，下同）的丰产性、稳产性、适应性、抗性、米质及其他重要性状表现，为国家水稻品种审定提供科学依据。

（二）参试品种

区试品种12个，620S/丙4114、深优9519、新两优998、1892S/YR0822、徽两优630、Y两优2008和F两优6876为续试品种，其他为新参试品种，以丰两优四号（CK）为对照；生产试验品种1个，也以丰两优四号（CK）为对照。品种名称、类型、亲本组合、选育/供种单位见表14-1。

（三）承试单位

区试点15个，生产试验点9个，分布在安徽、福建、河南、湖北、湖南、江苏、江西和浙江8个省。承试单位、试验地点、经纬度、海拔高度、试验负责人及执行人见表14-2。

（四）试验设计、栽培管理与观察记载

各试验点均按《2013年南方稻区国家水稻品种试验实施方案》及《农作物品种区域试验技术规范　水稻》进行试验。

区试采用完全随机区组排列，3次重复，小区面积0.02亩。生产试验采用大区随机排列，不设重复，大区面积0.5亩。

分区试、生产试验，同组试验所有品种同期播种、移栽，施肥水平中等偏上，其他栽培管理措施与当地大田生产相同。

观察记载项目与标准按《农作物品种区域试验技术规范　水稻》以及《国家水稻品种试验观察记载项目、方法及标准》《南方稻区国家水稻品种区试及生产试验记载表》等的要求执行。

（五）特性鉴定

抗性鉴定：浙江省农业科学院植保所、湖南省农业科学院植保所、湖北宜昌市农科所、安徽省农业科学院植保所、福建上杭县茶地乡农技站和江西井冈山垦殖场石市口分场负责稻瘟病抗性鉴定。湖南省农业科学院水稻所负责白叶枯病抗性鉴定。鉴定采用人工接菌与病区自然诱发相结合。中国水稻研究所稻作发展中心负责稻飞虱抗性鉴定。鉴定结果由浙江省农业科学院植保所负责汇总。华中农业大学植科院负责生产试验品种的耐热性鉴定。鉴定种子均由中国水稻研究所试验点统一提供。

米质分析：由安徽省种子站、河南信阳市农科所和湖北京山县农业局试验点分别单独种植生产提供样品，农业部稻米及制品质量监督检验测试中心负责检测分析。

参试品种的特异性及续试品种年度间的一致性鉴定：由中国水稻研究所进行DNA指纹鉴定。

（六）统计分析

按照《农作物品种区域试验技术规范　水稻》等有关试验质量评价标准，对各试验（鉴定）点试验（鉴定）结果的可靠性、完整性、准确性、可比性以及对照品种表现情况等进行分析评估，确

保汇总质量。2013 年区试、生产试验各试验点试验结果正常，全部列入汇总。

产量联合方差分析采用混合模型，品种间产量差异多重比较采用 Duncan's 新复极差法；参试品种的丰产性主要以品种在区试和生产试验中相对于对照品种产量及组平均产量衡量；参试品种的适应性主要以品种在区试中比对照品种增产的试验点比例衡量；参试品种的稳产性主要以品种在年度间区试中相对于对照品种产量的差异变化程度衡量。

参试品种的生育期主要以全生育期比对照品种长短的天数衡量。

参试品种的抗性以指定的鉴定单位的鉴定结果为主要依据，对稻瘟病抗性的主要评价指标为综合指数和穗瘟损失率最高级，对其他病虫害抗性的主要评价指标为最高级。

参试品种的米质检测、评价按照国家《优质稻谷》标准，分优质 1 级、优质 2 级、优质 3 级，未达到优质级的品种米质均为等外级。

二、结果分析

（一）产量

丰两优四号（CK）产量中等偏下、居第 11 位。2013 年区试品种中，依据比组平均的增减产幅度，产量较高的品种有徽两优 630、深优 9519、620S/丙 4144 和 Y 两优 900，产量居前 4 位，平均亩产 626.72 ~ 639.47 千克，比丰两优四号（CK）增产 5.89% ~ 8.04%；产量一般的品种有深两优 884、两优 667 和龙两优 8025，平均亩产 585.80 ~ 595.01 千克，较丰两优四号（CK）有小幅度的增减产，但不超过 2%；其他品种产量中等，平均亩产 605.41 ~ 621.65 千克，比丰两优四号（CK）增产 2.29% ~ 5.03%。品种产量、比对照及组平均增减产百分率、品种间产量差异显著性、比对照增产试验点比例等汇总结果见表 14 – 3。

2013 年生产试验品种中，Y 两优 896 表现较好，平均亩产 632.47 千克，比丰两优四号（CK）增产 5.87%。品种产量、比对照增减产百分率等汇总结果以及各试验点对品种的综合评价等级见表 14 – 4。

（二）生育期

2013 年区试品种中，徽两优 128 熟期较早，全生育期比丰两优四号（CK）短 4.2 天；Y 两优 900 和两优 667 熟期较迟，全生育期比丰两优四号（CK）分别长 3.5 天和 6.5 天；其他品种全生育期 132.5 ~ 136.2 天，与丰两优四号（CK）相仿、熟期适宜。品种全生育期及比对照长短天数见表 14 – 3。

2013 年生产试验品种中，Y 两优 896 的全生育期与丰两优四号（CK）相当、熟期适宜。品种全生育期及比对照长短天数见表 14 – 4。

（三）主要农艺经济性状

品种分蘖率、有效穗数、成穗率、株高、每穗总粒数、每穗实粒数、结实率、千粒重等主要农艺经济性状汇总结果见表 14 – 3。

（四）抗性

2013 年区试品种中，所有品种的稻瘟病综合指数均未超过 6.5 级。依据穗瘟损失率最高级，620S/丙 4144、深优 9519、新两优 998、1892S/YR0822、Y 两优 2008 为中感，其他品种为感或高感。

品种在各稻瘟病抗性鉴定点的鉴定结果见表 14 – 5，品种稻瘟病抗性鉴定汇总结果、褐飞虱鉴定结果、白叶枯病鉴定结果以及生产试验品种的耐热性鉴定结果见表 14 – 6。

（五）米质

依据国家《优质稻谷》标准，620S/丙 4144 和 F 两优 6876 米质优，达到国标优质 3 级，其他品种米质中等或一般。品种糙米率、整精米率、粒长、长宽比、垩白粒率、垩白度、胶稠度、直链淀粉等米质性状表现，见表 14－7。

（六）品种在各试验点表现

区试、生产试验品种在各试验点的产量、生育期、主要农艺经济性状、田间抗性表现，等见表 14－8－1至表 14－8－13、表 14－9。

三、品种评价

（一）生产试验品种

Y 两优 896

2011 年初试平均亩产 623.29 千克，比丰两优四号（CK）增产 6.85%，达极显著水平；2012 年续试平均亩产 614.53 千克，比丰两优四号（CK）增产 3.35%，达极显著水平；两年区试平均亩产 618.91 千克，比丰两优四号（CK）增产 5.08%，增产点比例 80.0%；2013 年生产试验平均亩产 632.47 千克，比丰两优四号（CK）增产 5.87%。全生育期两年区试平均 137.9 天，比丰两优四号（CK）迟熟 0.6 天。主要农艺性状两年区试综合表现：每亩有效穗数 16.3 万穗，株高 122.3 厘米，穗长 26.8 厘米，每穗总粒数 188.2 粒，结实率 82.5%，千粒重 26.5 克。抗性两年综合表现：稻瘟病综合指数 4.7 级，穗瘟损失率最高级 7 级；白叶枯病平均级 5 级，最高级 5 级；褐飞虱平均级 8 级，最高级 9 级；抽穗期耐热性 5 级。米质主要指标两年综合表现：整精米率 62.9%，长宽比 3.1，垩白粒率 25%，垩白度 2.6%，胶稠度 79 毫米，直链淀粉含量 15.5%，达国标优质 3 级。

2013 年国家水稻品种试验年会审议意见：已完成试验程序，可以申报国家品种审定。

（二）续试品种

1. 徽两优 630

2012 年初试平均亩产 625.62 千克，比丰两优四号（CK）增产 5.21%，达极显著水平；2013 年续试平均亩产 639.47 千克，比丰两优四号（CK）增产 8.04%，达极显著水平；两年区试平均亩产 632.55 千克，比丰两优四号（CK）增产 6.62%，增产点比例 90.0%。全生育期两年区试平均 134.4 天，比丰两优四号（CK）早熟 1.2 天。主要农艺性状两年区试综合表现：每亩有效穗数 17.1 万穗，株高 114.9 厘米，穗长 22.8 厘米，每穗总粒数 182.2 粒，结实率 83.4%，千粒重 26.1 克。抗性两年综合表现：稻瘟病综合指数 5.4 级，穗瘟损失率最高级 7 级；白叶枯病平均级 4 级，最高级 5 级；褐飞虱平均级 9 级，最高级 9 级。米质主要指标两年综合表现：整精米率 56.6%，长宽比 3.0，垩白粒率 32%，垩白度 4.2%，胶稠度 70 毫米，直链淀粉含量 13.1%。

2013 年国家水稻品种试验年会审议意见：2014 年进行生产试验。

2. 深优 9519

2012 年初试平均亩产 625.46 千克，比丰两优四号（CK）增产 5.19%，达极显著水平；2013 年续试平均亩产 638.24 千克，比丰两优四号（CK）增产 7.83%，达极显著水平；两年区试平均亩产 631.85 千克，比丰两优四号（CK）增产 6.51%，增产点比例 90.0%。全生育期两年区试平均 136.0 天，比丰两优四号（CK）迟熟 0.4 天。主要农艺性状两年区试综合表现：每亩有效穗数 16.9 万穗，株高 121.8 厘米，穗长 25.4 厘米，每穗总粒数 175.9 粒，结实率 85.3%，千粒重 26.3 克。抗性两年综合表现：稻瘟病综合指数 4.3 级，穗瘟损失率最高级 7 级；白叶枯病平均级 2 级，最高级 3 级；褐飞虱平均级 9 级，最高级 9 级。米质主要指标两年综合表现：整精米率 58.2%，长宽比 3.1，垩白粒率 17%，垩白度 2.3%，胶稠度 81 毫米，直链淀粉含量 13.0%。

2013 年国家水稻品种试验年会审议意见：2014 年进行生产试验。

3. 620S/丙 4114

2012 年初试平均亩产 630.66 千克，比丰两优四号（CK）增产 6.06%，达极显著水平；2013 年续试平均亩产 633.13 千克，比丰两优四号（CK）增产 6.97%，达极显著水平；两年区试平均亩产 631.90 千克，比丰两优四号（CK）增产 6.52%，增产点比例 93.3%。全生育期两年区试平均 136.4

天，比丰两优四号（CK）迟熟0.8天。主要农艺性状两年区试综合表现：每亩有效穗数19.5万穗，株高113.0厘米，穗长24.7厘米，每穗总粒数171.0粒，结实率86.0%，千粒重23.1克。抗性两年综合表现：稻瘟病综合指数4.2级，穗瘟损失率最高级7级；白叶枯病平均级4级，最高级5级；褐飞虱平均级8级，最高级9级。米质主要指标两年综合表现：整精米率62.3%，长宽比3.2，垩白粒率14%，垩白度1.5%，胶稠度69毫米，直链淀粉含量15.3%，达国标优质3级。

2013年国家水稻品种试验年会审议意见：2014年进行生产试验。

4. Y两优2008

2012年初试平均亩产620.91千克，比丰两优四号（CK）增产4.42%，达极显著水平；2013年续试平均亩产621.65千克，比丰两优四号（CK）增产5.03%，达极显著水平；两年区试平均亩产621.28千克，比丰两优四号（CK）增产4.72%，增产点比例93.3%。全生育期两年区试平均132.2天，比丰两优四号（CK）早熟3.4天。主要农艺性状两年区试综合表现：每亩有效穗数18.3万穗，株高113.7厘米，穗长26.1厘米，每穗总粒数158.0粒，结实率85.7%，千粒重26.6克。抗性两年综合表现：稻瘟病综合指数3.7级，穗瘟损失率最高级5级；白叶枯病平均级5级，最高级5级；褐飞虱平均级9级，最高级9级。米质主要指标两年综合表现：整精米率52.0%，长宽比3.1，垩白粒率31%，垩白度3.9%，胶稠度69毫米，直链淀粉含量13.1%。

2013年国家水稻品种试验年会审议意见：2014年进行生产试验。

5. 新两优998

2012年初试平均亩产615.82千克，比丰两优四号（CK）增产3.56%，达极显著水平；2013年续试平均亩产616.57千克，比丰两优四号（CK）增产4.17%，达极显著水平；两年区试平均亩产616.19千克，比丰两优四号（CK）增产3.87%，增产点比例83.3%。全生育期两年区试平均131.9天，比丰两优四号（CK）早熟3.7天。主要农艺性状两年区试综合表现：每亩有效穗数16.4万穗，株高118.5厘米，穗长23.4厘米，每穗总粒数175.2粒，结实率83.6%，千粒重28.0克。抗性两年综合表现：稻瘟病综合指数4.1级，穗瘟损失率最高级5级；白叶枯病平均级1级，最高级1级；褐飞虱平均级6级，最高级7级。米质主要指标两年综合表现：整精米率43.0%，长宽比3.2，垩白粒率46%，垩白度5.7%，胶稠度77毫米，直链淀粉含量22.2%。

2013年国家水稻品种试验年会审议意见：2014年进行生产试验。

6. 1892S/YR0822

2012年初试平均亩产614.77千克，比丰两优四号（CK）增产3.39%，达极显著水平；2013年续试平均亩产615.66千克，比丰两优四号（CK）增产4.02%，达极显著水平；两年区试平均亩产615.22千克，比丰两优四号（CK）增产3.70%，增产点比例76.7%。全生育期两年区试平均133.6天，比丰两优四号（CK）早熟2.0天。主要农艺性状两年区试综合表现：每亩有效穗数17.6万穗，株高107.9厘米，穗长23.8厘米，每穗总粒数189.7粒，结实率83.8%，千粒重23.5克。抗性两年综合表现：稻瘟病综合指数2.6级，穗瘟损失率最高级5级；白叶枯病平均级5级，最高级5级；褐飞虱平均级8级，最高级9级。米质主要指标两年综合表现：整精米率59.6%，长宽比3.2，垩白粒率12%，垩白度1.9%，胶稠度78毫米，直链淀粉含量13.0%。

2013年国家水稻品种试验年会审议意见：2014年进行生产试验。

7. F两优6876

2012年初试平均亩产611.54千克，比丰两优四号（CK）增产2.84%，达极显著水平；2013年续试平均亩产605.41千克，比丰两优四号（CK）增产2.29%，达极显著水平；两年区试平均亩产608.47千克，比丰两优四号（CK）增产2.57%，增产点比例76.7%。全生育期两年区试平均136.6天，比丰两优四号（CK）迟熟1.0天。主要农艺性状两年区试综合表现：每亩有效穗数15.3万穗，株高116.9厘米，穗长25.2厘米，每穗总粒数201.2粒，结实率80.3%，千粒重26.8克。抗性两年综合表现：稻瘟病综合指数4.8级，穗瘟损失率最高级7级；白叶枯病平均级7级，最高级7级；褐飞虱平均级8级，最高级9级。米质主要指标两年综合表现：整精米率54.8%，长宽比3.2，垩白粒率23%，垩白度3.7%，胶稠度81毫米，直链淀粉含量19.8%，达国标优质3级。

2013年国家水稻品种试验年会审议意见：2014年进行生产试验。

（三）初试品种

1. Y两优900

2013年初试平均亩产626.72千克，比丰两优四号（CK）增产5.89%，达极显著水平，增产点比例93.3%。全生育期138.7天，比丰两优四号（CK）迟熟3.5天。主要农艺性状表现：每亩有效穗数15.4万穗，株高120.2厘米，穗长28.6厘米，每穗总粒数235.6粒，结实率76.3%，千粒重24.1克。抗性：稻瘟病综合指数5.1级，穗瘟损失率最高级9级；白叶枯病3级；褐飞虱9级。米质主要指标：整精米率63.7%，长宽比2.9，垩白粒率9%，垩白度1.5%，胶稠度75毫米，直链淀粉含量13.4%。

2013年国家水稻品种试验年会审议意见：2014年续试。

2. 徽两优128

2013年初试平均亩产606.28千克，比丰两优四号（CK）增产2.43%，达极显著水平，增产点比例73.3%。全生育期131.0天，比丰两优四号（CK）早熟4.2天。主要农艺性状表现：每亩有效穗数16.0万穗，株高121.6厘米，穗长23.7厘米，每穗总粒数174.4粒，结实率83.2%，千粒重28.0克。抗性：稻瘟病综合指数5.3级，穗瘟损失率最高级7级；白叶枯病7级；褐飞虱7级。米质主要指标：整精米率38.0%，长宽比3.0，垩白粒率58%，垩白度11.1%，胶稠度62毫米，直链淀粉含量17.1%。

2013年国家水稻品种试验年会审议意见：终止试验。

3. 深两优884

2013年初试平均亩产595.01千克，比丰两优四号（CK）增产0.53%，未达显著水平，增产点比例46.7%。全生育期136.2天，比丰两优四号（CK）迟熟1.0天。主要农艺性状表现：每亩有效穗数17.9万穗，株高112.9厘米，穗长25.1厘米，每穗总粒数188.2粒，结实率78.2%，千粒重23.2克。抗性：稻瘟病综合指数5.6级，穗瘟损失率最高级9级；白叶枯病5级；褐飞虱7级。米质主要指标：整精米率57.3%，长宽比3.3，垩白粒率6%，垩白度0.6%，胶稠度78毫米，直链淀粉含量12.5%。

2013年国家水稻品种试验年会审议意见：终止试验。

4. 两优667

2013年初试平均亩产588.60千克，比丰两优四号（CK）减产0.55%，未达显著水平，增产点比例53.3%。全生育期141.7天，比丰两优四号（CK）迟熟6.5天。主要农艺性状表现：每亩有效穗数15.4万穗，株高134.3厘米，穗长27.6厘米，每穗总粒数188.3粒，结实率73.9%，千粒重29.3克。抗性：稻瘟病综合指数3.8级，穗瘟损失率最高级7级；白叶枯病7级；褐飞虱9级。米质主要指标：整精米率54.4%，长宽比3.0，垩白粒率23%，垩白度2.8%，胶稠度86毫米，直链淀粉含量14.5%。

2013年国家水稻品种试验年会审议意见：终止试验。

5. 龙两优8025

2013年初试平均亩产585.80千克，比丰两优四号（CK）减产1.03%，未达显著水平，增产点比例46.7%。全生育期133.3天，比丰两优四号（CK）早熟1.9天。主要农艺性状表现：每亩有效穗数17.5万穗，株高120.0厘米，穗长24.7厘米，每穗总粒数193.7粒，结实率79.3%，千粒重22.4克。抗性：稻瘟病综合指数5.5级，穗瘟损失率最高级7级；白叶枯病7级；褐飞虱9级。米质主要指标：整精米率56.3%，长宽比3.1，垩白粒率55%，垩白度9.6%，胶稠度72毫米，直链淀粉含量24.0%。

2013年国家水稻品种试验年会审议意见：终止试验。

表 14－1　长江中下游中籼迟熟 E 组（132411NX-E）区试及生产试验参试品种基本情况

编号	品种名称	品种类型	亲本组合	选育/供种单位
区试				
1	620S/丙 4114	杂交稻	620S × 丙 4114	广西百色兆农两系杂交水稻研发中心
2	* 龙两优 8025	杂交稻	龙 S × 中恢 8025	中国水稻研究所
3	深优 9519	杂交稻	深 95A × R6319	清华大学深圳研究生院
4	* 两优 667	杂交稻	广占 63-4S × 福恢 667	福建省农业科学院福州国家水稻改良分中心
5CK	丰两优四号（CK）	杂交稻	丰 39S × 盐稻 4 号选	合肥丰乐种业股份公司
6	新两优 998	杂交稻	新二 S × H0998	中国种子集团有限公司江西分公司
7	* 深两优 884	杂交稻	深 08S × R5884	浙江勿忘农种业股份有限公司
8	* Y 两优 900	杂交稻	Y58S × R900	创世纪转基因技术有限公司
9	1892S/YR0822	杂交稻	1892S × YR0822	安徽荃银高科种业
10	* 徽两优 128	杂交稻	H344S × 杨稻 6 号变异株	安徽省农业科学院水稻所
11	徽两优 630	杂交稻	1892S × 中籼 630	安徽省农业科学院水稻所/安徽华安种业
12	Y 两优 2008	杂交稻	Y58S × R2008	安徽国豪农业科技公司
13	F 两优 6876	杂交稻	F168S × R8476	信阳市农业科学院
生产试验				
3CK	丰两优四号（CK）	杂交稻	丰 39S × 盐稻 4 号选	合肥丰乐种业股份公司
5	Y 两优 896	杂交稻	Y58S × R896	合肥信达高科农科所

* 为 2013 年新参试品种。

表 14－2　长江中下游中籼迟熟 E 组（132411NX-E）区试及生产试验点基本情况

承试单位	试验地点	经度	纬度	海拔高度（米）	试验负责人及执行人
区试					
安徽滁州市农科所	滁州市沙河镇新集村	118°18′	32°18′	32.0	黄明永、刘淼才
安徽黄山市种子站	黄山市农科所雁塘基地	118°14′	29°40′	134.0	汪淇、王淑芬、汤雷
安徽省农业科学院水稻所	合肥市	117°	32°	20.0	罗志祥、阮新民
安徽芜湖市种子站	芜湖市方村种子基地	118°27′	31°14′	7.2	胡四保
福建建阳市良种场	建阳市三亩片省引种观察圃内	118°22′	27°03′	150.0	张金明
河南信阳市农业科学院	信阳市本院试验田	114°05′	32°07′	75.9	王青林、霍二伟
湖北京山县农业局	京山县国家区试基地	113°07′	31°01′	75.6	彭金好、张红文
湖北宜昌市农业科学院	枝江市问安镇四岗试验基地	111°05′	30°34′	60.0	贺丽、黄蓉
湖南怀化市农科所	怀化市鹤城区石门乡坨院村	109°58′	27°33′	231.0	江生
湖南岳阳市农科所	岳阳县麻塘试验基地	113°05′	29°24′	32.0	黄四民
江苏里下河地区农科所	扬州市	119°25′	32°25′	8.0	戴正元、刘晓静、刘广青
江苏沿海地区农科所	盐城市	120°08′	33°23′	2.7	孙明法、朱国永
江西九江市农科所	九江县马回岭镇	115°48′	29°26′	45.0	曹国军、潘世文、李三元、胡永平、吕太华、黄晓波
江西省农业科学院水稻所	南昌市莲塘伍农岗	115°58′	28°41′	30.0	邱在辉、胡兰香、陈智辉、张晓宁、李名迪
中国水稻研究所	浙江省富阳市	120°19′	30°12′	7.2	杨仕华、夏俊辉、施彩娟、韩新华
生产试验					
福建建阳市种子站	将口镇东田村	118°07′	27°28′	140.0	廖海林、张贵河
江西抚州市农科所	抚州市临川区鹏溪	116°16′	28°01′	47.3	黎二妹、车慧燕
湖南石门县水稻原种场	石门县白洋湖	111°22′	29°35′	116.9	张光纯
湖北襄阳市农业科学院	襄阳市高新开发区	112°08′	32°05′	67.0	曹国长
湖北赤壁市种子局	官塘驿镇石泉村	114°07′	29°48′	24.4	姚忠清、王小光
安徽合肥丰乐种业公司	肥西县严店乡苏小村	117°17′	31°52′	14.7	徐剑、王中花
浙江天台县种子站	平桥镇山头邵村	120°09′	29°02′	98.0	陈人慧、曹雪仙
浙江临安市种子站	临安市於潜镇祈祥村	119°24′	30°10′	83.0	袁德明、虞和炳
江苏里下河地区农科所	扬州市	119°25′	32°25′	8.0	戴正元、刘晓静、刘广青

表 14－3　长江中下游中籼迟熟 E 组（132411NX-E）区试品种产量、生育期及主要农艺经济性状汇总分析结果

品种名称	区试年份	亩产（千克）	比 CK ±%	比组平均 ±%	产量差异显著性 0.05	产量差异显著性 0.01	回归系数	比 CK 增产点(%)	全生育期（天）	比 CK ±天	分蘖率(%)	有效穗（万/亩）	成穗率（%）	株高（厘米）	穗长（厘米）	每穗总粒数	每穗实粒数	结实率(%)	千粒重(克)
徽两优 630	2012～2013	632.55	6.62	3.53				90.0	134.4	－1.2	476.5	17.1	56.3	114.9	22.8	182.2	151.8	83.4	26.1
深优 9519	2012～2013	631.85	6.51	3.42				90.0	136.0	0.4	419.5	16.9	62.5	121.8	25.4	175.9	150.0	85.3	26.3
620S/丙 4114	2012～2013	631.90	6.52	3.43				93.3	136.4	0.8	483.5	19.5	59.1	113.0	24.7	171.0	147.1	86.0	23.1
Y 两优 2008	2012～2013	621.28	4.72	1.69				93.3	132.2	－3.4	484.3	18.3	61.1	113.7	26.1	158.0	135.4	85.7	26.6
新两优 998	2012～2013	616.19	3.87	0.86				83.3	131.9	－3.7	417.4	16.4	60.7	118.5	23.4	175.2	146.5	83.6	28.0
1892S/YR0822	2012～2013	615.22	3.70	0.70				76.7	133.6	－2.0	500.6	17.6	56.8	107.9	23.8	189.7	158.9	83.8	23.5
F 两优 6876	2012～2013	608.47	2.57	－0.41				76.7	136.6	1.0	427.0	15.3	53.4	116.9	25.2	201.2	161.6	80.3	26.8
丰两优四号（CK）	2012～2013	593.25	0.00	－2.90				0.0	135.6	0.0	446.9	15.3	55.6	123.8	25.0	181.9	148.7	81.7	27.9
徽两优 630	2013	639.47	8.04	4.38	a	A	1.25	100	134.2	－1.0	528.3	16.9	53.7	116.2	23.1	185.2	152.8	82.5	26.2
深优 9519	2013	638.24	7.83	4.18	a	A	0.86	100	135.3	0.1	454.6	16.9	60.9	122.0	25.3	177.4	150.5	84.8	26.0
620S/丙 4114	2013	633.13	6.97	3.34	a	AB	0.69	93.3	135.8	0.6	540.0	19.9	57.9	113.9	24.4	172.4	146.8	85.1	22.6
Y 两优 900	2013	626.72	5.89	2.30	b	BC	1.17	93.3	138.7	3.5	491.2	15.4	56.4	120.2	28.6	235.6	179.7	76.3	24.1
Y 两优 2008	2013	621.65	5.03	1.47	bc	CD	1.08	93.3	132.5	－2.7	502.9	18.2	60.0	114.8	25.9	163.2	139.0	85.1	26.0
新两优 998	2013	616.57	4.17	0.64	c	D	0.91	86.7	132.5	－2.7	451.9	16.5	60.2	118.9	23.4	176.4	147.2	83.4	27.5
1892S/YR0822	2013	615.66	4.02	0.49	c	D	1.12	80.0	133.6	－1.6	562.3	17.7	54.2	108.9	23.8	187.1	155.8	83.3	23.3
徽两优 128	2013	606.28	2.43	－1.04	d	E	0.87	73.3	131.0	－4.2	451.6	16.0	59.7	121.6	23.7	174.4	145.1	83.2	28.0
F 两优 6876	2013	605.41	2.29	－1.18	d	E	1.19	80.0	136.0	0.8	475.7	15.5	52.3	117.9	25.3	202.6	163.3	80.6	26.6
深两优 884	2013	595.01	0.53	－2.88	e	F	0.75	46.7	136.2	1.0	557.8	17.9	53.3	112.9	25.1	188.2	147.2	78.2	23.2
丰两优四号（CK）	2013	591.88	0.00	－3.39	ef	FG	1.04	0.0	135.2	0.0	493.6	15.5	54.4	123.6	25.2	180.4	145.3	80.5	27.4
两优 667	2013	588.60	－0.55	－3.93	ef	FG	0.92	53.3	141.7	6.5	472.7	15.4	59.1	134.3	27.6	188.3	139.2	73.9	29.3
龙两优 8025	2013	585.80	－1.03	－4.38	f	G	1.15	46.7	133.3	－1.9	479.4	17.5	61.9	120.0	24.7	193.7	153.5	79.3	22.4

表 14－4　长江中下游中籼迟熟 E 组生产试验（132411NX-E-S）品种产量、生育期及在各生产试验点综合评价等级

品种名称	Y 两优 896	丰两优四号（CK）
生产试验汇总表现		
全生育期（天）	133.0	132.2
比 CK ± 天	0.8	0.0
亩产（千克）	632.47	598.36
产量比 CK ± %	5.87	0.00
各生产试验点综合评价等级		
安徽合肥丰乐种业股份公司	A	A
江西抚州市农科所	A	B
湖南石门县水稻原种场	A	
湖北襄阳市农业科学院	B	C
湖北赤壁市种子局	A	B
福建建阳市种子站	A	C
浙江临安市种子站	A	B
浙江天台县种子站	B	C
江苏里下河地区农科所	A	B

注：1. 各组品种生产试验合并进行，因品种较多，个别试点加设 CK 后安排在 2 块田中试验，表中产量比 CK ± % 系与同田块 CK 比较的结果；
2. 综合评价等级：A—好，B—较好，C—中等，D——般。

表 14－5　长江中下游中籼迟熟 E 组（132411NX-E）品种稻瘟病抗性各地鉴定结果（2013 年）

品种名称	浙江					安徽					湖北					湖南					江西					福建				
	叶瘟（级）	穗瘟发病率		穗瘟损失率		叶瘟（级）	穗瘟发病率		穗瘟损失率		叶瘟（级）	穗瘟发病率		穗瘟损失率		叶瘟（级）	穗瘟发病率		穗瘟损失率		叶瘟（级）	穗瘟发病率		穗瘟损失率		叶瘟（级）	穗瘟发病率		穗瘟损失率	
		%	级	%	级		%	级	%	级		%	级	%	级		%	级	%	级		%	级	%	级		%	级	%	级
620S/丙 4114	3	10	3	2	1	3	36	7	28	5	3	39	7	16	5	4	12	5	3	1	2	76	9	25	5	3	16	5	7	3
龙两优 8025	5	15	5	3	1	7	58	9	44	7	2	53	9	23	5	2	59	9	21	5	4	88	9	25	5	6	39	7	24	5
深优 9519	6	40	7	23	5	3	31	5	25	5	4	33	7	7	3	2	11	5	3	1	3	83	9	29	5	5	10	3	4	1
两优 667	2	15	5	8	3	3	5	1	1	1	4	13	5	2	1	4	41	7	15	5	4	90	9	39	7	4	15	5	8	3
丰两优四号（CK）	7	35	7	21	5	5	62	9	40	7	8	77	9	47	7	7	71	9	32	7	5	100	9	75	9	9	100	9	92	9
新两优 998	7	25	5	9	3	3	33	7	26	5	3	43	7	16	5	3	16	5	4	1	2	79	9	19	5	3	9	3	3	1
深两优 884	0	8	3	2	1	3	77	9	75	9	3	43	7	16	5	2	41	7	16	5	1	79	9	37	7	4	86	9	63	9
Y 两优 900	8	5	1	1	1	5	37	7	25	5	2	13	5	3	1	2	22	5	9	3	5	100	9	71	9	8	100	9	73	9
1892S/YR0822	0	15	5	3	1	3	4	1	1	1	4	27	7	9	3	2	14	5	5	1	1	77	9	19	5	5	7	3	2	1
徽两优 128	7	35	7	13	3	5	47	7	30	5	3	46	7	22	5	4	27	7	7	3	4	100	9	42	7	6	25	5	16	5
徽两优 630	6	33	7	12	3	3	35	7	28	5	5	27	7	15	3	4	24	5	6	3	3	100	9	42	7	5	19	5	11	3
Y 两优 2008	0	5	1	1	1	3	31	7	19	5	4	21	5	9	3	2	21	5	6	3	1	13	5	3	1	5	25	5	15	3
F 两优 6876	5	65	9	21	5	5	49	7	28	5	4	39	7	11	3	5	19	5	5	1	5	100	9	45	7	4	18	5	10	3
感病对照	8	100	9	100	9	5	46	7	37	7	8	100	9	96	9	8	90	9	44	7	6	100	9	88	9	9	100	9	94	9

注：1. 鉴定单位分别为浙江省农业科学院植保所、安徽省农业科学院植保所、湖北宜昌市农科所、湖南省农业科学院植保所、江西井冈山垦殖场、福建上杭县茶地乡农技站；

2. 浙江、安徽、湖北、江西、福建感病对照分别为 wh26、汕优 63、丰两优香 1 号、恩糯、汕优 63＋广西矮 4 号＋明恢 86，湖南不详。

表 14－6　长江中下游中籼迟熟 E 组（132411NX-E）品种对主要病虫抗性综合评价结果（2012～2013 年）及耐热性（2013 年）

品种名称	区试年份	稻瘟病										白叶枯病			褐飞虱			抽穗期耐热性（级）
		2013 年各地综合指数（级）							2013 年	1～2 年综合评价		2013 年	1～2 年综合评价		2013 年	1～2 年综合评价		
		浙江	安徽	湖北	湖南	江西	福建	平均	穗瘟损失率最高级	平均综合指数（级）	穗瘟损失率最高级		平均级	最高级		平均级	最高级	
Y 两优 896	2011～2012																	5
丰两优四号（CK）	2011～2012																	3
620S/丙 4114	2012～2013	2.0	5.7	5.0	2.8	5.3	3.5	4.0	5	4.2	7	5	4	5	9	8	9	
深优 9519	2012～2013	5.8	5.0	4.3	2.3	5.5	2.5	4.2	5	4.3	7	1	2	3	9	9	9	
新两优 998	2012～2013	4.5	5.7	5.0	2.5	5.3	2.0	4.2	5	4.1	5	1	1	1	5	6	7	
1892S/YR0822	2012～2013	1.8	1.0	4.3	2.3	5.0	2.5	2.8	5	2.6	5	5	5	5	7	8	9	
徽两优 630	2012～2013	4.8	5.7	4.5	3.8	6.5	4.0	4.9	7	5.4	7	5	4	5	9	9	9	
Y 两优 2008	2012～2013	0.8	5.7	3.8	3.3	2.0	4.0	3.3	5	3.7	5	5	5	5	9	9	9	
F 两优 6876	2012～2013	6.0	5.7	4.3	3.0	7.0	3.8	5.0	7	4.8	7	7	7	7	7	8	9	
丰两优四号（CK）	2012～2013	6.0	7.7	7.8	7.5	8.0	9.0	7.7	9	7.5	9	5	5	5	7	7	7	
龙两优 8025	2013	3.0	7.7	5.3	5.3	5.8	5.8	5.5	7	5.5	7	7	7	7	9	9	9	
两优 667	2013	3.3	1.0	2.8	5.3	6.8	3.8	3.8	7	3.8	7	7	7	7	9	9	9	
丰两优四号（CK）	2013	6.0	7.7	7.8	7.5	8.0	9.0	7.7	9	7.7	9	5	5	5	7	7	7	
深两优 884	2013	1.3	9.0	5.0	4.8	6.0	7.8	5.6	9	5.6	9	5	5	5	7	7	7	
Y 两优 900	2013	2.8	5.7	2.3	3.3	8.0	8.8	5.1	9	5.1	9	3	3	3	9	9	9	
徽两优 128	2013	5.0	5.7	5.0	4.3	6.8	5.3	5.3	7	5.3	7	7	7	7	7	7	7	

注：1. 稻瘟病综合指数（级）＝叶瘟级×25%＋穗瘟发病率级×25%＋穗瘟损失率级×50%（安徽稻瘟病感病对照叶瘟发病未达 7 级以上，叶瘟结果不采用。品种综合指数（级）＝穗瘟发病率级×35%＋穗瘟损失率级×65%）；

2. 白叶枯病、褐飞虱、耐热性分别为湖南省农业科学院水稻所、中国水稻研究所、华中农业大学鉴定结果。

表 14－7　长江中下游中籼迟熟 E 组（132411NX-E）品种米质检测分析结果

品种名称	年份	糙米率(%)	精米率(%)	整精米率(%)	粒长(毫米)	长宽比	垩白粒率(%)	垩白度(%)	透明度(级)	碱消值(级)	胶稠度(毫米)	直链淀粉(%)	部标*(等级)	国标**(等级)
1892S/YR0822	2012～2013	79.9	71.6	59.6	6.5	3.2	12	1.9	2	4.6	78	13.0	普通	等外
620S/丙 4114	2012～2013	78.3	70.2	62.3	6.2	3.2	14	1.5	2	6.6	69	15.3	优 3	优 3
F 两优 6876	2012～2013	80.0	71.2	54.8	6.8	3.2	23	3.7	2	5.7	81	19.8	优 3	优 3
Y 两优 2008	2012～2013	79.8	71.3	52.0	6.7	3.1	31	3.9	2	6.1	69	13.1	优 3	等外
徽两优 630	2012～2013	80.1	71.4	56.6	6.7	3.0	32	4.2	3	4.0	70	13.1	普通	等外
深优 9519	2012～2013	80.3	72.7	58.2	6.6	3.1	17	2.3	3	3.3	81	13.0	普通	等外
新两优 998	2012～2013	79.5	71.1	43.0	6.9	3.2	46	5.7	2	5.8	77	22.2	普通	等外
丰两优四号（CK）	2012～2013	80.2	71.7	55.4	6.8	3.1	32	4.5	1	6.7	75	14.5	优 3	等外
Y 两优 900	2013	80.0	71.4	63.7	6.3	2.9	9	1.5	2	4.2	75	13.4	普通	等外
徽两优 128	2013	79.2	70.1	38.0	6.9	3.0	58	11.1	3	4.9	62	17.1	普通	等外
两优 667	2013	79.0	70.1	54.4	6.9	3.0	23	2.8	2	4.6	86	14.5	普通	等外
龙两优 8025	2013	79.8	70.9	56.3	6.4	3.1	55	9.6	2	6.9	72	24.0	普通	等外
深两优 884	2013	78.7	69.9	57.3	6.6	3.3	6	0.6	2	4.6	78	12.5	普通	等外
丰两优四号（CK）	2013	80.2	71.7	55.4	6.8	3.1	32	4.5	1	6.7	75	14.5	优 3	等外

注：1. 样品生产提供单位：安徽省农业科学院水稻所（2012～2013 年）、河南信阳市农科所（2012～2013 年）、湖北京山县农业局（2012～2013 年）；

2. 检测分析单位：农业部稻米及制品质量监督检验测试中心。

表 14-8-1 长江中下游中籼迟熟 E 组（132411NX-E）区试品种在各试点的产量、生育期及主要农艺经济性状表现

品种名称/试验点	亩产（千克）	比 CK ± %	产量位次	播种期（月/日）	齐穗期（月/日）	成熟期（月/日）	全生育期（天）	有效穗（万/亩）	株高（厘米）	穗长（厘米）	总粒数/穗	实粒数/穗	结实率（%）	千粒重（克）	杂株率（%）	倒伏性	穗颈瘟	纹枯病	综评等级
620S/丙 4114																			
安徽滁州市农科所	700.33	6.06	7	5/6	8/20	9/30	147	19.6	107.5	25.2	189.7	170.5	89.9	23.4	0.3	直	未发	轻	A
安徽黄山市种子站	570.83	4.29	10	5/2	8/11	9/11	132	20.1	109.8	23.0	130.4	118.3	90.7	23.4	1.5	直	未发	未发	B
安徽省农业科学院水稻所	634.50	-5.04	10	5/4	8/13	9/19	138	20.1	132.0	25.2	169.4	139.7	82.5	22.5	1.0	直	未发	轻	C
安徽芜湖市种子站	665.67	7.60	3	5/11	8/18	9/25	137	19.6	120.0	24.8	195.2	167.7	85.9	22.8	1.7	直	无	无	A
福建建阳市良种场	613.83	8.64	1	5/9	8/9	9/14	128	18.1	111.9	24.3	174.8	147.5	84.4	23.3	0.0	直	未发	无	A
河南信阳市农业科学院	635.00	6.96	4	4/23	8/6	9/14	144	23.6	115.0	23.6	140.2	124.2	88.6	22.3		直	未发	轻	B
湖北京山县农业局	652.35	8.12	2	4/27	8/2	9/4	130	22.1	100.2	23.6	141.9	123.6	87.1	23.5	0.4	直	未发	未发	A
湖北宜昌市农业科学院	608.32	13.80	2	4/25	8/2	9/5	133	18.0	116.5	22.1	186.5	154.7	82.9	21.9	0.4	直	未发	轻	A
湖南怀化市农科所	615.50	8.94	3	4/25	8/4	9/7	135	20.4	105.1	24.5	148.3	137.3	92.6	22.3		直	未发	轻	A
湖南岳阳市农科所	634.00	10.20	2	5/12	8/17	9/22	133	16.8	116.5	25.5	208.4	164.4	78.9	24.5	0.0	直	未发	未发	A
江苏里下河地区农科所	627.50	6.27	5	5/10	8/18	9/27	140	19.8	120.0	23.9	171.0	148.5	86.8	22.3	0.6	直	未发	轻	B
江苏沿海地区农科所	658.50	7.16	3	5/7	8/20	9/27	143	18.5	119.8	24.4	187.3	163.2	87.1	21.9	0.3	直	轻	轻	A
江西九江市农科所	630.67	14.88	1	5/14	8/19	9/24	133	17.8	109.0	25.8	220.1	162.6	73.9	23.2	1.0	直	未发	未发	A
江西省农业科学院水稻所	665.67	8.71	2	5/17	8/20	9/20	126	21.4	104.7	24.4	167.1	149.1	89.2	21.6	0.0	直	未发	未发	A
中国水稻研究所	584.25	0.65	10	5/20	8/23	10/5	138	22.8	120.5	26.0	155.6	130.3	83.7	19.8	0.0	直	未发	轻	B

注：综合评级 A—好，B—较好，C—中等，D—一般。

表 14－8－2　长江中下游中籼迟熟 E 组（132411NX-E）区试品种在各试点的产量、生育期及主要农艺经济性状表现

品种名称/试验点	亩产（千克）	比 CK ± %	产量位次	播种期（月/日）	齐穗期（月/日）	成熟期（月/日）	全生育期（天）	有效穗（万/亩）	株高（厘米）	穗长（厘米）	总粒数/穗	实粒数/穗	结实率（%）	千粒重（克）	杂株率（%）	倒伏性	穗颈瘟	纹枯病	综评等级
龙两优 8025																			
安徽滁州市农科所	734.17	11.18	1	5/6	8/21	9/30	147	20.6	114.5	23.8	188.5	159.0	84.4	24.5	1.8	伏	未发	轻	A
安徽黄山市种子站	527.67	-3.59	13	5/2	8/8	9/9	130	15.8	114.5	23.6	186.4	162.6	87.2	22.7	0.9	直	轻	未发	C
安徽省农业科学院水稻所	623.50	-6.69	11	5/4	8/10	9/15	134	16.4	141.0	25.9	206.3	170.5	82.6	22.2	2.0	直	未发	轻	C
安徽芜湖市种子站	561.50	-9.24	13	5/11	8/17	9/20	132	18.7	126.5	25.0	198.1	156.9	79.2	22.0	0.0	直	无	轻	C
福建建阳市良种场	526.83	-6.76	13	5/9	8/5	9/11	125	16.3	117.2	23.9	177.8	143.8	80.9	23.7	0.0	直	未发	轻	D
河南信阳市农业科学院	622.33	4.83	7	4/23	8/4	9/11	141	18.9	122.7	24.1	196.5	149.8	76.2	22.1		直	未发	轻	B
湖北京山县农业局	560.85	-7.05	12	4/27	8/2	9/4	130	17.2	107.3	24.9	154.0	129.4	84.0	23.9	0.6	直	未发	未发	C
湖北宜昌市农业科学院	544.87	1.93	9	4/25	7/29	9/1	129	16.6	118.7	26.1	177.4	141.8	79.9	21.5	0.5	伏	未发	轻	C
湖南怀化市农科所	574.67	1.71	10	4/25	7/31	9/2	130	15.7	115.7	26.1	202.0	171.4	84.9	22.1		直	未发	轻	D
湖南岳阳市农科所	569.67	-0.98	12	5/12	8/14	9/20	131	16.5	119.0	24.8	217.9	171.9	78.9	25.2	0.0	直	未发	未发	C
江苏里下河地区农科所	581.50	-1.52	13	5/10	8/14	9/23	136	17.2	124.7	24.4	201.8	161.2	79.9	21.4	0.3	直	未发	轻	D
江苏沿海地区农科所	562.50	-8.46	13	5/7	8/20	9/28	144	17.6	124.0	24.9	185.6	150.2	80.9	20.3	0.3	斜	轻	轻	D
江西九江市农科所	586.67	6.86	7	5/14	8/18	9/22	131	18.7	116.5	24.7	260.6	144.2	55.3	22.3		直	未发	未发	C
江西省农业科学院水稻所	619.00	1.09	6	5/17	8/18	9/19	125	17.7	116.8	24.2	194.2	159.8	82.3	22.3	0.0	斜	未发	未发	B
中国水稻研究所	591.24	1.85	6	5/20	8/20	10/1	134	17.9	120.7	24.0	158.5	130.5	82.3	19.4	0.0	伏	未发	中	B

注：综合评级 A—好，B—较好，C—中等，D——般。

表 14-8-3　长江中下游中籼迟熟 E 组（132411NX-E）区试品种在各试点的产量、生育期及主要农艺经济性状表现

品种名称/试验点	亩产（千克）	比 CK ± %	产量位次	播种期（月/日）	齐穗期（月/日）	成熟期（月/日）	全生育期（天）	有效穗（万/亩）	株高（厘米）	穗长（厘米）	总粒数/穗	实粒数/穗	结实率（%）	千粒重（克）	杂株率（%）	倒伏性	穗颈瘟	纹枯病	综评等级
深优 9519																			
安徽滁州市农科所	687.17	4.06	10	5/6	8/21	9/30	147	19.8	117.5	25.9	158.9	132.7	83.5	27.8	0.8	伏	未发	轻	A
安徽黄山市种子站	586.83	7.22	4	5/2	8/11	9/8	129	16.3	118.4	23.3	165.2	143.5	86.9	25.6	0.6	直	未发	未发	A
安徽省农业科学院水稻所	710.50	6.34	2	5/4	8/18	9/23	142	16.4	141.0	25.6	195.4	164.2	84.0	26.7	1.5	直	未发	轻	A
安徽芜湖市种子站	656.33	6.09	4	5/11	8/19	9/23	135	17.5	134.1	25.3	188.8	158.0	83.7	27.2	0.0	直	无	中	A
福建建阳市良种场	576.50	2.04	7	5/9	8/6	9/11	125	15.1	121.5	25.2	178.5	142.4	79.8	27.5	0.0	直	未发	轻	C
河南信阳市农业科学院	623.67	5.05	6	4/23	8/10	9/15	145	20.7	129.5	25.2	163.3	136.5	83.6	26.2		直	未发	轻	B
湖北京山县农业局	649.50	7.64	4	4/27	8/5	9/7	133	16.2	100.7	24.4	170.1	148.9	87.5	26.3	0.5	直	未发	未发	A
湖北宜昌市农业科学院	613.13	14.70	1	4/25	8/2	9/3	131	16.9	125.3	24.6	141.8	116.4	82.1	24.8	0.5	斜	未发	轻	A
湖南怀化市农科所	604.17	6.93	4	4/25	8/4	9/7	135	12.5	120.1	27.3	222.3	199.3	89.7	25.2		直	未发	轻	A
湖南岳阳市农科所	626.33	8.87	6	5/12	8/17	9/22	133	15.8	119.5	24.4	191.1	152.5	79.8	26.2	2.0	直	未发	未发	A
江苏里下河地区农科所	635.00	7.54	1	5/10	8/17	9/26	139	16.0	120.7	26.2	182.2	157.3	86.3	25.1	0.6	直	未发	轻	A
江苏沿海地区农科所	668.83	8.84	1	5/7	8/23	10/1	147	16.8	127.4	27.1	198.2	175.5	88.5	23.8	0.0	直	轻	轻	A
江西九江市农科所	623.67	13.60	2	5/14	8/17	9/22	131	17.7	116.4	26.5	192.2	154.4	80.3	26.3		直	未发	未发	B
江西省农业科学院水稻所	644.00	5.17	5	5/17	8/18	9/18	124	19.0	115.8	24.4	159.5	142.4	89.3	25.6	0.0	直	未发	未发	B
中国水稻研究所	667.99	15.07	2	5/20	8/20	10/1	134	16.3	122.8	24.7	153.8	133.3	86.7	26.3	0.0	直	未发	中	A

注：综合评级 A—好，B—较好，C—中等，D——般。

表 14-8-4　长江中下游中籼迟熟 E 组（132411NX-E）区试品种在各试点的产量、生育期及主要农艺经济性状表现

品种名称/试验点	亩产（千克）	比 CK ± %	产量位次	播种期（月/日）	齐穗期（月/日）	成熟期（月/日）	全生育期（天）	有效穗（万/亩）	株高（厘米）	穗长（厘米）	总粒数/穗	实粒数/穗	结实率（%）	千粒重（克）	杂株率（%）	倒伏性	穗颈瘟	纹枯病	综评等级
两优 667																			
安徽滁州市农科所	700.33	6.06	6	5/6	8/25	10/3	150	17.6	129.5	28.7	198.8	158.8	79.9	26.5	2.8	直	未发	轻	A
安徽黄山市种子站	572.67	4.63	9	5/2	8/17	9/13	134	14.9	135.3	26.3	149.3	124.7	83.5	31.5	1.5	直	轻	未发	B
安徽省农业科学院水稻所	601.33	-10.00	13	5/4	8/26	10/1	150	13.7	151.0	29.1	206.5	148.9	72.1	29.8	3.6	直	未发	轻	D
安徽芜湖市种子站	607.17	-1.86	11	5/11	8/26	9/29	141	16.8	148.7	27.7	187.3	141.6	75.6	29.1	1.7	直	无	无	C
福建建阳市良种场	583.67	3.30	5	5/9	8/14	9/23	137	13.0	142.5	28.2	176.6	149.9	84.9	31.1	0.0	直	未发	轻	B
河南信阳市农业科学院	626.83	5.59	5	4/23	8/14	9/20	150	17.0	135.5	27.2	175.2	123.1	70.3	31.2		直	未发	无	C
湖北京山县农业局	472.50	-21.69	13	4/27	8/15	9/16	142	14.9	118.1	28.2	191.5	143.3	74.8	30.2	1.3	直	未发	未发	D
湖北宜昌市农业科学院	520.17	-2.69	13	4/25	8/9	9/14	142	15.0	129.2	26.6	126.6	93.9	74.1	26.9	1.0	直	未发	轻	D
湖南怀化市农科所	539.50	-4.51	13	4/25	8/12	9/11	139	10.2	132.4	28.4	236.3	187.6	79.4	29.8		直	未发	轻	D
湖南岳阳市农科所	573.00	-0.40	11	5/12	8/24	9/26	137	15.3	130.0	28.8	188.5	146.5	77.7	30.2	0.0	直	未发	未发	C
江苏里下河地区农科所	627.67	6.29	4	5/10	8/19	9/28	141	15.9	142.3	28.7	192.1	144.1	75.0	30.1	0.3	直	未发	轻	B
江苏沿海地区农科所	648.83	5.59	6	5/7	8/29	10/5	151	17.2	131.0	25.3	192.2	135.6	70.6	27.3	0.6	直	轻	轻	B
江西九江市农科所	610.33	11.17	3	5/14	8/21	9/26	135	16.5	128.5	27.5	230.8	159.6	69.2	29.1	2.0	直	未发	未发	B
江西省农业科学院水稻所	554.17	-9.50	12	5/17	8/28	9/28	134	16.6	133.6	26.8	165.8	116.6	70.3	30.4	0.0	直	未发	未发	D
中国水稻研究所	590.84	1.78	7	5/20	8/29	10/10	143	16.7	127.0	27.0	207.7	113.4	54.6	26.2	0.8	直	未发	轻	B

注：综合评级 A—好，B—较好，C—中等，D——般。

表 14－8－5　长江中下游中籼迟熟 E 组（132411NX-E）区试品种在各试点的产量、生育期及主要农艺经济性状表现

品种名称/试验点	亩产（千克）	比 CK ± %	产量位次	播种期（月/日）	齐穗期（月/日）	成熟期（月/日）	全生育期（天）	有效穗（万/亩）	株高（厘米）	穗长（厘米）	总粒数/穗	实粒数/穗	结实率（%）	千粒重（克）	杂株率（%）	倒伏性	穗颈瘟	纹枯病	综评等级
丰两优四号（CK）																			
安徽滁州市农科所	660.33	0.00	11	5/6	8/20	9/29	146	17.2	114.9	25.9	198.3	167.0	84.2	26.9	1.0	直	未发	轻	B
安徽黄山市种子站	547.33	0.00	12	5/2	8/9	9/10	131	14.3	119.7	23.3	163.2	136.7	83.8	28.2	0.3	直	轻	未发	C
安徽省农业科学院水稻所	668.17	0.00	7	5/4	8/18	9/24	143	15.6	137.0	26.3	194.4	155.9	80.2	27.9	1.0	直	未发	轻	B
安徽芜湖市种子站	618.67	0.00	9	5/11	8/18	9/23	135	18.1	136.7	26.4	182.4	147.8	81.0	26.7	0.0	直	轻	轻	B
福建建阳市良种场	565.00	0.00	10	5/9	8/8	9/13	127	13.3	124.9	24.6	176.8	151.5	85.7	29.1	0.0	直	未发	轻	C
河南信阳市农业科学院	593.67	0.00	11	4/23	8/4	9/12	142	16.4	129.9	24.6	185.4	154.4	83.3	27.2		直	未发	轻	C
湖北京山县农业局	603.38	0.00	10	4/27	8/4	9/5	131	15.4	108.7	25.8	194.6	164.9	84.7	28.2	0.7	直	未发	轻	B
湖北宜昌市农业科学院	534.57	0.00	12	4/25	8/2	9/5	133	13.7	126.7	24.0	135.3	95.9	70.9	26.9	0.6	斜	未发	轻	D
湖南怀化市农科所	565.00	0.00	12	4/25	8/3	9/4	132	15.3	112.1	25.8	163.3	130.1	79.7	29.0		直	未发	轻	D
湖南岳阳市农科所	575.33	0.00	10	5/12	8/16	9/21	132	14.5	125.3	25.3	200.0	160.1	80.1	28.2	0.0	直	未发	未发	B
江苏里下河地区农科所	590.50	0.00	11	5/10	8/16	9/25	138	14.3	126.3	23.9	178.7	150.1	84.0	26.9	0.6	直	未发	轻	C
江苏沿海地区农科所	614.50	0.00	11	5/7	8/20	9/28	144	15.9	125.2	25.3	205.6	164.8	80.2	26.1	1.2	直	轻	轻	C
江西九江市农科所	549.00	0.00	11	5/14	8/16	9/21	130	15.3	121.9	24.9	166.7	130.2	78.1	28.7		直	未发	未发	C
江西省农业科学院水稻所	612.33	0.00	9	5/17	8/19	9/20	126	15.9	112.8	24.8	173.5	141.5	81.6	28.5	0.0	直	未发	未发	B
中国水稻研究所	580.49	0.00	11	5/20	8/22	10/5	138	16.9	131.4	26.7	188.1	128.4	68.3	23.1	0.0	伏	未发	轻	B

注：综合评级 A—好，B—较好，C—中等，D——般。

表 14-8-6　长江中下游中籼迟熟 E 组（132411NX-E）区试品种在各试点的产量、生育期及主要农艺经济性状表现

品种名称/试验点	亩产（千克）	比 CK ± %	产量位次	播种期（月/日）	齐穗期（月/日）	成熟期（月/日）	全生育期（天）	有效穗（万/亩）	株高（厘米）	穗长（厘米）	总粒数/穗	实粒数/穗	结实率（%）	千粒重（克）	杂株率（%）	倒伏性	穗颈瘟	纹枯病	综评等级
新两优 998																			
安徽滁州市农科所	717.67	8.68	3	5/6	8/19	9/29	146	19.6	116.5	22.6	171.2	151.2	88.3	26.5	1.0	伏	未发	轻	A
安徽黄山市种子站	592.50	8.25	2	5/2	8/5	9/10	131	15.8	110.2	22.7	177.2	155.4	87.7	27.5	3.1	直	未发	未发	A
安徽省农业科学院水稻所	610.50	-8.63	12	5/4	8/11	9/17	136	14.9	135.0	24.7	193.7	148.5	76.7	27.8	1.5	直	未发	轻	D
安徽芜湖市种子站	650.00	5.06	5	5/11	8/15	9/21	133	17.9	130.1	24.7	196.7	162.5	82.6	25.9	2.5	直	无	无	A
福建建阳市良种场	580.17	2.68	6	5/9	8/4	9/12	126	16.0	120.2	22.0	160.8	129.1	80.2	28.5	0.0	直	未发	轻	B
河南信阳市农业科学院	612.17	3.12	10	4/23	8/2	9/12	142	17.0	120.9	22.4	157.6	132.3	83.9	26.9	4.2	直	未发	轻	B
湖北京山县农业局	615.23	1.96	8	4/27	7/31	9/2	128	20.7	105.2	25.1	181.5	136.4	75.2	29.5	3.6	直	未发	未发	B
湖北宜昌市农业科学院	562.97	5.31	7	4/25	7/27	8/29	126	15.3	124.5	23.6	135.4	112.9	83.4	25.7	3.5	斜	未发	轻	C
湖南怀化市农科所	599.17	6.05	5	4/25	7/31	9/2	130	11.2	113.2	24.5	229.2	203.6	88.8	27.5		直	未发	轻	B
湖南岳阳市农科所	626.00	8.81	7	5/12	8/12	9/18	129	14.8	119.0	24.4	204.4	167.4	81.9	28.8	0.0	直	未发	未发	A
江苏里下河地区农科所	584.83	-0.96	12	5/10	8/13	9/22	135	13.3	116.0	22.9	186.8	154.4	82.7	26.6	0.6	直	未发	轻	D
江苏沿海地区农科所	653.83	6.40	4	5/7	8/18	9/25	141	17.2	118.8	22.1	168.6	143.2	84.9	27.4	1.5	直	轻	轻	A
江西九江市农科所	552.33	0.61	10	5/14	8/15	9/20	129	16.5	116.6	23.6	166.8	132.0	79.1	28.5		直	未发	未发	C
江西省农业科学院水稻所	615.67	0.54	7	5/17	8/15	9/16	122	19.2	113.1	22.3	152.0	132.6	87.2	28.9	0.0	直	未发	未发	B
中国水稻研究所	675.51	16.37	1	5/20	8/17	10/1	134	18.2	124.6	22.8	164.5	146.0	88.8	26.8	0.0	伏	未发	轻	A

注：综合评级 A—好，B—较好，C—中等，D——般。

表 14 -8 -7　长江中下游中籼迟熟 E 组（132411NX-E）区试品种在各试点的产量、生育期及主要农艺经济性状表现

品种名称/试验点	亩产（千克）	比 CK ± %	产量位次	播种期（月/日）	齐穗期（月/日）	成熟期（月/日）	全生育期（天）	有效穗（万/亩）	株高（厘米）	穗长（厘米）	总粒数/穗	实粒数/穗	结实率（%）	千粒重（克）	杂株率（%）	倒伏性	穗颈瘟	纹枯病	综评等级
深两优 884																			
安徽滁州市农科所	643.17	-2.60	13	5/6	8/20	9/28	145	20.0	109.5	24.3	179.2	151.6	84.6	23.1	0.3	直	未发	轻	B
安徽黄山市种子站	566.33	3.47	11	5/2	8/14	9/13	134	16.7	121.3	24.9	174.7	146.4	83.8	24.0	0.3	直	未发	未发	C
安徽省农业科学院水稻所	685.00	2.52	6	5/4	8/15	9/21	140	20.2	123.0	24.2	171.9	142.8	83.1	23.6	0.5	直	未发	中	B
安徽芜湖市种子站	581.17	-6.06	12	5/11	8/17	9/22	134	18.4	125.9	27.3	204.4	166.4	81.4	22.5	0.0	直	无	轻	B
福建建阳市良种场	543.17	-3.86	12	5/9	8/13	9/20	134	17.0	108.2	24.8	161.8	132.6	81.9	25.1	0.0	直	未发	轻	D
河南信阳市农业科学院	591.00	-0.45	12	4/23	8/10	9/15	145	21.4	118.2	25.2	194.3	137.2	70.6	22.9		直	未发	轻	C
湖北京山县农业局	582.60	-3.44	11	4/27	8/2	9/4	130	18.9	93.2	24.6	226.0	146.0	64.6	24.7	0.4	直	未发	未发	B
湖北宜昌市农业科学院	570.33	6.69	5	4/25	8/2	9/4	132	17.3	110.9	25.7	148.5	113.7	76.6	23.1	0.5	直	未发	中	B
湖南怀化市农科所	574.00	1.59	11	4/25	8/6	9/8	136	16.4	107.2	25.4	179.5	153.8	85.7	23.3		直	未发	轻	D
湖南岳阳市农科所	569.33	-1.04	13	5/12	8/18	9/24	135	15.5	112.4	24.6	213.6	167.6	78.5	24.8	0.0	直	未发	未发	C
江苏里下河地区农科所	592.00	0.25	10	5/10	8/16	9/27	140	12.9	114.0	24.6	212.1	186.0	87.7	23.8	0.6	直	未发	轻	C
江苏沿海地区农科所	592.33	-3.61	12	5/7	8/20	9/27	143	17.0	118.2	24.7	192.4	161.5	83.9	21.9	1.2	直	轻	轻	D
江西九江市农科所	577.67	5.22	8	5/14	8/19	9/24	133	17.8	107.0	26.0	192.2	124.3	64.7	23.8		直	未发	未发	C
江西省农业科学院水稻所	607.83	-0.73	10	5/17	8/18	9/18	124	18.5	104.2	25.7	204.7	157.3	76.8	22.5	1.2	直	未发	未发	B
中国水稻研究所	649.17	11.83	3	5/20	8/23	10/5	138	21.0	120.8	24.7	167.6	121.5	72.5	19.5	0.0	直	未发	轻	A

注：综合评级 A—好，B—较好，C—中等，D——一般。

表 14-8-8　长江中下游中籼迟熟 E 组（132411NX-E）区试品种在各试点的产量、生育期及主要农艺经济性状表现

品种名称/试验点	亩产（千克）	比 CK ± %	产量位次	播种期（月/日）	齐穗期（月/日）	成熟期（月/日）	全生育期（天）	有效穗（万/亩）	株高（厘米）	穗长（厘米）	总粒数/穗	实粒数/穗	结实率（%）	千粒重（克）	杂株率（%）	倒伏性	穗颈瘟	纹枯病	综评等级
Y 两优 900																			
安徽滁州市农科所	731.83	10.83	2	5/6	8/20	10/1	148	19.2	112.5	28.4	208.0	173.5	83.4	24.6	0.3	直	未发	轻	A
安徽黄山市种子站	575.67	5.18	8	5/2	8/14	9/15	136	13.5	122.0	27.1	240.5	184.2	76.6	23.3	2.1	直	轻	未发	B
安徽省农业科学院水稻所	661.17	-1.05	8	5/4	8/17	9/23	142	14.8	129.0	28.3	230.3	184.3	80.0	24.6	1.3	直	未发	轻	C
安徽芜湖市种子站	672.83	8.75	2	5/11	8/19	9/25	137	16.7	127.6	28.6	234.9	185.3	78.9	24.8	0.0	直	无	轻	A
福建建阳市良种场	565.33	0.06	9	5/9	8/11	9/22	136	15.0	121.6	28.9	188.3	156.7	83.3	24.5	0.0	直	未发	轻	C
河南信阳市农业科学院	648.17	9.18	1	4/23	8/9	9/18	148	13.8	121.1	27.6	231.4	180.9	78.2	24.2		直	未发	无	A
湖北京山县农业局	649.65	7.67	3	4/27	8/7	9/9	135	21.8	107.1	28.0	191.5	118.0	61.6	30.2	0.8	直	未发	未发	A
湖北宜昌市农业科学院	573.77	7.33	4	4/25	8/6	9/11	139	18.4	122.8	27.4	176.6	137.8	78.0	22.3	0.9	直	未发	轻	B
湖南怀化市农科所	589.83	4.40	7	4/25	8/6	9/8	136	11.8	108.9	28.9	275.1	224.0	81.4	23.2		直	未发	轻	C
湖南岳阳市农科所	633.17	10.05	3	5/12	8/20	9/25	136	14.7	122.0	28.9	221.2	171.2	77.4	24.6	0.0	直	未发	未发	A
江苏里下河地区农科所	631.33	6.92	2	5/10	8/19	9/28	141	13.4	130.3	29.5	270.8	213.4	78.8	24.4	0.3	直	未发	轻	A
江苏沿海地区农科所	652.00	6.10	5	5/7	8/22	10/1	147	14.9	123.8	28.1	286.5	215.3	75.1	21.5	0.6	直	轻	轻	B
江西九江市农科所	597.33	8.80	6	5/14	8/20	9/25	134	14.3	117.9	29.5	297.2	175.1	58.9	24.5	2.0	直	未发	未发	C
江西省农业科学院水稻所	613.83	0.25	8	5/17	8/21	9/22	128	14.3	112.2	29.3	221.8	190.9	86.1	23.3	0.0	直	未发	未发	B
中国水稻研究所	604.95	4.21	4	5/20	8/23	10/5	138	13.8	124.8	30.4	259.7	184.6	71.1	21.9	0.0	直	未发	轻	B

注：综合评级 A—好，B—较好，C—中等，D——般。

表 14－8－9　长江中下游中籼迟熟 E 组（132411NX-E）区试品种在各试点的产量、生育期及主要农艺经济性状表现

品种名称/试验点	亩产（千克）	比 CK ± %	产量位次	播种期（月/日）	齐穗期（月/日）	成熟期（月/日）	全生育期（天）	有效穗（万/亩）	株高（厘米）	穗长（厘米）	总粒数/穗	实粒数/穗	结实率（%）	千粒重（克）	杂株率（%）	倒伏性	穗颈瘟	纹枯病	综评等级
1892S/YR0822																			
安徽滁州市农科所	693.33	5.00	9	5/6	8/18	9/28	145	18.8	102.5	23.9	203.7	172.1	84.5	24.1	0.0	直	未发	轻	A
安徽黄山市种子站	590.17	7.83	3	5/2	8/9	9/10	131	16.1	105.8	23.8	169.6	153.4	90.4	24.3	0.3	直	轻	未发	B
安徽省农业科学院水稻所	689.83	3.24	5	5/4	8/12	9/17	136	17.9	122.0	24.0	189.9	164.4	86.6	23.6	2.3	直	未发	轻	B
安徽芜湖市种子站	632.50	2.24	7	5/11	8/17	9/22	134	18.6	113.5	23.5	212.6	170.7	80.3	22.8	0.0	直	无	无	A
福建建阳市良种场	551.83	−2.33	11	5/9	8/7	9/15	129	15.1	106.2	24.0	179.5	152.5	84.9	24.7	0.0	直	轻	无	C
河南信阳市农业科学院	586.00	−1.29	13	4/23	8/5	9/15	145	18.8	110.4	24.5	197.7	164.0	83.0	25.5		直	未发	轻	D
湖北京山县农业局	628.50	4.16	6	4/27	8/2	9/4	130	18.8	100.9	25.4	173.7	148.5	85.5	22.5	0.3	直	未发	未发	B
湖北宜昌市农业科学院	535.62	0.20	11	4/25	7/31	9/1	129	17.7	110.8	23.5	146.7	111.6	76.1	22.3	0.3	斜	未发	中	D
湖南怀化市农科所	639.50	13.19	1	4/25	7/31	9/3	131	18.2	105.8	25.0	183.4	157.9	86.1	22.7		直	未发	轻	A
湖南岳阳市农科所	621.33	8.00	9	5/12	8/14	9/20	131	16.8	112.5	23.8	220.9	172.9	78.3	24.7	0.0	直	未发	未发	C
江苏里下河地区农科所	616.33	4.37	9	5/10	8/13	9/23	136	16.9	114.3	23.4	185.4	159.6	86.1	22.5	0.3	直	未发	轻	C
江苏沿海地区农科所	644.00	4.80	7	5/7	8/18	9/25	141	15.3	109.0	22.4	219.9	186.0	84.6	22.8	0.0	直	轻	轻	B
江西九江市农科所	572.67	4.31	9	5/14	8/15	9/20	129	16.3	105.6	22.7	181.3	142.1	78.4	24.0		直	未发	未发	C
江西省农业科学院水稻所	654.67	6.91	3	5/17	8/17	9/17	123	18.8	105.0	23.9	186.8	164.7	88.2	22.9	0.0	直	未发	未发	A
中国水稻研究所	578.61	−0.32	12	5/20	8/19	10/1	134	21.7	109.9	23.7	155.7	116.3	74.7	20.1	0.0	直	未发	轻	C

注：综合评级 A—好，B—较好，C—中等，D—一般。

表 14-8-10　长江中下游中籼迟熟 E 组（132411NX-E）区试品种在各试点的产量、生育期及主要农艺经济性状表现

品种名称/试验点	亩产（千克）	比 CK ±%	产量位次	播种期（月/日）	齐穗期（月/日）	成熟期（月/日）	全生育期（天）	有效穗（万/亩）	株高（厘米）	穗长（厘米）	总粒数/穗	实粒数/穗	结实率（%）	千粒重（克）	杂株率（%）	倒伏性	穗颈瘟	纹枯病	综评等级
徽两优 128																			
安徽滁州市农科所	656.00	-0.66	12	5/6	8/15	9/27	144	19.2	117.5	22.8	170.2	134.7	79.1	27.6	1.3	直	未发	轻	B
安徽黄山市种子站	580.83	6.12	6	5/2	8/7	9/10	131	15.1	114.4	21.7	152.1	136.7	89.9	28.9	0.3	直	轻	未发	B
安徽省农业科学院水稻所	654.83	-2.00	9	5/4	8/9	9/15	134	15.3	139.0	23.8	189.4	149.1	78.7	28.9	3.5	直	未发	轻	C
安徽芜湖市种子站	613.83	-0.78	10	5/11	8/12	9/17	129	16.9	129.7	24.5	192.4	158.5	82.4	26.4	0.0	直	无	中	B
福建建阳市良种场	601.33	6.43	2	5/9	8/6	9/12	126	14.9	119.5	23.6	173.4	141.4	81.5	28.9	1.4	直	未发	轻	A
河南信阳市农业科学院	613.83	3.40	9	4/23	7/30	9/5	135	18.6	122.0	21.8	146.9	128.9	87.7	27.6		直	未发	轻	B
湖北京山县农业局	610.65	1.20	9	4/27	7/29	8/29	124	18.2	109.4	25.6	137.2	124.1	90.5	28.3	2.1	直	未发	未发	C
湖北宜昌市农业科学院	542.10	1.41	10	4/25	7/28	8/31	128	14.4	123.4	23.9	143.6	118.1	82.2	28.1	1.6	直	未发	轻	C
湖南怀化市农科所	580.00	2.65	9	4/25	7/29	9/2	130	11.7	118.0	25.7	195.5	182.1	93.1	28.4		直	未发	轻	C
湖南岳阳市农科所	626.67	8.92	5	5/12	8/10	9/16	127	15.6	121.5	23.6	202.7	158.7	78.3	28.9	0.0	直	未发	未发	A
江苏里下河地区农科所	618.67	4.77	7	5/10	8/13	9/22	135	15.7	126.7	22.7	171.8	143.1	83.3	28.0	0.3	直	未发	轻	C
江苏沿海地区农科所	635.83	3.47	9	5/7	8/17	9/24	140	15.7	124.6	21.8	194.4	161.3	83.0	26.1	0.0	直	轻	轻	C
江西九江市农科所	526.67	-4.07	12	5/14	8/13	9/17	126	16.3	117.1	25.0	168.1	130.1	77.4	28.7		直	未发	未发	D
江西省农业科学院水稻所	648.67	5.93	4	5/17	8/15	9/16	122	16.0	115.2	23.1	179.0	157.3	87.9	29.0	0.0	直	未发	未发	A
中国水稻研究所	584.25	0.65	8	5/20	8/17	10/1	134	16.4	126.2	26.2	199.4	152.1	76.2	26.2	0.0	伏	未发	轻	B

注：综合评级 A—好，B—较好，C—中等，D——一般。

表 14-8-11　长江中下游中籼迟熟 E 组（132411NX-E）区试品种在各试点的产量、生育期及主要农艺经济性状表现

品种名称/试验点	亩产（千克）	比 CK ± %	产量位次	播种期（月/日）	齐穗期（月/日）	成熟期（月/日）	全生育期（天）	有效穗（万/亩）	株高（厘米）	穗长（厘米）	总粒数/穗	实粒数/穗	结实率（%）	千粒重（克）	杂株率（%）	倒伏性	穗颈瘟	纹枯病	综评等级
徽两优 630																			
安徽滁州市农科所	714.00	8.13	4	5/6	8/19	9/30	147	20.2	102.5	23.4	216.5	147.8	68.3	25.8	1.0	直	未发	轻	A
安徽黄山市种子站	595.17	8.74	1	5/2	8/10	9/8	129	15.9	110.6	21.4	178.3	149.4	83.8	25.4	0.6	直	未发	未发	A
安徽省农业科学院水稻所	739.33	10.65	1	5/4	8/13	9/20	139	18.6	134.0	23.2	180.6	145.6	80.6	27.2	1.5	直	未发	轻	A
安徽芜湖市种子站	680.17	9.94	1	5/11	8/17	9/24	136	17.4	127.1	24.2	196.6	167.2	85.0	26.9	0.0	直	无	轻	A
福建建阳市良种场	571.50	1.15	8	5/9	8/7	9/19	133	15.1	112.8	24.4	171.1	141.8	82.8	27.1	0.0	直	轻	中	C
河南信阳市农业科学院	640.67	7.92	2	4/23	8/3	9/8	138	18.8	117.0	22.4	179.9	150.1	83.4	25.4	1.6	直	未发	轻	A
湖北京山县农业局	655.65	8.66	1	4/27	8/1	9/2	128	16.4	104.1	23.3	175.9	151.1	85.9	27.5	2.1	直	未发	未发	A
湖北宜昌市农业科学院	585.50	9.53	3	4/25	7/31	9/1	129	17.0	121.2	23.1	134.5	117.8	87.6	24.0	2.3	直	未发	中	A
湖南怀化市农科所	617.33	9.26	2	4/25	7/31	9/4	132	12.5	108.8	23.4	218.7	201.4	92.1	25.6		直	未发	轻	A
湖南岳阳市农科所	634.17	10.23	1	5/12	8/14	9/20	131	16.2	122.0	24.2	194.5	148.5	76.3	30.8	0.0	直	未发	未发	A
江苏里下河地区农科所	630.50	6.77	3	5/10	8/15	9/26	139	14.1	114.7	21.9	180.7	165.3	91.5	26.6	0.6	直	未发	轻	B
江苏沿海地区农科所	665.67	8.33	2	5/7	8/21	9/29	145	17.8	120.6	20.9	181.3	154.7	85.3	25.6	0.6	直	轻	轻	A
江西九江市农科所	602.50	9.74	5	5/14	8/15	9/19	128	17.4	114.1	23.8	203.7	152.5	74.9	27.1		直	未发	未发	B
江西省农业科学院水稻所	675.67	10.34	1	5/17	8/16	9/18	124	17.6	112.0	23.6	198.3	168.1	84.8	26.2	0.0	直	未发	未发	A
中国水稻研究所	584.25	0.65	9	5/20	8/19	10/2	135	18.5	121.9	22.9	167.7	131.4	78.4	22.5	0.0	直	未发	轻	B

注：综合评级 A—好，B—较好，C—中等，D——般。

表 14－8－12　长江中下游中籼迟熟 E 组（132411NX-E）区试品种在各试点的产量、生育期及主要农艺经济性状表现

品种名称/试验点	亩产（千克）	比 CK ± %	产量位次	播种期（月/日）	齐穗期（月/日）	成熟期（月/日）	全生育期（天）	有效穗（万/亩）	株高（厘米）	穗长（厘米）	总粒数/穗	实粒数/穗	结实率（%）	千粒重（克）	杂株率（%）	倒伏性	穗颈瘟	纹枯病	综评等级
Y 两优 2008																			
安徽滁州市农科所	711.17	7.70	5	5/6	8/13	9/24	141	22.2	103.5	25.8	167.5	148.5	88.7	23.9	0.3	直	未发	轻	A
安徽黄山市种子站	577.83	5.57	7	5/2	8/10	9/10	131	17.4	112.9	26.3	144.8	129.8	89.6	26.9	0.9	直	未发	未发	B
安徽省农业科学院水稻所	693.83	3.84	4	5/4	8/9	9/16	135	15.9	128.0	25.0	207.3	164.3	79.3	26.9	2.5	直	未发	轻	B
安徽芜湖市种子站	642.83	3.91	6	5/11	8/14	9/19	131	17.2	127.6	26.9	185.9	157.1	84.5	27.3	0.0	直	无	重	A
福建建阳市良种场	588.17	4.10	3	5/9	8/8	9/15	129	15.3	116.2	27.3	180.1	144.8	80.4	27.1	0.0	直	未发	轻	B
河南信阳市农业科学院	618.83	4.24	8	4/23	8/4	9/11	141	21.0	118.2	24.8	126.2	115.3	91.4	26.1	3.9	直	未发	轻	B
湖北京山县农业局	639.00	5.90	5	4/27	7/30	8/31	126	18.3	98.1	25.4	157.7	134.9	85.5	27.0	0.5	直	未发	未发	A
湖北宜昌市农业科学院	558.13	4.41	8	4/25	7/31	9/1	129	17.6	122.4	24.5	143.4	129.3	90.2	25.9	0.4	伏	未发	轻	C
湖南怀化市农科所	595.83	5.46	6	4/25	8/13	9/4	132	16.5	109.5	27.6	161.8	143.3	88.6	25.8		直	未发	轻	B
湖南岳阳市农科所	624.00	8.46	8	5/12	8/16	9/21	132	15.8	115.3	27.2	170.7	138.6	81.2	25.8	0.0	直	未发	未发	A
江苏里下河地区农科所	626.83	6.15	6	5/10	8/12	9/22	135	18.8	120.0	26.2	165.3	148.7	90.0	25.1	0.6	直	未发	轻	B
江苏沿海地区农科所	639.00	3.99	8	5/7	8/15	9/21	137	18.6	113.6	23.4	162.3	135.4	83.4	25.8	0.9	斜	轻	轻	B
江西九江市农科所	609.00	10.93	4	5/14	8/18	9/22	131	16.8	113.1	25.6	176.4	133.0	75.4	27.4	2.0	直	未发	未发	B
江西省农业科学院水稻所	607.50	-0.79	11	5/17	8/18	9/17	123	21.0	108.7	25.1	141.7	126.7	89.4	25.9	0.0	直	未发	未发	C
中国水稻研究所	592.72	2.11	5	5/20	8/19	10/1	134	21.2	115.3	26.7	157.5	135.0	85.7	23.2	0.0	伏	未发	轻	B

注：综合评级 A—好，B—较好，C—中等，D——般。

表 14－8－13　长江中下游中籼迟熟 E 组（132411NX-E）区试品种在各试点的产量、生育期及主要农艺经济性状表现

品种名称/试验点	亩产（千克）	比 CK ± %	产量位次	播种期（月/日）	齐穗期（月/日）	成熟期（月/日）	全生育期（天）	有效穗（万/亩）	株高（厘米）	穗长（厘米）	总粒数/穗	实粒数/穗	结实率（%）	千粒重（克）	杂株率（%）	倒伏性	穗颈瘟	纹枯病	综评等级
F 两优 6876																			
安徽滁州市农科所	695.00	5.25	8	5/6	8/20	9/29	146	18.0	109.5	24.4	185.5	159.1	85.8	25.7	3.0	直	未发	轻	A
安徽黄山市种子站	585.00	6.88	5	5/2	8/11	9/9	130	13.4	107.6	24.7	224.5	181.3	80.8	27.0	5.5	直	未发	未发	B
安徽省农业科学院水稻所	702.67	5.16	3	5/4	8/16	9/24	143	15.2	132.0	24.6	215.8	176.5	81.8	26.1	4.5	直	未发	轻	B
安徽芜湖市种子站	625.33	1.08	8	5/11	8/19	9/23	135	19.3	130.9	26.0	178.6	142.5	79.8	26.1	2.5	直	无	无	B
福建建阳市良种场	588.00	4.07	4	5/9	8/9	9/17	131	15.4	123.1	25.9	173.5	141.9	81.8	27.5	2.5	直	未发	轻	B
河南信阳市农业科学院	640.00	7.80	3	4/23	8/7	9/13	143	15.2	120.4	24.7	190.9	161.9	84.8	26.2		直	未发	轻	B
湖北京山县农业局	627.68	4.03	7	4/27	8/4	9/7	133	14.2	104.2	24.8	216.6	155.5	71.8	31.0	3.5	直	未发	未发	B
湖北宜昌市农业科学院	563.30	5.37	6	4/25	8/1	9/2	130	17.2	120.8	25.4	163.8	139.5	85.2	25.9	4.0	直	未发	轻	B
湖南怀化市农科所	582.17	3.04	8	4/25	8/5	9/7	135	12.4	111.4	25.5	226.0	195.5	86.5	25.1		直	未发	轻	C
湖南岳阳市农科所	628.17	9.18	4	5/12	8/18	9/24	135	15.9	121.6	24.7	206.7	162.7	78.7	29.3	2.5	直	未发	未发	B
江苏里下河地区农科所	617.33	4.54	8	5/10	8/18	9/27	140	12.9	130.7	25.5	231.3	201.5	87.1	26.4	0.9	直	未发	轻	C
江苏沿海地区农科所	632.50	2.93	10	5/7	8/21	9/30	146	16.7	121.0	26.6	195.2	154.3	79.0	24.2	0.3	直	轻	轻	C
江西九江市农科所	502.33	－8.50	13	5/14	8/18	9/22	131	14.8	107.1	25.8	219.2	151.0	68.9	27.2		直	未发	未发	D
江西省农业科学院水稻所	537.50	－12.22	13	5/17	8/19	9/19	125	16.8	106.3	24.7	196.0	157.8	80.5	26.0	0.0	直	未发	未发	C
中国水稻研究所	554.15	－4.54	13	5/20	8/20	10/4	137	15.3	122.0	25.6	215.6	168.1	78.0	24.8	0.0	直	未发	轻	C

注：综合评级 A—好，B—较好，C—中等，D—一般。

表 14－9　长江中下游中籼迟熟 E 组生产试验（132411NX-E-S）品种在各试验点的产量、生育期、主要特征、田间抗性表现

品种名称/试验点	亩产（千克）	比 CK ±%	播种期（月/日）	齐穗期（月/日）	成熟期（月/日）	全生育期(天)	耐寒性	整齐度	杂株率（%）	株型	叶色	叶姿	长势	熟期转色	倒伏性	落粒性	叶瘟	穗颈瘟	纹枯病
Y 两优 896																			
安徽合肥丰乐种业股份公司	575.80	5.01	5/10	8/17	9/20	133	未发	整齐	0.0	适中	浓绿	挺直	繁茂	好	直	中	未发	未发	未发
江西抚州市农科所	646.92	7.06	5/13	8/11	9/16	126	未发	整齐	无	适中	绿	挺直	繁茂	好	直		未发	未发	轻
湖南石门县水稻原种场	673.00	－1.61	4/25	8/1	8/29	125	未发	整齐	无	紧凑	绿	挺直	繁茂	好	直	难	未发	未发	未发
湖北襄阳市农业科学院	592.16	7.45	4/19	8/4	9/10	144	未遇	整齐	1.5	适中	绿	挺直	繁茂	好	直	中	未发	未发	中
湖北赤壁市种子局	601.60	6.10	4/25	7/31	9/2	130	未发	整齐	2.2	适中	浓绿	一般	繁茂	好	直	中	无	无	轻
福建建阳市种子站	703.19	7.46	5/18	8/24	9/30	135	未发	整齐	0.0	适中	绿	挺直	繁茂	好	直	中	无	无	无
浙江临安市种子站	622.60	5.06	5/31	8/31	10/9	131	未发	整齐	0.0	紧凑	浓绿	挺直	繁茂	中	直	中	未发	轻	中
浙江天台县种子站	656.35	9.14	5/13	8/14	9/28	138	未发	中等	0.0	松散	绿	挺直	繁茂	好	直	中	未发	未发	轻
江苏里下河地区农科所	620.60	7.18	5/10	8/17	9/22	135	强	整齐	0.9	适中	浓绿	挺直	繁茂	好	倒	易	未发	未发	轻
丰两优四号（CK）																			
安徽合肥丰乐种业股份公司	548.33	0.00	5/10	8/15	9/18	131	未发	整齐	0.0	适中	绿	挺直	繁茂	好	直	中	未发	未发	轻
江西抚州市农科所	604.28	0.00	5/13	8/9	9/15	125	未发	整齐	无	适中	绿	挺直	一般	好	直		未发	未发	轻
湖南石门县水稻原种场	684.00	0.00	4/25	7/30	8/28	124	未发	整齐	无	紧凑	绿	挺直	繁茂	好	直	中	未发	未发	未发
湖北襄阳市农业科学院	551.10	0.00	4/19	8/1	9/9	143	未遇	整齐	1.6	适中	绿	挺直	繁茂	好	伏	中	未发	未发	中
湖北赤壁市种子局	567.00	0.00	4/25	7/27	8/30	127	未发	整齐	2.6	适中	浓绿	一般	一般	中	直	易	轻	中	轻
福建建阳市种子站	657.50	0.00	5/18	8/20	9/29	134	未发	整齐	0.0	适中	绿	挺直	繁茂	中	直	中	轻	轻	轻
浙江临安市种子站	592.60	0.00	5/31	8/25	10/8	130	未发	整齐	0.0	松散	淡绿	中等	繁茂	中	直	中	未发	未发	轻
浙江天台县种子站	601.39	0.00	5/13	8/12	9/27	137	未发	不齐	0.0	紧凑	浅绿	中等	繁茂	好	伏	中	未发	未发	轻
江苏里下河地区农科所	579.00	0.00	5/10	8/16	9/26	139	强	中等	0.6	松散	绿	中等	繁茂	中	伏	易	未发	未发	轻

第十五章　2013 年长江中下游中籼迟熟 F 组国家水稻品种试验汇总报告

一、试验概况

（一）试验目的

鉴定评价我国南方稻区新选育和引进的水稻新品种（组合，下同）的丰产性、稳产性、适应性、抗性、米质及其他重要性状表现，为国家水稻品种审定提供科学依据。

（二）参试品种

区试品种 11 个，深两优 814 和深两优 862 为续试品种，其他均为新参试品种，以丰两优四号（CK）为对照；生产试验品种 1 个，也以丰两优四号（CK）为对照。品种名称、类型、亲本组合、选育/供种单位见表 15 - 1。

（三）承试单位

区试点 15 个，生产试验点 9 个，分布在安徽、福建、河南、湖北、湖南、江苏、江西和浙江 8 个省。承试单位、试验地点、经纬度、海拔高度、试验负责人及执行人见表 15 - 2。

（四）试验设计、栽培管理与观察记载

各试验点均按《2013 年南方稻区国家水稻品种试验实施方案》及《农作物品种区域试验技术规范　水稻》进行试验。

区试采用完全随机区组排列，3 次重复，小区面积 0.02 亩。生产试验采用大区随机排列，不设重复，大区面积 0.5 亩。

分区试、生产试验，同组试验所有品种同期播种、移栽，施肥水平中等偏上，其他栽培管理措施与当地大田生产相同。

观察记载项目与标准按《农作物品种区域试验技术规范　水稻》以及《国家水稻品种试验观察记载项目、方法及标准》《南方稻区国家水稻品种区试及生产试验记载表》等要求执行。

（五）特性鉴定

抗性鉴定：浙江省农业科学院植保所、湖南省农业科学院植保所、湖北宜昌市农科所、安徽省农业科学院植保所、福建上杭县茶地乡农技站和江西井冈山垦殖场石市口分场负责稻瘟病抗性鉴定。湖南省农业科学院水稻所负责白叶枯病抗性鉴定。鉴定采用人工接菌与病区自然诱发相结合。中国水稻研究所稻作发展中心负责稻飞虱抗性鉴定。鉴定结果由浙江省农业科学院植保所负责汇总。华中农业大学植科院负责生产试验品种的耐热性鉴定。鉴定种子均由中国水稻研究所试验点统一提供。

米质分析：由安徽省种子站、河南信阳市农科所和湖北京山县农业局试验点分别单独种植生产提供样品，农业部稻米及制品质量监督检验测试中心负责检测分析。

参试品种的特异性及续试品种年度间的一致性鉴定：由中国水稻研究所进行 DNA 指纹鉴定。

（六）统计分析

按照《农作物品种区域试验技术规范　水稻》等有关试验质量评价标准，对各试验（鉴定）点试验（鉴定）结果的可靠性、完整性、准确性、可比性以及对照品种表现情况等进行分析评估，确

保汇总质量。2013 年区试、生产试验各试验点试验结果正常，全部列入汇总。

产量联合方差分析采用混合模型，品种间产量差异多重比较采用 Duncan's 新复极差法；参试品种的丰产性主要以品种在区试和生产试验中相对于对照品种产量及组平均产量衡量；参试品种的适应性主要以品种在区试中比对照品种增产的试验点比例衡量；参试品种的稳产性主要以品种在年度间区试中相对于对照品种产量的差异变化程度衡量。

参试品种的生育期主要以全生育期比对照品种长短的天数衡量。

参试品种的抗性以指定的鉴定单位的鉴定结果为主要依据，对稻瘟病抗性的主要评价指标为综合指数和穗瘟损失率最高级，对其他病虫害抗性的主要评价指标为最高级。

参试品种的米质检测、评价按照国家《优质稻谷》标准，分优质 1 级、优质 2 级、优质 3 级，未达到优质级的品种米质均为等外级。

二、结果分析

（一）产量

丰两优四号（CK）产量中等偏下、居第 11 位。2013 年区试品种中，依据比组平均的增减产幅度，产量较高的品种有两优 001、两优 6812、深两优 862、深两优 1 号、隆两优 1141，产量居前 5 位，平均亩产 623.25～631.43 千克，比丰两优四号（CK）增产 5.07%～6.45%；产量一般的品种有徽两优 928 和矮占 43S/油占，平均亩产分别是 593.32 千克和 566.71 千克，比丰两优四号（CK）分别增产 0.03% 和减产 4.46%；其他品种产量中等，平均亩产 598.88～617.11 千克，比丰两优四号（CK）增产 0.96%～4.04%。品种产量、比对照及组平均增减产百分率、品种间产量差异显著性、比对照增产试验点比例等汇总结果见表 15－3。

2013 年生产试验品种中，Y 两优 3218 表现良好，平均亩产 620.53 千克，比丰两优四号（CK）增产 3.88%。品种产量、比对照增减产百分率等汇总结果以及各试验点对品种的综合评价等级见表 15－4。

（二）生育期

2013 年区试品种中，矮占 43S/油占熟期较早，全生育期比丰两优四号（CK）短 4.3 天；广占 63-4S/R1813 熟期较迟，全生育期比丰两优四号（CK）长 4.6 天；其他品种全生育期 133.0～137.7 天，比丰两优四号（CK）长短不超过 3 天、熟期适宜。品种全生育期及比对照长短天数见表 15－3。

2013 年生产试验品种中，Y 两优 3218 熟期适宜。品种全生育期及比对照长短天数见表 15－4。

（三）主要农艺经济性状

品种分蘖率、有效穗数、成穗率、株高、每穗总粒数、每穗实粒数、结实率、千粒重等主要农艺经济性状汇总结果见表 15－3。

（四）抗性

2013 年区试品种中，所有品种的稻瘟病综合指数均未超过 6.5 级。依据穗瘟损失率最高级，广占 63-4S/R1813 为中抗，深两优 862、深两优 1 号、矮占 43S/油占和两优 001 为中感，其他品种为感或高感。

品种在各稻瘟病抗性鉴定点的鉴定结果见表 15－5，品种稻瘟病抗性鉴定汇总结果、白叶枯病鉴定结果、褐飞虱鉴定结果以及生产试验品种的耐热性鉴定结果见表 15－6。

（五）米质

依据国家《优质稻谷》标准，广占 63-4S/R1813 米质优，达到国标优质 3 级，其他品种米质中等或一般。品种糙米率、整精米率、粒长、长宽比、垩白粒率、垩白度、胶稠度、直链淀粉等米质性状表现，见表 15－7。

（六）品种在各试验点表现

区试、生产试验品种在各试验点的产量、生育期、主要农艺经济性状、田间抗性表现等见表15－8－1至表15－8－12、表15－9。

三、品种评价

（一）生产试验品种

Y两优3218

2011年初试平均亩产622.81千克，比丰两优四号（CK）增产6.53%，达极显著水平；2012年续试平均亩产621.88千克，比丰两优四号（CK）增产5.27%，达极显著水平；两年区试平均亩产622.35千克，比丰两优四号（CK）增产5.90%，增产点比例86.7%；2013年生产试验平均亩产620.53千克，比丰两优四号（CK）增产3.88%。全生育期两年区试平均136.5天，比丰两优四号（CK）早熟0.4天。主要农艺性状两年区试综合表现：每亩有效穗数16.5万穗，株高122.2厘米，穗长27.6厘米，每穗总粒数202.1粒，结实率81.6%，千粒重24.9克。抗性两年综合表现：稻瘟病综合指数5.6级，穗瘟损失率最高级9级；白叶枯病平均级6级，最高级7级；褐飞虱平均级8级，最高级9级；抽穗期耐热性5级。米质主要指标两年综合表现：整精米率56.2%，长宽比3.0，垩白粒率53%，垩白度10.9%，胶稠度83毫米，直链淀粉含量13.8%。

2013年国家水稻品种试验年会审议意见：已完成试验程序，可以申报国家品种审定。

（二）续试品种

1. 深两优862

2012年初试平均亩产630.34千克，比丰两优四号（CK）增产6.70%，达极显著水平；2013年续试平均亩产629.67千克，比丰两优四号（CK）增产6.15%，达极显著水平；两年区试平均亩产630.01千克，比丰两优四号（CK）增产6.43%，增产点比例96.7%。全生育期两年区试平均134.0天，比丰两优四号（CK）早熟1.2天。主要农艺性状两年区试综合表现：每亩有效穗数18.1万穗，株高111.1厘米，穗长25.0厘米，每穗总粒数179.9粒，结实率85.1%，千粒重24.6克。抗性两年综合表现：稻瘟病综合指数4.7级，穗瘟损失率最高级7级；白叶枯病平均级4级，最高级5级；褐飞虱平均级7级，最高级7级。米质主要指标两年综合表现：整精米率53.5%，长宽比3.2，垩白粒率14%，垩白度1.9%，胶稠度76毫米，直链淀粉含量11.5%。

2013年国家水稻品种试验年会审议意见：2014年进行生产试验。

2. 深两优814

2012年初试平均亩产630.08千克，比丰两优四号（CK）增产6.66%，达极显著水平；2013年续试平均亩产607.75千克，比丰两优四号（CK）增产2.46%，达极显著水平；两年区试平均亩产618.92千克，比丰两优四号（CK）增产4.56%，增产点比例86.7%。全生育期两年区试平均138.4天，比丰两优四号（CK）迟熟3.2天。主要农艺性状两年区试综合表现：每亩有效穗数17.9万穗，株高117.8厘米，穗长24.8厘米，每穗总粒数177.1粒，结实率85.0%，千粒重24.3克。抗性两年综合表现：稻瘟病综合指数4.2级，穗瘟损失率最高级9级；白叶枯病平均级5级，最高级7级；褐飞虱平均级8级，最高级9级。米质主要指标两年综合表现：整精米率57.7%，长宽比3.1，垩白粒率9%，垩白度1.0%，胶稠度72毫米，直链淀粉含量13.6%。

2013年国家水稻品种试验年会审议意见：终止试验。

（三）初试品种

1. 两优001

2013年初试平均亩产631.43千克，比丰两优四号（CK）增产6.45%，达极显著水平，增产点比例100.0%。全生育期133.6天，比丰两优四号（CK）早熟1.4天。主要农艺性状表现：每亩有效穗数 17.4 万穗，株高 116.2 厘米，穗长 24.6 厘米，每穗总粒数 176.5 粒，结实率 81.5%，千粒重 27.3 克。抗性：稻瘟病综合指数 3.7 级，穗瘟损失率最高级 5 级；白叶枯病 3 级；褐飞虱 7 级。米质主要指标：整精米率 52.4%，长宽比 3.2，垩白粒率 29%，垩白度 3.1%，胶稠度 83 毫米，直链淀粉含量 11.5%。

2013 年国家水稻品种试验年会审议意见：2014 年续试。

2. 两优 6812

2013 年初试平均亩产 630.87 千克，比丰两优四号（CK）增产 6.36%，达极显著水平，增产点比例 93.3%。全生育期 134.6 天，比丰两优四号（CK）早熟 0.4 天。主要农艺性状表现：每亩有效穗数 16.8 万穗，株高 122.1 厘米，穗长 24.7 厘米，每穗总粒数 188.6 粒，结实率 81.1%，千粒重 26.4 克。抗性：稻瘟病综合指数 4.0 级，穗瘟损失率最高级 7 级；白叶枯病 7 级；褐飞虱 9 级。米质主要指标：整精米率 35.3%，长宽比 3.0，垩白粒率 51%，垩白度 8.9%，胶稠度 83 毫米，直链淀粉含量 24.5%。

2013 年国家水稻品种试验年会审议意见：2014 年续试。

3. 深两优 1 号

2013 年初试平均亩产 628.43 千克，比丰两优四号（CK）增产 5.94%，达极显著水平，增产点比例 93.3%。全生育期 134.5 天，比丰两优四号（CK）早熟 0.5 天。主要农艺性状表现：每亩有效穗数 18.0 万穗，株高 117.2 厘米，穗长 25.8 厘米，每穗总粒数 165.4 粒，结实率 83.5%，千粒重 26.4 克。抗性：稻瘟病综合指数 4.0 级，穗瘟损失率最高级 5 级；白叶枯病 5 级；褐飞虱 7 级。米质主要指标：整精米率 56.9%，长宽比 3.3，垩白粒率 12%，垩白度 1.7%，胶稠度 70 毫米，直链淀粉含量 12.7%。

2013 年国家水稻品种试验年会审议意见：2014 年续试。

4. 隆两优 1141

2013 年初试平均亩产 623.25 千克，比丰两优四号（CK）增产 5.07%，达极显著水平，增产点比例 80.0%。全生育期 137.2 天，比丰两优四号（CK）迟熟 2.2 天。主要农艺性状表现：每亩有效穗数 16.0 万穗，株高 130.5 厘米，穗长 25.4 厘米，每穗总粒数 184.7 粒，结实率 81.0%，千粒重 28.2 克。抗性：稻瘟病综合指数 3.7 级，穗瘟损失率最高级 7 级；白叶枯病 7 级；褐飞虱 9 级。米质主要指标：整精米率 58.7%，长宽比 3.0，垩白粒率 13%，垩白度 1.9%，胶稠度 81 毫米，直链淀粉含量 11.7%。

2013 年国家水稻品种试验年会审议意见：2014 年续试。

5. 深两优 3059

2013 年初试平均亩产 617.11 千克，比丰两优四号（CK）增产 4.04%，达极显著水平，增产点比例 86.7%。全生育期 135.0 天，与对照相同。主要农艺性状表现：每亩有效穗数 16.9 万穗，株高 119.5 厘米，穗长 26.0 厘米，每穗总粒数 201.9 粒，结实率 79.0%，千粒重 24.0 克。抗性：稻瘟病综合指数 4.7 级，穗瘟损失率最高级 7 级；白叶枯病 7 级；褐飞虱 9 级。米质主要指标：整精米率 57.9%，长宽比 3.0，垩白粒率 19%，垩白度 1.6%，胶稠度 82 毫米，直链淀粉含量 12.1%。

2013 年国家水稻品种试验年会审议意见：2014 年续试。

6. Y 两优 9 号

2013 年初试平均亩产 604.25 千克，比丰两优四号（CK）增产 1.87%，达极显著水平，增产点比例 73.3%。全生育期 132.2 天，比丰两优四号（CK）早熟 2.8 天。主要农艺性状表现：每亩有效穗数 17.6 万穗，株高 119.7 厘米，穗长 25.8 厘米，每穗总粒数 170.8 粒，结实率 84.3%，千粒重 24.3 克。抗性：稻瘟病综合指数 4.4 级，穗瘟损失率最高级 7 级；白叶枯病 1 级；褐飞虱 7 级。米质主要指标：整精米率 61.8%，长宽比 3.1，垩白粒率 12%，垩白度 1.5%，胶稠度 74 毫米，直链淀粉含量 11.4%。

2013 年国家水稻品种试验年会审议意见：终止试验。

7. 广占 63-4S/R1813

2013 年初试平均亩产 598.88 千克，比丰两优四号（CK）增产 0.96%，未达显著水平，增产点比例46.7%。全生育期139.6天，比丰两优四号（CK）迟熟4.6天。主要农艺性状表现：每亩有效穗数16.4万穗，株高124.5厘米，穗长26.3厘米，每穗总粒数180.2粒，结实率74.1%，千粒重28.3克。抗性：稻瘟病综合指数2.5级，穗瘟损失率最高级3级；白叶枯病5级；褐飞虱9级。米质主要指标：整精米率57.9%，长宽比3.0，垩白粒率18%，垩白度2.2%，胶稠度72毫米，直链淀粉含量15.3%，达国标优质3级。

2013年国家水稻品种试验年会审议意见：终止试验。

8. 徽两优928

2013年初试平均亩产593.32千克，比丰两优四号（CK）增产0.03%，未达显著水平，增产点比例73.3%。全生育期133.0天，比丰两优四号（CK）早熟2.0天。主要农艺性状表现：每亩有效穗数15.1万穗，株高117.3厘米，穗长23.5厘米，每穗总粒数179.8粒，结实率80.6%，千粒重28.8克。抗性：稻瘟病综合指数5.0级，穗瘟损失率最高级7级；白叶枯病7级；褐飞虱7级。米质主要指标：整精米率46.4%，长宽比3.2，垩白粒率34%，垩白度6.0%，胶稠度70毫米，直链淀粉含量13.7%。

2013年国家水稻品种试验年会审议意见：终止试验。

9. 矮占43S/油占

2013年初试平均亩产566.71千克，比丰两优四号（CK）减产4.46%，达极显著水平，增产点比例20.0%。全生育期130.7天，比丰两优四号（CK）早熟4.3天。主要农艺性状表现：每亩有效穗数18.1万穗，株高108.9厘米，穗长23.7厘米，每穗总粒数182.1粒，结实率77.9%，千粒重23.8克。抗性：稻瘟病综合指数4.4级，穗瘟损失率最高级5级；白叶枯病7级；褐飞虱7级。米质主要指标：整精米率52.3%，长宽比3.1，垩白粒率18%，垩白度2.1%，胶稠度77毫米，直链淀粉含量13.8%。

2013年国家水稻品种试验年会审议意见：终止试验。

表 15－1　长江中下游中籼迟熟 F 组（132411NX-F）区试参试品种基本情况

编号	品种名称	品种类型	亲本组合	选育/供种单位
区试				
1	*深两优 1 号	杂交稻	深 08S×湘恢 012	湖南民生种业科技有限公司
2	深两优 814	杂交稻	深 08S×丙 4114	北京金色农华种业科技有限公司
3	*隆两优 1141	杂交稻	隆 638S×R1141	袁隆平农业高科技股份有限公司
4	*徽两优 928	杂交稻	H175S×R07W02	安徽华安种业
5	深两优 862	杂交稻	深 08S×R5662	南昌市德民农业科技有限公司/临湘市兆农科技研发中心
6	*Y 两优 9 号	杂交稻	Y58S×R9	湖南秀华农业科技股份有限公司
7	*深两优 3059	杂交稻	深 08S×湘恢 059	湖南科裕隆种业有限公司
8	*两优 6812	杂交稻	1068S×R8412	武汉润丰农业科技有限公司
9	*广占 63-4S/R1813	杂交稻	广占 63-4S×R1813	袁隆平农业高科技股份有限公司
10CK	丰两优四号（CK）	杂交稻	丰 39S×盐稻 4 号选	合肥丰乐种业股份公司
11	*矮占 43S/油占	杂交稻	矮占 43S×油占	中国种子集团有限公司
12	*两优 001	杂交稻	1892S×R001	安徽理想种业有限公司
生产试验				
3CK	丰两优四号（CK）	杂交稻	丰 39S×盐稻 4 号选	合肥丰乐种业股份公司
7	Y 两优 3218	杂交稻	Y58S×湘恢 3218	湖南科裕隆种业有限公司

*为 2013 年新参试品种。

表 15－2　长江中下游中籼迟熟 F 组（132411NX-F）区试及生产试验点基本情况

承试单位	试验地点	经度	纬度	海拔高度（米）	试验负责人及执行人
区试					
安徽滁州市农科所	滁州市沙河镇新集村	118°18′	32°18′	32.0	黄明永、刘淼才
安徽黄山市种子站	黄山市农科所雁塘基地	118°14′	29°40′	134.0	汪淇、王淑芬、汤雷
安徽省农业科学院水稻所	合肥市	117°	32°	20.0	罗志祥、阮新民
安徽芜湖市种子站	芜湖市方村种子基地	118°27′	31°14′	7.2	胡四保
福建建阳市良种场	建阳市三亩片省引种观察圃内	118°22′	27°03′	150.0	张金明
河南信阳市农业科学院	信阳市本院试验田	114°05′	32°07′	75.9	王青林、霍二伟
湖北京山县农业局	京山县国家区试基地	113°07′	31°01′	75.6	彭金好、张红文
湖北宜昌市农业科学院	枝江市问安镇四岗试验基地	111°05′	30°34′	60.0	贺丽、黄蓉
湖南怀化市农科所	怀化市鹤城区石门乡坨院村	109°58′	27°33′	231.0	江生
湖南岳阳市农科所	岳阳县麻塘试验基地	113°05′	29°24′	32.0	黄四民
江苏里下河地区农科所	扬州市	119°25′	32°25′	8.0	戴正元、刘晓静、刘广青
江苏沿海地区农科所	盐城市	120°08′	33°23′	2.7	孙明法、朱国永
江西九江市农科所	九江县马回岭镇	115°48′	29°26′	45.0	曹国军、潘世文、李三元、胡永平、吕太华、黄晓波
江西省农业科学院水稻所	南昌市莲塘伍农岗	115°58′	28°41′	30.0	邱在辉、胡兰香、陈智辉、张晓宁、李名迪
中国水稻研究所	浙江省富阳市	120°19′	30°12′	7.2	杨仕华、夏俊辉、施彩娟、韩新华
生产试验					
福建建阳市种子站	将口镇东田村	118°07′	27°28′	140.0	廖海林、张贵河
江西抚州市农科所	抚州市临川区鹏溪	116°16′	28°01′	47.3	黎二妹、车慧燕
湖南石门县水稻原种场	石门县白洋湖	111°22′	29°35′	116.9	张光纯
湖北襄阳市农业科学院	襄阳市高新开发区	112°08′	32°05′	67.0	曹国长
湖北赤壁市种子局	官塘驿镇石泉村	114°07′	29°48′	24.4	姚忠清、王小光
安徽合肥丰乐种业公司	肥西县严店乡苏小村	117°17′	31°52′	14.7	徐剑、王中花
浙江天台县种子站	平桥镇山头邵村	120°09′	29°02′	98.0	陈人慧、曹雪仙
浙江临安市种子站	临安市於潜镇祈祥村	119°24′	30°10′	83.0	袁德明、虞和炳
江苏里下河地区农科所	扬州市	119°25′	32°25′	8.0	戴正元、刘晓静、刘广青

表 15－3　长江中下游中籼迟熟 F 组（132411NX-F）区试品种产量、生育期及主要农艺经济性状汇总分析结果

品种名称	区试年份	亩产（千克）	比 CK ±%	比组平均 ±%	产量差异显著性 0.05	产量差异显著性 0.01	回归系数	比 CK 增产点（%）	全生育期（天）	比 CK ±天	分蘖率%	有效穗（万/亩）	成穗率（%）	株高（厘米）	穗长（厘米）	每穗总粒数	每穗实粒数	结实率（%）	千粒重（克）
深两优 862	2012～2013	630.01	6.43	3.93				96.7	134.0	－1.2	464.8	18.1	60.6	111.1	25.0	179.9	153.2	85.1	24.6
深两优 814	2012～2013	618.92	4.56	2.11				86.7	138.4	3.2	460.3	17.9	58.8	117.8	24.8	177.1	150.6	85.0	24.3
丰两优四号（CK）	2012～2013	591.95	0.00	－2.35				0.0	135.3	0.0	428.2	15.8	59.4	123.6	24.9	181.9	149.0	81.9	28.0
两优 001	2013	631.43	6.45	3.44	a	A	1.10	100	133.6	－1.4	474.5	17.4	57.3	116.2	24.6	176.5	143.9	81.5	27.3
两优 6812	2013	630.87	6.36	3.35	a	A	1.30	93.3	134.6	－0.4	484.0	16.8	59.7	122.1	24.7	188.6	153.0	81.1	26.4
深两优 862	2013	629.67	6.15	3.16	ab	A	0.83	93.3	133.8	－1.2	527.1	18.5	60.3	111.7	24.9	179.1	150.4	84.0	24.0
深两优 1 号	2013	628.43	5.94	2.95	ab	A	0.95	93.3	134.5	－0.5	522.4	18.0	58.3	117.2	25.8	165.4	138.0	83.5	26.4
隆两优 1141	2013	623.25	5.07	2.11	bc	AB	1.20	80.0	137.2	2.2	470.5	16.0	59.1	130.5	25.4	184.7	149.6	81.0	28.2
深两优 3059	2013	617.11	4.04	1.10	c	B	0.85	86.7	135.0	0.0	474.3	16.9	60.5	119.5	26.0	201.9	159.5	79.0	24.0
深两优 814	2013	607.75	2.46	－0.43	d	C	0.84	80.0	137.7	2.7	511.3	18.2	57.7	119.4	24.6	171.9	142.7	83.0	23.6
Y 两优 9 号	2013	604.25	1.87	－1.01	de	CD	0.91	73.3	132.2	－2.8	450.5	17.6	63.4	119.7	25.8	170.8	144.0	84.3	24.3
广占 63-4S/R1813	2013	598.88	0.96	－1.89	ef	DE	1.10	46.7	139.6	4.6	499.6	16.4	58.8	124.5	26.3	180.2	133.6	74.1	28.3
徽两优 928	2013	593.32	0.03	－2.80	f	E	0.96	73.3	133.0	－2.0	439.1	15.1	59.3	117.3	23.5	179.8	145.0	80.6	28.8
丰两优四号（CK）	2013	593.17	0.00	－2.82	f	E	1.00	0.0	135.0	0.0	470.4	16.0	58.5	125.4	24.9	180.1	145.9	81.0	27.5
矮占 43S/油占	2013	566.71	－4.46	－7.16	g	F	0.96	20.0	130.7	－4.3	523.9	18.1	57.7	108.9	23.7	182.1	141.9	77.9	23.8

表 15－4　长江中下游中籼迟熟 F 组生产试验（132411NX-F-S）品种产量、生育期及在各生产试验点综合评价等级

品种名称	Y 两优 3218	丰两优四号（CK）
生产试验汇总表现		
全生育期（天）	132.4	132.2
比 CK ± 天	0.2	0.0
亩产（千克）	620.53	598.36
产量比 CK ± %	3.88	0.00
各生产试验点综合评价等级		
安徽合肥丰乐种业股份公司	C	A
江西抚州市农科所	A	B
湖南石门县水稻原种场	A	
湖北襄阳市农业科学院	B	C
湖北赤壁市种子局	A	B
福建建阳市种子站	B	C
浙江临安市种子站	A	B
浙江天台县种子站	C	C
江苏里下河地区农科所	B	B

注：1. 各组品种生产试验合并进行，因品种较多，个别试点加设 CK 后安排在 2 块田中试验，表中产量比 CK ± % 系与同田块 CK 比较的结果；

2. 综合评价等级：A—好，B—较好，C—中等，D——般。

表 15－5　长江中下游中籼迟熟 F 组（132411NX-F）品种稻瘟病抗性各地鉴定结果（2013 年）

品种名称	浙江					安徽					湖北					湖南					江西					福建				
	叶瘟	穗瘟发病率		穗瘟损失率		叶瘟	穗瘟发病率		穗瘟损失率		叶瘟	穗瘟发病率		穗瘟损失率		叶瘟	穗瘟发病率		穗瘟损失率		叶瘟	穗瘟发病率		穗瘟损失率		叶瘟	穗瘟发病率		穗瘟损失率	
	(级)	%	级	%	级	(级)	%	级	%	级	(级)	%	级	%	级	(级)	%	级	%	级	(级)	%	级	%	级	(级)	%	级	%	级
深两优 1 号	0	15	5	3	1	5	32	7	26	5	4	29	7	9	3	2	24	5	6	3	2	77	9	19	5	4	20	5	12	3
深两优 814	0	4	1	1	1	3	70	9	67	9	3	44	7	15	5	4	13	5	3	1	1	90	9	25	5	6	37	7	21	5
隆两优 1141	5	0	0	0	0	3	37	7	30	5	2	12	5	4	1	2	16	5	4	1	3	87	9	38	7	5	24	5	12	3
徽两优 928	7	35	7	12	3	3	38	7	29	5	4	45	7	15	5	5	14	5	3	1	4	80	9	31	7	5	23	5	13	3
深两优 862	0	6	3	1	1	3	39	7	28	5	2	43	7	16	5	2	18	5	6	3	2	82	9	29	5	4	20	5	11	3
Y 两优 9 号	0	0	0	0	0	1	54	9	32	7	6	52	9	23	5	3	14	5	4	1	1	75	9	30	7	5	25	5	13	3
深两优 3059	3	23	5	8	3	3	43	7	28	5	4	27	7	11	3	2	14	5	4	1	5	80	9	36	7	5	39	7	25	5
两优 6812	5	20	5	4	1	5	21	5	14	3	4	41	7	14	3	2	21	5	5	1	4	100	9	43	7	5	21	5	11	3
广占 63-4S/R1813	5	12	5	2	1	3	7	3	3	1	3	15	5	3	1	2	16	5	5	1	1	36	7	11	3	4	5	1	1	1
丰两优四号（CK）	6	60	9	25	5	3	58	9	46	7	8	83	9	48	7	7	91	9	41	7	5	100	9	63	9	9	100	9	96	9
矮占 43S/油占	3	15	5	3	1	3	44	7	26	5	4	31	7	12	3	2	18	5	5	1	5	70	9	28	5	5	33	7	18	5
两优 001	3	20	5	4	1	5	42	7	30	5	3	14	5	6	3	2	18	5	5	1	1	47	7	15	5	4	20	5	11	3
感病对照	8	100	9	100	9	5	46	7	37	7	8	100	9	96	9	8	90	9	44	7	6	100	9	88	9	9	100	9	94	9

注：1. 鉴定单位分别为浙江省农业科学院植保所、安徽省农业科学院植保所、湖北宜昌市农科所、湖南省农业科学院植保所、江西井冈山垦殖场、福建上杭县茶地乡农技站；

2. 浙江、安徽、湖北、江西、福建感病对照分别为 wh26、汕优 63、丰两优香 1 号、恩糯、汕优 63＋广西矮 4 号＋明恢 86，湖南不详。

表 15－6　长江中下游中籼迟熟 F 组（132411NX-F）品种对主要病虫抗性综合评价结果（2012～2013 年）及耐热性（2013 年）

品种名称	区试年份	稻瘟病										白叶枯病			褐飞虱			抽穗期耐热性（级）
		2013 年各地综合指数（级）							2013 年	1～2 年综合评价		2013 年	1～2 年综合评价		2013 年	1～2 年综合评价		
		浙江	安徽	湖北	湖南	江西	福建	平均	穗瘟损失率最高级	平均综合指数（级）	穗瘟损失率最高级		平均级	最高级		平均级	最高级	
Y 两优 3218	2011～2012																	5
丰两优四号（CK）	2011～2012																	3
深两优 814	2012～2013	0.8	9.0	5.0	2.8	5.0	5.8	4.7	9	4.2	9	7	5	7	7	8	9	
深两优 862	2012～2013	1.3	5.7	4.8	3.3	5.3	3.8	4.0	5	4.7	7	5	4	5	7	7	7	
丰两优四号（CK）	2012～2013	6.3	7.7	7.8	7.5	8.0	9.0	7.7	9	7.7	9	5	6	7	9	9	9	
深两优 1 号	2013	1.8	5.7	4.3	3.3	5.3	3.8	4.0	5	4.0	5	5	5	5	7	7	7	
隆两优 1141	2013	1.3	5.7	2.3	2.3	6.5	4.0	3.7	7	3.7	7	7	7	7	9	9	9	
徽两优 928	2013	5.0	5.7	5.3	3.0	6.8	4.0	5.0	7	5.0	7	7	7	7	7	7	7	
Y 两优 9 号	2013	0.0	7.7	6.3	2.5	6.0	4.0	4.4	7	4.4	7	1	1	1	7	7	7	
深两优 3059	2013	3.5	5.7	4.3	2.3	7.0	5.5	4.7	7	4.7	7	7	7	7	9	9	9	
两优 6812	2013	3.0	3.7	4.3	2.3	6.8	4.0	4.0	7	4.0	7	7	7	7	9	9	9	
广占 63-4S/R1813	2013	3.0	1.7	2.5	2.3	3.5	1.8	2.5	3	2.5	3	5	5	5	9	9	9	
丰两优四号（CK）	2013	6.3	7.7	7.8	7.5	8.0	9.0	7.7	9	7.7	9	5	5	5	9	9	9	
矮占 43S/油占	2013	2.5	5.7	4.3	2.3	6.0	5.5	4.4	5	4.4	5	7	7	7	7	7	7	
两优 001	2013	2.5	5.7	3.5	2.3	4.5	3.8	3.7	5	3.7	5	3	3	3	7	7	7	

注：1. 稻瘟病综合指数（级）＝叶瘟级×25%＋穗瘟发病率级×25%＋穗瘟损失率级×50%（安徽稻瘟病感病对照叶瘟发病未达 7 级以上，叶瘟结果不采用。品种综合指数（级）＝穗瘟发病率级×35%＋穗瘟损失率级×65%）；

2. 白叶枯病、褐飞虱、耐热性分别为湖南省农业科学院水稻所、中国水稻研究所、华中农业大学鉴定结果。

表 15－7　长江中下游中籼迟熟 F 组（132411NX-F）品种米质检测分析结果

品种名称	年份	糙米率(%)	精米率(%)	整精米率(%)	粒长（毫米）	长宽比	垩白粒率(%)	垩白度(%)	透明度（级）	碱消值（级）	胶稠度（毫米）	直链淀粉(%)	部标*（等级）	国标**（等级）
深两优 814	2012～2013	78.8	70.5	57.7	6.5	3.1	9	1.0	2	6.7	72	13.6	优 3	等外
深两优 862	2012～2013	79.2	70.1	53.5	6.5	3.2	14	1.9	3	4.0	76	11.5	普通	等外
丰两优四号（CK）	2012～2013	80.2	71.7	55.4	6.8	3.1	32	4.5	1	6.7	75	14.5	优 3	等外
深两优 1 号	2013	78.6	70.6	56.9	6.8	3.3	12	1.7	2	6.8	70	12.7	普通	等外
隆两优 1141	2013	78.1	69.9	58.7	6.6	3.0	13	1.9	3	3.4	81	11.7	普通	等外
Y 两优 9 号	2013	79.3	70.3	61.8	6.5	3.1	12	1.5	4	6.7	74	11.4	普通	等外
矮占 43S/油占	2013	79.8	71.0	52.3	6.5	3.1	18	2.1	3	3.9	77	13.8	普通	等外
广占 63-4S/R1813	2013	80.0	71.5	57.9	6.8	3.0	18	2.2	1	6.8	72	15.3	优 2	优 3
徽两优 928	2013	77.8	69.1	46.4	7.1	3.2	34	6.0	2	6.7	70	13.7	普通	等外
两优 001	2013	79.6	70.7	52.4	6.9	3.2	29	3.1	3	3.1	83	11.5	普通	等外
两优 6812	2013	80.1	71.6	35.3	6.7	3.0	51	8.9	3	4.9	83	24.5	普通	等外
深两优 3059	2013	79.4	70.2	57.9	6.4	3.0	19	1.6	4	4.4	82	12.1	普通	等外
丰两优四号（CK）	2013	80.2	71.7	55.4	6.8	3.1	32	4.5	1	6.7	75	14.5	优 3	等外

注：1. 样品生产提供单位：安徽省农业科学院水稻所（2012～2013 年）、河南信阳市农科所（2012～2013 年）、湖北京山县农业局（2012～2013 年）；

2. 检测分析单位：农业部稻米及制品质量监督检验测试中心。

表 15－8－1　长江中下游中籼迟熟 F 组（132411NX-F）区试品种在各试点的产量、生育期及主要农艺经济性状表现

品种名称/试验点	亩产（千克）	比 CK ± %	产量位次	播种期（月/日）	齐穗期（月/日）	成熟期（月/日）	全生育期（天）	有效穗（万/亩）	株高（厘米）	穗长（厘米）	总粒数/穗	实粒数/穗	结实率（%）	千粒重（克）	杂株率（%）	倒伏性	穗颈瘟	纹枯病	综评等级
深两优 1 号																			
安徽滁州市农科所	713.33	5.50	5	5/6	8/20	10/1	148	18.6	111.9	27.4	185.6	168.4	90.7	25.8	0.3	直	未发	轻	A
安徽黄山市种子站	585.00	3.85	8	5/2	8/12	9/10	131	18.5	113.0	25.7	134.5	123.5	91.8	25.9	0.0	直	未发	未发	B
安徽省农业科学院水稻所	659.17	2.49	4	5/4	8/16	9/23	142	17.6	121.0	25.7	187.7	143.3	76.3	26.6	4.5	直	未发	轻	B
安徽芜湖市种子站	605.17	-3.20	10	5/11	8/18	9/21	133	19.4	130.7	28.3	181.6	137.5	75.7	26.2	0.8	直	无	轻	B
福建建阳市良种场	614.83	5.37	3	5/9	8/10	9/15	129	16.1	125.0	25.7	170.1	141.0	82.9	28.3	0.0	直	未发	轻	A
河南信阳市农业科学院	666.83	8.69	1	4/23	8/6	9/13	143	20.3	116.5	24.5	134.4	117.4	87.4	26.4		直	未发	轻	A
湖北京山县农业局	675.00	10.70	1	4/27	8/2	9/2	128	21.5	102.2	24.2	147.7	129.5	87.7	27.5	0.4	直	未发	未发	A
湖北宜昌市农业科学院	552.93	7.57	5	4/27	8/2	9/5	131	14.7	123.4	26.7	148.9	119.7	80.4	27.0	0.4	直	未发	轻	B
湖南怀化市农科所	604.17	12.96	1	4/25	8/2	9/2	130	18.0	108.5	25.3	163.2	134.7	82.5	25.5		直	未发	轻	A
湖南岳阳市农科所	635.00	9.99	3	5/12	8/14	9/20	131	16.7	120.6	26.4	198.8	153.8	77.4	27.8	0.0	直	未发	未发	A
江苏里下河地区农科所	610.17	4.21	6	5/10	8/17	9/26	139	15.5	126.0	25.6	192.3	168.3	87.5	25.6	0.3	直	未发	轻	B
江苏沿海地区农科所	662.50	9.44	1	5/7	8/19	9/25	141	18.6	116.6	23.7	165.8	142.2	85.8	25.8	0.0	直	轻	轻	A
江西九江市农科所	590.00	2.79	7	5/14	8/18	9/22	131	16.9	114.3	25.5	161.8	123.4	76.3	27.0		直	未发	未发	C
江西省农业科学院水稻所	605.00	1.28	5	5/17	8/20	9/18	124	19.3	106.1	25.7	149.1	133.3	89.4	25.9	0.0	直	未发	未发	B
中国水稻研究所	647.29	8.86	2	5/20	8/22	10/4	137	18.8	121.9	27.0	159.1	134.1	84.3	25.1	0.0	直	未发	轻	A

注：综合评级 A—好，B—较好，C—中等，D——般。

表 15－8－2　长江中下游中籼迟熟 F 组（132411NX-F）区试品种在各试点的产量、生育期及主要农艺经济性状表现

品种名称/试验点	亩产（千克）	比 CK ±%	产量位次	播种期（月/日）	齐穗期（月/日）	成熟期（月/日）	全生育期（天）	有效穗（万/亩）	株高（厘米）	穗长（厘米）	总粒数/穗	实粒数/穗	结实率（%）	千粒重（克）	杂株率（%）	倒伏性	穗颈瘟	纹枯病	综评等级
深两优 814																			
安徽滁州市农科所	701.00	3.67	6	5/6	8/23	10/3	150	19.2	111.5	25.4	187.2	171.3	91.5	23.7	0.3	直	未发	轻	A
安徽黄山市种子站	599.17	6.36	4	5/2	8/16	9/14	135	16.4	121.2	23.2	176.1	155.7	88.4	23.7	0.3	直	未发	未发	B
安徽省农业科学院水稻所	648.50	0.83	5	5/4	8/19	9/25	144	17.9	135.0	26.0	184.5	151.2	82.0	24.2	1.0	直	未发	轻	B
安徽芜湖市种子站	636.17	1.76	7	5/11	8/21	9/25	137	18.6	139.3	25.8	197.6	156.9	79.4	25.4	0.0	直	无	无	A
福建建阳市良种场	586.50	0.51	8	5/9	8/12	9/18	132	16.6	124.9	25.9	177.4	148.7	83.8	24.3	0.0	直	未发	无	C
河南信阳市农业科学院	631.00	2.85	9	4/23	8/10	9/18	148	20.6	121.6	23.6	131.9	118.2	89.6	23.9		直	未发	轻	B
湖北京山县农业局	601.50	－1.35	11	4/27	8/7	9/1	127	21.8	100.3	23.2	144.6	127.8	88.4	23.2	0.4	直	未发	未发	C
湖北宜昌市农业科学院	562.37	9.40	3	4/27	8/6	9/11	137	14.5	124.2	23.9	154.4	116.0	75.2	23.6	0.5	直	未发	轻	A
湖南怀化市农科所	556.50	4.05	5	4/25	8/6	9/6	134	18.1	101.1	24.2	152.1	135.0	88.8	23.3		直	未发	轻	B
湖南岳阳市农科所	613.33	6.24	9	5/12	8/20	9/21	132	16.4	115.0	25.3	198.5	154.5	77.8	24.3	0.0	直	未发	未发	B
江苏里下河地区农科所	611.17	4.38	5	5/10	8/19	9/26	139	15.5	123.7	25.8	192.0	166.6	86.8	23.0	0.3	直	未发	轻	B
江苏沿海地区农科所	592.33	－2.15	11	5/7	8/23	10/1	147	19.8	118.6	24.4	176.3	143.2	81.2	21.9	0.0	直	轻	轻	D
江西九江市农科所	583.33	1.63	8	5/14	8/22	9/27	136	19.7	114.2	25.1	170.2	125.1	73.5	23.9		直	未发	未发	C
江西省农业科学院水稻所	601.67	0.73	7	5/17	8/22	9/22	128	20.4	107.9	22.4	157.6	134.6	85.4	23.1	0.0	直	未发	未发	B
中国水稻研究所	591.78	－0.47	10	5/20	8/25	10/6	139	17.6	132.8	24.9	177.9	135.0	75.9	22.0	0.0	直	未发	轻	C

注：综合评级 A—好，B—较好，C—中等，D——般。

表 15-8-3　长江中下游中籼迟熟 F 组（132411NX-F）区试品种在各试点的产量、生育期及主要农艺经济性状表现

品种名称/试验点	亩产（千克）	比 CK ± %	产量位次	播种期（月/日）	齐穗期（月/日）	成熟期（月/日）	全生育期（天）	有效穗（万/亩）	株高（厘米）	穗长（厘米）	总粒数/穗	实粒数/穗	结实率（%）	千粒重（克）	杂株率（%）	倒伏性	穗颈瘟	纹枯病	综评等级
隆两优 1141																			
安徽滁州市农科所	746.50	10.40	1	5/6	8/22	10/4	151	17.6	123.5	24.9	186.0	167.4	90.0	26.9	0.5	直	未发	轻	A
安徽黄山市种子站	597.67	6.10	6	5/2	8/16	9/13	134	16.3	125.2	23.9	161.7	132.6	82.0	28.0	0.0	直	轻	未发	B
安徽省农业科学院水稻所	621.33	-3.40	7	5/4	8/18	9/24	143	14.4	142.0	26.4	189.5	147.8	78.0	29.6	0.5	直	未发	轻	C
安徽芜湖市种子站	660.17	5.60	4	5/11	8/20	9/24	136	17.1	146.1	26.2	189.1	161.5	85.4	27.8	2.5	直	无	无	A
福建建阳市良种场	561.67	-3.74	10	5/9	8/10	9/17	131	13.4	136.8	26.1	174.2	142.2	81.6	30.7	0.0	直	中	轻	D
河南信阳市农业科学院	648.83	5.76	5	4/23	8/8	9/15	145	16.3	132.1	25.1	184.3	152.1	82.5	28.9		直	未发	轻	B
湖北京山县农业局	657.60	7.85	6	4/27	8/7	9/4	130	22.4	107.4	24.0	153.4	120.2	78.4	27.2	0.8	直	未发	未发	B
湖北宜昌市农业科学院	551.60	7.31	6	4/27	8/4	9/9	135	16.2	127.6	25.1	169.0	129.6	76.7	27.3	1.1	直	未发	轻	B
湖南怀化市农科所	551.33	3.09	7	4/25	8/6	9/6	134	13.5	121.5	26.0	182.5	144.8	79.3	29.2		直	未发	轻	B
湖南岳阳市农科所	629.33	9.01	5	5/12	8/18	9/22	133	16.8	132.6	26.2	221.2	176.2	79.7	26.6	0.0	直	未发	未发	A
江苏里下河地区农科所	638.83	9.11	2	5/10	8/18	9/27	140	13.2	135.0	24.1	183.2	167.7	91.5	28.9	0.3	直	未发	轻	A
江苏沿海地区农科所	633.67	4.68	6	5/7	8/23	10/2	148	14.5	137.8	25.9	199.5	175.2	87.8	28.0	1.8	直	轻	轻	B
江西九江市农科所	592.67	3.25	6	5/14	8/20	9/24	133	15.4	127.6	25.7	215.9	145.8	67.5	29.1		直	未发	未发	C
江西省农业科学院水稻所	594.33	-0.50	10	5/17	8/21	9/22	128	17.4	124.4	24.6	159.5	127.8	80.1	28.7	0.0	直	未发	未发	C
中国水稻研究所	663.28	11.55	1	5/20	8/23	10/4	137	15.7	138.0	26.9	201.4	152.7	75.8	26.3	0.0	直	未发	轻	A

注：综合评级 A—好，B—较好，C—中等，D——般。

表 15-8-4　长江中下游中籼迟熟 F 组（132411NX-F）区试品种在各试点的产量、生育期及主要农艺经济性状表现

品种名称/试验点	亩产（千克）	比 CK ± %	产量位次	播种期（月/日）	齐穗期（月/日）	成熟期（月/日）	全生育期（天）	有效穗（万/亩）	株高（厘米）	穗长（厘米）	总粒数/穗	实粒数/穗	结实率（%）	千粒重（克）	杂株率（%）	倒伏性	穗颈瘟	纹枯病	综评等级
徽两优 928																			
安徽滁州市农科所	664.33	-1.75	10	5/6	8/18	9/27	144	19.2	109.5	22.5	167.6	133.0	79.4	27.9	1.0	直	未发	轻	B
安徽黄山市种子站	587.33	4.26	7	5/2	8/9	9/8	129	13.1	112.4	24.1	186.3	155.4	83.4	30.0	0.6	直	轻	未发	B
安徽省农业科学院水稻所	575.33	-10.55	12	5/4	8/12	9/19	138	14.9	127.0	23.9	196.6	139.5	71.0	27.5	0.8	直	中	轻	D
安徽芜湖市种子站	656.83	5.06	5	5/11	8/16	9/18	130	18.8	125.6	23.3	173.9	146.6	84.3	27.4	2.5	直	无	轻	A
福建建阳市良种场	588.17	0.80	7	5/9	8/7	9/14	128	13.6	122.0	24.2	176.0	143.1	81.4	31.1	1.1	直	轻	轻	C
河南信阳市农业科学院	636.17	3.69	8	4/23	8/3	9/8	138	13.5	121.2	22.9	159.7	138.4	86.7	29.7		直	未发	轻	B
湖北京山县农业局	618.48	1.43	8	4/27	8/2	9/9	135	17.6	103.2	22.4	125.9	110.6	87.8	29.2	0.8	直	未发	未发	D
湖北宜昌市农业科学院	529.42	2.99	8	4/27	8/2	9/3	129	14.1	122.7	25.2	201.6	157.4	78.1	30.4	0.8	直	未发	轻	C
湖南怀化市农科所	538.00	0.59	9	4/25	7/31	9/2	130	11.9	113.1	24.5	207.8	170.3	82.0	27.6		直	未发	轻	C
湖南岳阳市农科所	626.17	8.46	7	5/12	8/15	9/20	131	14.3	117.0	24.1	223.6	176.6	79.0	29.3	0.0	直	未发	未发	A
江苏里下河地区农科所	522.00	-10.85	11	5/10	8/14	9/21	134	13.1	116.3	24.1	171.9	136.0	79.1	29.1	0.6	直	未发	轻	D
江苏沿海地区农科所	618.00	2.09	9	5/7	8/18	9/26	142	15.5	113.0	21.7	191.9	148.8	77.5	26.7	0.3	直	轻	轻	C
江西九江市农科所	529.00	-7.84	12	5/14	8/16	9/20	129	16.0	115.4	21.5	190.1	132.6	69.8	27.9		直	未发	未发	D
江西省农业科学院水稻所	601.83	0.75	6	5/17	8/18	9/18	124	16.1	114.7	23.8	148.2	132.4	89.3	30.5	0.0	直	未发	未发	B
中国水稻研究所	608.72	2.37	5	5/20	8/19	10/1	134	14.0	126.2	24.7	176.5	154.0	87.3	28.4	0.0	直	未发	轻	B

注：综合评级 A—好，B—较好，C—中等，D—一般。

表 15－8－5　长江中下游中籼迟熟 F 组（132411NX-F）区试品种在各试点的产量、生育期及主要农艺经济性状表现

品种名称/试验点	亩产（千克）	比 CK ± %	产量位次	播种期（月/日）	齐穗期（月/日）	成熟期（月/日）	全生育期（天）	有效穗（万/亩）	株高（厘米）	穗长（厘米）	总粒数/穗	实粒数/穗	结实率（%）	千粒重（克）	杂株率（%）	倒伏性	穗颈瘟	纹枯病	综评等级
深两优 862																			
安徽滁州市农科所	699.17	3.40	8	5/6	8/18	9/27	144	21.2	107.8	26.0	197.3	167.3	84.8	23.9	0.8	直	未发	轻	A
安徽黄山市种子站	600.17	6.54	3	5/2	8/11	9/10	131	16.7	107.0	24.1	167.0	148.5	88.9	24.5	0.9	直	未发	未发	B
安徽省农业科学院水稻所	619.67	-3.65	8	5/4	8/14	9/20	139	16.7	122.0	24.6	183.5	153.2	83.5	24.7	1.5	直	未发	轻	C
安徽芜湖市种子站	674.00	7.81	2	5/11	8/15	9/18	130	18.7	128.4	26.1	218.1	175.8	80.6	23.5	0.0	直	无	无	A
福建建阳市良种场	616.50	5.66	2	5/9	8/9	9/19	133	16.6	119.6	26.0	178.4	146.1	81.9	25.7	0.0	直	未发	轻	A
河南信阳市农业科学院	658.83	7.39	3	4/23	8/5	9/12	142	22.8	111.7	23.4	143.6	127.0	88.4	24.3	1.9	直	未发	轻	B
湖北京山县农业局	660.08	8.25	5	4/27	8/3	9/1	127	24.0	94.7	23.5	137.3	120.3	87.6	24.3	1.3	直	未发	未发	B
湖北宜昌市农业科学院	591.18	15.01	1	4/27	8/2	9/5	131	16.1	118.9	24.5	142.6	115.6	81.1	23.4	1.6	直	未发	轻	A
湖南怀化市农科所	564.67	5.58	4	4/25	8/1	9/3	131	16.9	100.0	25.9	171.3	146.1	85.3	23.4		直	未发	轻	A
湖南岳阳市农科所	636.33	10.22	1	5/12	8/14	9/20	131	15.8	117.5	25.6	219.5	173.5	79.0	25.6	0.0	直	未发	未发	A
江苏里下河地区农科所	604.83	3.30	7	5/10	8/15	9/22	135	15.9	112.0	24.0	184.5	162.5	88.1	23.7	0.3	直	未发	轻	C
江苏沿海地区农科所	648.17	7.08	3	5/7	8/18	9/27	143	17.8	114.6	23.5	179.4	149.5	83.3	22.7	1.2	直	轻	轻	A
江西九江市农科所	617.67	7.61	3	5/14	8/18	9/23	132	17.8	107.4	24.8	189.5	134.9	71.2	25.1	2.0	直	未发	未发	B
江西省农业科学院水稻所	652.67	9.26	1	5/17	8/16	9/18	124	21.2	102.2	24.5	167.6	149.8	89.4	22.8	0.0	直	未发	未发	A
中国水稻研究所	601.19	1.11	7	5/20	8/20	10/1	134	19.3	111.6	26.7	206.5	185.3	89.7	22.9	0.0	直	未发	轻	B

注：综合评级 A—好，B—较好，C—中等，D——般。

表 15 -8 -6　长江中下游中籼迟熟 F 组（132411NX-F）区试品种在各试点的产量、生育期及主要农艺经济性状表现

品种名称/试验点	亩产（千克）	比 CK ± %	产量位次	播种期（月/日）	齐穗期（月/日）	成熟期（月/日）	全生育期（天）	有效穗（万/亩）	株高（厘米）	穗长（厘米）	总粒数/穗	实粒数/穗	结实率（%）	千粒重（克）	杂株率（%）	倒伏性	穗颈瘟	纹枯病	综评等级
Y 两优 9 号																			
安徽滁州市农科所	663.17	-1.92	11	5/6	8/14	9/25	142	17.8	112.9	28.8	211.7	180.7	85.4	23.5	0.0	直	未发	轻	B
安徽黄山市种子站	555.67	-1.36	11	5/2	8/10	9/10	131	15.8	117.6	23.8	172.3	155.0	90.0	24.3	0.6	直	未发	未发	C
安徽省农业科学院水稻所	678.17	5.44	2	5/4	8/9	9/15	134	18.4	127.0	27.7	195.7	153.3	78.3	24.3	0.3	直	未发	轻	B
安徽芜湖市种子站	648.00	3.65	6	5/11	8/14	9/17	129	20.3	134.9	25.9	179.5	148.6	82.8	24.6	2.5	直	无	轻	B
福建建阳市良种场	606.50	3.94	6	5/9	8/10	9/16	130	16.3	126.1	25.3	171.7	144.7	84.3	26.1	1.4	直	轻	无	B
河南信阳市农业科学院	646.67	5.41	7	4/23	8/3	9/7	137	18.8	114.2	22.6	128.3	118.4	92.3	24.7		直	未发	轻	B
湖北京山县农业局	616.13	1.05	9	4/27	7/31	9/5	131	18.6	103.5	24.4	147.4	123.1	83.5	24.5	0.7	直	未发	未发	C
湖北宜昌市农业科学院	539.38	4.93	7	4/27	8/3	9/2	128	15.2	123.3	26.2	133.9	109.6	81.8	23.2	0.5	直	未发	轻	C
湖南怀化市农科所	553.17	3.43	6	4/25	8/4	9/5	133	17.8	113.2	27.2	162.3	135.2	83.3	23.5		直	未发	轻	B
湖南岳阳市农科所	572.67	-0.81	12	5/12	8/14	9/19	130	14.6	120.5	26.9	212.8	167.8	78.9	26.4	0.0	直	未发	未发	C
江苏里下河地区农科所	611.83	4.50	4	5/10	8/13	9/21	134	15.8	125.7	26.9	203.1	173.9	85.6	23.1	0.6	直	未发	轻	B
江苏沿海地区农科所	625.83	3.39	7	5/7	8/16	9/22	138	17.5	124.4	25.2	178.6	153.1	85.7	23.6	0.6	直	轻	轻	C
江西九江市农科所	593.33	3.37	5	5/14	8/19	9/23	132	19.9	121.8	25.8	174.4	126.4	72.5	24.2	2.0	直	未发	未发	C
江西省农业科学院水稻所	544.50	-8.84	12	5/17	8/15	9/14	120	19.8	113.7	23.0	125.6	113.9	90.7	24.8	0.0	直	未发	未发	D
中国水稻研究所	608.72	2.37	4	5/20	8/19	10/1	134	17.1	117.4	27.6	165.0	155.9	94.5	23.7	0.0	直	未发	轻	B

注：综合评级 A—好，B—较好，C—中等，D——般。

表 15-8-7 长江中下游中籼迟熟 F 组（132411NX-F）区试品种在各试点的产量、生育期及主要农艺经济性状表现

品种名称/试验点	亩产（千克）	比 CK ± %	产量位次	播种期（月/日）	齐穗期（月/日）	成熟期（月/日）	全生育期（天）	有效穗（万/亩）	株高（厘米）	穗长（厘米）	总粒数/穗	实粒数/穗	结实率（%）	千粒重（克）	杂株率（%）	倒伏性	穗颈瘟	纹枯病	综评等级
深两优 3059																			
安徽滁州市农科所	700.67	3.62	7	5/6	8/20	9/28	145	17.0	115.5	27.6	243.7	206.1	84.6	24.6	0.0	直	未发	轻	A
安徽黄山市种子站	598.33	6.21	5	5/2	8/12	9/10	131	16.7	117.6	24.2	199.4	156.6	78.5	24.1	0.3	直	轻	未发	B
安徽省农业科学院水稻所	590.83	-8.14	10	5/4	8/14	9/21	140	18.2	125.0	26.5	180.5	136.1	75.4	24.6	0.3	直	未发	轻	C
安徽芜湖市种子站	629.67	0.72	8	5/11	8/19	9/23	135	17.5	130.2	28.4	226.3	177.2	78.3	23.7	0.8	直	无	无	B
福建建阳市良种场	558.50	-4.28	11	5/9	8/10	9/16	130	15.3	122.5	26.3	187.3	151.3	80.8	24.8	0.0	直	轻	轻	D
河南信阳市农业科学院	648.17	5.65	6	4/23	8/6	9/14	144	19.2	116.5	23.9	162.9	133.5	82.0	23.6		直	未发	轻	B
湖北京山县农业局	667.28	9.43	3	4/27	8/2	9/5	131	19.6	101.5	22.8	166.3	144.8	87.1	24.1	0.2	直	未发	轻	A
湖北宜昌市农业科学院	557.65	8.49	4	4/27	8/3	9/4	130	14.8	122.4	26.4	191.8	154.3	80.4	23.9	0.3	直	未发	轻	B
湖南怀化市农科所	597.17	11.66	2	4/25	8/2	9/6	134	14.5	113.5	27.2	233.5	181.0	77.5	23.5		直	未发	轻	A
湖南岳阳市农科所	634.33	9.87	4	5/12	8/17	9/23	134	14.5	121.8	25.3	232.7	187.8	80.7	25.4	0.0	直	未发	未发	A
江苏里下河地区农科所	591.83	1.08	8	5/10	8/16	9/21	134	15.1	126.7	25.7	180.9	144.3	79.8	23.4	0.3	直	未发	轻	C
江苏沿海地区农科所	653.33	7.93	2	5/7	8/19	9/26	142	17.4	123.2	26.0	198.4	156.3	78.8	23.5	0.0	直	轻	轻	A
江西九江市农科所	598.00	4.18	4	5/14	8/19	9/24	133	17.6	117.9	26.8	215.1	157.3	73.1	25.6		直	未发	未发	B
江西省农业科学院水稻所	610.00	2.12	4	5/17	8/20	9/20	126	18.6	108.5	25.5	185.8	148.5	79.9	23.2	0.0	直	未发	未发	B
中国水稻研究所	620.95	4.43	3	5/20	8/22	10/3	136	17.4	129.0	27.6	224.0	157.0	70.1	22.6	0.0	直	未发	轻	B

注：综合评级 A—好，B—较好，C—中等，D——一般。

表 15-8-8　长江中下游中籼迟熟 F 组（132411NX-F）区试品种在各试点的产量、生育期及主要农艺经济性状表现

品种名称/试验点	亩产（千克）	比 CK ± %	产量位次	播种期（月/日）	齐穗期（月/日）	成熟期（月/日）	全生育期（天）	有效穗（万/亩）	株高（厘米）	穗长（厘米）	总粒数/穗	实粒数/穗	结实率（%）	千粒重（克）	杂株率（%）	倒伏性	穗颈瘟	纹枯病	综评等级
两优 6812																			
安徽滁州市农科所	744.33	10.08	2	5/6	8/21	10/2	149	18.8	117.9	26.9	206.5	178.2	86.3	23.8	1.0	直	未发	轻	A
安徽黄山市种子站	611.67	8.58	1	5/2	8/6	9/10	131	15.3	111.2	24.3	203.2	166.1	81.7	24.9	0.3	直	未发	未发	A
安徽省农业科学院水稻所	697.33	8.42	1	5/4	8/15	9/21	140	15.9	142.0	24.3	192.8	159.2	82.6	28.0		直	未发	轻	A
安徽芜湖市种子站	665.50	6.45	3	5/11	8/17	9/23	135	19.2	133.1	23.7	182.5	153.7	84.2	25.8	0.0	直	无	无	A
福建建阳市良种场	613.50	5.14	4	5/9	8/6	9/22	136	16.6	128.1	24.7	168.4	135.0	80.1	28.1	1.1	直	轻	轻	A
河南信阳市农业科学院	665.83	8.53	2	4/23	7/31	9/7	137	17.8	121.1	24.8	181.6	155.3	85.5	27.2		直	未发	轻	A
湖北京山县农业局	630.68	3.43	7	4/27	7/30	9/4	130	18.6	103.2	23.8	160.3	140.7	87.8	26.3	1.2	直	未发	未发	B
湖北宜昌市农业科学院	525.07	2.15	10	4/27	8/1	9/5	131	15.2	121.5	26.2	170.8	128.3	75.1	27.7	1.1	直	未发	中	D
湖南怀化市农科所	533.00	-0.34	11	4/25	7/29	9/1	129	14.0	114.0	25.3	185.8	142.6	76.7	27.6		直	未发	轻	D
湖南岳阳市农科所	627.33	8.66	6	5/12	8/14	9/20	131	15.5	121.6	24.2	197.2	149.2	75.7	27.4	0.0	直	未发	未发	A
江苏里下河地区农科所	644.33	10.05	1	5/10	8/14	9/25	138	16.2	124.7	23.7	191.0	165.6	86.7	26.7	0.6	直	未发	轻	A
江苏沿海地区农科所	638.17	5.42	5	5/7	8/19	9/25	141	16.5	125.0	22.4	189.0	162.3	85.9	25.2	0.9	直	轻	轻	B
江西九江市农科所	642.00	11.85	1	5/14	8/17	9/21	130	17.7	116.8	24.9	188.9	138.4	73.3	28.4		直	未发	未发	A
江西省农业科学院水稻所	617.50	3.38	3	5/17	8/18	9/20	126	16.9	120.2	24.3	207.5	169.3	81.6	25.5	0.0	直	未发	未发	B
中国水稻研究所	606.83	2.06	6	5/20	8/20	10/2	135	17.4	130.4	26.4	203.5	151.6	74.5	23.0	0.0	伏	未发	轻	B

注：综合评级 A—好，B—较好，C—中等，D——般。

表 15－8－9　长江中下游中籼迟熟 F 组（132411NX-F）区试品种在各试点的产量、生育期及主要农艺经济性状表现

品种名称/试验点	亩产（千克）	比 CK ± %	产量位次	播种期（月/日）	齐穗期（月/日）	成熟期（月/日）	全生育期（天）	有效穗（万/亩）	株高（厘米）	穗长（厘米）	总粒数/穗	实粒数/穗	结实率（%）	千粒重（克）	杂株率（%）	倒伏性	穗颈瘟	纹枯病	综评等级
广占 63-4S/R1813																			
安徽滁州市农科所	724.67	7.17	4	5/6	8/26	10/3	150	19.0	121.2	28.2	214.4	163.9	76.4	27.0	1.0	直	未发	轻	A
安徽黄山市种子站	562.00	－0.24	10	5/2	8/19	9/8	129	14.2	130.7	23.8	162.3	134.3	82.7	29.3	0.0	直	未发	未发	C
安徽省农业科学院水稻所	610.50	－5.08	9	5/4	8/21	9/27	146	17.6	140.0	26.8	171.5	125.3	73.1	28.0	0.3	直	未发	轻	C
安徽芜湖市种子站	584.33	－6.53	11	5/11	8/25	9/27	139	16.8	144.7	28.2	183.9	141.4	76.9	28.0	0.0	直	无	轻	C
福建建阳市良种场	610.17	4.57	5	5/9	8/11	9/19	133	14.4	126.5	25.8	176.3	151.3	85.8	29.7	0.0	直	未发	轻	B
河南信阳市农业科学院	607.33	－1.01	11	4/23	8/14	9/19	149	17.2	131.0	25.5	161.0	119.0	73.9	30.4		直	轻	轻	C
湖北京山县农业局	668.50	9.64	2	4/27	8/11	9/2	128	19.5	107.1	24.7	171.3	126.9	74.1	27.1	0.7	直	未发	未发	C
湖北宜昌市农业科学院	523.85	1.91	11	4/27	8/14	9/17	143	16.2	116.5	26.5	135.7	103.3	76.1	29.7	0.6	直	未发	轻	D
湖南怀化市农科所	549.17	2.68	8	4/25	8/6	9/6	134	13.3	116.9	28.1	205.5	149.3	72.7	28.7		直	未发	轻	C
湖南岳阳市农科所	574.00	－0.58	11	5/12	8/24	9/28	139	16.2	126.0	25.8	215.0	167.8	78.0	29.1	0.0	直	未发	未发	C
江苏里下河地区农科所	565.50	－3.42	10	5/10	8/20	9/29	142	14.5	133.0	28.2	180.0	137.6	76.4	29.3	0.3	直	未发	轻	D
江苏沿海地区农科所	624.67	3.19	8	5/7	8/27	10/5	151	16.9	116.8	23.7	175.9	134.5	76.5	26.7	0.0	直	轻	轻	C
江西九江市农科所	623.67	8.65	2	5/14	8/21	9/27	136	17.6	118.4	26.0	178.4	141.5	79.3	28.8		直	未发	未发	B
江西省农业科学院水稻所	593.17	－0.70	11	5/17	8/27	9/27	133	18.0	114.8	25.2	172.1	125.1	72.7	28.1	0.0	直	未发	未发	D
中国水稻研究所	561.67	－5.54	11	5/20	8/26	10/9	142	15.3	123.6	27.5	200.4	83.5	41.7	24.2	0.8	直	未发	轻	D

注：综合评级 A—好，B—较好，C—中等，D—一般。

表 15-8-10　长江中下游中籼迟熟 F 组（132411NX-F）区试品种在各试点的产量、生育期及主要农艺经济性状表现

品种名称/试验点	亩产（千克）	比 CK ± %	产量位次	播种期（月/日）	齐穗期（月/日）	成熟期（月/日）	全生育期（天）	有效穗（万/亩）	株高（厘米）	穗长（厘米）	总粒数/穗	实粒数/穗	结实率（%）	千粒重（克）	杂株率（%）	倒伏性	穗颈瘟	纹枯病	综评等级
丰两优四号（CK）																			
安徽滁州市农科所	676.17	0.00	9	5/6	8/21	9/29	146	17.6	127.5	26.7	216.1	197.1	91.2	25.8	1.0	直	未发	轻	B
安徽黄山市种子站	563.33	0.00	9	5/2	8/12	9/10	131	14.3	126.9	23.5	173.9	151.2	86.9	28.5	1.2	直	轻	未发	C
安徽省农业科学院水稻所	643.17	0.00	6	5/4	8/18	9/24	143	15.1	137.5	25.4	187.5	150.2	80.1	28.4		直	未发	轻	B
安徽芜湖市种子站	625.17	0.00	9	5/11	8/18	9/22	134	17.9	137.0	26.9	179.7	146.5	81.5	27.3	0.0	直	无	无	B
福建建阳市良种场	583.50	0.00	9	5/9	8/7	9/13	127	14.6	127.1	24.6	170.0	142.9	84.1	29.5	0.0	直	未发	轻	C
河南信阳市农业科学院	613.50	0.00	10	4/23	8/5	9/13	143	17.4	122.4	24.0	153.3	131.4	85.7	28.2		直	未发	轻	C
湖北京山县农业局	609.75	0.00	10	4/27	8/4	9/5	131	15.6	108.1	25.7	190.1	155.9	82.0	28.2	0.5	直	未发	未发	C
湖北宜昌市农业科学院	514.03	0.00	12	4/27	8/4	9/7	133	14.3	126.6	26.4	174.0	119.2	68.5	27.4	0.5	直	未发	轻	D
湖南怀化市农科所	534.83	0.00	10	4/25	8/1	9/3	131	16.4	120.4	25.2	150.9	125.7	83.3	26.8		直	未发	轻	C
湖南岳阳市农科所	577.33	0.00	10	5/12	8/16	9/21	132	16.8	130.6	24.4	194.5	149.8	77.0	27.8	0.0	直	未发	未发	B
江苏里下河地区农科所	585.50	0.00	9	5/10	8/16	9/25	138	14.5	124.3	24.3	166.3	147.3	88.6	27.7	0.6	直	未发	轻	C
江苏沿海地区农科所	605.33	0.00	10	5/7	8/20	9/27	143	15.5	133.6	22.4	189.1	148.2	78.4	25.9	0.3	直	轻	轻	D
江西九江市农科所	574.00	0.00	10	5/14	8/16	9/21	130	17.6	115.9	23.2	182.4	131.7	72.2	28.9		直	未发	未发	C
江西省农业科学院水稻所	597.33	0.00	9	5/17	8/20	9/20	126	16.1	116.7	24.1	176.6	146.4	82.9	28.3	0.0	直	未发	未发	C
中国水稻研究所	594.60	0.00	9	5/20	8/22	10/4	137	15.9	125.8	26.4	197.8	144.4	73.0	23.8	0.0	直	未发	轻	B

注：综合评级 A—好，B—较好，C—中等，D——般。

表 15－8－11　长江中下游中籼迟熟 F 组（132411NX-F）区试品种在各试点的产量、生育期及主要农艺经济性状表现

品种名称/试验点	亩产（千克）	比 CK ± %	产量位次	播种期（月/日）	齐穗期（月/日）	成熟期（月/日）	全生育期（天）	有效穗（万/亩）	株高（厘米）	穗长（厘米）	总粒数/穗	实粒数/穗	结实率（%）	千粒重（克）	杂株率（%）	倒伏性	穗颈瘟	纹枯病	综评等级
矮占 43S/油占																			
安徽滁州市农科所	652.33	−3.53	12	5/6	8/16	9/26	143	21.6	106.5	23.8	220.3	148.4	67.4	22.7	1.3	直	未发	轻	B
安徽黄山市种子站	481.17	−14.59	12	5/2	8/7	9/8	129	16.2	103.0	25.3	197.4	152.2	77.1	22.7	1.2	直	重	未发	D
安徽省农业科学院水稻所	587.00	−8.73	11	5/4	8/9	9/15	134	19.2	120.0	24.3	170.4	132.9	78.0	23.5	1.5	直	未发	轻	C
安徽芜湖市种子站	564.67	−9.68	12	5/11	8/13	9/16	128	16.7	114.9	24.9	191.4	158.9	83.0	24.5	0.0	直	无	轻	D
福建建阳市良种场	554.83	−4.91	12	5/9	8/3	9/8	122	15.6	108.9	22.7	178.3	141.1	79.1	24.6	1.4	直	中	轻	D
河南信阳市农业科学院	599.17	−2.34	12	4/23	8/1	9/7	137	20.3	108.7	22.3	151.9	136.2	89.7	23.8	3.2	直	未发	轻	D
湖北京山县农业局	594.38	−2.52	12	4/27	7/31	9/2	128	18.2	94.3	23.4	180.0	128.3	71.3	28.2	0.3	直	未发	未发	C
湖北宜昌市农业科学院	525.48	2.23	9	4/27	7/30	9/2	128	16.8	114.7	22.3	154.9	124.1	80.1	21.5	0.3	直	未发	中	C
湖南怀化市农科所	502.33	−6.08	12	4/25	7/30	9/1	129	15.6	100.5	24.3	163.6	135.4	82.8	24.6		直	未发	轻	D
湖南岳阳市农科所	616.67	6.81	8	5/12	8/14	9/19	130	16.7	114.6	23.5	233.3	184.3	79.0	28.0	1.0	直	未发	未发	C
江苏里下河地区农科所	517.00	−11.70	12	5/10	8/13	9/21	134	17.1	111.0	23.7	172.8	126.1	73.0	23.5	0.6	直	未发	轻	D
江苏沿海地区农科所	552.67	−8.70	12	5/7	8/15	9/22	138	17.5	111.0	22.7	183.9	158.0	85.9	21.4	0.0	斜	轻	轻	D
江西九江市农科所	554.67	−3.37	11	5/14	8/13	9/17	126	20.1	107.2	24.2	191.7	143.4	74.8	23.9		直	未发	未发	C
江西省农业科学院水稻所	650.67	8.93	2	5/17	8/15	9/15	121	18.9	105.5	24.4	181.1	155.7	86.0	23.0	0.0	直	未发	未发	A
中国水稻研究所	547.56	−7.91	12	5/20	8/16	10/1	134	20.5	113.3	24.0	160.2	103.6	64.7	21.4	0.0	直	未发	轻	D

注：综合评级 A—好，B—较好，C—中等，D——一般。

表 15-8-12 长江中下游中籼迟熟 F 组（132411NX-F）区试品种在各试点的产量、生育期及主要农艺经济性状表现

品种名称/试验点	亩产（千克）	比 CK ± %	产量位次	播种期（月/日）	齐穗期（月/日）	成熟期（月/日）	全生育期（天）	有效穗（万/亩）	株高（厘米）	穗长（厘米）	总粒数/穗	实粒数/穗	结实率（%）	千粒重（克）	杂株率（%）	倒伏性	穗颈瘟	纹枯病	综评等级
两优 001																			
安徽滁州市农科所	730.17	7.99	3	5/6	8/18	9/27	144	19.8	105.8	24.8	165.0	156.4	94.8	26.9	0.8	直	未发	轻	A
安徽黄山市种子站	601.33	6.75	2	5/2	8/10	9/10	131	14.9	111.2	23.9	176.4	151.3	85.8	27.9	0.9	直	未发	未发	B
安徽省农业科学院水稻所	676.67	5.21	3	5/4	8/9	9/16	135	18.1	132.0	24.4	180.9	137.5	76.0	27.7	1.5	直	未发	轻	B
安徽芜湖市种子站	684.67	9.52	1	5/11	8/16	9/20	132	20.6	129.6	24.0	182.3	145.3	79.7	26.5	1.7	直	无	无	A
福建建阳市良种场	619.83	6.23	1	5/9	8/8	9/15	129	15.4	121.7	24.6	171.9	143.3	83.3	29.6	0.0	直	未发	轻	A
河南信阳市农业科学院	656.33	6.98	4	4/23	8/3	9/11	141	17.0	114.5	22.5	127.4	102.4	80.4	28.8		直	未发	轻	B
湖北京山县农业局	665.18	9.09	4	4/27	8/2	9/4	130	19.2	100.1	24.7	174.3	146.9	84.3	27.9	0.8	直	未发	未发	A
湖北宜昌市农业科学院	563.35	9.59	2	4/27	7/30	9/3	129	16.8	119.5	25.5	191.5	162.1	84.6	25.9	0.8	直	未发	轻	A
湖南怀化市农科所	587.00	9.75	3	4/25	8/2	9/3	131	14.5	114.4	25.2	167.0	143.2	85.7	28.3		直	未发	轻	A
湖南岳阳市农科所	635.67	10.10	2	5/12	8/16	9/21	133	16.5	119.8	24.6	209.8	163.8	78.1	28.8	0.0	直	未发	未发	A
江苏里下河地区农科所	636.00	8.63	3	5/10	8/13	9/22	135	15.1	118.3	24.3	187.2	164.0	87.6	26.8	0.3	直	未发	轻	A
江苏沿海地区农科所	642.33	6.11	4	5/7	8/20	9/25	141	15.8	124.6	25.9	179.1	158.7	88.6	26.6	0.6	直	轻	轻	B
江西九江市农科所	577.33	0.58	9	5/14	8/17	9/21	130	18.8	108.4	24.9	215.6	145.6	67.5	24.2	1.0	直	未发	未发	D
江西省农业科学院水稻所	600.00	0.45	8	5/17	8/19	9/21	127	19.6	105.6	23.8	150.5	121.5	80.7	27.9	0.0	直	未发	未发	B
中国水稻研究所	595.54	0.16	8	5/20	8/19	10/3	136	18.1	117.1	26.2	168.3	116.4	69.2	26.4	0.0	直	未发	轻	B

表 15 – 9　长江中下游中籼迟熟 F 组生产试验（132411NX-F-S）品种在各试验点的产量、生育期、主要特征、田间抗性表现

品种名称/试验点	亩产（千克）	比 CK ±%	播种期（月/日）	齐穗期（月/日）	成熟期（月/日）	全生育期(天)	耐寒性	整齐度	杂株率（%）	株型	叶色	叶姿	长势	熟期转色	倒伏性	落粒性	叶瘟	穗颈瘟	纹枯病
Y 两优 3218																			
安徽合肥丰乐种业股份公司	495.66	-9.61	5/10	8/15	9/18	131	未发	一般	1.0	适中	绿	挺直	繁茂	好	直	中	未发	未发	轻
江西抚州市农科所	648.78	7.36	5/13	8/8	9/14	124	未发	整齐	无	适中	绿	挺直	一般	好	直		未发	未发	轻
湖南石门县水稻原种场	636.00	-7.02	4/25	7/30	8/28	124	未发	整齐	无	较紧	绿	挺直	繁茂	好	直	中	未发	未发	未发
湖北襄阳市农业科学院	616.30	11.83	4/19	8/2	9/9	143	未遇	整齐	1.2	适中	浓绿	中等	繁茂	好	直	中	未发	未发	轻
湖北赤壁市种子局	588.60	3.81	4/25	7/28	9/1	129	未发	整齐	1.8	适中	浓绿	一般	繁茂	好	直	易	无	无	轻
福建建阳市种子站	685.21	4.71	5/18	8/20	9/29	134	未发	整齐	0.0	适中	绿	挺直	繁茂	好	直	中	无	无	无
浙江临安市种子站	627.40	5.87	5/31	8/28	10/6	128	未发	整齐	0.0	紧凑	浓绿	挺直	繁茂	好	直	中	未发	未发	中
浙江天台县种子站	669.44	11.32	5/13	8/16	10/1	141	未发	中等	0.0	紧凑	浓绿	披垂	繁茂	好	伏	中	未发	未发	轻
江苏里下河地区农科所	617.40	6.63	5/10	8/16	9/25	138	强	整齐	0.6	适中	浓绿	挺直	繁茂	好	伏	易	未发	未发	轻
丰两优四号（CK）																			
安徽合肥丰乐种业股份公司	548.33	0.00	5/10	8/15	9/18	131	未发	整齐	0.0	适中	绿	挺直	繁茂	好	直	中	未发	未发	轻
江西抚州市农科所	604.28	0.00	5/13	8/9	9/15	125	未发	整齐	无	适中	绿	挺直	一般	好	直		未发	未发	轻
湖南石门县水稻原种场	684.00	0.00	4/25	7/30	8/28	124	未发	整齐	无	紧凑	绿	挺直	繁茂	好	直	中	未发	未发	未发
湖北襄阳市农业科学院	551.10	0.00	4/19	8/1	9/9	143	未遇	整齐	1.6	适中	绿	挺直	繁茂	好	伏	中	未发	未发	中
湖北赤壁市种子局	567.00	0.00	4/25	7/27	8/30	127	未发	整齐	2.6	适中	浓绿	一般	一般	中	直	易	轻	中	轻
福建建阳市种子站	657.50	0.00	5/18	8/20	9/29	134	未发	整齐	0.0	适中	绿	挺直	繁茂	中	直	中	轻	轻	轻
浙江临安市种子站	592.60	0.00	5/31	8/25	10/8	130	未发	整齐	0.0	松散	淡绿	中等	繁茂	中	直	中	未发	未发	轻
浙江天台县种子站	601.39	0.00	5/13	8/12	9/27	137	未发	不齐	0.0	紧凑	浅绿	中等	繁茂	好	伏	中	未发	未发	轻
江苏里下河地区农科所	579.00	0.00	5/10	8/16	9/26	139	强	中等	0.6	松散	绿	中等	繁茂	中	伏	易	未发	未发	轻

第十六章　2013年晚籼早熟A组国家水稻品种试验汇总报告

一、试验概况

（一）试验目的

鉴定评价我国南方稻区新选育和引进的水稻新品种（组合，下同）的丰产性、稳产性、适应性、抗性、米质及其他重要性状表现，为国家水稻品种审定提供科学依据。

（二）参试品种

区试品种11个，荆楚优891、荣优308、奥两优1066和安丰优华占为续试品种，其他为新参试品种，以五优308（CK）为对照；生产试验品种3个，也以五优308（CK）为对照。品种编号、名称、类型、亲本组合、选育/供种单位见表16-1。

（三）承试单位

区试点15个，生产试验点8个，分布在安徽、湖北、湖南、江西和浙江5个省区。承试单位、试验地点、经纬度、海拔高度、试验负责人及执行人见表16-2。

（四）试验设计、栽培管理与观察记载

各试验点均按《2013年南方稻区国家水稻品种试验实施方案》及《农作物品种区域试验技术规范　水稻》进行试验。

区试采用完全随机区组排列，3次重复，小区面积0.02亩。生产试验采用大区随机排列，不设重复，大区面积0.5亩。

分区试、生产试验，同组试验所有品种同期播种、移栽，施肥水平中等偏上，其他栽培管理措施与当地大田生产相同。

观察记载项目与标准按《农作物品种区域试验技术规范　水稻》以及《国家水稻品种试验观察记载项目、方法及标准》《南方稻区国家水稻品种区试及生产试验记载表》等的要求执行。

（五）特性鉴定

抗性鉴定：浙江省农业科学院植微所、湖南省农业科学院植保所、江西井冈山垦殖场、福建省上杭县茶地乡农技站、湖北省宜昌市农业科学院和安徽省农业科学院植保所负责稻瘟病抗性鉴定，鉴定采用人工接菌与病区自然诱发相结合；湖南省农业科学院水稻所负责白叶枯病抗性鉴定；中国水稻研究所稻作发展中心负责稻飞虱抗性鉴定。鉴定种子由中国水稻研究所试验点统一提供，鉴定结果由浙江省农业科学院植微所负责汇总。生产试验品种的抽穗期耐冷性鉴定由湖南省贺家山原种场种科所负责。

米质分析：由江西省种子管理局、湖南省岳阳市农科所和安徽省黄山市农科所试验点分别单独种植生产提供样品，农业部稻米及制品质量监督检验测试中心负责检测分析。

参试品种的特异性及续试品种年度间的一致性鉴定：由中国水稻研究所进行DNA指纹鉴定。

（六）统计分析

按照《农作物品种区域试验技术规范　水稻》等有关试验质量评价标准，对各试验（鉴定）点

试验（鉴定）结果的可靠性、完整性、准确性、可比性以及对照品种表现情况等进行分析评估，确保汇总质量。2013 年区试浙江省诸暨农作物区试站试验点因遭遇台风暴雨试验报废、湖北京山县农业局试验点因严重干旱试验结果异常未列入汇总，其余 13 个试验点试验结果正常，列入汇总。2013 年生产试验湖北京山县农业局试验点因严重干旱试验结果异常、安徽黄山市种子站试验点因遭遇暴雨侵袭试验报废、湖南衡南县种子局试验点试验实施不规范考察认为试验结果不宜采用未列入汇总，其余 5 个试验点试验结果正常，列入汇总。

产量联合方差分析采用混合模型，品种间产量差异多重比较采用 Duncan's 新复极差法；参试品种的丰产性主要以品种在区试和生产试验中相对于对照品种产量及组平均产量衡量；参试品种的适应性主要以品种在区试中比对照品种增产的试验点比例衡量；参试品种的稳产性主要以品种在年度间区试中相对于对照品种产量的差异变化程度衡量。

参试品种的生育期主要以全生育期比对照品种长短的天数衡量。

参试品种的抗性以指定的鉴定单位的鉴定结果为主要依据，对稻瘟病抗性的主要评价指标为综合指数和穗瘟损失率最高级，对其他病虫害抗性的主要评价指标为最高级。

参试品种的米质检测、评价按照国家《优质稻谷》标准，分优质 1 级、优质 2 级、优质 3 级，未达到优质级的品种米质均为等外级。

二、结果分析

（一）产量

五优 308（CK）产量中等偏下、居第 9 位。2013 年区试品种中，依据比组平均的增减产幅度，产量较高的品种有安丰优华占、荣优 308、两优 7408 和广两优 7217，产量居前 4 位，平均亩产 573.22～583.37 千克，比五优 308（CK）增产 3.99%～5.83%；产量一般的品种有深优 9528、奥两优 1066、圣优 008，平均亩产 535.45～546.15 千克，比五优 308（CK）减产 2.86%～0.92%；其他品种产量中等，平均亩产 558.19～562.93 千克，比五优 308（CK）增产 1.27%～2.13%。品种产量、比对照及组平均增减产百分率、品种间产量差异显著性、比对照增产试验点比例等汇总结果见表 16－3。

2013 年生产试验品种中，所有品种均表现较好，平均亩产 544.10～561.43 千克，比五优 308（CK）增产 4.21%～7.52%。品种产量、比对照增减产百分率等汇总结果以及各试验点对品种的综合评价等级见表 16－4。

（二）生育期

2013 年区试品种中，盛泰 A/PC331 熟期较早，全生育期比五优 308（CK）短 5.0 天；其他品种全生育期 113.9～117.5 天，比五优 308（CK）略早或相当、熟期适宜。品种全生育期及比对照长短天数见表 16－3。

2013 年生产试验品种中，所有品种的全生育期 108.4～111.6 天，比五优 308（CK）短 1～5 天、熟期适宜。品种全生育期及比对照长短天数见表 16－4。

（三）主要农艺经济性状

品种分蘖率、有效穗数、成穗率、株高、每穗总粒数、每穗实粒数、结实率、千粒重等主要农艺经济性状汇总结果见表 16－3。

（四）抗性

2013 年区试品种中，稻瘟病综合指数除圣优 008 和泸 5406A/岳恢 9113 之外，其他品种均未超过 6.5 级。依据穗瘟损失率最高级，两优 7408 为中抗，安丰优华占和盛泰 A/PC331 为中感，其他品种为感或高感。

品种在各稻瘟病抗性鉴定点的鉴定结果见表 16－5，品种稻瘟病抗性鉴定汇总结果以及白叶枯病、褐飞虱抗性鉴定结果见表16－6。

（五）米质

依据国家《优质稻谷》标准，续试品种安丰优华占和新参试品种两优7408米质优，达优质2级，奥两优1066、荆楚优891、广两优7217、深优9528和盛泰A/PC331达优质3级，其他品种米质中等或一般。品种糙米率、整精米率、粒长、长宽比、垩白粒率、垩白度、胶稠度、直链淀粉等米质性状表现见表16－7。

（六）品种在各试验点表现

区试、生产试验品种在各试验点的产量、生育期、主要农艺经济性状、田间抗性表现等见表16－8－1至表16－8－12、表16－9－1至表16－9－2。

三、品种评价

（一）生产试验品种

1. 亿两优228

2011年初试平均亩产537.88千克，比五优308（CK）增产4.40%，达极显著水平；2012年续试平均亩产571.56千克，比五优308（CK）增产3.01%，达极显著水平；两年区试平均亩产554.72千克，比五优308（CK）增产3.68%，增产点比例81.6%；2013年生产试验平均亩产561.25千克，比五优308（CK）增产7.49%。全生育期两年区试平均113.6天，比五优308（CK）早熟5.2天。主要农艺性状两年区试综合表现：每亩有效穗数21.1万穗，株高103.5厘米，穗长23.1厘米，每穗总粒数138.0粒，结实率81.1%，千粒重26.2克。抗性两年综合表现：稻瘟病综合指数5.4级，穗瘟损失率最高级7级；白叶枯病平均级6级，最高级7级；褐飞虱平均级9级，最高级9级；抽穗期耐冷性中等。米质主要指标两年综合表现：整精米率57.3%，长宽比3.1，垩白粒率56%，垩白度8.2%，胶稠度66毫米，直链淀粉含量16.0%。

2013年国家水稻品种试验年会审议意见：已完成试验程序，可以申报国家品种审定。

2. 荆楚优7号

2011年初试平均亩产519.67千克，比五优308（CK）增产0.86%，未达显著水平；2012年续试平均亩产569.52千克，比五优308（CK）增产2.65%，达极显著水平；两年区试平均亩产544.59千克，比五优308（CK）增产1.79%，增产点比例66.2%；2013年生产试验平均亩产544.10千克，比五优308（CK）增产4.21%。全生育期两年区试平均113.5天，比五优308（CK）早熟5.3天。主要农艺性状两年区试综合表现：每亩有效穗数21.7万穗，株高100.6厘米，穗长24.0厘米，每穗总粒数143.6粒，结实率80.1%，千粒重25.8克。抗性两年综合表现：稻瘟病综合指数5.5级，穗瘟损失率最高级9级；白叶枯病平均级6级，最高级7级；褐飞虱平均级7级，最高级7级；抽穗期耐冷性中等。米质主要指标两年综合表现：整精米率59.1%，长宽比3.2，垩白粒率25%，垩白度4.9%，胶稠度62毫米，直链淀粉含量17.2%，达国标优质3级。

2013年国家水稻品种试验年会审议意见：已完成试验程序，可以申报国家品种审定。

3. 五丰优103

2011年初试平均亩产542.82千克，比五优308（CK）增产5.35%，达极显著水平；2012年续试平均亩产568.36千克，比五优308（CK）增产2.44%，达极显著水平；两年区试平均亩产555.59千克，比五优308（CK）增产3.84%，增产点比例85.4%；2013年生产试验平均亩产561.43千克，比五优308（CK）增产7.52%。全生育期两年区试平均114.0天，比五优308（CK）早熟4.8天。主要农艺性状两年区试综合表现：每亩有效穗数19.7万穗，株高100.6厘米，穗长21.8厘米，每穗总粒数150.2粒，结实率83.4%，千粒重26.0克。抗性两年综合表现：稻瘟病综合指数4.9级，穗瘟损失率最高级9级；白叶枯病平均级7级，最高级7级；褐飞虱平均级8级，最高级9级；抽穗期耐冷性中等。米质主要指标两年综合表现：整精米率62.2%，长宽比2.6，垩白粒率39%，垩白度

5.8%，胶稠度81毫米，直链淀粉含量15.9%。

2013年国家水稻品种试验年会审议意见：已完成试验程序，可以申报国家品种审定。

（二）续试品种

1. 荣优308

2012年初试平均亩产579.97千克，比五优308（CK）增产4.53%，达极显著水平；2013年续试平均亩产581.49千克，比五优308（CK）增产5.49%，达极显著水平；两年区试平均亩产580.73千克，比五优308（CK）增产5.01%，增产点比例85.4%。全生育期两年区试平均117.4天，比五优308（CK）早熟0.2天。主要农艺性状两年区试综合表现：每亩有效穗数21.0万穗，株高99.8厘米，穗长20.5厘米，每穗总粒数150.9粒，结实率82.0%，千粒重25.6克。抗性两年综合表现：稻瘟病综合指数4.7级，穗瘟损失率最高级7级；白叶枯病平均级6级，最高级7级；褐飞虱平均级9级，最高级9级。米质主要指标两年综合表现：整精米率54.7%，长宽比3.1，垩白粒率27%，垩白度4.9%，胶稠度64毫米，直链淀粉含量25.3%。

2013年国家水稻品种试验年会审议意见：2014年进行生产试验。

2. 奥两优1066

2012年初试平均亩产576.15千克，比五优308（CK）增产3.84%，达极显著水平；2013年续试平均亩产540.11. 千克，比五优308（CK）减产2.01%，达极显著水平；两年区试平均亩产558.13千克，比五优308（CK）增产0.92%，增产点比例61.8%。全生育期两年区试平均114.8天，比五优308（CK）早熟2.8天。主要农艺性状两年区试综合表现：每亩有效穗数23.4万穗，株高96.7厘米，穗长22.1厘米，每穗总粒数121.1粒，结实率82.3%，千粒重25.8克。抗性两年综合表现：稻瘟病综合指数5.1级，穗瘟损失率最高级7级；白叶枯病平均级6级，最高级9级；褐飞虱平均级8级，最高级9级。米质主要指标两年综合表现：整精米率56.3%，长宽比3.4，垩白粒率29%，垩白度4.6%，胶稠度79毫米，直链淀粉含量22.8%，达国标优质3级。

2013年国家水稻品种试验年会审议意见：终止试验。

3. 安丰优华占

2012年初试平均亩产563.44千克，比五优308（CK）增产1.55%，达极显著水平；2013年续试平均亩产583.37千克，比五优308（CK）增产5.83%，达极显著水平；两年区试平均亩产573.41千克，比五优308（CK）增产3.69%，增产点比例81.9%。全生育期两年区试平均116.8天，比五优308（CK）早熟0.8天。主要农艺性状两年区试综合表现：每亩有效穗数22.4万穗，株高105.3厘米，穗长21.0厘米，每穗总粒数137.3粒，结实率83.6%，千粒重25.1克。抗性两年综合表现：稻瘟病综合指数3.7级，穗瘟损失率最高级5级；白叶枯病平均级7级，最高级9级；褐飞虱平均级8级，最高级9级。米质主要指标两年综合表现：整精米率56.9%，长宽比3.1，垩白粒率16%，垩白度2.3%，胶稠度69毫米，直链淀粉含量21.8%，达国标优质2级。

2013年国家水稻品种试验年会审议意见：2014年进行生产试验。

4. 荆楚优891

2012年初试平均亩产556.54千克，比五优308（CK）增产0.31%，未达显著水平；2013年续试平均亩产562.93千克，比五优308（CK）增产2.13%，达极显著水平；两年区试平均亩产559.73千克，比五优308（CK）增产1.21%，增产点比例67.0%。全生育期两年区试平均116.7天，比五优308（CK）早熟0.9天。主要农艺性状表现：每亩有效穗数19.6万穗，株高107.7厘米，穗长23.1厘米，每穗总粒数148.8粒，结实率82.8%，千粒重27.6克。抗性两年综合表现：稻瘟病综合指数5.7级，穗瘟损失率最高级9级；白叶枯病平均级8级，最高级9级；褐飞虱平均级8级，最高级9级。米质主要指标两年综合表现：整精米率58.4%，长宽比3.4，垩白粒率19%，垩白度3.2%，胶稠度62毫米，直链淀粉含量21.2%，达国标优质3级。

2013年国家水稻品种试验年会审议意见：终止试验。

（三）初试品种

1. 两优 7408

2013 年初试平均亩产 580.53 千克，比五优 308（CK）增产 5.32%，达极显著水平，增产点比例 92.3%。全生育期 116.5 天，比五优 308（CK）早熟 0.9 天。主要农艺性状表现：每亩有效穗数 21.8 万穗，株高 111.9 厘米，穗长 22.7 厘米，每穗总粒数 168.0 粒，结实率 81.5%，千粒重 22.1 克。抗性：稻瘟病综合指数 3.5 级，穗瘟损失率最高级 3 级；白叶枯病 9 级；褐飞虱 9 级。米质主要指标：整精米率 57.6%，长宽比 3.4，垩白粒率 15%，垩白度 2.3%，胶稠度 67 毫米，直链淀粉含量 16.7%，达国标优质 2 级。

2013 年国家水稻品种试验年会审议意见：2014 年续试。

2. 广两优 7217

2013 年初试平均亩产 573.22 千克，比五优 308（CK）增产 3.99%，达极显著水平，增产点比例 84.6%。全生育期 115.1 天，比五优 308（CK）早熟 2.3 天。主要农艺性状表现：每亩有效穗数 19.4 万穗，株高 108.1 厘米，穗长 23.2 厘米，每穗总粒数 136.1 粒，结实率 84.0%，千粒重 29.3 克。抗性：稻瘟病综合指数 5.1 级，穗瘟损失率最高级 9 级；白叶枯病 9 级；褐飞虱 9 级。米质主要指标：整精米率 57.8%，长宽比 3.3，垩白粒率 26%，垩白度 2.4%，胶稠度 82 毫米，直链淀粉含量 16.1%，达国标优质 3 级。

2013 年国家水稻品种试验年会审议意见：2014 年续试。

3. 泸 5406A/岳恢 9113

2013 年初试平均亩产 562.85 千克，比五优 308（CK）增产 2.11%，达极显著水平，增产点比例 76.9%。全生育期 116.8 天，比五优 308（CK）早熟 0.6 天。主要农艺性状表现：每亩有效穗数 24.0 万穗，株高 110.5 厘米，穗长 23.0 厘米，每穗总粒数 119.0 粒，结实率 81.9%，千粒重 26.1 克。抗性：稻瘟病综合指数 7.2 级，穗瘟损失率最高级 9 级；白叶枯病 7 级；褐飞虱 9 级。米质主要指标：整精米率 48.5%，长宽比 3.6，垩白粒率 11%，垩白度 2.7%，胶稠度 53 毫米，直链淀粉含量 21.9%。

2013 年国家水稻品种试验年会审议意见：终止试验。

4. 五优 662

2013 年初试平均亩产 560.84 千克，比五优 308（CK）增产 1.75%，达极显著水平，增产点比例 69.2%。全生育期 117.5 天，比五优 308（CK）迟熟 0.1 天。主要农艺性状表现：每亩有效穗数 19.9 万穗，株高 104.8 厘米，穗长 20.4 厘米，每穗总粒数 168.7 粒，结实率 78.3%，千粒重 24.8 克。抗性：稻瘟病综合指数 5.0 级，穗瘟损失率最高级 9 级；白叶枯病 9 级；褐飞虱 7 级。米质主要指标：整精米率 50.1%，长宽比 2.7，垩白粒率 20%，垩白度 2.9%，胶稠度 75 毫米，直链淀粉含量 21.9%。

2013 年国家水稻品种试验年会审议意见：终止试验。

5. 盛泰 A/PC331

2013 年初试平均亩产 558.19 千克，比五优 308（CK）增产 1.27%，达极显著水平，增产点比例 69.2%。全生育期 112.4 天，比五优 308（CK）早熟 5.0 天。主要农艺性状表现：每亩有效穗数 23.7 万穗，株高 99.9 厘米，穗长 22.4 厘米，每穗总粒数 138.7 粒，结实率 77.2%，千粒重 23.9 克。抗性：稻瘟病综合指数 4.2 级，穗瘟损失率最高级 5 级；白叶枯病 9 级；褐飞虱 9 级。米质主要指标：整精米率 53.2%，长宽比 3.4，垩白粒率 9%，垩白度 1.5%，胶稠度 71 毫米，直链淀粉含量 15.4%，达国标优质 3 级。

2013 年国家水稻品种试验年会审议意见：终止试验。

6. 深优 9528

2013 年初试平均亩产 546.15 千克，比五优 308（CK）减产 0.92%，达极显著水平，增产点比例 46.2%。全生育期 115.7 天，比五优 308（CK）早熟 1.7 天。主要农艺性状表现：每亩有效穗数 21.9 万穗，株高 105.3 厘米，穗长 20.9 厘米，每穗总粒数 122.0 粒，结实率 84.8%，千粒重 27.4 克。抗性：稻瘟病综合指数5.5级，穗瘟损失率最高级9级；白叶枯病9级；褐飞虱9级。米质主要指标：整精米率56.4%，长宽比3.3，垩白粒率22%，垩白度3.9%，胶稠度81毫米，直链淀粉含量15.4%，达国标优质3级。

2013年国家水稻品种试验年会审议意见：终止试验。

7. 圣优008

2013年初试平均亩产535.45千克，比五优308（CK）减产2.86%，达极显著水平，增产点比例7.7%。全生育期113.9天，比五优308（CK）早熟3.5天。主要农艺性状表现：每亩有效穗数18.8万穗，株高112.5厘米，穗长20.7厘米，每穗总粒数144.9粒，结实率75.9%，千粒重30.4克。抗性：稻瘟病综合指数7.0级，穗瘟损失率最高级9级；白叶枯病7级；褐飞虱7级。米质主要指标：整精米率35.8%，长宽比2.7，垩白粒率74%，垩白度11.1%，胶稠度75毫米，直链淀粉含量25.7%。

2013年国家水稻品种试验年会审议意见：终止试验。

表 16－1　晚籼早熟 A 组（133111N-A）区试及生产试验参试品种基本情况

编号	品种名称	品种类型	亲本组合	选育/供种单位
区试				
1	荆楚优 891	杂交稻	荆楚 D8A × R7	湖北荆楚种业股份有限公司
2	* 五优 662	杂交稻	五丰 A × R662	江西惠农种业有限公司
3CK	五优 308（CK）	杂交稻	五丰 A × 广恢 308	广东省农业科学院水稻所
4	* 圣优 008	杂交稻	圣丰 1A × 南恢 008	福建省南平市农科所
5	* 泸 5406A/岳恢 9113	杂交稻	泸 5406A × 岳恢 9113	四川农业科学院水稻高粱所/中国种子集团有限公司
6	荣优 308	杂交稻	荣丰 A × 广恢 308	广西恒茂农业科技有限公司
7	* 深优 9528	杂交稻	深 95A × R6228	紫金县兆农两系杂交水稻研发中心
8	* 两优 7408	杂交稻	惠 34S × R7408	武汉润丰农业科技有限公司
9	* 广两优 7217	杂交稻	广占 63S × 中恢 7217	中国水稻研究所
10	奥两优 1066	杂交稻	奥龙 1S × R1066	湖南怀化奥谱隆作物育种工程研究所
11	* 盛泰 A/PC331	杂交稻	盛泰 A × PC331	中国种子集团有限公司
12	安丰优华占	杂交稻	安丰 A × 华占	广东省农业科学院水稻所/北京金色农华种业科技有限公司
生产试验				
1	荆楚优 7 号	杂交稻	荆楚 D8A × R7	湖北荆楚种业股份有限公司
3CK	五优 308（CK）	杂交稻	五丰 A × 广恢 308	广东省农业科学院水稻所
5	亿两优 228	杂交稻	6105S × R228	安徽绿亿种业公司
6	五丰优 103	杂交稻	五丰 A × R103	南昌市德民农业科技有限公司/广东省农业科学院水稻所

* 为 2013 年新参试品种。

表 16－2 晚籼早熟 A 组（133111N-A）区试及生产试验点基本情况

承试单位	试验地点	经度	纬度	海拔高度（米）	试验负责人及执行人
区试					
安徽黄山市种子站	黄山市农科所雁塘基地	118°14′	29°40′	134	汪琪、王淑芬、胡嘉
安徽芜湖市种子站	南陵县种子站九连试验基地	117°57′	30°38′	8	王志好、朱国平
湖北京山县农业局	京山县国家区试基地	113°07′	31°01′	76	彭金好、张红文
湖北荆州市农业科学院	沙市东郊王家桥	112°02′	30°24′	32	徐正猛
湖北孝感市农业科学院	院试验基地	113°51′	30°57′	25	刘华曙、郑明
湖南省贺家山原种场	常德市贺家山	111°54′	29°01′	28	曾跃华
湖南省水稻研究所	长沙市东郊马坡岭	113°05′	28°12′	45	傅黎明、周昆、凌伟其
湖南岳阳市农科所	岳阳市麻塘	113°05′	29°16′	32	黄四民
江西邓家埠水稻原种场	余江县东郊	116°51′	28°12′	38	刘红声、金建康、龚兰
江西赣州市农科所	赣州市	114°57′	25°51′	124	李云
江西九江市农科所	九江县马回岭镇	115°48′	29°26′	45	曹国军、潘世文、李三元、胡永平、吕太华、黄晓波
江西省种子管理局	南昌市莲塘	115°58′	28°41′	30	付高平、祝鱼水、彭从胜
江西宜春市农科所	宜春市	114°23′	27°48′	129	谭桂英、胡远琼
浙江诸暨农作物区试站	诸暨市十里牌	120°16′	29°42′	11	葛金水
中国水稻研究所	浙江省富阳市	120°19′	30°12′	7	杨仕华、夏俊辉、施彩娟、韩新华
生产试验					
江西省种子管理局	南昌市莲塘	115°58′	28°41′	30	付高平、祝鱼水、彭从胜
江西现代种业有限公司	宁都县田头镇田头村	115°58′	26°19′	170	徐小红
江西奉新县种子局	赤岸镇沿里村沿里大段	115°20′	28°37′	47	廖冠、姚由钢
湖南省贺家山原种场	常德市贺家山	111°54′	29°01′	28	曾跃华
湖南邵阳市农科所	邵阳县谷洲镇	111°50′	27°10′	252	贺淼尧
湖南衡南县种子局	松江镇龙泉村	112°06′	26°32′	50	吴先浩、周少林
湖北京山县农业局	京山县国家区试基地	113°07′	31°01′	76	彭金好、张红文
安徽黄山市种子站	黄山市农科所雁塘基地	118°14′	29°40′	134	汪琪、王淑芬、胡嘉

表 16-3　晚籼早熟 A 组（133111N-A）区试品种产量、生育期及主要农艺经济性状汇总分析结果

品种名称	区试年份	亩产（千克）	比 CK ±%	比组平均 ±%	产量差异显著性 5%	产量差异显著性 1%	稳定性回归系数	比 CK 增产点（%）	全生育期（天）	比 CK ±天	分蘖率（%）	有效穗（万/亩）	成穗率（%）	株高（厘米）	穗长（厘米）	每穗总粒数	每穗实粒数	结实率（%）	千粒重（克）
安丰优华占	2012～2013	573.41	3.69	2.03				81.9	116.8	-0.8	517.3	22.4	62.6	105.3	21.0	137.3	114.8	83.6	25.1
荣优 308	2012～2013	580.73	5.01	3.33				85.4	117.4	-0.2	467.3	21.0	59.9	99.8	20.5	150.9	123.7	82.0	25.6
荆楚优 891	2012～2013	559.73	1.21	-0.40				67.0	116.7	-0.9	441.5	19.6	60.7	107.7	23.1	148.8	123.2	82.8	27.6
奥两优 1066	2012～2013	558.13	0.92	-0.69				61.8	114.8	-2.8	519.2	23.4	62.1	96.7	22.1	121.1	99.7	82.3	25.8
五优 308（CK）	2012～2013	553.02	0.00	-1.60				0.0	117.6	0.0	460.1	21.0	61.5	102.7	21.2	157.1	127.9	81.4	23.6
安丰优华占	2013	583.37	5.83	3.92	a	A	1.04	92.3	116.5	-0.9	579.4	22.6	58.5	105.2	20.5	140.2	118.5	84.5	24.7
荣优 308	2013	581.49	5.49	3.59	a	AB	0.97	92.3	117.4	0.0	537.7	21.2	56.4	100.6	20.2	151.2	123.7	81.8	25.7
两优 7408	2013	580.53	5.32	3.41	a	AB	0.96	92.3	116.5	-0.9	560.6	21.8	59.6	111.9	22.7	168.0	137.0	81.5	22.1
广两优 7217	2013	573.22	3.99	2.11	b	B	1.17	84.6	115.1	-2.3	563.3	19.4	53.0	108.1	23.2	136.1	114.3	84.0	29.3
荆楚优 891	2013	562.93	2.13	0.28	c	C	0.94	76.9	116.7	-0.7	540.3	21.8	58.7	106.7	20.8	132.0	109.0	82.6	26.8
泸 5406A/岳恢 9113	2013	562.85	2.11	0.27	c	C	1.12	76.9	116.8	-0.6	559.0	24.0	58.6	110.5	23.0	119.0	97.5	81.9	26.1
五优 662	2013	560.84	1.75	-0.09	c	C	0.98	69.2	117.5	0.1	502.7	19.9	57.3	104.8	20.4	168.7	132.1	78.3	24.8
盛泰 A/PC331	2013	558.19	1.27	-0.56	c	CD	0.93	69.2	112.4	-5.0	562.3	23.7	59.5	99.9	22.4	138.7	107.1	77.2	23.9
五优 308（CK）	2013	551.21	0.00	-1.81	d	DE	0.98	0.0	117.4	0.0	510.5	21.5	58.6	103.8	21.2	159.0	128.5	80.8	23.5
深优 9528	2013	546.15	-0.92	-2.71	de	EF	1.10	46.2	115.7	-1.7	578.3	21.9	54.0	105.3	20.9	122.0	103.4	84.8	27.4
奥两优 1066	2013	540.11	-2.01	-3.79	ef	FG	0.76	30.8	114.2	-3.2	616.8	22.8	56.4	98.1	21.9	118.8	97.7	82.2	25.6
圣优 008	2013	535.45	-2.86	-4.62	f	G	1.05	7.7	113.9	-3.5	466.6	18.8	57.0	112.5	20.7	144.9	110.1	75.9	30.4

表 16－4　晚籼早熟 A 组生产试验（133111N-A-S）品种产量、生育期及在各生产试验点综合评价等级

品种名称	荆楚优 7 号	亿两优 228	五丰优 103	五优 308（CK）
生产试验汇总表现				
全生育期（天）	110.8	111.6	108.4	113.0
比 CK ± 天	－2.2	－1.4	－4.6	0.0
亩产（千克）	544.10	561.25	561.43	522.14
产量比 CK ± %	4.21	7.49	7.52	0.00
各生产试验点综合评价等级				
湖南邵阳市农科所	A	A	A	B
湖南省贺家山原种场	B	B	A	B
江西奉新县种子局	B	A	A	B
江西省种子管理局	B	A	A	C
江西现代种业有限公司	B	B	B	C

注：综合评价等级：A—好，B—较好，C—中等，D——般。

表 16－5　晚籼早熟 A 组（133111N-A）品种稻瘟病抗性各地鉴定结果（2013 年）

品种名称	浙江 叶瘟（级）	浙江 穗瘟发病率 %	浙江 穗瘟发病率 级	浙江 穗瘟损失率 %	浙江 穗瘟损失率 级	安徽 叶瘟（级）	安徽 穗瘟发病率 %	安徽 穗瘟发病率 级	安徽 穗瘟损失率 %	安徽 穗瘟损失率 级	湖北 叶瘟（级）	湖北 穗瘟发病率 %	湖北 穗瘟发病率 级	湖北 穗瘟损失率 %	湖北 穗瘟损失率 级	湖南 叶瘟（级）	湖南 穗瘟发病率 %	湖南 穗瘟发病率 级	湖南 穗瘟损失率 %	湖南 穗瘟损失率 级	江西 叶瘟（级）	江西 穗瘟发病率 %	江西 穗瘟发病率 级	江西 穗瘟损失率 %	江西 穗瘟损失率 级	福建 叶瘟（级）	福建 穗瘟发病率 %	福建 穗瘟发病率 级	福建 穗瘟损失率 %	福建 穗瘟损失率 级
荆楚优 891	5	10	3	2	1	3	52	9	31	7	4	33	7	11	3	5	40	7	16	5	3	70	9	13	3	6	63	9	40	7
五优 662	5	20	5	4	1	3	54	9	32	7	3	52	9	12	3	4	16	5	4	1	5	100	9	71	9	5	25	5	13	3
五优 308（CK）	5	15	5	3	1	5	61	9	49	7	5	59	9	27	5	5	45	7	19	5	3	16	5	3	1	8	100	9	92	9
圣优 008	7	100	9	82	9	5	57	9	56	9	4	73	9	19	5	4	45	7	18	5	4	100	9	65	9	6	46	7	29	5
泸 5406A/岳恢 9113	5	70	9	58	9	3	53	9	32	7	6	94	9	35	7	4	32	7	9	3	5	100	9	44	7	8	100	9	94	9
荣优 308	6	60	9	36	7	3	43	7	19	5	5	41	7	8	3	2	15	5	4	1	3	93	9	25	5	4	21	5	10	3
深优 9528	0	35	7	17	5	5	75	9	74	9	6	95	9	28	5	4	31	7	11	3	3	100	9	48	7	3	11	5	5	1
两优 7408	0	17	5	3	1	3	24	5	14	3	4	41	7	5	3	2	17	5	6	3	3	28	7	6	3	4	20	5	10	3
广两优 7217	0	10	3	2	1	3	64	9	26	5	4	87	9	24	5	4	29	7	8	3	2	33	7	7	3	9	100	9	98	9
奥两优 1066	5	70	9	49	7	3	57	9	46	7	6	93	9	28	5	4	31	7	11	3	3	37	7	10	3	5	36	7	21	5
盛泰 A/PC331	5	10	3	2	1	5	36	7	28	5	4	36	7	5	3	2	24	5	7	3	4	65	9	27	5	4	22	5	13	3
安丰优华占	3	7	3	1	1	3	25	5	20	5	3	17	5	3	1	4	36	7	15	3	0	31	7	9	3	3	29	7	19	5
感病对照	8	100	9	100	9	5	41	7	32	7	8	100	9	96	9	8	90	9	44	7	8	100	9	100	9	9	100	9	91	9

注：1. 鉴定单位分别为浙江省农业科学院植保所、安徽省农业科学院植保所、湖北宜昌市农科所、湖南省农业科学院植保所、江西井冈山垦殖场、福建上杭县茶地乡农技站；

2. 浙江、安徽、湖北、湖南、江西、福建感病对照分别为 wh26、协优 92、丰两优香 1 号、湘晚籼 11、湘晚籼 11、汕优 63＋广西矮 4 号＋明恢 86。

表 16－6 晚籼早熟 A 组（133111N-A）品种对主要病虫抗性综合评价结果（2012～2013 年）及抽穗期耐冷性（2013 年）

品种名称	区试年份	稻瘟病（级）										白叶枯病（级）			褐飞虱（级）			抽穗期耐冷性（级）
		2013 年各地综合指数（级）							2013 年	1～2 年综合评价		2013 年	1～2 年综合评价		2013 年	1～2 年综合评价		
		浙江	安徽	湖北	湖南	江西	福建	平均	穗瘟损失率最高级	平均综合指数（级）	穗瘟损失率最高级		平均级	最高级		平均级	最高级	
荆楚优 7 号	2011～2012																	中等
亿两优 228	2011～2012																	中等
五丰优 103	2011～2012																	中等
五优 308（CK）	2011～2012																	中等
荆楚优 891	2012～2013	2.5	7.7	4.3	5.5	4.5	7.3	5.3	7	5.7	9	9	8	9	7	8	9	
荣优 308	2012～2013	7.3	5.7	4.5	2.3	5.5	3.8	4.8	7	4.7	7	7	6	7	9	9	9	
奥两优 1066	2012～2013	7.0	7.7	6.3	4.3	4.0	5.5	5.8	7	5.1	7	9	6	9	9	8	9	
安丰优华占	2012～2013	2.0	5.0	2.5	4.3	3.3	5.0	3.7	5	3.7	5	9	7	9	9	8	9	
五优 308（CK）	2012～2013	3.0	7.7	6.0	5.5	2.5	8.8	5.4	9	5.5	9	9	8	9	7	8	9	
五优 662	2013	3.0	7.7	4.5	2.8	8.0	4.0	5.0	9	5.0	9	9	9	9	7	7	7	
五优 308（CK）	2013	3.0	7.7	6.0	5.5	2.5	8.8	5.4	9	5.4	9	9	9	9	7	7	7	
圣优 008	2013	8.5	9.0	5.8	5.3	7.8	5.8	7.0	9	7.0	9	7	7	7	7	7	7	
泸 5406A/岳恢 9113	2013	8.0	7.7	7.3	4.3	7.0	8.8	7.2	9	7.2	9	7	7	7	9	9	9	
深优 9528	2013	4.3	9.0	6.3	4.3	6.5	2.5	5.5	9	5.5	9	9	9	9	9	9	9	
两优 7408	2013	1.8	3.7	4.3	3.3	4.0	3.8	3.5	3	3.5	3	9	9	9	9	9	9	
广两优 7217	2013	1.3	6.4	5.8	4.3	3.8	9.0	5.1	9	5.1	9	9	9	9	9	9	9	
盛泰 A/PC331	2013	2.5	5.7	4.3	3.3	5.8	3.8	4.2	5	4.2	5	9	9	9	9	9	9	
感病虫对照	2013	8.8	7.0	8.8	7.8	8.8	9.0	8.3	9	8.3	9	9	9	9	9	9	9	

注：1. 稻瘟病综合指数（级）＝叶瘟级×25%＋穗瘟发病率级×25%＋穗瘟损失率级×50%（安徽稻瘟病感病对照叶瘟发病未达 7 级以上，叶瘟结果不采用。品种综合指数（级）＝穗瘟发病率级×35%＋穗瘟损失率级×65%）；

2. 白叶枯病、褐飞虱、耐冷性分别为湖南省农业科学院水稻所、中国水稻研究所、湖南省贺家山原种场种科所鉴定结果。

表 16－7　晚籼早熟 A 组（133111N-A）米质检测分析结果

品种名称	年份	糙米率(%)	精米率(%)	整精米率(%)	粒长(毫米)	长宽比	垩白粒率(%)	垩白度(%)	透明度(级)	碱消值(级)	胶稠度(毫米)	直链淀粉(%)	部标*(等级)	国标**(等级)
安丰优华占	2012～2013	80.7	72.4	56.9	6.6	3.1	16	2.3	1	5.8	69	21.8	优 3	优 2
奥两优 1066	2012～2013	81.6	73.4	56.3	7.3	3.4	29	4.6	1	6.8	79	22.8	优 3	优 3
荆楚优 891	2012～2013	81.2	72.9	58.4	7.4	3.4	19	3.2	1	6.8	62	21.2	优 3	优 3
荣优 308	2012～2013	81.8	73.5	54.7	6.7	3.1	27	4.9	1	6.9	64	25.3	等外	等外
五优 308（CK）	2012～2013	81.3	72.9	56.8	6.2	2.9	26	4.0	1	6.0	66	20.4	优 3	优 3
广两优 7217	2013	81.8	74.6	57.8	7.3	3.3	26	2.4	1	5.8	82	16.1	优 2	优 3
两优 7408	2013	81.2	72.8	57.6	6.7	3.4	15	2.3	1	7.0	67	16.7	优 2	优 2
泸 5406A/岳恢 9113	2013	82.2	72.7	48.5	7.3	3.6	11	2.7	1	7.0	53	21.9	等外	等外
深优 9528	2013	82.2	73.7	56.4	6.9	3.3	22	3.9	2	3.8	81	15.4	等外	优 3
盛泰 A/PC331	2013	81.4	72.6	53.2	6.8	3.4	9	1.5	1	6.2	71	15.4	优 3	优 3
圣优 008	2013	82.3	74.3	35.8	6.8	2.7	74	11.1	1	5.8	75	25.7	等外	等外
五优 662	2013	81.7	72.7	50.1	6.3	2.7	20	2.9	1	6.0	75	21.9	等外	等外
五优 308（CK）	2013	81.3	72.9	56.8	6.2	2.9	26	4.0	1	6.0	66	20.4	优 3	优 3

注：1. 样品生产提供单位：江西省种子站（2012～2013 年），安徽省黄山市农科所（2012～2013 年），湖南岳阳市农科所（2012～2013 年）；

2. 检测分析单位：农业部稻米及制品质量监督检验测试中心。

表 16－8－1　晚籼早熟 A 组（133111N-A）区试品种在各试点的产量、生育期及主要农艺经济性状表现

品种名称/试验点	亩产（千克）	比 CK ± %	产量位次	播种期（月/日）	齐穗期（月/日）	成熟期（月/日）	全生育期（天）	有效穗（万/亩）	株高（厘米）	穗长（厘米）	总粒数/穗	实粒数/穗	结实率（%）	千粒重（克）	杂株率（%）	倒伏性	穗颈瘟	纹枯病	综评等级
荆楚优 891																			
安徽黄山市种子站	460.50	4.38	3	6/15	9/1	10/1	108	17.0	106.6	20.0	130.1	107.0	82.2	26.1	0.6	直	未发	未发	B
安徽芜湖市种子站	498.33	1.36	8	6/15	9/1	10/15	122	14.8	118.2	23.1	181.7	149.3	82.2	23.5	无	倒	未发	轻	B
湖北荆州市农业科学院	627.67	5.06	6	6/20	9/10	10/26	128	25.3	103.2	19.9	119.9	95.6	79.7	27.8	1.9	直	未发	轻	B
湖北孝感市农业科学院	634.83	4.53	7	6/24	9/10	10/18	115	22.9	112.3	22.5	134.9	114.4	84.8	29.1	0.0	直	未发	轻	A
湖南省贺家山原种场	511.67	－0.32	11	6/21	9/6	10/16	117	18.7	114.2	19.0	128.8	107.1	83.2	27.5		直	未发	轻	B
湖南省水稻研究所	536.17	3.24	5	6/23	9/11	10/15	114	18.5	105.6	21.8	146.3	115.1	78.7	26.4	0.3	直	未发	轻	B
湖南岳阳市农科所	587.00	10.13	4	6/22	9/16	10/16	116	23.7	98.0	21.2	146.8	116.8	79.6	27.4	0.0	直	未发	无	B
江西赣州市农科所	507.00	4.11	7	6/21	9/15	10/16	117	24.8	103.1	20.4	99.9	86.3	86.4	26.6	0.6	直	未发	轻	A
江西九江市农科所	606.17	0.86	8	6/14	9/5	10/10	118	26.0	105.4	20.5	111.8	97.3	87.0	27.4	0.5	直	未发	未发	C
江西省邓家埠水稻原种场	587.33	－4.91	10	6/23	9/4	10/15	114	22.0	96.9	20.6	116.1	106.0	91.3	25.9	0.0	直	未发	轻	C
江西省种子管理局	594.17	5.47	3	6/30	9/14	10/15	107	23.5	102.3	19.2	121.6	107.3	88.2	27.2	0.2	直	未发	轻	B
江西宜春市农科所	625.17	0.13	6	6/20	9/6	10/12	114	23.8	113.9	20.2	116.9	94.9	81.2	27.4	0.1	直	未发	轻	C
中国水稻研究所	542.03	－4.76	11	6/19	9/8	10/24	127	22.5	107.7	22.1	161.4	120.6	74.7	26.6	0.0	直	未发	中	C

注：综合评级 A—好，B—较好，C—中等，D——一般。

表 16－8－2　晚籼早熟 A 组（133111N-A）区试品种在各试点的产量、生育期及主要农艺经济性状表现

品种名称/试验点	亩产（千克）	比 CK ± %	产量位次	播种期（月/日）	齐穗期（月/日）	成熟期（月/日）	全生育期（天）	有效穗（万/亩）	株高（厘米）	穗长（厘米）	总粒数/穗	实粒数/穗	结实率（%）	千粒重（克）	杂株率（%）	倒伏性	穗颈瘟	纹枯病	综评等级
五优 662																			
安徽黄山市种子站	423.67	-3.97	9	6/15	9/1	9/30	107	16.2	97.6	20.8	154.3	111.2	72.1	23.7		直	未发	未发	C
安徽芜湖市种子站	501.67	2.03	6	6/15	9/1	10/15	122	13.9	119.1	21.1	198.0	164.6	83.1	22.6	无	倒	未发	轻	C
湖北荆州市农业科学院	622.05	4.12	7	6/20	9/8	10/26	128	23.3	103.5	20.1	156.4	121.7	77.8	24.4	0.8	直	未发	轻	C
湖北孝感市农业科学院	573.17	-5.63	12	6/24	9/13	10/21	118	16.7	110.3	18.9	207.2	162.2	78.3	25.8	0.0	直	未发	中	B
湖南省贺家山原种场	530.00	3.25	6	6/21	9/6	10/16	117	20.6	109.1	19.5	134.8	111.9	83.0	25.9	0.8	直	未发	轻	B
湖南省水稻研究所	534.00	2.82	7	6/23	9/11	10/16	115	18.4	105.0	21.6	181.8	128.7	70.8	24.3	0.3	直	未发	轻	B
湖南岳阳市农科所	581.83	9.16	8	6/22	9/17	10/17	117	23.4	102.8	21.0	159.0	110.6	69.6	26.2	0.0	直	未发	无	B
江西赣州市农科所	515.67	5.89	6	6/21	9/14	10/15	116	20.2	98.3	20.5	129.4	110.5	85.4	25.1	0.8	直	未发	轻	A
江西九江市农科所	625.33	4.05	5	6/14	9/4	10/9	117	22.8	105.7	21.0	177.6	142.2	80.1	25.1		直	未发	未发	B
江西省邓家埠水稻原种场	625.50	1.27	7	6/23	9/8	10/17	116	24.4	91.7	20.6	134.0	107.5	80.2	24.1	0.0	直	未发	轻	B
江西省种子管理局	551.67	-2.07	10	6/30	9/16	10/17	109	16.9	98.2	20.1	182.8	155.8	85.2	26.1	2.2	直	未发	轻	D
江西宜春市农科所	623.33	-0.16	9	6/20	9/7	10/16	118	22.2	109.6	19.4	134.7	109.7	81.4	24.4	0.2	直	未发	轻	C
中国水稻研究所	583.05	2.45	5	6/19	9/7	10/24	127	19.4	111.1	21.2	243.5	180.2	74.0	25.3	0.0	直	未发	轻	B

注：综合评级 A—好，B—较好，C—中等，D——般。

表 16-8-3 晚籼早熟 A 组（133111N-A）区试品种在各试点的产量、生育期及主要农艺经济性状表现

品种名称/试验点	亩产（千克）	比 CK ± %	产量位次	播种期（月/日）	齐穗期（月/日）	成熟期（月/日）	全生育期（天）	有效穗（万/亩）	株高（厘米）	穗长（厘米）	总粒数/穗	实粒数/穗	结实率（%）	千粒重（克）	杂株率（%）	倒伏性	穗颈瘟	纹枯病	综评等级
五优 308（CK）																			
安徽黄山市种子站	441.17	0.00	6	6/15	8/29	9/29	106	16.7	102.9	21.4	160.4	120.7	75.2	23.3		直	未发	未发	C
安徽芜湖市种子站	491.67	0.00	10	6/15	8/31	10/14	121	14.3	120.5	22.7	200.7	161.2	80.3	21.4	无	倒	未发	轻	C
湖北荆州市农业科学院	597.43	0.00	10	6/20	9/7	10/27	129	24.5	100.2	21.1	158.6	115.3	72.7	24.0	1.1	直	未发	轻	D
湖北孝感市农业科学院	607.33	0.00	8	6/24	9/13	10/21	118	25.0	107.5	22.2	150.0	118.8	79.2	24.6	0.0	直	未发	轻	A
湖南省贺家山原种场	513.33	0.00	10	6/21	9/5	10/17	118	21.2	107.8	18.8	132.8	103.8	78.2	23.1		直	未发	轻	B
湖南省水稻研究所	519.33	0.00	9	6/23	9/10	10/17	116	21.8	102.6	22.2	174.6	137.1	78.5	23.1	0.5	直	未发	轻	C
湖南岳阳市农科所	533.00	0.00	10	6/22	9/14	10/15	115	23.1	99.6	21.3	156.8	113.8	72.6	25.6	0.0	直	未发	轻	B
江西赣州市农科所	487.00	0.00	8	6/21	9/15	10/17	118	22.8	88.2	21.6	148.4	125.1	84.3	23.7	0.8	直	未发	轻	A
江西九江市农科所	601.00	0.00	9	6/14	9/3	10/8	116	19.4	104.9	20.7	147.4	131.0	88.9	24.4		直	未发	未发	C
江西省邓家埠水稻原种场	617.67	0.00	8	6/23	9/10	10/19	118	25.2	94.8	20.4	128.0	108.4	84.7	23.0	0.8	直	未发	轻	C
江西省种子管理局	563.33	0.00	7	6/30	9/15	10/15	108	20.7	100.1	20.1	177.8	160.0	90.0	24.3	0.0	直	未发	轻	C
江西宜春市农科所	624.33	0.00	7	6/20	9/5	10/15	117	24.4	112.8	21.1	136.2	116.7	85.7	22.7	0.4	直	未发	轻	
中国水稻研究所	569.09	0.00	7	6/19	9/7	10/23	126	20.6	107.1	21.3	195.9	158.3	80.8	22.4	0.0	直	未发	轻	B

注：综合评级 A—好，B—较好，C—中等，D——般。

表 16－8－4　晚籼早熟 A 组（133111N-A）区试品种在各试点的产量、生育期及主要农艺经济性状表现

品种名称/试验点	亩产（千克）	比 CK ± %	产量位次	播种期（月/日）	齐穗期（月/日）	成熟期（月/日）	全生育期（天）	有效穗（万/亩）	株高（厘米）	穗长（厘米）	总粒数/穗	实粒数/穗	结实率（%）	千粒重（克）	杂株率（%）	倒伏性	穗颈瘟	纹枯病	综评等级
圣优 008																			
安徽黄山市种子站	421.33	-4.50	10	6/15	8/29	9/28	105	14.9	115.8	20.7	150.2	106.7	71.0	29.6		直	未发	未发	C
安徽芜湖市种子站	501.67	2.03	7	6/15	8/29	10/12	119	12.5	129.0	22.3	175.6	150.6	85.8	27.3	无	倒	未发	轻	B
湖北荆州市农业科学院	571.20	-4.39	12	6/20	9/6	10/24	126	21.3	102.8	20.8	156.4	108.7	69.5	29.5	1.4	斜	未发	轻	D
湖北孝感市农业科学院	600.83	-1.07	10	6/24	9/10	10/16	113	19.1	122.5	19.5	155.4	113.4	73.0	33.5	0.0	直	未发	轻	B
湖南省贺家山原种场	480.00	-6.49	12	6/21	9/2	10/12	113	17.3	118.4	19.1	123.3	84.5	68.5	31.1		倒	未发	轻	C
湖南省水稻研究所	494.67	-4.75	12	6/23	9/4	10/12	111	18.2	112.2	22.1	140.1	98.5	70.3	29.2	1.1	直	未发	轻	D
湖南岳阳市农科所	524.00	-1.69	12	6/22	9/12	10/13	113	24.2	104.6	21.5	142.8	110.8	77.6	29.8	0.0	直	未发	轻	C
江西赣州市农科所	450.00	-7.60	11	6/21	9/9	10/11	112	13.6	98.6	21.2	137.2	107.2	78.1	31.0	0.8	直	未发	轻	B
江西九江市农科所	594.67	-1.05	10	6/14	8/30	10/5	113	19.4	115.8	20.9	161.7	117.5	72.7	30.5		直	未发	未发	C
江西省邓家埠水稻原种场	615.67	-0.32	9	6/23	9/3	10/14	113	24.8	104.7	19.2	97.9	86.0	87.8	29.5	1.0	斜	未发	轻	C
江西省种子管理局	544.17	-3.40	11	6/30	9/12	10/13	105	17.9	104.2	20.7	149.9	125.0	83.4	32.4	0.2	直	未发	轻	D
江西宜春市农科所	613.67	-1.71	10	6/20	9/4	10/11	113	21.8	120.8	19.6	129.5	102.4	79.1	32.0		直	未发	轻	C
中国水稻研究所	549.01	-3.53	10	6/19	9/6	10/22	125	20.1	112.6	22.0	164.2	119.7	72.9	30.2	0.0	直	未发	轻	C

注：综合评级 A—好，B—较好，C—中等，D——一般。

表 16－8－5　晚籼早熟 A 组（133111N-A）区试品种在各试点的产量、生育期及主要农艺经济性状表现

品种名称/试验点	亩产（千克）	比 CK ±%	产量位次	播种期（月/日）	齐穗期（月/日）	成熟期（月/日）	全生育期（天）	有效穗（万/亩）	株高（厘米）	穗长（厘米）	总粒数/穗	实粒数/穗	结实率（%）	千粒重（克）	杂株率（%）	倒伏性	穗颈瘟	纹枯病	综评等级
泸 5406A/岳恢 9113																			
安徽黄山市种子站	425.33	－3.59	8	6/15	8/30	9/30	107	18.5	111.6	21.7	120.8	91.7	75.9	26.3		直	未发	未发	C
安徽芜湖市种子站	493.33	0.34	9	6/15	9/1	10/15	122	17.8	128.6	22.9	147.2	119.5	81.2	23.6	无	倒	未发	轻	C
湖北荆州市农业科学院	632.55	5.88	3	6/20	9/9	10/27	129	28.8	104.7	21.9	105.1	84.3	80.2	26.7	0.9	直	未发	轻	A
湖北孝感市农业科学院	603.50	－0.63	9	6/24	9/10	10/20	117	27.2	115.5	25.8	121.5	93.2	76.7	27.9	0.0	倒	未发	轻	B
湖南省贺家山原种场	526.67	2.60	9	6/21	9/5	10/16	117	24.1	110.5	21.7	108.6	91.5	84.3	26.7	1.6	倒	未发	轻	B
湖南省水稻研究所	534.17	2.86	6	6/23	9/11	10/17	116	23.7	106.0	24.8	129.9	90.5	69.7	25.4	0.0	直	未发	轻	B
湖南岳阳市农科所	590.83	10.85	3	6/22	9/17	10/18	118	24.8	113.0	23.2	141.9	109.9	77.4	27.5	0.0	直	未发	无	A
江西赣州市农科所	476.67	－2.12	9	6/21	9/14	10/15	116	22.8	105.4	23.7	104.8	91.3	87.1	25.4	1.0	直	未发	轻	A
江西九江市农科所	609.83	1.47	7	6/14	9/5	10/10	118	22.6	106.4	22.5	109.4	91.6	83.7	27.0	1.0	直	未发	未发	C
江西省邓家埠水稻原种场	626.33	1.40	5	6/23	9/6	10/12	111	26.4	100.4	22.4	109.1	99.1	90.8	24.6	0.0	直	未发	轻	B
江西省种子管理局	592.50	5.18	4	6/30	9/15	10/16	108	24.4	104.0	21.6	119.5	110.3	92.3	28.4	0.0	直	未发	轻	B
江西宜春市农科所	631.00	1.07	3	6/20	9/7	10/12	114	27.0	113.7	22.1	99.2	87.7	88.4	25.3	0.2	直	未发	轻	C
中国水稻研究所	574.32	0.92	6	6/19	9/8	10/23	126	24.0	116.3	24.5	130.4	106.8	81.9	25.1	0.0	直	未发	轻	B

注：综合评级 A—好，B—较好，C—中等，D——般。

表 16-8-6　晚籼早熟 A 组（133111N-A）区试品种在各试点的产量、生育期及主要农艺经济性状表现

品种名称/试验点	亩产（千克）	比 CK ±%	产量位次	播种期（月/日）	齐穗期（月/日）	成熟期（月/日）	全生育期（天）	有效穗（万/亩）	株高（厘米）	穗长（厘米）	总粒数/穗	实粒数/穗	结实率（%）	千粒重（克）	杂株率（%）	倒伏性	穗颈瘟	纹枯病	综评等级
荣优 308																			
安徽黄山市种子站	462.17	4.76	1	6/15	9/2	9/30	107	16.4	98.8	20.2	148.5	109.1	73.5	25.1	1.5	直	未发	未发	A
安徽芜湖市种子站	531.67	8.13	2	6/15	9/1	10/13	120	14.5	114.7	21.3	182.3	170.6	93.6	22.3	无	倒	未发	轻	A
湖北荆州市农业科学院	617.22	3.31	8	6/20	9/11	10/29	131	24.5	97.0	19.8	134.6	103.9	77.2	27.1	0.7	直	未发	轻	C
湖北孝感市农业科学院	646.00	6.37	2	6/24	9/13	10/20	117	23.7	104.5	18.6	154.7	120.2	77.7	27.1	0.0	直	未发	轻	A
湖南省贺家山原种场	545.00	6.17	3	6/21	9/6	10/16	117	22.5	105.5	19.1	135.2	117.3	86.8	25.7		直	未发	轻	A
湖南省水稻研究所	539.67	3.92	3	6/23	9/9	10/17	116	23.7	96.0	21.8	176.5	135.4	76.7	25.2	0.0	直	未发	轻	B
湖南岳阳市农科所	586.50	10.04	5	6/22	9/17	10/17	117	24.3	98.4	21.4	145.9	110.7	75.9	28.9	0.0	直	未发	无	A
江西赣州市农科所	518.33	6.43	4	6/21	9/15	10/16	117	24.0	92.7	18.8	115.9	91.7	79.1	25.3	1.4	直	未发	轻	A
江西九江市农科所	659.33	9.71	1	6/14	9/3	10/7	115	20.4	103.1	20.5	164.2	146.2	89.0	25.9	0.5	直	未发	未发	A
江西省邓家埠水稻原种场	626.83	1.48	4	6/23	9/8	10/18	117	20.4	91.8	20.7	146.3	127.8	87.4	24.9	0.5	直	未发	轻	B
江西省种子管理局	601.67	6.81	1	6/30	9/15	10/14	107	22.5	93.7	19.5	173.2	148.5	85.7	26.7	0.7	直	未发	轻	B
江西宜春市农科所	623.67	-0.11	8	6/20	9/7	10/16	118	16.0	107.2	18.9	124.3	107.1	86.2	24.6	0.1	直	未发	轻	C
中国水稻研究所	601.38	5.67	2	6/19	9/8	10/24	127	22.8	104.3	22.0	164.2	119.7	72.9	25.6	0.0	直	未发	轻	A

注：综合评级 A—好，B—较好，C—中等，D——般。

表 16-8-7　晚籼早熟 A 组（133111N-A）区试品种在各试点的产量、生育期及主要农艺经济性状表现

品种名称/试验点	亩产（千克）	比 CK ±%	产量位次	播种期（月/日）	齐穗期（月/日）	成熟期（月/日）	全生育期（天）	有效穗（万/亩）	株高（厘米）	穗长（厘米）	总粒数/穗	实粒数/穗	结实率（%）	千粒重（克）	杂株率（%）	倒伏性	穗颈瘟	纹枯病	综评等级
深优 9528																			
安徽黄山市种子站	418.33	-5.18	11	6/15	9/5	10/5	112	18.8	96.9	20.3	104.5	82.9	79.3	27.0		直	未发	未发	D
安徽芜湖市种子站	530.00	7.80	3	6/15	8/31	10/14	121	18.8	118.5	22.1	147.6	120.3	81.5	24.9	无	倒	未发	轻	A
湖北荆州市农业科学院	582.33	-2.53	11	6/20	9/9	10/24	126	24.8	98.8	20.7	110.0	90.2	82.0	28.1	1.8	直	未发	轻	D
湖北孝感市农业科学院	643.83	6.01	3	6/24	9/12	10/20	117	19.8	107.8	21.4	147.3	129.9	88.2	30.2	0.0	直	未发	轻	A
湖南省贺家山原种场	528.33	2.92	7	6/21	9/2	10/10	111	22.0	112.5	19.8	106.7	92.1	86.3	27.0		直	未发	中	B
湖南省水稻研究所	523.17	0.74	8	6/23	9/7	10/10	109	21.2	101.6	22.9	136.6	118.2	86.5	27.2	0.3	直	未发	轻	C
湖南岳阳市农科所	525.00	-1.50	11	6/22	9/17	10/17	117	23.6	101.6	20.8	142.6	105.5	74.0	28.7	0.0	直	未发	无	C
江西赣州市农科所	419.17	-13.93	12	6/21	9/17	10/16	117	21.4	94.7	18.2	94.8	81.1	85.5	25.9	0.5	直	未发	轻	B
江西九江市农科所	612.67	1.94	6	6/14	9/2	10/7	115	20.8	109.2	21.7	135.8	111.4	82.0	27.1		直	未发	未发	C
江西省邓家埠水稻原种场	626.00	1.35	6	6/23	9/10	10/14	113	26.8	102.8	20.4	91.1	85.7	94.1	26.6	0.0	直	未发	轻	B
江西省种子管理局	521.67	-7.40	12	6/30	9/15	10/16	108	19.6	101.8	21.7	132.8	123.0	92.6	27.6	0.0	直	未发	轻	D
江西宜春市农科所	600.33	-3.84	11	6/20	9/6	10/12	114	24.4	109.7	20.6	106.2	97.7	92.0	28.3		直	未发	轻	D
中国水稻研究所	569.09	0.00	8	6/19	9/7	10/21	124	22.6	112.4	21.1	129.8	106.4	82.0	27.5	0.0	直	未发	轻	B

注：综合评级 A—好，B—较好，C—中等，D——般。

表 16-8-8　晚籼早熟 A 组（133111N-A）区试品种在各试点的产量、生育期及主要农艺经济性状表现

品种名称/试验点	亩产（千克）	比 CK ± %	产量位次	播种期（月/日）	齐穗期（月/日）	成熟期（月/日）	全生育期（天）	有效穗（万/亩）	株高（厘米）	穗长（厘米）	总粒数/穗	实粒数/穗	结实率（%）	千粒重（克）	杂株率（%）	倒伏性	穗颈瘟	纹枯病	综评等级
两优 7408																			
安徽黄山市种子站	458.00	3.81	4	6/15	9/2	10/1	108	19.7	103.0	22.2	141.5	107.1	75.7	21.7	0.6	直	未发	未发	B
安徽芜湖市种子站	530.00	7.80	4	6/15	9/1	10/15	122	16.6	127.4	22.9	214.9	173.1	80.5	19.5	无	倒	未发	轻	B
湖北荆州市农业科学院	630.50	5.54	5	6/20	9/10	10/28	130	28.0	111.4	21.5	136.9	103.4	75.5	22.3	2.1	直	未发	轻	B
湖北孝感市农业科学院	636.83	4.86	6	6/24	9/11	10/20	117	24.0	110.8	22.8	193.0	145.9	75.6	21.6	0.0	直	未发	轻	A
湖南省贺家山原种场	551.67	7.47	2	6/21	9/2	10/15	116	18.5	122.9	21.5	167.2	153.1	91.6	21.3		斜	未发	轻	A
湖南省水稻研究所	539.17	3.82	4	6/23	9/11	10/17	116	18.6	106.0	24.3	178.2	129.2	72.5	22.7	0.1	直	未发	轻	B
湖南岳阳市农科所	586.17	9.97	6	6/22	9/17	10/17	117	24.1	102.0	22.8	152.5	118.5	77.7	24.8	0.0	直	未发	无	A
江西赣州市农科所	519.17	6.61	3	6/21	9/14	10/15	116	22.4	106.4	21.6	133.4	99.6	74.7	24.6	0.7	直	未发	轻	A
江西九江市农科所	583.33	-2.94	11	6/14	9/2	10/6	114	19.4	114.7	23.9	184.4	148.8	80.7	22.2	1.0	直	未发	未发	C
江西省邓家埠水稻原种场	649.67	5.18	1	6/23	9/5	10/13	112	24.2	104.1	22.6	142.6	126.8	88.9	21.6	0.5	直	未发	轻	A
江西省种子管理局	599.17	6.36	2	6/30	9/13	10/14	106	24.3	108.6	22.5	169.6	140.8	83.0	22.9	0.2	直	未发	轻	B
江西宜春市农科所	655.67	5.02	1	6/20	9/6	10/12	114	22.0	125.8	22.4	167.1	148.5	88.9	20.9		直	未发	轻	A
中国水稻研究所	607.49	6.75	1	6/19	9/6	10/23	126	21.2	111.8	24.7	203.3	186.3	91.6	21.0	0.0	直	未发	轻	A

注：综合评级 A—好，B—较好，C—中等，D——般。

表 16-8-9　晚籼早熟 A 组（133111N-A）区试品种在各试点的产量、生育期及主要农艺经济性状表现

品种名称/试验点	亩产（千克）	比 CK ± %	产量位次	播种期（月/日）	齐穗期（月/日）	成熟期（月/日）	全生育期（天）	有效穗（万/亩）	株高（厘米）	穗长（厘米）	总粒数/穗	实粒数/穗	结实率（%）	千粒重（克）	杂株率（%）	倒伏性	穗颈瘟	纹枯病	综评等级
广两优 7217																			
安徽黄山市种子站	416.17	-5.67	12	6/15	9/2	10/2	109	15.6	101.4	22.8	116.4	88.4	75.9	29.6		直	未发	未发	D
安徽芜湖市种子站	476.67	-3.05	12	6/15	8/26	10/10	117	13.9	127.2	25.3	159.4	129.1	81.0	27.6	无	倒	未发	轻	D
湖北荆州市农业科学院	658.67	10.25	2	6/20	9/2	10/18	120	24.3	102.3	23.2	134.5	107.2	79.7	27.8	1.7	直	未发	轻	A
湖北孝感市农业科学院	637.33	4.94	5	6/24	9/8	10/16	113	19.0	105.5	21.6	147.5	124.6	84.5	31.6	0.0	直	未发	轻	B
湖南省贺家山原种场	528.33	2.92	8	6/21	8/31	10/12	113	17.5	122.4	22.8	133.4	119.5	89.6	28.3		伏	未发	中	B
湖南省水稻研究所	556.33	7.13	1	6/23	9/8	10/15	114	18.6	104.0	24.8	155.1	112.7	72.7	29.0	1.0	直	未发	轻	A
湖南岳阳市农科所	594.17	11.48	1	6/22	9/15	10/16	116	23.4	92.5	22.6	144.6	109.8	75.9	29.4	0.0	直	未发	轻	A
江西赣州市农科所	524.17	7.63	2	6/21	9/15	10/17	118	19.4	99.5	23.2	117.8	100.2	85.1	29.9	0.9	直	未发	轻	A
江西九江市农科所	625.33	4.05	4	6/14	9/2	10/6	114	20.4	109.2	23.0	121.9	107.5	88.2	31.5	0.5	直	未发	未发	B
江西省邓家埠水稻原种场	627.33	1.56	3	6/23	9/10	10/17	116	25.0	106.9	21.7	98.8	89.9	91.0	28.9	0.0	直	未发	轻	A
江西省种子管理局	589.17	4.59	6	6/30	9/13	10/14	106	17.4	105.5	24.4	161.1	150.1	93.2	29.8	1.3	直	未发	轻	B
江西宜春市农科所	627.33	0.48	5	6/20	9/5	10/12	114	19.0	115.8	21.9	108.5	99.8	92.0	28.7	0.5	直	未发	轻	C
中国水稻研究所	590.91	3.83	4	6/19	9/6	10/23	126	18.7	113.3	24.7	170.1	146.7	86.3	29.2	0.0	直	未发	轻	A

注：综合评级 A—好，B—较好，C—中等，D——般。

表 16-8-10 晚籼早熟 A 组（133111N-A）区试品种在各试点的产量、生育期及主要农艺经济性状表现

品种名称/试验点	亩产（千克）	比 CK ±%	产量位次	播种期（月/日）	齐穗期（月/日）	成熟期（月/日）	全生育期（天）	有效穗（万/亩）	株高（厘米）	穗长（厘米）	总粒数/穗	实粒数/穗	结实率（%）	千粒重（克）	杂株率（%）	倒伏性	穗颈瘟	纹枯病	综评等级
奥两优 1066																			
安徽黄山市种子站	425.83	-3.48	7	6/15	8/27	9/28	105	16.8	101.0	21.3	134.8	108.3	80.3	25.2		直	未发	未发	C
安徽芜湖市种子站	540.00	9.83	1	6/15	8/29	10/12	119	18.5	114.7	24.0	156.6	135.5	86.5	22.6	无	直	未发	轻	A
湖北荆州市农业科学院	605.67	1.38	9	6/20	9/3	10/20	122	25.5	93.3	21.3	115.1	88.2	76.6	25.0	0.7	直	未发	轻	C
湖北孝感市农业科学院	580.83	-4.36	11	6/24	9/9	10/17	114	21.9	98.8	20.8	126.2	110.9	87.9	28.8	0.0	直	未发	轻	B
湖南省贺家山原种场	531.67	3.57	5	6/21	9/2	10/13	114	21.1	110.4	21.7	110.1	89.5	81.3	24.9		直	未发	轻	B
湖南省水稻研究所	495.33	-4.62	11	6/23	9/8	10/15	114	23.3	96.2	24.1	131.4	107.6	81.9	26.0	0.0	直	未发	轻	D
湖南岳阳市农科所	583.00	9.38	7	6/22	9/13	10/15	115	23.9	92.6	23.0	147.8	108.7	73.5	27.6	1.5	直	未发	轻	A
江西赣州市农科所	472.83	-2.91	10	6/21	9/10	10/10	111	25.1	83.2	20.9	88.0	76.5	86.9	26.2	0.9	直	未发	轻	B
江西九江市农科所	580.67	-3.38	12	6/14	9/1	10/6	114	21.4	102.4	21.4	108.7	91.9	84.5	26.2		直	未发	轻	C
江西省邓家埠水稻原种场	513.17	-16.92	12	6/23	9/4	10/12	111	24.4	85.9	21.1	97.9	86.7	88.6	23.9	0.8	直	未发	轻	D
江西省种子管理局	556.67	-1.18	9	6/30	9/12	10/13	105	24.4	93.0	21.5	101.8	92.4	90.8	26.5	0.2	直	未发	轻	D
江西宜春市农科所	585.00	-6.30	12	6/20	9/4	10/12	114	23.6	105.6	21.8	113.8	95.7	84.1	24.5	1.0	直	未发	轻	D
中国水稻研究所	550.76	-3.22	9	6/19	9/6	10/23	126	26.8	98.1	21.2	112.7	78.4	69.5	25.9	0.0	直	未发	轻	C

注：综合评级 A—好，B—较好，C—中等，D——般。

表 16－8－11　晚籼早熟 A 组（133111N-A）区试品种在各试点的产量、生育期及主要农艺经济性状表现

品种名称/试验点	亩产（千克）	比 CK ± %	产量位次	播种期（月/日）	齐穗期（月/日）	成熟期（月/日）	全生育期（天）	有效穗（万/亩）	株高（厘米）	穗长（厘米）	总粒数/穗	实粒数/穗	结实率（%）	千粒重（克）	杂株率（%）	倒伏性	穗颈瘟	纹枯病	综评等级
盛泰 A/PC331																			
安徽黄山市种子站	450.83	2.19	5	6/15	8/28	9/28	105	16.4	100.9	21.6	146.7	107.8	73.5	24.8		直	未发	未发	B
安徽芜湖市种子站	488.33	－0.68	11	6/15	8/26	10/10	117	15.9	115.5	26.2	174.8	140.5	80.4	22.3	无	倒	未发	轻	D
湖北荆州市农业科学院	631.83	5.76	4	6/20	9/2	10/18	120	26.8	94.6	21.1	126.2	99.5	78.8	23.4	0.6	直	未发	轻	B
湖北孝感市农业科学院	643.67	5.98	4	6/24	9/8	10/17	114	26.3	100.5	22.5	152.6	123.0	80.6	23.6	0.0	直	未发	轻	A
湖南省贺家山原种场	543.33	5.84	4	6/21	8/30	10/12	113	21.0	110.6	21.5	139.3	115.8	83.1	23.9		斜	未发	中	B
湖南省水稻研究所	550.33	5.97	2	6/23	9/5	10/9	108	21.9	98.8	23.9	149.1	108.4	72.7	23.3	0.0	直	未发	轻	A
湖南岳阳市农科所	591.33	10.94	2	6/22	9/11	10/12	112	24.3	90.2	23.4	147.0	112.8	76.7	26.3	0.0	直	未发	轻	A
江西赣州市农科所	516.17	5.99	5	6/21	9/10	10/12	113	29.8	87.6	20.8	101.9	77.7	76.3	24.4	0.7	直	未发	轻	A
江西九江市农科所	636.83	5.96	2	6/14	8/28	10/3	111	24.0	102.9	22.0	154.6	114.7	74.2	23.2		直	未发	未发	B
江西省邓家埠水稻原种场	538.50	－12.82	11	6/23	9/2	10/11	110	25.2	93.5	21.4	121.8	101.0	82.9	22.7	0.5	直	未发	轻	D
江西省种子管理局	560.00	－0.59	8	6/30	9/12	10/13	105	24.2	92.6	22.2	125.7	105.6	84.0	24.6	0.0	直	未发	轻	D
江西宜春市农科所	637.50	2.11	2	6/20	9/2	10/8	110	27.6	106.8	20.9	123.7	96.3	77.8	23.6		直	未发	轻	B
中国水稻研究所	467.84	－17.79	12	6/19	9/2	10/20	123	24.5	104.2	23.5	139.3	88.8	63.8	24.8	0.0	直	未发	轻	D

注：综合评级 A—好，B—较好，C—中等，D——般。

表 16-8-12　晚籼早熟 A 组（133111N-A）区试品种在各试点的产量、生育期及主要农艺经济性状表现

品种名称/试验点	亩产（千克）	比 CK ± %	产量位次	播种期（月/日）	齐穗期（月/日）	成熟期（月/日）	全生育期（天）	有效穗（万/亩）	株高（厘米）	穗长（厘米）	总粒数/穗	实粒数/穗	结实率（%）	千粒重（克）	杂株率（%）	倒伏性	穗颈瘟	纹枯病	综评等级
安丰优华占																			
安徽黄山市种子站	461.33	4.57	2	6/15	9/2	10/2	109	17.7	96.9	20.8	139.1	111.3	80.0	24.8		直	未发	未发	A
安徽芜湖市种子站	530.00	7.80	5	6/15	9/1	10/15	122	19.6	121.6	22.5	157.9	130.0	82.3	22.1	无	倒	未发	轻	A
湖北荆州市农业科学院	667.58	11.74	1	6/20	9/7	10/23	125	27.3	96.9	19.8	133.8	107.6	80.4	24.8	1.8	直	未发	轻	A
湖北孝感市农业科学院	655.17	7.88	1	6/24	9/13	10/21	118	25.1	110.2	19.5	149.0	122.8	82.4	25.0	0.0	直	未发	轻	A
湖南省贺家山原种场	560.00	9.09	1	6/21	9/5	10/15	116	21.9	111.7	19.9	127.4	110.5	86.7	24.9		倒	未发	轻	A
湖南省水稻研究所	510.17	-1.76	10	6/23	9/7	10/15	114	22.6	106.0	22.4	170.4	142.5	83.6	25.0	0.3	直	未发	轻	C
湖南岳阳市农科所	576.17	8.10	9	6/22	9/13	10/15	115	22.8	101.4	21.2	146.0	110.6	75.8	26.7	1.0	直	未发	轻	B
江西赣州市农科所	529.17	8.66	1	6/21	9/14	10/16	117	24.4	91.4	18.5	106.3	88.4	83.2	25.0	0.6	直	未发	轻	A
江西九江市农科所	626.33	4.22	3	6/14	8/31	10/6	114	18.4	110.1	21.6	159.9	145.9	91.2	25.1	0.5	直	未发	未发	B
江西省邓家埠水稻原种场	648.17	4.94	2	6/23	9/7	10/16	115	26.8	98.8	20.2	110.5	101.1	91.5	23.9	0.8	斜	未发	轻	A
江西省种子管理局	592.50	5.18	5	6/30	9/15	10/16	108	21.5	100.2	18.5	140.1	126.5	90.3	26.2	0.4	直	未发	轻	B
江西宜春市农科所	629.33	0.80	4	6/20	9/6	10/12	114	23.0	116.0	20.4	133.0	115.6	86.9	23.1	0.2	直	未发	轻	B
中国水稻研究所	597.89	5.06	3	6/19	9/8	10/24	127	22.3	106.9	20.9	149.7	127.9	85.5	24.2	0.0	直	未发	轻	A

注：综合评级 A—好，B—较好，C—中等，D——一般。

表 16－9－1　晚籼早熟 A 组生产试验（133111N-A-S）品种在各试验点的产量、生育期、主要特征、田间抗性表现

品种名称/试验点	亩产（千克）	比 CK ±%	播种期（月/日）	移栽期（月/日）	齐穗期（月/日）	成熟期（月/日）	全生育期(天)	耐寒性	整齐度	杂株率（%）	株型	叶色	叶姿	长势	熟期转色	倒伏性	落粒性	穗颈瘟	白叶枯病	纹枯病
荆楚优 7 号																				
湖南邵阳市农科所	530.08	8.23	6/23	7/14	8/30	10/9	108	强	整齐		紧束	绿	挺直	繁茂	好	直	难	未发	未发	轻
湖南省贺家山原种场	522.60	3.04	6/18	7/12	9/9	10/18	122		中等	4.0	疏松	浓绿	稍披	繁茂	中	直	中	未发	未发	中
江西奉新县种子局	533.70	1.82	6/24	7/15	9/2	10/13	111	未发	不齐	1.0	适中	绿	挺直	一般	好	直	易	未发	未发	无
江西省种子管理局	636.73	5.32	6/30	7/22	9/13	10/13	105	强	整齐		适中	绿	挺直	繁茂	好	直	易	未发	未发	轻
江西现代种业有限公司	497.40	2.56	6/22	7/17	8/30	10/8	108	强	整齐	0.0	适中	绿	略披	繁茂	一般	直	易	未发	未发	轻
亿两优 228																				
湖南邵阳市农科所	540.90	10.44	6/23	7/14	9/7	10/13	112	强	整齐		适中	绿	挺直	繁茂	好	直	难	未发	未发	轻
湖南省贺家山原种场	530.40	4.58	6/18	7/12	9/6	10/16	120		整齐		紧束	绿	中等	中等	差	直	中	未发	未发	轻
江西奉新县种子局	562.38	7.29	6/24	7/15	9/6	10/16	114	未发	整齐	0.6	松散	绿	一般	繁茂	好	直	易	未发	未发	无
江西省种子管理局	642.55	6.28	6/30	7/22	9/12	10/12	104	强	整齐		适中	绿	挺直	繁茂	好	直	易	未发	未发	轻
江西现代种业有限公司	530.00	9.28	6/22	7/17	8/31	10/8	108	强	整齐	1.0	适中	绿	挺拔	繁茂	好	斜	易	未发	未发	轻

表 16－9－2　晚籼早熟 A 组生产试验（133111N-A-S）品种在各试验点的产量、生育期、主要特征、田间抗性表现

品种名称/试验点	亩产（千克）	比 CK ±%	播种期（月/日）	移栽期（月/日）	齐穗期（月/日）	成熟期（月/日）	全生育期(天)	耐寒性	整齐度	杂株率（%）	株型	叶色	叶姿	长势	熟期转色	倒伏性	落粒性	穗颈瘟	白叶枯病	纹枯病
五丰优 103																				
湖南邵阳市农科所	524.26	7.04	6/23	7/14	8/28	10/5	104	强	整齐		紧束	绿	一般	繁茂	好	直	难	未发	未发	轻
湖南省贺家山原种场	543.80	7.22	6/18	7/12	9/4	10/17	121		中等		适中	浓绿	稍披	繁茂	中	直	中	未发	未发	轻
江西奉新县种子局	570.64	8.86	6/24	7/15	8/30	10/8	106	未发	一般	1.6	适中	绿	挺直	繁茂	好	直	易	未发	未发	无
江西省种子管理局	647.45	7.10	6/30	7/22	9/12	10/12	104	强	整齐		紧束	绿	挺直	繁茂	好	直	易	未发	未发	轻
江西现代种业有限公司	521.00	7.42	6/22	7/17	8/28	10/7	107	中	一般	2.0	紧凑	绿	挺拔	繁茂	好	直	中	轻发	未发	轻
五优 308（CK）																				
湖南邵阳市农科所	489.78	0.00	6/23	7/14	9/1	10/10	109	强	整齐		适中	绿	一般	繁茂	好	直	中	未发	未发	轻
湖南省贺家山原种场	507.17	0.00	6/18	7/12	9/12	10/23	127		中等		适中	浓绿	挺直	中等	中	直	中	未发	未发	轻
江西奉新县种子局	524.18	0.00	6/24	7/15	9/3	10/14	112	未发	不齐	0.9	适中	绿	一般	繁茂	中	斜	易	未发	未发	无
江西省种子管理局	604.55	0.00	6/30	7/22	9/15	10/16	108	强	整齐		适中	绿	挺直	繁茂	好	直	易	未发	未发	轻
江西现代种业有限公司	485.00	0.00	6/22	7/17	9/2	10/9	109	中	整齐	0.0	适中	绿	挺拔	繁茂	好	直	易	未发	未发	轻

第十七章 2013 年晚籼早熟 B 组国家水稻品种试验汇总报告

一、试验概况

（一）试验目的

鉴定评价我国南方稻区新选育和引进的水稻新品种（组合，下同）的丰产性、稳产性、适应性、抗性、米质及其他重要性状表现，为国家水稻品种审定提供科学依据。

（二）参试品种

区试品种 11 个，深优 9566、两优 988、安丰优 3698 和两优 33 为续试品种，其他为新参试品种，以五优 308（CK）为对照；生产试验品种 2 个，也以五优 308（CK）为对照。品种编号、名称、类型、亲本组合、选育/供种单位见表 17－1。

（三）承试单位

区试点 15 个，生产试验点 8 个，分布在安徽、湖北、湖南、江西和浙江 5 个省区。承试单位、试验地点、经纬度、海拔高度、试验负责人及执行人见表 17－2。

（四）试验设计、栽培管理与观察记载

各试验点均按《2013 年南方稻区国家水稻品种试验实施方案》及《农作物品种区域试验技术规范 水稻》进行试验。

区试采用完全随机区组排列，3 次重复，小区面积 0.02 亩。生产试验采用大区随机排列，不设重复，大区面积 0.5 亩。

分区试、生产试验，同组试验所有品种同期播种、移栽，施肥水平中等偏上，其他栽培管理措施与当地大田生产相同。

观察记载项目与标准按《农作物品种区域试验技术规范 水稻》以及《国家水稻品种试验观察记载项目、方法及标准》《南方稻区国家水稻品种区试及生产试验记载表》等要求执行。

（五）特性鉴定

抗性鉴定：浙江省农业科学院植微所、湖南省农业科学院植保所、江西井冈山垦殖场、福建省上杭县茶地乡农技站、湖北省宜昌市农业科学院和安徽省农业科学院植保所负责稻瘟病抗性鉴定，鉴定采用人工接菌与病区自然诱发相结合；湖南省农业科学院水稻所负责白叶枯病抗性鉴定；中国水稻研究所稻作发展中心负责稻飞虱抗性鉴定。鉴定种子由中国水稻研究所试验点统一提供，鉴定结果由浙江省农业科学院植微所负责汇总。

米质分析：由江西省种子管理局、湖南省岳阳市农科所和安徽省黄山市农科所试验点分别单独种植生产提供样品，农业部稻米及制品质量监督检验测试中心负责检测分析。

参试品种的特异性及续试品种年度间的一致性鉴定：由中国水稻研究所进行 DNA 指纹鉴定。

（六）统计分析

按照《农作物品种区域试验技术规范 水稻》等有关试验质量评价标准，对各试验（鉴定）点试验（鉴定）结果的可靠性、完整性、准确性、可比性以及对照品种表现情况等进行分析评估，确

保汇总质量。2013 年区试浙江省诸暨农作物区试站试验点因遭遇台风暴雨试验报废、湖北京山县农业局试验点因严重干旱试验结果异常未列入汇总，其余 13 个试验点试验结果正常，列入汇总。2013 年生产试验湖北京山县农业局试验点因严重干旱试验结果异常、安徽黄山市种子站试验点因遭遇暴雨侵袭试验报废、湖南衡南县种子局试验点试验实施不规范考察认为试验结果不宜采用未列入汇总，其余 5 个试验点试验结果正常，列入汇总。

产量联合方差分析采用混合模型，品种间产量差异多重比较采用 Duncan's 新复极差法；参试品种的丰产性主要以品种在区试和生产试验中相对于对照品种产量及组平均产量衡量；参试品种的适应性主要以品种在区试中比对照品种增产的试验点比例衡量；参试品种的稳产性主要以品种在年度间区试中相对于对照品种产量的差异变化程度衡量。

参试品种的生育期主要以全生育期比对照品种长短的天数衡量。

参试品种的抗性以指定的鉴定单位的鉴定结果为主要依据，对稻瘟病抗性的主要评价指标为综合指数和穗瘟损失率最高级，对其他病虫害抗性的主要评价指标为最高级。

参试品种的米质检测、评价按照国家《优质稻谷》标准，分优质 1 级、优质 2 级、优质 3 级，未达到优质级的品种米质均为等外级。

二、结果分析

（一）产量

五优 308（CK）产量中等、居第 8 位。2013 年区试品种中，产量较高的品种有深优 9566、深优 9577、吉优 353、两优 3028、两优 988、安丰优 3698，产量居前 6 位，平均亩产 570.93～583.96 千克，比五优 308（CK）增产 3.91%～6.28%；产量中等的品种有安丰优 308，平均亩产 566.19 千克，比五优 308（CK）增产 3.05%；其他品种产量一般，平均亩产 496.59～545.103 千克，比五优 308（CK）减产 9.62%～0.79%。品种产量、比对照及组平均增减产百分率、品种间产量差异显著性、比对照增产试验点比例等汇总结果见表 17－3。

2013 年生产试验品种中，广两优 7203 表现较好，平均亩产 543.62 千克，比五优 308（CK）增产 4.11%，两优 5266 表现中等，平均亩产 530.59 千克，比五优 308（CK）增产 1.62%。品种产量、比对照增减产百分率等汇总结果以及各试验点对品种的综合评价等级见表 17－4。

（二）生育期

2013 年区试品种中，金优 957 熟期较早，全生育期比五优 308（CK）短 5.7 天；两优 3028 和炳优 7998 熟期较迟，全生育期分别比五优 308（CK）长 1.6 天和 2.3 天；其他品种全生育期 114.0～117.6 天，比五优 308（CK）略早或相当、熟期适宜。品种全生育期及比对照长短天数见表 3。

2013 年生产试验品种中，两优 52667 熟期较迟，全生育期比五优 308（CK）长 2.2 天；广两优 7203 的全生育期与五优 308（CK）相仿，熟期适宜。品种全生育期及比对照长短天数见表 17－4。

（三）主要农艺经济性状

品种分蘖率、有效穗数、成穗率、株高、每穗总粒数、每穗实粒数、结实率、千粒重等主要农艺经济性状汇总结果见表 17－3。

（四）抗性

2013 年区试品种中，稻瘟病综合指数除金优 957 之外，其他品种均未超过 6.5 级。依据穗瘟损失率最高级，炳优 7998、吉优 353 和深优 9577 为中抗，两优 988、深优 9566 和安丰优 308 为中感，其他品种为感或高感。

品种在各稻瘟病抗性鉴定点的鉴定结果见表 17－5，品种稻瘟病抗性鉴定汇总结果以及白叶枯病、褐飞虱抗性鉴定结果见表 17－6。

（五）米质

依据国家《优质稻谷》标准，续试品种两优33米质优，达优质2级，两优998、深优9566、吉优353、两优3028、深优9577和旺农优518达优质3级，其他品种米质中等或一般。品种糙米率、整精米率、粒长、长宽比、垩白粒率、垩白度、胶稠度、直链淀粉等米质性状表现，见表17－7。

（六）品种在各试验点表现

区试、生产试验品种在各试验点的产量、生育期、主要农艺经济性状、田间抗性表现等见表17－8－1至表17－8－12、表17－9。

三、品种评价

（一）生产试验品种

1. 广两优7203

2011年初试平均亩产535.39千克，比五优308（CK）增产3.33%，达极显著水平；2012年续试平均亩产568.80千克，比五优308（CK）增产3.06%，达极显著水平；两年区试平均亩产552.09千克，比五优308（CK）增产3.19%，增产点比例77.7%；2013年生产试验平均亩产543.62千克，比五优308（CK）增产4.11%。全生育期两年区试平均118.1天，比五优308（CK）早熟0.5天。主要农艺性状两年区试综合表现：每亩有效穗数19.7万穗，株高107.7厘米，穗长23.3厘米，每穗总粒数144.7粒，结实率79.4%，千粒重29.3克。抗性两年综合表现：稻瘟病综合指数6.4级，穗瘟损失率最高级9级；白叶枯病平均级4级，最高级5级；褐飞虱平均级9级，最高级9级；抽穗期耐冷性较强。米质主要指标两年综合表现：整精米率49.3%，长宽比3.2，垩白粒率67%，垩白度8.9%，胶稠度85毫米，直链淀粉含量17.3%。

2013年国家水稻品种试验年会审议意见：已完成试验程序，可以申报国家品种审定。

2. 两优5266

2011年初试平均亩产547.89千克，比五优308（CK）增产5.74%，达极显著水平；2012年续试平均亩产587.40千克，比五优308（CK）增产6.43%，达极显著水平；两年区试平均亩产567.64千克，比五优308（CK）增产6.09%，增产点比例96.2%；2013年生产试验平均亩产530.59千克，比五优308（CK）增产1.62%。全生育期两年区试平均118.5天，比五优308（CK）早熟0.1天。主要农艺性状两年区试综合表现：每亩有效穗数18.8万穗，株高109.8厘米，穗长23.7厘米，每穗总粒数169.6粒，结实率78.7%，千粒重25.3克。抗性两年综合表现：稻瘟病综合指数4.8级，穗瘟损失率最高级7级；白叶枯病平均级5级，最高级5级；褐飞虱平均级8级，最高级9级；抽穗期耐冷性较强。米质主要指标两年综合表现：整精米率57.2%，长宽比3.1，垩白粒率54%，垩白度7.7%，胶稠度79毫米，直链淀粉含量23.1%。

2013年国家水稻品种试验年会审议意见：已完成试验程序，可以申报国家品种审定。

（二）续试品种

1. 深优9566

2012年初试平均亩产582.21千克，比五优308（CK）增产5.49%，达极显著水平；2013年续试平均亩产583.96千克，比五优308（CK）增产6.28%，达极显著水平；两年区试平均亩产583.09千克，比五优308（CK）增产5.89%，增产点比例89.0%。全生育期两年区试平均117.3天，比五优308（CK）早熟0.3天。主要农艺性状两年区试综合表现：每亩有效穗数21.0万穗，株高103.3厘米，穗长21.3厘米，每穗总粒数136.8粒，结实率84.5%，千粒重26.5克。抗性两年综合表现：稻瘟病综合指数4.2级，穗瘟损失率最高级5级；白叶枯病平均级7级，最高级7级；褐飞虱平均级8级，最高级9级。米质主要指标两年综合表现：整精米率54.7%，长宽比3.3，垩白粒率16%，垩白度2.1%，胶稠度71毫米，直链淀粉含量15.6%，达国标优质3级。

2013 年国家水稻品种试验年会审议意见：2014 年进行生产试验。

2. 两优 988

2012 年初试平均亩产 577.90 千克，比五优 308（CK）增产 4.71%，达极显著水平；2013 年续试平均亩产 575.37 千克，比五优 308（CK）增产 4.72%，达极显著水平；两年区试平均亩产 576.63 千克，比五优 308（CK）增产 4.71%，增产点比例 89.0%。全生育期两年区试平均 114.1 天，比五优 308（CK）早熟 3.5 天。主要农艺性状两年区试综合表现：每亩有效穗数 19.2 万穗，株高 112.9 厘米，穗长 22.7 厘米，每穗总粒数 163.6 粒，结实率 82.6%，千粒重 26.1 克。抗性两年综合表现：稻瘟病综合指数 4.2 级，穗瘟损失率最高级 5 级；白叶枯病平均级 6 级，最高级 7 级；褐飞虱平均级 9 级，最高级 9 级。米质主要指标两年综合表现：整精米率 59.6%，长宽比 3.2，垩白粒率 23%，垩白度 3.8%，胶稠度 59 毫米，直链淀粉含量 15.8%，达国标优质 3 级。

2013 年国家水稻品种试验年会审议意见：2014 年进行生产试验。

3. 安丰优 3698

2012 年初试平均亩产 569.66 千克，比五优 308（CK）增产 3.21%，达极显著水平；2013 年续试平均亩产 570.93 千克，比五优 308（CK）增产 3.91%，达极显著水平；两年区试平均亩产 570.29 千克，比五优 308（CK）增产 3.56%，增产点比例 73.9%。全生育期两年区试平均 115.6 天，比五优 308（CK）早熟 2.0 天。主要农艺性状两年区试综合表现：每亩有效穗数 21.1 万穗，株高 105.3 厘米，穗长 20.5 厘米，每穗总粒数 135.0 粒，结实率 82.8%，千粒重 26.8 克。抗性两年综合表现：稻瘟病综合指数 4.6 级，穗瘟损失率最高级 5 级；白叶枯病平均级 7 级，最高级 9 级；褐飞虱平均级 7 级，最高级 7 级。米质主要指标两年综合表现：整精米率 43.8%，长宽比 3.1，垩白粒率 25%，垩白度 2.8%，胶稠度 70 毫米，直链淀粉含量 21.0%。

2013 年国家水稻品种试验年会审议意见：终止试验。

4. 两优 33

2012 年初试平均亩产 552.56 千克，比五优 308（CK）增产 0.12%，未达显著水平；2013 年续试平均亩产 544.10 千克，比五优 308（CK）减产 0.97%，未达显著水平；两年区试平均亩产 548.33 千克，比五优 308（CK）减产 0.43%，增产点比例 46.4%。全生育期两年区试平均 115.3 天，比五优 308（CK）早熟 2.3 天。主要农艺性状两年区试综合表现：每亩有效穗数 18.1 万穗，株高 115.8 厘米，穗长 22.0 厘米，每穗总粒数 159.7 粒，结实率 82.8%，千粒重 27.0 克。抗性两年综合表现：稻瘟病综合指数 5.9 级，穗瘟损失率最高级 9 级；白叶枯病平均级 7 级，最高级 9 级；褐飞虱平均级 9 级，最高级 9 级。米质主要指标两年综合表现：整精米率 61.3%，长宽比 3.2，垩白粒率 14%，垩白度 2.5%，胶稠度 53 毫米，直链淀粉含量 21.0%，达国标优质 2 级。

2013 年国家水稻品种试验年会审议意见：终止试验。

（三）初试品种

1. 深优 9577

2013 年初试平均亩产 580.43 千克，比五优 308（CK）增产 5.64%，达极显著水平，增产点比例 92.3%。全生育期 115.2 天，比五优 308（CK）早熟 2.4 天。主要农艺性状表现：每亩有效穗数 20.6 万穗，株高 108.4 厘米，穗长 21.0 厘米，每穗总粒数 150.6 粒，结实率 81.2%，千粒重 24.2 克。抗性：稻瘟病综合指数 3.4 级，穗瘟损失率最高级 3 级；白叶枯病 7 级；褐飞虱 9 级。米质主要指标：整精米率 57.3%，长宽比 3.1，垩白粒率 22%，垩白度 2.8%，胶稠度 74 毫米，直链淀粉含量 15.5%，达国标优质 3 级。

2013 年国家水稻品种试验年会审议意见：2014 年续试。

2. 吉优 353

2013 年初试平均亩产 577.73 千克，比五优 308（CK）增产 5.15%，达极显著水平，增产点比例 92.3%。全生育期 117.3 天，比五优 308（CK）早熟 0.3 天。主要农艺性状表现：每亩有效穗数 21.4 万穗，株高 102.7 厘米，穗长 20.3 厘米，每穗总粒数 144.1 粒，结实率 79.5%，千粒重 25.3 克。抗性：稻瘟病综合指数 2.1 级，穗瘟损失率最高级 3 级；白叶枯病 7 级；褐飞虱 9 级。米质主要指标：

整精米率 52.7%，长宽比 3.2，垩白粒率 20%，垩白度 3.0%，胶稠度 70 毫米，直链淀粉含量 24.0%，达国标优质 3 级。

2013 年国家水稻品种试验年会审议意见：2014 年续试。

3. 两优 3028

2013 年初试平均亩产 576.46 千克，比五优 308（CK）增产 4.92%，达极显著水平，增产点比例 84.6%。全生育期 119.2 天，比五优 308（CK）迟熟 1.6 天。主要农艺性状表现：每亩有效穗数 19.9 万穗，株高 111.6 厘米，穗长 22.3 厘米，每穗总粒数 171.4 粒，结实率 75.8%，千粒重 24.6 克。抗性：稻瘟病综合指数 4.2 级，穗瘟损失率最高级 7 级；白叶枯病 7 级；褐飞虱 9 级。米质主要指标：整精米率 55.1%，长宽比 3.1，垩白粒率 21%，垩白度 4.2%，胶稠度 64 毫米，直链淀粉含量 21.4%，达国标优质 3 级。

2013 年国家水稻品种试验年会审议意见：终止试验。

4. 安丰优 308

2013 年初试平均亩产 566.19 千克，比五优 308（CK）增产 3.05%，达极显著水平，增产点比例 76.9%。全生育期 116.4 天，比五优 308（CK）早熟 1.2 天。主要农艺性状表现：每亩有效穗数 22.0 万穗，株高 105.0 厘米，穗长 21.1 厘米，每穗总粒数 138.4 粒，结实率 81.0%，千粒重 25.3 克。抗性：稻瘟病综合指数 3.5 级，穗瘟损失率最高级 5 级；白叶枯病 9 级；褐飞虱 7 级。米质主要指标：整精米率 55.8%，长宽比 3.1，垩白粒率 20%，垩白度 2.9%，胶稠度 62 毫米，直链淀粉含量 24.3%。

2013 年国家水稻品种试验年会审议意见：终止试验。

5. 炳优 7998

2013 年初试平均亩产 545.10 千克，比五优 308（CK）减产 0.79%，未达显著水平，增产点比例 30.8%。全生育期 119.9 天，比五优 308（CK）迟熟 2.3 天。主要农艺性状表现：每亩有效穗数 19.4 万穗，株高 106.2 厘米，穗长 23.2 厘米，每穗总粒数 137.7 粒，结实率 81.9%，千粒重 27.7 克。抗性：稻瘟病综合指数 2.8 级，穗瘟损失率最高级 3 级；白叶枯病 9 级；褐飞虱 9 级。米质主要指标：整精米率 54.3%，长宽比 2.9，垩白粒率 37%，垩白度 5.4%，胶稠度 70 毫米，直链淀粉含量 21.2%。

2013 年国家水稻品种试验年会审议意见：终止试验。

6. 旺农优 518

2013 年初试平均亩产 535.93 千克，比五优 308（CK）减产 2.46%，达极显著水平，增产点比例 46.2%。全生育期 117.2 天，比五优 308（CK）早熟 0.4 天。主要农艺性状表现：每亩有效穗数 19.2 万穗，株高 108.5 厘米，穗长 20.3 厘米，每穗总粒数 158.3 粒，结实率 79.1%，千粒重 26.7 克。抗性：稻瘟病综合指数 4.7 级，穗瘟损失率最高级 9 级；白叶枯病 9 级；褐飞虱 7 级。米质主要指标：整精米率 52.8%，长宽比 2.9，垩白粒率 19%，垩白度 2.4%，胶稠度 69 毫米，直链淀粉含量 21.2%，达国标优质 3 级。

2013 年国家水稻品种试验年会审议意见：终止试验。

7. 金优 957

2013 年初试平均亩产 496.59 千克，比五优 308（CK）减产 9.62%，达极显著水平，增产点比例 0.0%。全生育期 111.9 天，比五优 308（CK）早熟 5.7 天。主要农艺性状表现：每亩有效穗数 18.4 万穗，株高 111.5 厘米，穗长 24.6 厘米，每穗总粒数 148.1 粒，结实率 78.6%，千粒重 27.3 克。抗性：稻瘟病综合指数 6.9 级，穗瘟损失率最高级 9 级；白叶枯病 9 级；褐飞虱 9 级。米质主要指标：整精米率 46.2%，长宽比 3.1，垩白粒率 20%，垩白度 2.8%，胶稠度 76 毫米，直链淀粉含量 21.2%。

2013 年国家水稻品种试验年会审议意见：终止试验。

表 17－1　晚籼早熟 B 组（133111N-B）区试及生产试验参试品种基本情况

编号	品种名称	品种类型	亲本组合	选育/供种单位
区试				
1	*炳优 7998	杂交稻	炳 1A×华恢 7998	湖南杂交水稻中心/隆平高科
2	*金优 957	杂交稻	金 23A×R957	湖北华之夏种子有限责任公司
3	*两优 3028	杂交稻	103S×R1028	合肥信达高科农科所有限公司
4	两优 988	杂交稻	富 1S×R988	安徽省蓝田农业开发有限公司
5CK	五优 308（CK）	杂交稻	五丰 A×广恢 308	广东省农业科学院水稻所
6	*吉优 353	杂交稻	吉丰 A×R353	南昌市德民农业科技有限公司
7	*深优 9577	杂交稻	深 95A×R6377	南宁市沃德农作物研究所
8	安丰优 3698	杂交稻	安丰 A×广恢 3698	广东省农业科学院水稻所/中国种子集团有限公司
9	两优 33	杂交稻	HD9802S×R33	湖北中香米业有限责任公司
10	*安丰优 308	杂交稻	安丰 A×广恢 308	北京金色农华种业科技有限公司
11	深优 9566	杂交稻	深 95A×R366	江西科源种业有限公司
12	*旺农优 518	杂交稻	旺农 A×NCR518	湖南活力种业科技股份有限公司
生产试验				
2	两优 5266	杂交稻	W05-2×R066	合肥信达高科农科所
3CK	五优 308（CK）	杂交稻	五丰 A×广恢 308	广东省农业科学院水稻所
4	广两优 7203	杂交稻	广占 63S×中恢 7203	中国水稻研究所

*为 2013 年新参试品种。

表 17 - 2　晚籼早熟 B 组（133111N-B）区试及生产试验点基本情况

承试单位	试验地点	经度	纬度	海拔高度（米）	试验负责人及执行人
区试					
安徽黄山市种子站	黄山市农科所雁塘基地	118°14′	29°40′	134	汪琪、王淑芬、胡嘉
安徽芜湖市种子站	南陵县种子站九连试验基地	117°57′	30°38′	8	王志好、朱国平
湖北京山县农业局	京山县国家区试基地	113°07′	31°01′	76	彭金好、张红文
湖北荆州市农业科学院	沙市东郊王家桥	112°02′	30°24′	32	徐正猛
湖北孝感市农业科学院	院试验基地	113°51′	30°57′	25	刘华曙、郑明
湖南省贺家山原种场	常德市贺家山	111°54′	29°01′	28	曾跃华
湖南省水稻研究所	长沙市东郊马坡岭	113°05′	28°12′	45	傅黎明、周昆、凌伟其
湖南岳阳市农科所	岳阳市麻塘	113°05′	29°16′	32	黄四民
江西邓家埠水稻原种场	余江县东郊	116°51′	28°12′	38	刘红声、金建康、龚兰
江西赣州市农科所	赣州市	114°57′	25°51′	124	李云
江西九江市农科所	九江县马回岭镇	115°48′	29°26′	45	曹国军、潘世文、李三元、胡永平、吕太华、黄晓波
江西省种子管理局	南昌市莲塘	115°58′	28°41′	30	付高平、祝鱼水、彭从胜
江西宜春市农科所	宜春市	114°23′	27°48′	129	谭桂英、胡远琼
浙江诸暨农作物区试站	诸暨市十里牌	120°16′	29°42′	11	葛金水
中国水稻研究所	浙江省富阳市	120°19′	30°12′	7	杨仕华、夏俊辉、施彩娟、韩新华
生产试验					
江西省种子管理局	南昌市莲塘	115°58′	28°41′	30	付高平、祝鱼水、彭从胜
江西现代种业有限公司	宁都县田头镇田头村	115°58′	26°19′	170	徐小红
江西奉新县种子局	赤岸镇沿里村沿里大段	115°20′	28°37′	47	廖冠、姚由钢
湖南省贺家山原种场	常德市贺家山	111°54′	29°01′	28	曾跃华
湖南邵阳市农科所	邵阳县谷洲镇	111°50′	27°10′	252	贺淼尧
湖南衡南县种子局	松江镇龙泉村	112°06′	26°32′	50	吴先浩、周少林
湖北京山县农业局	京山县国家区试基地	113°07′	31°01′	76	彭金好、张红文
安徽黄山市种子站	黄山市农科所雁塘基地	118°14′	29°40′	134	汪琪、王淑芬、胡嘉

表 17－3　晚籼早熟 B 组（133111N-B）区试品种产量、生育期及主要农艺经济性状汇总分析结果

品种名称	区试年份	亩产（千克）	比 CK ±%	比组平均 ±%	产量差异显著性 5%	产量差异显著性 1%	回归系数	比 CK 增产点(%)	全生育期（天）	比 CK ±天	分蘖率(%)	有效穗（万/亩）	成穗率（%）	株高（厘米）	穗长（厘米）	每穗总粒数	每穗实粒数	结实率(%)	千粒重(克)
深优 9566	2012～2013	583.09	5.89	5.02				89.0	117.3	-0.3	491.6	21.0	59.6	103.3	21.3	136.8	115.6	84.5	26.5
两优 988	2012～2013	576.63	4.71	3.86				89.0	114.1	-3.5	420.3	19.2	64.5	112.9	22.7	163.6	135.2	82.6	26.1
安丰优 3698	2012～2013	570.29	3.56	2.71				73.9	115.6	-2.0	477.2	21.1	61.6	105.3	20.5	135.0	111.8	82.8	26.8
两优 33	2012～2013	548.33	-0.43	-1.24				46.4	115.3	-2.3	368.5	18.1	64.4	115.8	22.0	159.7	132.2	82.8	27.0
五优 308（CK）	2012～2013	550.67	0.00	-0.82				0.0	117.6	0.0	498.8	21.4	61.4	103.3	21.1	154.0	124.1	80.5	23.7
深优 9566	2013	583.96	6.28	4.55	a	A	1.08	92.3	117.6	0.0	555.4	21.7	56.4	103.7	20.9	132.9	114.0	85.8	26.6
深优 9577	2013	580.43	5.64	3.92	ab	A	1.19	92.3	115.2	-2.4	509.6	20.6	58.7	108.4	21.0	150.6	122.3	81.2	24.2
吉优 353	2013	577.73	5.15	3.44	abc	AB	1.10	92.3	117.3	-0.3	562.9	21.4	55.1	102.7	20.3	144.1	114.5	79.5	25.3
两优 3028	2013	576.46	4.92	3.21	bc	AB	0.97	84.6	119.2	1.6	534.2	19.9	55.9	111.6	22.3	171.4	130.0	75.8	24.6
两优 988	2013	575.37	4.72	3.02	bc	AB	1.00	92.3	114.0	-3.6	447.1	19.5	63.4	113.8	22.7	159.2	131.2	82.4	25.4
安丰优 3698	2013	570.93	3.91	2.22	cd	BC	1.25	69.2	115.5	-2.1	550.1	21.3	58.1	105.2	20.1	132.2	108.6	82.1	26.6
安丰优 308	2013	566.19	3.05	1.37	d	C	0.90	76.9	116.4	-1.2	557.6	22.0	56.9	105.0	21.1	138.4	112.1	81.0	25.3
五优 308（CK）	2013	549.43	0.00	-1.63	e	D	1.08	0.0	117.6	0.0	551.7	21.7	57.8	103.6	20.7	150.8	119.4	79.2	23.3
炳优 7998	2013	545.10	-0.79	-2.40	e	D	1.07	30.8	119.9	2.3	508.9	19.4	54.4	106.2	23.2	137.7	112.7	81.9	27.7
两优 33	2013	544.10	-0.97	-2.58	e	DE	0.85	50.0	114.2	-3.4	405.8	18.6	63.8	116.9	21.9	159.0	130.7	82.2	26.6
旺农优 518	2013	535.93	-2.46	-4.04	f	E	0.85	46.2	117.2	-0.4	471.2	19.2	60.9	108.5	20.3	158.3	125.3	79.1	26.7
金优 957	2013	496.59	-9.62	-11.09	g	F	0.65	0.0	111.9	-5.7	482.2	18.4	61.5	111.5	24.6	148.1	116.4	78.6	27.3

表 17－4　晚籼早熟 B 组生产试验（133111N-B-S）品种产量、生育期及在各生产试验点综合评价等级

品种名称	两优 5266	广两优 7203	五优 308（CK）
生产试验汇总表现			
全生育期（天）	115.2	113.8	113.0
比 CK ± 天	2.2	0.8	0.0
亩产（千克）	530.59	543.62	522.14
产量比 CK ± %	1.62	4.11	0.00
各生产试验点综合评价等级			
湖南邵阳市农科所	B	B	B
湖南省贺家山原种场	B	A	B
江西奉新县种子局	A	C	B
江西省种子管理局	D	B	C
江西现代种业有限公司	B	A	C

注：综合评价等级：A—好，B—较好，C—中等，D——一般。

表 17－5　晚籼早熟 B 组（133111N-B）品种稻瘟病抗性各地鉴定结果（2013 年）

品种名称	浙江					安徽					湖北					湖南					江西					福建				
	叶瘟	穗瘟发病率		穗瘟损失率		叶瘟	穗瘟发病率		穗瘟损失率		叶瘟	穗瘟发病率		穗瘟损失率		叶瘟	穗瘟发病率		穗瘟损失率		叶瘟	穗瘟发病率		穗瘟损失率		叶瘟	穗瘟发病率		穗瘟损失率	
	(级)	%	级	%	级	(级)	%	级	%	级	(级)	%	级	%	级	(级)	%	级	%	级	(级)	%	级	%	级	(级)	%	级	%	级
炳优 7998	0	18	5	4	1	3	9	3	4	1	4	31	7	7	3	4	42	7	13	3	2	37	7	7	3	2	4	1	1	1
金优 957	3	76	9	39	7	3	57	9	46	7	5	97	9	51	9	7	60	9	28	5	5	100	9	70	9	7	25	5	14	3
两优 3028	6	10	3	2	1	5	60	9	36	7	4	29	7	13	3	2	18	5	5	1	3	39	7	11	3	5	21	5	10	3
两优 988	5	31	7	14	3	3	21	5	13	5	5	27	7	6	3	2	9	3	2	1	4	50	7	21	5	5	16	5	6	3
五优 308（CK）	5	18	5	4	1	5	63	9	38	7	5	55	9	24	5	4	30	7	13	3	3	23	5	5	1	8	100	9	92	9
吉优 353	6	10	3	2	1	0	0	0	0	0	2	21	5	7	3	2	5	1	1	1	3	34	7	7	3	3	3	1	0	1
深优 9577	5	45	7	9	3	3	18	5	11	3	4	42	7	9	3	2	13	5	4	1	3	39	7	8	3	2	8	3	3	1
安丰优 3698	5	20	5	4	1	1	10	3	6	3	5	54	9	17	5	4	25	5	11	3	3	37	7	10	3	0	17	5	7	3
两优 33	7	15	5	3	1	5	52	9	42	7	4	26	7	18	5	5	47	7	18	5	6	100	9	100	9	2	12	5	6	3
安丰优 308	3	20	5	4	1	1	9	3	2	1	6	68	9	25	5	2	20	5	8	3	2	26	7	5	3	3	23	5	9	3
深优 9566	3	16	5	3	1	3	41	7	17	5	5	42	7	12	3	2	20	5	5	3	3	57	9	20	5	5	8	3	3	1
旺农优 518	5	35	7	11	3	1	8	3	5	1	4	99	9	51	9	4	18	5	7	3	4	100	9	47	7	5	22	5	14	3
感病对照	8	100	9	100	9	5	41	7	32	7	8	100	9	96	9	8	90	9	44	7	8	100	9	100	9	9	100	9	91	9

注：1. 鉴定单位分别为浙江省农业科学院植保所、安徽省农业科学院植保所、湖北宜昌市农科所、湖南省农业科学院植保所、江西井冈山垦殖场、福建上杭县茶地乡农技站；

2. 浙江、安徽、湖北、湖南、江西、福建感病对照分别为 wh26、协优 92、丰两优香 1 号、湘晚籼 11、湘晚籼 11、汕优 63＋广西矮 4 号＋明恢 86。

表 17-6　晚籼早熟 B 组（133111N-B）品种对主要病虫抗性综合评价结果（2012～2013 年）及抽穗期耐冷性（2013 年）

品种名称	区试年份	稻瘟病（级）2013 年各地综合指数（级）浙江	安徽	湖北	湖南	江西	福建	平均	稻瘟病 2013 年穗瘟损失率最高级	稻瘟病 1～2 年综合评价 平均综合指数（级）	稻瘟病 1～2 年综合评价 穗瘟损失率最高级	白叶枯病（级）2013 年	白叶枯病 1～2 年综合评价 平均级	白叶枯病 1～2 年综合评价 最高级	褐飞虱（级）2013 年	褐飞虱 1～2 年综合评价 平均级	褐飞虱 1～2 年综合评价 最高级	抽穗期耐冷性（级）
两优 5266	2011～2012																	较强
广两优 7203	2011～2012																	较强
五优 308（CK）	2011～2012																	中等
两优 988	2012～2013	4.5	5.0	4.5	1.8	5.3	4.0	4.2	5	4.2	5	7	6	7	9	9	9	
安丰优 3698	2012～2013	3.0	3.0	6.0	3.8	4.0	2.8	3.8	5	4.6	9	9	7	9	7	7	7	
两优 33	2012～2013	3.5	7.7	5.3	5.5	8.3	3.3	5.6	9	5.9	9	9	7	9	9	9	9	
深优 9566	2012～2013	2.5	5.7	4.5	3.3	5.5	2.5	4.0	5	4.2	5	7	7	7	9	8	9	
五优 308（CK）	2012～2013	3.0	7.7	6.0	4.3	2.5	8.8	5.4	9	5.5	9	7	7	7	9	9	9	
炳优 7998	2013	1.8	1.7	4.3	4.3	3.8	1.3	2.8	3	2.8	3	9	9	9	9	9	9	
金优 957	2013	6.5	7.7	8.0	6.5	8.0	4.5	6.9	9	6.9	9	9	9	9	9	9	9	
两优 3028	2013	2.8	7.7	4.3	2.3	4.0	4.0	4.2	7	4.2	7	7	7	7	9	9	9	
五优 308（CK）	2013	3.0	7.7	6.0	4.3	2.5	8.8	5.4	9	5.4	9	7	7	7	9	9	9	
吉优 353	2013	2.8	0.0	3.3	1.3	4.0	1.5	2.1	3	2.1	3	7	7	7	9	9	9	
深优 9577	2013	4.5	3.7	4.3	2.3	4.0	1.8	3.4	3	3.4	3	7	7	7	9	9	9	
安丰优 308	2013	2.5	1.7	6.3	3.3	3.8	3.5	3.5	5	3.5	5	9	9	9	7	7	7	
旺农优 518	2013	4.5	1.7	7.8	3.8	6.8	4.0	4.7	9	4.7	9	9	9	9	7	7	7	
感病虫对照	2013	8.8	7.0	8.8	7.8	8.8	9.0	8.3	9	8.3	9	9	9	9	9	9	9	

注：1. 稻瘟病综合指数（级）＝叶瘟级×25%＋穗瘟发病率级×25%＋穗瘟损失率级×50%（安徽稻瘟病感病对照叶瘟发病未达 7 级以上，叶瘟结果不采用。品种综合指数（级）＝穗瘟发病率级×35%＋穗瘟损失率级×65%）；

2. 白叶枯病、褐飞虱、耐冷性分别为湖南省农业科学院水稻所、中国水稻研究所、湖南省贺家山原种场种科所鉴定结果。

表 17-7　晚籼早熟 B 组（133111N-B）米质检测分析结果

品种名称	年份	糙米率(%)	精米率(%)	整精米率(%)	粒长(毫米)	长宽比	垩白粒率(%)	垩白度(%)	透明度(级)	碱消值(级)	胶稠度(毫米)	直链淀粉(%)	部标*(等级)	国标**(等级)
安丰优 3698	2012~2013	82.4	73.8	43.8	6.8	3.1	25	2.8	1	5.8	70	21.0	等外	等外
两优 33	2012~2013	80.7	71.7	61.3	6.9	3.2	14	2.5	1	6.0	53	21.0	优 3	优 2
两优 988	2012~2013	81.3	72.7	59.6	6.8	3.2	23	3.8	1	6.9	59	15.8	优 3	优 3
深优 9566	2012~2013	82.3	73.8	54.7	7.0	3.3	16	2.1	1	5.5	71	15.6	优 3	优 3
五优 308（CK）	2012~2013	81.3	72.9	56.8	6.2	2.9	26	4.0	1	6.0	66	20.4	优 3	优 3
安丰优 308	2013	82.0	73.4	55.8	6.7	3.1	20	2.9	1	6.7	62	24.3	等外	等外
炳优 7998	2013	81.0	72.7	54.3	6.7	2.9	37	5.4	1	5.8	70	21.2	等外	等外
吉优 353	2013	82.4	73.6	52.7	6.8	3.2	20	3.0	1	6.8	70	24.0	等外	优 3
金优 957	2013	81.5	72.3	46.2	6.9	3.1	20	2.8	2	4.5	76	21.2	等外	等外
两优 3028	2013	81.7	72.8	55.1	6.7	3.1	21	4.2	1	6.5	64	21.4	优 3	优 3
深优 9577	2013	81.4	73.0	57.3	6.5	3.1	22	2.8	1	5.4	74	15.5	优 3	优 3
旺农优 518	2013	80.9	72.4	52.8	6.7	2.9	19	2.4	1	5.9	69	21.2	优 3	优 3
五优 308（CK）	2013	81.3	72.9	56.8	6.2	2.9	26	4.0	1	6.0	66	20.4	优 3	优 3

注：1. 样品生产提供单位：江西省种子站（2012~2013 年），安徽省黄山市农科所（2012~2013 年），湖南岳阳市农科所（2012~2013 年）；
2. 检测分析单位：农业部稻米及制品质量监督检验测试中心。

表 17－8－1　晚籼早熟 B 组（133111N-B）区试品种在各试点的产量、生育期及主要农艺经济性状表现

品种名称/试验点	亩产（千克）	比 CK ± %	产量位次	播种期（月/日）	齐穗期（月/日）	成熟期（月/日）	全生育期（天）	有效穗（万/亩）	株高（厘米）	穗长（厘米）	总粒数/穗	实粒数/穗	结实率（%）	千粒重（克）	杂株率（%）	倒伏性	穗颈瘟	纹枯病	综评等级
炳优 7998																			
安徽黄山市种子站	456.83	2.89	7	6/15	9/6	10/5	112	17.8	97.7	21.4	119.9	91.5	76.3	28.3		直	未发	未发	B
安徽芜湖市种子站	480.00	－4.32	12	6/15	9/5	10/19	126	14.8	120.6	24.6	157.8	137.9	87.4	24.1	无	直	未发	轻	D
湖北荆州市农业科学院	597.31	－2.34	11	6/20	9/11	10/31	133	21.5	103.2	22.2	121.0	100.2	82.8	28.1	1.4	直	未发	轻	D
湖北孝感市农业科学院	572.67	－2.02	10	6/24	9/13	10/21	118	18.2	110.8	24.2	178.3	136.0	76.3	28.7	0.0	直	未发	轻	B
湖南省贺家山原种场	530.00	0.63	8	6/21	9/11	10/19	120	18.7	113.4	22.7	136.3	118.9	87.2	28.5		直	未发	轻	C
湖南省水稻研究所	482.67	－4.45	11	6/23	9/11	10/18	117	17.8	106.2	24.6	148.8	118.6	79.7	27.0	0.3	直	未发	轻	C
湖南岳阳市农科所	517.17	－1.80	11	6/22	9/16	10/16	116	20.7	99.0	23.6	158.2	119.5	75.5	26.6	0.0	直	未发	轻	C
江西赣州市农科所	475.00	－0.70	11	6/21	9/15	10/18	119	21.2	98.2	23.3	120.7	90.9	75.3	28.3	0.6	直	未发	轻	B
江西九江市农科所	672.17	7.52	1	6/14	9/6	10/11	119	18.4	108.4	24.5	144.8	127.1	87.8	29.1		直	未发	未发	A
江西省邓家埠水稻原种场	588.83	－3.65	9	6/23	9/14	10/23	122	24.6	102.8	21.9	100.1	85.5	85.4	28.6	0.3	直	未发	轻	C
江西省种子管理局	573.33	5.04	5	6/30	9/17	10/18	110	19.3	99.8	22.1	145.0	123.5	85.2	29.0	0.0	直	未发	轻	B
江西宜春市农科所	584.33	－5.70	8	6/20	9/12	10/17	119	18.0	114.9	23.6	125.2	108.6	86.7	27.5	0.5	直	未发	轻	C
中国水稻研究所	555.99	－1.09	9	6/19	9/13	10/25	128	20.6	105.6	23.5	134.0	107.1	79.9	26.7	0.0	直	未发	轻	B

注：综合评级 A—好，B—较好，C—中等，D——一般。

表 17-8-2　晚籼早熟 B 组（133111N-B）区试品种在各试点的产量、生育期及主要农艺经济性状表现

品种名称/试验点	亩产（千克）	比 CK ± %	产量位次	播种期（月/日）	齐穗期（月/日）	成熟期（月/日）	全生育期（天）	有效穗（万/亩）	株高（厘米）	穗长（厘米）	总粒数/穗	实粒数/穗	结实率（%）	千粒重（克）	杂株率（%）	倒伏性	穗颈瘟	纹枯病	综评等级
金优 957																			
安徽黄山市种子站	433.67	-2.33	11	6/15	8/26	9/26	103	15.2	113.0	24.1	142.2	112.8	79.3	27.3		直	未发	未发	C
安徽芜湖市种子站	481.67	-3.99	11	6/15	8/27	10/10	117	13.6	131.1	26.5	173.9	145.6	83.7	25.0	无	倒	未发	轻	D
湖北荆州市农业科学院	543.01	-11.22	12	6/20	9/2	10/18	120	20.0	112.3	23.5	143.4	104.1	72.6	26.3	1.7	直	未发	轻	D
湖北孝感市农业科学院	539.00	-7.78	12	6/24	9/7	10/16	113	16.2	105.1	25.7	191.1	161.1	84.3	28.2	0.0	斜	未发	轻	B
湖南省贺家山原种场	483.33	-8.23	11	6/21	8/31	10/9	110	19.0	122.6	24.4	149.9	124.0	82.7	30.1		倒	未发	中	C
湖南省水稻研究所	436.00	-13.69	12	6/23	9/3	10/7	106	18.5	104.8	25.2	141.9	108.1	76.1	27.2	0.0	直	未发	轻	D
湖南岳阳市农科所	515.83	-2.06	12	6/22	9/12	10/13	113	24.5	100.6	24.2	148.0	116.2	78.5	27.4	0.0	直	未发	无	C
江西赣州市农科所	466.67	-2.44	12	6/21	9/10	10/12	113	15.2	98.1	24.9	134.1	113.6	84.7	27.6	0.9	直	未发	轻	B
江西九江市农科所	519.67	-16.88	12	6/14	8/28	10/3	111	15.8	117.3	23.1	144.0	108.4	75.3	27.4		直	未发	未发	D
江西省邓家埠水稻原种场	528.33	-13.55	10	6/23	9/3	10/13	112	19.6	100.7	24.3	136.9	108.4	79.2	26.0	0.0	直	未发	轻	D
江西省种子管理局	515.00	-5.65	10	6/30	9/13	10/14	106	20.9	108.4	23.9	151.4	105.1	69.4	26.6	0.7	斜	未发	轻	D
江西宜春市农科所	539.67	-12.91	12	6/20	9/3	10/7	109	23.2	116.1	23.2	122.3	92.5	75.6	27.7	0.4	直	未发	轻	D
中国水稻研究所	453.87	-19.25	12	6/19	9/4	10/19	122	17.2	118.9	26.6	146.5	113.6	77.5	27.6	0.0	直	未发	轻	D

注：综合评级 A—好，B—较好，C—中等，D——般。

表 17－8－3　晚籼早熟 B 组（133111N-B）区试品种在各试点的产量、生育期及主要农艺经济性状表现

品种名称/试验点	亩产（千克）	比 CK ±%	产量位次	播种期（月/日）	齐穗期（月/日）	成熟期（月/日）	全生育期（天）	有效穗（万/亩）	株高（厘米）	穗长（厘米）	总粒数/穗	实粒数/穗	结实率（%）	千粒重（克）	杂株率（%）	倒伏性	穗颈瘟	纹枯病	综评等级
两优 3028																			
安徽黄山市种子站	469.17	5.67	2	6/15	9/4	10/5	112	16.4	105.8	22.1	165.3	121.1	73.3	24.2		直	未发	未发	A
安徽芜湖市种子站	543.33	8.30	5	6/15	9/3	10/17	124	14.4	122.7	23.9	213.4	172.3	80.7	22.3	无	直	未发	轻	C
湖北荆州市农业科学院	643.31	5.18	2	6/20	9/5	10/23	125	22.0	109.8	20.9	154.4	112.0	72.5	25.7	0.8	直	未发	轻	A
湖北孝感市农业科学院	620.00	6.07	6	6/24	9/12	10/20	117	20.6	112.7	24.6	215.1	161.7	75.2	26.5	0.0	直	未发	轻	A
湖南省贺家山原种场	571.67	8.54	2	6/21	9/11	10/17	118	20.5	109.1	21.8	131.2	114.8	87.5	24.2		直	未发	轻	A
湖南省水稻研究所	551.17	9.11	3	6/23	9/11	10/17	116	18.3	114.0	21.9	175.9	119.3	67.8	25.5	0.0	直	未发	轻	B
湖南岳阳市农科所	589.50	11.93	3	6/22	9/17	10/17	117	21.6	107.2	22.0	145.3	110.4	76.0	25.6	0.0	直	未发	无	A
江西赣州市农科所	509.17	6.45	5	6/21	9/16	10/18	119	19.6	110.2	22.3	163.0	115.2	70.7	23.7	0.9	直	未发	轻	A
江西九江市农科所	633.67	1.36	8	6/14	9/6	10/11	119	20.8	109.6	22.8	198.5	153.8	77.5	25.4		直	未发	未发	C
江西省邓家埠水稻原种场	656.67	7.44	1	6/23	9/12	10/24	123	23.4	109.6	23.1	142.5	122.6	86.0	23.7	0.0	直	未发	轻	A
江西省种子管理局	524.17	－3.97	9	6/30	9/19	10/20	112	19.7	104.7	21.3	177.1	140.0	79.1	26.0	0.4	直	未发	轻	D
江西宜春市农科所	581.67	－6.13	9	6/20	9/3	10/18	120	20.2	119.2	21.8	153.1	108.9	71.1	23.3	0.2	直	未发	轻	C
中国水稻研究所	600.51	6.83	2	6/19	9/13	10/25	128	21.1	116.6	21.8	193.4	137.4	71.1	24.4	0.0	直	未发	中	A

注：综合评级 A—好，B—较好，C—中等，D——一般。

表 17－8－4 晚籼早熟 B 组（133111N-B）区试品种在各试点的产量、生育期及主要农艺经济性状表现

品种名称/试验点	亩产（千克）	比 CK ± %	产量位次	播种期（月/日）	齐穗期（月/日）	成熟期（月/日）	全生育期（天）	有效穗（万/亩）	株高（厘米）	穗长（厘米）	总粒数/穗	实粒数/穗	结实率（%）	千粒重（克）	杂株率（%）	倒伏性	穗颈瘟	纹枯病	综评等级
两优 988																			
安徽黄山市种子站	470.33	5.93	1	6/15	8/29	9/28	105	16.1	115.4	22.1	149.7	115.2	77.0	25.8	0.6	直	未发	未发	A
安徽芜湖市种子站	543.33	8.30	3	6/15	8/26	10/10	117	13.4	128.4	22.9	198.9	169.8	85.4	24.1	无	倒	未发	轻	A
湖北荆州市农业科学院	630.68	3.12	5	6/20	9/4	10/22	124	22.5	114.9	21.8	145.2	116.8	80.5	24.9	3.6	直	未发	轻	B
湖北孝感市农业科学院	608.83	4.16	8	6/24	9/7	10/16	113	26.4	112.3	25.2	136.9	108.7	79.4	25.9	1.4	直	未发	轻	A
湖南省贺家山原种场	552.50	4.90	5	6/21	8/30	10/16	117	18.0	121.2	21.1	144.5	128.4	88.9	25.6		斜	未发	中	B
湖南省水稻研究所	534.33	5.77	6	6/23	9/5	10/9	108	16.3	112.6	23.4	175.2	138.0	78.8	26.1	2.5	直	未发	轻	B
湖南岳阳市农科所	593.83	12.75	1	6/22	9/11	10/12	112	21.7	100.2	23.0	150.0	115.0	76.7	26.5	0.0	直	未发	轻	A
江西赣州市农科所	507.17	6.03	6	6/21	9/12	10/14	115	19.8	104.8	21.7	126.4	103.6	82.0	25.6	0.8	直	未发	轻	A
江西九江市农科所	638.00	2.05	5	6/14	8/28	10/3	111	15.8	119.1	22.1	178.7	150.0	83.9	26.2	2.0	直	未发	未发	B
江西省邓家埠水稻原种场	623.17	1.96	6	6/23	9/5	10/16	115	21.0	108.8	22.6	138.2	125.0	90.4	25.1	1.0	直	未发	轻	B
江西省种子管理局	575.00	5.34	3	6/30	9/13	10/14	106	21.3	104.2	22.7	184.2	149.4	81.1	26.3	0.9	直	未发	轻	B
江西宜春市农科所	641.33	3.50	1	6/20	9/6	10/13	115	21.8	122.9	21.6	155.6	143.8	92.4	24.6	0.1	直	未发	轻	A
中国水稻研究所	561.23	-0.15	8	6/19	9/2	10/21	124	19.2	114.9	24.3	185.6	141.6	76.3	23.7	0.0	直	未发	轻	B

注：综合评级 A—好，B—较好，C—中等，D——一般。

表 17-8-5　晚籼早熟 B 组（133111N-B）区试品种在各试点的产量、生育期及主要农艺经济性状表现

品种名称/试验点	亩产（千克）	比 CK ± %	产量位次	播种期（月/日）	齐穗期（月/日）	成熟期（月/日）	全生育期（天）	有效穗（万/亩）	株高（厘米）	穗长（厘米）	总粒数/穗	实粒数/穗	结实率（%）	千粒重（克）	杂株率（%）	倒伏性	穗颈瘟	纹枯病	综评等级
五优 308（CK）																			
安徽黄山市种子站	444.00	0.00	8	6/15	8/29	9/29	106	16.4	101.8	20.1	154.6	118.4	76.6	23.3		直	未发	未发	C
安徽芜湖市种子站	501.67	0.00	7	6/15	9/1	10/15	122	14.7	119.8	22.2	203.8	167.5	82.2	20.8	无	倒	未发	轻	B
湖北荆州市农业科学院	611.63	0.00	9	6/20	9/9	10/28	130	25.5	101.0	19.7	141.0	109.5	77.7	23.2	0.8	直	未发	轻	C
湖北孝感市农业科学院	584.50	0.00	9	6/24	9/13	10/21	118	25.6	107.5	22.5	151.9	115.8	76.2	24.7	0.0	倒	未发	轻	B
湖南省贺家山原种场	526.67	0.00	9	6/21	9/5	10/16	117	20.6	106.3	18.6	121.5	101.2	83.3	23.2		倒	未发	轻	B
湖南省水稻研究所	505.17	0.00	10	6/23	9/11	10/18	117	19.9	104.6	22.6	173.1	128.3	74.1	23.8	0.1	直	未发	轻	C
湖南岳阳市农科所	526.67	0.00	10	6/22	9/12	10/14	114	23.7	98.2	22.4	153.6	116.6	75.9	25.7	1.0	直	未发	轻	B
江西赣州市农科所	478.33	0.00	10	6/21	9/15	10/18	119	24.8	94.7	20.1	123.3	91.9	74.5	23.7	0.6	直	未发	轻	A
江西九江市农科所	625.17	0.00	9	6/14	9/3	10/8	116	20.8	103.7	19.8	155.0	130.3	84.1	23.6	1.0	直	未发	未发	C
江西省邓家埠水稻原种场	611.17	0.00	7	6/23	9/10	10/20	119	26.0	92.9	18.8	117.5	104.2	88.7	23.1	0.0	直	未发	轻	C
江西省种子管理局	545.83	0.00	8	6/30	9/15	10/17	108	22.5	101.9	18.7	152.8	125.9	82.4	23.9	0.0	斜	未发	轻	C
江西宜春市农科所	619.67	0.00	4	6/20	9/6	10/16	118	21.6	110.6	21.5	134.3	115.2	85.8	22.6	0.3	直	未发	轻	
中国水稻研究所	562.10	0.00	7	6/19	9/6	10/22	125	19.9	104.2	22.1	177.9	126.8	71.3	21.7	0.0	直	未发	轻	B

注：综合评级 A—好，B—较好，C—中等，D——般。

表 17－8－6　晚籼早熟 B 组（133111N-B）区试品种在各试点的产量、生育期及主要农艺经济性状表现

品种名称/试验点	亩产（千克）	比 CK ± %	产量位次	播种期（月/日）	齐穗期（月/日）	成熟期（月/日）	全生育期（天）	有效穗（万/亩）	株高（厘米）	穗长（厘米）	总粒数/穗	实粒数/穗	结实率（%）	千粒重（克）	杂株率（%）	倒伏性	穗颈瘟	纹枯病	综评等级
吉优 353																			
安徽黄山市种子站	467.83	5.37	4	6/15	9/1	9/28	105	16.8	100.9	19.7	136.7	106.5	77.9	25.5		直	未发	未发	B
安徽芜湖市种子站	536.67	6.98	6	6/15	9/1	10/14	121	17.4	116.6	21.0	158.0	128.9	81.6	22.8	无	倒	未发	轻	A
湖北荆州市农业科学院	634.27	3.70	3	6/20	9/9	10/27	129	25.5	108.2	19.9	140.2	108.4	77.3	25.2	0.6	直	未发	轻	A
湖北孝感市农业科学院	658.00	12.57	2	6/24	9/13	10/21	118	20.6	104.5	21.2	190.6	159.3	83.6	27.8	0.0	直	未发	轻	A
湖南省贺家山原种场	558.33	6.01	3	6/21	9/5	10/15	116	22.3	106.1	18.3	125.9	101.9	80.9	24.1	2.0	直	未发	轻	B
湖南省水稻研究所	524.00	3.73	9	6/23	9/11	10/17	116	19.1	103.0	21.7	170.3	123.1	72.3	25.2	0.0	直	未发	轻	C
湖南岳阳市农科所	593.17	12.63	2	6/22	9/17	10/17	117	24.8	92.4	21.6	140.0	108.2	77.3	25.6	0.0	直	未发	无	A
江西赣州市农科所	503.33	5.23	7	6/21	9/16	10/18	119	25.6	92.5	20.2	119.2	101.6	85.2	24.9	0.8	直	未发	轻	A
江西九江市农科所	661.67	5.84	3	6/14	9/2	10/7	115	19.2	102.7	20.9	148.8	127.5	85.7	26.5	1.0	直	未发	未发	A
江西省邓家埠水稻原种场	589.67	−3.52	8	6/23	9/10	10/20	119	24.4	94.3	20.2	118.4	100.7	85.1	25.1	0.0	直	未发	轻	C
江西省种子管理局	586.67	7.48	2	6/30	9/15	10/16	107	24.3	97.2	19.4	159.0	114.2	71.8	26.1	0.2	直	未发	轻	B
江西宜春市农科所	626.00	1.02	3	6/20	9/7	10/16	118	19.6	108.2	19.3	121.4	104.9	86.4	25.6	1.3	直	未发	轻	B
中国水稻研究所	570.83	1.55	6	6/19	9/9	10/22	125	19.1	108.0	20.3	144.7	103.3	71.4	24.7	0.0	直	未发	轻	B

注：综合评级 A—好，B—较好，C—中等，D——般。

表 17－8－7　晚籼早熟 B 组（133111N-B）区试品种在各试点的产量、生育期及主要农艺经济性状表现

品种名称/试验点	亩产（千克）	比 CK ±%	产量位次	播种期（月/日）	齐穗期（月/日）	成熟期（月/日）	全生育期（天）	有效穗（万/亩）	株高（厘米）	穗长（厘米）	总粒数/穗	实粒数/穗	结实率（%）	千粒重（克）	杂株率（%）	倒伏性	穗颈瘟	纹枯病	综评等级
深优 9577																			
安徽黄山市种子站	435.33	－1.95	10	6/15	9/2	9/28	105	17.4	104.9	20.5	141.2	103.8	73.5	23.7		直	轻	未发	C
安徽芜湖市种子站	566.67	12.96	1	6/15	8/29	10/13	120	18.4	122.4	21.8	161.6	139.1	86.1	22.2	无	倒	未发	轻	A
湖北荆州市农业科学院	661.30	8.12	1	6/20	9/5	10/22	124	22.3	100.2	21.3	149.9	123.4	82.3	23.0	0.9	斜	未发	轻	A
湖北孝感市农业科学院	646.83	10.66	4	6/24	9/8	10/17	114	22.8	113.5	21.8	190.8	158.1	82.9	24.6	0.0	直	未发	轻	A
湖南省贺家山原种场	558.33	6.01	4	6/21	9/2	10/11	112	19.8	117.2	19.9	138.4	117.9	85.2	24.3		倒	未发	中	B
湖南省水稻研究所	559.67	10.79	1	6/23	9/5	10/13	112	19.5	106.0	20.7	146.1	116.5	79.7	25.1	0.3	直	未发	轻	A
湖南岳阳市农科所	589.33	11.90	4	6/22	9/17	10/17	117	23.4	98.6	21.2	142.1	108.1	76.1	25.4	0.0	直	未发	无	A
江西赣州市农科所	491.67	2.79	9	6/21	9/16	10/19	120	20.4	102.3	20.9	131.7	99.9	75.9	24.1	0.7	直	未发	轻	B
江西九江市农科所	635.67	1.68	6	6/14	8/30	10/5	113	19.8	112.5	21.2	160.5	130.9	81.6	24.4		直	未发	未发	C
江西省邓家埠水稻原种场	623.50	2.02	5	6/23	9/8	10/16	115	22.0	103.9	21.2	136.4	115.9	85.0	24.4	0.0	直	未发	轻	C
江西省种子管理局	570.00	4.43	7	6/30	9/15	10/16	107	20.8	102.8	20.0	153.5	126.1	82.1	25.1	0.7	伏	未发	轻	B
江西宜春市农科所	634.67	2.42	2	6/20	9/5	10/12	114	20.0	114.9	19.1	136.4	114.9	84.2	24.2		直	未发	轻	B
中国水稻研究所	572.58	1.86	5	6/19	9/6	10/22	125	21.6	110.1	23.2	169.3	135.3	79.9	23.8	1.3	直	未发	轻	B

注：综合评级 A—好，B—较好，C—中等，D——一般。

表 17-8-8　晚籼早熟 B 组（133111N-B）区试品种在各试点的产量、生育期及主要农艺经济性状表现

品种名称/试验点	亩产（千克）	比 CK ±%	产量位次	播种期（月/日）	齐穗期（月/日）	成熟期（月/日）	全生育期（天）	有效穗（万/亩）	株高（厘米）	穗长（厘米）	总粒数/穗	实粒数/穗	结实率（%）	千粒重（克）	杂株率（%）	倒伏性	穗颈瘟	纹枯病	综评等级
安丰优 3698																			
安徽黄山市种子站	412.33	-7.13	12	6/15	9/1	9/30	107	15.4	98.6	18.9	134.2	101.1	75.3	26.2		直	未发	未发	D
安徽芜湖市种子站	495.00	-1.33	10	6/15	8/31	10/15	122	17.1	120.7	21.0	148.3	121.7	82.1	24.4	无	倒	未发	轻	C
湖北荆州市农业科学院	611.03	-0.10	10	6/20	9/4	10/22	124	26.0	102.3	19.4	126.4	97.2	76.9	26.6	0.4	直	未发	轻	D
湖北孝感市农业科学院	647.67	10.81	3	6/24	9/11	10/19	116	24.6	106.6	22.3	151.2	127.8	84.5	27.8	0.0	直	未发	轻	A
湖南省贺家山原种场	543.33	3.16	7	6/21	9/3	10/12	113	21.0	112.3	18.7	111.9	89.4	79.9	26.9		伏	未发	中	B
湖南省水稻研究所	552.33	9.34	2	6/23	9/4	10/12	111	19.4	103.6	21.4	141.5	111.3	78.7	26.1	0.3	直	未发	轻	A
湖南岳阳市农科所	582.33	10.57	7	6/22	9/13	10/14	114	21.8	99.0	21.4	142.4	110.6	77.7	27.3	0.0	直	未发	轻	A
江西赣州市农科所	510.33	6.69	3	6/21	9/13	10/17	118	18.4	98.8	20.5	134.5	113.3	84.2	26.3	0.7	直	未发	轻	A
江西九江市农科所	649.67	3.92	4	6/14	8/31	10/6	114	21.2	110.5	20.2	138.7	121.8	87.8	25.9		直	未发	未发	B
江西省邓家埠水稻原种场	625.33	2.32	4	6/23	9/7	10/16	115	21.8	93.8	21.1	120.6	103.6	85.9	28.5	0.5	直	未发	轻	B
江西省种子管理局	572.50	4.89	6	6/30	9/17	10/18	110	21.6	100.9	18.7	132.8	120.3	90.6	26.9	0.7	直	未发	轻	B
江西宜春市农科所	615.33	-0.70	5	6/20	9/5	10/12	114	25.8	112.8	17.9	103.9	85.0	81.8	26.0	0.3	直	未发	轻	C
中国水稻研究所	604.87	7.61	1	6/19	9/6	10/21	124	23.0	108.0	20.0	132.1	108.4	82.0	26.3	0.0	直	未发	轻	A

注：综合评级 A—好，B—较好，C—中等，D——般。

表 17-8-9 晚籼早熟 B 组（133111N-B）区试品种在各试点的产量、生育期及主要农艺经济性状表现

品种名称/试验点	亩产（千克）	比 CK ± %	产量位次	播种期（月/日）	齐穗期（月/日）	成熟期（月/日）	全生育期（天）	有效穗（万/亩）	株高（厘米）	穗长（厘米）	总粒数/穗	实粒数/穗	结实率（%）	千粒重（克）	杂株率（%）	倒伏性	穗颈瘟	纹枯病	综评等级
两优 33																			
安徽黄山市种子站	438.67	-1.20	9	6/15	8/30	9/28	105	15.1	113.6	20.1	135.0	112.0	83.0	26.8		直	未发	未发	C
安徽芜湖市种子站	551.67	9.97	2	6/15	8/29	10/14	121	13.7	135.3	25.0	205.1	171.9	83.8	23.9	无	倒	未发	轻	A
湖北荆州市农业科学院	621.50	1.61	7	6/20	9/3	10/14	116	23.3	98.8	22.1	151.3	109.3	72.2	27.5	0.9	直	未发	轻	C
湖北孝感市农业科学院	630.00	7.78	5	6/24	9/7	10/16	113	17.6	120.1	22.4	205.8	189.3	92.0	27.1	0.0	直	未发	轻	A
湖南省贺家山原种场	496.67	-5.70	10	6/21	9/4	10/14	115	18.5	121.2	20.3	143.7	116.1	80.8	25.1		伏	未发	轻	C
湖南省水稻研究所	535.50	6.00	5	6/23	9/7	10/15	114	18.3	118.8	23.2	163.9	127.9	78.1	25.2	0.5	直	未发	轻	B
湖南岳阳市农科所	567.17	7.69	9	6/22	9/11	10/12	112	20.2	105.6	23.0	142.7	115.4	80.9	28.4	1.5	直	未发	轻	B
江西赣州市农科所	510.00	6.62	4	6/21	9/13	10/15	116	18.2	113.7	21.3	136.5	111.6	81.8	26.5	0.4	直	未发	轻	B
江西九江市农科所	581.50	-6.99	11	6/14	8/30	10/5	113	16.6	117.9	22.5	180.3	155.6	86.3	26.3		直	未发	未发	C
江西省邓家埠水稻原种场																			
江西省种子管理局	514.17	-5.80	11	6/30	9/16	10/17	109	20.4	112.4	20.8	149.0	119.0	79.9	28.9	0.0	伏	未发	轻	D
江西宜春市农科所	570.00	-8.02	10	6/20	9/6	10/12	114	20.8	126.9	20.8	135.8	117.1	86.2	28.4	3.0	直	未发	轻	C
中国水稻研究所	512.35	-8.85	10	6/19	9/2	10/19	122	20.2	118.1	20.7	158.5	122.7	77.4	25.6	0.0	直	未发	轻	D

注：综合评级 A—好，B—较好，C—中等，D——般。

表 17－8－10　晚籼早熟 B 组（133111N-B）区试品种在各试点的产量、生育期及主要农艺经济性状表现

品种名称/试验点	亩产（千克）	比 CK ± %	产量位次	播种期（月/日）	齐穗期（月/日）	成熟期（月/日）	全生育期（天）	有效穗（万/亩）	株高（厘米）	穗长（厘米）	总粒数/穗	实粒数/穗	结实率（%）	千粒重（克）	杂株率（%）	倒伏性	穗颈瘟	纹枯病	综评等级
安丰优 308																			
安徽黄山市种子站	468.50	5.52	3	6/15	9/1	10/2	109	16.1	98.6	20.9	151.2	116.0	76.7	24.7		直	未发	未发	B
安徽芜湖市种子站	498.33	－0.67	8	6/15	8/31	10/14	121	16.7	127.4	21.6	153.6	135.5	88.2	22.5	无	倒	未发	轻	B
湖北荆州市农业科学院	618.97	1.20	8	6/20	9/7	10/25	127	27.3	101.2	20.3	125.5	98.5	78.5	24.9	0.9	斜	未发	轻	C
湖北孝感市农业科学院	613.67	4.99	7	6/24	9/10	10/18	115	20.2	105.2	22.2	184.9	166.9	90.3	26.0	0.0	直	未发	轻	A
湖南省贺家山原种场	545.00	3.48	6	6/21	9/4	10/14	115	22.4	109.8	19.0	114.6	94.7	82.6	24.9		倒	未发	中	B
湖南省水稻研究所	525.33	3.99	8	6/23	9/7	10/15	114	22.1	104.4	22.5	152.5	112.0	73.4	25.0	0.0	直	未发	轻	B
湖南岳阳市农科所	583.33	10.76	6	6/22	9/13	10/14	114	24.4	98.8	24.0	150.6	115.6	76.8	26.4	1.0	直	未发	轻	A
江西赣州市农科所	515.00	7.67	1	6/21	9/13	10/16	117	23.6	94.6	20.1	103.1	87.4	84.8	25.6	1.0	直	未发	轻	A
江西九江市农科所	587.83	－5.97	10	6/14	8/31	10/6	114	20.2	106.2	20.8	142.5	111.2	78.0	25.8		直	未发	未发	C
江西省邓家埠水稻原种场	631.67	3.35	3	6/23	9/11	10/18	117	25.4	97.4	20.6	111.7	98.0	87.7	25.8	0.0	斜	未发	轻	B
江西省种子管理局	574.17	5.19	4	6/30	9/16	10/17	109	23.7	102.1	19.7	144.6	108.3	74.9	26.6	0.4	直	未发	轻	B
江西宜春市农科所	604.33	－2.47	6	6/20	9/6	10/15	117	24.0	110.9	19.7	116.7	100.9	86.5	25.1	0.2	直	未发	轻	C
中国水稻研究所	594.40	5.75	3	6/19	9/6	10/21	124	19.6	109.0	22.3	147.2	112.0	76.0	25.3	0.0	直	未发	轻	A

注：综合评级 A—好，B—较好，C—中等，D——般。

表 17－8－11　晚籼早熟 B 组（133111N-B）区试品种在各试点的产量、生育期及主要农艺经济性状表现

品种名称/试验点	亩产（千克）	比 CK ± %	产量位次	播种期（月/日）	齐穗期（月/日）	成熟期（月/日）	全生育期（天）	有效穗（万/亩）	株高（厘米）	穗长（厘米）	总粒数/穗	实粒数/穗	结实率（%）	千粒重（克）	杂株率（%）	倒伏性	穗颈瘟	纹枯病	综评等级
深优 9566																			
安徽黄山市种子站	466.67	5.11	5	6/15	9/2	9/29	106	16.7	96.0	20.7	136.8	112.3	82.1	26.5		直	未发	未发	B
安徽芜湖市种子站	543.33	8.30	4	6/15	9/1	10/14	121	15.3	121.5	20.5	182.5	150.4	82.4	23.6	无	倒	未发	轻	A
湖北荆州市农业科学院	625.18	2.21	6	6/20	9/9	10/28	130	25.5	100.0	20.9	126.2	98.7	78.2	27.3	0.7	直	未发	轻	B
湖北孝感市农业科学院	663.83	13.57	1	6/24	9/10	10/18	115	25.6	104.8	17.5	142.2	121.5	85.4	28.1	0.0	直	未发	轻	A
湖南省贺家山原种场	580.67	10.25	1	6/21	9/5	10/15	116	22.0	104.3	19.9	109.7	101.3	92.3	26.9		直	未发	轻	A
湖南省水稻研究所	544.67	7.82	4	6/23	9/9	10/16	115	19.6	103.4	23.5	136.0	108.8	80.0	26.8	0.0	直	未发	轻	B
湖南岳阳市农科所	588.33	11.71	5	6/22	9/17	10/16	116	22.8	96.6	22.0	145.0	110.6	76.3	27.2	0.0	直	未发	无	A
江西赣州市农科所	502.83	5.12	8	6/21	9/17	10/19	120	19.6	99.5	21.0	126.8	115.9	91.4	23.8	0.8	直	未发	轻	A
江西九江市农科所	666.50	6.61	2	6/14	9/4	10/9	117	20.2	101.9	22.0	138.2	125.6	90.9	27.4	1.0	直	未发	未发	A
江西省邓家埠水稻原种场	641.00	4.88	2	6/23	9/15	10/22	121	26.8	100.5	20.6	97.8	89.8	91.8	27.0	0.0	直	未发	轻	A
江西省种子管理局	588.33	7.79	1	6/30	9/15	10/16	107	21.0	104.7	20.9	139.5	130.3	93.4	27.6	0.2	直	未发	轻	B
江西宜春市农科所	588.33	-5.06	7	6/20	9/8	10/17	119	23.4	107.1	20.2	106.0	97.1	91.6	26.5		直	未发	轻	C
中国水稻研究所	591.78	5.28	4	6/19	9/8	10/23	126	23.5	108.4	21.9	140.8	120.0	85.2	26.8	0.0	直	未发	轻	A

注：综合评级 A—好，B—较好，C—中等，D——般。

表 17-8-12　晚籼早熟 B 组（133111N-B）区试品种在各试点的产量、生育期及主要农艺经济性状表现

品种名称/试验点	亩产（千克）	比 CK ±%	产量位次	播种期（月/日）	齐穗期（月/日）	成熟期（月/日）	全生育期（天）	有效穗（万/亩）	株高（厘米）	穗长（厘米）	总粒数/穗	实粒数/穗	结实率（%）	千粒重（克）	杂株率（%）	倒伏性	穗颈瘟	纹枯病	综评等级
旺农优 518																			
安徽黄山市种子站	458.83	3.34	6	6/15	8/29	9/28	105	15.9	109.6	20.4	147.2	114.8	78.0	26.2	1.2	直	轻	未发	B
安徽芜湖市种子站	498.33	-0.67	9	6/15	9/3	10/17	124	14.2	118.7	19.4	171.9	146.5	85.2	24.4	无	直	未发	轻	B
湖北荆州市农业科学院	633.33	3.55	4	6/20	9/9	10/28	130	25.3	106.5	19.4	126.3	97.6	77.3	27.5	1.3	直	未发	轻	B
湖北孝感市农业科学院	560.83	-4.05	11	6/24	9/12	10/20	117	16.8	110.5	19.8	211.4	159.0	75.2	27.9	0.0	直	未发	轻	A
湖南省贺家山原种场	475.00	-9.81	12	6/21	9/7	10/14	115	18.7	115.0	19.1	123.4	95.6	77.5	27.3		直	未发	轻	C
湖南省水稻研究所	528.17	4.55	7	6/23	9/11	10/17	116	19.9	110.0	20.4	170.4	137.4	80.7	26.5	0.6	直	未发	轻	B
湖南岳阳市农科所	575.00	9.18	8	6/22	9/14	10/15	115	23.4	101.8	22.4	155.7	116.7	75.0	28.7	0.0	直	未发	无	B
江西赣州市农科所	512.33	7.11	2	6/21	9/14	10/16	117	17.8	97.3	19.6	142.6	116.7	81.8	25.1	0.5	直	未发	轻	A
江西九江市农科所	634.33	1.47	7	6/14	9/4	10/9	117	18.8	107.7	21.3	175.8	152.9	87.0	26.8	0.5	直	未发	未发	B
江西省邓家埠水稻原种场	521.17	-14.73	11	6/23	9/12	10/18	117	21.2	98.2	19.5	115.1	98.8	85.8	26.3	0.0	直	未发	轻	D
江西省种子管理局	507.50	-7.02	12	6/30	9/18	10/19	111	18.4	107.8	20.3	190.5	141.9	74.5	26.6	0.0	直	未发	轻	D
江西宜春市农科所	565.67	-8.71	11	6/20	9/7	10/12	114	18.8	113.7	20.7	143.1	113.6	79.4	26.1	1.7	直	未发	轻	D
中国水稻研究所	496.64	-11.65	11	6/19	9/6	10/22	125	21.0	114.1	22.2	185.1	137.0	74.0	27.2	0.0	直	未发	轻	D

注：综合评级 A—好，B—较好，C—中等，D——般。

表 17－9　晚籼早熟 B 组生产试验（133111N-B-S）品种在各试验点的产量、生育期、主要特征、田间抗性表现

品种名称/试验点	亩产（千克）	比 CK ±%	播种期（月/日）	齐穗期（月/日）	成熟期（月/日）	全生育期(天)	耐寒性	整齐度	杂株率（%）	株型	叶色	叶姿	长势	熟期转色	倒伏性	落粒性	叶瘟	穗颈瘟	白叶枯病	纹枯病
两优 5266																				
湖南邵阳市农科所	519.30	6.03	6/23	7/14	9/1	10/10	109	强	整齐		紧束	绿	一般	繁茂	好	直	难	未发	未发	轻
湖南省贺家山原种场	538.60	6.20	6/18	7/12	9/12	10/23	127		中等		紧束	绿	挺直	中等	中	直	中	未发	未发	轻
江西奉新县种子局	551.12	5.14	6/24	7/15	9/8	10/18	116	未发	不齐	1.3	适中	浓绿	挺直	繁茂	好	直	易	未发	未发	无
江西省种子管理局	538.91	－10.86	6/30	7/22	9/19	10/19	111	强	整齐		适中	绿	挺直	繁茂	中	直	易	未发	未发	轻
江西现代种业有限公司	505.00	4.12	6/22	7/17	9/6	10/13	113	强	一般	3.0	紧凑	绿	挺拔	繁茂	好	直	中	未发	未发	轻
广两优 7203																				
湖南邵阳市农科所	515.26	5.20	6/23	7/14	9/5	10/12	111	强	一般		紧束	绿	挺直	繁茂	好	直	中	未发	未发	轻
湖南省贺家山原种场	540.60	6.59	6/18	7/12	9/8	10/20	124		中等		紧束	绿	挺直	中等	中	直	中	未发	未发	轻
江西奉新县种子局	504.76	－3.70	6/24	7/15	9/9	10/18	116	未发	整齐	1.2	松散	浓绿	挺直	一般	好	倒	易	未发	未发	无
江西省种子管理局	635.09	5.05	6/30	7/22	9/15	10/16	108	强	整齐		适中	绿	挺直	繁茂	好	斜	易	未发	未发	轻
江西现代种业有限公司	522.40	7.71	6/22	7/17	9/3	10/10	110	强	整齐	0.0	适中	绿	挺拔	繁茂	好	直	易	未发	未发	轻
五优 308（CK）																				
湖南邵阳市农科所	489.78	0.00	6/23	7/14	9/1	10/10	109	强	整齐		适中	绿	一般	繁茂	好	直	中	未发	未发	轻
湖南省贺家山原种场	507.17	0.00	6/18	7/12	9/12	10/23	127		中等		适中	浓绿	挺直	中等	中	直	中	未发	未发	轻
江西奉新县种子局	524.18	0.00	6/24	7/15	9/3	10/14	112	未发	不齐	0.9	适中	绿	一般	繁茂	中	斜	易	未发	未发	无
江西省种子管理局	604.55	0.00	6/30	7/22	9/15	10/16	108	强	整齐		适中	绿	挺直	繁茂	好	直	易	未发	未发	轻
江西现代种业有限公司	485.00	0.00	6/22	7/17	9/2	10/9	109	中	整齐	0.0	适中	绿	挺拔	繁茂	好	直	易	未发	未发	轻

第十八章　2013 年晚籼中迟熟 A 组国家水稻品种试验汇总报告

一、试验概况

（一）试验目的

鉴定评价我国南方稻区新选育和引进的水稻新品种（组合，下同）的丰产性、稳产性、适应性、抗性、米质及其他重要性状表现，为国家水稻品种审定提供科学依据。

（二）参试品种

区试品种 11 个，所有品种均为新参试品种，以天优华占（CK）为对照；本组 2013 年度无生产试验品种。品种编号、名称、类型、亲本组合、选育/供种单位见表 18－1。

（三）承试单位

区试点 17 个，生产试验点 6 个，分布在福建、广东、广西、湖南、江西和浙江 6 个省区。承试单位、试验地点、经纬度、海拔高度、试验负责人及执行人见表 18－2。

（四）试验设计、栽培管理与观察记载

各试验点均按《2013 年南方稻区国家水稻品种试验实施方案》及《农作物品种区域试验技术规范　水稻》进行试验。

区试采用完全随机区组排列，3 次重复，小区面积 0.02 亩。生产试验采用大区随机排列，不设重复，大区面积 0.5 亩。

分区试、生产试验，同组试验所有品种同期播种、移栽，施肥水平中等偏上，其他栽培管理措施与当地大田生产相同。

观察记载项目与标准按《农作物品种区域试验技术规范　水稻》以及《国家水稻品种试验观察记载项目、方法及标准》《南方稻区国家水稻品种区试及生产试验记载表》等的要求执行。

（五）特性鉴定

抗性鉴定：浙江省农业科学院植微所、湖南省农业科学院植保所、江西井冈山垦殖场、福建省上杭县茶地乡农技站、湖北省宜昌市农业科学院和安徽省农业科学院植保所负责稻瘟病抗性鉴定，鉴定采用人工接菌与病区自然诱发相结合；湖南省农业科学院水稻所负责白叶枯病抗性鉴定；中国水稻研究所稻作发展中心负责稻飞虱抗性鉴定。鉴定种子由中国水稻研究所试验点统一提供，鉴定结果由浙江省农业科学院植微所负责汇总。

米质分析：由江西省种子管理局、福建省龙岩市新罗区良种场和浙江省诸暨农作物区试站试验点分别单独种植生产提供样品，农业部稻米及制品质量监督检验测试中心负责检测分析。

参试品种的特异性及续试品种年度间的一致性鉴定：由中国水稻研究所进行 DNA 指纹鉴定。

（六）统计分析

按照《农作物品种区域试验技术规范　水稻》等有关试验质量评价标准，对各试验（鉴定）点试验（鉴定）结果的可靠性、完整性、准确性、可比性以及对照品种表现情况等进行分析评估，确保汇总质量。2013 年区试浙江省诸暨农作物区试站试验点因遭遇台风暴雨试验报废、福建莆田市荔

城区良种场试验点因对照品种产量表现异常未列入汇总，其余15个试验点试验结果正常，列入汇总。

产量联合方差分析采用混合模型，品种间产量差异多重比较采用Duncan's新复极差法；参试品种的丰产性主要以品种在区试和生产试验中相对于对照品种产量及组平均产量衡量；参试品种的适应性主要以品种在区试中比对照品种增产的试验点比例衡量；参试品种的稳产性主要以品种在年度间区试中相对于对照品种产量的差异变化程度衡量。

参试品种的生育期主要以全生育期比对照品种长短的天数衡量。

参试品种的抗性以指定的鉴定单位的鉴定结果为主要依据，对稻瘟病抗性的主要评价指标为综合指数和穗瘟损失率最高级，对其他病虫害抗性的主要评价指标为最高级。

参试品种的米质检测、评价按照国家《优质稻谷》标准，分优质1级、优质2级、优质3级，未达到优质级的品种米质均为等外级。

二、结果分析

（一）产量

天优华占（CK）产量高、居本组第2位。2013年区试品种中，依据比组平均的增减产幅度，产量较高的品种有C两优7号、里优6602和长香优华占，产量居前4位，平均亩产是538.53～554.12千克，较天优华占（CK）有不同程度的增减产；产量中等的品种有粘两优4306、耘两优447、钱优2015和炳IA/R67-35，平均亩产是516.26～533.11千克，比天优华占（CK）减产6.42%～3.37%；其他品种产量一般，平均亩产482.61～514.61千克，比天优华占（CK）减产12.52%～6.72%。品种产量、比对照及组平均增减产百分率、品种间产量差异显著性、比对照增产试验点比例等汇总结果见表18－3。

（二）生育期

2013年区试品种中，嘉浙优108熟期偏早，全生育期比天优华占（CK）短8.6天；其他品种全生育期118.1～122.5天，与天优华占（CK）相当、熟期适宜。品种全生育期及比对照长短天数见表18－3。

（三）主要农艺经济性状

品种分蘖率、有效穗数、成穗率、株高、每穗总粒数、每穗实粒数、结实率、千粒重等主要农艺经济性状汇总结果见表18－3。

（四）抗性

2013年区试品种中，耘两优447、两优825和嘉浙优108的稻瘟病综合指数超过6.5级，其他品种均小于6.5级。依据穗瘟损失率最高级，长香优华占为抗，钱优2015、炳IA/R67-35和金两优1059为中抗，其他品种为感或高感。

品种在各稻瘟病抗性鉴定点的鉴定结果见表18－4，品种稻瘟病抗性鉴定汇总结果以及白叶枯病、褐飞虱抗性鉴定结果见表18－5。

（五）米质

依据国家《优质稻谷》标准，金两优1059、里优6602、钱优2015、耘两优447、粘两优4306和长香优华占米质优，均达国标优质3级，其他品种米质中等或一般。品种糙米率、整精米率、粒长、长宽比、垩白粒率、垩白度、胶稠度、直链淀粉等米质性状表现见表18－6。

（六）品种在各试验点表现

区试品种在各试验点的产量、生育期、主要农艺经济性状、田间抗性表现等见表18－7－1至表18－7－12。

三、品种评价

1. C 两优 7 号

2013 年初试平均亩产 554.12 千克，比天优华占（CK）增产 0.44%，未达显著水平，增产点比例 60.0%。全生育期 120.6 天，比天优华占（CK）迟熟 0.2 天。主要农艺性状表现：每亩有效穗数 18.4 万穗，株高 102.2 厘米，穗长 22.4 厘米，每穗总粒数 146.7 粒，结实率 84.0%，千粒重 25.6 克。抗性：稻瘟病综合指数 5.8 级，穗瘟损失率最高级 9 级；白叶枯病 5 级；褐飞虱 9 级。米质主要指标：整精米率 57.9%，长宽比 3.2，垩白粒率 13%，垩白度 1.4%，胶稠度 66 毫米，直链淀粉含量 14.6%。

2013 年国家水稻品种试验年会审议意见：终止试验。

2. 里优 6602

2013 年初试平均亩产 546.71 千克，比天优华占（CK）减产 0.90%，未达显著水平，增产点比例 46.7%。全生育期 119.3 天，比天优华占（CK）早熟 1.1 天。主要农艺性状表现：每亩有效穗数 21.6 万穗，株高 105.5 厘米，穗长 22.4 厘米，每穗总粒数 153.7 粒，结实率 87.6%，千粒重 20.8 克。抗性：稻瘟病综合指数 4.7 级，穗瘟损失率最高级 7 级；白叶枯病 5 级；褐飞虱 9 级。米质主要指标：整精米率 56.2%，长宽比 3.1，垩白粒率 18%，垩白度 3.1%，胶稠度 70 毫米，直链淀粉含量 21.0%，达国标优质 3 级。

2013 年国家水稻品种试验年会审议意见：终止试验。

3. 长香优华占

2013 年初试平均亩产 538.53 千克，比天优华占（CK）减产 2.39%，达极显著水平，增产点比例 40.0%。全生育期 122.5 天，比天优华占（CK）迟熟 2.1 天。主要农艺性状表现：每亩有效穗数 19.8 万穗，株高 102.7 厘米，穗长 21.2 厘米，每穗总粒数 163.2 粒，结实率 74.0%，千粒重 24.2 克。抗性：稻瘟病综合指数 2.2 级，穗瘟损失率最高级 1 级；白叶枯病 7 级；褐飞虱 9 级。米质主要指标：整精米率 58.1%，长宽比 3.2，垩白粒率 6%，垩白度 1.0%，胶稠度 70 毫米，直链淀粉含量 15.3%，达国标优质 3 级。

2013 年国家水稻品种试验年会审议意见：终止试验。

4. 粘两优 4306

2013 年初试平均亩产 533.11 千克，比天优华占（CK）减产 3.37%，达极显著水平，增产点比例 20.0%。全生育期 120.8 天，比天优华占（CK）迟熟 0.4 天。主要农艺性状表现：每亩有效穗数 17.9 万穗，株高 110.8 厘米，穗长 23.2 厘米，每穗总粒数 147.9 粒，结实率 85.0%，千粒重 27.0 克。抗性：稻瘟病综合指数 5.6 级，穗瘟损失率最高级 7 级；白叶枯病 7 级；褐飞虱 7 级。米质主要指标：整精米率 55.9%，长宽比 3.1，垩白粒率 22%，垩白度 2.9%，胶稠度 68 毫米，直链淀粉含量 15.8%，达国标优质 3 级。

2013 年国家水稻品种试验年会审议意见：终止试验。

5. 耘两优 447

2013 年初试平均亩产 532.12 千克，比天优华占（CK）减产 3.55%，达极显著水平，增产点比例 26.7%。全生育期 120.4 天，与对照相同。主要农艺性状表现：每亩有效穗数 19.5 万穗，株高 108.2 厘米，穗长 23.0 厘米，每穗总粒数 161.1 粒，结实率 73.2%，千粒重 25.3 克。抗性：稻瘟病综合指数 6.9 级，穗瘟损失率最高级 9 级；白叶枯病 7 级；褐飞虱 9 级。米质主要指标：整精米率 53.0%，长宽比 3.3，垩白粒率 28%，垩白度 4.6%，胶稠度 78 毫米，直链淀粉含量 16.5%，达国标优质 3 级。

2013 年国家水稻品种试验年会审议意见：终止试验。

6. 钱优 2015

2013 年初试平均亩产 523.38 千克，比天优华占（CK）减产 5.13%，达极显著水平，增产点比例 26.7%。全生育期 118.1 天，比天优华占（CK）早熟 2.3 天。主要农艺性状表现：每亩有效穗数 21.4 万穗，株高 106.1 厘米，穗长 21.2 厘米，每穗总粒数 142.2 粒，结实率 78.6%，千粒重 25.3

克。抗性：稻瘟病综合指数3.4级，穗瘟损失率最高级3级；白叶枯病9级；褐飞虱9级。米质主要指标：整精米率55.8%，长宽比3.2，垩白粒率21%，垩白度3.7%，胶稠度69毫米，直链淀粉含量16.2%，达国标优质3级。

2013年国家水稻品种试验年会审议意见：终止试验。

7. 炳Ⅰ A/R67-35

2013年初试平均亩产516.26千克，比天优华占（CK）减产6.42%，达极显著水平，增产点比例26.7%。全生育期118.2天，比天优华占（CK）早熟2.2天。主要农艺性状表现：每亩有效穗数19.0万穗，株高101.4厘米，穗长21.0厘米，每穗总粒数144.9粒，结实率83.3%，千粒重24.6克。抗性：稻瘟病综合指数2.4级，穗瘟损失率最高级3级；白叶枯病9级；褐飞虱9级。米质主要指标：整精米率54.9%，长宽比2.7，垩白粒率39%，垩白度5.9%，胶稠度75毫米，直链淀粉含量14.1%。

2013年国家水稻品种试验年会审议意见：终止试验。

8. 两优825

2013年初试平均亩产514.61千克，比天优华占（CK）减产6.72%，达极显著水平，增产点比例13.3%。全生育期121.9天，比天优华占（CK）迟熟1.5天。主要农艺性状表现：每亩有效穗数20.5万穗，株高105.2厘米，穗长21.7厘米，每穗总粒数147.4粒，结实率79.0%，千粒重24.3克。抗性：稻瘟病综合指数6.9级，穗瘟损失率最高级9级；白叶枯病7级；褐飞虱9级。米质主要指标：整精米率61.1%，长宽比2.6，垩白粒率64%，垩白度9.8%，胶稠度78毫米，直链淀粉含量23.4%。

2013年国家水稻品种试验年会审议意见：终止试验。

9. 金两优1059

2013年初试平均亩产509.76千克，比天优华占（CK）减产7.60%，达极显著水平，增产点比例6.7%。全生育期119.6天，比天优华占（CK）早熟0.8天。主要农艺性状表现：每亩有效穗数18.5万穗，株高111.6厘米，穗长23.1厘米，每穗总粒数155.9粒，结实率77.4%，千粒重25.0克。抗性：稻瘟病综合指数2.9级，穗瘟损失率最高级3级；白叶枯病7级；褐飞虱9级。米质主要指标：整精米率58.3%，长宽比3.0，垩白粒率22%，垩白度3.6%，胶稠度82毫米，直链淀粉含量21.8%，达国标优质3级。

2013年国家水稻品种试验年会审议意见：终止试验。

10. 益丰优891

2013年初试平均亩产505.32千克，比天优华占（CK）减产8.41%，达极显著水平，增产点比例13.3%。全生育期120.9天，比天优华占（CK）迟熟0.5天。主要农艺性状表现：每亩有效穗数18.7万穗，株高98.6厘米，穗长20.9厘米，每穗总粒数147.3粒，结实率81.7%，千粒重25.8克。抗性：稻瘟病综合指数4.9级，穗瘟损失率最高级7级；白叶枯病7级；褐飞虱7级。米质主要指标：整精米率60.0%，长宽比2.7，垩白粒率24%，垩白度4.8%，胶稠度59毫米，直链淀粉含量19.7%。

2013年国家水稻品种试验年会审议意见：终止试验。

11. 嘉浙优108

2013年初试平均亩产482.61千克，比天优华占（CK）减产12.52%，达极显著水平，增产点比例7.1%。全生育期111.8天，比天优华占（CK）早熟8.6天。主要农艺性状表现：每亩有效穗数17.7万穗，株高102.9厘米，穗长23.6厘米，每穗总粒数163.2粒，结实率80.7%，千粒重25.7克。抗性：稻瘟病综合指数7.1级，穗瘟损失率最高级9级；白叶枯病7级；褐飞虱9级。米质主要指标：整精米率58.9%，长宽比3.5，垩白粒率12%，垩白度1.6%，胶稠度62毫米，直链淀粉含量14.0%。

2013年国家水稻品种试验年会审议意见：终止试验。

表 18－1　晚籼中迟熟 A 组（133011N-A）区试参试品种基本情况

编号	品种名称	品种类型	亲本组合	选育/供种单位
1	*粘两优 4306	杂交稻	粘 S×R4306	江西兴安种业有限公司
2	*里优 6602	杂交稻	里 A×R6602	湖南秀华农业科技有限公司/广西桂穗种业有限公司
3	*钱优 2015	杂交稻	钱江 1 号 A×（中组 14/R527）	金华市农业科学院
4CK	天优华占（CK）	杂交稻	天丰 A×华占	中国水稻研究所
5	*炳Ⅰ A/R67-35	杂交稻	炳Ⅰ A×R67-35	江西大众种业有限公司
6	*耘两优 447	杂交稻	耘 9S×R447	武汉武大天源生物科技股份有限公司
7	*两优 825	杂交稻	培矮 64S×嘉恢 825	四川省嘉陵农作物品种研究中心
8	*嘉浙优 108	杂交稻	嘉浙 173A×嘉恢 108	福建金山都发展有限公司
9	*益丰优 891	杂交稻	益丰 A×昌恢 891	江西农业大学
10	*C 两优 7 号	杂交稻	C815S×777	湖南农业大学/湖南希望种业科技有限公司
11	*长香优华占	杂交稻	长香 A×华占	北京金色农华种业科技有限公司
12	*金两优 1059	杂交稻	金山 s-2×金恢 1059	福建闽丰科技种业有限责任公司/福建农林大学作物学院

*为 2013 年新参试品种。

表 18－2　晚籼中迟熟 A 组（133011N-A）区试点基本情况

承试单位	试验地点	经度	纬度	海拔高度（米）	试验负责人及执行人
福建龙岩市新罗区良种场	龙岩市新罗区白沙镇南卓村	117°13′	25°23′	247	袁岚
福建莆田市荔城区良种场	莆田市荔城区黄石镇沙坂	119°00′	25°26′	10	陈志森、郭忠庆
福建沙县良种场	沙县富口镇延溪	117°40′	26°06′	150	罗木旺、黄秀泉、吴光煋
广东韶关市农科所	韶关市西河六公里	113°36′	24°41′	69	龚衍兰、童小荣、温健威
广西桂林市农科所	桂林市雁山镇	110°12′	25°42′	170	莫千持、王鹏、范大泳
广西柳州市农科所	柳州市沙塘镇	109°22′	24°28′	99	黄斌、韦荣维、韦超怀
湖南郴州市农科所	郴州市苏仙区桥口镇	113°11′	25°26′	128	简路军、廖茂文、欧丽义
湖南省贺家山原种场	常德市贺家山	111°54′	29°01′	28	曾跃华
湖南省水稻研究所	长沙市东郊马坡岭	113°05′	28°12′	45	傅黎明、周昆、凌伟其
江西赣州市农科所	赣州市	114°57′	25°51′	124	李云
江西吉安市农科所	吉安县凤凰镇	114°51′	26°56′	58	罗来保、陈茶光、周小玲
浙江省诸暨农作物区试站	诸暨市十里牌	120°16′	29°42′	11	葛金水
中国水稻研究所	浙江省富阳市	120°19′	30°12′	7	杨仕华、夏俊辉、施彩娟、韩新华
江西省种子管理局	南昌市莲塘	115°58′	28°41′	30	付高平、祝鱼水、彭从胜
江西宜春市农科所	宜春市	114°23′	27°48′	129	谭桂英、胡远琼
浙江温州市农业科学院	温州市藤桥镇枫林岙村	120°40′	28°01′	6	王成豹
浙江金华市农业科学院	金华市石门农场	119°42′	29°06′	62	蒋梅巧、朱浩

表 18-3　晚籼中迟熟 A 组（133011N-A）区试品种产量、生育期及主要农艺经济性状汇总分析结果

品种名称	区试年份	亩产（千克）	比 CK ±%	比组平均 ±%	产量差异显著性 5%	产量差异显著性 1%	回归系数	比 CK 增产点(%)	全生育期（天）	比 CK ±天	分蘖率(%)	有效穗（万/亩）	成穗率（%）	株高（厘米）	穗长（厘米）	每穗总粒数	每穗实粒数	结实率(%)	千粒重(克)
C 两优 7 号	2013	554.12	0.44	5.4	a	A	0.98	60.0	120.6	0.2	570.5	18.4	51.7	102.2	22.4	146.7	123.3	84.0	25.6
天优华占（CK）	2013	551.70	0.00	4.9	ab	AB	1.02	0.0	120.4	0.0	497.1	19.3	59.5	103.2	20.9	159.9	128.6	80.4	24.7
里优 6602	2013	546.71	-0.90	4.0	b	B	1.08	46.7	119.3	-1.1	603.1	21.6	53.6	105.5	22.4	153.7	134.7	87.6	20.8
长香优华占	2013	538.53	-2.39	2.4	c	C	0.98	40.0	122.5	2.1	542.0	19.8	57.7	102.7	21.2	163.2	120.8	74.0	24.2
粘两优 4306	2013	533.11	-3.37	1.4	d	C	0.98	20.0	120.8	0.4	528.5	17.9	56.8	110.8	23.2	147.9	125.7	85.0	27.0
耘两优 447	2013	532.12	-3.55	1.2	d	C	1.13	26.7	120.4	0.0	569.9	19.5	54.3	108.2	23.0	161.1	118.0	73.2	25.3
钱优 2015	2013	523.38	-5.13	-0.4	e	D	1.03	26.7	118.1	-2.3	540.1	21.4	58.3	106.1	21.2	142.2	111.8	78.6	25.3
炳Ⅰ A/R67-35	2013	516.26	-6.42	-1.8	f	E	0.85	26.7	118.2	-2.2	579.1	19.0	52.2	101.4	21.0	144.9	120.6	83.3	24.6
两优 825	2013	514.61	-6.72	-2.1	fg	E	1.02	13.3	121.9	1.5	607.0	20.5	53.1	105.2	21.7	147.4	116.5	79.0	24.3
金两优 1059	2013	509.76	-7.60	-3.0	gh	EF	0.74	6.7	119.6	-0.8	481.8	18.5	61.2	111.6	23.1	155.9	120.6	77.4	25.0
益丰优 891	2013	505.32	-8.41	-3.9	h	F	0.81	13.3	120.9	0.5	567.9	18.7	55.0	98.6	20.9	147.3	120.4	81.7	25.8
嘉浙优 108	2013	482.61	-12.52	-8.2	i	G	1.40	7.1	111.8	-8.6	426.1	17.7	66.8	102.9	23.6	163.2	131.7	80.7	25.7

表 18－4　晚籼中迟熟 A 组（133011N-A）品种稻瘟病抗性各地鉴定结果（2013 年）

品种名称	浙江					安徽					湖北					江西					福建				
	叶瘟（级）	穗瘟发病率		穗瘟损失率		叶瘟（级）	穗瘟发病率		穗瘟损失率		叶瘟（级）	穗瘟发病率		穗瘟损失率		叶瘟（级）	穗瘟发病率		穗瘟损失率		叶瘟（级）	穗瘟发病率		穗瘟损失率	
		%	级	%	级		%	级	%	级		%	级	%	级		%	级	%	级		%	级	%	级
粘两优 4306	5	15	5	3	1	3	21	5	13	3	5	26	7	10	3	3	100	9	46	7	8	67	9	45	7
里优 6602	5	21	5	7	3	3	35	7	28	5	2	11	5	2	1	5	82	9	35	7	4	23	5	13	3
钱优 2015	0	18	5	4	1	1	9	3	5	3	4	27	7	7	3	3	27	7	5	3	4	7	3	2	1
天优华占（CK）	0	0	0	0	0	3	7	3	4	1	3	27	7	4	1	2	11	5	2	1	0	12	5	5	3
炳 I A/R67-35	0	8	3	1	1	1	10	3	6	3	3	23	5	7	3	2	9	3	2	1	3	3	1	0	1
耘两优 447	5	22	5	4	1	5	81	9	65	9	5	41	7	11	3	5	100	9	75	9	7	50	7	24	5
两优 825	0	4	1	1	1	5	76	9	61	9	4	31	7	10	3	3	100	9	30	7	8	61	9	39	7
嘉浙优 108	5	10	3	2	1	3	69	9	55	9	6	29	7	14	3	3	68	9	28	5	9	100	9	100	9
益丰优 891	6	42	7	14	3	3	52	9	31	7	3	12	5	3	1	4	77	9	19	5	3	18	5	8	3
C 两优 7 号	5	8	3	2	1	3	43	7	26	5	4	31	7	5	3	9	100	9	100	9	6	23	5	13	3
长香优华占	3	12	5	2	1	1	8	3	3	1	4	24	5	4	1	3	13	5	3	1	2	6	3	2	1
金两优 1059	0	0	0	0	0	0	3	1	1	1	4	27	7	8	3	3	64	9	13	3	3	7	3	2	1
感病对照	8	100	9	100	9	5	46	7	37	7	8	100	9	96	9	4	100	9	86	9	9	100	9	91	9

注：1. 鉴定单位分别为浙江省农业科学院植保所、安徽省农业科学院植保所、湖北宜昌市农科所、江西井冈山垦殖场、福建上杭县茶地乡农技站，湖南省农业科学院植保所鉴定误差大结果未采用；

2. 浙江、安徽、湖北、江西、福建感病对照分别为 wh26、汕优 63、丰两优香 1 号、湘晚籼 11、汕优 63＋广西矮 4 号＋明恢 86。

表 18-5 晚籼中迟熟 A 组（133011N-A）品种对主要病虫抗性综合评价结果（2012~2013 年）及耐冷性（2013 年）

品种名称	区试年份	稻瘟病（级）									白叶枯病（级）			褐飞虱（级）			抽穗期耐冷性（级）
		2013 年各地综合指数（级）						2013 年	1~2 年综合评价		2013 年	1~2 年综合评价		2013 年	1~2 年综合评价		
		浙江	安徽	湖北	江西	福建	平均	穗瘟损失率最高级	平均综合指数（级）	穗瘟损失率最高级		平均级	最高级		平均级	最高级	
粘两优 4306	2013	3.0	3.7	4.5	6.5	7.8	5.6	7	5.6	7	7	7	7	7	7	7	
里优 6602	2013	4.0	5.7	2.3	7.0	3.8	4.7	7	4.7	7	5	5	5	9	9	9	
钱优 2015	2013	1.8	3.0	4.3	4.0	2.3	3.4	3	3.4	3	9	9	9	9	9	9	
天优华占（CK）	2013	0.0	1.7	3.0	2.3	2.8	2.4	3	2.4	3	7	7	7	9	9	9	
炳Ⅰ A/R67-35	2013	1.3	3.0	3.5	1.8	1.5	2.4	3	2.4	3	9	9	9	9	9	9	
耘两优 447	2013	3.0	9.0	4.5	8.0	6.0	6.9	9	6.9	9	7	7	7	9	9	9	
两优 825	2013	0.8	9.0	4.3	6.5	7.8	6.9	9	6.9	9	7	7	7	9	9	9	
嘉浙优 108	2013	2.5	9.0	4.8	5.5	9.0	7.1	9	7.1	9	7	7	7	9	9	9	
益丰优 891	2013	4.8	7.7	2.5	5.8	3.5	4.9	7	4.9	7	7	7	7	7	7	7	
C 两优 7 号	2013	2.5	5.7	4.3	9.0	4.3	5.8	9	5.8	9	5	5	5	9	9	9	
长香优华占	2013	2.5	1.7	2.8	2.5	1.8	2.2	1	2.2	1	7	7	7	9	9	9	
金两优 1059	2013	0.0	1.0	4.3	4.5	2.0	2.9	3	2.9	3	7	7	7	9	9	9	
感病虫对照	2013	8.8	7.0	8.8	7.8	9.0	8.1	9	8.1	9	9	9	9	9	9	9	

注：1. 稻瘟病综合指数（级）=叶瘟（级）×25%+穗瘟发病率（级）×25%+穗瘟损失率（级）×50%（安徽稻瘟病感病对照叶瘟发病未达 7 级以上，叶瘟结果不采用。品种综合指数（级）=穗瘟发病率（级）×35%+穗瘟损失率（级）×65%）；

2. 白叶枯病、褐飞虱、耐冷性分别为湖南省农业科学院水稻所、中国水稻研究所、湖南省贺家山原种场种科所鉴定结果。

表 18－6　晚籼中迟熟 A 组（133011N-A）米质检测分析结果

品种名称	年份	糙米率(%)	精米率(%)	整精米率(%)	粒长(毫米)	长宽比	垩白粒率(%)	垩白度(%)	透明度(级)	碱消值(级)	胶稠度(毫米)	直链淀粉(%)	部标*(等级)	国标**(等级)
C 两优 7 号	2013	82.4	73.4	57.9	6.8	3.2	13	1.4	2	5.2	66	14.6	优 3	等外
炳 I A/R67-35	2013	82.3	73.4	54.9	6.1	2.7	39	5.9	2	3.5	75	14.1	等外	等外
嘉浙优 108	2013	82.3	73.5	58.9	6.9	3.5	12	1.6	2	6.9	62	14.0	优 2	等外
金两优 1059	2013	82.7	73.9	58.3	6.7	3.0	22	3.6	2	5.8	82	21.8	优 3	优 3
里优 6602	2013	82.3	73.9	56.2	6.3	3.1	18	3.1	2	5.7	70	21.0	优 3	优 3
两优 825	2013	82.6	74.5	61.1	6.0	2.6	64	9.8	2	6.9	78	23.4	等外	等外
钱优 2015	2013	81.9	73.1	55.8	6.8	3.2	21	3.7	2	4.0	69	16.2	等外	优 3
益丰优 891	2013	82.2	74.2	60.0	6.2	2.7	24	4.8	2	5.3	59	19.7	优 3	等外
耘两优 447	2013	83.1	74.1	53.0	7.0	3.3	28	4.6	2	4.0	78	16.5	等外	优 3
粘两优 4306	2013	82.2	73.5	55.9	6.9	3.1	22	2.9	2	6.5	68	15.8	优 2	优 3
长香优华占	2013	82.0	73.0	58.1	6.8	3.2	6	1.0	1	3.7	70	15.3	等外	优 3
天优华占（CK）	2013	82.2	73.4	57.1	6.8	3.2	11	1.7	2	5.7	74	20.1	优 3	优 2

注：1. 样品生产提供单位：江西省种子站（2012～2013 年），福建省龙岩市新罗区良种场（2012～2013 年）；

2. 检测分析单位：农业部稻米及制品质量监督检验测试中心。

表 18－7－1　晚籼中迟熟 A 组（133011N-A）区试品种在各试点的产量、生育期及主要农艺经济性状表现

品种名称/试验点	亩产（千克）	比 CK ±%	产量位次	播种期（月/日）	齐穗期（月/日）	成熟期（月/日）	全生育期（天）	有效穗（万/亩）	株高（厘米）	穗长（厘米）	总粒数/穗	实粒数/穗	结实率（%）	千粒重（克）	杂株率（%）	倒伏性	穗颈瘟	白叶枯病	纹枯病	综合评级
粘两优 4306																				
福建龙岩市新罗区良种场	571.83	13.23	1	6/24	9/17	10/31	129	18.2	119.1	21.1	137.5	119.5	86.9	27.6	0.0	直	未发	未发	轻	A
福建沙县良种场	548.17	-4.61	7	6/23	9/11	10/18	117	19.3	117.6	24.2	144.1	116.3	80.7	26.9	1.4	直	轻	未发	轻	C
广东韶关市农科所	502.33	-4.07	4	7/2	9/21	10/29	119	16.3	97.5	24.3	157.0	138.0	87.9	26.9	0.0	直	未发	未发	轻	A
广西桂林市农科所	467.00	-4.43	6	7/6	9/26	10/31	117	14.6	97.4	23.2	146.5	117.0	79.9	26.8	0.2	直	轻	未发	轻	C
广西柳州市农科所	466.00	-2.98	9	7/10	9/22	10/25	107	13.0	113.1	25.7	208.7	166.9	80.0	28.0	0.0	直	未发	未发	轻	C
湖南郴州市农科所	543.00	-5.73	7	6/21	9/11	10/20	121	18.7	110.0	22.7	136.2	105.9	77.8	27.9		直	轻	未发	无	C
湖南省贺家山原种场	578.00	-4.99	8	6/18	9/5	10/17	121	18.9	117.4	22.4	136.8	124.0	90.6	26.5		直	未发	未发	轻	B
湖南省水稻研究所	482.50	-6.70	7	6/18	9/5	10/12	116	20.9	121.2	23.9	142.6	120.1	84.2	26.0	0.0	直	未发	未发	轻	C
江西赣州市农科所	473.33	-6.73	9	6/21	9/18	10/21	122	20.8	102.0	21.9	107.5	90.9	84.6	26.3	0.9	直	未发	未发	轻	B
江西吉安市农科所	489.67	-7.96	11	6/22	9/18	10/22	122	18.8	102.1	23.6	134.4	110.0	81.8	25.7	0.0	直	未发	未发	轻	C
江西省种子管理局	553.33	-7.13	8	6/23	9/18	10/19	118	17.2	104.7	23.0	166.0	130.3	78.5	28.1	0.4	直	未发	未发	轻	D
江西宜春市农科所	596.67	-8.02	7	6/15	9/7	10/12	119	19.8	112.6	22.6	132.1	123.9	93.8	26.6	0.2	直	未发	未发	轻	C
浙江金华市农业科学院	534.83	2.82	3	6/15	9/11	10/19	126	14.6	116.3	24.5	162.4	140.3	86.4	27.1	0.0	直	无	无	轻	A
浙江温州市农业科学院	563.33	-7.27	9	6/30	9/22	11/5	128	17.4	112.0	21.6	153.4	139.6	91.0	28.2	0.0	直	无	无	无	C
中国水稻研究所	626.69	6.21	1	6/19	9/12	10/27	130	20.0	119.0	22.7	153.6	143.1	93.1	26.8	0.0	直	未发	未发	轻	A

注：综合评级 A—好，B—较好，C—中等，D——般。

表 18－7－2　晚籼中迟熟 A 组（133011N-A）区试品种在各试点的产量、生育期及主要农艺经济性状表现

品种名称/试验点	亩产（千克）	比 CK ±%	产量位次	播种期（月/日）	齐穗期（月/日）	成熟期（月/日）	全生育期（天）	有效穗（万/亩）	株高（厘米）	穗长（厘米）	总粒数/穗	实粒数/穗	结实率（%）	千粒重（克）	杂株率（%）	倒伏性	穗颈瘟	白叶枯病	纹枯病	综合评级
里优 6602																				
福建龙岩市新罗区良种场	538.33	6.60	4	6/24	9/15	10/27	125	17.3	105.4	22.2	178.0	165.2	92.8	20.8	0.0	直	未发	未发	轻	A
福建沙县良种场	603.17	4.96	1	6/23	9/10	10/15	114	21.9	115.2	24.1	187.8	151.6	80.7	20.4	0.5	直	无	未发	轻	A
广东韶关市农科所	477.67	－8.78	8	7/2	9/21	10/29	119	19.2	92.7	22.3	154.8	143.3	92.6	21.2	0.0	直	未发	未发	轻	A
广西桂林市农科所	455.67	－6.75	9	7/6	9/22	10/24	110	17.1	89.9	20.4	138.9	126.6	91.1	21.6	0.2	直	无	未发	轻	B
广西柳州市农科所	490.67	2.15	2	7/10	9/19	10/25	107	19.1	106.5	23.2	186.5	147.0	78.8	20.5	0.0	直	未发	未发	轻	A
湖南郴州市农科所	558.50	－3.04	3	6/21	9/14	9/19	120	20.8	101.3	22.8	144.5	133.6	92.5	20.3	0.9	直	无	未发	无	A
湖南省贺家山原种场	594.00	－2.36	6	6/18	9/5	10/19	123	19.3	118.2	23.2	162.9	145.6	89.4	21.0	1.2	斜	未发	未发	中	B
湖南省水稻研究所	498.33	－3.64	6	6/18	9/6	10/14	118	24.9	112.6	22.9	148.3	116.7	78.7	19.9	0.0	直	未发	未发	轻	C
江西赣州市农科所	521.67	2.79	2	6/21	9/17	10/18	119	24.2	103.2	21.1	120.3	108.2	89.9	20.3	0.7	直	未发	未发	轻	A
江西吉安市农科所	536.83	0.91	2	6/22	9/17	10/20	120	24.0	100.6	21.4	138.5	108.3	78.2	20.2	0.0	直	未发	未发	轻	B
江西省种子管理局	563.33	－5.45	5	6/23	9/15	10/16	115	25.6	97.9	21.8	148.3	131.7	88.8	21.1	1.1	直	未发	未发	轻	D
江西宜春市农科所	643.67	－0.77	3	6/15	9/8	10/16	123	23.6	107.8	21.7	121.8	113.0	92.8	23.6		直	未发	未发	轻	B
浙江金华市农业科学院	532.33	2.34	4	6/15	9/5	10/17	124	18.7	109.9	23.7	174.0	149.6	86.0	20.0	0.0	直	无	无	轻	A
浙江温州市农业科学院	589.50	－2.96	4	6/30	9/17	10/31	123	23.8	107.5	21.3	126.6	120.6	95.3	21.5	0.0	直	无	无	无	B
中国水稻研究所	597.02	1.18	5	6/19	9/12	10/26	129	24.5	113.5	24.4	173.7	159.1	91.6	19.9	0.0	直	未发	未发	轻	B

注：综合评级 A—好，B—较好，C—中等，D——般。

表 18-7-3 晚籼中迟熟 A 组（133011N-A）区试品种在各试点的产量、生育期及主要农艺经济性状表现

品种名称/试验点	亩产（千克）	比 CK ±%	产量位次	播种期（月/日）	齐穗期（月/日）	成熟期（月/日）	全生育期（天）	有效穗（万/亩）	株高（厘米）	穗长（厘米）	总粒数/穗	实粒数/穗	结实率（%）	千粒重（克）	杂株率（%）	倒伏性	穗颈瘟	白叶枯病	纹枯病	综合评级
钱优 2015																				
福建龙岩市新罗区良种场	520.00	2.97	7	6/24	9/14	10/29	127	19.3	103.0	21.4	172.2	117.2	68.1	25.8	0.0	直	未发	未发	轻	B
福建沙县良种场	530.50	-7.69	10	6/23	9/8	10/14	113	20.0	109.6	21.5	149.8	113.0	75.4	25.7	1.2	伏	无	未发	轻	C
广东韶关市农科所	487.50	-6.91	5	7/2	9/18	10/23	113	22.8	91.1	21.5	136.3	119.3	87.5	26.2	0.0	直	未发	未发	轻	A
广西桂林市农科所	472.00	-3.41	5	7/6	9/21	10/22	108	18.4	94.3	18.1	106.5	96.0	90.1	25.7	0.0	直	无	未发	轻	B
广西柳州市农科所	468.67	-2.43	7	7/10	9/19	10/26	108	17.7	110.0	22.6	174.0	128.2	73.7	26.1	0.0	直	未发	未发	轻	B
湖南郴州市农科所	547.67	-4.92	6	6/21	9/8	10/18	119	24.3	103.0	22.2	128.5	100.9	78.5	25.6	2.3	直	无	未发	轻	C
湖南省贺家山原种场	472.00	-22.41	12	6/18	9/4	10/16	120	20.9	121.6	21.5	156.5	122.4	78.2	23.9		伏	未发	未发	中	C
湖南省水稻研究所	436.87	-15.53	12	6/18	9/3	10/8	112	22.8	113.8	22.5	152.1	104.8	68.9	24.4	0.0	直	未发	未发	轻	D
江西赣州市农科所	422.83	-16.68	12	6/21	9/15	10/18	119	23.2	100.5	19.9	97.2	76.3	78.5	24.3	0.6	直	未发	未发	轻	B
江西吉安市农科所	547.17	2.85	1	6/22	9/15	10/20	120	20.4	103.5	21.6	140.9	105.4	74.8	25.3	0.0	直	未发	未发	轻	A
江西省种子管理局	560.83	-5.87	7	6/23	9/16	10/17	116	25.7	104.6	20.4	125.9	94.4	75.0	25.7	0.2	直	未发	未发	轻	D
江西宜春市农科所	614.00	-5.34	5	6/15	9/2	10/12	119	21.6	114.9	20.1	124.5	105.9	85.1	25.9	0.2	直	未发	未发	轻	C
浙江金华市农业科学院	545.50	4.87	1	6/15	9/5	10/17	124	18.4	107.8	21.2	154.3	125.8	81.5	24.7	0.0	直	无	无	轻	A
浙江温州市农业科学院	605.50	-0.33	3	6/30	9/16	10/31	123	22.1	105.8	21.1	138.5	130.5	94.2	25.3	0.0	斜	无	无	轻	A
中国水稻研究所	619.71	5.03	3	6/19	9/13	10/27	130	23.3	108.1	22.7	175.5	136.8	78.0	24.4	1.0	倒	未发	未发	轻	A

注：综合评级 A—好，B—较好，C—中等，D——般。

表 18－7－4 晚籼中迟熟 A 组（133011N-A）区试品种在各试点的产量、生育期及主要农艺经济性状表现

品种名称/试验点	亩产（千克）	比 CK ±%	产量位次	播种期（月/日）	齐穗期（月/日）	成熟期（月/日）	全生育期（天）	有效穗（万/亩）	株高（厘米）	穗长（厘米）	总粒数/穗	实粒数/穗	结实率（%）	千粒重（克）	杂株率（%）	倒伏性	穗颈瘟	白叶枯病	纹枯病	综合评级
天优华占（CK）																				
福建龙岩市新罗区良种场	505.00	0.00	8	6/24	9/15	10/27	127	17.2	100.2	20.7	166.5	130.1	78.1	25.2	0.1	直	未发	未发	轻	B
福建沙县良种场	574.67	0.00	5	6/23	9/10	10/15	114	19.3	109.5	21.6	155.1	131.7	84.9	26.0	0.9	直	无	未发	轻	B
广东韶关市农科所	523.67	0.00	1	7/2	9/23	10/30	120	18.6	93.6	22.3	170.7	126.0	73.8	24.2	0.0	直	未发	未发	轻	A
广西桂林市农科所	488.67	0.00	4	7/6	9/23	10/25	111	18.6	86.4	18.9	120.3	104.6	86.9	24.8	0.2	直	无	未发	轻	A
广西柳州市农科所	480.33	0.00	5	7/10	9/20	10/25	107	15.5	103.5	23.2	232.2	162.8	70.1	24.6	0.0	直	未发	未发	轻	B
湖南郴州市农科所	576.00	0.00	1	6/21	9/11	10/20	121	21.2	104.3	22.2	141.1	115.1	81.6	26.0		直	无	未发	无	A
湖南省贺家山原种场	608.33	0.00	2	6/18	9/8	10/19	123	20.0	111.3	19.8	150.3	129.7	86.3	24.5		倒	未发	未发	轻	A
湖南省水稻研究所	517.17	0.00	5	6/18	9/8	10/17	121	23.7	113.8	21.8	140.7	104.3	74.1	24.4	0.0	直	未发	未发	轻	B
江西赣州市农科所	507.50	0.00	4	6/21	9/17	10/19	120	22.8	100.4	19.9	138.8	108.6	78.2	24.0	0.8	直	未发	未发	轻	A
江西吉安市农科所	532.00	0.00	4	6/22	9/19	10/23	123	17.4	97.5	19.2	159.3	117.9	74.0	24.6	0.0	直	未发	未发	轻	A
江西省种子管理局	595.83	0.00	2	6/23	9/18	10/19	118	21.1	93.7	18.8	152.4	127.5	83.7	24.6	0.4	直	未发	未发	轻	C
江西宜春市农科所	648.67	0.00	2	6/15	9/6	10/15	122	20.0	114.3	20.8	142.7	126.0	88.3	25.2	0.9	直	未发	未发	轻	
浙江金华市农业科学院	520.17	0.00	6	6/15	9/10	10/19	126	17.8	106.6	21.5	173.8	131.5	75.7	23.2	0.0	直	无	无	轻	B
浙江温州市农业科学院	607.50	0.00	2	6/30	9/16	10/30	122	17.8	101.4	20.8	175.9	165.6	94.1	25.7	0.0	直	轻	无	无	A
中国水稻研究所	590.04	0.00	7	6/19	9/14	10/28	131	18.9	111.6	21.5	179.0	148.3	82.8	23.8	0.0	直	未发	未发	轻	B

注：综合评级 A—好，B—较好，C—中等，D——一般。

表 18-7-5　晚籼中迟熟 A 组（133011N-A）区试品种在各试点的产量、生育期及主要农艺经济性状表现

品种名称/试验点	亩产（千克）	比 CK ±%	产量位次	播种期（月/日）	齐穗期（月/日）	成熟期（月/日）	全生育期（天）	有效穗（万/亩）	株高（厘米）	穗长（厘米）	总粒数/穗	实粒数/穗	结实率（%）	千粒重（克）	杂株率（%）	倒伏性	穗颈瘟	白叶枯病	纹枯病	综合评级
炳 I A/R67-35																				
福建龙岩市新罗区良种场	531.67	5.28	5	6/24	9/13	10/31	129	14.9	106.7	21.8	181.0	160.4	88.6	24.9	0.0	直	未发	未发	轻	A
福建沙县良种场	534.83	-6.93	9	6/23	9/7	10/11	110	20.5	105.8	20.7	146.1	122.3	83.7	24.7	0.5	直	无	未发	轻	C
广东韶关市农科所	433.67	-17.19	11	7/2	9/19	10/24	114	18.2	87.7	20.7	106.2	98.8	93.0	25.3	0.0	直	未发	未发	轻	C
广西桂林市农科所	491.33	0.55	2	7/6	9/21	10/23	109	17.1	90.7	18.7	114.6	106.1	92.6	25.3	0.6	直	无	未发	轻	A
广西柳州市农科所	483.17	0.59	3	7/10	9/19	10/24	106	15.8	105.0	22.8	205.6	151.8	73.8	24.5	0.0	直	未发	未发	轻	B
湖南郴州市农科所	525.17	-8.83	8	6/21	9/10	10/21	122	22.0	101.4	20.7	113.0	95.1	84.2	26.6		直	无	未发	无	C
湖南省贺家山原种场	485.33	-20.22	10	6/18	9/5	10/15	119	17.5	111.2	20.1	134.6	103.8	77.1	24.1		直	未发	未发	轻	C
湖南省水稻研究所	442.83	-14.37	11	6/18	9/4	10/10	114	23.2	104.4	22.6	165.2	116.2	70.3	22.4	0.0	直	未发	未发	轻	D
江西赣州市农科所	503.17	-0.85	5	6/21	9/14	10/17	118	19.2	95.2	21.1	119.7	107.0	89.4	24.8	0.8	直	未发	未发	轻	A
江西吉安市农科所	501.00	-5.83	8	6/22	9/17	10/22	122	20.2	95.8	20.1	124.9	87.2	69.8	24.3	0.0	直	未发	未发	轻	C
江西省种子管理局	563.33	-5.45	6	6/23	9/15	10/16	115	19.8	95.7	21.1	150.6	129.0	85.7	24.5	0.0	直	未发	未发	轻	D
江西宜春市农科所	595.00	-8.27	9	6/15	9/5	10/12	119	17.4	108.3	20.4	130.2	114.2	87.7	25.2		直	未发	未发	轻	C
浙江金华市农业科学院	489.67	-5.86	9	6/15	9/7	10/18	125	16.0	103.0	21.9	154.5	130.7	84.6	24.4	0.0	直	无	无	轻	C
浙江温州市农业科学院	566.67	-6.72	8	6/30	9/15	10/29	121	19.8	101.6	20.9	155.8	145.3	93.3	24.6	0.0	直	无	无	无	C
中国水稻研究所	597.02	1.18	6	6/19	9/12	10/27	130	22.7	107.8	22.0	171.0	141.8	82.9	23.5	0.0	直	未发	未发	轻	B

注：综合评级 A—好，B—较好，C—中等，D——一般。

表 18-7-6 晚籼中迟熟 A 组（133011N-A）区试品种在各试点的产量、生育期及主要农艺经济性状表现

品种名称/试验点	亩产（千克）	比 CK ±%	产量位次	播种期（月/日）	齐穗期（月/日）	成熟期（月/日）	全生育期（天）	有效穗（万/亩）	株高（厘米）	穗长（厘米）	总粒数/穗	实粒数/穗	结实率（%）	千粒重（克）	杂株率（%）	倒伏性	穗颈瘟	白叶枯病	纹枯病	综合评级
耘两优 447																				
福建龙岩市新罗区良种场	495.00	-1.98	9	6/24	9/16	10/29	127	20.1	104.8	22.6	190.3	110.0	57.8	24.7	0.1	直	未发	未发	轻	B
福建沙县良种场	593.67	3.31	3	6/23	9/13	10/18	117	19.9	118.7	23.1	157.1	109.1	69.4	26.1	0.8	直	轻	未发	轻	A
广东韶关市农科所	473.83	-9.52	9	7/2	9/20	10/25	115	16.4	99.7	24.2	184.3	131.5	71.4	26.2	0.0	直	未发	未发	轻	A
广西桂林市农科所	489.00	0.07	3	7/6	9/24	10/28	114	17.1	97.8	21.8	134.5	110.8	82.4	24.5	0.0	直	无	未发	轻	A
广西柳州市农科所	451.17	-6.07	10	7/10	9/21	10/27	109	16.3	114.0	24.2	199.3	120.9	60.6	25.3	0.0	直	未发	未发	轻	C
湖南郴州市农科所	571.00	-0.87	2	6/21	9/11	10/21	122	20.2	103.4	24.1	148.7	114.3	76.9	25.9	0.5	直	轻	未发	无	B
湖南省贺家山原种场	600.33	-1.31	4	6/18	9/4	10/18	122	21.1	109.4	22.8	150.4	140.4	93.4	24.9		斜	未发	未发	中	B
湖南省水稻研究所	523.17	1.16	4	6/18	9/5	10/11	115	24.0	112.2	23.5	175.8	127.6	72.6	23.2	0.5	直	未发	未发	轻	B
江西赣州市农科所	472.50	-6.90	10	6/21	9/17	10/20	121	18.8	106.7	23.0	135.5	97.2	71.7	26.4	0.9	直	未发	未发	轻	B
江西吉安市农科所	511.50	-3.85	6	6/22	9/20	10/23	123	19.2	102.9	21.7	137.9	96.3	69.8	25.7	0.0	直	未发	未发	轻	B
江西省种子管理局	502.50	-15.66	11	6/23	9/17	10/18	117	21.7	100.5	22.8	191.2	117.8	61.6	25.0	0.4	直	未发	未发	轻	D
江西宜春市农科所	633.00	-2.42	4	6/15	9/5	10/14	121	21.0	112.6	22.3	143.5	126.4	88.1	23.4		直	未发	未发	轻	B
浙江金华市农业科学院	471.33	-9.39	11	6/15	9/10	10/19	126	16.6	113.9	23.2	154.7	118.6	76.7	24.7	0.9	直	无	无	轻	D
浙江温州市农业科学院	567.17	-6.64	7	6/30	9/23	11/5	128	19.0	109.5	22.4	146.1	121.9	83.4	28.6	0.0	直	无	无	无	C
中国水稻研究所	626.69	6.21	2	6/19	9/13	10/26	129	20.6	116.5	23.4	167.4	126.6	75.6	25.1	0.7	倒	未发	未发	轻	A

注：综合评级 A—好，B—较好，C—中等，D—一般。

表 18－7－7　晚籼中迟熟 A 组（133011N-A）区试品种在各试点的产量、生育期及主要农艺经济性状表现

品种名称/试验点	亩产（千克）	比 CK ±%	产量位次	播种期（月/日）	齐穗期（月/日）	成熟期（月/日）	全生育期（天）	有效穗（万/亩）	株高（厘米）	穗长（厘米）	总粒数/穗	实粒数/穗	结实率（%）	千粒重（克）	杂株率（%）	倒伏性	穗颈瘟	白叶枯病	纹枯病	综合评级
两优 825																				
福建龙岩市新罗区良种场	468.17	-7.29	11	6/24	9/19	10/29	127	18.5	104.5	21.3	169.8	115.1	67.8	24.1	0.1	直	未发	未发	轻	C
福建沙县良种场	543.17	-5.48	8	6/23	9/14	10/19	118	19.8	118.9	21.4	147.9	111.0	75.1	24.7	0.8	直	无	未发	轻	C
广东韶关市农科所	484.83	-7.42	7	7/2	9/28	11/4	125	20.1	95.2	23.6	155.9	142.9	91.7	24.9	0.0	直	未发	未发	轻	A
广西桂林市农科所	457.67	-6.34	7	7/6	9/27	11/1	118	16.7	88.8	20.4	122.7	110.3	89.9	23.7	0.2	直	轻	未发	轻	C
广西柳州市农科所	417.17	-13.15	11	7/10	9/21	10/26	108	17.0	108.4	24.2	204.0	138.4	67.8	23.2	1.8	直	未发	未发	轻	C
湖南郴州市农科所	509.50	-11.55	10	6/21	9/16	10/21	122	18.4	105.7	20.6	128.1	110.7	86.4	25.8		直	无	未发	轻	C
湖南省贺家山原种场	603.67	-0.77	3	6/18	9/8	10/19	123	19.9	111.5	20.1	122.9	111.9	91.0	27.8		直	未发	未发	轻	B
湖南省水稻研究所	544.00	5.19	2	6/18	9/8	10/15	119	23.7	113.6	22.2	145.4	102.9	70.8	22.6	0.0	直	未发	未发	轻	A
江西赣州市农科所	480.00	-5.42	7	6/21	9/18	10/20	121	24.8	96.4	21.3	123.3	87.0	70.6	22.8	0.7	直	未发	未发	轻	B
江西吉安市农科所	452.00	-15.04	12	6/22	9/21	10/22	122	22.6	96.2	21.9	132.2	90.9	68.8	23.4	0.5	直	未发	未发	轻	D
江西省种子管理局	500.83	-15.94	12	6/23	9/18	10/19	118	22.4	102.3	21.1	135.7	102.2	75.3	24.3	0.2	直	未发	未发	轻	D
江西宜春市农科所	595.33	-8.22	8	6/15	9/7	10/16	123	21.2	109.3	21.2	122.6	109.4	89.2	24.8		直	未发	未发	轻	C
浙江金华市农业科学院	499.00	-4.07	8	6/15	9/14	10/21	128	17.9	109.3	21.8	152.9	120.0	78.5	23.6	0.4	直	无	无	轻	C
浙江温州市农业科学院	556.33	-8.42	10	6/30	9/23	11/5	128	20.6	103.5	21.8	174.7	154.0	88.2	24.8	0.0	直	无	无	无	C
中国水稻研究所	607.49	2.96	4	6/19	9/14	10/26	129	23.3	114.7	22.1	172.9	140.5	81.2	24.2	0.0	直	未发	未发	轻	B

注：综合评级 A—好，B—较好，C—中等，D—一般。

表 18－7－8　晚籼中迟熟 A 组（133011N-A）区试品种在各试点的产量、生育期及主要农艺经济性状表现

品种名称/试验点	亩产（千克）	比 CK ±%	产量位次	播种期（月/日）	齐穗期（月/日）	成熟期（月/日）	全生育期（天）	有效穗（万/亩）	株高（厘米）	穗长（厘米）	总粒数/穗	实粒数/穗	结实率（%）	千粒重（克）	杂株率（%）	倒伏性	穗颈瘟	白叶枯病	纹枯病	综合评级
嘉浙优 108																				
福建龙岩市新罗区良种场				6/24	9/3	10/18	113	15.7	103.2	23.0	179.7	141.7	78.9	24.5	0.0	直	未发	未发	轻	D
福建沙县良种场	465.67	－18.97	12	6/23	9/2	10/6	105	18.8	108.5	21.8	135.2	107.1	79.2	24.2	0.3	伏	无	未发	轻	D
广东韶关市农科所	353.67	－32.46	12	7/2	9/12	10/16	106	16.1	78.7	24.6	186.4	147.7	79.2	26.9	0.0	直	未发	未发	轻	C
广西桂林市农科所	368.33	－24.63	12	7/6	9/15	10/16	102	13.9	91.1	21.3	138.5	102.4	73.9	27.0	0.5	直	无	未发	轻	D
广西柳州市农科所	351.67	－26.79	12	7/10	9/11	10/18	100	15.1	104.2	25.7	188.3	148.1	78.6	27.5	0.0	直	未发	未发	中	D
湖南郴州市农科所	481.50	－16.41	11	6/21	9/1	10/8	109	18.4	105.1	23.2	136.8	115.6	84.5	27.0		直	无	未发	轻	C
湖南省贺家山原种场	599.00	－1.53	5	6/18	8/31	10/11	115	17.9	113.6	23.4	175.0	149.5	85.4	24.9		斜	未发	未发	中	B
湖南省水稻研究所	525.33	1.58	3	6/18	9/3	10/8	112	21.7	109.6	24.2	159.1	118.8	74.7	24.5	1.3	直	未发	未发	轻	B
江西赣州市农科所	447.50	－11.82	11	6/21	9/8	10/9	110	16.0	104.3	23.9	147.2	119.5	81.2	26.0	1.0	直	未发	未发	轻	B
江西吉安市农科所	501.50	－5.73	7	6/22	9/11	10/12	112	14.6	94.8	23.8	159.0	122.3	76.9	24.3	0.0	直	未发	未发	轻	C
江西省种子管理局	547.50	－8.11	9	6/23	9/12	10/12	111	21.9	95.8	22.8	136.6	116.5	85.3	25.8	0.9	直	未发	未发	轻	D
江西宜春市农科所	584.67	－9.87	10	6/15	9/3	10/12	119	24.0	125.0	23.6	167.5	143.5	85.7	26.1		直	未发	未发	轻	C
浙江金华市农业科学院	457.33	－12.08	12	6/15	9/2	10/14	121	14.5	104.7	23.6	174.2	130.1	74.7	24.8	1.3	直	无	无	轻	D
浙江温州市农业科学院	505.50	－16.79	12	6/30	9/9	10/25	117	19.2	99.2	23.0	160.7	150.9	93.9	27.0	2.2	直	无	无	无	D
中国水稻研究所	567.34	－3.85	9	6/19	9/5	10/22	125	18.2	105.7	26.6	203.5	162.0	79.6	24.9	0.0	直	未发	未发	轻	C

注：综合评级 A—好，B—较好，C—中等，D——一般。

表 18-7-9 晚籼中迟熟 A 组（133011N-A）区试品种在各试点的产量、生育期及主要农艺经济性状表现

品种名称/试验点	亩产（千克）	比 CK ±%	产量位次	播种期（月/日）	齐穗期（月/日）	成熟期（月/日）	全生育期（天）	有效穗（万/亩）	株高（厘米）	穗长（厘米）	总粒数/穗	实粒数/穗	结实率（%）	千粒重（克）	杂株率（%）	倒伏性	穗颈瘟	白叶枯病	纹枯病	综合评级
益丰优 891																				
福建龙岩市新罗区良种场	568.33	12.54	2	6/24	9/17	10/29	127	17.1	102.6	21.2	161.3	133.2	82.6	26.4	0.1	直	未发	未发	轻	A
福建沙县良种场	519.17	-9.66	11	6/23	9/11	10/17	116	17.2	108.1	21.3	148.4	127.0	85.6	27.2	1.7	直	无	未发	轻	D
广东韶关市农科所	441.00	-15.79	10	7/2	9/22	10/29	119	18.5	83.7	20.9	97.2	79.6	81.9	25.8	0.0	直	未发	未发	轻	C
广西桂林市农科所	409.67	-16.17	11	7/6	9/24	10/28	114	16.1	83.4	20.3	117.1	92.0	78.6	26.4	0.0	直	无	未发	轻	D
广西柳州市农科所	490.83	2.19	1	7/10	9/22	10/26	108	13.8	104.5	22.8	212.5	169.0	79.5	26.1	0.5	直	未发	未发	轻	A
湖南郴州市农科所	461.50	-19.88	12	6/21	9/15	10/17	118	23.3	98.6	21.1	100.5	76.9	76.5	26.0		直	无	未发	无	D
湖南省贺家山原种场	478.00	-21.42	11	6/18	9/10	10/18	122	19.8	105.9	18.7	161.2	120.0	74.4	26.1		直	未发	未发	轻	C
湖南省水稻研究所	459.83	-11.09	8	6/18	9/11	10/17	121	20.2	105.4	21.8	141.1	107.3	76.0	24.3	0.3	直	未发	未发	轻	C
江西赣州市农科所	479.17	-5.58	8	6/21	9/20	10/22	123	19.2	92.6	20.0	120.3	107.4	89.3	23.8	0.8	直	未发	未发	轻	B
江西吉安市农科所	490.00	-7.89	10	6/22	9/20	10/22	122	18.4	90.6	20.3	131.6	106.8	81.2	24.4	0.2	直	未发	未发	轻	C
江西省种子管理局	577.50	-3.08	3	6/23	9/18	10/19	118	18.7	86.3	20.2	156.1	128.9	82.6	25.6	3.3	直	未发	未发	轻	D
江西宜春市农科所	562.33	-13.31	12	6/15	9/9	10/17	124	20.8	105.4	20.8	125.7	107.5	85.5	26.9		直	未发	未发	轻	D
浙江金华市农业科学院	518.33	-0.35	7	6/15	9/12	10/20	127	14.8	102.1	21.3	160.4	136.3	85.0	27.0	0.0	直	无	无	轻	B
浙江温州市农业科学院	568.17	-6.47	6	6/30	9/18	11/1	124	20.7	100.3	20.7	165.4	156.8	94.8	26.2	0.0	直	无	无	无	C
中国水稻研究所	555.99	-5.77	12	6/19	9/17	10/28	131	22.4	109.8	22.2	210.5	157.4	74.8	25.2	0.0	直	未发	未发	轻	D

注：综合评级 A—好，B—较好，C—中等，D——般。

表 18－7－10　晚籼中迟熟 A 组（133011N-A）区试品种在各试点的产量、生育期及主要农艺经济性状表现

品种名称/试验点	亩产（千克）	比 CK ±%	产量位次	播种期（月/日）	齐穗期（月/日）	成熟期（月/日）	全生育期（天）	有效穗（万/亩）	株高（厘米）	穗长（厘米）	总粒数/穗	实粒数/穗	结实率（%）	千粒重（克）	杂株率（%）	倒伏性	穗颈瘟	白叶枯病	纹枯病	综合评级
C 两优 7 号																				
福建龙岩市新罗区良种场	556.67	10.23	3	6/24	9/18	10/29	127	17.5	103.3	22.8	165.2	136.2	82.4	25.2	0.0	直	未发	未发	轻	A
福建沙县良种场	599.33	4.29	2	6/23	9/11	10/16	114	19.6	106.4	22.7	137.2	124.0	90.4	25.5	0.9	直	无	未发	轻	A
广东韶关市农科所	513.17	-2.01	3	7/2	9/22	10/30	120	15.1	92.3	23.7	143.6	130.5	90.9	26.6	0.0	直	未发	未发	中	A
广西桂林市农科所	456.83	-6.51	8	7/6	9/23	10/24	110	15.8	91.4	20.6	123.0	112.8	91.7	26.6	0.0	直	轻	未发	轻	C
广西柳州市农科所	468.33	-2.50	8	7/10	9/21	10/25	107	15.4	102.4	23.6	187.5	123.9	66.1	24.7	0.0	直	未发	未发	轻	C
湖南郴州市农科所	518.50	-9.98	9	6/21	9/16	10/20	121	18.3	97.8	21.0	138.2	122.4	88.6	25.1	1.0	直	轻	未发	无	C
湖南省贺家山原种场	638.00	4.88	1	6/18	9/11	10/19	123	20.1	109.4	22.2	133.6	122.8	91.9	25.9	1.0	直	未发	未发	轻	A
湖南省水稻研究所	550.17	6.38	1	6/18	9/13	10/17	121	21.1	107.6	22.0	136.9	104.1	76.1	25.4	0.0	直	未发	未发	轻	A
江西赣州市农科所	529.00	4.24	1	6/21	9/18	10/20	121	19.2	98.3	22.4	131.7	113.2	86.0	24.7	0.4	直	未发	未发	轻	A
江西吉安市农科所	534.33	0.44	3	6/22	9/19	10/21	121	18.8	100.6	21.8	141.2	110.6	78.3	24.5	0.0	直	未发	未发	轻	B
江西省种子管理局	611.67	2.66	1	6/23	9/18	10/19	118	20.3	99.0	22.5	169.8	138.2	81.4	26.3	0.0	直	未发	未发	轻	B
江西宜春市农科所	611.00	-5.81	6	6/15	9/9	10/16	123	19.6	105.8	22.5	124.3	116.8	94.0	27.1	0.3	直	未发	未发	轻	C
浙江金华市农业科学院	537.50	3.33	2	6/15	9/12	10/20	127	16.2	105.1	23.0	139.5	127.0	91.0	25.7	0.0	直	无	无	轻	A
浙江温州市农业科学院	616.50	1.48	1	6/30	9/22	11/2	125	19.0	102.4	22.9	178.2	159.8	89.7	25.3	0.0	直	无	无	无	A
中国水稻研究所	570.83	-3.26	8	6/19	9/17	10/28	131	20.1	111.5	22.3	150.0	106.6	71.1	25.5	1.0	直	未发	未发	轻	C

注：综合评级 A—好，B—较好，C—中等，D——一般。

表 18-7-11　晚籼中迟熟 A 组（133011N-A）区试品种在各试点的产量、生育期及主要农艺经济性状表现

品种名称/试验点	亩产（千克）	比 CK ±%	产量位次	播种期（月/日）	齐穗期（月/日）	成熟期（月/日）	全生育期（天）	有效穗（万/亩）	株高（厘米）	穗长（厘米）	总粒数/穗	实粒数/穗	结实率（%）	千粒重（克）	杂株率（%）	倒伏性	穗颈瘟	白叶枯病	纹枯病	综合评级
长香优华占																				
福建龙岩市新罗区良种场	530.00	4.95	6	6/24	9/18	10/29	127	19.4	103.0	21.5	210.8	122.4	58.1	24.4	0.0	直	未发	未发	轻	A
福建沙县良种场	580.17	0.96	4	6/23	9/13	10/17	116	21.0	111.6	20.6	168.8	132.8	78.7	25.6	2.4	直	轻	未发	轻	B
广东韶关市农科所	517.83	-1.11	2	7/2	9/25	11/1	121	16.7	93.7	22.7	149.2	129.0	86.5	27.5	0.2	直	未发	未发	轻	A
广西桂林市农科所	492.83	0.85	1	7/6	9/25	10/29	115	16.5	88.7	20.8	145.1	121.3	83.6	23.4	0.5	直	无	未发	轻	A
广西柳州市农科所	473.00	-1.53	6	7/10	9/23	10/26	108	15.7	104.8	23.1	217.7	121.4	55.8	24.9	0.0	直	未发	未发	轻	B
湖南郴州市农科所	552.00	-4.17	5	6/21	9/16	10/20	121	21.9	101.3	20.8	130.7	104.0	79.6	24.8	0.4	直	无	未发	无	B
湖南省贺家山原种场	582.00	-4.33	7	6/18	9/13	10/22	126	19.4	113.7	21.3	155.9	128.7	82.6	24.1		直	未发	未发	轻	B
湖南省水稻研究所	453.17	-12.38	10	6/18	9/15	10/18	122	22.2	105.8	21.6	153.6	105.4	68.6	24.1	0.0	直	未发	未发	轻	C
江西赣州市农科所	508.50	0.20	3	6/21	9/20	10/23	124	21.4	101.8	20.3	143.3	102.2	71.3	23.3	0.9	直	未发	未发	轻	A
江西吉安市农科所	495.50	-6.86	9	6/22	9/22	10/23	123	21.2	95.3	21.4	147.1	99.3	67.5	23.1	0.2	直	未发	未发	轻	C
江西省种子管理局	570.00	-4.34	4	6/23	9/20	10/21	120	22.0	91.1	20.5	188.2	141.1	75.0	24.4	0.2	直	未发	未发	轻	D
江西宜春市农科所	649.00	0.05	1	6/15	9/11	10/17	124	20.2	108.8	22.3	144.1	123.5	85.7	23.1		直	未发	未发	轻	A
浙江金华市农业科学院	520.83	0.13	5	6/15	9/14	10/23	130	16.3	110.0	20.0	154.3	127.2	82.4	24.1	0.0	直	无	无	轻	B
浙江温州市农业科学院	587.50	-3.29	5	6/30	9/23	11/6	129	22.7	98.5	20.0	134.8	117.9	87.5	24.5	0.0	直	无	无	无	B
中国水稻研究所	565.60	-4.14	10	6/19	9/18	10/29	132	20.0	112.2	20.6	204.3	135.2	66.2	22.5	0.0	直	未发	未发	轻	C

注：综合评级 A—好，B—较好，C—中等，D——一般。

表 18－7－12　晚籼中迟熟 A 组（133011N-A）区试品种在各试点的产量、生育期及主要农艺经济性状表现

品种名称/试验点	亩产（千克）	比 CK ±%	产量位次	播种期（月/日）	齐穗期（月/日）	成熟期（月/日）	全生育期（天）	有效穗（万/亩）	株高（厘米）	穗长（厘米）	总粒数/穗	实粒数/穗	结实率（%）	千粒重（克）	杂株率（%）	倒伏性	穗颈瘟	白叶枯病	纹枯病	综合评级
金两优 1059																				
福建龙岩市新罗区良种场	485.00	－3.96	10	6/24	9/13	10/27	125	19.3	109.1	22.3	151.2	108.2	71.6	24.4	0.1	直	未发	未发	轻	C
福建沙县良种场	548.33	－4.58	6	6/23	9/8	10/14	113	18.6	119.0	23.8	172.1	133.2	77.4	25.9	0.8	倒	无	未发	轻	C
广东韶关市农科所	485.67	－7.26	6	7/2	9/24	10/30	120	15.6	96.6	24.8	155.9	130.4	83.6	25.7	0.0	直	未发	未发	轻	A
广西桂林市农科所	433.83	－11.22	10	7/6	9/23	10/25	111	14.8	98.0	21.3	139.2	123.6	88.8	24.8	0.5	直	无	未发	轻	D
广西柳州市农科所	483.00	0.56	4	7/10	9/20	10/26	108	15.7	112.8	23.9	205.3	150.8	73.5	24.9	0.0	直	未发	未发	轻	A
湖南郴州市农科所	557.50	－3.21	4	6/21	9/10	10/18	119	20.6	111.6	24.3	148.5	114.0	76.8	24.9	2.0	直	无	未发	无	B
湖南省贺家山原种场	520.33	－14.47	9	6/18	9/10	10/19	123	22.1	115.1	21.9	139.9	115.2	82.3	24.9		直	未发	未发	中	C
湖南省水稻研究所	454.17	－12.18	9	6/18	9/7	10/12	116	21.3	124.6	25.0	160.5	113.0	70.4	24.9	0.6	直	未发	未发	轻	C
江西赣州市农科所	492.17	－3.02	6	6/21	9/16	10/18	119	18.6	106.6	22.3	134.1	108.4	80.8	25.8	0.5	直	未发	未发	轻	A
江西吉安市农科所	524.00	－1.50	5	6/22	9/18	10/22	122	18.2	108.1	22.4	139.7	101.3	72.5	24.6	0.0	直	未发	未发	轻	B
江西省种子管理局	507.50	－14.82	10	6/23	9/18	10/19	118	19.4	106.1	21.9	142.2	109.7	77.1	26.3	0.9	直	未发	未发	轻	D
江西宜春市农科所	573.33	－11.61	11	6/15	9/7	10/15	122	18.6	118.5	22.1	139.2	105.2	75.6	23.7		直	未发	未发	轻	D
浙江金华市农业科学院	478.83	－7.95	10	6/15	9/7	10/17	124	16.3	115.1	23.8	171.7	119.4	69.5	23.5	0.9	直	无	无	轻	D
浙江温州市农业科学院	541.50	－10.86	11	6/30	9/14	10/31	123	18.2	111.5	23.2	178.6	160.8	90.0	26.8	0.0	倒	无	轻	无	D
中国水稻研究所	561.23	－4.88	11	6/19	9/16	10/28	131	20.7	120.7	24.2	160.2	116.1	72.5	24.0	0.0	倒	未发	未发	轻	C

注：综合评级 A—好，B—较好，C—中等，D——一般。

第十九章　2013年晚籼中迟熟B组国家水稻品种试验汇总报告

一、试验概况

（一）试验目的

鉴定评价我国南方稻区新选育和引进的水稻新品种（组合，下同）的丰产性、稳产性、适应性、抗性、米质及其他重要性状表现，为国家水稻品种审定提供科学依据。

（二）参试品种

区试品种11个，所有品种均为新参试品种，以天优华占（CK）为对照；本组2013年度无生产试验品种。品种编号、名称、类型、亲本组合、选育/供种单位见表19-1。

（三）承试单位

区试点17个，生产试验点6个，分布在福建、广东、广西、湖南、江西和浙江6个省区。承试单位、试验地点、经纬度、海拔高度、试验负责人及执行人见表19-2。

（四）试验设计、栽培管理与观察记载

各试验点均按《2013年南方稻区国家水稻品种试验实施方案》及《农作物品种区域试验技术规范　水稻》进行试验。

区试采用完全随机区组排列，3次重复，小区面积0.02亩。生产试验采用大区随机排列，不设重复，大区面积0.5亩。

分区试、生产试验，同组试验所有品种同期播种、移栽，施肥水平中等偏上，其他栽培管理措施与当地大田生产相同。

观察记载项目与标准按《农作物品种区域试验技术规范　水稻》以及《国家水稻品种试验观察记载项目、方法及标准》《南方稻区国家水稻品种区试及生产试验记载表》等的要求执行。

（五）特性鉴定

抗性鉴定：浙江省农业科学院植微所、湖南省农业科学院植保所、江西井冈山垦殖场、福建省上杭县茶地乡农技站、湖北省宜昌市农业科学院和安徽省农业科学院植保所负责稻瘟病抗性鉴定，鉴定采用人工接菌与病区自然诱发相结合；湖南省农业科学院水稻所负责白叶枯病抗性鉴定；中国水稻研究所稻作发展中心负责稻飞虱抗性鉴定。鉴定种子由中国水稻研究所试验点统一提供，鉴定结果由浙江省农业科学院植微所负责汇总。

米质分析：由江西省种子管理局、福建省龙岩市新罗区良种场和浙江省诸暨农作物区试站试验点分别单独种植生产提供样品，农业部稻米及制品质量监督检验测试中心负责检测分析。

参试品种的特异性及续试品种年度间的一致性鉴定：由中国水稻研究所进行DNA指纹鉴定。

（六）统计分析

按照《农作物品种区域试验技术规范　水稻》等有关试验质量评价标准，对各试验（鉴定）点试验（鉴定）结果的可靠性、完整性、准确性、可比性以及对照品种表现情况等进行分析评估，确保汇总质量。2013年区试浙江省诸暨农作物区试站试验点因遭遇台风暴雨试验报废、福建莆田市荔

城区良种场试验点因对照品种产量表现异常未列入汇总，其余 15 个试验点试验结果正常，列入汇总。

产量联合方差分析采用混合模型，品种间产量差异多重比较采用 Duncan's 新复极差法；参试品种的丰产性主要以品种在区试和生产试验中相对于对照品种产量及组平均产量衡量；参试品种的适应性主要以品种在区试中比对照品种增产的试验点比例衡量；参试品种的稳产性主要以品种在年度间区试中相对于对照品种产量的差异变化程度衡量。

参试品种的生育期主要以全生育期比对照品种长短的天数衡量。

参试品种的抗性以指定的鉴定单位的鉴定结果为主要依据，对稻瘟病抗性的主要评价指标为综合指数和穗瘟损失率最高级，对其他病虫害抗性的主要评价指标为最高级。

参试品种的米质检测、评价按照国家《优质稻谷》标准，分优质 1 级、优质 2 级、优质 3 级，未达到优质级的品种米质均为等外级。

二、结果分析

（一）产量

天优华占（CK）产量高、居本组第 2 位。2013 年区试品种中，依据比组平均的增减产幅度，产量较高的品种有深优 995、荃香优 822、两优 1033 和深优 9531，产量居前 5 位，平均亩产是 537.44～552.05 千克，较天优华占（CK）有小幅度的增减产；产量中等的品种有两优 39418、中 68 优华占、钱优 WZ14 和吉香优 3301，平均亩产是 513.13～530.16 千克，比天优华占（CK）减产 6.09%～2.98%；其他品种产量一般，平均亩产 469.31～498.86 千克，比天优华占（CK）减产 14.11%～8.71%。品种产量、比对照及组平均增减产百分率、品种间产量差异显著性、比对照增产试验点比例等汇总结果见表 19－3。

（二）生育期

2013 年区试品种中，吉香优 3301 熟期偏早，全生育期比天优华占（CK）短 6.0 天；其他品种全生育期 114.9～123.2 天，比天优华占（CK）长短不超过 5 天、熟期适宜。品种全生育期及比对照长短天数见表 19－3。

（三）主要农艺经济性状

品种分蘖率、有效穗数、成穗率、株高、每穗总粒数、每穗实粒数、结实率、千粒重等主要农艺经济性状汇总结果见表 19－3。

（四）抗性

2013 年区试品种中，吉香优 3301、38 优 84、两优 39418 和两优 1033 的稻瘟病综合指数超过 6.5 级，其他品种均小于 6.5 级。依据穗瘟损失率最高级，雅 3 优 2117 和荃香优 822 为中抗，其他品种为感或高感。

品种在各稻瘟病抗性鉴定点的鉴定结果见表 19－4，品种稻瘟病抗性鉴定汇总结果以及白叶枯病、褐飞虱抗性鉴定结果见表 19－5。

（五）米质

依据国家《优质稻谷》标准，荃香优 822、深优 9531 和中 38 优华占米质优，达优质 2 级或 3 级，其他品种米质中等或一般。品种糙米率、整精米率、粒长、长宽比、垩白粒率、垩白度、胶稠度、直链淀粉等米质性状表现见表 19－6。

（六）品种在各试验点表现

区试品种在各试验点的产量、生育期、主要农艺经济性状、田间抗性表现等见表 19－7－1 至表 19－7－12。

三、品种评价

1. 深优 995

2013 年初试平均亩产 552.05 千克，比天优华占（CK）增产 1.03%，达显著水平，增产点比例 60.0%。全生育期 114.9 天，比天优华占（CK）早熟 4.9 天。主要农艺性状表现：每亩有效穗数 20.6 万穗，株高 94.7 厘米，穗长 21.4 厘米，每穗总粒数 151.0 粒，结实率 85.2%，千粒重 24.1 克。抗性：稻瘟病综合指数 6.3 级，穗瘟损失率最高级 9 级；白叶枯病 7 级；褐飞虱 9 级。米质主要指标：整精米率 60.7%，长宽比 3.1，垩白粒率 19%，垩白度 3.0%，胶稠度 47 毫米，直链淀粉含量 20.8%。

2013 年国家水稻品种试验年会审议意见：终止试验。

2. 荃香优 822

2013 年初试平均亩产 541.91 千克，比天优华占（CK）减产 0.83%，未达显著水平，增产点比例 60.0%。全生育期 116.5 天，比天优华占（CK）早熟 3.3 天。主要农艺性状表现：每亩有效穗数 18.9 万穗，株高 103.2 厘米，穗长 20.9 厘米，每穗总粒数 150.3 粒，结实率 85.7%，千粒重 24.4 克。抗性：稻瘟病综合指数 2.9 级，穗瘟损失率最高级 3 级；白叶枯病 7 级；褐飞虱 9 级。米质主要指标：整精米率 56.7%，长宽比 3.3，垩白粒率 13%，垩白度 2.2%，胶稠度 57 毫米，直链淀粉含量 16.2%，达国标优质 2 级。

2013 年国家水稻品种试验年会审议意见：终止试验。

3. 两优 1033

2013 年初试平均亩产 540.51 千克，比天优华占（CK）减产 1.08%，达显著水平，增产点比例 40.0%。全生育期 120.7 天，比天优华占（CK）迟熟 0.9 天。主要农艺性状表现：每亩有效穗数 18.1 万穗，株高 114.1 厘米，穗长 21.8 厘米，每穗总粒数 158.5 粒，结实率 76.3%，千粒重 27.7 克。抗性：稻瘟病综合指数 7.4 级，穗瘟损失率最高级 9 级；白叶枯病 3 级；褐飞虱 9 级。米质主要指标：整精米率 53.7%，长宽比 2.9，垩白粒率 44%，垩白度 8.6%，胶稠度 69 毫米，直链淀粉含量 16.6%。

2013 年国家水稻品种试验年会审议意见：终止试验。

4. 深优 9531

2013 年初试平均亩产 537.44 千克，比天优华占（CK）减产 1.65%，达极显著水平，增产点比例 40.0%。全生育期 117.5 天，比天优华占（CK）早熟 2.3 天。主要农艺性状表现：每亩有效穗数 18.2 万穗，株高 104.9 厘米，穗长 22.3 厘米，每穗总粒数 151.1 粒，结实率 85.0%，千粒重 26.1 克。抗性：稻瘟病综合指数 6.2 级，穗瘟损失率最高级 9 级；白叶枯病 7 级；褐飞虱 7 级。米质主要指标：整精米率 56.6%，长宽比 3.2，垩白粒率 21%，垩白度 3.8%，胶稠度 78 毫米，直链淀粉含量 15.3%，达国标优质 3 级。

2013 年国家水稻品种试验年会审议意见：终止试验。

5. 两优 39418

2013 年初试平均亩产 530.16 千克，比天优华占（CK）减产 2.98%，达极显著水平，增产点比例 13.3%。全生育期 118.8 天，比天优华占（CK）早熟 1.0 天。主要农艺性状表现：每亩有效穗数 20.7 万穗，株高 105.4 厘米，穗长 22.2 厘米，每穗总粒数 134.3 粒，结实率 79.4%，千粒重 28.1 克。抗性：稻瘟病综合指数 7.6 级，穗瘟损失率最高级 9 级；白叶枯病 7 级；褐飞虱 9 级。米质主要指标：整精米率 53.2%，长宽比 3.2，垩白粒率 50%，垩白度 6.4%，胶稠度 79 毫米，直链淀粉含量 16.6%。

2013 年国家水稻品种试验年会审议意见：终止试验。

6. 中 68 优华占

2013 年初试平均亩产 527.39 千克，比天优华占（CK）减产 3.48%，达极显著水平，增产点比例 46.7%。全生育期 117.3 天，比天优华占（CK）早熟 2.5 天。主要农艺性状表现：每亩有效穗数 19.9 万穗，株高 107.9 厘米，穗长 22.4 厘米，每穗总粒数 156.9 粒，结实率 74.8%，千粒重 27.0

克。抗性：稻瘟病综合指数3.8级，穗瘟损失率最高级7级；白叶枯病7级；褐飞虱7级。米质主要指标：整精米率56.4%，长宽比3.2，垩白粒率26%，垩白度4.2%，胶稠度78毫米，直链淀粉含量21.7%，达国标优质3级。

2013年国家水稻品种试验年会审议意见：终止试验。

7. 钱优WZ14

2013年初试平均亩产523.29千克，比天优华占（CK）减产4.24%，达极显著水平，增产点比例20.0%。全生育期120.1天，比天优华占（CK）迟熟0.3天。主要农艺性状表现：每亩有效穗数19.9万穗，株高103.4厘米，穗长22.3厘米，每穗总粒数136.9粒，结实率75.6%，千粒重27.4克。抗性：稻瘟病综合指数5.6级，穗瘟损失率最高级7级；白叶枯病9级；褐飞虱9级。米质主要指标：整精米率41.7%，长宽比3.0，垩白粒率34%，垩白度3.8%，胶稠度68毫米，直链淀粉含量16.5%。

2013年国家水稻品种试验年会审议意见：终止试验。

8. 吉香优3301

2013年初试平均亩产513.13千克，比天优华占（CK）减产6.09%，达极显著水平，增产点比例26.7%。全生育期113.8天，比天优华占（CK）早熟6.0天。主要农艺性状表现：每亩有效穗数19.0万穗，株高106.1厘米，穗长22.4厘米，每穗总粒数134.2粒，结实率78.6%，千粒重29.5克。抗性：稻瘟病综合指数7.6级，穗瘟损失率最高级9级；白叶枯病9级；褐飞虱7级。米质主要指标：整精米率48.3%，长宽比3.6，垩白粒率15%，垩白度3.6%，胶稠度84毫米，直链淀粉含量16.3%。

2013年国家水稻品种试验年会审议意见：终止试验。

9. 34优84

2013年初试平均亩产498.86千克，比天优华占（CK）减产8.71%，达极显著水平，增产点比例6.7%。全生育期123.2天，比天优华占（CK）迟熟3.4天。主要农艺性状表现：每亩有效穗数18.4万穗，株高107.0厘米，穗长22.7厘米，每穗总粒数157.2粒，结实率74.8%，千粒重26.8克。抗性：稻瘟病综合指数7.7级，穗瘟损失率最高级9级；白叶枯病3级；褐飞虱9级。米质主要指标：整精米率46.8%，长宽比3.2，垩白粒率33%，垩白度3.1%，胶稠度75毫米，直链淀粉含量15.0%。

2013年国家水稻品种试验年会审议意见：终止试验。

10. 粤香优199

2013年初试平均亩产497.98千克，比天优华占（CK）减产8.87%，达极显著水平，增产点比例6.7%。全生育期122.9天，比天优华占（CK）迟熟3.1天。主要农艺性状表现：每亩有效穗数19.0万穗，株高112.0厘米，穗长22.4厘米，每穗总粒数152.8粒，结实率80.2%，千粒重24.1克。抗性：稻瘟病综合指数4.6级，穗瘟损失率最高级5级；白叶枯病5级；褐飞虱9级。米质主要指标：整精米率42.6%，长宽比3.3，垩白粒率23%，垩白度4.0%，胶稠度67毫米，直链淀粉含量15.8%。

2013年国家水稻品种试验年会审议意见：终止试验。

11. 雅3优2117

2013年初试平均亩产469.31千克，比天优华占（CK）减产14.11%，达极显著水平，增产点比例6.7%。全生育期119.3天，比天优华占（CK）早熟0.5天。主要农艺性状表现：每亩有效穗数16.6万穗，株高106.5厘米，穗长23.6厘米，每穗总粒数167.1粒，结实率69.9%，千粒重29.3克。抗性：稻瘟病综合指数2.6级，穗瘟损失率最高级3级；白叶枯病7级；褐飞虱7级。米质主要指标：整精米率37.8%，长宽比3.0，垩白粒率49%，垩白度7.9%，胶稠度71毫米，直链淀粉含量21.0%。

2013年国家水稻品种试验年会审议意见：终止试验。

表 19－1　晚籼中迟熟 B 组（133011N-B）区试参试品种基本情况

编号	品种名称	品种类型	亲本组合	选育/供种单位
1	*中 68 优华占	杂交稻	中 68A × 华占	赣州开来农业科技股份有限公司
2	*吉香优 3301	杂交稻	吉香 A × 闽恢 3301	福建科荟种业有限公司
3	*34 优 84	杂交稻	N34A × R084	江苏省农业科学院粮作所
4	*钱优 WZ14	杂交稻	钱江 1 号 A × HKK14	浙江勿忘农种业股份有限公司
5	*雅 3 优 2117	杂交稻	雅 3A × 雅恢 2117	四川农业大学农学院
6CK	天优华占（CK）	杂交稻	天丰 A × 华占	中国水稻研究所
7	*粤香优 199	杂交稻	粤香 A × 金恢 199	湖南金稻种业有限公司
8	*两优 39418	杂交稻	9771S × R39418	湖北荆楚种业股份有限公司
9	*两优 1033	杂交稻	023S × R1033	中国水稻研究所
10	*深优 995	杂交稻	深 95A × C995	湖南民生种业科技有限公司
11	*荃香优 822	杂交稻	荃香 9A × YR0822	安徽荃银高科种业
12	*深优 9531	杂交稻	深 95A × R5431	深圳市兆农农业科技有限公司

*为 2013 年新参试品种。

表 19－2　晚籼中迟熟 B 组（133011N-B）区试点基本情况

承试单位	试验地点	经度	纬度	海拔高度（米）	试验负责人及执行人
福建龙岩市新罗区良种场	龙岩市新罗区白沙镇南卓村	117°13′	25°23′	247	袁岚
福建莆田市荔城区良种场	莆田市荔城区黄石镇沙坂	119°00′	25°26′	10	陈志森、郭忠庆
福建沙县良种场	沙县富口镇延溪	117°40′	26°06′	150	罗木旺、黄秀泉、吴光煋
广东韶关市农科所	韶关市西河六公里	113°36′	24°41′	69	龚衍兰、童小荣、温健威
广西桂林市农科所	桂林市雁山镇	110°12′	25°42′	170	莫千持、王鹏、范大泳
广西柳州市农科所	柳州市沙塘镇	109°22′	24°28′	99	黄斌、韦荣维、韦超怀
湖南郴州市农科所	郴州市苏仙区桥口镇	113°11′	25°26′	128	简路军、廖茂文、欧丽义
湖南省贺家山原种场	常德市贺家山	111°54′	29°01′	28	曾跃华
湖南省水稻研究所	长沙市东郊马坡岭	113°05′	28°12′	45	傅黎明、周昆、凌伟其
江西赣州市农科所	赣州市	114°57′	25°51′	124	李云
江西吉安市农科所	吉安县凤凰镇	114°51′	26°56′	58	罗来保、陈茶光、周小玲
浙江省诸暨农作物区试站	诸暨市十里牌	120°16′	29°42′	11	葛金水
中国水稻研究所	浙江省富阳市	120°19′	30°12′	7	杨仕华、夏俊辉、施彩娟、韩新华
江西省种子管理局	南昌市莲塘	115°58′	28°41′	30	付高平、祝鱼水、彭从胜
江西宜春市农科所	宜春市	114°23′	27°48′	129	谭桂英、胡远琼
浙江温州市农业科学院	温州市藤桥镇枫林岙村	120°40′	28°01′	6	王成豹
浙江金华市农业科学院	金华市石门农场	119°42′	29°06′	62	蒋梅巧、朱浩

表 19－3　晚籼中迟熟 B 组（133011N-B）区试品种产量、生育期及主要农艺经济性状汇总分析结果

品种名称	区试年份	亩产（千克）	比 CK ±%	比组平均 ±%	产量差异显著性 5%	产量差异显著性 1%	回归系数	比 CK 增产点(%)	全生育期（天）	比 CK ±天	分蘖率(%)	有效穗（万/亩）	成穗率（%）	株高（厘米）	穗长（厘米）	每穗总粒数	每穗实粒数	结实率(%)	千粒重(克)
深优 995	2013	552.05	1.03	5.5	a	A	1.09	60.0	114.9	-4.9	536.9	20.6	62.3	94.7	21.4	151.0	128.8	85.2	24.1
天优华占（CK）	2013	546.43	0.00	4.4	b	AB	1.03	0.0	119.8	0.0	525.3	19.4	59.2	101.9	20.9	156.0	127.9	82.0	24.8
荃香优 822	2013	541.91	-0.83	3.6	bc	BC	1.14	60.0	116.5	-3.3	491.7	18.9	64.2	103.2	20.9	150.3	128.8	85.7	24.4
两优 1033	2013	540.51	-1.08	3.3	c	BC	1.34	40.0	120.7	0.9	631.2	18.1	46.2	114.1	21.8	158.5	120.9	76.3	27.7
深优 9531	2013	537.44	-1.65	2.7	c	C	0.85	40.0	117.5	-2.3	573.5	18.2	51.0	104.9	22.3	151.1	128.5	85.0	26.1
两优 39418	2013	530.16	-2.98	1.3	d	D	1.14	13.3	118.8	-1.0	555.8	20.7	62.1	105.4	22.2	134.3	106.6	79.4	28.1
中 68 优华占	2013	527.39	-3.48	0.8	de	DE	0.84	46.7	117.3	-2.5	549.8	19.9	60.9	107.9	22.4	156.9	117.4	74.8	27.0
钱优 WZ14	2013	523.29	-4.24	0.0	e	E	0.81	20.0	120.1	0.3	524.6	19.9	57.9	103.4	22.3	136.9	103.6	75.6	27.4
吉香优 3301	2013	513.13	-6.09	-1.9	f	F	1.11	26.7	113.8	-6.0	524.8	19.0	59.0	106.1	22.4	134.2	105.5	78.6	29.5
34 优 84	2013	498.86	-8.71	-4.7	g	G	1.21	6.7	123.2	3.4	551.0	18.4	55.4	107.0	22.7	157.2	117.6	74.8	26.8
粤香优 199	2013	497.98	-8.87	-4.8	g	G	0.91	6.7	122.9	3.1	540.5	19.0	55.7	112.0	22.4	152.8	122.6	80.2	24.1
雅 3 优 2117	2013	469.31	-14.11	-10.3	h	H	0.53	6.7	119.3	-0.5	481.2	16.6	56.1	106.5	23.6	167.1	116.8	69.9	29.3

表 19－4　晚籼中迟熟 B 组（133011N-B）品种稻瘟病抗性各地鉴定结果（2013 年）

品种名称	浙江					安徽					湖北					江西					福建				
	叶瘟（级）	穗瘟发病率		穗瘟损失率		叶瘟（级）	穗瘟发病率		穗瘟损失率		叶瘟（级）	穗瘟发病率		穗瘟损失率		叶瘟（级）	穗瘟发病率		穗瘟损失率		叶瘟（级）	穗瘟发病率		穗瘟损失率	
		%	级	%	级		%	级	%	级		%	级	%	级		%	级	%	级		%	级	%	级
中 68 优华占	5	28	7	9	3	3	43	7	34	7	4	26	7	8	3	3	18	5	4	1	2	4	1	1	1
吉香优 3301	6	23	5	8	3	5	73	9	70	9	5	43	7	11	3	6	100	9	100	9	8	100	9	81	9
34 优 84	6	100	9	57	9	3	77	9	62	9	6	40	7	13	3	5	100	9	100	9	9	100	9	78	9
钱优 WZ14	5	20	5	4	1	3	63	9	38	7	4	30	7	8	3	3	43	7	13	3	8	47	7	28	5
雅 3 优 2117	3	2	1	0	1	1	9	3	4	1	4	13	5	3	1	2	12	5	2	1	3	24	5	12	3
天优华占（CK）	0	5	1	1	1	1	7	3	3	1	3	15	5	3	1	3	19	3	4	1	3	12	5	5	3
粤香优 199	5	0	0	0	0	3	28	7	22	5	5	18	5	2	1	3	36	7	7	3	5	37	7	18	5
两优 39418	5	17	5	3	1	3	61	9	49	7	6	53	9	26	5	4	100	9	100	9	8	100	9	100	9
两优 1033	5	10	3	2	1	5	58	9	46	7	4	26	7	10	3	7	100	9	100	9	9	100	9	99	9
深优 995	3	15	5	3	1	3	66	9	63	9	5	56	9	16	5	5	75	9	30	5	5	22	5	12	3
荃香优 822	0	0	0	0	0	3	3	1	1	1	5	30	7	10	3	3	26	7	5	3	4	9	3	4	1
深优 9531	5	60	9	32	7	5	71	9	69	9	6	44	7	11	3	3	59	9	17	5	5	38	7	22	5
感病对照	8	100	9	100	9	5	46	7	37	7	8	100	9	96	9	4	100	9	86	9	9	100	9	91	9

注：1. 鉴定单位分别为浙江省农业科学院植保所、安徽省农业科学院植保所、湖北宜昌市农科所、江西井冈山垦殖场、福建上杭县茶地乡农技站，湖南省农业科学院植保所鉴定误差大结果未采用；

2. 浙江、安徽、湖北、江西、福建感病对照分别为 wh26、汕优 63、丰两优香 1 号、湘晚籼 11、汕优 63＋广西矮 4 号＋明恢 86。

表 19－5　晚籼中迟熟 B 组（133011N-B）品种对主要病虫抗性综合评价结果（2012～2013 年）及耐冷性（2013 年）

品种名称	区试年份	稻瘟病（级）									白叶枯病（级）			褐飞虱（级）			抽穗期耐冷性（级）
		2013 年各地综合指数（级）						2013 年	1～2 年综合评价		2013 年	1～2 年综合评价		2013 年	1～2 年综合评价		
		浙江	安徽	湖北	江西	福建	平均	穗瘟损失率最高级	平均综合指数（级）	穗瘟损失率最高级		平均级	最高级		平均级	最高级	
中 68 优华占	2013	4.5	7.0	4.3	2.5	1.3	3.8	7	3.8	7	7	7	7	7	7	7	
吉香优 3301	2013	4.3	9.0	4.5	8.3	8.8	7.6	9	7.6	9	9	9	9	7	7	7	
34 优 84	2013	8.3	9.0	4.8	8.0	9.0	7.7	9	7.7	9	3	3	3	9	9	9	
钱优 WZ14	2013	3.0	7.7	4.3	4.0	6.3	5.6	7	5.6	7	9	9	9	9	9	9	
雅 3 优 2117	2013	1.5	1.7	2.8	2.3	3.5	2.6	3	2.6	3	7	7	7	7	7	7	
天优华占（CK）	2013	0.8	1.7	2.5	2.0	3.5	2.4	3	2.4	3	7	7	7	9	9	9	
粤香优 199	2013	1.3	5.7	3.0	4.0	5.5	4.6	5	4.6	5	5	5	5	9	9	9	
两优 39418	2013	3.0	7.7	6.3	7.8	8.8	7.6	9	7.6	9	7	7	7	9	9	9	
两优 1033	2013	2.5	7.7	4.3	8.5	9.0	7.4	9	7.4	9	3	3	3	9	9	9	
深优 995	2013	2.5	9.0	6.0	6.0	4.0	6.3	9	6.3	9	7	7	7	9	9	9	
荃香优 822	2013	0.0	1.0	4.5	4.0	2.3	2.9	3	2.9	3	7	7	7	9	9	9	
深优 9531	2013	7.0	9.0	4.8	5.5	5.5	6.2	9	6.2	9	7	7	7	7	7	7	
感病虫对照	2013	8.8	7.0	8.8	7.8	9.0	8.1	9	8.1	9	9	9	9	9	9	9	

注：1. 稻瘟病综合指数（级）＝叶瘟级×25%＋穗瘟发病率级×25%＋穗瘟损失率级×50%（安徽稻瘟病感病对照叶瘟发病未达 7 级以上，叶瘟结果不采用。品种综合指数（级）＝穗瘟发病率级×35%＋穗瘟损失率级×65%）；

2. 白叶枯病、褐飞虱、耐冷性分别为湖南省农业科学院水稻所、中国水稻研究所、湖南省贺家山原种场种科所鉴定结果。

表 19－6　晚籼中迟熟 B 组（133011N-B）米质检测分析结果

品种名称	年份	糙米率(%)	精米率(%)	整精米率(%)	粒长（毫米）	长宽比	垩白粒率(%)	垩白度(%)	透明度（级）	碱消值（级）	胶稠度（毫米）	直链淀粉(%)	部标*（等级）	国标**（等级）
34 优 84	2013	81.5	72.8	46.8	7.1	3.2	33	3.1	2	5.5	75	15.0	等外	等外
吉香优 3301	2013	82.3	73.2	48.3	7.7	3.6	15	3.6	2	3.3	84	16.3	等外	等外
两优 1033	2013	82.5	74.0	53.7	6.9	2.9	44	8.6	2	4.8	69	16.6	等外	等外
两优 39418	2013	82.6	73.6	53.2	7.1	3.2	50	6.4	2	4.3	79	16.6	等外	等外
钱优 WZ14	2013	82.4	73.6	41.7	7.0	3.0	34	3.8	2	5.6	68	16.5	等外	等外
荃香优 822	2013	82.0	73.4	56.7	6.9	3.3	13	2.2	2	7.0	57	16.2	优 3	优 2
深优 9531	2013	83.2	74.7	56.6	6.8	3.2	21	3.8	2	3.4	78	15.3	等外	优 3
深优 995	2013	82.4	74.5	60.7	6.5	3.1	19	3.0	2	6.9	47	20.8	等外	等外
雅 3 优 2117	2013	81.9	73.1	37.8	7.1	3.0	49	7.9	2	6.6	71	21.0	等外	等外
粤香优 199	2013	82.2	73.1	42.6	7.0	3.3	23	4.0	2	6.2	67	15.8	等外	等外
中 68 优华占	2013	82.5	73.4	56.4	7.0	3.2	26	4.2	2	6.0	78	21.7	优 3	优 3
天优华占（CK）	2013	82.2	73.4	57.1	6.8	3.2	11	1.7	2	5.7	74	20.1	优 3	优 2

注：1. 样品生产提供单位：江西省种子站（2012～2013 年），福建省龙岩市新罗区良种场（2012～2013 年）；

2. 检测分析单位：农业部稻米及制品质量监督检验测试中心。

表 19－7－1　晚籼中迟熟 B 组（133011N-B）区试品种在各试点的产量、生育期及主要农艺经济性状表现

品种名称/试验点	亩产（千克）	比 CK ±%	产量位次	播种期（月/日）	齐穗期（月/日）	成熟期（月/日）	全生育期（天）	有效穗（万/亩）	株高（厘米）	穗长（厘米）	总粒数/穗	实粒数/穗	结实率（%）	千粒重（克）	杂株率（%）	倒伏性	穗颈瘟	白叶枯病	纹枯病	综合评级
中 68 优华占																				
福建龙岩市新罗区良种场	511.83	6.26	2	6/24	9/11	10/21	119	19.3	111.2	22.0	143.1	108.8	76.0	27.1	0.0	直	未发	未发	轻	B
福建沙县良种场	590.00	3.48	1	6/23	9/7	10/13	112	18.3	105.6	23.5	166.8	141.9	85.1	27.7	1.7	直	无	未发	轻	A
广东韶关市农科所	417.33	-20.05	9	7/2	9/19	10/25	115	19.5	101.3	23.7	165.4	112.3	67.9	28.2	0.0	直	未发	未发	轻	C
广西桂林市农科所	473.33	1.21	3	7/6	9/21	10/24	110	19.0	95.7	20.2	120.0	96.2	80.2	26.4	0.7	直	无	未发	轻	B
广西柳州市农科所	488.17	5.13	4	7/10	9/20	10/25	107	14.8	113.1	23.5	212.1	145.7	68.7	27.2	0.7	直	无	未发	轻	B
湖南郴州市农科所	546.17	-1.44	5	6/21	9/7	10/10	111	22.4	103.6	22.2	119.1	88.0	73.9	28.4		直	未发	未发	轻	B
湖南省贺家山原种场	548.00	-9.62	7	6/18	9/7	10/18	122	20.3	114.2	21.7	143.0	114.0	79.7	27.1	1.5	伏	未发	未发	中	B
湖南省水稻研究所	480.33	-9.29	9	6/18	9/4	10/12	116	21.6	117.8	24.5	177.7	116.0	65.3	26.1	0.3	直	未发	未发	轻	C
江西赣州市农科所	535.33	3.18	1	6/21	9/15	10/18	119	23.6	104.7	21.8	132.5	89.2	67.3	26.1	0.7	直	未发	未发	轻	A
江西吉安市农科所	534.33	1.33	2	6/22	9/16	10/20	120	23.0	102.8	21.7	147.5	93.2	63.2	28.2	0.0	直	未发	未发	轻	B
江西省种子管理局	603.33	1.54	3	6/23	9/17	10/18	117	21.9	100.5	21.2	173.6	125.2	72.1	27.8	0.7	直	未发	未发	轻	B
江西宜春市农科所	618.67	-3.18	6	6/15	9/4	10/13	120	22.4	117.7	22.3	134.5	106.1	78.9	26.2	0.5	倒	未发	未发	轻	C
浙江金华市农业科学院	526.83	-0.44	4	6/15	9/7	10/16	123	14.7	109.8	22.3	167.4	136.9	81.8	26.1	2.1	直	无	无	轻	B
浙江温州市农业科学院	517.83	-13.36	12	6/30	9/17	10/26	118	16.2	106.1	22.3	173.4	153.5	88.5	27.4	0.0	倒	无	无	无	D
中国水稻研究所	519.34	-12.63	10	6/19	9/13	10/27	130	21.1	114.8	23.5	177.0	134.1	75.8	25.4	0.0	倒	未发	未发	轻	D

注：综合评级 A—好，B—较好，C—中等，D—一般。

表 19－7－2　晚籼中迟熟 B 组（133011N-B）区试品种在各试点的产量、生育期及主要农艺经济性状表现

品种名称/试验点	亩产（千克）	比 CK ±%	产量位次	播种期（月/日）	齐穗期（月/日）	成熟期（月/日）	全生育期（天）	有效穗（万/亩）	株高（厘米）	穗长（厘米）	总粒数/穗	实粒数/穗	结实率（%）	千粒重（克）	杂株率（%）	倒伏性	穗颈瘟	白叶枯病	纹枯病	综合评级
吉香优 3301																				
福建龙岩市新罗区良种场	490.00	1.73	5	6/24	9/10	10/18	116	15.0	102.4	25.0	182.1	121.6	66.8	30.4	0.0	直	未发	未发	轻	B
福建沙县良种场	589.00	3.30	4	6/23	9/5	10/8	107	20.8	111.3	23.0	151.1	116.4	77.0	29.8	0.2	直	无	未发	轻	A
广东韶关市农科所	397.50	−23.85	12	7/2	9/16	10/20	110	16.9	94.9	21.3	98.9	80.5	81.4	29.4	0.0	直	未发	未发	轻	C
广西桂林市农科所	374.83	−19.85	12	7/6	9/18	10/21	107	13.5	98.0	20.6	115.9	95.2	82.1	29.8	0.0	直	重	未发	轻	D
广西柳州市农科所	514.50	10.80	1	7/10	9/17	10/23	105	15.1	109.5	23.3	175.2	135.7	77.4	30.0	0.0	直	轻	未发	轻	B
湖南郴州市农科所	544.83	−1.68	7	6/21	9/3	10/8	109	19.9	106.3	21.5	110.8	90.2	81.4	30.4		直	未发	未发	轻	C
湖南省贺家山原种场	498.33	−17.81	11	6/18	9/1	10/14	118	19.0	116.5	22.2	138.7	111.9	80.7	28.8		伏	未发	未发	中	C
湖南省水稻研究所	473.00	−10.67	10	6/18	9/1	10/3	107	22.3	116.0	24.7	168.7	132.6	78.6	28.6	0.3	倒	未发	未发	轻	C
江西赣州市农科所	489.17	−5.72	8	6/21	9/13	10/15	116	19.6	104.8	22.2	110.3	89.9	81.5	29.1	0.9	直	未发	未发	轻	B
江西吉安市农科所	516.50	−2.05	7	6/22	9/15	10/20	120	21.2	99.6	22.1	121.6	84.6	69.6	29.0	0.0	直	未发	未发	轻	B
江西省种子管理局	561.67	−5.47	7	6/23	9/10	10/11	110	21.1	99.3	23.7	148.3	120.9	81.5	31.5	0.9	直	未发	未发	轻	D
江西宜春市农科所	604.67	−5.37	7	6/15	9/2	10/8	115	18.6	114.1	21.3	116.0	92.5	79.7	28.7	0.1	倒	未发	未发	轻	C
浙江金华市农业科学院	536.50	1.39	1	6/15	9/2	10/14	121	15.7	109.1	22.3	139.0	117.2	84.3	28.7	0.0	直	无	无	轻	A
浙江温州市农业科学院	533.00	−10.82	11	6/30	9/12	10/24	116	23.3	103.8	20.1	97.2	91.9	94.5	30.3	0.0	直	无	无	无	C
中国水稻研究所	573.45	−3.52	6	6/19	9/11	10/27	130	22.6	106.0	23.0	139.1	101.2	72.8	28.4	0.0	直	未发	未发	轻	C

注：综合评级 A—好，B—较好，C—中等，D——一般。

表 19-7-3 晚籼中迟熟 B 组（133011N-B）区试品种在各试点的产量、生育期及主要农艺经济性状表现

品种名称/试验点	亩产（千克）	比 CK ±%	产量位次	播种期（月/日）	齐穗期（月/日）	成熟期（月/日）	全生育期（天）	有效穗（万/亩）	株高（厘米）	穗长（厘米）	总粒数/穗	实粒数/穗	结实率（%）	千粒重（克）	杂株率（%）	倒伏性	穗颈瘟	白叶枯病	纹枯病	综合评级
34 优 84																				
福建龙岩市新罗区良种场	510.00	5.88	3	6/24	9/21	10/30	128	15.2	110.5	24.2	192.8	141.2	73.2	26.4	0.0	直	未发	未发	轻	A
福建沙县良种场	559.17	-1.93	9	6/23	9/15	10/21	120	17.4	108.2	23.9	178.5	147.5	82.6	28.7	0.5	直	无	未发	轻	C
广东韶关市农科所	481.33	-7.79	6	7/2	9/29	11/4	125	17.2	100.6	24.9	170.6	115.4	67.6	28.6	0.0	直	未发	未发	轻	B
广西桂林市农科所	415.33	-11.19	10	7/6	9/29	11/2	119	15.2	92.2	23.0	143.0	106.1	74.2	27.0	0.2	直	重	未发	轻	D
广西柳州市农科所	381.33	-17.87	12	7/10	9/24	10/27	109	15.1	107.5	25.7	236.5	121.8	51.5	26.3	0.2	直	无	未发	轻	D
湖南郴州市农科所	539.33	-2.68	8	6/21	9/8	10/20	121	19.5	100.3	22.0	112.8	98.2	87.1	28.8		直	未发	未发	无	B
湖南省贺家山原种场	545.67	-10.01	8	6/18	9/8	10/18	122	19.0	110.3	20.3	116.2	103.0	88.6	25.9		直	未发	未发	轻	C
湖南省水稻研究所	444.33	-16.08	11	6/18	9/12	10/18	122	20.4	119.6	20.8	150.6	100.0	66.4	26.2	0.0	直	未发	未发	轻	D
江西赣州市农科所	423.33	-18.41	12	6/21	9/26	10/28	129	20.8	103.2	21.9	118.4	85.1	71.9	25.4	0.8	直	未发	未发	轻	C
江西吉安市农科所	434.33	-17.64	12	6/22	9/22	10/24	124	22.6	99.2	21.2	122.0	82.0	67.2	26.8	0.2	直	未发	未发	轻	D
江西省种子管理局	540.83	-8.98	11	6/23	9/20	10/21	120	19.3	100.1	22.5	195.8	162.8	83.1	26.1	0.7	直	未发	未发	轻	D
江西宜春市农科所	603.00	-5.63	8	6/15	9/12	10/18	125	20.0	117.1	23.0	148.1	129.6	87.5	26.0	0.2	直	未发	未发	轻	D
浙江金华市农业科学院	479.67	-9.35	11	6/15	9/15	10/21	128	15.4	112.9	22.4	146.0	114.5	78.4	26.8	0.4	直	无	无	轻	D
浙江温州市农业科学院	563.17	-5.77	9	6/30	9/17	11/2	125	19.1	111.7	22.7	146.8	139.4	95.0	28.0	0.0	直	无	无	无	C
中国水稻研究所	562.10	-5.43	9	6/19	9/18	10/28	131	19.5	111.8	22.5	179.2	117.3	65.4	24.8	0.0	直	未发	未发	轻	D

注：综合评级 A—好，B—较好，C—中等，D——般。

表 19－7－4　晚籼中迟熟 B 组（133011N-B）区试品种在各试点的产量、生育期及主要农艺经济性状表现

品种名称/试验点	亩产（千克）	比 CK ±%	产量位次	播种期（月/日）	齐穗期（月/日）	成熟期（月/日）	全生育期（天）	有效穗（万/亩）	株高（厘米）	穗长（厘米）	总粒数/穗	实粒数/穗	结实率（%）	千粒重（克）	杂株率（%）	倒伏性	穗颈瘟	白叶枯病	纹枯病	综合评级
钱优 WZ14																				
福建龙岩市新罗区良种场	488.33	1.38	6	6/24	9/15	10/28	126	18.5	106.7	22.4	128.9	103.6	80.4	27.3	0.1	直	未发	未发	轻	C
福建沙县良种场	567.00	－0.56	7	6/23	9/12	10/17	116	17.8	110.0	22.5	129.4	101.2	78.2	28.4	0.8	斜	无	未发	轻	C
广东韶关市农科所	499.50	－4.31	5	7/2	9/21	10/29	119	20.1	93.2	22.9	144.5	91.5	63.3	27.5	0.0	直	未发	未发	轻	A
广西桂林市农科所	466.17	－0.32	6	7/6	9/23	10/26	112	17.1	89.5	20.9	125.7	107.9	85.8	27.0	0.2	直	无	未发	轻	B
广西柳州市农科所	473.17	1.90	5	7/10	9/20	10/25	107	17.2	108.7	24.9	187.4	138.0	73.6	28.4	0.5	直	无	未发	轻	B
湖南郴州市农科所	526.17	－5.05	9	6/21	9/13	10/18	119	20.9	97.2	22.1	110.6	91.0	82.3	29.1		直	未发	未发	无	C
湖南省贺家山原种场	514.00	－15.23	9	6/18	9/6	10/16	120	21.7	110.3	21.7	125.5	95.7	76.3	27.1		直	未发	未发	中	C
湖南省水稻研究所	494.50	－6.61	8	6/18	9/9	10/17	121	23.3	110.8	21.9	144.6	101.0	69.9	26.0	1.1	直	未发	未发	轻	C
江西赣州市农科所	512.50	－1.22	6	6/21	9/19	10/22	123	22.6	97.4	21.4	118.3	91.2	77.1	25.9	0.7	直	未发	未发	轻	A
江西吉安市农科所	522.83	－0.85	6	6/22	9/19	10/22	122	19.6	99.5	22.2	147.0	93.2	63.4	29.0	0.0	直	未发	未发	轻	B
江西省种子管理局	555.83	－6.45	8	6/23	9/18	10/19	118	23.6	99.3	22.6	139.2	92.3	66.3	27.7	0.0	直	未发	未发	轻	D
江西宜春市农科所	574.00	－10.17	10	6/15	9/7	10/15	122	18.0	113.0	22.4	126.2	108.2	85.7	28.4	0.7	直	未发	未发	轻	C
浙江金华市农业科学院	475.00	－10.24	12	6/15	9/10	10/18	125	14.4	105.8	22.4	158.5	133.9	84.5	24.3	0.0	直	无	无	轻	D
浙江温州市农业科学院	610.33	2.12	2	6/30	9/16	10/29	121	21.8	102.3	21.9	127.9	117.6	91.9	30.2	0.0	直	无	无	无	A
中国水稻研究所	569.96	－4.11	8	6/19	9/15	10/27	130	22.2	107.9	22.7	139.9	87.0	62.2	25.3	0.0	直	未发	未发	轻	C

注：综合评级 A—好，B—较好，C—中等，D——一般。

表 19－7－5　晚籼中迟熟 B 组（133011N-B）区试品种在各试点的产量、生育期及主要农艺经济性状表现

品种名称/试验点	亩产（千克）	比 CK ±%	产量位次	播种期（月/日）	齐穗期（月/日）	成熟期（月/日）	全生育期（天）	有效穗（万/亩）	株高（厘米）	穗长（厘米）	总粒数/穗	实粒数/穗	结实率（%）	千粒重（克）	杂株率（%）	倒伏性	穗颈瘟	白叶枯病	纹枯病	综合评级
雅 3 优 2117																				
福建龙岩市新罗区良种场	483.33	0.35	7	6/24	9/17	10/29	127	14.3	114.0	25.1	196.5	143.1	72.8	27.2	0.0	直	未发	未发	轻	C
福建沙县良种场	513.33	-9.97	12	6/23	9/10	10/16	115	17.9	108.0	25.0	166.1	121.7	73.3	33.4	0.9	直	无	未发	轻	D
广东韶关市农科所	459.33	-12.01	7	7/2	9/18	10/21	111	16.8	95.4	22.9	91.7	69.6	75.9	29.3	0.0	直	未发	未发	轻	B
广西桂林市农科所	406.67	-13.04	11	7/6	9/24	10/27	113	12.8	98.5	23.1	150.8	106.3	70.5	30.5	0.0	直	无	未发	轻	C
广西柳州市农科所	441.00	-5.02	9	7/10	9/20	10/25	107	15.1	110.2	25.6	219.3	144.7	66.0	30.3	0.0	直	无	未发	轻	C
湖南郴州市农科所	445.83	-19.55	12	6/21	9/17	10/19	120	16.2	107.7	24.6	146.5	101.1	69.0	31.5		直	未发	未发	轻	D
湖南省贺家山原种场	255.00	-57.94	12	6/18	9/9	10/10	114	16.5	108.0	21.5	138.0	42.0	30.4	30.5		直	未发	未发	中	D
湖南省水稻研究所	441.17	-16.68	12	6/18	9/12	10/18	122	16.8	111.6	24.2	164.3	108.5	66.0	28.4	0.3	直	未发	未发	轻	D
江西赣州市农科所	472.50	-8.93	10	6/21	9/22	10/25	126	16.4	105.2	22.1	139.9	114.5	81.8	25.7	0.6	直	未发	未发	轻	B
江西吉安市农科所	510.50	-3.19	8	6/22	9/19	10/21	121	16.6	97.6	22.5	159.7	102.2	64.0	29.8	0.0	直	未发	未发	轻	B
江西省种子管理局	551.67	-7.15	9	6/23	9/17	10/17	116	20.4	103.2	24.0	220.6	159.0	72.1	30.4	1.8	直	未发	未发	轻	D
江西宜春市农科所	497.67	-22.12	12	6/15	9/11	10/16	123	17.4	109.8	24.1	166.5	110.3	66.2	27.9		直	未发	未发	轻	C
浙江金华市农业科学院	497.50	-5.98	9	6/15	9/12	10/17	124	13.9	111.8	25.0	180.5	134.8	74.7	27.8	0.0	直	无	无	轻	C
浙江温州市农业科学院	558.83	-6.50	10	6/30	9/17	10/29	121	19.2	106.6	21.5	142.6	129.4	90.7	29.0	0.0	直	无	无	无	C
中国水稻研究所	505.37	-14.98	11	6/19	9/16	10/27	130	18.9	110.6	23.2	223.0	164.6	73.8	28.5	0.0	直	未发	未发	轻	D

注：综合评级 A—好，B—较好，C—中等，D——般。

表 19－7－6　晚籼中迟熟 B 组（133011N-B）区试品种在各试点的产量、生育期及主要农艺经济性状表现

品种名称/试验点	亩产（千克）	比 CK ±%	产量位次	播种期（月/日）	齐穗期（月/日）	成熟期（月/日）	全生育期（天）	有效穗（万/亩）	株高（厘米）	穗长（厘米）	总粒数/穗	实粒数/穗	结实率（%）	千粒重（克）	杂株率（%）	倒伏性	穗颈瘟	白叶枯病	纹枯病	综合评级
天优华占（CK）																				
福建龙岩市新罗区良种场	481.67	0.00	8	6/24	9/11	10/24	122	16.5	99.8	21.0	156.3	125.4	80.2	24.3	0.1	直	未发	未发	轻	C
福建沙县良种场	570.17	0.00	6	6/23	9/10	10/15	114	18.7	104.4	21.5	151.6	132.2	87.2	26.0	1.4	直	无	未发	轻	B
广东韶关市农科所	522.00	0.00	1	7/2	9/22	10/30	120	17.6	91.9	22.1	155.3	129.1	83.1	25.5	0.1	直	未发	未发	轻	A
广西桂林市农科所	467.67	0.00	5	7/6	9/24	10/25	111	18.8	90.1	19.0	116.0	102.3	88.2	25.1	0.0	直	无	未发	轻	B
广西柳州市农科所	464.33	0.00	7	7/10	9/20	10/25	107	15.4	104.8	22.0	198.2	142.0	71.7	25.2	0.0	直	无	未发	轻	B
湖南郴州市农科所	554.17	0.00	4	6/21	9/10	10/19	120	19.6	97.6	21.4	130.5	108.7	83.3	26.5	有杂	直	未发	未发	无	A
湖南省贺家山原种场	606.33	0.00	3	6/18	9/9	10/20	124	22.0	114.5	20.1	134.1	119.9	89.4	24.4		直	未发	未发	轻	A
湖南省水稻研究所	529.50	0.00	6	6/18	9/8	10/17	121	20.5	110.0	21.4	161.6	127.3	78.8	25.1	0.0	直	未发	未发	轻	C
江西赣州市农科所	518.83	0.00	4	6/21	9/17	10/18	119	20.8	98.8	20.2	136.4	111.0	81.4	23.5	0.4	直	未发	未发	轻	A
江西吉安市农科所	527.33	0.00	4	6/22	9/18	10/22	122	21.0	96.8	19.9	141.2	105.5	74.7	23.9	0.0	直	未发	未发	轻	A
江西省种子管理局	594.17	0.00	4	6/23	9/17	10/18	117	19.8	92.9	21.2	208.3	167.3	80.3	24.9	0.0	直	未发	未发	轻	C
江西宜春市农科所	639.00	0.00	2	6/15	9/8	10/15	122	21.0	112.7	21.3	143.8	126.8	88.2	24.7	0.3	直	未发	未发	轻	
浙江金华市农业科学院	529.17	0.00	2	6/15	9/11	10/19	126	17.4	104.7	21.7	175.9	138.8	78.9	22.7	0.0	直	无	无	轻	A
浙江温州市农业科学院	597.67	0.00	4	6/30	9/16	10/29	121	21.4	103.5	20.1	145.0	138.5	95.5	26.3	0.0	斜	无	无	无	B
中国水稻研究所	594.40	0.00	4	6/19	9/14	10/28	131	21.1	105.3	20.4	186.2	144.4	77.6	23.5	0.0	直	未发	未发	轻	B

注：综合评级 A—好，B—较好，C—中等，D——一般。

表 19－7－7　晚籼中迟熟 B 组（133011N-B）区试品种在各试点的产量、生育期及主要农艺经济性状表现

品种名称/试验点	亩产（千克）	比 CK ±%	产量位次	播种期（月/日）	齐穗期（月/日）	成熟期（月/日）	全生育期（天）	有效穗（万/亩）	株高（厘米）	穗长（厘米）	总粒数/穗	实粒数/穗	结实率（%）	千粒重（克）	杂株率（%）	倒伏性	穗颈瘟	白叶枯病	纹枯病	综合评级
粤香优 199																				
福建龙岩市新罗区良种场	431.67	-10.38	12	6/24	9/21	10/29	127	15.8	113.7	21.5	150.4	114.7	76.3	25.6	0.0	直	未发	未发	轻	D
福建沙县良种场	556.17	-2.46	10	6/23	9/14	10/17	116	18.5	113.2	23.1	156.4	134.4	85.9	25.1	1.4	直	无	未发	轻	C
广东韶关市农科所	512.00	-1.92	2	7/2	9/26	11/4	125	15.9	106.2	25.2	188.1	165.7	88.1	23.8	0.0	直	未发	未发	轻	A
广西桂林市农科所	423.83	-9.37	9	7/6	9/29	11/3	120	13.5	89.6	22.5	137.2	120.7	88.0	25.4	0.2	直	无	未发	轻	C
广西柳州市农科所	399.67	-13.93	11	7/10	9/25	10/28	110	15.9	104.8	24.4	189.0	117.4	62.1	24.0	2.5	直	无	未发	轻	C
湖南郴州市农科所	475.00	-14.29	11	6/21	9/17	10/19	120	20.2	111.0	21.7	127.0	109.8	86.5	24.7	2.0	直	未发	未发	无	C
湖南省贺家山原种场	593.33	-2.14	4	6/18	9/13	10/22	126	22.0	119.8	22.8	142.7	115.3	80.8	24.7	3.0	直	未发	未发	中	B
湖南省水稻研究所	549.83	3.84	5	6/18	9/12	10/17	121	21.9	121.6	23.4	143.6	106.2	74.0	23.9	0.0	直	未发	未发	轻	B
江西赣州市农科所	430.50	-17.02	11	6/21	9/22	10/24	125	22.4	112.1	20.8	124.2	88.7	71.4	20.9	0.4	直	未发	未发	轻	B
江西吉安市农科所	459.17	-12.93	11	6/22	9/23	10/23	123	20.8	105.8	21.7	123.4	85.0	68.9	24.9	0.3	直	未发	未发	轻	D
江西省种子管理局	485.00	-18.37	12	6/23	9/20	10/21	120	19.2	105.2	21.7	184.9	130.6	70.6	23.3	0.7	直	未发	未发	轻	D
江西宜春市农科所	556.00	-12.99	11	6/15	9/14	10/20	127	19.8	118.7	22.8	145.0	130.6	90.1	22.9		直	未发	未发	轻	D
浙江金华市农业科学院	499.00	-5.70	8	6/15	9/13	10/20	127	14.5	120.0	22.6	162.7	137.1	84.3	23.8	0.4	直	无	无	轻	C
浙江温州市农业科学院	593.17	-0.75	6	6/30	9/22	11/2	125	21.2	121.5	20.7	149.1	143.3	96.1	26.4	0.0	直	无	无	无	B
中国水稻研究所	505.37	-14.98	12	6/19	9/19	10/29	132	23.4	117.5	21.3	168.7	139.6	82.8	21.5	0.0	直	未发	未发	轻	D

注：综合评级 A—好，B—较好，C—中等，D—一般。

表 19－7－8　晚籼中迟熟 B 组（133011N-B）区试品种在各试点的产量、生育期及主要农艺经济性状表现

品种名称/试验点	亩产（千克）	比 CK ±%	产量位次	播种期（月/日）	齐穗期（月/日）	成熟期（月/日）	全生育期（天）	有效穗（万/亩）	株高（厘米）	穗长（厘米）	总粒数/穗	实粒数/穗	结实率（%）	千粒重（克）	杂株率（%）	倒伏性	穗颈瘟	白叶枯病	纹枯病	综合评级
两优 39418																				
福建龙岩市新罗区良种场	478.33	－0.69	9	6/24	9/14	10/26	124	17.2	102.9	21.0	117.4	105.1	89.5	27.5	0.0	直	未发	未发	轻	C
福建沙县良种场	563.00	－1.26	8	6/23	9/7	10/11	110	20.4	107.8	22.1	133.5	96.6	72.4	29.1	0.5	直	轻	未发	轻	C
广东韶关市农科所	446.50	－14.46	8	7/2	9/19	10/24	114	19.7	95.8	22.2	127.2	104.0	81.8	29.1	0.0	直	未发	未发	轻	C
广西桂林市农科所	471.00	0.71	4	7/6	9/21	10/23	109	16.7	90.9	19.7	110.6	95.6	86.4	27.7	0.0	直	无	未发	轻	B
广西柳州市农科所	450.00	－3.09	8	7/10	9/19	10/26	108	18.3	110.0	22.3	165.8	112.5	67.9	29.4	0.0	直	无	未发	中	B
湖南郴州市农科所	568.00	2.50	2	6/21	9/7	10/19	120	22.4	102.6	22.6	109.2	94.0	86.1	30.5	3.0	直	未发	未发	无	B
湖南省贺家山原种场	570.00	－5.99	6	6/18	9/7	10/21	125	22.3	108.5	22.3	125.4	114.4	91.2	28.1	6.0	直	未发	未发	中	B
湖南省水稻研究所	502.83	－5.04	7	6/18	9/4	10/10	114	17.7	116.2	23.9	153.4	124.3	81.1	28.1	0.0	直	未发	未发	轻	C
江西赣州市农科所	499.17	－3.79	7	6/21	9/14	10/18	119	25.6	97.4	22.5	113.5	89.0	78.4	25.9	0.7	直	未发	未发	轻	A
江西吉安市农科所	495.33	－6.07	10	6/22	9/17	10/24	124	21.4	103.1	22.3	135.6	82.2	60.6	29.1	0.3	直	未发	未发	轻	C
江西省种子管理局	585.83	－1.40	5	6/23	9/16	10/17	116	21.6	103.5	22.5	162.8	120.1	73.8	28.4	0.9	直	未发	未发	轻	D
江西宜春市农科所	627.33	－1.83	5	6/15	9/5	10/14	121	24.6	106.5	21.2	105.9	94.8	89.5	27.2		直	未发	未发	轻	C
浙江金华市农业科学院	524.50	－0.88	5	6/15	9/9	10/19	126	16.7	111.3	22.8	155.6	123.1	79.1	26.8	7.3	直	无	无	轻	B
浙江温州市农业科学院	588.33	－1.56	8	6/30	9/15	10/29	121	23.2	110.4	22.3	129.4	116.5	90.0	28.2	0.0	直	无	无	无	B
中国水稻研究所	582.18	－2.06	5	6/19	9/11	10/28	131	22.9	114.4	23.3	169.3	127.3	75.2	26.5	0.0	直	未发	未发	轻	B

注：综合评级 A—好，B—较好，C—中等，D——一般。

表 19－7－9　晚籼中迟熟 B 组（133011N-B）区试品种在各试点的产量、生育期及主要农艺经济性状表现

品种名称/试验点	亩产（千克）	比 CK ±%	产量位次	播种期（月/日）	齐穗期（月/日）	成熟期（月/日）	全生育期（天）	有效穗（万/亩）	株高（厘米）	穗长（厘米）	总粒数/穗	实粒数/穗	结实率（%）	千粒重（克）	杂株率（%）	倒伏性	穗颈瘟	白叶枯病	纹枯病	综合评级
两优 1033																				
福建龙岩市新罗区良种场	455.00	-5.54	11	6/24	9/17	10/27	125	16.2	114.1	19.8	154.2	119.3	77.4	27.4	0.0	直	未发	未发	轻	D
福建沙县良种场	576.67	1.14	5	6/23	9/13	10/18	117	16.5	119.4	22.4	150.8	125.4	83.2	29.5	0.3	直	无	未发	轻	B
广东韶关市农科所	500.67	-4.09	4	7/2	9/22	11/1	121	17.7	108.5	21.9	163.0	122.5	75.2	28.4	0.0	直	未发	未发	轻	A
广西桂林市农科所	459.33	-1.78	7	7/6	9/28	10/31	117	16.7	91.3	21.1	119.4	91.2	76.4	27.8	0.2	直	无	未发	轻	C
广西柳州市农科所	437.67	-5.74	10	7/10	9/22	10/24	106	14.0	116.4	22.7	221.9	134.7	60.7	28.3	0.0	直	无	未发	轻	C
湖南郴州市农科所	570.17	2.89	1	6/21	9/14	10/19	120	18.6	111.3	22.4	127.8	109.9	86.0	29.1	0.7	直	未发	未发	无	A
湖南省贺家山原种场	619.67	2.20	1	6/18	9/9	10/19	123	19.9	116.9	21.8	152.0	140.5	92.4	27.1		直	未发	未发	轻	A
湖南省水稻研究所	552.33	4.31	3	6/18	9/8	10/16	120	18.6	121.2	22.7	163.2	123.9	75.9	26.2	0.0	直	未发	未发	轻	B
江西赣州市农科所	480.83	-7.32	9	6/21	9/19	10/22	123	18.4	115.6	21.5	150.2	106.7	71.0	25.6	0.6	直	未发	未发	轻	B
江西吉安市农科所	495.83	-5.97	9	6/22	9/21	10/22	122	19.2	109.8	20.7	138.9	93.9	67.6	28.3	0.2	直	未发	未发	轻	C
江西省种子管理局	613.33	3.23	1	6/23	9/17	10/18	117	19.0	108.3	21.4	179.7	130.6	72.7	28.3	0.7	直	未发	未发	轻	B
江西宜春市农科所	638.67	-0.05	3	6/15	9/7	10/15	122	20.8	118.8	21.3	132.7	111.6	84.1	26.7		直	未发	未发	轻	B
浙江金华市农业科学院	482.67	-8.79	10	6/15	9/11	10/20	127	15.1	122.1	22.9	169.0	120.7	71.4	26.0	0.0	直	无	无	轻	D
浙江温州市农业科学院	595.50	-0.36	5	6/30	9/20	10/29	121	20.8	119.4	21.4	165.6	132.8	80.2	29.5	0.0	直	无	无	无	B
中国水稻研究所	629.31	5.87	2	6/19	9/14	10/27	130	20.0	117.8	22.9	188.8	149.8	79.3	27.3	0.0	直	未发	未发	轻	A

注：综合评级 A—好，B—较好，C—中等，D——般。

表 19－7－10　晚籼中迟熟 B 组（133011N-B）区试品种在各试点的产量、生育期及主要农艺经济性状表现

品种名称/试验点	亩产（千克）	比 CK ±%	产量位次	播种期（月/日）	齐穗期（月/日）	成熟期（月/日）	全生育期（天）	有效穗（万/亩）	株高（厘米）	穗长（厘米）	总粒数/穗	实粒数/穗	结实率（%）	千粒重（克）	杂株率（%）	倒伏性	穗颈瘟	白叶枯病	纹枯病	综合评级
深优 995																				
福建龙岩市新罗区良种场	531.50	10.35	1	6/24	9/10	10/22	120	15.2	96.7	23.2	231.7	167.5	72.3	23.4	0.0	直	未发	未发	轻	A
福建沙县良种场	589.67	3.42	2	6/23	9/8	10/10	109	19.2	95.3	20.4	146.0	134.4	92.1	23.0	0.5	直	无	未发	轻	A
广东韶关市农科所	399.83	-23.40	11	7/2	9/19	10/23	113	20.1	86.9	21.1	111.7	98.6	88.3	26.3	0.5	直	未发	未发	轻	C
广西桂林市农科所	491.33	5.06	2	7/6	9/20	10/23	109	18.5	87.7	19.8	129.5	115.2	89.0	24.6	0.2	直	中	未发	轻	A
广西柳州市农科所	498.50	7.36	3	7/10	9/19	10/25	107	15.1	100.5	23.6	213.3	176.1	82.6	24.1	0.2	直	无	未发	轻	B
湖南郴州市农科所	546.00	-1.47	6	6/21	9/6	10/10	111	22.2	92.4	20.8	133.5	99.6	74.6	26.5		直	未发	未发	无	B
湖南省贺家山原种场	608.00	0.28	2	6/18	9/3	10/9	113	22.8	100.5	20.1	128.5	115.4	89.8	23.3	1.2	直	未发	未发	轻	B
湖南省水稻研究所	599.67	13.25	1	6/18	9/1	10/5	109	21.5	103.4	24.9	166.9	150.3	90.1	22.2	0.5	直	未发	未发	轻	A
江西赣州市农科所	531.83	2.51	2	6/21	9/14	10/16	117	24.0	93.3	20.8	124.4	105.0	84.4	23.9	1.3	直	未发	未发	轻	A
江西吉安市农科所	525.17	-0.41	5	6/22	9/17	10/21	121	22.6	88.1	19.9	124.9	97.8	78.3	25.0	0.0	直	未发	未发	轻	B
江西省种子管理局	612.50	3.08	2	6/23	9/12	10/13	112	20.7	87.1	21.0	160.1	140.7	87.9	24.6	0.7	直	未发	未发	轻	B
江西宜春市农科所	635.67	-0.52	4	6/15	8/30	10/7	114	24.4	95.8	19.7	112.6	101.4	90.1	22.6	0.5	斜	未发	未发	轻	B
浙江金华市农业科学院	528.50	-0.13	3	6/15	9/4	10/13	120	17.5	96.4	21.4	151.9	134.1	88.3	22.6	0.0	直	无	无	轻	A
浙江温州市农业科学院	609.17	1.92	3	6/30	9/15	10/26	118	21.8	104.5	21.5	154.9	144.9	93.5	25.8	0.0	直	无	无	无	A
中国水稻研究所	573.45	-3.52	7	6/19	9/10	10/27	130	23.1	91.8	22.5	175.8	150.4	85.5	23.4	0.0	直	未发	未发	轻	C

注：综合评级 A—好，B—较好，C—中等，D——般。

表 19-7-11 晚籼中迟熟 B 组（133011N-B）区试品种在各试点的产量、生育期及主要农艺经济性状表现

品种名称/试验点	亩产（千克）	比 CK ±%	产量位次	播种期（月/日）	齐穗期（月/日）	成熟期（月/日）	全生育期（天）	有效穗（万/亩）	株高（厘米）	穗长（厘米）	总粒数/穗	实粒数/穗	结实率（%）	千粒重（克）	杂株率（%）	倒伏性	穗颈瘟	白叶枯病	纹枯病	综合评级
荃香优 822																				
福建龙岩市新罗区良种场	473.33	-1.73	10	6/24	9/12	10/23	121	16.0	103.0	21.8	172.3	143.3	83.2	23.1	0.0	直	未发	未发	轻	C
福建沙县良种场	589.50	3.39	3	6/23	9/7	10/10	109	19.6	108.2	20.8	143.9	133.1	92.5	23.4	2.0	直	无	未发	轻	A
广东韶关市农科所	411.50	-21.17	10	7/2	9/18	10/22	112	18.9	94.2	21.2	113.8	92.2	81.0	24.8	0.0	直	未发	未发	轻	C
广西桂林市农科所	493.17	5.45	1	7/6	9/21	10/24	110	18.0	93.0	17.8	131.8	118.2	89.7	24.3	0.0	直	无	未发	轻	A
广西柳州市农科所	506.83	9.15	2	7/10	9/20	10/25	107	16.2	108.6	21.7	198.3	165.8	83.6	24.3	0.0	直	无	未发	轻	A
湖南郴州市农科所	524.33	-5.38	10	6/21	9/9	10/13	114	20.8	100.0	20.7	119.8	98.4	82.1	26.3		直	未发	未发	无	C
湖南省贺家山原种场	586.67	-3.24	5	6/18	9/5	10/12	116	20.5	99.1	20.0	139.3	120.2	86.3	24.0		直	未发	未发	轻	B
湖南省水稻研究所	552.33	4.31	4	6/18	9/6	10/12	116	22.9	110.8	21.7	134.8	103.9	77.1	23.8	0.0	直	未发	未发	轻	B
江西赣州市农科所	528.67	1.90	3	6/21	9/15	10/17	118	21.6	97.5	20.3	132.7	105.2	79.3	22.9	0.9	直	未发	未发	轻	A
江西吉安市农科所	531.83	0.85	3	6/22	9/15	10/20	120	14.8	100.0	22.1	163.9	134.2	81.9	25.1	0.0	直	未发	未发	轻	B
江西省种子管理局	567.50	-4.49	6	6/23	9/15	10/16	115	18.4	100.3	22.5	183.4	158.9	86.6	25.4	0.2	直	未发	未发	轻	D
江西宜春市农科所	648.00	1.41	1	6/15	9/4	10/12	119	22.0	112.2	20.4	146.9	131.3	89.4	23.5	0.6	斜	未发	未发	轻	A
浙江金华市农业科学院	499.50	-5.61	7	6/15	9/7	10/16	123	15.6	106.5	21.0	146.8	126.9	86.4	24.4	0.4	直	无	无	轻	C
浙江温州市农业科学院	610.67	2.17	1	6/30	9/16	10/26	118	18.5	103.5	20.8	153.1	147.3	96.2	26.5	0.0	直	无	无	无	A
中国水稻研究所	604.87	1.76	3	6/19	9/13	10/27	130	19.3	110.6	21.3	173.6	152.6	88.0	23.8	0.0	直	未发	未发	轻	B

注：综合评级 A—好，B—较好，C—中等，D——般。

表 19-7-12　晚籼中迟熟 B 组（133011N-B）区试品种在各试点的产量、生育期及主要农艺经济性状表现

品种名称/试验点	亩产（千克）	比 CK ±%	产量位次	播种期（月/日）	齐穗期（月/日）	成熟期（月/日）	全生育期（天）	有效穗（万/亩）	株高（厘米）	穗长（厘米）	总粒数/穗	实粒数/穗	结实率（%）	千粒重（克）	杂株率（%）	倒伏性	穗颈瘟	白叶枯病	纹枯病	综合评级
深优 9531																				
福建龙岩市新罗区良种场	505.00	4.84	4	6/24	9/15	10/26	124	17.4	108.1	21.9	176.1	131.4	74.6	25.2	0.0	直	未发	未发	轻	B
福建沙县良种场	551.00	-3.36	11	6/23	9/10	10/13	112	17.8	104.4	22.5	156.9	143.7	91.6	25.6	0.8	直	无	未发	轻	C
广东韶关市农科所	500.83	-4.05	3	7/2	9/25	11/1	121	16.9	99.9	23.2	154.4	133.8	86.7	26.5	0.0	直	未发	未发	轻	A
广西桂林市农科所	458.83	-1.89	8	7/6	9/24	10/27	113	14.1	93.0	20.8	127.5	114.3	89.6	27.3	0.0	直	轻	未发	轻	C
广西柳州市农科所	471.83	1.62	6	7/10	9/19	10/24	106	14.6	110.7	23.7	193.7	151.0	77.9	26.1	0.0	直	轻	未发	中	C
湖南郴州市农科所	555.83	0.30	3	6/21	9/11	10/18	119	18.3	98.7	21.6	132.1	114.7	86.8	27.7		直	未发	未发	无	B
湖南省贺家山原种场	512.33	-15.50	10	6/18	9/2	10/10	114	19.0	113.9	22.1	143.1	123.8	86.5	25.5		直	未发	未发	轻	C
湖南省水稻研究所	566.00	6.89	2	6/18	9/2	10/7	111	18.8	114.0	23.7	176.2	146.2	82.9	25.4	0.0	直	未发	未发	轻	A
江西赣州市农科所	512.67	-1.19	5	6/21	9/18	10/23	124	18.8	102.0	21.4	136.3	112.6	82.6	24.2	1.0	直	未发	未发	轻	A
江西吉安市农科所	538.83	2.18	1	6/22	9/16	10/20	120	19.0	98.5	22.2	139.0	111.3	80.1	27.1	0.0	直	未发	未发	轻	A
江西省种子管理局	542.50	-8.70	10	6/23	9/15	10/16	115	21.5	96.7	21.1	159.1	137.2	86.2	26.3	0.2	直	未发	未发	轻	D
江西宜春市农科所	600.00	-6.10	9	6/15	9/3	10/8	115	19.8	114.8	21.4	130.4	118.8	91.1	26.0	0.2	直	未发	未发	轻	C
浙江金华市农业科学院	524.17	-0.95	6	6/15	9/6	10/14	121	16.4	106.6	23.4	148.2	123.8	83.5	26.5	0.4	直	无	无	轻	B
浙江温州市农业科学院	590.67	-1.17	7	6/30	9/15	10/26	118	19.2	108.5	21.1	143.5	138.8	96.7	26.4	0.0	直	无	无	无	B
中国水稻研究所	631.06	6.17	1	6/19	9/9	10/26	129	21.6	104.4	24.0	150.6	126.6	84.1	25.4	0.0	直	未发	未发	轻	A

注：综合评级 A—好，B—较好，C—中等，D——一般。

第二十章　2013 年华南感光晚籼组国家水稻品种试验汇总报告

一、试验概况

（一）试验目的

鉴定评价我国南方稻区新选育和引进的水稻新品种（组合，下同）的丰产性、稳产性、适应性、抗性、米质及其他重要性状表现，为国家水稻品种审定提供科学依据。

（二）参试品种

区试品种 11 个，深优 9524 和振优 616 为续试品种，其他为新参试品种，以博优 998（CK）为对照；生产试验品种 1 个，也以博优 998（对照）作对照。品种编号、名称、类型、亲本组合、选育/供种单位见表 20－1。区试品种永丰优华占因种子发芽率低、多个试验点缺区，未列入汇总。

（三）承试单位

区试点 11 个，生产试验点 5 个，分布在海南、广东、广西和福建 4 个省区。承试单位、试验地点、经纬度、海拔高度、试验负责人及执行人见表 20－2。

（四）试验设计、栽培管理与观察记载

各试验点均按《2013 年南方稻区国家水稻品种试验实施方案》及《农作物品种区域试验技术规范　水稻》进行试验。

区试采用完全随机区组排列，3 次重复，小区面积 0.02 亩。生产试验采用大区随机排列，不设重复，大区面积 0.5 亩。

分区试、生产试验，同组试验所有品种同期播种、移栽，施肥水平中等偏上，其他栽培管理措施与当地大田生产相同。

观察记载项目与标准按《农作物品种区域试验技术规范　水稻》以及《国家水稻品种试验观察记载项目、方法及标准》《南方稻区国家水稻品种区试及生产试验记载表》等的要求执行。

（五）特性鉴定

抗性鉴定：广东省农业科学院植保所、广西区农业科学院植保所和福建上杭县茶地乡农技站负责稻瘟病抗性鉴定，鉴定采用人工接菌与病区自然诱发相结合；广东省农业科学院植保所负责白叶枯病抗性鉴定；中国水稻研究所稻作发展中心负责稻飞虱抗性鉴定。鉴定种子由中国水稻研究所试验点统一提供，鉴定结果由广东省农业科学院植保所负责汇总。

米质分析：由广东高州市良种场、广西玉林市农科所和福建漳州市江东良种场试验点分别单独种植生产提供样品，农业部稻米及制品质量监督检验测试中心负责检测分析。

参试品种的特异性及续试品种年度间的一致性鉴定：由中国水稻研究所进行 DNA 指纹鉴定。

（六）统计分析

按照《农作物品种区域试验技术规范　水稻》等有关试验质量评价标准，对各试验（鉴定）点试验（鉴定）结果的可靠性、完整性、准确性、可比性以及对照品种表现情况等进行分析评估，确保汇总质量。2013 年区试海南神农大丰育种中心试验点因白叶枯病重发试验结果异常、广东高州市

良种场试验点因对照品种产量异常偏低、广西钦州市农科所试验点因对照品种缺失未列入汇总，其余8个试验点试验结果正常，列入汇总。生产试验各试验点试验结果正常，全部列入汇总。

产量联合方差分析采用混合模型，品种间产量差异多重比较采用Duncan's新复极差法；参试品种的丰产性主要以品种在区试和生产试验中相对于对照品种产量及组平均产量衡量；参试品种的适应性主要以品种在区试中比对照品种增产的试验点比例衡量；参试品种的稳产性主要以品种在年度间区试中相对于对照品种产量的差异变化程度衡量。

参试品种的生育期主要以全生育期比对照品种长短的天数衡量。

参试品种的抗性以指定的鉴定单位的鉴定结果为主要依据，对稻瘟病抗性的主要评价指标为综合指数和穗瘟损失率最高级，对其他病虫害抗性的主要评价指标为最高级。

参试品种的米质检测、评价按照国家《优质稻谷》标准，分优质1级、优质2级、优质3级，未达到优质级的品种米质均为等外级。

二、结果分析

（一）产量

博优998（CK）产量中等、居第6位。2013年区试品种中，依据比组平均的增减产幅度，产量较高的品种有永丰优9802、金稻618、Y两优900和深两优8386，产量居前4位，平均亩产分别是509.12~537.79千克，比博优998（CK）增产4.15%~10.02%；产量一般的品种有丰田优939、陵两优812、华珍优156，平均亩产467.48~485.32千克，比博优998（CK）减产4.36%~0.71%；其他品种产量中等，平均亩产488.22~489.23千克，较博优998（CK）有小幅度的增减产、幅度均小于1%。品种产量、比对照及组平均增减产百分率、品种间产量差异显著性、比对照增产试验点比例等汇总结果见表20-3。

2013年生产试验品种中，博Ⅱ优691产量表现良好，平均亩产467.65千克，比博优998（CK）增产3.26%。品种产量、比对照增减产百分率等汇总结果以及各试验点对品种的综合评价等级见表20-4。

（二）生育期

2013年区试品种中，丰田优939熟期偏迟，永丰优9802和陵两优812熟期较迟；其他品种全生育期112.9~115.3天，比博优998（CK）长不超过5天、熟期适宜。品种全生育期及比对照长短天数见表20-3。

2013年生产试验品种中，博Ⅱ优691的全生育期比博优998（CK）长2.3天、熟期适宜。品种全生育期及比对照长短天数见表20-4。

（三）主要农艺经济性状

品种分蘖率、有效穗数、成穗率、株高、每穗总粒数、每穗实粒数、结实率、千粒重等主要农艺经济性状汇总结果见表20-3。

（四）抗性

2013年区试品种中，深优9578的稻瘟病综合指数为6.5级，其他品种均超过6.5级。依据穗瘟损失率最高级，振优616、金稻618、永丰优华占、永丰优9802和丰田优939为中抗，深优9524和华珍优156为中感，其他品种为感或高感。

品种在各稻瘟病抗性鉴定点的鉴定结果见表20-5，品种稻瘟病抗性鉴定汇总结果以及白叶枯病、褐飞虱抗性鉴定结果见表20-6。

（五）米质

依据国家《优质稻谷》标准，振优616、丰田优939、永丰优华占和博优998（CK）米质优，达国标优质2级或3级；其他品种均为等外级，米质中等或一般。品种糙米率、整精米率、粒长、长宽比、垩白粒率、垩白度、胶稠度、直链淀粉等米质性状表现见表20－7。

（六）品种在各试验点表现

区试、生产试验品种在各试验点的产量、生育期、主要农艺经济性状、田间抗性表现等见表20－8－1至表20－8－6、表20－9。

三、品种评价

（一）生产试验品种

博Ⅱ优691

2011年初试平均亩产482.83千克，比博优998（CK）增产6.46%，达极显著水平；2012年续试平均亩产482.03千克，比博优998（CK）增产4.13%，达极显著水平；两年区试平均亩产482.43千克，比博优998（CK）增产5.29%，增产点比例82.4%；2013年生产试验平均亩产467.65千克，比博优998（CK）增产3.26%。全生育期两年区试平均119.0天，比博优998（CK）迟熟3.4天。主要农艺性状两年区试综合表现：每亩有效穗数15.8万穗，株高108.5厘米，穗长22.4厘米，每穗总粒数167.3粒，结实率81.4%，千粒重23.5克。抗性两年综合表现：稻瘟病综合指数6.4级，穗瘟损失率最高级9级；白叶枯病平均级5级，最高级5级；褐飞虱平均级9级，最高级9级。米质主要指标两年综合表现：整精米率64.1%，长宽比2.5，垩白粒率65%，垩白度7.8%，胶稠度82毫米，直链淀粉含量21.3%。

2013年国家水稻品种试验年会审议意见：已完成试验程序，可以申报国家品种审定。

（二）续试品种

1. 振优616

2012年初试平均亩产480.95千克，比博优998（CK）增产3.90%，达极显著水平；2013年续试平均亩产489.23千克，比博优998（CK）增产0.09%，未达显著水平；两年区试平均亩产485.09千克，比博优998（CK）增产1.94%，增产点比例68.8%。全生育期两年区试平均116.8天，比博优998（CK）迟熟3.3天。主要农艺性状两年区试综合表现：每亩有效穗数15.2万穗，株高104.8厘米，穗长22.4厘米，每穗总粒数174.8粒，结实率81.9%，千粒重23.3克。抗性两年综合表现：稻瘟病综合指数4.2级，穗瘟损失率最高级9级；白叶枯病平均级5级，最高级5级；褐飞虱平均级9级，最高级9级。米质主要指标两年综合表现：整精米率67.9%，长宽比2.8，垩白粒率18%，垩白度1.6%，胶稠度51毫米，直链淀粉含量20.5%，达国标优质2级。

2013年国家水稻品种试验年会审议意见：2014年进行生产试验。

2. 深优9524

2012年初试平均亩产493.92千克，比博优998（CK）增产6.70%，达极显著水平；2013年续试平均亩产488.46千克，比博优998（CK）减产0.07%，未达显著水平；两年区试平均亩产491.19千克，比博优998（CK）增产3.22%，增产点比例68.8%。全生育期两年区试平均116.4天，比博优998（CK）迟熟2.9天。主要农艺性状两年区试综合表现：每亩有效穗数16.2万穗，株高103.5厘米，穗长22.4厘米，每穗总粒数134.4粒，结实率88.8%，千粒重28.3克。抗性两年综合表现：稻瘟病综合指数5.2级，穗瘟损失率最高级9级；白叶枯病平均级4级，最高级5级；褐飞虱平均级8级，最高级9级。米质主要指标两年综合表现：整精米率62.7%，长宽比3.1，垩白粒率17%，垩白度2.0%，胶稠度72毫米，直链淀粉含量14.6%。

2013年国家水稻品种试验年会审议意见：终止试验。

（三）初试品种

1. 永丰优9802

2013年初试平均亩产537.79千克，比博优998（CK）增产10.02%，达极显著水平，增产点比例100.0%。全生育期115.8天，比博优998（CK）迟熟5.0天。主要农艺性状表现：每亩有效穗数16.7万穗，株高103.1厘米，穗长25.2厘米，每穗总粒数173.7粒，结实率82.0%，千粒重24.2克。抗性：稻瘟病综合指数3.5级，穗瘟损失率最高级3级；白叶枯病5级；褐飞虱9级。米质主要指标：整精米率56.0%，长宽比3.4，垩白粒率11%，垩白度0.9%，胶稠度78毫米，直链淀粉含量14.6%。

2013年国家水稻品种试验年会审议意见：2014年续试。

2. 金稻618

2013年初试平均亩产516.89千克，比博优998（CK）增产5.75%，达极显著水平，增产点比例87.5%。全生育期113.8天，比博优998（CK）迟熟3.0天。主要农艺性状表现：每亩有效穗数15.6万穗，株高107.1厘米，穗长24.2厘米，每穗总粒数166.9粒，结实率85.7%，千粒重23.7克。抗性：稻瘟病综合指数3.4级，穗瘟损失率最高级3级；白叶枯病7级；褐飞虱7级。米质主要指标：整精米率59.1%，长宽比3.0，垩白粒率53%，垩白度6.3%，胶稠度61毫米，直链淀粉含量20.0%。

2013年国家水稻品种试验年会审议意见：2014年续试。

3. Y两优900

2013年初试平均亩产513.69千克，比博优998（CK）增产5.09%，达极显著水平，增产点比例87.5%。全生育期113.3天，比博优998（CK）迟熟2.5天。主要农艺性状表现：每亩有效穗数13.6万穗，株高105.4厘米，穗长26.3厘米，每穗总粒数221.9粒，结实率83.2%，千粒重24.7克。抗性：稻瘟病综合指数5.9级，穗瘟损失率最高级9级；白叶枯病5级；褐飞虱9级。米质主要指标：整精米率66.3%，长宽比3.0，垩白粒率11%，垩白度1.9%，胶稠度65毫米，直链淀粉含量14.5%。

2013年国家水稻品种试验年会审议意见：2014年续试。

4. 深两优8386

2013年初试平均亩产509.12千克，比博优998（CK）增产4.15%，达极显著水平，增产点比例87.5%。全生育期113.9天，比博优998（CK）迟熟3.1天。主要农艺性状表现：每亩有效穗数14.9万穗，株高99.9厘米，穗长23.7厘米，每穗总粒数162.0粒，结实率86.6%，千粒重24.9克。抗性：稻瘟病综合指数5.0级，穗瘟损失率最高级7级；白叶枯病7级；褐飞虱7级。米质主要指标：整精米率63.5%，长宽比3.4，垩白粒率9%，垩白度0.9%，胶稠度68毫米，直链淀粉含量12.8%。

2013年国家水稻品种试验年会审议意见：终止试验。

5. 深优9578

2013年初试平均亩产488.22千克，比博优998（CK）减产0.12%，未达显著水平，增产点比例50.0%。全生育期112.9天，比博优998（CK）迟熟2.1天。主要农艺性状表现：每亩有效穗数13.5万穗，株高109.1厘米，穗长23.8厘米，每穗总粒数171.4粒，结实率86.4%，千粒重25.7克。抗性：稻瘟病综合指数6.5级，穗瘟损失率最高级7级；白叶枯病3级；褐飞虱7级。米质主要指标：整精米率58.7%，长宽比3.1，垩白粒率12%，垩白度1.4%，胶稠度76毫米，直链淀粉含量13.8%。

2013年国家水稻品种试验年会审议意见：终止试验。

6. 丰田优939

2013年初试平均亩产485.32千克，比博优998（CK）减产0.71%，未达显著水平，增产点比例50.0%。全生育期119.0天，比博优998（CK）迟熟8.2天。主要农艺性状表现：每亩有效穗数16.6万穗，株高105.1厘米，穗长21.7厘米，每穗总粒数173.8粒，结实率83.2%，千粒重21.4克。抗性：稻瘟病综合指数3.4级，穗瘟损失率最高级3级；白叶枯病3级；褐飞虱7级。米质主要指标：整精米率58.8%，长宽比3.3，垩白粒率15%，垩白度2.2%，胶稠度72毫米，直链淀粉含量21.0%，达国标优质2级。

2013年国家水稻品种试验年会审议意见：终止试验。

7. 陵两优 812

2013 年初试平均亩产 485.19 千克，比博优 998（CK）减产 0.74%，未达显著水平，增产点比例 62.5%。全生育期 116.1 天，比博优 998（CK）迟熟 5.3 天。主要农艺性状表现：每亩有效穗数 14.3 万穗，株高 106.3 厘米，穗长 23.3 厘米，每穗总粒数 156.7 粒，结实率 87.7%，千粒重 27.7 克。抗性：稻瘟病综合指数 5.8 级，穗瘟损失率最高级 7 级；白叶枯病 7 级；褐飞虱 7 级。米质主要指标：整精米率 66.4%，长宽比 3.2，垩白粒率 9%，垩白度 0.8%，胶稠度 71 毫米，直链淀粉含量 13.6%。

2013 年国家水稻品种试验年会审议意见：终止试验。

8. 华珍优 156

2013 年初试平均亩产 467.48 千克，比博优 998（CK）减产 4.36%，达极显著水平，增产点比例 12.5%。全生育期 114.0 天，比博优 998（CK）迟熟 3.2 天。主要农艺性状表现：每亩有效穗数 15.4 万穗，株高 104.8 厘米，穗长 23.4 厘米，每穗总粒数 172.5 粒，结实率 81.1%，千粒重 23.1 克。抗性：稻瘟病综合指数 5.5 级，穗瘟损失率最高级 5 级；白叶枯病 5 级；褐飞虱 9 级。米质主要指标：整精米率 58.5%，长宽比 3.5，垩白粒率 31%，垩白度 5.1%，胶稠度 55 毫米，直链淀粉含量 23.5%。

2013 年国家水稻品种试验年会审议意见：终止试验。

表 20－1 华南感光晚籼组（133011H）区试及生产试验参试品种基本情况

编号	品种名称	品种类型	亲本组合	选育/供种单位
区试				
1	*金稻 618	杂交稻	金稻 13A×广恢 618	中种集团/广东金稻种业
2	深优 9524	杂交稻	深 95A×R6024	中国种子集团有限公司三亚分公司
3	振优 616	杂交稻	振丰 A×粤恢 616	广东省农业科学院水稻所
4	*永丰优华占	杂交稻	永丰 A×华占	广东粤良种业有限公司/中国水稻研究所
5	*深两优 8386	杂交稻	深 08S×R1386	广西兆和种业有限公司
6CK	博优 998（CK）	杂交稻	博 A×广恢 998	广东省农业科学院水稻所
7	*华珍优 156	杂交稻	G 华珍 A×华恢 156	南宁市沃德农作物研究所
8	*陵两优 812	杂交稻	湘陵 628S×华恢 812	袁隆平农业高科技股份有限公司
9	*永丰优 9802	杂交稻	永丰 A×粤恢 9802	广东粤良种业有限公司
10	*Y 两优 900	杂交稻	Y58S×R900	创世纪转基因技术有限公司
11	*深优 9578	杂交稻	深 95A×R1078	广东和丰种业科技有限公司
12	*丰田优 939	杂交稻	丰田 1A×中种恢 939	中种集团三亚分公司/广西农业科学院水稻所
生产试验				
1	博Ⅱ优 691	杂交稻	博ⅡA×R691	汕头市农业科学研究所
2CK	博优 998（CK）	杂交稻	博 A×广恢 998	广东省农业科学院水稻所

*为 2013 年新参试品种。

表 20－2　华南感光晚籼组（133011H）区试及生产试验点基本情况

承试单位	试验地点	经度	纬度	海拔高度（米）	试验负责人及执行人
区试					
海南农业科学院水稻所	澄迈县永发镇	110°31′	20°01′	15.0	林朝上、邢福能、符研
海南神农大丰三亚育种中心	陵水提蒙神农大丰育种基地	109°48′	19°09′	10.0	高国富
广东广州市农业科学院	广州市花都区花东镇	113°31′	23°45′	15.0	谭耀文、梁青、陈伟雄、陈雪瑜、陈玉英、梁继生
广东高州市良种场	高州市分界镇	110°55′	21°48′	31.0	吴辉、梁齐仕
广东肇庆市农科所	肇庆市鼎湖区坑口	112°31′	23°10′	22.5	姚仲谋、慕容耀明、张家来
广东惠州市农科所	惠州市汤泉	114°41′	23°19′	7.0	曾海泉、罗华峰、胡庭平、陈怀机
广东清远市农技推广站	清远市清城区源潭镇	113°21′	23°5′	12.0	林建勇、陈明霞、陈国新、温灶婵
广西农业科学院水稻所	南宁市	108°31′	22°35′	80.7	莫海玲、唐梅、于松保、孙富、黄志
广西玉林市农科所	玉林市	110°10′	22°38′	80.0	莫振勇、陈海凤、何俊、赖汉
广西钦州市农科所	钦州市	108°05′	21°43′	5.6	宋国显、张辉松、邹金松
福建漳州市江东良种场	漳州江东郭州	117°30′	24°18′	10.0	黄溪华
生产试验					
广东肇庆市农科所	肇庆市鼎湖区坑口	112°31′	23°10′	22.5	姚仲谋、慕容耀明、张家来
广东高州市良种场	高州市分界镇	110°55′	21°48′	31.0	吴辉、梁齐仕
广西农业科学院水稻所	南宁市	108°31′	22°35′	80.7	莫海玲、唐梅、于松保、孙富、黄志
广西玉林市农科所	玉林市	110°10′	22°38′	80.0	莫振勇、陈海凤、何俊、赖汉
福建龙海市东园镇农科所	龙海市东园镇	117°34′	24°11′	4.0	黄水龙、陈进明

表 20－3　华南感光晚籼组（133011H）区试品种产量、生育期及主要农艺经济性状汇总分析结果

品种名称	区试年份	亩产（千克）	比 CK ±%	比组平均 ±%	显著性检验 5%	显著性检验 1%	稳定性回归系数	比 CK 增产点率%	全生育期（天）	比 CK ±天	分蘖率（%）	有效穗（万/亩）	成穗率（%）	株高（厘米）	穗长（厘米）	每穗总粒数	每穗实粒数	结实率（%）	千粒重（克）
振优 616	2012～2013	485.09	1.94					68.8	116.8	3.3	387.7	15.2	63.0	104.8	22.4	174.8	143.3	81.9	23.3
深优 9524	2012～2013	491.19	3.22					68.8	116.4	2.9	431.5	16.2	56.8	103.5	22.4	134.4	119.4	88.8	28.3
博优 998（CK）	2012～2013	475.85	0.00					0.0	113.5	0.0	441.6	16.8	61.2	105.6	24.2	152.9	133.6	87.3	22.6
永丰优 9802	2013	537.79	10.02	8.14	a	A	1.44	100.0	115.8	5.0	324.0	16.7	68.5	103.1	25.2	173.7	142.4	82.0	24.2
金稻 618	2013	516.89	5.75	3.94	b	B	0.76	87.5	113.8	3.0	382.1	15.6	64.6	107.1	24.2	166.9	143.0	85.7	23.7
Y 两优 900	2013	513.69	5.09	3.30	b	B	0.92	87.5	113.3	2.5	337.9	13.6	59.9	105.4	26.3	221.9	184.5	83.2	24.7
深两优 8386	2013	509.12	4.15	2.38	b	B	1.42	87.5	113.9	3.1	382.5	14.9	61.4	99.9	23.7	162.0	140.2	86.6	24.9
振优 616	2013	489.23	0.09	－1.62	c	C	1.01	62.5	115.3	4.5	319.4	14.4	62.7	104.3	22.9	179.2	150.7	84.1	22.9
博优 998（CK）	2013	488.81	0.00	－1.71	c	C	1.18	0.0	110.8	0.0	335.0	15.9	63.8	104.9	24.9	161.7	143.1	88.5	22.4
深优 9524	2013	488.46	－0.07	－1.78	c	C	0.91	50.0	114.9	4.1	347.8	15.4	59.7	103.2	22.8	141.0	126.8	89.9	27.8
深优 9578	2013	488.22	－0.12	－1.82	c	C	1.04	50.0	112.9	2.1	294.7	13.5	60.7	109.1	23.8	171.4	148.0	86.4	25.7
丰田优 939	2013	485.32	－0.71	－2.41	c	C	0.93	50.0	119.0	8.2	355.5	16.6	62.2	105.1	21.7	173.8	144.5	83.2	21.4
陵两优 812	2013	485.19	－0.74	－2.43	c	C	0.66	62.5	116.1	5.3	325.5	14.3	64.4	106.3	23.3	156.7	137.5	87.7	27.7
华珍优 156	2013	467.48	－4.36	－6.00	d	D	0.72	12.5	114.0	3.2	365.7	15.4	60.7	104.8	23.4	172.5	139.8	81.1	23.1

表 20－4　华南感光晚籼组生产试验（133011H-S）品种产量、生育期及在各生产试验点综合评价等级

品种名称	博Ⅱ优 691	博优 998（CK）
生产试验汇总表现		
全生育期（天）	116.3	114.0
比 CK ± 天	2.3	0.0
亩产（千克）	467.65	452.87
产量比 CK ± %	3.26	0.00
各生产试验点综合评价等级		
广东肇庆市农科所	B	B
广东高州市良种场	C	C
广西区农业科学院水稻所	B	C
广西玉林市农科所	A	B
福建龙海市东园镇农科所	B	A

注：A—好，B—较好，C—中等，D——般。

表 20－5　华南感光晚籼组（133011H）区试品种稻瘟病抗性各地鉴定结果（2013 年）

品种名称	福建					广西					广东				
	叶瘟（级）	穗瘟发病		穗瘟损失		叶瘟（级）	穗瘟发病		穗瘟损失		叶瘟（级）	穗瘟发病		穗瘟损失	
		%	级	%	级		%	级	%	级		%	级	%	级
金稻 618	3	13	5	6	3	6	71	9	10	3	1	7	3	4	1
深优 9524	5	53	9	29	5	5	8	3	5	1	5	13	5	8	3
振优 616	1	4	1	1	1	5	62	9	9	3	5	16	5	9	3
永丰优华占	4	21	5	10	3	4	68	9	7	3	1	8	3	3	1
深两优 8386	5	66	9	41	7	5	71	9	6	3	1	23	5	14	3
博优 998（CK）	7	33	7	19	5	7	89	9	17	5	8	95	9	82	9
华珍优 156	7	42	7	22	5	6	81	9	11	3	6	24	5	21	5
陵两优 812	6	46	7	33	7	7	70	9	7	3	3	27	7	18	5
永丰优 9802	2	12	5	5	3	6	83	9	10	3	3	6	3	5	1
Y 两优 900	6	100	9	92	9	7	92	9	11	3	5	13	5	11	3
深优 9578	5	68	9	39	7	7	82	9	10	3	7	43	7	31	7
丰田优 939	5	11	5	6	3	6	50	7	4	1	5	7	3	4	1
感病对照	8	100	9	91	9	7	100	9	88	9	9	100	9	100	9

注：1. 鉴定单位：广东省农业科学院植保所、广西区农业科学院植保所、福建上杭县茶地乡农技站；
2. 感稻瘟病对照广东为“广陆矮 4 号”，广西为“桂井 1 号”，福建为“紫色糯＋国际辐 4 号＋汕优 63”。

表 20-6　华南感光晚籼组（133011H）区试品种对主要病虫抗性综合评价结果（2012～2013 年）

品种名称	区试年份	稻瘟病							白叶枯病			褐飞虱		
		2013 年各地综合指数（级）				2013 年	1～2 年综合评价		2013 年	1～2 年综合评价		2013 年	1～2 年综合评价	
		福建	广西	广东	平均	穗瘟损失率最高级	平均综合指数（级）	穗瘟损失率最高级		平均级	最高级		平均级	最高级
深优 9524	2012～2013	6.0	2.5	4.0	4.2	5	5.2	9	5	4	5	7	8	9
振优 616	2012～2013	1.0	5.0	4.0	3.3	3	4.2	9	5	5	5	9	9	9
博优 998（CK）	2012～2013	6.0	6.5	8.8	7.1	9	7.6	9	7	7	7	7	8	9
金稻 618	2013	3.5	5.3	1.5	3.4	3	3.4	3	7	7	7	7	7	7
永丰优华占	2013	3.8	4.8	1.5	3.3	3	3.3	3	5	5	5	9	9	9
深两优 8386	2013	7.0	5.0	3.0	5.0	7	5.0	7	7	7	7	7	7	7
博优 998（CK）	2013	6.0	6.5	8.8	7.1	9	7.1	9	7	7	7	7	7	7
华珍优 156	2013	6.0	5.3	5.3	5.5	5	5.5	5	5	5	5	9	9	9
陵两优 812	2013	6.8	5.5	5.0	5.8	7	5.8	7	7	7	7	7	7	7
永丰优 9802	2013	3.3	5.3	2.0	3.5	3	3.5	3	5	5	5	9	9	9
Y 两优 900	2013	8.3	5.5	4.0	5.9	9	5.9	9	5	5	5	9	9	9
深优 9578	2013	7.0	5.5	7.0	6.5	7	6.5	7	3	3	3	7	7	7
丰田优 939	2013	4.0	3.8	2.5	3.4	3	3.4	3	3	3	3	7	7	7
感病虫对照	2013	8.8	8.5	9.0	8.8	9	8.8	9	9	9	9	9	9	9

注：1. 稻瘟病综合指数（级）＝叶瘟平均级 ×25% ＋穗瘟发病率平均级 ×25% ＋穗瘟损失率平均级 ×50%；
2. 白叶枯病、褐飞虱分别为广东省农业科学院植保所、中国水稻研究所鉴定结果；
3. 感白叶枯病、褐飞虱对照分别为金刚 30、TN1。

表 20－7　华南感光晚籼组（133011H）米质检测分析结果

品种名称	年份	糙米率(%)	精米率(%)	整精米率(%)	粒长(毫米)	长宽比	垩白粒率(%)	垩白度(%)	透明度(级)	碱消值(级)	胶稠度(毫米)	直链淀粉(%)	部标*(等级)	国标**(等级)
深优 9524	2012～2013	83.3	75.3	62.7	6.8	3.1	17	2.0	2	4.5	72	14.6	等外	等外
振优 616	2012～2013	81.8	73.8	67.9	6.2	2.8	18	1.6	2	6.4	51	20.5	优 3	优 2
博优 998（CK）	2012～2013	81.4	73.2	64.5	6.3	2.8	29	3.7	1	5.0	65	17.4	优 3	优 3
Y 两优 900	2013	82.7	73.8	66.3	6.5	3.0	11	1.9	2	4.6	65	14.5	等外	等外
丰田优 939	2013	82.9	74.1	58.8	6.4	3.3	15	2.2	2	5.7	72	21.0	优 3	优 2
华珍优 156	2013	82.2	74.5	58.5	6.8	3.5	31	5.1	2	6.5	55	23.5	等外	等外
金稻 618	2013	82.5	74.4	59.1	6.5	3.0	53	6.3	2	5.6	61	20.0	等外	等外
陵两优 812	2013	81.2	73.6	66.4	7.0	3.2	9	0.8	2	4.8	71	13.6	等外	等外
深两优 8386	2013	81.3	73.6	63.5	6.9	3.4	9	0.9	2	4.7	68	12.8	等外	等外
深优 9578	2013	83.1	75.4	58.7	6.7	3.1	12	1.4	2	3.7	76	13.8	等外	等外
永丰优 9802	2013	82.4	73.8	56.0	7.0	3.4	11	0.9	2	3.8	78	14.6	等外	等外
永丰优华占	2013	81.3	73.2	61.7	6.6	3.3	12	1.3	2	4.5	64	15.5	等外	优 3
博优 998（CK）	2013	81.5	73.8	62.0	6.1	2.8	23	2.5	2	4.1	59	16.1	等外	优 3

注：1. 样品生产提供单位：广东高州市良种场（2012～2013 年），广西玉林市农科所（2012～2013 年），福建漳州市江东良种场（2013 年）；

2. 检测分析单位：农业部稻米及制品质量监督检验测试中心。

表 20-8-1　华南感光晚籼组（133011H）区试品种在各试点的产量、生育期及主要农艺经济性状表现

品种名称/试验点	亩产（千克）	比 CK ±%	产量位次	播种期（月/日）	齐穗期（月/日）	成熟期（月/日）	全生育期（天）	有效穗（万/亩）	株高（厘米）	穗长（厘米）	每穗总粒数	每穗实粒数	结实率（%）	千粒重（克）	杂株率（%）	倒伏性	穗颈瘟	白叶枯病	纹枯病	综评等级
金稻 618																				
福建漳州市江东良种场	549.50	-10.75	9	7/22	10/3	11/4	107	15.3	104.0	23.3	123.3	112.1	91.0	22.2	0.0	直	未发	未发	未发	B
广东广州市农业科学院	472.00	6.51	6	7/12	9/30	11/6	117	14.3	116.0	24.2	175.5	140.2	79.9	23.3	0.0	斜	未发	未发	轻	B
广东惠州市农科所	516.00	10.33	1	7/17	10/9	11/13	119	17.2	103.8	22.5	141.4	125.3	88.6	25.5	0.0	直	未发	未发	轻	A
广东清远市农技推广站	526.67	13.10	1	7/12	10/2	11/9	120	15.4	102.7	24.6	186.4	170.9	91.7	22.6	0.2	直	未发	未发	轻	A
广东肇庆市农科所	529.00	12.55	2	7/13	9/29	11/1	111	13.3	101.4	25.0	189.3	160.3	84.7	25.0	0.0	直	未发	未发	轻	A
广西区农业科学院水稻所	564.31	7.49	1	7/12	10/5	11/4	115	15.1	115.5	25.8	216.7	167.4	77.2	24.2	0.0	直	未发	未发	轻	B
广西玉林市农科所	562.33	8.49	2	7/11	9/27	10/30	111	17.6	106.3	25.3	153.3	140.4	91.6	24.6	0.0	直	未发	未发	轻	A
海南省农业科学院粮作所	415.33	2.55	5	7/8	9/28	10/25	110	16.6	107.1	23.1	149.6	127.4	85.2	22.5	0.4	直	无	轻	轻	B
深优 9524																				
福建漳州市江东良种场	586.83	-4.68	7	7/22	10/8	11/12	115	15.9	104.0	23.8	159.0	152.6	96.0	27.8	0.0	直	未发	未发	未发	A
广东广州市农业科学院	445.83	0.60	8	7/12	10/1	11/4	115	14.7	105.1	22.8	154.4	122.4	79.3	24.9	0.0	直	未发	未发	轻	C
广东惠州市农科所	482.67	3.21	6	7/17	10/14	11/16	122	16.0	108.5	21.9	128.8	108.0	83.9	28.7	1.2	直	未发	未发	轻	C
广东清远市农技推广站	456.00	-2.08	11	7/12	9/30	11/6	117	16.2	97.8	23.1	129.3	124.0	95.9	27.7	0.5	直	未发	未发	轻	B
广东肇庆市农科所	468.67	-0.28	8	7/13	10/1	11/2	112	13.0	103.0	23.2	141.8	128.3	90.5	29.0	0.0	直	未发	未发	中	B
广西区农业科学院水稻所	536.19	2.14	5	7/12	10/5	11/3	114	12.9	102.9	23.6	176.4	161.6	91.6	28.5	1.2	直	未发	未发	轻	B
广西玉林市农科所	499.67	-3.60	11	7/11	9/27	10/30	111	17.0	94.5	22.4	113.9	106.7	93.7	29.6	0.0	直	未发	未发	轻	C
海南省农业科学院粮作所	431.83	6.63	3	7/8	9/30	10/28	113	17.1	109.9	21.5	124.3	110.5	88.9	26.1	0.4	直	无	无	轻	A

注：综合评级 A—好，B—较好，C—中等，D——般。

表 20－8－2　华南感光晚籼组（133011H）区试品种在各试点的产量、生育期及主要农艺经济性状表现

品种名称/试验点	亩产（千克）	比 CK ±%	产量位次	播种期（月/日）	齐穗期（月/日）	成熟期（月/日）	全生育期（天）	有效穗（万/亩）	株高（厘米）	穗长（厘米）	每穗总粒数	每穗实粒数	结实率（%）	千粒重（克）	杂株率（%）	倒伏性	穗颈瘟	白叶枯病	纹枯病	综评等级
振优 616																				
福建漳州市江东良种场	576.50	-6.36	8	7/22	10/1	11/12	114	12.7	103.0	22.5	188.6	161.6	85.7	21.5	0.0	直	未发	未发	未发	B
广东广州市农业科学院	452.50	2.11	7	7/12	10/3	11/8	119	13.8	111.1	23.4	165.6	124.7	75.3	23.1	0.0	直	未发	未发	轻	B
广东惠州市农科所	475.00	1.57	7	7/17	10/10	11/13	119	15.8	105.2	20.9	152.7	125.9	82.4	24.6	0.0	直	未发	未发	轻	B
广东清远市农技推广站	471.67	1.29	7	7/12	10/3	11/11	122	13.1	100.6	23.9	208.6	183.8	88.1	21.8	0.0	直	未发	未发	轻	C
广东肇庆市农科所	468.33	-0.35	9	7/13	9/30	11/2	112	12.0	97.4	23.3	190.1	170.5	89.7	23.0	0.0	直	未发	未发	轻	B
广西区农业科学院水稻所	525.33	0.07	6	7/12	10/5	11/4	115	14.4	111.5	24.7	221.4	169.5	76.6	23.8	0.0	直	未发	未发	轻	B
广西玉林市农科所	540.50	4.28	5	7/11	9/28	10/31	112	18.4	100.3	22.3	165.9	141.9	85.5	21.9	0.0	直	未发	未发	轻	B
海南省农业科学院粮作所	404.00	-0.25	9	7/8	9/27	10/24	109	15.3	104.9	22.5	140.3	127.5	90.9	23.4	0.2	直	无	轻	轻	B
深两优 8386																				
福建漳州市江东良种场	655.50	6.47	2	7/22	10/9	11/15	117	15.0	103.0	24.3	220.6	178.2	80.8	26.1	0.0	直	未发	未发	未发	A
广东广州市农业科学院	473.33	6.81	5	7/12	9/29	11/4	115	14.6	106.0	22.5	159.3	130.1	81.7	22.7	0.0	直	未发	未发	无	B
广东惠州市农科所	471.00	0.71	8	7/17	10/10	11/14	120	15.8	101.0	22.1	163.3	124.5	76.2	25.2	0.0	直	未发	未发	轻	C
广东清远市农技推广站	483.33	3.79	4	7/12	9/26	11/4	115	15.6	95.8	24.4	145.9	136.9	93.8	24.3	0.0	直	未发	未发	轻	B
广东肇庆市农科所	474.00	0.85	5	7/13	9/28	10/31	110	13.0	96.0	25.0	151.8	139.7	92.0	26.5	0.0	直	未发	未发	轻	B
广西区农业科学院水稻所	552.92	5.32	2	7/12	10/1	11/1	112	14.4	97.8	25.5	172.4	159.9	92.7	24.5	0.0	直	未发	未发	轻	A
广西玉林市农科所	559.00	7.85	3	7/11	9/25	10/28	109	16.6	97.6	24.3	161.2	139.2	86.4	25.9	0.0	直	未发	未发	轻	A
海南省农业科学院粮作所	403.83	-0.29	10	7/8	9/30	10/28	113	14.5	99.4	21.9	121.6	113.5	93.3	23.8	0.9	直	无	轻	中	B

注：综合评级 A—好，B—较好，C—中等，D——般。

表 20－8－3　华南感光晚籼组（133011H）区试品种在各试点的产量、生育期及主要农艺经济性状表现

品种名称/试验点	亩产（千克）	比 CK ±%	产量位次	播种期（月/日）	齐穗期（月/日）	成熟期（月/日）	全生育期（天）	有效穗（万/亩）	株高（厘米）	穗长（厘米）	每穗总粒数	每穗实粒数	结实率（%）	千粒重（克）	杂株率（%）	倒伏性	穗颈瘟	白叶枯病	纹枯病	综评等级
博优 998（CK）																				
福建漳州市江东良种场	615.67	0.00	3	7/22	10/1	11/2	104	13.5	104.0	24.2	182.8	167.7	91.7	20.0	0.0	直	未发	未发	未发	C
广东广州市农业科学院	443.17	0.00	10	7/12	9/28	11/2	113	15.1	115.4	25.3	165.9	129.4	78.0	21.6	0.0	直	未发	未发	轻	C
广东惠州市农科所	467.67	0.00	9	7/17	10/7	11/10	116	16.8	102.3	22.7	137.1	117.6	85.8	23.2	2.7	直	未发	未发	轻	C
广东清远市农技推广站	465.67	0.00	8	7/12	9/28	11/6	117	16.8	106.7	26.2	167.7	144.8	86.3	21.6	0.0	直	未发	未发	轻	B
广东肇庆市农科所	470.00	0.00	7	7/13	9/26	10/28	107	14.7	97.6	26.0	153.2	143.8	93.9	22.6	0.0	直	未发	未发	中	B
广西区农业科学院水稻所	524.97	0.00	7	7/12	10/2	11/2	113	13.6	104.2	26.3	208.7	184.5	88.4	23.4	2.9	直	未发	未发	轻	B
广西玉林市农科所	518.33	0.00	8	7/11	9/25	10/28	109	17.0	103.6	25.1	142.0	132.8	93.5	23.6	0.0	直	未发	未发	轻	C
海南省农业科学院粮作所	405.00	0.00	8	7/8	9/25	10/22	107	19.7	106.4	23.3	136.5	124.2	91.0	23.5	0.4	直	无	中	轻	B
华珍优 156																				
福建漳州市江东良种场	526.50	－14.48	10	7/22	10/5	11/12	114	17.7	103.0	23.0	201.1	160.4	79.8	21.9	0.0	直	未发	未发	未发	A
广东广州市农业科学院	431.50	－2.63	11	7/12	10/1	11/6	117	15.4	102.5	21.0	145.9	105.6	72.4	21.7	0.0	直	未发	未发	轻	D
广东惠州市农科所	448.67	－4.06	11	7/17	10/12	11/17	123	15.4	111.8	22.9	164.8	122.8	74.5	25.3	0.0	伏	未发	未发	轻	D
广东清远市农技推广站	460.67	－1.07	9	7/12	9/29	11/6	117	15.2	102.2	25.3	190.7	157.9	82.8	22.1	0.0	直	未发	未发	轻	B
广东肇庆市农科所	460.00	－2.13	11	7/13	9/29	11/1	111	15.2	102.9	23.2	167.5	140.3	83.8	23.0	0.0	直	未发	未发	中	C
广西区农业科学院水稻所	488.30	－6.98	9	7/12	10/1	10/31	111	12.7	106.5	26.0	199.7	174.6	87.5	23.7	0.0	直	未发	未发	轻	C
广西玉林市农科所	514.33	－0.77	10	7/11	9/25	10/28	109	16.6	102.2	22.9	147.7	120.7	81.7	24.3	0.0	直	未发	未发	轻	C
海南省农业科学院粮作所	409.83	1.19	6	7/8	9/28	10/25	110	15.2	106.5	22.7	162.7	136.4	83.8	22.9	0.4	直	无	轻	轻	B

注：综合评级 A—好，B—较好，C—中等，D——般。

表 20－8－4　华南感光晚籼组（133011H）区试品种在各试点的产量、生育期及主要农艺经济性状表现

品种名称/试验点	亩产（千克）	比 CK ±%	产量位次	播种期（月/日）	齐穗期（月/日）	成熟期（月/日）	全生育期（天）	有效穗（万/亩）	株高（厘米）	穗长（厘米）	每穗总粒数	每穗实粒数	结实率（%）	千粒重（克）	杂株率（%）	倒伏性	穗颈瘟	白叶枯病	纹枯病	综评等级
陵两优 812																				
福建漳州市江东良种场	521.67	－15.27	11	7/22	10/3	11/12	114	15.7	106.0	23.5	192.6	182.1	94.5	25.9	0.0	直	未发	未发	未发	A
广东广州市农业科学院	477.67	7.78	2	7/12	10/1	11/8	119	14.2	111.9	23.0	156.4	130.0	83.1	27.0	0.0	直	未发	未发	轻	A
广东惠州市农科所	487.33	4.20	5	7/17	10/10	11/13	119	15.2	106.8	22.3	150.5	123.1	81.8	28.6	0.0	直	未发	未发	轻	B
广东清远市农技推广站	456.67	－1.93	10	7/12	10/3	11/11	122	12.7	101.3	25.0	138.0	129.4	93.8	27.1	0.0	直	未发	未发	轻	C
广东肇庆市农科所	481.00	2.34	4	7/13	9/30	11/3	113	13.4	105.3	22.5	144.7	128.5	88.8	28.0	0.0	直	未发	未发	轻	B
广西区农业科学院水稻所	515.18	－1.86	8	7/12	10/6	11/7	118	11.9	108.6	23.8	195.2	165.9	85.0	28.5	0.0	直	未发	未发	轻	C
广西玉林市农科所	536.83	3.57	6	7/11	9/30	11/2	114	16.1	102.0	24.0	145.2	122.4	84.3	28.1	0.0	直	未发	未发	轻	B
海南省农业科学院粮作所	405.17	0.04	7	7/8	9/28	10/25	110	14.9	108.7	22.5	130.7	118.3	90.5	28.3	0.2	直	无	无	轻	B
永丰优 9802																				
福建漳州市江东良种场	731.17	18.76	1	7/22	10/2	11/2	113	16.7	104.0	25.4	205.9	166.1	80.6	22.0	0.0	直	未发	未发	未发	A
广东广州市农业科学院	482.50	8.87	1	7/12	10/1	11/7	118	16.1	108.2	24.4	168.1	131.1	78.0	23.2	0.0	直	未发	未发	轻	A
广东惠州市农科所	488.33	4.42	4	7/17	10/11	11/14	120	16.2	99.0	23.3	160.0	130.2	81.4	25.3	0.0	直	未发	未发	轻	B
广东清远市农技推广站	501.33	7.66	3	7/12	10/2	11/9	120	16.4	98.0	26.6	174.4	150.8	86.5	22.1	0.0	直	未发	未发	轻	B
广东肇庆市农科所	530.00	12.77	1	7/13	9/30	11/3	113	13.6	97.8	25.0	165.8	159.1	96.0	24.5	0.0	直	未发	未发	轻	A
广西区农业科学院水稻所	542.95	3.43	3	7/12	10/5	11/4	115	15.9	107.9	28.8	216.9	150.3	69.3	25.3	0.0	直	未发	未发	轻	B
广西玉林市农科所	557.17	7.49	4	7/11	9/29	10/31	112	17.9	96.3	26.4	156.6	134.6	86.0	24.8	0.0	直	未发	未发	轻	B
海南省农业科学院粮作所	468.83	15.76	1	7/8	10/2	10/30	115	21.0	113.9	21.5	142.0	117.1	82.5	26.3	0.2	直	无	无	轻	A

注：综合评级 A—好，B—较好，C—中等，D——般。

表 20-8-5 华南感光晚籼组（133011H）区试品种在各试点的产量、生育期及主要农艺经济性状表现

品种名称/试验点	亩产（千克）	比 CK ±%	产量位次	播种期（月/日）	齐穗期（月/日）	成熟期（月/日）	全生育期（天）	有效穗（万/亩）	株高（厘米）	穗长（厘米）	每穗总粒数	每穗实粒数	结实率（%）	千粒重（克）	杂株率（%）	倒伏性	穗颈瘟	白叶枯病	纹枯病	综评等级
Y 两优 900																				
福建漳州市江东良种场	593.00	-3.68	6	7/22	10/5	11/4	106	12.9	101.0	23.8	244.5	224.7	91.9	25.0	0.0	直	未发	未发	未发	A
广东广州市农业科学院	476.00	7.41	3	7/12	10/1	11/7	118	11.7	108.4	28.5	279.5	198.1	70.9	23.7	0.0	直	未发	未发	轻	A
广东惠州市农科所	490.67	4.92	3	7/17	10/11	11/14	120	14.2	108.6	25.2	207.8	146.2	70.4	26.8	0.0	直	未发	未发	轻	B
广东清远市农技推广站	509.67	9.45	2	7/12	9/27	11/5	116	14.6	107.2	26.7	181.3	163.2	90.0	22.7	0.0	直	未发	未发	轻	A
广东肇庆市农科所	489.17	4.08	3	7/13	9/30	11/3	113	10.5	106.9	26.3	232.0	195.7	84.4	24.4	0.0	直	未发	未发	轻	A
广西区农业科学院水稻所	541.00	3.05	4	7/12	10/2	11/2	113	10.9	104.4	27.8	252.7	219.1	86.7	24.8	0.0	直	未发	未发	轻	B
广西玉林市农科所	569.33	9.84	1	7/11	9/27	10/30	111	16.2	100.4	26.3	182.9	153.3	83.9	24.8	0.0	直	未发	未发	轻	A
海南省农业科学院粮作所	440.67	8.81	2	7/8	9/28	10/24	109	17.8	106.7	25.5	194.3	175.6	90.4	25.5	0.7	直	无	无	轻	A
深优 9578																				
福建漳州市江东良种场	602.33	-2.17	5	7/22	10/3	11/4	106	12.7	103.0	23.5	204.6	180.0	88.0	23.5	0.0	直	未发	未发	未发	A
广东广州市农业科学院	444.83	0.38	9	7/12	9/30	11/5	116	12.5	108.2	24.2	175.1	140.5	80.2	25.0	0.0	直	未发	未发	轻	C
广东惠州市农科所	513.67	9.84	2	7/17	10/12	11/14	120	14.8	113.4	23.0	177.2	143.3	80.9	26.4	0.2	直	未发	未发	轻	A
广东清远市农技推广站	475.00	2.00	6	7/12	9/28	11/6	117	15.0	110.7	24.7	146.1	135.4	92.7	25.3	0.0	直	未发	未发	轻	B
广东肇庆市农科所	466.67	-0.71	10	7/13	9/30	11/2	112	12.1	107.8	23.4	159.4	142.5	89.4	27.5	0.0	直	未发	未发	轻	B
广西区农业科学院水稻所	482.96	-8.00	10	7/12	10/1	10/31	111	12.0	110.5	25.8	212.5	168.0	79.0	25.9	0.0	直	未发	未发	轻	C
广西玉林市农科所	520.17	0.35	7	7/11	9/27	10/30	111	15.0	106.3	24.1	150.9	140.5	93.2	26.5	0.0	直	未发	未发	轻	C
海南省农业科学院粮作所	400.17	-1.19	11	7/8	9/27	10/25	110	14.3	112.7	21.9	145.0	134.0	92.4	25.4	0.7	直	无	轻	轻	B

注：综合评级 A—好，B—较好，C—中等，D——般。

表 20-8-6 华南感光晚籼组（133011H）区试品种在各试点的产量、生育期及主要农艺经济性状表现

品种名称/试验点	亩产（千克）	比 CK ±%	产量位次	播种期（月/日）	齐穗期（月/日）	成熟期（月/日）	全生育期（天）	有效穗（万/亩）	株高（厘米）	穗长（厘米）	每穗总粒数	每穗实粒数	结实率（%）	千粒重（克）	杂株率（%）	倒伏性	穗颈瘟	白叶枯病	纹枯病	综评等级
丰田优 939																				
福建漳州市江东良种场	605.50	-1.65	4	7/22	10/6	11/2	104	18.1	104.0	22.7	199.7	173.6	86.9	21.4	0.0	直	未发	未发	未发	A
广东广州市农业科学院	475.50	7.30	4	7/12	10/8	11/12	123	15.5	104.9	21.4	185.0	151.3	81.8	21.0	0.1	直	未发	未发	轻	A
广东惠州市农科所	453.33	-3.07	10	7/17	10/15	11/17	123	16.6	110.2	20.4	175.4	129.4	73.8	22.2	0.0	倒	未发	未发	轻	D
广东清远市农技推广站	482.67	3.65	5	7/12	10/10	11/18	129	15.5	104.8	21.3	170.4	159.1	93.4	19.6	0.0	直	未发	未发	轻	B
广东肇庆市农科所	473.33	0.71	6	7/13	10/7	11/9	119	16.0	99.5	20.8	154.8	140.3	90.6	21.3	0.0	直	未发	未发	轻	B
广西区农业科学院水稻所	458.22	-12.72	11	7/12	10/12	11/13	124	15.6	109.4	22.3	210.9	149.9	71.1	22.1	0.0	直	未发	未发	轻	D
广西玉林市农科所	515.00	-0.64	9	7/11	10/7	11/8	120	17.3	104.8	22.0	173.1	150.8	87.1	20.6	0.0	直	未发	未发	轻	C
海南省农业科学院粮作所	419.00	3.46	4	7/8	9/27	10/25	110	18.3	103.2	22.8	121.2	101.9	84.1	23.3	0.9	直	无	轻	轻	B

注：综合评级 A—好，B—较好，C—中等，D——般。

表 20－9 华南感光晚籼组生产试验（133011H-S）品种在各试点的产量、生育期、主要特征、田间抗性表现

品种名称/试验点	亩产（千克）	比 CK ±%	播种期（月/日）	齐穗期（月/日）	成熟期（月/日）	全生育期(天)	耐寒性	整齐度	杂株率（%）	株型	叶色	叶姿	长势	熟期转色	倒伏性	落粒性	叶瘟	穗颈瘟	白叶枯病	纹枯病
博Ⅱ优 691																				
广东肇庆市农科所	418.90	-0.26	7/16	10/5	11/7	114	中	整齐	0	适中	浓绿	中直	中强	中	直	易	未发	未发	未发	轻
广东高州市良种场	450.40	7.24	7/7	9/31	11/1	117	未发	整齐	1.9	一般	绿	挺直	繁茂	中	直	中	未发	未发	未发	轻
广西区农业科学院水稻所	488.60	5.87	7/12	10/5	11/6	117														
广西玉林市农科所	568.20	8.33	7/11	9/30	11/2	114	强	整齐	0	适中	绿	一般	繁茂	好	直	中	未发	未发	未发	轻
福建龙海市东园镇农科所	412.17	-5.97	7/18	10/4	11/13	118		整齐	无	适中	绿	直	繁茂	一般	无	中	无	无	无	轻
博优 998（CK）																				
广东肇庆市农科所	420.00	0.00	7/16	10/1	11/3	110	中	整齐	0	适中	浓绿	中直	中强	中	直	易	未发	未发	未发	轻
广东高州市良种场	420.00	0.00	7/7	9/30	10/31	116	未发	整齐	1.7	一般	绿	挺直	繁茂	中	直	中	未发	未发	未发	轻
广西区农业科学院水稻所	461.50	0.00	7/12	10/1	11/1	112														
广西玉林市农科所	524.50	0.00	7/11	9/24	10/27	108	弱	一般	0	适中	浓绿	一般	繁茂	中	直	中	未发	未发	未发	轻
福建龙海市东园镇农科所	438.33	0.00	7/18	10/8	11/17	122		整齐	无	适中	绿	直	繁茂	好	无	中	无	无	无	轻

第二十一章　2013 年单季晚粳组国家水稻品种试验汇总报告

一、试验概况

（一）试验目的

鉴定评价我国南方稻区新选育和引进的水稻新品种（组合，下同）的丰产性、稳产性、适应性、抗性、米质及其他重要性状表现，为国家水稻品种审定提供科学依据。

（二）参试品种

区试品种 11 个，其中，常优 11-5、春优 84 和甬优 1540 为续试品种，以常优 1 号（CK1）为对照，其他为新参试品种，以嘉优 5 号（CK2）为对照；生产试验品种 3 个，以常优 1 号（CK）为对照。品种编号、名称、类型、亲本组合、选育/供种单位见表 21－1。

（三）承试单位

区试点 11 个，生产试验点 4 个，分布在安徽、湖北、江苏、上海和浙江 5 个省市。承试单位、试验地点、经纬度、海拔高度、试验负责人及执行人见表 21－2。

（四）试验设计、栽培管理与观察记载

各试验点均按《2013 年南方稻区国家水稻品种试验实施方案》及《农作物品种区域试验技术规范　水稻》进行试验。

区试采用完全随机区组排列，3 次重复，小区面积 0.02 亩。生产试验采用大区随机排列，不设重复，大区面积 0.5 亩。

分区试、生产试验，同组试验所有品种同期播种、移栽，施肥水平中等偏上，其他栽培管理措施与当地大田生产相同。

观察记载项目与标准按《农作物品种区域试验技术规范　水稻》以及《国家水稻品种试验观察记载项目、方法及标准》《南方稻区国家水稻品种区试及生产试验记载表》等的要求执行。

（五）特性鉴定

抗性鉴定：浙江省农业科学院植微所、湖南省农业科学院植保所、江西井冈山垦殖场、福建省上杭县茶地乡农技站、湖北省宜昌市农业科学院和安徽省农业科学院植保所负责稻瘟病抗性鉴定，鉴定采用人工接菌与病区自然诱发相结合；湖南省农业科学院水稻所负责白叶枯病抗性鉴定；浙江省农业科学院植微所和江苏省农业科学院植保所负责条纹叶枯病抗性鉴定；中国水稻研究所稻作发展中心负责稻飞虱抗性鉴定。鉴定种子由中国水稻研究所试验点统一提供，鉴定结果由浙江省农业科学院植微所负责汇总。

米质分析：由湖北宜昌市农业科学院、江苏常熟市农科所和浙江省诸暨农作物区试站 3 试点分别单独种植生产提供样品，农业部稻米及制品质量监督检验测试中心负责检测分析。

参试品种的特异性及续试品种年度间的一致性鉴定：由中国水稻研究所进行 DNA 指纹鉴定。

（六）统计分析

按照《农作物品种区域试验技术规范　水稻》等有关试验质量评价标准，对各试验（鉴定）点

试验（鉴定）结果的可靠性、完整性、准确性、可比性以及对照品种表现情况等进行分析评估，确保汇总质量。2013 年区试湖北孝感市农业科学院试验点因两个对照品种常优 1 号（CK1）、嘉优 5 号（CK2）均产量异常偏低未列入汇总，其余 10 个试验点试验结果基本正常，列入汇总，2013 年对照品种常优 1 号（CK1）在超过一半的试验点表现结实率低产量异常偏低，参试品种比常优 1 号（CK1）增产情况仅供参考。生产试验各试验点试验结果基本正常，全部列入汇总。

产量联合方差分析采用混合模型，品种间产量差异多重比较采用 Duncan's 新复极差法；参试品种的丰产性主要以品种在区试和生产试验中相对于对照品种产量及组平均产量衡量；参试品种的适应性主要以品种在区试中比对照品种增产的试验点比例衡量；参试品种的稳产性主要以品种在年度间区试中相对于对照品种产量的差异变化程度衡量。

参试品种的生育期主要以全生育期比对照品种长短的天数衡量。

参试品种的抗性以指定的鉴定单位的鉴定结果为主要依据，对稻瘟病抗性的主要评价指标为综合指数和穗瘟损失率最高级，对其他病虫害抗性的主要评价指标为最高级。

参试品种的米质检测、评价按照国家《优质稻谷》标准，分优质 1 级、优质 2 级、优质 3 级，未达到优质级的品种米质均为等外级。

二、结果分析

（一）产量

嘉优 5 号（CK2）产量中等、居第 7 位。2013 年区试品种中，依据比组平均的增减产幅度，产量较高的品种有嘉优 9 号、甬优 1540、浙优 1121、浦优 811、春优 84，产量居前 6 位，平均亩产是 682.72 ~ 739.68 千克，比嘉优 5 号（CK2）增产 3.46% ~ 12.09%；产量中等的品种有常优 12-11 和常优 11-5，平均亩产分别是 657.43 千克、647.76 千克，比嘉优 5 号（CK2）分别减产 0.37%、1.84%；其他品种产量一般，平均亩产 518.13 ~ 639.00 千克，比嘉优 5 号（CK2）减产 21.48% ~ 3.16%。品种产量、比对照及组平均增减产百分率、品种间产量差异显著性、比对照增产试验点比例等汇总结果见表 21－3。

2013 年生产试验品种中，镇糯 683 和常优 09-3 表现突出，平均亩产分别是 590.39 千克、580.88 千克，比常优 1 号（CK）分别增产 7.80%、6.06%；浙糯优 1 号表现正常。品种产量、比对照增减产百分率等汇总结果以及各试验点对品种的综合评价等级见表 21－4。

（二）生育期

2013 年区试品种中，嘉优 9 号和湘宁粳 5 号熟期偏早，全生育期比嘉优 5 号（CK2）分别短 6.4 天和 15.1 天；浙优 1121 熟期偏迟，全生育期比嘉优 5 号（CK2）长 7.0 天；其他品种全生育期 148.5 ~ 156.8 天，比嘉优 5 号（CK2）早迟不超过 5 天、熟期适宜。品种全生育期及比对照长短天数见表 21－3。

2013 年生产试验品种中，镇糯 683 熟期偏早，全生育期比常优 1 号（CK）短 10.6 天；浙糯优 1 号和常优 09-3 熟期适宜。品种全生育期及比对照长短天数见表 21－4。

（三）主要农艺经济性状

品种分蘖率、有效穗数、成穗率、株高、每穗总粒数、每穗实粒数、结实率、千粒重等主要农艺经济性状汇总结果见表 21－3。

（四）抗性

2013 年区试品种中，稻瘟病综合指数除宁 8213 之外，其他品种均未超过 6.5 级。依据穗瘟损失率最高级，浙粳 88 和湘宁粳 5 号为中抗，浦优 811、甬优 1140 和嘉优 9 号为中感，其他品种为感或高感。

品种在各稻瘟病抗性鉴定点的鉴定结果见表 21－5，品种稻瘟病抗性鉴定汇总结果以及白叶枯病、褐飞虱、条纹叶枯病抗性鉴定结果见表21－6。

（五）米质

依据国家《优质稻谷》标准，常优11-5、湘宁粳5号、甬优1140和浙粳88米质优，达国标优质2级或3级，其他品种米质中等或一般。品种糙米率、整精米率、粒长、长宽比、垩白粒率、垩白度、胶稠度、直链淀粉等米质性状表现见表21－7。

（六）品种在各试验点表现

区试、生产试验品种在各试验点的产量、生育期、主要农艺经济性状、田间抗性表现等见表21－8－1至表21－8－13、表21－9。

三、品种评价

（一）生产试验品种

1. 常优09-3

2011年初试平均亩产591.41千克，比常优1号（CK）增产5.79%，达极显著水平；2012年续试平均亩产654.50千克，比常优1号（CK）增产7.16%，达极显著水平；两年区试平均亩产622.96千克，比常优1号（CK）增产6.50%，增产点比例72.2%；2013年生产试验平均亩产580.88千克，比常优1号（CK）增产6.06。全生育期两年区试平均154.1天，比常优1号（CK）迟熟1.1天。主要农艺性状两年区试综合表现：每亩有效穗数17.5万穗，株高118.1厘米，穗长19.0厘米，每穗总粒数162.7粒，结实率87.8%，千粒重27.5克。抗性两年综合表现：稻瘟病综合指数6.8级，穗瘟损失率最高级9级；白叶枯病平均级6级，最高级9级；褐飞虱平均级9级，最高级9级；条纹叶枯病平均级4级，最高级5级。米质主要指标两年综合表现：整精米率74.1%，长宽比1.8，垩白粒率20%，垩白度1.0%，胶稠度80毫米，直链淀粉含量16.3%，达国标优质2级。

2013年国家水稻品种试验年会审议意见：已完成试验程序，可以申报国家品种审定。

2. 镇糯683

2011年初试平均亩产565.02千克，比常优1号（CK）增产1.07%，未达极显著水平；2012年续试平均亩产609.86千克，比常优1号（CK）减产0.15%，未达显著水平；两年区试平均亩产587.44千克，比常优1号（CK）增产0.43%，增产点比例66.7%；2013年生产试验平均亩产590.39千克，比常优1号（CK）增产7.80%。全生育期两年区试平均145.8天，比常优1号（CK）早熟7.2天。主要农艺性状两年区试综合表现：每亩有效穗数21.5万穗，株高98.2厘米，穗长15.7厘米，每穗总粒数122.9粒，结实率92.0%，千粒重25.7克。抗性两年综合表现：稻瘟病综合指数5.6级，穗瘟损失率最高级9级；白叶枯病平均级4级，最高级5级；褐飞虱平均级9级，最高级9级；条纹叶枯病平均级3级，最高级3级。米质主要指标两年综合表现：整精米率74.0%，长宽比1.8，胶稠度100毫米，直链淀粉含量1.7%，属优质糯稻。

2013年国家水稻品种试验年会审议意见：已完成试验程序，可以申报国家品种审定。

3. 浙糯优1号

2011年初试平均亩产555.15千克，比常优1号（CK）减产0.70%，未达显著水平；2012年续试平均亩产605.57千克，比常优1号（CK）减产0.85%，未达显著水平；两年区试平均亩产580.36千克，比常优1号（CK）减产0.78%，增产点比例50.0%；2013年生产试验平均亩产562.35千克，比常优1号（CK）增产2.68%。全生育期两年区试平均155.6天，比常优1号（CK）迟熟2.6天。主要农艺性状两年区试综合表现：每亩有效穗数18.6万穗，株高117.6厘米，穗长19.8厘米，每穗总粒数119.2粒，结实率87.3%，千粒重33.1克。抗性两年综合表现：稻瘟病综合指数4.3级，穗瘟损失率最高级9级；白叶枯病平均级2级，最高级3级；褐飞虱平均级8级，最高级9级；条纹叶枯病平均级6级，最高级7级。米质主要指标两年综合表现：整精米率73.9%，长宽比2.3，胶稠度100毫米，直链淀粉含量1.6%，属优质糯稻。

2013 年国家水稻品种试验年会审议意见：已完成试验程序，可以申报国家品种审定。

（二）续试品种

1. 甬优 1540

2012 年初试平均亩产 697. 10 千克，比常优 1 号（CK）增产 14. 14%，达极显著水平；2013 年续试平均亩产 732. 45 千克，比常优 1 号（CK1）增产 27. 09%，达极显著水平；两年区试平均亩产 714. 77 千克，比常优 1 号（CK1）增产 20. 43%，增产点比例 88. 9%。全生育期两年区试平均 151. 0 天，比常优 1 号（CK1）早熟 1. 2 天。主要农艺性状两年区试综合表现：每亩有效穗数 16. 7 万穗，株高 109. 6 厘米，穗长 21. 2 厘米，每穗总粒数 246. 3 粒，结实率 81. 3%，千粒重 23. 3 克。抗性两年综合表现：稻瘟病综合指数 5. 6 级，穗瘟损失率最高级 9 级；白叶枯病平均级 4 级，最高级 5 级；褐飞虱平均级 9 级，最高级 9 级。米质主要指标两年综合表现：整精米率 70. 2%，长宽比 2. 3，垩白粒率 18%，垩白度 3. 0%，胶稠度 75 毫米，直链淀粉含量 14. 3%。

2013 年国家水稻品种试验年会审议意见：2014 年进行生产试验。

2. 春优 84

2012 年初试平均亩产 649. 16 千克，比常优 1 号（CK）增产 6. 29%，达极显著水平；2013 年续试平均亩产 682. 72 千克，比常优 1 号（CK1）增产 18. 46%，达极显著水平；两年区试平均亩产 665. 94 千克，比常优 1 号（CK1）增产 12. 20%，增产点比例 77. 8%。全生育期两年区试平均 157. 2 天，比常优 1 号（CK1）迟熟 5. 0 天。主要农艺性状两年区试综合表现：每亩有效穗数 17. 6 万穗，株高 114. 5 厘米，穗长 18. 0 厘米，每穗总粒数 203. 4 粒，结实率 80. 1%，千粒重 26. 0 克。抗性两年综合表现：稻瘟病综合指数 3. 7 级，穗瘟损失率最高级 7 级；白叶枯病平均级 2 级，最高级 3 级；褐飞虱平均级 9 级，最高级 9 级。米质主要指标两年综合表现：整精米率 58. 4%，长宽比 2. 1，垩白粒率 45%，垩白度 7. 2%，胶稠度 73 毫米，直链淀粉含量 14. 6%。

2013 年国家水稻品种试验年会审议意见：2014 年进行生产试验。

3. 常优 11-5

2012 年初试平均亩产 680. 85 千克，比常优 1 号（CK）增产 11. 48%，达极显著水平；2013 年续试平均亩产 647. 76 千克，比常优 1 号（CK1）增产 12. 39%，达极显著水平；两年区试平均亩产 664. 30 千克，比常优 1 号（CK1）增产 11. 92%，增产点比例 95. 0%。全生育期两年区试平均 151. 2 天，比常优 1 号（CK1）早熟 1. 0 天。主要农艺性状两年区试综合表现：每亩有效穗数 18. 5 万穗，株高 124. 8 厘米，穗长 19. 4 厘米，每穗总粒数 161. 0 粒，结实率 86. 9%，千粒重 29. 4 克。抗性两年综合表现：稻瘟病综合指数 6. 1 级，穗瘟损失率最高级 9 级；白叶枯病平均级 3 级，最高级 3 级；褐飞虱平均级 9 级，最高级 9 级。米质主要指标两年综合表现：整精米率 72. 3%，长宽比 2. 0，垩白粒率 21%，垩白度 3. 6%，胶稠度 62 毫米，直链淀粉含量 15. 3%，达国标优质 3 级。

2013 年国家水稻品种试验年会审议意见：终止试验。

（三）初试品种

1. 嘉优 9 号

2013 年初试平均亩产 739. 68 千克，比嘉优 5 号（CK2）增产 12. 09%，达极显著水平，增产点比例 80. 0%。全生育期 146. 6 天，比嘉优 5 号（CK2）早熟 6. 4 天。主要农艺性状表现：每亩有效穗数 16. 1 万穗，株高 111. 9 厘米，穗长 20. 3 厘米，每穗总粒数 240. 6 粒，结实率 79. 0%，千粒重 26. 9 克。抗性：稻瘟病综合指数 4. 2 级，穗瘟损失率最高级 5 级；白叶枯病 7 级；褐飞虱 9 级。米质主要指标：整精米率 68. 2%，长宽比 2. 4，垩白粒率 26%，垩白度 4. 6%，胶稠度 68 毫米，直链淀粉含量 13. 0%。

2013 年国家水稻品种试验年会审议意见：终止试验。

2. 浙优 1121

2013 年初试平均亩产 718. 84 千克，比嘉优 5 号（CK2）增产 8. 93%，达极显著水平，增产点比例 80. 0%。全生育期 160. 0 天，比嘉优 5 号（CK2）迟熟 7. 0 天。主要农艺性状表现：每亩有效穗数

16.0万穗，株高125.0厘米，穗长19.4厘米，每穗总粒数262.1粒，结实率82.8%，千粒重23.2克。抗性：稻瘟病综合指数6.0级，穗瘟损失率最高级7级；白叶枯病3级；褐飞虱7级。米质主要指标：整精米率70.1%，长宽比2.0，垩白粒率9%，垩白度1.5%，胶稠度70毫米，直链淀粉含量14.4%。

2013年国家水稻品种试验年会审议意见：终止试验。

3. 甬优1140

2013年初试平均亩产701.67千克，比嘉优5号（CK2）增产6.33%，达极显著水平，增产点比例100.0%。全生育期149.3天，比嘉优5号（CK2）早熟3.7天。主要农艺性状表现：每亩有效穗数18.9万穗，株高115.4厘米，穗长20.7厘米，每穗总粒数219.2粒，结实率84.4%，千粒重23.6克。抗性：稻瘟病综合指数2.2级，穗瘟损失率最高级5级；白叶枯病5级；褐飞虱7级。米质主要指标：整精米率72.6%，长宽比2.3，垩白粒率15%，垩白度2.1%，胶稠度74毫米，直链淀粉含量15.1%，达国标优质2级。

2013年国家水稻品种试验年会审议意见：终止试验。

4. 浦优811

2013年初试平均亩产690.98千克，比嘉优5号（CK2）增产4.71%，达极显著水平，增产点比例80.0%。全生育期148.5天，比嘉优5号（CK2）早熟4.5天。主要农艺性状表现：每亩有效穗数17.0万穗，株高110.2厘米，穗长18.6厘米，每穗总粒数270.3粒，结实率71.5%，千粒重24.1克。抗性：稻瘟病综合指数5.3级，穗瘟损失率最高级5级；白叶枯病5级；褐飞虱9级。米质主要指标：整精米率70.0%，长宽比2.0，垩白粒率17%，垩白度3.1%，胶稠度70毫米，直链淀粉含量13.8%。

2013年国家水稻品种试验年会审议意见：终止试验。

5. 常优12-11

2013年初试平均亩产657.43千克，比嘉优5号（CK2）减产0.37%，未达显著水平，增产点比例20.0%。全生育期149.2天，比嘉优5号（CK2）早熟3.8天。主要农艺性状表现：每亩有效穗数18.7万穗，株高117.6厘米，穗长20.3厘米，每穗总粒数157.3粒，结实率85.6%，千粒重28.0克。抗性：稻瘟病综合指数5.3级，穗瘟损失率最高级7级；白叶枯病1级；褐飞虱9级。米质主要指标：整精米率60.2%，长宽比1.9，垩白粒率14%，垩白度3.1%，胶稠度67毫米，直链淀粉含量15.1%。

2013年国家水稻品种试验年会审议意见：终止试验。

6. 浙粳88

2013年初试平均亩产639.00千克，比嘉优5号（CK2）减产3.16%，达极显著水平，增产点比例20.0%。全生育期154.7天，比嘉优5号（CK2）迟熟1.7天。主要农艺性状表现：每亩有效穗数21.8万穗，株高99.0厘米，穗长16.4厘米，每穗总粒数137.7粒，结实率85.7%，千粒重26.7克。抗性：稻瘟病综合指数2.7级，穗瘟损失率最高级3级；白叶枯病1级；褐飞虱9级。米质主要指标：整精米率73.4%，长宽比1.9，垩白粒率27%，垩白度4.5%，胶稠度75毫米，直链淀粉含量16.0%，达国标优质3级。

2013年国家水稻品种试验年会审议意见：终止试验。

7. 宁8213

2013年初试平均亩产597.36千克，比嘉优5号（CK2）减产9.47%，达极显著水平，增产点比例10.0%。全生育期153.6天，比嘉优5号（CK2）迟熟0.6天。主要农艺性状表现：每亩有效穗数21.3万穗，株高94.8厘米，穗长15.8厘米，每穗总粒数143.5粒，结实率83.8%，千粒重25.5克。抗性：稻瘟病综合指数8.0级，穗瘟损失率最高级9级；白叶枯病1级；褐飞虱9级。米质主要指标：整精米率73.8%，长宽比1.6，垩白粒率4%，垩白度1.0%，胶稠度78毫米，直链淀粉含量9.5%。

2013年国家水稻品种试验年会审议意见：终止试验。

8. 湘宁粳5号

2013年初试平均亩产518.13千克，比嘉优5号（CK2）减产21.48%，达极显著水平，增产点比例10.0%。全生育期137.9天，比嘉优5号（CK2）早熟15.1天。主要农艺性状表现：每亩有效穗数20.4万穗，株高104.6厘米，穗长19.6厘米，每穗总粒数145.4粒，结实率79.3%，千粒重24.2克。抗性：稻瘟病综合指数2.2级，穗瘟损失率最高级3级；白叶枯病1级；褐飞虱7级。米质主要指标：整精米率70.4%，长宽比1.8，垩白粒率16%，垩白度3.5%，胶稠度71毫米，直链淀粉含量15.9%，达国标优质3级。

2013年国家水稻品种试验年会审议意见：终止试验。

表 21－1　单季晚粳组（132021N）区试及生产试验参试品种基本情况

编号	品种名称	品种类型	亲本组合	选育/供种单位
区试				
1	＊浦优 811	杂交稻	矮粳 15S×T22	浦东新区农业技术推广中心
2	＊浙粳 88	常规稻	春江 012/R2045	浙江省农业科学院作核所/安吉县金穗种子有限公司
3	＊甬优 1140	杂交稻	A11×F7540	宁波市种子公司
4CK1	常优 1 号（CK1）	杂交稻	武运粳 7 号 A×R254	江苏省常熟市农科所
5	常优 11-5	杂交稻	A119×CR-411	常熟市农科所
6	＊浙优 1121	杂交稻	浙 04A×F1121	浙江省农业科学院作核所
7	＊宁 8213	常规稻	武育 5021/关东 194	江苏省农业科学院粮作所
8	＊湘宁粳 5 号	常规稻	优质粳/台粳选	湖南宁乡县南方优质稻开发研究所
9CK2	嘉优 5 号（CK2）	杂交稻	嘉 335A×嘉恢 125	嘉兴市农业科学院
10	春优 84	杂交稻	春江 16A×C84	中国水稻研究所
11	＊常优 12-11	杂交稻	常 119A×CR-477	江苏常熟市农科所
12	＊嘉优 9 号	杂交稻	嘉 81A×嘉恢 38	嘉兴市农业科学院
13	甬优 1540	杂交稻	A15×F7540	宁波市农业科学院作物所/宁波市种子公司
生产试验				
1	镇糯 683	常规稻	武运粳 21 号/江 2402	江苏丘陵地区镇江农科所
2	浙糯优 1 号	杂交稻	浙糯 1A×浙糯恢 04-01	浙江省农业科学院作核所
3CK	常优 1 号（CK）	杂交稻	武运粳 7 号 A×R254	江苏省常熟市农科所
4	常优 09-3	杂交稻	A119×CR-312	常熟市农科所

＊为 2013 年新参试品种。

表 21-2　单季晚粳组（132021N）区试和生产试验点基本情况

承试单位	试验地点	经度	纬度	海拔高度（米）	试验负责人及执行人
区试					
安徽安庆市种子管理站	怀宁县农业技术推广所	116°41′	30°32′	50.0	刘文革、程凯青
安徽省农业科学院水稻所	合肥市岗集镇院试验基地	117°17′	31°52′	29.8	倪大虎、余行道
湖北荆州市农业科学院	沙市东郊王家桥	112°02′	30°24′	32.0	徐正猛
湖北孝感市农业科学院	孝感市本院试验基地	113°51′	30°57′	35.0	刘华曙、汤汉华
湖北宜昌市农业科学院	枝江市问安镇四岗	111°05′	30°34′	60.0	杨文治
江苏常熟市农科所	常熟市大义小山基地	120°46′	31°39′	4.5	端木银熙、孙菊英
江苏常州市武进区水稻所	常州市武进区	120°00′	31°08′		杨一琴
上海市农业科学院作物所	庄行综合试验基地	121°27′	30°56′	4.0	朴钟泽
浙江宁波市农业科学院	宁波市鄞州区邱隘镇	120°20′	29°51′	3.0	陈国、叶朝辉
浙江省诸暨农作物区试站	诸暨市	120°16′	29°42′	11.0	葛金水
中国水稻研究所	浙江省富阳市	120°19′	30°12′	7.2	杨仕华、夏俊辉、施彩娟、李富平
生产试验					
江苏常州市武进区水稻所	常州市武进区	120°00′	31°08′		杨一琴
安徽省农业科学院水稻所	合肥市岗集镇院试验基地	117°17′	31°52′	29.8	倪大虎、余行道
上海市农业科学院作物所	庄行综合试验基地	121°27′	30°56′	4.0	朴钟泽
浙江宁波市农业科学院	宁波市鄞州区邱隘镇	120°20′	29°51′	3.0	陈国、叶朝辉

表 21－3　单季晚粳组（132021N）区试品种产量、生育期及主要农艺经济性状汇总分析结果

品种名称	区试年份	亩产（千克）	比 CK1 ±%	比 CK2 ±%	比组平均 ±%	显著性检验 5%	显著性检验 1%	稳定性回归系数	比 CK1 增产点%	比 CK2 增产点%	全生育期（天）	比 CK1 ±天	比 CK2 ±天	分蘖率（%）	有效穗（万/亩）	成穗率（%）	株高（厘米）	穗长（厘米）	每穗总粒数	每穗实粒数	结实率（%）	千粒重（克）
甬优 1540	2012～2013	714.77	20.43						88.9		151.0	-1.2		374.2	16.7	64.6	109.6	21.2	246.3	200.0	81.3	23.3
春优 84	2012～2013	665.94	12.20						77.8		157.2	5.0		396.8	17.6	67.1	114.5	18.0	203.4	162.9	80.1	26.0
常优 11-5	2012～2013	664.30	11.92						95.0		151.2	-1.0		363.9	18.5	72.2	124.8	19.4	161.0	140.0	86.9	29.4
常优 1 号（CK1）	2012～2013	593.54	0.00						0.0		152.2	0.0		386.9	20.0	72.0	109.9	17.8	140.3	108.3	77.1	28.1
嘉优 9 号	2013	739.68	28.34	12.09	12.3	a	A	1.07	100	80	146.6	-5.3	-6.4	359.1	16.1	61.8	111.9	20.3	240.6	190.1	79.0	26.9
甬优 1540	2013	732.45	27.09	11.00	11.2	a	AB	0.45	100	90	150.7	-1.2	-2.3	413.3	17.4	60.6	110.2	20.8	225.1	186.0	82.6	23.4
浙优 1121	2013	718.84	24.73	8.93	9.1	b	B	0.22	90	80	160.0	8.1	7.0	374.4	16.0	57.3	125.0	19.4	262.1	216.9	82.8	23.2
甬优 1140	2013	701.67	21.75	6.33	6.5	c	C	0.74	100	100	149.3	-2.6	-3.7	400.2	18.9	63.4	115.4	20.7	219.2	185.1	84.4	23.6
浦优 811	2013	690.98	19.89	4.71	4.9	cd	CD	1.47	90	80	148.5	-3.4	-4.5	402.0	17.0	55.0	110.2	18.6	270.3	193.3	71.5	24.1
春优 84	2013	682.72	18.46	3.46	3.7	d	D	0.61	100	60	156.8	4.9	3.8	435.7	17.9	62.1	114.1	18.3	201.1	160.0	79.6	26.1
嘉优 5 号（CK2）	2013	659.88	14.50	0.00	0.2	e	E	0.87	90	0	153.0	1.1	0.0	393.2	18.9	69.0	104.1	18.8	148.4	128.6	86.6	29.9
常优 12-11	2013	657.43	14.07	-0.37	-0.2	e	E	1.47	90	20	149.2	-2.7	-3.8	368.4	18.7	68.5	117.6	20.3	157.3	134.6	85.6	28.0
常优 11-5	2013	647.76	12.39	-1.84	-1.7	ef	EF	1.66	90	40	150.8	-1.1	-2.2	387.8	19.1	68.3	123.2	19.5	153.6	134.2	87.4	28.9
浙粳 88	2013	639.00	10.87	-3.16	-3.0	f	F	1.00	90	20	154.7	2.8	1.7	325.3	21.8	69.0	99.0	16.4	137.7	117.9	85.7	26.7
宁 8213	2013	597.36	3.65	-9.47	-9.3	g	G	1.44	60	10	153.6	1.7	0.6	329.5	21.3	70.1	94.8	15.8	143.5	120.3	83.8	25.5
常优 1 号（CK1）	2013	576.33	0.00	-12.66	-12.5	h	H	1.09	0	10	151.9	0.0	-1.1	413.9	20.9	69.3	108.0	17.8	134.2	98.6	73.5	27.9
湘宁粳 5 号	2013	518.13	-10.10	-21.48	-21.3	i	I	0.92	30	10	137.9	-14.0	-15.1	317.2	20.4	72.6	104.6	19.6	145.4	115.3	79.3	24.2

注：2013 年 CK1 常优 1 号在超过一半的试点产量异常偏低，参试品种比 CK1 增产情况仅供参考。

表 21－4　单季晚粳组生产试验（132021N-S）品种产量、生育期及在各生产试验点综合评价等级

品种名称	镇糯 683	浙糯优 1 号	常优 09-3	常优 1 号（CK）
生产试验汇总表现				
全生育期（天）	145.8	159.5	155.8	156.3
比 CK ± 天	－10.6	3.2	－0.6	0.0
亩产（千克）	590.39	562.35	580.88	547.68
产量比 CK ± %	7.80	2.68	6.06	0.00
各生产试验点综合评价等级				
江苏常州市武进区水稻所				
安徽省农业科学院水稻所	B	A	A	B
上海市农业科学院作物所	B	D	A	C
浙江宁波市农业科学院	C	B	D	C

注：综合评价等级 A—好、B—较好、C—中等、D——一般。

表 21－5　单季晚粳组（132021N）品种稻瘟病抗性各地鉴定结果（2013 年）

品种名称	浙江					安徽					湖北				
	叶瘟（级）	穗瘟发病		穗瘟损失		叶瘟（级）	穗瘟发病		穗瘟损失		叶瘟（级）	穗瘟发病		穗瘟损失	
		%	级	%	级		%	级	%	级		%	级	%	级
浦优 811	7	35	7	23	5	5	49	7	23	5	4	43	7	10	3
浙粳 88	6	14	5	4	1	3	0	0	0	0	4	59	9	14	3
甬优 1140	6	0	0	0	0	5	0	0	0	0	3	47	7	16	5
常优 1 号（CK1）	7	100	9	82	9	5	70	9	51	9	5	68	9	31	7
常优 11-5	9	81	9	64	9	5	33	7	13	3	4	31	7	5	1
浙优 1121	5	43	7	24	5	5	39	7	31	7	5	49	7	20	5
宁 8213	6	65	9	41	7	5	64	9	51	9	4	96	9	51	9
湘宁粳 5 号	0	0	0	0	0	1	9	3	2	1	5	52	9	11	3
嘉优 5 号（CK2）	5	0	0	0	0	5	10	3	4	1	4	33	7	7	3
春优 84	5	25	5	8	3	0	0	0	0	0	6	76	9	30	7
常优 12-11	5	38	7	22	5	5	65	9	39	7	4	12	5	3	1
嘉优 9 号	7	30	7	8	3	1	8	3	3	1	4	59	9	22	5
甬优 1540	7	7	3	3	1	3	59	9	47	7	3	29	7	15	5
感病对照	8	100	9	60	9	3	48	7	42	7	8	71	9	35	7

注：1. 鉴定单位分别为浙江省农业科学院植保所、安徽省农业科学院植保所、湖北宜昌市农科所；
2. 浙江、安徽、湖北感病对照分别为秀水 63、皖稻 68、鄂宜 105。

表 21－6　单季晚粳组（132021N）品种对主要病虫抗性综合评价结果（2012～2013 年）

品种名称	区试年份	稻瘟病（级）							白叶枯病（级）			褐飞虱（级）			条纹叶枯病		
		2013 年各地综合指数				2013 年穗瘟损失率最高级	1～2 年综合评价		2013 年	1～2 年综合评价		2013 年	1～2 年综合评价		2013 年	1～2 年综合评价	
		浙江	安徽	湖北	平均		平均综合指数（级）	穗瘟损失率最高级		平均	最高		平均	最高		平均	最高
常优 11-5	2012～2013	9.0	4.4	3.3	5.6	9	6.1	9	3	3	3	9	9	9	（2012～2013 年发病偏轻，结果不宜采用。）		
春优 84	2012～2013	4.0	0.0	7.3	3.8	7	3.7	7	1	2	3	9	9	9			
甬优 1540	2012～2013	3.0	7.7	5.0	5.2	7	5.6	9	3	4	5	9	9	9			
常优 1 号（CK1）	2012～2013	8.5	9.0	7.0	8.2	9	7.7	9	1	1	1	9	9	9			
浦优 811	2013	6.0	5.7	4.3	5.3	5	5.3	5	5	5	5	9	9	9			
浙粳 88	2013	3.3	0.0	4.8	2.7	3	2.7	3	1	1	1	9	9	9			
甬优 1140	2013	1.5	0.0	5.0	2.2	5	2.2	5	5	5	5	7	7	7			
常优 1 号（CK1）	2013	8.5	9.0	7.0	8.2	9	8.2	9	1	1	1	9	9	9			
浙优 1121	2013	5.5	7.0	5.5	6.0	7	6.0	7	3	3	3	7	7	7			
宁 8213	2013	7.3	9.0	7.8	8.0	9	8.0	9	1	1	1	9	9	9			
湘宁粳 5 号	2013	0.0	1.7	5.0	2.2	3	2.2	3	1	1	1	7	7	7			
嘉优 5 号（CK2）	2013	1.3	1.7	4.3	2.4	3	2.4	3	1	1	1	9	9	9			
常优 12-11	2013	5.5	7.7	2.8	5.3	7	5.3	7	1	1	1	9	9	9			
嘉优 9 号	2013	5.0	1.7	5.8	4.2	5	4.2	5	7	7	7	9	9	9			
感病虫对照	2013	8.8	7.0	7.8	7.8	9	7.8	9	9	9	9	9	9	9			

注：1. 稻瘟病综合指数（级）＝叶瘟级×25%＋穗瘟发病率级×25%＋穗瘟损失率级×50%（安徽稻瘟病感病对照叶瘟发病未达 7 级以上，叶瘟结果不采用。品种综合指数（级）＝穗瘟发病率级×35%＋穗瘟损失率级×65%）；

2. 白叶枯病、褐飞虱、条纹叶枯病分别为湖南省农业科学院水稻所、中国水稻研究所、江苏省农业科学院植保所鉴定结果。

表 21－7　单季晚粳组（132021N）米质检测分析结果

品种名称	年份	糙米率(%)	精米率(%)	整精米率(%)	粒长（毫米）	长宽比	垩白粒率(%)	垩白度(%)	透明度（级）	碱消值（级）	胶稠度（毫米）	直链淀粉(%)	部标*（等级）	国标**（等级）
常优 11-5	2012～2013	84.6	76.1	72.3	5.5	2.0	21	3.6	1	6.9	62	15.3	优 3	优 3
春优 84	2012～2013	81.4	73.3	58.4	5.5	2.1	45	7.2	2	5.5	73	14.6	等外	等外
甬优 1540	2012～2013	81.9	73.8	70.2	5.6	2.3	18	3.0	1	7.0	75	14.3	优 2	等外
常优 1 号（CK1）	2012～2013	84.0	75.6	74.0	5.0	1.8	16	3.1	1	6.9	68	15.0	优 3	优 3
常优 12-11	2013	83.8	75.3	60.2	5.2	1.9	14	3.1	2	6.9	67	15.1	等外	等外
嘉优 9 号	2013	82.0	74.0	68.2	5.9	2.4	26	4.6	2	5.3	68	13.0	等外	等外
宁 8213	2013	84.1	75.6	73.8	4.5	1.6	4	1.0	3	6.9	78	9.5	等外	等外
浦优 811	2013	82.3	74.3	70.0	5.1	2.0	17	3.1	2	5.3	70	13.8	等外	等外
湘宁粳 5 号	2013	82.2	73.0	70.4	4.9	1.8	16	3.5	2	6.6	71	15.9	优 3	优 3
甬优 1140	2013	82.0	74.3	72.6	5.5	2.3	15	2.1	1	7.0	74	15.1	优 2	优 2
浙粳 88	2013	83.8	75.5	73.4	5.0	1.9	27	4.5	2	7.0	75	16.0	优 3	优 3
浙优 1121	2013	80.9	73.0	70.1	5.3	2.0	9	1.5	2	6.0	70	14.4	优 3	等外
常优 1 号（CK1）	2013	84.0	75.6	74.0	5.0	1.8	16	3.1	1	6.9	68	15.0	优 3	优 3
嘉优 5 号（CK2）	2013	83.1	74.1	58.8	5.3	1.9	21	3.6	2	6.8	69	15.7	等外	等外

注：1. 样品生产提供单位：江苏常熟市农科所（2012～2013 年），浙江省诸暨农作物区试站（2012～2013 年），湖北宜昌市农业科学院（2013 年）。

2. 检测分析单位：农业部稻米及制品质量监督检验测试中心。

表 21-8-1　单季晚粳组（132021N）区试品种在各试点的产量、生育期及主要农艺经济性状表现

品种名称/试验点	亩产（千克）	比 CK1 ±%	比 CK2 ±%	产量位次	播种期（月/日）	齐穗期（月/日）	成熟期（月/日）	全生育期（天）	有效穗（万/亩）	株高（厘米）	穗长（厘米）	每穗总粒数	每穗实粒数	结实率（%）	千粒重（克）	杂株率（%）	倒伏性	穗颈瘟	纹枯病	综评等级
浦优 811																				
安徽安庆市种子站	768.83	16.70	5.83	2	5/26	9/3	10/11	138	15.0	117.4	19.4	279.0	217.6	78.0	24.3	1.9	直	未发	轻	A
安徽省农业科学院水稻所	721.67	24.07	3.84	4	5/10	8/25	10/10	154	15.5	119.0	17.8	312.9	217.7	69.6	23.8	0.5	直	未发	未发	A
湖北荆州市农业科学院	738.00	6.42	0.25	7	6/5	9/8	10/23	140	15.5	102.2	18.5	330.3	203.9	61.7	25.1	0.5	直	未发	轻	C
湖北宜昌市农科所	544.70	-0.17	-6.94	9	5/23	8/22	10/5	135	20.0	114.0	18.7	203.7	131.6	64.6	24.6	1.2	斜	未发	中	
江苏常熟市农科所	744.17	9.12	12.58	5	5/17	8/31	10/25	161	15.4	110.0	19.9	262.8	211.8	80.6	24.4	0.1	直	未发	中	B
江苏常州市武进水稻所	763.53	70.12	7.26	4	5/18	8/28	10/20	155	17.2	112.0	18.7	228.1	181.3	79.5	23.7		直	未发	无	
上海市农业科学院作物所	689.29	33.99	28.18	2	5/23	8/31	10/30	160	18.4	107.2	18.2	250.1	204.1	81.6	25.1	0.0	直	未发	未发	A
浙江宁波市农业科学院	624.17	27.90	1.41	6	6/8	9/8	10/26	140	17.4	100.5	17.8	250.6	185.0	73.8	24.7	2.0	直	未发	未发	C
浙江诸暨农作物区试站	706.00	11.97	2.39	6	5/31	9/3	10/24	147	20.1	114.0	19.6	350.8	215.1	61.3	21.8	0.3	直	未发	无	A
中国水稻研究所	609.48	17.22	-4.81	8	6/3	9/3	11/5	155	15.6	105.9	17.8	234.9	165.1	70.3	23.7	0.7	直	未发	轻	C

注：综合评级 A—好，B—较好，C—中等，D——般。

表 21-8-2　单季晚粳组（132021N）区试品种在各试点的产量、生育期及主要农艺经济性状表现

品种名称/试验点	亩产（千克）	比 CK1 ±%	比 CK2 ±%	产量位次	播种期（月/日）	齐穗期（月/日）	成熟期（月/日）	全生育期（天）	有效穗（万/亩）	株高（厘米）	穗长（厘米）	每穗总粒数	每穗实粒数	结实率（%）	千粒重（克）	杂株率（%）	倒伏性	穗颈瘟	纹枯病	综评等级
浙粳 88																				
安徽安庆市种子站	774.83	17.61	6.65	1	5/26	9/9	10/13	140	20.4	93.6	17.2	138.4	128.6	92.9	30.5	0.8	直	未发	轻	A
安徽省农业科学院水稻所	648.33	11.46	-6.71	9	5/10	9/4	10/20	164	13.5	119.0	21.8	289.6	188.3	65.0	26.7	0.5	直	未发	未发	B
湖北荆州市农业科学院	741.00	6.85	0.65	6	6/5	9/9	10/25	142	23.0	95.2	15.8	142.6	120.0	84.2	27.1	0.1	直	未发	轻	B
湖北宜昌市农科所	576.00	5.57	-1.59	7	5/23	9/2	10/21	151	22.3	98.0	15.9	93.8	82.9	88.4	25.3	0.0	直	未发	轻	
江苏常熟市农科所	623.50	-8.58	-5.67	12	5/17	9/14	11/3	170	21.3	98.0	15.3	118.7	115.4	97.2	26.8	0.0	直	未发	轻	B
江苏常州市武进水稻所	639.49	42.49	-10.16	10	5/18	9/11	10/27	162	22.0	95.0	16.2	124.0	120.3	97.0	26.2		直	未发	无	
上海市农业科学院作物所	528.99	2.83	-1.63	10	5/23	9/11	11/2	163	22.4	100.0	15.3	128.5	118.1	91.9	26.1	0.0	直	未发	未发	C
浙江宁波市农业科学院	586.67	20.22	-4.68	9	6/8	9/12	10/31	145	22.7	100.1	14.2	102.1	93.8	91.9	26.8	0.0	直	未发	未发	C
浙江诸暨农作物区试站	679.00	7.69	-1.52	10	5/31	9/7	11/1	154	27.0	96.5	16.1	104.6	92.0	88.0	25.9	0.0	直	未发	无	A
中国水稻研究所	592.15	13.89	-7.52	9	6/3	9/5	11/6	156	23.6	94.9	16.6	134.4	120.0	89.3	26.1	0.0	直	未发	轻	C

注：综合评级 A—好，B—较好，C—中等，D——般。

表 21-8-3 单季晚粳组（132021N）区试品种在各试点的产量、生育期及主要农艺经济性状表现

品种名称/试验点	亩产（千克）	比 CK1 ±%	比 CK2 ±%	产量位次	播种期（月/日）	齐穗期（月/日）	成熟期（月/日）	全生育期（天）	有效穗（万/亩）	株高（厘米）	穗长（厘米）	每穗总粒数	每穗实粒数	结实率（%）	千粒重（克）	杂株率（%）	倒伏性	穗颈瘟	纹枯病	综评等级
甬优 1140																				
安徽安庆市种子站	727.17	10.37	0.09	3	5/26	9/1	10/13	140	13.9	111.5	21.2	267.3	177.5	66.4	30.5	2.6	直	未发	轻	B
安徽省农业科学院水稻所	743.33	27.79	6.95	2	5/10	8/29	10/15	159	22.5	120.0	20.9	242.7	201.0	82.8	21.9	1.0	直	未发	轻	A
湖北荆州市农业科学院	787.39	13.54	6.96	2	6/5	9/5	10/23	140	20.8	114.1	20.0	241.8	182.3	75.4	23.5	0.2	直	未发	轻	A
湖北宜昌市农科所	635.58	16.49	8.59	4	5/23	8/21	10/4	134	21.5	115.0	21.1	170.2	153.4	90.1	23.3	0.2	直	未发	中	
江苏常熟市农科所	702.83	3.05	6.33	7	5/17	9/2	10/26	162	16.8	112.0	21.7	206.9	192.4	93.0	22.3	0.3	直	未发	轻	B
江苏常州市武进水稻所	724.96	61.53	1.84	5	5/18	9/2	10/23	158	16.9	112.0	21.3	199.8	179.6	89.9	22.5		直	未发	无	
上海市农业科学院作物所	622.25	20.96	15.72	7	5/23	9/1	10/30	160	20.1	115.0	19.3	191.1	171.5	89.8	22.9	0.0	直	未发	未发	B
浙江宁波市农业科学院	661.67	35.59	7.50	4	6/8	9/6	10/24	138	18.3	109.8	19.1	201.4	188.4	93.5	23.1	0.0	直	未发	未发	A
浙江诸暨农作物区试站	717.33	13.77	4.04	5	5/31	8/31	10/25	148	21.0	128.0	22.7	256.4	211.9	82.6	22.2	0.0	直	未发	无	A
中国水稻研究所	694.21	33.52	8.42	4	6/3	8/30	11/4	154	17.0	116.6	19.6	214.8	192.8	89.7	23.4	0.0	直	未发	轻	A

注：综合评级 A—好，B—较好，C—中等，D——般。

表 21－8－4　单季晚粳组（132021N）区试品种在各试点的产量、生育期及主要农艺经济性状表现

品种名称/试验点	亩产（千克）	比 CK1 ±%	比 CK2 ±%	产量位次	播种期（月/日）	齐穗期（月/日）	成熟期（月/日）	全生育期（天）	有效穗（万/亩）	株高（厘米）	穗长（厘米）	每穗总粒数	每穗实粒数	结实率（%）	千粒重（克）	杂株率（%）	倒伏性	穗颈瘟	纹枯病	综评等级
常优 1 号（CK1）																				
安徽安庆市种子站	658.83	0.00	－9.31	12	5/26	9/8	10/16	143	15.5	109.2	18.9	202.5	143.4	70.8	31.4	2.1	直	未发	轻	B
安徽省农业科学院水稻所	581.67	0.00	－16.31	12	5/10	9/2	10/14	158	18.5	114.0	17.3	111.2	82.5	74.2	26.7	0.3	直	未发	未发	C
湖北荆州市农业科学院	693.50	0.00	－5.80	10	6/5	9/6	10/23	140	23.3	105.8	17.8	133.4	89.0	66.7	30.9	0.3	直	未发	轻	D
湖北宜昌市农科所	545.63	0.00	－6.78	8	5/23	8/26	10/18	148	20.0	112.0	18.6	136.7	104.2	76.2	27.2	0.0	直	未发	轻	
江苏常熟市农科所	682.00	0.00	3.18	9	5/17	9/8	10/26	162	20.9	106.0	18.2	151.8	123.9	81.6	27.7	0.11	直	未发	轻	B
江苏常州市武进水稻所	448.81	0.00	－36.95	13	5/18	9/8	10/27	162	19.7	105.0	18.1	121.7	82.8	68.0	26.9		直	未发	无	
上海市农业科学院作物所	514.42	0.00	－4.34	11	5/23	9/7	11/1	162	20.1	107.7	17.0	120.0	83.4	69.5	27.9	0.0	直	未发	未发	C
浙江宁波市农业科学院	488.00	0.00	－20.71	12	6/8	9/10	10/25	139	23.7	106.5	16.1	112.0	80.3	71.7	27.4	0.0	直	未发	未发	D
浙江诸暨农作物区试站	630.50	0.00	－8.56	13	5/31	9/5	10/26	149	25.3	109.0	17.9	115.1	91.0	79.1	26.1	0.0	直	未发	无	B
中国水稻研究所	519.93	0.00	－18.80	13	6/3	9/1	11/6	156	22.4	104.8	18.1	137.4	106.0	77.1	27.2	0.0	直	未发	轻	D

注：综合评级 A—好，B—较好，C—中等，D——般。

表 21-8-5　单季晚粳组（132021N）区试品种在各试点的产量、生育期及主要农艺经济性状表现

品种名称/试验点	亩产（千克）	比 CK1 ±%	比 CK2 ±%	产量位次	播种期（月/日）	齐穗期（月/日）	成熟期（月/日）	全生育期（天）	有效穗（万/亩）	株高（厘米）	穗长（厘米）	每穗总粒数	每穗实粒数	结实率（%）	千粒重（克）	杂株率（%）	倒伏性	穗颈瘟	纹枯病	综评等级
常优 11-5																				
安徽安庆市种子站	712.33	8.12	-1.95	7	5/26	9/8	10/15	142	13.9	120.0	19.0	194.0	177.8	91.6	32.0	2.2	直	未发	轻	C
安徽省农业科学院水稻所	641.67	10.31	-7.67	10	5/10	9/1	10/10	154	15.5	136.0	19.1	144.2	130.7	90.7	28.8	0.7	直	未发	未发	C
湖北荆州市农业科学院	755.25	8.90	2.59	5	6/5	9/4	10/26	143	20.8	119.8	18.2	150.0	124.4	82.9	30.4	0.1	直	未发	轻	B
湖北宜昌市农科所	517.42	-5.17	-11.60	11	5/23	8/25	10/19	149	17.5	124.0	20.8	144.4	121.2	83.9	28.7	0.4	直	未发	轻	
江苏常熟市农科所	791.83	16.10	19.79	2	5/17	9/4	10/27	163	21.6	123.0	20.0	157.9	142.6	90.3	29.2	0.1	直	未发	轻	A
江苏常州市武进水稻所	649.67	44.75	-8.73	9	5/18	9/2	10/23	158	18.4	123.0	21.4	141.5	130.7	92.4	29.1		直	未发	无	
上海市农业科学院作物所	585.82	13.88	8.94	8	5/23	9/4	10/30	160	22.3	121.4	20.3	177.8	159.0	89.4	28.9	0.0	伏	未发	未发	D
浙江宁波市农业科学院	521.83	6.93	-15.22	11	6/8	9/6	10/24	138	20.1	121.2	17.0	121.5	104.6	86.1	28.1	0.0	倒	未发	未发	D
浙江诸暨农作物区试站	660.50	4.76	-4.21	12	5/31	9/1	10/24	147	20.8	128.5	19.4	142.5	123.9	86.9	27.6	0.3	直	未发	无	B
中国水稻研究所	641.25	23.33	0.15	6	6/3	8/30	11/4	154	19.7	115.0	19.9	162.4	127.4	78.4	26.6	0.0	直	未发	轻	B

注：综合评级 A—好，B—较好，C—中等，D——一般。

表 21-8-6　单季晚粳组（132021N）区试品种在各试点的产量、生育期及主要农艺经济性状表现

品种名称/试验点	亩产（千克）	比 CK1 ±%	比 CK2 ±%	产量位次	播种期（月/日）	齐穗期（月/日）	成熟期（月/日）	全生育期（天）	有效穗（万/亩）	株高（厘米）	穗长（厘米）	每穗总粒数	每穗实粒数	结实率（%）	千粒重（克）	杂株率（%）	倒伏性	穗颈瘟	纹枯病	综评等级
浙优 1121																				
安徽安庆市种子站	661.00	0.33	-9.02	11	5/26	9/17	10/20	147	13.6	128.1	20.1	266.9	224.2	84.0	23.9	2.0	直	未发	轻	C
安徽省农业科学院水稻所	736.67	26.65	6.00	3	5/10	9/10	10/20	164	17.0	132.0	20.1	257.3	206.6	80.3	22.5	0.5	直	未发	轻	B
湖北荆州市农业科学院	676.88	-2.40	-8.06	11	6/5	9/16	10/30	147	13.8	123.2	18.8	287.9	204.1	70.9	24.3	0.3	直	未发	轻	D
湖北宜昌市农科所	684.25	25.41	16.91	2	5/23	9/4	10/21	151	19.8	117.0	19.6	229.9	190.1	82.7	22.2	2.4	直	未发	轻	
江苏常熟市农科所	794.17	16.45	20.15	1	5/17	9/16	11/5	172	15.9	124.0	19.3	260.0	223.6	86.0	22.9	0.2	直	未发	轻	B
江苏常州市武进水稻所	788.23	75.63	10.73	2	5/18	9/15	10/30	165	15.8	120.0	19.7	259.4	231.4	89.2	22.2		直	未发	无	
上海市农业科学院作物所	638.28	24.08	18.70	5	5/23	9/12	11/10	171	18.6	127.0	18.7	247.8	211.3	85.3	25.0	0.0	直	未发	未发	C
浙江宁波市农业科学院	733.83	50.38	19.23	1	6/8	9/18	11/15	160	13.9	124.4	18.0	283.9	221.7	78.1	23.3	0.0	直	未发	未发	B
浙江诸暨农作物区试站	760.67	20.64	10.32	3	5/31	9/15	11/8	161	15.6	125.5	20.3	226.8	202.1	89.1	22.6	0.3	直	未发	无	A
中国水稻研究所	714.43	37.41	11.58	3	6/3	9/13	11/12	162	16.2	128.6	19.7	300.9	254.4	84.5	23.6	0.0	直	未发	轻	A

注：综合评级 A—好，B—较好，C—中等，D——一般。

表 21-8-7 单季晚粳组（132021N）区试品种在各试点的产量、生育期及主要农艺经济性状表现

品种名称/试验点	亩产（千克）	比 CK1 ±%	比 CK2 ±%	产量位次	播种期（月/日）	齐穗期（月/日）	成熟期（月/日）	全生育期（天）	有效穗（万/亩）	株高（厘米）	穗长（厘米）	每穗总粒数	每穗实粒数	结实率（%）	千粒重（克）	杂株率（%）	倒伏性	穗颈瘟	纹枯病	综评等级
宁 8213																				
安徽安庆市种子站	712.83	8.20	-1.88	6	5/26	9/7	10/14	141	17.2	88.7	16.2	207.3	168.6	81.3	28.4	1.1	直	未发	轻	B
安徽省农业科学院水稻所	610.00	4.87	-12.23	11	5/10	9/2	10/20	164	20.5	110.0	15.2	144.0	119.0	82.6	23.7	0.6	直	未发	未发	C
湖北荆州市农业科学院	652.49	-5.91	-11.37	12	6/5	9/8	10/31	148	23.8	94.5	15.6	137.1	109.4	79.8	26.6	0.4	直	未发	轻	D
湖北宜昌市农科所	453.55	-16.88	-22.51	12	5/23	8/26	10/18	148	18.0	96.0	16.7	142.7	103.5	72.5	24.5	0.0	直	未发	轻	
江苏常熟市农科所	666.17	-2.32	0.78	10	5/17	9/8	10/26	162	23.5	92.0	15.2	121.7	112.8	92.7	24.7	0.0	直	未发	轻	B
江苏常州市武进水稻所	636.80	41.89	-10.54	11	5/18	9/5	10/23	158	23.1	91.0	15.7	117.7	110.5	93.9	25.3		直	未发	无	
上海市农业科学院作物所	477.98	-7.08	-11.11	12	5/23	9/7	11/2	163	21.2	92.4	15.6	143.2	125.2	87.4	24.8	0.5	直	未发	未发	C
浙江宁波市农业科学院	544.17	11.51	-11.59	10	6/8	9/11	11/1	146	22.0	93.6	14.7	138.2	115.1	83.3	26.6	0.1	直	未发	未发	D
浙江诸暨农作物区试站	661.17	4.86	-4.11	11	5/31	9/4	10/27	150	23.4	94.5	16.2	117.8	100.0	84.9	25.8	0.0	直	未发	无	B
中国水稻研究所	558.45	7.41	-12.78	11	6/3	9/2	11/6	156	20.3	95.8	16.7	165.7	138.7	83.7	25.0	0.0	直	未发	轻	D

注：综合评级 A—好，B—较好，C—中等，D——一般。

表 21-8-8　单季晚粳组（132021N）区试品种在各试点的产量、生育期及主要农艺经济性状表现

品种名称/试验点	亩产（千克）	比 CK1 ±%	比 CK2 ±%	产量位次	播种期（月/日）	齐穗期（月/日）	成熟期（月/日）	全生育期（天）	有效穗（万/亩）	株高（厘米）	穗长（厘米）	每穗总粒数	每穗实粒数	结实率（%）	千粒重（克）	杂株率（%）	倒伏性	穗颈瘟	纹枯病	综评等级
湘宁粳 5 号																				
安徽安庆市种子站	479.33	-27.24	-34.02	13	5/26	8/26	9/30	127	21.9	92.4	16.6	104.8	87.1	83.1	24.8	0.7	直	未发	轻	D
安徽省农业科学院水稻所	491.67	-15.47	-29.26	13	5/10	8/11	9/25	139	17.0	107.0	21.1	139.8	92.0	65.8	23.4	1.0	直	未发	未发	D
湖北荆州市农业科学院	514.43	-25.82	-30.12	13	6/5	8/27	10/11	128	21.0	97.6	18.0	154.1	108.6	70.5	24.4	0.8	直	未发	轻	D
湖北宜昌市农科所	424.72	-22.16	-27.44	13	5/23	8/10	9/30	130	20.0	103.0	18.9	140.1	107.8	76.9	25.1	0.0	斜	未发	轻	
江苏常熟市农科所	517.33	-24.14	-21.73	13	5/17	8/16	10/10	146	20.1	105.0	22.2	135.9	122.7	90.3	23.1	0.2	倒	未发	中	C
江苏常州市武进水稻所	516.48	15.08	-27.44	12	5/18	8/14	10/4	140	23.9	101.0	19.7	115.8	99.2	85.7	24.5	3.7	直	未发	无	
上海市农业科学院作物所	453.21	-11.90	-15.72	13	5/23	8/21	10/15	145	16.8	103.8	20.3	144.5	123.1	85.2	24.2	0.0	伏	未发	未发	D
浙江宁波市农业科学院	483.83	-0.85	-21.39	13	6/8	8/31	10/20	134	22.4	107.0	17.3	105.7	97.8	92.5	25.2	0.1	斜	未发	未发	D
浙江诸暨农作物区试站	771.67	22.39	11.92	2	5/31	8/24	10/23	146	19.1	124.0	20.9	289.7	214.8	74.1	22.8	0.0	直	未发	无	A
中国水稻研究所	528.60	1.67	-17.44	12	6/3	8/22	10/25	144	22.2	104.9	20.8	123.3	99.7	80.9	24.1	0.0	直	未发	轻	D

注：综合评级 A—好，B—较好，C—中等，D——般。

表 21－8－9　单季晚粳组（132021N）区试品种在各试点的产量、生育期及主要农艺经济性状表现

品种名称/试验点	亩产（千克）	比 CK1 ±%	比 CK2 ±%	产量位次	播种期（月/日）	齐穗期（月/日）	成熟期（月/日）	全生育期（天）	有效穗（万/亩）	株高（厘米）	穗长（厘米）	每穗总粒数	每穗实粒数	结实率（%）	千粒重（克）	杂株率（%）	倒伏性	穗颈瘟	纹枯病	综评等级
嘉优 5 号（CK2）																				
安徽安庆市种子站	726.50	10.27	0.00	4	5/26	9/5	10/8	135	14.3	108.6	18.8	211.6	177.5	83.9	30.6	2.0	直	未发	轻	B
安徽省农业科学院水稻所	695.00	19.48	0.00	5	5/10	9/2	10/19	163	17.5	115.0	18.4	140.5	111.9	79.7	29.6	1.2	直	未发	轻	C
湖北荆州市农业科学院	736.18	6.15	0.00	8	6/5	9/4	10/28	145	19.0	106.8	19.1	153.0	133.3	87.1	31.1	1.4	直	未发	轻	C
湖北宜昌市农科所	585.30	7.27	0.00	6	5/23	8/28	10/21	151	19.5	112.0	18.4	128.1	100.1	78.1	31.0	0.0	直	未发	轻	
江苏常熟市农科所	661.00	-3.08	0.00	11	5/17	9/10	10/31	167	20.4	96.0	18.1	136.4	121.8	89.3	29.2	0.0	直	未发	轻	B
江苏常州市武进水稻所	711.84	58.61	0.00	6	5/18	9/4	10/23	158	18.3	98.0	20.2	142.6	126.3	88.6	29.7		直	未发	无	
上海市农业科学院作物所	537.73	4.53	0.00	9	5/23	9/5	11/3	164	21.2	104.0	18.6	145.4	131.4	90.4	30.7	0.0	直	未发	未发	C
浙江宁波市农业科学院	615.50	26.13	0.00	7	6/8	9/10	10/30	144	18.2	100.6	17.0	130.2	120.9	92.9	31.2	0.0	直	未发	未发	B
浙江诸暨农作物区试站	689.50	9.36	0.00	7	5/31	9/3	10/25	148	21.8	97.5	19.0	138.1	121.4	87.9	27.8	0.0	直	未发	无	B
中国水稻研究所	640.29	23.15	0.00	7	6/3	9/2	11/5	155	19.0	102.5	20.2	158.5	141.3	89.1	28.3	0.0	直	未发	轻	B

注：综合评级 A—好，B—较好，C—中等，D——一般。

表 21－8－10　单季晚粳组（132021N）区试品种在各试点的产量、生育期及主要农艺经济性状表现

品种名称/试验点	亩产（千克）	比 CK1 ±%	比 CK2 ±%	产量位次	播种期（月/日）	齐穗期（月/日）	成熟期（月/日）	全生育期（天）	有效穗（万/亩）	株高（厘米）	穗长（厘米）	每穗总粒数	每穗实粒数	结实率（%）	千粒重（克）	杂株率（%）	倒伏性	穗颈瘟	纹枯病	综评等级
春优 84																				
安徽安庆市种子站	706.83	7.29	-2.71	8	5/26	9/13	10/17	144	15.6	115.8	18.8	249.9	190.8	76.4	28.2	1.7	直	未发	轻	B
安徽省农业科学院水稻所	660.00	13.47	-5.04	7	5/10	9/8	10/20	164	17.5	120.0	18.7	193.5	151.9	78.5	25.7	3.0	直	未发	未发	C
湖北荆州市农业科学院	775.20	11.78	5.30	4	6/5	9/15	11/1	149	18.5	113.0	18.5	222.7	160.2	71.9	27.3	0.5	直	未发	轻	B
湖北宜昌市农科所	636.72	16.69	8.78	3	5/23	9/4	10/21	151	20.3	117.0	18.9	175.0	135.0	77.1	24.6	2.0	直	未发	中	
江苏常熟市农科所	695.83	2.03	5.27	8	5/17	9/14	11/3	170	17.6	112.0	18.5	192.9	171.7	89.0	25.1	0.4	直	未发	中	B
江苏常州市武进水稻所	679.69	51.44	-4.52	8	5/18	9/12	10/25	160	16.8	111.0	18.7	222.4	179.7	80.8	25.0	1.2	直	未发	无	
上海市农业科学院作物所	641.20	24.64	19.24	4	5/23	9/12	11/3	164	17.5	108.1	17.3	170.2	141.5	83.1	26.2	0.0	直	未发	未发	B
浙江宁波市农业科学院	658.33	34.90	6.96	5	6/8	9/14	11/5	150	17.2	113.8	17.1	185.2	166.5	89.9	26.2	0.1	直	未发	未发	A
浙江诸暨农作物区试站	685.00	8.64	-0.65	9	5/31	9/9	11/6	159	21.0	113.5	18.5	194.7	135.0	69.3	27.0	0.0	直	未发	无	B
中国水稻研究所	688.43	32.41	7.52	5	6/3	9/9	11/7	157	17.4	116.6	17.5	204.6	168.0	82.1	25.8	0.0	直	未发	轻	A

注：综合评级 A—好，B—较好，C—中等，D——般。

表 21-8-11　单季晚粳组（132021N）区试品种在各试点的产量、生育期及主要农艺经济性状表现

品种名称/试验点	亩产（千克）	比 CK1 ±%	比 CK2 ±%	产量位次	播种期（月/日）	齐穗期（月/日）	成熟期（月/日）	全生育期（天）	有效穗（万/亩）	株高（厘米）	穗长（厘米）	每穗总粒数	每穗实粒数	结实率（%）	千粒重（克）	杂株率（%）	倒伏性	穗颈瘟	纹枯病	综评等级
常优 12-11																				
安徽安庆市种子站	716.83	8.80	-1.33	5	5/26	9/1	10/14	141	16.8	106.5	18.6	197.5	166.9	84.5	27.6	1.5	直	未发	轻	B
安徽省农业科学院水稻所	650.00	11.75	-6.47	8	5/10	8/28	10/15	159	14.5	127.0	20.7	163.9	142.1	86.7	29.4	0.6	直	未发	未发	C
湖北荆州市农业科学院	716.62	3.33	-2.66	9	6/5	9/1	10/14	131	22.0	112.8	20.0	172.0	129.1	75.1	23.5	0.2	直	未发	轻	C
湖北宜昌市农科所	535.13	-1.92	-8.57	10	5/23	8/22	10/19	149	22.5	123.0	21.4	140.2	108.7	77.5	29.5	0.8	直	未发	轻	
江苏常熟市农科所	783.17	14.83	18.48	3	5/17	8/31	10/24	160	18.0	120.0	22.0	163.6	149.5	91.4	29.1	0.1	直	未发	轻	A
江苏常州市武进水稻所	681.34	51.81	-4.28	7	5/18	8/30	10/20	155	17.4	115.0	20.8	117.4	107.0	91.1	29.7		直	未发	无	
上海市农业科学院作物所	636.83	23.79	18.43	6	5/23	9/1	11/1	162	17.5	118.0	21.2	175.5	163.7	93.3	28.4	0.3	斜	未发	未发	D
浙江宁波市农业科学院	595.00	21.93	-3.33	8	6/8	9/2	10/22	136	18.7	113.4	17.9	122.8	112.2	91.4	28.9	0.0	斜	未发	未发	C
浙江诸暨农作物区试站	686.50	8.88	-0.44	8	5/31	8/29	10/24	147	22.0	128.0	19.3	131.0	113.3	86.5	26.3	0.6	直	未发	无	B
中国水稻研究所	572.89	10.19	-10.53	10	6/3	8/25	11/2	152	17.2	112.5	21.4	189.2	153.3	81.1	27.3	0.0	直	未发	轻	D

注：综合评级 A—好，B—较好，C—中等，D——般。

表 21－8－12　单季晚粳组（132021N）区试品种在各试点的产量、生育期及主要农艺经济性状表现

品种名称/试验点	亩产（千克）	比 CK1 ±%	比 CK2 ±%	产量位次	播种期（月/日）	齐穗期（月/日）	成熟期（月/日）	全生育期（天）	有效穗（万/亩）	株高（厘米）	穗长（厘米）	每穗总粒数	每穗实粒数	结实率（%）	千粒重（克）	杂株率（%）	倒伏性	穗颈瘟	纹枯病	综评等级
嘉优 9 号																				
安徽安庆市种子站	706.00	7.16	-2.82	9	5/26	8/29	10/15	142	15.1	106.2	18.4	228.9	210.6	92.0	24.8	2.8	直	未发	轻	B
安徽省农业科学院水稻所	671.67	15.47	-3.36	6	5/10	8/18	10/10	154	13.5	119.0	21.8	289.6	188.3	65.0	26.2	0.7	直	未发	轻	C
湖北荆州市农业科学院	779.95	12.47	5.95	3	6/5	8/30	10/22	139	17.0	105.3	20.0	274.2	192.3	70.1	28.5	0.5	直	未发	轻	A
湖北宜昌市农科所	601.70	10.28	2.80	5	5/23	8/14	10/1	131	18.3	116.0	19.4	160.7	94.5	58.8	32.8	0.2	直	未发	中	
江苏常熟市农科所	782.17	14.69	18.33	4	5/17	8/24	10/25	161	14.1	108.0	21.0	250.2	225.2	90.0	24.8	1.2	直	未发	轻	B
江苏常州市武进水稻所	894.38	99.28	25.64	1	5/18	8/22	10/15	150	16.1	116.0	21.2	269.7	227.9	84.5	26.3		直	未发	无	
上海市农业科学院作物所	711.15	38.24	32.25	1	5/23	8/23	10/30	160	17.2	115.6	20.2	229.0	197.2	86.1	28.5	0.0	直	未发	未发	A
浙江宁波市农业科学院	711.50	45.80	15.60	2	6/8	9/3	10/26	140	12.8	107.7	19.7	266.3	236.6	88.8	27.4	0.0	直	未发	未发	A
浙江诸暨农作物区试站	773.83	22.73	12.23	1	5/31	8/25	10/20	143	22.6	115.5	19.7	135.7	108.5	80.0	22.8	0.0	直	未发	无	A
中国水稻研究所	764.49	47.04	19.40	1	6/3	8/22	10/27	146	14.9	109.8	21.2	301.6	219.8	72.9	26.8	0.0	直	未发	轻	A

注：综合评级 A—好，B—较好，C—中等，D——一般。

表 21-8-13　单季晚粳组（132021N）区试品种在各试点的产量、生育期及主要农艺经济性状表现

品种名称/试验点	亩产（千克）	比 CK1 ±%	比 CK2 ±%	产量位次	播种期（月/日）	齐穗期（月/日）	成熟期（月/日）	全生育期（天）	有效穗（万/亩）	株高（厘米）	穗长（厘米）	每穗总粒数	每穗实粒数	结实率（%）	千粒重（克）	杂株率（%）	倒伏性	穗颈瘟	纹枯病	综评等级
甬优 1540																				
安徽安庆市种子站	703.83	6.83	-3.12	10	5/26	8/27	10/12	139	14.3	110.6	17.2	235.2	184.2	78.3	29.2	2.7	直	未发	轻	B
安徽省农业科学院水稻所	768.33	32.09	10.55	1	5/10	8/29	10/15	159	18.5	118.0	22.0	209.1	168.5	80.6	23.4	1.0	直	未发	轻	A
湖北荆州市农业科学院	792.14	14.22	7.60	1	6/5	9/1	10/27	144	17.5	109.2	21.5	263.2	211.6	80.4	23.8	0.3	直	未发	轻	A
湖北宜昌市农科所	695.98	27.56	18.91	1	5/23	8/22	10/18	148	19.0	113.0	21.8	205.8	158.1	76.8	24.2	0.0	直	未发	轻	
江苏常熟市农科所	736.33	7.97	11.40	6	5/17	9/1	10/27	163	16.5	112.0	20.1	225.2	201.1	89.3	22.8	0.0	直	未发	轻	A
江苏常州市武进水稻所	773.85	72.42	8.71	3	5/18	8/30	10/20	155	17.1	107.0	21.6	195.7	183.0	93.5	21.7		直	未发	无	
上海市农业科学院作物所	670.34	30.31	24.66	3	5/23	8/27	10/28	158	17.2	110.0	19.8	182.1	154.0	84.6	22.6	0.0	直	未发	未发	B
浙江宁波市农业科学院	694.83	42.38	12.89	3	6/8	9/6	10/24	138	19.7	101.3	18.6	192.9	179.8	93.2	22.5	0.0	直	未发	未发	A
浙江诸暨农作物区试站	745.50	18.24	8.12	4	5/31	8/31	10/25	148	17.7	112.5	22.7	235.2	175.3	74.5	21.2	0.0	直	未发	无	A
中国水稻研究所	743.31	42.96	16.09	2	6/3	8/29	11/5	155	16.4	108.4	23.0	306.3	244.6	79.9	22.6	0.0	直	未发	轻	A

注：综合评级 A—好，B—较好，C—中等，D——般。

表 21－9　单季晚粳组生产试验（132021N-S）品种在各试验点的产量、生育期、主要特征、田间抗性表现

试验点	亩产（千克）	比 CK ±%	播种期（月/日）	齐穗期（月/日）	成熟期（月/日）	全生育期(天)	耐寒性	整齐度	杂株率（%）	株型	叶色	叶姿	长势	熟期转色	倒伏性	落粒性	叶瘟	穗颈瘟	白叶枯病	纹枯病
镇糯 683																				
江苏常州市武进水稻所	668.47	11.54	5/18	8/26	10/14	150	强	整齐		适中	绿	挺直	一般	好	直	中	未发	未发	未发	未发
安徽省农业科学院水稻所	520.00	0.97	5/10	8/24	10/10	154	强	整齐	0.2	适中	浓绿	挺立	繁茂	好	直	中	未发	未发	未发	未发
上海市农业科学院作物所	595.08	9.30	5/23	8/27	10/25	155	强	整齐		紧束	淡绿	挺直	一般	好	直	中	未发	未发	未发	未发
浙江宁波市农业科学院	578.00	8.65	6/8	8/28	10/10	124	差	整齐	0.0	紧束	绿	中等	中等	中	直	中	未发	未发	未发	未发
浙糯优 1 号																				
江苏常州市武进水稻所	636.79	6.26	5/18	9/16	10/31	166	强	不齐		适中	绿	披垂	繁茂	中	直	易	未发	未发	未发	未发
安徽省农业科学院水稻所	533.00	3.50	5/10	9/3	10/19	163	强	整齐	0.5	适中	浓绿	挺立	繁茂	中	直	中	未发	未发	未发	未发
上海市农业科学院作物所	492.12	-9.61	5/23	9/12	11/2	163	强	不齐	10.0	紧束	绿	挺直	繁茂	中	直	中	未发	未发	未发	未发
浙江宁波市农业科学院	587.50	10.43	6/8	9/12	11/1	146	好	整齐	0.0	适中	淡绿	挺直	中等	好	直	易	未发	未发	未发	未发
常优 09-3																				
江苏常州市武进水稻所	614.29	2.50	5/18	9/11	10/25	160	强	不齐		适中	绿	挺直	一般	中	直	易	未发	未发	未发	未发
安徽省农业科学院水稻所	566.00	9.90	5/10	8/30	10/12	156	强	整齐	0.3	适中	浓绿	挺立	繁茂	中	直	中	未发	未发	未发	未发
上海市农业科学院作物所	604.72	11.07	5/23	9/6	10/31	161	强	整齐		紧束	绿	挺直	一般	好	直	中	未发	未发	未发	未发
浙江宁波市农业科学院	538.50	1.22	6/8	9/10	11/1	146	中	整齐	11.0	适中	绿	中等	繁茂	中	倒	中	未发	未发	未发	未发
常优 1 号（CK）																				
江苏常州市武进水稻所	599.29	0.00	5/18	9/10	10/27	162	强	不齐		适中	绿	挺直	一般	中	直	易	未发	未发	未发	未发
安徽省农业科学院水稻所	515.00	0.00	5/10	8/31	10/14	158	强	整齐	0.5	适中	淡绿	挺立	一般	好	直	中	未发	未发	未发	未发
上海市农业科学院作物所	544.45	0.00	5/23	9/7	10/31	161	强	整齐		紧束	绿	挺直	一般	好	直	中	未发	未发	未发	未发
浙江宁波市农业科学院	532.00	0.00	6/8	9/9	10/30	144	中	整齐	0.0	适中	绿	中等	中等	好	直	中	未发	未发	未发	未发

第二十二章　2013 年长江上游中籼迟熟新品种筛选试验汇总报告

一、试验概况

（一）试验目的

鉴定评价中籼迟熟新品种（组合，下同）在长江上游中籼迟熟生态区的生育期、稳定性、丰产性、抗性、米质及其他重要特性表现，为长江上游国家中籼迟熟品种区试选拔参试品种提供科学依据。

（二）参试品种

参试品种 70 个，以Ⅱ优 838 作对照（CK）。品种编号、名称、类型、亲本组合、选育/供种单位见表 22－1－1 至表 22－1－2。

（三）承试单位

试验点 4 个，分布在四川、重庆和贵州 3 个省、市。承试单位、试验地点、经纬度、海拔高度、播种期、移栽期、试验负责人及执行人见表 22－2。

（四）试验设计、栽培管理与观察记载

各试验点均按《2013 年长江流域中晚籼新品种筛选试验实施方案》进行试验。

试验设计：试验种子由中国水稻研究所统一编号后分发至各试验点。70 个参试品种分 A、B 两组进行试验，各 35 个。每组均设 4 次对照（Ⅱ优 838）。试验采用完全随机区组设计，2 次重复，小区面积 6.67m^2（0.01 亩）。试验四周设置 3 行以上保护行，种植对应小区品种，成熟时割除试验田四周后计实收小区稻谷产量。

栽培管理：各试验点均根据当地大田生产习惯确定播种期、移栽期及行株距、每穴苗数。所有品种同期播种、移栽，行株距、每穴苗数相同。施肥水平中等偏上，其他栽培管理措施与当地大田生产相同。

观察记载：本试验不查苗、不考种，田间记载试验基本情况、稳定性、生育期、抗性等基本表现。

（五）特性鉴定

抗性鉴定：由四川省农业科学院植保所鉴定参试品种对稻瘟病的抗性。鉴定用种子由中国水稻研究所统一编号、统一提供。鉴定采用苗期人工接菌鉴定和病区自然诱发鉴定相结合，评价指标为叶瘟（级）、穗瘟发病率及级别、穗瘟损失率及级别、综合抗性指数。

米质分析：由中国水稻研究所米质测试中心检测分析参试品种的稻米品质。检测分析样品由四川嘉陵农作物品种研究中心试验点在试验结束后统一提供。

（六）统计分析

按照《农作物品种区域试验技术规范　水稻》等有关试验质量评价标准，对各试验（鉴定）点试验（鉴定）结果的可靠性、完整性、准确性、可比性以及对照品种表现情况等进行分析评估，确保汇总质量。2013 年各试验点试验结果正常，全部列入汇总。

参试品种的产量取2次重复的平均值，对照品种的产量取4次对照（每次对照取2次重复的平均值）的平均值，参试品种与组内4次对照的平均值进行比较，参试品种的丰产性、适应性主要以比对照品种增减产百分率及增产试验点比例衡量。

参试品种的生育期主要以全生育期比对照品种长短的天数衡量。

参试品种对稻瘟病的抗性以指定的鉴定单位的鉴定结果为主要依据，主要评价指标为综合指数及穗瘟损失率最高级。

参试品种的米质检测、评价按照国家《优质稻谷》标准，分优质1级、优质2级、优质3级，未达到优质级的品种米质均为等外级。

二、结果分析

（一）产量

根据汇总结果，参试品种整体产量水平略高于对照Ⅱ优838。比对照Ⅱ优838增产的品种有44个，占62.8%，其中：平均增产5.0%以上，并且增产试验点数超过一半（3~4个点）的品种有正两优286、C268优2118、宜香优3539、渝802A/R629、川345A/R8765、内2优111、宜香优3408、内优105、科两优678、兆优1394、川绿389A/R275、西农1A/2006R263、内香5A/R8705等13个。详见表22-3-1至表22-3-2。

（二）生育期

多数参试品种生育期与对照Ⅱ优838相仿。根据汇总结果，全生育期除5019A/万R1014、Ⅱ优305、赣优311、406A/万R1014、正两优286比对照Ⅱ优838短6~7天外，其他品种全生育期比对照Ⅱ优838长短未超过5天。详见表22-3-1至表22-3-2。

（三）抗性

根据四川省农业科学院植保所鉴定结果，参试品种对稻瘟病的总体抗性水平较好，有56个品种稻瘟病抗性综合指数小于或等于6.0级，占80.0%，但无品种稻瘟病抗性综合指数小于或等于2.0级。稻瘟病抗性较弱的品种有德香074A/川恢907、宜香1A/R3355、5019A/万R1014、正两优286、腾优5907、泸206优781、650A/R629、冈901A/蜀恢392、隆两优9311、内优58等，稻瘟病抗性综合指数大于7.0。详见表22-3-1至表22-3-2。

（四）米质

根据中国水稻研究所米质测试中心检测分析结果，无品种达到国家《优质稻谷》标准优质1~3级。详见表22-3-1至表22-3-2。

三、选拔标准与选拔结果

（一）标准确定原则

参照《国家水稻品种审定标准（2013版）》进行品种评价。鉴于筛选试验点较少、试验设计相对简化等因素，基本条件适当放宽，选拔标准适当从严。

（二）入选区试品种基本条件

1. 生育期：全生育期长于对照Ⅱ优838≤6.0天；
2. 稻瘟病抗性：综合抗性指数≤7.0级。

（三）入选区试品种标准

符合上述基本条件，并达到下列标准之一：

1. 高产类型：平均产量比对照Ⅱ优838增产≥5.0%，并且增产试验点数超过一半（3~4个点）。

2. 抗病类型：抗稻瘟病（综合抗性指数≤2.0级），并比对照Ⅱ优838优1个等级及以上，平均产量比对照Ⅱ优838增产≥3.0%，增产试验点数超过一半（3~4个点）。

3. 优质类型：米质达到国家《优质稻谷》标准3级及以上，并比对照Ⅱ优838优1个等级及以上，平均产量比对照Ⅱ优838增产≥3.0%，增产试验点数超过一半（3~4个点）。

（四）入选品种

根据试验汇总结果（表22-3），比照上述条件和标准，下列品种入选2014年长江上游中籼迟熟组区试：

C268优2118、宜香优3539、渝802A/R629、川345A/R8765、内2优111、宜香优3408、内优105、科两优678、兆优1394、川绿389A/R275、西农1A/2006R263、内香5A/R8705，共12个。

表 22－1－1　长江上游中籼新品种筛选试验 A 组（132411NS-SXA）参试品种基本情况

编号	品种名称	品种类型	亲本组合	选育/供种单位
1	川香优泰占	杂交稻	川香 29A/泰占 21	中国水稻研究所
2	G 优 4841	杂交稻	G48A/蜀恢 141	四川农业大学水稻所
3	西农 1A/2006R263	杂交稻	西农 1A/2006R263	西南大学农学与生物科技学院
4	广抗 13A/川恢 907	杂交稻	广抗 13A/川恢 907	四川丰禾种业有限公司/四川省农业科学院生物所/福建三明市农科所
5	瑞优 726	杂交稻	瑞 5A/瑞恢 726	重庆锦程实业有限公司金瑞种业分公司
6	C268 优 2118	杂交稻	C268A/雅恢 2118	四川农业大学农学院/四川川种种业有限责任公司
7	Q 优 28	杂交稻	Q4A/R28	重庆中一种业有限公司
8CK	Ⅱ优 838（CK）	杂交稻	Ⅱ-32A/辐恢 838	四川省原子能研究院
9	川谷 A/川恢 1618	杂交稻	川谷 A/川恢 1618	四川中升科技种业公司/四川省农业科学院生物/四川农业大学水稻所
10	蓉优 489	杂交稻	蓉 18A/G489	贵州省水稻研究所
11	得优 2727	杂交稻	得月 712A/成恢 727	四川得月科技种业有限公司
12	深优 9546	杂交稻	深 95A/R1046	广西恒茂农业科技有限公司
13	云两优 5 号	杂交稻	云峰 S/奥 R22-5	湖南奥谱隆种业科技有限公司
14CK	Ⅱ优 838（CK）	杂交稻	Ⅱ-32A/辐恢 838	四川省原子能研究院
15	泸 206 优 781	杂交稻	泸 206A/DR781	中种集团/四川省水稻高粱所
16	蓉 18A/乐恢 584	杂交稻	蓉 18A/乐恢 584	四川嘉禾种子有限公司
17	D 香 28A/蜀恢 518	杂交稻	D 香 28A/蜀恢 518	四川农业大学水稻所
18	泸 206A/华占	杂交稻	泸 206A/华占	北京金色农华种业科技有限公司
19	渝 802A/R629	杂交稻	渝 802A/R625	重庆再生稻研究中心/重庆金穗种业有限责任公司
20	650A/R629	杂交稻	650A/R629	重庆金穗种业有限责任公司/重庆再生稻研究中心

续表 22－1－1　长江上游中籼新品种筛选试验 A 组（132411NS-SXA）参试品种基本情况

编号	品种名称	品种类型	亲本组合	选育/供种单位
21	09 正 4648A/成恢 727	杂交稻	09 正 4648A/成恢 727	四川省农业科学院水稻高粱所
22	隆两优 9311	杂交稻	隆科 638S/R9311	重庆大爱种业有限公司
23	科两优 678	杂交稻	科 S/湘恢 678	湖南科裕隆种业有限公司
24	D92A/R830	杂交稻	D92A/R830	成都市锦江区仁禾农作物研究所/四川农业大学水稻所
25CK	Ⅱ优 838（CK）	杂交稻	Ⅱ-32A/辐恢 838	四川省原子能研究院
26	中种优 127	杂交稻	吉 A/R127	中种集团
27	宜香优 3408	杂交稻	宜香 1A/宜恢 3408	四川宜宾市农业科学院/宜字头种业有限责任公司
28	5019A/万 R1014	杂交稻	5019A/万 R1014	重庆三峡农业科学院/重庆帮豪种业有限责任公司
29	正两优 286	杂交稻	正 67S/嘉恢 D286	四川省嘉陵农作物品种研究中心/四川中正科技有限公司
30	川绿 389A/德恢 3085	杂交稻	川绿 389A/德恢 3085	四川省农业科学院水稻高粱所
31	D 香 21A/蜀恢 518	杂交稻	D 香 21A/蜀恢 518	四川农业大学水稻所
32	蓉 18A/GR189	杂交稻	蓉 18A/GR189	四川自贡市农科所
33	宜香 1A/R3355	杂交稻	宜香 1A/R3355	广西兆和种业有限公司
34CK	Ⅱ优 838（CK）	杂交稻	Ⅱ-32A/辐恢 838	四川省原子能研究院
35	西大 2A/2009R48	杂交稻	西大 2A/2009R48	西南大学农学与生物科技学院
36	802A/R7018	杂交稻	渝 802A/R7018	重庆再生稻研究中心
37	内优 58	杂交稻	内香 2A/R58	江苏明天种业科技有限公司
38	内香 5A/R8705	杂交稻	内香 5A/R8705	仲衍种业股份有限公司
39	川香 29A/KR8	杂交稻	川香 29A/KR8	南宁市沃德农作物研究所

表 22－1－2　长江上游中籼新品种筛选试验 B 组（132411NS-SXB）参试品种基本情况

编号	品种名称	品种类型	亲本组合	选育/供种单位
1	川香优 53	杂交稻	川香 29A/R53	江苏明天种业科技有限公司
2	天丰优 612	杂交稻	天丰 A/R612	湖北省种子集团有限公司
3	宜香优 3539	杂交稻	宜香 1A/宜恢 3539	四川省宜宾市农业科学院/宜字头种业有限责任公司
4	德香 074A/川恢 907	杂交稻	德香 074A/川恢 907	四川省农业科学院生物所/四川省农业科学院水稻高粱所
5	泸优 8662	杂交稻	泸 98A/绵恢 662	绵阳市农业科学院/四川省农业科学院水稻高粱所
6CK	Ⅱ优 838（CK）	杂交稻	Ⅱ-32A/辐恢 838	四川省原子能研究院
7	莲 1 优 852	杂交稻	莲 1A/金恢 852	四川金堂莲花农业研究所
8	泸优华占	杂交稻	泸香 078A/华占	江西先农种业有限公司
9	内 2 优 111	杂交稻	内 2A/中恢 111	中国水稻研究所
10	中谷优 68	杂交稻	中谷 A/R9068	湖北华之夏种子有限责任公司
11	川 106A/瑞 R199	杂交稻	川 106A/瑞 R199	成都科瑞农业研究中心
12	中 305 优 42	杂交稻	中 305A/中恢 42	中国水稻研究所
13	川绿 389A/R275	杂交稻	川绿 389A/R275	四川高地种业有限公司
14	川 345A/R8765	杂交稻	川 345A/R8765	四川正兴种业有限公司
15	810A/川恢 907	杂交稻	810A/川恢 907	四川禾嘉种业有限公司
16	冈 901A/蜀恢 392	杂交稻	冈 901A/蜀恢 392	四川农业大学水稻所
17CK	Ⅱ优 838（CK）	杂交稻	Ⅱ-32A/辐恢 838	四川省原子能研究院
18	冈优 8188	杂交稻	冈 48A/蜀恢 188	四川华元博冠生物育种有限责任公司
19	蓉优 87	杂交稻	蓉 18A/重恢 87	重庆市重农种业有限公司/成都市农林科学院作物所
20	炳优 619	杂交稻	炳 1A/R619	重庆大爱种业有限公司
21	江优 9368	杂交稻	江育标 9A/江恢 4368	江油市川江水稻研究所

续表 22-1-2　长江上游中籼新品种筛选试验 B 组（132411NS-SXB）参试品种基本情况

编号	品种名称	品种类型	亲本组合	选育/供种单位
22	深两优 871	杂交稻	深 08S/R371	湖南袁氏种业高科技有限公司
23	绵优 523	杂交稻	绵 52A/绵恢 523	四川国豪种业股份有限公司
24	川农优 2257	杂交稻	川农 2A/蜀恢 257	四川农业大学水稻研究所
25	赣优 311	杂交稻	赣香 A/R311	福建省永安市万家兴农业技术服务有限公司/江西省农业科学院水稻所
26CK	Ⅱ优 838（CK）	杂交稻	Ⅱ-32A/辐恢 838	四川省原子能研究院
27	内 5 优 68	杂交稻	内 5A/中恢 68	湖北富悦农业集团有限公司
28	川谷 A/R1862	杂交稻	川谷 A/R1862	四川省农业科学院水稻高粱所
29	内香 6172	杂交稻	内香 6A/内香恢 1172	成都丰乐种业有限责任公司
30	内优 105	杂交稻	内香 6A/泸恢 1015	四川省农业科学院水稻高粱所
31	兆优 1394	杂交稻	兆 A/R1394	深圳市兆农农业科技有限公司
32	内香 7870	杂交稻	内香 7A/内恢 9870	内江杂交水稻科技开发中心
33	406A/万 R1014	杂交稻	406A/万 R1014	重庆三峡农业科学院/重庆帮豪种业有限责任公司
34	内香 6168	杂交稻	内香 6A/内恢 10168	内江杂交水稻科技开发中心
35CK	Ⅱ优 838（CK）	杂交稻	Ⅱ-32A/辐恢 838	四川省原子能研究院
36	腾优 5907	杂交稻	腾 511A/川恢 907	四川飞腾农业作物研究所/四川省农业科学院生物所
37	Ⅱ优 305	杂交稻	Ⅱ32A/P305	湖南杂交水稻研究中心
38	川谷优 110	杂交稻	川谷 A/蜀恢 110	四川农业大学水稻所
39	雅香 86	杂交稻	雅香 A/R2286	四川奥力星农业科技有限公司

表 22－2　长江上游中籼新品种筛选试验 A、B 组（132411NS-SX）试验点基本情况

承试单位	试验地点	经度	纬度	海拔高度（米）	播种期（月/日）	移栽期（月/日）	试验负责人及执行人
四川嘉陵农作物品种研究中心	简阳市平武镇保卫村七队	104°38′	30°23′	386	4/5	5/14	苏道志、梁绍英
四川宜宾市农业科学院	宜宾市南溪县大观试验基地	104°	27°	350	3/20	4/20	林纲、江青山
重庆市农业科学院再生稻研究中心	重庆市永川区双竹镇试验基地	105°56′	29°18′	290	3/11	4/16	李经勇、张现伟
贵州遵义市农科所	遵义县三岔镇红星村聂朝华田	106°54′	27°32′	900	4/20	5/22	王怀昕

表 22-3-1　长江上游中籼新品种筛选试验 A 组（132411NS-SXA）参试品种产量、生育期、抗性及米质汇总结果

编号	品种名称	亩产（千克）	产量比 CK ±%	增产≥0.0%点	增产≥3.0%点	增产≥5.0%点	比组平均产量±%	全生育期（天）	比 CK ±天	叶瘟（级）	穗瘟发病率（级）	穗瘟损失率（级）	稻瘟病综合指数(级)	整精率（%）	垩白率（%）	垩白度（%）	直链淀粉（%）	国标等级	年会意见
1	川香优泰占	597.8	1.3	3	1	1	1.2	146.5	-1.3	5	7	5	5.5	53.9	22	3.4	23.8	等外	淘汰
2	G 优 4841	575.8	-2.4	1	0	0	-2.6	143.8	-4.1	5	5	3	4.0	39.5	89	19.1	21.9	等外	淘汰
3	西农 1A/2006R263	623.8	5.8	4	3	3	5.5	143.8	-4.1	5	7	5	5.5	46.4	52	9.6	20.4	等外	区试
4	广抗 13A/川恢 907	586.1	-0.6	3	1	0	-0.8	149.3	1.4	6	5	3	4.3	38.0	73	15.5	20.2	等外	淘汰
5	瑞优 726	592.4	0.4	2	1	1	0.2	146.5	-1.3	6	5	3	4.3	53.6	38	6.5	21.0	等外	淘汰
6	C268 优 2118	632.3	7.2	3	3	3	7.0	146.5	-1.3	5	9	7	7.0	49.6	68	10.5	21.6	等外	区试
7	Q 优 28	610.7	3.5	3	3	2	3.3	147.5	-0.3	5	7	5	5.5	59.1	33	6.7	20.7	等外	淘汰
9	川谷 A/川恢 1618	553.0	-6.2	1	0	0	-6.4	149.8	1.9	5	5	3	4.0	44.4	91	20.0	21.1	等外	淘汰
10	蓉优 489	614.8	4.2	4	3	1	4.0	144.0	-3.8	4	5	3	3.8	34.1	40	4.4	14.1	等外	淘汰
11	得优 2727	584.2	-1.0	2	2	1	-1.1	145.8	-2.1	5	5	3	4.0	59.6	59	10.0	20.5	等外	淘汰
12	深优 9546	590.8	0.2	3	2	1	0.0	146.3	-1.6	4	5	3	3.8	56.9	31	4.8	12.8	等外	淘汰
13	云两优 5 号	607.8	3.1	4	2	1	2.9	147.0	-0.8	5	7	5	5.5	36.2	76	13.7	24.7	等外	淘汰
15	泸 206 优 781	597.6	1.3	3	3	0	1.1	147.0	-0.8	5	9	9	8.0	46.0	81	17.3	20.8	等外	淘汰
16	蓉 18A/乐恢 584	576.7	-2.2	2	0	0	-2.4	146.0	-1.8	5	5	3	4.0	45.8	15	3.2	12.5	等外	淘汰
17	D 香 28A/蜀恢 518	607.8	3.0	3	3	1	2.8	147.3	-0.6	6	5	3	4.3	33.8	22	3.6	13.3	等外	淘汰
18	泸 206A/华占	605.5	2.7	3	2	1	2.5	148.0	0.2	5	5	3	4.0	53.1	38	7.3	20.0	等外	淘汰
19	渝 802A/R629	630.8	6.9	4	4	2	6.7	146.5	-1.3	5	7	3	4.5	44.0	62	11.8	20.8	等外	区试
20	650A/R629	608.9	3.2	3	3	1	3.0	145.5	-2.3	6	9	7	7.3	54.6	38	7.1	18.0	等外	淘汰

续表 22-3-1　长江上游中籼新品种筛选试验 A 组（132411NS-SXA）参试品种产量、生育期、抗性及米质汇总结果

编号	品种名称	亩产（千克）	产量比 CK ±%	增产点	增产≥3.0%点	增产≥5.0%点	比组平均产量±%	全生育期（天）	比 CK ±天	叶瘟（级）	穗瘟发病率（级）	穗瘟损失率（级）	稻瘟病综合指数(级)	整精率（%）	垩白率（%）	垩白度（%）	直链淀粉（%）	国标等级	建议
21	09 正 4648A/成恢 727	606.6	2.8	3	2	1	2.6	148.3	0.4	5	5	3	4.0	39.7	22	4.3	14.0	等外	淘汰
22	隆两优 9311	615.7	4.4	4	3	2	4.2	148.8	0.9	6	9	7	7.3	47.8	14	2.2	12.6	等外	淘汰
23	科两优 678	624.9	6.0	3	3	2	5.7	149.0	1.2	5	7	5	5.5	58.8	42	6.2	13.3	等外	区试
24	D92A/R830	572.2	-3.0	1	1	0	-3.2	145.5	-2.3	6	5	3	4.3	37.4	66	14.0	20.7	等外	淘汰
26	中种优 127	571.2	-3.2	3	2	1	-3.3	150.8	2.9	5	9	7	7.0	37.3	57	10.6	12.8	等外	淘汰
27	宜香优 3408	627.7	6.4	4	4	4	6.2	146.3	-1.6	5	7	5	5.5	47.3	63	11.4	20.5	等外	区试
28	5019A/万 R1014	537.2	-8.9	1	0	0	-9.1	141.0	-6.8	6	9	9	8.3	56.2	35	6.6	13.8	等外	淘汰
29	正两优 286	637.4	8.1	4	4	3	7.8	141.8	-6.1	6	9	9	8.3	54.1	20	6.3	12.2	等外	淘汰
30	川绿 389A/德恢 3085	581.4	-1.4	1	0	0	-1.6	145.5	-2.3	6	5	3	4.3	40.2	53	9.8	20.8	等外	淘汰
31	D 香 21A/蜀恢 518	588.7	-0.2	3	2	1	-0.4	148.0	0.2	5	5	3	4.0	44.5	66	12.1	20.2	等外	淘汰
32	蓉 18A/GR189	589.2	-0.1	2	2	1	-0.3	146.0	-1.8	6	7	5	5.8	42.7	40	8.5	17.5	等外	淘汰
33	宜香 1A/R3355	546.3	-7.4	1	1	0	-7.6	144.0	-3.8	7	9	9	8.5	38.1	12	1.7	13.3	等外	淘汰
35	西大 2A/2009R48	612.3	3.8	4	3	1	3.6	146.8	-1.1	5	7	5	5.5	43.0	59	11.7	20.3	等外	淘汰
36	802A/R7018	592.9	0.5	2	2	1	0.3	147.0	-0.8	6	7	5	5.8	39.2	47	9.6	20.6	等外	淘汰
37	内优 58	553.2	-6.2	1	0	0	-6.4	150.3	2.4	6	9	7	7.3	29.6	51	8.9	13.2	等外	淘汰
38	内香 5A/R8705	619.5	5.0	3	3	2	4.8	143.3	-4.6	5	5	3	4.0	36.9	41	8.0	13.9	等外	区试
39	川香 29A/KR8	412.1	-30.1	0	0	0	-30.3	147.3	-0.6	4	9	7	6.8	36.1	55	9.1	23.4	等外	淘汰
8/14/25/34（CK）	Ⅱ优 838（CK）	589.8					-0.2	147.8		6.8	9.0	8.5	8.2	46.7	59.8	14.7	20.6	等外	

表 22－3－2　长江上游中籼新品种筛选试验 B 组（132411NS-SXB）参试品种产量、生育期、抗性及米质汇总结果

编号	品种名称	亩产（千克）	产量比 CK ±%	增产点	增产≥3.0%点	增产≥5.0%点	比组平均产量±%	全生育期（天）	比 CK ±天	叶瘟（级）	穗瘟发病率（级）	穗瘟损失率（级）	稻瘟病综合指数(级)	整精率（%）	垩白率（%）	垩白度（%）	直链淀粉（%）	国标等级	建议
1	川香优 53	598.9	0.6	1	1	0	−0.9	152.5	4.6	7	7	5	6.0	52.1	42	8.3	19.7	等外	淘汰
2	天丰优 612	557.5	−6.4	2	1	0	−7.8	144.8	−3.2	5	7	5	5.5	42.6	58	11.4	18.9	等外	淘汰
3	宜香优 3539	637.1	7.0	4	3	3	5.4	147.5	−0.4	8	5	3	4.8	46.5	44	7.7	19.9	等外	区试
4	德香 074A/川恢 907	602.2	1.1	2	2	1	−0.4	149.0	1.1	9	9	9	9.0	32.9	29	7.3	13.6	等外	淘汰
5	泸优 8662	581.1	−2.4	2	1	0	−3.9	149.8	1.8	7	5	3	4.5	53.4	27	5.5	20.0	等外	淘汰
7	莲 1 优 852	602.4	1.2	2	2	2	−0.4	147.3	−0.7	5	5	3	4.0	48.1	43	8.6	20.2	等外	淘汰
8	泸优华占	623.5	4.7	3	2	1	3.1	147.0	−0.9	6	5	3	4.3	50.1	21	4.5	12.9	等外	淘汰
9	内 2 优 111	636.3	6.8	4	3	2	5.3	147.5	−0.4	6	7	5	5.8	41.6	60	13.5	19.1	等外	区试
10	中谷优 68	597.1	0.3	2	0	0	−1.2	148.5	0.6	5	5	3	4.0	49.7	27	4.4	19.6	等外	淘汰
11	川 106A/瑞 R199	557.3	−6.4	1	1	0	−7.8	146.3	−1.7	6	5	3	4.3	48.7	23	3.6	15.6	等外	淘汰
12	中 305 优 42	567.4	−4.7	2	0	0	−6.1	146.5	−1.4	5	7	5	5.5	45.8	43	7.8	18.8	等外	淘汰
13	川绿 389A/R275	630.2	5.8	4	4	3	4.3	144.5	−3.4	5	5	3	4.0	39.8	47	10.1	19.7	等外	区试
14	川 345A/R8765	636.3	6.9	4	4	4	5.3	147.8	−0.2	5	5	3	4.0	41.3	43	7.5	15.1	等外	区试
15	810A/川恢 907	622.2	4.5	3	2	1	2.9	144.5	−3.4	5	5	3	4.0	47.5	65	16.3	18.9	等外	淘汰
16	冈 901A/蜀恢 392	603.5	1.3	3	2	0	−0.2	147.8	−0.2	6	9	7	7.3	52.9	46	10.1	19.1	等外	淘汰
18	冈优 8188	611.1	2.6	4	2	0	1.1	147.3	−0.7	6	5	3	4.3	45.2	89	19.1	23.7	等外	淘汰
19	蓉优 87	622.4	4.5	4	4	1	3.0	146.3	−1.7	6	7	3	4.8	43.5	51	11.0	18.9	等外	淘汰
20	炳优 619	590.3	−0.9	2	2	0	−2.4	143.8	−4.2	5	5	3	4.0	52.5	29	4.1	12.6	等外	淘汰

续表 22－3－2　长江上游中籼新品种筛选试验 B 组（132411NS-SXB）参试品种产量、生育期、抗性及米质汇总结果

编号	品种名称	亩产（千克）	产量比 CK ±%	增产点	增产 ≥3.0% 点	增产 ≥5.0% 点	比组平均产量 ±%	全生育期（天）	比 CK ±天	叶瘟（级）	穗瘟发病率（级）	穗瘟损失率（级）	稻瘟病综合指数(级)	整精率（%）	垩白率（%）	垩白度（%）	直链淀粉（%）	国标等级	建议
21	江优 9368	619.2	4.0	2	1	1	2.4	145.3	-2.7	5	5	3	4.0	49.1	58	8.8	20.0	等外	淘汰
22	深两优 871	593.5	-0.3	2	1	1	-1.8	146.0	-1.9	5	5	3	4.0	62.2	22	3.5	13.5	等外	淘汰
23	绵优 523	576.7	-3.2	1	1	0	-4.6	146.8	-1.2	5	5	3	4.0	48.9	43	7.5	20.1	等外	淘汰
24	川农优 2257	620.8	4.2	3	2	1	2.7	147.5	-0.4	5	5	3	4.0	46.5	65	14.6	24.7	等外	淘汰
25	赣优 311	605.5	1.7	1	1	1	0.2	141.3	-6.7	6	7	3	4.8	41.5	72	16.3	18.3	等外	淘汰
27	内 5 优 68	612.8	2.9	4	3	0	1.4	147.3	-0.7	7	7	5	6.0	35.9	49	9.4	13.0	等外	淘汰
28	川谷 A/R1862	624.3	4.8	3	3	2	3.3	149.0	1.1	5	5	1	3.0	52.1	67	16.2	23.3	等外	淘汰
29	内香 6172	585.6	-1.7	2	2	0	-3.1	146.8	-1.2	5	5	3	4.0	32.0	31	6.9	12.8	等外	淘汰
30	内优 105	632.0	6.1	3	3	2	4.5	148.3	0.3	5	5	3	4.0	43.9	44	8.4	20.1	等外	区试
31	兆优 1394	630.6	5.9	3	3	3	4.3	149.5	1.6	4	5	3	3.8	51.2	21	5.1	20.8	等外	区试
32	内香 7870	622.8	4.6	3	2	1	3.0	144.3	-3.7	5	7	5	5.5	47.1	45	9.4	12.4	等外	淘汰
33	406A/万 R1014	583.7	-2.0	1	0	0	-3.4	141.8	-6.2	6	5	3	4.3	43.1	66	18.8	20.1	等外	淘汰
34	内香 6168	592.8	-0.5	2	1	1	-1.9	147.8	-0.2	4	5	3	3.8	34.0	34	8.7	12.9	等外	淘汰
36	腾优 5907	613.3	3.0	3	2	1	1.4	144.8	-3.2	5	9	9	8.0	49.7	48	10.4	18.7	等外	淘汰
37	Ⅱ优 305	565.6	-5.0	1	1	0	-6.4	141.3	-6.7	7	7	5	6.0	60.0	62	16.9	19.7	等外	淘汰
38	川谷优 110	589.8	-1.0	2	2	1	-2.4	147.3	-0.7	5	5	3	4.0	50.0	59	12.8	20.3	等外	淘汰
39	雅香 86	621.6	4.4	3	1	1	2.8	145.3	-2.7	5	9	7	7.0	45.3	75	12.4	20.3	等外	淘汰
6/17/26/35（CK）	Ⅱ优 838（CK）	595.5					-1.5	147.9		7.5	9.0	8.5	8.4	54.2	58.8	14.5	20.0	等外	

第二十三章　2013年长江中下游中籼迟熟新品种筛选试验汇总报告

一、试验概况

（一）试验目的

鉴定评价中籼迟熟新品种（组合，下同）在长江中下游中籼迟熟生态区的生育期、稳定性、丰产性、抗性、米质及其他重要特性表现，为长江中下游国家中籼迟熟品种区试选拔参试品种提供科学依据。

（二）参试品种

参试品种77个，以丰两优四号作对照（CK）。品种编号、名称、类型、亲本组合、选育/供种单位见表23-1-1至表23-1-2。

（三）承试单位

试验点6个，分布在福建、浙江、江西、湖北、安徽、江苏6个省。承试单位、试验地点、经纬度、海拔高度、播种期、移栽期、试验负责人及执行人见表23-2。

（四）试验设计、栽培管理与观察记载

各试验点均按《2013年长江流域中晚籼新品种筛选试验实施方案》进行试验。

试验设计：试验种子由中国水稻研究所统一编号后分发至各试验点。77个参试品种分A、B两组进行试验，A组38个，B组39个。每组均设4次对照（丰两优四号）。试验采用完全随机区组设计，2次重复，小区面积6.67m^2（0.01亩）。试验四周设置3行以上保护行，种植对应小区品种，成熟时割除试验田四周后计实收小区稻谷产量。

栽培管理：各试验点均根据当地大田生产习惯确定播种期、移栽期及行株距、每穴苗数。所有品种同期播种、移栽，行株距、每穴苗数相同。施肥水平中等偏上，其他栽培管理措施与当地大田生产相同。

观察记载：本试验不查苗、不考种，田间记载试验基本情况、稳定性、生育期、抗性等基本表现。

（五）特性鉴定

抗性鉴定：分别由湖南省农业科学院植保所、湖南省农业科学院水稻所鉴定参试品种对稻瘟病、白叶枯病的抗性。鉴定用种子由中国水稻研究所统一编号、统一提供。鉴定采用苗期人工接菌鉴定和病区自然诱发鉴定相结合。稻瘟病评价指标为叶瘟（级）、穗瘟发病率及级别、穗瘟损失率及级别、综合抗性指数；白叶枯病评价指标为Ⅳ型菌株在水稻分蘖盛期的发病级别。

米质分析：由中国水稻研究所米质测试中心检测分析参试品种的稻米品质。检测分析样品由江西省抚州市农科所试验点在试验结束后统一提供。

（六）统计分析

按照《农作物品种区域试验技术规范　水稻》等有关试验质量评价标准，对各试验（鉴定）点试验（鉴定）结果的可靠性、完整性、准确性、可比性以及对照品种表现情况等进行分析评估，确

保汇总质量。2013 年各试验点试验结果正常，均列入汇总。

参试品种的产量取 2 次重复的平均值，对照品种的产量取 4 次对照（每次对照取 2 次重复的平均值）的平均值，参试品种与组内 4 次对照的平均值进行比较，参试品种的丰产性、适应性主要以比对照品种增减产百分率及增产试验点比例衡量。

参试品种的生育期主要以全生育期比对照品种长短的天数衡量。

参试品种对稻瘟病、白叶枯病的抗性以指定的鉴定单位的鉴定结果为主要依据。稻瘟病的主要评价指标为综合指数及穗瘟损失率最高级，白叶枯病的主要评价指标为发病最高级。

参试品种的米质检测、评价按照国家《优质稻谷》标准，分优质 1 级、优质 2 级、优质 3 级，未达到优质级的品种米质均为等外级。

二、结果分析

（一）产量

根据汇总结果，参试品种整体产量水平与对照丰两优四号相当。比对照丰两优四号增产的品种有 41 个，占 53.2%，其中：平均增产≥5.0%，并且增产试验点超过一半（4～6 个点）的品种有两优 6543、未两优 2 号、和两优 713、科 S/湘恢 5916、Y 两优 957、B 两优 6628、Y 两优 9826、C 两优 583、Y 两优 676、两优 566、两优 6507、两优 148、两优 6188、088S/R70122、两优 899、湘两优 2 号、9 优 6 号、宿两优 918、深两优 8026、C 两优 11、云两优 8188、两优 825、深两优 1135、深两优 8010、C 两优 0861、荆两优 233、盐优 1393 等 27 个。详见表 23－3－1 至表 23－3－2。

（二）生育期

参试品种的生育期长短差异较大，但多数参试品种生育期与对照丰两优四号相仿。根据汇总结果，全生育期除钱优 1890、嘉浙优 169、天优 415 比对照丰两优四号长 7 天以上外，其他品种全生育期比对照丰两优四号长短均未超过 6 天，见表 23－3－1 至表 23－3－2。

（三）抗性

1. 稻瘟病

根据湖南省农业科学院植保所鉴定结果，多数参试品种对稻瘟病具有基本抗性。稻瘟病综合抗性指数小于或等于 6.0 级的品种有 67 个，占 87.0%，其中，深两优 8010、Y 两优 9826 稻瘟病综合抗性指数小于 2.0。稻瘟病综合抗性指数大于 7.0 级的品种有福香 1 优 6073、两优 8876、天优 108、九两优 9386、浙福两优 11-09 等 5 个。详见表 23－3－1 至表 23－3－2。

2. 白叶枯病

根据湖南省农业科学院水稻所鉴定结果，参试品种对白叶枯病的抗性水平差异较大。中抗以上的品种有 30 个，占 39.0%，其中：9 优 6 号、新两优 1392、华两优 9929 达到抗，湘两优 2 号、盐优 1393、雨两优 408、天优 53、Q 优 065 达到中抗。感病的品种有 45 个，占 58.4%，高感品种有两优 6543、两优 6507 等 2 个。详见表 23－3－1 至表 23－3－2。

（四）米质

根据中国水稻研究所米质测试中心检测分析结果，大多数品种米质中等或一般，仅有两优 8876 等 1 个品种达到国家《优质稻谷》标准 2 级，无品种达到优质 1 级、3 级，详见表 23－3－1 至表 23－3－2。

三、选拔标准与选拔结果

（一）标准确定原则

参照《国家水稻品种审定标准（2013 版）》进行品种评价。鉴于筛选试验点较少、试验设计相对简化等因素，基本条件适当放宽，选拔标准适当从严。

（二）入选区试品种基本条件

1. 生育期：全生育期长于对照丰两优四号≤8.0天；
2. 稻瘟病抗性：综合抗性指数≤7.0级。

（三）入选区试品种标准

符合上述基本条件，并达到下列标准之一。

1. 高产类型：平均产量比对照丰两优四号增产≥5.0%，并且增产试验点数超过一半（4~6个点）。

2. 抗病类型：抗稻瘟病（综合抗性指数≤2.0级），并比对照丰两优四号优1个等级及以上，平均产量比对照丰两优四号增产≥3.0%，增产试验点数超过一半（4~6个点）。

3. 优质类型：米质达到国家《优质稻谷》标准3级及以上，并比对照丰两优四号优1个等级及以上，平均产量比对照丰两优四号增产≥3.0%，增产试验点数超过一半（4~6个点）。

（四）入选品种

根据试验汇总结果（表23-3-1至表23-3-2），比照上述条件和标准，下列品种入选2014年长江中下游中籼迟熟组区试。

两优6543、未两优2号、和两优713、科S/湘恢5916、Y两优957、B两优6628、Y两优9826、C两优583、Y两优676、两优566、两优6507、两优148、两优6188、088S/R70122、两优899、湘两优2号、9优6号、宿两优918、深两优8026、C两优11、云两优8188、两优825、深两优1135、深两优8010、C两优0861、荆两优233、盐优1393，共27个。

表 23－1－1　长江中下游中籼新品种筛选试验 A 组（132411NX-SXA）参试品种基本情况

密码编号	品种名称	品种类型	亲本组合	选育/供种单位
1	Y 两优 957	杂交稻	Y58S/R957	创世纪转基因技术有限公司
2	272S/R7213	杂交稻	272S/R7213	广西兆和种业有限公司
3	天优 415	杂交稻	天丰 A/R415	武汉隆福康农业发展有限公司
4	C 两优 583	杂交稻	C815S/CR583	湖南衡阳市农科所
5	两优 8876	杂交稻	W115S/湘恢 8876	江西省超级水稻研究发展中心/湖南科裕隆种业有限公司
6	C 两优 361	杂交稻	C815S/R361	湖北富尔农业科技有限公司
7	湘两优 2 号	杂交稻	广湘 24S/远恢 2 号	长沙年丰种业有限公司
8	禾两优 5 号	杂交稻	禾 1S/洪恢 5 号	贵州禾睦福种子有限公司
9CK	丰两优四号（CK）	杂交稻	丰 39S/盐稻 4 号选	合肥丰乐种业股份公司
10	深两优 1135	杂交稻	深 08S/R1135	湖南神农大丰种业科技有限责任公司
11	粘两优 2 号	杂交稻	粘 S/华恢 2 号	长沙市三华农业科技有限公司
12	钱优 1890	杂交稻	钱江 1 号 A/T1890	台州市农业科学院
13	深两优 8010	杂交稻	深 8S/R1010	安徽赛诺种业
14	109A/R1046	杂交稻	109A/R1046	广州市金粤生物科技有限公司
15CK	丰两优四号（CK）	杂交稻	丰 39S/盐稻 4 号选	合肥丰乐种业股份公司
16	嘉浙优 169	杂交稻	嘉浙 173A×R169	福建金山都发展有限公司
17	华两优 9929	杂交稻	华 99S/R9029	湖北华之夏种子有限责任公司
18	科 S/湘恢 5916	杂交稻	科 S/湘恢 5916	安徽国盛农业科技公司
19	荆两优 233	杂交稻	荆 118S/R233	湖北荆楚种业股份有限公司
20	云两优 8188	杂交稻	云峰 S/奥 R8188	湖南奥谱隆种业科技有限公司
21	两优 959	杂交稻	深 08S/R959	湖南杂交水稻研究中心

续表 23－1－1 长江中下游中籼新品种筛选试验 A 组（132411NX-SXA）参试品种基本情况

密码编号	品种名称	品种类型	亲本组合	选育/供种单位
22	两优 899	杂交稻	深 08S/R0899	安徽隆平高科种业
23	双优 2088	杂交稻	双青 A/弘恢 2088	广东海洋大学农业生物技术研究所/广东天弘种业有限公司
24CK	丰两优四号（CK）	杂交稻	丰 39S/盐稻 4 号选	合肥丰乐种业股份公司
25	浙福两优 11-09	杂交稻	NHR111S/ZF09	浙江大学核农所
26	C 两优 0861	杂交稻	C815S/R0861	江西先农种业有限公司
27	两优 6543	杂交稻	650S/R543	安徽绿亿种业公司
28	两优 328	杂交稻	6303s/R2128	江苏神农大丰种业科技有限公司
29	扬籼优 653	杂交稻	扬籼 6A/扬恢 153	江苏里下河地区农科所
30	Y58S/绵恢 146	杂交稻	Y58S/绵恢 146	四川国豪种业股份有限公司
31	晶两优华占	杂交稻	晶 4155S×华占	袁隆平农业高科技股份有限公司/中国水稻研究所
32	凤两优 330	杂交稻	凤 S/R330	中种集团/湖南农大
33	V 两优 6 号	杂交稻	V18S/R389	温州市农业科学院
34	天优 53	杂交稻	天丰 A/R53	江苏明天种业科技有限公司
35	两优 566	杂交稻	1892S/R566	江西金信种业有限公司
36	两优 968	杂交稻	安隆 3S/南恢 996	福建省南平市农科所/福建科力种业有限公司
37	荣丰优 12	杂交稻	荣丰 A/中恢 12	中国水稻研究所
38CK	丰两优四号（CK）	杂交稻	丰 39S/盐稻 4 号选	合肥丰乐种业股份公司
39	两优 148	杂交稻	Z316S/R248	合肥丰乐种业股份公司
40	007S/214	杂交稻	007S/214	江苏红旗种业有限公司
41	内香 6870	杂交稻	内香 6A/内恢 9870	内江杂交水稻科技开发中心
42	1892S/R1813	杂交稻	1892S/R1813	袁隆平农业高科技股份有限公司

表 23 –1 –2　长江中下游中籼新品种筛选试验 B 组（132411NX-SXB）参试品种基本情况

密码编号	品种名称	品种类型	亲本组合	选育/供种单位
1	新两优 1392	杂交稻	新二 S/R1392	四川农大高科农业有限责任公司/安徽省农业科学院水稻所
2	两优 825	杂交稻	Y8-2S/R025	安徽华韵生物科技有限公司
3	广两优 67	杂交稻	广占 63-4S/67	襄阳市农业科学院
4CK	丰两优四号（CK）	杂交稻	丰 39S/盐稻 4 号选	合肥丰乐种业股份公司
5	两优 289	杂交稻	1892S/R289	湖北谷神科技有限公司
6	C 两优 11	杂交稻	C815S/R11	北京金色农华种业科技有限公司
7	1892S/WR216	杂交稻	1892S/WR216	江西科为农作物研究所
8	雨两优 408	杂交稻	雨 07S/R408	湖南金健种业有限责任公司
9	九两优 9386	杂交稻	连 99s/连恢矮 9386	南京苏泰种业有限公司
10	Y 两优 16	杂交稻	Y58S/R16	湖南广阔天地科技有限公司
11	香 42S/香恢 17	杂交稻	香 42S/香恢 17	湖北中香米业有限责任公司
12	福香 1 优 6073	杂交稻	福香 1A/福恢 6073	福建省农业科学院国家水稻改良分中心
13	两优 6188	杂交稻	广占 63-4S/R188	合肥创富惠农公司
14CK	丰两优四号（CK）	杂交稻	丰 39S/盐稻 4 号选	合肥丰乐种业股份公司
15	Y 两优 676	杂交稻	Y58S//福恢 676	福建兴禾种业科技有限公司/福建省农业科学院国家水稻改良分中心
16	9 优 6 号	杂交稻	荃 9311A/RC6	中国农业科学院作物所
17	Y 两优 9826	杂交稻	Y58s/信丰 9826	信阳市农业科学院
18	科两优 1129	杂交稻	科 S/湘恢 1129	湖南科裕隆种业有限公司
19	Y 两优 5819	杂交稻	Y58S/亚恢 9 号	福州市亚丰水稻育种研究中心
20	天优 108	杂交稻	天丰 A/鄂恢 108	武汉隆福康农业发展有限公司
21	深两优 92	杂交稻	深 08S/R92	重庆大爱种业有限公司
22	盐优 1393	杂交稻	盐籼 4A/盐恢 1393	盐城明天种业科技有限公司

续表 23－1－2　长江中下游中籼新品种筛选试验 B 组（132411NX-SXB）参试品种基本情况

密码编号	品种名称	品种类型	亲本组合	选育/供种单位
23	B 两优 6628	杂交稻	B621S/R628	安徽华韵生物科技公司
24	红两优 853	杂交稻		赣州开来农业科技股份有限公司
25	冈 48 优 3301	杂交稻	冈 48A/闽恢 3301	福建科荟种业有限公司
26CK	丰两优四号（CK）	杂交稻	丰 39S/盐稻 4 号选	合肥丰乐种业股份公司
27	未两优 2 号	杂交稻	W105S/长恢 1 号	安徽未来种业
28	豪两优 1501	杂交稻	新二 S/PWH26L1-5-01	安徽国豪农业科技公司
29	和两优 713	杂交稻	和 620S/R713	广西恒茂农业科技有限公司
30	两优 6507	杂交稻	6105S/粳 R507	安徽绿亿种业公司
31	珍两优 521	杂交稻	珍 96S/华恢 521	江西科为农作物研究所
32CK	丰两优四号（CK）	杂交稻	丰 39S/盐稻 4 号选	合肥丰乐种业股份公司
33	宿两优 918	杂交稻	2018S/R918	宿州市天益青种业科研所
34	广优 7017	杂交稻	广抗 13A/明恢 7017	福建六三种业有限责任公司
35	两优 849	杂交稻	08S/R849	中国水稻研究所
36	深两优 8026	杂交稻	深 08S/R8026	合肥稻丰农业技术有限公司
37	全两优 1 号	杂交稻	全 1S/R101	湖北荃银高科种业有限公司
38	088S/R70122	杂交稻	088S/R70122	袁隆平农业高科技股份有限公司
39	095S/92067	杂交稻	095S/92067	武汉武大天源生物科技股份有限公司
40	两优 519	杂交稻	1892S/昌恢 T519	江西农业大学
41	赣优苏 750	杂交稻	赣香 A/苏恢 750	江苏中江种业股份有限公司
42	双两优宁 6	杂交稻	双 8s/宁恢 6	湖南宁乡县南方优质稻开发研究所
43	Q 优 065	杂交稻	Q2A/盐恢 065	江苏省盐城市盐都区农科所

表 23－2　长江中下游中籼新品种筛选试验 A、B 组（132411NX-SX）试验点基本情况

承试单位	试验地点	经度	纬度	海拔高度（米）	播种期（月/日）	移栽期（月/日）	试验负责人及执行人
福建建阳市良种场	建阳市	118°22′	27°03′	150.0	5/9	6/2	张金明
浙江诸暨农作物区试站	诸暨市十里牌	120°16′	29°42′	11.0	5/28	6/20	葛金水
江西抚州市农科所	抚州市临川区鹏溪	116°16′	28°01′	47.3	5/13	5/31	黎二妹、车慧燕
湖北襄阳市农业科学院	襄樊市高新开发区	112°08′	32°05′	67.0	4/19	5/23	曹国长
江苏中江种业股份有限公司	南京市六合区	118°47′	32°18′	8.9	5/10	6/13	罗德祥、陆建康
安徽合肥丰乐种业股份有限公司	肥西县严店乡苏小村	117°17′	31°52′	14.7	5/10	6/10	徐剑、王中花

表 23-3-1　长江中下游中籼新品种筛选试验 A 组（132411NX-SXA）参试品种产量、生育期、抗性及米质汇总结果

编号	品种名称	亩产（千克）	产量比 CK ±%	增产≥0.0%点	增产≥3.0%点	增产≥5.0%点	比组平均产量±%	全生育期（天）	比 CK ±天	叶瘟（级）	穗瘟发病率（级）	穗瘟损失率（级）	稻瘟病综合指数（级）	白叶枯病（级）	整精率（%）	垩白率（%）	垩白度（%）	直链淀粉（%）	国标等级	年会意见
1	Y 两优 957	688.7	9.0	6	6	5	8.7	134.0	0.3	2	5	1	2.3	7	54.5	26	2.3	13.5	等外	区试
2	272S/R7213	629.3	-0.4	3	1	0	-0.6	133.2	-0.5	4	9	5	5.8	7	33.1	34	2.9	11.8	等外	淘汰
3	天优 415	582.8	-7.7	1	1	0	-8.0	141.2	7.5	6	9	5	6.3	5	24.5	13	1.0	16.5	等外	淘汰
4	C 两优 583	685.6	8.5	6	5	5	8.3	137.0	3.3	4	5	3	3.8	5	25.8	69	7.9	21.1	等外	区试
5	两优 8876	622.6	-1.4	3	2	2	-1.7	132.5	-1.2	7	9	7	7.5	7	54.2	19	1.7	21.2	优 2	淘汰
6	C 两优 361	645.2	2.2	4	4	4	1.9	133.0	-0.7	4	5	3	3.8	7	45.6	13	0.9	12.2	等外	淘汰
7	湘两优 2 号	679.3	7.5	5	5	5	7.3	134.0	0.3	3	5	1	2.5	3	43.5	30	2.3	21.3	等外	区试
8	禾两优 5 号	536.7	-15.0	0	0	0	-15.3	133.2	-0.5	5	7	3	4.5	7	44.4	26	3.4	12.2	等外	淘汰
10	深两优 1135	674.8	6.8	6	5	3	6.6	133.5	-0.2	2	5	1	2.3	5	42.4	7	0.6	11.4	等外	区试
11	粘两优 2 号	610.3	-3.4	1	0	0	-3.6	127.8	-5.9	4	9	5	5.8	7	12.9	18	1.4	12.7	等外	淘汰
12	钱优 1890	586.1	-7.2	1	1	1	-7.4	143.3	9.6	5	7	5	5.5	7	56.0	25	1.6	13.5	等外	淘汰
13	深两优 8010	671.8	6.4	6	5	3	6.1	135.2	1.5	2	3	1	1.8	5	49.8	5	0.2	12.2	等外	区试
14	109A/R1046	626.7	-0.8	3	1	0	-1.0	137.2	3.5	4	9	5	5.8	7	34.0	33	4.8	11.9	等外	淘汰
16	嘉浙优 169	562.1	-11.0	1	1	0	-11.2	141.3	7.6	7	9	5	6.5	7	46.4	17	1.8	12.7	等外	淘汰
17	华两优 9929	592.5	-6.2	0	0	0	-6.4	137.7	4.0	2	7	3	3.8	1	41.2	28	2.2	21.0	等外	淘汰
18	科 S/湘恢 5916	688.9	9.1	6	6	5	8.8	133.5	-0.2	4	5	1	2.8	7	51.8	14	1.4	11.8	等外	区试
19	荆两优 233	668.7	5.9	5	4	4	5.6	134.5	0.8	4	5	3	3.8	5	47.5	55	6.2	21.8	等外	区试
20	云两优 8188	676.3	7.1	6	4	4	6.8	134.5	0.8	2	5	3	3.3	5	33.1	48	6.1	14.6	等外	区试
21	两优 959	613.5	-2.9	1	0	0	-3.1	136.3	2.6	5	7	3	4.5	7	30.1	15	2.2	14.0	等外	淘汰
22	两优 899	679.5	7.6	6	5	4	7.3	134.2	0.5	2	5	1	2.3	7	34.4	12	0.7	12.7	等外	区试

续表 23－3－1　长江中下游中籼新品种筛选试验 A 组（132411NX-SXA）参试品种产量、生育期、抗性及米质汇总结果

编号	品种名称	亩产（千克）	产量比 CK ±%	增产点	增产≥3.0%点	增产≥5.0%点	比组平均产量 ±%	全生育期（天）	比 CK ±天	叶瘟（级）	穗瘟发病率（级）	穗瘟损失率（级）	稻瘟病综合指数（级）	白叶枯病（级）	整精率（%）	垩白率（%）	垩白度（%）	直链淀粉（%）	国标等级	建议
23	双优 2088	645.5	2.2	3	2	2	1.9	134.8	1.1	2	5	1	2.3	7	31.0	24	3.6	20.0	等外	淘汰
25	浙福两优 11-09	602.4	-4.6	1	1	1	-4.9	128.7	-5.0	7	9	7	7.5	5	21.9	27	3.0	15.1	等外	淘汰
26	C 两优 0861	670.6	6.2	5	5	5	5.9	133.5	-0.2	4	7	3	4.3	5	40.0	12	1.0	13.0	等外	区试
27	两优 6543	694.0	9.9	5	5	5	9.6	135.2	1.5	2	5	1	2.3	9	49.4	63	6.6	20.4	等外	区试
28	两优 328	657.1	4.0	5	4	2	3.8	134.5	0.8	4	5	3	3.8	7	38.5	38	3.9	15.0	等外	淘汰
29	扬籼优 653	619.2	-2.0	2	1	0	-2.2	134.3	0.6	6	7	5	5.8	7	34.2	52	8.0	21.9	等外	淘汰
30	Y58S/绵恢 146	616.3	-2.4	3	1	0	-2.7	133.2	-0.5	4	7	3	4.3	5	57.4	32	5.5	12.5	等外	淘汰
31	晶两优华占	651.0	3.1	4	3	3	2.8	134.3	0.6	2	5	3	3.3	5	56.8	10	1.0	12.4	等外	淘汰
32	凤两优 330	591.4	-6.4	2	1	1	-6.6	134.2	0.5	4	7	3	4.3	7	34.7	53	6.8	21.3	等外	淘汰
33	V 两优 6 号	658.9	4.3	4	4	3	4.0	134.7	1.0	5	7	3	4.5	7	46.6	19	1.1	13.8	等外	淘汰
34	天优 53	607.3	-3.9	2	0	0	-4.1	134.8	1.1	6	7	5	5.8	3	31.6	37	3.9	20.9	等外	淘汰
35	两优 566	684.5	8.4	6	6	5	8.1	132.0	-1.7	2	5	3	3.3	7	47.4	14	2.1	12.8	等外	区试
36	两优 968	549.2	-13.1	1	0	0	-13.3	135.8	2.1	4	5	3	3.8	7	48.3	15	1.6	11.7	等外	淘汰
37	荣丰优 12	636.1	0.7	4	1	1	0.4	132.0	-1.7	5	9	5	6.0	5	26.3	62	8.2	24.8	等外	淘汰
39	两优 148	682.4	8.0	6	5	4	7.8	133.2	-0.5	4	3	1	2.3	7	41.6	23	2.6	14.1	等外	区试
40	007S/214	516.0	-18.3	1	1	0	-18.5	133.2	-0.5	7	9	5	6.5	7	46.9	27	3.0	12.6	等外	淘汰
41	内香 6870	608.0	-3.7	2	1	0	-4.0	134.2	0.5	4	7	5	5.3	7	26.8	29	2.5	12.6	等外	淘汰
42	1892S/R1813	655.0	3.7	4	4	4	3.4	135.2	1.5	2	5	3	3.3	7	38.1	34	3.3	14.4	等外	淘汰
9/15/24/38（CK）	丰两优四号（CK）	631.6					-0.3	133.7		6.8	8.5	6.5	7.1	5.5	38.1	28.5	3.1	14.7	等外	

表 23-3-2　长江中下游中籼新品种筛选试验 B 组（132411NX-SXB）参试品种产量、生育期、抗性及米质汇总结果

编号	品种名称	亩产（千克）	产量比 CK ±%	增产点	增产 ≥3.0% 点	增产 ≥5.0% 点	比组平均产量 ±%	全生育期（天）	比 CK ±天	叶瘟（级）	穗瘟发病率（级）	穗瘟损失率（级）	稻瘟病综合指数（级）	白叶枯病（级）	整精率（%）	垩白率（%）	垩白度（%）	直链淀粉（%）	国标等级	建议
1	新两优 1392	629.9	-1.3	2	1	1	-2.7	129.2	-5.0	5	7	3	4.5	1	28.7	21	1.7	13.8	等外	淘汰
2	两优 825	681.6	6.8	5	5	5	5.2	134.0	-0.2	2	5	1	2.3	5	53.7	9	1.0	14.2	等外	区试
3	广两优 67	568.8	-10.8	1	1	1	-12.2	129.7	-4.5	4	7	3	4.3	7	47.3	18	1.7	14.4	等外	淘汰
5	两优 289	660.5	3.5	5	4	3	2.0	135.5	1.3	4	5	1	2.8	7	48.0	23	1.3	13.4	等外	淘汰
6	C 两优 11	683.3	7.1	6	6	4	5.5	135.2	1.0	4	7	3	4.3	5	49.5	12	1.4	13.0	等外	区试
7	1892S/WR216	665.4	4.3	4	4	4	2.7	133.3	-0.9	4	5	3	3.8	7	33.1	37	3.4	12.5	等外	淘汰
8	雨两优 408	592.7	-7.1	0	0	0	-8.5	129.0	-5.2	5	9	5	6.0	3	41.3	21	2.2	14.2	等外	淘汰
9	九两优 9386	621.9	-2.5	2	2	2	-4.0	129.2	-5.0	7	9	7	7.5	5	23.9	40	4.8	14.9	等外	淘汰
10	Y 两优 16	632.5	-0.9	4	2	1	-2.3	136.2	2.0	4	7	5	5.3	5	56.0	5	0.5	12.7	等外	淘汰
11	香 42S/香恢 17	597.6	-6.3	2	1	0	-7.7	138.7	4.5	6	7	5	5.8	7	24.8	32	2.8	14.0	等外	淘汰
12	福香 1 优 6073	634.8	-0.5	4	4	4	-2.0	133.7	-0.5	7	9	7	7.5	7	17.6	60	6.5	13.1	等外	淘汰
13	两优 6188	687.4	7.7	6	5	4	6.1	133.8	-0.4	5	5	3	4.0	5	25.0	17	1.8	14.5	等外	区试
15	Y 两优 676	692.2	8.5	5	4	4	6.9	137.7	3.5	4	7	5	5.3	7	46.7	21	2.2	12.0	等外	区试
16	9 优 6 号	685.5	7.4	6	5	5	5.8	133.2	-1.0	4	5	3	3.8	1	23.5	40	3.4	14.2	等外	区试
17	Y 两优 9826	692.7	8.6	5	5	5	6.9	133.5	-0.7	2	3	1	1.8	7	54.0	13	1.0	13.9	等外	区试
18	科两优 1129	589.5	-7.6	0	0	0	-9.0	134.5	0.3	2	5	3	3.3	7	33.8	17	1.4	12.3	等外	淘汰
19	Y 两优 5819	617.3	-3.2	3	1	1	-4.7	132.7	-1.5	4	9	5	5.8	7	48.2	34	3.1	12.6	等外	淘汰
20	天优 108	618.7	-3.0	2	2	1	-4.5	131.7	-2.5	7	9	7	7.5	5	20.1	47	6.4	22.4	等外	淘汰
21	深两优 92	636.7	-0.2	4	2	1	-1.7	133.5	-0.7	5	9	5	6.0	7	33.8	28	4.0	15.5	等外	淘汰
22	盐优 1393	674.4	5.7	5	5	4	4.1	133.0	-1.2	5	9	7	7.0	3	17.1	56	6.8	22.5	等外	区试

续表 23－3－2　长江中下游中籼新品种筛选试验 B 组（132411NX-SXB）参试品种产量、生育期、抗性及米质汇总结果

编号	品种名称	亩产（千克）	产量比 CK ±%	增产点	增产≥3.0%点	增产≥5.0%点	比组平均产量±%	全生育期（天）	比 CK ±天	叶瘟（级）	穗瘟发病率（级）	穗瘟损失率（级）	稻瘟病综合指数（级）	白叶枯病（级）	整精率（%）	垩白率（%）	垩白度（%）	直链淀粉（%）	国标等级	建议
23	B 两优 6628	695.2	9.0	6	5	4	7.3	135.0	0.8	2	7	3	3.8	7	44.5	61	7.8	19.8	等外	区试
24	红两优 853	597.1	−6.4	0	0	0	−7.8	129.5	−4.7	6	9	5	6.3	7	32.0	64	9.0	22.6	等外	淘汰
25	冈 48 优 3301	660.4	3.5	5	3	2	2.0	139.0	4.8	4	7	3	4.3	7	23.9	67	9.4	23.1	等外	淘汰
27	未两优 2 号	700.3	9.8	6	6	6	8.1	136.8	2.6	4	5	3	3.8	7	49.6	15	1.7	12.4	等外	区试
28	豪两优 1501	630.5	−1.2	3	0	0	−2.7	136.5	2.3	6	7	5	5.8	7	49.7	10	0.7	12.3	等外	淘汰
29	和两优 713	699.7	9.7	6	6	6	8.0	136.7	2.5	2	5	1	2.3	5	58.4	12	1.2	12.7	等外	区试
30	两优 6507	690.4	8.2	6	5	5	6.6	131.7	−2.5	2	5	3	3.3	9	43.8	24	2.9	17.3	等外	区试
31	珍两优 521	662.8	3.9	5	3	3	2.3	135.3	1.1	5	7	3	4.5	7	20.0	32	4.3	21.2	等外	淘汰
33	宿两优 918	684.9	7.4	6	6	4	5.7	133.2	−1.0	4	5	1	2.8	7	24.4	27	2.9	14.1	等外	区试
34	广优 7017	609.7	−4.4	2	0	0	−5.9	139.3	5.1	4	7	5	5.3	7	20.3	78	13.3	21.7	等外	淘汰
35	两优 849	667.7	4.7	5	5	4	3.1	136.8	2.6	2	5	3	3.3	5	49.9	2	0.1	12.3	等外	淘汰
36	深两优 8026	683.7	7.2	5	5	5	5.6	135.8	1.6	4	5	3	3.8	5	56.8	8	1.0	12.9	等外	区试
37	全两优 1 号	622.4	−2.4	2	1	0	−3.9	131.7	−2.5	6	7	3	4.8	5	25.1	40	4.2	14.4	等外	淘汰
38	088S/R70122	686.7	7.6	6	4	4	6.0	135.5	1.3	3	5	3	3.5	7	52.8	10	0.9	14.0	等外	区试
39	095S/92067	639.5	0.2	3	2	2	−1.3	131.2	−3.0	2	7	5	4.8	7	31.5	34	3.0	18.0	等外	淘汰
40	两优 519	579.3	−9.2	2	0	0	−10.6	128.3	−5.9	6	7	3	4.8	7	26.1	27	2.9	21.6	等外	淘汰
41	赣优苏 750	651.9	2.2	4	4	3	0.6	135.0	0.8	6	7	3	4.8	7	25.7	64	9.9	20.7	等外	淘汰
42	双两优宁 6	619.7	−2.9	2	2	2	−4.3	135.5	1.3	4	7	3	4.3	5	37.6	59	6.1	22.9	等外	淘汰
43	Q 优 065	624.0	−2.2	3	1	0	−3.7	134.3	0.1	5	7	3	4.5	3	28.2	17	1.7	14.0	等外	淘汰
4/14/26/32（CK）	丰两优四号（CK）	638.0					−1.5	134.2		7.0	9.0	6.5	7.3	5.5	37.3	23.8	2.6	14.7	等外	

第二十四章　2013年晚籼早熟新品种筛选试验汇总报告

一、试验概况

（一）试验目的

鉴定评价晚籼早熟新品种（组合，下同）在长江中下游晚籼早熟生态区的生育期、稳定性、丰产性、抗性、米质及其他重要特性表现，为国家晚籼早熟品种区试选拔参试品种提供科学依据。

（二）参试品种

参试品种30个，以五优308作对照（CK）。品种编号、名称、类型、亲本组合、选育/供种单位见表24－1。

（三）承试单位

试验点4个，分布在江西、湖南、湖北、安徽4个省。承试单位、试验地点、经纬度、海拔高度、播种期、移栽期、试验负责人及执行人见表24－2。

（四）试验设计、栽培管理与观察记载

各试验点均按《2013年长江流域中晚籼新品种筛选试验实施方案》进行试验。

试验设计：试验种子由中国水稻研究所统一编号后分发至各试验点。30个参试品种同组进行试验，设3次对照（五优308）。试验采用完全随机区组设计，2次重复，小区面积6.67m^2（0.01亩）。试验四周设置3行以上保护行，种植对应小区品种，成熟时割除试验田四周后计实收小区稻谷产量。

栽培管理：各试验点均根据当地大田生产习惯确定播种期、移栽期及行株距、每穴苗数。所有品种同期播种、移栽，行株距、每穴苗数相同。施肥水平中等偏上，其他栽培管理措施与当地大田生产相同。

观察记载：本试验不查苗、不考种，田间记载试验基本情况、稳定性、生育期、抗性等基本表现。

（五）特性鉴定

抗性鉴定：分别由湖南省农业科学院植保所、湖南省农业科学院水稻所鉴定参试品种对稻瘟病、白叶枯病的抗性。鉴定用种子由中国水稻研究所统一编号、统一提供。鉴定采用苗期人工接菌鉴定和病区自然诱发鉴定相结合。稻瘟病评价指标为叶瘟（级）、穗瘟发病率及级别、穗瘟损失率及级别、综合抗性指数；白叶枯病评价指标为Ⅳ型菌株在水稻分蘖盛期的发病级别。

米质分析：由中国水稻研究所米质测试中心检测分析参试品种的稻米品质。检测分析样品由湖北省黄岗市农业科学院试验点在试验结束后统一提供。

（六）统计分析

按照《农作物品种区域试验技术规范　水稻》等有关试验质量评价标准，对各试验（鉴定）点试验（鉴定）结果的可靠性、完整性、准确性、可比性以及对照品种表现情况等进行分析评估，确保汇总质量。2013年全部4个试验点试验结果正常，均列入汇总。

参试品种的产量取2次重复的平均值，对照品种的产量取3次对照（每次对照取2次重复的平均值）的平均值，参试品种与组内3次对照的平均值进行比较，参试品种的丰产性、适应性主要以比对

照品种增减产百分率及增产试验点比例衡量。

参试品种的生育期主要以全生育期比对照品种长短的天数衡量。

参试品种对稻瘟病、白叶枯病的抗性以指定的鉴定单位的鉴定结果为主要依据。稻瘟病的主要评价指标为综合指数及穗瘟损失率最高级，白叶枯病的主要评价指标为发病最高级。

参试品种的米质检测、评价按照国家《优质稻谷》标准，分优质1级、优质2级、优质3级，未达到优质级的品种米质均为等外级。

二、结果分析

（一）产量

根据汇总结果，多数参试品种产量水平低于对照五优308。比对照五优308增产的品种有8个，占26.7%，其中平均增产≥5.0%、并且增产试验点数超过一半（3~4个点）的品种有：五优61、和两优1127、隆香634A/AC117等3个，详见表24-3。

（二）生育期

根据汇总结果，多数参试品种全生育期短于对照五优308。生育期较明显长于对照五优308的品种有扬籼优318、五丰优9113、广优7053、中优575、扬籼优613等5个，全生育期比对照五优308长1.3~6.6天。其他品种生育期与对照五优308相仿或短，其中，中9A/冈恢168、福两优2155、深优9590、川香优1068、和两优1127、99优862、早丰优11的全生育期比对照五优308短4~5.5天，详见表24-3。

（三）抗性

1. 稻瘟病：根据湖南省农业科学院植保所鉴定结果，多数参试品种对稻瘟病的抗性尚可，综合抗性指数大于或等于7.0级的品种仅有扬籼优613、中9A/冈恢168、五丰优9113、泰丰优0791等4个，其他26个品种稻瘟病综合抗性指数均小于6.5级，其中和两优12稻瘟病综合抗性指数仅为1.3级。详见表24-3。

2. 白叶枯病：根据湖南省农业科学院水稻所鉴定结果，多数参试品种对白叶枯病的抗性一般，7~9级的品种有23个，占76.7%。3~5级的品种有7个，占23.3%，其中，扬籼优318、五丰优9113、扬籼优613为3级（中抗），详见表24-3。

（四）米质

根据中国水稻研究所米质测试中心检测分析结果，多数参试品种米质优良，达到国家《优质稻谷》标准2~3级的品种有19个，占63.3%，其中，建A/恢108、广8A/YR7053、中9A/冈恢168、荆楚D8A/R3691等4个品种达到国家《优质稻谷》标准优质2级，优于对照五优308一个等级；五丰A/R61等15个品种达到国家《优质稻谷》标准优质3级，与对照五优308相当；其他品种均为等外级，详见表24-3。

三、选拔标准与选拔结果

（一）标准确定原则

参照《国家水稻品种审定标准（2013版）》进行品种评价。鉴于筛选试验点较少、试验设计相对简化等因素，基本条件适当放宽，选拔标准适当从严。

（二）入选区试品种基本条件

1. 生育期：全生育期长于对照五优308≤1.0天。

2. 稻瘟病抗性：综合抗性指数≤7.0级。

（三）入选区试品种标准

符合上述基本条件，并达到下列标准之一。

1. 高产类型：平均产量比对照五优 308 增产≥5.0%，并且增产试验点数超过一半（3～4 个点）。

2. 抗病类型：抗稻瘟病（综合抗性指数≤2.0 级），并比对照五优 308 优 1 个等级及以上，平均产量比对照五优 308 增产≥3.0%，增产试验点数超过一半（3～4 个点）。

3. 优质类型：米质达到国家《优质稻谷》标准 3 级及以上，并比对照五优 308 优 1 个等级及以上，平均产量比对照五优 308 增产≥3.0%，增产试验点数超过一半（3～4 个点）。

（四）入选品种

根据试验汇总结果（表 24－3），比照上述条件和标准，五优 61、和两优 1127、隆香 634A/AC117 等 3 个品种入选 2014 年晚籼早熟组区试。

表 24－1　晚籼早熟新品种筛选试验组（133111N-SX）参试品种基本情况

编号	品种名称	品种类型	亲本组合	选育/供种单位
1	深优 9590	杂交稻	深 95A/早恢 90	福州市亚丰水稻育种研究中心
2	建优 108	杂交稻	建 A/恢 108	江西兴安种业有限公司
3	广优 822	杂交稻	广 8A/YR0822	安徽荃银高科种业
4	广优 7053	杂交稻	广 8A/YR7053	安徽荃银高科种业
5	隆香 634A/AC117	杂交稻	隆香 634A/AC117	袁隆平农业高科技股份有限公司
6	五丰优丝苗	杂交稻	五丰 A/五山丝苗	安徽荃银高科种业
7	福两优 2155	杂交稻	86315s/明恢 2155	福建旺穗种业有限公司
8CK	五优 308（CK）	杂交稻	五丰 A/广恢 308	广东省农业科学院水稻所
9	99 优 862	杂交稻	99A/明恢 862	福建六三种业有限责任公司/三明市农科所/江西省水稻所
10	五优 61	杂交稻	五丰 A/R61	江西天涯种业有限公司
11	中优 575	杂交稻	中 9A/富恢 575	湖北富悦农业集团有限公司
12	9771S/60207	杂交稻	9771S/60207	广西恒茂农业科技有限公司
13	六福优 399	杂交稻	六福 A/奥 R399	湖南奥谱隆种业科技有限公司
14	闽香优 315	杂交稻	闽香 A/R315	福建闽丰科技种业有限责任公司/福建农林大学作物学院
15CK	五优 308（CK）	杂交稻	五丰 A/广恢 308	广东省农业科学院水稻所
16	五优 306	杂交稻	五丰 A/金恢 306	江西金山种业有限公司
17	扬籼优 318	杂交稻	扬籼 3A/R818	江苏里下河地区农科所

续表 24－1　晚籼早熟新品种筛选试验组（133111N-SX）参试品种基本情况

编号	品种名称	品种类型	亲本组合	选育/供种单位
18	五优 369	杂交稻	五丰 A/R369	湖南泰邦农业科技股份有限公司
19	荆楚优 8691	杂交稻	荆楚 D8A/R3691	湖北荆楚种业股份有限公司
20	泰丰优 0791	杂交稻	泰丰 A/昌恢 0791	江西农业大学
21	五丰优 9113	杂交稻	五丰 A/R9113	中种集团/广东金稻种业
22	中 9A/冈恢 168	杂交稻	中 9A/冈恢 168	湖北省黄冈市农业科学院
23	科优 029	杂交稻	科丰 A/南恢 029	福建省南平市农科所/福建科力种业有限公司
24	川香优 1068	杂交稻	川香 106A/成恢 448	四川省润丰种业有限公司育种技术中心
25	早丰优 11	杂交稻	早丰 A/R11	江西先农种业有限公司
26	和两优 12	杂交稻	和 620S/优早 12	江西科源种业有限公司
27	扬籼优 613	杂交稻	扬籼 6A/扬恢 113	江苏金土地种业有限公司
28CK	五优 308（CK）	杂交稻	五丰 A/广恢 308	广东省农业科学院水稻所
29	潭原优 08-45	杂交稻	潭原 A/R08-45	湖南省湘潭市原种场
30	五优 665	杂交稻	五丰 A/WR665	江西科为农作物研究所
31	隆优 113	杂交稻	隆 634A/华恢 113	湖南亚华种业科学研究院
32	深优 9555	杂交稻	深 95A/R5455	湖南金健种业有限责任公司
33	和两优 1127	杂交稻	和 620S/R1127	深圳市兆农农业科技有限公司

表 24－2　晚籼早熟新品种筛选试验组（133111N-SX）试验点基本情况

承试单位	试验地点	经度	纬度	海拔高度（米）	播种期（月/日）	移栽期（月/日）	试验负责人及执行人
江西省邓家埠水稻原种场农科所	余江县城东郊	116°51′	28°12′	37.7	6/23	7/17	刘红声、金建康、龚兰
湖南省贺家山原种场	常德市	111°58′	28°03′	28.2	6/18、21	7/7、12	曾跃华
安徽省宣城市农科所	宣城市军天湖	118°45′	30°56′	35.6	6/20	7/12	黄一飞
湖北省黄冈市农业科学院	农业科学院梅家墩基地	114°51′	30°27′	32.1	6/23	7/18	张绍安 、曹志刚

表 24-3 晚籼早熟筛选试验组（133111N-SX）参试品种产量、生育期、抗性及米质汇总结果

编号	品种名称	亩产（千克）	产量比 CK ±%	增产≥0.0%点	增产≥3.0%点	增产≥5.0%点	比组平均产量±%	全生育期（天）	比 CK ±天	叶瘟（级）	穗瘟发病率（级）	穗瘟损失率（级）	稻瘟病综合指数(级)	白叶枯病（级）	整精率（%）	垩白率（%）	垩白度（%）	直链淀粉（%）	国标等级	年会意见
1	深优 9590	507.1	-12.3	0	0	0	-7.8	112.8	-4.5	4	7	3	4.3	7	49.7	31	3.1	15.2	等外	淘汰
2	建优 108	542.0	-6.2	0	0	0	-1.5	116.0	-1.2	3	7	3	4.0	9	60.5	15	1.4	21.2	优 2	淘汰
3	广优 822	578.3	0.1	2	2	1	5.1	115.0	-2.2	2	5	1	2.3	5	62	13	3.4	16.1	优 3	淘汰
4	广优 7053	534.8	-7.5	1	1	1	-2.8	119.5	2.3	3	5	3	3.5	5	57	15	2	18.8	优 2	淘汰
5	隆香 634A/AC117	606.9	5.0	4	3	2	10.3	113.5	-3.7	4	5	3	3.8	7	54.9	19	2.6	15.8	优 3	区试
6	五丰优丝苗	599.0	3.7	3	2	2	8.9	117.3	0.0	3	5	3	3.5	7	60.3	7	1.1	15.8	优 3	淘汰
7	福两优 2155	524.3	-9.3	0	0	0	-4.7	112.5	-4.7	5	7	3	4.5	7	45.9	24	4.5	16.0	等外	淘汰
9	99 优 862	412.4	-28.6	0	0	0	-25.0	113.3	-4.0	4	7	3	4.3	7	54.2	26	3.5	15.8	优 3	淘汰
10	五优 61	619.7	7.2	4	3	2	12.6	116.3	-1.0	4	7	3	4.3	5	60.3	15	2.9	15.8	优 3	区试
11	中优 575	553.1	-4.3	1	0	0	0.5	118.5	1.3	6	7	5	5.8	7	54.8	17	2.4	24.8	等外	淘汰
12	9771S/60207	588.1	1.8	3	3	2	6.9	117.5	0.3	2	5	3	3.3	5	59.4	8	1	15.0	优 3	淘汰
13	六福优 399	565.1	-2.2	2	2	2	2.7	116.5	-0.7	2	5	1	2.3	7	54.7	24	4	21.3	优 3	淘汰
14	闽香优 315	509.3	-11.9	0	0	0	-7.4	114.3	-3.0	4	7	3	4.3	9	51.1	27	4.4	15.1	等外	淘汰
16	五优 306	600.0	3.8	3	2	2	9.1	116.8	-0.5	4	7	3	4.3	9	58.9	16	3	15.0	优 3	淘汰
17	扬籼优 318	529.9	-8.3	1	0	0	-3.7	123.8	6.6	6	9	5	6.3	3	47.7	23	2.6	24.7	等外	淘汰
18	五优 369	548.0	-5.2	0	0	0	-0.4	114.3	-3.0	2	5	3	3.3	7	51.5	19	3.6	22.4	等外	淘汰

续表 24-3　晚籼早熟筛选试验组（133111N-SX）参试品种产量、生育期、抗性及米质汇总结果

编号	品种名称	亩产（千克）	产量比 CK ±%	增产 ≥0.0% 点	增产 ≥3.0% 点	增产 ≥5.0% 点	比组平均产量 ±%	全生育期（天）	比 CK ±天	叶瘟（级）	穗瘟发病率（级）	穗瘟损失率（级）	稻瘟病综合指数(级)	白叶枯病（级）	整精率（%）	垩白率（%）	垩白度（%）	直链淀粉（%）	国标等级	年会意见
19	荆楚优 8691	510.3	-11.7	0	0	0	-7.3	116.7	-0.5	4	5	3	3.8	7	58.9	14	1.6	18.6	优 2	淘汰
20	泰丰优 0791	491.9	-14.9	0	0	0	-10.6	113.5	-3.7	6	9	7	7.3	9	48.5	26	3.8	16.6	等外	淘汰
21	五丰优 9113	554.7	-4.0	1	0	0	0.8	119.8	2.6	6	9	7	7.3	3	55.8	23	4.1	22.6	优 3	淘汰
22	中 9A/冈恢 168	531.1	-8.1	1	0	0	-3.5	111.8	-5.5	7	9	7	7.5	9	54.8	12	1.8	22.3	优 2	淘汰
23	科优 029	523.3	-9.5	0	0	0	-4.9	113.5	-3.7	4	7	3	4.3	9	34.5	91	16.3	25.6	等外	淘汰
24	川香优 1068	507.4	-12.2	0	0	0	-7.8	112.8	-4.5	5	7	5	5.5	9	44.3	10	0.8	17.0	等外	淘汰
25	早丰优 11	567.5	-1.8	2	0	0	3.1	113.3	-4.0	4	7	3	4.3	7	53.8	8	1	18.8	优 3	淘汰
26	和两优 12	569.5	-1.4	1	1	0	3.5	115.0	-2.2	2	1	1	1.3	7	58.4	25	4.5	21.8	优 3	淘汰
27	扬籼优 613	533.6	-7.7	0	0	0	-3.0	118.5	1.3	7	9	7	7.5	3	50.7	18	3	22.3	等外	淘汰
29	潭原优 08-45	561.9	-2.8	1	0	0	2.1	115.0	-2.2	4	5	3	3.8	9	47.6	10	1.7	16.6	等外	淘汰
30	五优 665	600.4	3.9	3	3	3	9.1	115.0	-2.2	5	5	3	4.0	9	61.3	28	4.3	21.8	优 3	淘汰
31	隆优 113	522.9	-9.5	1	0	0	-5.0	115.8	-1.5	5	9	5	6.0	9	60.2	9	1.1	15.8	优 3	淘汰
32	深优 9555	568.0	-1.7	1	0	0	3.2	115.0	-2.2	5	9	5	6.0	7	58.1	14	2.4	15.2	优 3	淘汰
33	和两优 1127	618.5	7.0	4	4	4	12.4	113.0	-4.2	2	5	1	2.3	7	57.5	14	2.3	15.7	优 3	区试
8/15/28（CK）	五优 308（CK）	577.9					5.0	117.2		3.3	5.7	2.3	3.4	8.3	60.6	27	4.2	21.6	优 3	

第二十五章　2013年晚籼中迟熟新品种筛选试验汇总报告

一、试验概况

（一）试验目的

鉴定评价晚籼中迟熟新品种（组合，下同）在长江中下游晚籼中迟熟生态区的生育期、稳定性、丰产性、抗性、米质及其他重要特性表现，为国家晚籼中迟熟品种区试选拔参试品种提供科学依据。

（二）参试品种

参试品种9个，以天优华占作对照（CK）。品种编号、名称、类型、亲本组合、选育/供种单位见表25－1。

（三）承试单位

试验点4个，分布在江西、湖南、福建、浙江4个省。承试单位、试验地点、经纬度、海拔高度、播种期、移栽期、试验负责人及执行人见表25－2。

（四）试验设计、栽培管理与观察记载

各试验点均按《2013年长江流域中晚籼新品种筛选试验实施方案》进行试验。

试验设计：试验种子由中国水稻研究所统一编号后分发至各试验点。9个参试品种同组进行试验，设1次对照（天优华占）。试验采用完全随机区组设计，2次重复，小区面积6.67m^2（0.01亩）。试验四周设置3行以上保护行，种植对应小区品种，成熟时割除试验田四周后计实收小区稻谷产量。

栽培管理：各试验点均根据当地大田生产习惯确定播种期、移栽期及行株距、每穴苗数。所有品种同期播种、移栽，行株距、每穴苗数相同。施肥水平中等偏上，其他栽培管理措施与当地大田生产相同。

观察记载：本试验不查苗、不考种，田间记载试验基本情况、稳定性、生育期、抗性等基本表现。

（五）特性鉴定

抗性鉴定：分别由湖南省农业科学院植保所、湖南省农业科学院水稻所鉴定参试品种对稻瘟病、白叶枯病的抗性。鉴定用种子由中国水稻研究所统一编号、统一提供。鉴定采用苗期人工接菌鉴定和病区自然诱发鉴定相结合。稻瘟病评价指标为叶瘟（级）、穗瘟发病率及级别、穗瘟损失率及级别、综合抗性指数；白叶枯病评价指标为Ⅳ型菌株在水稻分蘖盛期的发病级别。

米质分析：由中国水稻研究所米质测试中心检测分析参试品种的稻米品质。检测分析样品由浙江省诸暨农作物区试站试验点在试验结束后统一提供。

（六）统计分析

按照《农作物品种区域试验技术规范　水稻》等有关试验质量评价标准，对各试验（鉴定）点试验（鉴定）结果的可靠性、完整性、准确性、可比性以及对照品种表现情况等进行分析评估，确保汇总质量。2013年浙江省诸暨农作物区试站试验点由于遭遇台风暴雨试验报废，其他3个试验点试验正常列入汇总。

参试品种的产量取2次重复的平均值，对照品种的产量亦取2次重复的平均值。参试品种的丰产性、适应性主要以比对照品种增减产百分率及增产试验点比例衡量。

参试品种的生育期主要以全生育期比对照品种长短的天数衡量。

参试品种对稻瘟病、白叶枯病的抗性以指定的鉴定单位的鉴定结果为主要依据。稻瘟病的主要评价指标为综合指数及穗瘟损失率最高级，白叶枯病的主要评价指标为发病最高级。

参试品种的米质检测、评价按照国家《优质稻谷》标准，分优质1级、优质2级、优质3级，未达到优质级的品种米质均为等外级。

二、结果分析

（一）产量

根据汇总结果，参试品种整体产量水平明显低于对照天优华占。所有参试品种均比对照天优华占减产，减产幅度在2.2%～9.5%，详见表25－3。

（二）生育期

根据汇总结果，安丰A/广恢3618、新安S/YR1671熟期较早，扬籼8A/扬恢153熟期偏迟，其他参试品种生育期适中，详见表25－3。

（三）抗性

1. 稻瘟病：根据湖南省农业科学院植保所鉴定结果，参试品种对稻瘟病的总体抗性水平尚可，稻瘟病抗性综合指数大于7.0级的品种仅有N25A/R084等1个，其他品种稻瘟病抗性综合指数在4.0～6.5级，详见表25－3。

2. 白叶枯病：根据湖南省农业科学院水稻所鉴定结果，参试品种对白叶枯病的抗性尚可，无9级（高感）的品种，7级（感）的品种仅有安丰A/广恢3618、繁源A/六恢168等2个，其他品种对白叶枯病的抗性在3（中抗）～5级（中感），详见表25－3。

（四）米质

米质样品供样点浙江省诸暨农作物区试站由于遭遇台风暴雨试验报废，无米质检测分析结果，详见表25－3。

三、选拔标准与选拔结果

（一）标准确定原则

参照《国家水稻品种审定标准（2013版）》进行品种评价。鉴于筛选试验点较少、试验设计相对简化等因素，基本条件适当放宽，选拔标准适当从严。

（二）入选区试品种基本条件

1. 生育期：全生育期长于对照天优华占≤4.0天；
2. 稻瘟病抗性：综合抗性指数≤7.0级。

（三）入选区试品种标准

符合上述基本条件，并达到下列标准之一：

1. 高产类型：平均产量比对照天优华占增产≥5.0%，并且增产试验点数超过一半（2～3个点）。
2. 抗病类型：抗稻瘟病（综合抗性指数≤2.0级），并比对照天优华占优1个等级及以上，平均产量比对照天优华占增产≥3.0%，增产试验点数超过一半（2～3个点）。

3. 优质类型：米质达到国标优质3级及以上，并比对照天优华占优1个等级及以上，平均产量比对照天优华占增产≥3.0%，增产试验点数超过一半（2~3个点）。

（四）入选品种

根据试验汇总结果（表25-3），比照上述条件和标准，无品种入选2014年晚籼中迟熟组区试。

表 25－1　晚籼中迟熟新品种筛选试验组（133011N-SX）参试品种基本情况

编号	品种名称	品种类型	亲本组合	选育/供种单位
1	科优 769	杂交稻	科丰 A/南恢 769	福建省南平市农科所
2	祥两优 330	杂交稻	祥泰 S/R330	福州舜元种苗
3	25 优 84	杂交稻	N25A/R084	江苏明天种业研究院有限公司
4	扬籼优 853	杂交稻	扬籼 8A/扬恢 153	江苏里下河地区农科所
5	安丰优 3618	杂交稻	安丰 A/广恢 3618	广东省金稻种业有限公司
6CK	天优华占（CK）	杂交稻	天丰 A/华占	中国水稻研究所
7	荆楚优 3242	杂交稻	荆楚 814A/R3242	湖北富尔农业科技有限公司
8	繁优 168	杂交稻	繁源 A/六恢 168	福建六三种业有限责任公司
9	盐优 1393	杂交稻	盐籼 4A/盐恢 1393	盐城明天种业科技有限公司
10	新两优 1671	杂交稻	新安 S/YR1671	安徽荃银高科种业

表 25－2　晚籼中迟熟新品种筛选试验组（133011N-SX）试验点基本情况

承试单位	试验地点	经度	纬度	海拔高度（米）	播种期（月/日）	移栽期（月/日）	试验负责人及执行人
湖南省水稻研究所	长沙市东郊马坡岭	113°05′	28°12′	44.9	6/17	7/14	傅黎明、周昆、凌伟其
江西省邓家埠水稻原种场	余江县东郊	116°51′	28°12′	37.7	6/17	7/17	刘红声、金建康、龚兰
福建沙县良种场	沙县	117°40′	26°06′	150.0	6/23	7/15	黄秀泉、罗水发
浙江省诸暨农作物区试站	诸暨市十里牌	120°16′	29°42′	11.0	6/20	7/10	葛金水

表 25－3　晚籼中迟熟新品种筛选试验组（133011N-SX）参试品种产量、生育期、抗性及米质汇总结果

编号	品种名称	亩产（千克）	产量比 CK ±%	增产≥0.0%点	增产≥3.0%点	增产≥5.0%点	比组平均产量±%	全生育期（天）	比 CK ±天	叶瘟（级）	穗瘟发病率（级）	穗瘟损失率（级）	稻瘟病综合指数(级)	白叶枯病（级）	整精率（%）	垩白率（%）	垩白度（%）	直链淀粉（%）	国标等级	年会意见
1	科优 769	589.5	－5.8	0	0	0	－0.3	122.0	0.0	4	7	3	4.3	3						淘汰
2	祥两优 330	572.5	－8.5	0	0	0	－3.2	124.7	2.7	7	9	5	6.5	5						淘汰
3	25 优 84	611.8	－2.2	1	1	0	3.5	122.7	0.7	6	9	7	7.3	3						淘汰
4	扬籼优 853	566.7	－9.5	0	0	0	－4.2	125.7	3.7	4	7	3	4.3	5						淘汰
5	安丰优 3618	600.7	－4.0	1	1	1	1.6	113.7	－8.3	4	7	3	4.3	7						淘汰
7	荆楚优 3242	577.0	－7.8	0	0	0	－2.4	120.3	－1.7	6	9	5	6.3	3						淘汰
8	繁优 168	596.2	－4.7	1	1	0	0.8	124.3	2.3	4	7	3	4.3	7						淘汰
9	盐优 1393	583.5	－6.8	0	0	0	－1.3	124.0	2.0	3	7	3	4.0	3						淘汰
10	新两优 1671	590.2	－5.7	1	1	1	－0.2	117.3	－4.7	5	7	5	5.5	5						淘汰
6CK	天优华占（CK）	625.8					5.8	122.0		4	7	3	4.3	5						淘汰

注：因米质供样点遭遇台风暴雨试验报废，参试品种未进行米质分析。